GUIDE

THÉORIQUE ET PRATIQUE

DE

L'AMATEUR DE TABLEAUX

IMPRIMERIE J. CLAYE
RUE SAINT-BENOIT 7
LABOR
PARIS

GUIDE

THÉORIQUE ET PRATIQUE

DE

L'AMATEUR DE TABLEAUX

ÉTUDES

SUR LES IMITATEURS ET LES COPISTES

DES MAITRES DE TOUTES LES ÉCOLES

DONT LES ŒUVRES FORMENT LA BASE ORDINAIRE DES GALERIES

PAR

THÉODORE LEJEUNE

ARTISTE PEINTRE

Restaurateur des tableaux, par suite de concours, des Musées impériaux, du Ministère d'État
et de la Maison de l'Empereur,
Conservateur des Galeries Duchâtel, B. Fould, de Mornay, Soult de Dalmatie, etc.

TOME DEUXIÈME

PARIS

GIDE, LIBRAIRE-ÉDITEUR

RUE BONAPARTE, 5

M DCCC LXIV

1863

ÉCOLE ITALIENNE

DÉDIÉE

A M. VITET, MEMBRE DE L'INSTITUT

Par son respectueux serviteur

TH. LEJEUNE.

PEINTRES ITALIENS

AVEC LEURS IMITATEURS ET LEURS COPISTES

PEINTRES PRIMITIFS OU GOTHIQUES

DE L'ÉCOLE ITALIENNE.

Après avoir déjà étudié les caractères distinctifs, les fusions successives, les différentes pratiques de l'École italienne au point de vue général, il me reste à dire quelques mots sur les peintres primitifs, comme introduction naturelle à cette étude sur les artistes italiens.

De tous les tableaux antérieurs à la rénovation des arts en Italie, les plus anciens, suivant l'opinion de Gault, ne remontent pas au delà du XIIe siècle ; ils sont d'un faible intérêt pour l'histoire de l'art vers le commencement du XVe siècle. Les œuvres des artistes qui ont eu quelque célébrité durant cette longue période ne sont considérées dans le commerce que comme des peintures gothiques. La plupart, en effet, se ressentent des siècles d'obscurité qui ont suivi la chute de l'empire romain : aucun de leurs auteurs n'a compris cette harmonie qui fait le charme et l'agrément de la peinture ; nul d'entre eux n'a mis en pratique les connaissances approfondies qui font de cet art une véritable science ; nul ne s'est appliqué à éviter cette sécheresse de composition, cette lourdeur d'exécution, dont sont empreintes toutes les productions du moyen âge. Quelques-uns, il est vrai, ayant un peu plus d'imagination, ont su éviter cette simplicité caractéristique des premières années de la peinture, mais ils ont gâté leurs ouvrages en y semant toutes sortes de puérilités qu'exigeait malheureusement le siècle d'ignorance dans lequel ils vivaient. Néanmoins, si l'on considère ces anciennes peintures comme des monuments rattachant à la même souche les arts du dessin, on reconnaîtra qu'elles sont d'un prix inestimable. Dans les collections, elles figurent comme des médailles dans le cabinet du numismate, comme des preuves authentiques de la naïveté des mœurs de l'époque, et nous y admirons le type religieux des premiers chrétiens de l'Asie. Les plus antiques sont aussi les plus irrégulières et les plus difformes : les pieds, les mains, les draperies y présentent surtout un dessin tout à fait barbare. Quant à l'expression des figures, cette intéressante partie de l'art du peintre, elle fut si longtemps dans l'enfance, que les plus habiles maîtres eurent recours à un expédient plus ridicule qu'ingénieux; ils mettaient dans la bouche des personnages qu'ils représentaient des rouleaux écrits où l'on pouvait lire les demandes et les réponses des interlocuteurs : un certain Bruno, dont il est fait mention dans les contes de Boccace; Cimabue lui-même, que ses contemporains ont tant loué, et beaucoup d'autres, ont employé ce moyen. Les extrémités du corps humain présentaient alors tant de difficultés, qu'un grand nombre de figures faites à cette époque manquent entièrement de pieds.

Le triste état où fut réduite la peinture pendant l'espace de trois siècles environ n'est pourtant pas sans offrir quelques traits saillants de génie que la postérité admire sur la foi du témoignage des historiens, et d'après les recherches laborieuses des antiquaires. Vasari, qui a prodigué les éloges aux artistes de son pays, au point de paraître quelquefois suspect aux yeux des savants, accorde aussi aux peintres qui ont précédé Léonard de Vinci et Raphaël la priorité dans leur art, et il ne craint pas de citer le Florentin Cimabue comme étant le premier qui ait ranimé la peinture en Italie. De là naquirent une foule de contestations entre les savants : les uns défendirent avec chaleur l'opinion de Vasari, les autres la combattirent avec acharnement; tels furent Baldinucci, le père Della Valle, Malvasia, Annibal Caro et Lanzi. Sans me prononcer sur cette divergence d'opinions, et sans vouloir contester l'influence de ces premiers maîtres de la Renaissance en Italie, je dirai qu'on peut retrouver, à une époque bien plus reculée que celle de Cimabue, des artistes qui ont été célébrés par leurs contemporains; tels sont, par exemple : André Rico de Candie, mort vers 1105; Barnaba, mort en 1150; Bizzamano, oncle et neveu, qui florissaient en Toscane, le premier vers 1184, le second en 1190, et surtout Guido de Sienne, dont les œuvres étaient déjà en grande réputation en 1221, dix-neuf ans avant la naissance de Cimabue.

Au reste, cette question, sur laquelle une grande partie des amateurs français n'a pu, jusqu'à ce jour, se prononcer en parfaite connaissance de cause, puisque beaucoup n'ont pu étudier *de visu* les maîtres primitifs, immobilisés, la plupart, dans les galeries publiques ou particulières de l'Italie ; cette question, dis-je, devra bientôt recevoir sa solution par l'étude comparative que chacun pourra faire sur les nombreux spécimens composant le musée *Napoléon III*.

Je crois utile de donner ici une idée des matières premières en usage dans la peinture avant la découverte de Van Eyck, qui fit abandonner le gluten ou les mixtions dont se servirent les élèves des Grecs, en Italie, pour fixer et faire ressortir les matières colorantes. Les recherches faites à ce sujet par M. Artaud, célèbre amateur du commencement de ce siècle, sont des plus précieuses, et je ne saurais mieux faire que d'extraire de cet intéressant ouvrage les passages qui m'ont paru les plus curieux et les plus capables d'instruire les amateurs.

La plus grande partie des tableaux du xiie siècle sont peints sur bois, excepté ceux de Barnaba ; ceux-ci sont sur toile collée sur bois ; quelquefois ce bois est du sorbier, plus souvent du pin et du chêne. Le fond est toujours en or ; je n'ai remarqué de fonds peints que dans quelques tableaux de Bizzamano et d'un autre auteur grec.

Presque tous ceux du xiie siècle sont exécutés sur toile collée sur bois ; souvent les déchirures permettent de bien distinguer cette toile qui est très-blanche et assez fine. Sur la toile se trouve une couche de plâtre recouverte d'or ; c'est sur l'or que l'on peignait ensuite. Ce procédé se reconnaît aisément, parce que le métal reparaît dans les parties où la peinture est un peu effacée.

Tous les tabernacles et quelques Guido de Sienne sont peints sur bois ; tous ont un fond d'or plus ou moins riche d'ornementation. Les anciennes Écoles vénitiennes ont des fonds d'architecture peints de différentes couleurs. Tasi entoure d'or la tête de ses principaux personnages ; il a aussi des fonds dorés. Margheritone d'Azzero n'a pas d'autres fonds ; il a peint aussi sur cuivre. Cimabue emploie des fonds d'or et des fonds peints ; il a peu travaillé sur toile collée sur bois.

Dans le xive et le xve siècle on peignait généralement sur bois. On trouve aussi de temps en temps des fonds d'or à ces deux époques.

Il y a presque toujours des fonds unis, et ce sont les plus communs; il en est qui représentent des oiseaux, des fleurs, et toutes sortes d'ornements, qu'on appliquait la plupart du temps avec des fers pareils à ceux qu'emploient les relieurs. On peut reconnaître les fers particuliers de chaque maître. Aussi, sous beaucoup de rapports, une collection de tableaux gothiques est plus aisée à bien classer qu'une collection de tableaux modernes; on n'y trouve pas d'ailleurs cette quantité de copies qui font le désespoir des amateurs.

Vers la fin du XVe siècle apparaît la peinture à l'huile, mais les Italiens ne l'ont connue qu'après Van Eyck, qui florissait en 1422; jusqu'à ce moment tout est peint en général par le procédé appelé *tempra*, c'est-à-dire en détrempe, et cependant le tout est d'une solidité telle, que l'eau ne peut pas même en altérer les couleurs.

Le chimiste Pierre Bianchi a fait à Pise l'analyse des couleurs de plusieurs tableaux des premiers temps, qui semblaient être à l'huile, et il a découvert que les peintures les plus anciennes, dans lesquelles on remarquait le plus d'éclat, renfermaient quelques parties de cire. Cette matière était connue des Grecs, qui avaient donné des leçons aux premiers peintres italiens. Ils s'en servaient comme d'un vernis pour couvrir la peinture, lui donner de la consistance, la préserver de l'humidité et lui prêter un ton diaphane et brillant. On a observé que la dose de cire diminue dans les tableaux du XIVe siècle, et, qu'après l'année 1360, commence un procédé à peu près semblable au précédent, mais qui n'a plus autant d'éclat. Les expériences multipliées que l'on a faites n'ont jamais donné pour résultat aucune partie d'huile, si ce n'est quelques gouttes d'une espèce d'huile éthérée, dans laquelle le savant professeur Bianchi pense qu'on faisait fondre la cire avant de l'employer.

Indépendamment de cette matière, on faisait usage de certaines gommes et de jaunes d'œufs, ce qui trompe, au premier coup d'œil, les observateurs les plus exercés; aussi ces tableaux semblent-ils peints légèrement à l'huile.

Je passe maintenant à l'examen des maîtres primitifs appelés communément peintres gothiques, et ne m'occuperai toutefois que de ceux qui ont eu des imitateurs ou des analogues.

GUIDO DIT GUIDO DA SIENNA

Né à Sienne, florissait en 1224.

Il est à regretter que les ouvrages de Guido soient si difficiles à rencontrer : ce peintre est recommandable par le choix de ses sujets, le goût de son dessin, le mouvement de ses têtes et le naturel de ses draperies. Les expressions de ses figures sont moins bizarres que celles des autres peintres de cette époque.

On cite de lui *la Vierge* assise sur un trône entouré de colonnes blanches; l'Enfant Jésus tient un chardonneret attaché par un fil rouge.

Le Père Éternel, fond d'or sur bois.

La Vierge, l'Enfant Jésus, saint Jean, deux Saints, une Sainte tenant un étendard (ancienne collection Artaud).

Au musée de Munich, *la Salutation angélique.*

UGOLINO DA SIENNA

Mort en 1339.

Les productions d'Ugolino se confondent avec celles de Guido. Le style d'Ugolino participe, il est vrai, de celui du maître, mais il est plus roide et plus sec.

CIMABUE ou GUALTIERI (GIOVANNI)

Né à Florence en 1240, mort en 1300 ou 1310.

Cimabue exécuta beaucoup de tableaux de grande et de petite dimension. C'est à lui que l'on doit l'initiative de la nouvelle science de la peinture ; sous ce rapport il est considéré comme le fondateur de l'École italienne [1].

1. Je crois devoir rappeler ici les réserves que j'ai déjà faites au sujet de ce titre exclusif de fondateur de l'École italienne. J'admets que Cimabue imprima un nouvel essor à l'art de la pein-

Ses œuvres ne sont pas exemptes des défauts de l'époque. Elles sont sèches et dures. Ses contours se détachent vivement sur le fond. On admire son dessin vrai et naïf, l'heureuse disposition de ses draperies, le naturel et la finesse d'expression de ses airs de têtes.

Les tableaux de Cimabue sont excessivement rares. Dans les deux, catalogués primitivement dans le livret du Louvre, un seul y a été maintenu : c'est *la Vierge aux Anges*, estimée 10,000 fr. lors de l'inventaire officiel (Empire).

L'ancienne collection Artaud, si riche en gothiques, en a possédé jusqu'à trois, savoir : 1° *un Christ en croix*, tabernacle. Sur le volet gauche on voit la Vierge, l'Enfant Jésus et deux Saints ; le volet droit représente saint Christophe portant Jésus-Christ enfant.

2° *La Vierge tenant l'Enfant Jésus; saint Jean, saint Pierre, saint Paul, un Évéque, deux Anges.* L'Enfant tient un oiseau. Au-dessus, dans un petit cadre rond, Notre-Seigneur tenant un livre et donnant sa bénédiction.

3° *Une Vie de Jésus-Christ,* six tableaux en un seul.

On cite en outre : *la Vie de saint François,* en plusieurs tableaux ; quelques traits de la vie de la Vierge, et une *Vierge* qui, suivant les historiens, fut portée en triomphe par le peuple, au bruit des trompettes, jusqu'au lieu où devait être posé le tableau.

MUSÉES DIVERS, GALERIES, ETC.

MUSÉE NAPOLÉON III. — *Saint Christophe portant l'Enfant Jésus.* — *La Vierge et l'Enfant Jésus.*

NATIONAL GALLERY. — *La Madone sur un trône.*

COLLÉGE D'OXFORD. — *Saint Pierre.* — *Une Madone* (triptyque).

INSTITUTION ROYALE DE LIVERPOOL. — *Le Crucifiement.* — *L'Adoration des Mages* (diptyque).

ACADÉMIE DES BEAUX-ARTS DE FLORENCE. — *La Vierge et l'Enfant Jésus.*

MUSÉE DEGL' UFFI A FLORENCE. — *Saint Barthélemy.*

MUSÉE DE MUNICH. — *Une Tête de Vierge.*

COLLECTION DE M. LE COMTE DE BUDÉ. — *La Gloire de la Vierge.*

Jeune fille vue de profil, bois. 1,000 fr. Vte Lebrun, en 1810.

PISANO (GIUNTA) DIT GIUNTA DE PISE

Florissait en 1230.

On confondrait facilement les ouvrages de Pisano avec ceux de Cimabue, si le dessin de l'imitateur était moins grotesque et si les proportions n'étaient pas d'une longueur démesurée. Quant aux procédés d'exécution, ils sont identiquement les mêmes.

ture, qu'il en perfectionna les procédés; mais, encore une fois, d'autres artistes, parmi lesquels se trouve au premier rang Guido da Sienna, avaient commencé cette révolution artistique achevée par Cimabue.

GADDI (GADDO), PÈRE DE TADDEO GADDI

Né à Florence en 1239, mort en 1312.

Ses tableaux ont une certaine tournure particulière à Cimabue : son dessin est assez naturel, mais ses carnations sont plus rosées que celles du maître. Il excella dans la mosaïque.

BONDONE DIT LE GIOTTO OU IL GIOTTINO

Né à Vespignano en 1266 ou 1276, mort en 1336.

De tous les élèves de Cimabue le plus renommé fut le Giotto. Si l'on considère l'époque où il vivait, on est forcé de convenir qu'il exerça sur la peinture une très-grande influence et qu'il fut le véritable précurseur de l'École italienne moderne. Grâce à lui, dit Vasari, l'emploi exclusif de l'or fut abandonné peu à peu et remplacé par des ciels et des paysages pleins de vérité et d'une bonne exécution.

Des expressions douces et vraies, un style naïf, des draperies bien jetées, jointes à un coloris vif et transparent, telles sont les qualités qui distinguent les œuvres du Giotto.

Les bonnes productions de ce peintre sont susceptibles de s'élever à des prix considérables ; malheureusement elles sont rares, et la plupart de celles qui passent dans les ventes publiques sont apocryphes. Le musée du Louvre possède *Saint François d'Assise recevant les stigmates,* tableau que les contemporains du Giotto considéraient comme son chef-d'œuvre.

Le Giotto a peint pour la ville de Florence le portrait du Dante, et, pour Saint-Pierre de Rome, le carton de la fameuse mosaïque représentant *Saint Pierre marchant sur les eaux,* ouvrage immense, connu de tous les gens de l'art sous le nom de *la Nave del Giotto.* Les historiens font aussi mention de son *Couronnement de la Vierge,* tableau dont la célébrité a duré plusieurs siècles. On cite encore *la Justice,* devant laquelle une foule de soldats florentins prêtent serment de fidélité. Le cadre, aussi ancien que le tableau dont il fait partie, porte les armes de Médicis. *Jésus-Christ sur la croix ; Marie, deux Saints et une Sainte.* Au-dessus, dans le même cadre, *le Père Éternel* qui donne la bénédiction (ancienne coll. Artaud).

MUSÉES DIVERS, GALERIES, ETC.

MUSÉE NAPOLÉON III. — *Saint Clément, pape.* — *La Vierge et l'Enfant Jésus.* —

Un Triptyque. — *Ecce Homo.* — *La Naissance de la Vierge.* — *L'Assomption de la Vierge.*

Musée de Rennes. — *L'Incrédulité de saint Thomas* (dessin au bistre).

Musée d'Anvers. — *Saint Paul.* — *Saint Nicolas de Myre* (prov¹ du cab. Denon, à Paris, puis du musée Van Ertborn).

Musée degl' Uffi a Florence. — *L'Oraison du Christ.*

Académie des Beaux-Arts de Florence. — *L'Annonciation.* — *Un Crucifix.* — *La Vierge et l'Enfant Jésus.* — *La Vie du Christ en douze tableaux.*

Église Saint-Jean-de-Latran. — *Boniface VIII publiant le jubilé de* 1390.

Musée de Munich. — *Deux volets d'un triptyque.* — *La Cène.* — *Une composition en quatre parties.* — *Un Calvaire.*

Musée de Berlin. — *Le Miracle de saint François.* — *La Descente du Saint-Esprit.*

Musée de Dresde. — *Le Sauveur pleuré par les saintes Femmes.*

National Gallery. — *Tête de deux Apôtres* (fragment de fresque).

Institution royale de Liverpool. — *Trois Femmes et un Enfant.* — *La Fille d'Hérode* (fresques).

Collection Ward. — *La Cène* (coll. Bisenzio).

Ancienne collection Northwick. — *La Mort de la Vierge.*

Collection Davenport Bromley. — *Le Couronnement de la Vierge.* — *La Mort de la Vierge.*

Collége d'Oxford. — *Un Saint, debout.*

Galerie du duc d'Aumale. — *Groupe d'Anges et d'Enfants en rond.* — *Groupe d'Anges* (dessin). (Première pensée d'une composition peinte par Giotto sur la voûte de l'église inférieure d'Assise.)

Collection Rogers. — *Saint Paul et saint Jean.* (Fragments d'une fresque de l'église des Carmélites de Florence.)

Au duc de Northumberland. — *Un Diptyque,* prov¹ de la coll. Barberini.

Collection Higford Burr. — *Fresque de l'église Saint-Assise.*

A lord Methuen. — *Une Composition.*

La Vierge entourée d'Anges. 1859, Vte Moret, 241 fr. — *Quatre Volets.* Même Vte 235 fr. (Très-contestés.)

CAVALLINI (pietro)

Né à Rome en 1258 ou 1259, mort en 1344.

Les tableaux de ce peintre ont assez d'analogie avec ceux du Giotto, son maître; ils se vendent presque toujours sous le nom de ce dernier. Cependant le dessin en est plus lourd, les contours en sont plus durs et les raccourcis tronqués.

BUONAMICO DI CRISTOFANO DIT BUFFALMACO

Né à Florence en 1262, mort, dans la même ville, en 1340.

Élève d'André Taffi, cet artiste s'attacha uniquement à la manière du Giotto, qu'il imita avec bonheur. La difformité de ses têtes, la grandeur de leur bouche, ses contours heurtés, sa touche pointillée et sa couleur briquetée, le font reconnaître sans peine.

Les auteurs racontent que Buffalmaco, travaillant dans l'abbaye de Saint-Paul, à Pise, avec un nommé Bénoist, celui-ci, ne pouvant parvenir à donner de l'expression à ses figures, consulta Buffalmaco sur le moyen qu'il aurait à employer. Celui-ci lui répondit avec le plus grand sang-froid qu'il fallait mettre sur la bouche de chaque figure une banderole qui contiendrait les demandes et les réponses. Bénoist, ne comprenant point la plaisanterie de son condisciple, fit un tableau représentant sainte Ursule, où toutes les demandes et réponses étaient écrites sur une bandelette sortant de la bouche de chaque personnage. Plusieurs peintres, trouvant ce moyen excellent pour suppléer à l'expression qui leur faisait défaut, adoptèrent alors cette manière tout à fait plaisante de substituer la parole à l'action.

FRANCO (ANGE)

Né à Naples, florissait en 1420, et mourut, dit-on, en 1445.

Franco étudia sous del Fiori, dit Colantino. Ses imitations se reconnaissent à leur coloris plus vigoureux et à leur dessin plus rond que celui du Giotto.

SERAFINI (BARNABE), DIT BARNABA DE MODÈNE

Les imitations de Serafini sont vendues, presque toujours, comme étant sorties du pinceau du Giotto. On y trouve une exécution simple et facile, un dessin naïf et majestueux, et, sans une couleur pâle et des têtes cernées dans les contours, elles ne présenteraient aucun signe caractéristique de dissemblance.

MASO (THOMAS)

DIT MASACCIO, OU THOMAS GUIDI DIT SAN GIOVANNI

Né à San Giovanni près Florence en 1401, mort, dans la même ville, en 1443.

Masaccio fut un prodige pour son siècle ; il est le premier des peintres italiens qui se soit appliqué à la régularité des proportions, à la science des raccourcis et de la perspective. Ses ouvrages ont servi de stimulant à Raphaël, à Michel-Ange et à d'autres artistes.

Bonne manière ; dessin correct ; grande facilité ; coloris harmonieux ; draperies un peu maniérées.

Le musée du Louvre ne possède aucun tableau de ce peintre : la plupart sont en la possession des amateurs italiens. La collection Artaud renfermait un *Saint Jérôme* habillé en cardinal, *une Tête de jeune homme,* et plusieurs autres échantillons de moindre importance.

Au nombre de ses ouvrages cités par les historiens comme étant les plus fameux, on remarque : *Notre-Seigneur délivrant un possédé dans le temple, le Baptême de saint Jean.*

MUSÉE NAPOLÉON III. — *Sainte Religieuse martyre. — Femme versant de l'huile dans une lampe. — L'Annonciation. — Religieuse priant devant un autel. — Mort d'une sainte religieuse. — Vision céleste* (style du maître). *— La Vierge et l'Enfant Jésus* (id.). *— Prise d'habit d'un Moine* (id.). *— La Vierge et l'Enfant Jésus* (id.). *— Saint Augustin. — Saint Bonaventure. — Saint Bernardin. — Sainte Agathe* (id.).

MUSÉES DIVERS, GALERIES, ETC.

MUSÉE DE NAPLES. — *La Vierge au milieu des Anges. — Saint Grégoire traçant les fondements d'un temple.*

ACADÉMIE DES BEAUX-ARTS DE FLORENCE. — *La Vierge et sainte Anne.*

MUSÉE DEGL' UFFI A FLORENCE. — *Tête de Vieillard* (sur une tuile).

ÉGLISE DES CARMES A FLORENCE. — *Résurrection d'un Enfant. — Le Martyre de saint Pierre* (fresques).

NATIONAL GALLERY. — *Portrait du Peintre* (acheté 2,575 fr. à la Vᵗᵉ Northwick).

INSTITUTION ROYALE DE LIVERPOOL. — *Saint tenant une palme.*

COLLECTION W. DRURY LOWE. — *Portrait d'un jeune Homme. — Portrait d'une jeune Femme.*

Une de ses œuvres, à la Vᵗᵉ Fesch, *les Hébreux recueillant la manne,* a été adjugée 865 écus romains ; *un Saint Georges,* 4,940 fr. à la Vᵗᵉ Northwick, en 1859 ; *deux Épisodes de la vie de saint Dominique,* 4,860 fr. à la Vᵗᵉ X..., en 1861.

FRA LIPPI, VULGAIREMENT FRÈRE PHILIPPE

Né à Florence en 1412, mort en 1469.

Ses figures gracieuses, son coloris séduisant, sa touche franche et vigoureuse, ses draperies bien jetées et son dessin correct, le feraient souvent confondre avec Masaccio, s'il n'avait pas une manière particulière de hacher ses ombres à la façon des anciennes gravures.

GOZZOLI (BENOZZO)

Né à Florence.

Ce peintre s'acquit une grande réputation en imitant Masaccio. Il a su mettre dans ses tableaux un fini plus précieux, un coloris plus empâté et plus vif, un dessin plus simple que celui qui fut son guide

---

ANTONELLO DE MESSINE

OU ANTONIO DA MESSINA

Né à Messine en 1425, mort vers 1478.

Il est le premier peintre italien qui ait exécuté des tableaux à l'huile. Il en avait appris le secret de J. Van Eyck dans un voyage qu'il fit à Bruges. De retour dans sa patrie, il communiqua sa bonne fortune à Dominique de Venise, qui, à son tour, en fit part à André del Castagno, par qui il fut assassiné.

Son coloris, plus parfait que ne l'était celui des Italiens à cette époque, se ressent beaucoup de l'École flamande. Son dessin est un peu élancé, et le naturel de ses expressions frappe l'œil du connaisseur.

Les ouvrages d'Antonello sont excessivement rares ; peu de musées en possèdent. Celui du Louvre n'en a point.

MUSÉES DIVERS, GALERIES, ETC.

MUSÉE DEGL' UFFI A FLORENCE. — *Portrait d'Homme.*

MUSÉE DE BERLIN. — *Une Madone.* — *Saint Sébastien.* — *Portrait d'un jeune Homme.*

MUSÉE D'ANVERS. — *Portrait d'Homme.* — *Un Calvaire.*

COLLECTION HAMILTON. — *Un portrait d'Homme.*

PINO DA MESSINA

Il partagea les travaux de son maître, Antonello da Messina, et s'appropria si bien sa manière que, malgré la sécheresse de sa touche et la pâleur de ses carnations, ses œuvres sont journellement prises pour celles d'Antonello.

BELLINI (GIOVANNI)

Né à Venise en 1426, mort en 1516.

Cette famille a fourni beaucoup d'artistes à l'École d'Italie. Le plus estimé des amateurs est Jean Bellin qui introduisit chez les Vénitiens la manière de peindre les tableaux à l'huile, et leur enseigna la force et le prestige du coloris. Le Giorgion, le Titien, Sébastien del Piombo, François Bassan, ont été ses disciples.

A une exécution soignée, à un dessin plein de grâce et de goût, Bellini joint une fraîcheur de coloris admirable.

Je ne parlerai pas des échantillons de ce maître qui sont au musée du Louvre. Ils ont été baptisés et débaptisés tant de fois, qu'il vaut mieux les passer sous silence.

La Vierge sur son trône, anciennement au Louvre, passe pour un des chefs-d'œuvre de Jean Bellini.

Depuis 1815, elle a été replacée dans l'église Saint-Zacharie à Venise, où elle est estimée à la somme énorme de 200,000 fr.

MUSÉES DIVERS, GALERIES, ETC,

MUSÉE NAPOLÉON III. — *Portrait du Peintre* (buste). — *La Vierge, l'Enfant Jésus, saint Jean et saint Jérôme.* — *Le Christ portant sa croix.* — *La Vierge, l'Enfant Jésus et deux Personnages.*

MUSÉE DE RENNES. — *Figure drapée* (dessin à la mine, rehaussé de blanc).

ACADÉMIE DES BEAUX-ARTS A VENISE. — *Vierge glorieuse.* — *Quatre Madones.*

ÉGLISE SAN ZACARIA A VENISE. — *La Circoncision.* — *Une Madone.*

ÉGLISE DE SANTA-MARIA DE' FRARI A VENISE. — *Une Madone.*

A SAINT-MARC DE VENISE. — *Le Christ mort.*

ÉGLISE SAN-FRANCESCO DELLA VIGNA A VENISE. — *Une Madone.*

ÉGLISE DE SANTA-MARIA DELL' ORTO A VENISE. — *Une Madone.*

ÉGLISE SAN-GIOVANI SAN-PAOLO A VENISE. — *Une Vierge glorieuse.*

ÉGLISE DEL REDENTORE A VENISE. — *Trois Madones.*

MUSÉE DU CAPITOLE. — *Saint Nicolas de Bari.* — *Portrait du Peintre.*

MUSÉE DEGL' UFFI A FLORENCE. — *Le Christ mort.*

MUSÉE DE PARME. — *Jésus enfant.*

MUSÉE DE NAPLES. — *La Transfiguration.*

NATIONAL GALLERY. — *Portrait du doge Loredano* (acheté 15,750 fr. en 1844). — *La Vierge et l'Enfant Jésus.*

MUSÉE DU ROI A MADRID. — *Une Madone.*

ANCIENNE GALERIE DE VIENNE. — *Jeune Dame arrangeant sa chevelure.* — *Sainte Vierge et l'Enfant Jésus.* — *Le Couronnement de sainte Catherine.* — *La Sainte famille.*

MUSÉE DE SAINT-PÉTERSBOURG. — *Jésus adoré par deux Saints.* — *Jésus adoré par quatre Saintes.*

MUSÉE DE DRESDE. — *Buste d'un doge de Venise.* — *La Sainte Famille.*

MUSÉE DE LEIPZIG. — *Une Madone.*

MUSÉE DE BERLIN. — *La Présentation au Temple.* — *Le Christ mort.* — *Une Madone.*

MUSÉE DE FRANCFORT-SUR-LE-MEIN. — *Une Madone.*

MUSÉE DE MUNICH. — *Une Madone.*

GALERIE ESTERHAZY. — *Une Madone.*

INSTITUTION ROYALE DE LIVERPOOL. — *La Vierge et l'Enfant Jésus.*

COLLECTION DINGWAL. — *Saint François dans le désert.*

COLLECTION HOLFORD. — *Un Portrait d'homme.*

COLLECTION DAVENPORT BROMLEY. — *Le Christ au jardin des Oliviers.*

AU DUC DE NORTHUMBERLAND. — Une belle composition. (On attribue le paysage au Titien.)

A SIR CHARLES EASTLAKE. — Très-intéressante étude de forêt, sur laquelle le peintre a ajouté de beaux *Groupes de figures.* (En parfaite conservation.) — *La Vierge et l'Enfant Jésus.*

A LORD CALEDON. — *La Vierge et l'Enfant Jésus.* — *Saint Joseph et saint Jean.* (Contesté par le Dr Waagen.)

COLLECTION FEVERSHAM. — *La Présentation au Temple.* (Attribué à Bissolo par M. Waagen.)

COLLECTION CHENET. — *Portrait d'un Doge.*

COLLECTION D'HARCOURT. — *Portrait d'un Doge.*

CABINET STAFFORD. — *La Vierge et l'Enfant Jésus.*

COLLECTION BARING. — *La Vierge et l'Enfant Jésus.*

AU MARQUIS D'EXETER. — *Saint Pierre.*

COLLECTION MILES. — *L'Adoration des Rois.*

COLLECTION CARLISLE. — *La Circoncision.*

CABINET STIRLING. — Une belle composition.

COLLECTION WARD. — *Un Portrait d'homme.*

GALERIE WEYER DE COLOGNE. — *La Vierge tenant le corps du Sauveur, avec plusieurs figures de Saints.* — *Sainte Marie et saint Joseph faisant la visite à Élisabeth.*

GALERIE DU DUC D'AUMALE. — *Tête d'homme (dessin).* — *La Vierge tenant l'Enfant Jésus.* — *Saint Jean-Baptiste et saint Jérôme debout (dessin).*

PRIX DE VENTES

La Circoncision a été adjugée 100 livr. sterl. au Cte de Carlisle. — *L'Adoration des Mages,* 16 guinées, à la 2e Vte d'Orléans en 1800.

Voici quelques adjudications modernes :

La Vierge et l'Enfant Jésus. 1818, Vte Lebrun, 1,000 fr. — *Portraits de deux Vénitiens.* 1843, Vte Aguado, 2,100 fr. — *La Vierge et l'Enfant Jésus.* 1843, Vte Eris et Leroy, 500 fr. — *Joseph d'Arimathie.* 1845, Vte Vasserot, 30 fr. — *La Vierge et l'Enfant Jésus.* 1852, Vte Soult, 1,500 fr. — *Sainte Famille.* 1859, Vte Northwick, 7,800 fr. — *Portrait de Mahomet.* Même Vte, 4,550 fr. — *La Vierge et l'Enfant.* 1864, Vte X., 744 fr. — *La Vierge et l'Enfant.* 1864, Vte Dubois, 390 fr.

MARTINI (GIOVANNI)

Né à Udine vers 1510.

On confond communément les ouvrages de Martini avec ceux de Jean Bellini, quoique l'imitateur ait donné aux siens une couleur pleine de sécheresse et de crudité.

PELLEGRINO DI SAN DANIELO

Pellegrino et Martini travaillèrent toujours de concert, et tous deux jouirent d'une réputation assez méritée. Aujourd'hui leurs œuvres sont attribuées à Giovanni Bellini. Celles de Pellegrino se reconnaissent cependant à l'incorrection du dessin et à la dureté des contours.

MANTEGNA (ANDREA)

Né à Padoue en 1430, mort en 1506.

Si ce peintre ne réalisa pas entièrement les heureuses espérances qu'il avait fait concevoir dans sa jeunesse, il faut dire cependant qu'il ajouta de grandes perfections à son art, et qu'il surpassa de beaucoup ses prédécesseurs. Nul avant lui n'avait si bien entendu la perspective aérienne et linéaire et fait de si beaux raccourcis.

On admire en lui une touche large et un fini précieux; une couleur vigoureuse et d'une grande harmonie. Il terminait ses ouvrages avec un soin extrême, et l'on peut dire qu'il fut en quelque sorte le précurseur de Léonard de Vinci.

Les œuvres de ce peintre sont aussi peu recherchées qu'elles étaient courues il y a deux cents ans. Ainsi, *le Triomphe de Jules-César,* coll. Mantoue, fut adjugé 1,000 liv. sterling. *La Vierge, l'Enfant Jésus, saint Jean et plusieurs Saints,* coll. Mantoue, et provenant de la gal. Charles Ier, fut aussi très-disputée par les amateurs, tandis que de nos jours *le Portrait du Dante* eut de la peine à atteindre 144 fr. à la Vte Lebrun (1811).

Le musée du Louvre en possède quatre dont les évaluations ne se ressentent pas trop des mauvais jours. *Le Christ entre les Larrons* a été taxé à 10,000 fr. — *La Vierge de la Victoire,* 25,000 fr. — *Le Parnasse,* 40,000 fr. — *La Sagesse victorieuse des Vices,* 25,000 fr.

MUSÉES DIVERS, GALERIES, ETC.

Musée Napoléon III. — *L'Adoration des Mages.* — *Saint Jérôme* (école du maître).

Musée du Vatican. — *Une Pieta.*

Musée du Capitole. — *Une Sainte Famille.*

Musée degl' Uffi, a Florence. — *La Circoncision.* — *L'Adoration des Rois.* — — *La Résurrection.*

Église San Zenon a Vérone. — *Saint Jean-Baptiste, saint Georges et saint Benoît.* — *La Vierge et l'Enfant Jésus.* — *L'Enfant Jésus bénissant l'Univers.* — *Trois Apôtres.*

Musée de Turin. — *Une Madone.*

Musée de Naples. — *Sainte Euphémie.* — *Saint Laurent.*

Musée du Roi, a Madrid. — *La Mort de la Vierge.*

Musée de Saint-Pétersbourg. — *L'Adoration des Mages.*

Ancienne Galerie de Vienne. — *Saint Sébastien percé de flèches.*

Musée de Berlin. — *Un Portrait.* — *Le Christ mort.* — *Judith.*

Musée de Munich. — *Le Suicide de Lucrèce.*

National Gallery. — *La Vierge, l'Enfant Jésus, saint Jean et sainte Madeleine.* — *Le Christ et la Madeleine* (coll. Beaucousin).

A Hampton-Court. — *Le Triomphe de Jules-César* (neuf sujets).

Institution royale de Liverpool. — *Une Pieta.* — *La Vierge et des Saints.*

Collége d'Oxford. — *La Vierge.* — *Le Christ portant sa croix.* — *Un Saint.*

Collection Baring. — *Le Christ au jardin des Oliviers.*

Collection G. Vivian. — *Le Triomphe de Scipion.*

Collection sir Charles Eastlake. — *La Vierge, l'Enfant Jésus, saint Jean, saint Joseph et sainte Élisabeth* (mentionné dans Ridolphi).

Collection Pembroke, a Wilton-House. — *Judith tenant la tête d'Holopherne.*

Collection Labouchère. — *Les Trois Marie au sépulcre.*

Collection Ward. — *Quatre Lettres initiales.*

Collection Hamilton. — *Portrait d'un gentilhomme.* — *L'Été et l'Automne.*

Galerie Lichtenstein. — *Un Portrait d'Homme.*

Galerie Weyer, de Cologne. — *Saint Jean et saint Étienne à côté de la Mère des douleurs.*

Collection de M. le comte de Budé. — *La Vierge, l'Enfant Jésus, saint Joseph et une Sainte.*

SACCHI (PIETRO-FRANCESCO)

Né à Pavie, florissait en 1526.

Les tableaux de Sacchi sont tellement estimés à cause de leur ressemblance avec ceux de Mantegna, que peu se vendent sous le nom de leur véritable auteur.

Un dessin délicat et soigné, un coloris agréable, le bel effet des perspectives, toutes ces qualités réunies font sans contredit de cet artiste un imitateur presque original.

———

VANUCCHI (PIETRO)

DIT LE PÉRUGIN

Né à Castello della Pieva en 1446, mort à Castello-Fontignano en 1524.

Disciple de Verrochio et maître du grand Raphaël, le Pérugin fit un nombre considérable d'ouvrages ; les uns superbes, les autres fort médiocres. Cette inégalité provient de ce que les soins qu'il donnait à ses tableaux étaient presque toujours en rapport avec les prix qu'on lui payait.

On lui reproche la trop grande sécheresse de son dessin et les mauvaises cassures de ses draperies ; mais on ne peut s'empêcher d'admirer le charme de ses têtes et la beauté de son coloris.

Les vrais tableaux de ce maître se rencontrent rarement. Le musée du Louvre en possède quatre bien différents d'exécution : *la Sainte Famille*, forme ronde, fut acquise à la Vte du roi des Pays-Bas, en 1850, pour la somme énorme de 53,302 fr., si l'on considère qu'elle fut vendue 17,000 fr. à la Vte Laperrière, au plus fort de l'engouement pour l'École italienne (1825). — *La Nativité* provient de la gal. Gérando : elle fut acquise 25,000 fr.

Anciennement au Louvre (rendus en 1815). — *La Vierge et son fils reçoivent les hommages des saints protecteurs de Pérozé.* Est. 60,000 fr. — *La Vierge, l'Enfant Jésus, saint Jérôme et saint Augustin.* Est. 50,000 fr.

MUSÉES DIVERS, GALERIES, ETC.

Musée Napoléon III. — *Saint Pierre marchant sur les eaux.* — *L'Ascension de la Madeleine.* — *La Vierge et l'Enfant.* — Même sujet. — *La Sainte Famille* (manière du maître). — Même sujet (id.). — *Saint Laurent* (id.). — *Saint Barthélemy* (id.). — *La Vierge immaculée* (id.). — *Sainte Marguerite* (id.).

Musée de Bordeaux. — *La Vierge et l'Enfant Jésus.*

Musée de Lyon. — *Un volet représentant saint Jacques et saint Grégoire.* — *L'Ascension de Jésus.*

Musée de Rouen. — *L'Adoration des Mages.* — *Le Baptême du Christ.* — *La Résurrection du Christ.*

Musée de Nancy. — *La Vierge à genoux près de l'Enfant Jésus.*

Musée de Caen. — *Le Mariage de la Vierge.* — *Saint Jérôme dans le désert.*

Musée de Strasbourg. — *Sainte Appoline.*

Musée de Nantes. — *Le Prophète Isaïe.* — *Le Prophète Jérémie.*

Académie des Beaux-arts de Florence. — *L'Assomption de la Vierge.* — *Le Christ en croix.* — *Le Christ aux Oliviers.*

Musée degl' Uffi, a Florence. — *Une Madone.*

Au palais Pitti. — *La Mise au tombeau.*

Cathédrale d'Ivrée (Italie). — *Saint Joseph, la Vierge et l'Enfant.*

Église de Sainte Restitue, a Naples. — *Le Baptême du Christ.*

Église de San Severino, a Naples. — *L'Assomption.*

Musée du Vatican. — *La Résurrection du Christ.*

Musée de Bologne. — *La Vierge dans une gloire.*

Musée de Naples. — *Une Madone.* — *Le Père Éternel.*

Musée de Munich. — *Une Madone.* — *La Vierge adorant l'Enfant Jésus.* — *L'Apparition de la Vierge à saint Bernard.*

Musée de Francfort-sur-le-Mein. — *Une Madone.*

Ancienne Galerie de Vienne. — *La sainte Vierge et l'Enfant Jésus.* — *Le Baptême de Jésus-Christ.*

Musée de Dresde. — *Saint Crépin.* — *Saint Roch.*

National Gallery. — *L'Adoration de Jésus.* — *Une Sainte Famille* (triptyque)

Dulwich College. — Plusieurs compositions.

Collection Barker. — *La Naissance du Christ.* — *Son Baptême.* — *Le Christ et la Samaritaine.* — Deux autres compositions.

Ancienne collection Northwick. — *Madone entre deux Saints.*

Collection lord Ward. — *La Vierge et saint Jean.*

Collection Francis Edwards. — *Le Christ et quatre Saints.*

Galerie du duc d'Aumale. — *Madone assise sur un trône, avec le Bambino, bénissant saint Pierre et saint Jérôme.* — *Enfants* (dessin). — *Figures d'hommes debout* (dessin). — *Étude pour la fresque de saint Sébastien* (dessin).

Collection Higford Burr. — *Le Martyre de saint Sébastien.*

Collection Wemys. — *La Vierge et l'Enfant Jésus.*

Collection Carlisle. — *Adam et Ève,* — *Le Sacrifice d'Abraham* (contestés, attribués à Lorenzo Costa, par M. Waagen).

Collection Labouchère. — *Une Pieta.*

GALERIE ESTERHAZY. — *Portrait de Raphaël.*
GALERIE LICHTENSTEIN. — *Une Sainte Famille.*
CABINET DE M. DE TATISCHTEFF, A SAINT-PÉTERSBOURG. — *Jésus adoré par Marie.*

PRIX DE VENTES

En 1793, à la Vte d'Orléans, *le Christ mis au tombeau* ne put dépasser 60 liv. sterl. A la seconde Vte d'Orléans, en 1800, *la Vierge et l'Enfant Jésus* fut adjugée 5 guinées. Un tableau dont le titre m'échappe fut vendu 2,450 fr. à la Vte Dubois, en 1843. — La gal. du roi des Pays-Bas en contenait un second, *Saint Augustin,* acheté par M. Roos 7,400 flor. — *La Vierge sur un trône.* 1859, Vte Northwick, 8,100 fr.

Saint Jean-Baptiste (1860), Vte E. N., 260 fr. (dessin).

Voici les principaux imitateurs du Pérugin.

LUIGI (ANDREA), DIT L'INGENO ET ANDRÉ D'ASSISE

Né à Assise en 1470, mort en 1556.

Luigi participa aux travaux du Pérugin, et sut s'approprier une partie de ses qualités. Il serait sans doute devenu un grand peintre s'il n'eût pas été frappé de cécité.

Sa couleur a une douceur et un velouté admirables. Son dessin, moins correct que celui de son maître, est le seul point qui puisse guider dans le discernement de ses productions.

TURCO (CESARE)

Né à Ischitella en 1510, mort en 1560.

Turco est un peintre de peu de distinction; aussi je ne m'étendrai pas sur les qualités ou les défauts de ses œuvres. Son coloris est assez vrai, mais il pèche par l'incorrection de son dessin et son style un peu maniéré. C'est à peine si sa manière ressemble en quelque point à celle du grand artiste dont il reçut les leçons et qu'il chercha à imiter.

ZOPPO (ROCCO)

Né à Florence.

Les ouvrages de Zoppo présentent une couleur plus terne, un dessin moins naïf, des carnations plus rouges que ceux du Pérugin.

BOCCACINO DE CRÉMONE (BOCCACCI)

Florissait en 1540.

Un grand nombre d'amateurs prennent souvent l'élève pour le maître, et cependant la méprise n'est guère possible si l'on considère son dessin lourd et incorrect et son coloris blafard.

SPAGNULO (GIOVANNI), DIT LE SPAGNA

Un coloris suave, une touche fine et délicate, un dessin correct, ont fait le mérite du Spagnulo; et s'il n'avait pas une certaine roideur dans les contours, il serait en tout semblable au Perugin qu'il imita avec tant de bonheur.

TIMOTHÉE DA URBINO

Voici le nom d'un artiste que les historiens n'ont presque jamais cité. Il paraît cependant qu'il n'était pas fait pour être oublié, puisque Raphaël le jugea digne de travailler à ses *Sibylles,* qui font l'ornement de l'église de Notre-Dame de la Paix.

Le dessin de Timothée est incorrect, sa couleur est sourde, mais l'ensemble de ses ouvrages est excellent, et on les confond avec ceux du Pérugin.

LIONARDO DA VINCI

VULGAIREMENT LÉONARD DE VINCI

Né à Vinci en 1452, mort en France en 1519.

Les tableaux de Léonard de Vinci, presque tous conservés avec respect dans les galeries des souverains, sont excessivement rares dans le commerce. Les connaisseurs s'accordent à dire que sa manière serait irréprochable, si les chairs de ses figures étaient moins travaillées. Son dessin, parfois un peu maigre, est précis et noble; son clair-obscur est savant et plein de vérité; en un mot, Léonard de Vinci est un des artistes les plus éminents de son époque.

Les œuvres de Léonard sont peu communes chez les amateurs et dans le commerce.

Le musée du Louvre en possède de magnifiques échantillons. Celui dont l'expertise est la plus élevée est *la Vierge aux rochers*, maintenu à 150,000 fr. dans les deux inventaires. *La Vierge et l'Enfant Jésus* vient ensuite, mais après avoir subi une diminution. D'abord cotée 100,000 fr., elle est descendue à 40,000. Il en est de même du *Portrait de Femme* présumé celui de *Lucrèce Crivelli* qui, de 60,000 fr., n'a plus été taxé qu'à 36,000 fr. Quelques historiens prétendent que le *Portrait de Mona Lisa* fut payé 12,000 fr. par François Ier, d'autres, 4.000 écus d'or (environ 45,000 fr. de notre monnaie). Quoi qu'il en soit, il a été taxé à 80,000, ensuite à 90,000 fr. dans les inventaires. Puis vient *Saint Jean-Baptiste*, vendu à Louis XIV 140 liv⁵ st⁵ (3,500 fr.) par Jabach, qui le prit à l'estimation faite après la mort de Charles Ier. En ce moment il est coté à 30,000 fr. Enfin, le même prix est attribué au *Portrait de Charles VII*, le double à *l'Archange saint Michel et l'Enfant Jésus*.

MUSÉES DIVERS, GALERIES, ETC.

Musée Napoléon III. — *Portrait de l'artiste*. — *La Vierge aux rochers* (répétition en plus petites proportions du tableau du Louvre). — *La Vierge allaitant l'Enfant Jésus* (époque du maître).

Musée de Rennes. — *Deux Études de draperies*. — *Tête d'homme*. — Autre *Tête d'homme* (dessins).

Musée de Nancy. — *Le Sauveur du monde*.

Musée du Vatican. — *Sainte Hélène*.

Réfectoire de l'ancien couvent de Santa-Maria, a Milan. — *La Cène* (fresque).

Musée Brera, a Milan. — *Une Vierge* (inachevée).

Bibliothèque Ambroisienne, a Milan. — *Portrait du More*.

Musée degl' Uffi, a Florence. — *L'Adoration des Rois* (ébauche).

Au palais Pitti. — *La Religieuse*. — *Un Portrait d'Homme*.

Galerie Scarria. — *La Modestie et la Vanité*.

Au palais Doria. — *Portrait de la reine Jeanne de Naples*.

Ancienne galerie Lancellotti, a Naples. — *Flore*.

Musée de Naples. — *Une Madone*.

National Gallery. — *Le Christ disputant avec les Docteurs*.

A l'Académie royale de Londres. — *La Sainte Famille* (carton).

A Hampton-Court. — *Hérodiade*. — *Jésus et saint Jean*. — *Homme enseignant un tour*.

Dulwich College. — *Portrait de Femme*.

Musée de Saint-Pétersbourg. — *Sainte Catherine* et plusieurs œuvres contestées.

Musée de Munich. — *Une Madone*. — *Sainte Cécile*.

Ancienne Galerie de Vienne. — *Le Christ couronné d'épines*. — *Hérodiade tenant la tête de saint Jean-Baptiste*. — *Hérodiade recevant du bourreau la tête de saint Jean-Baptiste*.

Musée du Roi, a Madrid. — *La Joconde*. — *Sainte Famille*. — *Sainte Famille*.

Musée de Dresde. — *La Vierge et l'Enfant Jésus*. — *Hérodiade* (école du maître). — *Sainte Madeleine* (id.). — *Jésus debout sur les genoux de la Vierge* (id.).

Galerie Esterhazy. — *Une Madone*. — *Une Vierge*.

Anciennement au palais du prince d'Orange, a Bruxelles. — *Diane de Poitiers*.

CABINET DE LA COMTESSE DE LAVAL, A SAINT-PÉTERSBOURG. — *Une Joconde.*

A M. R. TWINING. — *Une Joconde.*

AU COMTE D'ELGIN. — *Portrait de jeune Homme.*

A M. J. W. BRETT. — *Une Madone.*

COLLÉGE D'OXFORD. — *Une Madone* (dessin). — *Portrait de Lodovico Sforza* (dessin).

COLLECTION HOLFORD. — *La Vierge aux rochers.* — *Une Tête de Vierge.*

GALERIE ELLESMÈRE. — *Portrait de Femme* (coll. d'Orléans).

GALERIE ASHBURTON. — *La Sainte Famille.* — *Le Christ.*

COLLECTION MORRISSON. — *Buste de Femme.*

A LORD ELGIN. — *Saint Sébastien* (contesté par M. Waagen qui l'attribue à Beltraffio).

AU COMTE DE IARBOROUGH. — *Le Christ* (contesté par M. Waagen).

A LORD IARBOROUGH. — *La Vierge et sainte Anne* (contesté par le même).

COLLECTION DE SIR THOMAS SEBRIGHT. — *La Vierge dans un paysage* (contesté par le même).

COLLECTION DEVONSHIRE. — *Un Portrait en buste.*

COLLECTION DAVENPORT BROMLEY. — *La Vierge* (coll. Fesch).

CABINET BOOTH. — *Lucrèce.*

COLLECTION MILES. — *Le Christ.*

COLLECTION HOARE. — *Une Sainte Famille* (sur parchemin).

COLLECTION TH. BARING. — *Flora.*

COLLECTION MACKINNON. — *Sainte Catherine.*

COLLECTION BROWNLOW. — *Mona Lisa* (répétition).

COLLECTION SUFFOLK. — *La Vierge aux rochers* (répétition).

GALERIE DU DUC D'AUMALE. — *La Taconde* (carton d'un tableau du Musée de Saint-Pétersbourg).

PRIX DE VENTES

Saint Jérôme. 1742, Vte Carignan, 1,900 fr. (C'est sans doute le même qui a été vendu 460 écus romains à la Vte Fesch.) — *La Colombine* (73^c—58^c). 1793, Vte d'Orléans, 250 fr.; 1850, Vte Guillaume II, 40,000 florins (à M. Bruni pour le musée de Saint-Pétersbourg). — *Un Christ en croix.* 1809, Vte Lebrun, 2,000 fr. — *Le Christ.* 1819, Vte Lebrun, 3,600 fr. (Sans doute le même de la première vente?) — *Deux Enfants.* 1843, Vte Aguado, 4,000 fr. — *Léda* (1^m,26—1^m,04). 1850, Vte Guillaume II, 24,500 florins. (A M. Roos; provenant de la gal. de Hesse-Cassel et de celle de la Malmaison.) — *Salomé recevant la tête de saint Jean-Baptiste.* 1855, Vte Collot, 16,500 fr. (à M. Thibeaudeau); 1857, Vte Thibeaudeau, 12,100 fr. — *Jeune Fille vue de profil.* 1860, Vte D. de Turin, 5,000 fr. — *La Vierge, l'Enfant Jésus et saint Jean-Baptiste* (dessin). Même Vte, 1,080 fr. — *Portrait d'une jeune dame* (dessin). Même Vte, 4,500 fr. — *Portraits du duc de Milan et de sa femme* (cartons). Même Vte, 2,050 fr. — *Martyre de saint Sébastien,* vendu 135,000 fr., suivant le bruit public, par M. W. Moreau.

Léonard de Vinci a eu beaucoup d'imitateurs. Voici les principaux :

SOLARI ou SOLARIO (ANDREA DI), DIT IL GOBBO

Né en 1458, mort vers 1530.

De tous les disciples et imitateurs de Léonard de Vinci, Solari est celui qui lui a fait le plus d'honneur. La plupart de ses ouvrages sont classés parmi ceux de son maître, et il est difficile, même aux connaisseurs les plus habiles, de ne pas s'y méprendre, tant ils ressemblent aux originaux. La seule différence qu'il y ait entre ces deux peintres, c'est que la couleur de Solari est plus rouge, et que son dessin est moins correct. Il l'emporte quelquefois sur Léonard pour le naturel des expressions.

LUINI ou LOVINI DA LUINO

Né à Luino vers 1460, vivait encore en 1530.

Comme le précédent, ce peintre profita si bien des leçons de Léonard de Vinci, dont il s'assimila et le genre et le goût, qu'aujourd'hui on prend plus d'une fois l'un pour l'autre.

Dans les ouvrages de Luini, il faut distinguer trois manières différentes : la première lorsqu'il imita Scotto, est froide, verdâtre, assez correcte de dessin, mais dénuée de toute expression ; la seconde, qui est la plus connue, lorsqu'il s'inspirait de Léonard, est aussi la plus belle : le coloris en est suave, le dessin sévère, les vêtements sont artistement drapés, les airs de tête pleins de noblesse et de caractère ; malheureusement, il est plus empâté et d'un ton plus mat que son modèle. Sa troisième manière, qu'il emprunta du grand Raphaël, tient beaucoup de l'École romaine. Le pinceau de Perrin del Vaga a beaucoup d'analogie avec celui de Luini, ce qui fait qu'on les distingue difficilement. Voici néanmoins quelques signes caractéristiques : les peintures du premier sont moins noires, mais plus finies, et n'ont pas cette touche large et vigoureuse particulière au second.

SANDRART (JOACHIM)

Né à Francfort-sur-le-Mein en 1606, mort à Nuremberg en 1683.

Après avoir étudié sous les auspices de Gérard Honthorst, Sandrart passa en Italie, où il se passionna pour l'École florentine, et suivit de préférence la belle manière de Léonard de Vinci, mais avec tant de servilité, qu'il est tombé dans l'espèce d'afféterie de quelques-uns des imitateurs du célèbre Florentin.

Outre une touche trop floue, qui donne une certaine mollesse à toutes ses imitations, les connaisseurs lui reconnaissent un dessin maniéré et des tons de couleur qui seraient irréprochables s'ils ne manquaient pas de suavité.

UGGIONI (MARC)

Vivait en 1520.

Bon peintre, excellent coloriste, il n'a pas su reproduire dans ses imitations la touche fine et délicate et la belle entente du clair-obscur qui règnent dans les œuvres de Léonard de Vinci.

SESTO (CESARE DA)

DIT LE MILANESE, ET QUELQUEFOIS CÉSAR MAGNUS

Vivait en 1524.

Sesto était l'ami de Raphaël. Il a fait de belles copies de Léonard. Son style est élevé, son dessin correct, sa couleur harmonieuse et floue; ses carnations sont charmantes. Néanmoins, si l'on compare les œuvres de ces deux artistes, on reconnaîtra la main de l'imitateur à l'ensemble du travail, qui offre moins de vigueur que celui du maître.

MELZI (FRANCESCO)

Né à Milan.

En reconnaissance des bons soins que Melzi lui avait prodigués, Léonard le nomma son exécuteur testamentaire, et lui légua ses livres et quelques instruments de son art. Sous le rapport du talent, Melzi peut être placé dans la classe des peintres de médiocre distinction. Ses tableaux, considérés avec soin, perdent le peu d'analogie qu'ils semblent avoir au premier coup d'œil avec les ouvrages de Léonard; en effet, le dessin y est plus carré, les draperies plus boudinées, et la touche plus aiguë.

CREDI (LORENZO DI)

Né à Florence en 1452, mort en 1530.

Cet artiste travailla d'abord sous André Verochio, puis sous le Pérugin, lorsque, plein d'admiration pour les beautés de Léonard, il abandonna la manière de ces deux maîtres pour ne s'attacher qu'à celle du dernier : si l'on en croit quelques historiens, on attribua à Léonard, de son vivant même, plusieurs des copies exécutées par Credi.

Cette erreur a encore lieu aujourd'hui au sujet des productions de ce peintre, qui sont extrêmement rares et que l'on recherche toujours avec ardeur. Credi se trahit par une touche aplatie et une couleur plus rouge que celle du modèle.

Comme il serait trop long et en même temps inutile de consacrer un article pour chacun des imitateurs de Léonard de Vinci dont les œuvres se distinguent au premier coup d'œil, soit par leurs imperfections, soit par un cachet particulier et différent de la manière du maître, je citerai, mais pour mémoire seulement, les noms des peintres suivants : GAUDENZIO VINCI, ADDA, JEAN PEDRINI, CESARE ABBASIA et JACOPO PAOLO LOMMAZO.

RAIBOLINI (FRANCESCO), DIT IL FRANCIA

Né à Bologne en 1460, suivant d'autres auteurs en 1450, mort en 1517.

Francia n'avait d'autre ambition que d'acquérir de la gloire, et il eût donné volontiers tout ce qu'il possédait pour atteindre le plus haut degré de la perfection : l'amour de la science avait tellement pris d'empire sur lui, que, suivant quelques biographes, la pensée qu'il ne pourrait jamais égaler Raphaël le fit mourir de chagrin.

Son coloris rappelle celui du Pérugin ; son dessin et sa façon de draper ont beaucoup de rapport avec le faire de Jean Bellini. Il est moins gracieux que le premier, mais il a plus de noblesse et moins de monotonie que le second.

Les tableaux de Francia sont extrêmement rares. Le musée du Louvre n'en possède qu'un ; encore a-t-il été attribué à divers maîtres. Raphaël, le Giorgion, Sébastien del Piombo et, en dernier lieu, Francia, ont eu tour à tour l'honneur de la paternité. La dernière sera-t-elle plus durable que les autres ? Je n'oserais l'affirmer.

ANCIENNEMENT AU LOUVRE. — *Jésus-Christ descendu de la Croix.* — Est. 40,000 fr. Rendu en 1845 à l'église Saint-Jean l'Évangéliste, à Parme.

MUSÉES DIVERS, GALERIES, ETC.

MUSÉE NAPOLÉON III. — *Portrait du peintre.* — *La Vierge avec l'Enfant et saint François.* — *Un saint Moine.*

MUSÉE DE RENNES. — *Un Roi sur son trône* (dessin à la plume).

MUSÉE DE BOLOGNE. — *Le Christ mort.* — *Divers traits de la vie de Jésus-Christ.* — *La Vierge et l'Enfant.* — *L'Annonciation.* — *La Vierge dans une gloire.*

PINACOTHÈQUE DE BOLOGNE. — *La Vierge, l'Enfant Jésus et plusieurs Saints.* — *Saint Fridien.* — *La Vierge et son Fils au ciel.* — *La Vierge sur un trône.* — *Notre Dame.* — *La Vierge, l'Enfant Jésus et plusieurs Saints.* — *La Vierge et plusieurs*

Saints adorant l'Enfant Jésus. — Épisodes de la vie de Jésus-Christ. — La Descente du Saint-Esprit aux apôtres.

Musée de Parme. — *Le Christ descendu de la Croix.*

Académie de Turin. — *Saint Jean-Baptiste.*

Ancienne galerie de Vienne. — *La Sainte Vierge sur un trône.*

Musée de Saint-Pétersbourg. — *L'Enfant Jésus.*

Musée de Francfort-sur-le-Mein. — *Un Portrait d'Homme.*

Musée de Berlin. — *La Sainte Famille.—Le Christ mort.—La Vierge glorieuse.*

Musée de Munich. — *Deux Madones.*

Musée de Dresde. — *Une Madone. — L'Adoration des Mages et des Bergers. — Le Baptême du Christ.*

National Gallery. — *La Vierge, l'Enfant Jésus et sainte Anne.* (Acheté 87,500 fr. en 1841). — *La Vierge, le Christ et trois Anges.* (Même prix que le précédent.) — *La Vierge et plusieurs Saints* (coll. Beaucousin).

A M. Daniel Lée. — *Un Portrait d'Homme. — Une Madone.*

Collection Ward. — *La Sainte Famille. — La Vierge et l'Enfant Jésus.*

Anc. collection Northwich. — *Une Madone.*

Collection Farquhar. — *Saint Roch.*

Collection Labouchère. — *Le Baptême du Christ.* (Coll. Coningham.)

Au comte de Dunmore. — *La Vierge et l'Enfant Jésus.* (Regardé comme un Giacomo Francia par M. Waagen.)

Collection R. P. Nichols. — *Portrait de Femme.*

Collection Baring. — *Lucrèce. — La Sainte Famille.*

Collection Cornwall. — *La Sainte Famille.*

Collection Cornwall Legh. — *La Sainte Famille.*

A lord Kinnaird. — *La Vierge et l'Enfant Jésus.*

Collection Munro. — *Saint François recevant les stigmates.*

Collection Campbell. — *La Vierge, l'Enfant Jésus, saint François et sainte Catherine.*

Galerie Lichtenstein. — *Une Madone.*

Galerie Esterhazy. — *Deux Vierges.*

Collection C***. — *Cléopâtre.*

Cabinet Trilha. — *La Fuite en Égypte. — Le Père Éternel dans sa gloire.*

A Mme Ve Thénard. — *La Vierge et l'Enfant Jésus.*

PRIX DE VENTES

Sainte Famille avec saint Pierre et saint Paul. 1793, Vte d'Orléans, 100 liv. sterl. — *Portrait d'un Savant.* 1846, Vte Stevens, 800 fr. — *Sainte Famille.* 1847, Vte Dubois, 1,080 fr. — *La Vierge sur un trône.* 1859, Vte Moret, 1,000 fr. — *L'Annonciation.* 1859, Vte Nortwick, 2,080 fr. — *La Vierge et l'Enfant Jésus.* Même Vte, 3,432 fr. — *Même sujet.* 1859, Vte D., de Turin, 3,200 fr. — *Portrait du Peintre.* 1861, Vte X., 840 fr.

Parmi les imitateurs et les copistes de Francia, voici ceux dont on fait le plus de cas :

RAIBOLINI (JACOPO), DIT FRANCIA

Né à Bologne, florissait en 1557.

Les ouvrages de Jacques Francia sont souvent confondus avec ceux de son père, quoique, par son dessin plein de roideur, par sa couleur fausse et blafarde, par sa touche molle et uniforme, la copie soit bien loin de valoir l'original.

LUDOVICO DE PARME

Florissait en 1480.

Les madones de Ludovico ressemblent beaucoup à celles de Francia : néanmoins on les reconnaît à leur touche allongée, à leurs draperies trop minces de ton et à leur dessin recherché.

BARTOLOMEO

Né à Forli.

Les tableaux de ce peintre n'ont qu'un seul mérite, c'est d'avoir servi et de servir encore à la fabrication des Francia de contrebande.

A cet effet, on corrige le dessin roide et sans goût de l'auteur; on ménage les clairs en reglaçant les ombres et les demi-teintes, et l'on termine le tout par quelques frottis dans les draperies : c'est ce que l'on appelle des tableaux à tournure.

FRA BARTOLOMMEO

DIT SAN MARCO, DIT LE FRATE

Né à Savignano en 1469, mort en 1517.

Bartolommeo fut un peintre éminent, dont les œuvres sont généralement admirées. Cependant celles que son pinceau a produites pendant la première période de sa carrière artistique sont bien inférieures à celles qu'il exécuta dans la seconde période, puisque, suivant certains auteurs, ces morceaux, parfaits sous tous les rapports, le disputent aux chefs-d'œuvre du grand Raphaël.

Bartolommeo joint à la correction du dessin une touche recherchée et peut-être un peu molle. La grâce et la douceur sont le partage de ses Vierges.

Le musée du Louvre a possédé jusqu'à cinq ouvrages de ce maître estimé. Deux seulement y sont restés après les désastres de 1815. Le plus admiré des amateurs est *le Mariage mystique de sainte Catherine*, coté 120,000 fr., puis 150,000 lors des inventaires. Le second, *la Salutation angélique*, après avoir été porté à 60,000 fr., est descendu à 40,000 fr.

Le plus estimé des trois qui ont été enlevés en 1815 est actuellement au palais Pitti. Il représente *le Sauveur du monde* accompagné des quatre Évangélistes. Primitivement peint sur bois et reporté ensuite sur toile, il a été évalué 200,000 fr. Le second a pour titre *Saint Marc Évangéliste*. Il fut également peint sur bois, puis reporté sur toile, et sa valeur a été portée à 40,000 fr. Le troisième, rendu à l'Autriche, représente *la Vierge et l'Enfant Jésus accompagnés de plusieurs saints*. Son estimation ne dépasse pas 30,000 fr.

MUSÉES DIVERS, GALERIES, ETC.

MUSÉE NAPOLÉON III. — *La Vierge et l'Enfant* (presque de grandeur naturelle). — *La Vierge et l'Enfant Jésus*. — *La Vierge allaitant l'Enfant Jésus; près d'elle sainte Élisabeth*.

MUSÉE DE RENNES. — *La Vierge et les Anges* (dessin à la plume, lavé au bistre).—

MUSÉE DE NANTES. — *Le Christ descendu de la croix*.

MUSÉE DE BORDEAUX. — *Sainte Famille*.

MUSÉE DU CAPITOLE. — *La Présentation du Christ au Temple*.

MUSÉE DEGL' UFFI A FLORENCE. — *Job et Esaïe*. — *Vierge sur le Trône*.

ACADÉMIE DES BEAUX-ARTS DE FLORENCE. — *Deux Vierges*. — *L'Apparition de la Vierge à saint Bernard*. — *Saint Vincent*. — *Le Christ mort*. (Fresques.)

AU PALAIS PITTI. — *Christ au tombeau*. — *Jésus ressuscité*. — *Vierge sur son Trône*. — *Saint Marc*. — *Sainte Famille*.

MUSÉE DE NAPLES. — *L'Assomption*.

MUSÉE DE BERLIN. — *Une Assomption* (faite en collaboration de M. Albertinelli).

MUSÉE DE SAINT-PÉTERSBOURG. — *Saint Jean et saint André*. — *Une Madone*. (Douteux.)

MUSÉE DE MUNICH. — *Sainte Famille*. — *Une Madone*.

COLLECTION HOSKINS. — *La Vierge et l'Enfant*.

COLLECTION COWPER. — *Le Mariage de sainte Catherine*. — *Sainte Famille*.

AU COMTE DE WARWICK. — *L'Ascension de la Vierge*. (En collaboration avec Raphaël.)

COLLECTION BARING. — *Une Sainte Famille*.

A LORD ENFIELD. — *La Vierge et l'Enfant Jésus*. (Regardé comme douteux par M. Waagen.)

Collection Holford. — Une partie d'autel dont le principal sujet représente *la Vierge sur un Trône.*

Collection Methuen. — *La Vierge et l'Enfant Jésus.*

A lord Elcho. — *La Vierge et l'Enfant Jésus.*

Collection Hoare. — *La Sainte Famille.*

Collection Labouchère. — *La Vierge et l'Enfant Jésus.*

Collection Brownlow. — *La Vierge caressant l'Enfant Jésus.*

Galerie du duc d'Aumale. — *Christ avec Saints et Saintes.* (Première pensée du tableau du palais Pitti.) — *Sainte Famille.* (Dessins.)

Galerie Esterhazy. — *Une Madone.*

Cabinet de M. de Tatischteff a Saint-Pétersbourg. — *Sainte Famille.*

Cabinet de la comtesse de Laval a Saint-Pétersbourg. — *Sainte Famille.*

Galerie Weyer de Cologne. — *Saint Pierre et Saint Paul.*

Les tableaux de ce maître, au moins les véritables, paraissent peu en vente publique; *Une Vierge, sainte Anne avec Jésus* a été payée 4,144 fr. à la Vte Lebrun en 1810. A celle du roi des Pays-Bas, en 1850, une œuvre assez remarquable a été adjugée 14,100 florins. Sur les deux compositions qui ont paru à la Vte Aguado, l'une a été payée 1,255 fr., la seconde considérée comme très-douteuse n'a pas dépassé 310 fr. — *Une Vierge, l'Enfant Jésus et saint Jean* a paru en 1859, à la Vte Nortwick. — *La Vierge et l'Enfant Jésus* (très-contesté). 1859, Vte Beausset, 300 fr. — *Une Vierge au Rosaire.* 1861, Vte marquis de Salvo, 1,350 fr.

PAOLO DA PISTOIA (frère)

Né à Pistoie en 1490, mort en 1547.

Pistoia fut disciple de Bartolommeo. Il approcha tellement de sa manière que, du vivant de ces deux peintres, on y était trompé.

Couleur heureuse, mais avec quelque chose de briqueté; lignes tourmentées et maigres dans le dessin : voilà les signes qui décèlent l'élève.

DOSSI DOSSO et GIO BATTISTA DOSSI

Le premier né à Dosso en 1474 ou 1479, mort en 1558 ou 1560; le second, mort en 1545.

La fraîcheur et le naturel sont deux qualités si peu ordinaires parmi les peintres italiens, que l'on est tout étonné de les trouver réunies à un si haut degré dans les productions de Dosso et de Gio Battista, son frère.

Le premier possède une touche grasse, une manière aussi délicate qu'originale ; un dessin un peu recherché, mais d'une grande beauté de correction.

Gio Battista Dossi, son frère, excella dans le paysage, mais ses figures sont d'une incorrection vraiment choquante.

L'ancien livret du musée du Louvre indiquait trois tableaux de ces peintres : une *Circoncision*, estimée 15,000 fr., puis 12,000 fr., et deux *Saintes Familles* cotées, la première 8,000 fr., la seconde 3,000 fr. Suivant le livret de 1854, nous n'en possédons plus que deux, dont un nouveau. Que sont devenus les deux autres ? sont-ils débaptisés ? cela est probable ; mais par quels motifs ? C'est ce qu'on aurait pu dire, car enfin ces tableaux n'étaient pas sans valeur artistique, puisque l'un avait été coté 12,000 fr. et l'autre 8,000 par la commission d'expertise.

Des deux qui nous restent, l'un, *Saint Jérôme en prière*, a été acquis en 1852 pour la somme de 5,000 fr., l'autre, représentant une *Sainte Famille*, est celui qui a été taxé à 3,000 fr. lors des inventaires.

On admirait anciennement une *Nativité*, estimée 50,000 fr., et qui a été rendue au duc de Modène en 1815.

MUSÉES DIVERS, GALERIES, ETC.

Musée Napoléon III. — *Adoration des Mages.*

Musée de Nantes. — *Saint Jean composant son Évangile.*

Musée de Dresde. — *La Justice.* — *Diane et Endymion.* — *La Paix.* — *Les Pères de l'Église.* — *Un Songe.* — *Judith avec la tête d'Holopherne.*

Ancienne galerie de Vienne. — *Saint Jérôme.*

National Gallery. — *L'Adoration des Mages.* (Coll. Beaucousin.)

A Hampton Court. — *Sainte Famille.*

Institution royale de Liverpool. — *La Circoncision.*

Galerie Malmesbury. — *Une Sainte Famille.*

Au duc de Northumberland. — *Une charmante composition.*

Au comte de Dunmore. — *L'Adoration des Bergers.*

Collection Holford. — *Portrait du duc Alphonse de Ferrare.*

Quant aux ventes publiques, le seul tableau reconnu capital est une *Sainte Famille*, vendue 852 écus romains à la Vte Fesch.

SURCHI (GIOVANNI-FRANCESCO), DIT LE DIELAI

Élève des frères Dossi, dont il partagea les travaux, Surchi voulut les surpasser en les corrigeant, mais il n'est parvenu qu'à se créer une manière à peu près semblable quant à l'ensemble, et qui n'est rien moins que bizarre et crue dans les détails. Il pèche par un dessin exagéré, une touche émoussée et la trop grande vigueur qu'il mettait dans son clair-obscur.

ROSELLI (NICCOLO)

Né à Ferrare.

Ce peintre n'eut pas grand talent. D'une exécution recherchée, et par cela même fade et sèche, d'une couleur rouge intense, ses tableaux n'ont qu'une faible analogie avec ceux de Dossi. Ils sont d'une grande utilité au bas commerce, qui les fait retoucher selon la manière de Dossi, et les vend ensuite pour être de sa main.

BUONAROTTI ou BUONARROTI

(MICHEL-ANGE)

Né au château de Caprère, sur le territoire d'Arrezo, en 1474, mort en 1564.

La biographie de Michel-Ange est trop connue pour que j'aie à m'en occuper ici.

Son dessin est correct et nourri de bonnes études anatomiques; son style est souvent terrible, son originalité parfaite. Ses draperies, bien jetées, ont un caractère à part. Sa couleur est riche et un peu vineuse, sa touche décidée, et son exécution large et pleine de vérité.

Après avoir vécu quatre-vingt-huit ans onze mois, il mourut à Rome, estimé des papes Jules II, Léon X, Clément VII, Jules III et Paul IV, de François Ier, de Charles-Quint, de Cosme de Médicis, des Vénitiens et de Soliman, empereur des Turcs, qui était son admirateur.

Le musée du Louvre ne possède aucun ouvrage de cet artiste. Un seul à peu près authentique y a paru, mais il a été repris en 1815. Il a pour titre : *les Parques*, et son estimation monte à 2,500 fr., somme bien minime s'il n'y a pas erreur. Il est actuellement au palais Pitti.

Ses principaux ouvrages sont en Italie, et la chapelle Sixtine est le résumé complet de cet admirable talent.

Voici la liste des tableaux que les différents musées de l'Europe lui attribuent :

MUSÉES DIVERS, GALERIES, ETC.

MUSÉE NAPOLÉON III. — *Une Tête de vieille Femme* (manière du maître).

MUSÉE DE RENNES. — *Trois figures d'Hommes nus* (dessin à la plume, lavé). —

Deux Têtes (dessins à la plume). — *Portrait de Michel-Ange de face et de profil* (dessin à la plume). — *Figure d'Homme portant un enfant sur les épaules* (dessin à la plume).

Musée de Parme. — *Vierge dans sa gloire.*

Musée degl' Uffi a Florence. — *Vierge agenouillée* (forme ronde).

Au palais Doria. — *Un Calvaire.*

Musée du Capitole. — *Portrait de l'artiste.*

Musée de Munich. — *Le Christ aux Oliviers.*

Musée de Saint-Pétersbourg. — *L'Enlèvement de Ganymède* (douteux).

Anc. galerie de Vienne. — *L'Enlèvement de Ganymède.* — *Sainte Famille.* — *Jésus-Christ sur la Montagne des Oliviers.* — *Le Songe de Michel-Ange* (sujet allégorique).

Anc. cabinet San Angelo a Naples. — *Esquisse du Jugement dernier* (carton peint en grisaille).

Institution royale de Liverpool. — *Le Christ et la Samaritaine* (grisaille, coll. du roi de Naples).

A M. H. Labouchère. — *Sainte Famille.*

A lord Methuen. — *Ganymède.* (Regardé comme douteux.)

Collection W. Russel. — *Une figure d'Homme.*

A lord Kinnaird. — *Une Crucifixion.* (Contesté par M. Waagen qui l'attribue à Marcello Venusti.)

Collection Wellington. — *L'Annonciation.*

Galerie Dupont. — *Portrait de l'artiste* (prov¹ du palais Pitti).

Galerie du duc d'Aumale. — *Étude de figures nues et drapées.* — *La Vérité* (dessins.)

PRIX DE VENTES

Une Vision a été vendue 40 liv. sterl. à la Vᵗᵉ d'Orléans, en 1793. A la deuxième Vᵗᵉ d'Orléans, en 1800, il s'est produit *le Sacrifice d'Abraham,* payé 47 guinées, et une *Transfiguration,* 12 guinées. En présence de ces prix infimes, on est disposé à douter de l'authenticité de ces deux œuvres.

Étude de femme et d'enfants, dessin à la plume, Vᵗᵉ Van Os. 1861, 150 fr.

Au nombre des imitateurs et copistes de Michel-Ange qui ont atteint un degré de séduction qui trompe jusqu'à s'y méprendre, je citerai :

GRANACCI (FRANCESCO)

Né à Florence en 1477, mort en 1534.

Sa manière large et vigoureuse, son bon coloris, le font souvent confondre avec l'illustre maître. On le reconnaît pourtant à son fini précieux dans les extrémités et à sa touche arrondie.

PAGANI (FRANCESCO)

Né en 1531, mort en 1561.

Beaucoup d'imitations remarquables sont dues au pinceau de Pagani. On les reconnaît à un ton très-violacé et à un empâtement moins savant.

FILIPPI (SEBASTIANO), DIT BASTIANINO ET GRATELLA

Né à Ferrare en 1532 ou 1540, mort en 1602.

Beau dessin, large et grandiose, style terrible comme celui du maître, exécution pleine d'ampleur, couleur plutôt noire que vigoureuse, demi-teintes sans liaison : tels sont les défauts et les qualités particuliers à Bastianino.

RICCIARELLI (DANIELE), DIT DANIELE DA VOLTERRA

Né à Volterra en 1509, mort à Rome en 1566.

Un caractère mâle et résolu distingue le talent de ce peintre; sa couleur tient de celle du grand maître, mais ses raccourcis, d'ailleurs bien exécutés, n'ont ni cette liberté d'expression, ni ces contours pleins de fougue que l'on admire dans les œuvres de Michel-Ange.

PINO (MARC), DIT MARC DE SIENNE

Élève de Daniele de Volterre, Pino chercha à imiter Michel-Ange; néanmoins sa manière est plus sage, ses expressions sont moins austères et pleines de noblesse.

FRANCO (BATTISTA), DIT SEMOLI

Né à Venise en 1498, mort en 1561.

Grand admirateur de Michel-Ange, ce peintre l'étudia avec un certain bonheur. Ses premières productions sont extrêmement exagérées de dessin; mais il devint plus sage dans la suite. On le reconnaît à son coloris fade et à sa touche saillante.

VENUSTI (MARCEL), DIT IL MANTUANO

Né à Mantoue en 1515, mort en 1576.

Sa manière hardie et vigoureuse, son coloris vif et naturel, son dessin très-correct, en font un heureux imitateur du grand maître. Il s'en éloigne pourtant dans la disposition des draperies qui, chez Venusti, sont aiguës et carrées de plis, et dans sa touche un peu tranchante.

BRONZINO (ANGIOLO)

Né à Florence vers 1502, mort en 1572.

Professant plus d'estime pour le dessin que pour la couleur, Bronzino n'eut qu'un but; celui d'égaler Michel-Ange. Son dessin est savant, son anatomie exacte, sa manière et ses expressions sont heureuses. On n'en peut pas dire autant de sa couleur fade et sans harmonie, ni de sa touche monotone.

Deux autres artistes prirent aussi le nom de Bronzino, ce sont Cristofano et Alessandro Allori.

DONDUCCI (GIOVANNI-ANDREA), DIT IL MASTELLETTA

Né à Bologne en 1575, mort en 1655.

Donducci, élève des Carraches, abandonna leur manière pour suivre celle de l'illustre maître. Sa manière est brillante, son pinceau magistral, son coloris plein de force. Il ne se trahit que par son dessin un peu maniéré et souvent incorrect.

PELLEGRINI (PELLEGRINO LE VIEUX)

DIT TIBALDO OU TIBALDI

Né en 1527, mort en 1591.

Si l'on cherche la correction du dessin et une manière facile pour peindre en raccourci, on trouvera ces qualités réunies chez Pellegrini. Imitateur de Michel-Ange, ses ouvrages auraient assez de rapport avec ceux du grand artiste, si les empâtements n'y étaient pas tracés et s'ils avaient moins d'épaisseur : défauts que l'exagération produit presque toujours.

ALESIO (MATTEO-PIETRO)

Né en 1547, mort en 1580.

A l'instar de Pellegrini, Alesio mit tous ses soins à approcher de la belle manière de son maître. Comme imitateur, il se fait remarquer par la vérité de son dessin. Comme compositeur, il ne manque pas de caractère, mais sa touche est maigre et son coloris trop rosé.

MATHIEU DA LECCE, DURANTE DA NOBILI et CARDI, dit CIGOLI ou CIVOLI, furent encore des imitateurs du grand peintre, mais à un degré si éloigné, qu'ils ne méritent pas qu'on en fasse une étude particulière.

VECELLIO - TIZIANO

VULGAIREMENT LE TITIEN

Né à Piève, province de Cadore, en 1477, mort à Venise en 1576.

La renommée et la gloire dont le Titien jouit dans le monde entier me dispensent de reproduire ici sa biographie. Il me suffit de dire que son École a formé de nombreux élèves, et qu'il en est sorti surtout beaucoup d'imitateurs et de copistes. De là, des tableaux qui portent le nom du Titien, auxquels il n'a eu aucune part; de là, des copies que l'on regarde comme des répétitions de son pinceau, et qu'il n'a fait que diriger quand elles l'intéressaient, ou dont il n'a peut-être même jamais eu connaissance.

Le Titien a fait un nombre considérable d'ouvrages actuellement dispersés dans les musées et les collections particulières de l'Europe. Le musée de Paris en possède une vingtaine parmi lesquels il y en a de contestés. Quoi qu'il en soit, notre musée peut passer pour être riche en échantillons de ce maître.

MUSÉE DU LOUVRE

La Vierge et l'Enfant Jésus. Coll. Louis XIV. Est. off. (1810), 80,000 fr. — *La Vierge, l'Enfant Jésus, sainte Agnès et saint Jean.* Coll. Louis XIV. Est off. (1810), 60,000 fr. —

Le Repos de la Sainte Famille. Mazarin. Coll. royale. 1,500 fr. — *Les Pèlerins d'Emmaüs.* Duc de Mantoue. Charles Ier. 1650, Jabach. Coll. Louis XIV. Est. off., 150,000 fr. — *Le Couronnement d'épines.* Musée Napoléon. Est. off. (1810), 400,000 fr. — *Le Christ porté au Tombeau.* Duc de Mantoue, 120 liv. st. Charles Ier. 1650, Jabach, 3,000 fr. Coll. Louis XIV. Est. off., 300,000 fr. — *Saint Jérôme à genoux.* Coll. Louis XIV. Est. off., 1,500 fr. — *Jupiter et Antiope.* Philippe II. Charles Ier. 1650, Jabach, 15,000 fr. Mazarin. Coll. Louis XIV. Est. off., 20,000 fr. — *Portrait de François Ier.* Coll. François Ier. Est. off., 20,000 fr. — *Portrait d'Alphonse d'Avalos.* Coll. Louis XIV. Est. off., 8,000 fr. — *Portrait d'une jeune Femme à sa toilette dite la maîtresse du Titien.* Charles Ier. 1650, Jabach, 100 liv. st. Coll. Louis XIV. Est. off., 50,000 fr. — *Portrait d'Homme* (n° 472 du Livret de 1854). Coll. Louis XIV. Est. off., 15,000 fr. — *Portrait d'un jeune Homme* (n° 473). Coll. Louis XIV. Est. off., 15,000 fr. — *Portrait d'Homme* (n° 474). Marquise Sanesi. Mazarin. Coll. Louis XIV. Est. off., 10,000 fr. — *Portrait d'un Chevalier de Malte.* Est. off. 8,000 fr. — *Le Concile de Trente.* La Chataigneraie. Coll. Louis XIV. Est. off., 25.000 fr. — *Le Christ entre un soldat et un bourreau.* Coll. Louis XIV. Est. off., 4,000 fr. — *Portrait du cardinal Hippolyte de Médicis.* Coll. Louis XIV. Est. off., 2,000 fr. — *La Vierge et l'Enfant Jésus adoré par deux anges.* Coll. Louis XIV. Est. off. 2,000 fr. (Très-contesté.) — *Portrait d'Homme* (n° 477). (Contesté.)

MUSÉES DIVERS, GALERIES, ETC.

MUSÉE NAPOLÉON III. — *Portrait de l'artiste* (buste). — *Buste d'un guerrier du* XVe *siècle.* — *Tobie et son fils enterrant les morts.*

MUSÉE DE BORDEAUX. — *Sainte Famille.* — *La Femme adultère* (contesté, attribué à Paul Véronèse). — *Sainte Madeleine.* — *Vénus soufflant le feu de l'Amour.* — *Triomphe de Galathée.* — *Tarquin et Lucrèce.* — *Philippe II et sa maîtresse.*

MUSÉE DE NÎMES. — *Sainte Famille.* — *Tête de saint Jean-Baptiste dans un* plat.

MUSÉE DE RENNES. — *Paysage avec figures.* — *Apollon écorchant Marsyas.* — *Un Paysage* (dessins).

MUSÉE DE TOURS. — *Un Portrait.*

MUSÉE DE ROUEN. — *Portrait d'Homme.*

MUSÉE DE BESANÇON. — *Un Portrait.*

MUSÉE D'ÉPINAL. — *Vénus sortant de l'onde.*

MUSÉE DE LILLE. — *Le Couronnement d'épines.* — *Portrait de François Ier, roi de France.*

A L'ACADÉMIE DES BEAUX-ARTS, DE VENISE. — *Les Emblèmes des quatre Évangélistes* et quinze *Têtes d'Enfants et Masques de caractère.* — *La Présentation au Temple.* — *L'Assomption.* — *Saint Jean-Baptiste dans le désert.* — *Tête de vieille Femme.*

CONFRÉRIE DE SAN ROCCO, A VENISE. *L'Annonciation.*

ÉGLISE SAN ROCCO, A VENISE. — *Le Christ traîné par le bourreau.*

A SAINT-MARC, DE VENISE. — *Saint Christophe* (fresque). — *La Foi du doge Marin Grimani.*

ÉGLISE SANTA MARIA DELLA SALUTE, A VENISE. — *La Descente du Saint-Esprit.* — *La Mort d'Abel.* — *Le Sacrifice d'Abraham.* — *David tuant Goliath.* — *Saint Marc entre quatre Saints.* — *Les quatre Évangélistes.* — *Les quatre Docteurs.*

Aux Jésuites de Venise. — *Le Martyre de saint Laurent.*

Église San Marziale, a Venise. — *Tobie conduit par l'Ange.*

Église San Sebastiano, a Venise. — *Saint Nicolas.*

Église de Santa Maria de' Frari, a Venise. — *Divers membres de la famille Pésaro.*

Église San Giovani San Paolo, a Venise. — *Le Meurtre de saint Pierre, martyr.*

Aux Procuratie Nuove, a Venise. — *Le Passage de la mer Rouge. — La Sagesse couronnée.*

Au palais Manfrin, a Venise. — *La Mise au Tombeau.*

Ancienne Galerie Barbarigo, a Venise. — *La Madeleine. — Vénus. — Saint Sébastien.*

Musée du Vatican. — *Une Vierge. — Portrait d'un Doge.*

Musée du Capitole. — *Le Baptême du Christ. — La Femme adultère. — La Vanité* (allégorie).

Musée degl' Uffi, a Florence. — *Deux Saintes Familles. — Sainte Catherine, martyre. — La Flore. — Portraits du duc d'Urbin et de sa Femme. — Portrait de Sansovino. — La Bataille de Cadore* (esquisse). — *Deux Vénus. — Portrait du cardinal Beccadelli.*

Au Palais Pitti. — *Portrait d'un jeune Homme. — Portrait d'une Dame. — Portrait du cardinal Hippolyte de Médicis. — La Madeleine. — Christ à mi-corps. — Mariage de sainte Catherine. — Bacchanale. — Portrait d'André Vésale. — Portrait de Philippe II. — Portrait de Pietro Arétino. — Portrait de L. Cornaro.*

Musée de Parme. — *Jésus-Christ traîné par le bourreau* (répétition avec changements).

Musée Brera, a Milan. — *Saint Jérôme dans le désert.*

Bibliothèque Ambroisienne, a Milan. — *L'Adoration des mages.*

Galerie Scarria. — *Une Madeleine. — Portrait de la maîtresse de l'artiste.*

Galerie Bentivoglio, a Bologne. — *Portrait de Philippe II.*

Galerie Borghèse. — *Sainte Famille. — Les Trois Grâces. — L'Amour sacré et l'Amour profane. — Le Retour de l'Enfant prodigue.*

Au Palais Doria. — *La Madeleine. — Léda. — Portrait de la maîtresse de l'artiste. — Divers portraits,* entre autres celui de *Jansénius. — Le Sacrifice d'Abraham.*

Musée de Naples. — *Portrait du Pape Paul III. — Portrait d'Érasme. — Portrait de Philippe II. — La Madeleine. — Danaé.*

Ancienne Galerie de Vienne. — *Paysage avec figures. — Portrait d'Ulysse Aldobrandi. — Jeune Femme représentée en Flore. — Lucrèce. — Enfant nu. — Jésus-Christ au sépulcre. — Sainte Vierge et l'Enfant Jésus. — L'Adoration des Mages. — La Résurrection du Christ. — Portrait d'Homme. — Portrait d'Homme à barbe rousse. — Sainte Vierge dans un vestibule. — Sainte Famille. — Jésus-Christ à Emmaüs. — La Femme adultère. — Jésus-Christ tenant le globe du monde. — Saint Jacques le Majeur. — La Vertu enseignant à l'Innocence le Chemin du Ciel. — Sainte Vierge et l'Enfant Jésus. — Portrait de Charles-Quint. — Ecce Homo. — Portrait de Jacques de Strada. — Portrait d'un Homme à barbe noire. — Portrait d'un Homme à barbe rousse. — Sainte Famille. — Jeune religieux. — Portrait de Giacomo Sansovino. — Portrait d'une jeune Dame. — Deux allégories. — Sainte Vierge, l'Enfant Jésus et saint Jean. — Sainte Vierge et l'Enfant Jésus. — Portrait de Benedetto Varchi. —*

Portrait de Jean Frédéric de Saxe. — *Portrait de Philippe Strozzi.* — *Portrait de Fabrice Salvaresius.* — *Bacchus assis sous un arbre.* — *Diane au bain.* — *Diane recevant la pluie d'or.* — *Deux Portraits de Femmes.* — *Deux Portraits d'Hommes.* — *Portrait du peintre.* — *Ecce Homo.* — *Sainte Catherine.* — *Portrait d'une Dame représentée en Lucrèce.* — *Portrait d'une Dame de qualité.*

Musée du Roi, a Madrid. — *Portrait équestre de Charles-Quint.* — *Portrait en pied de Charles-Quint.* — *Portrait de Charles-Quint.* — *Portrait à mi-corps de Philippe IV.* — *Portrait en pied du même.* — *Diane surprise par Actéon.* — *Diane surprenant la faute de Calisto.* — *Allégorie de la Bataille de Lépante.* — *Vénus et Adonis.* — *Danaé.* — *Lucrèce se poignardant.* — *Deux Vénus.* — *L'Offrande à la Fécondité.* — *Bacchus à Naxos.* — *Ecce Homo.* — *La Vierge aux Douleurs.* — *Deux saintes Marguerites.* — *Sisyphe.* — *Prométhée.* — *Salomé.* — *Portement de Croix.* — *Abraham retenu par l'Ange.* — *Le Péché originel.* — *Deux Mises au tombeau.* — *Assomption de la Madeleine.* — Allégorie. — *Portrait d'Isabelle de Portugal.* — *Portrait du Titien.* — *Portrait du bouffon des ducs d'Albe.* — Plusieurs autres *Portraits.*

National Gallery. — *La Vierge, l'Enfant Jésus et plusieurs Saints et Saintes.* — *Portrait de l'Arioste* (coll. Beaucousin). — *Le Tribut à César* (coll. Soult). — *Le Christ apparaissant à sainte Madeleine.* — *Adonis et Vénus* (coll. Angerstein). — *Le Professeur de musique* (attribué à Palma Vecchio). — *La Sainte Famille.* — *L'Adoration des Bergers.* — *Jupiter et Ganymède* (coll. Angerstein). — *Bacchus et Ariane* (acheté 125,000 fr. en 1826).

A Hampton-Court. — *La Madeleine.* — *Portrait d'Alexandre de Médicis.* — *Ignace de Loyola,* etc. — *Sainte Famille.* — *Une Vénus.* — *Lucrèce.* — *David vainqueur.* — *Sainte Madeleine.*

Collége d'Oxford. — *L'Adoration des Bergers.* — *Portrait du duc d'Albe.*

Collége de Dulwich. — Plusieurs belles compositions et portraits.

Musée Fitzwilliam, a Cambridge. — *Vénus* (gal. d'Orléans).

Institution royale d'Édimbourg. — *Un beau Paysage.*

A Buckingham-Palace. — *Un Paysage.*

Musée de Munich. — *Deux Madones.* — *La Sainte Famille.* — *Jupiter et Antiope.* — Plusieurs *Portraits.*

Musée d'Anvers. — *Alexandre VI et l'Évêque de Paphos.* — *Présentation à saint Pierre* (prov^t de la galerie du roi Guillaume Ier qui en fit don au musée).

Musée de Berlin. — Plusieurs *Portraits.* — Quatre petites esquisses.

Musée de Saint-Pétersbourg. — *Portrait de Laura de Dianti.* — *Portrait d'un Enfant.* — *La Toilette de Vénus.* — *Danaé.* — Enfin douze autres toiles plus ou moins contestées.

Au Hradschin en Bohème. — *L'Enlèvement d'Europe.*

Galerie Ellesmère. — *L'Allégorie des Trois Ages.* — *Portrait du Pape Clément VII.* — *Diane et ses Nymphes.* — *Vénus à la Coquille.* — *Diane et Calisto.*

Galerie Malmesbury. — *Portrait d'Alphonse, duc de Ferrare* (ce tableau, acquis à la Vte du cardinal Fesch, lui fut donné par l'empereur en 1796 après la prise de Venise). *Danaé* (coll. Crawford et Pembroke). — *Satyre enlevant une Nymphe* (gravé par l'artiste; magnifique échantillon du maître; anc. coll. Royale). — *Lucrèce* (anc. coll. de Charles Ier).

Galerie Westminster. — *Portrait de la maîtresse du marquis de Guasto.* — *Nymphe couchée.* — *La Femme adultère.* — *Cristo della Moneta.*

GALERIE NORTHUMBERLAND. — *La Famille de Cornaro.* — *Vénus et Adonis.* — *Portrait d'un Amiral* (attribué au Tintoret). — *Un Portrait d'Homme.* — *Portrait du Pape Paul III.*

AU DUC DE SUTHERLAND. — *L'Éducation de l'Amour* (payé 800 liv. sterl. à la Vte d'Orléans en 1793). — Plusieurs *Portraits.*

AU DUC DE PORTLAND. — *Portrait d'Homme.*

AU COMTE DE IARBOROUGH. — *Cupidon.*

AU DUC DE NEWCASTLE. — *Un Portrait d'Homme* (contesté, attribué à Paul Véronèse).

A LORD FOLKESTONE. — *Portrait d'un Sculpteur* (attribué au Tintoret). — *Portrait de César Borgia.* — Un autre *Portrait.*

COLLECTION BANKES. — *Portrait de Femme.* — *Une Vénus.*

A LORD FEVERSHAM. — *La Sainte Famille dans un paysage* (attribué à Pàris Bordone par M. Waagen). — *Vénus et Adonis* (attribué au cavalier Liberi par le même).

COLLECTION GEORGE BURDON. — *La Vierge et l'Enfant Jésus.*

GALERIE BEDFORD. — *Portrait du peintre.* — *Portrait de Vesalius* (attribué au Tintoret, par M. Waagen).

GALERIE M'LELLAN. — *Danaé.*

AU COMTE DE DUNMORE. — *L'Adoration des Bergers.* — *Un Portrait d'Homme.*

AU DUC DE MANCHESTER. — *Portrait d'Ignatius Loyola.*

A M. HOLFORD. — *Portrait d'un duc de Milan.* — *Le Repos en Égypte.*

AU RÉVÉREND P. STANIFORTH. — *Moine préchant.*

GALERIE DU COMTE GREY. — *La Fille du Peintre* (sujet à peu près identique à celui du musée de Berlin).

COLLECTION FITZWILLIAM. — *La Sainte Famille.*

A LORD HERTFORD. — *Tarquin et Lucrèce* (coll^t Charles Ier, Joseph Bonaparte, Coningham ; payé 13,650 fr.).

COLLECTION R. BAXTER. — *Portrait d'une jeune Fille.*

COLLECTION ROGERS. — *Le Christ apparaissant à Madeleine.* — *La Gloria di Tiziano.*

A M. J. EVELYN DENISON. — *L'Enlèvement de Proserpine.*

A LORD HARRY VANE. — Esquisse de *l'Apothéose de Charles-Quint.*

COLLECTION FLETCHER. — *Mater Dolorosa.*

COLLECTION NORMANTON. — *Vénus et Adonis.*

COLLECTION D'HARCOURT. — *Sainte Marguerite* (contesté par M. Waagen).

A LORD KINNAIRD. — *Portrait de Femme.*

COLLECTION CHENEY. — *Portrait d'un Doge.* — *Portrait d'un Général.* — *Le Repos en Égypte.* — *Le Christ devant Pilate.*

A LORD ENFIELD. — *La Sainte Famille* (attribuée à Palma Vecchio par M. Waagen).

A LORD IARBOROUGH. — *La Madeleine repentante.* — *Le Christ à Emmaüs.* — *Diane et Actéon.* — *La Vierge, l'Enfant Jésus et plusieurs Saints et Saintes.*

COLLECTION DE LORD OVERSTONE. — *Le Sauveur et ses Disciples.*

AU COMTE DE STANHOPE. — *Portrait de Philippe II.*

COLLECTION LORD ELCHO. — *Saint Sébastien.* — *Vénus et Adonis.*

COLLECTION BARING. — *Portrait de Catherine Cornaro.* — *Charles V.*

COLLECTION MORRISON. — *Un Portrait de Femme.*

COLLECTION INGRAM. — *Portrait de Martin Bucer.*

COLLECTION BALE. — *Le Martyre de saint Pierre*. — Trois *Paysages* et une autre composition.

GALERIE STAFFORD. — *Mercure, Vénus et Cupidon*. — *Portrait d'un Cardinal*.

GALERIE LANSDOWNE. — *Un Portrait d'Homme*. — *La Vierge et l'Enfant Jésus*.

COLLECTION ASHBURTON. — *Hérode*. — *Vénus et Cupidon*.

COLLECTION MUNRO. — *La Vierge, l'Enfant Jésus, saint Jean et saint Joseph*. — *Une Vénus* (répétition de la *Vénus de Florence*).

COLLECTION WYNDAM. — *Un Portrait de Femme*. — *Un Portrait d'Homme*. — *Portrait du cardinal de Médicis*.

COLLECTION WARD. — *La Vierge et l'Enfant Jésus*.

COLLECTION CARLISLE. — *Un Portrait d'Homme*. — Une belle composition.

COLLECTION DARNLEY. — *Europe*. — *Vénus et Adonis*. — *Le Christ*. — *Un portrait d'Homme*. — *Portrait de l'Arioste*. — *Danaé*. — *Vénus et Cupidon*.

COLLECTION MILES. — *Vénus et Adonis*.

COLLECTION HOARE. — *Saint Jean-Baptiste*.

A LORD ARUNDEL. — *L'Enfant Jésus*.

COLLECTION RADNOR. — *Portrait d'un Chevalier*. — Id. *de César Borgia*. — Deux autres *Portraits*.

COLLECTION TOMLINE. — *Portrait de Charles-Quint*. — *Un Portrait d'Homme*.

AU DUC DE MARLBOROUGH. — *Mars et Vénus*. — *L'Amour et Psyché*. — *Apollon et Daphné*. — *Pluton et Proserpine*. — *Hercule et Déjanire*. — *Vulcain et Cérès*. — *Bacchus et Ariane*. — *Jupiter et Junon*. — *Neptune et Amphitrite*. — *Saint Sébastien*. — *Un Portrait d'Homme*. — *Portrait du Pape Grégoire*.

AU DUC DE CLEVELAND. — Une belle composition.

COLLECTION NEELD. — *Une Vénus*.

GALERIE DEVONSHIRE. — *La Prédication de saint Jean dans un paysage*. — *Saint Jérôme*. — *Portrait de Philippe II, roi d'Espagne*. — Id. *du duc d'Albemarle*. — Id. *de Henri VIII*.

COLLECTION LONSDALE. — *Un Portrait d'Homme*. — *Portrait d'un Espagnol*.

COLLECTION HAMILTON. — *Portrait de Philippe II*.

COLLECTION BROWNLOW. — *Marie-Madeleine* (gal. d'Orléans). — *Le Christ*. — *L'Empereur Othon*. — *André Navagero* (vu de profil). — *Diane et Actéon* (gal. d'Orléans).

COLLECTION CAMPBELL. — *Saint Jérôme dans un paysage*.

AU DUC DE BUCCLEUCH. — *Portrait d'un duc de Parme*. — Id. *d'un duc d'Albe*.

COLLECTION HOPPETOUN. — *Cavaliers dans un paysage*.

COLLECTION MACKINNON. — *Portrait d'un Vieillard*.

COLLECTION BREADALBANE. — *Vénus et l'Amour* (contesté, attribué à Paul Véronèse).

COLLECTION WARWICH. — *Portrait de Machiavel*. — Id. *de Marguerite de Parme*.

COLLECTION LABOUCHÈRE. — *La Vierge et l'Enfant Jésus dans un beau paysage*.

COLLECTION J. COOPMAN, D'AIX-LA-CHAPELLE. — *Adam et Ève trouvant Abel assassiné* (composition très-capitale et signée en toutes lettres).

GALERIE WEYER DE COLOGNE. — *La Vierge à la crèche*.

CABINET DE M. DE TATISCHTEFF A SAINT-PÉTERSBOURG. — *Vénus*.

CABINET DU COMTE CZERNIN. — *Portrait d'Homme*. — *La Madeleine*.

GALERIE ESTERHAZY. — *Portrait de Femme*.

COLLECTION C***. — *L'Amour profane*.

GALERIE DU DUC D'AUMALE. — *Ecce Homo.* — *Vénus endormie.* — *Paysage* (Dessins.)

ANCIENNE GALERIE DU GÉNÉRAL PINO A MILAN. — *Moïse et les filles de Jéthro.*

GALERIE MARTINENGO-COLLEONI A BRESCIA (ITALIE). — *Portrait de la reine de Chypre Cornaro.*

SALLE DU CONSEIL DU PALAIS CIVIQUE A BERGAME (ITALIE). — *Portrait de Bembo.*

ÉGLISE SAINTE-AFRA A BRESCIA (ITALIE). — *La Femme adultère.*

CATHÉDRALE DE TRÉVISE. — *L'Annonciation.*

CATHÉDRALE DE VÉRONE. — *L'Assomption.*

ÉGLISE SAINT-NAZAIRE ET SAINT-CELSE A BRESCIA (ITALIE). — Tableau à cinq compartiments.

PRIX DE VENTES

				fr.	
Vénus et Adonis (1ᵐ,87—1ᵐ,81)....	1742.	Vᵗᵉ CARIGNAN.............		1,700.	
—	1788.	Vᵗᵉ LENGLIER.... 1,600 ou		1,750	
—	1793.	Vᵗᵉ D'ORLÉANS.... Liv. st.		300.	
Un Chevalier de Malte avec un Amour et un chien.................	1742.	Vᵗᵉ CARIGNAN...........		1,750.	Cab. Chataigueraie.
—	1756.	Vᵗᵉ TALLARD		1,140.	
Portrait d'homme tenant un livre et une plume.................	1742.	Vᵗᵉ CARIGNAN		1,006.	
Une Dame vénitienne avec une petite fille	Dᵒ	dᵒ	....	1,000.	
Le Forgeron...................	Dᵒ	dᵒ	....	709.	
Vénus couchée sur une draperie cramoisie......................	1771.	Vᵗᵉ BRAACAMP.... Florins.		300.	
Un Enfant présentant un gâteau à un chien	1772.	Vᵗᵉ CHOISEUL...........		1,000.	
Diane surprise au bain (54ᵉ—67ᵉ)..	1777.	Vᵗᵉ du prince DE CONTI...		6,951.	
—	1782.	Vᵗᵉ NOGARET...........		4,000.	
—	1784.	Vᵗᵉ DE VAUDREUIL........		4,800.	
—	1793.	Vᵗᵉ D'ORLÉANS ... Liv. st.		2,500.	Acheté par lord Egerton.
Diane et Calisto.................	Dᵒ	dᵒ	... »	2,500.	Id.
Portrait du Pape Clément VII.....	Dᵒ	dᵒ	... »	400.	Id. Contesté.
Vénus à la coquille..............	Dᵒ	dᵒ	... »	800.	Id.
Les Trois Ages..................	Dᵒ	dᵒ	... »	600.	Id.
Un Concert....................	Dᵒ	dᵒ	... »	100.	
Jésus apparaît à la Madeleine.....	Dᵒ	dᵒ	... »	400.	Rogers, de Londres.
Sainte Famille dans un paysage...	Dᵒ	dᵒ	... »	250.	Wilkens, de Londres.
Sainte Marie-Madeleine...........	Dᵒ	dᵒ	... »	350.	Hume.
Tentation de Jésus-Christ........	Dᵒ	dᵒ	... »	400.	Coll. Hope. (Contesté.)
La Princesse Ébolie sous les traits de Vénus avec Philippe II..........	Dᵒ	dᵒ	.. »	1,000.	Musée Fitz William.
Portrait présumé de la maîtresse du Titien....................	1793.	Vᵗᵉ gal. D'ORLÉANS.	»	50.	Christine de Suède. — Répétition, mais avec quelques changements, du nᵒ 471 au Louvre.
L'Empereur Vitellius............	Dᵒ	dᵒ	. »	20.	
L'Empereur Vespasien	Dᵒ	dᵒ	. »	20.	
Portrait du peintre..............					
Portrait d'un Sénateur romain....	1793.	Les deux vᵗᵉˢ D'ORL.	»	110.	
Portrait du Titien (il tient une ta-					

				fr.	
blette).....................	1793.	Vᵗᵉ D'ORLÉANS ...			Retiré à 70 Liv. st.
—	1800.	2ᵉ Vᵗᵉ D'ORLÉANS .	»	400.	
Jupiter enlève Europe............	1793.	Vᵗᵉ D'ORLÉANS ...	»	700.	A Cophamball.
Vénus s'admirant elle-même.......	Dᵒ	dᵒ	»	300.	Id.
Charles V à cheval..............	Dᵒ	dᵒ	»	150.	Id.
Une Vénus	1795.	Vᵗᵉ DE CALONNE..........		1,233.	
Portrait du comte de Castiglione...	1800.	2ᵉ Vᵗᵉ D'ORLÉANS . Guinées.		63.	
L'Esclavone....................	Dᵒ	dᵒ	»	80.	
Portrait d'un jeune Homme.......	Dᵒ	dᵒ	»	40.	
Portrait de Femme.............	Dᵒ	dᵒ	»	40.	
Persée et Andromède............	Dᵒ	dᵒ	»	310.	
Sainte Famille (1ᵐ,21—1ᵐ,66).....	1807	Vᵗᵉ CELOTI.............		1,190.	
Le Fauconnier	1810.	Vᵗᵉ LEBRUN		1,100.	
Sainte Famille (toile marouflée)...	1810.	Vᵗᵉ SYLVESTRE		551.	Jullienne.
Danaé......................	1820.	Vᵗᵉ CRAUFURD...........		5,000.	
Salomon et la reine de Saba.......	1843.	Vᵗᵉ AGUADO.............		730.	
Saint Jean-Baptiste et Jésus.......	Dᵒ	dᵒ		690.	
Portrait du Titien	Dᵒ	dᵒ		700.	
Jésus-Christ arrêté par les soldats..	Dᵒ	dᵒ		350.	
Tarquin et Lucrèce..............	1845.	Vᵗᵉ KNIGHT		26,250.	Ce tableau a fait partie du
—	1849.	Vᵗᵉ CONINGHAM..........		13,000.	musée de Charles Iᵉʳ, de
—	1859.	Vᵗᵉ NORTHWICK..........		12,290.	celui du roi d'Espagne cédé au roi Joseph.
Concile de Trente (1ᵐ,59—1ᵐ,66) ..	1850.	Vᵗᵉ GUILLAUME II. Florins.		1,300.	
Philippe II jouant de l'orgue en présence de sa maîtresse (1ᵐ,57 —43ᶜ).......................	Dᵒ	dᵒ	»	10,000.	A M. Broondgeost.
Triomphe de la Religion .... Triomphe de la Science (1ᵐ,77— 2ᵐ,52).....................	Dᵒ	dᵒ	»	12,500.	A M. de Vries.
Portrait de Clément Marot........	Dᵒ	dᵒ	»	2,450.	Id.
Le Denier de César..............	1852.	Vᵗᵉ SOULT..............		62,000.	
Portrait de Philippe II...........	1852.	Vᵗᵉ LOUIS-PHILIPPE		5,250.	
Le Portrait du peintre...........	1855.	Vᵗᵉ COLLOT.............		1,600.	A M. Thibeaudeau.
—	1857.	Vᵗᵉ THIBEAUDEAU.			A M. Coquart.
Jeune Femme à sa toilette........	1855.	Vᵗᵉ COLLOT.............		900.	
Le Jugement dernier.............	1857.	Vᵗᵉ D'ARMAGNAC.........		250.	
Portrait d'Henry Howard........	1859.	Vᵗᵉ NORTHWICK..........		3,686.	
Portrait de sa mère.............	1859.	Vᵗᵉ ARY SCHEFFER		1,600.	
Portrait de Lucréce Borgia.......	1862.	Vᵗᵉ X.................		1,520.	

Beaucoup d'artistes ayant imité la grande manière du Titien, je vais me borner à étudier les meilleurs.

DANTE (GIROLAMO), DIT GIROLAMO DE TIZIANO

Né en 1547, mort en 1580.

Girolamo était non-seulement un imitateur, mais encore un aide du Titien, qui estimait beaucoup ses ouvrages et savait apprécier son talent : aussi se l'associa-t-il dans tous ses principaux travaux, où il l'employa de préférence à peindre les fonds et les ciels. Girolamo est peut-être le seul peintre dont les productions peuvent à peine être distinguées de celles de son maître; cependant, en l'étudiant avec beaucoup de soin, on s'aperçoit qu'il n'avait ni la hardiesse ni la touche large et gracieuse du Titien, dont la brosse magique produisait souvent un nuage entier d'un seul coup.

CALCAR (JOHAN)

Né à Calcar, dans le duché de Clèves, vers 1500, mort à Naples en 1546.

Cet artiste allemand passa une partie de sa vie en Italie, où il s'assimila si bien le genre et le goût du Titien, que la méprise serait possible si les tableaux de Calcar n'étaient pas d'une touche plus molle et d'un fini trop précieux.

RICCI (SEBASTIANO)

Né à Cividale de Belluno en 1660, mort à Venise en 1734.

Ricci s'exerça à faire des pastiches; il y réussit parfaitement, et cette grande facilité de pinceau fut malheureusement pour lui la source d'un commerce illicite. Il eut l'audace de vendre comme originales des copies qu'il avait faites d'après le Titien et d'autres maîtres dont je parlerai dans la suite.

On regarde ses pastiches du Titien comme assez heureux, mais par trop maniérés. Son coloris est plus noir que vigoureux, et sa touche grenue manque de transparence.

NADALINO ou NATALINO DE MURANO

Né à Murano; florissait en 1558.

Nadalino a fait des copies du Titien qui passent pour être du maître. Il a une manière facile, une touche spirituelle, quoique plus émoussée que celle de son modèle, un dessin correct dans les têtes, et un peu relâché dans les extrémités,

BONVICINI (ALESSANDRO), DIT LE MORETTO

Né à Brescia; florissait en 1540.

Bonvicini eut trois manières : la première tient du Titien, la seconde de Raphaël, la troisième est celle qu'il se créa lui-même.

En tant qu'imitateur du Titien, Bonvicini excella dans le portrait, où il se fait admirer pour le gracieux de son coloris. Son exécution est serrée, naïve, quelquefois même mesquine. La variété règne dans ses draperies, mais le goût y fait presque toujours défaut.

SOPHONISBE (AMILCAR)

Née en 1510, morte à Madrid en 1555.

Peu d'historiens ont parlé de cette femme, et ceux qui s'en sont occupés ont seulement cité son nom, sans faire mention de son talent.

Elle étudia sous le Titien et acquit le grand art de faire le portrait : dans ce genre, ses ouvrages passent pour être de son maître. Du reste, elle ne s'en éloigne que par sa touche un peu molle et ses carnations trop rosées.

VECELLIO (ORAZIO)

Né à Venise en 1525 ou 1530, mort en 1576.

Les productions d'Orazio et celles du Titien, son père, sont souvent prises l'une pour l'autre. Ce qui cependant devrait empêcher toute confusion, c'est que le fils avait des contours plus secs, un ton noir dans les ombres et un dessin moins idéal.

Orazio a fait une grande quantité de portraits : malheureusement, et malgré les signes distinctifs que nous venons d'indiquer, la plupart ont le triste avantage de favoriser la fraude.

VECELLIO (FRANCESCO)

Né à Cadore en 1483.

François, frère du grand artiste, a laissé peu d'ouvrages. Le portrait était son genre de prédilection. On a dit que le Titien, craignant d'avoir son frère pour rival, lui persuada de s'adonner au commerce. Le fait est faux : jamais le Titien n'a cherché à dégoûter François de la peinture ; au contraire, il le blâma fortement lorsqu'il le vit abandonner la palette.

François serait devenu un maître sans ce changement d'état que rien ne justifie. Sa touche est libre quoique brodée, son dessin est plus maniéré que celui de son modèle, ses draperies sont aussi plus roides et sans reflets.

MEDULA (ANDREA), DIT LE SCHIAVONE

Né à Sebenico en 1522, mort en 1582.

Après avoir copié le Parmesan et le Giorgion, il étudia le Titien dont aucun élève ne sut rendre la manière aussi heureusement que lui. On lui reproche cependant un dessin moins correct et une liberté de touche qui approche du laisser-aller ; mais, en revanche, il l'emporte sur son maître par la fraîcheur de son coloris.

MUZIANO (GIROLAMO), DIT LE MUTIAN OU LE MUTIEN

Né en 1528 ou 1530, mort en 1590 ou 1592.

Le Mutian est un des plus grands paysagistes italiens ; Il vient encore grossir le nombre de ceux dont les ouvrages sont confondus avec ceux du Titien. Les siens, il faut l'avouer, sont même préférés par les amateurs (qui les croient peints par le maître), parce qu'ils offrent, avec le mérite du peintre vénitien, une transparence admirable dans l'atmosphère et un certain reflet plus naturel que ceux du Titien, dont les paysages sont un peu verts.

MAZZA (DAMIANO), DIT DE PADOUE

Mazza avait de si beaux tons de couleur que, sous ce rapport, il fut l'émule du Titien, son maître. Malheureusement il mourut dans la force de l'âge, ne laissant que très-peu de compositions. Ses portraits se reconnaissent à leurs poses forcées et désagréables ; ceux du maître ont une couleur plus transparente, sinon plus belle.

CAMPAGNUOLA (DOMINICO)

Né à Venise en 1482, mort en 1550.

Dominique est recommandable par une touche libre et bien accentuée et le naturel de sa couleur, mais il pèche par la sécheresse et la grande vigueur du clair-obscur. J'ajouterai que son dessin est plus roide que celui du Titien.

ROSA (PIETRO)

Né à Brescia, mort en 1576 ou 1577.

Pierre Rosa et son frère eurent le privilége de travailler longtemps sous la direction du Titien, dont Pierre était l'élève chéri. Quoi qu'il en soit, il est loin d'égaler son maître. Sa couleur est bonne, mais ses têtes ont moins de grâce. Sa touche est plus heurtée et son dessin manque de goût.

ROMANINO (GIORGIO OU GIROLAMO)

Né à Rome vers 1501.

Les ouvrages de ce peintre, dits *tableaux à tournure,* sont très-recherchés par les contrefacteurs, qui n'ont le plus souvent besoin que d'y faire mettre quelques glacis et un peu de finesse dans les chairs pour en faire des Titien de contrebande; mais un peu d'attention suffit presque toujours pour découvrir la fraude.

VANNI (GIOVANNI-BATTISTA)

Né à Pise en 1599, mort à Florence en 1660.

Ce peintre s'appliqua uniquement à faire des copies des œuvres des plus grands maîtres. Celles qu'il a exécutées d'après le Titien jouissent de quelque estime, en ce sens qu'elles rendent assez bien la manière du peintre vénitien.

Leur touche spirituelle, mais dégénérant en maigreur, leur coloris fade et trop léger, sont les indices certains qui les font reconnaître.

IMPERATO (FRANCESCO)

Mort vers 1564.

Ses imitations seraient remarquables si son dessin grêle et sa couleur un peu froide ne le faisaient pas deviner au premier abord.

PALMA (JACOPO), DIT LE VIEUX PALMA

Né vers 1480, mort vers 1548.

COMME IMITATEUR DU TITIEN.

Palma eut plusieurs maîtres dont il prit le genre, mais les copies qu'il fit lorsqu'en dernier lieu il entra dans l'atelier du Titien, ont une ressemblance si marquée avec les ouvrages du grand artiste, qu'il serait parfois très-difficile de leur assigner leur vrai nom, sans cette particularité que le Palma était moins transparent dans les chairs, et que ses têtes se ressentent un peu plus de la manière gothique.

Il existe encore d'autres imitateurs du Titien, mais avec une telle différence de talent, qu'il n'est guère possible de confondre leurs ouvrages avec ceux de ce maître. Voici les noms de leurs auteurs : GIROLAMO

Boniforti, — Gio-Mario Verdezzoto, — Lodovico Fumicelli, — Étienne dell' Arzere, — Diamantini, — Marco Vecellio, — Bonifazion, — Gio Battista Averara, — Cristofano, — Rosa, tous compatriotes du Titien. La Flandre fournit Prosper Lankrinck. La Hollande Corneille de Mañ et Thierry Barentsen.

BARBARELLI (GIORGIO), DIT LE GIORGION

Né à Castel-Franco en 1477, mort en 1511.

La fraîcheur des couleurs du Giorgion est extraordinaire ; on croirait que ses tableaux n'ont pas cent ans, tant ils sont bien conservés. Libre et hardi dans sa touche, pur et brillant dans son coloris, décidé dans son dessin, le Giorgion n'est critiquable que pour avoir mis trop de rondeur dans ses draperies.

Les tableaux de ce maître paraissent rarement dans les ventes publiques. Le musée du Louvre en possède trois dont un est contesté. Le premier, représentant *Une Sainte Famille,* a été estimé 60,000 fr., puis 90,000 fr.; le second, *Concert champêtre,* coté d'abord à 30,000 fr. en 1810, est descendu à 3,000 fr.; le troisième, *la Fille d'Hérodiade,* est très-contestée; il a été estimé 4,000 fr. L'*Adam et Ève,* repris au Louvre en 1815, avait été évalué 30,000 fr.

MUSÉES DIVERS, GALERIES, ETC.

Musée de Rouen. — *Concert champêtre.*
Musée de Bordeaux. — *Tête d'Esclavon.*
Musée de Lille. — *Concert champêtre.*
Musée d'Épinal. — *Le Martyre de saint Sébastien.*
Musée du Capitole. — *Sainte Famille.*
A l'Académie des Beaux-Arts de Venise. — *Tempête apaisée par saint Marc.* — *Portrait d'un noble Vénitien.*
Musée degl' Uffi a Florence. — *Moïse.* — *Le Jugement de Salomon.* — *Allégorie mystique.* — *Portrait d'un chevalier de Malte.* — *Portrait du général Gattamelata.*
Palais Pitti. — *Moïse sauvé des eaux.* — *Saint Jean.* — *Nymphe poursuivie par un Satyre.* — *Concert de musique.*
Musée de Naples. — *Portrait d'Antonello, prince de Salerne.*
Palais Manfrin. — *Les trois Portraits.*

ANCIENNE GALERIE DE VIENNE. — *La Madeleine chez le Pharisien.* — *Portrait d'un Homme accordant une guitare.* — *Les Trois Mages.* — *Guerrier cuirassé.* — *Portrait de Gattamelata.* — *Jeune Homme couronné de pampre, saisi par un soldat.*

NATIONAL GALLERY. — *Un Chevalier en armure.* — *Le Meurtre de saint Pierre de Vérone.*

A HAMPTON COURT. — *Diane et Actéon.* — *Saint Guillaume.* — *L'Adoration des Bergers.* — *Portrait de l'artiste.*

INSTITUTION ROYALE D'ÉDIMBOURG. — *Un petit Portrait d'Homme.*

MUSÉE FITZ WILLIAM A CAMBRIDGE. — *L'Adoration des Bergers* (gal. d'Orléans).

COLLÉGE DE DULWICH. — *La Partie de Musique.*

MUSÉE DE BERLIN. — *Trois Portraits d'Homme.*

MUSÉE DE FRANCFORT-SUR-LE-MEIN. — *Saint Georges.*

MUSÉE DE MUNICH. — *La Vanité* (allégorie).

MUSÉE DE DRESDE. — *Jacob saluant Rachel.* — *L'Adoration des Bergers.* — *Un Homme embrassant une Femme.* — *Portrait supposé d'Aretino Pietro.*

MUSÉE DU ROI A MADRID. — *David ayant tué Goliath.* — *Portrait de famille.*

MUSÉE DE SAINT-PÉTERSBOURG. — *Saint Antoine.*

COLLECTION HAMILTON. — *Hippomène et Atalante accompagnée de Cupidon.*

GALERIE BEDFORD. — *La Femme d'Hérode.*

GALERIE MALMESBURY. — *Le Jugement de Pâris* (décrit par Ridolfi et très-estimé).

COLLECTION M'LELLAN. — *La Vierge, l'Enfant Jésus, saint Jean et sainte Catherine.*

AU RÉVÉREND DOCTEUR WELLESLEY. — *Portrait d'un Chevalier.*

COLLECTION DARNLEY. — *César recevant la tête de Pompée.*

CABINET TH. KIBLE. — *Portrait du peintre.*

COLLECTION W. B. BAUMONT. — *L'Adoration des Bergers.*

A LORD FOLKESTONE. — *Un Portrait d'Homme* (attribué à Pâris Bordone).

COLLECTION BANKES. — *Le Jugement de Salomon.*

AU COMTE DE IARBOROUGH. — *Portrait d'Homme.*

COLLECTION GIBSON CRAIG. — *Un petit Paysage avec figures.*

A LORD ENFIELD. — *Portrait de Femme* (considéré comme un Pâris Bordone).

COLLECTION THOMAS SEBRIGHT. — *Portrait d'Homme* (contesté). — *Le Christ* (id.).

AU COMTE DE WEMYS. — *Portrait de Femme.*

COLLECTION SANDERS. — *La Sainte Famille* (contesté).

GALERIE DEVONSHIRE. — *Un Portrait d'Homme.*

COLLECTION LONSDALE. — *Cérès.*

COLLECTION BARING. — *La Fille d'Hérode recevant la tête de saint Jean.*

COLLECTION MUNRO. — *La Sainte Famille dans un Paysage.* — *Le Sauveur.* — *Un Portrait d'Homme.*

GALERIE STAFFORD. — *Un Cavalier dans un Paysage.*

A LORD ELCHO. — *L'Adoration des Bergers.*

COLLECTION E. PHIPPS. — *Un Portrait de Femme.*

COLLECTION HOLFORD. — *La Fille d'Hérode recevant la tête de saint Jean.* — *Une autre composition.*

COLLECTION CARLISLE. — *Un Portrait d'Homme.* — *Une Tête de Femme.*

GALERIE LANSDOWNE. — *Une charmante composition.*

COLLECTION NEELD. — *Saint Georges.*

COLLECTION WYN ELLIS. — *Un Portrait d'Homme.*

A MISS ROGERS. — Un charmant *Paysage avec figures.*

COLLECTION ASHBURTON. — *Une jeune Fille.* — *Un beau Portrait d'Homme.*

COLLECTION SHEWSBURY. — *Un Portrait d'Homme.*

CABINET DU PRINCE JOUSSOUPOFF A SAINT-PÉTERSBOURG. — *Portrait de Femme.*

GALERIE LICHTENSTEIN. — *Un Portrait d'Homme.*

GALERIE WEYER DE COLOGNE. — *Portrait de Cléopâtre.*

COLLECTION C***. — *Vénus couchée.* — *Sainte Cécile.*

CABINET TRILHA. — *Le Jugement de Pâris.*

GALERIE DU DUC D'AUMALE. — *Portrait d'Homme à mi-corps* (dessin).

PRIX DE VENTES

Portrait de Gaston de Foix. 1777, Vte Conti, 500 fr. — *Portrait du Pordenone.* 1793, Vte d'Orléans, 50 liv. st. — *Portrait de Pic de la Mirandole.* Même Vte, 20 l. st. — *Portrait de Gaston de Foix.* Même Vte, 150 l. st. — *Milon de Crotone déchiré par des lions.* Même Vte, 40 l. st. — *Sainte Famille.* Même Vte, 300 l. st. — *L'Amour se plaint à Vénus de la piqûre d'une abeille.* 1800, 2e Vte d'Orléans, 195 guinées; en 1859, Vte Northwick, 32,500 fr. — *La Mort de saint Pierre martyr.* 1800, 2e Vte d'Orléans, 38 guinées. — *Adoration des Bergers.* Même Vte, 155 guinées ; Vte Fesch, 1,760 écus romains. — *Portraits de Navagero et de Beaziano* (64^c 1/2—96^c 1/2). 1807, Vte Celotti, 614 fr. — *Un Concert.* 1809, Vte Grandpré, 400 fr. — *Portrait de Charles le Téméraire* (B. 96^c—77^c). 1840, Vte Schamp, 450 fr. — *Saint Sébastien.* 1843, Vte Aguado, 210 fr. — *La Femme adultère.* 1859, Vte Northwick, 7,800 fr.

Parmi les imitateurs du Giorgion, voici ceux dont on fait le plus de cas.

CATENA (VINCENT)

Né à Venise, mort en 1530.

Malgré leur touche maigre et mesquine, quelques portraits de ce peintre ont des rapports assez marqués avec ceux du Giorgion pour qu'on puisse s'y méprendre.

BORDONE (PARIS)

Né à Trévise vers 1500, mort en 1570.

(EN TANT QU'IMITATEUR DU GIORGION.)

La première manière de Pâris Bordone ayant beaucoup de ressemblance avec celle du Giorgion, il arrive souvent que ses œuvres sont vendues sous ce nom. Leur couleur médiocre et leur touche tourmentée sont cependant deux signes bien caractéristiques.

MARCONI (MARC)

Né à Côme, florissait vers 1500.

Sa manière offre une analogie frappante avec celle du Giorgion, sauf dans sa touche qui est plus brodée, et dans l'exécution des draperies qui est plus soignée.

DIANA (BENEDETTO)

Né à Venise, florissait vers 1500.

Si son style se rapproche beaucoup de celui du grand coloriste, il n'en est pas de même de son dessin, souvent trop anguleux, ni de ses demi-teintes verdâtres. C'est un peintre ayant plus de défauts que de véritables qualités.

CARIANI (GIOVANNI)

Né à Bergame, florissait vers 1510.

La manière de Cariani est très-gracieuse, sa couleur tendre et harmonieuse, son empâtement bien nourri; mais ses œuvres manquent de vigueur et sont plus fades que celles du Giorgion.

LOTTO (LORENZO)

Né à Venise, florissait en 1540.

Lotto commença par imiter J. Bellin; puis, s'étant enthousiasmé de la manière du Giorgion, il l'adopta au détriment de celle qu'il tenait de son premier maître.

Ses œuvres se distinguent par une beauté idéale et une douceur d'expression presque inconnue à son modèle; son dessin et ses distributions de lumière s'en rapprochent davantage.

PALMA (JACOPO), DIT PALMA VECCHIO OU LE VIEUX

Né vers 1480, mort vers 1548.

J'ai déjà dit que la facture originale de Palma Vecchio se ressentait un peu de la manière gothique, tempérée par celle de Gio Bellini dont il a probablement reçu les leçons.

Sa touche est douce et vraie ; son dessin est un peu rond, mais il est naturel ; enfin c'est un des bons maîtres de l'École italienne.

Les amateurs de la haute École, et malheureusement il en existe peu en France, recherchent ses productions. Elles sont la plupart classées dans les galeries anglaises d'où elles sortent bien rarement.

Suivant l'ancien livret, le Louvre possédait quatre compositions du vieux Palma. *L'Annonce aux Bergers, Ex-voto,* estimé 60,000 fr., puis 30,000 fr. — *La Vierge et l'Enfant Jésus,* estimé 150,000 fr., puis 30,000 fr. — *La Vierge assise, tenant l'Enfant Jésus,* estimé 5,000 fr. — *Un Portrait* présumé de *Pierre du Terrail.*

La Notice de 1854 ne contient que *l'Annonce aux Bergers.*

ANCIENNEMENT AU LOUVRE. — *Le Christ pleuré par trois Anges* (sur marbre noir), rendu à l'Autriche en 1815.

MUSÉES DIVERS, GALERIES, ETC.

MUSÉE DE CHERBOURG. — *Jahel tuant Sisara.*

MUSÉE DE BORDEAUX. — *Sainte Famille.* — *Portrait d'un Noble vénitien.*

MUSÉE DE RENNES. — *Étude d'Homme et de Cavalier.* — *Étude d'Homme couché* (dessins).

A L'ACADÉMIE DES BEAUX-ARTS A VENISE. — Plusieurs belles toiles.

A SAINT-MARC DE VENISE. — Plusieurs *Portraits de Doges.*

AUX JÉSUITES DE VENISE. — *Une Vierge glorieuse.* — *L'Invention de la Vraie Croix.*

ÉGLISE DE TOLENTINI A VENISE. — Sept tableaux.

ÉGLISE SAN FRANCESCO DELLA VIGNA A VENISE. — *La Flagellation.* — *Deux Madones.*

ÉGLISE SANTA CATARINA A VENISE. — *Sainte Catherine ravie au Ciel.* — *Sainte Catherine devant la Vierge.* — *Saint Antoine et l'Avare.*

ÉGLISE DE SAN ZACHARIA A VENISE. — *Saint Zacharie.* — *Une Madone* et plusieurs autres sujets.

ÉGLISE SAN GIOVANNI ET SAN PAOLO A VENISE. — *La Résurrection.* — *La Vierge couronnée dans le Ciel.*

ÉGLISE DE SANTA MARIA DELL' ORTO A VENISE. — Quelques saints.

ÉGLISE DEL REDENTORE A VENISE. — *Descente de Croix.*

ÉGLISE SANTA MARIA DEL CARMINE A VENISE. — *Une Annonciation* et deux autres compositions.

ÉGLISE SAINT-ANTOINE A MILAN. — *Le Christ portant sa Croix.*

CATHÉDRALE DE BERGAME (ITALIE). — *Déposition de Croix.*

ÉGLISE SAINT-ALEXANDRE A BERGAME. — *Saint Jean-Baptiste.*

ÉGLISE SAINTE-AFRA A BRESCIA. — *Le Martyre de saint Félix.*

ÉGLISE SAINT-NAZAIRE ET SAINT-CELSE A VÉRONE. — *La Nativité.* — *La Circoncision.* — *L'Adoration des Mages.* — *La Présentation au Temple.*

ÉCOLE CARRARA A BERGAME. — *La Vierge, l'Enfant Jésus et d'autres Saints.*

ÉGLISE SAN-ALESSANDRO DELLA CROCE A BERGAME. — *Saint-Nicolas de Bari.*

MUSÉE DU CAPITOLE. — *Bethsabée.*

PALAIS PITTI. — Plusieurs tableaux au nombre desquels on remarque une *Sainte Famille.*

MUSÉE DE TURIN. — *Vierge glorieuse.*

ANCIENNE GALERIE DE VIENNE. — *Portrait de Gaston de Foix. — Christ mort pleuré par trois Anges. — La Visitation. — Sainte Famille. — Sainte Vierge entourée de Saints et de Saintes. — Portraits de deux jeunes Femmes. — Portrait d'une jeune Femme. — Portrait d'une Dame à cheveux blonds. — Portrait d'un Vieillard. — Sainte Famille. — Portrait d'une Dame.*

MUSÉE DE BERLIN. — *Deux Madones.*

MUSÉE DE DRESDE. — *Portrait de Femme. — L'Enfant Jésus et sa Mère. — Les trois Grâces. — Vénus dans un Paysage. — La Vierge, l'Enfant Jésus et plusieurs Saints. — Ecce Agnus Dei.*

MUSÉE DE SAINT-PÉTERSBOURG. — *Portrait de Femme. — Sainte Famille.*

MUSÉE DE MUNICH. — *Saint Jérôme. — Sainte Famille.*

MUSÉE DU ROI A MADRID. — *L'Adoration des Bergers.*

MUSÉE FITZWILLIAM A CAMBRIDGE. — *Vénus et l'Amour* (gal. d'Orléans).

GALERIE ELLESMÈRE. — *Le Repos de la Sainte Famille. — La Sainte Famille. — Portrait d'un Doge de Venise.*

A SIR CULLING EARDLEY. — *Le Mariage de sainte Catherine.*

COLLECTION CAMPBELL. — *La Mise au Tombeau. — La Sainte Famille.*

COLLECTION HOPETOUN. — *Portrait d'un Doge.*

A LORD JERSEY. — *La Mise au Tombeau.*

COLLECTION HOLFORD. — *La Vierge et l'Enfant Jésus.*

COLLECTION HARDWICK. — *La Vierge et l'Enfant Jésus.*

GALERIE M'LELLAN. — *La Vierge sur un trône.*

GALERIE POZZO DI BORGO. — *Sainte Famille.*

PRIX DE VENTES

Sainte Famille. 1793, Vte d'Orléans, 200 liv. sterl. (à lord Egerton). — *Portrait d'un Doge de Venise.* Même Vte, 400 liv. sterl. (au même). — *Sainte Catherine.* Même Vte, 30 liv. sterl. — *Salomé tenant la tête de saint Jean.* Même Vte, 150 liv. sterl. — *Portrait de Femme.* Même Vte, 60 liv. sterl. — *Vénus et l'Amour.* 1800, Vte d'Orléans, estimé 250 guinées, vendu 52 guinées. — *Sainte Famille.* 1809, Vte Lebrun, 400 fr. (huit figures). — *Mariage mystique de sainte Catherine.* 1846, Vte Aguado, 3,020 fr. — *Sainte Famille* (1^m,10—1^m,56). 1850, Vte Guillaume II, 3,800 fr. (à M. de Vries). — *Sainte Famille.* 1859, Vte lord Northwick, 4,160 fr. — *La Femme adultère.* 1859, Vte A. Leroux, 975 fr.

BONVICINI (ALESSANDRO), DIT LE MORETTO

Né à Brescia, florissait en 1540.

On doit à ce peintre une certaine quantité de compositions qui rappelleraient à s'y méprendre celles de Palma Vecchio, si quelques sécheresses dans les extrémités et l'absence de goût dans les draperies ne les décélaient aux connaisseurs.

RICCI (SEBASTIANO)

Né à Cividale de Belluno en 1660, mort à Venise en 1734.

Palma Vecchio fut au nombre des maîtres que Ricci s'est plu à pasticher. Quoique *patinés* par les trafiquants, ses pastiches n'ont pas la naïveté des œuvres du maître et se reconnaissent par la lourdeur de la touche.

PALMA (JACOPO), DIT LE JEUNE

Né en 1544, mort en 1628.

Élève de son père, peintre médiocre, et frère de Palma Vecchio, cet artiste a quelquefois imité son oncle, et souvent aussi ses tableaux ont servi aux manœuvres des contrefacteurs.

On les reconnaît à leur modelé plus accentué, à leur dessin moins naïf et à leur couleur plus grise.

TISIO (BENVENUTO), DIT LE GAROFOLO

Né à Garofolo en 1481, mort en 1559.

Élève de Domenico Paneti, de Boccacino Boccaci et de Baldini, Tisio se créa une manière propre qui plaît aux amateurs de la peinture étudiée. Sa touche est douce, sa couleur transparente et moelleuse, quoique tirant trop souvent sur le rouge. Son dessin, un peu rond, ne serait pas sans charme si ses grandes lignes n'étaient quelquefois trop maniérées.

Ses tableaux, très-recherchés jadis, sont un peu tombés dans l'oubli qui pèse sur l'École italienne. Plusieurs d'entre eux sont en quelque sorte signés par un œillet, par allusion à son nom ; il ne faut pourtant pas admettre la présence de cette fleur comme règle invariable, puisque quelques-unes de ses œuvres authentiques en sont dépourvues, et qu'on retrouve un œillet sur un grand nombre de tableaux reconnus comme étant d'autres peintres, et d'autres genres que celui de Garofolo.

MUSÉE DU LOUVRE

Sainte Famille. Est. 6,000 fr. — *Sainte Famille.* Est. 7,000 fr., puis 5,000 fr. — Sujet mystique. Est. 10,000 fr., puis 5,000 fr. — *Portrait de l'artiste.* Est. 3,000 fr. — Autre *Portrait de l'artiste*, mais plus âgé. Est., 1,200 fr. Ces deux derniers tableaux ont disparu du livret. En revanche deux nouvelles compositions y ont été ajoutées.

Anciennement au Louvre. — *Jésus Enfant au milieu des Docteurs.* Est. 10,000 fr. (gal. royale de Turin), rendu en 1815. — *La Vierge, l'Enfant Jésus, saint Joseph et sainte Catherine.* Est. 24,000 fr., cédé à la France par suite du traité de Tolentino (gal. du Capitole à Rome), repris en 1815. *La Vierge sur son Trône.* Est. 70,000 fr. (gal. du duc de Modène), rendu en 1815.

MUSÉES DIVERS, GALERIES, ETC.

Musée de Nîmes. — *La Vierge à la Chaise.*

Musée de Rennes. — *Femme drapée* (dessin à la plume).

Musée du Capitole. — *L'Annonciation.* — *Deux Saintes Familles.* — *Sainte Lucie.* — *Vierge dans la Gloire.*

Musée du Vatican. — *La Sibylle devant Auguste.*

Musée de Naples. — *Le Christ mort.* — *L'Adoration des Mages.*

Musée de Dresde. — *Mars, Vénus et l'Amour.* — *Neptune et Pallas.* — *Les Noces de Bacchus et d'Ariane* (d'après un dessin de Raphaël). — *La Vierge, l'Enfant Jésus, sainte Cécile et plusieurs Saints.* — *La Sainte Famille.* — *La Vierge adorant l'Enfant Jésus.* — *La Vierge et l'Enfant Jésus entourés d'Anges et de Saints.*

Ancienne galerie de Vienne. — *Le Repos en Égypte.*

Musée de Berlin. — *La Descente de Croix.* — *L'Adoration des Rois* et plusieurs compositions.

Musée de Saint-Pétersbourg. — *La Mise au tombeau.* — *La Femme adultère.* *Une Madone.*

Musée de Munich. — *Deux Madones.*

Musée d'Amsterdam. — *L'Adoration des Mages.*

National Gallery. — *La Sainte Famille, saint Jean et plusieurs anges* (acheté 46,250 fr. en 1837). — *La Vision de saint Augustin.* — *L'Agonie du Christ* (coll. Beaucousin). — *Une Madone entourée de plusieurs Saints.*

INSTITUTION ROYALE D'ÉDIMBOURG. — *Le Christ chassant les marchands du Temple.*

A WINDSOR CASTLE. — *La Vierge, l'Enfant Jésus et plusieurs Saints et Saintes.*

COLLECTION H. DAMBY SEYMOUR. — *Saint Christophe.*

COLLECTION LABOUCHÈRE. — *La Circoncision.*

A LORD IARBOROUGH. — *La Circoncision.*

COLLECTION CAMPBELL. — *La Sainte Famille.*

COLLECTION BUTE. — *Le Repos de la Sainte Famille.*

COLLECTION PEMBROKE, A WILTON HOUSE. — *La Vierge.*

A MISS ROGERS. — *La Vierge, l'Enfant Jésus et des Anges.*

COLLECTION M'LELLAN. — *Sainte Catherine dans un paysage.*

COLLECTION HOLFORD. — *La Vierge et l'Enfant Jésus.*

AU COMTE AMHERST. — *Judith.*

COLLECTION BARING. — *Saint Jean-Baptiste.*

COLLECTION SHEWSBURY. — *L'Adoration des Rois.*

AU DUC DE NORTHUMBERLAND. — *Saint Jean-Baptiste et le Christ.*

COLLECTION NEELD. — *La Vierge et l'enfant Jésus.*

GALERIE BORGHÈSE. — *Descente de Croix. — Conversion de saint Paul. — Vierge entourée de Saints.*

GALERIE DU DUC D'AUMALE. — *La Vierge sur un trône avec l'Enfant Jésus et saint Joseph* (dessin).

CABINET POURTALÈS-GORGIER. — *Une Sainte Famille.*

PRIX DE VENTES

La Transfiguration (d'après Raphaël). 1800, 2ᵉ Vᵗᵉ d'Orléans, 155 guinées. — *Sainte Famille.* Même Vᵗᵉ, 51 guinées. — Autre *Sainte Famille avec sainte Catherine.* Même Vᵗᵉ, 32 guinées. — *La Samaritaine.* 1810, Vᵗᵉ Lebrun, 3.650 fr. — *Saint Sébastien.* Même Vᵗᵉ, 801 fr. — *Sainte Famille* (37ᶜ—27ᶜ). 1811, Vᵗᵉ Roux, 2,460 fr. — *La Vierge présentant son Fils aux Mages.* 1839, Vᵗᵉ Sommariva, 1710 fr. — *Le Frappement du rocher.* 1843, Vᵗᵉ Aguado, 1,690 fr. — *Adoration des Bergers.* 1846, Vᵗᵉ Fesch, 293 écus romains. — *La Lapidation de saint Étienne* (palais Balbi). 1859, Vᵗᵉ lord Northwick, 39,520 fr.

GANDINI (GIORGIO), DIT DEL GRANO

Né à Parme, mort en 1528.

Les tableaux de Gandini facilitent quelquefois la fraude après avoir été retouchés.

Malgré les précautions prises par les faussaires, on les reconnaît à leur dessin anguleux et à leur couleur moins rouge, c'est-à-dire plus suave que celle de Garofolo.

CARPI (GIROLAMO)

Né à Ferrare en 1501, mort en 1556.

Comme imitateur du Corrége, Carpi n'est pas dangereux; il n'en est pas de même au sujet des copies qu'il a faites d'après les tableaux de Garofolo, son maître.

Leur extrême finesse les fait seule reconnaître, et, aux yeux de beaucoup d'amateurs, ce défant paraît une qualité.

RICCI (SEBASTIANO)

Né à Cividale Belluno en 1660, mort à Venise en 1734.

On doit quelques analogies à cet infatigable pasticheur du Titien, du Corrége et de Paul Véronèse. Heureusement pour les amateurs, celles de ses compositions qui rappellent le Garofolo sont devenues si vigoureuses de ton, soit par l'effet des *patines*, soit par la mauvaise confection des huiles qu'il a employées, qu'il est presque inutile de le classer parmi les imitateurs dangereux.

SANTO (RAFFAELLO)

VULGAIREMENT RAPHAEL SANZIO

Né à Urbino en 1483, mort en 1520.

Je ne m'arrêterai point à faire la biographie du prince des artistes; ce serait un soin superflu; tout le monde la connaît, car elle se trouve dans presque tous les ouvrages de quelque importance ayant trait à la peinture. Je me contenterai de dire seulement quelques mots sur les qualités qui distinguent son admirable talent, et qu'il est nécessaire de rappeler pour l'étude de ses imitateurs et de ses copistes.

Dans les ouvrages de Raphaël, il faut distinguer trois manières tout à fait différentes : la première ressemble beaucoup à celle du Pérugin, comme dans le tableau de la *Belle Jardinière;* la seconde tient de Léonard de Vinci, comme dans le portrait qu'il fit à l'âge de dix-sept ans ; et la troisième est celle qu'il avait réellement créée, et qui est son genre grandiose ; il nous en a laissé pour exemples *Saint Michel*, la *Vierge à la Prune*, etc., etc.

On s'étonne, non sans raison, de la quantité prodigieuse de tableaux attribués à Raphaël. En effet, comment un artiste qui n'a vécu que trente-sept ans, aurait-il pu laisser à sa mort plus de quatorze cents productions, en admettant même qu'il eût eu sans cesse le pinceau à la main ? Raphaël a travaillé beaucoup, il est vrai, mais il n'avait point toute la fécondité qu'on lui suppose. L'erreur générale provient de ce que beaucoup de graveurs se sont permis, pour donner du prix à leurs ouvrages, de mettre le nom de ce grand artiste à des œuvres qui souvent ne sont pas même de l'École romaine, ou à des peintures qui ont été faites par Jules Romain, J. Penni, Perrin del Vaga et autres. Il est avéré que Raphaël, à l'exemple de plusieurs chefs d'atelier, arrêtait le dessin de la composition de ses tableaux et les faisait terminer par ses élèves, se contentant d'y ajouter seulement quelques touches ; mais, malgré cela, on conviendra que beaucoup de copies sont venues s'ajouter à son œuvre au moyen de la fraude, ou, comme je l'ai dit plus haut, par suite des fausses désignations faites par les graveurs.

Il serait fort difficile de caractériser d'une manière nette et précise le genre de mérite de Raphaël ; ce serait vouloir définir la nature elle-même dont il a été constamment l'interprète. Son dessin est d'une pureté admirable, ses expressions de figures ne se retrouvent chez aucun autre maître ; il n'appartenait qu'à lui seul de les comprendre et de les rendre avec une chasteté et une vérité qui étonnent et charment tout à la fois.

Ce prince de la peinture nous a légué une grande quantité d'ouvrages, augmentée par un nombre au moins égal d'œuvres apocryphes réparties dans beaucoup de musées et de collections particulières. On comprend que ce n'est pas ici le lieu de discuter la valeur de ces attributions qui, pour un certain nombre, ne manquent pas de vraisemblance. Le musée de Paris possède une douzaine de ces ouvrages dont quelques-uns sont plus ou moins contestés.

MUSÉE DU LOUVRE

La Belle Jardinière. Coll. de François Ier. Est. off. (1840), 30,000 fr.; (1846), 400,000 fr. — *La Sainte Famille.* Coll. François Ier. Est. off. (1840), 200,000 fr. — *La Vierge et l'Enfant Jésus.* Coll. Louis XIV. Est. off. 100,000 fr.; (1846), 110,000 fr. — *Le Sommeil de Jésus.* Est. off., 300,000 fr. — *Saint Michel combat des monstres.* Mazarin. Coll. Louis XIV. Est. off., 15,000 fr. — *Saint Michel terrassant le Démon.*

Coll. François Ier. Est. off., 200,000 fr. — *Saint Georges*. Coll. François Ier. Est. off. (1810), 15,000 fr. ; (1816), 800 fr. — *Portrait de Jeanne d'Aragon*. Coll. François Ier. Est. off., 90,000 fr. — *Portrait de Balthasar Castiglione*. Duc de Mantoue. Charles Ier. Lopez. Mazarin. Coll. Louis XIV. Est. off., 50,000 fr. — *Portrait d'un jeune Homme*. Est. off.. 40,000 fr. — *Portraits d'Hommes* (connus sous le nom de *Raphaël et de son Maître d'armes*). Coll. François Ier. Est. off., 40,000 fr.

ANCIENNEMENT AU LOUVRE. — *La Vision d'Ézéchiel*. Est. 70,000 fr. ; rendu en 1815 au palais Pitti. — *La Présentation au Temple, — l'Adoration des Rois, — la Salutation angélique* (dans le même cadre). Est. 16,000 fr. ; rendu à l'église Saint-François à Pérouse. *La Foi, — l'Espérance, — la Charité* (dans le même cadre). Est. 20,000 fr. ; rendu à l'église San Francesco di Pérusia. — *Portrait de Léon X*. Est., 180,000 fr. ; rendu en 1815 au palais Pitti, à Florence. — *La Vierge, l'Enfant Jésus et saint Jean*. Est., 150,000 fr. ; rendu en 1815 à la gal. de Florence. — *La Transfiguration*. Est., 1,500,000 fr.; rendu en 1815 au Vatican. — *L'Assomption de la Vierge*. Est. 180,000 fr. ; rendue en 1815 au couvent de Monte-Luie, près Pérouse. — *La Vierge couronnée dans le ciel par son Fils*. Est., 100,000 fr. ; rendu en 1815 à l'église San Giovanni in Monte. — *La Madone di Foligno*. Est., 800,000 fr.; rendu en 1815 au couvent del Comtesse, à Foligno.—*Sainte Cécile*, rendu au musée de Bologne.

MUSÉES DIVERS, GALERIES, ETC.

MUSÉE NAPOLÉON III. — *La Vierge avec l'Enfant. — La Vierge avec l'Enfant et un Ange* (école du maître). — *La Vierge, l'Enfant et saint François* (id.)

MUSÉE DE RENNES. — Étude du nu des figures de *la Transfiguration. — Amours jouant avec un lapin. — Un Guerrier tenant un drapeau. — Un Moine. — Jupiter* (dessins à la plume).

MUSÉE DE BORDEAUX. — *La Vierge à la Chaise* (répétition).

MUSÉE D'ÉPINAL. — Copie de *l'École d'Athènes. — Une Tête de Vieillard*.

MUSÉE DE LILLE. — *Sainte Famille. — Le Parnasse. — La Bataille de Constantin contre Maxence. — Le Baptême de Constantin. — L'École d'Athènes. — Sainte Cécile* (répétitions d'École).

AU VATICAN. — *Les Loges. — Les Chambres*. (Fresques.)

MUSÉE DU VATICAN. — *La Vierge au Donataire. — La Transfiguration. — La dernière Communion de saint Jérôme*.

A LA FARNÉSINE. — *Triomphe de Galathée. — L'Histoire de Psyché*. (Fresques.)

ÉGLISE SAINT-AUGUSTIN A ROME. — *Isaïe*.

ÉGLISE SANTA-MARIA DELLA PACE. — *Les Quatre Sibylles*.

MUSÉE DEGL' UFFI, A FLORENCE. — *Portrait d'une Dame florentine. — Sainte Famille. — La Vierge au Chardonneret. — Saint Jean dans le désert. — Portrait de Jules II. — Portrait de la Fornarina*.

PALAIS PITTI. — *La Vierge à la Chaise. — Portrait en pied de Léon X. — La Vision d'Ézéchiel. — La Vierge glorieuse. — La Sainte Famille. — La Vierge et l'Enfant Jésus. — Portrait d'Angelo. — Portrait de M. Doni. — Portrait de Tommaso Fedra Inghirami. — Portrait du cardinal Dovizi. — Portrait du Pape Jules II*.

MUSÉE DE PARME. — *Jésus-Christ dans sa gloire*.

MUSÉE BRERA, A MILAN. — *Le Mariage de la Vierge*

MUSÉE DE BOLOGNE. — *Sainte Cécile*.

MUSÉE DE NAPLES. — *La Vierge sur un Trône.* — *Portrait d'un Cardinal.* — *Portrait de Tibaldeo.* — *Portrait de Léon X* (répétition douteuse).

ANC. GALERIE LANCELLOTTI, A NAPLES. — *Portrait de Sannazar.*

MUSÉE DE TURIN. — *La Madona di Tenda.*

GALERIE SCARIA. — *Le Joueur de Violon.*

GALERIE BORGHÈSE. — *La Déposition de Croix.* — *Portrait de César Borgia.*

PALAIS DORIA. — *Portrait de Barthole.* — *Portrait de Baldus.*

MUSÉE DU ROI, A MADRID. — *Portrait de Barthole.* — *Deux portraits d'Hommes.* — *Plusieurs Saintes Familles.* — *La Vierge à la Rose.* — *Le Spasimo.*

MUSÉE DE MUNICH. — *La Sainte Famille de Dusseldorf.* — *Une Madone.* — *Une petite Madone.* — *Le Buste de saint Michel.* — *La Résurrection.* — *Le Christ mort.* — *Le Baptême du Christ.* — *Deux Portraits.*

MUSÉE DE BERLIN. — *La Belle Jardinière* (douteux). — *Le Christ mort* (douteux). *Une Madone au Chardonneret.* — *Une Madone* (attribuée au Pérugin). — *La Madone aux quatre Enfants* (contestée). — *L'Adoration des Bergers.*

MUSÉE DE DRESDE. — *La Vierge de saint Sixte.*

MUSÉE DE SAINT-PÉTERSBOURG. — *Sainte Famille* (prov^t de la Malmaison). — *La Vierge d'Albe.* — *Saint Georges* et plusieurs compositions fortement contestées.

ANC. GALERIE DE VIENNE. — *Sainte Marguerite.* — *Le Repos en Égypte.*

NATIONAL GALLERY. — *Sainte Catherine d'Alexandrie* (coll. Aldobrandini). Achetée en 1839 pour la somme de 137,500 fr., ou plutôt 225,000 fr. avec *Bacchus et Ariane*, par le Titien. — *Portrait du Pape Jules II* (coll. Angerstein). — *La Vision de saint Georges* (acheté 25,000 fr. en 1847).

A HAMPTON COURT. — Sept cartons peints à la détrempe.

COLLÉGE DE DULWICH. — *Sainte Famille.*

COLLÉGE D'OXFORD. — *Une Nativité.*

GALERIE ELLESMÈRE. — *La Sainte Famille,* dite *au Palmier.* — *La Sainte Famille et saint Jean.* — *La Sainte Famille.* — *La Vierge et l'Enfant Jésus.*

GALERIE SUTHERLAND. — *Le Christ portant sa croix.*

GALERIE WESTMINSTER. — *Sainte Famille* (esquisse). — *L'Adoration de l'Enfant Jésus* (id.) — *Saint Luc peignant la Madone* (id.)

GALERIE LANSDOWNE. — *Saint Jean prêchant dans le Désert.*

A MISS BURDET COUTTS. — *Le Christ au jardin des Oliviers* (anc. gal. d'Orléans).

A Mme H. DAWSON. — *Le Christ mort.*

A LORD SCARSDALE. — *La Vierge secourue par les Saintes Femmes.*

COLLECTION WARWICK. — *Jeanne d'Aragon.*

COLLECTION FULLER MAITLAND. — *L'Agonie au jardin des Oliviers.*

COLLECTION WYNN ELLIS. — *Le Sauveur.* — *Saint Georges et le Dragon.*

A M ROGERS. — *Le Christ sur la montagne des Oliviers* (anc. coll. du Palais-Royal). Ce tableau, déjà très-fatigué en 1722, se voyait chez lord Eldin à Édimbourg. — *La Vierge et l'Enfant Jésus* (même provenance).

AU DUC DE NORTHUMBERLAND. — *La Vierge et l'Enfant Jésus.*

A LORD FOLKESTONE. — *Portrait de Femme* (attribué à Sébastien del Piombo).

COLLECTION BANKES. — *La Vierge.*

A LORD HEYTESBURY. — *Sainte Famille* (douteux).

COLLECTION TOWNSHEND. — Répétition de *la Belle Jardinière* (contesté).

COLLECTION CORNWALL LEGH. — *La Vierge et l'Enfant Jésus* (contesté).

Collection de sir Thomas Sebright. — *Saint Jérôme* (contesté).

A lord Iarborough. — *Un Portrait* (contesté).

Au comte de Iarborough. *La Vierge et l'Enfant Jésus sur un trône* (contesté).

Collection W. Russell. — *Épisode d'Héliodore.* — *La Vierge, l'Enfant Jésus et sainte Élisabeth.* — *Lucrèce.*

Collection Ward. — *La Crucifixion* (anc. gal. Fesch). — *Les Trois Grâces.*

Collection Cowper. — *La Vierge et l'Enfant Jésus.* — *Une Madone.* — *Le Christ.*

Collection Wyndham. — *Un Portrait d'Homme.*

A lady Gawach. — *La Vierge, l'Enfant Jésus et saint Jean* (réminiscence de la *Madone della Sedia*).

Au prince Pierre Bonaparte. — *Saint Georges combattant le Dragon.* (Le même sujet existe, mais avec de notables différences, tant pour l'attitude du saint que pour la grandeur, au musée du Louvre, à celui de Saint-Pétersbourg et dans la collection Wynn Ellis de Londres.)

Galerie Fitzwilliam. — *La Vierge et l'Enfant Jésus* (attribué à Imola).

Au duc de Marlborough. — *Un Portrait de Femme.* — *La Vierge sur un Trône.*

Collection Munro. — *La Madone au Candélabre.*

Collection Miles. — *Le Portement de Croix.* — *La Vierge et l'Enfant Jésus.* — *Le Pape Jules II.*

Collection Pembroke. — *La Madone à l'Œillet* (attribué à Van Orley).

Collection Warwick. — *Une Madone.* — *Jeanne d'Aragon.*

Galerie Lichtenstein. — *La Vierge à la Pomme.* — *Un Portrait d'Homme.*

Cabinet de M. de Tatischteff a Saint-Pétersbourg. — *La Vierge au Voile* (attribuée au Pérugin).

Galerie Esterhazy. — *Une Madone.*

Cabinet Trilha. — *Tête de la Fornarina* (gal. du roi Murat).

Galerie Olive de Marseille. — *La Cène à Emmaüs.*

Galerie du duc d'Aumale. — Neuf dessins.

PRIX DE VENTES

					fr.	
Judith	1751.	Vte Thugny			2,000.	
La belle Vierge	1793.	Vte d'Orléans	Liv. st.		3,000.	A lord Egerton.
La Vierge et l'Enfant Jésus	Do	do	....	»	700.	Id.
La Sainte Famille au palmier	Do	do	....	»	1,200.	Id.
La Vision d'Ézéchiel	Do	do	....	»	800.	A sir Baring. — Répétition de celui qui se trouve au palais Pitti.
Le Portement de Croix	Do	do	....	«	150.	Pièce du milieu de la partie inférieure du tableau qui se voyait autrefois dans l'église des Religieuses de Saint-Antoine à Pérouse et qui se trouve actuellement à Naples. Ce fut la reine Christine qui l'acheta aux religieuses de Pérouse par l'entremise du cardinal Azzolini. — Aujourd'hui à M. Miles.
La Vierge, l'Enfant Jésus et saint Joseph	Do	do	....	»	300.	
—	1843.	Vte Aguado			27,250.	

				fr.	
Saint Jean dans le désert..........	1793.	Vte D'ORLÉANS.... Liv. st.		1,500.	Payé 20,800 fr. par le duc d'Orléans.
La Vierge et l'Enfant Jésus........	Do	do	»	508.	Ce tableau a fait partie de la gal. Aguado.
Une Pieta.....................	1800.	2e vte D'ORLÉANS.. Guinées.		60.	Ce tableau a fait partie du cab. Ch. de Rechberg. Il appartient aujourd'ui à M. A. White.
La Vierge et l'Enfant Jésus........	Do	do	»	150.	Anciennement à M. Rogers le poëte.
Portrait du Pape Jules II.........	Do	de	»	36.	
Étude pour la Descente des Sarra-sins.	1806.	Vte SAINT-MARTIN.........		1,260.	
Étude de la tête de saint Michel ter-rassant le démon.............	1810.	Vte SYLVESTRE......... ...		1,500.	
---	1850.	Vte DU ROI DE HOLLANDE..		16,500.	
L'Archange saint Michel	1843.	Vte AGUADO.............		3,500.	
Saint Jean et saint Louis.........	Do	do		850.	Ces trois derniers ont été très-contestés.
Portraits de deux jeunes époux....	Do	do		805.	
Annonciation.................	Do	do		1,280.	
Le Christ en croix..............	1816.	Vte FESCH.. Écus romains.		10,000.	
Le Passage de la mer Rouge........	Do	do	»	150.	Les chiffres de ces deux tableaux n'annoncent pas une grande confiance de la part des amateurs.
Sainte Famille.................	Do	do	»	103.	
Sainte Famille (1m,19—1m,19).....	1850.	Vte DU ROI DE HOLLANDE. Fl.		16,500.	
Portrait de Salesar (47c—49c)....	Do	do	»	16,000.	
La Vierge, l'Enfant Jésus et saint Jean	1859.	Vte NORTHWICK,...... ...		4,150.	Copie de la Vierge dite *de la maison d'Albe*.
La Vierge, l'Enfant Jésus et Siméon.	1860.	Vte BRAEBBECK et DE STOL-BERG....... Thalers.		10,200.	
Portrait de Giovani Cassa.........	1862.	Vte X.............. ...		7,500.	Attribué à ce maître par M. Quatremère de Quincy.

DESSINS.

				fr.
La Vierge au Poisson.............	1850.	Vte DU ROI DE HOLLANDE. Fl.		500.
La Vierge et l'Enfant............	Do	do	»	690.
L'Évanouissement de la Vierge.....	Do	do	»	1,230.
Portrait d'un homme âgé.........	Do	do	»	3,200.
La Sœur de Raphaël.............	Do	do	»	500.
Même sujet...................	Do	do	»	670.
Même sujet	Do	do	»	770.
L'Annonciation................	Do	do	»	1,015.
Timoclès et Alexandre...........	Do	do	»	280.
Saint Michel terrassant le démon...	Do	do	»	430.
Tête d'Ange	Do	do	»	600.
Passage de la mer Rouge..........	Do	do	»	400.
Étude de Moine	Do	do	»	380.
Mariage d'Alexandre............	Do	do	»	250.
Zoroastre et autres figures........	Do	do	»	200.
Portrait de Bramante	Do	do	»	360.
Le Christ au tombeau............	Do	do	»	6,900.
Étude de Madone...............	Do	do	»	410.
Étude de tête de jeune Fille.......	Do	do	»	350.
Étude de tête de saint Jean	Do	do	»	670.
Sainte Famille.................	Do	do	»	605.

Parmi les artistes qui ont le plus adroitement copié ou imité Raphaël, on distingue :

PENNI (giovanni-francesco), dit IL FATTORE

Né à Florence vers 1488, mort en 1528.

Un de ceux qui ont le plus aidé Raphaël dans ses travaux, est J.-F. Penni, qui, comme J. Romain, était non-seulement l'élève, mais encore l'ami du grand homme. Le Penni eut un avantage que n'avait pas eu J. Romain, celui d'avoir appris les premiers principes de son art sous Raphaël : aussi il l'a si bien imité, que beaucoup de personnes confondent leurs ouvrages. C'est au point qu'aujourd'hui, à peine pourrait-on compter dix tableaux qui portent le nom d'il Fattore.

Cependant Penni avait une couleur plus harmonieuse et un dessin moins correct et surtout moins gracieux.

MUNARI, dit PELLEGRINO DA MODENA

Né à Modène en 1509, mort dans la même ville en 1523.

Ce peintre est peut-être, de tous les élèves de Raphaël, celui qui lui ressemble le plus pour ses airs de tête et par la grâce des attitudes. Son dessin un peu mou, sa touche estompée, le font seulement reconnaître.

TISIO (benvenuto), dit LE GAROFOLO

Né à Gaforolo en 1481, mort en 1559.

Après s'être formé à l'étude assidue des tableaux de l'illustre maître, le Garofolo se mit à le copier avec ardeur. Ce ne fut que plus tard qu'il se créa la manière qui lui a mérité l'estime des amateurs.

Les imitations du Garofolo se font remarquer par un dessin un peu affecté et une exécution trop étudiée. Son coloris est moelleux, mais il tire trop sur le rouge.

GRAMMATICA (antivetudo)

Né près de Rome vers 1571, mort en 1626.

Excellent copiste, Antivetudo abusa tellement de son talent, qu'il se fit chasser de la première place qu'il occupait à l'Académie de Saint-Luc, pour avoir voulu vendre a un seigneur le *Saint Luc* de Raphaël et y avoir substitué une copie de sa main.

Bien que sa couleur soit brillante, elle ne produit aucune harmonie. Son dessin lourd et cerné suffit à lui seul pour faire reconnaître le copiste.

SALMEGGIA (ÉNÉE), DIT LE TALPINO

Né à Bergame, mort vers 1626.

Le Talpino joignait à une bonne manière un style élevé, un dessin assez pur, une touche grasse et bien empâtée. Il excellait dans l'agencement des draperies. Il est heureux pour les amateurs qu'il n'ait pas su mettre dans ses ouvrages un ton local moins rouge et des demi-teintes moins heurtées : sans cela la méprise serait facile.

BUONACORSI (PIETRO), DIT PERINO DEL VAGA

Né à Florence vers 1500, mort en 1547.

Perino del Vaga a imité Raphaël avec succès : son pinceau a quelque ressemblance avec celui de son maître, quoiqu'il n'en eût ni la force ni l'expression, et qu'il fût un peu lourd. On lui reproche avec raison de ne s'être pas assez appliqué à copier d'après nature, et d'avoir donné à presque toutes ses figures de femme le même air de tête.

COXIE (MICHEL)

Né à Malines en 1497, mort en 1592.

Le pinceau de Michel Coxie a reproduit certains tableaux de Raphaël avec une fidélité incroyable. Gault de Saint-Germain prétend même être en droit d'affirmer que ce peintre est l'auteur du tableau intitulé *la Belle Jardinière*, catalogué sous le nom de Raphaël au musée du Louvre. Comme les documents qu'il produit à l'appui de cette assertion ne me paraissent pas concluants, je laisse de côté cette contestation plus ou moins fondée, me bornant à dire que la touche de Michel Coxie est plus moelleuse, plus *flamande* que celle de Raphaël; son dessin est plus rond et sa couleur moins naturelle : ce n'est pas une harmonie de teintes, mais une harmonie d'uniformité produite par des tons chauds. Ces caractères distinctifs suffisent pour rendre toute méprise impossible.

ORLEY (BERNARD VAN)

Né à Bruxelles en 1490, mort en 1560.

Autre imitateur flamand, maître du précédent et élève de Raphaël. Son coloris est vigoureux, trop vigoureux peut-être pour produire le *fac-simile*. Ses tons sont fins, ses détails bien traités; mais un ensemble estompé et maniéré le fait découvrir à l'expert.

PACCHIAROTTO (JACOPO)

Né à Sienne, florissait en 1535.

La manière que cet artiste s'est appropriée ressemble plutôt à celle du Pérugin qu'à celle de Raphaël, mais il fit de très-bonnes copies de ce dernier. Ses figures sont ravissantes : elles ont le beau et le gracieux que l'on admire dans celles du maître. Son dessin est plus allongé, et sa touche se reconnaît à son caractère émoussé.

SABBATINI (ANDREA), DIT ANDRÉ DE SALERNE

Né à Salerne vers 1480, mort en 1545.

Sabbatini imita habilement le grand peintre dont il était l'élève; son dessin est assez correct; mais, désireux de faire briller ses connaissances anatomiques, il exagéra l'expression des muscles du corps humain.

Ses draperies sont bien agencées; mais son coloris vif et brillant, ainsi que ses ombres trop vigoureuses, le décèlent au premier examen.

MARCHESI (GIROLAMO), DIT DE COTIGNOLA

Né vers 1480, mort vers 1550.

Élève de F. Francia et de Raphaël, Marchesi aurait fait de belles copies du Sanzio, si son dessin trop sec n'eût détruit l'effet de son coloris agréable, et son style inégal, la majesté de ses têtes.

PERUZZI (baldassare)

Né en 1481, mort en 1536.

Copiste très-consciencieux du grand maître. Son dessin est excellent, mais son coloris médiocre et sa touche un peu molle le trahissent toujours.

COLLE (raphael dal)

Né vers 1490, mort vers 1530.

Disciple de Raphaël et de Jules Romain, dont il fut le collaborateur dans leurs grands travaux, ce peintre imita beaucoup la manière de Raphaël. Son style est élevé et sévère, son dessin noble et correct, sa couleur pleine d'harmonie et de fraîcheur. On le reconnaît pourtant à sa touche brodée et à des empâtements trop chargés.

BENVENUTI (giovanni-battista), dit L'ORTOLANO

Né à Ferrare, mort vers 1525.

Ayant beaucoup étudié les œuvres de Raphaël, Benvenuto, qu'il ne faut pas confondre avec Benvenuto Tisio, dit le Garofolo, imita avec bonheur la manière du grand artiste. Un coloris très-solide, un dessin un peu anguleux, une touche hardie mais saillante, sont les indices les plus certains de sa manière.

STREZI (pietro-martin)

Mort en 1620.

Strezi a beaucoup copié Raphaël, mais d'une façon molle et maniérée. Son dessin, quelque bon qu'il soit, manque de caractère. Sa couleur est chaude, mais uniforme.

Il me resterait encore à parler de différents peintres qui ont cherché la manière de Raphaël ou qui ont copié le maître d'une façon fort imparfaite. Comme les productions de ces artistes ne sont pas de nature à surprendre la bonne foi des amateurs, j'indiquerai seulement leurs noms. Ce sont : Octave Semini, — Francesco Turbido, — Salvo de Antonio, — le Mosca, — Paris Mogari.

LUCIANO (SEBASTIANO, DE VENISE)

VULGAIREMENT FRA SEBASTIANO DEL PIOMBO

Né à Venise en 1485, mort à Rome en 1547.

La manière de ce peintre tient beaucoup de Michel-Ange qu'il chercha à imiter en maintes occasions. Incorrect dans son dessin et poussant l'expression de ses figures jusqu'à la férocité, on le reconnaît à ses hachures perpendiculaires et non placées dans le sens des chairs. Ses contours sont quelquefois tranchés et ne se fondent pas assez avec les fonds. Les plis de ses draperies sont souvent secs, tout en ayant beaucoup de grâce.

Le musée de Paris possède un bel échantillon de ce maître, malgré les nombreuses et mauvaises retouches qu'il a subies. Lors des inventaires, il a été estimé 70,000 fr. Je ne sais à quelle cause il faut attribuer la disparition du *Portrait de Bandinelli,* qui figurait dans les anciens livrets, et qui avait été estimé 30,000 fr. La notice de 1854 n'en parle point, du moins à l'article consacré à Sébastien del Piombo.

MUSÉE DU LOUVRE

La Visitation de la Vierge. (Est. 70,000 fr.)
ANCIENNEMENT AU LOUVRE. — *Le Martyre de sainte Agathe.* Est. 20,000 fr.; rendu en 1815 au palais Pitti.

MUSÉES DIVERS, GALERIES, ETC.

MUSÉE NAPOLÉON III. — *Ecce Homo.*
MUSÉE DE MONTPELLIER. — *Un Portrait.*
MUSÉE DE RENNES. — *Le Christ à la Colonne.* — *La Visitation.*
MUSÉE DE NANTES. — *Le Christ portant sa croix.*
MUSÉE DE LYON. — *Le Repos de Jésus-Christ.*
AU PALAIS MANFRIN A VENISE. — *La Circoncision.*
AU PALAIS PITTI. — *Le Martyre de sainte Agathe* (anc[t] au Louvre).
MUSÉE DE NAPLES. — *Sainte Famille.* — *Portrait du pape Alexandre Farnèse.* — *Portrait d'un Cardinal.* — *Portrait d'un jeune Homme.* — *Portrait d'Anne de Boleyn.*
ANCIEN CABINET SAN ANGELO A NAPLES. — Divers *Portraits.*
ANCIENNE GALERIE DE VIENNE. — *Buste d'un Homme barbu.*
MUSÉE DU ROI A MADRID. — *Christ portant sa croix.* — *Christ descendant aux Limbes.*

Musée de Saint-Pétersbourg. — *Portrait du cardinal Polus.*

Musée de Munich. — *Groupe de Bienheureux.*

National Gallery. — *La Résurrection de Lazare* (coll. Angerstein). — *Portraits du cardinal H. de Médicis et du peintre.* — *Portrait de Julie de Gonzagues sous l'emblême de sainte Cécile.*

A Hampton Court. — *Portrait d'une Dame espagnole.*

Institution royale d'Édimbourg. — *Bacchus et Ariane.*

Galerie Malmesbury. — *Portrait du Titien peint sur un bloc de cyprès.* (Gal. Brignole.)

Galerie Ellesmère. — *La Mise au tombeau.*

Galerie Lansdowne. — *Un Moine.* — *Un Portrait d'Homme.*

Galerie sir John Boileau. — *Un Portrait.*

Collection Thomas Baring. — *Un Portrait.* — *Un Tryptique.* — *Sainte Famille.*

Au comte de Iarborough. — *La Descente de croix* (attribué à Daniel de Volterre par M. Waagen).

Collection Hardwick. — *Portrait d'Homme.*

Au comte de Dunmore. — *L'Entrée du Christ à Jérusalem.*

Collection Warwick. — *Portrait d'Homme.*

A lord Elcho. — *Portrait du pape Clément VII.*

Collection Labouchère. — *Épisode tirée de la vie d'Améric Vespuce.*

Collection Holford. — *Un Portrait d'Homme.*

A lord Elgin. — *Un Portrait de Femme.*

Collection Harford. — *Une Pieta.* — *Une Sainte Famille.* — *Une étude d'homme.*

Collection Davenport Bromley. — Fragments de peintures (gal. Fesch).

Collection Radnor. — *Saint Sébastien.*

Collection Hamilton. — *Portrait du pape Clément VII* (vu de profil). — *La Transfiguration.*

Collection Breadalbane. — *Un Portrait d'Homme.*

Au duc de Bedford. — *Un Portrait d'Homme* (supposé Benvenuto Cellini).

A lord Methuen. — *Portrait de Francesco Albizzi.*

Collection Drury Lowe. — *André Doria* (vu de profil).

Galerie Esterhazy. — *Portrait du cardinal Polus.*

Galerie du duc d'Aumale. — *Tête de Christ* (dessin).

Galerie Pozzo di Borgo. — *Le pape Pie III.*

Collection Van der Aa, de Saint-Nicolas. — *Jésus portant sa croix.*

Cabinet Trilha. — *Moine dans un Paysage.*

Ancienne galerie du général Pino. — *Le Christ portant sa croix.*

PRIX DE VENTES

La Vierge et l'Enfant Jésus endormi. 1742, Vte Carignan, 2,404 fr. — *Descente de Croix,* 1793, Vte d'Orléans, 5,000 fr. — *Miracle opéré par la sainte Vierge.* (2^m,57—1^m,60). 1832, Vte Érard, 7,020 fr. — *Le Christ et la Vierge.* 1843, Vte Aguado, 1,230 fr. — *Deux tableaux.* 1er, 1843, Vte Dubois, 5,004 fr. — 2e, 1843, Même Vte, 650 fr. — *La Visitation.* 1845, Vte Fesch, 4,500 fr. — *Le Christ au Tombeau.* 1850, Vte du roi de Hollande, 29,600 florins. — *Portrait d'une Femme de la famille de Médicis.* (B. 1^m,12 —0,77). Même Vte, 3,500 florins. — *Le Christ portant sa croix.* 1852, Vte Soult, 11,000 fr.

— *Querelle d'amoureux.* 1859, Vte lord Northwick, 3,900 fr. (On suppose que ce sont les portraits de Raphaël et de la Fornarina). — *La Sainte Famille.* 1860, acheté par M. de Cazenave, 40,000 fr. — 1861, revendu par M. X., 17,500 fr. — *Le Christ portant sa croix.* (B. 92e—66e). 1861, Vte L. de Madrid, 620 fr. (contesté).

Sébastien del Piombo a eu peu d'imitateurs. Je n'en citerai qu'un seul, celui dont les œuvres pourraient causer quelque indécision.

BAGAZOTTI (camille)

Ce peintre eut une partie des qualités de Sébastien del Piombo, mais il en exagéra les défauts. On trouve dans ses ouvrages un dessin anguleux à l'extrême, des demi-teintes tourmentées de hachures et semblables à celles en usage dans les vieilles gravures. Sa couleur est belle, mais les vrais connaisseurs ne s'y laissent pas prendre.

VANNUCCHI (andrea), dit ANDREA DEL SARTO

Né à Florence en 1488, mort dans la même ville en 1530.

Obligé souvent de peindre pour nourrir sa famille, André del Sarte se livra au travail avec une ardeur sans égale. Sous l'aiguillon de la misère, son pinceau enfanta une infinité d'ouvrages, parmi lesquels on compte plusieurs chefs-d'œuvre.

Ses tableaux sont parfaitement dessinés, mais un peu froids ; ses draperies bien plissées, mais manquant souvent de caractère. Il se fait remarquer par le naturel et la grâce de ses expressions, mais on lui reproche sa couleur vineuse et froide.

Ses productions capitales sont aussi rares que recherchées des amateurs.

MUSÉE DU LOUVRE

On voit au musée du Louvre deux beaux spécimens du talent de ce peintre. Les n°s 439 et 440 n'ont pas assez d'authenticité pour qu'il en soit fait mention ici. *La Charité* a été estimée 100,000 fr. — *La Sainte Famille,* n° 438, a été cotée au même taux.

Anciennement au Louvre. — *L'Histoire de Joseph* en deux tableaux. Est. 80,000 fr., rendus au palais Pitti, en 1815.

MUSÉES DIVERS, GALERIES, ETC.

Musée Napoléon III. — *Portrait de l'artiste.* — *Portrait* du même, mais plus âgé. — *Sainte Famille.* — *Sainte Catherine à la roue.* — *L'Annonciation* (style du maître). — *La Vierge au sac* (id.).

Musée de Rennes. — *La Vierge tenant un livre.* — *Un Homme tenant un panier.* — *Étude de mains et de pieds.* (Dessins.)

Musée de Nancy. — *Tobie guidé par l'Ange.*

Musée de Caen. — *Saint Sébastien tenant deux flèches.* — *Saint Sébastien.*

Musée de Nantes. — *La Charité.*

Musée de Lyon. — *Le Sacrifice d'Abraham.*

Musée de Lille. — *La Vierge, l'Enfant Jésus, saint Jean et trois Anges.*

Musée de Naples. — *Bramante donnant des leçons d'architecture au duc d'Urbin.*

Académie de Turin. — *Une Madone.*

Musée de Parme. — *L'Ensevelissement du Christ.*

Galerie Borghèse. — *Deux Saintes Familles.* — *Une Madone.* — *Sainte Madeleine.*

Académie des beaux-arts de Florence. — *La Piété entre deux Enfants* (fresque). — *Réunion de quatre Saints.*

Au palais Pitti. — *La Vierge et les quatre Saints.* — *Le Christ au tombeau.* — *La Dispute sur la sainte Trinité.* — *Deux Saintes Familles.* — *Deux Assomptions.* — — *Deux Annonciations.* — *Portrait de l'artiste.*

Au palais Doria. — *Portrait de Machiavel.*

Galerie Scarria. — *Sainte Famille.*

Musée du Roi a Madrid. — *Portrait de Lucrezia Fede.* — *La Vierge, l'Enfant Jésus et un Ange* (acheté 5,750 fr. à la Vte de Charles Ier en 1645). — *Sainte Famille.* — *Une Madone.* — *Le Sacrifice d'Abraham.* — *La Vision d'Ézéchiel.* — *Vierge glorieuse.*

Ancienne Galerie de Vienne. — *La Sainte Vierge et l'Enfant Jésus.* — *Saint Sébastien.* — *Noli me tangere.*

Musée de Dresde. — *Mariage mystique de sainte Catherine.* — *Le Sacrifice d'Abraham.* — *Une Sainte Famille* (contestée et attribuée à Sasso Ferrato). — *La Visitation de la Vierge.*

Musée de Munich. — *Deux Saintes Familles.* — *La Prédication de saint Jean.* — *La Visitation.* — *Zacharie privé de la parole.* — *Salomé.* — *Tête de saint Joseph.* (Esquisses.)

Musée de Berlin. — *La Musique.* — *L'Architecture.* (Grisailles.) — Esquisse du *Portrait de Lucrezia Fede.* — *Une Vierge glorieuse.*

Musée de Saint-Pétersbourg. — *Sainte Famille* (douteux). — *La Visitation.* — *Sainte Famille.*

National Gallery. — *Sainte Famille.*

Collége de Dulwich. — *Sainte Famille.* — *La Vierge, l'Enfant Jésus et saint Jean.*

A Windsor Castle. — *La Vierge, l'Enfant Jésus et saint Jean.* — *La Sainte Famille.*

Galerie Ellesmère. — *Sainte Famille.*

Collection Th. Baring. — *La Vierge caressant l'Enfant Jésus.* — *Saint Jean Baptiste.* — *Un Portrait d'Homme.*

Collection Warren Vernon. — *Sainte Famille* (coll. de Charles I).

Collection Humphrey de Trafford. — *Sainte Famille.*

Collection Cowper. — *Portrait de l'artiste.* — *Un Portrait de Femme.* — *Un Portrait d'Homme.* — *Joseph reconnu par ses frères.* — *Saint Roch distribuant des aumônes.* — Son pendant.

A lord Hertford. — *La Vierge, l'Enfant Jésus, saint Jean, des Anges,* etc. (prov¹ de la galerie Aldobrandini ; acheté 31,500 fr.).

Au marquis de Westminster. — *La Sainte Famille.* — *Portrait de Femme.*

A lord Methuen. — *Portrait d'Homme.*

Collection Thomas Bright. — *Portrait d'Homme* (contesté).

A lord Iarborough. — *La Vierge, l'Enfant Jésus et saint Jean.*

Au comte Amherst. — *La Vierge et l'Enfant Jésus* (contesté).

Au duc de Northumberland. — *Portrait de Lorenzo de Médicis* (prov¹ de la coll. Braschi).

Collection Drury Lowes. — *La Sainte Famille.*

· Au duc de Buccleuch. — Une belle composition. — Une série de *Saints.*

Collection Neeld. — *La Vierge et l'Enfant Jésus.*

Collection Blundel Weld. — *La Sainte Famille.*

Collection Hamilton. — *La Madeleine.*

Collection Holford. — *La Vierge et l'Enfant Jésus.*

Collection Asburnham. — *La Charité.*

Collection Shrewsbury. — *Portrait de Lucrezia de Fede.*

Collection Tomline. — *Portrait de Michel-Ange.*

Collection Bute. — *La Vierge et l'Enfant Jésus.*

Galerie Lansdowne. — *Un Portrait d'Homme.*

Collection Munro. — *Le Christ.*

Collection Hoare. — *Devant d'Autel.* — *La Vierge et l'Enfant Jésus.* — *Saint Jean-Baptiste et saint Ambroise.*

Collection Vivian. — *Portrait de Michel-Ange.* — *Portrait du comte de Nassau.*

Collection Miles. — *La Vierge et l'Enfant Jésus.*

Cabinet de la princesse Beloselsky a Saint-Pétersbourg. — *Judith.*

Cabinet du comte de Kouchelerf a Saint-Pétersbourg. — *Sainte Famille.*

Galerie Lichtenstein. — *Tête de saint Jean.*

Galerie Weyer de Cologne. — *Buste d'un Homme.*

Anciennement au palais du prince d'Orange a Bruxelles. — *Une Madone.*

Galerie du duc d'Aumale. — *Portrait de la femme du peintre.* — *Lucrezia Fede* (dessin).

Collection Luigi Novellucci. — *Sainte Famille* (anc. coll. Donnini).

Collection Létoublon. — *Sainte Élisabeth présentant saint Jean tenant une croix à l'Enfant Jésus assis sur les genoux de sa mère* (figure grandeur de nature).

Collection de Marcy a Grasse. — *La Vierge, l'Enfant Jésus et saint Jean.* — Cabinet Dupont. — *La Sainte Famille.*

A M. le marquis Dodun de Keroman. — *Sainte Famille* (cinq figures).

PRIX DE VENTES

Sainte Famille. 1756, Vᵗᵉ du duc de Tallard, 6,300 fr. — *Léda et le Cygne.* 1793,

Vte d'Orléans, 5,000 fr. (ce tableau est sans doute celui qui a été adjugé à M. Nieuwenhuys de Londres en 1835, et qui a figuré à la Vte Vilain en 1857). — *Lucrèce.* Même Vte. — *Sainte Famille* (1^m,36 1/2 — 1^m,2). 1802, Vte Laborde de Méréville, 3,600 fr. — *Port de Femme* (bois, 99^c 1/2 — 65^c). 1826, Vte Denon, 1210 fr. — *La Vierge, l'Enfant Jésus et saint Jean* (bois, 88^c — 64^c). 1841, Vte Perregaux, 2,250 fr. — *La Vierge, l'Enfant Jésus et saint Jean.* 1843, Vte Aguado, 1,500 fr. (analogue à celui du Musée du Louvre). — *Tête de Sainte.* Même Vte, 540 fr. — *L'Homme entre le Vice et la Vertu.* 1845, Vte du cardinal Fesch, 110 écus romains. — *Sainte Famille.* Même Vte, 430 écus romains. — *Martyre de sainte Luce.* Même Vte, 300 écus romains. — *La Vierge enfant.* 1845, Vte Vasserot, 380 fr. — *Sainte Famille,* 1847, Vte Dubois, 1,395 fr. — *Sainte Famille.* 1850, Vte du roi des Pays-Bas, 8,500 florins. — *La Sainte Vierge* (Bois, 1^m,07 — 1^m,22). A M. Mauwson. Même Vte, 350 fr. — *La Vierge au livre.* 1851, Vte Giroux, 850 fr. à M. Moret. — *Sainte Famille.* 1855, Vte Collot, 1,500 fr. — *La Charité.* 1859, Vte lord Northwick, 5,460 fr. — *La Sainte Famille.* Vte Stevens, 4,200 fr. — *Sainte Famille.* 1861, Vte Martinengo de Würtzbourg, 260 florins.

Voici les artistes qui ont copié et imité André del Sarte avec le plus de facilité.

BIGIO (MARCO-ANTONIO), DIT BIGIO (FRANCIA)

Né à Florence en 1482 ou 1483, mort en 1524.

Ce peintre, élève de Marietto Albertini, travailla longtemps de compagnie avec André del Sarte. Le peu de tableaux qu'il a faits seul passent pour être de son ami : dans les compositions de Bigio, l'action est plus prononcée et le dessin moins correct.

CARDI (LE CHEVALIER LOUIS), DIT CIGOLI OU CIVOLI

Né en 1559, mort en 1613.

Cardi fut un imitateur de profession que nous retrouverons dans la suite à propos d'autres peintres. Ses copies d'André del Sarto ne sont pas sans mérite. Il avait un pinceau facile et un dessin assez correct, mais son coloris est flou à force de vouloir atteindre la suavité. Sa touche est embrouillée et ses draperies sont cotonneuses.

SGUAZZELLA (ANDREA)

Cet élève d'André del Sarte imita son maître avec beaucoup de vérité. Le discernement est facile à établir si l'on fait attention à ses fonds et à ses accessoires, qui sont d'une lourdeur désespérante. Quant à ses têtes, elles sont très-gracieuses et bien dessinées.

SIMON BALLI, — DOMENICO CONTI, — P. F. BOTICELLI et COSTA SAN GIORGIO, ont aussi imité André del Sarte, mais avec beaucoup moins de talent, ce qui me dispense de toute étude particulière.

PIPPI (GIULIO), VULGAIREMENT JULES ROMAIN

Né à Rome en 1499, mort à Mantoue en 1546.

Quoique collaborateur de Raphaël, Jules Romain n'a ni sa grâce ni sa couleur; mais son dessin, admirable de fierté et de correction, sa fougue d'exécution et son pinceau savant le placeront toujours en première ligne.

Ses petites toiles sont peu communes et se vendent assez bien. Quant à ses grandes compositions, elles sont en quelque sorte abandonnées par les amateurs.

Des six tableaux inscrits dans les anciennes notices du musée du Louvre, on n'en retrouve que cinq dans celle de 1854. Le premier, *la Nativité*, eut deux estimations officielles, l'une de 20,000 fr., l'autre de 80,000 fr. Le deuxième, *la Vierge, l'Enfant Jésus et saint Jean*, 6,000 fr. — *Le Triomphe de Titus et de Vespasien*, 40,000 fr. — *Vénus et Vulcain*, 15,000 fr. — *Le Portrait de Jules Romain*, 10,000 fr., puis 3,000 fr. J'ignore ce qu'est devenue la *Circoncision* estimée 100,000 fr., puis 80,000 fr., et qui ne figure pas dans le nouveau livret.

ANCIENNEMENT AU LOUVRE. — *Sainte Famille*. Est. 30,000 fr. (rendu en 1815 au palais Pitti). — *La Vierge, l'Enfant Jésus et saint Joseph*. Est., 3,000 fr. (actuellement à la gal. roy. de Turin). — *La Danse d'Apollon et des Muses*. Est. 24,000 fr. (rendu en 1815 au palais Pitti).

MUSÉES DIVERS, GALERIES, ETC.

MUSÉE NAPOLÉON III. — *Portrait d'un Cardinal*.

MUSÉE DE LILLE. — *Le Triomphe de Titus et de Vespasien*.

MUSÉE DE RENNES. — *La Circoncision*. — *Deux figures d'Hommes nus*. — *Brennus mettant son épée dans la balance* (dessins).

MUSÉE DEGL' UFFI A FLORENCE. — *Une Madone*.

AU PALAIS PITTI. — Copie de *la Vierge au Lézard*. — *La Danse d'Apollon*

GALERIE SCARRIA. — Copie de la *Transfiguration de Raphaël*..

MUSÉE DE NAPLES. — *Sainte Famille*.

MUSÉE DE TURIN. — *Le Père Éternel*. — *L'Assomption*.

ANCIENNE GALERIE DE VIENNE. — *Combats de gladiateurs*. — *Les attributs des quatre Évangélistes*. — *Sainte Vierge et l'Enfant Jésus*.

Musée de Munich. — *Thésée abandonnant Ariane.* — *Saint Jean dans le désert.*

Musée de Saint-Pétersbourg. — *Une Bataille.* — *La Création d'Ève.* — *La Vierge au Chardonneret.* — *Sainte Famille* (copiée d'après Raphaël).

Musée de Dresde. — *Pan et le jeune Olympus.* — *Sainte Famille.*

Musée de Berlin. — *Les Amants couchés.*

National Gallery. — *La Charité.* — *L'Assomption de la Madeleine.* — *L'Enfance de Jupiter* (acheté 23,225 fr. à la Vᵗᵉ Northwick en 1859). — *La Continence de Scipion* (coll. Beaucousin). — *Les Sabines* (même provenance).

A Hampton Court. — *Constantin et Maxence.* — *Jupiter et Europe.*

Institution royale de Liverpool. — Une très-belle composition.

Au duc de Northumberland. — *Portrait de Jules de Médicis.* — Copie de *la Sainte Famille* du musée de Naples.

Galerie Ellesmère. — *L'Éducation d'Hercule.*

Collection Baring. — *La Vierge et l'Enfant Jésus.*

A lord Heytesbury. — *Le Mariage de sainte Catherine.*

Au comte de Dunmore. — *La Conversion de saint Paul.* — *La Sainte Famille.*

A lord Enfield. — *Sainte Famille.*

Collection Wemys. — *Une Procession.*

Galerie Westminster. — *Saint Luc peignant la Vierge.*

Collection Munro. — *La Vierge, l'Enfant Jésus et saint Jean.*

Collection Srewsbury. — Étude pour la tête de Jules II.

Galerie Lichtenstein. — Copie du *Saint Jean* de Raphaël.

Galerie Esterhazy. — *Diane.*

Galerie du duc d'Aumale. — *L'Annonciation.* — *La Chute de Phaëton.* — *Repas antique.* — *Main de Femme.* (Dessins.) — *Portrait d'une Dame romaine.* (Bois.)

Galerie Pozzo di Borgo. — *Adam et Ève.* (Le corps d'Ève a souvent été attribué au pinceau de Raphaël.)

PRIX DE VENTES

La Naissance d'Hercule. 1645, Vᵗᵉ Charles Iᵉʳ, 2,850 fr. — *Portraits des empereurs romains.* Même Vᵗᵉ, 27,500 fr. — *La Naissance du Christ.* Même Vᵗᵉ, 2,500 fr. (c'est le tableau catalogué sous la rubrique *la Nativité,* actuellement au Louvre, et dont il est parlé plus haut). — *Les Femmes réconciliant les Romains et les Sabins.* 1793, Vᵗᵉ d'Orléans, 5,000 fr. — *Scipion assiége la nouvelle Carthage.* Même Vᵗᵉ, 5,000 fr.. — *La Continence de Scipion.* Même Vᵗᵉ, 5,000 fr. — *Junon et le jeune Hercule.* Même Vᵗᵉ, 7,500 fr. — *L'Enlèvement des Sabines.* Même Vᵗᵉ, 5,000 fr. — *Coriolan.* Même Vᵗᵉ, 5,000 fr. — *La Naissance de Jupiter.* 1850, 2ᵉ Vᵗᵉ d'Orléans, 38 guinées, depuis dans la coll. d'Érard, puis chez lord Northwich). — *La Naissance d'Hercule.* Même Vᵗᵉ, 80 guinées. — *L'Adoration des Rois.* (1ᵐ40—86ᶜ). 1801, Vᵗᵉ Tronchin des Délices, 1,910 fr. — *Le Printemps et l'Automne, quatre Enfants.* 1809, Vᵗᵉ Lebrun, 1,000 fr. — *Le Nain armé.* 1843, Vᵗᵉ Aguado, 180 fr. — *Neptune et Amphitrite.* 1845, Vᵗᵉ Fesch, 370 écus romains. *Sainte Famille.* Même Vᵗᵉ, 1,220 écus romains. — *Buste allégorique d'Alexandre le Grand* (bois, 1ᵐ,38—1ᵐ,05). 1850, Vᵗᵉ Guillaume II, 950 fr. — Un dessin historique. Même Vᵗᵉ, 96 fr. (à M. Hoare). — *Saint Jean dans le désert* (bois, 1ᵐ,96—1ᵐ,14). Même Vᵗᵉ, 575 fr. (à M. Roos). — *Tête d'expression* (carton). 1854, Vᵗᵉ Chavagnac, 295 fr. — Une autre (id.). Même Vᵗᵉ, 280 fr. (à M. Thibeaudeau). — *Tête d'Enfant* (id.). Même Vᵗᵉ, 215 fr. —

Tête de jeune Fille (id.). Même Vte, 215 fr. — Quatre cartons. Même Vte, retirés à 150,000 fr. — *Un Jugement* (carton). Même Vte, 625 fr. — Un autre carton. Même Vte, 1,025 fr. (à M. Thibeaudeau). — *La Naissance de Jupiter* (gal. d'Orléans). 1859, Vte Northwick, 24,700 fr. — *Portrait du duc de Mantoue.* 1861, Vte X., 500 fr. — *Portrait du pape Pie V.* Même Vte, 500 fr.

Jules Romain eut beaucoup d'élèves et peu d'imitateurs. Voici le plus dangereux pour les amateurs.

ANDREASSI (IPPOLITO)

Né à Mantoue.

Les reproductions faites par Andreassi ont un certain caractère de vérité; néanmoins leur exécution apocryphe se décèle par une touche maigre et mesquine et par un coloris briqueté.

Ses autres élèves furent : JEAN DE LÉON, — RAPHAEL DAL COLLE, — BENEDETTO PAGNI, — FIGARINO DE FAENZA, — FERMO GUISONI, — RINALDO et GIO BATTISTA, de Mantoue. Secondant presque toujours Jules Romain dans ses travaux, ils n'ont laissé que peu d'ouvrages.

ALLEGRI (ANTONIO), DIT LE CORRÈGE

Né à Corregio en 1494, mort dans la même ville en 1534.

Le Corrège est, sans contredit, l'un des plus grands peintres qui aient honoré l'Italie; il joignait à la grâce, à la vérité, un coloris que personne n'a pu imiter; il a en outre un dessin qui, sans être aussi beau que celui de Michel-Ange ou de Raphaël, est d'une exactitude remarquable.

Les tableaux de ce maître paraissent très-rarement dans les ventes publiques. Ils sont presque tous classés dans les musées de l'Europe. Celui du Louvre en possède deux d'une grande beauté. A savoir : *le Mariage mystique de sainte Catherine,* estimé 450,000 fr., puis 350,000 fr. *Jupiter et Antiope,* inventorié à 450,000 fr., et plus tard à 500,000 fr.

Les guerres de l'Empire nous avaient fait riches en œuvres du Corrège, mais depuis

1815 les tableaux suivants sont retournés à l'étranger : un *Saint Jérôme*, rendu à Parme, malgré la légitimité de notre possession, puisqu'il nous fut compté un million dans la contribution de guerre imposée à cette ville. *Le Repos en Égypte*, estimé 500,000 fr. *La Déposition de croix*, évaluée 200,000 fr. *Le Martyre de sainte Placide et de sainte Flavie*, coté 200,000 fr. : tous trois rendus également à Parme, d'où ils provenaient. Une petite *Tête de saint Jean enfant*, retournée au palais Pitti.

MUSÉES DIVERS, GALERIES, ETC.

MUSÉE NAPOLÉON III. — *Le Martyre d'un Saint et d'une Sainte* (esquisse du tableau qui est à Parme). — *La Vierge à la crèche allaitant l'Enfant Jésus*.

MUSÉE DE BORDEAUX. — *Une Nymphe endormie* (contesté).

MUSÉE DE LYON. — *Ex-voto*.

MUSÉE DE RENNES. — *Un Pendentif* (dessin au crayon rouge). — *Étude de Femme nue* (dessin à la plume).

MUSÉE DE PARME. — *Martyre de sainte Placide et de sainte Flavie*. — *Saint Jérôme*. — *La Vierge à la tasse*. — *Christ portant sa croix*. — *Déposition de Croix*.

COUPOLE DU DUOMO A PARME. — *L'Assomption*.

COUPOLE DE SAN GIOVANNI A PARME. — *L'Ascension*.

MUSÉE DU VATICAN. — *Le Rédempteur*.

SACRISTIE DE L'ÉGLISE SAINT-LOUIS DES FRANÇAIS A ROME. — *Une Madone*.

GALERIE BORGHÈSE. — *Danaé*.

MUSÉE DEGL' UFFI A FLORENCE. — *Tête d'Enfant*. — *Tête de saint Jean-Baptiste*. — *La Vierge en Égypte*. — *Vierge adorant l'Enfant Jésus*.

AU PALAIS PITTI. — *Tête d'Enfant* (esquisse).

AU PALAIS DORIA. — *La Vertu entre les Sciences* (esquisse).

MUSÉE DE NAPLES. — *La Vierge* (ébauche). — *La Madone*. — *Agar dans le désert*. — *Le Mariage de sainte Catherine*.

MUSÉE DE BERLIN. — *Les Amours de Léda* (anc. cabinet de la reine de Suède, anc. cabinet du duc d'Orléans). 1752, Vte Ch. Coypel, 16,050 fr. Le duc d'Orléans ayant, par dévotion, fait couper la tête de la figure principale, M. Pasquier, qui en avait fait l'acquisition, fit proposer à Carle Van Loo et à Boucher d'y rétablir une autre tête : ils refusèrent. Un peintre, nommé Deslyen, peu connu, mais qui avait beaucoup étudié le Corrège, eut le bonheur de réussir. Le tableau passa à l'étranger lors de la Vte Pasquier en 1755, où il fut acheté 21,060 fr. pour le roi de Prusse. Revenu en France, en 1806, la direction des musées fit enlever la tête restaurée et confia le soin de la recommencer à Prud'hon, qui, à ce qu'il paraît, ne fit aucun effort pour déguiser sa manière et l'accorder à celle du Corrège.

MUSÉE DE DRESDE. — *La Vierge avec l'Enfant Jésus bénit saint François, et d'autres Saints*. — *La Vierge, l'Enfant Jésus et plusieurs Saints*. — *Sainte Madeleine*. — *L'Adoration des Bergers* (la nuit). — *La Vierge, l'Enfant Jésus et plusieurs Saints*. — *Le Médecin du Corrège*.

ANCIENNE GALERIE DE VIENNE. — *Cupidon se taillant un arc*. — *Jupiter et Ganymède*. — *Jupiter et Io*. — *Jésus-Christ chassant les vendeurs du Temple*.

MUSÉE DE SAINT-PÉTERSBOURG. — *Deux groupes d'Enfants*. — *Le Mariage de sainte Catherine*. — *Une Madone*. — *Portrait d'Homme*.

MUSÉE DE MUNICH. — *La Vierge glorieuse*. — *Cupidon lisant*. — *Une Tête de Faune*. — *Ecce Homo*.

Musée du Roi a Madrid. — *Sainte Famille.* — *Noli me tangere.*

Musée de Pesth. — *Le Christ mort* (contesté).

National Gallery. — *Le Christ au mont des Oliviers* (coll. Angerstein). — *La Vierge au panier* (acheté 95,000 fr. en 1825). — *Études de Têtes* pour la coupole du dôme de Parme (coll. d'Orléans et d'Angerstein). — *L'Éducation de l'Amour.* — *Ecce Homo.* (Ces deux tableaux ont été achetés en 1834 au marquis de Londonderry pour la somme de 288,750 fr.)

A Hampton-Court. — *Le Mariage de sainte Catherine.* — *Portrait du sculpteur Bandinelli.* — *Sainte Famille.*

Collége de Dulwich. — *Vénus et Cupidon.*

Galerie d'Aspley. — *Le Christ à la montagne des Oliviers.* (Ce tableau, le plus beau qui existe de ce maître en Angleterre, a été pris en Espagne dans la voiture même de Joseph Bonaparte.)

Galerie Ellesmère. — *La Vierge et l'Enfant Jésus.* — *Le Christ mort.*

Au duc de Sutherland. — *Un Cheval et un Ane avec leurs conducteurs.*

Collection Carlisle. — *Saint Jean.* — *Une Madone.*

A lord Folkestone. — *Vénus désarmant l'Amour.*

Collection Normanton. — *La Vierge et l'Enfant Jésus.*

A lord Methuel. — *Phaéton* (carton pour la coupole de Parme).

Collection de sir Thomas Sebright. — *Une Allégorie* (contesté).

Collection W. Russell. — *La Vierge et l'Enfant Jésus.* — *Un Ange.*

Au comte de Iarborough. — *Sainte Catherine.*

Collection Ward. — Deux fragments de fresque. — *La Madeleine lisant.*

Collection Ashburton. — *Saint Pierre, sainte Marguerite, sainte Marie Madeleine et saint Antoine de Padoue.*

Collection Wellington. — *Le Christ au jardin des Oliviers.*

Collection Wydham. — *La Sainte Famille.*

Galerie Stafford. — Une charmante composition (coll. de la reine Christine et d'Orléans).

Collection J. James. — *Une Madone.*

Galerie Lichtenstein. — *Le Sommeil de l'Amour.*

Galerie Esterhazy. — Quelques études. — *Portrait de l'artiste.*

Cabinet de la princesse Beloselsky a Saint-Pétersbourg. — *Une Madone.*

Galerie Weyer de Cologne. — *La Vierge et l'Enfant Jésus qui joue* (ivoire).

Cabinet Mouriau, de Bruxelles. — *La Sainte Madeleine* (achetée à Parme en 1829). Ce tableau est d'une telle délicatesse de teintes, d'une si grande beauté de formes, qu'il fait l'admiration de tous les connaisseurs admis à le visiter. Son authenticité repose sur des certificats incontestables.

Galerie de M. le duc Pozzo di Borgho. — *Saint François d'Assise.*

Galerie du duc d'Aumale. — *Têtes d'Enfants* (dessin).

Cabinet Trilha. — Esquisse de la coupole de San Giovanni.

Collection C***. — *Pan et Syrinx.* — *La Guerre des Amours.* — *Jésus et saint Jean-Baptiste.* — *La Madeleine.*

PRIX DE VENTES

Sainte Famille (cuivre). 1742, Vᵗᵉ Carignan, 2,850 fr. — *Io et Jupiter* (anc. gal. du

Palais-Royal). 1752, Vte Ch. Coypel, 5,602 fr. — *La Liseuse.* 1756, Vte Tallard, 3,601 fr. — *Une Femme couchée* (59^c—54^c). 1767, Vte Jullienne, 2,400 fr.— 1784, Vte de Vaudreuil, 3,000 fr. 1791, Vte Lebrun, 2,200 fr. — *Sainte Famille.* 1793, Vte d'Orléans, 200 liv. st. — *Portrait* dit *le Rougeau.* Même Vte, 20 liv. st. — *Apparition du Christ à la Madeleine.* Même Vte, 400 liv. st. — *Portrait de César Borgia* (coll. Hope). Même Vte, 500 liv. st. — *La Vierge et l'Enfant Jésus* (à lord F. Egerton). Même Vte, 1,200 liv. st. — *Vénus au Jardin des Hespérides* (1^m,30—1^m,16). 1795, gal. de Calonne. 1807, coll. Andréa Vollaro. 1819, coll. Pietro Scudieri. 1831, cab. Caramazza. 1859, gal. Gaetano Venturini, 15,700 fr. Est., 25,000 fr. — *Danaé,* 1800, 2e Vte d'Orléans, 645 guinées. Vte Hope, 250 liv. st. (gal. Borghèse à Rome). — *Une Tête d'Ange; une Tête de sainte Catherine* ou de *sainte Agnès.* — 1809, Vte Lebrun, 3,301 fr. — *Sainte Famille.* 183..., Vte Lapeyrière, 80,000 fr. — *La Vierge tenant son Fils devant lequel saint Ubalde et sainte Catherine sont agenouillés.* 1814, Vte Lebrun, 5,000 fr. — *Sainte Agnès, — Sainte Catherine.* 1818, Vte Lebrun, 3,301 fr. — *L'Éducation de l'Amour.* 1832, Vte Érard, 10,000 fr. — *Vénus caressant l'Amour* (bois, 38^c — 30^c). Même Vte, 5,000 fr. — *La Conception de la Vierge* (cuivre, 35^c—25^c). 1840, Vte Schamp, 3,010 fr. — *Épisode du massacre des Innocents.* 1843, Vte Aguado, 1,000 fr. — *Madone.* Même Vte, 1,620 fr. — *Léda.* Même Vte, 519 fr. — *La Nativité.* 1859, Vte Northwick, 4,810 fr. — *La Vierge et l'Enfant Jésus.* 1859, Vte Bracbeck de Stolberg, 4,955 thalers. — Quatre cartons faits pour le tableau de *Saint Georges* à Dresde. 1860, Vte D. de Turin, 1,065 fr.

Le Corrège a eu beaucoup d'imitateurs et de copistes. Au nombre des meilleurs on remarque :

MUNARI (CESARE), DIT PELLEGRINO, ET SURNOMMÉ ARETUSI

Mort en 1612.

Cet artiste copia le Corrège avec une habileté qui a trompé beaucoup d'amateurs. Sa couleur, pleine de douceur et de suavité, rachète sa touche un peu molle et son dessin roide dans les extrémités. Ces deux défauts sont les indices les plus certains de sa manière.

BRUNO (ANTONIO)

Né à Modène.

Les ouvrages de Bruno sont souvent confondus avec ceux du Corrège. C'est la même grâce et la même couleur, s'alliant à un dessin plus anguleux et à des fonds plus lourds.

SCHEDONE ou SCHIDONE (BARTOLOMEO)

Né à Modène en 1570 ou 1580, mort en 1615.

COMME IMITATEUR DU CORRÈGE.

Ce peintre a laissé beaucoup d'ouvrages qui sont très-recherchés; la meilleure de ses manières est celle qu'il a suivie lorsqu'il imita le Corrège. Il y a si bien réussi, que souvent ses petites productions passent pour être du maître.

Son pinceau est plus hardi, mais aussi agréable que celui du Corrège. Son dessin est un peu irrésolu et son exécution plus vineuse.

VANNI (GIOVANNI-BATTISTA)

Né à Florence ou à Pise en 1599, mort en 1660.

Près d'une dizaine de peintres sont connus sous ce nom. Celui-ci est l'élève de Ch. Allori, qui, après avoir imité son maître à s'y méprendre, entreprit d'en faire autant avec les tableaux du Corrège, et y réussit assez bien pour favoriser parfois la fraude. Cependant sa touche plus saillante, sa couleur briquetée et son dessin maniéré dans les formes le font reconnaître facilement.

ANSELMI (MICHELE-ANGIOLO)

DIT MICHEL-ANGE DE LUCQUES ou MICHEL-ANGE DE SIENNE

Né à Sienne en 1491, mort en 1554.

Habile imitateur du Corrège, son maître, Anselmi serait parvenu à tromper entièrement les amateurs si son dessin eût été moins roide et son coloris plus transparent.

CARPI (GIROLAMO)

Né à Ferrare en 1501, mort en 1556.

Élève du Garofolo, Carpi se fit une manière pleine de charme qui tient presque de celle du Corrège. Il joint au moelleux du pinceau un coloris vrai et plein de vigueur, mais son exécution pèche par un fini trop précieux qui n'appartient pas au maître.

PROCACCINI (HERCULE), DIT LE VIEUX

Né à Bologne en 1520, mort vers 1591.

Outre les qualités et les défauts du précédent, les imitations de Procaccini présentent un dessin plus minutieux et un coloris plus faible.

RONDANI (FRANCESCO-MARIO)

Né à Parme vers 1490, mort vers 1548.

Mêmes qualités, mêmes défauts que les artistes précédents, mais tempérés par des airs de tête gracieux.

GANDINI (GIORGIO), DIT DEL GRANO

Né à Parme, mort en 1528.

Couleur suave et belle, pinceau doux et moelleux : telles sont les qualités de Gandini. Son seul défaut, qui consiste en un dessin anguleux et bizarre, le fait reconnaître au premier examen.

BARROSO (MICHELE)

Né à Consuegra (Nouvelle-Castille) en 1538, mort en 1590.

On doit à cet artiste, nommé le Corrège espagnol, de belles copies et d'assez bonnes imitations ; heureusement pour les amateurs, elles manquent de vigueur, et leur clair-obscur fade et mal entendu rend toute confusion impossible.

RICCI (SEBASTIANO)

Né à Cividale Belluno en 1660, mort à Venise en 1734.

Ricci, comme Lucas Giordano, s'exerça à faire des pastiches ; il y réussit parfaitement, et se servit de sa grande facilité pour faire des dupes. Il eut l'audace de vendre comme originales des copies qu'il avait faites d'après le Titien, Paul Véronèse, le Corrège et d'autres.

Les copies exécutées d'après le Corrège ont pu dans le temps tromper les amateurs, mais depuis elles ont tellement poussé au noir qu'on n'en peut plus rien apercevoir.

LIBERI (LE CHEVALIER PIETRO)

Né à Padoue en 1605, mort en 1687.

Liberi fit des *Vénus* dans toute leur nudité qui lui valurent une grande réputation, et qui sont presque toutes cataloguées sous le nom du Corrège. Elles se reconnaissent à leurs tons lavés, à leurs ombres trop légères. Ce point de différence est important à observer, car le coloris suave et bien empâté de cet artiste cause souvent beaucoup d'indécision.

CARDI (LE CHEVALIER LODEVICO), DIT CIGOLI OU CIVOLI

Ce peintre, dont il faut toujours citer les productions lorsqu'il s'agit d'imitations dans le genre gracieux, fut surnommé le Corrège florentin. Ses contrefaçons se font reconnaître à leur caractère cotonneux. On désirerait y trouver une touche moins maniérée et un peu moins de sécheresse dans les draperies.

CALDARA (POLIDORE)

DIT POLIDORE DE CARAVAGE

Né à Caravagio vers 1495, mort à Messine en 1543.

Polidore s'attacha particulièrement au genre monochrome ou grisaille, ou clair-obscur. Son dessin est correct, son coloris vigoureux. Le peu de tableaux qu'il a laissés font regretter qu'il se soit presque toujours tenu à ce genre monotone.

Le musée du Louvre ne possède qu'un tableau de ce peintre, *Psyché reçue dans l'Olympe*, estimé 8,000 fr., puis 24,000 fr. Ces prix seraient considérés comme fabuleux en ce moment.

MUSÉES DIVERS, GALERIES, ETC.

MUSÉE DE TURIN. — *Une Piété.*
MUSÉE DE NAPLES. — Plusieurs compositions.
ANCIENNE GALERIE DE VIENNE. — *Procris et Céphale.*
MUSÉE DE DRESDE. — *Un Combat de cavalerie* (grisaille).
COLLECTION SHEWSBURY. — *La Destruction des Égyptiens.*
Un tableau ayant pour titre *Un trait de l'histoire de Psyché* a été vendu en 1809, par Lebrun, 1,220 fr. *Les trois Grâces*, 18 guinées à la 2ᵐᵉ Vᵗᵉ d'Orléans, en 1800. Quant à ses dessins, ils sont assez rares et très-estimés des amateurs. *Un Prêtre officiant*, dessin à la plume et au bistre, rehaussé de blanc, 300 fr., Vᵗᵉ Mariette, en 1775. *L'Adoration des Bergers*, dessin également au bistre et rehaussé de blanc, 500 fr. à la même Vᵗᵉ.

PAGANI (FRANCESCO)

Né en 1531, mort en 1561.

Ce peintre, que la mort est venu frapper à la fleur de l'âge, fit de bien belles imitations de Polydore de Caravage. On y remarque un pinceau ferme, une couleur un peu monotone et un dessin un peu plus rond que celui du maître.

GUINACCIO (DIEUDONNÉ)

Né à Naples.

La manière de Guinaccio a tant de rapports avec celle de Polydore, qu'il fut choisi pour achever les travaux du Caravage. Toutefois, sa couleur est moins vigoureuse et ses airs de tête sont plus communs.

FORI (LUCIANO)

Né à Messine en 1694, mort en 1779.

La touche de Fori, excellent restaurateur de tableaux, est large et agréable, mais son coloris a poussé au noir. Malgré cette marque distinctive, ses copies se vendent journellement pour des originaux.

MATURINO DE FLORENCE

Né à Florence, mort à Rome vers 1528.

Ce peintre, se sentant inférieur à ses condisciples pour le coloris, résolut de ne peindre qu'en clair-obscur ou monochrome. Ses œuvres se recommandent par leur grande perfection; on les confond souvent avec celles que Polydore exécuta dans ce genre. Il existe cependant une différence bien marquée entre ces deux artistes pour le dessin et le coloris. La suavité et le naturel sont le partage de Maturino; l'énergie et la vigueur, celui de Polydore.

RICCIO (MARIANO)

Né à Messine en 1510.

Dessin correct, coloris vigoureux. Riccio aurait beaucoup de ressemblance avec son maître si ses têtes étaient moins anguleuses et ses expressions moins communes.

BUSIO (AURÈLE)

Né à Crême, mort vers 1520.

Assez bon imitateur de Polydore ; bon nombre de ses tableaux ont été retouchés et se vendent sous ce nom.

LAMA (GIOVANNI-BERNARDINO)

Né à Naples vers 1508, mort en 1579.

Ses imitations se font reconnaître par leur manque de fermeté. Elles sont floues, mais vigoureuses ; leur dessin est assez correct.

BORDONE (PÂRIS), DIT LE CAVALIERE

Né à Trévise en 1500, mort à Venise en 1570.

La manière de Bordone est presque semblable à celle du Titien, seulement il finissait avec plus de soin que lui : ce qui le rendait plus sec et un peu moins vrai de coloris.

Bordone a déjà été cité parmi les imitateurs du Giorgion.

Un grand nombre de tableaux peints par ce maître sont classés sous le nom de Giorgion dans beaucoup de collections particulières et même dans quelques musées. Celui du Louvre en possède trois. Le premier, *Vertumne et Pomone*, a subi quelque discrédit : d'abord évalué 6,000 fr., il est descendu à 3,000 fr. Le second, *Portrait d'homme*, a été maintenu au prix de 5,000 fr. Le troisième, *Portrait de Philippe II et de son précepteur*, quoique contesté quelquefois, est coté 6,000 fr.

ANCIENNEMENT AU LOUVRE. — *L'Anneau de Saint-Marc*. Est., 80,000 fr., rendu au palais ducal de Venise en 1815. — *Mars et Vénus*, Est., 3,000 fr., rendu en 1815.

MUSÉES DIVERS, GALERIES, ETC.

MUSÉE DE LYON. — *La Maîtresse du Titien*.

MUSÉE DE RENNES. — *Portrait d'un Personnage revêtu d'une simarre rouge*.

A L'ACADÉMIE DES BEAUX-ARTS A VENISE. — *Le Pêcheur présentant au Doge l'anneau de Saint-Marc*.

ÉGLISE SAINT-JEAN EN BRIGORA A VENISE. — *La Cène.*

ÉGLISE SAINT-ANDRÉ A VENISE. — *Saint Augustin et des Anges.*

CHAPELLE DU PALAIS-ROYAL A VENISE. — *Le Christ mort.*

ÉGLISE DES CARMES-DÉCHAUSSÉS A TRÉVISE (ITALIE). — *La Vierge.*

CATHÉDRALE DE TRÉVISE (ITALIE). — *Saint Laurent, saint Jérôme et saint Sébastien.* — *La Nativité.* — *Les Mystères du Rosaire,* en six compartiments.

ÉGLISE NOTRE-DAME-SAN-CELSO A MILAN. — *Les Deux Prophètes* (fresques). — *Saint Roch* (id.).

AU PALAIS PITTI. — Plusieurs *Portraits.* — *Le Repos en Égypte.*

ANCIENNE GALERIE DE VIENNE. — *Paysage avec figures.* — *Deux Portraits de jeunes Dames.* — Deux sujets allégoriques. — *Vénus et Adonis.*

MUSÉE DE SAINT-PÉTERSBOURG. — *La Foi.* — Plusieurs *Portraits.*

MUSÉE DE MUNICH. — *Une Madone.* — *Portrait d'une Dame.*

MUSÉE DE BERLIN. — *Une Madone sur son trône.*

MUSÉE DE DRESDE. — *Apollon, Marsyas et Midas.* — *Diane.* — *La Vierge adorant l'Enfant Jésus.* — *Sainte Famille.*

NATIONAL GALLERY. — *Daphnis et Cloé* (coll. Beaucousin).

A HAMPTON COURT. — *Lucrèce.* — Plusieurs autres compositions.

INSTITUTION ROYALE D'ÉDIMBOURG. — *Une Dame à sa toilette.*

AU DUC DE NORTHUMBERLAND. — *Portrait de Femme* (coll. Aldobrandini).

GALERIE ELLESMÈRE. — *Le Repos de la Sainte Famille* (paysage).

COLLECTION LORD ELCHO. — *Vénus reposant.*

COLLECTION BARRY. — *La Vierge et l'Enfant Jésus.* — *Vénus, Mars et Cupidon.*

COLLECTION CHESNEY. — *Portrait d'une Dame de qualité.*

COLLECTION DAVENPORT-BROMLEY. — *Un Portrait d'Homme.*

COLLECTION WARD. — Une belle composition.

COLLECTION SPENCER. — *Une Tête de Femme.* — *Un Portrait de Femme.*

COLLECTION M'LELLAN. — *La Vierge, l'Enfant Jésus et plusieurs Saints et Saintes.*

COLLECTION BUTE. — *Le Centurion.* — *Un Portrait de Femme.*

COLLECTION SHREWSBURY. — *La Sainte Famille.* — *Un Portrait d'Homme.*

COLLECTION DEVONSHIRE. — *Une Famille.*

On conteste l'*Apollon chez les pâtres,* adjugé à 160 fr. à la Vte Aguado, en 1843. Il n'en est pas de même d'un *Portrait de praticienne* actuellement chez M. Coquart.

LICINIO (BERNARDINO)

Le mérite de quelques-uns de ses portraits les a fait attribuer à Pâris Bordone, mais ils ont encore moins de franchise que ceux de ce dernier.

MAZZOLA (FRANCESCO)

DIT IL PARMIGIANO, VULGAIREMENT LE PARMESAN

Né à Parme en 1503, mort à Casalmaggiore en 1540.

Les ouvrages du Parmesan ont une grande analogie avec ceux du Corrège ; ils diffèrent cependant sur ce point : que ceux du Parmesan ont les chairs plus rougeâtres, et que le dessin en est plus exact. Il rechercha beaucoup, pour ses têtes de Vierges, la manière gracieuse de Raphaël.

Couleur excellente, expressions bien choisies, touche agréable et décidée, tel est le jugement des connaisseurs à l'égard du Parmesan.

Après avoir joui d'une très-grande faveur, les tableaux de ce peintre ont subi une dépréciation énorme.

Le musée du Louvre en possède deux d'une grande beauté. Le premier a pour titre : *Sainte Famille*. Estimé 12,000 fr. d'abord, puis 16,000 fr. Le second, *Sainte Marguerite, la Vierge et l'Enfant Jésus*, a été coté 12,000 fr.

ANCIENNEMENT AU LOUVRE. — *La Vierge, l'Enfant Jésus et sainte Marguerite.* Est., 120,000 fr. ; rendu en 1815 à l'église Sainte-Marguerite à Bologne. — *La Vierge aux Anges.* Est., 20,000 fr. ; rendu en 1815 au palais Pitti à Florence.

MUSÉES DIVERS, GALERIES, ETC.

MUSÉE DE STRASBOURG. — *Une Sainte Famille.*

MUSÉE DE PARME. — *La Vierge et l'Enfant Jésus.* — *L'Entrée de Jésus-Christ dans Jérusalem* (esquisse).

PINACOTHÈQUE DE BOLOGNE. — *La Vierge, l'Enfant Jésus et plusieurs Saints.*

ÉCOLE CARRARA A BOLOGNE. — *La Sainte Famille.*

MUSÉE DE NAPLES. — *L'Annonciation.* — *Sainte Claire.* — *Sainte Famille.* — *Lucrèce se poignardant.* — *Portrait de la Maîtresse de l'artiste.* — *Portrait de Vespucci,* etc., etc.

ANCIENNE GALERIE DE VIENNE. — *Sainte Vierge dans un Paysage.* — *Portrait de Malatesta.*

MUSÉE DE MUNICH. — *La Sainte Vierge allaitant.*

MUSÉE DE DRESDE. — *La Vierge, l'Enfant Jésus et plusieurs Saints.* — *La Vierge et l'Enfant Jésus portés dans les airs.* — *La Madonna della Rosa.* — *Jupiter et Ganymède.*

MUSÉE DU ROI A MADRID. — *Portrait d'Homme.*

NATIONAL GALLERY. — *La Vision de saint Jérôme.* — *Saint Jean-Baptiste.*

A WINDSOR CASTLE. — *Deux Portraits d'Homme.* — *Portrait d'un jeune Homme.*

GALERIE ELLESMÈRE. — *Cupidon.* — *La Vierge, l'Enfant Jésus, saint Jean et Madeleine.*

A Hampton Court. — *Une Madone* et plusieurs *Saintes Familles.*

Au duc de Sutherland. — *Un Portrait.*

Galerie sir John Boileau. — *Sainte Famille.*

Collection Morrison. — *Cupidon.*

Galerie Westminster. — Une très-belle composition.

Au comte de Iarborough. — *L'Enfant Jésus.*

Collection Normanton. — *Le Mariage de sainte Catherine.*

A lord Enfield. — *Un Portrait.*

Au comte Harrington. — *Ganymède.*

Collection de lord Overstone. — *La Vierge, l'Enfant Jésus et plusieurs Saints et Saintes.*

Au comte de Dunmore. — *Allégorie de la Musique.*

Collection Bale. — *Belle Tête de jeune Homme.*

Collection de sir Thomas Sebright. — *Saint Jean-Baptiste.*

Galerie Lichtenstein. — *Sainte Famille.*

Collection Vivian. — *Portrait du comte San Vitale.*

Collection Pembroke, a Wilton House. — *Cérès.*

Galerie Devonshire. — *La Madeleine dans le désert. — La Mise au tombeau.*

Collection Morrison. — *La Vierge, l'Enfant Jésus, saint Jean et sainte Catherine.*

Collection Munro. — *La Vierge et l'Enfant Jésus.*

Au marquis d'Exeter. — *La Madeleine.*

A miss Rogers. — *La Nativité.*

Collection Baring. — *La Sainte Famille.*

Collection Harford. — *Le Mariage de sainte Catherine. — La Vierge, l'Enfant Jésus et sainte Marguerite.*

Collection Devonshire. — *Un Portrait d'Homme.*

Collection W. Angerstein. — *Portrait de l'empereur Charles-Quint.*

Au duc de Iarborough. — *Trois Amours.*

Galerie Stafford. — *Sainte Famille. — Un Portrait d'Homme.*

Galerie du duc d'Aumale. — *Trois chevaux* (dessins).

PRIX DE VENTES

Quant aux adjudications publiques, elles sont peu nombreuses. *Le Mariage de sainte Catherine* provenant du cabinet Praslin a été vendu 950 fr. à la Vte Jullienne en 1766. *L'Amour sculptant son arc,* copie ou répétition du même sujet actuellement à la galerie du Belvédère, à Vienne, a été adjugé 700 liv. st. à la Vte d'Orléans, 1793, à lord Egerton. — *La Sainte Famille.* Même Vte, 100 liv. st. — *La Vierge et l'Enfant.* Même Vte, 150 liv. st. — *Le Mariage de sainte Catherine* (sans doute celui de la vente Jullienne). Même Vte, 250 liv. st. — *Sainte Famille et saint François.* Même Vte, 100 liv. st. — Le même. 1845, Vte Vasserot, 305 fr. — *Saint Jean l'Évangéliste.* 1793, Vte d'Orléans, 25 liv. st. — Même tableau. 1809, Vte Lebrun, 1,700 fr. — *Vierge tenant les yeux baissés* (35^c—29^c). 1793, Vte d'Orléans, 32 liv. st. — 1807. Vte Celotti, 800 fr. — 1843. Vte Aguado, 600 fr. — 1860, Vte Richard, 900 fr. — *Sainte Catherine.* 1806, Vte Saint-Martin, 1301 fr. — *Sainte Famille* (1^m,18—91^c 1/2). 1807, Vte Celotti, 3,800 fr. — *Circé.* 1809, Vte Lebrun, 990 fr. — *Jésus, la Vierge et saint Jean.* 1843, Vte Aguado, 415 fr. — *Sainte Lucie* Même Vte,

300 fr. — *Sainte Famille et saint Jean.* 1845, Vte Vasserot, 125 fr. — *Sainte Catherine,* 1845, Vte Fesch, 181 écus romains. — *L'Adoration des Bergers* (bois, 65^c—94^c). 1850, Vte marquis de Montcalm, 2,700 fr. — *L'Annonciation.* 1855, Vte de la banque de Cassel, 1,025 fr.

Ses dessins sont nombreux et très-appréciés des amateurs. Le *Portrait du Parmesan* (dessin très-fin). 1775, Vte Jullienne, 321 fr. — *L'Annonciation* (dessin à la plume et lavé au bistre, cintré du haut). Même Vte, 300 fr.

Parmi ceux qui ont le plus adroitement copié le Parmesan, on distingue :

AMIDANO (POMPONIO)

Né à Parme vers 1595.

Ce peintre fut un habile copiste du Parmesan. Sa touche est identique avec celle du maître, mais son dessin est moins résolu et sa couleur plus rosée.

SABBATINI (LORENZO), DIT LORENZINO DE BOLOGNE

Les ouvrages de Sabbatini sont aujourd'hui confondus avec ceux du Parmesan, et ils ne sont pas tout à fait indignes de cet honneur. Sa touche est délicate, son dessin plein de goût et son pinceau gracieux et correct. Cependant une exécution plus hardie et plus facile le fait reconnaître au premier coup d'œil.

PROCACCINI (CAMILLE)

Né à Bologne en 1546, mort vers 1626.

On attribue au Parmesan presque tous les bons ouvrages de Procaccini, malgré l'extrême facilité avec laquelle on pourrait faire la distinction de leurs œuvres. En effet, Procaccini n'était point rose dans les chairs; il était verdâtre, et jamais il n'a pu acquérir cette douceur de pinceau particulière aux ouvrages du peintre de Parme.

MAZZUOLI OU MAZZUOLA (GIROLAMO)

Né à Parme vers 1580.

Cet artiste chercha vainement à imiter la manière du Parmesan, son cousin. Son dessin est plus exagéré, son coloris plus fade et sa touche très-cotonneuse. Il fut meilleur imitateur du Corrège.

LES BASSAN

PONTE (FRANCESCO DA)

DIT IL BASSANO ou FRANÇOIS BASSAN LE VIEUX

Né à Vicence vers 1475, mort à Bassano vers 1530.

PONTE (JACOPO DA)

DIT IL BASSANO ou JACQUES BASSAN

Né à Bassano en 1510, mort dans la même ville en 1592.

PONTE (FRANCESCO DA)

DIT IL BASSANO ou FRANÇOIS BASSAN LE JEUNE, FILS AINÉ DU PRÉCÉDENT

Né à Bassano en 1550, mort en 1592.

PONTE (GIOVANNI-BATTISTA DA)

DIT IL BASSANO ou J.-B. BASSAN

Né en 1553, mort en 1613.

PONTE (LEANDRO DA), DIT LE CHEVALIER BASSANO

Né en 1558, mort en 1623.

PONTE (GIROLAMO DA), DIT BASSANO

S'il faut en croire une note laissée par Annibal Carrache, Jacques Bassan, le chef de cette nombreuse famille d'artistes, est bien au-dessus de l'injuste appréciation qu'en a faite Vasari, le célèbre historien de l'Italie artistique.

Des enfants de Jacques Bassan, François fut celui qui montra les plus heureuses dispositions ; s'étant établi à Venise, il exécuta un grand nombre de tableaux, tantôt pour les églises ou pour la république, tantôt pour les marchands qui trafiquaient de ses ouvrages, et en faisaient faire des copies qu'ils vendaient pour des originaux. Voilà d'où nous vient cette quantité de tableaux de même facture qu'on voit classés sous le nom de cet auteur.

Léandre Bassan, frère de François, peignait parfaitement bien le portrait : il fut même chargé de faire ceux de toutes les célébrités vénitiennes.

Jean-Baptiste et Jérôme, tous deux frères des précédents, leur étaient bien inférieurs dans leurs compositions originales ; ils ne s'exercèrent qu'à copier leur père, qui était leur maître ; aussi, ils ont si bien réussi dans ce genre, que leurs productions sont souvent considérées comme originales.

La cause de l'indifférence ou du dédain de beaucoup de personnes pour le Bassan n'est due qu'à ces copies où l'on ne rencontre que sécheresse et trop de vigueur, et qui lui sont attribuées ; tandis que le plus grand talent du maître est une touche large et savante et un coloris excellent.

JACOPO BASSAN

Après avoir joui d'une certaine célébrité, les tableaux des Bassan ne sont ni rares ni chers. Depuis quelques années les amateurs les dédaignent, au point qu'ils ne se vendent qu'à vil prix. Le musée du Louvre en possède dix de Jacopo Bassan. Voici leur estimation officielle : l'*Entrée des animaux dans l'arche*, 1,600 fr. Le *Frappement du rocher*, 1,000 fr., puis 600 fr. *L'Adoration des Bergers*, 1,000 fr., puis 3,000 fr. *Les Noces de Cana*, évalué 600 fr. dans l'inventaire de Mazarin, puis coté 3,000, ensuite 2,000 fr. *Jésus sur le chemin du Calvaire*, 2,000 fr. *Les Apprêts de la sépulture de Jésus*, 2,500 fr., puis 10,000 fr. *Les Travaux de la campagne pendant les vendanges*, 600 fr. *Les Pèlerins d'Emmaüs*, acquis en 1840 pour la somme de 800 fr. *Portrait de Jean de Bologne*, 1,000 fr.

ANCIENNEMENT AU LOUVRE. — *La Vierge évanouie*. Est. 2,000 fr. ; rendu à Cassel en 1815. — *La Madeleine et Jésus-Christ*. Est. 1,200 fr. ; rendu à Cassel en 1815.

MUSÉES DIVERS, GALERIES, ETC.

MUSÉE DE ROUEN. — *Intérieur d'une ferme.*
MUSÉE DE MARSEILLE. — *La Construction de l'arche de Noé.*

MUSÉE DE RENNES. — *Pénélope.* — Sujet inconnu.

MUSÉE DE BORDEAUX. — *Sortie de l'Arche.* — *Annonce de la naissance de Jésus aux Bergers.* — *Jésus entre Marthe et Marie.*

MUSÉE DE LILLE. — *Jésus chassant les vendeurs du Temple.* — *L'intérieur d'un ménage.* — *Le Couronnement d'épines.* — *Portrait.* — *Le Mariage.*

MUSÉE D'ÉPINAL. — *L'Adoration des Bergers.*

MUSÉE DE CAEN. — *Repas de famille.*

MUSÉE DE NANCY. — *Le Déluge.*

MUSÉE DE NANTES. — *L'Annonciation aux Bergers.*

MUSÉE DE CHERBOURG. — *L'Automne et l'Hiver* (allégories).

AU PALAIS PITTI. — Plusieurs compositions.

MUSÉE DU ROI A MADRID. — *Moïse et les Hébreux.* — *Le Christ chassant les vendeurs du Temple.* — *La Cène.*

ANCIENNE GALERIE DE VIENNE. — *Jésus-Christ chassant les marchands du Temple.* — *Noé faisant entrer les animaux dans l'arche.* — *Le Martyre de saint Sébastien.* — *Thamar et Juda.* — *L'Adoration des Bergers.* — *Le bon Samaritain.* — *La Circoncision.* — *Portrait du peintre.* — *L'Adoration des Mages.*

MUSÉE DE MUNICH. — *Une Descente de croix.* — *La Vierge glorieuse.* — *Saint Jérôme.*

MUSÉE DE BERLIN. — *Portrait d'un Vieillard.*

MUSÉE DE DRESDE. — *Les Israélites dans le désert.* — *L'arche de Noé.* — *Le jeune Tobie.* — *Les Enfants d'Israël.* — *Loth fuyant Sodome.* — *Moïse frappant le rocher.* — *L'Annonce aux Bergers.* — *La Conversion de saint Paul.*

MUSÉE DE SAINT-PÉTERSBOURG. — *Les Quatre Saisons.* — *Les Noces de Cana.* — Plusieurs autres compositions, dont quelques-unes sont de ses fils.

NATIONAL GALLERY. — *Les Vendeurs chassés du Temple.* — *Le bon Samaritain* (acheté 5,825 fr. à la Vte Samuel Rogers). — *Portrait d'un Seigneur.*

A HAMPTON-COURT. — *Le Christ chez le Pharisien.*

INSTITUTION ROYALE D'ÉDIMBOURG. — *Portrait d'un Sénateur.* — *Jésus-Christ chassant les marchands du temple.*

A LORD FOLKESTONE. — *Les Quatre Saisons.*

GALERIE SUTHERLAND. — *La Circoncision.*

GALERIE BEDFORD. — *Portrait de l'artiste.*

AU COMTE DE BURLINGTON. — *Le Christ au mont des Oliviers.*

A LORD FERVERSHAM. — *Les Bergers annonçant la naissance de Jésus aux Rois Mages.*

GALERIE NORTHUMBERLAND. — *L'Adoration des Bergers.*

COLLECTION MRS. SMITH BARRY. — *Un Saint adorant la Vierge.*

AU COMTE DE IARBOROUGH. — *L'Annonciation aux Bergers.*

GALERIE M'LELLAN. — *Les Quatre Saisons.*

COLLECTION BARING. — *Paysage avec figures.*

AU DUC DE PORTLAND. — Deux compositions.

COLLECTION BARDON. — *Jésus chassant les marchands du Temple.*

COLLECTION TH. KIBBLE. — *Le Christ et le Pharisien.*

GALERIE STAFFORD. — *La Présentation au Temple.*

A SIR CARLES EASTLAKE. — *L'Adoration des Bergers.*

AU MARQUIS DE LANSDOWNE. — *La Mise au tombeau.*

AU MARQUIS D'EXETER. — *Le Retour de l'Enfant prodigue.* — *L'Adoration des Bergers.* — *Le Christ.*

Collection Miles. — *La Présentation au Temple*.

Collection Orford. — *L'Enfant prodigue*.

Collection Wombwel. — *L'Annonciation des Bergers*.

Collection Hamilton. — *Joseph*.

Collection Shrewsbury. — *La Nativité*.

Collection Carlisle. — *Portrait de la duchesse de Ferrare*.

Au duc de Buccleuch. — *Un Paysage avec figures*.

Collection Hamilton. — *Noé après le Déluge*.

Collection Morrison. — *L'Adoration des Bergers*.

Collection Rogers. — *La Parabole du mauvais riche*.

Au duc de Northumberland. — *L'Adoration des Bergers*.

Galerie Devonshire. — *Moïse*. — *La Vierge et les Bergers*.

Galerie Lichtenstein. — *Le Portement de croix*.

Collection du marquis de Colbert Chabannais. — *Le bon Samaritain*.

PRIX DE VENTES.

Les prix suivants feront voir les différentes valeurs de ces maîtres en commençant par Jacopo Bassan. *L'Adoration des Rois*. 1742, Vte Carignan, 1,500 fr. — *L'Enlèvement des Sabines*. Même Vte, 3,000 fr. — *La Madeleine aux pieds du Christ*. Même Vte, 4,000 fr. — *L'Assomption de la Vierge*. 1748, Vte Godefroy, 6,001 fr. — *Les Noces de Cana*. 1756, Vte Tallard, 11,000 fr.; et 1761, Vte de Selle, 7,000 fr. — Une *Circoncision* sur cuivre portant 16^p—13^p, vendue 75 florins, et la copie du tableau précédent, faite par Tencin (21^p—27^p), et vendue 460 florins à la Vte Rubembré, en 1765. — *L'Adoration des Mages*. 1777, Vte de Conti, 2,410 fr. — *La Circoncision*. 1793, Vte d'Orléans, 100 liv. st. — *Portrait de Bassan*. 1800, 2e Vte d'Orléans, 40 guinées. — *Saint Jérôme*. Même Vte, 20 guinées. — *Un Portrait*. Même Vte, 8 guinées. — *Portrait de la femme de Bassan*. 1793, Vte d'Orléans, 20 liv. st. — *Le Portement de croix*. 1814, Vte Didot, 445 fr. — *Les Noces de Cana*. 1845, Vte Fesch, 47 écus romains. — *L'Enfant prodigue*. Même Vte, 240 écus romains. — *L'Apparition de la Vierge*. 1840, Vte Scamp, 330 fr. — *Mater Dolorosa*. 1852, Vte Soult, 485 fr. — *Le Christ au Roseau*. 1845, Vte Vasserot, 60 fr.

FRANCESCO BASSAN

Au Louvre. — *Un Marché aux poissons*.

Anciennement au Louvre. — *Jésus chez Marthe et Marie*. Est. 500 fr.; rendu à Cassel en 1815.

MUSÉES DIVERS, GALERIES, ETC.

Église de Saint-Louis-des-Français a Rome. — *L'Assomption*.

Ancienne galerie de Vienne. — *Saint François*. — *Sainte Claire*. — *Jeune garçon jouant de la flûte*.

Musée de Dresde. — *Jésus-Christ chassant les vendeurs du Temple*. — *L'Adoration des Bergers*. — *L'Assomption de la Vierge*. — *L'Apparition du Christ à la Madeleine*.

Musée de Berlin. — *Le Samaritain*.

Collection Hardwicke. — *Les Israélites*.

Au duc de Sutherland. — *L'Arche de Noé*.

COLLECTION ROGERS. — *Le bon Samaritain.*
A MISS ROGERS. — *L'Adoration des Rois.*
COLLECTION CHENAY. — *Portrait de Femme.*

PRIX DE VENTES

L'Arche de Noé. 1793, Vte d'Orléans, 20 liv. st. (aujourd'hui au duc de Sutherland).— *Une Métairie.* Même Vte, 20 liv. st. — *Un Berger endormi.* Même Vte, 20 liv. st. — *L'Enfant perdu.* Même Vte, 20 liv. st. — *La Guérison du Paralytique.* Même Vte, 20 liv. st.

LÉANDRO BASSAN

MUSÉES DIVERS, GALERIES, ETC.

MUSÉE DE ROUEN. — *La Circoncision.*
MUSÉE DE NANTES. — *Moïse frappant le rocher.* — *Paysage.* — *La Nativité de la Vierge.* — *Jésus chassant les vendeurs du Temple.*
MUSÉE DE LYON. — *Charles VII victorieux.*
MUSÉE DE NAPLES. — *La Résurrection de Lazare.*
ÉGLISE SAN GIOVANNI SAN PAOLO A VENISE.— *La Sainte Trinité* et plusieurs autres compositions.
A L'ACADÉMIE DES BEAUX-ARTS A VENISE. — *La Résurrection de Lazare.*
AU PALAIS MANFRIN A VENISE. — *Moïse frappant le rocher.*
ÉGLISE SAINTE-LUCIE A VENISE. — *Saint Augustin.*
ÉGLISE SAINT-GEORGES MAJEUR A VENISE. — *Le Martyre de sainte Lucie.*
BIBLIOTHÈQUE SAINT-MARC A VENISE. — *Portrait de Fra-Paolo.*
A SAINT-MARC DE VENISE. — Plusieurs *Portraits de doges.* — *Le Retour de Jacob.* — *Le Retour du doge Zani.*
ANCIENNE GALERIE DE VIENNE. — *Scène de famille.*
MUSÉE DE DRESDE. — *Jésus guérissant un aveugle.* — *L'Arche de Noé.* — *Le Christ portant sa croix.* — *Un Doge de Venise.* — *Portrait de la Femme du précédent.* — *Portrait présumé de l'artiste.* — *Un Homme, une Femme et des Moutons.*
MUSÉE DE BERLIN. — *Portrait d'Homme.*
MUSÉE DU ROI A MADRID. — *L'Entrée dans l'arche.* — *La Sortie de l'arche.* — *Vue de l'Éden.* — *Orphée.* — *Voyage de Jacob.* — *L'Enlèvement d'Europe.* — *Christ couronné d'épines.* — *Vue de Venise.*
NATIONAL GALLERY. — *La Tour de Babel.*
A HAMPTON-COURT. — Plusieurs beaux *Portraits.*
GALERIE ELLESMÈRE. — *Le Jugement dernier* (prov^t de la coll. d'Orléans).
A SIR CULLING EARDLEY. — Deux belles compositions.
COLLECTION DE SIR THOMAS SEBRIGT. — *Portrait d'Homme.*
GALERIE BEDFORD. — *Portrait du peintre.*
COLLECTION MILDMAY. — *Le Christ visitant Marthe et Marie.* — *L'Adoration des Rois.*
A LORD EGERTON. — *Le Jugement dernier* (1793, Vte d'Orléans, 2,500 fr.).
A LORD CALEDON. — *Les Israélites en Égypte.*
COLLECTION BARRY. — Sujet familier.
COLLECTION MORRISON. — *L'Adoration des Bergers.*

COLLECTION CHENEY. — *Portrait d'un Dominicain.* — *Portrait de Femme.*
COLLECTION MRS. SMITH BARRY. — *Sainte Famille dans un Paysage.*

LAZZARI (GIOVANNI-ANTONIO)

Né à Venise en 1639, mort en 1713.

Cet habile copiste du Bassan a causé bien des méprises. Cependant sa touche aiguë, son coloris lavé, son dessin plus rond que celui du maître, suffisent pour le faire reconnaître.

RYCK (PIERRE-CORNEILLE VAN)

Né à Delft eu 1566, mort vers 1628.

Ryck a peint à l'huile et à fresque le portrait et quelques tableaux d'histoire dans le goût du Bassan.

Sa touche est mince et agréable, mais elle est plus molle que celle du modèle. Il règne une grande chaleur dans son coloris; ses effets sont assez naturels, mais son dessin manque de caractère précis.

ROBUSTI (JACOPO), DIT LE TINTORET

Né à Venise en 1512, mort en 1594.

Le Tintoret est le génie le plus fécond que nous ayons eu dans la peinture. Ses compositions sont très-nombreuses, mais d'une inégalité extraordinaire : quelques-unes égalent en beauté celles du Titien; mais une fougue naturelle, dont il n'était pas le maître, lui a fait peindre une foule de tableaux d'un mérite inférieur.

Plein de feu et de science dans ses expressions, de vigueur et de vérité dans son coloris, le Tintoret se reconnaîtra toujours à son style sage et plein d'originalité, au bel agencement de ses draperies, à son dessin correct et hardi, à son pinceau léger et transparent. On remarque dans ses œuvres un laisser-aller qui dénote l'habitude de la pratique, et une teinte violacée qui n'est pas toujours heureuse.

Le Musée du Louvre possède cinq tableaux de ce maître, plus une *Cène* contestée, sans aucune espèce de motifs, dans le livret de 1854. Les voici par ordre d'inscription : *Suzanne au bain*, cotée 6,000 fr. dans les inventaires; *le Christ mort*, 6,000 fr.; *le Paradis*, sans estimation; *Portrait du Tintoret*, 1,000 fr.; *Portrait d'Homme*, 3,000 fr.

MUSÉES DIVERS, GALERIES, ETC.

Musée de Rouen. — *Portrait d'Homme*.

Musée de Nantes. — *Études de Têtes d'Homme*. — *Dédicace du temple de Jérusalem*. — *Présentation au Temple*.

Musée de Rennes. — *Le Massacre des Innocents*. — *Une Femme tenant un Enfant*. — *Figures exprimant l'étonnement*. (Dessins.)

Musée de Lille. — *Portrait d'un Religieux*. — *Portrait d'un Vieillard*.

Musée de Grenoble. — *Portrait du doge Gritti*.

Musée de Caen. — *Descente de croix*.

Musée de Lyon. — *Ex-voto*. — *Danaé*.

A Saint-Marc de Venise. — *La Gloire du Paradis*. — *Mars chassé par Pallas*. — *Ariane couronné par Vénus*. — *La Forge de Vulcain*. — *Mercure et les Grâces*. — *Charles-Quint recevant des ambassadeurs*. — *La Bataille de Zara*. — *La Victoire de Vittore Soranzo*. — *La Victoire de Marcello*. — *Venise au milieu des Divinités* (allégorie). — Plusieurs *Portraits de Doges*, etc.

A l'Académie des Beaux-Arts de Venise. — *Portrait du doge Mocenigo*. — *Portrait d'Antonio Capello*. — *Le Miracle de Saint-Marc*. — *Adam et Eve*. — *Le Christ en croix*. — *Vierge dans une Gloire*. — *Le Meurtre d'Abel*. — *Le Christ sortant du tombeau*. — *La Vierge et l'Enfant*. — *L'Assomption*.

Au Procuratie Nuovo a Venise. — *L'Adoration des Mages*. — *Saint Joachim chassé du Temple*. — *Saint Marc sauvant un Musulman*. — *L'Enlèvement du corps de saint Marc*, etc.

Église San Marziale a Venise. — *Le Saint titulaire*.

Église San Rocco a Venise. — *Saint Roch dans le désert*. — *Saint Roch devant le Pape*. — *L'Annonciation*. — *La Piscine probatique*.

Confrérie de San Rocco a Venise. — *La Visitation*. — *La Mise en croix*.

Église San Giorgio Maggiore a Venise. — *La Cène*. — *La Manne*. — *La Résurrection*. — *Le Martyre de saint Étienne*. — *Un autre Martyre*. — *Le Couronnement de la Vierge*.

Église San Sebastiano a Venise. — *Le Châtiment des serpents*.

Église de Santa Maria della Salute a Venise. — *Les Noces de Cana*.

Église de Santa Maria dell Orto a Venise. — *Sainte Agnès ressuscitant le fils du préfet Sempronius*. — *Saint Pierre devant la croix*. — *La Présentation de la Vierge*. — *L'Adoration du Veau d'or*. — *Les Prodiges précurseurs du jugement dernier*.

Aux Jésuites de Venise. — *La Circoncision*. — *L'Assomption*.

Église San Giovanni San Paolo a Venise. — *Deux Mises en croix*. — *Deux Vierges*.

Église Santa Maria del Carmine a Venise. — *La Présentation de Jésus au Temple*.

Église del Redentore a Venise. — *L'Ascension*. — *La Flagellation*.

ÉGLISE DE SAN ZACARIA A VENISE. — *La Naissance de saint Jean-Baptiste.*

ÉGLISE SAINTE-MARIE MATER DOMINI A VENISE. — *L'Invention de la Sainte Croix.*

ÉGLISE SAINT-GERVAIS ET SAINT-PROTAIS A VENISE. — *Saint Jean et la Madeleine.* — *Saint Antoine abbé.* — *La Cène.*

ÉGLISE SAINT-JOSEPH A VENISE. — *Saint Michel archange.*

PALAIS MOCENIGO A VENISE. — *Gloire du Paradis.*

AU PALAIS CAPOVILLA A VENISE. — Esquisse de son tableau *le Paradis.*

ANCIENNE GALERIE BARBARIGO A VENISE. — *La chaste Suzanne.*

ÉGLISE SAINTE-AFRA A BRESCIA (ITALIE). — *La Transfiguration.*

ÉGLISE SAINT-GEORGES-MAJEUR A VÉRONE. — *Saint Jean baptisant le Sauveur.*

MUSÉE DU CAPITOLE. — *La Madeleine.*

MUSÉE DE TURIN. — *Le Christ sur la croix.*

MUSÉE DE NAPLES. — *Un Portrait.* — *La Vierge et l'Enfant.* — *Un Homme qui parle à l'oreille de Jésus.*

PINACOTHÈQUE DE BOLOGNE. — *La Visitation de la Vierge.*

AU PALAIS PITTI. — *La Descente de croix.* — *La Résurrection.* — *Une Madone.* — *L'Amour né de Vénus et de Vulcain.* — *Portrait de Vincenzo Zeno.*

AU PALAIS DORIA. — *Christ chez le Pharisien.*

ANCIENNE GALERIE DE VIENNE. — *Un Homme portant un singe sur les épaules.* — *Les neuf Muses.* — *Portraits de deux Vieillards.* — *Hercule terrassant le Faune.* — *Quatre Portraits de Vieillard.* — *Portrait de Pascal Ciconia.* — *Portrait de Sébastien Veneri.* — *Portrait d'un Vieillard.* — *Portrait d'Homme à barbe noire.* — *Portrait d'un Officier de marine.* — *Le Portement de croix.* — *Portrait d'Homme.* — *Le Corps de Jésus-Christ.* — *Portrait d'un Vieillard assis.*

MUSÉE DE DRESDE. — *La Vierge, l'Enfant Jésus et plusieurs Saints.* — *Portraits d'un Homme âgé et d'un jeune Homme.* — *L'Enlèvement par un Chevalier.* — *La Chute des anges rebelles.* — *Les neuf Muses et les Grâces.* — *Les Musiciennes.* — *La Femme adultère.*

MUSÉE DE SAINT-PÉTERSBOURG. — *La Naissance de saint Jean-Baptiste* (douteux). — *Deux Portraits.*

MUSÉE DE BERLIN. — Plusieurs *Portraits.*

MUSÉE DU ROI A MADRID. — *Judith.* — *Bataille de terre et de mer.* — *La Gloire du Paradis.* — *La Sagesse mettant les vices en fuite.* — Quelques *Portraits,* entre autres *deux Hommes à barbe noire.*

MUSÉE DE MUNICH. — *La Nativité.* — *Ecce Homo.* — *La Madeleine chez Simon.* — Plusieurs *Portraits.*

AU HRADSCHIN EN BOHÈME. — Plusieurs *Portraits.*

NATIONAL GALLERY. — *Saint Georges détruisant le Dragon.*

A HAMPTON-COURT. — *Les Muses.* — *La Présentation d'Esther.* — *L'Expulsion de l'Hérésie.* — *Saint Georges.* — *Un Chevalier de Malte.* — *Un Sénateur de Venise.* — *Un Labyrinthe.*

A WINDSOR CASTLE. — *La Sainte Famille.*

INSTITUTION ROYALE DE LIVERPOOL. — *La Mise au tombeau.* — Plusieurs autres compositions.

INSTITUTION ROYALE D'ÉDIMBOURG. — *Portrait d'un Sénateur* et d'autres compositions.

GALERIE ELLESMÈRE. — *La Descente de croix.* — *Portrait d'un Gentilhomme vénitien.* — *Portrait d'un Gentilhomme* (anc. coll. d'Orléans). — *La Présentation au Temple.* — *Portrait d'un Vénitien.*

GALERIE MALMESBURY. — *Portrait du doge Antonio Antony.* — *Portrait d'un autre Doge.* (Une médaille exactement pareille existe au musée de Londres.)

COLLECTION HAMILTON. — *La Reine de Saba visitant Salomon.* — *L'Ascension.* — *La Présentation au Temple.* — *Moïse frappant le rocher.* — *Un Portrait d'Homme.* — *Portrait d'un Amiral.*

AU DUC DE MANCHESTER. — *Les Pèlerins d'Emmaüs.* — *Portrait d'un Doge.*

AU COMTE DE DARNLEY. — *Hercule et Junon* (payé 1,250 fr. à la Vᵗᵉ d'Orléans en 1793).

A M. PETER NORTON. — *Léda* (payé 15,000 fr. à la Vᵗᵉ d'Orléans en 1793).

ANCIENNE COLLECTION SAMUEL ROGERS. — Esquisse du *Miracle de saint Marc.*

A LORD FOLKESTONE. — *Portrait d'Homme.*

COLLECTION BANKES. — *Apollon et les Muses.*

A LORD METHUEN. — *Portrait d'un Procurateur de Saint-Marc.*

COLLECTION BARRY. — *Sainte Catherine.*

AU COMTE DE BURLINGTON. — *Un Portrait.*

A LORD IARBOROUGH. — *Une Descente de croix.* — *Le Christ chassant les marchands du Temple.*

AU COMTE DE IARBOROUGH. — *Portrait du pape Paul III.* — *La Consécration d'un Évêque.*

AU DUC DE PORTLAND. — *Portrait d'Homme.*

CABINET STIRLING. — Une composition.

COLLECTION LONSDALE. — *La Madeleine.* — *Portrait d'un Noble vénitien.*

COLLECTION CHENEY. — *Trois Saints.* — *Portrait d'un Procurateur de Saint-Marc.*

GALERIE BEDFORD. — *Portrait du peintre.*

AU DUC DE NORTHUMBERLAND. — *Ecce Homo.*

A LORD KINNAIRD. — *La Conversion de saint Paul.*

AU COMTE DE DUNMORE. — *Portrait de l'amiral Capello.*

COLLECTION MATTHEW ANDERSON. — *Sainte Augustine.*

COLLECTION HOLFORD. — *Un Portrait de Femme.* — *Un Procurateur de Saint-Marc.*

A SIR CHARLES EASTLAKE. — *Portrait d'un Gentilhomme vénitien.*

COLLECTION COLBORNE. — *Portrait d'un Procurateur de Saint-Marc.*

COLLECTION CARLISLE. — *Portrait du duc de Ferrare.* — *Le Sacrifice d'Isaac* et son pendant, *la Tentation du Christ.* — *L'Adoration des Bergers.*

COLLECTION DEVONSHIRE. — *Le Christ et la Samaritaine.* — *Portrait de l'amiral Nicolas Capello.* — *Portrait d'un Archevêque.*

AU MARQUIS D'EXETER. — *La Mise au tombeau.*

COLLECTION SHREWSBURY. — *Le Songe de Joseph.* — *L'Ange et les Bergers.*

COLLECTION BROWNLOW. — *Buste du doge Francesco Donati.*

COLLECTION BLUNDEL WELD. — Une charmante composition.

COLLECTION VIVIAN. — Une belle composition. — *Saint Jérôme, saint Nicolas, saint François et saint Étienne.* — *Portrait d'un Procurateur de Saint-Marc* (vu de profil). — *Portrait d'un Cardinal.* — *Une Assemblée.*

COLLECTION WENTWORTH. — *Portrait d'un Moine.*

COLLECTION BUTE. — *Un Portrait d'Homme.* — *Portrait d'un Doge.*

A lord Elcho. — *Portrait du Peintre.*

Galerie Stafford. — *Portrait d'un Pape.* — *Des Musiciens dans un Paysage.* — *Deux Portraits d'Homme.*

Collection Wyndham. — *Un Portrait d'Homme.*

Collection Munro. — Une allégorie. — *La Descente de croix.* — *La Femme adultère.* — *Vertumne et Pomone.*

Collection d'Abercorn. — *Portrait d'un Sénateur.*

Galerie Esterhazy. — *Portrait d'Homme.*

Cabinet du comte Czernin. — *Portrait d'un Doge.*

Galerie Suermondt. — *Portrait de l'amiral Menendez de Aviles.*

Galerie Pozzo di Borgo. — *Le Christ mort* (prov^t de la galerie de M. le maréchal Soult). — *Portrait.*

Collection Fabre a Grasse. — *La Sépulture de N.-S. Jésus-Christ* (esquisse) (anc. coll. de Marcy).

Collection C***. — *Le Paradis* (esquisse).

PRIX DE VENTES

Jésus parmi les Docteurs. 1742, Vte Carignan, 800 fr. — *Le Veau d'or.* 1756, Vte Tallard, 1,602 fr. — *Conversion de saint Paul.* 1777, Vte de Conti, 362 fr. — *Portrait de l'Arétin.* 1793, Vte d'Orléans, 750 fr. — *La Présentation au Temple.* Même Vte, 1,000 fr. — *Portrait d'Homme avec un livre.* Même Vte, 2,000 fr. — *Portrait d'Homme.* Même Vte, 1,500 fr. — *Portrait du duc de Ferrare.* Même Vte, 3,750 fr. — *Thomas l'Incrédule.* Même Vte, 1,000 fr. — *Descente de croix.* Même Vte, 15,000 fr. — *Le Jugement dernier.* Même Vte, 3,750 fr. — *Portrait du Titien.* Même Vte, 750 fr. — *Un Concile.* Même Vte, 1,000 fr. — *Le Miracle d'un Saint.* 1809, Vte Lebrun, 350 fr. — *La Samaritaine.* Même Vte, 1,600 fr. — *Le Miracle de saint Marc* (réduction du grand tableau). 1819, Vte Lebrun, 1,600 fr. — *Le Jugement de Pâris* (2^m,62—1^m,65). 1840, Vte Schamp, 330 fr. — *Descente de croix* (grisaille; 89^c—67^c). Même Vte, 250 fr. — *Un Portrait.* 1843, Vte Dubois, 190 fr. — *Un Doge et sa Famille prosternés devant la Vierge.* 1843, Vte Aguado, 1,500 fr. — *Portrait d'Homme à barbe.* Même Vte, 305 fr. — *Portrait d'Homme.* 1852, Vte Soult, 500 fr. — *Le Christ mort.* Même Vte, 550 fr. — *La chaste Suzanne.* 1859, Vte Moret, 600 fr. — *La Vierge, l'Enfant Jésus,* etc. (1^m,84—2^m,93). Même Vte, 1,150 fr. — *Le Doge Mocenigo.* 1860, Vte Baroilhet, 1,100 fr. — *Vénus, Vulcain et l'Amour.* 1860, Vte sir Culling Eardley, 5,500 fr. (à M. Blacke).

Le Tintoret eut une quantité d'élèves ou d'imitateurs. Quelques-uns ne sont pas sans danger pour les amateurs, mais le plus grand nombre ont des caractères tellement distincts qu'il n'est pas difficile de s'en garantir. Au nombre des meilleurs on remarque :

ROBUSTI (DOMINICO)

FILS DU TINTORET

Né à Venise en 1562, mort en 1637.

Élève de son père, il n'en eut point les talents et ne l'imita qu'imparfaitement. Ses airs de tête et son coloris sont assez exacts, mais il y règne un fini léché qui ne se rencontre point chez son maître. Outre cela, beaucoup de ses tableaux sont maniérés et d'un dessin médiocre.

ROBUSTI (MARIETTA)

DITE MARIETTA TINTORELLA OU TINTORETTA.

FILLE DU TINTORET

Peu d'auteurs ont fait mention de Marietta Tintoretta, bien qu'elle en fût digne à plus d'un titre. La grâce et le bon goût qui distinguent ses ouvrages les font confondre aujourd'hui avec ceux du Tintoret, son père.

Les imitations de Marietta sont aisées à discerner par la délicatesse de sa touche et sa ponctualité à les finir. Elles sont plus noires et d'un dessin moins correct que le modèle. Les portraits de cette jeune artiste sont généralement reconnus pour être maniérés, tandis que ceux de son père, exempts de ce défaut, sont posés d'une manière à la fois vigoureuse et bizarre.

CARRACHE (AGOSTINO)

COUSIN DE LOUIS ET FRÈRE D'ANNIBAL

Né à Bologne en 1558, mort en 1601.

On doit de belles imitations à cet artiste. Néanmoins elles ont un coloris briqueté qui les décèle immédiatement.

CORONA (LIONARDO)

Né à Murano en 1561, mort en 1605.

Bon imitateur du Titien et surtout du Tintoret. Excellent clair-obscur, couleur vive et transparente, mais dessin médiocre et style maniéré.

HUBER (JEAN-RODOLPHE)

Né à Bâle en 1658, mort en 1748.

Ce peintre, d'origine allemande, imita avec beaucoup de bonheur le dessin, le feu et en général toute la manière du Tintoret. Il est admirable pour la légèreté et la belle expression de son pinceau, pour le naturel et la force du coloris; mais l'ensemble de ses imitations présente quelque chose de sec et de guindé qui déplaît.

NINFE (CESARE DAL)

Nous ne possédons aucun détail biographique sur ce peintre italien; on sait seulement qu'il fut élève du Tintoret. Ses imitations ont un caractère bizarre qui le font reconnaître. A l'extravagance du dessin dans les formes, il joignait un pinceau rempli d'irrésolution, mais assez léger.

ROTTENHAMER (JEAN)

Né à Munich en 1564, mort en 1604.

Cet artiste, dont nous aurons à parler dans la nomenclature des peintres allemands, fit d'heureuses imitations du Tintoret. Il donnait une si grande vivacité à ce qu'il exécutait, en observant les moindres particularités, qu'il paraissait démentir le naturel. Toutefois, on reconnaît ses contrefaçons à leurs fonds plus finis, plus léchés que ceux du Tintoret, et qui sont dus la plupart aux pinceaux de Jean Breughel et de Paul Brill.

BASSETTI (MARCO-ANTONIO)

Né à Vérone en 1588, mort en 1630.

Bassetti copia habilement le Tintoret, mais, malgré tous ses soins, il n'a pu se défendre des défauts qui se rencontrent dans toutes les œuvres que son imagination a enfantées, c'est-à-dire une touche floue et incertaine et un dessin roide et sans goût.

COLONNA (MELCHIOR)

Une touche grenue, un coloris rosé et mal réussi, sont les plus sûrs indices pour reconnaître les copies de Colonna, qui souvent sont vendues pour être des Tintoret.

Le Tintoret eut encore beaucoup d'autres imitateurs; tous sont tombés dans les défauts du maître, sans avoir pu jamais parvenir à reproduire ses beautés : ce qui rend leurs contrefaçons absolument insignifiantes. Voici les noms de ces peintres sans talent : DARIO-VAROTARI, de Vérone, ancien carme, qui mourut en 1596; JEAN COTARINO ou CONTARINI; LÉONARD COUNA, BORZONI, FOUQUIER, peintre flamand, qui n'eut avec le Tintoret qu'une certaine analogie; JACOPO PALMA, petit neveu du vieux Palma, dont les productions sont moins noires que celles de son oncle; FLAMINO FLORANO, DOMENICO RICCI, BATTISTA DEL MORO, PAOLO FARINOTO, MARC VECELLIO, neveu du Titien; PAOLO FRANCESCHI, MARTIN DE VOS et autres.

FIORI (FREDERIGO)

DIT IL BARROCHIO ou LE BARROCHE.

Né à Rome en 1528, mort en 1612.

Le Barroche est le premier qui mit le *petit genre* à la mode. Ses confrères, qui jusqu'alors n'avaient traité que des sujets graves, voyant la vogue qu'il obtenait, se mirent à le copier, et ne réussirent qu'à faire un peu plus mal que lui. On remarque chez ce peintre un coloris rosé et un dessin correct. Toutes ses compositions sont remplies d'harmonie et de grâce.

Les œuvres de ce maître sont assez rares. Le Louvre n'en possède que deux : *l'Adoration de la Vierge* et une *Sainte Catherine*, suivant le nouveau livret, une *Sainte Marguerite*, suivant l'ancien. Le premier de ces tableaux a été estimé 45,000 fr. Le second fut acquis en 1849, avec un autre tableau, pour la somme de 4,500 fr.

ANCIENNEMENT AU LOUVRE. — *L'Annonciation* (prov¹ de la cathédrale de Pesaro; rendu en 1815). Est. 24,000 fr. — *La Visitation de la Vierge* (rendu en 1815). Est. 12,000 fr. — *Une Déposition de croix* (rendu en 1815 à l'église Saint-Lorenzo à Pérouse). Est. 72,000 fr. — *Sainte Micheline* (rendu en 1815 au couvent de Saint-Michelin à Pesaro). Est. 10,000 fr.

MUSÉES DIVERS, GALERIES, ETC.

MUSÉE NAPOLÉON III. — *La Visitation*.

Musée de Nancy. — *L'Annonciation.*

Musée de Cherbourg. — *Saint François d'Assise en extase devant un Crucifix.*

Musée de Rennes. — *Étude d'épaule et de bras* (dessin au crayon rouge). — *Tête de jeune Homme* (id.). — *Tête d'Homme* (id.).

Musée du Vatican. — *L'Extase de sainte Micheline.*

Musée degl' Uffi a Florence. — *Une Madone.* — *Hérodiade.*

Au palais Pitti. — Copie de *la Vierge au saint Jérôme* du Corrège.

A l'Académie des Beaux-Arts a Venise. — *Le Repos en Égypte.*

Ancienne galerie de Vienne. — *La Nativité.*

Musée de Saint-Pétersbourg. — *Une Descente de croix* (esquisse). — *La Nativité* (id.). — *Sainte Famille.*

Musée de Bruxelles. — *Le Christ appelant saint Pierre.*

Musée de Munich. — *La Communion de sainte Marie l'Égyptienne.* — *L'Apparition du Christ à la Madeleine.*

Musée de Dresde. — *Agar et Ismaël.* — *L'Assomption de la Vierge.* — *La Vierge, l'Enfant Jésus et plusieurs Saints.* — *Saint François recevant les stigmates.* — *La Madeleine près du Saint-Sépulcre.* — *La Sépulture de Jésus-Christ.*

Musée du Roi a Madrid. — *La Nativité.* — *Le Calvaire.*

National Gallery. — *Sainte Famille.*

A lord Feversham. — *La Nativité.*

Au comte de Iarborough. — *La Madeleine.*

Collection Seymour. — *La Sainte Famille.*

A miss Rogers. — *La Mise au tombeau.*

Galerie Devonshire. — *La Sainte Famille.*

Collection Hoare. — *Le Mariage de sainte Catherine.*

Collection Shrewsbury. — *Une Madone.*

Collection Spencer. — *La Nativité.*

Collection M'Lellan. — *La Vierge et l'Enfant Jésus.*

Collection Vander AA, de Saint-Nicolas. — *Vision de saint François.*

Galerie Esterhazy. — *Une Madone.*

PRIX DE VENTES

Une Sainte Famille. 1742, Vte Carignan, 1,800 fr. — Une autre *Sainte Famille.* 1792, Vte de la gal. du Palais-Royal, 100 liv. st. — *Un Repos de la Sainte Famille.* Même Vte, 200 liv. st. — *Une Sainte Famille,* dite *la Vierge au chat.* 1800, 2e Vte d'Orléans, 200 guinées. — *L'Incendie de Troie.* Même Vte, 14 guinées. — *Jésus bénissant les petits Anges* (bois; 1^m,10 — 91^c). 1840, Vte Schamp, 205 fr. — *La Vierge, l'Enfant Jésus et saint Jean.* 1843, Vte Aguado, 560 fr. — *Adoration de l'Enfant Jésus.* Même Vte, 101 fr. — *La Vierge au rosaire.* 1845, Vte Meffre, 1,225 fr. — *La Vierge, l'Enfant Jésus et saint Jean.* 1855, Vte Collot, 700 fr. — *Le Christ en croix.* 1859, Vte Moret, 450 fr.

Quant à ses dessins, ils sont très-recherchés. Voici les prix de quelques-uns : *la Vierge assise sur des nuages* (dessin à la plume, au bistre et rehaussé de blanc, prov^t des V^tes Victoria, Crozat, Julienne). 1810, Vte Sylvestre, 304 fr. — *Jésus-Christ au tombeau* (dessin à la sanguine mêlée de pierre noire). 1775, Vte Mariette, 300 fr. — *Trois Femmes assises* (dessin). 1864, Vte Van Os, 39 fr.

Parmi ceux qui ont approché de près le Barroche, je citerai les suivants :

VANNI ou VANNIUS (LE CHEVALIER FRANÇOIS)

Né à Sienne en 1565, mort en 1609.

Vanni était habile dans son art, mais le mauvais état de sa santé est cause qu'il nous a laissé un grand nombre de mélanges. S'il eût su donner à ses productions un dessin plus correct et de plus beaux tons de couleur, il serait presque impossible de ne pas le confondre avec le Barroche.

CRESPI (GIUSEPPE-MARIO)

Né à Boulogne en 1665, mort en 1747.

En voulant enchérir sur la manière de celui qu'il prenait pour modèle, ce peintre se fit remarquer dans ses imitations par une bizarrerie sans exemple. Son dessin quelquefois grotesque, sa touche maniérée, sa couleur agréable, mais souvent peu naturelle, servent de guide dans l'appréciation de ses œuvres.

LILIO (ANDREA), DIT ANDRÉ D'ANCONE

Né à Ancône en 1555, mort en 1610.

Cet imitateur du Barroche a eu un mérite sans égal. Son style, quoique moins savant, tient de celui du maître. On le reconnaît à ses carnations rouges et à ses frottis violacés et gris.

CARDI (LE CHEVALIER LODOVICO), DIT CIGOLI ou CIVOLI

Né en 1559, mort en 1613.

Cardi peut être considéré comme un imitateur de profession. Malgré ses tons plus briquetés que rosés, et sa touche épaisse et anguleuse, il a plus d'une fois égalé le Barroche.

MALPIEDI (FRANCESCO)

Né à San-Ginesio vers 1596.

Il se distingue facilement à la trop grande simplicité du style, à la mollesse et à la maigreur du dessin.

BERTUZZI (PORINO)

Ce peintre, sur lequel les détails biographiques manquent complétement, est un excellent copiste du Barroche. Ses copies sont d'une exactitude remarquable, mais leur touche timide, leur dessin un peu roide, leurs draperies recherchées et cotonneuses peuvent prémunir l'acheteur contre toute méprise.

BERTUCCI (GIOVANNI-BATTISTA)

Mort en 1644.

Pinceau léché, couleur violacée, dessin sans caractère précis, telles sont les marques distinctives des productions de Bertucci.

BALDELLI (FRANCESCO), DIT BAROCCI

ÉLÈVE ET NEVEU DU BARROCHE

Baldelli fut un imitateur assez heureux de la manière de son oncle. Néanmoins, sa touche est pauvre et minutieuse, son coloris sage, mais trop poussé au noir, ses draperies heureuses, quoique souvent boudinées; en un mot, toute confusion est impossible à l'égard de cet artiste.

VITALI (ALESSANDRO)

Né à Urbin en 1580, mort en 1630.

Élève du Barroche, qu'il copia avec succès. Ses ouvrages sont d'un ton plus rosé que ceux du maître, et son dessin est maniéré dans les formes.

CALIARI (PAOLO), DIT PAUL VÉRONÈSE

Né à Vérone en 1528 ou 1530, mort en 1588.

Paul Véronèse est, sans contredit, l'un des plus grands peintres italiens ; ses ouvrages sont sublimes ; son dessin, sans être magnifique, est assez beau ; sa couleur doit servir de guide à tous ceux qui veulent se perfectionner dans le clair-obscur. Il composait d'une manière extraordinaire, mais on s'accorde à dire qu'il lui manquait la science des convenances historiques.

Le talent de ce maître est dignement représenté au musée du Louvre, où l'on peut étudier une douzaine de ses productions. La plus importante de toutes, *les Noces de Cana*, a été, à deux reprises différentes, évaluée 750,000 fr. *Les Pèlerins d'Emmaüs* viennent après pour la somme de 60,000 fr. *Loth et ses Filles*, 5,000 fr. *Suzanne au bain*, 10,000 fr. *L'Évanouissement d'Esther*, 20,000 fr., puis 10,000 fr. *La Vierge, l'Enfant Jésus, sainte Catherine, saint Benoît et saint Georges*, non estimé. *Sainte Famille*, 6,000 fr. *Jésus guérissant la belle-mère de Pierre*, 1,000 fr. *Jésus-Christ sur le chemin du Calvaire*, 10,000 fr. *Le Christ entre les larrons*, 1,200 fr. *Le Repas chez Simon le pharisien*, non estimé. *Portrait de femme*, 6,000 fr. *Jupiter foudroyant les Titans* (anc[t] à Versailles).

MUSÉES DIVERS, GALERIES, ETC.

Musée Napoléon III. — *L'Enlèvement d'Europe.* — *La Vierge sur un trône.* — *Un petit Enfant* (Carlo Véronèse).

Musée de Rouen. — *Une Vision.* — *Saint Barnabé.*

Musée de Bordeaux. — *L'Adoration des Mages.* — *Sainte Famille.* — *La Femme adultère.* — *Vénus et l'Amour.* — *Portrait de Femme.* — *Tête de Vieillard.*

Musée de Lille. — *Martyre de saint Georges.* — *Le Christ au tombeau.* — *L'Éloquence.* — *La Science.* — *Les Noces de Cana.* — *Repas chez Simon.*

Musée de Rennes. — *Persée et Andromède.* — *Le Baptême du Christ.* — *Une Figure de Femme*, etc., dans un motif d'architecture (dessin à la plume, lavé). — *Figure de Femme* (à la plume et au crayon rouge).

Musée de Dijon. — *Moïse sauvé des eaux.*

Musée de Caen. — *Épisode de la fuite d'Égypte.* — *La Tentation de saint Antoine.* — *Jésus-Christ donnant les clefs à saint Pierre.* — *Judith.*

Musée de Nantes. — *Général rendant compte d'une mission à son souverain* (esquisse). — *Portrait d'une Femme ayant les cheveux rouges.*

Musée de Nancy. — *Les Noces de Cana.* — *La Circoncision.*

Musée de Lyon. — *L'Adoration des Rois.* — *La Reine de Chypre.*

Musée de Grenoble. — *Jésus-Christ guérissant la Femme hémorroïsse.*

Musée de Lyon. — *Moïse sauvé des eaux.* — *Bethsabée au bain.*

A l'Académie des Beaux-Arts a Venise. — *La Vierge entre saint Joseph et saint Jean-Baptiste.* — *Le Seigneur soupant chez Lévi.* — *L'Annonciation.* — *L'Assomption.* — *Sainte Christine battue de verges.* — Deux autres épisodes de l'histoire de sainte Christine. — *Les Quatre Évangélistes* (deux tableaux). — *Saint Luc et saint Jean, saint Marc et saint Matthieu.* — *La Foi, la Charité, Ézéchiel et Isaïe* (grisailles).

Aux Procuraties a Venise. — *Venise au milieu de dieux et déesses.* — *Le Christ au jardin des Oliviers.* — *L'Institution du Rosaire.* — *Adam et Ève pénitents.*

A Saint-Marc de Venise. — *L'Apothéose de Venise.* — *Le Retour d'André Contarini.* — *La Prise de Smyrne.* — *La Défense de Scutari,* etc.

Au palais Manfrin a Venise. — *Un Portrait.*

Église San Pietro a Venise. — *Saint Pierre et saint Paul.*

Église Santa Catarina a Venise. — *Mariage de sainte Catherine.*

Église San Sebastiano a Venise. — Un plafond. — *Deux Martyres de saint Sébastien.* — *Le Martyre de ses compagnons.*

Église San Francesco della Vigna a Venise. — *Deux Madones.*

Église del Redentore a Venise. — *Le Baptême du Christ.*

Église San Giovani San Paolo a Venise. — *La Nativité.*

Église Saint-Georges le Majeur. — *Saint Georges.*

Église Saint-Barnabé a Venise. — *La Sainte Famille.*

Église Saint-Joseph a Venise. — *La Nativité.*

Église Saint-André a Venise. — *Saint Jérôme dans le désert.*

Église Saint-Luc a Venise. — *Saint Luc écrivant son Évangile.*

Église Saint-Pantaléon a Venise. — *Saint Pantaléon.* — *Saint Bernardin.*

Église Saint-Jacques dall' Orjo a Venise. — *Saint Laurent et d'autres saints* (plafond).

Église de l'Hospice des Incurables a Venise. — *Sainte Ursule et ses compagnes.*

Église de Santa Afra a Brescia. — *Le Martyre de sainte Afra.*

Église Saint-Libéral a Castelfranco. — *Le Temps et la Renommée.* — *La Justice.* — *La Tempérance* (fresques).

Église Notre-Dame-du-Mont, près de Vicence. — *Le Christ assis à la table de saint Grégoire.*

Église Santa-Corona a Vicence. — *L'Adoration des Mages.*

Musée degl' Uffi a Florence. — *Sainte Famille.*

Au palais Pitti. — *Les Adieux de Jésus à la Vierge.* — *La Présentation au Temple.* — *Saint Benoît.* — *Portrait de Daniele Barbaro.*

Au palais Doria. — *Une Déposition de croix.* — Plusieurs *Portraits.*

Palais della Ragione a Vérone. — *Une Déposition de croix.*

Palais Bragadino a Asolo. — *Salomon recevant la reine de Saba.*

Musée Bréra a Milan. — *Jésus avec Marthe et Marie.* — *L'Adoration des Rois* (triptyque). — *Les Noces de Cana.*

Galerie Borghèse. — *Saint Jean dans le désert.* — *Saint Antoine prêchant.*

Musée du Capitole. — *L'Enlèvement d'Europe* (répétition).

Musée de Turin. — *La Reine de Saba.* — *Moïse tiré des eaux.* — *La Madeleine lavant les pieds du Christ.*

MUSÉE DE NAPLES. — *Danaé* (douteux). — *Moïse sauvé des eaux.* — *Portrait du cardinal Bembo.*

ANCIENNE GALERIE DE VIENNE. — *Hercule et le centaure Nessus.* — *L'Adoration des Mages.* — *Esther devant Assuérus.* — *Jésus-Christ et la Samaritaine.* — *Le Sauveur pardonnant à la pécheresse.* — *Portrait d'un jeune Garçon tenant un petit chien.* — *Suicide de Curtius.* — *Portrait de Marc Antoine Barbaro.* — *Judith remettant la tête d'Holopherne à sa servante.* — *Jésus-Christ guérissant l'Hémorroïsse.* — *Lucrèce se poignardant.* — *La Résurrection du Christ.* — *Saint Sébastien attaché à une colonne.* — *Portrait de Catherine Cornaro.* — *Jésus-Christ chez le Pharisien.* — *Vénus embrassant Adonis.* — *Mars et Vénus.* — *Adonis et Vénus.* — *Sainte Vierge et l'Enfant Jésus.* — *Sainte Vierge sur un trône.*

MUSÉE DU ROI A MADRID. — *Saint Gilles.* — *Un Centurion.* — *Sainte Agueda.* — *L'Enfant Jésus.* — *La Madeleine.* — *Le Baptême du Christ.* — *Moïse sauvé des eaux.* — *Allégorie.* — *La chaste Suzanne.* — *Vénus et Adonis.* — *Jésus au milieu des Docteurs.*

MUSÉE DE MUNICH. — *L'Amour maternel.* — *La Prudence et la Justice.* — *La Foi et la Dévotion.* — *La Force et la Tempérance.* (Quatre pendants.) — *Le Suicide de Cléopâtre.* — *Le Repos en Égypte.* — *Deux Portraits.* — *Sainte Famille.* — *L'Adoration des Mages.*

MUSÉE DE DRESDE. — *Le bon Samaritain.* — *Jésus entre les deux larrons.* — *La Crucifixion.* — *Jésus-Christ à Emmaüs.* — *La Résurrection.* — *Mort de sainte Catherine d'Alexandrie.* — *Vénus et Adonis.* — *L'Adoration des Mages.* — *Les Noces de Cana.* — *La Vierge, l'Enfant Jésus et plusieurs Saints et Saintes.* — *Jésus sur le chemin du Calvaire.* — *Le Centenier.* — *Moïse sauvé des eaux.* — *Suzanne au bain.* — *Europe sur le Taureau.* — *Léda et le Cygne.* — *Portrait de Daniel Barbaro.* — *Présentation de l'Enfant Jésus au Temple.*

MUSÉE DE SAINT-PÉTERSBOURG. — *L'Adoration des Rois.* — *Le riche Épulon et le pauvre Lazare.* — *Saint Georges.* — *L'Ascension.* — *La Pentecôte.* — *Le Repos en Égypte.* — *Sainte Famille.* — *La Descente de croix* et plusieurs autres toiles.

MUSÉE DE BERLIN. — *Le Christ mort.*

MUSÉE DE BRUXELLES. — Esquisse de son grand tableau : *les Noces de Cana.* — *Sainte Catherine adorant Jésus.*

NATIONAL GALLERY. — *La Famille de Darius* (acheté 344,250 fr. au comte Victor Pisani en 1857). — *L'Adoration des Mages* (prov^t de l'Église Saint-Sylvestre, à Venise). — *L'Enlèvement d'Europe* (gal. d'Orléans). — *La Consécration de saint Nicolas.* — *Cupidon et Psyché.* (Alex. Véronèse.)

A HAMPTON-COURT. — *L'Annonciation.* — *Le Mariage de sainte Catherine.* — *Sainte Catherine à l'autel.* — *Une Madone,* etc.

INSTITUTION ROYALE D'ÉDIMBOURG. — *Vénus et Adonis.*

MUSÉE FITZ-WILLIAM A CAMBRIDGE. — *Mercure* (gal. d'Orléans).

COLLÉGE D'OXFORD. — *Le Mariage de sainte Catherine.*

GALERIE WESTMINSTER. — *L'Annonciation.* — *Sainte Famille.*

GALERIE ELLESMÈRE. — *Vénus pleurant la mort d'Adonis.* — *Le Jugement de Salomon.* — *Joseph et Putiphar.*

A LORD HEYTESBURY. — *Le Baptême du Christ.* — *Moïse.*

COLLECTION DARNLEY. — *Le Respect.* — *L'Amour heureux.* — *Le Dégoût.* — *L'Infidélité.* — *Allégorie.* — *Le Triomphe de Bacchus.* — *Diane et Endymion.*

COLLECTION IARBOROUGH. — *Suzanne et les deux Vieillards* (attribué au Tintoret par M. Waagen). — *L'Empereur Auguste et la Sibylle.* — *L'Annonciation.* — *Vénus dans un paysage.* — *Les Vendeurs chassés du Temple.* — *Rébecca à la fontaine.*

Collection Baring. — *Le Baptême du Christ.*

Collection Fletcher. — *Hercule et Cupidon.* — *La Madeleine repentante.*

Galerie Malmesbury. — *Portrait de la reine de Chypre.*

Ancienne collection Angerstein. — *Diane et Actéon.*

Galerie Sutherland. — *Le Christ à Emmaüs.* — Plusieurs *Portraits.*

A lord Kinnaird. — Une belle composition.

Collection W. Stirling. — *Le Baptême du Christ.*

Au duc de Northumberland. — *La Madeleine.* — *La Vierge et l'Enfant Jésus.*

Collection Holford. — *Un Portrait de Femme.*

A miss Burdett Courts. — Esquisse du *Souper chez Lévi* (anc. coll. Samuel Rogers).

A lord Hetford. — *Persée et Andromède.*

Collection Hardwicke. — *La Madeleine repentante.*

Au comte de Dunmore. — *Martyre de sainte Catherine.*

Collection Lonsdale. — *Une Société d'hommes et de femmes.*

Collection M'Lellan. — *L'Enlèvement d'Europe.*

A sir Charles Eastlake. — *Saint Grégoire.* — *Saint Jérôme.*

Collection Blundel Weld. — *Les Noces de Cana* (contesté).

Collection Neeld. — *Mars et Vénus.*

Collection Wynn Ellis. — *La Femme adultère.*

Galerie Devonshire. — *L'Adoration des Bergers.*

Au marquis d'Exeter. — *Le Christ et Zébédée.*

Collection Fitz William. — *Jésus chassant les marchands du Temple.*

Collection Bute. — *Le Mariage de sainte Catherine.*

Collection Shrewsbury. — *La Sainte Madeleine.* — *Un Portrait de Femme.*

Collection Harford. — *Le Christ et la Vierge.*

Collection Hoare. — *Jésus-Christ et la Madeleine.*

Collection Suffolk. — *La Fuite en Égypte.*

Collection Th. Hope. — Deux toiles allégoriques.

Collection Ashburton. — *Le Christ au mont des Oliviers.*

Galerie Stafford. — *Le Christ à Emmaüs.* — *Une Tête d'Homme.* — *Cupidon et Vénus.*

Collection Munro. — *Vénus et l'Amour.* — *Léda* (gal. d'Orléans).

Cabinet de la princesse Beloselski a Saint-Pétersbourg. — *Le Mariage de Sainte Catherine.*

Cabinet de M. de Tatischteff. — Esquisse du *Souper chez Lévi.*

Galerie du duc d'Aumale. — *Mars et Vénus* (prov[t] de la gal. d'Orléans).

Collection de Marcy, a Grasse. — *Les Noces de Cana,* étude du grand tableau peint par Véronèse pour l'abbaye de Saint-Georges, à Venise.

Collection P. Autran, de Marseille. — *Jupiter foudroyant les Vices* (esquisse du tableau du Louvre).

Collection C***. — *La Vierge, l'Enfant Jésus, saint Joseph, sainte Catherine et saint Jean.* — *L'Adoration des Bergers.*

PRIX DE VENTES

				fr.
La Femme adultère ($1^m,54—1^m,92$).	1742.	Vte Carignan . . . . :		3,700.
—	1777.	Vte de Conti		5,010.
—	1784.	Vte de Merle		2,100.
L'Apparition de Jésus à sainte Madeleine	1742.	Vte de Carignan		2,001.
	D°	d°		2,001.
L'Annonciation (96^c 1/2—72^c 1/2) . . .	1777.	Vte Conti		3,000.
L'Apparition de la Vierge	1780.	Vte Poullain		1,250.
	1784.	Vte Vaudreuil		2,000.
Trompe l'œil où se trouve peint la Fuite en Égypte et un Paysage représentant la ville de Vérone . . .	1744.	Vte La Roque		
La Présentation de Jésus au Temple (8 figures)	1747.	Vte de Pontchartrain		2,761.
—	1756.	Vte Tallard		15,101.
La Vierge, l'Enfant Jésus et saint Simon	1755.	Vte Pasquier		2,761
La Vierge, l'Enfant Jésus et un Évêque	D°	d°		6,600.
Vénus et l'Amour	1756.	Vte Tallard		1,200.
Moïse sauvé des eaux	D°	d°		400.
Le Seigneur avec les Pharisiens	1765.	Vte de Rubempré . . . Flor.		700.
Baptême du Christ (cuivre)	1766.	Vte Julienne		845.
Repos en Égypte	D°	d°		2,305.
Le Centenier	1772.	Vte Lauraguais		1,799.
Les Amours de Vénus et d'Adonis . .	1777.	Vte de Boisset		2,401.
Départ d'Adonis pour la chasse	1778.	Vte Le Brun		1,510.
Sainte Famille (72^c 1/2—62^c)	1788.	Vte de Mme Lenglier		580.
Le Jugement de Salomon	1793.	Vte d'Orléans		1,500.
Jésus avec ses disciples à Emmaüs.	D°	d°		5,000.
Mars et Vénus	D°	d°		7,500.
La Sagesse accompagnant Hercule	D°	d°		12,000.
L'Homme entre le Vice et la Vertu . .	D°	d°		12,500.
Moïse sauvé des eaux	D°	d°		1,000.
Jupiter enlevant Europe	D°	d°		5,000.
Mars et Vénus	D°	d°		6,250.
La Mort d'Adonis	D°	d°		3,750.
Hercule et Omphale	1795.	Vte de Calonne		5,250.
Mars désarmé par Vénus	1800.	2e Vte d'Orléans. Guinées.		50.
Le Respect	D°	d°	»	39.
Le Dégoût	D°	d°	»	44.
L'Amour heureux	D°	d°	»	60.
Mercure	D°	d°	»	105.
L'Infidélité	D°	d°	»	469.
La Nymphe et le Satyre ($1^m,62$—$1^m,29$)	1801.	Vte Robit		1,320.
Portrait d'un Antiquaire	1809.	Vte Lebrun		365.
La Madeleine chez le Pharisien (esquisse du grand tableau; $1^m,26$—$1^m,68$)	1810.	Vte Ctesse de Fourcroy . . .		850.

Signé *Verona fatta nel Monasterio angolo anno 1581.* (en regard de *Trompe l'œil … ville de Vérone*)

Sans doute celui de la vente Tallard. (en regard de *Moïse sauvé des eaux*, d'Orléans)

Probablement celui de la Vte Fraula. (en regard de *Jupiter enlevant Europe*)

			fr.	
Jeune Vénitienne tenant un écureuil (1m,78).....................	1841.	Vte PERREGAUX............	2,510.	
La Vierge, Jésus, sainte Catherine et sainte Lucie...................	1843.	Vte AGUADO..............	3,200.	
La Famille de Darius aux pieds d'Alexandre...................	1845.	Vte VASSEROT	705.	
Portraits d'Homme..............	1854.	Vte CHAVAGNAC..........	620.	
Alexandre Farnin, sa maîtresse et leur enfant, sous les attributs de Mars, Vénus et l'Amour........	1855.	Vte COLLOT	650.	
Jacob abreuvant les brebis de Rachel.	1855.	Vte de la Banque de Cassel.	2,100.	
Le Christ soupe chez le Pharisien (esquisse).....................	1859.	Vte BRABBECK ET DE STOLBERG....... Thalers.	699.	
Les Noces de Cana	1860.	Vte Sir CULLING-EARDLEY.	2,875.	A M. Emmerton.
Portrait de Femme..............	1861.	Vte LEROY D'ÉTIOLLES.....	2,000.	

DESSINS.

			fr.
Une Tête de nègre (aux deux crayons).....................	1775.	Vte MARIETTE............	279.
La Vierge et l'Enfant Jésus (à l'encre de Chine rehaussé de blanc).	D°	d°	401.
—	1777.	Vte CONTI	416.
Hommage à saint Marc (33 figures).	1779.	Vte D'ARGENVILLE.... ...	400.

Beaucoup d'artistes ont imité la grande manière de Paul Véronèse. Voici ceux dont on fait le plus de cas :

CALIARI (CARLETTO)

FILS DE PAUL VÉRONÈSE

Né en 1570, mort en 1596.

Cet artiste montrait les plus heureuses dispositions; il eût été le digne successeur de son père si la mort ne fût venue l'enlever à la suite d'une partie de débauche. Il dessinait assez correctement; sa manière a beaucoup d'analogie avec celle de son père, mais ses tons sont moins solides et ses carnations plus lavées.

CALIARI (BENEDETTO)

FRÈRE DE PAUL VÉRONÈSE

On le suppose né à Vérone en 1538, mort en 1598.

Benedetto, aidé de Gabriel, second fils de Paul Véronèse, fit quelques médiocres imitations de son frère; mais Gabriel ayant abandonné la peinture pour le commerce, Benedetto Caliari ne fit plus que des tableaux sans mérite, avec des expressions et un dessin peu naturels; sa couleur a tellement poussé au noir, qu'il est impossible de s'y méprendre.

BOMBELLI (SEBASTIANO)

Né à Udine en 1635, mort vers 1716.

Les ouvrages de cet artiste sont très-estimés et passent généralement pour être de Paul Véronèse. Son coloris est vif et frais, son pinceau décidé et agréable, mais son dessin le décèle par ses lignes anguleuses et ses raccourcis peu élégants.

ZELOTTI (BATTISTA)

Né à Vérone vers 1532, mort vers 1592.

Coopérateur de Paul Véronèse, Zelotti l'imita si bien, que l'on confond souvent ses tableaux avec ceux du maître. Son coloris est brillant, mais sa touche est arrondie et son dessin moins savant.

FASOLO (GIOVANNI-ANTONIO)

Né à Venise en 1528, mort en 1572.

Un de ceux qui ont le plus adroitement copié Paul Véronèse. Il se reconnaît à une vigueur outrée dans les ombres et à des repiqués gris qui papillotent à l'œil.

MAFFEO DE VÉRONE

Né à Vérone en 1576, mort en 1618.

Élève et gendre de Paul Véronèse, Maffeo, comme les précédents, l'imita avec beaucoup de franchise. Son style est excellent, son dessin naturel et décidé; mais ses carnations sont d'un rouge vif que le temps n'a pu affaiblir.

CAVAGNA (GIOVANNI-PAOLO)

Né à Bergame, mort vers 1671.

Les œuvres de ce peintre révèlent un génie vaste et hardi. Ses imitations sont cependant froides. Sa couleur est un peu cotonneuse, et ses airs de tête plus maniérés que ceux de Paul Véronèse.

VANNI (GIOVANNI-BATTISTA)

Né à Pise ou à Florence en 1599, mort en 1660.

Les copies dues à ce peintre sont très-estimées ; elles se vendent journellement pour être de Paul Véronèse ; elles en diffèrent cependant par un dessin trop relâché et une couleur plus grisâtre.

RICCI (SÉBASTIANO)

Né en 1659 ou 1660, mort en 1734.

J'ai déjà dit que Ricci s'exerçait à exécuter des pastiches dont il fit un commerce illicite. Ses tableaux se vendraient encore sous le nom du maître, si la grande facilité de son pinceau n'eût pas dégénéré en sécheresse, et si sa mauvaise manière de peindre n'eût pas fait noircir ses imitations.

TIEPOLO (GIOVANNI-BATTISTA), DIT LE TIEPOLETTO

Né à Venise en 1692, mort à Madrid en 1769 ou 1770.

Pinceau agréable et sûr, touche tracée, coloris vif, mais argentin, draperies d'un mauvais choix.

RIDOLFI (CLAUDIO), DIT CLAUDIO VÉRONÈSE

Né à Vérone en 1560, mort en 1644.

Les ouvrages de ce peintre tiennent beaucoup de ceux du maître ; s'ils n'avaient pas une trop grande finesse de pinceau et un coloris souvent maniéré, on risquerait plus d'une fois de se tromper.

MORONI ou MARONI (PIETRO)

Mort vers 1625.

D'élève de Paul Véronèse qu'il était d'abord, Moroni devint bientôt son imitateur.

Large dans sa manière, savant dans son style, il avait en outre un coloris frais et brillant; mais sa touche émoussée et saccadée suffit pour le faire reconnaître à l'observateur.

SCARSELLA (SIGISMOND), DIT MONDINO

Né à Ferrare en 1530, mort en 1614.

Ce peintre, comme le précédent, fut l'élève et l'imitateur de Paul Véronèse. Son style lui est en tout semblable, mais sa touche est plus estompée et son coloris plus sourd.

Bon nombre d'imitateurs de Paul Véronèse peuvent être indiqués, mais seulement pour mémoire, tant ils ont peu d'analogie avec lui; tels sont : MONTEMEZ, ZANO, NAUDI, ALIPRANDO, TIRO, GANDINI, QUILLYN et VLEUGHELS, dont les imitations, quelquefois heureuses, n'ont pas ce cachet *fac-simile* qui peut favoriser les ruses mercantiles.

LES CARRACHE

CARRACCI (LODOVICO)

VULGAIREMENT LOUIS CARRACHE

Né à Bologne en 1555, mort dans la même ville en 1619.

CARRACCI (ANNIBALE)

Né à Bologne en 1560, mort en 1609.

CARRACCI (AGOSTINO)

COUSIN DE LOUIS ET FRÈRE D'ANNIBAL

Né à Bologne en 1558, mort à Parme en 1601.

CARRACCI (FRANCESCO)

FRÈRE D'ANNIBAL ET D'AUGUSTIN

Né à Bologne en 1595, mort en 1622.

CARACCI (ANTONIO)

FILS D'AUGUSTIN

Né à Venise en 1578, mort à Rome en 1613.

CARACCI (PAOLO)

Né à Bologne.

CARACCI (CLOVIS)

La véritable renommée de la famille des Carrache ne commence qu'à Annibal, à qui son cousin, Louis Carrache, donna les premières leçons de peinture ; l'étude et la contemplation des œuvres du Titien et du Corrège vinrent ensuite perfectionner son talent.

Augustin Carrache s'associa avec son frère et son cousin Louis, et tous trois commencèrent à créer l'école dite *École des Carrache*. A cette époque, ces trois peintres n'avaient qu'une seule et même volonté, et jamais l'esprit de contradiction ni l'amour-propre ne vinrent les diviser. Augustin, qui jusqu'alors ne s'était occupé que de la gravure, prit la palette et fit des chefs-d'œuvre. Louis, ayant abandonné sa première manière, exécuta des tableaux qui furent confondus avec ceux d'Annibal. Dans cette association, il était vraiment extraordinaire de voir que les ouvrages de ces trois célébrités se ressemblaient au point de faire croire qu'ils étaient l'œuvre d'un seul peintre. Au bout de quelque temps, leur société ayant été dissoute, Augustin mit la peinture de côté pour reprendre le burin ; Louis abandonna la manière d'Annibal et revint à son ancien style. Resté seul, Annibal fit plusieurs ouvrages à Bologne, puis partit pour l'Italie.

Cet habile artiste eut trois manières différentes. La première, qu'il contracta chez son cousin Louis, en recevant ses leçons, est sa plus mauvaise; les tableaux qu'il fit alors ressemblent à ceux de Cranack: ils sont froids, médiocrement dessinés; la couleur seule en est assez agréable. La seconde, qu'il emprunta au Corrège, se fait remarquer par la douceur et la pureté du pinceau, et par une manière large et colorée digne du Titien; la troisième, qui est sa plus belle, est semblable aux ouvrages de Raphaël; la couleur en est plus harmonieuse, mais le dessin, quoique aussi correct, est moins poétique.

Augustin Carrache laissa beaucoup d'ouvrages d'une grande beauté sous le rapport du dessin, mais la couleur en est peu harmonieuse. Ils ne valent pas ceux d'Annibal.

Les œuvres d'Antoine Carrache, fils du précédent, sont confondues avec celles de son père; elles sont moins bien dessinées, mais d'une meilleure couleur.

François Carrache, frère d'Annibal et d'Augustin, n'eut qu'un talent médiocre et beaucoup de présomption.

Paul et Clovis Carrache ne sont que le pâle reflet du talent de la famille.

Les œuvres des Carrache sont très-nombreuses; on en compte plus d'une trentaine au Louvre, et la moitié au moins se compose de pages capitales.

ANNIBAL CARRACHE

MUSÉE DU LOUVRE

Le Sacrifice d'Abraham, 4,000 fr., puis 2,000 fr. — *La Mort d'Absalon,* 4,000 fr., puis 2,000 fr. — *La Naissance de la Vierge,* 60,000 fr. — *La Salutation angélique,* 8,000 fr., puis 6,000 fr. — *La Nativité de Jésus-Christ* (n° 134), 100,000 fr. — *La Nativité de Jésus-Christ* (n° 135), 180,000 fr. — *La Vierge aux cerises,* 4,000 fr. — *Le Sommeil de l'Enfant Jésus,* 15,000 fr. — *Apparition de la Vierge à saint Luc et à sainte Catherine,* 75,000 fr., puis 15,000 fr. — *Prédication de saint Jean-Baptiste,* 25,000 fr., puis 16,000 fr. — *La Résurrection du Christ.* Ce tableau qui, suivant plusieurs historiens, ne valut à son auteur que quelques mesures de grain et de vin, fut estimé 75,000 fr. d'abord, puis 50,000 fr. — *Le Christ mort,* 200,000 fr., puis 100,000 fr. — *Le Christ au tombeau,* 25,000 fr., puis 12,000 fr. — *La Résurrection du Christ* (n° 143), 15,000 fr. — *La Madeleine,* 3,000 fr. — *Martyre de saint Étienne* (n° 145), 25,000 fr. — *Le Martyre de saint Étienne* (n° 146), 20,000 fr. — *Saint Sébastien,* 8,000 fr. —

Hercule enfant, 1,000 fr. — *Diane découvrant la grossesse de Calisto,* 6,000 fr., puis 2,400 fr. — *Concert sur l'eau,* 8,000 fr., puis 5,000 fr. — *La Pêche,* 10,000 fr., puis 15,000 fr. — *La Chasse,* 10,000 fr., puis 25,000 fr. — *Paysage* (n° 153), 3,000 fr., puis 6,000 fr. — *Paysage* (n° 154), 8,000 fr. — *Portrait d'Homme,* 2,000 fr.

ANCIENNEMENT AU LOUVRE. — *Le Christ au Tombeau.* Est. 25,000 fr. (rendu à l'église des Capucins de Parme en 1815). — *Hercule entre le Vice et la Vertu.* Est. 600 fr. (rendu à Cassel en 1815). — *L'Annonciation* (rendu à Bologne en 1815).

MUSÉES DIVERS, GALERIES, ETC.

MUSÉE NAPOLÉON III. — *Saint François pressant la croix sur son cœur* (fig. à mi-corps). — *L'arrivée des Mages* (style du maître). — *Tête couronnée de fruits* (id.). — *Portrait du chevalier Marin* (id.).

MUSÉE DE ROUEN. — *Saint François d'Assise en extase.*

MUSÉE DE BORDEAUX. — *Saint Jérôme dans le désert.* — *Neptune apaisant les flots.*

MUSÉE DE RENNES. — *Le Repos en Égypte* (paysage). — *Paysage avec fabriques* (dessin à la plume). — *Tête d'Homme* (à la plume). — Demi-figure de *Jeune Homme* (à la mine).

MUSÉE DE NANCY. — *La Fuite en Égypte.*

MUSÉE DE MARSEILLE. — *Paysage.*

PINACOTHÈQUE DE BOLOGNE. — *La Vierge, l'Enfant Jésus et des Saints dans une gloire.* — *La Vierge sur son trône.* — *L'Assomption de la Vierge.* — *Saint Augustin.*

ÉGLISE DE LA PRÉSENTATION DE LA VIERGE A BOLOGNE. — *Sainte Véronique.*

ÉGLISE SAINT-GRÉGOIRE A BOLOGNE. — *Le Baptême du Christ.*

ÉGLISE SAINT-NICOLAS ET SAINT-FÉLIX A BOLOGNE. — *Jésus crucifié.* — *La Vierge et plusieurs Saints.*

GALERIE BENTIVOGLIO A BOLOGNE. — *Deux Paysages avec figures.*

PALAIS FAVA A BOLOGNE. — *Quatre Paysages.* — *L'Enlèvement d'Europe.*

MUSÉE DEGL UFFI A FLORENCE. — *Une Bacchante.*

GALERIE DE FLORENCE. — *Un Homme avec un singe sur l'épaule.* — *Un Moine.* — *Trois Portraits du peintre.*

MUSÉE DU CAPITOLE. — *La Charité.* — *Un Portrait.*

PALAIS MANFRIN A VENISE. — *Ecce Homo.* — *La Fuite en Égypte.*

PALAIS DORIA. — Divers traits de *l'Enfance de Jésus* (six tableaux ronds).

ÉCOLE CARRARA A BERGAME. — *La Madeleine.*

ÉGLISE SAN ANTONIO A MILAN. — *La Nativité.*

GALERIE DE PARME. — *La Vierge couronnée d'étoiles.*

ÉGLISE DES CAPUCINS A PARME. — *Saint Louis.* — *Sainte Élisabeth.*

PALAIS PITTI. — *Christ dans sa gloire.* — *Sainte Famille.* — *Le Repos en Égypte.* — *Tête d'Homme.*

GALERIE DE NAPLES. — *Un Homme couvert d'une pelisse.* — *La Vierge et l'Enfant Jésus.* — *Bramante enseignant le jeune d'Urbin.*

MUSÉE DE NAPLES. — *Vénus et les Amours.* — *Apollon jouant de la lyre.* — *Hercule entre Édonis et Arathée.* — *Saint Eustache.* — *Un Ange.* — *Une Madone.* — *Le Christ descendu de la croix.*

GALERIE BORGHÈSE. — *Le Sauveur.*

GALERIE DE MODÈNE. — *Pluton et plusieurs autres divinités.*

PALAIS DU GOUVERNEUR A LORETTE. — *La Nativité de la Vierge.*

MUSÉE DU ROI, A MADRID. — *Satyre offrant à Vénus une coupe de vin.*

ANCIENNE GALERIE DE VIENNE. — *La Vierge soutenant le corps de Jésus.* — *Jésus-Christ et la Samaritaine.*

MUSÉE DE SAINT-PÉTERSBOURG. — *La Descente de croix.* — *Les trois Maries au sépulcre.* — *La Samaritaine.* — *Le Repos en Égypte.* — *Sainte Famille.* — *Diane et Endymion.* — *Le Repos de la Sainte Famille.* — Plusieurs autres sujets et *Paysages.*

MUSÉE DE DRESDE. — *Le Génie de la Gloire.* — *L'Assomption de la Vierge.* — *La Vierge, l'Enfant Jésus et plusieurs Saints.* — *Saint Roch distribuant des aumônes.* — *La Vierge, l'Enfant Jésus et saint Jean.* — *Une Tête de Christ.* — *Portrait de Giovanni Gabrielle, jouant du luth.* — *Buste d'un peintre.* — *Portrait d'Antoine Carrache.*

MUSÉE DE MUNICH. — *Le Massacre des Innocents.* — *Suzanne au bain.* — *Le Combat d'Éros et d'Antéros.* — *Ecce Homo.* — *Le Christ mort.*

MUSÉE DE BERLIN. — *Paysage avec figures.* — *Quatre apôtres.* — *Un Calvaire.*

NATIONAL GALLERY. — *L'Apparition à Simon* (acheté 37,500 fr. en 1826). — *Saint Jean* (coll. Angerstein). — *Silène.* — *Pan* (dito). — *Mort de saint Antoine* (acheté 18,275 fr. en 1846). — *Aurore et Céphale.* — *Le Triomphe de Galathée* (cartons). — *Herminie chez les Bergers.* — *Deux Paysages,* dont un *Retour de la chasse.*

A HAMPTON-COURT. — *La Charité.* — Plusieurs belles compositions.

MUSÉE FITZ-WILLIAM A CAMBRIDGE. — *Le Christ et la Vierge.*

GALERIE ELLESMÈRE. — *Saint Jean dans un paysage.* — *Saint François adorant l'Enfant Jésus.* — *Saint Georges en prière supporté par des Anges.* — *Saint Jean.* — *Diane et Calisto.* — *Danaé* (coll. d'Orléans). — *Le Christ en croix.*

COLLECTION IARBOROUGH. — *Saint Jean-Baptiste.* — *Le Christ mourant.* — *Une Pieta.*

COLLECTION BARRY. — *La Vierge dans une gloire.*

AU COMTE DE SUFFOLK. — *La Fuite en Égypte.*

COLLECTION DE SIR THOMAS SEBRIGHT. — *La Vierge et l'Enfant Jésus.*

A LORD ELGIN. — *Saint François en contemplation.*

AU DUC DE NORTHUMBERLAND. — *Suzanne et les Vieillards.* — *Portrait de Jules César Scaligero.* — *Saint Jean-Baptiste dans un paysage.*

COLLECTION HARDWICKE. — *Portrait d'un Moine.*

AU DUC DE PORTLAND. — *Saint Jean-Baptiste et le Christ dans un paysage.*

COLLECTION DE LORD OVERSTONE. — *Les Lamentations de sainte Madeleine.*

A MRS. FORD. — *La Vierge et l'Enfant* (d'après Raphaël). — *Le Martyre de saint Pierre* (d'après le Titien).

AU COMTE DUNMORE. — *Une Pieta.*

AU COMTE HARRINGTON. — *Pilate* (attribué à Lucas Giordano).

A M. HOLFORT. — *Vierge portée au ciel par des Anges.* — *Saint Jean l'Évangéliste.*

A M. ABRAHAM DARBY. — *Polyphème et Galatée.*

A LORD ENFIELD. — *Paysage avec figures.*

AU DUC DE NEWCASTLE. — *Le Couronnement de la Vierge* (provᵗ du palais Aldobrandini et de la coll. Rogers). — *Une Assomption de la Vierge.*

AU DUC DE BEDFORD. — Une belle composition.

COLLECTION SCARSDALE. — *Orlando délivrant Olympia.* — *La Madeleine dans le désert.*

COLLECTION CARLISLE. — *Les Trois Maries* (gall. d'Orléans). — *Portrait du peintre.* — *Jeune Fille et jeune Garçon.* — Deux beaux *Paysages.*

COLLECTION INGRAM. — *La Mort du Christ.*

COLLECTION MILES. — *Deux Franciscains.* — *Diane et Actéon.* — *Saint Jean-Baptiste.*

COLLECTION MUNRO. — *Vénus et les Grâces.* — *Le Repos en Égypte.*

COLLECTION BARING. — *Le Christ et la Samaritaine.* — Le même sujet. — *Le Christ en croix apparaissant à saint François.*

COLLECTION ASHBURTON. — *Le Christ et trois Anges.*

COLLECTION SUFFOLK, — *Un Portrait d'Homme.*

AU MARQUIS D'EXETER. — *Polyphème.*

AU MARQUIS DE LANSDOWNE. — Un beau *Paysage.*

COLLECTION HOARE. — *La Sainte Famille.*

COLLECTION HAMILTON. — *La Madeleine pénitente.*

COLLECTION CAMPBELL. — *La Sainte Famille.* — *La Vierge et l'Enfant Jésus adorés par plusieurs Saints.*

COLLECTION DARNLEY. — *La Toilette de Vénus.*

COLLECTION WARWICK. — *Une Pieta.*

AU DUC DE MARLBOROUGH. — *La Vierge et l'Enfant Jésus.*

COLLECTION HARFORD. — *Le Repos de la Sainte Famille.*

COLLECTION WYNN ELLIS. — *Deux Paysages historiques.*

COLLECTION TOMLINE. — *Le Christ et la Madeleine.*

COLLECTION EVELYN DENISON. — *Une Madone.*

GALERIE EGERTON. — Plusieurs belles compositions.

COLLECTION HOWARD. — *Les Trois Maries.*

CABINET DE LA PRINCESSE BELOSELSKI A SAINT-PÉTERSBOURG. — *Noli me tangere.*

GALERIE DU DUC D'AUMALE. — *Le Sommeil de Vénus* (peint pour le cardinal Farnèse). — *L'Aurore.* — *La Nuit.* — *Martyre de saint Étienne.* — Quatre petites toiles représentant des *Amours.* — *Un Homme, une jeune Fille et deux Garçons* (dessin).

CABINET DUMONT DE CAMBRAI. — *Le Christ au Tombeau.*

COLLECTION C***. — *Saint Jean-Baptiste.*

PRIX DE VENTES

				fr.	
Le Christ mort (33ᶜ—38ᶜ)..........	1738.	Vᵗᵉ FRAULA.......... Flor.		336.	
Mort de saint François...........	1742.	Vᵗᵉ CARIGNAN		1,300.	
—	1756.	Vᵗᵉ TALLARD		1,052.	
Le Christ mort...................	1775.	Vᵗᵉ DE FELINO............		600.	Plus petit que celui de la Vᵗᵉ Fraula.
Saint Joseph et la Vierge tenant l'Enfant Jésus qui prend des cerises..	1777.	Vᵗᵉ Pᶜᵉ DE CONTI.........		5,660.	
Vénus et un Satyre (1ᵐ,4 1/2 — 1ᵐ,42)......................	1788.	Vᵗᵉ DE Mᵐᵉ LANGLIER. ..			
Lapidation de saint Étienne.......	1793.	Vᵗᵉ D'ORLÉANS...... L. St.		250.	
Saint Roch et un Ange...........	Dᵒ	dᵒ ...... »		100.	

				fr.	
Le Christ et la Samaritaine	1793.	Vᵗᵉ D'ORLÉANS......	L. St.	300.	
Paysage avec procession du saint Sacrement	Dᵒ	dᵒ	......	»	300.	
Descente de croix..............	Dᵒ	dᵒ	......	»	160.	
Le Raboteur, Sainte Famille.......	Dᵒ	dᵒ	......	»	300.	
Saint Jean l'Évangéliste..........	Dᵒ	dᵒ	......	»	400.	
Saint Roch adorant la Vierge	Dᵒ	dᵒ	......	»	500.	
Un Portrait....................	Dᵒ	dᵒ	......	»	36.	
Portrait du peintre..............	Dᵒ	dᵒ	......	»	200.	Aujourd'hui à lord Howard.
Repos de la sainte Famille.......	Dᵒ	dᵒ	......	»	700.	Aujourd'hui au duc de Su-therland.
Saint Étienne	Dᵒ	dᵒ	......	»	50.	Même possesseur.
Saint Jean baptisant dans le désert.	Dᵒ	dᵒ	......	»		Gal. Nat. à Londres.
La Toilette de Vénus	Dᵒ	dᵒ	......	»	800.	Aujourd'hui au comte Darn-ley à Cobhanhall.
Saint Jean-Baptiste.............	Dᵒ	dᵒ	......	»	300.	Aujourd'hui à lord Egerton.
Apparition de l'Enfant Jésus à saint François....................	Dᵒ	dᵒ	......	»	500.	Même possesseur.
Saint Jean endormi dans un paysage	Dᵒ	dᵒ	......	»	100.	A lord Egerton.
Le Christ en croix..............	Dᵒ	dᵒ	......	»	80.	Tableau douteux.
Danaé.......................	Dᵒ	dᵒ	......	»	500.	A lord Egerton.
Saint Jérôme d'après le Corrège....	Dᵒ	dᵒ	......	»	350.	Dᵒ.
Diane et Calisto................	Dᵒ	dᵒ	......	»	1,200.	Dᵒ.
Les Bateleurs..................	Dᵒ	dᵒ	......	»	600.	
Les Trois Marie................	Dᵒ	dᵒ	......	»	4,000.	A lord Howard.
La Chasse au vol...............	Dᵒ	dᵒ	......	»	600.	
Le Christ mort (1ᵐ,25—2ᵐ,30)	1801.	Vᵗᵉ ROBIT...............		2,320.	
Un Ecce Homo (bois, 19ᶜ—16ᶜ)	1802.	Vᵗᵉ LABORDE DE MÉRÉVILLE.		3,600.	
Une Assomption (75ᶜ—91ᶜ 1/2).....	1802.	Vᵗᵉ MARTIN.............		900.	
Ecce Homo		Vᵗᵉ LABORDE		2,000.	
—	1806.	Vᵗᵉ LEBRUN		1,010.	
Triomphe de Vénus.............	1809.	dᵒ		6,000.	
Deux Paysages	1810.	dᵒ		7,900.	
Le Triomphe de Vénus...........	Dᵒ	dᵒ		6,000.	
Sainte Famille	1838.	Vᵗᵉ GIBBON......... Guin.		84.	
Le Christ mort et la Vierge (46ᶜ—64ᶜ,5)....................	1840.	Vᵗᵉ SCHAMP		1,460.	
La Résurrection du Christ........	1843.	Vᵗᵉ AGUADO.............		300.	
Saint François d'Assise	Dᵒ	dᵒ		335.	
La Mère de douleur.............	1845.	Vᵗᵉ VASSEROT............		305.	
L'Adoration des Mages (bois, 1ᵐ,06—2ᵐ,05)....................	1848.	Vᵗᵉ DE Mˡˡᵉ H. HERRY....		128.	
Le Christ.....................	1850.	Vᵗᵉ DU ROI DES PAYS-BAS.		4,935.	
La Vierge et l'Enfant Jésus........	Dᵒ	dᵒ		3,225.	
La Madone avec l'Enfant Jésus (1ᵐ,15—84ᶜ)....................	Dᵒ	dᵒ		1,500.	A M. Weimar.
Le Christ mort sur les genoux de la Vierge (1ᵐ,21—1ᵐ,70)..........	Dᵒ	dᵒ		2,300.	A M. Roos.
L'Éducation de l'Amour	1855.	Vᵗᵉ COLLOT.............		450.	A M. A. Jubinal.
Mise au tombeau...............	1850.	Vᵗᵉ MONTCALM...........		1,100.	
Le Prophète Isaïe	1852.	Vᵗᵉ LEDRU		290.	
Paysages avec scènes historiques...	1855.	Vᵗᵉ de la Banque de Cassel.		750.	

AUGUSTIN CARRACHE

Le musée du Louvre ne possède plus de tableaux de ce maître. Les trois suivants y ont figuré jusqu'en 1815. — *La Vierge et l'Enfant Jésus.* Est. 28,000 fr. — *L'Assomption de la Vierge.* Est. 24,000 fr. — *La Communion de saint Jérôme.* Est. 30,000 fr. (Rendus à Bologne.)

MUSÉES DIVERS, GALERIES, ETC.

Musée de Rouen. — *Noli me tangere.*

Musée de Rennes. — *Deux Hommes jouant du luth* (dessin à la plume). — *Paysage avec figures* (dessin à la plume, lavé).

Musée de Nancy. — *Jésus, accompagné d'un Ange portant le drapeau de la Résurrection.*

Musée de Lyon. — *Portrait d'un Chanoine de Bologne.*

Musée de Marseille. — *L'Assomption.*

Musée de Parme. — *Vierge allaitant l'Enfant Jésus.*

Ancien palais ducal de Parme. — *L'Amour céleste.* — *L'Amour terrestre.* — *L'Amour vénal.* — *Énée venant de Troie en Italie.* — *Vénus.* — *Mars et Vénus.* — *L'Amour et deux Nymphes.* — *Thétis et Pélée.*

Musée de Bologne. — *L'Assomption.* — *La Communion de saint Jérôme.*

Palais Tanara a Bologne. — *Le Bain de Diane.*

Palais Fava a Bologne. — *L'Expédition de Jason* (en dix-huit tableaux).

Église Saint-Barthélemy a Bologne. — *La Vierge allaitant son fils.*

Palais del Magistrato a Ferrare. — *La Manne dans le désert.* — *Le Festin des noces.*

Ancienne galerie de Venise. — *Saint François en extase.*

Au palais Manfrin a Venise. — *La Fuite en Égypte.* — *Ecce Homo.*

Galerie de Florence. — *Portrait du peintre.*

Galerie Borghèse. — *La Madeleine.*

Musée de Naples. — *Saint Jérôme.* — *Saint Pierre.* — *Petits Amours dormant.* — *Renaud et Armide.*

Galerie de Naples. — *La Vierge à la chatte.* — *Judith.* — *Jésus-Christ appelant saint Matthieu.* — *La Madeleine.* — *Les Apôtres au tombeau de la Vierge.* — *Le Portement de croix.* — *Saint François d'Assise.* — *La Descente du Saint-Esprit.*

Musée du Roi a Madrid. — *La Vision de saint François d'Assise.*

Musée de Saint-Pétersbourg. — *La Vierge aux douleurs.* — *La Communion de saint Jérôme.*

Musée de Munich. — *Saint François stigmatisé.*

National Gallery. — *La Mise au tombeau.* — *Le Triomphe de Galathée.*

Musée Fitz-William a Cambridge. — *Le Christ et la Vierge.*

Au duc de Northumberland. — *Tancrède et Clorinde.*

Au comte de Iarborough. — *Un Ange en adoration.*

A lord Feversham. — *Cupidon.*

Collection Baring. — *Le Christ.* — *Un beau Paysage.*

Au comte de Suffolk. — *Le Baptême du Christ.*

Collection Holford. — *Saint Jean l'Évangéliste.* — *Suzanne et les Vieillards.*
Galerie Stafford. — *Le martyre de saint Barthélemy* (gal. d'Orléans).
Collection Suffolk. — *Le Baptême du Christ.*
Galerie Lansdowne. — *La Vierge et l'Enfant Jésus.*
Collection Carlisle. — *La Vierge, l'Enfant Jésus et saint Jean.*
Cabinet Bourguignon de Fabregoule. — *Les Jeux d'Enfants.*
Collection de Marcy a Grasse. — *Les Saintes Femmes au Tombeau du Christ* (ovale sur marbre).

PRIX DE VENTES

Cortége du Pape Clément VIII (dessin à la plume et au bistre. 1775, Vte Julienne, 300 fr. — 1777, Vte Conti, 3.700 fr. 1782, Vte Nogaret, 2,602 fr. — *Sainte Catherine.* 1777, Vte Conti, 2,750 fr. 1779, Vte Boileau, 1,700 fr. 1782, Vte Nogaret, 2,400 fr. — *Sainte Catherine* (88^c 1/2 — 1^m,4). Vte Conti, 3,750 fr. 1782, Vte Nogaret, 2,400 fr. — *La Vierge au chardonneret* (1^m,18 — 88^c 1/2). Vte Conti, 3,700 fr. 1782, Vte Nogaret, 2,602 fr. — *Sainte Famille* (1^m,49 — 1^m,07). Vte Conti, 3,700 fr. 1791, Vte Lebrun, 2,110 fr. — *Jésus apparait à la Madeleine.* 1793, Vte d'Orléans, 12.500 fr. — *Martyre de saint Barthélemy.* Même Vte, 2,500 fr. — *Portrait d'un Chanoine.* 1809, Vte Lebrun, 312 fr. — *Jésus guérissant les malades.* 1843, Vte Aguado, 610 fr. — *Jésus et saint Pierre.* Même Vte, 350 fr. — *La Tentation de saint Antoine.* 1845, Vte Vasserot, 104 fr. — *La Cananéenne aux pieds du Christ.* 1854, Vte Chavagnac, 350 fr.

LOUIS CARRACHE

Le musée du Louvre en possède cinq, dont voici les estimations officielles : *l'Annonciation,* 6,000 fr., puis 4,000 fr. — *La Nativité,* 25,000 fr., puis 15,000 fr. — *La Vierge et l'Enfant Jésus,* 20,000 fr. — *Apparition à sainte Hyacinthe,* 50,000 fr., puis 20,000 fr. — *Jésus mort sur les genoux de la Vierge,* acquis en 1820 pour 8,000 fr.

Anciennement au Louvre. — *La Vocation de saint Matthieu.* Est., 40,000 fr. — *La Vierge, saint François et saint Joseph.* Est. 40,000 fr. (Rendus à l'église des Mendicanti de Bologne en 1815.) — *Les Apôtres au tombeau de la Vierge.* Est. 15.000 fr. (rendu à Plaisance en 1845). — *Translation du corps de la Vierge* (pendant du précédent; rendu également).

MUSÉES DIVERS, GALERIES, ETC.

Musée de Rennes. — *Martyres de saint Pierre et de saint Paul.* — *Tête de saint Philippe.* — *La Visitation* (dessin à la mine, rehaussé de blanc). — *La Résurrection* (à la plume, lavé au bistre).
Musée de Bordeaux. — *Saint François.* — *Danse de petits Amours.*
Musée de Lyon. — *Le Baptême de Jésus.*
Musée de Nîmes. — *Saint Joseph.*
Musée du Capitole. — *Sainte Cécile.* — Répétition de *la Communion de saint Jerôme* d'Augustin Carrache.
Pinacothèque de Bologne. — *Notre Dame* (copie d'un original attribué à saint

Luc). — *La Vierge avec l'Enfant.* — *La Transfiguration.* — *La Vocation de saint Matthieu.* — *La Nativité de saint Jean-Baptiste.* — *Saint Jean prêchant dans le désert.* — *La Conversion de saint Paul.* — *La Vierge et l'Enfant.* — *La Flagellation.* — *Le Rédempteur.* — *L'Entrevue de plusieurs Saints.* — *Le Martyre de saint Ange.* — *Saint Roch avec son chien.*

PALAIS TANARA A BOLOGNE. — *Le Baiser de Judas.*

PALAIS FAVA A BOLOGNE. — *Le Voyage d'Énée* (en douze tableaux).

PALAIS GRASSI A BOLOGNE. — *Hercule foulant l'Hydre* (fresque).

CATHÉDRALE DE BOLOGNE. — *L'Annonciation* (voûte). — *Saint Pierre pleurant avec la Vierge la mort du Christ.*

ÉGLISE SAINT-PAUL A BOLOGNE. — *Le Paradis.*

ÉGLISE CORPUS DOMINI A BOLOGNE. — *Le Christ apparaissant à la Vierge.* — *Les Apôtres ensevelissant la Vierge.*

ÉGLISE SAINT-GEORGES A BOLOGNE. — *La Piscine probatique.* — *L'Annonciation.*

ÉGLISE SAINTE-CHRISTINE A BOLOGNE. — *L'Ascension.*

ÉGLISE SAINT-BARTHÉLEMY A BOLOGNE. — *Saint Charles à genoux au tombeau de Varallo.* — *La Circoncision.* — *L'Adoration des Mages.*

ÉGLISE SAINT-DOMINIQUE A BOLOGNE. — *Saint Raymond traversant la mer sur son manteau.* — *Visite de la Vierge à sainte Élisabeth.* — *La Flagellation.*

ÉGLISE SAINT-JACQUES-MAJEUR A BOLOGNE. — *Saint Roch atteint de la peste et consolé par un Ange.* — *Saint Jérôme.*

ÉGLISE SAINT-LÉONARD A BOLOGNE. — *Le Martyre de sainte Ursule.* — *Sainte Catherine en prison.*

ÉGLISE DE LA MADONE DES SOCCORSO A BOLOGNE. — *La Naissance de la Vierge.*

ÉGLISE SAINT-GRÉGOIRE A BOLOGNE. — *Saint Georges qui délivre la Reine du Dragon.* — *Dieu le Père.*

ÉGLISE DE LA MADONNA DI GALLIERA A BOLOGNE. — *Le Christ mort montré au peuple.*

ÉGLISE DES CHARTREUX, PRÈS DE BOLOGNE. — *Le Christ portant sa croix* (fresque).

ÉGLISE DE LA MADONE DELLA GHIARA A REGGIO. — *Saint Georges et sainte Catherine.*

ÉGLISE SAINT-MAURICE A MANTOUE. — *L'Annonciation.* — *Le Martyre de sainte Marguerite.*

CATHÉDRALE DE PLAISANCE. — *Saint Martin.*

GALERIE DE FLORENCE. — *Portrait du peintre.*

GALERIE DE NAPLES. — *La Vierge près du Christ en croix.*

MUSÉE DE NAPLES. — *Descente de croix.* — *La Chute de Simon le Magicien.*

GALERIE DE MODÈNE. — *L'Assomption.* — *Vénus et l'Amour.* — *Flore.*

MUSÉE DE PARME. — *Les Apôtres ensevelissant la Vierge.* — *Les Apôtres découvrant le tombeau de la Vierge.*

MUSÉE DE SAINT-PÉTERSBOURG. — Copie de *la Zingarella,* du Corrège. — *La Mise au Tombeau.* — *Sainte Famille.* — *Le Christ portant sa croix* et plusieurs autres compositions.

ANCIENNE GALERIE DE VIENNE. — *Saint François en méditation.*

MUSÉE DE BERLIN. — *La Multiplication des pains.* — *Une Vénus.*

MUSÉE DE MUNICH. — *La Mise au Tombeau.* — *La Vision de saint François d'Assise.* — *Saint François.*

MUSÉE DE DRESDE. — *Le Christ couronné d'épines.* — *Le Repos en Égypte.*

NATIONAL GALLERY. — *Suzanne et les Vieillards* (coll. d'Orléans, — coll. Angerstein).
— *La Descente de croix.* — *Ecce Homo* (copie du Corrège).

A HAMPTON-COURT. — *Cléopâtre.*

INSTITUTION ROYALE D'ÉDIMBOURG. — *La Mort d'Abel.*

AU DUC DE SUTHERLAND. — *Sainte Famille* et trois compositions.

AU MARQUIS DE WESTMINSTER. — *Saint Antoine de Padoue.* — *Sainte Famille.*

GALERIE ELLESMÈRE. — *La Mort du Christ, avec Marie et saint Jean* (coll. du duc
de Modène, — id. d'Orléans). — *Le Mariage de sainte Catherine* (copie du Corrège).
— *Sainte Catherine.* — *Une Pieta.*

A LORD FOLKESTONE. — *La Charité.* — *Sainte Famille.*

COLLECTION BARRY. — *Saint François.*

A LORD METHUEN. — *L'Annonciation.*

COLLECTION HOLFORD. — *La Vierge aux Anges.* — *Le Sauveur.*

AU DUC DE NORTHUMBERLAND. — *Herminie.* — *Saint François recevant les stigmates.*

A LORD KINNAIRD. — *Saint François en extase.* — *La Madeleine repentante.*

A MRS. FORD. — *Vénus et Cupidon.*

COLLECTION DRURY LOWES. — *L'Assomption de la Vierge.*

AU COMTE DE DUNMORE. — *La Visitation.*

A MISS BURDETT COUTT. — *La Vierge et l'Enfant Jésus* (anc. coll. Rogers).

COLLECTION BARING. — *La Mise au Tombeau.* — *L'Adoration des Bergers.*

COLLECTION MILES. — *La Sainte Famille.*

GALERIE DEVONSHIRE. — *La Crucifixion.*

GALERIE STAFFORD. — *Le Repos en Égypte.* — *La Vierge et l'Enfant Jésus.* —
Saint Étienne.

GALERIE LANSDOWNE. — *Le Christ au mont des Oliviers.* — *La Sainte Famille.*

COLLECTION CARLISLE. — *La Mise au Tombeau.*

COLLECTION LISTOWELL. — *La Madeleine.*

COLLECTION BALE. — *La Sainte Famille.*

COLLECTION HAMILTON. — *La Sibylle de Cumes.*

COLLECTION NEELD. — *La Madeleine.*

COLLECTION WARD. — *Le Christ.*

GALERIE DU DUC D'AUMALE. — *La Célébration de la Messe* (dessin).

A M. P. E. LAVOCAT. — *La Mort de saint Joseph* (anc. coll. du comte de Dienne).

PRIX DE VENTES

Bethsabée au bain. — *Le Jugement de Pâris.* 1775, Vte Julienne, 689 fr. — *Dessin
tiré au carreau.* Même Vte, 200 fr. — *Saint François* (72^c 1/2 — 56^c 1/2). Vte Conti, 1777,
1,200 fr. 1782, Vte Nogaret, 800 fr. — *La Vierge et l'Enfant Jésus* (86^c de diamètre).
Même Vte, 6,701 fr. 1784, Vte de Vaudreuil, 4,055 fr. — *Moïse sur le Sinaï* (1^m,23 —
88^c 1/2). 1788, Vte de Mme Lenglier, 201 fr. — *Saint François recevant les stigmates.*
1791, Vte Lebrun, 1501 fr. — *Ecce Homo.* 1793, Vte d'Orléans, 2,000 fr. — *La chaste
Suzanne.* Même Vte, 5,000 fr. (gal. nat. de Londres). — *Mariage de sainte Catherine.*
Même Vte, 3,750 fr. — *Descente de croix.* Même Vte, 10,000 fr. (à lord Egerton). —
Apparition de la Vierge et de l'Enfant Jésus à sainte Catherine. Même Vte, 15,000 fr.

(au même). — *Le Christ au Tombeau*. Même Vte, 11,250 fr. (à lord Carlisle). — *Jésus couronné d'épines*. Même Vte, 1,500 fr. — *Le Christ au Tombeau* (effet de nuit). 1801, Vte Robit, 2,000 fr. — *Apollon et Marsyas* (1^m,85 — 1^m,50). Même Vte, 2,000 fr. — *Le Christ mort.* — *Le Christ porté au cercueil.* 1810, Vte Lebrun, 2,804 fr. — *Un Rosaire.* Même Vte, 900 fr. — *Le Denier de César* (cuivre). Même Vte, 3,025 fr. — *La Vierge, l'Enfant Jésus et saint Benoît* (cuivre). 1811, Vte Roux, 295 fr. — *Sainte Famille* (croquis à la plume). 1826, Vte Denon, 250 fr. — *La Vierge, l'Enfant Jésus et saint Jean.* 1833, Vte Érard, 3,810 fr. — *Le Bon Samaritain* (1^m,45 — 1^m,288). 1840, Vte Schamp, 375 fr. — *La Vierge à la cerise* (1^m — 74^c). 1861, Vte X., 2,000 fr. — *L'Amour filial.* 1862, Vte Weyer de Cologne, 348 fr. 50.

ANTOINE CARRACHE

Musée Napoléon III. — *Portrait du père Mauro de Merulis.* — *Portrait du marquis Albergati de Bologne.*

Les Carrache eurent une école considérable. Au nombre de leurs imitateurs et copistes il faut remarquer :

MASSARI (luca)

Né à Bologne en 1569, mort en 1633.

Ce peintre, élève des Carrache, a beaucoup copié leurs ouvrages; plusieurs de ses imitations figurent dans les collections comme des originaux issus de la main de ces grands artistes. Annibal ayant retouché presque tous ses ouvrages, on les reconnaît à leur mérite bien inégal.

CRESPI (antonio)

Mort en 1781.

Cet imitateur a si bien réussi, que toutes ses œuvres passent pour être de Louis ou d'Antoine Carrache; elles sont cependant moins bien dessinées, plus outrées d'expression et moins fermes de touche.

BADALOCCHIO ou ROSA SISTO

Né à Parme en 1581, mort en 1647.

Élève et ami d'Annibal Carrache, il s'en appropria la manière au point que l'on confond quelquefois ses productions avec celles du premier. Toutefois, sa couleur est plus sombre et son dessin médiocre; ses draperies sont d'un mauvais choix, et son exécution est sèche et saillante.

MILANI (AURÈLE)

Né à Bologne en 1675, mort à Rome en 1740.

Il possède une grande correction de dessin, mais il pèche par la faiblesse de son coloris; son exécution froide et barboteuse suffit seule pour faire reconnaître ses ouvrages.

PIOLA (PAOLO GIROLAMO)

Né en 1666, mort en 1724.

On remarque les copies de Piola à leur sévérité de formes et au moelleux du pinceau. Heureusement pour les amateurs, son coloris est presque nul.

VIOLA (GIOVANNI-BATTISTA)

Né en 1576, mort en 1622.

Bon coloris, touche moelleuse, mais dessin marqué et sans caractère.

PANICO (ANTONIO-MARIA)

Né à Bologne.

Panico fut élève de l'école des Carrache, et ses productions passent pour être peintes par ces habiles maîtres, ce qui rend aujourd'hui son nom presque inconnu. Il est recommandable par l'excellence de son style et la beauté de sa touche; mais on lui reproche sa couleur froide.

TURCHI (ALESSANDRO)

DIT L'ORBETTO OU ALEXANDRE VÉRONÈSE

Né à Vérone vers 1580, mort vers 1650.

Il est bien inférieur à Annibal Carrache, auquel ses contemporains l'ont souvent comparé. Bon goût de coloris, mais exécution froide et maniérée; dessin assez correct : tel est le jugement que l'on peut porter sur cet artiste.

Il ne reste plus qu'à citer quelques peintres qui, dans leur manière, n'offrent qu'une certaine ressemblance avec les Carrache. Tels sont : Ercole Proccacini, Riminaldi, Michel Corneille, peintre français; J.-A. Scaramuccia, J. Mattioli, J.-J. del Sole, Dietrici qui, malgré tout ce qu'on a pu en dire, n'a jamais atteint le degré de vérité capable de tromper l'amateur.

AMERIGHI ou MORIGI (michel-angiolo)

dit LE CARAVAGE

Né à Caravaggio en 1569, mort en 1609.

Le Caravage fut le fondateur de l'école réaliste. Chez lui, l'énergie de la couleur s'allie heureusement à la beauté du dessin. Son modelé est plein de vérité, son clair-obscur savant, ses éclats de lumière sont d'un incomparable réalisme; sa facture, puissante dans les masses, devient insensiblement délicate dans les détails. Sa touche grasse et fondue est quelquefois acérée dans les contours et les lumières.

La plupart de ses tableaux sont devenus noirs par l'effet des siccatifs; ceux qui ont conservé leur ton vigoureux sans exagération sont très-rares et très-recherchés par les amateurs, ce qui explique la grande différence de prix qui existe dans les renseignements que j'ai recueillis sur ce peintre.

Les vrais ouvrages de cet artiste se rencontrent peu dans le commerce. Ils sont presque tous casés dans les collections, d'où ils sortent rarement. Voici les estimations officielles de ceux que possède le musée du Louvre : *la Mort de la Vierge*, 50,000 fr., puis 40,000 fr. *Portrait de Vignacourt*, 15,000 fr. *La Diseuse de bonne aventure*, 1,000 fr. *Un Concert*, 8,000 fr., puis 5,000 fr.

Anciennement au Louvre. — *Jésus-Christ porté au Tombeau*. Est. 150,000 fr. (rendu à l'Église des Philippines à Rome en 1815).

MUSÉES DIVERS, GALERIES, ETC.

Musée Napoléon III. — *Le Christ montré au peuple*. — *Un Paysan*.
Musée de Rouen. — *Un Philosophe*. — *Saint Sébastien*.

Musée de Toulouse. — *Martyre de saint André.*

Musée de Nantes. — *Saint Pierre délivré de sa prison par un Ange.* — *Portrait du Caravage.*

Musée de Tours. — *Un Portrait.*

Musée de Lille. — *Saint Jean méditant.*

Musée de Nancy. — *Le Christ descendu de la croix et soutenu par sa Mère.*

Musée de Bordeaux. — *Saint Jean-Baptiste dans le désert.* — *Le Couronnement d'épines.*

Musée de Cherbourg. — *La Mort d'Hyacinthe.*

Musée de Naples. — *Judith et Holopherne.*

Palais Royal a Naples. — *Orphée.* — *La Dispute du Christ et des Docteurs.*

Ancienne galerie Lancellotti a Naples. — *Une Bacchanale.*

Musée du Vatican. — *La Descente de croix.*

Église Saint-Louis-des-Français a Rome. — *La Vocation de saint Matthieu.* — Son *Martyre.*

A l'Académie des Beaux-Arts a Venise. — *Homère.* — *Les Joueurs d'échecs.*

Galerie Scarria. — *Les Joueurs.*

Au palais Pitti. — *Un Amour endormi.*

Ancienne galerie de Vienne. — *David tenant la tête et l'épée de Goliath.* — *Le jeune Tobie.* — *La sainte Vierge et sainte Anne.*

Musée de Munich. — *Saint Sébastien mourant.* — *L'Adoration des Bergers.* — *Des Pèlerins devant la Vierge.*

Musée de Saint-Pétersbourg. — *La Musique.* — *Le Martyre de saint Pierre.* — *Le Couronnement d'épines.*

Musée de Dresde. — *Le Reniement de saint Pierre.* — *Saint Sébastien.* — *Un jeune Lansquenet.* — *Un Corps-de-garde.* — *La Bohémienne.* — *Jeune Fille lisant.* — *Deux jeunes Femmes jouant aux cartes.*

Musée de Berlin. — *Saint Matthieu.* — *La Mise au Tombeau.* — *L'Amour triomphant.* — *Le Génie de la Guerre.* — *Portrait d'une jeune Fille romaine.*

Musée du Roi a Madrid. — *Mise au Tombeau.*

Musée d'Amsterdam. — *Mort d'Orion.* 1827, Vte Léotard, 1,000 flor.

National Gallery. — *La Cène à Emmaüs.*

A l'Institution royale d'Édimbourg. — *Saint Christophe.*

Galerie Ellesmère. — *Le Passage de la Mer Rouge.*

A lord Arundel. — *Un Berger dans un Paysage.*

Collection Drury Lowes. — *Le Christ.*

A lord Enfield. — *Saint Thomas.*

Au duc de Northumberland. — *Saint Étienne.*

Collection Barry. — *Le Christ et les Docteurs.*

A lord Jersey. — *Abel.*

A lord Ravensworth. — *Achille.* — *Lycomède.* — *Alexandre et Aristote.*

Au duc de Bedford. — *Portrait d'un Cardinal.*

Collection Hoare. — Une belle composition.

Au duc de Rutland. — *Une jeune Bohémienne* (contesté, attribué à Valentin). — *Agar.*

Au marquis d'Exeter. — *Suzanne et les Vieillards.* — *Saint Pierre reniant le Christ.*

Collection Campbell. — *La Femme adultère.*

Collection Darnley. — *Ésaü cédant ses droits à Jacob.*

Galerie Lichtenstein. — *Portrait d'une jeune Fille.*

Cabinet du comte Gourieff a Saint-Pétersbourg. — *Le Joueur de luth.*

Galerie du duc d'Aumale. — *Vase orné de figures de Femmes. — Vase. — Pied de candélabre.* (Dessins.)

A M. Georges Bonnet, de Mèze (Hérault). — *Les Saintes Femmes adorant le Christ mort.* (Huit figures. 1ᵐ,80 — 1ᵐ,10).

Suivant le bruit public, cette composition est d'un ordre aussi élevé que *le Christ porté au Tombeau,* anciennement au Louvre et actuellement à l'église des Philippines, à Rome.

Galerie Pozzo di Borgo. — *Saint Jean.*

Collection C***. — *Sainte Barbe.*

PRIX DE VENTES

Le Crucifiement de saint Pierre. 1802, Vᵗᵉ Bertrand, 2,400 fr. — *L'Amour endormi.* 1802, Vᵗᵉ Solimène, 62 fr. — *Un Évangéliste.* 1826, Vᵗᵉ Denon, 301 fr.]— *Saint Sébastien lié par le bourreau.* 1835, Vᵗᵉ Gros, 120 fr. — *Les Disciples d'Emmaüs.* 1837, Vᵗᵉ Fabvier, 3,500 fr. — *Agar répudiée par Abraham.* 1839, Vᵗᵉ Sommariva, 1,080 fr. — *Christ en croix.* 1843, Vᵗᵉ Aguado, 46 fr. — *Saint Irène pansant les plaies de saint Sébastien.* 1846, Vᵗᵉ Fesch, 18 écus.

De même que tous les novateurs, le Caravage eut une nombreuse école qui exagéra ses défauts sans jamais atteindre à ses beautés. A ce titre, je citerai :

MANFREDI (Barthélemy)

Né à Mantoue en 1572, mort en 1605.

Disciple du Caravage, Manfredi parvint à acquérir une si grande facilité à l'imiter que les artistes eux-mêmes confondaient les copies avec les originaux. Comme le Caravage, il excellait dans la partie du clair-obscur; cependant ses œuvres se reconnaissent à leur ton général, plus clair que celui du modèle.

SARACINO (Carlo)

Né à Venise en 1585, mort vers 1625.

Cet imitateur n'est pas à dédaigner, quoique ses ouvrages soient devenus très-noirs. On le distingue à son goût prononcé pour les costumes orientaux, à sa coutume de peindre les eunuques sans barbe ni cheveux.

SPADA (LIONELLO)

Né à Bologne en 1576, mort en 1622.

Moins grande manière que celle du Caravage, mais coloris vif et tranchant, accompagné d'un dessin moins correct et plus mou.

CAROSELLI (ANGIOLO)

Né à Rome en 1585, mort en 1656.

Ce peintre, imitateur de profession, commença par copier le Caravage, son maître. Moins terrible que lui dans sa manière, il est plus transparent et plus clair dans son coloris, plus léché dans son exécution, ce qui permet de le reconnaître facilement.

RUSTICI (GIOVANNI-FRANCESCO), DIT RUSTICHINO

Mort vers 1625.

Il affecta les sujets terribles et les effets de lumière, dans lesquels il réussit assez bien. Son dessin est anguleux et moins savant que celui du maître; sa couleur est vigoureuse, mais ses tons secs et tranchants le décèlent à la première vue.

CARDI (LE CHEVALIER), DIT CIVOLI OU CIGOLI (LODOVICO)

Né en 1559, mort en 1613.

Préférant la manière forte du Caravage au genre d'Allori son maître, Cigoli imita le premier, mais avec une couleur plus sombre, un dessin plus sec et une manière plus austère.

MINUTI (MARIO)

Né à Syracuse en 1577, mort en 1640.

Élève du Caravage, il eut moins de vigueur que son maître. On le reconnaît à ses tons lavés et roux et à son pinceau cotonneux.

LUINI (TOMASO), DIT LE CARAVAGGINO

Ce peintre, qu'il ne faut pas confondre avec Bernard Luini, imitateur de Léonard de Vinci, adopta une manière encore plus noire que celle du Caravage. Il se trahit en outre par un dessin sec et un pinceau maigre et heurté.

CAMPINO (GIOVANNI)

Le style de ce peintre est plein d'exagération. C'est en quelque sorte le *nec-plus-ultrà* du Caravage.

SEGHERS (GÉRARD)

Né à Anvers en 1589, mort en 1651.

Les imitations que ce peintre flamand a faites en Italie ne manquent pas de rapports avec les ouvrages du Caravage. Toutefois, elles possèdent plus de transparence dans le coloris et plus de rondeur dans le dessin; on y trouve aussi le caractère mou, mais agréable que les peintres flamands ont contracté en Italie.

C'est seulement pour mémoire que nous indiquons ici SALINI et SERODINE. Leurs imitations sont trop éloignées de la manière du maître pour en faire une étude à part.

RENI (GUIDO), VULGAIREMENT LE GUIDE

Né en 1575, mort en 1642.

Si l'on en croit les historiens, le Guide fut, sous le rapport de la conscience, l'homme le plus scrupuleux du monde; jamais il n'a agi comme beaucoup d'autres de ses confrères qui ne craignaient pas de faire exécuter des copies par leurs élèves, et de les vendre ensuite après y avoir apposé leur signature.

Le genre du Guide est divin. Pour les têtes en l'air, il a égalé le

Corrège; ses contours sont agréablement dessinés; ses poses, quelquefois un peu maniérées, sont presque toujours conformes à la nature.

Les portraits de femmes, qu'il représentait nues, ont souvent une trop grande proportion. On reconnaît facilement ses tableaux aux ombres verdâtres produites par la quantité d'outremer qu'il employait, et qui a fini par attaquer les autres couleurs.

Le Guide eut quatre manières. Dans la première, qu'il acquit à l'école de Denis Calvaert, on remarque une grande ressemblance, pour les draperies surtout, avec les peintres allemands; les chairs sont froides et semblent être taillées dans la pierre. Dans la seconde, lorsqu'il imita les Carrache, il se rapprocha beaucoup de ces artistes, et fut moins prodigue d'outremer. Dans sa troisième, qui fait toute sa gloire, il est d'une morbidesse extraordinaire. Le Guide, lorsqu'il se fut adonné au jeu, contracta une quatrième manière qui, on peut le dire, est la plus mauvaise de toutes; les tableaux qu'il fit à cette époque sont mal dessinés, lâchés, et, en tout point, indignes de ses spirituels pinceaux.

Suivant leur conservation et leur manière, les ouvrages du Guide atteignent des prix assez élevés, quoique bien inférieurs à ceux des siècles derniers. La plupart sont répartis dans les musées de l'Europe. Celui du Louvre en possède une vingtaine dont la plupart sont de premier ordre.

MUSÉE DU LOUVRE

Voici les diverses évaluations officielles. *David vainqueur de Goliath,* 15,000 fr., puis 12,000 fr. — *L'Annonciation,* 50,000 fr., puis 12,000 fr. — *La Purification de la Vierge,* 60,000 fr. — *La Vierge et l'Enfant Jésus,* sans estimation. — *La Vierge, l'Enfant Jésus et saint Jean,* 6,000 fr., puis 2,500 fr. — *Jésus et la Samaritaine,* 4,000 fr., puis 2,500 fr. — *Jésus-Christ donnant à saint Pierre les clefs de l'Église,* 35,000 fr., puis 12,000 fr. — *Le Christ au jardin des Oliviers,* 15,000 fr., puis 10,000 fr. — *Ecce Homo,* 8,000 fr. — *La Madeleine* (n° 329), 12,000 fr., puis 2,000 fr. — *La Madeleine* (n° 330), 4,000 fr., puis 3,000 fr. — *Saint Jean-Baptiste en extase,* 2,000 fr. — *Saint Sébastien,* 15,000 fr., puis 6,000 fr. — *Saint François en extase,* 8,000 fr., puis, 6,000 fr. — *L'Union du Dessin et de la Couleur,* 25,000 fr., puis 3,000 fr. — *Hercule tuant l'Hydre,* 20,000 fr. — *Combat d'Hercule et d'Achéloüs,* 30,000 fr. — *Le centaure Nessus enlevant Déjanire,* 80,000 fr. — *Hercule sur le bûcher,* 20,000 fr. (Ces quatre estimations réunies forment un total de 150,000 fr., réduit depuis à 80,000 fr. — *Enlèvement d'Hélène,* 40,000 fr., puis 6,000 fr.

Anciennement au Louvre. — *Le Christ en croix et la Madeleine.* Est. 4,000 fr.; rendu en 1815. — *Le Martyre de saint Pierre.* Est. 6,000 fr.; rendu en 1815 (à Rome). — *La Vierge, saint Jérôme et saint Thomas d'Aquin.* Est. 10,000 fr.; rendu en 1815 à l'église de Pésaro. — *Saint Roch dans sa prison.* Est. 10,000 fr. — *Sainte Famille.* Est.

2,000 fr. (Rendu en 1815 à la gal. de Modène.) — *Le Massacre des Innocents.* Est. 100,000 fr. ; rendu en 1815 à l'église Saint-Dominique à Bologne.

MUSÉES DIVERS, GALERIES, ETC.

MUSÉE NAPOLÉON III. — *Jésus-Christ embrassant la croix.* — *Judith.* — *Sainte Famille.* — *Le Martyre de saint André.*

MUSÉE DE ROUEN. — *Saint Janvier.*

MUSÉE DE BESANÇON. — *Lucrèce.*

MUSÉE DE DIJON. — *Ève.*

MUSÉE DE TOULOUSE. — *Apollon et Marsyas.*

MUSÉE DE RENNES. — *L'Assomption de la Vierge* (contesté).

MUSÉE DE NÎMES. — *Sainte Madeleine.* — *Judith.*

MUSÉE DE NANCY. — *Mort de Cléopâtre.*

MUSÉE DE NANTES. — *Saint Jean-Baptiste caressant l'Agneau sans tache.* — *Ecce Homo.* — *Tête de Christ couronné d'épines.* — *Saint François d'Assise.* — *Mater Dolorosa.* — *Saint Sébastien.* — *L'Assomption de la Vierge.*

MUSÉE DE LILLE. — *Une Sibylle.* — *Lutte d'Hercule et d'Achéloüs.* — *Hercule tuant l'Hydre.* — *L'Enlèvement de Déjanire.*

MUSÉE DE LYON. — *L'Assomption.*

MUSÉE DE BORDEAUX. — *Le Ravissement de la Madeleine.* — *La Mère de Douleur.* — *Tête d'Homme.* — *Sainte Madeleine.*

MUSÉE DE VALENCIENNES. — *Tête de Femme.*

MUSÉE DE STRASBOURG. — *Une Sainte Famille.*

MUSÉE DU VATICAN. — *Martyre de saint Pierre.*

MUSÉE DU CAPITOLE. — *Polyphème.* — *Le Saint-Esprit.* — Plusieurs esquisses. — *Saint Sébastien.* — *La Fortune.* — *Portrait du peintre.*

ÉGLISE SAINT-GRÉGOIRE A ROME. — *Saint André en prière.* — *Un Concert d'Anges.*

PINACOTHÈQUE DE BOLOGNE. — *La Vierge et l'Enfant Jésus.* — *Notre-Dame de la Piété.* — *Le Massacre des Innocents.* — *Le Crucifix, la Vierge et plusieurs Saints.* — *Samson victorieux.* — *Portrait de l'évêque André Corsini.* — *Saint Sébastien martyr.* — *La Vierge couronnée.* — *Portrait du Père Denis.* — *Tête de Jésus-Christ.*

PALAIS TANARA A BOLOGNE. — *La Vierge allaitant.*

PALAIS MALVEZZI-BONFIOLI A BOLOGNE. — *Une Sibylle.*

PALAIS BIANCHI A BOLOGNE. — *Les Harpies infestant la table d'Énée* (plafond).

ÉGLISE SAINT-DOMINIQUE A BOLOGNE. — *L'Assomption.* — *Le Christ et la Vierge recevant l'âme de saint Dominique* (fresque).

ÉGLISE SAINT-BARTHÉLEMY A BOLOGNE. — *La Vierge et l'Enfant Jésus.*

ÉGLISE DES SERVI A BOLOGNE. — *Le Père Éternel.*

ÉGLISE SAINTE-CHRISTINE A BOLOGNE. — Six figures de saints parmi lesquelles sont *saint Pierre et saint Paul.*

COLLÉGE DES FLAMANDS A BOLOGNE. — *Le Portrait du fondateur Jean Jacobs.*

ÉGLISE SAINT-MATHIAS A BOLOGNE. — *La Vierge apparaissant à saint Jacinthe.*

MUSÉE DEGL' UFFI A FLORENCE. — *Vierge à mi-corps.*

GALERIE DE FLORENCE. — *Portrait du peintre.*

GALERIE DE MODÈNE. — *Le Christ en croix.* — *Saint Roch dans sa prison.*

ÉGLISE DES ERMITES A PADOUE. — *Saint Jean-Baptiste dans le désert.*

Palais del Magistrato a Ferrare. — *Les douze Apôtres.* — *La Prière dans le jardin des Oliviers.* — *La Résurrection.* — *La Descente du Saint-Esprit.*

Église de Piève près de Gento. — *L'Assomption.*

Cathédrale de Ravenne. — *Le Miracle de la manne.*

Église Saint-Jérome a Forli. — *La Conception.*

Église Saint-Pierre a Fano. — *L'Annonciation.*

Église de Lorette. — *Une Femme montrant à coudre à des jeunes Filles.*

Couvent des Capucins près de Faenza. — *La Vierge et saint Jean.*

Au palais Pitti. — *Rebecca au puits.* — *La Charité.* — *Cléopâtre.* — *Saint Pierre pleurant son péché.* — *Bacchus,* etc.

Musée Brera a Milan. — *Saint Pierre et saint Paul.*

Bibliothèque Ambroisienne a Milan. — *Christ en croix.*

Ancienne galerie du général Pino a Milan. — *Saint Joseph et l'Enfant.*

Au palais Doria. — *Sainte Famille.* — *Saint Pierre.*

Galerie Scarria. — *Deux Madeleines.*

Au palais Manfrin a Venise. — *Lucrèce.*

Au palais Grimani a Venise. — *L'Amour.*

Musée de Turin. — *La Renommée.* — *Lucrèce.*

Musée de Naples. — *Atalante.* — *Saint Jean l'Évangéliste.* — *L'Enfant Jésus dormant.* — *Les Saisons.* — *La Modestie et la Vanité.*

Église de Saint-Philippe de Néri a Naples. — *La Fuite en Égypte.* — *Saint François.* — *Saint Jean.*

Musée du Roi a Madrid. — *Cléopâtre.* — *La Vierge glorieuse.* — *Saint Jacques en extase.* — *Saint Sébastien expirant.* — *La Madeleine.* — *Sainte Apolline.*

Ancienne galerie de Vienne. — *La Purification de la Vierge.* — *Sibylle en méditation.* — *Le Baptême de Jésus-Christ.* — *Les Quatre Saisons.* — *Sainte Madeleine en prière.* — *Saint Pierre pleurant son péché.* — *Sainte Vierge en adoration.* — *Saint Jean-Baptiste.*

Musée de Saint-Pétersbourg. — *Sainte Famille.* — *L'Adoration des Mages.* — *La Dispute sur l'immaculée Conception.* — *Une Vierge glorieuse.* — *Saint François.* — *L'Enlèvement d'Europe* et plusieurs autres compositions.

Musée de Berlin. — *L'Entrevue des Ermites Paul et Antoine.* — *La Fortune* (douteux).

Musée de Munich. — *Saint Jérôme.* — *Apollon et Marsyas.* — *Saint Jean l'Évangéliste.* — *L'Assomption de la Vierge.*

Musée de Dresde. — *Saint Jérôme.* — *Saint Jérôme adorant la Vierge.* — *Le Christ couronné d'épines.* — *Vénus et l'Amour.* — *Bacchus enfant.* — *Ninus et Sémiramis.* — *L'Adoration de l'Enfant Jésus.* — *Le Christ au Roseau.* — *Le Sauveur apparaissant à sa Mère.* — *Saint François* (pastel).

Musée de Bruxelles. — *La Fuite en Égypte.*

Musée d'Amsterdam. — *Marie-Madeleine.*

National Gallery. — *Persée et Andromède.* — *Vénus et les Grâces.* — *La Madeleine* (gal. du Palais-Royal, coll. S. Clarke, payé 52,500 fr.). — *Le Christ et saint Jean* (payé 10,230 fr. en 1844). — *Loth et ses Filles* (acheté 30 000 fr. en 1844). — *Suzanne et les deux Vieillards* (acheté 31,500 fr. en 1845). — *Le Couronnement de la Vierge.* — *Saint Jérôme.* — *Une Tête de Christ.*

A Hampton-Court. — *Judith.*

A Windsor Castle. — *Cléopâtre.*

Institution royale d'Édimbourg. — *Ecce Homo.*

Dulwick Collége. — *Saint Jérôme.* — *Jupiter et Europe.*

Galerie Ellesmère. — *La Vierge et les Anges.* — *L'Assomption.* — *L'Enfant à la croix.* — *Saint Michel terrassant le Démon.*

Galerie Bedford. — *La Vierge aux colombes.*

Galerie Westminster. — *Le Sommeil de l'Enfant Jésus.* — *La Fortune.* — *Saint Jean-Baptiste.* — *L'Adoration des Bergers.*

A Mrs. Ford. — *Téte de Déjanire* (très-bel échantillon du maître). — *La Vierge au travail.*

Cabinet W. S. Dugdale. — *Saint Pierre.*

Galerie sir John Boileau. — *La Madeleine.* — *La Mort de saint Pierre.*

A lord Folkestone. — *La Madeleine.* — *Jupiter et Europe.*

Collection Normanton. — *Flore.*

A lord Arundel. — Une belle composition.

Collection Warwick. — *La Vierge et l'Enfant Jésus.*

Au marquis de Westminster. — *Saint Jean-Baptiste.* — *L'Adoration des Bergers.*

A lord Methuen. — *Un Portrait.* — *Le Baptéme du Christ* (douteux). — *La Vierge et l'Enfant Jésus.*

Collection Barry. — *La Sainte Famille.* — *La Vierge et l'Enfant Jésus.* — *Les Saints Innocents.*

Collection de lord Overstone. — *L'Enfant Jésus et la Vierge.* — *La Sibylle.*

Collection Iarboroug. — *David et Goliath.* — *Salomé recevant la téte de saint Jean-Baptiste.* — *L'Enfant Jésus.* — *Mater Dolorosa.*

Collection Ward. — *La Mort d'Abel.* — *Saint Sébastien.*

A lord Enfield. — *La Madeleine.*

Collection de sir Thomas Sebright. — *Saint Jérôme.*

A lord Caledon. — *Saint Matthieu Évangéliste.*

Collection R. P. Nichols. — *La Madeleine pénitente.* — *Sainte Lucie.*

A lord Jersey. — *La Vierge et l'Enfant Jésus.*

Au duc de Northumberland. — *La Crucifixion.*

Collection W. Bardon. — Une excellente composition.

A lord Kinnaird. — *La Madeleine repentante.*

Au duc de Newcastle. — *Arthémise.*

A lord Feversham. — *La Charité.* — *Sainte Catherine.* — *Bacchus et Ariane.* — *David et Abigail.*

Collection Matthew Anderson. — *L'Annonciation.*

Galerie Devonshire. — *Persée et Andromède.*

Collection Leicester. — *Joseph et Putiphar.*

Collection Hoare. — *Saint François* (esquisse).

Collection Radnor. — *La Madeleine.*

Collection Harford. — *Sainte Véronique.* — *Vénus et l'Amour.* — *L'Assomption de la Vierge.* — *La Crucifixion.* — *Ecce Homo.*

Collection Miles. — *Cléopâtre.*

Collection Cowper. — *Une Sibylle.*

Collection Darnley. — *La Libéralité et la Modestie.* — *Salomé.* — *La Mort de saint François.* — *La Madeleine repentante.*

COLLECTION MUNRO. — *L'Enlèvement d'Europe.* — *Cléopâtre.* — *Saint Sébastien.*

COLLECTION TH. HOPE. — *Le Triomphe de l'Amour* (gal. d'Orléans).

GALERIE STAFFORD. — *La Madeleine.* — *La Circoncision.* — *Atalante.*

COLLECTION ASHBURTON. — Une très-belle répétition de la *Tête du Christ.*

COLLECTION ROGERS. — *Le Christ.*

COLLECTION BARING. — *Ecce Homo.*

AU MARQUIS D'EXETER. — *Un jeune Garçon.*

COLLECTION SUFFOLK. — *L'Adoration des Bergers.*

COLLECTION SCARSDALE. — *Ariane et Bacchus.*

COLLECTION SHREWSBURY. — *La Madeleine.* — *Saint Jean-Baptiste.* — *Un Évêque.*

COLLECTION FITZ-WILLIAM. — *Cupidon.*

COLLECTION INGRAM. — *Sainte Marguerite et le Dragon.* — *Saint Jean-Baptiste.*

CABINET STIRLING. — Une composition.

COLLECTION LONSDALE. — *Saint François en prière.*

COLLECTION HOLFORD. — *La Vierge, l'Enfant Jésus et saint Jean.* — Une autre composition.

COLLECTION E. PHILIPPS. — *Saint Michel et le Démon.*

COLLECTION NEELD. — *Mater Dolorosa.*

GALERIE WEYER DE COLOGNE. — *Le Massacre des Innocents.* — *Jésus dans le Tombeau.* — *Marie accablée de tristesse.* — *La Vierge et l'Enfant Jésus* (vendu 820 fr. en 1862).

CABINET DE LA COMTESSE DE LAVAL A SAINT-PÉTERSBOURG. — *David.*

GALERIE LICHTENSTEIN. — *Vénus couchée.* — *L'Adoration des Bergers.*

GALERIE DU DUC D'AUMALE. — *Madonna della Pace.*

CABINET DE M. LE COMTE PROSPER DE CHASSELOUP-LAUBAT. — *Trois Anges faisant de la musique.*

CABINET DUMONT DE CAMBRAI. — *La Madeleine.*

GALERIE DUPONT. — *David et Goliath* (répétition par le maître).

CABINET TRILHA. — *Saint Jean-Baptiste.* — *Sainte Madeleine.* — *Enfants.*

COLLECTION DE M. LE COMTE DE BUDÉ. — *La Madeleine.* — *Saint Sébastien.*

COLLECTION C***. — *Sainte Famille.*

COLLECTION J. COURTOIS. — *Le Christ et saint Jean.*

A M. LE BARON DE BRIMONT. — *Les Fileuses.*

PRIX DE VENTES

			fr.	
La Fortune....................	1738.	Vte FRAULA......... Flor.	115.	
—	1839.	Vte DE SOMMARIVA........	4,300.	
Vénus habillée par les Grâces......	1645.	Vte CHARLES Ier.........	5,000.	Gal. Nat. à Londres.
La Vierge et l'Enfant Jésus........	1756.	Vte TALLARD.............	2,002.	
La Mort de Lucrèce et *Judith*......	1768.	Vte DE MERVAL, rétirés à .	35,999.	
Sainte Famille (40° 1/2—56° 1/2)...	1770.	Vte JULLY................	5,830.	Le pendant de ce tableau est peint par Simon Cantarini, sur toile, mêmes dimensions.
—	1777.	Vte CONTI................	16,000.	
—	1784.	Vte DE MERLE............	15,200.	
Vénus et Adonis................	1771.	Vte BRAACAMP........ Flor.	1,000.	

				fr.	
La Foi	1771.	Vᵗᵉ Braacamp	Flor.	2,000.	
Sainte Véronique	1775.	Vᵗᵉ Lempereur		1,100.	
—	1777.	Vᵗᵉ de Conti		852.	
—	1781.	Vᵗᵉ Van Balle		1,100.	
Psyché regardant l'Amour endormi	1777.	Vᵗᵉ Pᶜᵉ de Conti		3,600.	Gal. du marquis de Lassay.
Cléopâtre (1ᵐ,71—95ᶜ1/2)	1784.	Vᵗᵉ Montribloud		8,951.	
Saint Bonaventure	1793.	Vᵗᵉ d'Orléans		1,250.	
Saint Sébastien	1793.	dᵒ	Guin.	22.	Est. off. 60 guinées.
L'Enfant Jésus endormi sur la croix	Dᵒ	dᵒ			À lord Egerton.
Sainte Marie-Madeleine	Dᵒ	dᵒ		3,750.	Au duc de Sutherland.
Décollation de saint Jean	Dᵒ	dᵒ		6,750.	
Une Madone	1795.	Vᵗᵉ de Calonne		2,750.	
Abigaïl et David	1800.	2ᵉ Vᵗᵉ d'Orléans	Guin.	255.	Est. off. 400 guinées.
Une Sibylle	Dᵒ	dᵒ		7,500.	
Triomphe de l'Amour céleste	Dᵒ	dᵒ		8,750.	
Sainte Marie-Madeleine	Dᵒ	dᵒ		10,000.	
Martyre de sainte Apolline	Dᵒ	dᵒ		1,750.	
La chaste Suzanne	Dᵒ	dᵒ		10,000.	
Saint Sébastien (1ᵐ,30—89ᶜ)	1801.	Vᵗᵉ Robit		15,020.	
Saint Sébastien	1806.	Vᵗᵉ Saint-Martin		770.	Répétition du grand tablau.
Loth et ses filles	1809.	Vᵗᵉ Lebrun		1,101.	
Sainte Véronique	Dᵒ	dᵒ		1,100.	
La Fortune distribuant ses richesses.	Dᵒ	Vᵗᵉ Grandpré		450.	
Saint François en prière	1825.	Vᵗᵉ Manias		1,225.	
La Charité romaine	1839.	Vᵗᵉ Sommariva		3,020.	
La Sainte Trinité (toile cintrée, 51ᶜ —36ᶜ)	1840.	Vᵗᵉ Schamp		450.	
Hercule délivrant Prométhée	Dᵒ	dᵒ		180.	Prorᵗ du cab. Ingelbert.
Sujet religieux	1843.	Vᵗᵉ Dubois		2,550.	
Tête de saint Jean-Baptiste	1843.	Vᵗᵉ Aguado		600.	
La Vierge, l'Enfant Jésus et saint Jean	Dᵒ	dᵒ		5,880.	
Une Sainte	Dᵒ	dᵒ		900.	
L'Assomption de la Vierge	1846.	Vᵗᵉ Fesch	Écus rom.	1,600.	
Saint Joseph (1ᵐ,20—1ᵐ,00)	1850.	Vᵗᵉ Guillaume II	Flor.	7,900.	A M. Brondgeest.
Tête de Femme	1852.	Vᵗᵉ Ledru		421.	
Sainte Madeleine se dépouillant de ses parures	Dᵒ	Vᵗᵉ Varange		201.	
Saint Jacques	1853.	Vᵗᵉ Louis-Philippe		17,750.	
Sainte Marguerite	1855.	Vᵗᵉ Collot		3,950.	
La Vierge et l'Enfant Jésus endormi.	1859.	Vᵗᵉ lord Northwick		2,860.	
Saint Jérôme	Dᵒ	dᵒ		8,100.	
La Madeleine	1862.	Vᵗᵉ de Jong		750.	

Parmi ceux qui ont le plus adroitement copié ou imité le Guide, on distingue :

CANTARINI (SIMON), DIT LE PESARESE

Né à Pesaro en 1612 ou 1618, mort en 1641.

Ce peintre étudia furtivement dans l'atelier du Guide, sans que jamais son maître se doutât de ses dispositions ni de son talent. L'acharnement qu'il mit à le prendre pour but de ses études lui mérita l'honneur d'être cité comme un second Guide. Son dessin et son modelé sont excellents; ses draperies, quoique très-soignées, sont moins heureuses que celles du maître. Son coloris est naturel et varié, ses chairs sont vives et transparentes; mais il a moins de noblesse dans le style, et sa touche est plus léchée.

SAVONANZI (EMILIO)

Né en 1580, mort vers 1660.

Savonanzi imita le Guide à un tel point, qu'on prend quelques-uns de ses ouvrages pour ceux du maître. Sa touche est franche, mais on le reconnaît à son coloris trop sombre et peu varié.

GESSI (FRANCESCO)

Né à Bologne en 1588, mort en 1648 ou 1649.

Élève du Guide. Gessi l'imita avec talent, ce qui lui valut aussi le surnom de *Guido secundo,* qu'il ne méritait pas plus que Cantarini; car, s'il marcha de pair avec lui pour la franchise et la fermeté du pinceau et pour le moelleux des couleurs, il lui fut bien inférieur pour le dessin, le choix des figures et l'expression.

MARIA (LE CHEVALIER HERCULE)

ou HERCULE MARIE DE SAN GIOVANNI

Né à Bologne.

Beaucoup de fermeté et d'aisance, mais un coloris malheureux et un style médiocre.

GUARGENA (DOMENICO), DIT LE PÈRE FELICIANO

Né à Messine en 1610.

Ses imitations se reconnaissent à leur dessin maniéré et à leur coloris vermillonné.

CANLASSI (GUIDO), DIT CAGNACCI

Né en 1601, mort en 1681.

Ce peintre imita la manière du Guide, son maître. Il mettait peu d'harmonie dans son coloris, avait une touche très-émoussée et dessinait sans précision.

SEMENTA (GIOVANNI-JACOPO)

Né à Bologne en 1580.

Le genre de Sementa a beaucoup de ressemblance avec celui du Guide. Cependant on remarque dans ses ouvrages une touche aiguë et un ton général plus bleuté. Il est irréprochable pour la correction du dessin.

SIRANI (GIOVANNI-ANDREA)

Né à Bologne en 1610, mort en 1678.

Sirani, un des meilleurs élèves du Guide, fut chargé de terminer les ouvrages que ce maître laissa inachevés. Sa touche serait d'une beauté ravissante si elle était moins aplatie. Son style possède une trop grande rigueur pour être comparé à celui du Guide.

LOLI (LORENZO)

Né à Bologne en 1612, mort en 1691.

Disciple chéri du Guide, il s'en appropria la manière, qu'il imita avec bonheur. Toutefois, son exécution plus soignée, son dessin un peu maniéré le font découvrir aisément.

BOLOGINI (GIOVANNI-BATTISTA)

Né à Bologne en 1612, mort en 1689.

Bologini est encore un de ceux qui s'appliquaient à copier leur maître. Presque toutes ses productions seraient achetées sous le nom du Guide, si son dessin anguleux et sa touche un peu sèche ne faisaient reconnaître la fraude.

CARAVAZZA (GIOVANNI-BATTISTA)

Né à Bologne vers 1620.

Les ouvrages de ce peintre ont une certaine tournure particulière au Guide qui, au premier abord, fait naître l'incertitude chez les amateurs; mais lorsqu'on étudie la touche brodée et l'exécution cotonneuse qui y règnent, la certitude fait bientôt place au doute.

Le Guide eut encore beaucoup d'imitateurs, mais à un degré de ressemblance très - éloigné, excepté SASSO FERRATO qui, en voulant l'imiter, tomba cependant dans le maniéré, et pécha par sa couleur. Voici leurs noms : MAXIMI, STANZIONI, PAUL BIANCUCCI, AN. DE BELLIO, PH. BRIZIO, FLAMINO, TORRE, ERCOLINO dit GUIDO DEL SOLE.

ALBANI (FRANCESCO), VULGAIREMENT L'ALBANE

Né à Bologne en 1578, mort dans la même ville en 1660.

L'Albane avait un goût prononcé pour la mythologie; il en a peint les sujets les plus gracieux, et ne s'en écartait jamais autrement que pour représenter une Vierge accompagnée de saint Joseph et de l'Enfant Jésus, regardant les anges occupés à les servir, ou écoutant une gloire céleste qui chante les louanges du Sauveur.

Ses compositions sont ingénieuses; il étudiait bien l'allégorie et la présentait d'une manière poétique. Ses petits tableaux sont supérieurs à ses grands, sous le rapport de la composition et de la beauté de la touche; en général, ils sont aussi mieux conservés. L'Albane avait l'esprit mercantile : lorsqu'une de ses compositions plaisait, il en faisait faire cinq ou six copies par ses élèves. Mola, Speranzu, Sacchi, Cignani Bonini, étaient principalement chargés de ce soin. Le travail terminé, il les retouchait et les vendait ensuite comme des œuvres sorties tout entières de son pinceau.

Les productions de l'Albane partagent l'oubli injuste qui atteint l'École italienne. Ce dédain, augmenté par leur mauvaise confection matérielle, a beaucoup diminué leur valeur.

Le musée de Paris possède de bien beaux échantillons de ce maître. Voici leurs prix d'estimation : *Le Père Éternel envoie l'ange Gabriel vers Marie,* 4,000 fr., puis 3,000 fr. — *L'Annonciation,* 6,000 fr., puis 4,000 fr. — *L'Annonciation* (répétition du tableau précédent), 2,400 fr., puis 2,000 fr. — *Le Repos en Égypte,* 2,000 fr. — *Le Repos en Égypte* (répétition du tableau précédent), 15,000 fr. — *Sainte Famille,* 8,000 fr., puis 5,000 fr. — *Apparition de Jésus à la Madeleine,* 2,400 fr., puis 1,500 fr. — *Saint François en oraison,* 1,000 fr., puis 300 fr. — *La Toilette de Vénus,* 30,000 fr. — *Le Repos de Vénus,* 40,000 fr., puis 30,000 fr. — *Les Amours désarmés,* 70,000 fr., puis 30,000 fr. — *Adonis conduit près de Vénus,* 40,000 fr., puis 30,000 fr. — *Apollon chez Admète,* 30,000 fr. — *Le Triomphe de Cybèle,* 30,000 fr. — *Actéon métamorphosé en cerf,* (n° 15), 20,000 fr. — *Même sujet* (n° 16), 20,000 fr. — *Apollon et Daphné,* 6,000 fr. — — *Salmacis et Hermaphrodite,* 7,000 fr., puis 4,000 fr.

ANCIENNEMENT AU LOUVRE. — *La Naissance de la Vierge.* Est. 15,000 fr. (rendu en 1815 à l'église del Piombo à Bologne). — *L'Éternel dicte ses commandements.* Est. 3,000 fr. — *Vision mystique de la Croix.* Est. 3,000 fr. — *L'Eau.* Est. 20,000 fr. — *L'Air.* Est. 30,000 fr. — *La Terre.* Est. 60,000 fr. — *Le Feu* (sans estimation). Ces tableaux provenaient de la galerie de Turin.

MUSÉES DIVERS, GALERIES, ETC.

MUSÉE NAPOLÉON III. — *Jésus sous les traits d'un Jardinier.* — *Le Repos en Égypte.* — *Le Père Éternel.* — *Jésus-Christ sur la croix* (école du maître). — *Le Sauveur* (id.). — *Le Printemps* (id.).

MUSÉE DE BORDEAUX. — *Vénus et Adonis.*

MUSÉE DE LYON. — *La Prédication de saint Jean.* — *Le Baptême de Jésus-Christ.*

MUSÉE DE CAEN. — *Tête de Vierge.*

MUSÉE DE NANTES. — *Baptême de Jésus-Christ.*

MUSÉE DE RENNES. — *Amours portant une machine de guerre* (dessin au crayon rouge).

MUSÉE DE CHERBOURG. — *La Salutation angélique.* — *La Circoncision.*

MUSÉE D'ÉPINAL. — *Cybèle ou la Terre, assise sur un trône.*

MUSÉE DE NÎMES. — *Enfants jouant à la crosse.*

MUSÉE DU CAPITOLE. — *La Sainte Vierge.*

PINACOTHÈQUE DE BOLOGNE. — *La Vierge assise sur un trône.* — *Le Baptême de Jésus-Christ.* — *La Vierge avec l'Enfant Jésus.* — *Le Père Éternel.* — *La Résurrection du Christ.* — *L'Apparition de Jésus à la Vierge.*

GALERIE DE BOLOGNE. — *Le Baptême de Jésus-Christ.*

PALAIS FAVA A BOLOGNE. — Plafond représentant seize sujets de la *Vie d'Énée.*

ÉGLISE DE LA MADONNA DE GALLIERA A BOLOGNE. — *L'Enfant Jésus montrant au Père Éternel les instruments de la Passion.* — *Adam et Ève.* — *Les Chérubins.* — *L'Assomption.* — *Des Vertus.* (Fresques.)

ÉGLISE SAINT-BARTHÉLEMY A BOLOGNE. — *L'Annonciation.*

ÉGLISE DES SERVI A BOLOGNE. — *Saint André.* — *Noli me tangere.*

ÉGLISE DE LA MADONNA DI SAN COLOMBANO A BOLOGNE. — *Saint Pierre sortant pour pleurer.*

GALERIE DE MODÈNE. — *L'Aurore enlevant Céphale.*

GALERIE DE FLORENCE. — *Portrait du Peintre.*

MUSÉE DE TURIN. — *Les Quatre Éléments.* — *Salmacis et Hermaphrodite.*

MUSÉE DE NAPLES. — *Rebecca et la Servante.* — *Sainte Rose transportée au ciel.*

MUSÉE BRÉRA A MILAN. — *La Danse des Amours.*

GALERIE SCARRIA. — *Sainte Famille.*

GALERIE BORGHÈSE. — *Les Quatre Saisons.*

AU PALAIS PITTI. — *Sainte Famille.* — *Saint Pierre délivré.*

MUSÉE DE SAINT-PÉTERSBOURG. — *L'Annonciation.* — *Le Baptême du Christ.* — *Le Triomphe de Vénus.* — *L'Enlèvement d'Europe.*

MUSÉE DE MUNICH. — *Sainte Ursule.* — *Vénus endormie.* — *Vénus couchée.*

MUSÉE DE BERLIN. — *Plusieurs Saints.*

MUSÉE DE DRESDE. — *Petits Amours dansant autour de la statue de Cupidon.* — *Diane avec ses Nymphes.* — *Galathée.* — *Vénus et Vulcain.* — *Diane et ses Nymphes.* — *Adam et Ève chassés du Paradis.* — *La Création d'Ève.* — *L'Adoration des Bergers.* — *Le Repos de la Sainte Famille.* — *La Sainte Famille.*

MUSÉE DE BRUXELLES. — *Adam et Ève.*

MUSÉE DU ROI A MADRID. — *La Toilette de Vénus.* — *Le Jugement de Pâris.*

DULWICH COLLÉGE. — Plusieurs belles compositions.

GALERIE ELLESMÈRE. — *La Vierge et l'Enfant Jésus.* — *Salamacis et Hermaphrodite.*

COLLECTION WALTER. — *Le Christ apparaissant à la Madeleine.*

A MRS. FORD. — *L'Ascension de la Vierge.*

A M. H. HOWARD. — *La Sainte Famille.*

AU COMTE DE IARBOROUGH. — *Des Amours.* — *Joseph et Putiphar.*

COLLECTION IARBOROUGH. — *La Sainte Famille.*

COLLECTION D'HARCOURT. — *La Sainte Famille.*

A LORD METHUEL. — *Salmacis et Hermaphrodite.*

COLLECTION MORRISON. — *Paysage avec des Amours.*

A LORD HERTFORD. — *Le Repos de Vénus.*

A LORD WENSLEYDALE. — *Adam et Ève chassés du Paradis terrestre.*

COLLECTION JOHN ANDERSON. — *Le Jugement de Pâris.*

COLLECTION W. STIRLING. — *L'Enfant Jésus, la Vierge et des Anges.*

COLLECTION HOLFORD. — *Le Repos en Égypte.*

COLLECTION WARD. — *Des Anges.*

GALERIE DEVONSHIRE. — *Vénus, Cérès et Bacchus.* — *La Sainte Famille.*

COLLECTION WENTWORTH. — *La Fuite en Égypte.*

AU MARQUIS D'EXETER. — *La Vierge et l'Enfant Jésus.* — *Galathée.*

COLLECTION DARNLEY. — *Mercure et Apollon.*

AU MARQUIS DE LANSDOWNE. — *La Prédication de saint Jean.*

COLLECTION LEICESTER. — *Le Triomphe de Galathée.*

COLLECTION WYNN ELLIS. — *Le Baptême du Christ.*

COLLECTION MUNRO. — *Samalacis et Hermaphrodite.*

CABINET DE M. DE TATISCHTEFF A SAINT-PÉTERSBOURG. — *Les Trois Grâces.*

GALERIE ESTERHAZY. — *Galathée.*

GALERIE LICHTENSTEIN. — *Vénus couchée.*

GALERIE DU DUC D'AUMALE. — *La Madeleine à mi-corps.*

Galerie Suermondt. — *Le Triomphe de Galathée* (copie d'après la célèbre fresque au palais de la Farnésine à Rome).

PRIX DE VENTES

			fr.	
Rebecca au puits	1742.	Vte Carignan	800.	
La Vierge et l'Enfant Jésus; des Anges forment la croix	D°	d°	1,000.	
Une Vierge, l'Enfant Jésus et saint François *Une Assumption*	D°	d°	2,050.	
Le Triomphe de Vénus	1751.	Vte Tugny	8,011.	
L'Enlèvement d'Europe	1755.	Vte Pasquier	1,200.	
Diane hors du bain	1773.	Vte Ladvocat	5,200.	
—	1777.	Vte Conti	2,401.	
—	1779.	Vte Boileau	1,301.	
Mercure et Apollon	1773.	Vte Ladvocat	1,305.	
—	1777.	Vte Conti	4,001.	
—	1780.	Vte Poulain	1,305.	
Paysage (86ᶜ—99ᶜ)	1773.	Vte Ladvocat	4,001.	
—	1777.	Vte Conti	3,720.	
—	1780.	Vte Poulain	1,305.	
Vénus à sa toilette	1775.	Vte de Grammont	1,905.	
Sainte Famille (cuivre, 32ᶜ 1/2 — 24ᶜ 1/2)	1777.	Vte La Guiche	674.	
—	D°	Vte Lassay	674.	
—	D°	Vte de Boisset	1,500.	
—	1780.	Vte Poulain	1,500.	Au comte de Templi.
Le Triomphe de Neptune	1801.	Vte de Boisset	5,600.	
—	1804.	Vte Dutartre	12,000.	
Diane découvrant la grossesse de Calisto	1777.	Vte Conti	2,401.	
Baptême de Jésus-Christ (69ᶜ 1/2 — 56ᶜ 1/2)	1791.	Vte Lebrun	1,801.	Répétition du tableau adjugé à 1,900 fr. à la Vte du prince de Conti.
La Prédication de saint Jean	1792.	Vte de la Galerie du Palais-Royal. Liv. st.	100.	A M. Maitland.
Le Baptême de Jésus-Christ (69ᶜ 1/2 — 56ᶜ 1/2)	D°	d° »	700.	Au comte de Templi, depuis duc de Buckingham (au château de Stova).
Communion de sainte Madeleine	D°	d° »	200.	A M. Willet.
Salmacis et Hermaphrodite	D°	d° »	60.	Au duc de Bridgewater, aujourd'hui au lord Francis Egerton, à Bridgewater.
Saint Laurent	D°	d° »	150.	Au sir Thomas Hope, aujourd'hui coll. Hope, à Londres.
Sainte Famille	D°	d° »	100.	A lady Lucas.
Sainte Famille dite la Laveuse	D°	d° »	400.	A M. Maitland.
Jésus apparaissant à la Madeleine	D°	d° »	150.	D°.
Le Christ et la Samaritaine	1800.	d° Guinées.	42.	Est. 200 guinées.
Diane et ses Nymphes (12 figures)	1801.	Vte Robit	1,200.	
Sainte Famille	D°	d°	660.	
La Vocation de saint Pierre (cuivre)	1810.	Vte Lebrun	1,601.	
Le Retour d'Égypte *Saint Jean montrant le vrai Dieu*	D°	d°	865.	

			fr.	
Les Quatre Saisons (1^m,76 — 2^m, 24^c1/2).....................	1832.	Vte ÉRARD...............	40,000.	Retirés aux enchères. Ils avaient coûté 60,000 fr.
Repos de la Sainte Famille........	D°	d°	180.	
Berger enlevé par une divinité.....	1843.	Vte AGUADO..............	2,050.	
Le Repos de la Sainte Famille..... \ Son pendant : les Trois Marie..... /	1846.	Vte FESCH......... Écus.	2,210.	
Le Baptême de Jésus.............	D°	d°		
—	1859.	Vte MORET..............	1,750.	
Le Triomphe de Vénus sur la mer (cuivre, 86^c—1^m,00)...........	1850.	Vte GUILLAUME II.........	1,000.	Nieuwenhuys.
Vénus et Vulcain.................	1863.	Vte POUSSIN.............	705.	
Fuite en Égypte.................	D°	Vte DE M. D.............	3,250.	

Voici les noms de ceux qui ont eu le plus de facilité à l'imiter :

MOLA (GIOVANNI-BATTISTA)

Né en 1614, mort en 1661.

Ce peintre fut d'un grand secours à l'Albane, surtout dans le paysage, où il excellait, ainsi que Pierre-François Mola dont il était le frère, quoi qu'en dise un historien moderne. Il fut employé à confectionner les répétitions que l'Albane faisait exécuter d'après ses propres ouvrages.

On remarque dans ces copies une pâte un peu plus jaunâtre que celle de l'original, dont le ton est légèrement blafard. La touche du maître s'y laisse aussi deviner avec facilité dans certains endroits.

SACCHI (ANDREA)

Né à Rome en 1598, mort en 1661.

Si l'on examine les copies de Sacchi, on voit qu'il n'a jamais pu se défaire de son dessin plus marqué et de ses formes plus maigres que celles de l'Albane. Ses tableaux, quoique recalés par ce grand artiste, ont un cachet particulier dont la sécheresse forme la base et qui empêche le doute.

CIGNANI (CARLO)

Né à Bologne en 1628, mort en 1719.

Les productions du Cignani se distinguent au tracé et à la maigreur de la touche que le pinceau de l'Albane n'a pu dissimuler entièrement. Malgré cela, on les trouve classées parmi les œuvres du maître.

BONINI (GIROLAMO), DIT ANCONITANO

Né à Ancône, mort vers 1560.

Bonini est recommandable par la correction du dessin, la vivacité et le moelleux du pinceau. On regrette qu'il ait donné tant de vigueur à son coloris.

SPERANZO (GIOVANNI-BATTISTA)

Mort en 1640.

Les copies faites par ce peintre, quoique très-estimées, se distinguent à des détails mesquins et à la mauvaise disposition des draperies.

TARUFFI (ÉMILE)

Né à Bologne en 1633, mort en 1696.

Élève et excellent imitateur de l'Albane. Son coloris plus rouge et son paysage beaucoup plus vigoureux suffisent pour le faire reconnaître.

VACCARO (FRANCESCO)

Né à Bologne vers 1636, mort en 1675.

Vaccaro travailla beaucoup aux ouvrages de l'Albane, son maître, surtout dans les draperies, et ses copies sont souvent confondues avec les originaux. La froideur et la sécheresse, jointes à un mauvais dessin, en font le caractère distinctif.

Quant au PIANORI, à VIRGILI, à DUCCI, à GRIMALDI, à VAN ORLEY et à JEANSSENS (ces deux derniers sont d'origine flamande), ils n'ont qu'une analogie très-peu marquée avec l'Albane, et ne peuvent être indiqués que pour mémoire.

____

SCHIDONE ou SCHEDONE

Né à Modène en 1570 ou 1580, mort en 1615.

Suivant plusieurs biographes, Schidone serait élève des Carrache, ce que dément sa manière. Tout porte à croire qu'il étudia particulièrement les œuvres du Corrège, dont il fut un des imitateurs, ainsi que je l'ai déjà dit.

Comme peintre original, il est assez difficile à saisir. Ce n'est qu'à sa touche plus franche, à son exécution moins suave, à ses carnations plus briquetées et à son dessin moins accentué, qu'on parvient à le reconnaître.

Les tableaux de Schidone se rencontrent peu dans le commerce, étant presque tous catalogués sous le nom du Corrège dans les collections de second ordre.

MUSÉE DU LOUVRE

La Sainte Famille. Est. 8,000 fr. — *Le Christ porté au Tombeau.* Est. 3,000 fr. — *Le Christ au Tombeau.* Est. 60,000 fr.

MUSÉES DIVERS, GALERIES, ETC.

Musée de Cherbourg. — *Martyre de saint Sébastien.*

Musée de Lyon. — *Jésus au jardin des Oliviers.*

Musée de Rennes. — *La Vierge et l'Enfant Jésus* (dessin).

Musée de Parme. — *L'Ange apparaissant aux trois Marie.*

Musée de Naples. — *Silène couché entouré de Satyres.* — *Saint Jérôme.* — *Saint Sébastien.* — *La Vierge, l'Enfant Jésus et saint Joseph lisant.* — *Saint Jean, saint François et saint Laurent.* — *Le Cordonnier du pape Paul III.* — *Saint Jean tenant un agneau.* — *Un groupe de Femmes et d'Enfants.* — *Un Vieillard.* — *La Vierge et l'Enfant Jésus.* — *Saint Jérôme regardant le ciel.* — *La Croix soutenue par des Anges.* — *Saint Paul tenant un livre et une épée.* — *Un Compositeur de musique.* — *Jésus couronné d'épines.*

Galerie de Florence. — *La Vierge, son Fils et le petit saint Jean.*

Galerie de Parme. — *L'Ange et les trois Marie.*

Musée de Dresde. — *Le Repos pendant la fuite en Égypte.*

Musée de Munich. — *Deux Madeleines repentantes.* — *Le Repos en Égypte.*

Ancienne galerie de Vienne. — *Jésus-Christ à Emmaüs.* — *Saint Sébastien.*

Dulwich Collége. — *Cupidon.*

Galerie Ellesmère. — *La Vierge et l'Enfant Jésus.*

Galerie Ashburton. — *La mise au Tombeau.*

Au marquis d'Exeter. — *Portrait d'une princesse de Parme.*
Collection Blundel Weld. — *La Madeleine.*
A lord Elgin. — *Saint Jean-Baptiste.*
Collection Darnley. — *La Transfiguration.*
Collection Pembroke, a Wilton House. — *La Sainte Famille.*
Au duc de Northumberland. — Une charmante composition.
Collection W. Russell. — *Cupidon.*
Collection Labouchère. — *La Sainte Famille.*
Au duc de Rutland. — *La Sainte Famille.*
Au comte de Burlington. — *Cupidon.*
Collection Munro. — *La Sainte Famille.*
Galerie Lansdowne. — *La Vierge et l'Enfant Jésus.*
Collection Holford. — *Saint Jean l'Évangéliste.*
Au comte de Iarborough. — *La Vierge et l'Enfant Jésus.*
Collection John Boileau. — Petite composition religieuse.
Galerie Bedford. — *La Vierge et l'Enfant Jésus.*
A lord Iarborough. — *La Sainte Famille.*
Collection Baring. — *Le Repos.*
A lord Kinnaird. — *La Sainte Famille.*
A Mrs. Ford. — *Sainte Famille* (très-fin).
A lord Heytesbury. — *La Vierge et l'Enfant Jésus.*
Collection Neeld. — *La Vierge, l'Enfant Jésus et saint Jean.*
Collection Hamilton. — *L'Assomption de la Vierge.*
Galerie Lichtenstein. — *Saint Jean.*

PRIX DE VENTES

Descente de Croix (peinte sur marbre; ovale). 1742, Vte Carignan, 4,015 fr.; 1777, Vte Conti, 5,004 fr. (vendue postérieurement 2,004 fr.). — *Sainte Famille* (quatre figures). 1756, Vte Tallard, 900 fr. — *Sainte Famille.* Vte X., 9,000 fr. ; 1795, Vte de Calonne, 5,250 fr. — *L'Espérance.* 1810, Vte Lebrun, 420 fr. — *Saint Jean dans le désert.* Même Vte, 2,600 fr. — *Sainte Famille.* Vte de Carignan, 720 fr.; Vte de Conti; 1819, Vte Lebrun, 5,001 fr. — *Sainte Famille* (toile; 72^c 1/2 — 46^c). 1832, Vte Érard, 4,000 fr. — *Jeune Grecque* (toile; 86^c—77^c,5^m). 1840, Vte Schamp, 210 fr. — *Sainte Famille.* 1843, Vte Aguado, 220 fr. — *Deux Enfants qui s'embrassent.* Même Vte, 560 fr. — *Saint Pierre délivré par un Ange.* Même Vte, 200 fr. — *Diogène cachetant une lettre.* Même Vte, 260 fr. — *L'Ange annonçant aux Bergers la naissance du Sauveur.* Même Vte, 445 fr. — *Un Ange apparaît à Agar.* 1848, Vte Herry, 100 fr. — *La Madeleine* (bois; 1^m,002 — 84). 1850, Vte Guillaume II, 2,700 fr. (à Roos). — *La jeune Fille et l'Alphabet.* 1859, Vte lord Northwick, 10,590 fr.

Tête de saint Jean-Baptiste (dessin à la pierre noire). 1775, Vte Mariette, 300 fr.

BRUNO (ANTONIO)

Né à Modène.

Lorsque les ouvrages de Bruno ne peuvent être attribués au Corrége par suite de leur dessin plus heurté, ils le sont à Schidone. On les reconnaît à leur couleur moins chaude et à leur touche plus grenue.

Il en est de même de la plupart des imitations du Corrége, dont on fait des Schidone quand elles ne sont pas bien réussies.

ZAMPIERI (DOMENICO), DIT LE DOMINIQUIN

Né à Bologne en 1581, mort à Naples en 1641.

Entreprendre d'analyser le talent du Dominiquin serait une tâche trop hardie; tout ce que nous pourrions dire ne parviendrait jamais à faire connaître la force de son dessin, l'expression naturelle et la douceur de son pinceau.

Le Dominiquin est le peintre par excellence; peu d'artistes sont arrivés à une aussi grande perfection.

Les tableaux du Dominiquin sont recherchés par les amateurs de la bonne peinture, quoique bien éloignés de leur ancienne valeur. Le Musée du Louvre est riche en œuvres de ce maître, mais leurs estimations officielles sont bien déchues aujourd'hui.

Dieu punit Adam et Ève, 70,000 fr., puis 60,000 fr. — *David jouant de la harpe*, 150,000 fr., puis 100,000 fr. — *Sainte Famille*, 10,000 fr., puis 6,000 fr. — *Apparition de la Vierge à saint Antoine*, 25,000 fr., puis 12,000 fr. — *Le Ravissement de saint Paul*, 20,000 fr., puis 12,000 fr. — *Combat d'Hercule et d'Achéloüs*, 25,000 fr. — *Sainte Cécile*, 70,000 fr., puis 60,000 fr. — *Hercule et Cacus*, 25,000 fr., puis 15,000 fr. — *Timoclée amenée devant Alexandre*, 100,000 fr., puis 70,000 fr. — *Le Triomphe de l'Amour*, 16,000 fr., puis 12,000 fr. — *Renaud et Armide*, 50,000 fr., puis 25,000 fr.

ANCIENNEMENT AU LOUVRE. — *Le Martyre de sainte Agnès*. Est. 120,000 fr. (rendu en 1815 à l'église Sainte-Agnès à Bologne). — *La Communion de saint Jérôme*. Est. 500,000 fr. (rendu en 1815 à l'église Saint-Jérôme-de-la-Charité, à Rome). — *L'Institution du Rosaire*. Est. 300,000 fr. (rendu en 1815 à l'Église Saint-Jean à Bologne).

MUSÉES DIVERS, GALERIES, ETC.

Musée Napoléon III. — *Judith.* — *La Clémence d'Alexandre.* — *Portrait d'Homme* (école du maître).

Musée de Rennes. — *Une Sainte à genoux.* — *Saint tenant un livre.* — *Un Saint debout, tenant une palme.* (Dessins.)

Musée de Bordeaux. — *Portrait d'un Vénitien.*

Pinacothèque de Bologne. — *Le Martyre de sainte Agnès.* — *Notre-Dame du Rosaire.* — *Le Martyre de saint Pierre de Vérone.*

Galerie Bentivoglio, a Bologne. — *Portrait d'un Cardinal.*

Palais Malvezzi-Bonfioli a Bologne. — *Le Portrait du prélat Agucchi.*

Musée du Capitole. — *La Sibylle de Cumes* (répétition du tableau de la galerie Borghèse).

Musée du Vatican. — *La Communion de saint Jérôme.*

Église Saint-Louis-des-Français, a Rome. — *La Vie de sainte Cécile* (en plusieurs fresques).

Église Saint-Grégoire, a Rome. — *La Flagellation du Saint titulaire.*

Église San Pietro in Vicula, a Rome. — *La Délivrance de saint Pierre.*

Église Sainte-Marie-des-Anges a Rome. — *Saint Sébastien.*

Église Saint-André a Rome. — *Saint Jean.*

Église Sainte-Marie-de-la-Conception a Rome. — *Saint François en extase.*

Église Saint-Sylvestre a Rome. — *L'Évanouissement d'Esther.*

Église Sainte-Marie-de-la-Victoire a Rome. — *La Vierge et saint François.*

Église Saint-Charles a Rome. — *Les Quatre Vertus cardinales.*

Église Sainte-Marie in Transtevère a Rome. — *L'Assomption* (fresque).

Galerie Borghèse. — *La Chasse de Diane.* — *La Sibylle de Cumes.*

Galerie de Florence. — *Portrait du peintre.* — *La Vierge.*

Musée degl' Uffi a Florence. — *Portrait du cardinal Agucchi.*

Cathédrale de Padoue. — *La Vierge.*

Musée Brera, a Milan. — *La Vierge et l'Enfant Jésus.*

Au Palais Pitti. — *Sainte Madeleine.* — *Deux Paysages avec figures.*

Au Palais Doria. — Plusieurs *Paysages historiques.*

Musée de Naples. — *Ame tentée par le Diable.* — *Saint Félix.* — *Saint Pierre.* — *Saint Jérôme.* — *Un Évangéliste.* — *La Madone della Zingarella.*

Cathédrale de Naples. — *Guérisons opérées par l'huile de la lampe de saint Janvier.* — *La Résurrection d'un jeune Homme.* — *La Décollation de saint Janvier.* Fresques des voûtes.

Musée de Munich. — *Suzanne au bain.* — *Hercule aux pieds d'Omphale.* — *Hercule furieux.* — *Saint Jérôme.* — *L'Enlèvement d'Europe.*

Musée de Berlin. — *Plusieurs Saints.* — *Saint Jérôme au désert.* — *Portrait de Scamozzi.*

Musée de Dresde. — *La Charité.* — *Le Denier de César.*

Musée de Saint-Pétersbourg. — *L'Amour.* — *Sainte Hélène.* — Une dizaine d'autres compositions fortement contestées.

Au palais d'Hiver de Saint-Pétersbourg. — *Saint Jean l'Évangéliste.*

National Gallery. — *Saint Georges et le Dragon.* — *La Lapidation de saint Étienne* (coll. Lucien Bonaparte). — *Saint Jérôme.* — *Tobie et l'Ange.*

Institution royale de Liverpool. — *L'Amour.*

Institution royale d'Édimbourg. — *Le Martyre de saint André.* — *Un beau Paysage.*

A Windsor Castle. — *Sainte Agnès.* — *Sainte Catherine.*

A lord Feversham. — *Adam et Ève* (attribué à l'Orbetto par M. Waagen). — *Paysage avec figures* (attribué à Grimaldi).

A miss Burdett Coutts. — *L'Enfant Jésus* (coll. Rogers).

Collection J. Ramsden. — *Tobie et l'Ange.*

Collection Harry Vane. — *Un Procureur monté sur une mule.*

Collection George Burdon. — *Un Paysage avec figures.*

Galerie de Sutherland. — *Sainte Catherine d'Alexandrie.*

Collection John Boileau. — *Saint Paul.*

Galerie Ellesmère. — *La Vision de saint François.* — *Paysage.* — *Une Martyre.* — *Paysage.* — *Le Christ au Calvaire.*

Collection Suffolk. — *La duchesse de Toscane.*

Collection Jersey. — *Portrait d'Homme* (en buste).

Au baron Lionel de Rothschild. — *La Madeleine.*

Collection Iarborough. — *Un beau Paysage* où se trouve *le Baptême du Christ.* — *Le Martyre de saint Étienne.*

Au duc de Newcastle. — *Un Cardinal.*

Collection Normanton. — *Tobie et l'Ange dans un Paysage.*

Collection Heytesbury. — *Un Paysage avec figures.*

Collection Methuen. — *Sainte Catherine.*

Galerie Hertford. — *Une Sibylle.*

Collection Overstone. — *Beau Paysage avec figures.* — *L'Assomption de sainte Madeleine.*

Collection M'Lellan. — *Saint Jérôme dans un paysage.*

Collection Enfield. — *Paysage avec rochers.* — *Calisto* (regardé comme douteux par M. Waagen).

Collection Waldegrave. — *Portrait du cardinal Barberini.*

Collection Mildmay. — *Petit Paysage.*

Collection Amherst. — *Une Sibylle.*

Collection Hamilton. — *Hérode et saint Jean-Baptiste.*

A miss Rogers. — *Un Paysage avec figures.* — *Deux charmants Paysages* dont l'un est animé par *le Jugement de Pâris.*

Collection Labouchère. — *Moïse dans un paysage.*

Collection Leiceister. — *Le Sacrifice d'Isaac dans un paysage.*

Collection Carlisle. — *Saint Jean l'Évangéliste.*

Collection Scarsdale. — *Un beau Paysage.*

Collection Shrewsbury. — *Portrait d'un jeune Garçon dans un paysage.*

Galerie Lansdowne. — *Sainte Cécile.* — *Un petit Paysage.* — *Abraham et Isaac dans un paysage.*

Collection Suffolk. — *Portraits de Cosme II, grand duc de Toscane, et d'une archiduchesse d'Autriche.* — *Sainte Cécile.*

Collection Hoare. — *Portrait d'un Prélat.*

Collection Miles. — *Un Paysage avec Nymphes.* — *Saint Jean l'Évangéliste.*

Collection Warwich. — *David et Goliath.*

Collection Varen Vernon. — *Sainte Cécile.*

Galerie Westminster. — *David et Abigaïl dans un paysage.*

Collection Cowper. — *Cupidon* (contesté; attribué à Annibal Carrache).

Galerie Devonshire. — *Suzanne et les Vieillards.* — *Tête de Femme.*

Collection Munro. — *Tobie et l'Ange dans un paysage.* — *La Sainte Famille.*

Galerie Ashburton. — *Moïse et le Buisson ardent.*

Galerie Stafford. — *Sainte Catherine.*

Collection Baring. — *L'Enfant Jésus.*

Galerie Esterhazy. — *Saint Jérôme.* — *Loth et ses Filles.* — *Portrait d'un Cardinal.*

Galerie Lichtenstein. — *Une Sibylle.*

Collection de M. le comte de Budé. — *Agar dans le désert.*

Collection C***. — *La chaste Suzanne.*

Galerie du duc d'Aumale. — *Fuite en Égypte.* — *Dieu apparaissant aux Israélites.* (Dessins).

Galerie Duchatel. — *Un Paysage avec figures.*

PRIX DE VENTES

Saint Pierre dans la prison. 1742, Vte Carignan, 850 fr.; 1756, Vte Tallard, 3,420 fr. — *La Communion de Saint Jérôme* (esquisse du tableau qui est à Rome). 1747, Vte Pontchartrain, 653 fr. — *Un Portement de croix et une Élévation de croix.* 1767, Vte Julienne, 4,216 fr. (achetés par Julienne, revendus au prince Gallitzin, qui, en 1767, les céda pour 2,012 fr. au duc de Praslin). — *Sainte Famille.* 1766, Vte Aved, 720 fr. (acheté pour le roi à la Vte de l'abbé Guillaume, en 1769, 342 fr. — *Lapidation de saint Étienne* (62^c—48^c 1/2). 1791, Vte Lebrun, 4,200 fr.; 1802, Vte Laborde de Méréville, 3,520 fr. — *Saint Jean l'Évangéliste.* 1793, Vte d'Orléans, 600 liv. sterl. (aujourd'hui au comte Carlisle). — *Pays au bord de la mer.* Même Vte, 250 liv. sterl. — *Une Sibylle.* Même Vte, 400 liv. sterl. (aujourd'hui au duc de Buckingham). — *Paysage avec Isaac et Abraham.* Même Vte. — *Portement de croix* (anc. coll. Seignelay). Même Vte, 800 liv. sterl. (aujourd'hui à lord Egerton). — *Paysage avec figures* (anc. coll. Hautefeuille). Même Vte, 500 liv. sterl. (aujourd'hui au lord Egerton). — *Saint François en extase.* Même V^tr, 300 liv. sterl. (aujourd'hui au lord Egerton). — *Un Portement de croix* (marbre; 21^c 1/2 —27^c). 1808, Vte Choiseul-Praslin, 4,000 fr. — *Paysage avec figures.* 1810, Vte Lebrun, 3,351 fr. — *Le Massacre des Innocents.* — *Les Vendeurs chassés du Temple* (dix figures, sur toile à huit pans). 1810, Vte Lebrun, 18,000 fr. (Retirés.) — *L'Enfant au Chien* (72^c —40^c). 1840, Vte Schamp, 270 fr. — *La Musique.* 1843, Vte Aguado, 1,105 fr. — *Triomphe de Galatée.* Même Vte, 580 fr. — *Sainte Famille soutenue par des nuages.* Même Vte, 1,250 fr. — *Portement de croix.* Même Vte, 160 fr. — *Spartacus.* Même Vte, 225 fr. — *Le Génie des Arts.* Même Vte, 141 fr. — *Saint Jérôme.* Même Vte, 325 fr. (En présence de ces divers prix, il est permis de douter de l'authenticité de ces tableaux.) — *Tableau mythologique* (114^c—170^c). 1850, Vte Guillaume II, 1,125 fr. (à M. Weimar). — *La Mort de saint Jacques.* 1853, Vte Vigneron, de La Haye, 1,150 fr. — *Le Ravissement de Saint Paul.* Même Vte, 75 fr. — *Sainte Famille.* 1854, Vte Giroux, 280 fr. (à M. André Giroux). — *Un Paysage.* 1852, Vte Soult, 650 fr. (au comte Duchâtel). — *L'Ange Gardien.* 1855, Vte Collot, 800 fr. — *Le Bain de Diane.* 1855, Vte de la Banque de Cassel, 870 fr.

Plusieurs peintres ont fait de très-belles copies et de bonnes imitations du Dominiquin; ce sont :

RICCI (ANTONIO), DIT BARBALUNGA

Né à Messine en 1600, mort en 1649.

Ses ouvrages se rapprochent beaucoup de ceux du Dominiquin, son maître : on y trouve le même choix de formes et la même élégance dans les attitudes et les mouvements. Si Ricci avait un coloris moins faible et mieux réussi, on ne saurait établir aucune distinction entre leurs œuvres.

CAMASSI (ANDREA)

Né à Brevagne en 1601 ou 1602, mort en 1642.

Les ouvrages de Camassi ne manquent ni de grâce, ni de talent, le coloris en est frais et de bon goût, mais le clair obscur est faux et la touche estompée et cotonneuse. Ce qui n'empêche pas qu'on les confonde quelquefois avec les productions du Dominiquin.

SPADA (LIONELLO)

Né à Bologne en 1576, mort à Parme en 1622.

Quelques tableaux de ce maître ont beaucoup de rapports avec ceux du Dominiquin. En les étudiant, on les reconnaît à leur dessin plus flou et sans caractère précis. Sa couleur est presque identique avec celle de son modèle, mais les ombres sont plus lourdes.

SALVI (GIOVANNI-BATTISTA), DIT LE SASSO FERRATO

Né à Sasso en 1605, mort à Rome en 1685.

Les copies faites par Sasso Ferrato, lorsqu'il étudia le Dominiquin, passent souvent aujourd'hui pour être du grand peintre; mais leur air mesquin et froid, et leur couleur rose nullement en harmonie avec les figures, sont cependant les indices certains qui les font reconnaître.

Quant à Gio Agnolo et Jean-Baptiste Durand, faibles imitateurs du Dominiquin, je crois pouvoir me contenter de citer leur nom, en raison de leur peu de valeur artistique et commerciale.

LANFRANCO (GIOVANNI DE STEFANO)

VULGAIREMENT JEAN LANFRANC

Né à Parme en 1581, mort en 1647.

Les ouvrages de cet artiste sont tous confondus avec ceux de son redoutable antagoniste, le Dominiquin : cependant ils leur sont bien inférieurs par la correction. Lanfranc est remarquable par la grandeur et la noblesse de son dessin; il drapait fort heureusement ses figures. Ses compositions sont majestueuses et élégantes; son coloris ressemble assez à celui des Carrache, mais il est plus lâché. En un mot, quelque grand maître que soit Lanfranc, il ne pourra jamais rivaliser avec le Dominiquin ou les Carrache.

Le musée du Louvre possède cinq tableaux de ce maître. Voici leurs différentes estimations officielles. *Agar secouru par un Ange,* 2,000 fr. — *Saint Pierre en prière,* 1,000 fr., puis 600 fr. — *La Séparation de saint Pierre et de saint Paul,* 6,000 fr. — *Le Couronnement de la Vierge,* 15,000 fr., puis 12,000 fr. — *Pan offrant une toison à Diane* (sans estimation).

Un *Saint Barthélemy,* estimé 1,200 fr., a été rendu en 1815.

MUSÉES DIVERS, GALERIES, ETC.

MUSÉE DE ROUEN. — *Mars et Vénus.* — *Saint Nicolas.*

MUSÉE DE LILLE. — *Saint Grégoire.*

MUSÉE DE BORDEAUX. — *Saint Pierre.*

MUSÉE DE LYON. — *Saint Conrad.*

MUSÉE DE CAEN. — *Tête de saint Pierre.* — *Tête d'Apôtre.*

MUSÉE DE RENNES. — *Deux études d'Hommes drapés* (dessin au crayon-rouge). — Projet de pendentif (lavé au bistre). — *Un Miracle* (à la plume).

CATHÉDRALE DE PARME. — *La Mort de saint Octave.*

ÉGLISE SAINT-JEAN A ROME. — *Le Christ montant au ciel.*

PALAIS SCARRIA A ROME. — *Cléopâtre.*

MUSÉE DEGL' UFFI A FLORENCE. — *Saint Pierre devant la Croix.*

AU PALAIS PITTI. — *L'Assomption.* — *Sainte Marguerite.*

MUSÉE DE NAPLES. — *Herminie.* — *La Cène de Jésus dans le désert.* — *L'Ame de sainte Marie l'Égyptienne.* — *La Vierge entourée de plusieurs Saints.*

COUVENT SAN MARTINO A NAPLES. — *L'Ascension.* — *Les douze Apôtres.*

ÉGLISE DE LA TRINITÉ-MAJEURE A NAPLES. — *Les quatre Évangélistes* (coupole).

ÉGLISE DES SAINTS-APÔTRES A NAPLES. — *La Piscine probatique* (fresque). — *Saint Michel.*

ÉGLISE SAINTE-CLAIRE A NAPLES. — *Le Crucifiement.*
A PISTOIE. — *La Résurrection.* — *La Flagellation.*
MUSÉE DE MUNICH. — *Agar dans le désert.* — *Le Christ aux Oliviers.*
MUSÉE DE DRESDE. — *Saint Pierre repentant.* — *Quatre vieux Magiciens.*
MUSÉE DU ROI, A MADRID. — *Les Funérailles de César.*
MUSÉE D'AMSTERDAM. — *Saint Jean-Baptiste.*
GALERIE ELLESMÈRE. — *La Vision de saint François.*
GALERIE BEDFORD. — *Un Portrait.*
AU MARQUIS D'EXETER. — *Le Christ.*
COLLECTION HARFORD. — *Bélisaire.*

Au nombre de ses copistes les plus adroits on distingue :

BENASCHI (LE CHEVALIER GIOVANNI-BATTISTA)

Benaschi possédait à fond la science des raccourcis. On prendrait ses œuvres pour celles de Lanfranc, si son style n'était pas pesant et froid.

BADALOCCHIO ou ROSA SISTO

Né à Parme en 1581, mort en 1647.

Ami de Lanfranc, il chercha à imiter sa manière. Son exécution est très-satisfaisante, mais son dessin est anguleux et son style lourd et sans noblesse.

BARBIERI (GIOVANNI-FRANCESCO)

DIT LE GUERCHIN

Né à Cento en 1591, mort en 1666.

Le Guerchin se créa une manière très-facile à discerner, et qui ne contribua pas peu à la décadence de l'art en Italie. La magie de son pinceau était si extraordinaire, qu'elle lui valut le surnom de magicien. A ce rare talent il joignait l'adresse de cacher ses fautes de dessin, ce qui fait qu'auprès des demi-savants le Guerchin passe pour le plus grand artiste de l'Italie. Dans quelques-uns de ses tableaux on voit des jambes très-courtes, souvent même ne tenant point au corps, et qui cependant charment l'œil par la finesse avec laquelle le peintre a caché ces défauts, en les enveloppant d'un manteau artistement drapé.

Les ouvrages du Guerchin ont subi une grande dépréciation, et sont peu disputés aujourd'hui par les amateurs.

En revanche voici les généreuses évaluations de ceux que possède le Louvre.

Loth et ses Filles, 8,000 fr. — *La Vierge et l'Enfant Jésus*, 1,500 fr. — *La Résurrection de Lazare*, 25,000 fr., puis 20,000 fr. — *La Vierge et saint Pierre*, 4,000 fr. — *Saint Pierre en prière*, 4,000 fr. — *Saint Paul*, 400 fr. — *Salomé recevant la tête de saint Jean*, 4,000 fr. — *Vision de saint Jérôme*, 4,000 fr. — *Saint François d'Assise*, 12,000 fr. — *Les saints Protecteurs de la ville de Modène*, 30,000 fr. — *Hersilie séparant Romulus et Tatius*, 10,000 fr. — *Portrait du Guerchin*, 4,000 fr. — *Circé*, 3,000 fr. — *Saint Jean dans le désert*, 4,000 fr.

ANCIENNEMENT AU LOUVRE. — *Amon et Thamar*. Est. 1,000 fr.; *Le Martyre de saint Pierre*. Est. 45,000 fr.; rendus en 1815 (gal. de Modène). — *La Vierge, l'Enfant Jésus et saint Pierre*. Est. 8,000 fr.; rendu en 1815.

MUSÉES DIVERS, GALERIES, ETC.

MUSÉE NAPOLÉON III. — *Grégoire XIII. — Saint Guillaume duc d'Aquitaine, recevant l'habit religieux des mains de saint Félix. — Saint François en extase. — Sainte Catherine de Bologne* (école du maître.)

MUSÉE DE ROUEN. — *La Visitation.*

MUSÉE DE RENNES. — *Jésus descendu de la croix et pleuré par la Vierge. — Tête d'étude*, vue de profil (contestée).

MUSÉE DE BORDEAUX. — *Saint Bernard recevant de la Vierge la règle de l'abbaye de Clairvaux. — Bertholde couvant les œufs de l'oie.*

MUSÉE DE CAEN. — *Coriolan. — Didon abandonnée. — La Vierge et l'Enfant.*

MUSÉE D'AVIGNON. — *L'Agonie de saint Jérôme.*

MUSÉE DE NANTES. — *Phocion refusant les présents d'Alexandre. — Saint Pierre repentant.*

MUSÉE DE NÎMES. — *Mort de Didon.*

MUSÉE DE LILLE. — *Sainte Pétronille.*

MUSÉE DE CHERBOURG. — *Vafrin secourant Tancrède* (sujet tiré de *la Jérusalem délivrée*).

ÉGLISE DES MISSIONS A AIX. — *Sainte Thérèse agenouillée aux pieds de Jésus.*

MUSÉE DU CAPITOLE. — *Sainte Pétronille. — Cléopâtre devant Auguste. — La Sibylle persique.*

MUSÉE DU VATICAN. — *Des Anges recueillant les instruments de la Passion. — Saint Thomas.*

ÉGLISE SAN PIETRO IN VICULA A ROME. — *Sainte Marguerite.*

ÉGLISE SAINTE-PRAXÈDE A ROME. — *Plusieurs figures* (fresques).

ÉGLISE SAINT-AUGUSTIN A ROME. — *Le Saint.*

ÉGLISE SAINTE-MARIE-DE-LA-VICTOIRE A ROME. — *La Trinité.*

PALAIS GHIGI A ROME. — *La Flagellation.*

Musée degl' Uffi a Florence. — *Endymion.* — *La Sibylle.* — *Saint Pierre.*

Galerie de Florence. — *Des Hommes et des Femmes dans un paysage.*

Au palais Pitti. — *Le Miracle de saint Pierre.* — *Saint Sébastien.* — *Saint Joseph.* — *Apollon et Marsyas,* etc.

Musée de Bologne. — *Saint Guillaume.* — *Saint Bruno.* — *Saint Pierre.*

Galerie de Bologne. — *Le duc d'Aquitaine.* — *Saint Bruno.* — *Dieu le Père.*

Église de la Madonna di Galliera a Bologne. — *Saint Philippe de Néri.*

Église Saint-Paul a Bologne. — *Le Purgatoire.*

Église Saint-Jean a Bologne. — *Saint François adorant le Christ.*

Église Saint-Dominique a Bologne. — *Saint Thomas d'Aquin écrivant.*

Église de la Trinité a Bologne. — *Saint Roch.*

Galerie de Modène. — *Mars, Vénus et l'Amour.* — *Le Mariage de sainte Catherine.* — *Le Martyre de saint Pierre.*

Cathédrale de Plaisance. — *Les Prophètes et les Sibylles* (coupole). — Quatre fresques à la voûte.

Cathédrale de Reggio. — *Saint Pierre.* — *Saint Jérôme.* — *L'Assomption.* — *La Visitation de la Vierge.* — *Le Martyre des saints Pierre et Paul.*

Église de la Madone della Ghiara a Reggio. — *Le Christ en croix, plusieurs Saints au bas.*

Galerie de Parme. — *Saint Jérôme écrivant.*

Palais del Magistrato a Ferrare. — *Saint Bruno.*

Église des Théatins a Ferrare. — *La Purification.*

Maison du Guerchin a Gento. — *Deux Pèlerins qui implorent la sainte Vierge.* — *Plusieurs Chevaux* (plafond). — *Vénus et l'Amour.*

Cathédrale d'Ancone. — *Saint Palatia.*

Église Saint-François a Ancone. — *L'Annonciation.*

Église Saint-Paternien a Fano. — *Sposalizio.*

Église Saint-Romuald a Ravenne. — *Le Saint titulaire.*

Église Saint-Philippe-de-Néri a Forli. — *L'Annonciation.* — *Le Christ.*

Musée Brera a Milan. — *Agar chassée par Abraham.*

Église du grand hopital de Milan. — *L'Annonciation.*

Galerie Scaria. — *La Décollation de saint Jean.*

Église de Monza. — *La Visitation.*

Église Sainte-Marie-in-Organo a Vérone. — *Sainte Françoise Romaine.*

Église Santa-Maria-Maggiore a Bergame. — *Le Passage de la mer Rouge.*

Au Palais Doria. — *Le Martyre de sainte Agnès.* — *L'Enfant prodigue.* — *Endymion.* — *Tancrède et Herminie.* — *Saint Paul.* — *Samson.*

Musée de Parme. — *Saint Jérôme écrivant.*

Musée de Naples. — *La Madeleine.* — *Le Songe de Joseph.*

Église de la Trinité-Majeure a Naples. — *La Sainte Trinité.*

Musée de Turin. — *Le Retour de l'Enfant prodigue.* — *Sainte Françoise.*

Église Saint-Philippe-de-Néri a Turin. — *Saint Eusèbe.*

Église Saint-Dominique a Turin. — *La Vierge, l'Enfant Jésus et saint Dominique.*

Palais Brignole a Gênes. — *Le Christ chassant les vendeurs du temple.* — *La mort de Caton.* — *La Vierge sur un trône.* — *Saint Roch priant pour la cessation de la peste.*

Palais Pallavicini a Gênes. — *Mucius Scævola.*

Église de l'Assomption a Gênes. — *Saint François.*

Musée du Roi a Madrid. — *La Peinture.* — *Saint Pierre.* — *Sainte Madeleine.* — *Suzanne au bain.*

Musée de Saint-Pétersbourg. — *Saint Jérôme dans le désert.* — *Deux Saintes Familles.* — *L'Assomption,* et plusieurs autres toiles contestées.

Anc. galerie de Vienne. — *Deux sujets tirés de la parabole de l'Enfant prodigue.* — *Sujet de conversation.*

Musée de Dresde. — *La reine Sémiramis.* — *Dorinde et Linco.* — *Loth et ses Filles.* — *Les Quatre Évangélistes.* — *Sainte Famille.* — *Sainte Véronique.* — *L'Extase de saint François.* — *Vénus et Adonis.* — *Naissance d'Adonis.* — *Vénus aperçoit le cadavre d'Adonis.* — *Céphale et Procris.* — *Diane.*

Musée de Berlin. — *Deux Madones.*

Musée de Bruxelles. — *Ex voto.*

Musée de Munich. — *Une Madone.* — *Le Sauveur.* — *Le Christ couronné d'épines.*

National Gallery. — *Vénus.* — *Le Christ.*

A Hampton Court. — *La Foi.* — *Un Guerrier.* — *Portrait du peintre.*

A Windsor Castle. — *La Samaritaine.* — *Cupidon.* — *La Sibylle.*

Institution royale d'Édimbourg. — *La Vierge, l'Enfant Jésus et saint Jean.*

Galerie Sutherland. — *L'Apothéose d'un Pape.*

Galerie Bedford. — *Une Sibylle.* — *Samson.* — *Portrait du peintre.*

Galerie Ellesmère. — *Des Saints adorant la Sainte Trinité.* — *Le Christ mort. Portrait de Béatrix Cenci.* — *Abigaïl et David.*

Collége Sainte-Marie d'Oscott. — *Le Martyre de saint Laurent.*

Collection Iarborough. — *La Madeleine.* — *Portrait de Christine de Suède.* — *L'Annonciation.* — *Portrait d'une artiste.*

Collection John Boileau. — *Cléopâtre.*

Collection Wynn. — *Une Sibylle.* — *David et Bethsabée.*

Au comte de Portsmouth. — *Un Joueur de violon.*

A miss Burdett Coutts. — *Une Madone* (coll. Rogers).

Collection M. P. Norton. — *La Vision de saint Bruno.*

Collection W. S. Dugdale. — *Tête d'Homme.*

Collection Thomas Kibble. — *La Madone.*

A Mrs. Ford. — *Mater Dolorosa.*

Au duc de Northumberland. — *Esther devant Assuérus* (coll. Barberini). — *Saint Sébastien.*

Collection Methuen. — *Le Christ et la Samaritaine.* — *L'Enfant Jésus à la Croix.*

Collection Barry. — *Herminie et Tancrède.*

Collection Heytesbury. — *La Madeleine.*

Au rév. Th. Stanisforth. — *Loth et ses Filles.*

Collection Thomas Sebright. — *La Vierge et l'Enfant Jésus.*

Collection Caledon. — *Saint Sébastien.*

Collection Mildmay. — *Le Christ et la Samaritaine.*

Collection Drury Low. — *Saint Pierre repentant.*

Collection Baring. — *La Vierge et l'Enfant Jésus* (peinture d'autel).

Collection Wyndham. — *Sémiramis.* — *Un portrait d'Homme.*

Collection Ward. — *Portrait d'un Cardinal.*

GALERIE DEVONSHIRE. — *Suzanne et les deux Vieillards.*

COLLECTION NEELD. — *Le Repos en Égypte.*

GALERIE ASHBURTON. — *Saint Sébastien.*

COLLECTION HOSKINS. — *Tête d'Agar.*

A MISS ROGER. — *Le Christ et les Anges* (répétition du tableau de la National Gallery). — *Un Paysage avec figures.*

COLLECTION BUTE. — *L'Assomption de la Vierge.*

COLLECTION CARLISLE. — *Herminie et Tancrède.*

COLLECTION SCARSDALE. — *Les Israélites célébrant le triomphe de David.*

COLLECTION SHREWSBURY. — *La Madeleine pénitente.* — *La Mise au Tombeau.* — *Portrait du peintre.*

AU MARQUIS D'EXETER. — *Jacob et Joseph.*

COLLECTION SPENCER. — *Saint Luc peignant la Vierge.*

GALERIE LANSDOWNE. — *L'Enfant prodigue.*

COLLECTION HOARE. — *La Vierge et l'Enfant Jésus.* — *Les Bergers* (esquisse).

COLLECTION VIVIAN. — Deux compositions.

COLLECTION HARFORD. — Une charmante composition. — *Diane.*

AU DUC DE NORTHUMBERLAND. — *Saint Sébastien.*

COLLECTION DAHNLEY. — *Une Sibylle.* — *Portrait du peintre.*

COLLECTION COWPER. — *Le Retour de l'Enfant prodigue.*

GALERIE STAFFORD. — *Saint Paul.* — *Saint Grégoire.* — *David.* — *Un petit Paysage.*

CABINET DE LA COMTESSE DE LAVAL A SAINT-PÉTERSBOURG. — *Le Martyre de saint Barthélemy.*

GALERIE ESTERHAZY. — *Le Repos en Égypte.*

GALERIE LICHTENSTEIN. — *Loth et ses Filles.* — *Saint Jérôme.*

GALERIE DU DUC D'AUMALE. — *Descente de croix.* — *La Charité* (dessin).

GALERIE PROSPER DE CHASSELOUP-LAUBAT. — *La Poésie.*

CABINET TRILHA. — *Saint Guillaume et saint Félix.* — *Saint Jean l'Évangéliste.*

COLLECTION C***. — *Rebecca et Éliézer.*

GALERIE POZZO DI BORGO. — *Vision de saint Augustin.* — *La Trinité.*

COLLECTION ROBILLARD DE REIMS. — *Une Tête de Vieillard.*

PRIX DE VENTES

			fr.
Tancrède et Clorinde	1742.	Vte CARIGNAN	1,999.
La Charité romaine	D^o	d^o	1,000.
Judith	1756.	Vte TALLARD	811.
Le Sommeil de l'Enfant Jésus	1763.	Vte PEILHON	1,560.
Loth et ses Filles	1766.	Vte AVED	400.
—	1769.	Vte DE L'ABBÉ GUILLAUME.	410
—	1777.	Vte CONTI	910.
Apollon et Marsyas	1768.	Vte DE NERVAL	1,099.
Suzanne et les Vieillards	1771.	Vte LA GUICHE	1,200.
—	1777.	Vte CONTI	2,000.
La Madeleine	D^o	d^o	1,200.
—	1779.	Vte BOILEAU	1,021.

			fr.	
Loth et ses Filles (1^m,62—3)^c.....	1784.	Vte DE VAUDREUIL........	12,000.	
Herminie (1^m,28 -1^m,60)..........	D°	Vte DE VAUDREUIL........	3,070.	
—	1802.	Vte LABORDE DE MÉRÉVILLE.	1,800.	
David et Abigaïl................	1793.	Vte D'ORLÉANS.... Liv. st.	800.	A lord Egerton.
La Présentation au Temple.......	D°	d° .... »	600.	
Une Tête de Vierge..............	D°	d° .... »	50.	
Saint Jérôme...................	1800.	d° ... Guinées.	93.	Est. 80 guinées.
Saint Laurent en prière devant la Vierge et son Fils.............	1809.	Vte LEBRUN	1,800.	
Sainte Marie l'Égyptienne	1810.	d°	301.	
La Vierge	D°	d°	801.	
Sainte Famille (33^c—26^c)........	1826.	Vte DENON	5,000.	
Le pape Grégoire VII en extase....	1837.	Vte DE FAVIERS...........	3,300.	
Ensevelissement du Christ........	1843.	Vte PAUL PERRIER........		Retiré à 3,000 fr.
Têtes d'Anges (62^c—72^c,5^m)........	1840.	Vte SCHAMP	230.	
Andromède....................	1843.	Vte AGUADO.............	3,050.	
Mater Dolorosa................	D°	d°	160.	
Saint Jérôme en prière...........	D°	d°	266.	
Agar dans le désert	1846.	Vte FESCH..... Écus rom.	253.	
—	1862.	Vte BOST	400.	Gal. Fesch.
Le Martyre de sainte Catherine (220^c — 136^c)................	1850.	Vte GUILLAUME II... Flor.	10,100.	A M. Bruni.
Une Madeleine (100^c—74^c)........	D°	d° ... »	1,000.	A M. Hoare.
Buste de jeune Garçon...........	1852.	Vte VARANGE	61.	
La Vierge et l'Enfant Jésus	1852.	Vte SOULT...............	2,450.	
Tête de jeune Fille..............	1853.	Vte VIGNERON DE LAHAYE.	52.	
Agar visitée par un Ange..........	1859.	Vte MORET	480.	
Samson et le Rayon de miel.......	1859.	Vte LORD NORTHWICH.....	10,140.	
Le Christ et la Samaritaine (deux pendants)...................	D°	d°	13,052.	
Les Quatre Évangélistes (quatre pendants)...................	1861.	Vte L*** DE MADRID.	1,120.	
Rébecca à la Fontaine...........	1861.	Vte DU MARQUIS DE SALVO.	360.	
La Vierge et l'Enfant Jésus (dessin).	1862.	Vte SIMON................	60.	

Comme tous les innovateurs acceptés, le Guerchin fit école, et eut de nombreux copistes et imitateurs. Parmi ceux qui l'ont approché de plus près, je citerai :

GENNARI (HERCULE)

Né à Cento en 1597, mort en 1638.

Élève et beau-frère du Guerchin, ce peintre le copia avec beaucoup de succès, sa touche est cependant plus émoussée et sa couleur plus terne.

GENNARI (CESARE)

FILS D'HERCULE

Né en 1641, mort en 1668.

Ce neveu du Guerchin a fait des imitations assez remarquables, mais son dessin est anguleux et sa couleur est encore plus terne que celle de son père.

MUTH ou MUCCI (GIOVANNI-FRANCESCO)

Né à Cento.

Encore un neveu et un copiste du Guerchin. On remarque en lui une touche très-habile. La couleur de ses peintures est vraie et pleine de charme; mais l'irrésolution qui règne dans son dessin le décèle sur-le-champ.

SERRA (CHRISTOPHE)

Né à Cento.

Serra fut un fidèle et habile imitateur du Guerchin. Sans un ton trop bleuâtre répandu dans les chairs, il serait difficile de le reconnaître.

PAGLIA (FRANCESCO)

Né à Brescia.

Ce peintre suivit avec beaucoup de succès la manière de son maître, sa couleur est bonne et largement empâtée, son clair-obscur bien réussi, mais son dessin est maigre et allongé.

NAGLI (FRANCESCO), DIT LE CENTINO

Coloris frappant de vérité et de ressemblance, clair-obscur savant, avec un dessin sec et des attitudes guindées et communes.

BORZONI (LUCIANO)

Né à Gênes, mort en 1645.

Il a laissé beaucoup d'ouvrages qui se vendent aujourd'hui sous le nom du Guerchin. Ils ont beaucoup de charme dans la composition, un beau coloris, de belles expressions, mais un dessin mesquin et sans caractère.

MONDENI (FULGENCE)

Mort vers 1664.

Les copies faite s par cet artiste ne sont pas sans valeur, mais leur couleur cotonneuse et leur style trop naïf empêchent toute confusion.

GIONIMA (SIMON)

Né à Parme ou à Venise.

Ses imitations sont assez vraies, mais sèches et sans goût.

VIANI (DOMENICO)

Né à Bologue en 1668, mort à Pistoie en 1711.

Viani a beaucoup approché du Guerchin autant par la touche que par la variété et le brillant du coloris. Il n'en est pas de même de son dessin, maniéré dans les formes, et de son exécution qui est léchée.

BERRETTINI DA CORTONA (PIETRO)

DIT PIÈTRE DE CORTONE

Né à Cortona en 1596, mort à Rome en 1669.

Peu de peintres ont aussi mal dessiné que Pètre de Cortone. Son plus grand mérite est de plaire aux yeux par le gracieux des formes ;

mais ses tableaux si flatteurs perdent à l'examen. Quand on les analyse, l'on s'étonne d'avoir pu seulement les regarder avec plaisir. Piètre de Cortone n'avait aucune idée du dessin ; son coloris se fait remarquer par un ton rosé qui est loin du naturel ; les draperies se confondent avec les chairs, et toujours dans des figures calmes paraissent des draperies volantes, comme si les personnages descendaient du ciel. Malgré tous ces défauts, ce peintre a un je ne sais quoi qui plaît et enchante.

Après avoir joui de beaucoup de faveur, les tableaux de ce maître ont extrêmement perdu dans l'estime publique. Il n'est pas rare de les voir adjuger à vil prix aujourd'hui.

Le Louvre en possède plusieurs dont voici les évaluations.

Alliance de Jacob et de Laban. Payé 3,000 fr. à la Vte Ladvocat, 36,000 fr. à celle du prince de Conti et 36,001 fr. à la Vte du prince de Vaudreuil. Estimé 36,000 fr. dans l'inventaire fait sous l'Empire, il fut réduit à 12,000 fr. sous la Restauration. — *La Nativité de la Vierge*, 10,000 fr., puis 5,000 fr. — *Sainte Martine*, 2,000 fr., puis 6,000 fr. — *La Vierge et l'Enfant Jésus* (n° 76), 4,000 fr. — *La Vierge et l'Enfant Jésus* (n° 77), 4,000 fr. — *Romulus et Rémus*, 40,000 fr., puis 15,000 fr.

MUSÉES DIVERS, GALERIES, ETC.

MUSÉE DE ROUEN. — *Minerve enlevant l'Adolescence.* — *Intérieur d'un édifice.*

MUSÉE DE RENNES. — *Femmes plaçant des guirlandes* (lavis au bistre).

MUSÉE DE NANCY. — *La Sibylle de Cumes.*

MUSÉE DU CAPITOLE. — *L'Enlèvement des Sabines.* — *Le Sacrifice d'Iphigénie.* — *La Bataille d'Arbelles.*

PALAIS GHIGI A ROME. — *L'Ange Gardien.*

ÉGLISE DE SAINTE-MARIE-DE-LA-CONCEPTION A ROME. — *Saint Paul guéri par Anamie.*

ÉGLISE SAINT-CHARLES A ROME. — *La Procession commandée par saint Charles, lors de la peste de Milan.*

AU PALAIS PITTI. — *Sainte en prière.* — Une partie du plafond de la salle d'Apollon.

ÉGLISE SAINT-GAÉTAN A FLORENCE. — *Le Martyre de saint Laurent.*

A L'ACADÉMIE DES BEAUX-ARTS A VENISE. — *Daniel dans la fosse aux lions.*

MUSÉE DE NAPLES. — *Le Repos de la Vierge.*

ÉGLISE DU SAINT-ESPRIT A PISTOIE. — *Jésus-Christ apparaissant à saint Ignace.*

COUVENT DES AUGUSTINS A CORTONE. — *La Vierge et plusieurs Saints.*

MUSÉE DE DRESDE. — *Mercure et Énée.* — *Un Capitaine romain haranguant les Consuls.* — *L'Érection du Serpent d'airain.* — *Un Vieillard.*

ANCIENNE GALERIE DE VIENNE. — *Saint Martin, évêque.* — *Ananie et Saul.*

MUSÉE DE MUNICH. — *La Femme adultère.*

MUSÉE DE SAINT-PÉTERSBOURG. — *L'Alliance de Jacob.* — *Le Retour d'Agar.* — *Noli me tangere.* — Quelques esquisses.

A HAMPTON-COURT. — *Auguste devant la Sibylle.*

GALERIE ELLESMÈRE. — *L'Adoration des Bergers.*

GALERIE WESTMINSTER. — *Agar dans le désert.*

Collection Folkestone. — *Joseph.*

Au duc de Marlborough. — *L'Enlèvement des Sabines.*

Galerie Devonshire. — Une belle composition.

Collection Hamilton. — *L'Adoration des Bergers.* — *Le Christ apparaissant à Madeleine.*

Collection Normanton. — *Le Mariage de sainte Catherine.*

Collection de Marcy a Grasse. — *Le Mariage de sainte Catherine.*

A M. Pérignon fils. — *Vénus, Mars et Vulcain.*

PRIX DE VENTES

Le Mariage de sainte Catherine. 1774, Vte Pelt, 902 fr. — *Sacrifice de Xénophon.* 1775, Vte Ledoux, 1,200 fr. — *Le Repos en Égypte* (dessin à la plume et au lavis). 1756, Vte Tallard et 1775, Vte Mariette, 280 fr. — *Herminie.* 1776, Vte de Gagny, 1,000 fr. — *Laban et Jacob* (huit figures). 1773, Vte Ladvocat, 3,620 fr.; 1777, Vte Conti, 3,601 fr. (Autrefois à Rome au palais Barberini où il n'y a plus que la copie.) — *Laban, Jacob et Ésaü* (répétition du tableau de la Vte Conti, même grandeur). 1777, Vte Trudaine, retiré à 6,000 fr. — *Sainte Madeleine.* 1782, Vte Nogaret, 1,837 fr. — *La Fuite de Jacob.* 1793, 1re Vte d'Orléans, 450 liv. sterl. — *Hérodiade.* 1756, Vte Tallard, 1809 fr.; 1809, Vte Lebrun, 900 fr. — *L'Adoration des Bergers.* Même Vte, 1,250 fr. — *Saint Jérôme en prière.* Même Vte, 1,700 fr. — *Élie et la veuve de Sarepta.* 1833, Vte Érard, 2,000 fr. — *Coriolan.* Même Vte, 401 fr. — *Naissance de la Vierge.* Même Vte, 541 fr. — *Noé rendant grâce à Dieu.* 1843, Vte Aguado, 427 fr. — *La Mort de sainte Élisabeth.* 1859, Vte Moret, 440 fr. — *Le Massacre des Innocents* (très-contesté). Même Vte, 240 fr.

Piètre de Cortone a été beaucoup imité et copié. Parmi ceux qui en approchent de plus près on distingue :

BOTTALA (giovanni-mario), dit IL RAFAELLINO

Né à Savone en 1613, mort à Milan en 1644.

Ce peintre imita parfaitement la manière de Cortone, son maître. Il est plus vrai que lui dans son dessin, plus opaque dans l'exécution et moins vif dans la couleur. Ses effets sont piquants et bien ménagés.

GIORDANO (lе chevalier luc), surnommé FA PRESTO

EN TANT QU'IMITATEUR DE PIÈTRE DE CORTONE

Né à Naples en 1622, mort dans la même ville en 1705.

Lucas Giordano acquit, en copiant les anciens tableaux, une facilité extraordinaire qui chez lui dégénéra parfois en défaut. Ses ouvrages présentent encore moins de correction que ceux de Cortone; ses effets sont faux et maniérés.

CASTELLUCCI (SALVI)

Né à Arrezo en 1608, mort en 1672.

Doué d'une grande facilité de pinceau , Castellucci approche beaucoup de la manière de son maître, qu'il a surpassé par la douceur des teintes et la pureté d'exécution.

FERRI (CIRO)

Né à Rome en 1634, mort en 1689.

Cet élève de Piètre de Cortone imita à s'y méprendre la manière de son maître; son pinceau est spirituel et léger, sa touche correcte et hardie; mais on lui reproche ses expressions froides et monotones.

DAMERY (VALTER)

Né à Liége en 1614, mort en 1678.

Damery, peintre flamand, fut un des meilleurs imitateurs de Cortone. On le reconnaît à son pinceau plus flou que hardi, à sa couleur chaude et plus dorée que celle du maître.

ORLEY (RICHARD VAN)

Né à Bruxelles en 1652, mort en 1732.

Il en est de même de cet autre peintre flamand qui étudia longtemps en Italie. Les imitations qu'il fit d'après Piètre de Cortone sont très-bien rendues, on y découvre un dessin plus correct et une couleur plus harmonieuse que dans l'original.

TESTA (PIETRO), DIT LE LUCCHESINO

Né à Lucques en 1617, mort à Rome en 1650.

Belle touche, dessin plus correct que celui du modèle, et quelque chose de plus sage dans tout l'ensemble.

PIOLA (DOMENICQ)

FRÈRE DE PELLEGRINO

Né à Gênes en 1628, mort en 1703.

Le pinceau de Piola est prompt et facile. La noblesse et la vérité règnent dans ses compositions, l'idéal et la beauté, dans ses expressions. Son dessin un peu trop arrondi le fait reconnaître.

VANNI (LE CHEVALIER RAPHAËL)

Né à Sienne en 1596, mort vers 1657.

Vanni a beaucoup imité Piètre de Cortone, et les ouvrages de ces deux peintres sont presque toujours confondus ensemble, bien que les productions de Vanni aient moins de grâce et soient plus roses et plus mal dessinées.

BADAROCCO (GIOVANNI-RAPHAËL)

Né en 1648, mort en 1726.

Badarocco nous a laissé de belles copies dont la touche suave et la bonne entente de lumière tromperaient les amateurs, si un ton bleuté provenant de l'abus de l'outremer n'empêchait le moindre doute.

QUAGLIATA (GIOVANNI)

Né à Venise en 1603, mort en 1675.

Élève et imitateur de Piètre de Cortone. On reconnaît ses ouvrages à leur ton noirâtre et à leur touche saillante.

CÉSIO (CARLO)

Né en 1626, mort en 1686.

Césio fut aussi l'élève et l'imitateur de Piètre de Cortone dont il exagéra les défauts sans en avoir les qualités; son ordonnance est riche, mais son dessin plus rond.

COURTOIS (JACQUES), DIT LE BOURGUIGNON

Né à Saint-Hippolyte en 1621, mort à Rome en 1676.

Ce peintre n'est qu'un imitateur très-éloigné du talent de Piètre de Cortone, quoi qu'en aient dit certains historiens. Il y a peu d'analogie entre le faire de ces deux maîtres. Le dessin de Courtois est bien plus correct que celui de Cortone, surtout dans ses petits tableaux ; sa touche est grasse et heurtée, tandis que celle du dernier est aiguë. Je dois ajouter qu'il avait une couleur plus chaude et plus savante.

SALVI DA SASSO FERRATO (GIOVANNI)

VULGAIREMENT SASSO FERRATO (BATTISTA), OU ENCORE SALVIOUSSE

Né à Sasso Ferrato en 1605, mort en 1685.

Sasso Ferrato est appelé avec raison le peintre de Vierges ; il avait un rare talent pour tracer la figure vraiment divine de la mère du Christ ; il peignait avec tant de délicatesse que, presque toujours, les traits des yeux de ses personnages s'effaçaient avec le temps ; il est rare d'en rencontrer qui aient cette partie de la figure intacte.

Habile pasticheur, il imita tour à tour Raphaël, le Guide, le Baroche, l'Albane et même Claude le Lorrain. Dans ses œuvres originales, on ne peut l'appeler autrement que le peintre des Grâces : il brille par une grande correction de dessin, par une couleur harmonieuse quoique trop rosée, par une suavité de pinceau et une grande habitude de draper. Des historiens ont dit que cet artiste n'avait peint que la Vierge, l'Enfant Jésus et des Anges, et jamais de têtes de vieillards. Cette assertion est erronnée ; car quoiqu'il aimât de préférence à représenter des bustes de femmes, il a cependant mis saint Joseph dans ses compositions.

Les œuvres de Salvi sont loin de jouir de la même réputation que par le passé, elles trouvent difficilement acquéreur malgré leur bas prix. Celles que possède le musée ne sont pas en grand crédit. Voici leur estimation lors des inventaires faits sous la Restauration. *La Vierge et l'Enfant Jésus,* 4,000 fr. — *L'Assomption de la Vierge,* 40,000 fr. — *La Vierge en prière,* 300 fr. On s'explique difficilement ces différences énormes dans les estimations, dont pas une ne serait vraie aujourd'hui.

MUSÉES DIVERS, GALERIES, ETC.

MUSÉE NAPOLÉON III. — *La Vierge aux œillets* (composition imitée de Raphaël). — *La Vierge et l'Enfant.* — *Portrait de Femme.* — *La Vierge.* — *La Vierge adorant l'Enfant Jésus.* — *L'Annonciation.*

MUSÉE DE CAEN. — *La Vierge et l'Enfant Jésus.*

MUSÉE DE NANTES. — *Tête de Vierge.* — *Portrait de Femme.* — *Sainte Famille.*

MUSÉE D'AVIGNON. — *La Sainte Vierge et l'Enfant Jésus.*

GALERIE DE NAPLES. — *La Vierge en prière.*

CATHÉDRALE DE PADOUE. — *La Vierge.*

ÉGLISE SAINTE-SABINE A ROME. — *Le Rosaire.*

MUSÉE BRERA A MILAN. — *Le Sommeil de Jésus.*

AU PALAIS DORIA. — *Sainte Famille.*

ÉGLISE DE LORETTE. — *Une Madone.*

AU PALAIS DUCAL A LUCQUES. — *Le Massacre des Innocents.*

MUSÉE DU ROI A MADRID. — *L'Enfant au giron.* — *Une Madone.*

MUSÉE DE DRESDE. — *La Vierge et l'Enfant Jésus entourés de Chérubins.* — *Vierge en prière.* — *Le Sommeil de l'Enfant Jésus.*

ANCIENNE GALERIE DE VIENNE. — *La Sainte Vierge et l'Enfant Jésus.*

MUSÉE DE MUNICH. — *Une Madone.*

NATIONAL GALLERY. — *Une Madone.*

GALERIE BEDFORD. — *Vierge en adoration.*

COLLECTION J. WALTER. — *La Vierge et l'Enfant Jésus* (très-précieux).

AU DUC DE PORTLAND. — *Une Madone priant.*

COLLECTION MATHEW ANDERSON. — *Une Vierge.*

GALERIE ELLESMÈRE — *Une Madone.*

COLLECTION ARUNDEL. — *La Vierge et l'Enfant Jésus.* — *La Vierge priant.*

COLLECTION R. P. NICHOLS. — *La Vierge et l'Enfant Jésus.*

A LORD HERTFORD. — *Le Mariage de sainte Catherine.*

A LORD KINNAIRD. — *La Vierge et l'Enfant Jésus.*

COLLECTION MUNRO. — *La Sainte Famille.*

CABINET STIRLING. — *Une Tête d'expression.*

COLLECTION HAMILTON. — *Une Madone.*

COLLECTION LONSDALE. — *La Vierge et l'Enfant Jésus.*

GALERIE STAFFORD. — *La Vierge et l'Enfant Jésus* (coll. Rogers).

COLLECTION WELLINGTON. — *La Sainte Famille.*

COLLECTION SEYMOUR. — *L'Annonciation.*

COLLECTION HORFORD. — *Le Mariage de sainte Catherine.*

COLLECTION BUTE. — *La Vierge, l'Enfant Jésus et saint Joseph.* — *La Vierge et l'Enfant Jésus.* — *Une Vierge en prière.*

COLLECTION DARNLEY. — *Une Madone.*

GALERIE DEVONSHIRE. — *Une Madone.*

COLLECTION TH. BARING. — *La sainte Vierge.*

CABINET DE LA PRINCESSE BELOSELSKY, A SAINT-PÉTERSBOURG. — *Descente de Croix.*

GALERIE LICHTENSTEIN. — *Une Vierge.*

CABINET DU COMTE CZERNIN. — *Sainte Famille.*

Galerie du duc d'Aumale. — *Sainte Famille* (demi-figures dans un cadre ovale; prov^t de la gal. du cardinal Altieri à Rome).

Cabinet Gower de Marseille. — *Une Tête de Vierge.*

Galerie Pozzo di Borgo. — *La Vierge et l'Enfant Jésus.*

PRIX DE VENTES

Architecture et Figures, par Jean Miel. 1766, Vte Julienne, 1,000 fr.; 1776, Vte Gagny, 1,741 fr. — *L'Embarquement d'Hélène.* 1772, Vte Choiseul, 1,420 fr. — *L'Enlèvement des Sabines.* Est. 150 guinées; 2e Vte d'Orléans, 34 guinées. — *La Sainte Famille.* 1809, Vte Lebrun, 451 fr. — *Vierge* (59^c — 48^c 1/2). 1834, Vte J. Laffitte, 2,500 fr. — *La Vierge et l'Enfant* (75^c — 62^c). 1841, Vte Perregaux, 3,400 fr. — *La Vierge et l'Enfant Jésus.* Vte Aguado, 1,250 fr. — *Tête de Vierge.* 1843, Vte Dubois, 1,500 fr. — *Vénus et l'Amour.* 1846, Vte Fesch, 200 fr. — *Une Vierge en prière.* 1846, Vte Stevens, 350 fr. — *La Vierge et l'Enfant Jésus* (ovale, 1^m — 1^m,10). 1850, Vte Guillaume II, 3,000 fr. (à M. Nieuwenhuys). — *Jésus endormi sur les genoux de sa mère.* 1853, Vte Vigneron de La Haye, 500 fr. — *La Vierge aux mains jointes.* 1854, Vte Mecklembourg, 2,200 fr. — *Le Sommeil de Jésus.* 1858, Vte d'Arbaud de Jouques, 1,250 fr. — *La Vierge et l'Enfant Jésus.* 1861, Vte Leroy d'Étiolles, 5,800 fr. — *Madone en prière.* 1862, Vte de Jong, 720 fr. — *Madone en prière.* 1863, Vte X., 725 fr. — *La Vierge, l'Enfant Jésus et saint Jean.* 1863, Vte Morland à Londres, 60 guinées (à M. Anthony). — *La Vierge, l'Enfant Jésus et les Bergers.* Même Vte, 60 guinées (à M. Rippe).

Il existe beaucoup d'imitations mais peu d'imitateurs du Sasso Ferrato. Voici le nom de leurs auteurs :

SALVI (TARQUIN)

PÈRE DE SASSO FERRATO

Né à Sasso Ferrato vers 1575.

Ses ouvrages ressemblent extraordinairement à ceux de son fils, malgré leur infériorité; ils ont moins de transparence, plus de sécheresse et manquent entièrement de pâte.

· BIANCUCCI (PAOLO)

Né à Lucques en 1583, mort vers 1653.

Plusieurs historiens placent l'époque de sa naissance dans l'année 1483, tout en le faisant l'élève de Guido Réni né en 1575 ! Je m'empresse de rectifier cette erreur, d'autant plus préjudiciable qu'il est avéré que Biancucci fut l'imitateur de Sasso Ferrato, né en 1605. Cette erreur rectifiée, je dirai que les copies et les imitations faites en grand nombre par Biancucci, ont un caractère aride et dépourvu d'harmonie; ses couleurs sont plus lavées que légères; sa touche est grêle et son dessin très-irrésolu.

ROSA (SALVATOR)

Né à Renella ou Arenella en 1615, mort en 1673.

La manière de Salvator est terrible; jamais ses pinceaux ne s'arrêtaient à faire la peinture d'un temps calme ou d'un simple soleil couchant; il préférait puiser ses inspirations dans les sites majestueux du golfe de Venise, et représenter des rochers entraînés par les flots impétueux d'un torrent, et écrasant dans leur chute l'arbre que le temps avait jusque-là respecté. Habile peintre de batailles, il sait faire frissonner le spectateur en lui mettant sous les yeux toutes les horreurs de la guerre. Rien n'y est oublié : on croirait assister réellement au combat. Le visage des guerriers respire la fureur qui les anime, et les cris de désespoir semblent sortir de la bouche de ceux que le fer est prêt à percer. Non moins fameux dans l'histoire, il transporte par la noblesse de ses conceptions. Qui ne tremblerait d'épouvante à la vue du spectre de Samuel, couvert d'un grand manteau blanc, apparaissant dans l'obscurité de la nuit devant Saül?

Excellent peintre de marine, il prend pour ainsi dire la nature sur le fait. Paysagiste distingué, les déserts qu'il décrit sont des chefs-d'œuvre de goût agreste. En un mot, aucun genre n'était étranger à Rosa. Personne n'a peint avec plus de vérité et en même temps avec plus de fierté l'âpre rudesse des roches primitives et des granits, la déchirure des arbres frappés par la foudre, le coloris sombre, triste et trompeur des eaux stagnantes; tout, jusqu'à l'expression de ses figures, leurs costumes originaux et bizarres, caractérise les traits de la barbarie et de l'isolement.

Salvator a beaucoup travaillé; il a été un temps où ses tableaux abondaient dans le commerce, mais ils se sont peu à peu casés dans les musées et les collections particulières, et on ne les rencontre plus qu'à de longs intervalles dans les ventes publiques.

Le Musée du Louvre en possède de beaux, à savoir *l'Ange et Tobie,* estimé 500 fr., puis 1,500 fr. *L'Apparition de l'ombre de Samuel à Saül,* 2,500 fr. *Une Bataille,* 40,000 fr. *Un Paysage,* 4,000 fr.

Comme on le voit, la plupart de ces estimations se ressentent du discrédit qui frappait alors l'École italienne.

 Anciennement au Louvre. — *La Vierge délivrant des âmes du Purgatoire*. Est. 30,000 fr. (rendu en 1815 à l'église Saint-Jean-del-Case-Rolle à Milan).

MUSÉES DIVERS, GALERIES, ETC.

Musée Napoléon III. — *Deux Paysages*. — *Le Martyre de saint Janvier et de ses compagnons*. — *Une Bataille et la prise d'un Fort* (école du maître). — Autre *Bataille* (id.) — *Deux Paysages* (id.).

Musée de Bordeaux. — *Repos de Soldats*. — *Trois Paysages*. — *Ajax*. — *Un Portrait*.

Musée de Besançon. — *L'Annonce aux Bergers*.

Musée de Lille. — *Deux Paysages*.

Musée d'Avignon. — *Deux Paysages*.

Musée de Nantes. — *Un Paysage*.

Musée de Rennes. — *Job sur le fumier, insulté par la foule* (dessin).

Musée de Montpellier. — *Un Paysage*.

Musée d'Épinal. — *Un Solitaire assis sur un morceau de rocher*.

Musée de Naples. — *Jésus disputant avec les Docteurs*. — *La Poutre et la Paille* (parabole).

Ancienne Galerie Lancellotti a Naples. — *Une Marine*.

Musée degl' Uffi a Florence. — *Une Madone*.

Au palais Doria. — *La Mort d'Abel*.

Palais Martelli a Florence. — *La Conspiration de Catilina*.

Église Saint-Félix a Florence. — *Jésus-Christ sauvant saint Pierre du naufrage*.

Église Saint-Jean a Rome. — *Saint Côme et saint Damien*.

Palais Ghigi a Rome. — *Un Poëte assis devant un Satyre*.

Au palais Pitti. — *Portrait de l'artiste*. — *Grande Bataille*. — *Deux Marines*. — *La Conjuration de Catilina*, etc.

Église de la Mort a Viterbe près de Rome. — *Saint Thomas mettant le doigt dans les plaies du Sauveur*.

Cathédrale de Pise. — *Saint Torpé*.

Palais Grillo Catanes a Gènes. — *Le Christ chassant les vendeurs du Temple*.

Musée du Roi a Madrid. — *La Rencontre de Jacob et de Rachel*. — *Le Sacrifice d'Abraham*. — *Jésus disputant avec les Docteurs*. — *La Parabole de la Poutre et de la Paille*. — *Une Marine*. — *Un Paysage*.

Ancienne Galerie de Vienne. — *Guerrier cuirassé*. — *Saint Guillaume pénitent*.

Musée de Saint-Pétersbourg. — *Le Denier de saint Pierre*. — *Saint Pierre repentant*. — *L'Enfant prodigue*. — *Démocrite et Protagoras*. — *Ulysse et Nausicaa*. — *Soldats jouant aux dés*. — *Portrait d'Homme*. — *Deux Vues de mer*. — *Diogène jetant son écuelle*. — *Paysage montagneux*.

Musée de Munich. — *Six Paysages*.

Musée de La Haye. — *Prométhée*. — *Sisyphe*. — Deux tableaux représentant des *Moines dans une grotte*. — *Saint Jérôme dans un paysage*. — *Sainte Madeleine dans un paysage*.

Musée de Dresde. — *Tempéte de nuit*. — *Portrait de Salvator Rosa avec un singe sur son épaule*.

NATIONAL GALLERY. — *Un Paysage avec la fable de Mercure* (acheté 42,000 fr. en 1837).

A HAMPTON COURT. — *Moïse frappant le rocher.* — Plusieurs autres compositions.

DULWICH COLLEGE. — Plusieurs belles compositions.

COLLÉGE DE GLASCOW. — *Paysage historique.*

INSTITUTION ROYALE D'ÉDIMBOURG. — *Paysage avec une scène de voleurs.*

GALERIE WESTMINSTER. — *Démocrite dans un Paysage. — Diogène dans un Paysage. — Les trois Maries au sépulcre.*

GALERIE ELLESMÈRE. — *Grand Paysage historique.*

GALERIE BEDFORD. — *Deux Paysages avec rochers et figures.*

GALERIE DU COMTE GREY. — Une composition très-poétique.

COLLECTION IARBOROUGH. — *Un beau Paysage. — Saint Jérôme. — Un beau Paysage. — Paysage avec un combat de Cavaliers.*

COLLECTION OVERSTONE. — *Paysage montagneux.*

COLLECTION THOMAS SEBRIGHT. — *Deux Paysages. — Un Portrait d'Homme.*

COLLECTION HARRINGTON. — Deux belles compositions.

AU DUC DE NORTHUMBERLAND. — *Paysage avec rochers.*

COLLECTION NORMANTON. — Une belle composition. — *Un Paysage.*

COLLECTION BANKES. — *Portrait de M. Altham.*

A LORD HEYTESBURY. — *Portrait d'Homme.*

COLLECTION WYNN ELLIS. — *Un Paysage. — Une Attaque de voleurs.*

COLLECTION M'LELLAN. — *Deux beaux Paysages.*

A LORD FOLKESTONE. — Une belle composition.

COLLECTION BARRY. — *Le Christ au jardin des Oliviers. — La Résurrection de Lazare.*

COLLECTION MRS. SMITH BARRY. — *Deux Paysages.*

A LORD ARUNDEL. — *Deux paysages avec figures.*

COLLECTION HARDWICKE. — *Paysage avec rochers et figures.*

A LORD CALEDON. — *Scylla. — Côtes de mer, avec rochers.* — Une belle composition religieuse.

COLLECTION J. TULLOCH. — *Côtes de Calabre.*

A LORD JERSEY. — *Tobie et l'Ange. — Trois Paysages.*

COLLECTION CORNWALL LEGH. — *Un Paysage.*

GALERIE BUCCLEUCH. — *Un Paysage poétique.*

AU COMTE DE WEMYS. — *Paysage montagneux.*

COLLECTION METHUEN. — *Deux Paysages avec figures.*

A LORD FEVERSHAM. — *Deux petits Paysages avec figures.*

COLLECTION MATTHEW ANDERSON. — *Deux beaux Paysages.*

AU COMTE DE DUNMORE. — *Agar et Ismael dans un Paysage.*

A LORD ELGIN. — Une belle composition.

COLLECTION WARWICH. — *Un Ermite.* — Deux belles compositions. — *Démocrite.*

COLLECTION BLUNDEL WELD. — *Un Paysage.*

COLLECTION LONSDALE. — *Un Paysage avec soldats. — Saint Jérôme.*

COLLECTION HAMILTON. — *Paysage historique.*

COLLECTION WARD. — *Un beau Paysage. — Un Paysage avec rochers.*

COLLECTION BARING. — *La Prédication de saint Jean. — Une Marine.*

COLLECTION MARTIN. — *Tobie et l'Ange dans un paysage.*

Collection Labouchère. — Deux compositions.

Au marquis d'Exeter. — Une belle composition.

Collection Carlisle. — *Une Tête d'Homme.*

Collection Bute. — *Jason et le Dragon.*

Collection Devonshire. — *David et Goliath dans un paysage. — Jacob et l'Ange. — Un Chevalier et une Dame.*

Collection Fitzwilliam. — *Jason charmant le Dragon. — Une Marine avec rochers.*

Collection Tomline. — *Un beau Paysage.*

Collection Townshend. — *Bélisaire.*

Au marquis de Lansdowne. — *Portrait du peintre. — Un Portrait de Femme.*

Collection Miles. — *Un Paysage avec bandits.*

Collection Harford. — *Quatre beaux Paysages. — Deux Marines.*

Collection Pembroke a Wilton House. — *Une Cascade.*

Collection Darnley. — *Pythagore. — La Mort de Régulus. — Jason et le Dragon. — Orion.*

Collection Cowper. — *Paysage montagneux. — Paysage avec cavaliers. — Deux Paysages avec rochers et des bandits.*

Cabinet de Mauley. — *Jason et Médée.*

A lord Hertford. — *Apollon et la Sibylle dans un paysage* (coll. Julienne, payé 44,625 fr.). — *La Vierge dans une Gloire* (coll. Aguado). — *L'Ascension de la Vierge* (coll. Hope de Paris).

Galerie Lichtenstein. — *Un Paysage. — Une Marine.*

Galerie Esterhazy. — *Deux Paysages.*

Cabinet du prince de Joussoupaff a Saint-Pétersbourg. — *Un Paysage.*

Galerie Suermondt. — *Ravin sauvage, avec figures.*

Galerie du duc d'Aumale. — Sept tableaux, dont six sujets tirés de la Bible et un *Paysage.*

Galerie Pozzo di Borgo. — *Deux Paysages avec nature morte. — Portrait de Masaniello.* (Ce portrait est d'une authenticité irrécusable. Une inscription de la main de Salvator a été retrouvée derrière la toile.)

Collection de M. le comte de Budé. — *Un Paysage.*

Cabinet Trilha. — *L'Ange et Tobie.*

Cabinet Fabre a Grasse (anc. coll. de Marcy). — *Scènes de Voleurs* (deux pendants).

Cabinet Dupont. — *Un Ermite.*

Collection Th. Hope. — *Une Marine avec rochers.*

PRIX DE VENTES

Un Paysage. 1737, Vte Verrue, 120 f. — *Paysage, Apollon et la Sibylle de Cumes.* 1766, Vte Julienne, 12,012 fr. — *L'Enfant prodigue gardant les pourceaux* (dessin à la plume et au bistre). 1775, Vte Manetti, 450 fr. — *Paysage montagneux avec une chasse au cerf.* 1772, Vte Choiseul, 2,820 fr. — *Paysage* (les figures représentent *l'Ange et Tobie*). 1777, Vte Boisset, acheté par le prince Rohan Chabot, 7,200 fr. — *Paysage au bord de la mer, six soldats et autres figures.* 1772, Vte Choiseul, 5,100 fr. — *Bataille de Constantine.* 1777, Vte Conti, 3,600 fr. — *Paysage agreste.* Même Vte, 680 fr.; 1778.

Vte Ménageot, 600 fr. — *Saül chez la Pythonisse.* 1778, Vte Natoire, 420 fr. (même sujet au Louvre). — *Combat de cavalerie.* 1779, Vte de Juvigny, 752 fr. — *Paysage avec fi-gures.* 1809, Vte Lebrun, 1,900 fr. — *Deux Paysages avec figures.* Même Vte, 835 fr. — *Deux Paysages.* 1809, Vte Grandpré, 1,060 fr. — *Paysage orné de figures.* 1840, Vte Lebrun, 2,000 fr. — *Paysage orné de figures.* Même Vte, 2,400 fr. — *Deux Soldats por-tant les livres de la Sibylle au Capitole* (grande dimension). 1816, Vte F., 290 fr. — *Saint attaché à un arbre.* 1838, Vte Casimir Périer, 2,050 fr. — *Paysage Marine.* 1845, Vte Meffre, 310 fr. — *Paysage.* 1845, Vte Vasserot, 270 fr. — *Paysage* (1^m,41—1^m,78). 1850, Vte Guillaume II, 325 fr. (à M. Dingwal). — *Caïn et Abel.* 1855, Vte de la Banque de Cas-sel, 1,040 fr. — *Paysages avec sujet historique.* Même Vte, 945 fr. — *Les Paysans de Lycie changés en grenouilles.* 1855, Vte Collot, 900 fr. — *Le Satyre et le Paysan.* Même Vte, 750 fr. — *Place Saint Pierre à Rome.* 1857, Vte d'Armagnac, 1,000 fr. — *La Fra-gilité humaine.* 1859, Vte lord Northwick, 8,580 fr. — *Paysage.* Même Vte, 4,160 fr. — *Choc de cavalerie.* 1859, Vte Langlois, 1,000 fr. — *Petit Paysage.* 1862, Vte X., 190 fr. *Paysage.* 1862, Vte Weyer de Cologne, 512 fr. 50 c. — *Caïn a tué Abel.* Même Vte, 564 fr. 90 c.

Salvator a eu beaucoup d'imitateurs et de copistes; mais peu l'ont égalé au point de pouvoir tromper l'amateur.

NINFE (césar dalle)

Ce peintre est encore un de ceux dont il est fait peu mention dans l'histoire, et dont la vie est restée ensevelie dans l'obscurité. Ce qu'il y a de certain, c'est qu'il fut l'élève du Tintoret et l'imitateur de Salvator Rosa. Son style sauvage se rapproche assez de ce dernier, mais sa touche est plus barbouillée, et il n'a pas la même richesse de coloris.

AVELLINO (giulio)

Né à Messine, mort vers 1700.

Bon imitateur de Salvator; figures touchées avec esprit, mais pinceau moins éner-gique et quelquefois plus gracieux.

RESCHI (pandolphe)

Né à Dantzig en 1643, mort en 1699.

On confondrait ces deux peintres l'un avec l'autre si les copies de Reschi étaient plus franches de lumière et d'ombre. Leur papillotage les fait reconnaître, malgré leur touche heureuse et spirituelle.

MARTELLI (LORENZO)

Faible imitateur de Salvator, reconnaissable par son ton cotonneux.

GRISOLFI ou GHISOLFI (GIOVANNI)

Né à Milan en 1632 ou 1633, mort en 1683.

Les copies faites par ce peintre sont très-estimées, cependant elles n'ont pas la grande tournure des originaux. La touche est moins hardie et les figures plus terminées.

BORZONI (MARIO-FRANCESCO).

Né en 1625, mort à Gênes en 1679.

Les imitations de Borzoni se reconnaissent à leur couleur plus tendre et plus légère que celle du maître, dont la touche est moins maniérée et plus précise.

BORZONI (LUCIANO)

Né à Gênes en 1590, mort en 1645.

Ce peintre, père du précédent, a laissé des paysages dans le goût de Salvator. Ils ont pour caractère la noirceur, la sécheresse et la dureté. Ses tableaux d'histoire, quoique mesquinement dessinés, sont remarquables par la force du coloris.

REICH (FRANCESCO-JOACHIM)

Né à Ravesbourg en 1663, mort à Munich.

Faible imitateur de Salvator, sauf pour le paysage, qu'il rendit avec quelque vérité, malgré la sécheresse et la froideur de son pinceau.

MASSARO (NICCOLO)

Mort vers 1704.

Coloris pâle et languissant, touche noble et tracée, dessin spirituel et plein d'originalité.

AVELLINO (GIULIO)

Né à Messine, mort vers 1704.

Style de Salvator, touche heureuse, mais plus gracieuse que celle du maître, figures plus léchées.

TORREGIANI (BARTHELEMY)

Les copies de Torregiani ont le mérite d'une grande correction, quoique les contours des figures soient un peu secs. L'élève diffère du maître par une plus grande uniformité de touche et une couleur moins transparente.

SPIERINGS (NICOLAS)

Né à Anvers en 1633, mort en 1691.

Les paysages de cet artiste ont beaucoup d'analogie avec ceux de Salvator. On admire chez lui la légèreté, l'originalité de la touche, jointes à une couleur plus dorée. La confection des figures qui, n'étant pas de sa main, paraissent ne pas faire corps avec le tableau, suffit pour faire reconnaître ses œuvres.

Quelques autres peintres ont encore imité le grand paysagiste, mais ils en diffèrent tellement, qu'il est impossible de s'y méprendre. Tels sont JEAN MARTINOTTI, SCIPION COMPAGNO, FERRAJUOLI et PIETRO MONTANINI.

DOLCI ou DOLCE (CARLO)

Né à Florence en 1616, mort en 1686.

Carlo Dolci a presque toujours travaillé d'après des sujets tirés de la Bible. Il peignait aussi très-bien le portrait. Tous ceux qu'il a faits sont admirables comme exécution; et ils devaient être d'une ressemblance bien frappante, puisque tous ont un air différent l'un de l'autre. Les têtes de Vierge, qu'il finissait avec une perfection extraordinaire, lui ont valu sa réputation. Il savait faire briller sur leur front la grâce, l'innocence et la candeur, qualités qui font l'apanage des jeunes filles. On aurait dit que son génie n'avait été créé que pour cette manière. Il a moins bien réussi dans l'histoire; ses tableaux sont froids, léchés, sans action; aussi en a-t-il peint très-peu.

Coloris suave et harmonieux, touche pleine de douceur, pinceau libre et facile, exécution d'un fini précieux, tel est le jugement que l'on peut porter sur ce grand artiste.

Les œuvres de Carlo Dolci sont rares; rarement aussi les voit-on paraître dans les ventes publiques, où elles sont assez bien accueillies par les amateurs.

Depuis 1815 le musée du Louvre n'en possède aucune.

ANCIENNEMENT AU LOUVRE. — *Le Sommeil de saint Jean.* Est. 12,000 fr. (rendu en 1815 aux Carmes de Brunswick).

MUSÉES DIVERS, GALERIES, ETC.

MUSÉE NAPOLÉON III. — *Un Ange* (demi-figure). — *Sainte Cécile touchant de l'orgue.* — *L'Annonciation.*

MUSÉE DE TOULON. — *Le Christ couronné d'épines.*

MUSÉE DE RENNES. — *Ecce Homo* (contesté).

MUSÉE D'AVIGNON. — *La Vierge en prière* (ovale).

PALAIS ROYAL DE GÊNES. — *La Tête de la Vierge.* — Une autre du *Sauveur.*

PALAIS BRIGNOLE A GÊNES. — *Le Christ au jardin des Oliviers.*

CATHÉDRALE DE PRATO. — *L'Ange Gardien.*

MUSÉE DEGL' UFFI A FLORENCE. — *Saint Clovis des Cordeliers.* — *Madeleine pénitente.* — *Portrait du peintre.* — *Gallia Placida.*

GALERIE CORSINI A FLORENCE. — *La Poésie.*

GALERIE BORGHÈSE. — *Le Sauveur.* — *Une Madone.*

AU PALAIS PITTI. — *Le Christ aux Oliviers.* — *Deux Saintes Familles.* — *Ecce Homo.* — *Diogène.* — *Sept Saints.*

MUSÉE DE MUNICH. — *Une Madone.* — *La Madeleine.* — *Sainte Agnès.* — *Ecce Homo* et plusieurs autres compositions.

MUSÉE DE DRESDE. — *Hérodiade.* — *Sainte Cécile jouant de l'orgue.* (Prov[t] des coll[s] Carignan et Tallard). — *Le Sauveur consacrant le pain et le vin.*

ANCIENNE GALERIE DE VIENNE. — *Sainte Vierge en prière.*

MUSÉE DE SAINT-PÉTERSBOURG. — *Le Christ.* — *La Vierge.* — *Sainte Catherine.* — *Saint Antoine.*

A WINDSOR CASTLE. — *La Madeleine.* — *La Fille d'Hérode.*

DULWICH COLLEGE. — *Sainte Véronique.*

COLLECTION OVERSTONE. — *La Vierge et l'Enfant Jésus.*

A LORD FEVERSHAM. — *Martyre de saint André.*

AU COMTE DE IARBOROUGH. — *Sainte Marie l'Égyptienne.*

AU DUC DE PORTLAND. — *Sainte Cécile.*

A LORD FOLKESTONE. — *Le Christ.* — *Portrait de l'artiste.*

Collection Howard. — *Sainte Agnès.*

Collection R. P. Nichols. — *Saint Antoine adorant l'Enfant Jésus.*

A lord Heytesbury. — *Une Madone.*

Collection Townshend. — *La Vierge et l'Enfant Jésus.* — *Le Christ.*

Au révérend Th. Stanisforth. — *Un Saint.*

Collection J. M. Oppenheim de Londres. — *Saint François.*

A lord Methuen. — *Le Christ.* — *La Madeleine chez le Pharisien.*

Collection Wombwell. — *La Vierge et l'Enfant Jésus.*

Collection Ward. — *La sainte Vierge* (vue de profil).

Au duc de Rutland. — *Saint François.* — *La Vierge et l'Enfant Jésus.*

Collection Scarsdale. — *Sainte Ursule.*

Collection Tomline. — *La Madeleine en contemplation devant une tête de mort.*

Galerie Westminster. — *La Fille d'Hérode.*

Cabinet Booth. — *Une Tête de Madeleine.*

Collection Spencer. — *Le Mariage de sainte Catherine.*

Au duc de Marlborough. — *L'Adoration des Rois.* — *La sainte Vierge.*

Au marquis d'Exeter. — *Le Christ bénissant le pain.* — *La Nativité.*

Collection Hoare. — *La Fille d'Hérode tenant la tête de saint Jean.*

Collection Radnor. — *Portrait du peintre.*

Collection Cowper. — *La Nativité.* — *L'Annonciation.* — *Le Christ.* — *Un Portrait.*

Collection Darnley. — *La Vierge et l'Enfant Jésus entourés de petits sujets.*

Collection Harford. — *Ecce Homo.*

Galerie Devonshire. — *La Mort du Christ.*

Collection Miles. — *La Sainte Vierge.*

Collection Holford. — *Le Christ et la Samaritaine.*

Galerie Lansdowne. — *La Vierge et l'Enfant Jésus.*

Collection Th. Baring. — *La Sainte Vierge.*

Cabinet de la princesse Beloselski a Saint-Pétersbourg. — *Saint François visitant saint Dominique.*

Cabinet du comte Koucheleff de Saint-Pétersbourg. — *Sainte Catherine.*

A M. l'abbé Le Guillou. — *Tête de Christ.* (Une grande finesse, une expression divine, font considérer ce tableau comme l'une des pages les plus importantes du maître.)

Galerie James de Rothschild. — *Deux Têtes de Saintes.*

Collection C***. — *Le Christ* (ovale sur cuivre).

Collection Robillard de Reims. — *Sainte Lucie tenant une palme.*

PRIX DE VENTES

La Vierge et l'Enfant Jésus. 1770, Vte Fortier, 1,000 fr. — *Ganymède.* 1810, Vte Robit, 3,654 fr., puis 2,511 fr. — *La Vierge au linge.* — *Jésus bénissant le pain* (cuivre, 32^c 1/2—24^c 1/2). 1783, Vte Bourlier de Saint-Hilaire, 750 fr. les deux. — *Sainte Clotilde* (75^c—1^m,04 1/2). 1808, Vte Choiseul-Praslin, 3,405 fr.; 1816, Vte Perrin, 22,000 fr. — *Sainte Catherine.* 1810, Vte Robit, 1,505 fr. — *L'Assomption de la Vierge* (toile à 8 pans). 1810, Vte Lebrun 3,010 fr. — *Saint Louis de Bavière* (toile à 8 pans). Même Vte, 5,320 fr. — *Buste de Sainte.* 1839, Vte Sommariva, 4,070 fr. — *Sainte tenant un mouton.* Même Vte, 4,080 fr. — *Une Vierge et l'Enfant Jésus.* 1843, Vte Héris et Leroy,

895 fr. — *Jésus sur les marches du Temple.* Vte Aguado, 2,550 fr. — *Sainte Catherine d'Alexandrie.* Même Vte, 1,099 fr. — *La Mère de douleur.* Même Vte, 885 fr. — *La Vierge Marie.* 1846, Vte Stevens, 1,425 fr. — *Saint Luc.* (1^{m},02 — 72^{c}). 1850, Vte Guillaume II, 5,900 fr. (à M. Roos). — *Une Madone* (86^{c}—72^{c}). Même Vte, 1,900 fr. (à M. Dingwal). — *Sainte Catherine.* 1859, Vte de Brabeck et de Stolberg, 856 thalers. — *Saint Jean* (musée Lucien Bonaparte, coll. de sir Simon Clarke). 1859, Vte lord Northwick, 52,260 fr.

Carlo Dolci, pour le genre qu'il avait adopté, n'a eu d'imitateurs d'un véritable talent que sa fille.

DOLCI ou DOLCE (AGNESE)

FILLE DU PRÉCÉDENT

Morte vers 1690.

Comme son père, Agnese a parfaitement réussi dans la représentation des têtes de Vierges. Ses portraits devaient être moins frappants de ressemblance que ceux de Carlo, quoiqu'ils soient aussi bien peints. Ses Vierges et ses têtes d'Enfant Jésus sont tellement ressemblantes qu'on les confond souvent avec celles du modèle. On les reconnaît à leur style maniéré et à leur coloris plus rosé.

CASTIGLIONE (GIOVANNI-BENEDETTO)

DIT IL GRECHETTO, OU ENCORE LE BENEDETTE DE CASTIGLIONE

Né à Gênes en 1616, mort à Mantoue en 1670.

Le Benedette avait un coloris vigoureux et un arrangement bizarre dans ses compositions, qui sont savamment touchées ; mais elles pèchent sous le rapport de l'ensemble ; presque jamais deux de ses figures ne s'occupent de l'action principale.

Les œuvres de Castiglione sont loin de jouir de la même réputation, et ne sont plus recherchées avec autant d'empressement que par le passé. Le Louvre en possède plusieurs, dont voici les principales : *Oiseaux et Animaux.* Est., 4,000 fr. — *Une Caravane.* 1,500 fr. — *L'Adoration des Bergers.* 1,500 fr. — *Les Vendeurs chassés du Temple.* 1,200 fr

MUSÉES DIVERS, GALERIES, ETC.

MUSÉE DE ROUEN. — *Une Caravane.*
MUSÉE DE NANTES. — *Sacrifice avant l'entrée dans l'Arche.* — *Entrée dans*

l'Arche. — Bestiaux. — Bergers avec leurs troupeaux. — Jeune Fille conduisant un troupeau. — Repos d'animaux.

Musée de Lille. — *Animaux.*

Musée de Lyon. — *Une Marche d'animaux.*

Musée de Bordeaux. — *Cyrus découvert par une Bergère.*

Musée de Turin. — *Animaux vivants et morts.*

Musée du Roi, a Madrid. — *Éléphants préparés au combat. — Diogène.*

Musée de Dresde. — *Noé faisant entrer les animaux dans l'Arche. — Le Départ de Jacob. — Le Retour de Jacob. — Brebis, Chèvres et gros bétail. — Deux Nègres et un Nain jouant avec des chiens.*

Musée de Saint-Pétersbourg. — *La Rencontre de Jacob et de Rachel. — La Rencontre de Rébecca et du serviteur d'Abraham. — Orphée. — Cyrus et sa lice.*

Musée de Munich. — *Le Repos d'une Caravane. — Un Chameau conduit par son gardien.*

Musée Fitz-William, a Cambridge. — *Le Départ de Jacob pour la terre de Canaan.*

Institution royale de Liverpool. — *Berger et Animaux.*

Galerie Bedford. — *Le Départ des Israélites pour l'Égypte.*

Au duc de Newcastle. — *Cyrus.*

Galerie sir John Boileau. — *Animaux dans un paysage.*

Au comte de Iarborough. — *Une Caravane.*

Collection Shrewsbury. — *Une Caravane.*

Au marquis d'Exeter. — *La Vierge et l'Enfant Jésus. — Le Passage de la Mer Rouge.*

Au duc de Marlborough. — *Une belle composition.*

Cabinet Dumont de Cambrai. — *Circé.*

PRIX DE VENTES

L'Enlèvement d'Europe. 1745, Vᵗᵉ Laroque, 650 fr. — *Troupeau d'animaux* (dessin à la plume et au bistre). 1775, Vᵗᵉ Julienne, 360 fr. — *Le Départ d'Abraham* (esquisse à l'huile sur papier). Même Vᵗᵉ, 271 fr. — *Marche d'animaux.* 1777, Vᵗᵉ Conti, 1,650 fr. — *Entrée des Animaux dans l'Arche.* Même Vᵗᵉ, 490 fr.; Vᵗᵉ L'Empereur, 520 fr.; 1779, Vᵗᵉ Stubert, 351 fr. — *Gibier mort* (1ᵐ,62—1ᵐ,42). 1840, Vᵗᵉ Schamps, 100 fr. — *Un Paysage.* 1843, Vᵗᵉ Dubois, 182 fr. — *Paysage pastoral.* 1846, Vᵗᵉ Fesch, 21 écus; même Vᵗᵉ, 10 écus. — *Deux marches de Troupeaux.* 1860, Vᵗᵉ X., de Lyon, 62 fr.

Le Benedetto a eu quelques imitateurs; voici les deux principaux :

CASTIGLIONE (FRANCESCO)

FILS DU BÉNEDETTO

Mort vers 1716.

Faible imitateur de son père; coloris vigoureux, joint à une exécution trop empâtée et une touche aiguë.

GUIBOBONO ou GUIBOBONI (barthélemy)

dit LE PRÊTRE DE SAVONE

Pâte forte et vigoureuse, touche grasse et hardie, dessin incorrect, surtout dans les figures, belle entente du clair-obscur. Sans sa couleur informe et rouge, il pourrait faire douter les amateurs.

MARATTI (carlo), vulgairement CARLE MARATTE

Né à Camerino en 1625, mort en 1713.

La manière de Carle Maratte est charmante; ses Vierges sont divines et égalent presque celles de Dolci. Le seul peintre à qui Carle Maratte puisse être comparé est Frédéric Barroche, quoiqu'il soit plus argentin et plus rose.

. Ses productions ne subissent pas entièrement la défaveur attachée à l'École italienne; cependant elles sont peu recherchées.

Le Musée du Louvre possède : *La Nativité*. Est. 2,000 fr. — *Le Sommeil de Jésus,* 4,000 fr. — *Prédication de saint Jean,* 2,000 fr. — *Mariage mystique de sainte Catherine,* 1,200 fr., puis 2,000 fr.

Le musée du Louvre possédait une *Sainte Famille* estimée 3,000 fr. ; elle fut rendue en 1815 à la ville de Cassel.

MUSÉES DIVERS, GALERIES, ETC.

Musée Napoléon III. — *La Crèche.*

Musée de Nantes. — *Saint Philippe de Néri.* — *L'Enfant Jésus assis sur les bras de sa Mère.* — *Quatre Têtes d'étude.*

Musée de Lyon. — *Mater dolorosa.*

Musée de Lille. — *Dédicace du temple de la Paix.*

Musée de Bordeaux. — *Tête d'une Sibylle.*

Musée de Nîmes. — *L'Assomption de la Vierge* (esquisse du tableau qui est à Rome).

Église Sainte-Marie-du-Peuple a Rome. — *La Conception.*

Église Saint-Isidore a Rome. — *La Conception.*

Église du Gésu a Rome. — *Saint François-Xavier.*

Église Saint-Charles a Rome. — *Saint Charles présenté à Jésus par la Vierge.*

Église Saint-Marc a Rome. — *L'Adoration des Mages.*

Église Saint-Joseph a Rome. — *La Nativité.*

Église de Castel-Gandolfo près de Rome. — *L'Assomption.*

Villa Falconieri dite la Rufina près de Rome. — *Naissance de Vénus* (fresque).

Église Saint-Michel a Volterre. — *La Vierge, l'Enfant Jésus et saint Michel.*

Église Saint-Philippe de Néri a Turin. — *La Vierge et divers Saints et Saintes.*

Galerie Pitti a Florence. — *Saint Philippe de Néri.*

Cathédrale de Sienne. — *La Visitation.*

Musée de Naples. — *Sainte Famille.* — *Sainte Cécile.*

Ancienne Galerie de Vienne. — *Mort de saint Joseph.*

Musée de Munich. — *Saint Jean à Pathmos.* — *Enfant endormi* et quelques compositions.

Musée de Saint-Pétersbourg. — *La Samaritaine.* — *Le Jugement de Pâris.* — *Sainte Famille* et seize autres compositions dont une grande partie est contestée.

Musée de Dresde. — *La Vierge et l'Enfant Jésus à la crèche.* — *Le Sommeil de l'Enfant Jésus.* — *La Vierge, l'Enfant Jésus et saint Jean.*

Musée du Roi a Madrid. — *La Fuite en Égypte.*

Musée de Bruxelles. — *Daphné.*

National Gallery. — *Portrait d'un Cardinal.*

A Hampton Court. — *Saint François.*

Au duc de Northumberland. — *Portrait du cardinal Antonio Barberino.*

Au comte de Wemys. — *La Vierge et l'Enfant Jésus.*

Collection Sanders. — *La Vierge et l'Enfant Jésus.*

A lord Feversham. — *La Vierge dans une gloire.*

Collection Normanton. — *La Vierge et l'Enfant Jésus.*

Au comte Harrington. — *Portrait du cardinal Bentivoglio.*

A Mrs. Ford. — *La Vierge et l'Enfant.*

A lord Folkestone. — *La Sainte Famille* (attribuée à Pietre de Cortone par M. Waagen).

Galerie Stafford. — *La Vierge et l'Enfant Jésus.*

Collection E. Phipps. — *L'Enfant Jésus.*

Au marquis d'Exeter. — *Judith et Holopherne.*

Collection Bute. — *La Sainte Famille.*

Au duc de Marlborough. — *La Vierge.*

Collection Miles. — *Sainte Famille.*

Collection Hoare. — *La Fuite en Égypte.* — *Les trois Grâces.*

Ancienne galerie Weyer de Cologne. — *Marie et l'Enfant Jésus.*

PRIX DE VENTES

Le Repos en Égypte. 1748, Vte Godefroy, 1,201 fr. — *La Vierge enseignant à lire à l'Enfant Jésus.* 1765, Vte Rubempré, 1,400 florins. — *Le Repos en Égypte* (plus petit que celui de la Vte Godefroy). 1777, Vte Boisset, 3,600 fr. — *Bethsabée sortant du bain.* 1784, Vte de Merle, 6,200 fr. — *Le Triomphe de Galatée.* 1793, 1re Vte d'Orléans, 100 liv. sterl. — *Adoration des Bergers.* 1845, Vte Meffre, 205 fr. — *Le Sommeil de l'Enfant Jésus.* 1846, Vte Stévens, 2,200 fr. — *L'Assomption de la Vierge.* Même Vte, 266 fr. — *Étude de Madone* (52^c—43^c). 1850, Vte Guillaume II, 900 florins. — *Une Madone.* 1860, Vte X., de Lyon, 120 fr.

Au nombre des imitateurs et copistes de Maratti je citerai :

MARATTI (MARIE)

Marie était fille de Carle. Leurs ouvrages sont souvent confondus ensemble. Ce sont, en effet, les mêmes airs de têtes et les mêmes compositions. La jeune artiste ne diffère de son père que par son genre plus maniéré et la plus grande transparence de son coloris.

MARATTI (BARNABÉ)

Barnabé était le frère utérin de Carlo Maratti, à qui il donna les premières notions de peinture, sans pour cela avoir jamais égalé son génie. Les productions qu'il a faites sont presque toutes attribuées aujourd'hui à Carlo, et lui ont fait beaucoup de tort. Il suffirait en effet qu'un artiste ait pu peindre d'aussi mauvais tableaux pour compromettre entièrement sa réputation. Les ouvrages de ces deux peintres sont bien faciles à distinguer : Barnabé, ayant toujours suivi l'École romaine, n'est pas aussi rose que son frère; il est plus jaune et plus terne, et ses peintures sont froides et léchées.

PASSERI (GIUSEPPE)

Né à Rome en 1654, mort en 1714 ou 1715

Assez bon imitateur de Carle Maratti; bon coloris, mais dessin moins correct.

MASUCCI (AGOSTINO)

Né à Rome en 1691, mort en 1758.

Bon coloriste, dessinateur correct, mais plus maniéré et plus léché que Carle Maratti.

DUVENÈDE (MARC-VAN)

Né à Bruges en 1674, mort en 1729.

Ce peintre flamand imita Carle Maratti avec beaucoup de bonheur. On prendrait ces deux peintres l'un pour l'autre, si le pinceau de Duvenède n'était pas plus flou que fin, et s'il avait une couleur plus argentée.

GIORDANO (LE CHEVALIER LUC)

DIT FA PRESTO OU LUCA

Né à Naples en 1632, mort en 1705.

J'ai déjà eu occasion de parler de ce peintre. C'est avec lui que commence la décadence de la peinture italienne, qu'il a dégradée par des pastiches sans nombre. La manière propre de Giordano est lâchée et se ressent toujours du pasticheur.

Les œuvres de ce peintre sont peu recherchées par les amateurs.

MUSÉE DU LOUVRE. — *La Présentation au Temple* et *Jésus se soumettant à la mort pour le rachat des hommes.* Le premier a été coté 3,000 fr., puis 1,000 fr. dans les inventaires ; le second 100 fr.

MUSÉES DIVERS, GALERIES, ETC.

MUSÉE DE ROUEN. — *Adoration des Bergers.*

MUSÉE DE LYON. — *Renaud et Armide.* — *Saint Luc.*

MUSÉE DE RENNES. — *Martyre de saint Laurent.* — *Un Évangéliste* (dessin au crayon rouge).

MUSÉE DE BORDEAUX. — *Vénus endormie.* — *Hercule chez Omphale.* — *Tête de vieille Femme.*

MUSÉE DE LILLE. — *Combat de Turnus et d'Enée.* — *Énée guéri par Vénus.*

MUSÉE DE NANTES. — *Saint Dominique.*

MUSÉE DE CHERBOURG. — *Saint Pierre pleurant la faute qu'il a commise en reniant son maître.*

MUSÉE DE NAPLES. — *Deux Hérodiades.* — *Deux Pilates.* — *Sémiramis.* — *Une Consécration.*

AU COUVENT DES JÉSUITES A NAPLES. — *Saint François-Xavier instruisant les Indiens.*

ÉGLISE DE SAINT-PHILIPPE DE NÉRI A NAPLES. — *Jésus chassant les vendeurs du Temple* (fresque).

ÉGLISE DE SANTA-MARIA-LA-NUOVA A NAPLES. — *Deux Enfants peints à l'âge de huit ans.*

ÉGLISE DELLA PIETA DE TURCHINI A NAPLES. — *Le Christ triomphant.*

ÉGLISE DEL CARMINE A NAPLES. — *Le Père Éternel.*

ÉGLISE DE SAINTE-BRIGITTE A NAPLES. — Les fresques de la coupole.

ÉGLISE DE SAINT-DOMINIQUE LE MAJEUR A NAPLES. — *Le Saint-Sacrement.* — *Saint Thomas d'Aquin.*

ÉGLISE DONNA REGINA A NAPLES. — *Les Noces de Cana.* — *La Prédication de saint Jean.*

A L'Académie des Beaux-Arts a Venise. — *La Descente de croix.*

Église de Tolentini a Venise. — *L'Annonciation.*

Église San-Pietro a Venise. — *La Vierge et les Ames du purgatoire.*

Église de Santa-Maria-della-Salute a Venise. — *La Naissance, la Présentation et l'Assomption de la Vierge.*

Palais Contarini a Venise. — *Énée emportant son père Anchise.*

Palais Canova près de Possagno. — *Le Christ au jardin des Oliviers.*

Église Sainte-Justine a Padoue. — *La Mort de sainte Scolastique.* — *Le Martyre de sainte Placide.*

Église Sainte-Marie in Corte Laudini a Lucques. — *Madone della Neve.* — *L'Assomption.*

Galerie du palais Riccardi a Florence. — *Allégorie poétique sur les Vicissitudes de la vie mêlée d'histoires mythologiques* (plafond à fresque).

Au palais Pitti. — *Une Conception.*

Musée de Dresde. — *Hercule et Omphale.* — *Persée et Phinée.* — *Bacchus et Ariane.* — *Sénèque mourant.* — *Lucrèce et Tarquin.* — *L'Enlèvement des Sabines.* — *Bacchus et Ariane.* — *Abraham renvoyant Agar.* — *David tenant la tête de Goliath.* — *Les Présents d'Abraham.* — *Jacob et Rachel.* — *Bataille des Israélites contre les Amalécites.* — *Loth et ses Filles.* — *Suzanne.* — *La Vierge et l'Enfant Jésus.* — *La Madeleine repentante.* — *Saint Sébastien.* — *Combat de nuit.* — *Portrait d'Homme.* — *Buste d'un jeune Homme.*

Musée du Roi a Madrid. — *Sainte Famille.* — *Le Songe de saint Joseph.* — *Portrait de Charles II et de sa Femme.* — *Le Baiser de Judas.* — *Pilate se lavant les mains.* — *Allégorie de la Paix.*

Musée de Saint-Pétersbourg. — *Le Jugement de Pâris.* — *La Descente de croix.* — *Le Triomphe de Galatée.* — *La Nativité de saint Jean-Baptiste.* — *La Nymphe Aréthuse.* — *Le Massacre des Innocents* et plusieurs autres compositions.

Ancienne galerie de Vienne. — *Martyre de saint Barthélemy.* — *Agar renvoyée par Abraham.*

Musée de Munich. — *Portraits de l'artiste et de son père.* — *Trois Philosophes anciens.* — *Le Massacre des Innocents.* — *La Mise en croix.* — *Le Suicide de Lucrèce* et quelques autres toiles.

A Hampton-Court. — *L'Adoration des Mages.* — *Histoire de Psyché* (douze tableaux).

Institution royale de Liverpool. — *Denis de Syracuse.*

Au duc de Northumberland. — *Vénus et Cupidon.*

Collection Hardwicke. — *Léda.*

A lord Heytesbury. — *Le roi Philippe II.*

A sir Culing Eardley. — *Le Christ disputant avec les Docteurs.*

Collection Darnley. — *L'Adoration des Bergers.*

Au duc de Marlborough. — *La Mort de Sénèque.*

Collection Devonshire. — *Acis et Galatée.*

Galerie Lichtenstein. — *Une Allégorie.*

PRIX DE VENTES

Sainte Famille. 1781, Vte Euller, 315 fr. — *Jupiter et Antiope* (1^m,28 1/2—1^m,47 1/2). 1810, Vte de Bellegarde, 1,200 fr. (retiré). — *Le Christ mort.* 1810, Lebrun, 3,700 fr. —

Jupiter et Antiope ($1^m,28 — 1^m,47$ 1/2). 1823, Vte Pasquier, 250 fr. (coll. Clavières). — *Tarquin et Lucrèce*(1^m,24 — 99^c). 1830, Vte Guillaume II, 1,150 fr. (à M. Roos). — *Sisara et Jahel.* Même Vte, 1,150 fr. — *L'Adoration des Bergers. Le Mariage de la Vierge.* 1857, Vte d'Armagnac, 620 fr. (à M. Lacaze). — *Passage de la mer Rouge par les Israélites* (3^m,86 — 4^m). 1861, Vte L., de Madrid, 600 fr.*— *Vierge et Martyre* ($1^m,50—1,^m$). Même Vte, 460 fr. (signé).

SIMONELLI (GIUSEPPE)

Né en 1649, mort en 1713.

Élève de Giordano, Simonelli pasticha son maître à son tour; il lui ressemble tout à fait pour le coloris; sa manière est un peu plus molle, et son dessin d'une médiocrité reconnaissable.

CARRIERA (ROSALBA)

Née à Venise en 1672 ou 1675, morte en 1757.

La miniature est la partie dans laquelle Rosalba fit ses premiers essais. Elle y avait déjà acquis une grande réputation lorsque, au bout de quelque temps, elle l'abandonna pour adopter le pastel. Ses têtes de Vierge sont admirables; il serait impossible de rendre avec plus de vérité la candeur de la mère du Christ; ses mains sont dessinées avec une perfection extraordinaire. La seule chose qu'on pourrait blâmer en elle, c'est un pointillé désagréable, qui heureusement ne règne pas dans toutes ses œuvres.

Suivant leur conservation et leur importance historique, les pastels de Rosalba Carriera atteignent des prix élevés. Ses œuvres sont peu communes chez les amateurs ainsi que dans le commerce. Le musée du Louvre en possède de fort belles dans sa collection de dessins et pastels.

MUSÉES DIVERS, GALERIES, ETC.

MUSÉE DE DRESDE. — *Les Parques. — Clotho. — Lachésis. — Atropos. — L'Air. L'Eau. — La Terre. — Le Feu. — La Victoire. — Tête de Jésus-Christ. — La sainte Vierge. — Image de la Vierge. — La Vierge les yeux baissés. — La Vierge tenant un livre. — Mater dolorosa. — Marie Madeleine. — La même, les cheveux épars. — La même, dirigeant ses regards vers le ciel. — Le petit saint Jean. — La Vierge. — Le*

Sauveur. — *Frédéric-Chrétien de Saxe.* — *Anne-Amélie.* — *Un Procureur de Venise.* — *Marie-Josèphe, fille de l'empereur Joseph Ier.* — *L'abbé Sartorius.* — *Chrétien VI, roi de Danemark.* — *Le Sauveur les cheveux pendants.* — *Saint Joseph.* — *Image de la Vierge.* — *La Vierge les yeux baissés.* — *L'Asie, l'Afrique, l'Europe et l'Amérique.* — *Clio.* — *La Vigilance.* — *La Sagesse.* — *La Justice.* — *La Tempérance.* — *La Vérité.* — *L'Instabilité.* — *L'Éternité.* — *La Charité.* — *Le Printemps.* — *L'Été.* — *L'Automne.* — *L'Hiver.* — *Anne-Amélie-Joséphine, princesse de Modène.* — *L'impératrice Élisabeth.* — *L'impératrice Amélie, épouse de Joseph Ier.* — *Clément-Auguste, électeur de Cologne.* — *Le comte de Villiers.* — *Portrait de la Moceniga.* — *L'abbé Métastase.* — *Louis XV, dauphin.* — *Rinaldo, duc de Modène.* — *Le cardinal d'York.* — *Le comte Pietro Minelli.* — *La comtesse Camilla Minelli.* — *La comtesse Recaniti.* — *La comtesse Léopoldine de Stemberg.* — *Noble Vénitienne.* — *Henriette, princesse de Modène.* — *Portrait de la Cocceji.* — *La duchesse de Holstein.* — *La princesse de Teschen.* — *Portrait de Faustine Hasse.* — *Une Hôtesse du Tyrol.* — *Portrait de Rosalba Carriera.* — *Portrait d'une Femme avancée en âge.* (Pastels.)

    Cabinet Bouchot. — Une charmante *Tête d'expression.*

    Galerie du duc d'Aumale. — *Mademoiselle de Clermont* (pastel).

PRIX DE VENTES

Deux Têtes, homme et femme (au pastel, prov^t de la coll. Crozat). 1763, Vte Babault, 85 fr. — *Les Quatre Saisons* (ces pastels ont été faits pour l'électeur de Cologne). 1764, Vte de l'électeur de Cologne, 30,800 fr.; vendus depuis à M. Julienne, 4,000 fr. avec un *Portrait de Femme,* vendus en 1766 à la Vte Julienne, 1,800 fr. — *Portrait de l'artiste* dans un âge avancé. 1764, Vte de l'électeur de Cologne, 301 fr.; 1766, Vte Julienne, 425 fr.; 1775, Vte Mariette, 1,610 fr. — *Portrait de Watteau* (pastel). 1770, Vte La Live de Jully, 113 fr. — *Portrait de l'artiste touchant du clavecin, un homme joue de la flûte* (miniature). 1776, Vte de Gagny, 280 fr. — *Buste d'un jeune Homme la tête nue, le col de la chemise déboutonné.* 1777, Vte Conti, 572 fr. — *Un Portrait de Femme tenant une pique et un panier de fruits.* 1779, Vte Vassal de Saint-Hubert, 144 fr. — *La Justice et la Paix.* Vte Polignac, 2,416 fr.; 1810, Vte Sylvestre, 201 fr. — *Portrait d'une Femme blonde.* 1781, Vte Euller, 96 fr. — *Buste de Femme.* Même Vte, 96 fr. — *Portrait d'une Vénitienne* (miniature). 1782, Vte du marquis de Ménars, 72 fr.

CARRIERA (JEANNE)

Morte en 1737.

    L'on a confondu avec les ouvrages de Rosalba ceux de sa sœur, qui était son élève, mais qui n'a rien fait de bien remarquable.

    La peinture à l'huile, le pastel et la miniature, furent les trois parties dans lesquelles elle s'est exercée. Nulle pour le coloris et le dessin, Jeanne savait mettre tant de grâce dans ses poses que, sous ce rapport, elle est peut-être supérieure à Rosalba.

PANINI (GIOVANNI-PAOLO)

Né à Plaisance en 1691 ou 1695, mort à Rome en 1764 ou 1768.

Panini a représenté des paysages et des sujets d'architecture. Comme paysagiste, il est vert, lourd, et n'offre de remarquable que la perspective, science qu'il possédait par principes. Comme peintre d'architecture, il se distingue par la profondeur dans les mouvements de terrains, la facilité de la touche et le maniement du pinceau; ses ombres sont rouges et ne correspondent point avec les objets dont elles dépendent; ses figures sont souvent beaucoup trop grandes proportionnellement à ses vues; les statues, qu'il représentait en manière de repoussoir, ont quelquefois quatre mètres de hauteur.

Abusant parfois de son extrême facilité, Panini travaillait trop largement et violait les règles de la perspective aérienne, en mettant des touches trop vives dans le lointain, ce qui fait que ses petits ouvrages sont plus réguliers que ses grands.

Il est assez souvent mention de ce maître dans les ventes publiques, où ses œuvres ne sont disputées que lorsqu'elles sont capitales.

Le musée du Louvre en est riche; on y remarque des *Ruines d'architecture d'ordre dorique*. Est. 2,500 fr. — *Un Festin donné sous un portique d'ordre ionique*, 1,000 fr. — *Un Concert donné dans l'intérieur d'une galerie*, 1,000 fr.

MUSÉES DIVERS, GALERIES, ETC.

Musée de Caen. — *Réception de Cordons bleus.* — *Plusieurs Tombeaux en ruines. Paysage.* (Très-spirituellement touché.)

Musée d'Épinal. — *Arc de triomphe de Titus.* — *Pyramide Cestius.*

Musée d'Avignon. — *Monuments antiques.* — *Colonnade antique.*

Musée de Bordeaux. — *Deux Paysages.*

Musée de Nîmes. — *Ruines dans un paysage.*

Musée de Nantes. — *Ruines.*

Musée de Grenoble. — *Ruines d'architecture.*

Galerie de Naples. — *Charles III reçu au palais de Montecavallo.* — *Une Vue du Colisée.* — *Vue de l'Arc de Titus.*

Musée de Dresde. — Deux tableaux d'*Architecture.*

National Gallery. — *Site d'Italie avec ruines et figures.*

Galerie Ellesmère. — *Deux Vues prises à Rome.*

Galerie Buccleuch. — *Deux Vues d'Italie.*

A Mrs. Ford. — *Deux Ruines.* (Très-beaux.)

Au vicomte Galway. — *Intérieur de Saint-Pierre.*

Collection Gibson Craig. — *Paysage avec ruines.*

Collection Fletcher. — *Paysage avec architecture.*

Collection Normanton. — *Vue intérieure du Panthéon, à Rome.*

Cabinet Hawkins. — *L'Intérieur de Saint-Paul à Rome.*

Collection Tomline. — *Deux Vues de Rome.*

Galerie Stafford. — *Paysage avec architecture.*

Collection Carlisle. — *Vue du Forum* et son pendant.

Galerie Weyer de Cologne. — *Arc de triomphe de Rome.* — *Monuments de Rome.*

Galerie Narvaez. — *Deux Paysages avec ruines.*

Galerie Pozzo di Borgo. — *Vue du Rialto.* — *Vue de la place Saint-Marc.*

PRIX DE VENTES

Rome ancienne et moderne. 1766, Vte Choiseul, 12,000 fr.; Vte Perrier, 6,000 fr.; 1846, Vte F., 6,600 fr. — *Ruines d'architecture* (40^c 1/2 — 32^c). 1777, Vte Conti, 1,241 fr. — Deux tableaux de *Ruines.* 1779, Vte de Juvigny, 3,301 fr. — *Intérieur du campo Vaccino; Extérieur de cette place* (56^c 1/2 — 96^c 1/2). 1780, Vte Soufflot, 1,101 fr.; 1781, Vte Leblanc, 1,165 fr. — *Les Noces de Cana* (80^c 1/2 — 1^m,7). 1784, Vte Merle, 5,131 fr. — 1787, Vte Lambert et du Porail. — Deux tableaux représentant *une Réunion d'anciens monuments* (1^m,92 1/2 — 1^m,71). 1809, Vte Hubert Robert, 2,801 fr. (gal. Choiseul). — *Le Miracle de la Piscine. Les Vendeurs chassés du Temple.* Même Vte, 1,200 fr. — Deux tableaux de *Ruines, la colonne Trajane,* etc., et *le Panthéon.* 1809, Vte Lebrun, 2,001 fr. — *La Cérémonie de la porte Sainte à Rome.* Même Vte, 2,000 fr. — *Place de Saint-Pierre de Rome.* 1811, Vte Gamba, 1840 fr. — *Deux Ruines. L'Arc de Constantin. Le Temple d'Antonin,* etc., 1814, Vte Livry, 970 fr. — *Ruines du temple de la Paix* et *le Colisée.* Même Vte, 1,065 fr. — *Deux Intérieurs.* 1814, Vte Paillet, 1,000 fr. — *Intérieur de Saint-Pierre de Rome* (1^m,28 — 2^m,11). 1832, Vte Érard. — *Les Noces de Cana.* 1837, Vte Berry, 1,660 fr. — *Paysage.* 1843, Vte X., 80 fr. — *Ruines de l'ancienne Rome* et son pendant, autres *Ruines de Rome.* 1846, Vte Fesch, 220 écus. — *Féte à Rome,* 1,000 fr. Même sujet (54^c — 1^m,00). 1858, Vte Merighi, 650 fr. — *La place Navone.* 1859, Vte Brabeck et de Stolberg, 493 thalers. — *L'Église de Saint-Pierre à Rome.* Même Vte, 507 thalers. — *Une Place de Rome.* 1858, Vte Dubois, 515 fr.; 1860, Vte Richard, 1,030 fr. — *Embarquement d'une Reine.* — *Débarquement d'une Reine.* 1863, Vte X., 799 fr. les deux.

DESSINS.

Alexandre visitant le tombeau d'Achille (dessin à l'encre de chine rehaussé de blanc). 1775, Vte Mariette, 450 fr. — *Quatre Vues des environs de Rome* (dessin au bistre, à la plume et à l'encre de chine. Même Vte, 1,290 fr. — *Deux Vues de Ruines* (dessins à la plume et à l'encre de chine. 1776, Vte Neyman, 216 fr. — *Deux Vues anciennes. Monuments romains enrichis de figures: dans l'une la statue de Marc-Aurèle, dans l'autre un obélisque et les lionnes du Capitole* (dessins au bistre), 1,210 fr. les deux. — *Jésus et les Docteurs* (dessin à la plume, lavis et rehaussé de blanc). 1777, Vte Boisset, 210 fr. — *Jésus dans la Piscine* et *les Vendeurs chassés du Temple* (dessins à la plume et au bistre sur papier blanc, figures par Natoire). 1778, Vte Natoire, 131 fr. — Deux dessins. 1782, Vte du marquis de Ménars, 499 fr.

Parmi ceux qui ont le plus adroitement copié ou imité Panini on distingue :

PANINI (FRANCESCO)

Élève et fils du précédent, il adopta le même genre que son père, et y réussit si bien qu'aujourd'hui la plupart des connaisseurs prennent l'un pour l'autre. Cependant les productions du fils sont plus léchées et on y aperçoit des fautes très-graves dans la perspective linéaire, ce qui a fait dire à beaucoup de biographes que Jean-Paul ne connaissait pas cette science; mais ils ignoraient sans doute que Francesco avait suivi le même style que son père.

Le pinceau de François est moins franc que celui de Jean-Paul, et ses productions sont froides et inanimées.

LUZZU (PIETRO)

DIT ZORATO OU ZAROTTO, OU ENFIN MORTO DA FELTRO

Né à Feltre vers 1460, mort vers 1505.

Le lecteur, en lisant ces dates, doit être convaincu que je n'ai pas l'intention de classer Morto da Feltro parmi les imitateurs de Panini, puisque ce dernier vint au monde près de deux siècles après la mort de da Feltro. Je dirai seulement que les tableaux de notre artiste, quoique de beaucoup antérieurs à ceux de Panini, sont journellement vendus dans le commerce sous son nom, et qu'ils possèdent une grande supériorité sur eux tant pour la forme que pour la touche. Les figures qu'ils représentent sont aussi plus correctes, mais leurs ciels, dépourvus de fraîcheur et ayant repoussé au vert par suite de l'emploi d'une mauvaise cendre bleue, servent d'indice pour les reconnaître.

NOLLEKENS (JOSEPH-FRANÇOIS)

Né à Anvers en 1706, mort à Londres en 1748.

Ce peintre flamand fit de bien belles imitations de Panini; cependant ses détails d'architecture sont plus secs et son dessin est moins élancé.

CANAL (ANTONIO DA), DIT CANALETTI

Né à Venise en 1697, mort dans la même ville en 1768.

Les œuvres de Canaletti sont recherchées par les vrais amateurs, qui reconnaissent en elles les qualités propres à former les vrais peintres. Perspective linéaire et aérienne, harmonie, représentation fidèle, tout s'y trouve réuni.

Canaletti a rarement peint ses figures; presque toujours Tiepolo était chargé de ce soin.

Les vrais ouvrages de ce maître se rencontrent peu souvent dans les ventes publiques; ils sont la plupart classés dans les musées et les galeries. Le musée du Louvre en possédait trois, suivant la notice de 1847, mais deux ont été attribués à B. Belloto sans aucune raison ni preuve, sinon qu'ils *paraissent* être de ce dernier peintre. En attendant des preuves plus concluantes, ou tout au moins appuyées de raisons tirées du faire ou de la couleur de ces tableaux, je considérerai cette décision comme sujette à appel, et, suivant l'opinion de vrais et savants juges en cette matière, je les maintiendrai à Canaletti.

MUSÉE DU LOUVRE

Vue de l'église appelée la Madona della Salute. Est. 3,500 fr. lors de l'inventaire de 1816. — *Vue de l'église et de la place Saint-Marc,* 1,000 fr. — *Vue du palais ducal à Venise,* 1,000 fr.

MUSÉES DIVERS, GALERIES, ETC.

Musée Napoléon III. — *Souvenir de Venise.*

Musée de Lille. — *Vue d'un pont en pierre à Venise.*

Musée de Nantes. — *Vue de Venise.* — *Place Navone à Rome.*

Musée de Grenoble. — *Vue de Venise.* — *La place Saint-Marc* (contesté).

Musée d'Avignon. — *Vue de Venise.*

Musée de Naples. — *Douze Vues de Venise.*

Musée de Berlin. — *Le Palais ducal de Venise.* — *Le Palais Grimani.* — *La Douane.* — *L'Église della Salute.*

Musée de Saint-Pétersbourg. — *Le Mariage du Doge avec la Mer.* — *La Réception d'un ambassadeur.*

Musée de Bruxelles. — *Vue de Venise.*

Musée de Dresde. — *Le grand canal de Venise.* — *Vue du grand canal de Venise, de l'église de Santa-Maria della Salute.* — *Vue de la place et de l'église Santo-Giacomo à Venise.* — *La place et l'église Saint-Marc.* — *La petite place Saint-Marc à Venise.* — *Vue du grand canal de Venise.*

National Gallery. — *Vue de Venise.* — *Paysage avec ruines et figures.* — *Vue du grand canal de Venise.* — *La Place de Saint-Marc à Venise.*

A Hampton-Court. — *Ruines du Colisée.*

Musée Joane. — *Le Grand canal de Venise.* — Deux autres compositions.

En Angleterre. — *Vue de Wite-Hall.* — Id. *de Saint-James Park.* — Id. *des Jardins de Richmond.* — Id. *de Northumberland-House.*

Galerie Westminster. — *Vue de la place Saint-Marc.*

Collection J. Walter. — *Vue de Venise.*

A sir W. Worsley. — *Vue de Venise.*

Galerie sir John Boileau. — *Vue du Grand canal de Venise.*

Collection J. Bond. — *Vue de Venise.* — Son pendant.

Au comte Harrington. — *Quatre Vues de Venise.*

Galerie M'Lellan. — *Vue de Venise* (contesté par M. Waagen et regardé comme étant de Guardi).

Collection Drury Lowes. — *Vue du Campo Santo-Giacomo.*

Collection Henderson. — *Vue de l'église San-Francisco della Vigna.* — *Vue de l'église de San-Pietro di Castello.* — *Vue du canal de Reggio.*

Collection Normanton. — *Vue de la place du Doge à Venise.*

A lord Hertford. — *Vue de Venise.* — *Vue du Rialto.* — Six autres *Vues de Venise.*

Au comte de Burlington. — *Vue de Venise.*

Collection Barry. — *Vue du grand canal de Venise.*

Au duc de Buccleuch. — *Huit Vues de Venise.*

A lord Caledon. — *Vue du Forum et du Capitole.* — *Vue de Rome.*

Collection John Anderson. — *Deux Vues avec figures.* — Deux autres *Vues de Venise.*

A lord Enfield. — *Vue de Venise.*

A sir Culling Eardley. — *Deux Vues de Venise.* (Très-beaux spécimens du maître.)

Collection Warwick. — *Le Palais du Doge à Venise.*

Collection Holford. — *Une Vue de Venise.*

Collection Carlisle. — *Trois Vues de Venise.*

Au duc de Bedford. — *Plusieurs Vues de Venise.*

Collection Wyn Ellis. — *Une Vue d'Italie.*

Au marquis d'Exeter. — *Vue du Rialto.*

Collection Hoare. — *Trois Vues de Venise.*

Collection Ashburton. — Deux charmantes *Vues de Venise.*

Collection Baring. — *Vue du Rialto à Venise* (contesté, attribué à Belloto).

Ancienne galerie Weyer de Cologne. — *Le Palais des Doges à Venise.* — *Le Pont Royal à Venise.*

Galerie Lichtenstein. — *Vues de Venise.*

Cabinet du prince Joussoupoff a Saint-Pétersbourg. — *Vues de Venise.*

Galerie Esterhazy. — *Plusieurs Vues de Venise.*

Galerie Suermondt. — *Vues des principaux édifices de Venise.*

PRIX DE VENTES

Vue de l'île Saint-George le Majeur, Vue de l'église de la Santé ($2^m 16 1/2, — 2^m, 40$); *Vue de la place de Saint-Marc, Vue des îles Saint-Michel* ($2^m, 14 — 1^m, 54 1/2$). 1807,

Vte Celotti, 2,500 fr. les quatre. — *Vue d'une place de Venise.* 1810, Vte Lebrun, 1,060 fr.
— *Le Rialto ; l'Église Saint-Paul.* Même Vte, 400 fr. — *La Fête de Saint-Marc* (effet de
nuit. Même Vte, 128 fr. — *Vue de Venise.* 1843, Vte Aguado, 2,200 fr. — *Vue de Venise.*
1847, Vte C., 1,000 fr. — *Vue de Venise.* 1849, Vte A. M., 405 fr. (à M. Burat). — *Vue de
Venise* (B. 61^c—90^c). 1850, Vte Guillaume II, 1950 fr. (à M. de Vries). — Même sujet
(B. même dimension). .... 1,910 fr. — *Vue de Venise* (B. 25^c—70^c). Son pendant
(même dimension). Même Vte, 1,650 fr. (à M. Brondgeest). — *Pont du Rialto ; Place de
Saint-Marc* (78^c—53^c). 1858, Vte de Scheult, 1,425 fr. — *Vue de Venise.* 1854, Vte Gi-
roux, 1,040 fr. — *Le grand canal de Venise.* 1859, Vte Northwick, 5,200 fr. — *Vues de
Venise* (six dessins). 1860, Vte P. de Vienne, 500 fr. — *Vue de l'entrée du grand canal
de Venise et du Palais des Doges.* 1863, Vte Morland, à Londres, 145 guinées (à
M. Stewart).

GUARDI (FRANCESCO)

Né en 1712, mort en 1793.

Élève de Canaletti, ce peintre est un de ses meilleurs imitateurs. Sans la crudité de
sa couleur et son manque d'harmonie, il serait difficile de distinguer l'élève d'avec le
maître, surtout lorsque les tableaux du premier ont reçu des figures de Tiepolo.

BELLOTO (BERNARDINO)

Né vers 1724, mort à Varsovie vers 1780.

Belloto a fait d'assez belles imitations de Canaletti, son oncle, dont il fut le disciple.
Malgré les figures dont Tiepolo les a ornées, elles se reconnaissent à leur touche grenue,
à leur exécution moins large et à leur coloris moins piquant.

MARIESCHI (JACOPO)

Né à Venise en 1711, mort en 1794.

Encore un imitateur auquel les figures de Tiepolo donnent plus d'importance qu'il ne
le mérite. En effet, sa touche tracée, ses eaux bleu foncé, ne peuvent tromper que les
amateurs inexpérimentés.

VISENTINI (ANTONIO)

Né en 1689, mort en 1782.

Les imitations de Visentini sont souvent vendues pour les œuvres originales de Canaletti, quoique leurs lignes, anguleuses jusqu'à l'excès, et leur couleur trop bleue, suffisent

pour les indiquer à l'amateur. Il est vrai d'ajouter que ses tableaux, ainsi que ceux des peintres précédents, gagnent beaucoup aux figures que Tiepolo y a exécutées.

Francesco Battaglioni et Giuseppe Moretti ont aussi fait des imitations de Canaletti, mais les productions du premier sont trop léchées pour qu'elles puissent tromper un instant. Quant au second, il est vert et lourd, et ses figures sont beaucoup trop grandes, si on les compare à ses vues.

Ainsi que je l'ai déjà dit, c'est dans la *Table analytique* et dans le *Répertoire* qui l'accompagne qu'il faudra chercher les renseignements commerciaux et autres, relatifs aux imitateurs et aux copistes dont il est question dans l'École italienne.

Il en sera de même pour les peintres qui n'ont pas été compris dans cette nomenclature, soit à cause de leur peu de talent, soit parce qu'ils n'ont pas eu de copistes pouvant faciliter les fraudes.

Une décision très-importante a été prise depuis l'impression de cette partie du *Guide de l'amateur*, je veux parler de la répartition entre les Musées de province d'une partie de la collection Campana dont je cite les œuvres sous la rubrique : Musée Napoléon III, suivant le nom qui lui avait été donné antérieurement.

Cette dispersion nuira peut-être à la clarté de quelques-unes de mes indications, mais le lecteur voudra bien se souvenir que cette collection devait être conservée dans son entier lorsque la composition de ce volume fut commencée.

Voici, au sujet de cette répartition, les chiffres qui ont été arrêtés par M. le ministre d'État, sur les propositions faites par la commission de l'ancienne collection Campana.

Le total des tableaux destinés au Louvre s'élève à trois cent-trois; ceux destinés au musée de Cluny à dix-sept : il restait donc trois centonze toiles à distribuer entre soixante-sept musées de départements, parmi lesquels une dizaine ont été donnés au musée de Toulouse, trois à celui de Béziers, huit au musée de Bordeaux, trois à celui de Valenciennes, deux à celui de Melun, le même nombre aux musées de Meaux, de Metz et de Marseille; enfin, Rouen, Aix, Chambéry, Arles et la plupart des autres musées de province, ont également reçu plusieurs tableaux provenant de la même collection.

Comme on le voit, si quelques indications du *Guide de l'amateur* se trouvent modifiées par suite d'une décision qu'il m'était impossible de prévoir, nos musées départementaux auront gagné en richesses par l'effet de cette décentralisation dont profiteront les artistes et les amateurs de province.

ÉCOLE ESPAGNOLE

DÉDIÉE

A S. Exc. le maréchal NARVAEZ, duc de Valencia

Par son respectueux serviteur

Th. LEJEUNE.

PEINTRES ESPAGNOLS

AVEC LEURS IMITATEURS ET LEURS COPISTES

Comme je l'ai déjà fait remarquer dans mes considérations générales sur les diverses Écoles, l'art espagnol se divise en quatre Écoles, dont les principaux fondateurs sont les maîtres de Grenade, d'Aragon, de Murcie, d'Estramadure, etc.

L'École de Valence, à laquelle se rattache l'École *Italico-Espagnole,* a pour maîtres l'illustre Vincent Joanès et Ribéra ;

Celle de Madrid, le divin Moralès et le magnifique Vélasquez de Silva ;

Celle de Séville, le célèbre Estevan Murillo.

Ces trois Écoles ont produit une immense quantité de peintures représentant des Vierges, des Jésus, des Conceptions, des Annonciations, des saint Joseph, des Suzanne, des Madeleine, des *Noli me tangere,* des Visitations, tous sujets gracieux qui souriaient à l'imagination vive et ardente des jeunes peintres; tandis que les flagellations, les calvaires, les Christ au tombeau, les tortures, les martyres, étaient les épisodes que choisissaient les artistes à conscience timorée. Ils considéraient ces tableaux, fruit de leur travail et de leurs veilles, comme autant d'offrandes expiatoires propres à leur faire gagner des indulgences.

Voulons-nous savoir ce qui a donné lieu à cette multitude de sujets pieux qu'on reproche à l'École espagnole?

M. Quillet, dans sa précieuse traduction de Jean Bermudez, va nous l'apprendre. Charles-Quint et Philippe II, après avoir donné le plus brillant essor aux arts en Espagne, avaient laissé au sacerdoce des richesses trop nombreuses, pour que le clergé, dépositaire en partie de la fortune publique, n'influât pas sur ces mêmes arts.

Il est reconnu, en effet, que tout l'or des Amériques venait se fondre dans les couvents qui, d'après le calcul le plus impartial, possédaient les deux tiers du sol cultivé.

La religion influençait donc la politique du cabinet de Madrid.

Les religieux, de leur côté, influençaient, maîtrisaient même les esprits des particuliers, et surtout des jeunes gens qui tous leur étaient confiés.

Les artistes, presque toujours nécessiteux, s'adressaient au pouvoir qui, dans ces contrées, résidait essentiellement chez les moines.

Dans un pareil état de choses, était-il possible que les sujets religieux ne se multipliassent pas à l'infini?

Observons, en outre, que les peintres, soit castillans, soit étrangers, appelés à peindre les voûtes, les escaliers, les corridors des cloîtres, devaient suivre rigoureusement le sujet qu'on leur imposait. Pour qu'ils ne s'en écartassent en aucun point, très-souvent on les soumettait à des théologiens versés dans l'histoire sacrée, qui guidaient pour ainsi dire leur pinceau pendant tout le temps de l'exécution.

Ces religieux suivaient bien scrupuleusement le texte indiqué; mais, attachés à tel ou tel couvent, ils avaient toujours grand soin de faire admettre dans la composition un ou deux personnages vêtus de l'habit de leur ordre.

De là cette foule d'anachronismes que l'on retrouve dans ces sortes de productions.

Cependant, dira-t-on, pourquoi ces Espagnols, nés sous un heureux climat, n'ont-ils pas, comme les Italiens, varié leurs compositions? Pourquoi ne voit-on pas, à la suite de tant de sujets mystiques, quelques-uns de ces riants épisodes de la mythologie des Grecs? La théologie, répondrai-je encore, s'emparait des pinceaux de l'artiste, dont les talents étaient subordonnés au culte. Il eût été, du reste, fort imprudent de retracer des fictions où l'amour et son brillant cortége auraient joué les premiers rôles; car chacun sait que Charles III, le souverain vraiment le plus philosophe que l'Espagne ait possédé, donna, sur la fin de ses jours, l'ordre exprès de brûler les compositions délicieuses où le Titien s'était surpassé pour donner à ses Vénus tout le prestige de la beauté. Ces œuvres ne durent leur conservation qu'à la prudence du premier ministre qui, sans tenir compte de l'ordre du roi, se contenta de les soustraire à tous les regards dans un endroit appelé *El Revéque*.

A la suite de tant de contraintes, les sculpteurs, pour se délasser, composaient des vases, créaient mille sujets chimériques, tandis que les peintres peignaient des fleurs, des natures mortes, des trompe-l'œil, genres dans lesquels ils ont particulièrement excellé.

Que dire du goût et des tendances de cette époque? sinon que partout la nécessité fait loi.

En résumé, malgré toutes les entraves qui gênèrent l'École espagnole, elle n'a cessé de produire des œuvres admirables, et cependant, sauf une dixaine de ses peintres, dont les noms sont célèbres, aucune École n'est moins connue et n'a moins été étudiée dans ses détails. Pourquoi les Italiens, possesseurs de tant de chefs-d'œuvre qu'ils ont créés, n'ont-ils pas parlé des Castillans, qui concoururent avec Michel-Ange aux travaux du Vatican? Pourquoi ravir à ceux-ci la juste portion de gloire à laquelle ils ont droit? Pourquoi les historiens, sévères scrutateurs de la vérité, n'ont-ils pas signalé ces hommes de génie qui, de toutes les parties de l'Espagne, venaient apporter leur tribut à l'Ausonie? tels que les Ferdinand et Antoine del Rinçon, Pierre et Alphonse Berruguete, Vincent Joanès, Gaspard Becerra, Philippe de Vigarny et d'autres encore que je me propose de tirer de l'oubli où une grande injustice les a relégués.

A l'exemple de Quillet, dont l'éloquent plaidoyer n'a pas été sans écho dans l'esprit des amateurs sérieux et dégagés de toute prévention, j'apporterai ma pierre à l'édifice de cette rénovation d'une École si digne de prendre sa place parmi les plus distinguées de ses émules, et chez laquelle on trouve des rapprochements inouïs entre tels et tels artistes qui, sans s'être jamais vus, sans s'être rien communiqué, et vivant à de très-grandes distances les uns des autres, produisaient en même temps des chefs-d'œuvre qui semblent être dus à un seul et même pinceau ou sortir de la même École.

RINÇON (ANTOINE D'EL)

(ÉCOLE DE MADRID)

Né à Guadalaxara en 1446, mort à Séville en 1500 ou 1501.

Ce peintre fut le premier qui, en Espagne, abandonna la manière gothique, donna de la rondeur à ses formes, un beau caractère et de plus heureuses proportions à ses figures.

Sa manière rappelle beaucoup celle de Dominique Ghirlandajo. Correct dans son dessin, libre, mais un peu grenu dans sa touche, il savait rendre ses expressions naturelles. Il rachète le boudiné de ses draperies par un bel agencement.

Les ouvrages de ce peintre sont peu recherchés par les amateurs. Sauf un petit nombre de collectionneurs de peintures espagnoles, ils risqueraient d'être adjugés à vil prix.

Rinçon eut des disciples et des copistes. Les meilleurs sont :

RINÇON (FERDINAND D'EL)

Florissait au commencement du XVIe siècle.

Habile peintre de fresques et imitateur de son père. Son dessin est moins correct et sa couleur plus blafarde.

COMONTÈS (INIGO DE)

Florissait en 1495.

Élève de Rinçon le père, Comontès le copia assez exactement ; sa touche est cependant plus aiguë et sa couleur moins harmonieuse.

BERRUGUETE (ALPHONSE)

Né à Paradès de Néva vers 1480, mort en 1561.

Ce peintre fut celui qui apporta en Espagne, comme disciple de Michel-Ange, la perfection de la peinture à l'huile. Son dessin est assez correct et son anatomie un peu forcée; il est minutieux dans son exécution.

Après avoir été bien recherchées, les œuvres de Berruguete sont peu estimées aujourd'hui en France. Il n'en est pas de même en Espagne, où elles sont assez disputées lorsqu'il s'en présente aux enchères.

GALLEGOS (FERDINAND)

Né à Salamanque en 1461, mort en 1550.

Le plus bel éloge qu'on puisse faire de cet artiste, c'est qu'on a confondu souvent ses tableaux avec ceux de Berruguete et d'Albert Durer. Toutefois sa touche est plus timide et ses tons sont plus crus.

CRUZ (SANTOS)

Florissait en 1497.

Pâle copiste de Berruguete.

JOANÈS (VINCENT)

(ÉCOLE DE VALENCE)

Né à Fuente de la Higuera en 1523, mort en 1579.

Nourri des beautés de Rome, où il avait séjourné, Joanès rapporta dans sa patrie le style des Pérugin, des Michel-Ange, des Raphaël, qu'il avait particulièrement étudiés. Voilà pourquoi l'École de Valence, qui forma les Ribalta, les Orrente, peut être regardée comme la source de l'École *Italico-Espagnole*. En effet, on retrouve dans ces derniers maîtres le faire, la composition et toutes les réminiscences des Écoles romaine, lombarde, vénitienne, etc.

Le pinceau de Joanès, quoique un peu réservé, n'en avait pas moins une certaine énergie qu'un dessin pur et sévère savait soutenir à propos.

Après avoir joui d'une faveur méritée, les productions de Joanès ont été négligées par les amateurs. Témoin les prix suivants : *Jésus-Christ et saint Pierre* (bois; 2ᵐ,90ᶜ—1ᵐ,70ᶜ). 1832, Vᵗᵉ Érard, 5,400 fr. — *Un Ange faisant de la musique.* 1843, Vᵗᵉ Aguado, 235 fr. — *Jésus-Christ apparaissant à sainte Thérèse.* Même Vᵗᵉ, 405 fr. — *Une Conception.* Même Vᵗᵉ, 260 fr. — *Ecce homo.* 1852, Vᵗᵉ Soult, 210 fr. — *Le Sauveur* (bois; 91ᶜ—83ᶜ). 1864, Vᵗᵉ L***, de Madrid, 2,100 fr.

Musée de Dresde. — *La Mort de la Vierge.* Acheté 600 fr. en 1853 à la Vᵗᵉ de feu Louis-Philippe.

A lord Heytesbury. — *Le Christ.*

A Mʳˢ Ford. — *Le Sauveur du monde,* peinture très-magistrale.

Collection Hoskins. — *Sainte Lucie, sainte Barbe et sainte Catherine.* — *Saint Pierre et saint Paul.*

Vincent Joanès eut quelques imitateurs, au nombre desquels on remarque les artistes suivants :

JOANÈS (JEAN-VINCENT)

Ce peintre mystique imita son père, mais ne l'a égalé ni dans le dessin ni dans aucune partie de l'art.

BORRAS (LE PÈRE NICOLAS)

Né à Cocentayna en 1530, mort en 1610.

Imitateur assez exact de la manière de son maître, Vincent Joanès, le Père Borras a laissé de bons ouvrages. Ils se reconnaissent à leur dessin plus maniéré et à leur clair-obscur plus vigoureux que celui de Joanès.

Le Père Borras fut imité à son tour par Doménech. Celui-ci s'appropria tellement bien sa manière, que dans Valence même, où le faire du Père Borras était très-connu, les tableaux de l'élève étaient souvent confondus avec ceux du maître. Doménech travaillait de 1555 à 1560.

MORALES (LOUIS DE), DIT EL DIVINO

(ÉCOLE DE MADRID)

Né à Badajoz vers 1509, mort dans la même ville en 1586.

Les ouvrages de cet artiste célèbre sont justement estimés, c'est le Bellin espagnol. Rarement il a peint des épisodes compliqués, il se bornait à des sujets simples, tels que des Christ, des Vierges, toujours sur bois, jamais sur toile. Peu de peintres ont été plus copiés, plus imités que Moralès. Aussi, bon nombre de trafiquants en profitent pour tromper les acheteurs ; il leur suffit d'avoir des *Ecce Homo* bien obtus, des Mères de Douleur bien décharnées, pour attribuer de suite ces misérables productions au divin Moralès, qui est le peintre du sentiment, de l'expression et du fini le plus parfait.

Moralès eut un fils et plusieurs élèves qui, en cherchant à l'imiter, n'ont jamais fait que des caricatures souvent horribles, presque toujours ridicules.

Le Musée du Louvre ne possède aucun tableau de ce maître.

Les tableaux de Moralès sont aussi rares que recherchés. Un des plus beaux que nous ayons eus en France est *La Voie des douleurs*. Adjugé 24,000 fr. à la Vte Soult en 1852. — *Saint Paul*. Même Vte, 500 fr. — *Saint Pierre*. Même Vte, 850 fr.

Voici le prix d'autres ouvrages moins capitaux ou plus contestables.

La sainte Vierge soutenant le corps de son Fils. 1843, Vte Aguado, 750 fr. — *Ecce Homo*. Même Vte, 460 fr. — *Portrait de François Ier* et *Portrait de Charles-Quint*. 1852, Vte Quedeville, 575 fr. — *Ecce Homo*. 1852, Vte Ledru, 710 fr.

MUSÉES DIVERS, GALERIES, ETC.

MUSÉE D'ÉPINAL. — *Tête de Christ couronné d'épines.*

MUSÉE DU ROI A MADRID. — *Une Tête de Christ.* — *Ecce Homo.* — *La Vierge aux douleurs.* — *Une Madone.* — *La Circoncision.*

ÉGLISE DE SAN GÉRONIMO A MADRID. — *La Voie des douleurs.*

MUSÉE DE DRESDE. — *Ecce Homo.*

MUSÉE DE SAINT-PÉTERSBOURG. — *Mater Dolorosa.*

DULWICH COLLEGE. — *Le Christ.*

COLLECTION W. STIRLING. — *La Vierge aux douleurs.*

COLLECTION SEYMOUR. — *La Vierge et l'Enfant Jésus.*

COLLECTION BANKES. — *Le Christ.*

COLLECTION HOSKINS. — *Le Christ à la colonne.* — *Le Christ.*

Collection G. Vivian. — *Une Tête de Christ.*
Galerie Suermondt. — *Ecce Homo.*

SANCHEZ COELLO (ALPHONSE)

ÉCOLE DE VALENCE

Né à Bénifayro vers 1515, mort en 1590.

Ce peintre égala ou plutôt surpassa en mérite la plupart de ses contemporains les plus célèbres. Ses portraits sont ressemblants et pleins de vérité, sa touche est large et grasse, son dessin un peu carré, sa couleur vraie et vigoureuse.

Le Musée du Louvre n'a aucune toile de Sanchez Coello.

MUSÉES DIVERS, GALERIES, ETC.

Musée du Roi a Madrid. — *Portrait d'un Personnage inconnu.* — *Portrait de l'Infante Clara Isabel.* — *Portrait du prince don Carlos.*
Collection Baring. — *Portrait d'une Infante d'Espagne.*
Galerie Suermondt. — *Portrait de don Juan d'Autriche.*

Sanchez Coello se ressent de l'indifférence des amateurs pour l'École espagnole. *Le saint Pierre d'Alcantara,* adjugé à 7.300 fr. à la Vte Lebrun en 1810, aurait bien de la peine à atteindre aujourd'hui la moitié de ce prix.

Saint Paul l'Ermite et *saint Antoine dans le désert* n'ont pu dépasser 300 fr. à la Vte Soult. — *Saint Jean-Baptiste,* 200 fr. à la Vte Aguado en 1847. — *Portrait d'un cardinal.* Même vente, 61 fr. — *Caïn et Abel.* Même vente, 100 fr. — *Un Alcade et sa femme.* 1853, Vte du comte R***, 1,500 fr.

Parmi ses imitateurs on cite les peintres suivants :

SANCHEZ COELLO (DOÑA ÉLISABETH OU ISABELLE)

FILLE DE SANCHEZ COELLO

Née à Madrid en 1564, morte en 1612.

Citée comme une des dames les plus justement célèbres qu'ait eues la Castille, doña Élisabeth fut l'élève et l'imitateur de son père. Elle en diffère par un dessin plus rond, une touche plus molle et une couleur cotonneuse.

MORA (JERÔME)

Né vers le commencement du XVIIe siècle.

Pâle imitateur de Sanchez Coello. On le reconnaît à sa touche allongée et tranchante, à son dessin roide, à ses draperies sèches et sans caractère précis.

LIAÑO (PHILIPPE DE)

Né à Madrid en 1575, mort en 1656.

Sa manière a beaucoup de rapport avec celle de son maître, son coloris est beau, son dessin exact ; mais sa couleur trop vigoureuse.

VARGAS (LOUIS DE)

(ÉCOLE DE SÉVILLE)

Né à Séville en 1502, mort dans la même ville en 1568.

Ce peintre est sans contredit supérieur à ceux qui l'ont précédé. Rien de plus exact que ses contours, rien de plus grandiose que ses formes, rien de mieux entendu que ses raccourcis. Si Vargas avait su mettre plus d'air dans ses compositions, s'il avait su y introduire la dégradation de la lumière et des teintes, aussi bien qu'il savait colorier, draper, donner de l'expression à ses figures, de la noblesse à ses caractères, de la grâce à ses têtes, et, surtout aussi bien qu'il savait imiter la nature dans tous ses accessoires, il eût été le meilleur peintre d'Espagne.

Ainsi qu'on va le voir, la valeur des toiles de Vargas est tellement diminuée, qu'elles dépassent rarement 500 fr.

Portement de croix. 1843. Vte Aguado, 450 fr. — *Calvaire.* Même Vte, 171 fr. — *Saint Jean et saint Paul, saint Jacques et saint Barthélemy* (deux pendants). 1852, Vte Soult, 335 fr.

COLLECTION DAVENPORT BROMLEY. — *La Vierge dans une gloire.*

Vargas n'eut qu'un seul bon imitateur, c'est Mohedano.

MOHEDANO (ANTOINE)

Né à Antequera en 1561, mort à Lucena en 1625.

Il excella dans la manière adoptée par Louis de Vargas, cependant on le reconnaît à des airs de tête maniérés, à sa touche moins solide et à son coloris un peu rosé.

LABRADOR (JEAN)

(ÉCOLE DE SÉVILLE)

Mort à Madrid en 1600, dans un âge très-avancé.

Peu de peintres ont eu autant de talent que Labrador pour représenter les fleurs. Leurs groupes, la délicatesse du feuillage, la vérité des tons, la transparence des gouttes bien accidentées, tout place Labrador parmi les premiers peintres de ce genre.

Il n'est pas rare de voir adjuger à vil prix des ouvrages de Labrador, regardés, à juste titre, comme ses morceaux les plus capitaux.

Fruits et nature morte. Vte Aguado, 115 fr. — *Des fleurs.* 1852, Vte Soult, 300 fr.

CARDENAS (JEAN DE)

Florissait à Valladolid vers 1620.

Ses compositions approchent beaucoup de celles de Labrador, mais son exécution a moins de fermeté et de transparence.

CESPÉDÈS (PAUL DE)

(ÉCOLE DE SÉVILLE)

Né à Cordoue en 1538, mort en 1608.

Surnommé le Raphaël espagnol, Paul de Cespédès fut l'artiste le plus profondément érudit qu'ait possédé l'Espagne. Il sut reproduire dans ses ouvrages la majesté de l'antique, ainsi que le beau style de l'École italienne. Sa touche est moelleuse et grasse, son dessin très-correct, sa couleur brillante et harmonieuse.

Il est rarement mention de ce maître dans les ventes publiques, où il trouve très-peu d'amateurs.

Au Musée de Saint-Pétersbourg. — *Une tête de Christ.* — *Le Martyre de sainte Catherine.*

Parmi ceux qui l'ont copié ou imité avec le plus d'adresse, on distingue :

ADRIANO (LE FRÈRE)

Mort vers 1630.

Adriano a beaucoup travaillé, et cependant ses ouvrages sont rares, car son extrême modestie les lui faisait détruire sitôt qu'il les avait terminés. Sa couleur est assez agréable; elle ressemble à celle du maître, mais son dessin est plus austère et plus sec, sa touche plus léchée.

ZAMBRANO (JEAN-LOUIS)

Né à Cordoue, mort à Séville en 1608.

Cet artiste suivit exactement le grandiose, la scrupuleuse correction et la noblesse que son maître, Paul de Cespédès, donnait à tout ce qu'il faisait. Ce serait l'imitateur le plus difficile à reconnaître si sa couleur n'était pas plus grise et son exécution plus lourde.

MOHEDANO (ANTOINE)

Ce que j'ai dit précédemment de ce peintre peut lui être appliqué à propos de ses imitations de Cespédès.

PEÑALOSA (JEAN DE)

Né à Baeza en 1581, mort à Cordoue en 1636.

Ce fut un des meilleurs imitateurs de Paul de Cespédès, dont il était l'élève. Peñalosa parvint à rendre avec exactitude la touche et le dessin du modèle, mais sa couleur ne put jamais perdre le ton blafard et gris qui le trahit presque toujours.

———

RIBALTA (françois.)

(ÉCOLE DE VALENCE)

Né à Castelton de la Plana vers 1554, mort en 1628.

Ribalta était grand dessinateur, et donnait beaucoup de noblesse et de grandiose à ses figures. Il composait à merveille et de plus était grand anatomiste. On remarque quelque variété dans sa couleur, quelquefois un peu rude, le plus souvent bien empâtée et sans aucune afféterie.

Les ouvrages de Ribalta sont tombés dans un oubli complet. Ils sont peu disputés dans les ventes publiques. Le plus capital que nous ayons eu en France est *La Cène*, adjugée 2,200 fr. à la Vte Soult. Voici les prix auxquels ont été vendus les Ribalta de la Vte Aguado. *Conception*, 335 fr. — *La Vierge*, 440 fr. — Autre *Vierge* (très-contestée), 46 fr.

MUSÉES DIVERS, GALERIES, ETC,

MUSÉE DU ROI A MADRID. — *Les quatre Évangélistes*. — *Le Christ mort*. — *Saint François d'Assise*.

MUSÉE DE SAINT-PÉTERSBOURG. — *La Mise en Croix*. — *La Madeleine au Tombeau*. *Sainte Catherine*. — *Rencontre d'Anne et de Joachim* (attribué à Juan Ribalta).

MUSÉE DE DRESDE. — *Le pape Grégoire officiant* (acheté 425 fr. à la Vte de feu Louis-Philippe en 1853 ; attribué à son fils Juan Ribalta).

COLLECTION BANKES. — *La Vierge et l'Enfant Jésus*.

COLLECTION HOSKINS. — *Saint Jean dans un Paysage*.

Plusieurs peintres ont fait de très-belles copies et de bonnes imitations des ouvrages de ce maître ; je citerai les suivants :

RIBALTA (jean de)

FILS DE FRANÇOIS RIBALTA

Né dans le royaume de Valence en 1597, mort en 1628.

Le père et le fils se ressemblent tellement, sous certains rapports, qu'on peut s'y méprendre ; pourtant le fils est plus léger de touche et moins correct de dessin.

CASTAÑEDA (grégoire)

Vivait à Valence vers 1625.

Ce peintre sut assez bien imiter la manière de Ribalta, son maître, mais il est loin d'en avoir le mérite. Il est plus sec de touche et irrésolu dans son dessin.

BAUSA (GRÉGOIRE)

Né à Majorque en 1590, mort en 1656.

Bonne couleur, touche assez large, jointe à un dessin tourmenté et à des draperies maniérées.

ZARIÑENA (FRANÇOIS)

Mort à Valence en 1624.

Les œuvres de ce maitre sont généralement attribuées à Ribalta. Toutefois, elles se distinguent par un laisser-aller dans la touche et un coloris fade que n'avait pas Ribalta.

ROESLAS (LE LICENCIÉ JEAN DE LAS)

(ÉCOLE DE SÉVILLE)

Né à Séville en 1560, mort à Olivarès en 1625.

Roeslas est un sujet d'orgueil pour l'Espagne ; il a fait des tableaux qui rivalisent avec ceux du Tintoret et des Palme. Sa couleur est magnifique et son dessin plein d'originalité.

Les œuvres de cet artiste ne sont pas aussi chères qu'elles devraient l'être. Voici les prix de celles de la V*te* Aguado, 1843. *L'Éducation de la Vierge*, 615 fr. — *La Vierge enfant*, 950 fr. — *Immaculée Conception*, 400 fr.

La Vierge au rosaire. 1852, V*te* Soult, 5,800 fr.

MUSÉES DIVERS, GALERIES, ETC.

MUSÉE DU ROI A MADRID. — *Moïse frappant le rocher.*
CATHÉDRALE DE SÉVILLE. — *Saint Jacques Mata-Moros.* — *Mort de saint Isidore.*
MUSÉE DE SAINT-PÉTERSBOURG. — *Le Sacrement de l'Eucharistie.*
MUSÉE DE DRESDE. — *La Conception de la Vierge* (acheté 1,250 fr. à la V*te* de feu Louis-Philippe en 1853).
COLLECTION W. STIRLING. — *Portrait d'un Moine.*
COLLECTION HOSKINS. — *Le Sauveur et plusieurs Saints et Saintes.*

VARELA (françois)

Né à Séville vers la fin du xvɪᵉ siècle; mort vers 1650.

Bonne couleur vénitienne, beaucoup d'analogie avec Roeslas, excepté pour son dessin qui est maniéré dans les formes.

LES HERRERA

HERRERA (françois), dit LE VIEUX

(école de séville)

Né à Séville en 1576, mort à Madrid en 1656.

HERRERA (françois), dit LE JEUNE

(école de séville)

Né à Séville en 1622, mort à Madrid en 1685.

HERRERA, dit LE ROUGE

fils aîné d'herrera le vieux

(école de séville)

Né à Séville au commencement du xvɪɪᵉ siècle.

Herrera le Vieux fut le premier qui, en Andalousie, laissa de côté la manière timide de ses prédécesseurs pour se former le style qui manifesta le génie espagnol. C'est à Herrera que Vélasquez a emprunté la large manière qu'il adopta avant de passer à l'Académie de Pacheco. Vélasquez ne put jamais parvenir, par ses préceptes et par son style retenu, à le corriger de sa fougue. On ne peut, en effet, se figurer la manière adoptée par Herrera dans l'exercice de sa profession ; c'était, suivant les historiens du temps, une espèce de fureur. Il dessinait avec des joncs, peignait avec de fortes brosses, et l'on doit dire que son genre marchait de front avec son caractère d'une rudesse sans exemple.

On trouve les brillants effets du Guerchin, du Caravage et de Ribera dans les œuvres d'Herrera le Vieux. Sa touche est large, fière et remplie d'originalité, sa couleur pleine d'imprévu, car, à côté de tons extrêmement chauds, il savait placer des gris petillants et argentés qui étonnent l'œil.

Herrera le Jeune est regardé comme un coloriste habile, savant dans l'art de rendre les effets du clair-obscur. Il mettait surtout beaucoup de feu dans ses compositions. Il n'eut pas les belles pâtes de son père, mais il l'imita dans les tableaux de chevalet et le surpassa dans les fleurs.

Herrera le Rouge, peintre de genre, fils aîné d'Herrera le Vieux, réussit particulièrement dans les intérieurs et les bambochades, mais sa mort prématurée fit évanouir les brillantes espérances qu'on avait conçues de son talent.

Leurs tableaux de moyenne dimension, les seuls, en quelque sorte, que les amateurs puissent acheter, et les seuls aussi qui se produisent dans le commerce, sont très-rares. La vente Soult en contenait plusieurs d'une beauté exceptionnelle ; malheureusement, leur grandeur démesurée a beaucoup modéré l'empressement des acheteurs.

HERRERA LE VIEUX

MUSÉES DIVERS, GALERIES, ETC.

Musée du Louvre. — *Saint Basile dictant sa doctrine.*

Musée de Rouen. — *Vision de saint Jérôme.*

Musée de Cherbourg. — *David priant le Seigneur de lui pardonner sa passion pour Bethsabée.* — *Un saint Personnage.*

Musée d'Avignon. — *Un Mendiant.* — *La Pénitence de saint Pierre.*

Galerie Suermondt. — *Tête de Vieillard.*

Collection Bardon. — *Joseph et l'Enfant Jésus.*

Collection Green. — Trois sujets tirés de la légende de saint Bonaventure.

Mariage mystique de sainte Catherine. 1843, Vte Aguado, 190 fr. — *Diogène cherchant un homme.* Même Vte, 255 fr. — *Buste de saint Pierre.* Même Vte, 105 fr. — *Saint Basile dictant sa doctrine.* 1852, Vte Soult, 12,000 fr.

HERRERA LE JEUNE

MUSÉES DIVERS, GALERIES, ETC.

Musée de Munich. — *Apparition de Mercure à deux Vieillards.*

Galerie de Mornay (anc. gal. Soult). — *Moïse frappant le rocher* (très-belle composition).

Galerie Galiera. — *Les Noces de Cana* (prov¹ de la gal. Soult).

A Mrs. Ford. — Une charmante composition.

Collection Hoskins. — *Saint François recevant les stigmates.*

Saint Laurent. 1843, Vte Aguado, 47 fr. — *Le Miracle des pains.* Même Vte, 190 fr. — *Les Hébreux recueillant la manne.* 1852, Vte Soult, 805 fr. — *L'Adoration du Veau d'or.* Même Vte, 410 fr. — *La Multiplication des pains* (serait-ce la même de la Vte Aguado?). Même Vte, 1,000 fr. — *Les Noces de Cana.* Même Vte, 2,450 fr.

LEGOTTE (PAUL)

Florissait à Séville au milieu du XVIIe siècle.

Les ouvrages de Legotte sont généralement attribués à Herrera le Vieux. On y remarque un dessin plein de vérité, une couleur chaude et vigoureuse, mais sa touche est plus brodée que celle du maître et ses empâtements n'ont pas cette énergie qui le distingue. En résumé, s'il peut y avoir confusion, c'est plutôt avec Herrera le Jeune.

RUIZ GIXON (JEAN-CHARLES)

Né à Séville vers 1677.

A en juger par le style des ouvrages de Ruiz, on peut croire que cet artiste a été élève de François Herrera le Jeune.

Néanmoins, malgré son goût élevé, sa couleur petillante et la hardiesse de son pinceau, il se décèle par un dessin anguleux et incorrect.

CAXES-CAXESI ou CAXETTE (EUGÈNE)

(ÉCOLE DE MADRID)

Né à Madrid en 1577, mort dans la même ville en 1642.

L'École espagnole le considère comme un de ses meilleurs professeurs. Ses ouvrages sont très-estimés. Son dessin est plein de pureté, de grâce et de correction ; son coloris non moins harmonieux.

Il n'est presque jamais question de ce peintre dans les ventes publiques.

Musée du roi a Madrid. — *La Descente des Anglais à Cadix.* — *Une Madone.* — *Adoration des Mages.* 1843, Vte Aguado, 260 fr.

AGUIRRE (FRANÇOIS DE)

Florissait en 1646.

Cet artiste, élève d'Eugène Caxes, imita à s'y méprendre le style et la manière de son maître. Malheureusement, il se mit à restaurer, sans scrupule et sans avoir fait les études préalables, une foule de bons tableaux qui maintenant sont dénaturés et perdus pour les amateurs.

Comme imitateur, sa touche est légère, on lui reproche une couleur trop vigoureuse. Son dessin manque de correction et ses draperies sont boudinées.

FERNANDEZ (LOUIS)

Né à Madrid en 1590, mort dans la même ville en 1654.

Les ouvrages de ce peintre font honneur à Eugène Caxes, dont il fut l'élève.

Le dessin, la couleur et le style sont presque semblables dans ces deux maîtres, mais la touche de Fernandez est plus arrondie et moins agréable.

VALPUESTA (LE LICENCIÉ DON PIERRE DE)

Né à Osena en 1614, mort en 1668.

Valpuesta s'appropria le style de son maître Eugène Caxes, mais il n'en fut pas de même de sa touche et de sa couleur, dont le cotonneux le dispute à la mollesse.

ORRENTE (PIERRE)

(ÉCOLE DE VALENCE)

Né dans le royaume de Murcie vers 1550, mort à Tolède en 1644.

Sa manière offre beaucoup de nouveauté et une invention remplie de caprices. Comme il visait à l'effet, il terminait peu ; mais jamais il ne s'écarta des règles du dessin. Il entendait et employait toutes les ressources du clair-obscur, suivant le goût de l'École vénitienne, et peignait avec une grande vérité tous les genres d'animaux.

Ce peintre est tombé dans le plus grand oubli, témoin la vente Aguado où une *Tête d'Homme* d'une belle exécution a été adjugée à 34 fr.

MUSÉES DIVERS, GALERIES, ETC.

MUSÉE DU ROI A MADRID. — *Berger avec ses brebis.* — *Berger gardant des vaches.* — *L'Adoration des Bergers.*

MUSÉE DE DRESDE. — *Jacob enlevant la pierre du puits* (acheté 750 fr. à la V⁰ de feu Louis-Philippe en 1853).

GALERIE SUERMONDT. — *Saint Jean-Baptiste.*

COLLECTION BANKES. — *Moïse.* — *David.*

COLLECTION HOSKINS. — *Saint Jean dans un Paysage.*

Parmi ceux qui l'ont le plus adroitement imité, on remarque :

GARCIA SALMERON (CHRISTOPHE)

Né à Cuença en 1603, mort à Madrid en 1666.

Salmeron sut aussi bien imiter Orrente, dans toutes les beautés de sa couleur vénitienne que dans son vigoureux clair-obscur. Toutefois, il y a peu d'analogie dans les touches de ces deux maîtres. Celle d'Orrente est large et bien nourrie, tandis que la touche de Salmeron est grenue et tracée.

LARRAGA (APOLLINAIRE)

Né à Valence, mort en 1728.

A force d'étudier les ouvrages d'Orrente, Larraga parvint à l'imiter au point que souvent leurs tableaux sont confondus l'un avec l'autre. Cependant la touche de Larraga est plus saillante et d'une moins bonne pâte. Son clair-obscur est trop vigoureux et fait papilloter les lumières.

RIBERA (JOSEPH), DIT L'ESPAGNOLET

Né à Xativa, aujourd'hui San Felipe, en 1588, mort à Naples, suivant Quillet, en 1659 et non en 1656.

Ribera fut le coryphée de l'École espagnole et l'un de ses plus grands naturalistes et anatomistes. Personne n'eut plus de talent pour peindre le naturel; il savait rendre mieux que qui que ce fût les rides et les accidents du corps humain, et excellait dans la représentation des vieillards. Il présente des effets saisissants et un clair-obscur un peu outré. Ses sujets sont souvent peu agréables à la vue, mais sa touche est pleine d'énergie, sa couleur franche et petillante, et, de quelque côté, à quelque distance que l'on regarde ses ouvrages, ils produisent toujours le même effet.

Les compositions capitales de ce grand artiste, quoique moins disputées qu'autrefois, sont encore assez estimées des amateurs. Le Musée du Louvre en possède une hors ligne : *L'Adoration des Bergers,* qui fut estimée 50,000 fr. à deux reprises différentes. Ses têtes d'expression, après avoir joui d'une grande faveur, ont sensiblement baissé de prix.

Anciennement au Louvre. — *La Mère de Douleur.* Est., 6,000 fr. (rendu en 1845).

MUSÉES DIVERS, GALERIES, ETC.

Musée Napoléon III. — *Jésus portant sa Croix.*

Musée de Rouen. — *Portrait d'Homme. — Zacharie. — Le bon Samaritain.*

Musée de Tours. — *Un Portrait.*

Musée de Bordeaux. — *Assemblée de Religieux. — Réunion de Philosophes. — Paysage avec figures.*

Musée de Nantes. — *Jésus disputant avec les Docteurs. — Saint Jérôme.*

Musée du Mans. — *Crucifiement du Christ* (donné par M. d'Espaulart).

Musée d'Avignon. — *Saint Pierre sauvé du naufrage.*

Musée de Besançon. — *Un Mendiant.*

Musée de Montpellier. — *Sainte Marie l'Égyptienne.*

Musée de Caen. — *Le Couronnement d'épines. — Tête de saint Pierre.*

Musée d'Épinal. — *Saint Jérôme couché dans le désert.*

Musée de Nancy. — *Une Tête de Vieille.*

Musée de Cherbourg. — *Philosophe tenant et montrant un livre ouvert. — Un Astronome.*

Musée de Grenoble. — *Saint Barthélemy.*

Musée du Roi a Madrid. — *L'Échelle de Jacob. — Sainte Marie l'Égyptienne. — Les douze Apôtres. — Saint Jacques. — Saint Roch. — Martyre de saint Barthélemy. — Prométhée sur le Caucase. — La Sainte Trinité. — Saint Barthélemy. — La Madeleine. — Saint Pierre. — Saint Paul.*

Musée National de Madrid. — *Tête de Rieur.*

Académie de Madrid. — *Sainte Madeleine. — Sainte Marie l'Égyptienne. — Saint Antoine de Padoue. — Saint Jérôme. — Deux Portraits en pied.*

Musée de Naples. — *Saint Bruno. — Saint Sébastien. — Saint Jérôme. — Silène. La Madeleine. — Danaé.*

Cathédrale de Naples. — *Saint Janvier sortant du four.*

Couvent San Martino a Naples. — *La Communion des Apôtres. — Douze Prophètes. — Élie. — Moïse. — La Descente de Croix.*

Musée degl' Uffi, a Florence. — *Saint Jérôme.*

Au palais Pitti. — *Saint Jérôme en extase.* — *Le Martyre de saint Barthélemy*, etc.

Musée de Turin. — *Saint Jérôme.* — *Homère aveugle.*

Palais Durazzo a Gênes. — *Un Philosophe pleurant.* — *Héraclite et Démocrite.*

Palais Brignole a Gênes. — *Un Philosophe tenant un papier.*

Palais Ghigi a Rome. — *Une Madeleine.*

Palais Facolnieri a Rome. — *Saint Jérôme.*

Église du Saint-Crucifix a Lucques. — *L'Assomption.*

Église Saint-Augustin a Sienne. — *Saint Jérôme.*

Ancienne galerie de Vienne. — *Un Portement de Croix.* — *Jésus-Christ au milieu des Docteurs.* — *Pythagore méditant sur une tête de mort.* — *Archimède, un compas à la main et occupé à mesurer différentes figures géométriques dans un livre.* — *Le Repentir de saint Pierre.*

Musée de Munich. — *Manassé, roi d'Israël.* — *Euclide.* — *Archimède.* (Il tient son miroir ardent à la main). — *Saint Pierre repentant.* — *Saint Jérôme dans le désert.* — *Une vieille Femme.* — *Sénèque mourant.* — *Descente de Croix de saint André.* — *Trois Têtes d'expression.*

Musée de Dresde. — *Sainte Marie d'Égypte à genoux.* — *La Délivrance de saint Pierre.* — *L'Ange apparaissant à saint François d'Assise.* — *Le Martyre de saint Barthélemy.* — *Le Martyre de saint Laurent.* — *Saint Paul l'Ermite.* — *Saint Paul et le corbeau.* — *Saint Antoine de Padoue.* — *Saint Jérôme.* — *Jacob gardant les troupeaux de Laban.* — *Diogène avec sa lanterne* (considéré comme le portrait de Ribera). — *Philosophe en méditation.* — *Portrait d'un Homme vêtu de noir.* — *Portrait d'un Homme ayant les cheveux ras.*

Musée de Berlin. — *Le Martyre de saint Barthélemy.*

Musée de Saint-Pétersbourg. — *Deux Philosophes.* — *Sainte Lucie.* — *Saint François de Paule.* — *Saint Sébastien.* — *Saint Jérôme.*

Musée d'Amsterdam. — *La Vanité.*

National Gallery. — *Le Christ, la Vierge et sainte Madeleine.* — *Un Berger.*

A Hampton-Court. — *Saint Jean.*

Institution royale d'Édimbourg. — *Le Martyre de saint Sébastien.* — *Saint Pierre en prison.*

Galerie Ellesmère. — *Le Christ et les Docteurs.*

A sir John Neltorp. — *Le Repentir de saint Pierre.*

Collection Matthew Anderson. — *Les Apôtres.* — *Saint Simon et saint Jean.*

Collection Iarborough. — *Sainte Catherine.*

Galerie Westminster. — *Diogène.* — *Saint Jérôme en méditation.*

Collection Th. Baring. — *Une Sainte Famille.*

A lord Arundel. — *Une Pieta.*

Au comte Darnley. — *Démocrite et Héraclite.* (1793, Vte d'Orléans, 40 liv. sterl.)

A lord Egerton. — *Jésus enfant parmi les Docteurs.* (1793, Vte d'Orléans, 150 liv. sterl.)

Au duc de Sutherland. — *Le Christ à Emmaüs.*

Galerie Stafford. — *Le Christ à Emmaüs.*

Au marquis d'Exeter. — *La Fuite en Égypte.*

Collection Shrewsbury. — *Archimède.*

Collection Wellington. — *Une très-belle composition.*

Collection Ward. — *Saint Pierre.*

Collection Colborne. — *Le Christ.*

Galerie Esterhazy. — *Le Martyre de saint André.*

Ancienne galerie Weyer de Cologne. — *Jonas rejeté par la baleine.*

A M. le maréchal Narvaez. — *Sainte Madeleine.* (Est. 10,000 fr.)

Collection Prosper de Chasseloup-Laubat. — *Six Philosophes.* (Est. 15,000 fr. Ces tableaux sont d'une rare beauté d'exécution et de clair obscur.)

Galerie de Mornay (anc. gal. Soult). — *Saint Sébastien secouru par sainte Irène.* — *La Délivrance de saint Pierre.*

Collection de Marcy a Grasse. — *Sainte Famille dans l'atelier de saint Joseph.*

Galerie Pozzo di Borgo. — *Saint Jean* (prov^t de la gal. Allamira).

Cabinet de M. Bourguignon de Marseille. — *Saint Paul ermite.*

Collection Robillard de Reims. — *L'Ivresse de Silène.*

PRIX DE VENTES

Deux Philosophes. 1773, Vte de Chevigné, 300 fr. — *Saint Barthélemy.* Même V^e, 121 fr. — *Glorification de la Vierge.* 1811, Vte du Mont-de-Piété, 384 fr. — *Saint François* (1^m,28 — 96^c). 1823, Vte Pasquier, 400 fr. — *Descente de Croix.* 1843, Vte Aguado, 3,050 fr. — *Repos de la Sainte Famille.* Même Vte, 4,000 fr. — *La Vierge et l'Enfant Jésus.* Même Vte, 3,000 fr. — *Adoration des Bergers.* Même Vte, 299 fr. — *Martyre de saint Barthélemy.* Même Vte, 690 fr. — *Reniement de saint Pierre.* Même Vte, 145 fr. — *Saint Jérôme.* Même Vte, 610 fr. — *L'Alchimiste.* Même Vte, 210 fr. — *Déposition de Croix.* Même Vte, 605 fr. — *Saint Jérôme.* Même Vte, 84 fr. — *Un Philosophe.* Même Vte, 380 fr. — Autre. Même Vte, 460 fr. — *Saint André mis en croix.* Même Vte, 530 fr. — *Saint Jean chasse un démon réfugié dans un vase sacré.* 1845, Vte Vasserot, 120 fr. — *Portrait du grand prêtre portant l'encensoir.* Même Vte, 409 fr. — *Deux Portraits d'Homme.* 1846, Vte Fesch, 450 fr. — *Un Lévite.* Même Vte, 199 fr. — *Un Géomètre.* Même Vte, 216 fr. — *Sainte Famille.* 1850, Vte Guillaume II, 8,500 fr. — *Adoration des Bergers.* 1851, Vte Cottreau, 600 fr. — *Saint Pierre repentant.* 1852, Vte Soult, 350 fr. (à M. Cottini). — *La Vierge et l'Enfant Jésus.* Même Vte, 630 fr. (au duc Pozzo di Borgo). — *Sainte Famille.* Même Vte, 9,150 fr. (à M. Mundler). — *Jésus portant sa Croix.* Même Vte, 2,050 fr. (à M. Lazaro). — *La Mère de Douleur.* Vte X., 6,000 fr. (peinte sur bois et remis sur toile). — *Martyre de saint Barthélemy.* 1859, Vte Ary Scheffer, 490 fr. — *Le Musicien ambulant.* 1859, Vte André Leroux, 2,700 fr.; 1860, 2e Vte, 1,000 fr. (à M. Lacaze). — *Saint Onufre* (1^m,55 — 1^m,50). 1860, Vte Baroilhet. — *Martyre de saint Sébastien* (1^m,33 — 1^m,68). Même Vte, 1,000 fr. — *Saint Jean l'Évangéliste* (1^m,19 — 97^c). 1861, Vte L. de Madrid, 420 fr. — *Saint Jean-Baptiste.* 1861, Vte du comte de Trapani, 860 fr.

Parmi les imitateurs de Ribéra, voici ceux dont on fait le plus de cas :

JORDANO (lucas), dit le FA PRESTO

Ce peintre, dont il a été question dans l'École italienne, fut l'élève chéri de Ribéra, qui lui donna le surnom de *Fa Presto.*

Ce pasticheur infatigable a fait de très-belles copies de Ribéra. On les reconnaît à leurs tons lavés et à la pauvreté de leur clair-obscur.

FALCONE (ANGELO OU ANIELLO)

Né à Naples en 1600, mort en 1665.

On confond quelquefois les tableaux de ce peintre avec ceux de Ribéra, son maître. Sa touche est pourtant plus aiguë et son dessin manque de caractère.

DO (JEAN)

Mort à Naples vers 1656.

Les œuvres de Do sont généralement attribuées à Ribéra. La couleur et le dessin prêtent, en effet, à la méprise, mais il n'en est pas de même de la touche. Celle de Ribéra est brodée et plus délicate.

FRANCISQUITO

Né à Valladolid en 1681, mort en 1705.

Cet élève de Lucas Giordano fit de bonnes copies de Ribéra. Seulement, elles sont encore plus vigoureuses et plus sèches que les originaux.

BOURZAS (JEAN-ANTOINE)

Né en Gallicie, mort vers 1750.

Encore un élève de Lucas Giordano, qui devint l'imitateur de Ribéra. Son coloris est plus naturel que celui du précédent, mais son dessin est plus flasque et sans caractère précis.

PASSANTES

Artiste dont il est fait peu mention dans l'histoire; on a de lui beaucoup d'imitations d'après les tableaux de son maître. On les reconnaît à leur ton lourd et cotonneux, et à leur dessin roide et sans goût.

MARCH DES BATAILLES (ÉTIENNE)

(ÉCOLE DE VALENCE)

Né à Valence à la fin du xvie siècle, mort dans la même ville en 1660.

Le style de ce peintre appartient à l'École vénitienne. La facilité de son pinceau, son coloris frais, la vérité de son dessin, le placent assez haut dans l'estime des amateurs; malgré ces qualités ses ouvrages sont tombés dans un injuste oubli.

Le Musée du Roi, à Madrid, possède *la Vue d'un Camp.*

Cet artiste a eu quelques imitateurs, voici les plus sérieux :

MARCH (MICHEL)

FILS DU PRÉCÉDENT

Né en 1623, mort à Valence en 1670.

Il tâcha d'imiter son père, qu'il n'atteignit que fort rarement. Ses tableaux sont assez bien dessinés, mais on lui reproche sa couleur opaque et barbouillée.

VILA SENEN

Né à Valence, mort en 1708.

Les tableaux de Vila ont une certaine tournure particulière à March des Batailles; sa touche est facile; à un dessin correct il joignait l'intelligence de l'anatomie, mais sa couleur papillote tellement, sa touche est si aplatie, qu'il est impossible de s'y tromper.

ZURBARAN (FRANÇOIS)

Né à Fuente de Cantos, en Estramadure, en 1598, mort à Madrid en 1662.

Surnommé le Caravage espagnol; ce peintre fut un des bons artistes de son pays, lorsque les arts y étaient en honneur. Sévère observateur de la nature qu'il étudiait avec un soin consciencieux, il prit un goût particulier à peindre, d'après le mannequin, des draperies blanches dans lesquelles il acquit un talent supérieur; sa manière est pleine de grandeur. Il est plus froid mais plus correct que le Caravage. Il ne lui ressemble que par la science du clair-obscur et les teintes bleues de ses compositions. Son dessin est austère et ascétique, ses accessoires, ses broderies sont d'un fini aussi précieux que naturel.

Ce peintre est un peu plus favorisé que la plupart de ses compatriotes; ses ouvrages trouvent encore des amateurs même à des prix assez élevés.

Au Louvre. — *Saint Pierre Nolasque et saint Raymond de Pegnafort.* — *Les Funérailles d'un Évêque* (prov¹ de la gal. Soult).

MUSÉES DIVERS, GALERIES, ETC.

Musée Napoléon III. — *Sainte Catherine de Sienne.*

Musée de Lyon. — *Saint François d'Assise.*

Musée de Besançon. — *Saint François d'Assise.*

Musée de Nantes. — *Saint François d'Assise.*

Musée du Roi a Madrid. — *L'Apparition de saint Pierre à saint Pierre Nolasque.* — *Le Songe de saint Pierre Nolasque.* — *Sainte Casilde.* — *L'Enfant Jésus endormi.*

Musée National de Madrid. — *Un Moine.*

Académie de Madrid. — *Quatre Portraits de Moines.*

Au collége de Séville. — *Saint Thomas d'Aquin.*

Musée de Munich. — *Saint François en extase.* — *La Sainte Vierge.*

Musée de Dresde. — *Saint Célestin visité par un Ange.* (Acheté en 1853 à la Vᵗᵉ Louis-Philippe, 1,700 fr.)

Musée de Saint-Pétersbourg. — *La Vierge Marie.*

Musée de Berlin. — *Le Christ au prétoire.*

National Gallery. — *Saint François en extase.* (Coll. du feu roi Louis-Philippe, acheté à sa Vᵗᵉ, 3,750 fr.)

Galerie Sutherland. — *Le Christ à Emmaüs.* — *Figures de Moines.* — *Une Madone.*

Galerie Westminster. — *Saint Jérôme.*

Collection Green. — *La Fuite en Égypte.*

A lord Heytesbury. — *Saint François.* — *Un Saint.* — *L'Enfant Jésus, saint Joseph et saint Jean.*

Galerie sir John Boileau. — *Sainte Véronique.*

Collection Bankes. — *Saint Just.*

Collection Barry. — *Sainte Élisabeth.* — *Saint Étienne.*

Au comte Harrington. — *Saint Antoine.*

Collection Baring. — *La Contemplation.*

Collection W. Stirling. — *La Vierge.* — *Le Mariage de sainte Catherine.* — *Saint Juste et saint Ruffin.*

A Mrs. Ford. — *Portrait de l'artiste.* — *Portrait de la fille du peintre.* — *Madeleine* (en grandeur naturelle, très-belle œuvre du maître).

Collection R. P. Nichols. — Une très-belle composition.

Collection lord Elcho. — *La Vierge dans une Gloire.*

Collection Cheney. — *Un Moine en prière.* — *Un Moine devant un Crucifix.*

Collection Hoskins. — *Saint François recevant les stigmates.* — *Saint Justin.*

Au duc de Buccleuch. — *Saint François et saint Augustin.*

Galerie Stafford. — *L'Enfant Jésus.* — *Portrait de deux Moines.* — *Un Moine.*

Galerie Suermondt. — *Sainte Famille.*

Galerie de Mornay (anc. gal. Soult). — *Saint Antoine.* — *Saint Romain et saint Barulas.* — *Sainte Apolline.*

Galerie Duchatel. — *Deux Saintes.* (Vte Soult.)

Galerie du duc de Galiera. — *Sainte Euphémie.* — *Sainte Ursule.* (Vte Soult, 2,320 fr.)

PRIX DE VENTES

La Vierge en pleurs. 1843, Vte Lebrun, 299 fr. — *Portrait de Murillo après sa mort.* 1829, Vte Lethière, 861 fr. — *Prise d'habit de sainte Claire.* 1843, Vte Aguado, 600 fr. — *Saint Hugues changeant le repas des Chartreux.* Même Vte, 4,725 fr. — *Saint Joseph et l'Enfant Jésus.* Même Vte, 350 fr. — *Saint Pierre d'Alcantara.* Même Vte, 350 fr. — *Saint Bernard.* Même Vte, 180 fr. — *Sainte Maure.* Même Vte, 1,100 fr. — *La Visitation.* Même Vte, 175 fr. — *Adoration des Bergers.* Même Vte, 250 fr. — *Saint Bernard, abbé de Clairvaux.* Même Vte, 265 fr. — *Sainte Catherine d'Alexandrie.* Même Vte, 260 fr. — *Sainte Lucie.* Même Vte, 250 fr. — *Sainte Rufine.* Même Vte, 700 fr. — *La Vierge enfant.* Même Vte, 1,000 fr. — *Sainte Lucie.* 1852, Vte Soult, 485 fr. (à M. Pantaléon). — *Saint Laurent.* Même Vte, 3,000 fr. (à M. Bruni). — *Sainte Agathe.* Même Vte, 1,540 fr. — *L'Ange Gabriel.* Même Vte, 2,555 fr. (à M. Collot). — *Le Miracle du Crucifix.* Même Vte, 19,500 fr. (à M. Devaux). — *La Communion d'un Saint.* Même Vte, 2,100 fr. (à M. Roux). — *Saint Blaise.* Même Vte, 690 fr. (à M. Sarchi). — *Un Chartreux.* Même Vte, 800 fr. — *Portrait d'un Saint militaire espagnol.* Même Vte, 705 fr. (à M. Lazaro). — *Sainte Catherine.* Même Vte, 1,600 fr.. (à M. Barclay). — *L'Incrédulité de saint Thomas.* Même Vte, 249 fr. — *Saint Joachim.* 1855, Vte Collot, 780 fr. *Portrait du Procureur général des Dominicains* (1^m,53 — 1^m,00). 1858, Vte Merighi, 720 fr. — *Saint François de Paule,* signé et daté 1648. Même Vte, 1,260 fr. (à M. de la Bastida).

Beaucoup d'artistes ont imité la manière de Zurbaran ; voici les meilleurs :

AYALA (barnabé)

Né à Séville, mort vers l'an 1673.

Les copies faites par ce peintre rendent parfaitement la manière de son maître. On y voit le même goût dans les draperies qu'il faisait, ainsi que lui, d'après le mannequin, et les mêmes tons bleutés. Son dessin est assez correct, mais sa touche est moins fière et souvent monotone.

LES POLANCOS

Florissaient en 1646.

Ces deux frères étudièrent sous F. Zurbaran et l'imitèrent à s'y méprendre. Leur touche et leur couleur sont identiquement semblables. On ne les reconnaît qu'à la rondeur et à la roideur de leur dessin.

CUBRIAN (FRANÇOIS)

Florissait en 1640.

Ses tableaux ont beaucoup de ressemblance avec ceux de son maître, mais ils se font remarquer par un dessin encore plus svelte. Sans cela, leur couleur charmante et leur clair-obscur bien entendu causeraient beaucoup de confusion.

SARABIA (JOSEPH DE)

FILS D'ANDRÉ RUIZ DE SARABIA

Né à Séville en 1608, mort à Cordoue en 1668.

Copiste et plagiaire de Zurbaran son maître. Son dessin est correct et sa couleur vraie, mais sa touche allongée et mesquine le décèle à l'observateur.

VELASQUEZ (DON DIEGO RODRIGUEZ DE SILVA)

(ÉCOLE DE MADRID)

Né à Séville en 1599, mort à Madrid en 1660.

D'abord élève d'Herrera, homme plein de talent, mais du caractère le plus emporté, Velasquez préféra la douceur de Pacheco, et vint, en 1622, à Madrid, où il jeta les fondements de son école, en 1623. C'est à ces deux maîtres différents qu'il dut sa première manière, c'est-à-dire celle qui le conduisit à être naturaliste, qualité fondamentale qu'il n'a jamais abandonnée.

Rubens vint à Madrid en 1628; à partir de cette époque, les deux artistes ne se quittèrent plus. Pendant neuf mois le célèbre Flamand, par les descriptions instructives qu'il fit des tableaux de l'Escurial, enflamma à tel point l'imagination de Vélasquez que celui-ci partit pour Rome en 1629; Vélasquez, sans jamais oublier la nature, ayant su dérober à Rubens et à Van-Dyck quelque peu de leur couleur, mit savamment à profit les pérégrinations qu'il avait faites à Venise, à Rome, à Ferrare, à Naples, etc., et revint dans sa patrie en 1631, avec un talent tellement universel, que, dans son faire, on retrouve tous les genres. Vélasquez a peint l'histoire, les portraits, les fleurs, les fruits, les animaux, le paysage, les intérieurs et même les bambochades. Dans tout il a excellé, sa couleur est naturelle, sans éclat; sa pâte est ferme, et ses tons d'un gris argenté produisent un effet délicieux.

Encore un peintre qui a conservé l'estime des amateurs, malgré l'injuste oubli où est tombée l'École espagnole. Le musée du Louvre possède trois de ses ouvrages. Le premier : *Portrait de l'Infante Marguerite - Thérèse,* a été estimé 2,500 fr.; le second : *Portrait de don Pedro Moscoso,* a été acheté 4,500 fr. en 1849; le troisième : *Une Réunion de Portraits,* achetée 6,500 fr. en 1851.

MUSÉES DIVERS, GALERIES, ETC.

MUSÉE DU HAVRE. — Sujet allégorique.

MUSÉE DE NANTES. — *Portrait d'un jeune Prince.*

MUSÉE DE BESANÇON. — *Galilée.* — *Un Mathématicien.*

MUSÉE DU ROI A MADRID. — *La Visite de saint Antoine à saint Paul.* — *Portrait équestre de Philippe IV.* — Plusieurs *Portraits* du même. — *Portrait d'Élisabeth de France.* — *Portrait de Marianne d'Autriche.* — *Portrait de l'Infante Marguerite.* — *Le Martyre de saint Étienne.* — *Les Fileuses.* — *Les Forges de Vulcain.* — *La Reddition de Bréda.* — *Les Buveurs.* — *Las Meninas.* — *Portrait de l'Infant Balthazar.* — *Portrait équestre du duc d'Olivarès.* — *Portrait du marquis de Pescaire.* — *Portrait de l'alcade Ronquillo.* — *Portrait de Barberousse.* — *Le Nain et la Naine.*

MUSÉE NATIONAL DE MADRID. — *Portrait de l'Infante Marguerite.*

MUSÉE DE NAPLES. — *Portrait d'un Cardinal.* — *La Transfiguration.*

MUSÉE DE TURIN. — *Portrait de Philippe IV.*

MUSÉE DU CAPITOLE. — *Portrait d'Homme.*

AU PALAIS DORIA. — *Portrait d'Innocent X.*

GALERIE DE FLORENCE. — *Philippe IV à cheval.*

MUSÉE DE SAINT-PÉTERSBOURG. — Onze compositions, dont plusieurs sont contestées.

MUSÉE DE MUNICH. — *Un jeune Mendiant.* — *Portrait de l'artiste.* — Trois autres *Portraits.*

MUSÉE DE DRESDE. — *Portrait de Gaspard de Guzman, comte d'Olivarès.* — *Buste d'un Homme habillé de noir.* — *Portrait à mi-corps d'un Homme habillé de noir.*

MUSÉE DE BERLIN. — *Portrait d'Homme* (douteux).

MUSÉE D'AMSTERDAM. — *Portrait de Charles Balthazar, fils de Philippe IV.*

Musée de La Haye. — *Portrait de Charles Balthazar.*

National Gallery. — *Une Chasse de Philippe d'Espagne* (achetée 55,000 fr. en 1846). — *L'Adoration des Bergers* (coll. du feu roi Louis-Philippe). — *Portrait de Ferdinand de Médicis et de sa Femme* (douteux).

A Hampton Court. — *Portrait de Philippe IV.*

Dulwich Collége. — *La Conversion de saint Paul* et plusieurs *Portraits.*

Galerie Ellesmère. — *Portrait du duc d'Olivarès.* — *Portrait du peintre.*

Galerie Grosvenor. — *Portrait de Philippe IV.*

A Mrs Ford. — *Portrait du duc d'Olivarès* (il en existe une belle répétition chez le marquis de Lansdowne). — *Portrait de la deuxième Femme de Philippe IV.*

A lord Folkestone. — *Portrait de Juan de Pareja.*

Galerie de Westminster. — *Portrait équestre de Balthazar, fils de Philippe IV* (admirable).

Collection Bankes. — *Un beau Portrait.* — *Portrait d'un Cardinal.*

Galerie Sutherland. — *Un Seigneur reçu par les Moines à la porte d'un couvent.*

Au duc de Northumberland. — *Portrait de Pierre d'Alcantara.*

Galerie Malmesbury. — *Portrait d'une Infante d'Espagne.* (Ce tableau fut donné par le roi d'Espagne, en 1769, à lord Malmesbury.)

Galerie d'Aspley. — *Le Porteur d'eau.* — *Portrait du pape Innocent X.* — *Portrait du peintre.*

Galerie Lansdowne. — *Portrait du duc d'Olivarès.* — *Portrait du pape Innocent X.* — *Deux Paysages.* — *Portraits équestres de deux Gentilshommes.*

A lord Arundel. — *Un Portrait.*

A lord Heytesbury. — Belle composition.

Au comte de Iarborough. — *Portrait d'un Officier espagnol.*

Galerie Bedford. — *Portrait de l'amiral Pareja.*

Galerie sir John Boileau. — *Portrait de Quevada.* — *Une Bacchante.*

Collection Barry. — *Cupidon.*

A lord Hertford. — *Portrait d'un Infant d'Espagne.* — *Portrait d'une Infante d'Espagne.* — *Portrait de don Balthazar.* — *Portrait d'une Dame de qualité.*

Collection Baring. — *Portrait équestre de Philippe IV.*

A lord Enfield. — Une charmante composition.

Au comte de Stanhope. — *Portrait supposé du comte duc d'Olivarès.*

Collection Brinsley Marley. — *Portrait d'un Gentilhomme.*

Collection Bardon. — *Portrait d'un Cardinal.* — Une belle composition.

A M. T. P. Smyth. — *Portrait de Henry de Halmale.*

A M. Henri Farer. — *Portrait de Philippe V et de sa Femme.*

Au colonel Hugh Baillie. — *Portrait de l'Infant don Balthazar Carlos.* — Id. du duc d'Olivarès. — Id. de Philippe et de Ferdinand d'Autriche.

A M. William Stirling. — Deux petites pochades.

Ancienne collection Samuel Rogers. — *Portrait de l'Infant don Balthazar.* —

Au comte de Dunmore. — *Plusieurs Paysans en allégresse.*

A lord Elgin. — *Le duc d'Olivarès.*

Collection W. Golmid. — *Portrait d'Homme.*

Au comte de Wemys. — *Portrait d'Homme.*

Cabinet T. Mills. — *Des Paysans.*

Collection Hamilton. — *Portrait de Philippe IV, roi d'Espagne.*

Collection Holford. — *Portrait d'un Officier.*

A miss Rogers. — *Portrait équestre de Philippe IV.*

Collection Seymour. — *Portrait du pape Innocent X.* (Répétition du tableau du palais Doria).

Collection Hoskins. — *Un Paysage.* (Coll. Louis-Philippe.)

Collection Mackinnon. — *Deux Portraits.*

Collection Listowel. — *Un Paysan.*

Collection Wellington. — Une belle composition. — *Portrait du pape Innocent X. — Un Portrait d'Homme.*

Collection Miles. — *Portrait équestre de Philippe IV, roi d'Espagne.*

Collection Orford. — *Portrait de la duchesse d'Ossuna.*

Collection Wyndham. — *Un Portrait d'Homme.*

Collection Wynn Ellis. — *Portrait d'un Cardinal. — Un Paysage.*

Collection Bute. — *Portrait du pape Innocent X.*

Collection Carlisle. — *Portrait du duc de Parme. — Un Portrait d'Homme.*

Collection Davenport Bromley. — *L'Annonciation aux Bergers.*

Collection Radnor. — *Portrait d'Adrien Pareja. — Portrait de l'artiste.*

Galerie Stafford. — *Des Cavaliers. — Saint Charles Borromée.*

Collection Galton. — *Portrait de l'Infant don Ferdinand.*

En Angleterre. — *Bergers conduisant un troupeau. — Vue des environs de Madrid. — Une Vénus. — Scène de Paysans. — Portrait de l'alcade Rouquilla. — Id. de Marie-Anne d'Autriche. — Id. d'un Noble. — Id. d'un Cardinal. — Une jeune Fille debout. — Un saint Jean.*

Ancienne galerie Weyer de Cologne. — *Le Christ sur la Croix. — Un Prince du Pérou avec son chien.*

Anciennement au palais du prince d'Orange a Bruxelles. — *Deux Portraits.*

Galerie Suermondt. — *Portrait d'Élisabeth de Bourbon.*

Galerie du maréchal Narvaez. — *Portrait en buste de don Louis de Haro.*

Galerie James de Rothschild. — *Portrait équestre de don Louis de Haro. — Portrait d'une Infante. — Portrait de l'Infante Marguerite-Thérèse.* (L'esquisse est au Louvre.)

Collection C***. — *La Vierge et les Saints. — Loth et ses Filles* (prov[t] de la gal. d'Orléans-Égalité). — *Portraits de trois peintres. — Paysage* (dans le goût de Claude le Lorrain). — *Bellone. — Les petits Marchands de fruits et de légumes. — Halte de chasse* (esquisse). — *Les Hallebardiers* (esquisse). — *Portrait de l'Infante Marguerite. — Portrait d'une jeune Infante.*

A Mme la baronne Frossart. — *Portrait d'une princesse de la maison de Sforza.*

Cabinet Trilha. — *Saint Jean l'Évangéliste. — Portrait d'un Cardinal.*

Au prince Pierre Bonaparte. — *Effet de neige avec figures.*

PRIX DE VENTES

			fr.	
Mars et Vénus...................	1772.	Vte Choiseul............	1,115.	
Même sujet...................	D°	d°	600.	Un peu plus petit que le précédent.
—	1777.	Vte Conti...............	600.	
—	1778.	Vte Mangeost............	180.	

			fr.	
Jésus-Christ prêchant	1779.	Vte DE WALLEVILLE	180.	
Portrait de l'empereur de Nassau (B. 1^m,34—1^m,12 1/2)	1784.	Vte MONTRIBLOND	5,001.	
Moïse sauvé des eaux	1793.	Vte D'ORLÉANS.... Liv. st.	500.	Aujourd'hui à Castle-Howard.
Loth et ses Filles	D°	d° »	500.	
Portrait d'un Cardinal	1810.	Vte LEBRUN	525.	
Un Chasseur	D°	d°	722.	
La Conversation	1842.	Vte FORBIN JANSON	5,800.	
Un Portrait	1843.	Vte DUBOIS	215.	
Une jeune Femme et son Nègre	D°	Vte AGUADO	1,200.	
Portrait de deux Enfants	D°	d°	520.	
Portrait d'une Dame	D°	d°	12,750.	
Marche de Cavaliers	D°	d°	650.	
L'Enfant au Lapin	D°	d°	350.	
Portrait d'Infante	D°	d°	1,080.	
Autre	D°	d°	920.	
Une Gitana	D°	d°	840.	
Portrait d'un Corrégidor	D°	d°	1,600.	
Poissons rouges déposés sur une table	D°	d°	200.	
Buste de Bohémienne	D°	d°	590.	
Nature morte / *Son pendant*	D°	d°	235.	
Enfant appuyé sur une ancre	D°	d°	32.	
Martyre de sainte Apolline	D°	d°	500.	
Scène de Mendiants	D°	d°	1,210.	
Portrait d'un prince de la maison d'Autriche	1846.	Vte PÉRIER	6,850.	
Portrait de Philippe IV, roi d'Espagne (2^m—1^m,20) / *Portrait du comte-duc d'Olivarès (même dimension)*	1850.	Vte GUILLAUME II.. ... Fl. 38,850.		A M. Bruni.
Portrait d'une Fille de distinction (1^m,18—77^c)	D°	d° »	775.	A M. Brett.
Portrait d'une Femme (93^c—74^c)	D°	d° »	575.	A M. Roos.
Le Torréador	1853.	Vte VIGNERON DE LA HAYE.	40.	
Martyre de sainte Agathe	1855.	Vte COLLOT	1,000.	
Portrait de Philippe IV	D°	d°	1,750.	
Portrait d'Infante (1^m,25—95^c)	1858.	Vte MÉRIGHI	1,650.	
Loth et ses Filles	1859.	Vte LORD NORTHWICK	3,840.	
Portrait équestre de don Louis de Haro	D°	d°	23,920.	A M. de Rothschild.
Portrait de don Juan d'Autriche	D°	d°	3,380.	
Chasse au sanglier (esquisse)	D°	d°	8,060.	
Philippe IV (58^c—44^c)	1860.	Vte BARROILHET	500.	
Infante d'Espagne (87^c—69^c)	D°	d°	300.	
Portrait de l'artiste	1861.	Vte DIGREMONT	1,350.	
Portrait d'une Infante, fille de Philippe IV (66^c—60^c)	D°	Vte X.	4,000.	
Portrait d'un Prince espagnol	D°	Vte DUBOIS.	690.	
Portrait de Marie-Anne d'Autriche.	1862.	Vte LÉCURIEUX.	855.	
L'Apparition des Anges aux Bergers	1863.	Vte DAVENPORT-BROMLEY..	5,643.	Coll. Louis-Philippe.

Il existe beaucoup d'imitations et de copies de Vélasquez. Au nombre des imitateurs et copistes qui méritent une mention particulière, il faut remarquer :

CAREÑO DE MIRANDA (DON JUAN)

Né à Aviles en 1614, mort à Madrid en 1685.

Le mérite de ce peintre consiste dans un dessin large et pur, dans un coloris vague et suave, dont il est redevable aux études nombreuses qu'il fit des œuvres de Van Dyck et de Vélasquez; ses esquisses sont pleines de franchise, et démontrent une grande facilité d'invention, ainsi que beaucoup de pratique. Peu d'artistes ont suivi d'aussi près les traces de Vélasquez, surtout dans le portrait. On distingue néanmoins ses œuvres à leurs lumières timides et à leur dessin un peu maniéré dans les formes.

TURCHI (ALEXANDRE)

DIT L'ORBETTO ET ALEXANDER DE VÉRONE, VULGAIREMENT ALEX. VÉRONÈSE

Né à Vérone en 1582, mort dans la même ville ou à Rome en 1648 ou 1650.

Alexandre Véronèse finissait ses œuvres avec tant de soin que souvent il en altérait la force d'exécution. La plupart de ses ouvrages sont en Espagne, où le peintre expédiait toutes ses productions, qui alors, comme aujourd'hui, étaient vendues comme étant de Vélasquez.

Il avait une très-belle couleur; ses carnations sont bien dégradées, ses draperies spirituellement touchées; mais son dessin est on ne peut plus faible et ses expressions sont souvent outrées.

AGUIAR (THOMAS)

Florissait en 1660.

On reconnaît les pastiches de ce pâle imitateur de Vélasquez à leur dessin anguleux; sa touche est aiguë et désagréable.

ALFARO DE GOMEZ (JEAN DE)

Né à Cordoue en 1640, mort vers 1680.

Alfaro ne fut point dessinateur, car à peine étudia-t-il cette partie de l'art. Cependant ses portraits se vendent souvent sous le nom de Vélasquez, qu'il imita parfaitement.

PAREJA (JEAN DE)

Né à Séville en 1606, mort en 1670.

Esclave de Vélasquez, Paréja préparait les couleurs, les toiles de son maître, dont il entretenait on ne peut mieux les pinceaux et la palette. S'étant mis à peindre en secret, il fut longtemps avant de révéler sa vocation à Vélasquez, qui, s'en étant enfin aperçu, lui rendit la liberté. Paréja imita parfaitement la couleur de son maître, mais son dessin est plus rond et sa touche froide et minutieuse.

MAZO MARTINEZ (JEAN-BAPTISTE DEL)

Né à Madrid en 1630, mort dans la même ville en 1687.

Vélasquez faisait beaucoup de cas du mérite de ce peintre, qui le copia dans le genre, le portrait et le paysage. Martinez parvint à une imitation si exacte, que de son temps même il était difficile de reconnaître la copie. Il excella dans le portrait, mais ses paysages, qui sont toujours de larges compositions, sont inappréciables.

Le seul point qui le fasse reconnaître est sa touche tranchante placée toujours dans le même sens.

LUCENA (DON JACQUES)

Mort très-jeune à Madrid en 1650.

Ce peintre, élève de Vélasquez, imita son maître dans les portraits, qu'il faisait très-ressemblants. Sa touche est cependant plus brodée et moins naturelle, sa couleur plus sombre, dans les carnations surtout.

CANO (ALONZO OU ALEXIS)

Né à Grenade en 1601, mort en 1667.

Alonzo Cano a été l'un des artistes qui ont le plus illustré l'Espagne, d'où il n'était jamais sorti. Il avait un coup d'œil de la plus grande justesse; dans son dessin pur, jamais il n'a manqué à la beauté de l'antique, ni à la vraie nature.

Suivant leur conservation et leur importance comme composition, les ouvrages d'Alonzo Cano atteignent des prix élevés, eu égard à l'indifférence des amateurs pour les peintres de l'École espagnole.

MUSÉES DIVERS, GALERIES, ETC.

Musée du Roi a Madrid. — *Saint Jean écrivant l'Apocalypse.* — *La Vierge adorant l'Enfant Jésus.* — *Le Christ pleuré par un Ange* et quatre autres sujets.

Musée de Munich. — *Saint Antoine de Padoue.*

Musée de Berlin. — *Sainte Agnès.*

Musée de Dresde. — *Saint Paul apôtre.*

Musée de Saint-Pétersbourg. — *Une Madone.* — *L'Enfant Jésus.*

Collection Hardwicke. — *Portrait de Lopez de Véga.*

Galerie Westminster. — *Saint Bernard tenant l'Enfant Jésus.*

Collection Labouchère. — *Portrait de Calderon* (coll. Louis-Philippe).

A lord Heytesbury. — *La Madeleine.*

Collection W. Stirling. — *La Vierge.* — *Trois Anges.*

Collection Bankes. — *Un Enfant.*

Collection Baring. — *La Vierge et l'Enfant Jésus.*

Collection Munro. — *Sainte Agathe.*

Collection Shrewsbury. — *Saint Antoine de Padoue.*

Collection Hoskins. — *La Vierge et l'Enfant Jésus.*

Collection Seymour. — *Portrait d'un Ecclésiastique.*

Galerie Suermondt. — *Saint Antoine de Padoue agenouillé tient entre ses bras l'Enfant Jésus.* — *Une Pieta.* — *Portrait de don Juan d'Autriche, fils naturel de Philippe IV.*

Galerie du duc de Galliera. — *La Communion.*

Collection C***. — *Saint Ferrer.* — *Saint Augustin.*

PRIX DE VENTES

Un Rosaire, trois figures, saint Antoine et la Vierge. 1809, Vte Lebrun, 6,650 fr. — *Jésus remettant à saint Pierre les clefs du Paradis.* 1843, Vte Aguado, 535 fr. — *Un Saint faisant pénitence.* Même Vte, 150 fr. — *Le Sacrifice d'Abraham.* Même Vte, 305 fr. *Le Christ à la colonne.* Même Vte, 125 fr. — *Saint Félix de Cantalicio.* Même Vte, 400 fr. — *Martyre de saint Sébastien.* Même Vte, 450 fr. — *Assomption de la Vierge.* Même Vte, 405 fr. — *La Madeleine.* Même Vte, 182 fr. — *L'Atelier de saint Joseph.* Même Vte, 800 fr. — *Saint François d'Assise.* Même Vte, 95 fr. — *Saint Antoine de Padoue.* Même Vte, 270 fr. — *Sainte Madeleine.* Même Vte, 705 fr. — *Autre.* Même Vte, 680 fr. — *Le Christ portant sa Croix.* Même Vte, 455 fr. — *Un Évêque donnant la communion à une jeune Fille.* 1852, Vte Soult, 7,000 fr. — *Vision de saint Jean.* Même Vte, 12,100 fr. — *La Vision de l'Agneau.* Même Vte, 2,550 fr. — *La Vision de Dieu.* Même Vte, 3,700 fr. — *Saint Jean.* Même Vte, 2,800 fr. — *Saint Jacques.* Même Vte, 2,100 fr. — *Sainte Agnès.* Même Vte, 4,000 fr. — *L'Ane de Balaam.* 1853, Vte Louis-Philippe, 6,000 fr. — *La Vierge et l'Enfant.* Même Vte, 5,000 fr. — *Portrait du peintre dans sa vieillesse.* Même Vte, 975 fr. — *Sainte Thérèse.* Même Vte, 1,025 fr. — *La Vierge et l'Enfant.* Même Vte, 5,250 fr. — *L'Enfant Jésus endormi.* Même Vte, 575 fr. — *La Descente de Croix.* Même Vte, 1,250 fr.

Alonzo Cano a eu beaucoup d'imitateurs et de copistes. Au nombre des meilleurs on compte :

CIEZA (MICHEL-JÉRÔME DE)

Mort très-âgé en 1677.

Tout le mérite de Cieza consiste à avoir été l'un des meilleurs imitateurs de Cano. Son dessin et sa couleur sont en tout semblables au modèle, mais ses têtes sont moins naïves d'expression et sa touche est plus timide.

MARTINEZ (AMBROISE)

Mort très-jeune en 1674.

Il suivit le faire de son maître, Alonzo Cano, mais son dessin a trop d'afféterie et de manière pour qu'il soit possible de s'y tromper.

RODRIGUEZ-BLANEZ (BENOIT)

Né à Grenade en 1650, mort en 1737.

Ses imitations se reconnaissent à leur exécution minutieuse et froide. Le naturel et l'irrésolution se trouvent à la fois dans son dessin.

GOMEZ DE VALENCE (PHILIPPE)

Né à Grenade en 1634, mort dans la même ville en 1794.

Ce peintre s'appropria la manière d'Alonzo Cano, sans toutefois avoir jamais pu parvenir à se défaire d'une touche estompée qui le fait reconnaître.

RISUEÑO (JOSEPH)

Né à Grenade vers 1650, mort dans la même ville en 1721.

Ses tableaux ont la couleur d'Alonzo Cano et son dessin reproduit la pureté de celui du maître. Son exécution est cependant plus cotonneuse et sa touche molle et recherchée.

GUEVARA (DON JUAN NIÑO DE)

Né à Madrid en 1632, mort en 1698.

L'exécution de ce peintre est plus floue et sa touche plus grasse. Il tient le milieu entre Rubens et Alonzo Cano. Ses carnations sont exquises, mais moins sages que celles d'Alonzo.

CARO (FRANÇOIS)

FILS DE FRANÇOIS LOPEZ CARO

Né à Séville en 1627, mort en 1667.

Cet imitateur d'Alonzo Cano est un peu maniéré; son dessin manque de caractère et sa touche est maigre et mesquine.

MESA (ALONZO DE)

Né à Madrid en 1628, mort en 1668.

Les ouvrages de Mesa rappellent beaucoup ceux de son maître Alonzo Cano, mais pour la couleur seulement. Son dessin n'a aucun caractère précis et sa touche est molle et léchée.

LEGOTTE (PAUL)

Florissait à Séville en 1647.

Ses tableaux ont souvent été attribués à Alonzo Cano sous le rapport de la vérité, du dessin et de la belle couleur qu'ils présentent; mais la méprise n'est guère possible lorsqu'on examine la touche émoussée de Legotte et ses draperies maniérées.

GARCIA (MICHEL ET JÉRÔME)

Ces deux frères jumeaux ont quelquefois imité leur maître Alonzo Cano. Leur dessin est roide et de mauvais goût; leur couleur est assez bonne, malgré son uniformité; leurs draperies sont boudinées.

MARTINEZ (SÉBASTIEN)

(ÉCOLE DE SÉVILLE)

Né à Jaen en 1602, mort à Madrid en 1667.

Martinez possédait au plus haut degré la grâce du coloris et était doué d'un heureux génie pour peindre les paysages. Sa touche est savante et son clair-obscur plein d'originalité. Comme peintre d'histoire, il est correct et harmonieux.

Malgré ses heureuses qualités, ce peintre est très-négligé par les amateurs. Ses ouvrages passent inaperçus dans la plupart des ventes et s'adjugent à des sommes insignifiantes. Cette décadence, commencée à la Vᵗᵉ Aguado, a toujours été en augmentant.

Musée Napoléon III. — *La Vierge et l'Enfant.*
Musée du Roi a Madrid. — Plusieurs toiles, entre autres des *Vues de l'Escurial, du Campillo et de Saragosse.*
Musée de Dresde. — *L'Apôtre saint Paul.* (Acheté 1,375 fr. à la Vᵗᵉ de feu Louis-Philippe, en 1853.)
Galerie Suermondt. — *Portrait de Philippe IV, roi d'Espagne.*

Le Marchand de fruits. 1843, Vᵗᵉ Aguado, 600 fr. — *Saint Joseph et l'Enfant Jésus.* Même Vᵗᵉ, 40 fr. — *Deux Philosophes en méditation.* Même Vᵗᵉ, 101 fr.

COBO DE GUSMAN (JOSEPH)

Né à Jaen en 1666, mort à Cordoue en 1746.

Élève de Sébastien Martinez, il chercha à l'imiter et y réussit souvent. Sa touche aplatie et tracée, son dessin anguleux, servent néanmoins à faire reconnaître ses ouvrages.

VALOIS (AMBROISE)

Présumé né à Jaen en 1660.

Valois chercha vainement à imiter Martinez. Il joint à un dessin incorrect une couleur lourde et rosée.

GARCIA REYNOSO (ANTOINE)

Né à Cabra (Andalousie) en 1623, mort à Cordoue en 1677.

Ce peintre ne fut qu'un imitateur très-médiocre, sans couleur, sans dessin.

MOYA (PIERRE DE)

(ÉCOLE DE SÉVILLE)

Né à Grenade en 1640, mort dans la même ville en 1666.

Un des meilleurs coloristes de l'École espagnole. Son enthousiasme pour la manière de Van Dyck lui fit créer une manière presque analogue qui stimula le zèle de Murillo et nous valut celle de ce grand maître. La touche de Moya est noble et fière, sa couleur pleine d'harmonie, son dessin à la fois original et correct.

Ses tableaux ont été enveloppés dans la défaveur qui pèse actuellement sur l'École espagnole.

MUSÉE DE SAINT-PÉTERSBOURG. — *Portrait de Femme.*
COLLECTION R. P. NICHOLS. — *Un Portrait.*
COLLECTION MATTHEW ANDERSON. — *La Vierge, l'Enfant Jésus et saint Joseph.*

Sainte Famille. Vte Aguado, 460 fr. — *Ecce Homo.* Même Vte, 245 fr.

Parmi ceux qui ont copié Moya, on distingue :

SÉVILLA (JEAN DE), DIT ROMERO D'ESCALENTE

Né à Grenade en 1627, mort en 1695.

Escalente réussit parfaitement à imiter la touche et la couleur de Moya. Il s'en éloigne pour le dessin, qui est rond et maigre.

ARELLANO (JEAN DE)

(ÉCOLE DE MADRID)

Né à Santorcaz en 1614, mort à Madrid en 1776.

Il s'appliqua avec tant de soin à peindre les fleurs, qu'aucun peintre espagnol ne l'a surpassé dans ce genre. Ses masses sont parfaitement composées et offrent un heureux contraste. Sa couleur est brillante et naturelle, son pinceau pur et agréable.

Encore une victime du caprice des amateurs.

COLLECTION LÉTOUBLON. — *Une Corbeille de fleurs.* (Est. 600 fr.)

Fleurs. 1843, Vte Aguado, 59 fr. — *Des Fruits.* 1852, Vte Soult, 90 fr. — Le pendant. Même Vte, 95 fr. — *Guirlande de Fleurs entourant un médaillon* (peint en grisaille). *Guirlande de Fleurs entourant un médaillon.* 1864, Vte L*** de Madrid, 820 fr. les deux.

Voici les noms de ceux qui ont eu le plus d'aptitude à le copier :

CORTE (GABRIEL DE LA)

Né à Madrid en 1648, mort dans la même ville en 1694.

Ce copiste d'Arellano l'approcha de très-près. Ses compositions n'étaient pas aussi heureu·es que ses copies. On distingue les dernières par leur touche timide et léchée, et leur coloris un peu lourd.

VALDEMIRA DE LÉON (JEAN)

Mort à 30 ans.

Ses fleurs rivalisent au premier aspect avec celles d'Arellano. Elles ont néanmoins une exécution molle et floue qui sert à les distinguer.

PEREZ (ANDRÉ)

Né à Séville en 1660, mort en 1727.

Perez réussit particulièrement à peindre les fleurs et les broderies, et ses tableaux passent souvent pour être de la main d'Arellano. Ils sont cependant plus sombres et d'un coloris moins transparent.

CAREÑO DE MIRANDA (JEAN)

(ÉCOLE DE MADRID)

Né à Aviles en 1614, mort à Madrid en 1685.

Careño de Miranda eut deux qualités remarquables : un dessin large et pur, un coloris vague et suave, heureux résultat des nombreuses études qu'il fit des œuvres de Van Dyck.

MUSÉES DIVERS, GALERIES, ETC.

Musée du Roi a Madrid. — *Portrait de Charles II.*

Musée National de Madrid. — *Martyre de saint Barthélemy.* — *Charles II enfant.* — *La Manne dans le désert* (douteux).

Académie de Madrid. — *Sainte Madeleine.* — Copie du *Spasimo* de Raphaël.

Musée de Berlin. — *Portrait de Charles II* (douteux).

Musée de Saint-Pétersbourg. — *Saint Damien.* — *Le Baptême du Christ.* —

Galerie Suermondt. — *Portrait de Charles II, roi d'Espagne.*

Collection W. Stirling. — *Un Portrait d'Homme.*

Collection Matthew Anderson. — *L'Immaculée Conception.*

Saint Antoine de Padoue et l'Enfant Jésus (1ᵐ,70 — 95ᶜ) 1861, Vᵗᵉ L*** de Madrid, 1550 fr.

Portrait équestre de Charles II. 1843, Vᵗᵉ Aguado, 180 fr. — *Saint Ambroise faisant l'aumône aux pauvres.* 1852, Vᵗᵉ Soult, 495 fr.

Parmi les imitateurs de Careño, voici ceux dont on fait le plus de cas :

CABEZALERO (MARTIN)

Né à Almaden en 1633, mort en 1677.

Ce peintre imita Careño avec beaucoup de bonheur. Sa touche est grasse, son dessin de grand goût, mais sa couleur beaucoup plus froide que celle du maître.

LEDESMA (JOSEPH DE)

Né à Burgos en 1630, mort en 1670.

Ses tableaux ont quelque ressemblance avec ceux de Careño, et présentent une touche maniérée et une exécution peu transparente.

CEREZO (MATHIEU)

Né à Burgos en 1635, mort à Madrid en 1685.

Cerezo imitait si bien le style de Careño, son maître, que souvent on a confondu leurs ouvrages. Son pinceau est large, sa couleur belle et son dessin aussi facile que correct. Malgré toutes ces qualités, on le reconnaît à son exécution plus vineuse et plus léchée que celle de son modèle.

MURILLO (ESTEBAN-BARTHOLOMÉ)

(ÉCOLE DE SÉVILLE)

Né à Séville le 1er janvier 1618, mort dans la même ville en 1682.

Nous voici arrivé au prince de l'École de Séville, au plus grand des coloristes espagnols, au peintre de l'*Immaculée Conception*. Après avoir appris les éléments de la peinture sous Jean del Castillo, Murillo, tourmenté du désir d'étudier et de s'instruire, employa tous ses moments à peindre des tableaux de pacotille pour les Amériques. De là vint sa première manière, suave, il est vrai, mais trop étudiée.

Pierre de Moya venait d'arriver à Séville, de retour de Londres, d'où il rapportait la brillante couleur de Van Dyck. Murillo s'enflamme aussitôt; il part pour Rome en 1643, s'arrête à Madrid près de Vélasquez, l'étudie et revient à Séville en 1645. Il étonne par ses productions exécutées pour le couvent de Saint-François, et qui sont des réminiscences exactes du faire de Vélasquez; tel est le genre qui forme sa seconde époque.

Mais, poursuivi par le feu du génie, il broie sur sa palette les couleurs du Titien, de Rubens, de Ribéra, de Van Dyck, de Vélasquez, et créé ainsi l'École de Murillo. C'est alors que, prenant toujours pour guide la nature, il devient le plus grand des coloristes, personne n'ayant su, comme lui, faire couler le sang sous l'épiderme de la peau, de manière à donner la vie à ses figures.

Cette troisième et dernière manière de Murillo forme le genre de l'École de Séville [1].

Murillo se distingue par un bel accord général dans les teintes; par des contours savamment conduits et plus savamment perdus; par des jours heureusement ménagés, des situations simples, rendues avec un certain décorum; par des physionomies pleines de candeur, des profils charmants, des draperies largement arrondies, enfin par le lumineux répandu dans la composition et par un coloris qui n'a point d'imitateurs.

Peu de peintres espagnols purent rivaliser avec Murillo dans les fleurs ou dans les paysages.

Le musée du Louvre est riche en tableaux de ce maître; il en possède neuf dont le plus beau, l'*Immaculée Conception,* suffirait pour l'exaltation du talent et de la valeur commerciale de Murillo, s'il n'était pas pertinemment démontré et généralement admis que le chiffre de son acquisition (615,300 fr.) ne peut servir de base en aucune façon. Autre *Conception* (nᵒ 546), achetée 6,000 fr. en 1847, estimée 10,000 fr. *La Vierge et l'Enfant Jésus,* 3,000, puis 30,000 fr. *La Sainte Famille,* 48,000, puis 60,000 fr. *Jésus sur la montagne,* 4,000, puis 7,000 fr. *Le Christ à la colonne,* 4,000, puis 5,000 fr. *Le Jeune Mendiant,* 15,000, puis 30,000 fr. La Notice de 1844 mentionne un petit *Saint Jean-Baptiste,* estimé alors 2,000 fr. et d'une originalité douteuse; celle de 1854 n'en dit mot. *La Naissance de la Vierge* et le *Miracle de san Diego,* vulgairement appelée la *Cuisine des Anges,* sont venus augmenter cette riche réunion de chefs-d'œuvre. Ils proviennent de la galerie Soult.

MUSÉES DIVERS, GALERIES, ETC.

Musée Napoléon III. — *Le Repos en Égypte* (petite esquisse provᵗ de la collection Pacheco). — *Deux Anges de grandeur naturelle.*

1. Cette définition m'a paru nécessaire pour réfuter l'assertion d'un auteur moderne qui, sans preuve, sans aucun document à l'appui, avance dans une de ses notices que « ces manières de Murillo ne furent pas successives comme chez la plupart des peintres, et qu'il les employa tour à tour, suivant la convenance du sujet. » C'est, comme on a dû le voir par les lignes précédentes, une erreur profonde et peu pardonnable à un écrivain qui, par sa position, pouvait puiser dans tous les trésors bibliographiques.

Que Murillo ait modifié son faire suivant les convenances du sujet, cela n'a rien d'étonnant. Il n'y a que les mauvais artistes qui peignent les *Assomptions* avec les mêmes couleurs que les *Christ au Tombeau* ou les *Martyres*. — Mais prétendre que Murillo n'avait aucune manière arrêtée, que tantôt il peignait d'une façon et tantôt de l'autre, c'est, à mon avis, faire injure au grand peintre. Dans ses changements successifs il y a tant de progrès, et chacun de ses progrès est marqué d'un cachet si original, qu'il serait oiseux de s'appesantir plus longtemps sur ce point.

A l'Impératrice Eugénie. — *Le Sommeil de l'Enfant Jésus* (1842, Vte Forbin Janson, 7,950 fr. ; 1857, Vte Patureau, 41,500 fr.).

Musée de Toulouse. — *Religieux et Moines.*

Musée de Nantes. — *Vieillard aveugle qui joue de la vielle.* — *Vieillard qui se verse du vin.* — *Portrait d'une jeune Fille.*

Musée de Bordeaux. — *Des Enfants qui se battent.* — *Un Philosophe.* — *La Vierge et l'Enfant Jésus.* — *Portrait de don Louis de Haro.*

Musée de Lyon. — *Nature morte.*

Musée de Lille. — *Le jeune Mendiant.* — *Fondation d'une chapelle à Notre-Dame-des-Neiges.* — *Saint Roch enfant.*

Musée de Cherbourg. — *Un épisode du Chemin de la Croix.*

Musée de Nîmes. — *Une Vision de saint François.*

Musée du Roi a Madrid. — L'Œuvre de Murillo se compose de quarante-cinq toiles parmi lesquelles on remarque :

Les Aventures de l'Enfant prodigue. — *La Madeleine.* — *Sainte Anne.* — *La Sainte Famille au petit chien.* — *Les Forges de Vulcain.* — *Saint Bernard.* — *Saint Augustin.* — *Saint François d'Assise.* — *Saint Ildephonse.* — *L'Adoration des Bergers.* — *Jésus au mouton.* — *Jésus et saint Jean.* — *Le Christ en Croix.* — *Le Martyre de saint André.* — *Deux Annonciations.* — *Vue du Prado.* — *Vue d'Aranjuez.* — Plusieurs sujets représentant *des Scènes domestiques, des Intérieurs, des Fleurs, des Fruits,* etc., etc.

Musée National de Madrid. — *Saint Ferdinand.* — *Extase de saint François.*

Académie de Madrid. — *La Résurrection.* — *Sainte Élisabeth de Hongrie.* — *Les Hémicycles.* — *La Fondation de l'église Sainte-Marie-Majeure.* (Deux pendants.)

A Séville. — *Moïse frappant le rocher.* — *La Multiplication des pains.* — *Saint Félix.* — *Une Madone.* — *La Conception.* — *L'Extase de saint Antoine de Padoue.*

Musée de Saint-Pétersbourg. — *Petite Sainte Famille* (esquisse). — *La Fuite en Égypte.* — *Un Calvaire.* — *Le jeune Garçon.* — *La jeune Fille.* — *L'Adoration des Bergers.* — *La Nativité.* — *La Conception de la Vierge.* — *Le Martyre de saint Pierre de Vérone.*

Enfin l'œuvre de Murillo compte dix-neuf compositions au musée de Saint-Pétersbourg, mais plusieurs sont fortement contestées.

Au palais d'hiver de Saint-Pétersbourg. — *L'Annonciation.*

Musée de Naples. — *Saint François d'Assise.*

Palais Royal a Turin. — *Jean Népomucène à son confessionnal, ayant d'un côté l'impératrice Jeanne et de l'autre un Paysan.*

Palais Corsini a Rome. — *La Vierge.*

Au palais Manfrin a Venise. — *Un petit Berger.*

Ancienne galerie de Vienne. — *Saint Jean dans un paysage.*

Musée de Berlin. — *Saint Antoine de Padoue.* — *Portrait d'un Cardinal.* — *Portrait présumé de la femme de l'artiste.* (Douteux.)

Musée de Dresde. — *Le Martyre de saint Rodrigue* (acheté en 1853 à la Vte Louis-Philippe 5,250 fr.). — *La Vierge et l'Enfant Jésus.*

Musée de Munich. — *Saint François guérissant un paralytique.* — *Six petits Polissons et Mendiants.*

Musée d'Amsterdam. — *L'Annonciation de la Vierge.*

Musée de La Haye. — *Un Berger espagnol.* — *La Vierge avec l'Enfant Jésus.*

NATIONAL GALLERY. — *La Sainte Famille* (peinte pour le marquis del Pedrozo à Cadix ; acheté 131,250 fr. en 1837). — *Saint Jean enfant* (coll. Robit, Clarke ; payé 52,500 fr.). — *Paysan espagnol.*

A HAMPTON COURT. — *Garçon épluchant des fruits.*

DULWICH COLLÉGE. — *L'Adoration des Bergers.* — *L'Adoration des Mages.* — *Le Crucifiement.* — *L'Assomption de la Vierge.* — *Petits Paysans espagnols.* — *Jeune Fille espagnole tenant des fleurs.* — *Un Portrait.*

INSTITUTION ROYALE D'ÉDIMBOURG. — *Un jeune Garçon* (contesté ; attribué au Caravage).

COLLÉGE DE GLASGOW. — *Le bon Pasteur.*

GALERIE WESTMINSTER. — *La Visite de Jacob à Laban.* — *Saint Jean au mouton.* — *Le Sommeil de l'Enfant Jésus.* — *Le Retour de l'Enfant prodigue.*

COLLECTION DE LORD OVERSTONE. — *La Glorification de la Vierge.* (Cette peinture de premier ordre avait été séparée en deux parties. La première, comprenant le buste de la Vierge et l'Enfant Jésus, était dans la galerie de lord Overstone ; l'autre portion, composée du corps de la Vierge entouré de chérubins, au nombre de quarante environ, faisait partie de la célèbre galerie de feu le maréchal Soult. Les héritiers du maréchal ayant consenti à la céder à lord Overstone, les deux parties resteront dorénavant réunies, à la grande satisfaction des amateurs.) — *Deux petites esquisses* dont l'une est celle de la *Glorification.* — *Tête de Christ.* — *La Sainte Famille.*

GALERIE DE SIR CULLING EARDLEY. — *L'Assomption de la Vierge.* (L'une des plus belles toiles du maître.)

GALERIE ELLESMÈRE. — *Parabole du Mauvais riche et de Lazare.*

AU MARQUIS D'HERTFORD. — *L'Adoration des Bergers.* — *Joseph à la fontaine.* — *L'Annonciation.* — *Saint Thomas de Villa Nueva* (coll. Wells, acheté 78,750 fr.). — *Le Mariage de la Vierge.* — *La Vierge dans une gloire.* — *La Vierge et l'Enfant Jésus.*

GALERIE BEDFORD. — *Étude d'Anges.* — *Portrait du peintre.* — *La Vierge et l'Enfant Jésus.*

COLLECTION W. STIRLING. — *La Vierge et l'Enfant Jésus* (ce tableau provient du couvent de la Madre de Dios, à Séville). — *Une Madone.*

A LORD FOLKESTONE. — *Ruth et Noémi.*

COLLECTION HOLFORD. — *La Fuite en Égypte.* (Cette composition a beaucoup de rapports avec celle de M. le duc de Galliera, qui provient de la Vᵗᵉ du maréchal Soult ; elle l'égale en beauté.) — *Une Tête de Vierge.* — *Une jeune Fille.*

COLLECTION W. MARSHALL. — *Un Portrait.*

AU DUC DE NEWCASTLE. — *La Vierge dans un paysage* (contesté par M. Waagen).

GALERIE LANSDOWNE. — *Une Vierge.* — *Portrait d'un Ecclésiastique.*

GALERIE SIR JOHN BOILEAU. — *L'Assomption de la Vierge.*

AU RÉVÉREND C. BACKENBURY. — *Sainte Rose.*

COLLECTION D'HARCOURT. — *Paysage avec figures.*

AU COMTE DE LIVERPOOL. — *Un Sposalizio.*

GALERIE DU BARON LIONEL DE ROTHSCHILD. — *L'Adoration des Bergers.*

CABINET G. PERKINS. — *Saint François.*

COLLECTION H. WILLIAMS. — *La Sainte Famille.* — *La Madeleine.*

COLLECTION NORMANTON. — *Moïse frappant le rocher.* — *Des Anges.* — *L'Enfant Jésus.*

A Mrs. Ford. — *La Vierge allaitant l'Enfant Jésus* (charmant tableau resté inachevé par suite de la mort du maître). — *Belle Tête d'expression.* — *Deux Moines* (bel échantillon du maître).

A sir John Metorp. — *Des jeunes Mendiants.*

Collection de sir Thomas Sebright. — *La Vierge.*

A lord Caledon. — *La Vierge dans une gloire.* — *Portrait de Femme.* — *Portrait d'une Dame de qualité.*

Collection John Anderson. — *Saint Jean.*

A lord Enfield. — *Saint Joseph et l'Enfant Jésus.* — *Le Repos en Égypte.*

Collection Beresford Hope. — *Tête de Christ.*

Collection R. P. Nichols. — *L'Immaculée Conception.*

Collection E. Forster. — *L'Assomption de la Vierge.* — *Sainte Famille.*

Au révérend Th. Stanisforth. — *Joseph, l'Enfant Jésus et la Vierge.*

Collection lord Elcho. — *Le Christ enfant* (coll. Louis-Philippe).

Collection Fletcher. — *L'Assomption de la Vierge.*

Au comte de Wemys. — *L'Adoration de l'Enfant Jésus par les Bergers.*

Ancienne collection Samuel Rogers. — *Saint Joseph.*

A miss Rogers. — *Jésus apparaissant à saint Antoine de Padoue.*

Au duc de Sutherland. — *Abraham accueillant les trois Anges.* — *L'Enfant prodigue.* (Anc. gal. Soult.)

A lord Elcho. — *Saint Augustin.*

A miss Burdett Coutts. — *Saint Antoine.* — *Saint Joseph.*

A lord Stanley. — *Portrait de Murillo.*

Collection Baring. — *Portrait de don André di Andrada* (coll. Louis-Philippe). — *Le Repos de la Sainte Famille.* — *Un jeune Garçon.* — *La Vierge.* — *L'Ascension.* — *Saint Joseph.* — Esquisse des *Aumônes de saint Thomas de Villanuova.*

Collection Bankes. — *Des Anges.* — *Saint Augustin.* — *Sainte Rose.*

Collection W. Bardon. — *Le Baptême du Christ.*

Galerie M'Lellan. — *Saint Joseph et l'Enfant Jésus* (attribué à Tobar).

Collection Robart. — Sujet familier.

Au duc de Rutland. — *La Vierge, l'Enfant Jésus et sainte Rosalie.* — *L'Adoration des Rois.* — *La Vierge et l'Enfant Jésus.*

Collection Horford. — *Le Christ et la Vierge.*

Collection Stirling. — Quatre compositions.

Collection Tomline. — *Le Sauveur* (payé 157,500 fr.). — *Saint Augustin en extase.* — *Saint Joseph et l'Enfant Jésus.*

Collection Hoskins. — *L'Enfant Jésus et saint Joseph.* — *Un Paysage.* — *Le Christ et saint Thomas.*

Collection Listowell. — *La Vierge et saint Joseph.* — *Saint Jean-Baptiste.*

Collection Sanderson. — *La Vierge dans une gloire.*

Collection Wynn Ellis. — *Saint Joseph et l'Enfant Jésus.* — *L'Annonciation.* — *Une jeune Bergère.*

Collection Devonshire. — *La Sainte Famille.* — *Bélisaire.*

Collection Shrewsbury. — *Sainte Thérèse dans un paysage.* — *La Prédication de saint Jean.*

Cabinet Booth. — *Un jeune Garçon.*

Collection Warwick. — *Un jeune Garçon.*

Collection Lonsdale. — *Un jeune Garçon.* — *Le petit Chasseur.*

Collection Hamilton. — *Saint Jean-Baptiste.*

Collection Wyndham. — *Un Moine.*

Collection Radnor. — *Deux Figures dans un Paysage.*

Collection Suffolk. — *L'Ascension.* — *Le Couronnement de la Vierge.*

A lord Arundel. — *Saint Joseph.*

Collection Hoare. — *Une vieille Femme.*

Collection Miles. — *Le Martyre de saint André.* — *La Sainte Famille.* — *La Vierge, l'Enfant Jésus et saint Joseph.* — *Saint Jean l'Évangéliste.*

Collection du baron Lionel de Rothschild. — *Le bon Pasteur.* (Pendant du *saint Jean* de la National Gallery.)

Collection Munro. — *Le Miracle de la Multiplication des pains.* — *Saint Pierre en prison.* — *Saint Antoine et l'Enfant Jésus.*

Galerie Stafford. — *L'Enfant prodigue.* — *Abraham et les trois Anges.* — *Saint Antoine de Padoue.* — *L'Enfant Jésus et un Saint.* — Trois compositions. — *Un Portrait.* — *La Vierge, l'Enfant Jésus et saint Joseph.*

Collection Ashburton. — *Saint Thomas de Villa-Nueva* (coll. Sebastiani). — *Une Madone dans sa gloire.* — *La Vierge et l'Enfant Jésus.* — *Un Christ.*

A lord Heytesbury. — *Saint Jean.* — *Des Enfants.*

A M. de la Bastida. — *L'Enfant au mouton* (charmante esquisse estimée 10,000 fr.). — Deux autres toiles.

En Angleterre. — *Saint Gille.* — *Saint Jean et les Pharisiens.* — *Baptême de Jésus.*

Ancienne galerie Weyer de Cologne. — *L'Assomption.* — *La Vierge et l'Enfant Jésus.*

Galerie Suermondt. — *Portrait d'Homme.* — *Vision de saint Vincent de Ferrare.* — *La Vierge et l'Enfant Jésus.*

Cabinet du comte de Koucheleff, de Saint-Pétersbourg. — *Saint Jean au mouton.*

Cabinet du prince Joussoupoff, a Saint-Pétersbourg. — *Saint Jean.*

Cabinet de M. Tatischteff a Saint-Pétersbourg. — *Deux Femmes à une fenêtre* (contesté, attribué à Vélasquez).

Cabinet du comte Czernin. — *Un petit Christ en Croix.*

Galerie Esterhazy. — *La Sainte Vierge.*

Galerie du duc d'Aumale. — *Saint Joseph tenant l'Enfant Jésus* (provᵗ de la coll. Standish). — *Saint en extase devant la Vierge et l'Enfant* (dessin).

Collection Prosper de Chasseloup-Laubat. — *Moine tenant une plume.* — *La Sérénade.*

Galerie Pozzo di Borgo. — *Le Rêve de Jacob.* — *Une Scène d'épidémie.*

Galerie de Mornay (anc. gal. Soult). — *L'Ame de saint Philippe s'élevant au ciel.* — *Brigand arrêtant un Moine.* — *Le Christ en Croix.*

Au marquis d'Espiés. — *Les petits Joueurs de boules.* (Est. 20,000 fr.) — *Sainte Madeleine.* (Est. 40,000 fr.)

Galerie Seillière. — *Enfants du peuple* (provᵗ de la gal. Soult, 25,000 fr.). — *Portrait de l'artiste.*

Galerie du duc de Galliera. — *La Fuite en Égypte.* — *Saint François en extase.*

A M. Guizot. — *Le bon Pasteur* (délicieuse esquisse).

COLLECTION C***. — *Portrait d'une Marquise* (ovale). — *Tête de jeune Paysan* (étude). — *La Mort de saint Joseph* (esquisse). — *Dispute de cabaret.* — *La Fuite en Égypte.* — *Deux Paysages.* — *Éducation de la Vierge.* — *Joueur de musette.*

COLLECTION J. COURTOIS. — *Portrait de la Mère de Murillo.*

CABINET TRILHA. — *Saint François d'Assise aux stigmates.* — *Moines distribuant de la soupe aux pauvres.* — *La Mort de la Vierge* (esquisse).

GALERIE DU BLAISEL. — *L'Incendie de Sodome* (gal. Dutartre, Lebrun et de Faviers, est. 25,000 fr.).

PRIX DE VENTES

			fr.	
Saint Jean	1742.	Vte CARIGNAN	2,850.	
La Vierge et l'Enfant Jésus	1755.	Vte PASQUIER	3,151.	Grandeur naturelle.
Le jeune saint Jean caressant un mouton	1756.	Vte TALLARD	2,452.	Peut-être celui de la Vte Carignan,
Les Noces de Cana	1766.	Vte JULIENNE	6,000.	
—	1777.	Vte CONTI	9,600.	
—	1801.	Vte ROBIT	7,310.	
Une Sainte Famille	1768.	Vte GAIGNAT	17,533.	
Le bon Pasteur *Saint Jean*	1771.	Vte LA GUICHE	12,999.	
Une jeune Fille tenant un panier de fruits *Un jeune Garçon parlant à un chien*	1772.	Vte CHOISEUL	4,800.	
Bohémienne assise	1737.	Vte C^lesse DE VERRUE		
—	1775.	Vte C^le DE LASSAY		
—	1776.	Vte DE GAGNY	12,000.	
Un jeune Garçon	1737.	Vte C^lesse DE VERRUE		
Une jeune Fille	1777.	Vte DE BOISSET	3,000.	
La Vierge et l'Enfant Jésus (1^m,69 —1^m,18)	D°	Vte DE BOISSET	10,999.	
—	1784.	Vte DE VAUDREUIL	9,001.	
Une Madone	1795.	Vte DE CALONNE	6,431.	
Un Satyre et des Tigres	D°	d°	3,937.	
La Bohémienne aux fleurs	D°	d°	18,800.	
Sainte Famille	D°	d°	13,387.	
La Vierge et l'Enfant Jésus (grandeur naturelle)	1804.	Vte DUTARTRE	6,500.	
L'Incendie de Sodome (1^m,14 —1^m,82).	D°	d°	4,640.	Signé en toutes lettres.
—	1810.	Vte LEBRUN	7,280.	Acheté pour l'Espagne par M. Aguire, de Cadix.
—	1837.	Vte DE FAVIERS	9,100.	A M. Ballesteros, de Madrid.
Jeune Espagnol, vu à mi-corps, buvant un verre de vin	1810.	Vte SYLVESTRE	1,840.	Provenant de la col. Tallard.
Le Muletier *La Porteuse d'eau*	D°	Vte LEBRUN	5,100.	
L'Assomption de la Vierge	1813.	Acheté par LEBRUN	10,600.	Le haut du tableau est enrichi d'une gloire de onze chérubins ; au bas sont quatre petits anges.
—	1814.	Vendu après son décès	2,600.	
La Maison de saint Joseph (77^c—59^c).	1817.	Vte LAPEYRIÈRE	4,000.	
Saint Augustin à genoux (27^c—33^c)	1825.	Vte DENON	1,200.	Esquisse terminée du *Saint Augustin* de la gal. Soult.
L'Adoration des Bergers	1827.	Vte BONNEMAISON	21,500.	
Vierge dans une gloire (2^m,6 —1^m,18)	1832.	Vte ÉRARD	10,000.	
La Nativité de Jésus	D°	d°	3,600.	

			fr.	
Le Pape Benoît (1m,62 1/2 — 1m,81 1/2)	1837.	Vte DE FAVIERS	2,520.	
La Vierge couvrant l'Enfant Jésus avec un linge. (Rond de 1m,15 de diamètre)	Do	do	4,605.	
La Vierge et l'Enfant Jésus	Do	do	2,600.	
Portrait d'Ambroise Spinola	Do	do	3,200.	
Le Printemps et l'Été (86c—62c)	Do	do	1,370.	
La Vierge tenant l'Enfant Jésus dans les bras (1m,92 1/2—75c)	Do	do	10,100.	
Assomption de la Vierge (cuivre octogone, 69 1/2—54)	Do	Vte DE FAVIERS	7,800.	Vendu à Londres 60,000 fr.
La Vierge et l'Enfant (96c 1/2—72c 1/2)	Do	do	20,000.	
La Sainte Madeleine (83c—64c)	Do	do	7,800.	Signée par un monogramme.
	1843.	Vte AGUADO	9,460.	Achetée pour l'Espagne.
Apothéose d'une jeune Fille (la perle de Murillo)	1837.	Vte MAZARREDO		
Annonciation	1838.	Vte CONTI DE SUYNEVAL		A M. W. Gilbon, de Bristol.
Saint Antoine de Padoue, à qui l'Enfant Jésus apparaît dans le désert	1842.	Vte FORBIN JANSON. Retiré à 40,000.		
Le Sommeil de l'Enfant Jésus	Do	do	7,950.	
—	1857.	Vte PATUREAU	41,500.	A l'impératrice Eugénie.
Mort de sainte Claire [1]	1843.	Vte AGUADO	19,000.	
Saint François d'Assise	Do	do	15,400.	
Saint Diégo	Do	do	2,825.	
Réception de saint Gilles par un pape	Do	do	3,100.	
Élie dans le désert	Do	do	1,000.	
Saint Jean-Baptiste et son mouton	Do	do	650.	
La Madone	Do	do	2,790.	
Annonciation	Do	do	27,000.	
Assomption	Do	do	1,150.	
La Vierge dans une gloire	Do	do	17,900.	
Miracle de saint Vincent Férier	Do	do	1,020.	
Saint Thomas de Villanueva	Do	do	1,310.	
Saint Grégoire le Grand	Do	do	460.	
Saint Joseph et l'Enfant Jésus	Do	do	1,300.	
Enfants revenant du marché	Do	do	5,050.	
Saint Just	Do	do	8,052.	
Sainte Ruffine	Do	do	3,010.	
Groupe d'Enfants	Do	do	1,300.	
Jeune Fille aux poissons	Do	do	6,900.	
Jacob et l'Ange	Do	do	710.	
Sainte Famille	Do	do	350.	
La Vierge et l'Enfant	Do	do	2,400.	
Jacob luttant avec l'Ange	Do	do	285.	
Saint Vincent Férier	Do	do	69.	
Le Christ au roseau	Do	do	340.	
Saint François de Pascale	Do	do	360.	

1. Il est bien entendu que je ne donne les prix de cette énorme réunion de Murillo qu'à titre de renseignement. — Les prix seuls indiquent suffisamment l'originalité d'un grand nombre.

				fr.	
Portrait de Moine	1843.	Vte AGUADO		4,050.	
Portrait d'Homme	D°	d°		155.	
Tête de saint Jean-Baptiste	D°	d°		155.	
Jeunes Mendiants	D°	d°		275.	
La Vierge apparaissant à saint Jacques de Nisibe	D°	d°		650.	
Saint François de Paule	D°	d°		475.	
Tête de Religieux	D°	d°		121.	
Portrait d'Homme	D°	d°		215.	
Saint Joseph et l'Enfant Jésus	D°	d°		825.	
Portrait du Médecin de Murillo	D°	d°		205.	
Adoration des Bergers	D°	d°		650.	
Sainte Rosalie	D°	d°		500.	
Portrait d'un Homme âgé vêtu de noir	D°	d°		345.	
Le Christ en Croix	D°	d°		230.	
Adoration des Bergers	D°	d°		1,705.	
Saint Antoine de Padoue	D°	d°		405.	
Le Bon Pasteur	D°	d°		230.	
La Vierge et l'Enfant Jésus	D°	d°		1,560.	
Saint Dominique	D°	d°		160.	
Buste d'Archange	D°	d°		250.	
L'Enfant à la touche	D°	d°		3,250.	
Jacob arrivant chez Laban	D°	d°		1,050.	
Sainte Famille	D°	d°		1,050.	
Groupe d'Enfants	D°	d°		510.	
Enfant conduisant un mendiant aveugle	D°	d°		380.	
L'Enfant Jésus	D°	d°		85.	
Conception de la Vierge	D°	d°		2,000.	
Le Christ couronné d'épines	D°	d°		705.	
L'Esclave (buste)	1850.	Vte MARQUIS DE MONTCALM.		8,200.	
Saint Jean de la Croix (1^m,92—1^m,16)	D°	Vte GUILLAUME II...	Flor.	250.	A M. van Sonsbeeck.
L'Assomption de la Vierge (1^m,95—1^m,35)	D°	d°	»	3,600.	A M. Roos.
Sainte Famille (2^m,11—1^m64)	D°	d°	»	8,500.	Au même.
Saint Jean dans le Désert	1851.	Vte GIROUX		400.	Contesté.
Fuite en Égypte	1852.	Vte SOULT		51,500.	Actuellement dans la gal. de M. le duc de Galliera.
Jésus et saint Jean enfants	D°	d°		63,000.	
Le Christ en Croix	D°	d°		3,100.	
Saint Antoine de Padoue et l'Enfant Jésus	D°	d°		10,200.	
Saint Pierre aux liens	D°	d°		151,000.	Au musée de Saint-Pétersbourg.
Repentir de saint Pierre	D°	d°		5,500.	
La Conception	D°	d°		615,300.	
Miracle de san Diego	D°	d°		85,000.	Actuellement au Louvre.
La Naissance de la Vierge	D°	d°			
Scène d'épidémie	D°	d°		20,000.	Actuellement chez M. le duc Pozzo di Borgo.
L'Ame de saint Philippe s'élevant au ciel	D°	d°		15,000.	
Brigand arrêtant un moine	D°	d°		25,000.	
Enfants du Peuple	D°	d°		9,000.	Actuellement chez M. le baron Sellière, qui l'a payé 25,000 fr.
Mater Dolorosa	D°	d°		10,600.	
Saint Dominique à genoux	1853.	Vte VIGNERON DE LA HAYE		1,000.	

			fr.	
La Conception du Couvent de Cordoue	D°	Vte Louis-Philippe	20,050.	
Même sujet	D°	d°	6,750.	
La Madeleine	D°	d°	21,000.	A la cathédrale de Séville.
Saint Augustin à Hippone	D°	d°	17,000.	
Portrait de don Andrale	D°	d°	25,500.	
Portrait de Murillo	D°	d°	10,500.	Ovale. — Sans doute celui
Esquisse de saint Thomas	D°	d°	17,750.	qui se trouve en ce moment chez M. le baron Sellière.
La Vierge à la Ceinture	D°	d°	38,750.	
La Partie de cartes	1855.	Vte Collot	1,300.	
Saint François (1^m,25—96^c)	1858.	Vte Merighi	1,050.	
Portrait de Marie-Anne d'Autriche.	1859.	Vte Rattier	2,500.	
Jacob conduisant les troupeaux de Laban.	D°	Vte Northwick	36,660.	Gal. San Iago, au marquis de Villarmarque.
Vision de sainte Augustine	D°	d°	6,370.	
La Vierge et l'Enfant Jésus	D°.	d°	5,200.	
Sainte Vierge	1860.	Vte R	5,600.	
L'Immaculée Conception (plus grand que celui du Louvre)	D°	Vte sir Culling-Eardley	225,000.	Ce tableau a sans doute été retiré, puisqu'il existe encore dans la gal. Eardley.
Le Christ en Croix	D°	Vte Cte H. de Stenhuyse.	8,800.	
La Vierge, assise au milieu d'une gloire d'Anges, tient l'Enfant Jésus dans ses bras.	1861.	Vte L***, de Madrid	800.	Ce tableau a souffert dans quelques parties.
Saint François d'Assise en extase..	D°	d° Mise à prix	12,000.	Retiré faute d'enchère.
Daniel dans la Fosse aux lions (80^c—1^m,5)	D°	Vte de X	2,500.	
Une Mendiante au désespoir	1862.	Vte Weyer, de Cologne..	630	90 c.

Murillo a été beaucoup copié et imité; parmi ceux qui l'ont approché de plus près, on distingue :

TOBAR (ALPHONSE-MICHEL DE)

Né à La Higuéra en 1678, mort en 1738.

Tobar s'appliqua à copier les tableaux de chevalet de Murillo, qui abondaient alors dans les principales maisons de Séville. Il parvint à imiter ce grand maître avec tant d'exactitude qu'aujourd'hui même bien des personnes y sont trompées.

La différence consiste en une exécution un peu plus frottée, dans laquelle sont employés des tons lavés et passés l'un dans l'autre. Les empâtements de Tobar sont plus anguleux; on y rencontre des traînées de couleur de formes indécises, puis un trait roussâtre accusant les contours.

NUNEZ DE VILLAVICENCIO

Né à Séville en 1635, mort en 1700.

Ce peintre imita Murillo de façon à tromper les amateurs. Il excella surtout dans la représentation des enfants. Sa couleur est harmonieuse, quoique un peu plus grise que celle de son maître. Son dessin est moins facile, ses méplats sont plus mous et presque toujours une teinte violacée accompagne et relie son clair-obscur.

LÉON (PHILIPPE DE)

Mort à Séville en 1728.

Bon imitateur de Murillo, dont les copies se distinguent par un dessin plus carré et une touche un peu grenue.

GERMAIN LLORENTE (BERNARD)

Né à Séville en 1685, mort dans la même ville en 1757.

Llorente donnait à ses têtes une telle grâce, une telle douceur, un tel relief, que beaucoup d'entre elles sont sorties d'Espagne comme étant de Murillo. Llorente est le Grimoux espagnol, et, comme tel, il se trahit par ses tons un peu trop vigoureux dans le clair-obscur. Son exécution est en outre un peu plus décidée que celle du maître, et ses draperies sont plus cassées.

MENESES OSORIO (FRANÇOIS)

Vécut à Séville jusqu'au commencement du XVIIIe siècle.

Les ouvrages de Meneses l'emportent sur tous ceux des nombreux élèves de Murillo. C'est celui qui approcha le mieux de son faire et des grâces de sa couleur, si bien qu'il faut être exercé dans le style du grand maître pour ne pas se tromper sur quelques productions de ce disciple. On le reconnaît à un dessin plus sage de lignes, n'ayant pas de ces *laissés* interrompant moelleusement le trait. Sa couleur est belle et transparente, mais elle contient des passages verdâtres qui n'existent pas chez l'original.

Dans sa manière propre, Meneses peut être considéré comme le Le Sueur espagnol.

ANTOLINEZ DE SARABIA (FRANÇOIS)

Mort à Madrid en 1700.

On confond quelquefois les paysages de ce peintre avec ceux de Murillo, dont il suivit éminemment le goût et la couleur. Sa manière est facile, quoique un peu sombre; sa touche est ronde et n'a pas ces traînées imprévues qui sont le caractère distinctif du maître.

GOMEZ (SÉBASTIEN), DIT LE MULATRE DE MURILLO

Esclave de Murillo, Gomez profitait de tous ses moments de loisir pour se livrer à l'étude; son ardeur fut telle, qu'il parvint à imiter son maître et à se créer une réputation. Excellent coloriste, il savait donner une belle pâte à ses compositions. On reconnaît Gomez à son dessin plus cerné, à son pinceau un peu maigre. Ses draperies sont lourdes dans les ombres et sèches dans les rehaussés.

MARTINEZ (THOMAS)

Mort à Séville en 1734.

Ce peintre mystique suivit le genre de Murillo, mais il se reconnaît à ses tons lourds et à sa touche saillante.

QUIROS (LAURENT)

Né à Santos en 1717, mort en 1789.

Quiros se bornait à copier, et copiait fort bien les ouvrages de Murillo. Néanmoins son coloris est plus briqueté, sa touche est recherchée et uniforme.

CANO (JOACHIM)

Mort en 1784.

On estime particulièrement les copies qu'il fit des Vierges de Murillo. Ne pouvant créer, Cano s'adonna tellement à imiter ce grand peintre qu'il a eu peu de rivaux en ce genre.

Ses copies se distinguent par une exécution molle et précieuse, des carnations peu variées et une touche timide. Son dessin est correct, mais un peu roide; ses draperies sont heureuses, quoique légèrement boudinées.

LOPEZ (JOSEPH)

Encore un artiste qui ne s'occupa qu'à peindre des Vierges d'après Murillo. Il est plus facile à reconnaître que le précédent; sa touche est brodée et son dessin maniéré. Quant à sa couleur, elle est lourde et cotonneuse.

IRIARTE (IGNACE)

Né à Azcoitia, province de Guipuscoa, en 1610, mort vers 1675.

Grand paysagiste, dont Murillo se plaisait à dire qu'il faisait trop bien le paysage pour ne pas le peindre d'inspiration divine; commé la plupart de ses ouvrages sont enrichis de figures peintes par Murillo, ils passent dans le commerce pour être entièrement de la main de ce dernier.

Malgré la richesse de ses arbres et la profondeur de ses sites, malgré sa transparence, son clair-obscur et sa limpidité, on le reconnaît à une teinte générale rousse, mêlée de vert sombre; ses terrains ont de plus des rehaussés jaune-cru, inconnus à Murillo.

GARZON (JEAN)

Mort à Séville vers 1729.

Élève de Murillo qu'il imita assez bien; la mort lui ayant enlevé son maître, Garzon contracta une étroite amitié avec son condisciple Meneses Osorio, et tous deux s'entr'aidaient dans leurs ouvrages, qu'on trouve confondus avec les compositions d'autres imitateurs du grand peintre. Quant à Garzon, on le reconnaît particulièrement à son dessin roide et sans goût.

GUTIERREZ (JEAN-SIMON)

Mort au commencement du XVIIIᵉ siècle.

Si Gutierrez avait pu se soumettre à l'étude du dessin, il serait parvenu à créer les plus heureuses compositions, car il avait pour ainsi dire atteint le coloris de son maître dans la représentation des Vierges. C'est à leur dessin, maniéré dans les formes et rempli d'irrésolution, que se reconnaissent ses ouvrages.

MARQUEZ (ÉTIENNE)

Mort à Séville en 1720.

Ce peintre est correct et assez bon coloriste dans ses imitations du grand maître, mais sa touche saillante et lourde empêche facilement l'incertitude.

AIGUILA (MICHEL DE)

Mort à Séville en 1736.

Ses ouvrages approchent un peu du style de Murillo, mais ils sont d'un ton roux et cru.

MURILLO (ESTEBAN-GASPARD)

FILS DE BARTHÉLEMY

Mort en 1709.

Il eut l'ambition d'imiter son père, mais seulement comme amateur, car il était destiné à la carrière des lettres. Ses copies sont fades et léchées, son dessin manque de caractère, aussi ne parle-t-on du fils que pour rendre un hommage de plus au père.

PEREZ DE PINÉDA (FRANÇOIS)

Florissait à Séville en 1670.

Imitateur peu correct et d'une exécution lourde et monotone.

COELLO (CLAUDE)

(ÉCOLE DE MADRID)

Né à Madrid vers 1621, mort en 1693.

Coello sut réunir à la fois le dessin de Cano, la couleur de Murillo, les brillants effets de Vélasquez. Si Coello fût né sous Philippe II, cette époque si féconde en talents supérieurs, il eût été sans doute l'un des plus grands peintres de l'Espagne.

Son coloris est remarquable, son dessin correct, son pinceau pur et agréable, son style savant.

Les ouvrages de ce maître sont assez estimés des amateurs, qui les paient encore un prix élevé, en raison de la défaveur attachée à la généralité des peintres espagnols.

MUSÉES DIVERS, GALERIES, ETC.

MUSÉE DE CHERBOURG. — *La Madeleine pénitente.*
MUSÉE DU ROI A MADRID. — Deux sujets mystiques.
MUSÉE DE MUNICH. — *Pierre d'Alcantara marchant sur les flots.*
MUSÉE DE SAINT-PÉTERSBOURG. — *Sainte Madeleine.* — *Portrait du peintre.*
AU MARQUIS DE WESTMINSTER. — *Une Sainte.*
GALERIE DE MORNAY (anc. gal. Soult). — *Saint Paul l'Ermite et saint Antoine dans le désert.*

Un Alcade et sa Femme sont présentés à la Sainte Vierge par leurs patrons. 1852, Vte Cte de R***, 1,005 fr.

Parmi ceux qui ont le plus adroitement copié Claude Coello, je citerai :

MUNOZ (SÉBASTIEN)

Né à Naval Camero en 1654, mort en 1690.

Ce peintre s'appropria la manière de Claude Coello, au point que ses tableaux se vendent souvent sous le nom du maître. Son dessin est correct, mais sa couleur est un peu lourde, sa touche maniérée et uniforme.

QUADRA (DON NICOLAS-ANTOINE)

Florissait en 1695.

On confond quelquefois les ouvrages de ce peintre avec ceux de Claude Coello. Cependant son dessin est plus anguleux et sa couleur plus rosée.

ÉCOLE ALLEMANDE

DÉDIÉE

A M. GUIZOT, MEMBRE DE L'NSTITUT

Par son respectueux serviteur

Th. LEJEUNE.

PEINTRES ALLEMANDS

AVEC LEURS IMITATEURS ET LEURS COPISTES

Il serait très-difficile de parler avec sûreté de la primitive École allemande ; cependant, comme le dit avec raison M. Viardot : « Pas plus que l'art italien de la Renaissance, l'art allemand du moyen âge n'est éclos spontanément sous les voûtes des cathédrales gothiques. Ce n'est pas non plus un arbre sans racines, un enfant sans parents, *prolem sine matre creatam.* Comme l'art italien, il doit sa naissance à celui des Bysantins, qui avaient conservé, tout en l'altérant, l'art antique de l'Italie et de la Grèce. »

Aussi, sans m'arrêter à ces questions d'origine, traitées souvent et avec beaucoup de succès par les auteurs modernes, je me bornerai à répéter que le caractère distinctif de l'École allemande est la rigoureuse interprétation des choses animées ou inanimées, sans exclusion des défauts, comme aussi sans choix de ce que les objets offrent souvent d'irréprochable. Sur ce point, l'École allemande est en communauté de sentiment et de pratique avec les Écoles flamande et hollandaise, et, sauf Albert Dürer, qui parvint à se créer un genre réunissant le naturalisme flamand à l'idéalisme italien, l'École allemande est souvent froide, maniérée, monotone et blafarde ; enfin, il lui manque le fini délicieux, la vérité, l'expression, qui sont l'apanage des maîtres des Pays-Bas.

DÜRER (ALBRECHT)

Né à Nuremberg en 1471, suivant certains historiens; en 1470, suivant d'autres;
mort en la même ville en 1528.

D'abord élève de Huspe Martin, puis de Michel Wohlgemüth, il réussit à réformer le mauvais goût qui régnait dans sa patrie. Créateur par nécessité, il ne dut sa manière qu'à lui-même. Ses compositions accusent un génie facile, une imagination des plus vives. Sa couleur claire et délicate a beaucoup de force et de vérité. Sa touche est savante, son dessin correct, mais roide et boudiné. Beaucoup d'amateurs désireraient plus de dégradation dans les couleurs et plus de respect pour les lois du costume.

Les ouvrages de ce grand artiste sont peu communs chez les amateurs et encore moins dans le commerce. La plupart sont répartis entre les musées de l'Europe. Le musée du Louvre n'en possède pas, ce qui est une lacune regrettable. Voici les titres des trésors possédés par nos musées de département et par les musées étrangers :

MUSÉES DIVERS, GALERIES, ETC.

Musée de Rennes. — *Le Christ en Croix*. — *La Vierge et l'Enfant Jésus*. (Dessins.)

Musée de Nancy. — *La Méditation de saint Jérôme*.

Musée de Lyon. — *Ex-voto*.

Musée de Caen. — *Seconde Révélation de sainte Catherine* (contesté).

Galerie de Nuremberg. — *Hercule combattant les Harpies* (détrempe). — *Charlemagne et Sigismond, empereurs*.

Chapelle Saint-Maurice a Nuremberg. — *Le Christ mort, soutenu par saint Jean, pleuré par la Vierge*.

Ancienne collection de Vienne. — Deux tableaux représentant chacun *la Sainte Vierge et l'Enfant Jésus*. — *Portrait de l'empereur Maximilien*. — *Portrait d'Homme* (en buste). — *La Sainte Vierge allaitant l'Enfant Jésus* (daté 1503). — *Portrait d'Homme*. — *La Sainte Vierge et l'Enfant Jésus qui tient une poire entamée* (datée 1512). — *La Sainte Trinité*. — *Martyre d'un grand nombre de chrétiens* (daté 1508). — *La Sainte Vierge assise tenant l'Enfant Jésus*. — Deux dessins sur papier gris, rehaussé de blanc.

Cour des Prémontais a Prague. — *La Vierge couronnée par deux Anges*.

Musée de Munich. — *La Mort de la Vierge*. — *Portrait du Père de l'artiste*. — Id. *d'Oswald Krel*. — Id. *d'un jeune Homme*. — Id. *de l'artiste*. — Id. *de Michel Wohlgemüth*. — *Saint Joachim et saint Joseph*. — *Saint Siméon et l'évêque Lazare*. — *Portrait présumé de J. Fugger* (à la détrempe). — *La Descente de Croix*. — *La Nativité* (triptyque). — *Saint Pierre et saint Jean l'Évangéliste*. — *Saint Paul et saint Marc*. — *Lucrèce se poignardant*. — *Le Portement de Croix*.

Musée de Dresde. — *Le Portement de Croix* (grisaille). — *Un Portrait d'Homme. Un Lapin* (étude). — *La Vierge et l'Enfant Jésus endormi.*

Musée de Berlin. — *Portrait d'un Vieillard.*

Musée d'Amsterdam. — *Portrait de Bilibald Pirkheimer.*

Musée de La Haye. — *Portrait d'Homme vu de profil et portant une barrette rouge. — Portrait d'Homme en toque noir.*

Musée de Rotterdam. — *Portrait d'Érasme.*

Musée d'Anvers. — *Portrait de Frédéric III, électeur de Saxe. — La Vierge des sept douleurs* et sept sujets explicatifs.

Musée du Roi a Madrid. — *Portrait du peintre. — La Vierge allaitant. — Deux Allégories. — Le Calvaire.*

Aux Procuratie Nuove a Venise. — *Ecce Homo.*

Palais Grimani a Venise. — *L'Institution du Rosaire.*

Musée de Turin. — *La Déposition de Croix. — Ermite en prière.*

Cathédrale de Turin. — *La Vierge, l'Enfant Jésus, saints Crépin et Crépinien.*

Galerie de Florence. — *L'Adoration des Mages. — Bustes des apôtres saint Philippe et saint Jacques* (détrempe, 1516). — *Portrait de Dürer* (donné au roi Charles Ier par la ville de Nuremberg).

Bibliothèque Ambroisienne a Milan. — *Conversion de saint Eustache.*

Palais Doria. — *Les Avares. — Saint Eustache.*

Palais royal a Gênes. — *La Confirmation donnée devant un roi de France.*

Palais Brignole a Gênes. — *Une Tête.*

Palais Corsini a Rome. — *Un Lapin.*

Cathédrale de Viterbe près de Rome. — *Le Christ et les quatre Évangélistes.*

Galerie de Windsor Castle. — *Une Madone.*

Collection Methuen. — *L'Adoration des Bergers* (contesté).

Collection Baring. — *Saint Jérôme.*

Collection Ingram. — *La Crucifixion.*

Galerie Rutland. — *Un Portrait d'Homme.*

Collection Hamilton. — *Portrait du peintre. — Un Portrait d'Homme.*

Collection Ward. — *L'Adoration des Bergers. — Une Pieta.* (Contestés, attribués à Henri de Blés.)

Galerie Northumberland. — *Portrait du père de l'artiste.*

Collection Folkestone. — *Saint Jean-Baptiste et saint Jean l'Évangéliste* (contesté). — *L'Annonciation. — L'Adoration des Bergers.* (Contestés.)

Collection Dunmore. — Plusieurs sujets : *La Nativité. — L'Adoration des Rois. — La Fuite en Égypte* (contesté).

Galerie Sutherland. — *La Mort de la Vierge.*

Cabinet du comte Czernin. — *Un Portrait.*

Galerie Lichtenstein. — Deux volets d'un triptyque.

Galerie du duc d'Aumale. — Quatre dessins.

Collection de M. le comte de Budé. — *Saint Jérôme. — Deux Saintes.*

Au marquis du Blaisel. — *L'Adoration du Veau d'or* (triptyque).

PRIX DE VENTES

Portrait du frère d'Albert Dürer. 1645, Vte Charles Ier, 100 liv. sterl. — *L'Adora-*

tion des Mages. Même Vte, 21 guinées (actuellement à Castle Howard où il est attribué à Jean Mabuse). — *Portrait d'Homme.* 1800, 2e Vte d'Orléans, 18 guinées. — *La Vierge et l'Enfant Jésus.* 1840, Vte Schamp, 1,130 fr.; 1843, Vte Aguado, 460 fr. — *Saint Georges combattant l'Idolâtrie.* Vte Stévens, 961 fr. — *Saint Hubert.* 1850, Vte Guillaume II, 3,800 florins. — Deux sujets de *la Passion.* 1852, Vte Quédeville, l'un 1,450 fr., l'autre 1,700 fr. — *Sainte Famille.* Même Vte, 505 fr. — *Immaculée Conception.* Même Vte, 505 fr. — *Nativité.* Même Vte, 750 fr. — *L'Évanouissement de la Vierge.* 1860, Vte R., 175 fr. (coll. Choiseul, id. d'Houdetot). — *Portrait de M. de Rieter de Nuremberg.* 1862, Vte Weyer de Cologne, 615 fr. — *Portrait du peintre âgé de vingt-trois ans.* Même Vte, 143 fr. 50 c. — *Ecce Homo.* Même Vte, 328 fr.

Un pareil artiste ne devait pas manquer d'imitateurs et de copistes. Les noms qui suivent en sont une preuve :

SCHŒUFFELEIN (J.)

La touche de Schœuffelein est beaucoup plus molle et plus suave que celle d'Albert Dürer; sans cela, il n'y aurait pas de différence entre le maître et l'élève. Sa couleur est chaude et parfois vineuse : c'est, si je puis m'exprimer ainsi, un *Albert Dürer italianisé.*

ALDEGRAEVER, ALDEGRAEF ou ALDEGREVER

Un des imitateurs qui se serait le plus approché du maître, si, par une cause dont aucun biographe ne fait mention, il n'avait pas abandonné la peinture pour la gravure. Sa couleur est bonne, mais sa touche est souvent tranchante et uniforme. Son dessin n'a point ces heureuses qualités qui font excuser la raideur de celui d'Albert Dürer.

Ses draperies sont aiguës et le jaune y domine, soit dans les clairs, soit dans les reflets.

GALLEGOS (FERDINAND)

L'École espagnole nous fournit un imitateur très-distingué dans la personne de Gallegos. Par bonheur, son dessin, quoique correct, n'a pas ces contours savants et naturels qui distinguent le maître allemand.

Sa touche est bien moins nourrie, et ses expressions de têtes sont plus nobles que naïves.

BURGMAYR (HANS)

Burgmayr fut élève d'Albert Dürer. Il a de l'énergie dans les têtes, mais sa dureté et sa sécheresse le font facilement reconnaître.

Sa touche est maigre et mesquine, et son dessin est moins savant que celui du modèle.

ALTDORFER (ALBRECHT)

Altdorfer l'emporte sur tous les autres élèves d'Albert Dürer. Il faut regretter qu'il ait tant négligé la perspective. Son style, plus archaïque que celui du maître, suffit pour faire discerner ses tableaux, dans lesquels on remarque des détails admirables de fini, que dépare malheureusement une touche dure et tranchante.

FESELEN ou FESELE (MELCHIOR)

Encore un élève offrant beaucoup d'analogie avec son maître, mais dont les compositions sont moins savantes, et dont le dessin est moins correct.

À côté d'un beau fini, on rencontre presque toujours des lignes peu heureuses qui contrastent d'une manière pénible avec l'ensemble du tableau.

HEMMESSEN ou HEMSEN (JEAN VAN)

Ce peintre hollandais imita quelquefois et avec beaucoup de bonheur Albert Dürer.

Son exagération de style archaïque, ses draperies lourdes et mal jetées, sont un indice qui ne trompe jamais, quand il s'agit de discerner ses imitations.

JUVENEL (PAUL)

Il faut considérer Juvenel, non comme un imitateur, mais comme un copiste qui exécuta de belles répétitions, une centaine d'années après son chef de genre.

Quoique bien patinées par l'effet du temps, elles ne peuvent en aucune façon tromper le connaisseur. Elles se ressentent un peu de la manière d'Elzheimer, et par conséquent n'ont pas cette naïveté qui fait le charme des tableaux d'Albert Dürer.

FISCHER (JEAN)

Encore un copiste qui tromperait jusqu'à s'y méprendre, si sa touche avait plus de fermeté et n'était pas aussi grenue.

LUC CRANACH

VULGAIREMENT, MAIS EN RÉALITÉ LUCAS SUNDER

Né en 1472 à Cranach en Franconie, mort à Weimar en 1553.

Contemporain d'Albert Dürer, il est loin d'avoir un talent aussi remarquable que lui. Ses tableaux sont cependant très-estimés, grâce à cette indulgence respectueuse que l'on a pour l'époque où ils ont été exécutés.

Sa couleur a conservé la fraîcheur que l'on retrouve dans un grand nombre des anciennes peintures à l'huile, preuve incontestable du soin que mettaient les artistes dans l'application du nouveau procédé de Van Eyck, et de leurs connaissances chimiques.

La touche de Cranach est facile, quoique un peu sèche. Le peu de correction de son dessin se trouve racheté par des compositions grandioses, sévères, quelquefois aussi gracieuses et tendres. La manière italienne, mêlée à la naïveté chaste de la peinture allemande, offre des nuances qui décèlent les premiers pas de l'enfance de l'art.

Ce peintre est représenté au musée de Paris par trois portraits dont les estimations sont illusoires. Ainsi les anciens experts, dominés par leur antipathie pour l'École allemande, ont cru devoir taxer le portrait n° 100 à la somme de 300 fr. Je crois être dans le vrai en affirmant que ce prix serait de beaucoup dépassé aujourd'hui.

MUSÉES DIVERS, GALERIES, ETC.

MUSÉE DE BORDEAUX. — *Vénus et l'Amour.*

MUSÉE DE CHERBOURG. — *Portraits de Frédéric III et de Jean, électeur.*

MUSÉE D'AVIGNON. — *Adam et Ève dans le Paradis terrestre.*

MUSÉE DE DRESDE. — *La Femme adultère.* — *L'Enfant Jésus apporté à Salomon.* — *Résurrection de Lazare.* — *Le Crucifiement.* — *Jésus prend congé de sa mère.* — *Le Massacre des Innocents.* — *Le Christ présenté au peuple.* — *Le Christ arrêté.* — *Élie et les Prêtres de Baal.* — *Un Vieillard et une jeune Fille.* — *Un Enfant nu.* — *Christine Eilineau.* — *Martin Luther.* — *Judith et Lucrèce.* — *Adam et Ève.* — *Salomon adore une idole.* — *Hérodiade présente à son père le chef de saint Jean-Baptiste.* — *Philippe Mélanchthon.* — *Portrait de Marguerite de Ponikau.* — *Portrait de George, margrave de Brandebourg.* — *Frédéric le Sage.* — Tableau d'autel, etc., etc. — *Adam, Ève la pomme à la main.* — *Laissez venir à moi les petits enfants.* — *Saint Jean prêche aux soldats.* — *Le Christ bénit les enfants.* — *L'Homme des bois endormi.* —

L'Homme des bois éveillé. — *Dalila coupe les cheveux de Samson.* — *David épie Bethsabée.* — *Le Christ en prière.* — *Le Crucifiement.* — *L'Électeur Maurice de Saxe et Agnès, son épouse.* — *L'Électeur Auguste.* — *Portrait de Maurice, Electeur de Saxe.* — *Portrait de l'Électeur Auguste.* — *L'Électrice Anna.* — *Sa Fille.*

ANCIENNE COLLECTION DE VIENNE. — *Saint Jérôme et saint Léopold, margrave d'Autriche* (réunis dans la même bordure). — *Un Vieillard mettant une bague au doigt d'une jeune Fille.* — *L'Adoration des Rois.*

MUSÉE DE BERLIN. — *Hercule devant Omphale.* — *La Fontaine de Jouvence.* — *Trois Vénus.* — *Ève.* — *Apollon et Diane.* — Plusieurs *Portraits,* en tout vingt-trois compositions.

MUSÉE DE MUNICH. — *La Femme adultère.* — *Adam et Ève.* — *Loth et ses Filles.* — *Moïse et Aaron.* — *Une Madone.* — *Un Calvaire* (triptyque représentant sept sujets). — *Portrait de Mélanchthon.* — Id. *de Martin Luther.*

MUSÉE DE PESTH. — *La Femme adultère.*

AU HRADSCHIN EN BOHÈME. — *Hérodiade.* — *Judith.* — Plusieurs *Chasses.*

MUSÉE D'ANVERS. — *Adam et Ève.* — *La Charité.*

MUSÉE DU ROI A MADRID. — Deux *Chasses.*

A L'ACADÉMIE DES BEAUX-ARTS, A VENISE. — *Loth et ses Filles.*

NATIONAL GALLERY. — *Portrait d'une Dame de qualité.*

A HAMPTON COURT. — Plusieurs compositions.

INSTITUTION ROYALE DE LIVERPOOL. — *Une figure de Femme.*

COLLECTION GLASDTONE. — *La Mise au Tombeau.*

COLLECTION BARING. — Trois compositions, dont deux *Portraits.*

COLLECTION MACKINNON. — *Un Portrait d'Homme.*

COLLECTION CRAVEN. — *L'Électeur de Saxe accompagné des réformateurs Luther, Mélanchthon, Zwinglius, Œcolampadius.*

COLLECTION HAMILTON. — *Judith et Holopherne.*

COLLECTION SHREWSBURY. — *Un Portrait de Femme.*

COLLECTION EXETER. — *Portrait de Luther.*

EN ANGLETERRE. — *Femme dormant près d'une fontaine.*

GALERIE LICHTENSTEIN. — *La Descente de Croix.* — *Vénus consolant l'Amour.*

GALERIE SUERMONDT. — *Portrait de Femme.*

GALERIE ESTERHAZY. — *Hérodiade.* — *La Femme adultère.*

COLLECTION DE M. LE COMTE DE BUDÉ. — *La Vierge tenant l'Enfant Jésus.*

PRIX DE VENTES

La Vte Fesch nous fournit une adjudication sérieuse, quoique se ressentant de l'éloignement des amateurs pour l'École d'outre-Rhin. C'est le *Portrait de Catherine de Bora, femme de Luther,* vendu 260 écus en 1846. — *Le Jugement de Pâris.* 1852, Vte Quédeville, 415 fr. — *Le Christ en Croix.* Même Vte, 530 fr. — *Portrait de Martin Luther* (miniature). 1859, Vte Northwick, 1,300 fr. — *L'Adoration des Mages.* 1860, Vte X. de Lyon, 250 fr. — *Le Jugement de Pâris.* 1861, 2e Vte Martinengo de Wurtzbourg, 400 florins. — *Vénus et Cupidon.* 1862, Vte Weyer de Cologne, 472 fr. 50 c. — *Le Christ entouré d'enfants.* Même Vte, 902 fr. — *Portrait de M. de Burtenbach, de Ravensbourg.* Même Vte, 266 fr. 50 c. — *Buste de Martin Luther.* Même Vte, 225 fr. 50 c. — *Buste de Philippe Mélanchthon.* Même Vte, 240 fr. — *Sujet allégorique.* 1863, Vte Demidoff, 600 fr. — *Léda.*

Même Vte, 330 fr. — *Portrait d'un jeune Prince de la maison de Saxe.* 1863, Vte Meffre, 410 fr.

Le fils de L. Cranach est à peu près le seul qui se soit appliqué à le copier : tous les autres artistes ont tourné leurs regards vers le dieu de l'époque, Albert Dürer.

LUC SUNDER

DIT LE JEUNE, VULGAIREMENT CRANACH

Élève de son père qu'il aida dans ses travaux, Luc Sunder, dit le Jeune, fut en quelque sorte forcé de l'imiter. Néanmoins, sa touche est plus peinée, ses contours sont plus timides : on voit que l'esprit ne concevait pas ce que la main exécutait.

HOLBEIN (HANS), DIT LE JEUNE

Né à Augsbourg et non à Bâle en 1498, mort à Londres en 1554.

Son père, Jean Holbein dit le Vieux, fut son maître. Notre artiste, doué d'un génie supérieur, atteignit bientôt la perfection dans son art et devint un des plus grands peintres de l'École allemande.

Holbein a un bon goût de peinture exempt des défauts de ses compatriotes. Ses compositions décèlent une imagination ardente et élevée. On admire la finesse et la naïveté de ses têtes, la vigueur de son coloris et la vivacité de ses carnations, qui sont une imitation parfaite de la nature. Sa touche est arrondie et transparente ; en un mot, sans le boudiné et le mauvais choix de ses draperies, qu'on lui reproche quelquefois, ce serait un peintre de premier ordre.

Je ne sais pour quelle raison le cadre renfermant trois sujets classés sous le nom d'Holbein dans les anciennes notices du musée du Louvre a disparu de l'œuvre de cet artiste ; quoi qu'il en soit, et pour prouver que sa valeur artistique méritait quelque examen, je dois dire qu'il avait été évalué 12,000 fr. dans l'ancien inventaire officiel. L'un de ces sujets représentait les *Apprêts de la Sépulture ;* le deuxième, *Saint François recevant les stigmates ;* le troisième, le *Christ faisant la Cène avec ses disciples.*

Voici les expertises des autres tableaux d'Holbein : *Portrait de Nicolas Kratzer,*

8,000 fr. — *Portrait de Guillaume Warham*, 8,000 fr. — *Portrait d'Erasme,* 1,500 fr., puis 2,000 fr. — *Portrait d'Homme âgé*, 3,000 fr. — *Portrait de Thomas Moore,* 1,500 fr. — *Portrait d'Anne de Clèves*, 4,000 fr. — *Portrait de sir Richard Souttuvel,* 2,000 fr. — *Portrait d'Homme,* 1,200 fr. [1].

MUSÉES DIVERS, GALERIES, ETC.

MUSÉE DE LYON. — *Portrait d'un Seigneur anglais.*

MUSÉE D'ÉPINAL. — *Portrait de Calvin.* — Id. *de Luther.*

MUSÉE DE RENNES. — *Tête d'Homme* (dessin).

MUSÉE DE BORDEAUX. — *Portrait d'un Homme.*

MUSÉE D'AVIGNON. — *Portrait d'un Homme vêtu de noir.* — *Portrait d'un Prince.* — *Portrait en buste du cardinal Bembo.* (Les deux derniers contestés.)

MUSÉE DE MUNICH. — *L'Emprisonnement.* — *Le Christ devant Pilate.* — *Ecce Homo.* — *Le Christ portant sa Croix.* — *L'Adoration des Mages.* — *La Circoncision.* — *Sainte Barbe.* — *Sainte Élisabeth.* — *Jésus aux Oliviers.* — *La Nativité.* — *La Flagellation.* — *La Circoncision.* — *Le Couronnement d'épines.* — *La Résurrection.* — *La Mort de Marie.* — *Le Crucifiement.* — *L'Annonciation.* — *La Visitation.* — *Portrait du margrave de Bade.* — Id. *du comte Antoine Fugger.* — *Jeune Homme vu de profil.* — *Portrait d'Homme.* — *Portrait supposé de Martin Luther.* — Trois autres *Portraits.*

ANCIENNE COLLECTION DE VIENNE. — *Portrait d'une Bourgeoise vêtue de noir.* — *Portrait d'Homme.*

AU HRADSCHIN EN BOHÊME. — *Lucrèce.*

MUSÉE DE SAINT-PÉTERSBOURG. — *Portrait d'un Gentilhomme avec ses trois Fils.* — *Portrait d'une Dame avec sa Fille.* — *Portrait d'un jeune Homme en manteau fourré.* — *Portrait d'une jeune Dame coiffée de perles.*

MUSÉE DE BERLIN. — *Portrait d'un Homme et d'un Enfant.* — *Portrait de G. Gysen.* — Id. *de G. Frunsberg.* — *Une Réunion dans un cabaret.*

MUSÉE DE DRESDE. — *Sir Thomas et John Godsalve, le père et le fils.* — *Buste d'un Homme à barbe grise.* — *Un Homme couvert d'un petit bonnet noir.* — *Portrait d'un Homme habillé de noir.* — *Le bourgmestre Jacques Meyer, de Bâle, et sa famille.* — *Portrait de Thomas Morrett.* — Dessin original du portrait précédent. — *Portrait d'un Homme vêtu de noir.*

MUSÉE D'AMSTERDAM. — *Portrait de l'empereur Charles V* (acheté en 1825, 100 florins). — *Portrait de l'empereur Maximilien d'Autriche.* — *Portrait d'Érasme.* — *Portrait de Robert Sidney.*

MUSÉE DE LA HAYE. — *Portrait de Thomas Morus.* — Id. *de Robert Cheseman.* — Id. *de Jane Seymour.* — Id. *d'une Dame.*

MUSÉE DE BRUXELLES. — *Portrait de Thomas Morus.*

MUSÉE D'ANVERS. — *Portrait d'Homme.* — *Portrait de François II, de France.* — *Portrait de Jean Frobenius.* — *Portrait d'Érasme.* — *Portrait de Thomas Morus.*

MUSÉE DE NAPLES. — *Portrait d'un jeune Homme.*

---

1. Ce tableau, anciennement classé sous le nom de Garofolo, est venu grossir l'œuvre d'Holbein. Par quelle raison et en vertu de quelle expertise? La notice de 1854 n'en dit absolument rien.

Musée de Turin. — *Portrait de Martin Luther. —* Id. *de Jean Calvin.* Id. — *d'Érasme. —* Id. *de Charles III de Savoie. —* Id. *de Catherine Bora.*

Palais Royal de Gênes. — *Portrait d'Anne Boleyn.*

Palais Brignole a Gênes. — *Une Femme tenant une fleur.*

Palais Doria. — *Portrait de l'artiste et de sa femme.*

Galerie de Florence. — *Portrait du peintre. — Portraits de Zwingle, réformateur de la Suisse. —* Id. *de Thomas Moor. —* Id. *de François Ier. — Deux Portraits d'Homme, un de Femme.*

A Hampton Court. — *Portrait de Henri VIII et de sa Famille. —* Id. *de la reine Marie. —* Id. *de la reine Élisabeth enfant. —* Id. *de la reine Élisabeth jeune fille. —* — Id. *de François Ier. — Deux Portraits d'Érasme. — Portrait de Frobrenius. —* — Id. *de Reskemeer. —* Id. *de sir H. Guilford. —* Id. *de lady Vaux. —* Id. *du comte de Surrey* (grandeur naturelle). — Id. *du Bouffon de Henri VIII. —* Id. *du Père et de la Mère d'Holbein. — Portrait de l'artiste. —* Id. *de sa femme. — L'Entrevue de Henri VIII et de François Ier. —* Id. *de Henri VIII et de l'empereur Maximilien. — La Bataille de Pavie. — La Bataille de Spurs. — La Madeleine au Tombeau du Christ*, etc., etc.

Au chateau de Windsor. — Une collection de *Portraits historiques.*

Institution royale de Liverpool. — *L'Enfant prodigue.*

Galerie Buccleugh. — *Portrait de Henri VIII. —* Id. *de sir Nicholas Carew.*

Collection Warwick. — *Portrait de Henri VIII.*

Collection Normanton. — *Portrait de lady Jeanne Grey.*

Galerie Northumberland. — *Portrait d'Édouard VI et de son enfant. — Portrait du duc de Somerset.*

Collection Folkestone. — *Un Portrait d'Homme. — Portrait de lady Carey* (contesté). — *Portrait de sir Anthony Denny. — Portraits de Calvin et d'Œcolampadius* (contesté). — *Portrait d'Érasme. — Portrait de Peter Ængydius.*

A lord Boston. — *Portrait du comte de Kildare.*

Collection Amherst. — *Portrait du roi Henri VIII.*

Galerie Bedford. — *Portrait de lord John Russell. —* Id. *de Jeanne Seymour.*

Collection Miles. — *Un Portrait d'Homme.*

Collection Norfolk. — *Portrait du duc de Norfolk.*

Collection Exeter. — *Portraits des rois Henri VIII et Édouard VI.*

Collection Suffolk. — *Catherine Howard et Henri VIII.*

Collection Baring. — *Portrait du peintre Jean Herbster.*

Collection Douglas. — *Portrait de lord Cromwell. —* Id. *de sir Thomas Moore.* — Id. *d'Érasme* (contesté).

Au duc de Portland. — *Portrait du roi Williams III. — Un Portrait d'Homme.* — Id. *de lady Grey.*

Collection Galway. — *Portrait de Henri VIII. —* Id. *de l'astronome Nicolas Kratzer* (contesté).

A l'archevêque de Canterbury. — *Portrait de William Warham.*

Collection Jersey. — *Portrait de sir Thomas Gresham* (contesté).

Au duc de Newcastle. — *Un Portrait d'Homme.*

Collection Dembig. — *Portrait de Catherine Parr.*

Au duc de Manchester. — *Henri VIII vu à mi-corps* (répétition du tableau de la coll. Warwick).

Collection John Boileau. — *Portrait d'Anne de Boleyn.*

Collection Stamford. — *Portrait de sir Thomas Graham.*

Galerie Rutland. — *Portrait de Henri VIII.*

Collection Shrewsbury. — *Un Portrait d'Homme.*

Collection Pembroke. — *Portrait de sir Thomas Moore.* — Id. *de lord Cromwell.* — Id. *d'Édouard VI.* — Id. *de William, comte de Pembroke.*

Collection Radnor. — *Portrait d'Érasme.* — Id. *de Peter Ægydius.* — Id. *de Luther.* — Id. *d'Antoine Derry.* — Id. *du roi Édouard VI.* — Id. inconnu.

Collection Wentworth. — *Portrait d'Æcolampadius le réformiste.*

Collection Devonshire. — *Une Téte d'Homme.* — Une belle composition.

Collection Bute. — *Portrait du roi James et de sa femme Marguerite.*

Collection Ward. — *Un Portrait d'Homme.* — *Jeune Homme tenant un livre.*

Galerie Fitzwilliam. — *Portrait du comte Fitzwilliam.*

Collection Spencer. — Plusieurs *Portraits.*

Collection Tomline. — *Un Portrait de Femme.* — Une petite composition.

Collection Iarborough. — *Portrait d'Édouard VI.*

Collection Barker. — *Portrait de Femme.* — *Portrait du roi Édouard VI.*

Collection Neeld. — *Un Portrait de Femme.* — *Un Portrait d'Homme.*

Collection Seymour. — *Portrait de Henri VIII.* — *Un Portrait d'Enfant.*

Collection Drury Lowe. — *Portrait de Henri VIII.*

Collection Lonsdale. — *Un Portrait de Femme.*

Collection Marlborough. — *Une Téte d'homme.*

Collection Arundel. — *Portrait du duc de Norfolk.* — *Christine, fille de Christian II.*

Collection Wyndham. — *Portrait d'Édouard VI.* — *Portrait de Henri VIII.* — *Un Portrait de Femme.* — *Trois Portraits d'Hommes.*

Collection Wynn. — *Plusieurs Portraits.*

Collection Ingram. — *Un Portrait d'Homme.*

Collection Carlisle. — *Portrait du duc de Norfolk.* — *Portrait de Henri VIII.*

Collection Holford. — *Trois Portraits.*

Collection Blundell. — *Portrait de sir Thomas Moore.*

Collection Martin. — *Un Portrait d'Homme.*

Galerie Lichtenstein. — *Portrait d'Homme.*

Cabinet du comte Czernin. — *Une Madone.*

Ancien palais du prince d'Orange, a Bruxelles. — *Une Téte.*

Galerie du duc d'Aumale. — *Portrait du père de l'artiste.* — *Portrait de Jean Tritéme.* (Dessins.)

Galerie Duchatel. — *Un Portrait d'Homme.*

Cabinet Vitet. — *Un Portrait d'Homme.* (Est. 12,000 fr.)

Collection Duclos. — *Portrait de Rabelais.*

A M. Fabre, a Grasse. — *Portrait de Théodore de Bèze* (anc. coll. de Marcy).

Cabinet de M. Bourguignon de Fabregoule. — *Portrait de Thomas Morus.*

A M. R. Gower. — *Une Pieta.*

Collection Létoublon. — *Portrait d'un jeune Seigneur hollandais vétu de noir.* (Est. 1,000 fr.)

GUIDE DE L'AMATEUR

PRIX DE VENTES

Moïse et Aaron ($1^m,28$—$1^m,34$). 1791, Vte Lebrun, 40 fr. (Il est permis de douter de l'authenticité de ce tableau.) — *Portrait de l'empereur Charles V* (16^c—13^c). 1825, Vte X., 100 flor. (Musée d'Amsterdam.) — *Portrait de Gyssel.* 1800, Vte d'Orléans, 60 guinées. — Autre *Portrait.* Même Vte, 15 guinées. — *Portrait* (B. cintré, 91^c,5^m—69^c,8). 1840, Vte Schamp, 370 fr. — *Portrait.* 1844, Vte Schickler, 400 fr. — *Portrait.* 1844, Vte Van Huerne, 1,450 fr. — *Sainte Famille.* 1846, Vte Stevens, 600 fr. — *Portrait d'une Dame de qualité* (B. 78^c—64^c). 1850, Vte Guillaume II, 5,000 flor. (à M. Héris). — *Portrait de sir Thomas Moore* (B. 74^c—57^c). Même Vte, 1,850 florins (à M. Roos). — *La Mort de la Vierge.* Même Vte, 2,950 florins. — *Portrait de Henry VIII.* 1850, Vte d'Espinoy, 420 fr. — *Vie de saint Quentin.* 1852, Vte Quédeville, 700 fr. (daté 1527 ; peint sur les deux faces.) — *Portrait de Femme.* 1855, Vte de la banque de Cassel, 525 fr. — *Portrait d'Homme.* 1859, Vte Brabeck et de Stolberg, 780 thalers. — *Portrait d'Homme;* id. *de Femme.* 1859, Vte Castellani, 690 fr. — *Portrait d'un jeune Homme.* 1859, Vte d'Houde-tot, 401 fr. (ovale). — *Petit Portrait de François Ier.* 1860, Vte D., de Turin, 1,300 fr. — Série de tableaux ayant trait à la *Passion.* 1861, Vte Martinengo, de Wurtzbourg, 1,980 florins. — *Portrait d'une jeune Dame.* 1862, Vte Weyer de Cologne, 676 fr. 50 c. — *Portrait d'un jeune Homme.* Même Vte, 512 fr. 50 c. — *Buste d'un jeune Seigneur.* Même Vte, 168 fr. 60 c. — *Portrait de François Ier.* 1863, Vte Meffre, 440 fr. — Id. *de la Femme de François Ier.* Même Vte, 620 fr. — *Portrait d'Homme.* Même Vte, 660 fr. — *La Mort entraînant une jeune Femme* (dessin). 1860, Vte E. N., 67 fr. — *Portrait d'une jeune Femme.* 1863, Vte Archinto de Milan, 452 fr.

Parmi ceux qui ont le plus adroitement copié ou imité Holbein on distingue :

ASPER (HANS)

Ce peintre, très-apprécié de son vivant, puisque ses contemporains firent frapper une médaille en son honneur, a imité à s'y méprendre la manière, mais non l'exécution d'Holbein. Ainsi, par exemple, ce qui fait reconnaître ses copies est précisément le contraire de ce que certains amateurs reprochent à Holbein. Je veux parler du mauvais choix et du boudiné de ses draperies. Asper, soit qu'il voulût corriger Holbein, soit que ce fût pour obéir aux exigences de ceux qui lui demandaient des copies de ce maître, y substitua des plis aigus, des reflets heurtés, placés souvent d'une manière maladroite, et qui jurent avec l'harmonie du reste. C'est à cette marque qu'on reconnaît le contrefacteur.

AMBERGER (CHRISTOPHE)

Amberger a beaucoup de fini et d'expression, mais sa manière est sèche et son coloris peu harmonieux.

La touche d'Holbein est arrondie et transparente ; celle d'Amberger est estompée et brodée ; c'est là son caractère distinctif.

ROTTENHAMMER (JOHANN)

Né à Munich en 1564, mort à Augsbourg en 1623.

Johann Rottenhamer ou Rottenhammer reçut les premiers principes de Donouwer (on écrit aussi Donnauer), puis il alla se perfectionner à Rome, et de là à Venise, où il prit le Tintoret pour guide.

Il invente, dispose comme ce maître vénitien, et, s'il n'a pas sa hardiesse, il en reproduit quelquefois les grâces, la richesse, l'ordonnance et même les incorrections de traits. Breughel de Velours et Paul Brill ont souvent fait les paysages et les fonds de ses tableaux.

Dans ses grands ouvrages, Rottenhammer paraît un peu maniéré; ses draperies ressemblent à du papier cassé. Ces défauts sont moins sensibles dans ses petits tableaux. On y découvre un pinceau plus flou et des airs de têtes gracieux. Le nu, qu'il aimait à peindre, quoique souvent incorrect, n'y est jamais hors de proportion. J'ajouterai que la finesse de touche de Rottenhammer et l'excellence de son coloris augmentent le mérite de ses ouvrages, dont les meilleurs approchent du Tintoret.

Ses petits tableaux sont ordinairement sur cuivre; les plus grands, sur bois. Autant il eut de difficultés à les bien placer au commencement de sa carrière d'artiste, autant ils furent recherchés et payés cher dans son dernier temps. Ils sont moins estimés en ce moment.

Le musée du Louvre en possédait deux, suivant les anciennes notices. Un seul, la *Mort d'Adonis,* a été maintenu dans le nouveau livret. Il fut évalué 4,000 fr., puis 5,000 fr. — Quant au second, le *Christ portant sa Croix,* estimé 800 fr., puis 1,000 fr., il ne figure plus parmi les tableaux du maître.

MUSÉES DIVERS, GALERIES, ETC.

Musée de Valenciennes. — *Punition des Enfants de Niobé.*

Musée de Bordeaux. — *Vénus couchée.*

Musée de Rennes. — *Le Couronnement de la Vierge.* — *Jésus au jardin des Oliviers.* (Dessins à la plume.)

Musée de Nancy. — *Le Bon Samaritain.* — *Enfants dansant une ronde.* — Tableau de *Nature morte.*

Musée d'Épinal. — *La chaste Suzanne et les deux Vieillards.*

Musée d'Avignon. — *L'Adoration des Bergers.*

Musée de Cherbourg. — *L'Enfant Jésus et sa Mère servis par trois Anges.*

Musée de Munich. — *Apparition de la Vierge à saint Augustin.* — *Le Martyre de sainte Catherine. — Diane au bain. — Le Jugement de Pâris. — Les Noces de Cana. — Le Jugement dernier.*

MUSÉE DE DRESDE. — *La Vierge et l'Enfant Jésus.*

MUSÉE DE LA HAYE. — *La Chute de Phaëton.*

MUSÉE D'AMSTERDAM. — *La Vierge et l'Enfant Jésus. — Mars et Vénus.*

MUSÉE DE ROTTERDAM. — *Une Madone.*

NATIONAL GALLERY. — *Pan et Syrinx* (coll. Beaucousin).

A HAMPTON COURT. — *Le Jugement de Pâris.*

GALERIE BEDFORD. — *Les quatre Éléments.*

CABINET NELTHORPE. — *Le Christ au mont des Oliviers.*

GALERIE ELLESMÈRE. — *La Danse et le Concert. — L'Adoration des Bergers.*

COLLECTION FOLKESTONE. — *Une Descente de Croix.*

CABINET BOOTH. — *La reine de Saba.* (Le paysage est peint par Breughel.)

COLLECTION M'LELLAN. — *Une Bacchanale.*

GALERIE STAFFORD. — *La Sainte Famille* (entourée de fleurs peintes par Seghers).

GALERIE DEVONSHIRE. — Plusieurs compositions.

COLLECTION VAN DER AA, DE SAINT-NICOLAS. — *Sujet mythologique.*

COLLECTION LÉTOUBLON. — *L'Adoration des Bergers : Et in terrâ pax hominibus : 1605.* (Est. 600 fr.)

Après avoir joui d'une grande faveur, les tableaux de Rottenhammer sont peu recherchés par les amateurs. Voici quelques adjudications à l'appui :

Les Noces de Cana. 1738, Vte Fraula, 1,060 flor. — *La Chute de Phaëton.* 130 flor. — *Paysage de Breughel de Velours.* 1750, Vte Wassenaer d'Obdam, 1,510 flor. (retiré à 11,500 fr. à la Vte de Clavière, en 1810). — *Le Baptême du Christ* (32^c—48^c). Le paysage est de Breughel de Velours (acheté 1,007 fr. par M. Blondel de Gagny, vendu après sa mort, en 1776, 1,501 fr.; puis 1,900 fr. à la Vte Tallard, pour descendre à 600 fr. à celle Nogaret en 1780). — *Le Festin des dieux.* 1762, Vte Gagny, 3,610 fr. — *Diane et Actéon* (douze figures). Paysage, par Breughel de Velours, 1766, Vte Julienne, 1451 fr.; 1768, Vte Gaignat, 1,240 fr. — *Les Beaux-Arts* (paysage par Breughel de Velours). 1771, Vte Braamcamp, 1,000 flor. — *Salomon adorant les faux dieux* (vingt-cinq figures). 1772, Vte Mercier, 425 fr.; 1773, Vte Van der Marck, 735 flor. — *La Chute de Phaëton.* 1777, Vte Conti. — *L'Enlèvement des Sabines.* 1779, Vte Juvigny, 2,800 fr. — *Un Missel* renfermant neuf peintures (24^c 1/2 sur 16^c). 1826, Vte Denon, 3,005 fr. — *Diane au bain.* 1844, Vte X***, 120 fr. — *Le Couronnement de la Sainte Vierge.* 1846, Vte Fesch, 191 écus. — *Enfants dans un paysage.* 1852, Vte Turenne, 1,905 fr. — *Le Jugement de Pâris* (huit figures sur cuivre 21^c—17^c). 1858, 2me Vte Hope, 450 fr. — *Fête à Bacchus.* 1860, Vte X***, 1,930 fr.

Les artistes qui ont copié Rottenhammer sont en petit nombre : nous citerons les deux principaux :

JORDAENS (HANS)

Ce Jordaens, élève de Martin Cleef, peignait ou plutôt imitait tous les genres. On a de lui des sujets d'histoire, des fêtes de village, des corps de garde, des incendies, des clairs de lune, des pêcheurs, etc.; mais ce qu'il a le mieux imité, c'est Rottenhammer.

Sa touche est plus timide, ses fonds sont lourds et plus cotonneux, et ses draperies sont plus molles que celles de son chef de genre.

MELDER (GUÉRARD)

Habile miniaturiste, Melder a fait de très-heureuses copies de Rottenhammer. Il leur donna la même proportion que les tableaux originaux, et les peignit d'abord à l'huile, puis sur l'ivoire et le vélin. C'est à leur pointillé disgracieux, à leur touche léchée et maniérée, qu'elles se feraient reconnaître, si leur couleur, devenue lourde et opaque avec le temps, ne suffisait pas pour révéler leur origine.

ELZHEIMER (ADAM)

DIT ADAM DE FRANCFORT ET TEDESCO, OU ELSHEIMER, OU MÊME ENCORE ELZHAIMER

Né à Francfort-sur-le-Mein en 1574, mort à Rome en 1620.

Il fut élève de Ph. Offembach, qu'il quitta pour aller étudier les grands maîtres en Italie, où il se créa une manière de peindre et de finir en petit qui, par la force, la bonne entente du clair-obscur, la touche spirituelle, le gracieux et la vérité des figures, l'a rendu un des premiers peintres de son siècle.

Malheureusement, ce qui devait faire sa fortune fut en partie la cause de sa misère. En effet, employant un temps considérable à finir des tableaux pour lesquels il ne recevait qu'un prix très-modique, il se trouva bien vite dans l'impossibilité d'assister sa nombreuse famille : il se laissa aller au découragement, devint misanthrope et n'eut bientôt d'autre séjour que les ruines des environs de Rome. Accablé de dettes, il ne s'occupait plus qu'à fuir ses créanciers, qui ne tardèrent pas à le faire mettre en prison. Il mourut peu de temps après sa mise en liberté, qu'il dut au comte Gaudt ou de Gaud, son élève et son protecteur.

Elzheimer est un excellent paysagiste : ses figures accessoires sont pleines d'action. Dans les effets de lune, surtout, il est admirable et le premier par ordre chronologique qui ait découvert l'art de nuancer jusqu'à l'illusion la réfrangibilité des lumières argentines qui rejaillissent de la lune sur notre globe.

Ses tableaux, peu nombreux, il est vrai, jouissent d'une haute estime, mais ils n'atteignent pas des prix élevés. Le musée du Louvre en possède deux : l'un, la *Fuite en Égypte,* a été estimé 4,000 fr. ; l'autre, le *Bon Samaritain,* n'a pas dépassé cette somme. Ces expertises peuvent être considérées comme bien au-dessous de leur valeur, quoique, je le répète, malgré la grande estime des amateurs pour les œuvres de ce peintre, elles aient bien de la peine à atteindre un prix convenable.

MUSÉES DIVERS, GALERIES, ETC.

MUSÉE DE NANTES. — *La Fuite en Égypte.*

MUSÉE DE MUNICH. — *Le Martyre de saint Laurent.* — *Saint Jean préchant dans le désert.*

MUSÉE DE DRESDE. — *Paysage avec ruines.* — *Joseph descendu dans un puits par ses frères.* — *Jupiter et Mercure.* — *Judith accompagnée d'une vieille Femme.*

MUSÉE DE LA HAYE. — *Deux Paysages.*

MUSÉE DE ROTTERDAM. — *Le Christ au jardin des Oliviers.*

MUSÉE DU ROI, A MADRID. — *Cérès chez Hécube.*

DULWICH COLLÉGE. — *Suzanne et les deux Vieillards.*

COLLECTION METHUEN. — *Saint Paul.* — *La Mort de Procris.*

CABINET ELGIN. — *Saint Pierre délivré de prison.*

GALERIE RUTLAND. — *Un Paysage.*

COLLECTION PHIPPS. — Un charmant *Paysage avec figures.*

GALERIE DEVONSHIRE. — *Le Repos en Égypte.*

COLLECTION BUTE. — *Jacob retournant en Canaan.*

GALERIE FITZWILLIAM. — *Cupidon et Psyché.*

GALERIE ESTERHAZY. — *Paysage.*

PRIX DE VENTES

Cérès cherchant sa fille. 450 florins, vendu par Rubens au roi d'Espagne. — *Jupiter et Mercure chez Philémon et Baucis.* 4750, Vᵗᵉ Wassenaer d'Obdam, 305 florins. — *Minerve,* 54 fr. — *La Fuite en Égypte.* 4754, Vᵗᵉ Tugny, 60 fr. — *Procris blessée,* 4773, Vᵗᵉ de Vigny, 720 fr. — *Le Triomphe de la Religion* (B. 30ᶜ — 40ᶜ). 4780, Vᵗᵉ Poullain, 4,804 fr. (Composition de plus de 450 figures). — *Groupe de Figures et d'animaux* (effet de lumière, dessin au bistre). 4775, Vᵗᵉ Mariette, 464 fr. — *Effet de nuit.* 4845, Vᵗᵉ W. Lake, 342 fr. — *La Nativité,* 496 fr. — *L'Adoration des Mages.* 4854, Vᵗᵉ Giroux, 250 fr.

Elzheimer eut peu de copistes, en raison sans doute de la grande difficulté qu'offrait sa manière. Voici les principaux :

DE GAUDT

Disciple et protecteur éclairé d'Elzheimer, il se fit une manière de peindre d'après les tableaux qu'il tenait de lui et qui lui servaient de modèles. Il a poussé cette étude si loin que ses rares ouvrages pourraient paraître originaux, s'ils n'étaient pas plus négligés et encore plus vigoureux que ceux d'Elzheimer.

THOMAN (JACQUES-ÈRNEST)

Ami d'Elzheimer pendant ses études à Rome, il apprit à l'imiter avec une telle perfection que les plus fins connaisseurs s'y trompent souvent.

En y apportant quelque attention, on aperçoit cependant la différence qui existe entre la main du maître et celle de l'imitateur. La touche de celui-ci est mesquine et uniforme ; ses empâtements, loin d'être bien nourris comme ceux d'Elzheimer, sont légers et sans fermeté.

MOJAERT (NICOLAS)

Claas Mojaert fut un des meilleurs imitateurs d'Elzheimer. Il a laissé plusieurs tableaux que l'on confond souvent avec ceux du maître, quoique son style soit moins noble et sa touche bien plus tranchante. En général, ses ciels sont bien plus lavés, et ses nuages plus cotonneux que ceux d'Elzheimer.

OSTADE (ADRIEN VAN)

Né à Lubeck en 1610, mort à Amsterdam en 1685.

Fidèle à mon système de classer les peintres suivant leur nationalité, sans me préoccuper de quelle école ils sont sortis, je rangerai les Ostade parmi les peintres allemands.

Adrien Ostade prit des leçons de F. Hals, et, après diverses tentative infructueuses pour s'approprier les genres de Brauwer et de Teniers, il finit par se créer un caractère original qui l'éleva au rang de ses modèles.

Doué d'un vaste génie et d'une grande facilité d'invention, il ne s'attacha qu'à observer les mœurs de la populace et il y réussit si bien qu'on ne peut que l'admirer et croire que dans un genre plus moral il eût été moins prodigieux peut-être.

Sa composition est vraie et spirituelle; son clair-obscur et son coloris sont magiques; son dessin paraît quelquefois lourd. Ses figures n'ont pas toujours la grandeur voulue, mais la variété de ses tableaux de mœurs, leur exécution hors ligne, font facilement excuser la trivialité de ses sujets.

Les ouvrages d'Adrien Ostade sont excessivement recherchés en ce moment; ils atteignent des prix qui pourraient paraître fabuleux, s'il n'était pas démontré que, malgré leur nombre (plus de 250), ils deviennent de plus en plus rares dans le commerce, recherchés comme ils le sont pour les musées de l'Europe, dont ils ne doivent plus sortir.

Le musée du Louvre en possède sept d'une grande beauté. Voici leur évaluation à titre de simple renseignement, car, au taux actuel, certains de ces prix seraient presque doublés, tandis que d'autres seraient quadruplés.

La Famille d'Adrien Ostade, 25,000 fr. — *Le Maître d'école,* 15,000, puis 18,000 fr. — *Le Marché aux poissons,* 6,000 fr. — *Intérieur d'une Chaumière,* 3,000 fr. — *Un Homme d'affaires dans son cabinet,* 2,500 fr. — *Le Fumeur,* 3,500 fr. — *Un Buveur,* 600 fr. Comme on le voit, ces derniers ont été peu favorisés.

Anciennement au Louvre. — *Le Chansonnier.* (Est. 24,000 fr.; rendu à la Hollande en 1815.)

MUSÉES DIVERS, GALERIES, ETC.

Musée de Strasbourg. — *Une Dispute de buveurs.*

Musée de Rennes. — *Intérieur de cuisine.* — *Jeu de boules.* (Dessins.)

Musée de Dresde. — *Intérieur d'un estaminet hollandais.* — *Atelier de l'artiste.* — *Deux Paysans prenant leur repas.* — *Deux Paysans devant un cabaret.* — *Paysans avec leurs familles dans un estaminet.* — *Paysans jouant aux cartes.* — *Paysans dansant devant une auberge.*

Musée de Berlin. — *Une vieille Femme sous un berceau de vigne.*

Musée de Munich. — *Plusieurs Scènes villageoises.* — *Un Cabaret.*

Musée d'Amsterdam. — *Un Atelier.* — *Le Repos des voyageurs.*

Musée de Rotterdam. — *Le Philosophe.* — *Le Joueur de vielle.*

Musée de La Haye. — *L'Intérieur d'une maison.* — *L'Extérieur d'une maison rustique.*

Musée de Saint-Pétersbourg. — *Les cinq Sens.* — *Plusieurs Scènes d'intérieur.* — *L'Été et l'Hiver,* enfin une vingtaine de tableaux.

Musée de Turin. — *La Joueuse de flûte.*

A l'Académie des Beaux-Arts de Venise. — *Intérieur.*

Musée du Roi a Madrid. — *Plusieurs Intérieurs de chaumières et Concert champêtre.*

Buckingham Palace. — Huit belles compositions.

Dulwich Collége. — Plusieurs compositions.

Collection Gray. — *Un petit Intérieur.*

Collection Morrison. — *Intérieur de cabaret.* (Coll. Ed. Gray.)

Galérie d'Aspley. — *Scène d'auberge.*

Collection E. B. Forster. — *Le Cabaret.*

A lord Hertford. — *Paysans dans une taverne.* — Son pendant. — *La Proposition.* — *Paysans à table,* etc.

Collection Robart. — *Trois Intérieurs avec figures.*

Collection John Walter. — *Intérieur avec figures.* — *L'Adoration des Bergers.*

Cabinet Field. — *Les Joueurs de quilles.* — *Un Intérieur rustique.*

Collection du baron Anthony de Rothschild. — *Danse de Paysans* (coll. de la duchesse de Berry).

Collection Holford. — *Deux Intérieurs rustiques.*

Collection Ashburton. — *Un Homme et sa Femme à table.* — *Une Réunion.* — *Deux Intérieurs avec figures.* — *Vue d'un Village* (coll. Blondel de Gagny, Trouard, Praslin et Solirène).

Collection Townshend. — *Paysans dans un intérieur.*

Collection Overstone. — *Un Intérieur de cour.*

Collection Morrison. — *Intérieur de cabaret.*

Collection Bale. — Un charmant *Intérieur.*

Collection Henderson. — *Intérieur rustique.*

Collection Baring. — *Un Intérieur rustique.* — *Le Musicien.*

Collection H. T. Hope. — *Deux Paysans dans une cour.* — Deux autres compositions.

Collection Peel. — *L'Alchimiste* (prov[t] de M. Emgnerson qui l'avait payé 21,176 fr.). — *Une Chaumière avec figures.*

Galerie Esterhazy. — *Plusieurs Intérieurs.*

Galerie Ellesmère. — *Les Joueurs de tric-trac.* — *Le Régal des paysans.*

Collection Mattew Anderson. — *Paysage avec figures.*

Collection Heusch. — *Une Kermesse.* — *Deux Scènes rustiques.*

Collection Colborne. — *Trois Paysans.*

Collection Bute. — Trois belles compositions.

Collection Lonsdale. — *Deux Intérieurs rustiques.* — *Un Intérieur d'estaminet.*

Collection Foster. — *Une Taverne.*

Collection Hamilton. — *Intérieur d'une chaumière.*

Collection Bale. — *Une Scène rustique.*

Collection Wynn Ellis. — *Deux Scènes rustiques.*

Collection Bredel. — *Sujet rustique.*

Collection Tomline. — *Une Scène rustique.*

Galerie Rutland. — Une charmante composition.

Cabinet Hawkins. — *Un Intérieur.*

Collection Fitzwilliam. — *Scène rustique.*

Collection Munro. — *Scène rustique.*

Galerie Weyer de Cologne. — *Société de Paysans devant le foyer.* — *Paysans dans un cabaret.*

Galerie Lichtenstein. — *Une Danse grotesque.*

Musée Van der Hoop. — *Intérieur* (contenant une douzaine de figures). — *Intérieur* (contenant deux figures).

Galerie d'Aremberg. — *Intérieur d'estaminet.* — *Un Fumeur.*

GALERIE DU DUC D'AUMALE. — *Un Groupe — Un Intérieur.* (Dessins.)
GALERIE DU BLAISEL. — *Une gardeuse de troupeaux.*
GALERIE DUCHATEL. — *La Lecture de la gazette.*
COLLECTION WILHERGNE DE BUCHY. — *Les Musiciens ambulants.*
GALERIE DU DUC DE GALLIERA. — *Le Joueur de vielle.*
COLLECTION VANDER AA, DE SAINT-NICOLAS. — *Intérieur, deux figures et un chat.*
COLLECTION ROBILLARD, DE REIMS. — *L'Avocat. — Une Tabagie* (gouache).

PRIX DE VENTES

			fr.	
Femme tenant son enfant dans une boutique couverte d'un petit auvent, etc. (bois, 36° 1/2—28° 1/2).	1654.	Vte DE VOYER............		
—	1777.	Vte DE CONTI............	7,251.	
—	1793.	Vte CHOISEUL-PRASLIN ...	7,950.	
—	1808.	d° ...	4,990.	
—	1811.	Vte SEREVILLE............	5,020.	
—	1816.	Vte DUFRESNE.	12,000.	
—	1817.	Vte TALLEYRAND............		
Le Ménage hollandais (bois, 35°— 1^m,40)......................	1660.	Vte WASSENAER D'OBDAM.		
—	1793.	Vte PRASLIN.............	10,000.	En assignats.
—	1797.	Vte DURUEY.............	7,125.	
—	1802.	Vte MONTALEAU...........	8,500.	
Les Joueurs de tric-trac (bois, 30° —25°)......................	1744.	Vte DE LORENGÈRE........	450.	
—	1750.	Vte Cte DE VENCE........	264.	
—	1776.	Vte DE GAGNY...........	3,000.	
—	1783.	Vte Cte DE MERLE.....?..	3,350.	
—	1841.	Vte PERREGAUX...........	7,000.	
Paysanne. } *Matelot...* } Figures à mi-corps...	1745.	Vte LAROQUE............	100.	
Boulanger qui corne le pain chaud.	1745.	d°	130.	
La Danse de village (40°—56° 1/2)..	1750.	Vte WASSENAER D'OBDAM. Fl.	2,160.	
—	1768.	Vte GAIGNAT.	10,800.	
—	1777.	Vte BOISSET............	9,400.	
—	1801	Vte TOLOSAN............	7,300.	
—	1837.	Vte D^{sse} DE BERRY........	22,005.	
L'École......................	1750.	Vte WASSENAER D'OBDAM. Fl.	505.	
—	1767.	Vte JULIENNE............	6,425.	
—	1777.	Vte BOISSET............	6,610.	
—	1781.	Vte PANGE.	6,000.	
—	1784.	Vte DE VAUDREUIL.........	6,001.	
—	1816.	Est. off., 15,000 fr., puis..	18,000.	Actuellement au Louvre.
Intérieur de tabagie (bois, 30°— 24° 1/2).....................	1750.	Vte WASSENAER D'OBDAM. Fl.	320.	
—	1772.	Vte CHOISEUL-PRASLIN. ...	8,800.	
—	1777.	Vte CONTI.	2,550.	
—	D°	Vte LAMBERT............	2,555.	
—	1802.	Vte HELSLEUTER..........	4,400.	
L'Alchimiste (bois, 36°—61°)......	1750.	Vte WASSENAER D'OBDAM. Fl.	910.	
—	1860.	Vte PIERARD............	2,300.	
Le Café hollandais..............	1761.	Vte DE VENCE............	1,013.	Serait-ce le tableau du cabinet de sir R. Peel?

				fr.	
Joueurs de quilles à côté d'un joueur de violon	1767.	2e Vte DE VENOE		2,700.	
Chambre basse	Do	do		2,550.	
Un Homme, une Femme et deux Enfants	Do	Vte JULIENNE		1,001.	
Intérieur rustique (cuivre, 35c—46c)	Do	do		7,410.	
—	1772.	Vte CHOISEUL		3,000.	
—	1801.	Vte TOLOZAN		7,025.	
Une Guinguette (10 figures)	1771.	Vte BRAAMCAMP	Fl.	2,525.	
La Proposition	Do	do	»	1,760.	
—	1777.	Vte CONTI		4,801.	
—	1787.	Vte DUC DE CHABOT		4,222.	
—	1791.	Vte LEBRUN		3,601.	
—	1802.	Vte HELSLEUTER		7,000.	A lord Hertford.
Intérieur avec paysage Intérieur avec paysans	1771.	Vte BRAAMCAMP	Fl.	2,560.	
La Guinguette	Do	do	»	1,405.	
—	1810.	Vte W. PETER	»	260.	
Le Bourgmestre	1771.	Vte DE BORCHE	Fl.	365.	
Les bons Amis	1772.	Vte CHOISEUL		600.	
—	1783.	Vte DE MERLE		600.	
Les Joueurs de galet (bois, 46c—35c)	1772.	Vte CHOISEUL		4,600.	
—	1777.	Vte CONTI		500.	
—	1817.	Vte LAPEYRIÈRE		5,450.	
Scène de famille	1772.	Vte CHOISEUL		3,000.	
La Cour d'une auberge (15 fig. Bois 32c 1/2—46c)	Do	do		4,600.	
—	1777.	Vte CONTI		5,000.	
—	1787.	Vte LAMBERT et DU PORAIL		4,200.	
Un Cabaret (10 figures)	1773.	Vte VAN DER MARCK	Fl.	1,904.	
Une Tabagie avec des Joueurs	1776.	Vte D'ARCAMBAL		2,530.	Acheté par le prince de Conti.
Intérieur rustique (bois, 35c—30c)	1777.	Vte CONTI		7,000	
—	1780.	Vte POULLAIN		5,700.	
Extérieur d'uue maison rustique (43c—38c)	1777.	Vte CONTI		4,801.	
—	1791.	Vte LEBRUN		3,601.	
Intérieur d'une ferme (20 figures. 67c—62c)	1778.	Vte SERVAD	Fl.	2,430.	
—	1812.	Vte CLOS		6,051.	
—	1823.	Vte LAPEYRIÈRE		15,320.	
Intérieur (5 figures)	1778.	Vte DE CONÉ		1,150.	
Estaminet (4 figures) Les Joueurs de cartes (9 figures)	1779.	Vte DE WATTEVILLE		5,000.	
Tabagie (17 figures)	Do	Vte VASSAL DE St-HUBERT		778.	
L'Étable (38c—43c)	1780.	Vte POULLAIN		1,070	
—	Do	Vte LANGRAFF		899.	
—	1787.	Vte LAMBERT ET DU PORAIL		900.	
Le Joueur de violon (bois, 24c 1/2—19c)	1780.	Vte NOGARET		490.	
Intérieur de cabaret	1781.	Vte TAK	Fl.	225.	
—	1787.	Vte ROLEY		1,420.	
—	1788.	Vte MONTESQUIEU		2,230.	
Femme tenant un enfant dans ses bras (80c 1/2—1m,4 1/2)	1782.	Vte DE MÉNARS		1,100.	
Le Jeu de courte boule	1784.	Vte MONTRIBLOUD			

			fr.	
Le Jeu de courte boule	1800.	Vᵗᵉ GELDERMEESTER... Fl.	675.	
—	1817.	Vᵗᵉ THEBANT	1,006.	
Intérieur rustique (bois, 22ᶜ 1/2—30ᶜ)	1793.	2ᵉ Vᵗᵉ CHOISEUL-PRASLIN	3,800.	
La Place de village (13 fig. 27ᶜ—31ᶜ 1/2)	Dᵒ	dᵒ	2,861.	
Intérieur	1795.	Vᵗᵉ DE CALONNE	2,875.	
La Famille de paysans	1801.	Vᵗᵉ TOLOZAN	2,000.	
—	1811.	Vᵗᵉ SEREVILLE	2,910.	
Concert rustique (bois, 33ᶜ—43ᶜ)	1803.	Vᵗᵉ PAUWELS	2,030.	Anc. à l'électeur de Cologne.
Ménage rustique	1804.	Vᵗᵉ DUTARTRE	7,000.	Coll. de Jully.
Une Tabagie (51ᶜ—38ᶜ)	Dᵒ	Vᵗᵉ VAN LEYDEN	5,001.	
Les Joueurs de cartes (34ᶜ—28ᶜ 1/2)	1806.	Vᵗᵉ LEBRUN	700.	
La Nourrice (38ᶜ—27ᶜ)	1808.	Vᵗᵉ CHOISEUL-PRASLIN	4,990.	
Intérieur d'auberge (bois, 38ᶜ—48ᶜ 1/2)	1809.	Vᵗᵉ SABATIER	9,001.	
Portrait de l'artiste (bois)	1810.	Vᵗᵉ HERREASCHWARD	2,601.	
Intérieur rustique (bois)	1811.	Vᵗᵉ LANEUVILLE	2,500.	
Le Savetier	1816.	Vᵗᵉ DUPRESNE	1,510.	
Six Paysans autour d'une table	1821.	Vᵗᵉ DELAHANTE	10,572.	Coll. de M. Beckford.
Intérieur rustique	1823.	Vᵗᵉ LAPEYRIÈRE	420.	
Intérieur de tabagie	1825.	Vᵗᵉ GALITZIN	13,030.	
Femme près d'une croisée (bois, 27ᶜ—23ᶜ)	1826.	Vᵗᵉ DENON	3,005.	
Cour d'une maison (bois, 43ᶜ—35ᶜ)	Dᵒ	dᵒ	7,410.	
L'Adoration des Bergers (46ᶜ—40ᶜ 1/2)	1832.	Vᵗᵉ ÉRARD	11,950	
L'Estaminet hollandais	Dᵒ	dᵒ	10,020.	
Le Concert rustique	Dᵒ	dᵒ	10,000.	
—	1838.	Vᵗᵉ FRANKEN	14,300.	
Tabagie (bois, 24ᶜ,5ᵐ—20ᶜ 1/2)	1840.	Vᵗᵉ SCHAMP	1,600.	Ce tableau ou le suivant a paru depuis à la vente Henri Leroy, en 1843. — Il a été payé 1,960.
Tabagie (bois, 32ᶜ,5ᵐ—28ᶜ 1/2)	Dᵒ	dᵒ	930.	
Scène d'intérieur (bois, 35ᶜ—47ᶜ 1/2)	Dᵒ	dᵒ	6,700.	Gravé à l'eau forte par le maitre.
Le Joueur de guitare (bois, 30ᶜ—20ᶜ,2ᵐ)	Dᵒ	dᵒ	310.	
Le Joueur de vielle (bois, 25ᶜ 1/2—21ᶜ)	Dᵒ	Vᵗᵉ DUBOIS		Coll. Calvière.
—	1857.	Vᵗᵉ PATUREAU	18,000.	
—	1860.	Vᵗᵉ PIÉRARD	25,100.	
La Partie de cartes (bois, 30ᶜ—25ᶜ)	1841.	Vᵗᵉ PERREGAUX	7,000.	
Le Marchand de poisson	1843.	Vᵗᵉ PAUL PERRIER	11,011.	
L'Empirique	Dᵒ	dᵒ	6,001.	
Le Trio flamand (bois, 28ᶜ—22ᶜ)	Dᵒ	Vᵗᵉ TARDIEU	3,600.	vᵗᵉ Kalkbrenner-Leroy.
—	1860.	Vᵗᵉ PIÉRARD	6,850.	
Intérieur (Fumeurs)	1843.	Vᵗᵉ TARDIEU..... Retiré à	900.	
Femme tenant une cruche	1844.	Vᵗᵉ X***	905.	
Effet de lumière	Dᵒ	dᵒ	1,000.	
Paysage (effet de nuit)	Dᵒ	dᵒ	550.	
Intérieur d'estaminet flamand	1845.	Vᵗᵉ VASSEROT	554.	
Le Pauvre ménage	Dᵒ	dᵒ	500.	
Un Fumeur hollandais	Dᵒ	Vᵗᵉ MEFFRE	401.	Beaucoup de ces prix sont bien minimes, et peuvent faire douter de l'originalité.
Buveurs et Fumeurs	Dᵒ	dᵒ	1,650.	
Intérieur d'un Ménage rustique	Dᵒ	dᵒ	131.	
Paysage d'un aspect rustique	1846.	Vᵗᵉ FESCH.......... Écus	6,510.	

			fr.	
Intérieur d'une taverne (forme ronde ; diamètre, 22c)	1848.	Vte Mlle H. HERRY	1,010.	
Intérieur rustique	1850.	Vte KALKBRENNER	4,100.	
Le Liseur de gazette	1851.	Vte COTTREAU	1,040.	
Le Joueur de vielle	D°	d°	804.	
Intérieur de basse-cour	D°	d°	701.	
Intérieur rustique (bois)	1852.	Vte DE MORNY	7,700.	Ne serait-ce pas le même tableau que celui de la v^{te} Patureau et Piérard !
Le Joueur de vielle (bois)	D°	d°	25,000.	
Paysans attablés	D°	Vte DE TURENNE	2,900.	
Intérieur d'estaminet hollandais (15 figures)	D°	d°	3,000.	
Estaminet (6 figures)	D°	d°	2,900.	
La Lecture de la gazette	D°	Vte VARANGE	1,900.	A M. le comte Duchatel. Ne serait-ce pas le tableau de la Vte Cottreau !
Buveur	D°	d°	2,150.	
Le Bac	D°	d°	2,900.	
Estaminet hollandais	1854.	Vte MECKLEMBOURG	730.	
Fumeur (bois, 23c—19c)	1857.	2e Vte VARANGE	1,500.	
Buveur (bois, 2.c—19c)	D°	d°	3,050.	
Intérieur d'estaminet	D°	Vte PATUREAU	8,000.	A M. Tardieu fils.
L'Estaminet hollandais	D°	d°	51,500.	Van Saeeghem. Van Seyden d'Anvers.
Intérieur	D°	d°	2,200.	
Paysanne tenant une cruche (bois, 27c—22c)	D°	Vte baron de V^{gc}	800.	Regardé comme douteux.
Le Joueur de vielle	1858.	Vte comte DE MONTAULT	4,100.	
—	1861.	Vte SCARISBRECK	11,750.	
Intérieur rustique	1860.	Vte BAARTZ	687.	
La Dispute (bois, 27c—35c)	D°	Vte PIÉRARD		
Intérieur de forêt	D°	Vte RUYTER	3,400.	Le paysage par Decker.
Femme assise près d'une fenêtre (27c—25c)	D°	Vte LOUIS FOULD	3,000.	
Le Buveur solitaire	1861.	Vte RHONÉ	2,800.	
Le Fumeur	D°	Vte DAIGREMONT	1,250.	
Le Ménétrier	D°	Vte LEROY D'ÉTIOLLES	1,950.	
La Mère d'Ostade	D°	d°	990.	
Tabagie (27c—33c)	D°	Vte veuve LEROY DE GAUS-SENDRIES	3,800.	A M. Warneck de Paris.
Les Dormeurs	D°	Vte DUBOIS	188.	
Intérieur rustique	D°	Vte COTTREAU	1,699.	Signé, daté 1650.
Intérieur d'une maison de paysans, (daté 1668)	1862.	Vte X^{***}	7,000.	
Halte dans une forêt	1863.	Vte DEMIDOFF	2,100.	
Scène de buveurs	D°	d°	5,550.	A M. Lamme de Rotterdam. Payé 3,650 flor. à la v^{te} du baron Nagell van Ampfsen.
L'Empirique	D°	d°	8,500.	
La Partie de cartes	D°	d°	1,250.	
Un Intérieur avec figures	D°	Vte MORLAND de Londres	4,196.	A M. Péarce.
Un Paysan	D°	d°	1,525.	A M. Woodin.
Intérieur	D°	Vte GILKINET de Liége	7,700.	
Le Boulanger	D°	Vte MEFFRE	1,310.	
Le Peintre dans son atelier	D°	Vte SIMONET	1,890.	

DESSINS

Intérieur, effet de lumière (7 figures ; à la plume et lavé de couleurs)	1758.	Vte SYBRAND FEITAMA. Fl.	235.

			fr.
Une Cuisine de paysans (id., id.)..	1758.	Vte Sybrand Feitama. Fl.	237.
Dessin à la plume et colorié......	1777.	Vte Boisset...............	1,602.
Fumeur assis.	1844.	Vte Claussin.	176.
Les Musiciens ambulants.........	D°	d°	1,530.
Intérieur de ménage...........	D°	d°	725.
Les Joueurs de tric-trac........ ..	D°	d°	1,999.
—	1862.	Vte Simon......	1,390.
Scène de cabaret...............	1844.	Vte Claussin.	1,280.
—	1862.	Vte Simon.......	1,280.
Buveurs et Fumeurs...........	1859.	V^{to} P. V......	98.
Intérieur.................... ..	1860.	Vte E. N.....	100.
Intérieur flamand...	D°	d°	3,020. Coll. Esdale.
Cour de ferme (aquarelle)........	D°	Vte Baartz	529.
Le Batteur en grange (à la plume,			
lavé de sépia)........	1861.	Vte Van Os....	50.

Il existe beaucoup d'imitateurs et de copistes d'Ostade; ceux qui suivent méritent une mention particulière.

OSTADE (ISACK VAN)

Né à Lubeck en 1612 ou 1613, mort en 1671.

Nous devons considérer Isack Van Ostade sous un double point de vue : comme artiste à peu près original, il s'éleva un peu au-dessus du médiocre et n'a laissé que peu de tableaux estimables; comme imitateur il n'a pas la finesse de son frère, et sa touche est plus maniérée; ses tons chauds, mais lourds, décèlent le copiste. En un mot, il ne rachète pas par un pinceau flou et une touche spirituelle le scabreux de ses sujets, ainsi que les expressions de ses figures.

L'œuvre d'Isack Ostade est bien moins considérable que celle de son frère Adrien, c'est tout au plus si elle dépasse le chiffre de quatre-vingts. Malgré cela, ses tableaux sont plus communs dans le commerce des arts. Le musée du Louvre en possède quatre dont voici les estimations, mais je les donne avec les mêmes réserves que celles que j'ai cru devoir faire au sujet des œuvres de son frère.

Halte des Voyageurs à la porte d'une hôtellerie, 20,000 fr. — *La Halte,* 8,000 fr. — *Un Canal gelé* (n° 378), 20,000 fr. — *Un Canal gelé* (n° 379), 6,000 fr.

MUSÉES DIVERS, GALERIES, ETC.

Ancienne collection de Vienne. — *Un Chirurgien de village arrachant une dent à un paysan.*

Musée de Munich. — *Un Hiver avec des patineurs.*

Musée de Dresde. — *Un Canal glacé.* — *Un Intérieur d'estaminet.* — *Un Peintre dans un grenier.*

Musée d'Amsterdam. — *Une Auberge de village.* — *Le Paysan en goguette.*

GALERIE SUERMONDT. — *Un Paysan, vu de dos ; près de lui un chien.* — *Intérieur de famille.* — *Un Paysan.*

MUSÉE VAN DER HOOP. — *Maison rustique.*

BUCKINGHAM PALACE. — *Un Intérieur.* — *La Halte des voyageurs.*

GALERIE BEDFORD. — *Voyageurs à la porte d'une auberge.* — *L'Estaminet.*

CABINET BULLOCK. — *Paysage avec figures.*

COLLECTION ROBART. — *Intérieur avec paysans* (coll. sir Robert Peel).

CABINET EVERETT. — *Paysage avec chaumières et cavaliers.*

COLLECTION JOHN WALTER. — *Paysage avec cavaliers.* — *Intérieur de paysans.*

COLLECTION BARING. — *Un Paysage d'hiver.*

CABINET WARWICK. — *Paysage avec kermesse.*

COLLECTION OVERSTONE. — *Paysage avec figures et chevaux.* — *Paysage avec figures* (anc. coll. Vells).

COLLECTION MORRISON. — *La Taverne de village.*

COLLECTION STIRLING. — Une belle composition.

A LORD HERTFORD. — *Paysage avec figures.*

CABINET ROBERT PEEL. — *Un Intérieur de village.* (Payé 10,588 fr.)

CABINET PERKINS. — *Une Kermesse.*

COLLECTION HOLFORD. — *Un Estaminet.* — *Deux Haltes de voyageurs.*

COLLECTION LANSDOWNE. — *Une Scène rustique.*

GALERIE ELLESMERE. — *Paysage avec figures.* — *Vue de village avec figures.*

COLLECTION HAMILTON. — *Paysage avec figures.*

COLLECTION ASHBURTON. — *Une Fête de village.*

COLLECTION WYNN ELLIS. — *Vue d'un Canal.* — *Vue d'un Village.*

COLLECTION FIELD. — *Une Scène rustique.*

COLLECTION SANDERSON. — *Scène de Village.*

COLLECTION NEELD. — *Paysage avec cavaliers.*

COLLECTION MORRISON. — *Un petit Paysage avec figures.*

COLLECTION SHREWSBURY. — *Une Scène rustique.*

COLLECTION VIVIAN. — *Des Paysans.*

COLLECTION LIONEL DE ROTHSCHILD. — *Une Fête de village.*

GALERIE JAMES DE ROTHSCHILD. — *Un Paysage rustique.*

PRIX DE VENTES

			fr.	
Sortie d'un village dans la campagne (24 fig., bois, 80^c 1/2—1^m,7).	1740.	Vte JABACH..............		
—	1777.	Vte BOISSET.............	15,000.	
—	1791.	Vte ARNEY.............		
—	1801.	Vte ROBIT.............	9,620.	
—	1805.	Vte SÉGUIN..........		
—	1837.	Vte D^{sse} DE BERRY.........	31,100.	
Les Plaisirs des buveurs .... *La Colère des buveurs*............	1760.	Vte Cte DE VENCE	260.	Ces titres sont identiques à ceux de deux tableaux vendus en 1857 sous le nom d'Adrien Ostade (Vte Vilain XIIII).
Figures et Animaux à la porte d'une maison rustique....	1772.	Vte CHOISEUL...	6,700.	
Village avec chariots............	1777.	Vte BOISSET.......	15,000.	
Les Patineurs.	1778.	Vte DULAC..............	800.	

			fr.	
Les Patineurs	1780.	Vte marquis DE CHANGRAN.	522.	
Un Homme faisant boire un cheval (48^c 1/2—46^c)..................	1779.	Vte WATTEVILLE..........	1,200.	
—	1780.	Vte marquis DE CHANGRAN.	1,350.	
L'Hôtellerie (80^c 1/2—64^c 1/2)......	1781.	Vte VAN BALLE..........	7,700.	
Vue d'un canal glacé (bois, 35^c—48^c 1/2)....................	1782.	Vte DE MÉNARS......	2,010.	
Halte de voyageurs (96^c 1/2—1^m,23)	1784.	Vte LANGRAFF............	2,000.	
Paysan tenant un veau par les cornes (bois, 38^c—43^s).	D^o	Vte POULLAIN.	899.	
Scène familière (bois, 48^c 1/2—35^c).	1784.	Vte C^le DE MERLE	3,140.	
Intérieur de ferme (43^c—35^c)......	1787.	Vte LAMBERT ET DU PORAIL	4,000.	
La Nourrice (54^c—44^c 1/2)........	1793.	Vte CHOISEUL-PRASLIN	5,801.	En assignats.
Un Paysage.......	1810.	Vte ALPHEN.......... Fl.	6,050.	
—	1811.	Vte LEBRUN....	13,000.	
Rivière gelée (1^m,12—1^m,51)......	1810.	Vte VAN ALPHEN...... Fl.	520.	
Vue d'un canal..................	1832.	Vte ÉRARD................	4,140.	
La Halte des villageois...........	1837.	Vte D^sse DE BERRY........	25,000.	
Le Cabaret ou l'Intérieur d'un village de Flandre...............	D^o	d^o	6,905.	
Scène rustique...................	1841.	Vte PERREGAUX...........	15,000.	
Intérieur rustique...............	1843.	Vte HÉRIS LEROY.........	170.	
Le Marché....................	1843.	Vte PAUL PERRIER........	17,900.	
Le Joueur de boule......	1843.	Vte TARDIEU.............	8,900.	
Paysan conduisant une charrette..	D^o	d^o	1,400.	
Intérieur rustique (17 figures).....	D^o	d^o	5,200.	
Danse de paysans à la porte d'une maison.	D^o	d^o	2,500.	
Entrée d'un village.	D^o	d^o	11,100.	
Un Canal gelé en Hollande.	1845.	Vte MEFFRE.............	1,600.	
Paysage rustique................	1845.	Vte FESCH....... Environ	35,000.	A M. de Rotbschild.
Le Repas des chevaux (14 figures)..	D^o	d^o .... Écus	300.	D^o
Le Joueur de vielle....	D^o	d^o		
Le Joueur de musette...........	1851.	Vte GIROUX, ...	365.	
Intérieur d'une chaumière hollandaise.	1852.	Vte DE TURENNE..........	235.	
Vue intérieure de Hollande........	1857.	Vte PATUREAU	3,200.	A sir Charles Bagot.
Paysage (bois, 50^c—40^c 1/2)......	1860.	Vte PIÉRARD........... ...	1,750.	Coll. Parys, 1853.
La Masure (bois, 34^c—42^c).......	D^o	d^o	760.	
La Victime de Noël (forme ovale, 20^c—15^c).............	D^o	d^o	930.	
Intérieur d'écurie..............	1863.	Vte MEFFRE........... ..	447.	
Le Tisserand...................	D^o	Vte X***.	45.	
Le Savetier..................	D^o	d^o	58.	

BÉGA (CORNILLE)

Né à Harlem en 1620, mort en 1664.

Cet artiste est celui qui embarrasse le plus l'acheteur. Non content d'avoir saisi avec science la transparence, le clair-obscur et le coloris d'Ostade, il l'imita dans le choix des sujets. Comme lui, il prenait ses caractères dans les mœurs du peuple, souvent abruti par l'ivrognerie.

Sa touche n'a pas la morbidesse de celle du maître; elle est un peu plus acérée. Ses frottis ne sont pas légers; ils sont pauvres. Sa couleur, quoique dorée, a un ensemble roux qui permet à l'observateur de se rendre un compte exact, surtout lorsque l'on peut comparer un tableau original avec la copie.

DU SART (cornille)

Né à Harlem en 1655, mort en 1704.

Cornille fut celui des élèves d'Adrien Ostade qui a le plus approché du mérite de son maître. Cependant les imitations de ce peintre se reconnaissent assez facilement, parce que ses compositions ont plus de noblesse que celles d'Adrien Ostade.

Du Sart est moins flou et moins doré. Son dessin, en voulant viser à plus de correction, n'a pas la grâce et le laisser-aller de celui d'Adrien Ostade. Loin d'avoir peint de véritables paysans, ses figures ont souvent l'air de n'en avoir que le costume.

BRAKEMBURG (renier)

Brakemburg s'est beaucoup appliqué à copier les ouvrages d'Ostade, et, s'il y a réussi quelquefois, ce n'est pas sans y laisser un certain cachet individuel qui sert à le distinguer.

Son pinceau est plus peiné, son dessin est flasque et sans caractère. Ses étoffes ne couvrent pas le nu : elles ballonnent. Sa couleur est beaucoup plus vigoureuse que chaude, et, contre l'habitude d'Ostade et de tous les véritables maîtres, ses ombres sont empâtées.

SLABBAERT (charles)

La manière de ce peintre, que l'on croit élève d'Ostade, a beaucoup d'analogie avec celle de son maître; cependant il est plus opaque et bien moins léger dans sa touche et dans sa couleur : c'est un à-peu-près qui ne peut tromper que des amateurs inexpérimentés.

LA TOUR D'AIGUES

ÉLÈVE DE BOUCHER ET DE LE PRINCE

Quelques copies faites par ce peintre-amateur sont quelquefois vendues sous le nom du maître dans le petit commerce. On les reconnaît à leurs plans plus lavés que moelleux et à leur touche plus plate.

LINGELBACH (JEAN)

Né à Francfort-sur-le-Mein en 1625, mort à Amsterdam en 1687.

Par les mêmes raisons qui nous font revendiquer Claude le Lorrain comme peintre français, bien qu'il ait toujours travaillé en Italie, nous croyons devoir classer Lingelbach dans l'École allemande, puisqu'il est né à Francfort-sur-le-Mein.

Ce savant peintre a puisé à Rome les richesses qui abondent dans ses ouvrages. Ce sont pour la plupart des ports de mer d'Italie, ornés de figures expressives et variées; des foires, des marchés publics, des sites avec des ruines d'architecture régulière, des fontaines, des statues de bronze, des arcs de triomphe, des places publiques remplies de jongleurs, de charlatans, etc. Le tout avec un étoffage et des accessoires très-riches.

Ses figures, dans ses ports de mer, portent chacune le costume et le caractère de sa nation. Son dessin est correct, sa couleur chaude et vaporeuse, son pinceau large et accentué; joignons à ces qualités une belle entente des perspectives linéaire et aérienne.

A vrai dire, Lingelbach n'a pas eu d'imitateurs, ou, s'il en a eu, ils sont d'un ordre tellement inférieur qu'il n'y a pas lieu de s'y arrêter. Si l'on voit son nom couvrir les piéges de la mauvaise foi, si les œuvres de *Bérestraten*, d'*Abraham Verbooms* et de *Jean Woort* se vendent pour des LINGELBACH, c'est lui seul qui en est la cause, parce que ces différents artistes ont presque toujours emprunté son pinceau pour orner leurs tableaux de figures et de scènes familières.

L'amateur est souvent dupe de cette confusion. En reconnaissant la touche de Lingelbach dans les figures, il ne s'inquiète que très-médiocrement de la qualité du paysage, tandis que les véritables tableaux de Lingelbach sont complétement soignés, et dans l'ensemble et dans les détails.

Le Musée du Louvre en possède quatre dont les deux premiers inscrits sur le livre ont été expertisés à 1,500 fr. chacun, prix bien inférieur à leur valeur actuelle.

MUSÉES DIVERS, GALERIES, ETC.

MUSÉE DE ROUEN. — *Une Foire.*

MUSÉE DE BORDEAUX. — *Buveurs flamands.*

MUSÉE DE RENNES. — *Paysage maritime avec figures.*

MUSÉE D'ÉPINAL. — *Un Marché sur la place de Saint-Pierre de Rome.*

MUSÉE D'AMSTERDAM. — *Port italien avec des Lazaronis.* — *Port de mer de la Méditerranée.* — *Le Manége.* — *Le Carrefour.*

Musée de Rotterdam. — *Deux Paysages italiens.*

Musée de La Haye. — *Port de mer en Italie. — Le Départ de Charles II. — Paysage avec un chariot de foin. — Marche de cavalerie.*

Ancienne collection de Vienne. — *Paysans en conversation.*

Musée de Dresde. — *Port de mer.*

Institution royale d'Édimbourg. — *Un Paysage avec figures.*

Collection Mildmay. — *Deux Paysages avec figures.*

Collection Folkestone. — *Paysage animé de figures.*

Collection Bardon. — *Paysage avec figures et animaux.*

Au comte de Derby. — *Port de mer italien. — Le Débarquement de Charles II.*

Collection M'Lellan. — *Paysage avec figures. — Un autre sujet.*

Collection Thomas Hope. — *Une Vue de Rome.*

Collection Shrewsbury. — Deux charmants *Paysages avec figures.*

Collection Baring. — *Un Paysage avec figures.*

Collection Galton. — *Paysage avec un cavalier.*

Galerie Stafford. — *Un Paysage avec figures.*

Musée van der Hoop. — *Le Départ pour la chasse.*

Galerie d'Arenberg. — *Marine.*

Collection Wilhorghe de Buchy. — *Un Marché.*

PRIX DE VENTES

Port de mer. 1771, Vᵗᵉ de Braamcamp, 4,500 florins. — *Halte de voyageurs devant une auberge* (38ᶜ — 38ᶜ). 1787, Vᵗᵉ Lambert et du Porail, 1,699 fr. 95 c. — *Le Port de Livourne.* 1773, Vᵗᵉ van der Marck, 915 florins. — *Port de mer.* (88 1/2—1ᵐ,21). 1801, Vᵗᵉ Tolozan, 3,101 fr. — *Port de mer.* (76ᶜ—64ᶜ). 1808, Vᵗᵉ der Pot, 785 florins (musée d'Amsterdam). — *Marché dans une ville.* 1837, Vᵗᵉ Dˢˢᵉ de Berry, 1,570 fr. — *Paysage avec figures.* 1840, Vᵗᵉ Schamp, 1,310 fr. (Le paysage est par Verboom.) — *Vue d'Italie* (41ᶜ,7ᵐ—51ᶜ,2ᵐ). Même Vᵗᵉ, 1,610 fr. — *Port de mer.* 1843, Vᵗᵉ Paul Ferrier, 1,720 fr. — *Halte de Chasseurs.* 1843, Vᵗᵉ Héras de Leroy, 2,620 fr. — *Scènes de carnaval.* 1846, Vᵗᵉ Fesch, 1,000 fr. — *Une Place publique.* Même Vᵗᵉ, 634 fr. 50 c. — *Scène rustique.* 1852, Vᵗᵉ Varange, 266 fr. — *Paysage.* 1852, Vᵗᵉ Van Sasseghem, 3,475 fr. (à M. Simonet). — *Départ pour la chasse.* 1859, Vᵗᵉ Northwick, 2,230 fr. — *Les Mendiants* (45ᶜ—37ᶜ). 1860, Vᵗᵉ Piérard, 405 fr. — *Scène de cabaret* (45ᶜ—34ᶜ). Même Vᵗᵉ, 730 fr. — *Marine.* 1860, Vᵗᵉ Cᵗᵉ H. de Stenhuyse, 700 fr. — *Joueur de cartes.* 1862, Vᵗᵉ Weyer de Cologne, 553 fr. 50 c.

LOTH (CHARLES), DIT CARLO LOTI

Né à Nuremberg en 1632, suivant quelques historiens, et à Munich en 1611, suivant d'autres, mort à Venise en 1698.

Élève de son père, du Caravage et, en dernier lieu, du cavalier P. Liberi, il contracta une couleur rouge qui tient beaucoup de ce dernier maître. Elle ne paraît pas dans tous ses tableaux; plusieurs en sont exempts. Ses compositions sont ingénieuses et bien traitées dans les raccourcis. Son clair-obscur est bien entendu; il a de la fierté, du caractère et parfois de belles expressions.

Ses œuvres sont tombées dans un oubli presque général. C'est à peine si elles trouvent des acheteurs aux prix les plus minimes. Néanmoins il est plus que probable qu'elles reprendront un rang convenable.

MUSÉES DIVERS, GALERIES, ETC.

MUSÉE DE BORDEAUX. — *L'Amour se mordant les doigts.*
MUSÉE D'ÉPINAL. — *Le Temps qui arrache les ailes à l'Amour.*
MUSÉE DE DRESDE. — *Job entouré de ses amis. — Job, sa femme et ses amis. — Loth et ses filles. — Le Christ traduit devant Pilate.*
MUSÉE DE MUNICH. — *Saint Dominique et la Vierge. — L'Archange Gabriel. — Isaac et Jacob.*
ANCIENNE GALERIE DE VIENNE. — *Jacob mourant. — Jupiter et Mercure.*
ÉGLISE SAINTE-JUSTINE A PADOUE. — *Martyre de saint Gherard Sagredo.*

En raison de sa grande réputation, C. Loth eut des imitateurs, mais je ne m'occuperai que du seul qui peut tromper réellement les amateurs, les autres étant trop médiocres pour causer la moindre incertitude.

SYDER (DANIEL), DIT LE CAVALIER DANIEL

Syder étudia à Venise, dans l'école de Carle Loth, et se perfectionna à Rome sous les auspices de C. Maratti.

Si l'on en croit les historiens de l'Italie, Syder a imité dans une telle perfection la manière de C. Loth que les Italiens s'y trompent eux-mêmes; néanmoins, de l'avis du monde connaisseur, la manière de Syder est plus recherchée que celle de son modèle; sa touche est plus estompée; ses effets sont moins francs, et ses contours plus chantournés.

BACKHUYSEN (LUDOLFF)

Né à Embden ou Emden (royaume de Hanovre) en 1631, mort en 1709.

Peu de peintres ont surpassé Backhuysen pour imiter la limpidité de l'eau, sa transparence et son agitation; aucun n'a rendu avec un pinceau plus flou le ton et l'espace des zones aériennes : ses orages et ses tempêtes sont d'une vérité effrayante.

Placé à tort parmi les peintres hollandais, je l'ai rendu à sa véritable patrie, suivant le parti que j'ai cru devoir prendre au sujet des NETSCHER, des OSTADE, des LINGELBACH et autres.

Ses compositions capitales sont peu communes et très-recherchées par les amateurs. Le Louvre en possède cinq, dont les deux premières passent à bon droit pour les plus beaux échantillons de son talent. Voici leurs diverses estimations :

Escadre hollandaise, 15,000 fr. — *Marine* (n° 6), 12,000 fr. — *Marine* (n° 7), 5,000, puis 6,000 fr. — *Marine* (n° 8), 4,000 fr.

MUSÉES DIVERS, GALERIES, ETC.

MUSÉE DE BORDEAUX. — *Trois Marines.*

MUSÉE D'AMSTERDAM. — *Portrait de Jean de Witt.* — *Vue du port d'Amsterdam.* — *Mer agitée.*

MUSÉE DE ROTTERDAM. — *Deux Marines.*

MUSÉE DE LA HAYE. — *Un Chantier à Amsterdam.* — *Marine par un gros temps. Retour du roi Guillaume.*

ANCIENNE COLLECTION DE VIENNE. — *Vue d'Amsterdam et de sa rade où mouillent quantité de navires.*

MUSÉE DE BERLIN. — *Une Tempête.* — *Un Port de mer.* — *Une Mer agitée.*

MUSÉE DE DRESDE. — *Combat entre une flotte anglaise et une flotte hollandaise.*

MUSÉE DE MUNICH. — *Le Port d'Anvers.*

MUSÉE DE TURIN. — *Une Tempête.*

AU PALAIS PITTI. — *Plusieurs Marines.*

NATIONAL GALLERY. — *Une Marine.*

INSTITUTION ROYALE D'ÉDIMBOURG. — *Mer agitée.*

BUCKINGHAM PALACE. — *Une Vue de Hollande.*

GALERIE ELLESMERE. — *Marine avec figures.*

COLLECTION OVERSTONE. — *Deux Marines,* dont une *par un gros temps.*

CABINET BURDON. — *Une Marine.*

COLLECTION MORRISON. — *Une Mer agitée* (coll. duchesse de Berry).

COLLECTION MATTHEW ANDERSON. — *Deux Marines par un gros temps.*

CABINET HUGH CAMPBELL. — *Marine par une brise fraîche.*

COLLECTION ROBART. — *Deux Marines par un temps agité.*

COLLECTION HENDERSON. — *Mer agitée.*

A SIR CULLING EARDLEY. — *Une Marine.*

COLLECTION MUNRO. — *Deux Marines.*

COLLECTION NORMANTON. — *Mer agitée.*

COLLECTION J. WALTER. — *Marine* (très-estimée).

COLLECTION W. GOMM. — *Deux Marines.*

COLLECTION MILDMAY. — *Marine par un temps agité.*

COLLECTION THOMAS HOPE. — *Une Mer agitée.* — Deux autres compositions.

COLLECTION HOLFORD. — *Marine par un temps agité.*

COLLECTION WOMBWELL. — *Une Marine.*

COLLECTION PHIPPS. — *Une Marine.*

COLLECTION HEUSCH. — *Une Marine.*

COLLECTION WYNDHAM. — *Une Marine, mer agitée.*

COLLECTION BLUNDELL. — Une belle composition.

COLLECTION TOMLINE. — *Une Marine.*

COLLECTION BREDEL. — *Une Marine par un temps agité.*

COLLECTION ASHBURTON. — *Une belle Marine.* — *Une Mer agitée.*

COLLECTION WYNN ELLIS. — *Une Marine.*

COLLECTION M'LELLAN. — *Deux Marines.*

COLLECTION HOPETOUN. — *Une Marine.*

COLLECTION LESTOWEL. — *Une Marine.*

COLLECTION BARING. — *Deux Marines avec vaisseaux.*

COLLECTION PEEL. — *Deux belles Marines par un mauvais temps.*

COLLECTION GRAY. — *Une Marine* (coll. de la duchesse de Berry).

GALERIE LANSDOWNE. — *Une Marine* (parchemin).

GALERIE LICHTENSTEIN. — *Une grande Tempête.* — *Plusieurs Marines.*

GALERIE D'ARENBERG. — *Flotte en pleine mer.* — *L'Approche de la tempête.*

MUSÉE VAN DER HOOP. — *Vue du port d'Amsterdam.*

GALERIE DU BLAISEL. — *Mer agitée* (gal. Fesch). — *La Bataille de Lépante.*

COLLECTION VAN DER AA DE SAINT-NICOLAS. — *Tempête sur mer.*

GALERIE DUC D'AUMALE. — *Vue d'une ville maritime* (dessin).

PRIX DE VENTES

			fr.	
Vue des environs d'Amsterdam....	1763.	Vte LORMIER .... Flor.	460.	
—	1799.	Vte COCLERS............	1,201.	
—	1817.	Vte DUC D'ALBERG. Liv. st.	50.	
—	1835.	Vte FOURNEREAU. Guinées.	79.	
Vue d'une rivière près d'Amsterdam.	1771.	Vte BRAAMCAMP..... Flor.	550.	
—	1810.	Vte VAN ALPHEN.... »	950.	
—	1817.	Vte HOGGUER....... »	1,400.	
—	1822.	Vte X............, Liv. st.	250.	
Marine par un temps orageux (32^c 1/2 —46^c).....	1772.	Vte CHOISEUL........ ...	2,060.	
—	1777.	Vte CONTI	1,811.	
—	1787.	Vte LAMBERT ET DU PORAIL.	1,400.	
—	1791.	Vte LEBRUN............	1,550.	
Vue de Scheveningen (59^c—43^c)....	1776.	Vte CLÈVE.............	5,000.	
—	1788.	Vte CALONNE	8,900.	
—	1794.	Vte DESTOUCHES.........	2,802.	
—	1826.	Vte DENON.............	6,000.	
Vue du Port d'Amsterdam (79^c—65^c)....	1808.	Vte VAN DER POTT.. Flor.	1,005.	Musée d'Amsterdam.
Mer agitée (53^c—67^c)	D°	d° .. »	1,525.	
Le Mosselsteiger (80^c 1/2—67^c).....	D°	d° .. »	1,005.	
Vue d'un port........... *Marine par un mauvais temps.....*	D°	d° .. »	3,050.	
Vue du port de Batavia (1^m,60—80^c 1/2)...........	1809.	Vte GRANDPRÉ..........	1,350.	

				fr.	
Mer houleuse	1811.	Vte Burgraaf		950.	
Vue du Mordyck	1821.	Vte Lafontaine		6,400.	
Entrée du port d'Amsterdam	1837.	Vte duchesse de Berry		3,200.	
Marine par un gros temps	D°	d°		3,160.	
Mer orageuse (53°—65°)	1841.	Vte Perregaux		5,500.	
—	1843	Vte Héris Leroy		4,615.	
Vue de Batavia (1^m,00—1^m,48)	1841.	Vte Biré Héris		1,505.	
Côte de Scheveningen (45°—61°)	D°	d°		9,200.	
Le Départ des pêcheurs	D°	Vte Héris		2,960.	
Marine	1843.	Vte Perrier		3,800.	
Marine	D°	Vte Dubois		621.	
Marine	D°	d°		2,520.	
Marine avec pêcheurs	D°	Vte Tardieu		1,000.	
Mer agitée	D°	d°		308.	
Autre	D°	d°		6,000.	
Marine-Dunes avec figures	D°	d°		2,425.	
Marine	1844.	Vte X		5,300.	
Marine	1845.	Vte Meffre		11,000.	
Marine	D°	Vte Vasserot.		700.	
Bâtiments en rade	1846.	Vte Fesch., Écus romains.		4,300.	
L'Appareillage	D°	d°	»	1,890.	
Mer orageuse	D°	d°	»	1,060.	
Marine (56°—76°)	D°	Vte Wellesley		4,050.	A M. Tencé.
Marine (96°—1^m,26)	1850.	Vte du roi Guillaume		5,650.	Au baron van Brienen.
Mer agitée	D°	Vte Kalkbrenner		1,001.	
Marine	1852.	Vte de Morny		5,250.	
Mer légèrement agitée (60°—78°)	1857.	2e v^te Varange		4,500.	
Approche d'une tempête	D°	Vte Patureau		6,000.	L. C. Townshend et Welles-ley.
Marine	1861.	Vte Daigremont		660.	
Marine (64°—78°)	D°	Vte van den Schrieck		1,795.	A M. Legrelle, d'Anvers.
L'Embarquement du grand pension-naire de Will (88°—1^m,36)	D°	d°		3,100.	A M. E. Leroy.
La Tempête (58° 1/2—96°)	D°	Vte Rhoné		1,900.	
Une Tempête auprès des côtes de la Norwége (1^m,73—3^m,57)	1862.	Vte Baillie, a Anvers		4,000.	Au musée de Bruxelles.
Vue du port d'Amsterdam (1^m,12 1^m,61)	D°	d°		3,050.	
Une Marine	1863.	Vte Demidoff		9,100.	
La Voile blanche	D°	Vte Meffre		6,800.	

DESSINS.

				fr.	
Mer agitée	1773.	Vte Dionis Muilman.. Fl.		140.	Au bistre.
Vue du port d'Embden	D°	d°	»	130.	D°
Marine	1844.	Vte Claussin		180.	
Vue d'une plage	1860.	Vte E. N		800.	
Vue d'une plage	D°	d°		225.	Collection Goll.
Une Marine	1863.	Vte X		175.	
Une Plage	D°	d°		185.	
Une Marine	D°	d°		390	

Au nombre de ses imitateurs et copistes, je placerai au premier rang :

MADDERSTAG (MICHEL)

Né à Amsterdam en 1659, mort en 1709.

Élève et imitateur de Backhuysen, Madderstag fit de très-belles copies de son maître et parvint quelquefois à l'imiter dans ses compositions originales. Sa couleur plus froide, sa touche plus emportée, plus aiguë, le font reconnaître.

STORCK (ABRAHAM)

Né à Amsterdam en 1640, vivait en 1683.

On rencontre souvent dans le commerce de belles copies exécutées par Storck (et non Stork, comme l'écrivent quelques auteurs). Sa touche, grasse et carrée, le décèle au premier coup d'œil. Ses eaux sont plus empâtées et moins transparentes; ses accessoires sont bien traités, mais d'une façon moins finie et moins savante que ceux de Backhuysen.

ZEEMAN

Les copies de Zeeman sont très-finiment exécutées et pleines de recherches minutieuses. Sa touche est grenue et sa couleur plus froide; ses vagues sont découpées et trop travaillées. Ses figures sont moins spirituellement touchées que celles du maître : en un mot, l'amateur peut les reconnaître avec un peu d'attention.

NETSCHER (GASPARD)

Né à Heidelberg, suivant les uns, à Prague, suivant les autres, en 1639, mort en 1684.

Encore un Allemand classé jusqu'à ce jour parmi les peintres hollandais. D'abord élève de Koster, peintre de nature morte, il surpassa bientôt ses compagnons d'études, de telle sorte que son maître n'eut plus de leçons à lui donner. Il entra ensuite chez Terburg, puis il alla en Italie pour se perfectionner.

Netscher a un bon goût de dessin et beaucoup d'adresse dans ses agencements. Sa touche est moelleuse et fondue ; sa couleur, naturelle et dorée. On remarque particulièrement dans ses tableaux son habileté à imiter les étoffes, surtout les satins, le tissu et le point velouté des tapis de Turquie. Ses figures ont un air simple et naturel ; ses accessoires sont très-finis et exécutés avec le plus grand soin.

Netscher eut deux fils : Théodore et Constantin. Théodore se forma d'après ses conseils. La grande jeunesse de Constantin l'empêcha de profiter entièrement du même avantage. Tous deux excellaient dans le portrait et furent très-recherchés par les dames, qu'ils savaient embellir et flatter tout en conservant la ressemblance.

Les tableaux de G. Netscher se produisent rarement dans les ventes publiques. Lorsqu'ils y paraissent, ils sont vivement disputés par les amateurs.

Le musée de Paris en possède deux d'une grande beauté ; le premier, la *Leçon de chant,* estimé 6,000 fr. ; même prix pour le second, la *Leçon de basse viole.*

MUSÉES DIVERS, GALERIES, ETC.

MUSÉE DE LYON. — *Deux Portraits.*

MUSÉE DE NÎMES. — *Portrait d'un prince d'Orange.*

MUSÉE D'AMSTERDAM. — *Portrait de Constantyn Huygens le père.* — *Une Mère avec ses deux enfants.*

MUSÉE DE ROTTERDAM. — *Portrait d'Homme.* — *Id. de Femme.*

MUSÉE DE LA HAYE. — *Portrait de l'artiste et de sa femme.*

MUSÉE DE DRESDE. — *Une Dame à son clavecin.* — *Un jeune Homme écrivant une lettre.* — *Un Médecin tâte le pouls à une jeune femme.* — *Un Monsieur accompagne de la guitare une Dame qui chante.* — *Portrait de madame de Montespan.* — *La même jouant de la harpe.* — *Une Dame, un petit chien sur les genoux.* — *Paysanne à son rouet.* — *Une Femme cousant.*

MUSÉE DE MUNICH. — *Le Concert.* — *Bethsabée au bain.*

MUSÉE DE SAINT-PÉTERSBOURG. — *Intérieur avec figures.* — *Divers Portraits.*

INSTITUTION ROYALE D'ÉDIMBOURG. — *Portrait d'un jeune Homme.*

BUCKINGHAM PALACE. — *Portrait de Guillaume III, roi d'Angleterre.*

GALERIE ELLESMÈRE. — *Scène d'intérieur.* — *Vertumne et Pomone.*

CABINET STANISFORTH. — *Portrait de Femme.*

AU BARON LIONEL DE ROTHSCHILD. — *Dame à sa toilette.*

COLLECTION NORMANTON. — *Portrait de Guillaume III.*

COLLECTION FOLKERSTONE. — *Portrait de la princesse Marie.*

COLLECTION H. T. HOPE. — *Jeune Femme à une fenêtre cintrée.*

COLLECTION TULLOCH. — *La Honte de Calisto.*

COLLECTION BARING. — *Deux charmantes compositions.*

COLLECTION LELLAN. — *Portrait d'une Lady.*

COLLECTION ASHBURTON. — *Un bel Intérieur avec un jeune garçon.*

COLLECTION GALTON. — *Portrait d'une Lady.*

COLLECTION M'LELLAN. — *Un Portrait de Femme.*

Collection Wellington. — *Un Intérieur.*

Collection Neeld. — *Une jeune Fille.* — *Vertumne et Pomone.* — *Sarah, Agar et Abraham.*

Collection Peel. — *Une jeune fille.* — *Les Faiseurs de bulles* (coll. de la duchesse de Berry). — *Un Intérieur avec une jeune Fille.*

Collection Labouchère. — *Un Portrait d'Enfant.*

Cabinet du comte Czernin. — *Une Famille à une fenêtre.*

Musée van der Hoop. — *Un Portrait.*

A lord Hertford. — *La Dentellière.* — *Intérieur avec une jeune Fille.*

Galerie du duc d'Aumale. — *Jeune Femme jouant de la mandoline* (dessin).

Cabinet de M. le comte de Nattes. — *La Partie de tric-trac.*

Collection Létoublon. — *Le Fils de Jacob.* (Est. 1,000 fr.)

Galerie du Blaisel. — *La Guitariste.* — *Le Philosophe* (gal. Fesch).

PRIX DE VENTES

			fr.	
Enfants faisant des bulles de savon, ou les Petits physiciens (32ᶜ — 24ᶜ 1/2)	1680.	Vᵗᵉ Poullain	2,400.	
—	1733.	Vᵗᵉ Bout......... Florins.	205.	
—	1766.	Vᵗᵉ Lormier..... »	310.	
—	1765.	Vᵗᵉ Clairon	1,201.	
—	1777.	Vᵗᵉ de Boisset	1,598.	Ou 1,800 fr.
—	1788.	Vᵗᵉ de Calonne	1,667.	
—	1791.	Vᵗᵉ Lebrun	1,660.	
—	1806.	Vᵗᵉ Saint-Martin	1,200.	
—	1816.	Vᵗᵉ Castelan	3,810.	
—	1818.	Vᵗᵉ Le Rouge	3,310.	
—	1852.	Vᵗᵉ Taylor,..... Guinées.	150.	
Zorobabel (91ᶜ 1/2—86ᶜ)	1760.	Acheté par M. Desfriches.	1,800.	
—	1823.	Vᵗᵉ A. Miron		
Cléopâtre piquée par l'aspic	1761.	Vᵗᵉ de Vence	1,800.	
Les Musiciens	1763.	Vᵗᵉ Peilhon	1,320.	
Enfant tirant l'épée (bois cintré, 24ᶜ 1/2—16ᶜ)	1764.	Vᵗᵉ de l'électeur de Cologne	321.	Coll. Gagny.
—	1787.	Vᵗᵉ Lambert et du Porail.	700.	
Le Jeu de piquet	1766.	Vᵗᵉ Julienne	3,510.	
Une Femme allaitant son enfant	Dᵒ	dᵒ	3,520.	
La Toilette	Dᵒ	Vᵗᵉ Aved	1,900.	
—	1802.	Vᵗᵉ Holdernen.. Guinées.	61.	
—	1807.	Vᵗᵉ Coxe........ »	55.	
—	1811.	Vᵗᵉ H. Sale..... »	80.	
Un Garçon tenant une caye / *Un jeune Arménien*	1772.	Vᵗᵉ Choiseul	3,001.	
Diane et Calisto	1773.	Vᵗᵉ van der Marck. Flor..	200.	
Tableau allégorique (91ᶜ—1ᵐ,23)..	1780.	Vᵗᵉ Poullain	1,700.	
Deux Intérieurs	1782.	Vᵗᵉ Boileau	900.	
La Dame au manteau aurore (cintré du haut, bois, 21ᶜ3/4—16ᶜ1/4).		Vᵗᵉ Blondel de Gagny...	1,500.	
—	1783.	Vᵗᵉ Blondel d'Azincourt.	2,100.	

			fr.	
La Marchande de citrons (35ᶜ—32ᶜ).	1781.	Vᵗᵉ DE VAUDREUIL........	4,600.	
—	1807.	Vᵗᵉ COXES........ Liv. st.	50.	
—	1826.	ACHETÉ PAR LE COMTE DE POURTALÈS.... Guinées.	136.	
La Nourrice (bois, 35ᶜ—27ᶜ)	1777.	Vᵗᵉ CONTI...	1,701.	Coll. Lempereur.
—	1787.	Vᵗᵉ LAMBERT ET DU PORAIL.	2,501.	
Les Bohémiens...	1800.	Vᵗᵉ D'ORLÉANS.. Guinées.	100.	
Agar et Ismaël...............	Dᵒ	dᵒ .. »	100.	
Femme endormie..............	Dᵒ	dᵒ .. »	10.	Estimation.
La Volière...	Dᵒ	dᵒ .. »	200.	
La Dentellière (32ᶜ 1/2—27ᶜ).. ...	1804.	Vᵗᵉ VAN LEYDEN..........	7,000.	Au marquis d'Hertford.
—	1852.	Vᵗᵉ TURENNE.	3,761.	
Famille dans un parc	1840.	Vᵗᵉ SCHAMP.........	930.	
Le Perroquet (46ᶜ—34ᶜ)..........	1841.	Vᵗᵉ BIRÉ HÉRIS..........	3,400.	A M. Favart.
La Collation..................	1855.	Vᵗᵉ HOPE...............	1,520.	
Portrait d'une Dame de la cour de Louis XIV	1860.	Vᵗᵉ Cᵗᵉ H. DE STENHUYSE..	4,200.	
Le docteur Tullekens et sa famille (1ᵐ,13—1ᵐ,64).	1861.	Vᵗᵉ J. ODIER............	2,100.	
Une Mère et son jeune enfant	Dᵒ	Vᵗᵉ LEROY D'ÉTIOLLES.....	3,550.	
Portrait d'Homme	Dᵒ	dᵒ	340.	
—	Dᵒ	dᵃ	360.	Signé, daté 1659.
La Toilette..................	Dᵒ	Vᵗᵉ COTTREAU............	1,000.	
Une Dame de qualité...........	Dᵒ	dᵒ	1,400.	
Le Peintre et sa famille	1862.	Vᵗᵉ WEYER DE COLOGNE...	820.	
Bethsabée sortant du bain........				
Les Bohémiens	1863.	Vᵗᵉ X............... ..	500.	

CONSTANTIN NETSCHER

COMME IMITATEUR DE SON PÈRE ET COMME ORIGINAL.

Les ouvrages de Constantin Netscher, le fils, ont beaucoup moins de valeur; celui que possède le musée du Louvre ne fut coté qu'à 600 fr.; il est vrai que ce chiffre serait dépassé aujourd'hui.

MUSÉES DIVERS, GALERIES, ETC.

MUSÉE D'AVIGNON. — *Portrait d'un Personnage du temps de Louis XIV.*

COLLECTION MATTHEUW ANDERSON. — *Portrait d'un jeune Garçon.*

COLLECTION HARRINGTON. — Deux charmantes compositions. — *Portrait d'une jeune Fille.*

COLLECTION LIONEL DE ROTHSCHILD. — *Un Portrait.*

MUSÉE VAN DER HOOP. — *Portrait en pied de Guillaume II, roi d'Angleterre.*

ANCIENNE GALERIE WEYER DE COLOGNE. — *Conférence de la paix d'Utrecht.*

PRIX DE VENTES

Jeune Femme pinçant de la guitare. 1843, Vᵗᵉ Tardieu, 250 fr. — *Portrait de Femme.* 1843, Vᵗᵉ X., 166 fr. — *Une Dame caressant un mouton.* 1833, Vᵗᵉ Jardier, 500 fr.

— *Portrait de M. Lartigues.* 1844, Vte X., 830 fr. — *Portrait de famille.* 1845, Vte Meffre, 305 fr. — *L'Amateur dans son cabinet* (55e—45e). 1846, Vte Fesch, 405 écus romains. 1857, Vte Moret, 5,950 fr. — *Portrait de Femme.* 1850, Vte Kalkbrenner, 300 fr. — *Trois Figures.* Même Vte, 1,599 fr. — *Deux jeunes Filles avec des fleurs.* 1851, Vte Cottreau, 700 fr. — *Jeune Garçon tenant un oiseau sur son doigt.* 1852, Vte de R., 230 fr. — *L'Amateur de roses.* 1854, Vte Chavagnac, 5,000 fr. 1859, Vte Hemert, 1,800 fr. — *Portrait de jeune Femme.* 1863, Vte Meffre, 630 fr. — *Portrait de la Sœur de la précédente.* Même Vte, 630 fr. — *Portrait d'un jeune Homme* (probablement le frère des deux Dames). Même Vte, 380 fr. — *Portrait d'une jeune Femme.* Même Vte, 230 fr. — *Portrait de jeune Fille.* Même Vte, 106 fr. — *Portrait de jeune Garçon.* Même Vte, 85 fr.

Parmi ceux qui ont le plus adroitement copié et imité Netscher on distingue :

WYTMANS (MATHIEU)

Né à Gorcum en 1650, mort en 1689.

Ce peintre, élève de Bylaért, a fait beaucoup de copies d'après Netscher, mais son pinceau est moins doux et ses airs de tête n'ont pas autant de noblesse. Quant aux draperies, elles n'ont pas ce grand air et cette exécution large que leur donnait Netscher; elles sont plus cassées et moins tourmentées.

WULFRAAT (MARGUERITE)

Née à Arnhem en 1678, morte en 1738.

On a d'assez bonnes imitations de Marguerite Wulfraat. Contre l'ordinaire des femmes artistes, sa main est ferme, et ses étoffes sont assez bien traitées. Cependant sa couleur est moins naturelle et son dessin plus maniéré que Netscher. Il en est de même de ses accessoires, traités avec beaucoup moins de soin, et dont l'agencement laisse beaucoup à désirer.

MIGNON (ABRAHAM)

Né, suivant certains auteurs, en 1637 ou 1639, et, suivant d'autres, en 1640.
à Francfort, mort à Wetzlar en 1679.

Abraham Mignon, peintre allemand, puisqu'il est né à Francfort, ne peut être rangé parmi les peintres hollandais sans donner gain de cause à ceux qui classent Claude le Lorrain et Nicolas Poussin parmi les peintres italiens.

Élève de Jacobs Morcels et de David de Heem, Mignon eut assez de talent pour supporter la concurrence de Van Huysum, ce qui n'est pas le plus mince éloge qu'on puisse faire de son talent. Son ordonnance est riche et sa composition spirituelle. Il colore bien ; ses fleurs ont de l'éclat et de la fraîcheur, mais souvent il manque d'harmonie, ce qui répand un air de sécheresse dans son exécution.

Après avoir joui de beaucoup de faveur, les tableaux de ce maître ont cependant éprouvé le sort de bien d'autres : ils ont été négligés par les collectionneurs.

Le Louvre possède les suivants :

Le Nid de pinsons, 1,200 fr. — *Fleurs des champs, Oiseaux, Insectes et Reptiles*, 600 fr. — *Fleurs dans une carafe de cristal*, 800 fr. — *Fleurs dans une carafe de cristal placée sur un piédestal en pierre*, 1,000 fr. — *Fleurs et Fruits, Oiseaux, Insectes*, 3,000 fr.

MUSÉES DIVERS, GALERIES, ETC.

Musée de Lyon. — *Le Chat de Mignon.*

Musée d'Avignon. — *Fleurs, Insectes.*

Musée de Munich. — *Deux Corbeilles de fruits et de fleurs.*

Musée de Dresde. — *Un Lièvre mort et un Coq pendant au-dessus d'une table.* — *Un Coq mort suspendu par une patte.* — *Un Coq blanc et deux oiseaux pendus à un clou.* — *Un Panier à demi ouvert avec un canard sauvage mort.* — *Un Bouquet de Fleurs dans un vase de verre.* — *Guirlande de Fleurs et de Fruits, liée avec des rubans bleus.* — *Corbeille remplie de Fruits.* — *Grappes de raisin et autres Fruits dans un panier.* — *Guirlande de Fleurs et de Fruits attachée avec un ruban bleu.*

Musée d'Amsterdam. — *Nature morte et Fruits.* — *Le Bouquet renversé.*

Musée de Rotterdam. — *Une Grappe de raisin et des Fruits.*

Musée de La Haye. — *Corbeille de Fleurs.*

Collection John Walter. — *Fleurs, Fruits et accessoires.*

Collection Shrewsbury. — *Fleurs diverses.*

Musée van der Hoop. — *Des Fruits.*

Galerie Lichtenstein. — *Fruits et Fleurs.*

Cabinet de M. le comte de Nattes. — *Fleurs et Papillons.*

Collection van der Aa, de Saint-Nicolas. — *Fleurs et Papillons*, etc.

PRIX DE VENTES

Le Bouquet renversé ou *le Chat poursuivant une souris* (87ᶜ—71ᶜ). 1766, Vᵗᵉ de La Court, 1,500 florins. 1806, Vᵗᵉ X., 215 florins. (Musée d'Amsterdam.) — Deux tableaux, *Fruits et Animaux.* 1778, Vᵗᵉ Jullienne, 2,700 fr. — *Nature morte et Fruits* (77ᶜ—66ᶜ). 1797, Vᵗᵉ X., 300 florins. 1808, Vᵗᵉ van der Pot, 790 florins (musée d'Amsterdam). — *Fleurs.* 1810, Vᵗᵉ Lafontaine, 302 fr. — *Fruits* (35ᶜ—27ᶜ,2ᵐ). 1840, Vᵗᵉ Schamp, 350 fr. — *Bouquet de Fleurs.* 1843, Vᵗᵉ Héris Leroy, 375 fr. — Deux tableaux de *Fruits.* 1859,

Vte Bielber, 350 fr. — *Fruits* (84^c—69^c). 1860, Vte Piérard, 1,000 fr. — *Fleurs et Fruits.* 1860, Vte Cte de Stenhuyse, 710 fr. — *Fleurs.* 1862, Vte Baillie, à Anvers, 1,800 fr. — *Fruits, Fleurs, Oiseaux, Insectes et bas-reliefs.* 1863, Vte Simonet, 330 fr.

Parmi ceux qui ont le plus adroitement copié ou imité Mignon, on distingue ses deux filles, dont le pinceau est plus mou et le dessin moins correct, puis :

BROECK (ÉLIE VAN DEN)

Né à Anvers en 1657, mort en 1711.

Ce peintre fit d'assez heureuses imitations d'Abraham Mignon, mais il adopta de préférence le genre de son autre maître, David de Heem. Les tableaux qui sont peints dans le genre de Mignon ont quelque chose de contraint et de roide dans l'exécution. Ses fleurs ne sont pas groupées avec grâce et elles se détachent avec encore plus de sécheresse que celles du maître.

STUVEN (ERNEST)

Né à Hambourg en 1657.

Après avoir peint le portrait avec assez de succès, ce peintre, élève de Voorhout, de G. Van Aelst et d'Abraham Mignon, se mit à faire des fleurs et s'appliqua à imiter le genre de ce dernier. Malheureusement pour lui, il ne put sortir du pastiche et ses imitations sont assez reconnaissables pour ne pas tromper l'amateur.

Ses fleurs sont filandreuses et dénuées de caractère. Sa manière le range au nombre de ceux que l'on appelle de nos jours *fantaisistes*. Sa touche est aiguë et allongée; ses empâtements sont grêles : en un mot, c'est de la *manière,* et non cette consciencieuse exécution qui caractérise Mignon.

ROOS (PHILIPPE), DIT ROOS DE TIVOLI

Né à Francfort en 1655, mort à Rome en 1705.

Jean-Henri Roos, né à Otterburg en 1631, mort en 1685, fut le père de Philippe, qui le surpassa de beaucoup. Bon paysagiste, sa couleur est vigoureuse, ses arbres sont bien choisis; sa touche est large, mâle et décidée; les animaux, surtout les chevaux, les vaches, les moutons et les chèvres, font le mérite principal de ses ouvrages. Le caractère, l'exécution et le coloris de ses tableaux n'ont aucun rapport avec les productions de l'École des Pays-Bas. Son genre rappelle celui de Benedetto de Castiglione. Comme le célèbre Génois, il se plaisait à tracer des scènes pastorales, des caravanes, des marchés d'animaux, qu'il animait aussi d'épisodes, moins ingénieux, il est vrai, que ceux de Benedetto, mais non moins expressifs. Le coloris de Roos est vigoureux, très-brillant dans les lumières, mais un peu obscur et poussé au noir dans les ombres. Son dessin est ferme, savant et de grand goût; son exécution facile empâtée et un peu heurtée. Ses fonds de paysages sont largement touchés, et ses ciels d'un effet savamment combiné.

Au Louvre. — *Mouton dévoré par les loups.* (Le paysage est de Tempeste.) (Est. 300 fr.)

MUSÉES DIVERS, GALERIES, ETC.

Musée de Nantes. — *Trois Troupeaux.*

Musée d'Épinal. — *Paysage avec figures et animaux.*

Musée de Cherbourg. — *Deux Brebis sur le devant d'un paysage. — Deux Chèvres traversant une mare.*

Musée de Lille. — *Un Troupeau de chèvres et de moutons.*

Musée de Bordeaux. — *Deux Paysages.*

Musée d'Avignon. — *Deux Paysages avec des animaux. — Un Berger et son Troupeau. — Berger et son Troupeau.*

Musée de Dresde. — *Paysage montagneux. —* Même sujet. — *Noé, entouré de toute espèce d'animaux, reçoit les ordres du Seigneur. — Berger gardant un Troupeau. — Troupeau avec son Pâtre. — Paysage. — Paysage avec un Troupeau et son Berger. — Paysage montagneux avec des bestiaux au pâturage. — Quelques Cerfs. — Paysage animé par plusieurs pièces de bétail. — Vieille Femme gardant un Troupeau. — Paysage montagneux. — Jeune fille gardant deux vaches. — Paysage avec un Troupeau et son Berger.*

Musée de Munich. — *Portrait de l'artiste. — Une Marche d'armée. —* Une douzaine de *Paysages.*

Musée de Berlin. — *Un Paysage.*

Galerie Ellesmere. — *Bestiaux dans une prairie.*

Collection Tulloch. — *Paysage avec figures et animaux.*

Très-estimés des amateurs, les tableaux de Roos sont tombés dans un grand oubli. En 1840, à la Vᵗᵉ Schamp, un beau tableau de bestiaux n'a pu dépasser 190 fr. — Par suite d'un revirement de goût, il s'en est vendu un représentant un *Paysage italien avec figures* au prix extraordinaire de 915 fr. à la Vᵗᵉ Turenne en 1852. — En 1860, un *Paysage avec animaux* s'est vendu, à Lyon, 119 fr. Ceux qui, depuis, ont paru dans les ventes, n'ont pas dépassé 150 fr.

Il existe beaucoup d'imitations des tableaux de Roos de Tivoli. Au nombre de leurs auteurs les plus capables on cite :

ROOS (N.)

Né à Francfort vers 1659.

Frère de Roos de Tivoli et peut-être son élève, il a peint le même genre avec cette différence, toutefois, que ses productions sont beaucoup plus empâtées de couleurs, plus heurtées et plus raboteuses que celles de son frère.

LEEUW (GABRIEL VAN DER)

Né à Dordrecht en 1643, mort en 1688.

D'abord élève de Benedetto de Castiglione, Leeuw vit les ouvrages de Roos et suivit son mode d'exécution. Aussi ses productions sont-elles vendues très-souvent pour celles de son modèle. Avec un peu d'attention, on peut les distinguer au point de ne pas s'y tromper. La touche de Leeuw est saillante et non large comme celle de Roos. Empâté et plus opaque dans ses ombres, il présente un grenu général qui n'est pas de la force, mais bien de la manière.

DENNER (BALTAZAR)

Né à Hambourg en 1685, mort dans la même ville en 1747.

Copiste assidu des grands maîtres, Denner parvint à se faire une manière surprenante qui, si elle n'atteint pas le vrai but de l'art, est une imitation aussi réelle que possible de la nature. Ses têtes sont d'un fini merveilleux ; son dessin ne mérite pas les mêmes éloges. Sa touche est bonne et n'est pas maniérée comme celle de la plupart des peintres microscopiques ; quant à sa composition, elle est médiocre et sans goût.

On prétend (et je ne sais pas jusqu'à quel point cette assertion peut être vraie) que Denner emporta au tombeau le secret d'une laque employée dans toutes les carnations et dont il se servait avec un art connu de lui seul.

Les vrais Denner sont fort estimés des amateurs, mais ils ne paraissent pas souvent dans les ventes publiques.

Le musée du Louvre possède un *Portrait de Femme* acquis pour la somme de 18,900 fr. à la Vte de M. le duc de Morny en 1852.

MUSÉES DIVERS, GALERIES, ETC.

Musée de Caen. — *Tête de Vieillard.*

Musée de Nantes. — *Sainte Famille.*

Musée de Saint-Pétersbourg. — *Saint Jérôme.* — *Portrait d'Homme.* — *Portrait de Femme.*

Musée de Dresde. — *Portrait d'une Femme âgée.* — *Buste d'une Femme.* — *Saint Jérôme.* — *Portrait d'un Vieillard.* — *Buste d'une vieille Femme.* — *Buste d'une vieille Femme.* — *Buste d'une jeune Fille.* — *Buste d'un Vieillard.* — *Buste d'un Homme à moustache retroussée.*

Musée de Munich. — *Portrait d'un Vieillard.* — Id. *d'une vieille Femme.*

Musée de Rotterdam. — *Tête de petite Fille.*

Musée de Berlin. — *Un Vieillard.*

A Hampton-Court. — Plusieurs belles *Têtes d'expression.*

Collection Amherst. — *Portrait d'Hœndel* (ovale).

Collection Wombwell. — *Un Portrait d'Homme.*

Collection Shrewsbury. — *Portrait d'un Homme et de sa Femme.*

A lord Wensleydale. — *Portraits d'Homme et de Femme* (attribué à Seibolt).

Galerie du Blaisel. — *Une Tête de Vieillard.*

Cabinet Everett. — *Portrait de Femme.*

A M. le comte Prosper de Chasseloup-Laubat. — *Tête de Vieillard.*

Collection Duclos. — *Tête de Femme.*

PRIX DE VENTES

Portrait du peintre (75ᶜ—62ᶜ). 1801, Vᵗᵉ Tronchin, 500 fr. — *Portrait de Vieillard.* 1843, Vᵗᵉ Paul Perrier, 2,900 fr. — *Une Tête de vieillard.* Vᵗᵉ Stevens, 1,960 fr. — *Portrait d'Homme.* 1859, Vᵗᵉ de Bausset, 2,000 fr. (anc. coll. Duval, 12,250 fr.). — *Portrait d'Homme.* 1862, Vᵗᵉ Weyer de Cologne, 2,050 fr. — *Portrait d'un Vieillard.* 1863, Vᵗᵉ Meffre, 2,900 fr. — *Portrait d'une vieille Femme.* Même Vᵗᵉ, 2,020 fr. — *Portrait d'une jeune Femme.* Même Vᵗᵉ, 660 fr. — *Portrait d'un jeune Homme.* Même Vᵗᵉ, 530 fr. — *Portrait d'un jeune Homme.* Même Vᵗᵉ, 1,400 fr. — *Portrait d'un Vieillard.* 1863, Vᵗᵉ Simonet, 580 fr.

Denner eut peu d'imitateurs, ce qui se comprend eu égard à son genre presque inimitable. Voici le seul qui se rencontre dans le commerce :

SEIBOLT (chrétien)

Né à Mayence en 1697, mort à Vienne en 1668.

On ne pourrait pas distinguer la copie de l'original, si Seibolt, élève de Denner, avait eu un meilleur choix de dessin et plus de noblesse dans les attitudes. En effet, c'est le même fini et la même conscience dans les détails; les carnations seules sont moins fraîches et moins laqueuses.

DIETRICH ou DIETRICY (CHRÉTIEN-GUSTAVE-ERNEST)

Né à Wegina vers 1712, mort à Dresde en 1774.

Élève de son père, peintre médiocre, Diétrich passa ensuite dans l'atelier d'Alexandre Thièle. Après avoir copié avec ardeur les tableaux flamands mis à sa disposition par le comte de Brühl, son protecteur, il visita la Hollande pour mieux étudier les œuvres de Rembrandt, son maître de prédilection.

Cet artiste est un véritable Protée qui sut prendre tous les genres, tous les goûts, toutes les formes, et parcourir toutes les divisions de l'art avec un succès prodigieux; c'est lui qui sut conserver le coloris brillant et vrai des beaux siècles de la peinture allemande et flamande pendant la longue agonie du goût dont les beaux-arts furent frappés durant le cours du XVIIIᵉ siècle.

Rembrandt, Van der Werf, Ostade, ont été imités par Diétrich, non avec cette servitude qui fait descendre un maître au rang de copiste, mais avec cette franchise de touche originale que guide le génie de l'invention. Son pinceau est gras et moelleux; son dessin a d'heureux contours, son clair-obscur est admirable et sa couleur est pétillante et pleine de vérité.

Après avoir joui d'une grande vogue, les ouvrages de ce peintre reprennent un peu de faveur dans les ventes publiques, où ils n'atteignaient pas de hauts prix. Le musée du Louvre possède la *Femme adultère*, payée 3,000 fr. à M. Meyer en 1835.

MUSÉES DIVERS, GALERIES, ETC.

MUSÉE DE ROUEN. — *Jeune Fribourgeoise.*

MUSÉE DE NANCY. — *Paysage.* — Pendant du précédent : *Paysage.* — *Un Philosophe.*

MUSÉE DE NANTES. — *Paysage.*

MUSÉE DE BORDEAUX. — *Sainte Famille.* — *Six Paysages.*

MUSÉE DE CHERBOURG. — *Portrait d'un Homme à barbe blanche.*

MUSÉE DE DRESDE. — *Un Berger et sa Bergère.* — *Scène empruntée à la vie pastorale.* — Pendant du précédent. — *Siméon, l'Enfant Jésus dans les bras.* — *Portrait d'un Homme vêtu de brun.* — *Berger et Bergère.* — *Une Tête de vieille Femme.* — *La Résurrection de Lazare.* — *Une Sainte Famille.* — *Paysage.* — *Le Christ sur la Croix.* — *Paysage.* — *Mercure.* — *Thétis remet à Achille les armes forgées par Vulcain.* — *Jésus-Christ guérissant les malades.* — *Nymphes sortant du bain.* — *Vénus et l'Amour.* — *Nymphes au bain et bétail.* — *Paysage.* — *Profil d'un Vieillard.* — *Portrait d'un Homme vêtu de brun.* — *Portrait d'une Femme âgée.* — *Portrait d'un Homme à barbe grise.* — *Nymphes sortant du bain.* — *La Nativité.* — *Bergères avec leur troupeau. — Une Femme avec des Enfants. — Les Noces de Cana. — Scène pastorale. — Sujet analogue. — Diane et Calisto. — La Sainte Famille. — Bélisaire mendiant. — Le Prieur d'une Chartreuse. — Un vieux Capucin. — L'Adoration des Mages. — Un Blessé emporté du champ de bataille. — Cavaliers en marche. — Fuite en Égypte. — L'Enfant prodigue. — Présentation au Temple : Siméon tenant l'Enfant Jésus dans ses bras. — Paysage. — Paysage rocheux. — Le Repos en Égypte. — Vieillard à barbe blanche. — Tête d'Homme à la barbe et aux cheveux crépus. — L'Annonce aux Bergers. — L'Adoration des Bergers.* — Copie de la *Madeleine* du Corrége. — *Scène pastorale.* — Son pendant. — *Explosion d'un magasin de poudre.*

Musée de Munich. — *La Parabole de Lazare dans le sein d'Abraham.* — *La Parabole des deux Aveugles.* — *Un Paysage.*

Musée de Bruxelles. — *Portrait de l'artiste* dans la manière de G. Dov.

National Gallery. — *Les Musiciens.*

A Hampton-Court. — *Le Tribut de César.* — *La Femme adultère* et plusieurs belles compositions.

Collection Iarborough. — Deux charmantes compositions.

Collection Wombwell. — *Un Miracle.*

Ancienne galerie Weyer de Cologne. — *Une Société galante.*

Collection Heine. — *Un Intérieur de parc avec figures.*

PRIX DE VENTES

La Fuite en Égypte (64ᶜ 1/2 — 30ᶜ). 1770, Vᵗᵉ Lalive de Jully. 1772, Vᵗᵉ du duc de Choiseul, 940 fr. 1777, Vᵗᵉ Conti, 2,200 fr. Vᵗᵉ de Boisset. 1801, Vᵗᵉ Tolozan, 2,960 fr. *Paysage avec figures* (72ᶜ 1/2—56ᶜ 1/2). 1783, Vᵗᵉ Tonnelier, 1,500 fr. — *Paysage avec des Baigneuses et des Animaux* (B. 21ᶜ 1/2—30ᶜ). Vᵗᵉ Poullain, 752 fr. 1787, Vᵗᵉ Lambert et du Porail, 620 fr. — *Agar répudiée par Abraham* (cuivre, 35ᶜ—27ᶜ). 1788, Vᵗᵉ Lenglier, 1,630 fr. — *Les Baigneuses. Les Bergères* (49ᶜ—51ᶜ) (coll. Montalan). 1802, Vᵗᵉ Méreville, 1,501 fr. — *Loth et ses filles* (B. 43ᶜ —33ᶜ). 1803, Vᵗᵉ Pauwels, 830 fr. — *Deux Paysages* (54ᶜ—69ᶜ 1/2). 1812, Vᵗᵉ Lèbe, 1,601 fr. — *Paysage avec rivière* (1ᵐ,7 —1ᵐ,39). 1819, Vᵗᵉ de Mˡˡᵉ Thévenin, 400 fr. — *La Présentation au Temple.* 1843, Vᵗᵉ Aguado, 3,500 fr. — *Site d'Italie avec cascade et figures* (27ᶜ —19ᶜ). *Paysage rocailleux* (style de Sʳ Rosa). 1844, Vᵗᵉ D. Ullens de Schooten, 540 fr. — *La Fuite en Égypte* (est-ce le tableau déjà cité?). 1846, Vᵗᵉ Fesch, 176 écus. — *L'Annonce aux Bergers.* Même Vᵗᵉ, 20 écus 1/2. — *Personnages dans un parc.* 1857, Vᵗᵉ Patureau, 210 fr. — *Intérieur de Parc* (dans le goût de Watteau) (56ᶜ—76ᶜ). 1858, 2ᵉ Vᵗᵉ Hope, 1,550 fr. (coll. C. d'Anvers, Vᵗᵉ Héris). — Sujet galant dans le genre de Watteau. 1858, Vᵗᵉ Febvre, 510 fr. — *Animaux dans un paysage* (56ᶜ—72ᶜ). 1860, Vᵗᵉ Piérard, 340 fr. — *Intérieur de parc* (71ᶜ—61ᶜ). Même Vᵗᵉ, 4,010 fr. (à M. Heine). — *Le Repos des Bergers. La Famille des Bergers,* 1861, Vᵗᵉ de Montbrun, 2,900 fr. — *Le Marchand de mort aux rats,* 1862, Vᵗᵉ F., 1,480 fr. — *Le Martyre de saint Laurent.* 1863, Vᵗᵉ Pallu, de Poitiers, 72 fr. — *La Résurrection de Lazare.* 1863, Vᵗᵉ Meffre, 600 fr.

Un aussi habile Prothée devait avoir son imitateur. — Ce fut :

KLENGEL (HANS-CHRISTIAN)

Né à Kesseldorf près de Dresde en 1761, mort en 1824.

Ce peintre, élève de Ch. Huttin et de Diétrich, a imité ce dernier à s'y méprendre. Sauf un coloris plus pâle et une touche moins grasse, il tromperait l'amateur.

Ses imitations de Diétrich, genre Rembrandt, sont beaucoup plus grêles et plus sèches que son modèle. C'est Klengel qui est l'auteur de cette foule de Rabbins et de Docteurs où la roideur des attitudes le dispute à la sécheresse de la touche.

Ici se termine la nomenclature des peintres allemands dont les œuvres font habituellement partie des galeries d'amateurs et qui ont eu des imitateurs. Quant aux autres peintres que l'Allemagne a fournis dans le domaine des arts, ils trouveront leur place dans la table générale, avec les indications suffisantes pour les recherches de dates, de maîtres et de genres.

ÉCOLE FLAMANDE

DÉDIÉE

A M. LE COMTE DUCHATEL, MEMBRE DE L'INSTITUT

Par son respectueux serviteur

TH. LEJEUNE.

PEINTRES FLAMANDS

AVEC LEURS IMITATEURS ET LEURS COPISTES

Si la véritable peinture doit appeler le spectateur par la force et par la vérité de l'imitation, et si le spectateur surpris doit aller à elle, comme pour entrer en conversation avec les personnages qu'elle représente, c'est assurément chez les peintres des Pays-Bas que cette illusion se rencontre le plus souvent.

Je l'ai déjà dit : Les Flamands ont porté aussi haut que possible l'entente du clair-obscur, le moelleux de la brosse, le travail fini sans sécheresse. On les loue, à juste titre, pour la fusion très-étendue de leurs couleurs fort bien assorties, qualité digne, à beaucoup d'égards, de compenser le tort qu'ils ont eu de refléter la nature telle qu'elle leur apparaissait au hasard, et d'interpréter servilement les objets d'un aspect vulgaire ou hétéroclite.

Ces qualités expliquent l'engouement, ou plutôt la passion souvent trop exclusive, qui entraîne les amateurs de tous pays vers leurs séduisantes productions, et qui semble les détourner des Écoles à grand style et à grande manière, les seules, pourtant, qui aient élevé l'art au sublime de l'expression et à l'idéal de la beauté.

L'origine, les transformations, la grandeur et la décadence de l'École flamande sont trop connues du monde amateur pour que j'essaie de nouveau d'en étudier les causes : aussi je vais passer immédiatement à l'examen de cette radieuse pléiade de peintres, dont le talent est généralement vrai, naïf et attachant comme leur modèle, la nature, sous le rapport des effets de détail, d'ensemble et d'exécution.

LES VAN EYCK

EYCK (HUBERT)

Né à Eyck en 1366, mort à Gand en 1426.

EYCK (JAN VAN), DIT JEAN DE BRUGES

Né à Eyck vers 1390, mort à Bruges en 1441.

Avant l'apparition des van Eyck, toutes les peintures, en Flandre comme en Italie, se faisaient par le procédé appelé *tempra*, c'est-à-dire avec le gluten et les mixtions. Ce fut Jean qui, en cherchant des mélanges propres à faire ressortir les matières colorantes, découvrit la peinture à l'huile. Ayant communiqué son secret à l'Italien Antoine de Messine, celui-ci en fit son profit et le rendit universel.

Les tableaux de cette époque sont ordinairement composés de plusieurs pièces, de sujets principaux et de volets ; on les appelle *tabernacles* ou *diptyques*, quand ils ne se composent que de deux pièces, *triptyques* quand ils en ont trois.

Les van Eyck furent les premiers peintres qui comprirent et exécutèrent la perspective linéaire et aérienne. Ils se recommandent par un coloris vigoureux et une touche ferme, malgré sa finesse. Leurs compositions respirent la simplicité et le naturel.

Les œuvres de ces peintres sont excessivement rares ; la plupart de celles qui passent dans les ventes publiques sont apocryphes.

Le Musée de Paris possède un bel échantillon, c'est la *Vierge au Donateur;* elle a été évaluée 10,000 fr. lors des inventaires officiels.

ANCIENNEMENT AU LOUVRE. — *Dieu le Père* (triptyque). Est. 12,000 fr. ; rendu en 1815.

MUSÉES DIVERS, GALERIES, ETC.

MUSÉE DE RENNES. — *Sac d'un village.*
MUSÉE D'ÉPINAL. — *Une Sainte Famille.*
MUSÉE DE BRUGES. — *Portrait de la Femme de l'artiste.* — *La Vierge glorieuse.* — *L'Adoration des Mages.* — *Tête de Christ.*

Musée d'Anvers. — *La Vierge allaitant Jésus.* — Plusieurs *Portraits.* — *Le Repos en Égypte.* — *Portrait d'un Magistrat.* — Id. *d'un Moine en prière.* — Id. *d'un grand seigneur.* — *La Vierge glorieuse.* — *Un Calvaire* (triptyque, attribué à Roger de Bruges).

Église Saint-Bavon a Gand. — *L'Agneau du Seigneur.* — *Jésus sur un Trône.*

Ancienne collection de Vienne. — *Une Halte de soldats dans un village.* — *Portrait d'un jeune Homme vêtu d'une simarre brune.* — *La Sainte Vierge et l'Enfant Jésus.* — *Sainte Catherine tenant un glaive.* — *Le Christ mort.*

Musée d'Amsterdam. — *L'Adoration des Mages.*

Musée de Berlin. — *L'Adoration de l'Agneau sans tache.* — Composition divisée en vingt-quatre sujets.

Musée de Munich. — *Trois Adorations des Mages.* — *Saint Luc peignant la Vierge.*

Musée de Dresde. — *La Vierge glorieuse* (triptyque).

Église Santa-Barbara a Naples. — *L'Adoration des Mages.*

Musée du Roi a Madrid. — *Le Repos en Égypte* (douteux). — Deux volets extérieurs.

National Gallery. — *Un Portrait d'Homme* (acheté 17,550 fr. en 1842). — *Scène de chiromancie.* — *Portrait d'un Seigneur.*

A M. Th. Baring. — *Saint Jérôme.*

Galerie du comte Grey. — Une belle série de *Portraits* de grandeur naturelle.

Collection Ward. — *La Messe de saint Grégoire.*

Collection Rogers. — *La Vierge et l'Enfant Jésus.* — *Un Portrait d'Homme.* — *Portraits d'Homme et de Femme.*

Collection Green. — *Une décoration d'Autel* (coll. Aders).

Collection Exeter. — *La Vierge, l'Enfant Jésus, sainte Barbe,* etc.

Collection Devonshire. — *Une Consécration d'archevéque.* — *La Présentation de la Vierge au Temple* (contesté).

Collection Heytesbury. — *Saint François recevant les stigmates.*

Collection Hope. — *La Vierge et l'Enfant Jésus* (coll. du roi des Pays-Bas).

Collection Methuen. — *La Vierge et l'Enfant Jésus sur un trône* (contesté).

Au duc de Newcastle. — *Une Madone.*

Collection Feversham. — *Une Madone.*

Galerie Lichtenstein. — *Un triptyque.*

Cabinet de M. de Tatischtcheff a Saint-Pétersbourg. — *Un Calvaire.*

Cabinet du comte Czernin. — *La Présentation au Temple.*

Galerie du duc d'Aumale. — *Buste de Vieillard* (dessin).

PRIX DE VENTES

Portraits des frères Van Eyck. 1800, 2ᵉ Vᵗᵉ d'Orléans, à Londres, 10 guinées 10 schell. *La Vierge et l'Enfant Jésus.* 1846, Vᵗᵉ Fesch, 70 écus. — Même sujet. Même Vᵗᵉ, 40 écus. — *L'Annonciation de la Vierge* (89ᶜ—33ᶜ). 1850, Vᵗᵉ Guillaume II, 5,375 florins. *La Vierge et l'Enfant Jésus* (56ᶜ—29ᶜ). Même Vᵗᵉ. 600 florins (à M. Nieuwenhuys). — *La Vierge de Lucques* (64ᶜ—47ᶜ). Même Vᵗᵉ, 3,000 florins. — *Présentation au Temple.* 1852, Vᵗᵉ de Quédeville, 1,490 fr. (attribué à Justus van Gent). — Sujet saint. 1855, Vᵗᵉ de la Banque de Cassel, 800 fr. — *La Vierge et l'Enfant Jésus.* 1859, Vᵗᵉ Brabeck et Stolberg, 1,426 thalers. — *L'Adoration des Mages.* 1859, Vᵗᵉ Northwick, 12,870 fr. — *La Présentation au Temple.* 1859, Vᵗᵉ Moret, 635 fr. (contesté). — *Le Père Éternel.* 1861, Vᵗᵉ Leroy d'Étioles, 690 fr. — *L'Adoration des Mages*. 1862, Vte Weyer de Cologne, 2,583 fr.— *La Vierge et l'Enfant Jésus sur un trône*. Même Vte, 3,690 fr. — *La Vierge et l'Enfant Jésus*. Même Vte, 1,189 fr. — *Un Ange assis sur une terrasse*. Même Vte, 237 fr. 80 c. — *Portrait du duc de Bourgogne*. Même Vte, 307 fr. 50 c. — *L'Image du Sauveur*. Même Vte, 820 fr. — *Autel portatif*. Même Vte, 451 fr.

Les van Eyck n'ont pas de copistes proprement dits. Leurs élèves seuls s'efforcèrent de les égaler en talent. Je vais examiner les plus connus et assigner à chacun son caractère distinctif.

ROGER DE BRUGES

Né à Bruges en 1366, mort en 1418.

La plupart des tableaux de ce peintre, élève des van Eyck, sont exécutés au blanc d'œuf ou à la colle. L'huile n'a été employée que pour un très-petit nombre. Roger de Bruges eût été l'égal des van Eyck, si à la grâce et à la correction du dessin il avait ajouté une touche moins molle dans les carnations, un coloris plus vigoureux et des compositions plus nobles.

GOËS (van der)

Mort à Roonsdaal en 1480.

Cet autre élève des van Eyck fit d'assez belles imitations. Son coloris est fin, ses compositions sont savantes, mais sa touche est lente et uniforme, son dessin maigre et maniéré.

CHRISTOPHEN (pieter)

Mort en 1420.

Les imitations faites par Christophen n'ont pas assez de cachet pour tromper les amateurs. Le coloris en est beau, le pinceau précieux et hardi, mais leur ton briqueté les décèle à première vue.

SCOENÈRE (saladin de)

Mort à Gand en 1434.

L'on attribue au pinceau des van Eyck quelques-unes des œuvres de Scoenère, mais leur touche estompée et molle, leur dessin peu correct, roide et sans goût, sont des marques trop évidentes pour qu'on puisse, si l'on y apporte quelque attention, se laisser induire en erreur.

HEMLINCK ou HEMMELINCK (JOAN)

Né vers 1430, florissait en 1480.

L'individualité et la signature de ce peintre ont été la source d'une foule de dissertations qui ne sauraient trouver place dans cet ouvrage. Ce qu'il y a de plus certain à cet égard, c'est que le monogramme  reproduit dans la notice du musée du Louvre (édition de 1854) est incomplet. Dans tous les dictionnaires de monogrammes anciens et modernes, ce signe se trouve en compagnie de celui-ci qui, ainsi qu'il y est dit, a été vu sur des peintures, et le premier sur des eaux-fortes. Il semble extraordinaire que le rédacteur de la notice du Musée ait évincé précisément le signe qui a été relevé sur des peintures, pour ne citer que celui des eaux-fortes. L'opinion d'éminents amateurs est que le monogramme historié est bien celui qui fut employé par le peintre pour signer ses œuvres, ainsi qu'on peut s'en assurer en voyant la magnifique page que possède M. le comte Duchâtel, et dont voici la marque *fac-simile :*

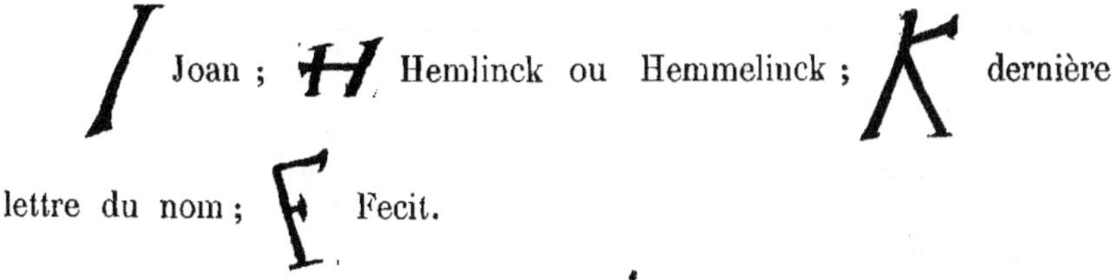

Suivant le dire des connaisseurs qui ont pu étudier cette marque, voici comment elle se décompose :

Joan ; Hemlinck ou Hemmelinck ; dernière lettre du nom ; Fecit.

Hemmelinck et les van Eyck sont les coryphées de l'ancienne École flamande ; néanmoins le premier est préférable par sa vérité, son harmonie et son idéalisme. Sa touche est fine, délicate et moelleuse, ses contours sont légers et gracieux, et on admire son coloris plein de douceur et de naïveté.

Bien qu'il soit affirmé que son œuvre monte à quatre-vingts tableaux, ils sont excessivement rares. Ceux de Bruges méritent la grande estime des amateurs, malgré leur mauvais état de conservation. Les deux tableaux qui lui sont attribués dans l'ancien livret du Louvre ont été très-contestés par les connaisseurs, surtout depuis l'apparition de l'œuvre hors ligne possédée par M. le comte Duchâtel. Ce tableau représente, selon toute probabilité, un *Vœu à la Vierge*. Il se compose de vingt-six figures; il est peint sur bois et d'une conservation parfaite.

Cette composition importante provient de la collection du général d'Armagnac, elle fut rapportée d'Espagne par lui, et depuis il en a été offert 80,000 fr.

Des œuvres de ce maître se présentent bien rarement dans les ventes publiques. Le triptyque de la vente Vallardi (1857) a été *retiré* par son possesseur, quoiqu'il dépassât 20,000 fr. L'administration du Louvre l'a acheté en 1860 pour la somme de 13,500 fr. sans les frais.

MUSÉES DIVERS, GALERIES, ETC.

MUSÉE DE ROUEN. — *La Sainte Vierge présidant une réunion de Saintes*.

MUSÉE DE LYON. — *La Vierge et l'Enfant Jésus*.

MUSÉE DE STRASBOURG. — *Le Mariage mystique de sainte Catherine* (de l'avis de beaucoup de connaisseurs, contesté par d'autres).

MUSÉE DE BRUGES. — *Le Baptême du Christ*.

A L'HOPITAL DE BRUGES. — *La Châsse de sainte Ursule*. — *Le Mariage de sainte Catherine* (triptyque). — *La Présentation au Temple* (triptyque). — *La Déposition de croix* (triptyque). — *Une Sibylle persique*. — *Portrait d'un jeune Homme* (diptyque).

MUSÉE D'ANVERS. — *L'Annonciation*. — *Une Crèche*. — *La Vierge couronnée*. — *Un Abbé en prière*. — *Portrait de Philippe de Croï, baron de Kiévrain*.

MUSÉE DE MUNICH. — *L'Adoration des Mages* (triptyque). — *La Manne tombant du ciel*. — *Abraham et Melchisédech*. — *Les Joies et les Douleurs de la Vierge*.

MUSÉE DE BERLIN. — *Le prophète Élie*. — *La Pâque des Juifs*.

MUSÉE DE DRESDE. — *Portrait d'Antoine de Bourgogne*.

MUSÉE DE TURIN. — *La Passion du Christ*.

MUSÉE DU ROI A MADRID. — *L'Adoration des Rois* (triptyque).

BIBLIOTHÈQUE AMBROISIENNE A MILAN. — *Une Madone*.

GALERIE DE FEU LE PRINCE ALBERT. — *La Vierge et l'Enfant Jésus* (contesté par M. Waagen).

COLLECTION BARING. — *Une composition* (contestée, attribuée à Jean Mostaert).

COLLECTION VERNON SMITH. — *Deux volets*. — *Un triptyque*.

COLLECTION MISS ROGERS. — *Une décoration d'autel*.

AU MARQUIS DE WESTMINSTER. — *Le Christ* (triptyque).

COLLECTION WEMYS. — *La Mort de saint Sébastien*.

COLLECTION BURLINGTON. — *Le Christ et saint Christophe*.

AU RÉVÉREND J. M. HEATH. — *La Descente de Croix* (triptyque). — *Saint Jean-Baptiste*. — *Saint Georges* (diptyque).

AU RÉVÉREND J. F. RUSSELL. — *Un Calvaire* (diptyque).

COLLECTION WYM ELLIS. — *Portrait du peintre.*

GALERIE LICHTENSTEIN. — *Une Tête de Christ.* — *Deux petits Portraits.*

GALERIE JAMES DE ROTHSCHILD. — *Le Repos en Égypte* (Vte du roi de Hollande).

COLLECTION DUCLOS. — Deux volets.

GALERIE DUCHATEL. — *Un Vœu à la Vierge.* (Est. 100,000 fr.)

PRIX DE VENTES

Voici les prix de quelques œuvres dont l'authenticité est plus ou moins contestée.

Saint Jean-Baptiste (B. 37^c — 15^c). *Marie-Madeleine* (B., même dimension). 1850, Vte du roi Guillaume II, 4,900 florins (à M. Brondgeest). — *Portrait d'une jeune Dame* (B. 51^c—39^c). Même Vte, 450 florins (à M. Brondgeest). (Ce portrait provient de l'église de Saint-Donat à Bruges, et sur le fond du tableau se trouve écrit : *Obyta,* N° DNI, 1479. — *Saint Étienne* (B. 37^c — 15^c). *Saint Christophe* (B., même dimension). Même Vte, 4,750 florins (à M. Roos). — *La Vie de saint Bertim* (B. 56^c—1^m,55). Suite de la *Vie de saint Bertim* (B., même dimension). Même Vte, 23,000 florins (à M. Roos). — *Un Autel portatif* (68^c—43^c, bois, volets, même dimension); le panneau du milieu représente l'*Adoration des Mages,* le volet de droite, plusieurs *Saintes Femmes en adoration,* et celui de gauche, des *Religieux en prière.* Même Vte, 6,450 florins (à M. Roos). — *L'Autel portatif de Charles-Quint* (volets, 70^c—42^c). Même Vte, 6,000 florins (à M. Weber). — *Saint Luc* (B. 97^c — 51^c). Même Vte, 850 florins. — *Le Repos en Égypte.* Même Vte, 2,600 florins (à M. le baron James de Rothschild). — *Le Mariage mystique de sainte Catherine.* 1852, Vte Quédeville, 2,950 fr. — *Anne de Blasère et sa patrone.* Même Vte, 1,200 fr. — *Une Pietà.* 1862, Vte Weyer de Cologne, 922 fr. 50 c. — *L'Adoration des Mages.* Même Vte, 213 fr. 20 c. — *Buste de sainte Anne.* Même Vte, 393 fr. 60 c. — *La Présentation au Temple.* 1863, Vte Fouret, 500 fr.

GOSSAERT (JOAN)

VULGAIREMENT JEAN DE MABUSE OU DE MAUBEUGE

Né à Maubeuge (Hainaut), vers 1470, mort à Anvers en 1532.

Mabuse a fait de très-beaux portraits et des tableaux d'histoire qui sont d'un fini précieux et d'une grande patience de travail. Il est savant dans sa manière et roide dans son dessin; sa couleur générale papillote à l'œil, mais, si l'on fait seulement attention à son coloris, on avouera qu'i est bien rendu, et, en tout point, conforme à la nature.

Les tableaux de ce peintre sont presque tous classés dans les collections publiques e dans les cabinets, d'où ils sortent rarement. Le musée du Louvre en possède deux don^t l'authenticité ne forme aucun doute. La galerie Duchâtel renferme une *Scène de la Passion* dont la conservation et le faire sont excessivement remarquables.

MUSÉES DIVERS, GALERIES, ETC.

Musée d'Avignon. — *Jésus-Christ exposé aux railleries du peuple.*

Musée de Bruxelles. — *Le Christ chez Simon* (triptyque).

Musée d'Anvers. — *Les Saintes Femmes.* — *Les Juges intègres.* — *Ecce Homo.*

Ancienne collection de Vienne. — *La Sainte Vierge et l'Enfant Jésus.*

Au Hradschin en Bohême. — *Sainte Famille.*

Musée de Munich. — *L'Archange saint Michel.* — *Deux Saintes Familles.* — *Danaé.* — *La Mise en Croix* (triptyque). — *Une Madone.*

Musée de Dresde. — *L'Adoration des Mages.* — Même sujet.

Musée de Berlin. — *Le Calvaire.* — *L'Ivresse de Noé.* — *Une Madone.* — *Adam et Ève* (diptyque). — *Neptune et Amphitrite* (diptyque).

Musée de Saint-Pétersbourg. — *Une Madone.*

Musée de Turin. — *Un Calvaire.*

National Gallery. — *Un Portrait d'Homme* (coll. Beaucousin).

A Hampton-Court. — Plusieurs compositions très-précieuses.

Galerie de feu le prince Albert. — *Tête de jeune Fille.* — *Une Madone dans un paysage.* — *Portrait d'un Ecclésiastique.*

Collection Devonshire. — *Sainte Ursule.*

Collection Carlisle. — *L'Adoration des Rois* (triptyque).

Collection M'Lellan. — Fragment d'une décoration d'autel.

Collection Hamilton. — *L'Adoration des Rois.*

Collection Pembrocke. — Une répétition du *Portrait du Fils de Henri VII,* qui se trouve à Hampton-Court.

Collection Methuen. — *Portrait du Fils de Henri VII.*

Cabinet Nethorpe. — *La Légende du comte de Toulouse.*

Collection Bankes. — *La Vierge et l'Enfant Jésus.*

Collection Neath. — *La Vierge, l'Enfant Jésus et saint Joseph* (contesté).

Collection Labouchère. — *La Messe du pape Grégoire* (contesté).

Collection Baring. — *La Vierge et l'Enfant Jésus.* — *La Vierge sur un trône.*

Collection Mattheuw Anderson. — *La Vierge et l'Enfant Jésus.*

Collection Folkestone. — *Portraits du prince Arthur, du prince Henri et de la princesse Margaret, enfants de Henri VII.*

Collection J. Dingwall. — *La Descente de Croix.*

Collection Robert Napier. — *L'Adoration des Mages.* — *Une Madone.*

Collection Green. — *Une Décoration d'autel.* — *Un Portrait d'Homme.*

Collection Blundell. — *La Vierge et l'Enfant Jésus.*

Galerie Duchatel. — Une scène de la *Passion.*

Galerie du Blaisel. — Un triptyque.

PRIX DE VENTES

Femme tenant une plume à la main. 1812, Vte Lèbe, 321 fr. — Un tableau. 1846, Vte Fesch, 28 écus. — *Saint Jean-Baptiste* (B. 1^m,20 — 47^c). *Saint Pierre* (B., même dimension). 1850, Vte du roi Guillaume II, 4,350 florins (à M. de Vries). — *La Descente de Croix* (B.1^m,44 — 1^m,12). Même Vte, 2,250 florins (à M. de Vries). — *Le Christ sur la Croix.* 1862, Vte Weyer de Cologne, 4,510 fr. — *Le Christ couronné d'épines.* Même Vte, 1,589 fr. — *Le Repos de la Sainte Famille.* 1863, Vte Fouret, 1,600 fr.

Jean de Mabuse a eu peu d'imitateurs, à cause, sans doute, de la
difficulté de reproduire son exécution fine et léchée. Aelst est le seul
artiste qui l'ait bien imité.

AELST (paul van)

Né à Delft, mort à Anvers en 1679.

Habile copiste de Jean de Mabuse, cet artiste, qu'il ne faut pas confondre avec les
peintres de fleurs et de fruits, ses homonymes, a fait de bonnes répétitions. Sa touche est
plus ronde, son dessin moins roide, quoiqu'il affecte une fausse naïveté. Sa couleur
moins tranchante ne papillote pas autant.

COXIE (michel), dit le raphaël flamand

Né à Malines en 1497, mort à Anvers en 1592.

Michel Coxie imita Raphaël. Le moelleux du pinceau, la vivacité et
la transparence du coloris le distinguent par-dessus tout. Plein de science
dans l'exécution, il traitait ses figures de femmes avec une noblesse sans
égale.

Les œuvres de ce maître sont assez recherchées par les amateurs, néanmoins leur
valeur est peu élevée.

MUSÉES DIVERS, GALERIES, ETC.

Musée d'Anvers. — *Martyre de saint Sébastien.* — *Martyre de saint Maurice.* —
Le Triomphe du Christ.

Musée de Bruxelles. — *La Cène.*

Ancienne collection de Vienne. — *La Sainte Vierge ayant sur ses genoux
l'Enfant Jésus* (sur étain).

Musée de Munich. — *Sainte Barbe.* — *Sainte Catherine.* — *La Vierge glorieuse*
(d'après Van Eyck). — *Saint Jean-Baptiste* (id.).

Musée de Saint-Pétersbourg. — *L'Annonciation.*

Musée du Roi a Madrid. — *La Mort de la Vierge.*

Ancienne galerie Weyer de Cologne. — *La Sainte Famille et le Petit Saint
Jean tenant un agneau.* — *La Descente de Croix.*

COXIE (RAPHAËL VAN)

Né à Malines en 1540.

La manière de Raphaël Coxie est entièrement semblable à celle de son père, qu'il prit pour modèle. Néanmoins on reconnaît ses imitations à leur trop de transparence ou plutôt à leurs tons lavés. On désirerait voir moins de timidité dans sa touche, moins de mollesse dans ses draperies.

LES DE VOS

DE VOS (MARTIN)

Né à Anvers en 1520, mort dans la même ville en 1603 ou 1604.

Après avoir successivement étudié sous Pieter de Vos, son père, et Franck Floris, il visita l'Italie où il se perfectionna en travaillant de concert avec le Tintoret. Martin traitait bien l'histoire et le paysage. Sa veine était féconde, son pinceau facile, son dessin correct, son coloris naturel et gracieux.

Contemporain de Corneille de Bie, Paul de Vos peignit des batailles, des chasses et des animaux. Quant à Simon de Vos, né à Anvers en 1603, on lui doit de beaux tableaux d'histoire et quelques chasses. Il en est de même de Corneille de Vos.

Voici les renseignements qui concernent les De Vos, c'est-à-dire Martin, Paul, Corneille et Simon.

MARTIN

MUSÉE DE ROUEN. — Six sujets de *l'Histoire de Rébecca.*

MUSÉE DE LYON. — *Jésus chez Simon le pharisien.*

MUSÉE DE DIJON. — Quatre sujets de *Chasse et d'Animaux.*

MUSÉE D'ANVERS. — Deux triptyques. — *La Nativité du Christ.* — *Le Denier de César.* — *Le Denier de la Veuve.* — *Le Denier de tribut.* — *Saint Luc.* — Douze épisodes de la *Vie de saint François.* — Deux grisailles. — *Tentation de saint Antoine.*

ANCIENNE COLLECTION DE VIENNE. — *Portrait du peintre.* — *Jésus en Croix.*

GALERIE DU BLAISEL. — *Portraits du baron et de la baronne de Roos.* — *Un Peintre et ses Enfants.*

Portrait du Concierge de l'Académie d'Anvers (62ᶜ—52ᶜ,4ᵐ). Vᵗᵉ Schamp, 200 fr.

Jésus-Christ remettant les clefs à saint Pierre. Même Vte, 80 écus. — *La Séparation des Apôtres*. Même Vte, 73 écus. — *L'Éternel sur son trône*. Même Vte, 34 écus. — *Jésus-Christ et la Vierge apparaissant sur des nuages*. Même Vte, 21 écus.

PAUL

Musée de Caen. — *Cheval dévoré par des loups.*
A Mme la princesse de Beauffremont Courtenay, au chateau de Brienne. — *Une Chasse.*

Chasseur avec ses chiens (27^c—21^c). 1784, Vte Sollier, 1,601 fr. — *Combat d'un Coq contre un Paon*. 1846, Vte Fesch, 67 écus. — *La Chasse au sanglier*. 1861, Vte de X., 850 fr.

CORNEILLE

Musée d'Anvers. — *Portrait d'Abraham Grapheus*. — *Ex voto*. — *Ex voto*. — *La Famille Snoeck.*
Musée de Berlin. — *Portrait d'un Gentilhomme et de sa Femme.*
Musée du Roi a Madrid. — *Combat des Centaures*. — *Le Triomphe de Bacchus.* — *Apollon Pythien.*
Galerie Fitzwilliam. — *Un Portrait d'Homme.*
Collection Hamilton. — *Deux Portraits de Femmes.*

Scène de famille (1^m,10 — 1^m,05). 1862, Vte Baillie, à Anvers, 200 fr. — *Portraits d'un Homme et d'un jeune Garçon*. 1861, Vte Leroy d'Étiolles, 4,000 fr. — *Portrait d'Abraham Grapheus*. 1861, Même Vte, 270 fr.

SIMON

Anciennement au Louvre. — *Bénédiction de vases et ornements sacrés*. Est. 2,400 fr. (rendu en 1815 ; abbaye de Saint-Michel à Anvers).

Musée de Lille. — *La Résurrection.*
Musée d'Avignon. — *L'Enfant prodigue.*
Musée de Grenoble. — *Portrait de jeune Homme.*
Musée de Rouen. — *Femme en costume flamand.*
Musée de Nantes. — *Deux Portraits.*
Musée d'Anvers. — *Plusieurs Portraits.*
Musée de Caen. — *Daniel confondant les prêtres de Bel.*

Bethsabée recevant les présents de David (1^m,23 — 2^m,12). 1862, Vte Baillie, à Anvers, 165 fr.

KLERCK (henri de)

Né à Bruxelles en 1570 ou 1595, mort en 1629.

Les tableaux de ce peintre ont beaucoup d'analogie avec ceux de Martin de Vos et sont quelquefois vendus sous son nom, bien qu'ils présentent une touche plus saillante et une couleur plus fade.

VOS (WILLEM-GUILLAUME DE)

L'histoire a été la partie favorite de Guillaume de Vos; ses tableaux sont exécutés avec assez de talent pour mériter d'entrer en comparaison avec ceux de son oncle Martin. Ils en diffèrent pourtant par la touche, l'apprêt du dessin et le peu de naturel des carnations.

VOS (PIETER DE)

Frère de Martin, ce peintre a exécuté quelques imitations dont on fait peu de cas : du reste, leur origine se trouve dévoilée par la lourdeur et le travail de la touche.

LES PORBUS

PORBUS (PIERRE-LE-VIEUX)

PORBUS (PIERRE-FRANÇOIS), DIT LE VIEUX
FILS DE PIERRE

Né à Bruges en 1540, mort à Anvers en 1580 ou 1584.

PORBUS (FRANÇOIS), DIT LE JEUNE
FILS DE FRANÇOIS LE VIEUX

Né à Anvers en 1570, mort à Paris en 1622.

Cette famille a fourni de bons peintres à l'École flamande. Les plus marquants furent Pierre-François, et François son fils. Le second fut rempli de talent et surpassa bientôt son père, ainsi que François Floris, son second maître. Ses airs de tête sont frappants de vérité, et brillent par la beauté de la couleur. Malheureusement ils pèchent souvent par le dessin.

Les œuvres de ces peintres ont singulièrement baissé de prix ; celles de F. Porbus, dit le jeune, sont au nombre de six au musée du Louvre. *La Cène,* évaluée d'abord à 35,000 fr., est descendue à 15,000 fr. lors du second inventaire ; elle n'atteindrait peut-être pas aujourd'hui la moitié de cette somme. Il en est de même du *Saint François* coté 2,500 fr., puis 1,500 fr. Les deux *Portraits de Henri IV,* 2,500 fr. *Le Portrait de Marie de Médicis,* 1,200 fr., celui de *Guillaume du Vair,* 1,000 fr. La collection d'Armagnac en renfermait deux d'une grande beauté ; ils sont actuellement chez M. le vicomte Napoléon Duchâtel.

PORBUS (PIERRE-FRANÇOIS)

ANCIENNEMENT AU LOUVRE. — *Jésus et les Docteurs.* Est. 20,000 fr. (rendu en 1815 à Gand).

MUSÉE DE ROTTERDAM. — *Portrait d'une Femme.*

MUSÉE D'ANVERS. — *La Prédication de saint Éloi.*

MUSÉE D'AMSTERDAM. — *Portrait d'Élisabeth, reine d'Angleterre.*

ANCIENNE COLLECTION DE VIENNE. — *Portrait d'Homme, à barbe rougeâtre. — Portrait d'Homme. — Portrait d'Homme. — Portrait de Femme. — Portrait d'Homme habillé de noir. — Portrait de Femme. — Portrait d'un Homme à barbe brune, appuyant la main droite sur une table.*

AU COMTE DE IARBOROUGH. — *Portrait de Nicolas Carew.*

COLLECTION CARLISLE. — *Un Chevalier de l'ordre de Saint-Michel.*

Sujet allégorique. 1850, Vᵗᵉ du roi Guillaume II, 1,000 florins (à M. Nieuwenhuys). — *Portraits de deux Personnages du XVIᵉ siècle.* 1860, Vᵗᵉ du Cᵗᵉ H. de Stenhuyse, 1,750 fr.

PORBUS (FRANÇOIS)

MUSÉE DE ROUEN. — *Portrait d'un Homme et de sa Femme.*

MUSÉE DE NANTES. — *Portrait de Maurice.*

MUSÉE DE NANCY. — *L'Annonciation. — Portrait d'Homme. — La Vierge à genoux.*

MUSÉE DE RENNES. — *Portrait de Charron, écrivain de l'époque de Henri IV.*

MUSÉS D'AMIENS. — *Portrait d'un jeune Seigneur.*

MUSÉE DE CHERBOURG. — *Portraits en pied de François II de Médicis, grand-duc de Toscane, et de sa fille Marie.*

A NOTRE-DAME-DE-BRUGES. — *La Cène.*

ÉGLISE SAINT-BAVON A GAND. — *Jésus-Christ au milieu des Docteurs.*

ANCIENNE COLLECTION DE VIENNE. — *Portrait d'un Homme debout, écrivant une adresse sur une lettre. — Portrait d'une jeune Dame richement habillée, portant une coiffure garnie de pierreries. — Portrait d'Homme. — Portrait d'une jeune Fille.*

MUSÉE DE BERLIN. — *Portrait de Henri IV* et divers autres *Portraits.*

MUSÉE DE MUNICH. — *Un Portrait d'Homme.* — Id. *de Femme.*

MUSÉE DE DRESDE. — *Buste de Femme. — Portrait d'une Femme âgée.*

MUSÉE DE SAINT-PÉTERSBOURG. — Plusieurs *Portraits.*

AU PALAIS PITTI. — Quelques *Portraits.*

A SIR CULLING EARDLEY. — *Portrait d'Homme.*

COLLECTION SPENCER. — *Portrait du duc Henri de Guise, dit le Balafré.*

GALERIE STAFFORD. — Plusieurs *Portraits.*

COLLECTION BUTE. — *Deux Portraits.*
GALERIE LICHTENSTEIN. — Plusieurs *Portraits.*

Portrait (1^m,02 — 75^c). 1840, Vte Schamp, 370 florins. — *Portrait d'Homme* (peint sur argent; au revers est un hérisson dans un paysage avec une devise). 1858, Vte Febvre, 360 fr. — *Portraits de Marie de Médicis, de Louis XIII et d'Anne d'Autriche.* 1863, Vte X., 10,300 fr.

GELDORP

Né à Louvain en 1553.

Élève de F. Porbus, Geldorp l'a imité avec assez de perfection. Ses œuvres ont cependant un cachet particulier qui les fait reconnaître; c'est une touche estompée et un coloris relevé et argenté.

BEAUBRUN ou BOBRUN (LOUIS)

ONCLE DE CHARLES ET DE HENRI

Beaubrun, comme son nom l'indique, était d'origine française, et vivait dans le XVIe siècle. Ses ouvrages, qui ne sont la plupart que des imitations des Porbus, se distinguent par une touche molle et arrondie. La couleur en est fade et le dessin roide et sans goût.

VEEN (OTHO VAN), DIT OTTO VENIUS

Né à Leyde en 1556, mort à Bruxelles en 1634.

Parmi les hommes qui semblent appartenir à une création d'un ordre supérieur, on doit placer Otto Venius, le précurseur du beau siècle de l'art dans la Belgique, et le maître de Rubens.

Après avoir étudié à Rome, il vint se fixer à Anvers où il fonda en quelque sorte l'École flamande. Sa touche est molle, mais agréable, son dessin correct et décidé. Exécutant tout avec grâce, il savait encore distribuer les draperies avec un goût et une vérité tels que peu de peintres l'ont surpassé sous ce rapport.

MUSÉE DE BRUXELLES. — *Sainte Famille.* — *Le Portement de Croix.* — *Le Christ aux Oliviers.* — *Le Christ au Tombeau.*

MUSÉE D'AMSTERDAM. — Une série de douze tableaux, sujets tirés de l'*Histoire des Bataves.*

Musée d'Anvers. — *Zachée sur le figuier.* — *Vocation de saint Mathieu.* — *Miracle de saint Nicolas.* — *Acte de charité de saint Nicolas.* — *Portrait de Jean Miræus.* — *Saint Luc devant le Proconsul.*

Ancienne galerie de Vienne. — *Sainte Famille.* — *La Fortune sur sa roue.*

Musée de Munich. — Diverses allégories sur les *Victoires de la religion chrétienne.*

Musée de Berlin. — *Le Parnasse.*

Galerie d'Arenberg. — *La Madeleine.*

Ses tableaux sont peu répandus et assez estimés. Ils se vendent de trois à cinq cents francs. Quelques pages d'un ordre supérieur ont quelquefois doublé ce chiffre.

Sujet mythologique. 1844, Vte Huerne, 200 fr.

LIEMAKER ou LIEMMAKER (nicolas de)

Né à Gand en 1575, mort en 1646.

Liemaker, élève d'Otto Venius, n'a fait qu'un très-petit nombre de tableaux de chevalet. On peut les diviser en deux classes, c'est-à-dire en imitations d'Otto Venius et en imitations de Rubens. Les premières sont lourdes et cotonneuses, mais les autres sont caractérisées par une touche franche et un coloris brillant, qualités qui se rencontrent dans toutes les productions de Rubens.

LES BRUEGHEL

BRUEGHEL (pierre), dit BRUEGHEL LE VIEUX
ou encore PIERRE LE DROLE
Né à Brueghel en 1510 ou 1530, mort à Bruxelles en 1600.

BRUEGHEL (pierre), dit LE JEUNE
ou bien BRUEGHEL D'ENFER
Né à Bruxelles en 1567, mort en 1625.

BRUEGHEL (jean), dit DE VELOURS
Né à Bruxelles en 1568, ou 1569, ou 1575, ou 1589; mort en 1625 ou 1642.

Comme on le voit, il n'y a guère de dates certaines au sujet de la naissance et de la mort des trois Brueghel dont je vais m'occuper. Les œuvres des quatre autres n'ayant rien de bien remarquable, je ne m'y arrêterai pas.

Pierre Brueghel, dit *le Drôle,* a représenté des noces et des fêtes de village dans le genre grotesque. Il s'y entendait si bien que, sans Téniers, cet inimitable comique, il n'y aurait personne à lui opposer. Son dessin est correct, et sa touche spirituelle, mais légèrement aplatie.

Pierre Brueghel (le jeune), surnommé Brueghel *d'Enfer* parce qu'il se plaisait à peindre des incendies, des orgies et des diableries, a eu beaucoup moins de talent que son père; il ne saurait provoquer l'admiration.

Le plus célèbre de cette famille est Jean Brueghel, dit *de Velours* parce que, suivant les historiens, il aimait à se revêtir de cette étoffe. Il s'attacha d'abord à peindre des fleurs et des fruits avec un soin et une intelligence admirables. Puis il s'adonna au paysage et fit l'admiration de tout le monde. Les plus habiles peintres, tels que Rubens, van Balen et Rottenhammer, l'employèrent souvent à faire les fonds de paysage à leurs tableaux. Les paysagistes eurent aussi plus d'une fois recours à son précieux pinceau pour décorer leurs ouvrages de charmantes figures.

Les figures de Jean Brueghel sont pleines d'esprit et de correction; elles ont une couleur chaude et dorée qui paraît même dans ses premiers plans. On lui reproche seulement d'avoir mis trop de bleu dans les lointains, ou plutôt d'avoir employé le mélange peu solide qui l'a produit.

Il est inutile de dire que cette critique de détail n'a pas assez de valeur pour altérer en rien la réputation de ce peintre, dont le soin et le précieux fini sont pour ainsi dire sans pareils.

Le musée du Louvre possède plusieurs pages remarquables de la famille Brueghel. Les voici par ordre d'inscription :

DE BRUEGHEL LE VIEUX

Une Vue de village et *une Danse de paysans.* Ces tableaux, attribués à P. Gysen dans le catalogue de 1820, ont été restitués à Brueghel dans celui de 1837.

MUSÉES DIVERS, GALERIES, ETC.

Musée Napoléon III. — *L'Enfer.*
Musée de Nantes. — *Effet de neige.* — *Trois Paysages.*
Musée de Nancy. — *La Fête d'un village flamand.*
Musée d'Épinal. — *Paysage avec Figures et Animaux.* — *Paysage en hiver.* — *Paysage* (au bistre).

Musée d'Anvers. — *Portement de Croix.*

Ancienne collection de Vienne. — *Deux Réjouissances flamandes.* — *Les quatre Saisons* (quatorze tableaux). — *Deux Fêtes champêtres.* — *La Construction de la tour de Babel.* — *Un Portement de Croix.* — *Une Bataille des Israélites contre les Philistins.* — *Le Petit Dénicheur.* — (Ambroise Brueghel). — *Deux Bouquets de fleurs garnis de beaucoup d'insectes.*

Musée de Munich. — *Paysage avec figures.* — *Saint Jean-Baptiste prêchant.*

Musée de Berlin. — *Querelle de Pèlerins et de Mendiants.* — *Danse de Paysans auprès d'un bois.*

Musée de Dresde. — *Rixe entre des Paysans.* — *La Prédication de saint Jean-Baptiste.*

Galerie Lichtenstein. — *La Danse macabre.*

Deux Vues prises dans les environs de Bruxelles. 1810, Vte Sylvestre, 100 fr. — *Une Habitation.* Même Vte, 525 fr. 1826, Vte Denon. — *Une Foire* (B. 42^c—69^c). 1846, Vte Wellesley, 450 fr. — *La Route dans le bois* et son pendant. 1816, V^tr Fesch, 87 écus. — *Le Procureur de village.* Même Vte, 40 écus. — *La Tour de Babel* (B. 1^m,5—73^c). 1858, Vte de Scheult, 430 fr. (sujet qui existe déjà dans la galerie impériale de Vienne).

BRUEGHEL, dit D'ENFER

MUSÉES DIVERS, GALERIES, ETC.

Musée d'Avignon. — *Scène rustique.* — *Kermesse flamande.*

Musée de Caen. — *Fête flamande.*

Musée d'Anvers. — *Le Portement de Croix.*

Ancienne collection de Vienne. — *La Tentation de saint Antoine.* — Sujet de la Fable : *Énée dans les Enfers.*

Musée de Berlin. — *La Marche au Calvaire.* — *La Tour de Babel.*

Musée de Munich. — *L'incendie de Sodome.*

Musée de Dresde. — *La Tentation de saint Antoine.* — *La Cour de Proserpine.*

En Allemagne. — *L'Enfer.* — *La Tentation de saint Antoine.* — *La Ruine de Sodome.* — *Junon dans les Enfers.*

Au duc de Portland. — *Une Scène familière.*

Galerie Northumberland. — *Une Cuisine.*

Collection Van der Aa, de Saint-Nicolas. — *Fête de noces.*

Galerie Esterhazy. — *Deux Descentes d'Énée aux enfers.*

Un Paysage du Tyrol. 1777, Vte Conti, 270 fr. (gal. Choiseul). — *Paysage.* 1800, 2e Vte d'Orléans, 800 fr. — *Destruction de Babylone.* Même Vte, 20 guinées. — *Paysage* (forme ronde). Même Vte, 12 guinées. — *La Tonte des Brebis.* Même Vte, 21 guinées. — *L'Incendie de Troye* (B. 19^c—24^c 1/2). 1821, Vte Paignon Dijonval, 39 fr. — *Une Foire.* 1846, Vte Wellesley, 450 fr. — *Kermesse flamande.* 1861, Vte Leroy d'Étiolles, 310 fr. — *Intérieur d'un Village.* 1861, Vte Monbrun, 305 fr. (coll. d'Imecourt).

BRUEGHEL DE VELOURS

Au Louvre. — *La Terre et l'Air,* évalués 2,000 fr. chacun lors des inventaires. — *La Bataille d'Arbelles,* cotée 8,000 fr. — *Une Vue de Tivoli,* 500 fr., plus *Vertumne et*

Pomone et deux *Paysages* enlevés à l'œuvre de Paul Brill, comme compensation, sans doute, à la magnifique *Guirlande de Fleurs* dont le médaillon était peint par Rubens, tableau évalué 5,000 fr. dans les anciens inventaires, et dont il n'est plus question à l'article Brueghel dans la notice de 1854.

MUSÉES DIVERS, GALERIES, ETC.

Musée de Lyon. — *Les quatre Éléments.* — *Le Repos de la Sainte Famille.*

Musée de Nancy. — *Paysage.*

Musée de Nantes. — *Trois Paysages.*

Musée de Rennes. — *Village situé sur le bord d'un canal.*

Musée d'Avignon. — Sujet allégorique du *Feu.* — *Les quatre Éléments.*

Musée de Bordeaux. — *Fête flamande, dite la Rosière.* — (Abraham). — *Deux Vases pleins de Fleurs et de Fruits.*

Musée d'Amsterdam. — *Une Ville sur les bords d'une rivière.* — *Les Bords d'une rivière.* — *Les Bords d'une rivière.* — *Entrée d'un Bois.* — *Latone en Carie.*

Musée de La Haye. — *Le Paradis terrestre* (figures par Rubens).

Musée de Rotterdam. — *Le Christ et la Madeleine* (les figures sont de J.-B. Franck).

Ancienne collection de Vienne. — *Intérieur d'une Chambre de paysan flamand.* — *La Tentation de saint Antoine* (effet de nuit). — *Quatre Paysages,* dont chacun représente une *Saison* (fig. de H. van Baalen). — *La Déesse Flore dans un magnifique jardin* (fig. de P. van Avont). — *Un gros Bouquet de fleurs.* — *Un Paysage avec quantité d'animaux.*

Musée de Berlin. — *Latone et les Paysans.* — *Un Canal hollandais.* — *La Fête de Bacchus* (figures de Rottenhammer). — *Les Forges de Vulcain* (figures de H. van Baalen).

Musée de Munich. — *La Mise en Croix.* — *Parterre de fleurs* (fig. de Rubens). — Plusieurs *Paysages* (avec figures de H. van Baalen).

Musée de Dresde. — *L'Été.* — *Flore* (fig. par Jean Baalen). — *La Victoire de Moïse.* — *Le Christ à Génezareth.* — *Plusieurs Haltes de voyageurs.* — *Une Foire sur le bord de la mer.* — Une grande quantité de *Paysages,* en tout trente-deux compositions.

Musée de Saint-Pétersbourg. — Une dizaine de *Paysages.*

A l'Académie des Beaux-Arts de Venise. — *Paysage.*

Au palais Pitti. — Plusieurs compositions.

Au palais Doria. — *Les quatre Éléments.* — *Le Paradis terrestre.*

Musée de Turin. — *Paysage.*

Musée du Roi, a Madrid. — *Noce de village.* — *Fête de village.* — *Saint Eustache.* — *Armeria.*

A Hampton-Court. — *Les Saisons* (figures par Rottenhammer). — Plusieurs compositions.

Au duc de Newcastle. — *Le Royaume de Flore* (figures par Rottenhammer).

Collection Folkestone. — *Un beau Paysage.*

Collection Burlington. — *Fleurs.*

Collection Lonsdale. — *La Crucifixion.*

Collection Bute. — Une composition.

A sir Culling Eardley. — *Deux beaux Paysages* (figures de J. Rottenhammer).

Collection Tulloch. — *Paysage avec fabriques et figures.*

Collection M'Lellan. — *Deux Paysages* (figures par H. van Baalen).

Au comte de Spencer. — *La Reine de Bohême partant pour la chasse.*

Collection R. P. Nichols. — *Des Fleurs.*

Collection Harrington. — *Paysage avec cavaliers.*

Galerie Ellesmère. — *Paysage avec figures.*

Galerie Northumberland. — *Le Paradis.* — *La Tentation de saint Antoine.*

En Angleterre. — *Les quatre Éléments* (figures par Rottenhammer).

Galerie Esterhazy. — *Le Paradis.* — *L'Entrée dans l'Arche.*

Galerie de Suermondt. — *Vue d'un Village au bord de l'eau.*

Galerie d'Aremberg. — *Intérieur de Forêt.*

Galerie du duc d'Aumale. — *Paysage* (dessin).

Collection Duclos. — *La Vendange.*

Cabinet de M. Seytres, de Marseille. — *Deux petits Paysages.* — *L'Apparition de Jésus à la Madeleine* (figures de Franck).

Cabinet Roth. — *Un Paysage avec des Chasseurs.*

Voici maintenant quelques prix de ventes qui feront connaître les différentes vicissitudes subies par les tableaux de Brueghel de Velours.

Voituriers chargeant des voyageurs. 1738, Vte Fraula, 880 florins. — *Bataille d'Amazones.* 1742, Vte Carignan, 1,500 fr. — *Un Village avec figures.* 1750, Vte de Vassenaar d'Obdam. 510 florins. — *Paysage avec rivière.* Même Vte, 1,160 florins. — *Le Marché aux poissons.* 1761, Vte Cte de Vence, 1,650 fr. — *Le Repos en Égypte.* 1764, Vte de l'Électeur de Cologne, 1,199 fr. — *Adam et Ève dans le paradis terrestre* (figures peintes par Rubens). 1766, Vte de La Court, 7,350 florins (actuellement au musée de La Haye). — *Le Gué.* 1772, Vte Choiseul, 3,910 fr. — *Deux Paysages.* 1766, Vte de Gagny, 4,000 fr. — *Vue de l'église d'un village.* Même Vte, 990 fr. — *Deux Vues de village.* Même Vte, 800 fr. — *Vue prise en Flandre* (dessin à la plume, lavé d'indigo). 1776, Vte Neyman, 150 fr. — *Entrée d'un bois.* 1777, Vte de Conti, 1,600 fr. — *Paysage avec figures.* Vte de Boisset, 980 fr. 1787, Vte Lambert et du Porail, 902 fr. — *Ville sur les bords d'une rivière* (14^c—21^c). 1808, Vte Van der Pot, 99 florins (musée d'Amsterdam). — *Entrée d'un bois* (16^c—12^c). Même Vte, 90 florins. — *Vues extérieures d'un village.* 1837, Vte D^{sse} de Berry, 710 fr. — *Fin d'une Bataille.* 1838, Vte Vigneron, 301 fr. — *Le Jugement de Pâris* (B. 48^c,8^m—80^c,5^m). 1840, Vte Schamp, 650 fr. — *Orphée aux enfers.* 1850, Vte Cottreau, 281 fr. — *Rivière hollandaise.* 1852, Vte Turenne, 610 fr. — *La Vierge et l'Enfant Jésus.* 1852, Vte Soult, 650 fr. — *Vénus et Adonis.* Même Vte, 355 fr. — *Intérieur de parc.* 1856, Vte Martin, 93 fr. — *Paysage avec camp.* Même Vte, 700 fr. — *Le Christ et la Madeleine.* 1859, Vte Brabeek et de Stolberg, 295 thalers. — *Guirlande de fleurs* (avec cartel). 1859, Vte de V..., 370 fr. — *Le Feu et l'Eau.* 1860, Vte Cte H. de Stenhuyse, 5,450 fr. les deux. — *Chasse au cerf.* 1860, Vte P. de Vienne, 360 fr. — *Le Christ portant sa Croix.* 1861, Vte Cottreau, 490 fr. — *Fuite en Égypte.* Même Vte, 500 fr. — *Paysage avec figures* (bois). 1861, Vte Martinengo de Wurtzbourg, 560 florins. — *Paysage* (B. 18^c—25^c). 1861, Vte de Montbrun, 910 fr. (coll. de l'abbé Dufouleur). — *Paysage et figures.* 1861, Vte X..., 360 fr. — *Médaillon entouré de fleurs.* Même Vte, 460 fr. — *Ferme hollandaise.* 1863, Vte Meffre, 170 fr. — *Paysage.* 1863, Vte Gilkinet, de Liége, 61 fr. — *Vue des bords de la Moselle.* 1863, Vte Morland, à Londres, 51 guinées (à M. Graves). — *Paysage.* 1863, Vte X..., 34 fr.

Brueghel le vieux n'a été assez bien imité que par Pierre Balten. Quant à Brueghel de Velours, ses imitateurs sont très-nombreux.

GYZEN ou GYSEN (PIERRE)

Né à Anvers en 1636, mort en 1689.

Pierre Gyzen aurait égalé son maître, s'il avait eu une couleur plus harmonieuse. Son coloris est plus tranchant, plus âpre et plus cru; ce qui est un indice important pour les amateurs, car la finesse de son pinceau et le mode de son exécution ont quelquefois tant de rapport avec le faire de Brueghel qu'on pourrait s'y méprendre.

BRÉDA (JEAN VAN)

Né à Anvers en 1683, mort en 1750.

Disciple de son père, Alexandre van Bréda, Jean ne fut jamais qu'un copiste, mais un copiste si habile qu'aujourd'hui encore il fait le désespoir des amateurs, tant il prête à la fraude.

Voyant l'admiration profonde que cet artiste avait pour Brueghel, Jacques Witt, qui faisait le commerce de tableaux, en profita pour lui faire copier tous les Brueghel qu'il avait en sa possession. Ce travail coûta à Van Bréda neuf années de son existence et le rendit tellement habile qu'il fut presque impossible ensuite de distinguer ses copies et les imitations qu'il faisait en décomposant les tableaux du maître.

Comme lui, son paysage est bien feuillé, mais la touche est plus arrondie. Ses figures sont dessinées avec autant d'esprit, mais leur couleur est plus pétillante et leur facture plus heurtée, plus travaillée. Ses groupes sont bien placés, sans avoir la même naïveté, et ses plans bien déterminés, malgré le ton sourd qui y règne, et que je ne puis attribuer qu'à l'effet produit par le passage de la *vélatour* ou *patine* dont on se sert pour donner aux imitations un certain air de vétusté.

LES SAVERY

SAVERY (ROLAND)

Né à Courtray en 1576, mort à Utrecht en 1639.

Ce peintre a imité à s'y méprendre le faire de Paul Brill et de Brueghel, tout en exagérant une crudité de tons dans les verts et dans les bleus. Ses paysages ont cela de particulier que les sapins y dominent.

Jean Savery fut le médiocre imitateur des imitations de son oncle ; il faudrait être bien inexpérimenté pour se laisser induire en erreur par ses œuvres.

VAEL (LUCAS DE)

Né à Anvers en 1591, mort en 1662.

Vael a suivi de très-près la manière de son maître, Brueghel de Velours. Néanmoins la disposition de ses sites offre une physionomie tout autre, qu'il adopta après avoir été faire de nouvelles études en Italie.

Ses imitations sont moins terminées que les originaux, les plans moins soutenus, les figures moins correctes et d'un dessin plus cassé : en un mot, ce peintre est assez reconnaissable.

GROBBER (FRANÇOIS)

Copiste inhabile qui ne peut donner lieu à aucune méprise, à cause de la sécheresse de sa touche. Son genre tient autant de celui de Paul Brill que de la manière de Brueghel de Velours.

LES FRANCK

FRANCK (HIERONYMUS)

Né à Hérentals vers 1540, mort vers 1610.

FRANCK (FRANÇOIS), DIT LE VIEUX

FRÈRE DU PRÉCÉDENT

Né à Hérentals vers 1542 ou 1544, mort à Anvers en 1616.

FRANCK (AMBROISE)

FRÈRE PUINÉ DES PRÉCÉDENTS

Mort à Anvers en 1619.

FRANCK (SÉBASTIEN)

FRÈRE AINÉ DU SUIVANT

Né à Anvers vers 1573.

FRANCK (FRANÇOIS), DIT LE JEUNE

Né à Anvers en 1580, mort dans la même ville en 1642.

FRANCK (JEAN-BAPTISTE)

FILS DE SÉBASTIEN

Vivait à Anvers vers 1650.

FRANCK (CONSTANTIN)

Né à Anvers en 1660.

Il existe encore d'autres artistes qui portent ce nom. Aucun historien n'est en mesure d'affirmer s'ils appartiennent aux membres de cette nombreuse famille. Tous les Franck ont apporté un soin extrême à terminer leurs ouvrages, mais ils ont peu entendu l'effet du clair-obscur, et, pour avoir voulu rendre tous les objets apparents ou sensibles, leur exécution est devenue sèche et lavée. On désirerait un peu plus d'harmonie dans leur coloris. Leur dessin a quelque chose de barbare dans les traits et les contours, à la vérité fort adoucis par cet air de naïveté qui leur est commun à tous.

Jérôme, François et Ambroise Franck sont considérés comme les chefs de la famille. Ces trois frères apprirent la peinture chez Franck Flore ou Floris, et ce fut Jérôme Franck qui acheva de les perfectionner àla mort de cet habile maître.

La manière de Jérôme tient assez de celle de Floris, et ses ouvrages, bien que peu répandus, ne sont pas sans mérite aux yeux des amateurs.

Si l'on en croit les chroniqueurs, François Franck eut assez de talent, mais on sait peu de chose sur sa vie.

Frère de François Franck, dit le jeune, et probablement aussi de

Sébastien Franck, Ambroise les surpassa par sa belle manière de peindre l'histoire en grand et en petit.

Jean-Baptiste Franck, dit le bon Franck, est considéré comme le meilleur peintre de la famille, dont il corrigea la manière, d'après les œuvres de van Dyck. Il peignait l'histoire et des intérieurs d'un grand mérite tant pour la finesse que pour la touche. On cite entre autres une de ses peintures représentant un cabinet d'amateur où se trouvent suspendus plusieurs tableaux dans lesquels le dessin, l'exécution et la couleur font parfaitement reconnaître les différents maîtres qui les avaient composés. Plusieurs des productions de ce peintre sont exemptes du manque d'harmonie que l'on reproche aux œuvres des autres membres de la famille.

Quant aux imitations, vendues sous le nom du bon Franck, tous les Franck y ont mis la main. Celles mêmes qui ont paru après la naissance de Jean-Baptiste se reconnaissent aux défauts que nous avons signalés plus haut, et que n'ont pu dissimuler des retouches faites à dessein.

Le Musée du Louvre possède plusieurs tableaux des Franck, parmi lesquels on remarque l'*Enfant prodigue*, attribué à Franck le jeune, estimé anciennement 800 fr. Viennent ensuite le *Christ et les deux Larrons*, coté 400 fr., puis l'*Histoire d'Esther*, 250 fr., juste la moitié de ce que ce tableau a coûté en 1819.

Voici, en outre, quelques renseignements relatifs aux divers Franck :

JÉROME FRANCK

Musée de Bordeaux. — *Le Christ au Calvaire.*
Musée de Rouen. — *Jésus-Christ au Calvaire.*
Musée d'Avignon. — *L'Adoration des Mages.*
Musée d'Amsterdam. — *L'Abdication de l'empereur Charles-Quint.*
Musée de Dresde. — *La Décollation de saint Jean-Baptiste.*

Le Jugement de Salomon. 1846, Vte Fesch, 97 écus. — *Cléopâtre venant à la rencontre d'Antoine.* 1863, Vte X..., 170 fr.

FRANÇOIS FRANCK

Musée d'Avignon. — *Crésus montrant ses trésors.* — *La Multiplication des pains.*
Musée de Lille. — *L'empereur Charles-Quint prenant l'habit religieux.*
Musée de Nantes. — *Jésus en Croix.*
Musée d'Anvers. — *Les Quatre couronnés* (triptyque). — *Horatius Coclès au*

pont Sublicius. — *Les Disciples d'Emmaüs* (volet). — *Congrégation des premiers Fidèles* (volet). — *Combat des Horaces et des Curiaces* (deux volets).

ANCIENNE COLLECTION DE VIENNE. — *Dans un salon ouvert, d'architecture gothique, deux hommes se battent à l'épée.* — *L'Intérieur d'un salon dans lequel est une compagnie de gens de qualité.* — *Crésus étalant ses richesses aux yeux du sage Solon.*

MUSÉE DE DRESDE. — *Fuite de la Sainte Famille.* — *Le Christ allant au Calvaire.* — *L'Innocence et la Calomnie.* — *La Création d'Ève.* — *La Création des animaux.*

MUSÉE DE MUNICH. — *Repas pendant un concert.*

La Vierge et l'Enfant Jésus, au milieu d'un *Paysage,* entourés de quatre sujets tirés de la vie de Jésus-Christ. 1846, Vte Fesch, 160 écus. — *Les Œuvres de miséricorde.* Même Vte, 50 écus.

AMBROISE FRANCK

MUSÉE DE VALENCIENNES. — *Sortie de l'Arche.*

MUSÉE D'ANVERS. — *La Cène* (triptyque). — *Les Martyres de saint George, de saint Sébastien, de saint Catherine, de saint Crépin et de saint Crépinien.* — *Miracle au tombeau d'un Saint.*

MUSÉE DE DRESDE. — *La Vierge et l'Enfant.* — *La Femme adultère.* — *Le Christ sur les eaux.* — *Le Christ portant sa Croix.*

MUSÉE DU ROI A MADRID. — *Ecce Homo.*

ANCIENNE GALERIE WEYER DE COLOGNE. — *La Vierge et l'Enfant Jésus.* — *Visite de Marie à Élisabeth.* — *La Vierge travaillant près du berceau de l'Enfant Jésus.* — *La Vierge et le petit Jésus sur ses genoux.*

SÉBASTIEN FRANCK

MUSÉE DE LA HAYE. — *Une Galerie de tableaux d'après différents maîtres.* — *Un Bal à la Cour.* — Deux petits tableaux historiques.

MUSÉE DE ROTTERDAM. — *Un Pillage.*

ANCIENNE COLLECTION DE VIENNE. — *Paysage historique.* — *Intérieur de l'église des Jésuites d'Anvers, avec figures.*

MUSÉE DE DRESDE. — *La Tentation de saint Antoine.*

MUSÉE VAN DER HOOP. — *La Parabole de l'Enfant prodigue* (tableau entouré de grisailles).

AU MARÉCHAL NARVAEZ. — *L'Atelier du peintre.* (Est. 2,000 fr.)

COLLECTION DE M. LE COMTE DE BUDÉ. — *Louis XIV recevant ses habits de guerre.*

La Rencontre de Jacob et d'Esaü. 1846, Vte Fesch, 171 écus. — *Le Couronnement de la Vierge.* 1860, Vte Richard, 255 fr. — *L'Abdication de Charles-Quint* (34e—27e). 1864, Vte Dupire, de Valenciennes, 300 fr. (à M. Breack).

F. FRANCK, DIT LE JEUNE

MUSÉE DE NANCY. — *La Vierge et l'Enfant Jésus servis par les anges.*

Musée de Caen. — *Les Esclaves des fureurs de l'amour.* — *Massacre des onze mille Vierges.*

Musée de Rennes. — *Jésus chez Simon le pharisien.*

Musée d'Avignon. — *Crésus, roi de Lydie, montrant ses trésors à Solon.*

Musée de Lille. — *Jésus-Christ allant au Calvaire.*

Musée de Cherbourg. — *La Femme adultère.*

Musée de Bordeaux. — *Le Christ au Calvaire.*

Musée d'Anvers. — *Saint François d'Assise.* — *La Coupe empoisonnée.* — *Saint Louis croisé.* — *Saint Antoine de Padoue.* — *Les Œuvres de Miséricorde.*

Musée d'Amsterdam. — *Adoration de Jésus-Christ.*

Musée de Rotterdam. — *Une Compagnie de musiciens.*

Ancienne collection de Vienne. — *Un Sabbat.* — *Le Départ pour le Sabbat.* — *Jésus en Croix entre les deux Larrons.* — *Le Triomphe de Neptune.* — Un tableau peint des deux côtés et représentant sur chaque côté *un Crucifiement.* — *Saint Jérôme dans le désert.* — *Jésus-Christ s'entretenant de nuit avec Nicodème, à la lueur d'une lampe.*

Musée de Berlin. — *Tentation de saint Antoine.* — *Procession dans une église* (l'architecture est de B. van Bassen).

Musée de Munich. — *Combat de cavalerie.* — *Le Triomphe de la Religion* (allégorie).

Collection Marlborough. — *Le Passage de la Mer Rouge.*

Collection Robillard de Reims. — *L'Adoration des Mages* (très-précieux).

Galerie du Blaisel. — *L'Abdication de Charles-Quint* (sujet entouré de grisailles).

Cabinet de M. le comte de Nattes. — *La Nativité* (très-fin).

Une copie de Rubens. 1843, Vte X., 80 fr. — *Hommage rendu au Fils de Dieu.* 1844, Vte X..., 295 fr. — *La Célébration de la Messe dans une grotte.* 1846, Vte Fesch, 43 écus. — Deux tableaux. 1854, Vte Visconti, 604 fr. — *Le Jugement dernier* (panneau, 69^c—60^c). 1858, Vte Schault, 245 fr. — *Intérieur d'un Musée.* 1861, Vte du comte de Trapani, 980 fr. — *La Vierge, l'Enfant et deux Saintes.* 1863, Vte X.... 400 fr.

LES BRILL

BRILL (MATHIEU)

Né à Anvers en 1550, mort à Rome en 1584.

BRILL (PAUL)

Né à Anvers en 1554, mort à Rome en 1626.

Paul l'emporta de beaucoup sur son frère. La manière du Titien paraît l'avoir captivé, le goût du Carrache domine aussi quelquefois dans ses compositions. La touche de ses arbres est large, variée, selon les espèces ; son clair-obscur bien entendu, bien réfléchi ; son coloris très-vigoureux. On lui reproche de n'avoir pas mis assez de variété dans les nuances, en général trop vertes pour la végétation et trop bleues dans les zones aériennes. Mais ce défaut est amplement racheté par les beautés de premier ordre dont il a parsemé ses meilleures productions.

Carrache, Josepin et Rottenhammer ont souvent peint des figures dans les paysages de Paul Brill.

Les tableaux de Paul Brill sont très-répandus dans le commerce et dans les galeries de second et troisième ordre, mais ils ont beaucoup perdu de leur ancienne faveur. Le musée en possède quelques-uns parmi lesquels le n° 73 tient le premier rang ; il fut évalué 12,000 fr. *La Chasse aux canards*, 1,500 fr. *Diane et ses Nymphes*, 1,800 fr. *Pan et Syrinx*, 800 fr. *Les Pêcheurs*, 800 fr.

MUSÉES DIVERS, GALERIES, ETC.

MUSÉE DE ROUEN. — *Un Paysage.*

MUSÉE DE NANCY. — *Paysage.*

MUSÉE D'ÉPINAL. — *Paysage orné de figures.* — *Loth et ses Filles.* — *Un Paysage.*

MUSÉE DE BORDEAUX. — *Deux Paysages.*

MUSÉE DE CHERBOURG. — *Paysage avec figures.*

MUSÉE DE VALENCIENNES. — *Grand Paysage.*

MUSÉE D'ANVERS. — *Paysage.*

MUSÉE D'AMSTERDAM. — *Des Ruines.*

ANCIENNE COLLECTION DE VIENNE. — *Un Campement d'armée.* — *Paysage avec ruines et figures.* — *Paysage rustique.*

MUSÉE DE BERLIN. — *Deux Sites d'Italie.*

MUSÉE DE MUNICH. — *Le Christ guérissant un possédé.* — Un autre *Paysage.*

MUSÉE DE SAINT-PÉTERSBOURG. — *L'Europe et l'Afrique.* — *Plusieurs Vues d'Italie.*

MUSÉE DE DRESDE. — Neuf *Paysages.* — *Le jeune Tobie et sa Femme dans un paysage.* — *Paysage avec combat de sanglier.*

MUSÉE DEGL' UFFI A FLORENCE. — *Un Paysage.*

AU PALAIS PITTI. — Plusieurs compositions.

GALERIE DE NAPLES. — *Le Baptême du Christ.*

COLLECTION ENFIELD. — *Paysage avec Diane et ses Nymphes* (fig. par A. Carrache).

COLLECTION CARLISLE. — *Vue de la Campagne de Rome.*

GALERIE ELLESMÈRE. — *Paysage historique.* — *Pan poursuivant Syrinx* (anc. coll. de Choiseul et C^{sse} de Holderness).

COLLECTION WYNDHAM. — *Un Paysage.*

COLLECTION SUFFOLK. — *Un Paysage.*

COLLECTION LONSDALE. — *Un Paysage.*

COLLECTION DEVONSHIRE. — *Paysage* (avec figures par Ad. Elzheimer).

Collection Marlborough. — *Un beau Paysage.*
Au duc de Portland. — *Un Paysage.*
Collection Normanton. — *Un petit Paysage.*
Collection Tulloch. — *Paysage avec figures.*
Cabinet de M. le comte de Nattes. — *Paysage avec figures.*

PRIX DE VENTES

Histoire de Psychée, vendu 650 flor., au roi d'Espagne, par Rubens. — *Une grande Marine,* 1,050 fr. Son pendant, 1,350 fr. 1737, Vte Verrue. — *Marine* et son pendant (*un Paysage*). Même Vte, 3,050 fr. — *Deux Paysages.* Même Vte, retirés à 1,500 fr. — *Deux Paysages.* 1742, Vte Carignan, 1,060 fr. — *Paysages* (figures d'Ann. Carrache). 1641, Vte de Vence, 501 fr. — *La Chasse au marais.* 1775, Vte de Grammont, 600 fr. — *Les Enfants de Latone* (cuivre, 16^c—24^c 1/2). 1776, Vte de Gagny, 1,880 fr. 1783, Vte d'Azincourt, 980 fr. — *Vue de la Cascade de Tivoli.* Même Vte, 1,001 fr. — *Diane et Actéon. Paysage avec figures.* 1777, Vte de Boisset, 5,000 fr. les deux. — *Forêt marécageuse.* 1846, Vte Fesch, 170 écus. — *Saint Jérôme dans le désert.* Même Vte. — *Paysage suisse* (62^c—41^c). 1848, Vte de Mlle H^ne Herry, 290 fr. (figures de Teniers). — *Vue des glaciers de Salenches* (Suisse) (88^c—1^m,16^c). Même Vte, 300 fr. (Id.). — *Paysage* (avec figures d'Ann. Carrache). 1861 (cabinet Trilha).

NIEULANT (GUILLAUME)

Né à Anvers en 1584, mort à Amsterdam en 1635.

Nieulant s'évertua à copier Paul Brill, mais seulement pendant les trois années de son séjour à Rome. De retour à Amsterdam, il changea brusquement de manière.

Ses copies sont assez faciles à reconnaître à leur touche peu hardie et à leur couleur plus grise que le modèle.

SPIERINGS (NICOLAS)

Né à Anvers en 1633, présumé mort en Angleterre en 1691.

Spierings fut l'imitateur de Paul Brill et de Salvator Rosa. Ces deux genres lui étaient également familiers, mais les copies qu'il exécuta d'après les ouvrages de Paul Brill sont les mieux réussies. C'est le même coloris et le même mode d'exécution. On y remarque toutefois une touche plus grasse, des empâtements plus soutenus et un dessin plus roide.

Roland Savery, dont il est parlé à l'article Brueghel, a aussi copié Paul Brill, mais il en a exagéré la crudité par la sécheresse de son pinceau.

RUBENS (PIERRE-PAUL)

Né à Cologne en 1577, mort à Anvers en 1640.

Parmi les plus grands génies que la nature semble avoir adoptés pour ses plus intimes confidents se trouve Rubens, peintre éminent, que l'on voit figurer avec éclat dans les beaux-arts, dans la politique et dans les lettres.

Les diverses phases de son existence artistique sont trop connues pour que je ne sois pas autorisé à les passer sous silence. D'ailleurs que pourrais-je dire qui n'ait été déjà répété cent fois? Écoutons-le parler lui-même et nous donner les procédés à l'aide desquels ce génie vaste et complet a exécuté tant de chefs-d'œuvre. « Commencez, disait-il, à « peindre légèrement vos ombres; gardez-vous d'y laisser glisser du « blanc, c'est le poison d'un tableau, excepté dans les lumières; si le « blanc émousse une fois cette pointe brillante et dorée, votre couleur ne « sera plus chaude, mais lourde et grise. » Après avoir insisté sur cette précaution si nécessaire pour les ombres, et désigné les couleurs qui peuvent y nuire, il continue ainsi : « Il n'en est pas de même dans les lumières : « on peut charger ses couleurs tant qu'on le juge à propos; elles ont du « corps; il faut cependant les tenir pures : on y réussit en mettant chaque « teinte dans sa place et près l'une de l'autre, en sorte que par un léger « mélange fait avec la brosse ou le pinceau on parvient à les fondre en « les passant l'une dans l'autre sans les tourmenter. Alors on peut re- « venir sur cette préparation et y donner des touches décidées, qui sont « toujours les marques distinctives des grands maîtres. »

Le talent de Rubens, comme celui de tous les artistes d'élite, est, en quelque sorte, universel. Il a peint l'histoire, le portrait, les animaux, le paysage, les fleurs, les fruits et même la marine. Il y a peu d'ouvrages qui soient entièrement de sa main. Les commandes lui arrivant de tous les côtés à la fois, il fut souvent obligé d'employer ses plus habiles élèves, et de les faire travailler d'après ses dessins ou ses esquisses. Le travail achevé, il le retouchait, mais si savamment, qu'il faut être fin connaisseur pour ne pas s'y méprendre, quoiqu'on n'y trouve pas la transparence dont ce grand peintre tirait si bien parti lorqu'il exécutait un tableau en entier. Ceux auxquels van Dyck a travaillé embarrassent le plus : on les reconnaît à leur touche plus tendre, moins facile et moins large.

Wildens et van Uden firent souvent ses fonds de paysage ; Sneyders, les fruits, les fleurs et les animaux. Rubens présidait et savait accorder avec tant d'art ces trois manières différentes qu'elles semblaient se confondre en une seule.

Au nombre de ses élèves on compte VAN DYCK, DIEPENBEKE, J. JORDAENS, D. TENIERS, VAN MEEL, VAN TULDEN, CORNILLE SCHULT, QUELLINIUS, G. SEGHERS et autres. Jordaens, Diepenbeke, T^re van Tulden et van Ost peuvent être considérés comme des imitateurs originaux ; Pieters et Marienhoff, comme les deux copistes qui ont le plus souvent aidé à tromper les amateurs, même du temps de Rubens.

L'œuvre de Rubens, telle qu'elle est enregistrée dans plus d'une biographie, dépasse quinze cents tableaux ; un tiers, au moins, peut être considéré comme apocryphe, et la moitié du reste comme des répétitions d'élèves où le pinceau du maître n'a eu aucune part. Malgré cette énorme quantité, les toiles de Rubens sont rares chez les amateurs et dans le commerce ; on en rencontre peu, par conséquent, dans les ventes publiques. En revanche, elles sont rassemblées en grande quantité dans les galeries et musées de l'Europe. Celui de Paris en possède plus de trente dont les deux tiers sont des œuvres capitales.

Voici leurs diverses estimations suivant l'ordre du livret :

La Fuite de Loth, 60,000 fr. — *Le Prophète Élie*, 30,000 fr., puis 20,000 fr. — *L'Adoration des Mages*, 150,000 fr. — *La Vierge entourée des Saints Innocents*, 75,000 fr., puis 60,000 fr. — *La Vierge, l'Enfant Jésus, entourés de fleurs*, réputé douteux lors de l'inventaire fait sous l'Empire et estimé 50,000 fr. — *La Fuite en Égypte*, 12,000 fr. — *Le Christ en Croix*, 160,000 fr., puis 30,000 fr. — *Le Triomphe de la Religion*, 80,000 fr. — *Thomyris*, 100,000 fr. — La Collection dite de *Marie de Médicis* a été estimée 6,650,000 fr. Voici le détail : *La Destinée de Marie de Médicis*, 150,000 fr. — *Naissance de Marie de Médicis* (non taxé). — *Éducation de Marie de Médicis*, 150,000 fr. — *Henri IV reçoit le portrait de Marie de Médicis*, 300,000 fr. — *Mariage de Marie de Médicis*, 300,000 fr. — *Débarquement de Marie de Médicis*, 200,000 fr. — *Mariage de Marie de Médicis à Lyon*, 200,000 fr. — *Naissance de Louis XIII à Fontainebleau*, 300,000 fr. — *Henri IV part pour la guerre d'Allemagne*, 200,000 fr. — *Couronnement de Marie de Médicis*, 500,000 fr. — *Apothéose de Henri IV*, 500,000 fr. — *Le Gouvernement de la Reine*, 400,000 fr. — *Voyage de Marie de Médicis au pont de Cé*, 150,000 fr. — *Échange des deux Princesses*, 150,000 fr. — *Félicité de la Régence*, 250,000 fr. — *Majorité de Louis XIII*, 250,000 fr. — *La Reine s'enfuit au château de Blois*, 200,000 fr. — *Réconciliation de Marie de Médicis avec son Fils*, 200,000 fr. — *La Conclusion de la Paix*, 250,000 fr. — *Entrevue de Marie de Médicis avec son Fils*, 250,000 fr. — *Le Triomphe de la Vérité*, 750,000 fr.

Portrait de François de Médicis, 10,000 fr. — *Portrait de Jeanne d'Autriche*, 10,000 fr. — *Portrait en pied de Marie de Médicis*, 10,000 fr. — *Portrait du baron de Vicq,* acheté 15,934 fr. à la Vte du roi de Hollande en 1850. — *Portrait d'Élisabeth de Bourbon,* 25,000 fr. — *Portrait d'Hélène Fourment,* vendu en 1769 à la Vte Lalive de Jully 20,000 fr. ; en 1777, Vte Randon de Boisset, 18,000 fr. ; en 1784, à celle de Vaudreuil, 20,000 fr. ; estimé dans les inventaires 35,000 fr. — *Portrait d'une Dame de la famille Boonen,* 10,000 fr. — *La Kermesse,* 100,000 fr., puis 80,000 fr. — *Le Tournoi,* 20,000 fr. — *Paysage,* 8,000 fr. — *Paysage* (connu sous le nom de l'*Arc-en-Ciel*), 40,000 fr.

ANCIENNEMENT AU LOUVRE. — *Élévation de Croix.* — *La Vierge et les Saintes Femmes.* — *Les Larrons* (triptyque). Est. 300,000 fr. (rendu en 1815 à l'église Saint-Walburge d'Anvers). — *Le Christ en Croix.* Est. 130,000 fr. (rendu aux Récollets à Anvers en 1815). — *Le Christ mort entre les bras de son Père.* Est. 6,000 fr. (rendu à la ville d'Anvers en 1815). *Descente de Croix.* Est. 300,000 fr. (rendu à la cathédrale d'Anvers en 1815). — *La Résurrection.* Est. 8,000 fr. (rendu à la cathédrale d'Anvers en 1815). — *Communion de saint François d'Assise.* Est. 250,000 fr. (rendu en 1815 aux Récollets d'Anvers). — *La Flagellation.* Est. 15,000 fr. (rendu en 1815 aux Dominicains d'Anvers). — *Sainte Anne faisant lire la Vierge.* Est. 10,000 fr. (rendu en 1815 aux Grands Carmes, à Anvers). — *Résurrection de Lazare.* Est. 50,000 fr. (rendu en 1815 à la Belgique). — *Pêche miraculeuse.* — *Le Tribut de César* (volet). — *L'Ange et Tobie* (triptyque). (Rendus en 1815 à l'église de Malines.)

MUSÉES DIVERS, GALERIES, ETC.

MUSÉE NAPOLÉON III. — *Suzanne surprise au bain.*

MUSÉE DE LILLE. — *La Descente de Croix.* — *Saint François et la Vierge.* — *Saint Bonaventure.* — *Saint François en extase.* — *Tête d'Homme à barbe.* — *L'Abondance.* — *La Providence.*

MUSÉE DE GRENOBLE. — *Saint Grégoire pape, entouré de Saints et de Saintes.*

MUSÉE DE CAEN. — *Melchisédech offrant le pain et le vin à Abraham.* — *Portrait de Jacques Ier.*

MUSÉE DE LYON. — *Saint François.* — *Saint Dominique et plusieurs autres Saints.* — *L'Adoration des Mages.*

MUSÉE DE NANTES. — *Triomphe d'un Guerrier.* — *Tête d'Hercule.* — *La Fuite en Égypte.*

MUSÉE DE BORDEAUX. — *Portrait de Rubens.* — *Christ en Croix.* — *Martyre de saint Georges.* — *Martyre de saint Just.* — *Bacchus et Ariane.* — *Deux Paysages.*

MUSÉE DE RENNES. — *Chasse aux Tigres et aux Lions.* — *Une Femme nue, assise.* Croquis de la *Descente de Croix.* — *L'Ivresse d'Hercule* (dessin).

MUSÉE DE VALENCIENNES. — *Martyre de saint Étienne.* — *Saint Étienne prêchant.* — *Saint Étienne au tombeau* (volets du *Martyre*). — *L'Annonciation* (revers des volets).

MUSÉE DE NÎMES. — *Tête de jeune Fille* (fragment d'un tableau). — Autre *Tête de jeune Fille* (esquisse). — *Un Faune poursuivant une Nymphe.* — *Le Repos de la Chasse.*

MUSÉE D'ANGERS. — *L'Ivresse de Silène.*

MUSÉE DE MARSEILLE. — *Une Chasse.*

MUSÉE DE TOULOUSE. — *Le Crucifiement.*

MUSÉE D'ANVERS. — *Un Calvaire.* — *L'Adoration des Mages.* — *La Dernière*

Communion de saint François. — *La Descente de Croix* (répétition du tableau de l'église Notre-Dame). — *Le Christ en Croix.* — *Portraits de Nicolas Rockox et de sa Femme.* — *Saint Thomas touchant les Plaies.* — Trois Études d'*Arc-de-Triomphe.* — *L'Éducation de la Vierge.* — *Sainte Thérèse intercédant pour les âmes du Purgatoire.* — *La Trinité,* etc., etc.

CATHÉDRALE D'ANVERS. — *La Descente de Croix* (triptyque). — *La Mise en Croix* (triptyque). — *L'Assomption de la Vierge.* — *La Résurrection* (triptyque). — *Portrait de Jean Moretus.*

ÉGLISE SAINT-JACQUES D'ANVERS. — *La Sainte Famille* (portraits de toute la famille de Rubens). — *Saint Georges.* — *Saint Jérôme.* — *Marthe et Madeleine.*

ÉGLISE SAINT-PAUL D'ANVERS. — *La Flagellation.*

ÉGLISE SAINT-BAVON A GAND. — *Saint Bavon reçu à l'abbaye de Saint-Amand.*

MUSÉE DE BRUXELLES. — *Le Martyre de saint Liven.* — *L'Adoration des Mages.* — *La Station du Christ.* — *Le Christ au Tombeau.* — *Saint François sauvant le monde.* — *L'Assomption.* — *Le Couronnement de la Vierge.*

MUSÉE DE MUNICH. — L'œuvre de Rubens au musée de Munich se compose de quatre-vingt-quinze compositions presque toutes entièrement de sa main. Voici les plus importantes :

Le Jugement dernier. — *Le petit Jugement dernier* (esquisse). — *La Damnation des Pécheurs.* — *La Résurrection des Bienheureux* (esquisse). — *Le Christ et les quatre Pécheurs repentants.* — *Un saint Michel.* — *La Vierge apocalyptique.* — — *Le Massacre des Innocents* (esquisse). — *Une Madone.* — *Le Christ expirant sur la Croix.* — *La chaste Suzanne.* — *Samson et Dalila.* — *La Dispersion de l'armée de Sennachérib.* — *La Conversion de saint Paul.* — *Job sur le fumier.* — *Le Martyre de saint Laurent.*—Les dix-huit esquisses de l'*Histoire de Marie de Médicis,* dont les tableaux sont au Louvre. — *La grande Chasse aux Lions. La grande Chasse aux Sangliers* (Animaux par Sneyders). — *Décius avant la bataille.* — *Décius mort.* — Deux esquisses. — *La Mort de Sénèque.* — *L'Enlèvement des Filles de Leucippe.* — *Le Repos de Diane.* — *La Victoire de Thésée* (esquisse). — *Bacchantes et Silène.* — *Latone.* — *Méléagre.* — *Sept petits Génies portant une guirlande de fleurs.* — *Minerve.* — *Mars couronné par la Victoire.* — *Un Guerrier* (allégorie). — *Portrait de l'artiste et de sa femme El. Brandt.* — *Portrait de l'artiste avec sa seconde Femme et son jeune Fils.* — *Portraits de Philippe IV d'Espagne et de sa première Femme.* — Id. *de l'Infant don Fernando.* — Id. *de Sigismond de Pologne et de sa Femme.* — Id. *de lord et de lady Arundel.* — Id. *du docteur Van Thulden.* — *Portrait d'un Moine franciscain.* — Id. *de quelques Personnages inconnus.* — *Un Paysage avec quatorze vaches.* — *Un Intérieur de forêt.* — *La Fenaison,* etc., etc.

MUSÉE DE LA HAYE. — *Vénus et Adonis* (paysage par Breughel). — *Chasse au Cerf.* — *Cuisine avec légumes et gibier.* — *Portraits des deux Femmes de l'artiste.* — *Portrait du père Michael.*

MUSÉE D'AMSTERDAM. — *Portement de Croix.* — *L'Amour filial.* — *La Rencontre de Jacob et d'Ésaü.*

MUSÉE DE ROTTERDAM. — *Portrait de F. van der Linden.*

ANCIENNE COLLECTION DE VIENNE. — *Portrait de Ferdinand, roi de Hongrie.* — *Trois Enfants assis à terre dans une grotte: le Génie de l'Innocence leur amène un agneau.* — *Deux Portraits d'Hommes âgés, en habits noirs.* — *Femme nue, endormie sur un lit.* — *Portrait de l'Infant Charles Ferdinand, gouverneur général des Pays-*

Bas. — Tête de Vieillard vue de profil. — Saint Jérôme en habit de cardinal. — Une Sainte Famille reposant sous un arbre (cinq figures). *— Deux Têtes d'Hommes* (saint Pierre et saint Paul). *— Un Prêtre à cheveux gris, vêtu d'une chasuble très-riche. — Saint Pépin, duc de Brabant, avec sainte Bègue, sa fille. — L'Assomption de la Vierge. — Portrait d'Homme, vêtu d'une simare fourrée. — Saint Ignace de Loyola au pied de l'autel. — Saint François-Xavier prêchant l'Évangile. — La Rencontre des deux Ferdinand* (sujet allégorique). *— Saint André en Croix. — Rencontre de Jacob et d'Ésaü. — Chasse de Méléagre et d'Atalante. — Portrait de Rubens par lui-même. — Portrait d'Anne d'Autriche. — Portrait de la princesse Élisabeth de France, reine d'Espagne. — Saint Ambroise refusant à l'empereur Théodose l'entrée de l'église de Milan. — Paysage avec figures. — Le Corps mort de Jésus-Christ au Tombeau. — Les quatre Parties du monde représentées par autant de Dieux fleuves.* — Un grand tableau d'autel en trois compartiments. *— La Salutation angélique. — L'Inondation fabuleuse de la Phrygie* (paysage avec fig.). *— Un Enfant nu, jouant de la flûte. — Portrait de Philippe le Bon. — Deux Portraits d'Hommes âgés. — Une Femme presque nue, un manteau brun fourré et jeté négligemment autour de son corps.* — Sujet allégorique à l'honneur d'un héraut d'armes. *— Christ mort auquel la sainte Vierge ferme les yeux. — La Fête de Vénus dans l'île de Cythère. — Une Sainte Famille* (fig. jusqu'aux genoux, grandeur naturelle). *— Portrait d'une jeune Dame habillée à l'espagnole.*

Musée de Saint-Pétersbourg. — *Persée et Andromède. — Le Départ d'Adonis. — La Charité romaine. — L'Ivresse de Silène. — Bacchus. — Une Descente de Croix. — Plusieurs Paysages. — L'Arc-en-Ciel. — Plusieurs Portraits.* — Quelques esquisses. *— Le Fleuve Tigre. — Jésus et saint Jean. — Le Souper chez Simon.* — En tout cinquante-quatre tableaux ou esquisses.

Musée de Dresde. — *Une Chasse au Lion. — Neptune. — Diane et ses Nymphes.* — Même sujet en demi-figures. *— L'Ivresse d'Hercule. — Méléagre et Atalante. — Un Héros couronné par la Victoire. — Saint Jérôme. — Hérodiade. — Une vieille Femme. — Bethsabée. — Une Tigresse allaitant ses petits. — Un grand Satyre. — Vue de l'Escurial. — Chasse au Sanglier. — Le Jugement de Pâris. — Le Jardin d'Amour. — Mercure et Argus. — Clétie. — Le Jugement dernier. — Saint Ignace. — Le Christ sur le lac de Génézareth. — Les deux Fils du peintre. — Sept Portraits de Femmes. — Cinq Portraits d'Hommes.*

Musée de Francfort-sur-le-Mein. — Une esquisse.

Musée de Berlin. — *La Résurrection de Lazare* (esquisse). *— Sainte Cécile. — Groupe de trois jeunes Enfants. — Persée et Andromède. — La Vierge glorieuse.*

Musée du Roi a Madrid. — *L'Adoration des Rois. — Mercure et Argus. — Le Jugement de Pâris. — Les Trois Grâces. — Diane et Calisto. — Apollon et Midas. — Atalante vaincue. — Le Jardin d'Amour.* — Allégories (quatre esquisses). *— Kermesse. — Sainte Famille. — Le Christ couronné d'épines. — La Vierge glorieuse. — Andromède. — Andromède délivrée. — Philippe II à cheval. — Ferdinand d'Autriche. — L'Archiduc Albert et sa Femme. — Nymphes surprises par les Satyres. — L'Enlèvement de Proserpine. — Orphée et Eurydice. — Moïse et les Serpents. — Le Péché originel. — La Voie Lactée. — Saturne dévorant un de ses Fils. — Médée furieuse.*

Académie de Madrid. — *Hercule et Omphale.*

Musée degl' Uffi a Florence. — *Bataille d'Ivry. — Entrée d'Henri IV à Paris.* (Ébauches.) *— Hercule entre Mars et Vénus* (allégorie).

Musée du Capitole. — *Romulus et Rémus.*

Au palais Pitti. — *Les Conséquences de la Guerre.* — *Ulysse chez les Phéaciens.* — *Deux Saintes Familles.* — *Quatre Portraits.*

Palais Doria a Rome. — *Diane et Endymion.*

Palais Corsini a Rome. — *Une Chasse aux Tigres.*

Palais Albani a Rome. — *Le Christ.*

Palais Falconieri a Rome. — *La Sainte Famille et saint François.*

Galerie Borghèse. — *La Visitation.*

Au palais Manfrin a Venise. — *Cérès et Bacchus.*

Galerie Bentivoglio a Bologne. — *L'Adoration des Mages.*

École Carrara a Bergame. — *Neptune.*

Galerie de Naples. — *Le Moine d'Alcantara vêtu de blanc.*

Musée de Turin. — *Sainte Famille.*

Académie de Turin. — *Un Satyre.*

Palais Grillo-Cataneo a Gênes. — *Portrait de Femme assise.*

Palais Brignole a Gênes. — *Portrait d'Homme.* — *Portrait du peintre et de sa Femme.*

Palais Durazzo a Gênes. — *Portrait de Philippe IV.*

Palais Royal de Gênes. — *Junon attachant les yeux d'Argus aux queues de ses paons.*

Église Saint-Ambroise a Gênes. — *Saint Jésuite ressuscitant une possédée.* — *La Circoncision.*

Musée van der Hoop. — *Portrait d'Héléna Fourment sa femme.*

National Gallery. — *Le Triomphe de César* (acheté 27,550 fr. à la Vte Samuel Roger). — *Les Horreurs de la Guerre* (payé 5,250 fr. à la même Vte). — *L'Apothéose de Guillaume le Taciturne, roi de Hollande* (acheté 5,000 fr. en 1843). — *Le Jugement de Páris* (gal. d'Orléans, acheté 105,000 fr. en 1844). — *Mars et Minerve.* — *L'Enlèvement des Sabines* (coll. Angerstein). — *Le Serpent d'airain* (acheté 8,750 fr. en 1837). *Saint Bavon* (contesté). — *Le Château de Rubens.* — *La Sainte Famille* (coll. Angerstein).

A Hampton-Court. — *Diane et ses Nymphes.* — *Vénus* (d'après le Titien).

A Windsor. — Une dizaine de *Portraits* et de compositions historiques.

A Buckingham Palace. — *L'Assomption de la Vierge.* — *Pythagore.* — *Pan poursuivant Syrinx.* — *Deux Portraits.* — *Saint Georges et le Dragon.* — *La Prairie de Laëken.*

Dulwich Collége. — Plusieurs belles compositions et *Portraits.*

Au Christ Church d'Oxford. — *Une Tête d'Homme.*

Collége de Glasgow. — Étude pour *la Femme adultère.*

Collection Robart. — *La Vierge et l'Enfant Jésus.*

Galerie Bedford. — *Hippolyte.* — *Silène et Satyres.* — *La Mort d'Abel.*

Collection Spencer. — *David et les Vieillards d'Israël.* — *Portrait de l'Infant don Ferdinand.*

Galerie Westminster. — *Quatre magnifiques compositions.* — *L'Adoration des Mages.* — *Le Renvoi d'Agar.* — *Ixion surpris par la Nue.* — *Mercure et Hébé,* etc.

A lord Aylesford. — *Portrait de Rubens et de sa Femme.*

A M. William Angerstein. — *Portraits de la Famille de l'artiste.*

Collection Robert Peel. — *Le Chapeau de paille.* — *Une Bacchanale.*

Au comte de Warwick. — *Portrait de la Fille de Rubens.* — *Portrait du marquis Spinola.* — *Portrait d'Ignace de Loyola.* — *Portrait du comte d'Arundel.*

Collection Baring. — *Diane partant pour la Chasse.* — *Abraham et Melchisédech.* — *Paysage avec figures* (coll. Rogers).

Collection Rogers. — *Le Triomphe de Constantin.* — *Un petit Paysage* (effet de lune). — Esquisse de *Mars quittant Vénus.*

Galerie de Sutherland. — *Sainte Famille.*

Collection Martin. — Une belle composition.

Collection Wynn Ellis. — *Portrait d'Hélène Fourment, seconde femme du peintre.* — *Portrait d'un Général des Jésuites.* — *Deux Enfants.*

Collection Wombwell. — *Le Christ et saint Jean.* — Deux autres compositions.

Collection Bronlow. — Étude pour *Achille et Nicomède.*

Collection Anthony Rothschild. — *Un Portrait.*

Collection Carlisle. — *La Fille d'Hérode.* — *Portrait de Thomas Howard, comte d'Arundel.* — *Un Paysage.*

Collection Bredel. — *Le Christ ressuscité.*

Collection Morrison. — *Charles V recevant la députation des citoyens d'Anvers.* — Une Étude pour les *Quatre Évangélistes.* — *La Légende de saint Marc.*

Collection Foster. — *La Vierge et l'Enfant Jésus.*

Collection Breadalbane. — Répétition de l'*Arc-en-Ciel* du palais Pitti, à Florence.

Collection Hardwicke. — *Portrait de la marquise Spinola.* — *La Charité romaine.* — Une autre composition.

Collection Neeld. — *Un Portrait d'Homme.*

Collection Thomas Hope. — Sujet tiré de l'*Énéide.* — *La Mort d'Adonis.* — *Le Naufrage d'Énée.*

Collection Wemys. — *Vertumne et Pomone* (contesté; attribué à Jordaens).

A Mrs. Ford. — *Portrait de Grotius* (ce tableau a été souvent attribué à Van Dyck).

Collection Methuen. — Une belle composition.

Galerie Stafford. — *Le Mariage de sainte Catherine.* — *La Vierge, l'Enfant Jésus, saint Jean, saint Joseph et sainte Catherine.* — *Le Couronnement de Marie de Médicis* (contesté).

Collection Miles. — *La Femme adultère.* — *La Vierge, l'Enfant Jésus et plusieurs Saints et Saintes.* — *La Conversion de saint Paul.*

Collection Arundel. — *La Descente de la Croix.* — *Portrait de Grotius.*

Collection Matthew Anderson. — *Saint François.* — *Un autre Saint.* — *Portrait de Catherine Brandt.*

Au duc de Newcastle. — *La jeune Fille aux fleurs.* — Son pendant. — *Un Jésuite.*

Collection Radnor. — *Un beau Paysage.* — *Une Vénus.*

Collection Simon Clarke. — *La Sainte Famille.*

Collection Norfolk. — *Portrait de sa femme Catherine Brandt.*

Collection Drury Lowes. — *Un Portrait de Femme.*

Collection M'Lellan. — *Le Christ et saint Jean* (contesté).

Collection Folkestone. — *Un Portrait de Femme* (contesté). — *Portrait équestre du duc d'Alva* (contesté). — *Portrait de Marie de Médicis* (contesté). — *Portrait du Fils* (contesté). — *Un Portrait d'Homme* (contesté). — *Cupidon* (contesté). — *Diane et ses Nymphes.*

A sir Culling Eardley. — *La duchesse de Buckingham.* — Projet de l'*Arc de Triomphe* érigé en l'honneur de l'infant Ferdinand.

Collection Bute. — *Un jeune Garçon* (avec des *Fruits* peints par Sneyders). — *L'Adoration des Rois.* — Esquisse d'une décoration.

Collection Ashburton. — *L'Enlèvement des Sabines.* — *La Réconciliation des Romains avec les Sabines.* — *Diane et ses Nymphes.* — *La célèbre Chasse aux Loups.*

Collection Tulloch. — *Pallas.*

Galerie Ellesmère. — *Sainte Thérèse intercédant pour les âmes du Purgatoire.*

Collection Morrison. — *Les Quatre Évangélistes.* — *L'Empereur Charles V.* — *La Vierge et l'Enfant Jésus* (coll. Simon Clarke).

Collection Stirling. — *Portrait de Catherine Brandt.* — *Portrait de Philippe IV, roi d'Espagne.* — Une belle composition.

Collection Kinnaird. — *Un Portrait d'Homme.*

Cabinet Hugh Campbell. — Une belle composition.

Collection Barry. — Une charmante composition. — Six compositions tirées de l'*Histoire d'Achille.*

Collection W. Russell. — *La Conversion de saint Paul.*

Galerie Grosvenor. — *Deux Enfants.*

Collection Jersey. — *Portrait équestre de Georges Villiers, duc de Buckingham.*

Collection Nichols. — *L'Assomption de la Vierge.*

Collection Townshend. — *Saül, David et Goliath.*

Collection Burlington. — *Un Paysage.*

Collection Enfield. — *Le Christ à la Croix.*

Collection Normanton. — *Un couple faisant de la musique* (contesté; attribué à à C. Schut).

Collection Bankes. — *Portrait de la marquise Brigitta Spinola.* — Id. *de la marquise Maria, princesse Grimaldi.*

Au duc de Portland. — *Nymphes et Tritons.*

Collection Munro. — *La Vierge, l'Enfant Jésus, saint Joseph et sainte Anne.* — *Saint Sébastien.* — *Jacob et Ésaü.* — *Un Portrait de Femme.*

Collection Holford. — Esquisse pour l'*Assomption de la Vierge.* — Une autre composition.

Collection Darnley. — *La Reine Thomyris.* — *Un jeune Homme.* — *Deux Lions.* — *L'Entrée triomphale de Henri IV après la bataille d'Ivry.* — *Jupiter et l'Amour.*

Collection Ingram. — *La Vierge, l'Enfant Jésus, saint Jean et saint Joseph dans un paysage.*

Collection Hopetoun. — *L'Adoration des Bergers.*

Collection Marlborough. — *Catherine de Médicis.* — *Portrait d'Hélène Formann.* — *Andromède.* — *Un Portrait de Femme.* — Une composition en collaboration avec Sneyders. — *Vénus et Cupidon.* — *Une Bacchanale.* — *L'Enlèvement de Proserpine.* — *Une Bacchanale.* — *Loth et ses Filles.* — *Le Retour de la Sainte Famille.* — *La Charité romaine.* — *Portrait de Paracelse.* — *L'Adoration des Rois.* — *La Sainte Famille.* — *Le Sauveur.* — *La Vierge et l'Enfant Jésus.*

Collection Dunmore. — *Soldats et Paysans.*

Collection Wyndham. — *Portraits de deux Prélats.*

Collection Sebright. — *Un Portrait d'Homme.* — *La Mort d'Abel.*

COLLECTION LONSDALE. — *La Vierge, l'Enfant Jésus, saint Jean et sainte Élisabeth.*

COLLECTION HAMILTON. — *Daniel dans la fosse aux Lions.* — *Vénus et les Grâces.* — *Un Paysage.* — *Portrait du comte Olivarez.* — Deux études pour le *Christ Triomphant.*

COLLECTION COWPER. — Une belle composition.

COLLECTION WENTWORTH. — *Portrait d'un Général.*

GALERIE RUTLAND. — *Une Sainte Famille.* — *La Vierge, l'Enfant Jésus et plusieurs Saintes.* — *Un Paysage historique.* — *Un Berger.*

COLLECTION LEICESTER. — *La Fuite en Égypte.*

COLLECTION PEMBROKE. — *L'Assomption de la Vierge.* — *Un beau Paysage.* — *Le Christ et saint Jean.* — *Quatre Enfants.*

COLLECTION HARCOURT. — *Paysage avec figures* (le paysage est contesté; il est attribué à Van Uden). — *La Charrette embourbée.*

COLLECTION FOUNTAINE. — *L'Enfant prodigue.*

COLLECTION ORFORD. — Un très-beau *Paysage* (payé 65,000 fr. en 1823).

COLLECTION WYATT. — *Junon.*

COLLECTION J. W. BRETT. — *Atalante et Méléagre.*

COLLECTION DINGWAL. — *Le Denier de César.*

AU DUC DE MANCHESTER. — *Prométhée.*

COLLECTION HATHERTON. — *Une Nymphe.*

COLLECTION BURLINGTON. — *Paysage avec chasseurs.*

AU COMTE DE DERBY. — Copie de *Diane et Calisto* d'après le Titien.

COLLECTION DURHAM. — *La Femme adultère.*

COLLECTION F. EDWARDS. — *Un Paysage.*

COLLECTION FHIPPS. — Deux petites esquisses.

EN ANGLETERRE. — Six esquisses de la *Vie d'Achille.*

CABINET DU COMTE SCHEREMETEFF, A SAINT-PÉTERSBOURG. — *Sainte Famille.*

CABINET DU COMTE KOUCHELEFF, A SAINT-PÉTERSBOURG. — *Ecce Homo.*

CABINET DU PRINCE JOUSSOUPOFF, A SAINT-PÉTERSBOURG. — *La Fécondité* (allégorie). — *Saint Pierre et saint Paul* (esquisses).

GALERIE ESTERHAZY. — *Mercure enlevant Hébé* (d'après Raphaël). — *Deux Saintes Familles.*

CABINET DU COMTE CZERNIN. — *Les Anges apparaissant aux Saintes Femmes.*

GALERIE LICHTENSTEIN. — *L'Histoire de Décius* (six sujets). — *L'Assomption.* — Sujet mythologique. — *Portraits des Fils de l'artiste.* — *La Mise au Tombeau.* — *Silène.* — *Cléopâtre et Marc-Antoine.* — *Sainte Famille.* — *Le Christ en Croix.* — *Andromède.* — *Plusieurs Portraits* et esquisses.

GALERIE D'ARENBERG. — *Portrait de Philippe II.* — *Portrait de son Confesseur* (attribué). — Étude pour le *Portrait de Grotius.* — Allégorie. — *Un Homme nu, se courbant pour soulever un vase.*

GALERIE SUERMONDT. — *Portrait de Philippe IV, roi d'Espagne.* — *Portrait d'Homme* (anc. coll. Patureau). — Première esquisse du *Calvaire.* — *Vénus?* *La Fortune?*

A LORD HERTFORD. — *Jésus-Christ donnant les clefs à saint Pierre* (coll. Guillaume II, payé 18,375 fr.). — *La Sainte Famille* (coll. Lapeyrière, 65,625 fr., acheté par lord Hertford 78,750 fr.). — *Un Portrait.* — *Un Portrait de Femme.* — *La Bataille de Constantin et de Maxence.* — *L'Arc-en-Ciel* (payé 113,750 fr. à la Vte Oxford).

DE TABLEAUX.

Collection van der Aa, de Saint-Nicolas. — *Le Christ en Croix.*

Galerie du duc d'Aumale. — *Tête d'Âne.* — *Couronnement de Marie de Médicis.* (Dessins.)

A M. Camille Doucet. — *Le Faune.* (Fort de l'opinion exprimée par beaucoup de connaisseurs, j'ai cru devoir cataloguer ce tableau sous le nom du prince des peintres flamands. Il se peut que Rubens, surchargé de travaux, se soit fait aider par Jordaens, mais on s'accorde à reconnaître qu'il a dû présider à l'exécution générale et que certains *laissés* et la hardiesse des parties principales sont évidemment l'œuvre de la main du grand maître.)

Collection C***. — *Une Tête.* — *Le Joueur de guitare.* — *Deux Paysages.*

Cabinet Trilha. — *Portrait du peintre.*

Collection De Longpré. — *La Descente de Croix.* — Ce tableau passe pour être la première pensée ou la réduction avec modification du tableau d'Anvers.

Au marquis du Blaisel. — *Sainte Thérèse intercédant pour les âmes du Purgatoire.* (Vᵗᵉ Patureau, 16,000 fr.) — *Portraits d'un Homme, de sa Femme et de ses deux Enfants.* (Estimé 40,000 fr.) — *Le Bey de Tunis.*

Cabinet Richard Wallace. — *Le Christ en Croix.*

A M. Lemazurier. — *Le Mariage de sainte Catherine,* esquisse presque terminée. Cette composition, destinée à compléter l'Allégorie du mariage de Marie de Médicis, ne fut pas exécutée en grand par suite du départ de Rubens.

PRIX DE VENTES

			fr.	
Le Sauveur (d'après le Titien).. ..		.... Flor.	900.	Exécuté pour le roi d'Espagne.
Io changée en vache	1737.	Vᵗᵉ Verrue.	2,000.	
Marine.				
Chasse au Lion (7 figures).........	1738.	Vᵗᵉ Fraula......... Flor.	105.	
L'Assomption....................	Dᵒ	dᵒ .... »	900.	
Bacchanale (8 figures)............	1642.	Vendu au Cᵃˡ de Richelieu		Nᵒ 170 du catalogue de la succession Rubens. — Acheté 27,500 francs en 1842 par sir Robert Peel. Coll. sir Robert Peil.
		Fit partie des collections :		
	1788.	Dutartre		
	1816.	Luc. Bonaparte..........		
	1827.	Bonnemaison............		
Un Fleuve entouré de roseaux.....	1712.	Vᵗᵉ Monspertuis et Carignan.	2,000.	
—	1763.	Vᵗᵉ Peilhon.............		
Vénus et Adonis.................	1742.	Vᵗᵉ Carignan...........	1,200.	
Sainte Cécile.	Dᵒ	dᵒ	10,000.	
—	1756.	Vᵗᵉ Tallard.	20,050.	
Saint Georges...................	1745.	Vᵗᵉ La Roque...........	6,125.	
Les Bienfaits de la Paix..........	1615.	Vᵗᵉ Charles Iᵉʳ..........	2,500.	Actuellement gal. nationale de Londres.
Portrait du duc de Buckingham....	1748.	Vᵗᵉ Godefroy...........	500.	
L'Adoration des Rois............	Dᵒ	1ᵒ	8,000.	Réduction du grand tableau.
—	1756.	Vᵗᵉ Tallard..	7,500.	
Atalante et Méléagre............	1750.	Vᵗᵉ Gersaint...........	3,000.	Les animaux sont de Sneyders.
Rémus et Romulus.	Dᵒ	dᵒ	1,200.	
Jésus dans la barque avec ses Disciples.	Dᵒ	dᵒ	1,200.	
Portrait d'un Chanoine..........	Dᵒ	dᵒ	260.	
Orphée aux Enfers.............	1755.	Vᵗᵉ Pasquier............	1,359	

				fr.	
Portrait de la Femme de Rubens...	D°	d°	....	1,472.	
Paysage, Figures et Animaux.....	1756.	Vte TALLARD............		9,905.	
L'Enlèvement des Sabines (sur bois)	1765.	Vte DE RUDEMPRE... Flor.		2,400.	
La Descente de Croix.............	D°	d°	........,	510.	Esquisse du tableau d'Anvers.
Adam et Ève dans le Paradis terrestre.....................	1766.	Vte DE LA COUR..... Flor.		7,350.	Paysage de Breughel. Actuellement au musée de La Haye.
Mars et Minerve (bois, 38^c—59^c)...	1769.	Vte TROUARD.		300.	
L'Enlèvement de Proserpine (9 figures, 38^c—59^c).................	D°	d°	....	600.	
—	1794.	Vte LEBRUN.		778.	
La Cène......................					
La Résurrection de Lazare (grisailles).....................	1771.	Vte BRAAMCAMP..... Flor.		1,700.	
Jésus - Christ donnant les clefs à saint Pierre...................	D°	d°	...... »	4,000.	
Paysage : effet de lune, figures et animaux....................	D°	Vte LA GUICHE.		5,500.	
Rubens, sa Femme et ses deux Enfants	1772.	Vte LAURAGUAIS, ...		2,800.	
Mars et Vénus	D°	d°	....	1,801.	
Réconciliation de Jacob et d'Ésaü..	1773.	Vte LEMPEREUR..........		3,660.	
—	1777.	Vte DE CONTI		2,620.	
—	1787.	Vte DE BEAUJON		1,580.	
—	1822.	Vte SAINT-VICTOR........		810.	
Salomon et la Reine de Saba......					Esquisse du plafond de la cathédrale d'Anvers, et qui a été détruit par le feu.
Esther devant Assuérus..........	1775.	Vte LEDOUX.............		1,199.	
Une Chasse au Lion et au Tigre (2 figures)...................	D°	d°	....	499.	
L'Adoration des Rois (2^m,43—3^m,8).	1777.	Vte DE BOISSET..........		10,000.	Ce tableau appartient à l'église de Bergues Saint-Vinox. — M. de Boisset l'avait acheté 60,000 fr.
—	1791.	Vte LEBRUN.		9,500.	
—	1801.	Vte ROBIT..		7,950.	
L'Enfant Jésus (toile ovale, 59^c—51^c).	1777.	Vte DE BOISSET..........		1,499.	
—	1780.	Vte NOGARET		1,200.	
Élévation de Croix.............	1777.	Vte DE CONTI............		3,810.	Coll. Rigaud. — Gravé par Witdou.
La Charité romaine.............	D°	d°	....	2,512.	
Le Jardin d'amour.............	D°	Vte REUSS....... Retiré à		8,000.	
Sainte Famille (bois, 1^m,12 1/2—88^c 1/2).................	1780.	Vte POULLAIN,...........		11,000.	Il paraît que ce tableau n'est pas entièrement de la main de Rubens. Il se compose de trois parties, qui furent réunies par les soins de Langlier.
—	1816.	Vte CASTELAN .... Retiré à		24,000.	
Femme assise (bois, 69^c 1/2—62^c)..	1782.	Vte DUBOIS.............		1,260.	
Paysage avec Cascades. Les figures représentent Philémon et Beaucis prosternés aux pieds de Jupiter et de Mercure (1^m,45—2^m,3).....	1784.	Vte MONTHIBLOND........		2,400.	
Sainte Famille (1^m,65—1^m,31 1/2)..	1787.	Vte LAMBERT ET DU PORAIL		1,000.	
Le Christ chez Marthe et Marie.....	1788.	Vte DE CALONNE..........		4,800.	
—	1795.	Vte SUME. .... Guin.		830.	
—	1798.	Vte BRIANTS. ...... Liv. st.		250.	
—	1821.	Vte RYNDERS .... Flor.		1,350.	
—	1826.	Vte POURTALÈS.... Liv. st.		151.	
—	1828.	Vte SMITH......... Guin.		170.	
Les trois Grâces (2^m,3—1^m,76).....	1788.	Vte LENGLIER.		1,200.	
Alexandre et Roxane (8 figures, bois, 19^c—35^c).................	1791.	Vte LEBRUN.............		212.	

				fr.	
La Visitation.................... *}* La Présentation au Temple (grisailles ; 72ᶜ 1/2—59ᶜ).............	1791.	Vᵗᵉ LEBRUN.............		2,100.	
Le Fauconnier (1ᵐ,36—1ᵐ,4)......	1793.	Vᵗᵉ CHOISEUL-PRASLIN....		10,001.	En assignats.
Portrait de madame de Boonen (bois, 62ᵒ—46ᶜ)...............	Dᵒ	dᵒ	...	7,750.	
Étude d'Enfant..................	1795.	Vᵗᵉ DE CALONNE..		5,775.	
Les Israélites dans le Désert (7 figures)...............	1800.	2ᵉ Vᵗᵉ D'ORLÉANS.........		4,222.	
Procession représentant les quatre Pères de l'Église latine, accompagnés de saint Thomas d'Aquin, saint Norbert et sainte Claire....	Dᵒ	dᵒ	....	4,709.	
Le Jugement de Pâris.............	Dᵒ	dᵒ	... Guin.	2,000.	A lord Kinnaird. 2,500 guin. en 1824, par lord Pennice, à Great-Yarmouth, en Norfolkshire.
Constantin se faisant baptiser.....	Dᵒ	dᵒ	... »	100.	
Le Mariage de Constantin le Grand.	Dᵒ	dᵒ	... »	200.	
La Croix apparaissant à Constantin	Dᵒ	dᵒ	... »	180.	
Constantin tenant la bannière de la Croix......................	Dᵒ	dᵒ	... »	80.	
Bataille de Constantin contre Maxence...................	Dᵒ	dᵒ	... »	200.	
La Mort de Maximilien.	Dᵒ	dᵒ	... »	200.	
Triomphe de Constantin.	Dᵒ	dᵒ	... »	200.	
Entrée de Constantin à Rome......	Dᵒ	dᵒ	... »	150.	
Constantin restitue au Sénat ses anciennes libertés.............	Dᵒ	dᵒ	... »	150.	
Constantin charge Crispus du commandement de la flotte.........	Dᵒ	dᵒ	... »	100.	
Fondation de Constantinople......	Dᵒ	dᵒ	... »	170.	
Constantin adorant la Croix......	Dᵒ	dᵒ	... »	80.	
Les Destinées de Philopémen.......	Dᵒ	dᵒ	... »	600.	Actuellement à Windsor-Castle.
Saint Georges dans un paysage. ..	Dᵒ	dᵒ	... »	1,000.	
L'Enlèvement de Ganimède........	Dᵒ	dᵒ	... »	400.	
Vénus revenant de la chasse.......	Dᵒ	dᵒ	... »	400.	
Scipion rend la Fiancée d'Allucius.	Dᵒ	dᵒ	... »	800.	Détruit en 1836 à Bond-street, chez M. Yates, dans un incendie.
Thomyris faisant plonger la tête de Cyrus dans un vase de sang.....	Dᵒ	dᵒ	... »	1,200.	Au comte Darnley, à Cobhamkable.
Les quatre Évangélistes........... *}* Abraham recevant du pain et du vin de Melchisédech (19 figures)......	Dᵒ	dᵒ	....	6,171.	Ces ouvrages se trouvaient jusqu'en 1688 à Locthes, près Madrid, au couvent des Carmes. Le comte de Barch, en 1808, les apporta à Londres, où il les vendit 250,000 fr.— Actuell. galerie Grouwenor, à Londres.
Sainte Famille (1ᵐ,40—1ᵐ,68).....	1801.	ROBIT..................		12,000.	
La Résurrection (bois, 1ᵐ,78—1ᵐ,37)	Dᵒ	dᵒ	....	8,420.	
La Charité romaine...............	1777.	Vᵗᵉ JULIENNE.............		5,000.	
—	1801.	Vᵗᵉ ROBIT		2,400.	
—	1805.	Vᵗᵉ MAURIN.		1,900.	
Marche de Silène.................	1804.	Vᵗᵉ DUTARTRE............		1,500.	
Portrait de Femme...............	Dᵒ	dᵒ	....	8,600.	
Portrait d'un Chartreux (1ᵐ,15—88ᶜ 1/2)......................	Dᵒ	dᵒ	....	4,100.	
La Chute des Réprouvés (esquisse ; bois , 1ᵐ18—88ᶜ 1/2)............	Dᵒ	dᵒ	....	4,000.	
—	1811.	Vᵗᵉ PISTCHAFT.		1,396.	
Lionne couchée..................	1809.	Vᵗᵉ SCHWANBERG.........		1,046.	
La Résurrection du Christ (grisaille)	1810.	Vᵗᵉ SYLVESTRE		15.	Provient de la coll. Tallard, décrite sous le nᵒ 144.

			fr.	
Homme coiffé d'une mitre.........	1810.	Vte SYLVESTRE		Provient du cab. Coypel, n° 27.
Portrait du duc de Buckingham....	1812.	Vte CLOS.	9,500.	
—	D°	Vte GODEFROY...........	4,800.	
Sainte Famille (2^m,33—1^m,95 1/2)..	1814.	Vte A. PAILLET.........	6,000.	
Le Chapeau de paille............	1822.	Vendu à Anvers........	76,682.	Portrait d'une jeune fille de la famille de Linden à Anvers. Après la mort de la veuve de Rubens, ce tableau, d'une rare beauté, devint la propriété de la famille Linden, aux héritiers de laquelle il resta jusqu'à ce qu'un d'eux, le nommé Van Haverin, se décida à le vendre pour 60,000^f à M. d'Artselaer. A la mort de ce dernier, il fut vendu à Anvers pour 67,682^f, à M. Nieuwenhuys, qui, suivant le bruit public, le revendit 87,500^f à sir Robert Peel.
Antiochus (66^c—48^c 1/2).........	1826.	Vte DENON.	1,501.	
Le Christ entre les deux Larrons (esquisse du tableau du musée d'Anvers; bois, 64^c,5^m—48^c,5^m)..	1840.	Vte SCHAMP.............	2,330.	
Sainte Thérèse intercédant auprès du Christ pour les âmes du Purgatoire (esquisse en grisaille; bois, 46^c—38^c,2^m)............	D°	d°	900.	
Les Anges rebelles foudroyés par saint Michel (45^c,5^m—1^m,18).....	D°	d°	2,000.	
Portrait du Père Butzola (96^c,5^m—72^c,5^m)...................	D°	d°	3,150.	Serait-ce celui de la vente Gersaint ?
Jésus assis entre Marthe et Marie (1^m,45—2^m,40^c,7^m)...........	D°	d°	800.	Provenant de l'abbaye de Florval, pour laquelle il a été peint.
Portrait d'Isabelle, infante d'Espagne et gouvernante des Pays-Bas (1^m,18—88^c,8^m)...............	D°	d°	1,060.	
Portrait d'Hélène Fourment (bois, 67^c—52^c,2^m).............	D°	d°	1,000.	
Portrait d'Élisabeth Brants (bois, 67^c—52^c,2^m).............	D°	d°	9,750.	
Son Portrait (bois, 67^c—55^c 1/2)..	D°	d°	5,510.	
Miracle de saint Benoît (1^m,57 1/2—2^m,57)...................	D°	d°		A M. Tencé de Lille.
La Madeleine repentante (1^m,89^c,8^m—1^m,39^c,2^m).................	D°	d°	940.	
Marie de Médicis (esquisse ayant servi à l'exécution d'un tableau de la galerie Médicis (bois, 43^c,2^m—30^c)....................	D°	d°	425.	
Le Christ mourant (bois, 38^c,2^m—77^c,8^m)...................	D°	d°	2,100.	
Portrait de sa Fille (1^m,34—1^m,12^c,5^m).....................	D°	d°	520.	
Le Perroquet de Rubens (48^c,8^m—28^c,2^m)...................	D°	d°	600.	
Le Baptême de Jésus-Christ (4^m,17^c,2^m—6^m,40)....................	D°	d°	5,100.	
Saint Pierre (bois, 67^c—48^c,8^m)...	D°	d°	420.	
Le Denier de César (bois, 1^m,40—1^m,84)....................	1841.	Vte BIRÉ HERIS..........	40,000.	Retiré et vendu au roi de Hollande.
—	1850.	Vte ROI DE HOLLANDE. Flor.	8,950.	
Portrait du comte de Roose........	1842.	Vte FORBIN.............	1,135.	Au comte de Pourtalès Gorgier.
Diane tenant un paillet..........	1843.	Vte TARDIEU	160.	
Tête d'étude pour le tableau de Vénus revenant de la chasse.......	D°	d°	85.	
Nativité (esquisse)..............	D°	Vte P. PERRIER...........		
Hygie allaitant.................	D°	d°	3,855.	

			fr.	
Esculape sous la forme d'un Serpent..........................	1860.	Vᵗᵉ DE STENHUYSE.........	3,050.	
Le Repos de Diane.................	1843.	Vᵗᵉ AGUADO.............	7,400.	
Jeu d'Enfant......................	Dᵒ	dᵒ	3,000.	
Gozon et le Dragon de Rhodes......	Dᵒ	dᵒ	1,520.	
Ulysse dans l'île des Phéaciens.....	Dᵒ	dᵒ	1,000.	
Portrait de Philippe...............	Dᵒ	dᵒ	920.	
Portrait de Femme...............	1845.	Vᵗᵉ MEFFRE..............	200.	Douteux.
Portrait de Tamerlan (bois, 99ᶜ—70ᶜ)..........	1846.	Vᵗᵉ LEROY......	3,000.	A lord Wellesley.
L'Adoration des Mages............	Dᵒ	Vᵗᵉ Cᵃˡ FESCH........ Écus	2,500.	Douteux.
Quatre Enfants jouant avec un agneau (98ᶜ—1ᵐ,28)............	1848.	Mˡˡᵉ Hⁿᵉ HERRY...........	5,850.	Fruits de Sneyders.
Portrait d'un Moine de l'abbaye Saint-Michel à Anvers (cuivre ovale, 48ᶜ—44ᶜ)	Dᵒ	dᵒ	1,000.	A M. Verbeck.
La Chasse aux Sangliers (bois, 1ᵐ,23—1ᵐ,65).................	1850.	Vᵗᵉ ROI GUILLAUME II. Fl.	20,000.	A M. Roos.
Portrait de Marie de Médicis (bois, 1ᵐ—72ᶜ)......................	Dᵒ	dᵒ .. »	3,960.	A M. Vries.
La Sainte Trinité (bois, 2ᵐ,20—1ᵐ,43.).....................	Dᵒ	dᵒ .. »	7,900.	A M. Roos.
Le Christ donnant les clefs à saint Pierre (bois, 1ᵐ,36—1ᵐ,17)......	Dᵒ	dᵒ ......,	18,000.	A M. Mauwson.
Portrait du baron de Vicq..........	Dᵒ	dᵒ	15,000.	Act. au musée du Louvre.
Portrait de l'archiduc Albert (bois, 92ᶜ—70ᶜ)...................... *Portrait de la reine Isabelle d'Espagne* (bois, même dimension)...	Dᵒ	dᵒ	5,200.	A M. Roos.
La sainte Vierge (bois, 1ᵐ,17—86ᶜ).	Dᵒ	Vᵗᵉ Mⁱˢ DE MONTCALM.....	7,200.	
Syrinx surpris par le dieu Pan....	1851.	Vᵗᵉ ERRARD	1,300.	
Repos de Diane..................		Vendu à M. HÉBRARD.....	12,000.	
—		Puis à M. DUBOIS.........	25,000.	Douteux.
—		Dᵒ à M. AGUADO........	40,000.	
—		Dᵒ à M. LEDRU	7,000.	
—	1852.	Vᵗᵉ LEDRU..............	3,000.	
Exorcisme opéré par saint Ignace..	Dᵒ	dᵒ	780.	
Loth, sa Femme et ses Filles fuyant Sodome........................	Dᵒ	Vᵗᵉ TURENNE..............	2,000.	
Portrait de Philippe Rubens (bois, 67ᶜ—51ᶜ).....................	1854.	Vᵗᵉ MECKLEMBOURG........	3,200.	Serait-ce celui de la Vᵗᵉ Aguado?
Les Pharisiens tentant Jésus avec le denier.........................	1855.	Vᵗᵉ DE LA BANQUE DE CASSEL	1,550.	
Achille plongé dans le Styx.......	Dᵒ	Vᵗᵉ COLLOT..............	13,005.	Esquisse.
L'Éducation d'Achille............	Dᵒ	dᵒ	825.	Dᵒ
Achille découvert chez les filles de Lycomède.....................	Dᵒ	dᵒ	1,200.	Dᵒ
Colère d'Achille.................	Dᵒ	dᵒ	1,300.	Dᵒ 2,180 fr. les sept.
Thétis demandant des armes à Vulcain...........................	Dᵒ	dᵒ	1,625.	Dᵒ
Rachat du corps d'Hector.........	Dᵒ	dᵒ	925.	Dᵒ
Mort d'Achille...................	Dᵒ	dᵒ	3,000.	Dᵒ
La Femme à l'Éventail (bois, 97ᶜ—70ᶜ)........................	1860.	Vᵗᵉ PIÉRARD.............	13,700.	Coll. J. Nieuwenhuys, Héris, Favier et Cousin.

			fr.	
Grisaille, forme ronde (bois, 16ᶜ).	1860.	Vᵗᵉ Piérard..............	1,030.	Coll. Schampt, 1840.
Sainte Thérèse intercédant pour les âmes du Purgatoire (65ᶜ—48ᶜ)...		Vᵗᵉ R. de Rubempré......		Esquisse.
—	Dᵒ	Vᵗᵉ Bramcamp............		
—	Dᵒ	Vᵗᵉ van Saceghem........		
—	Dᵒ	Vᵗᵉ Patureau.............	16,000.	Au marquis du Blaisel.
Sujet mythologique..............	Dᵒ	dᵒ	11,200.	
Tête d'étude	Dᵒ	dᵒ	6,100.	
L'Adoration des Pasteurs (32ᶜ—43ᶜ)	1858.	Vᵗᵉ Mérighi.	1,186.	Serait-ce le tableau de la Vᵗᵉ Fesch ?
Sainte Famille (bois, 1ᵐ 25—92ᶜ)..	Dᵒ	2ᶜ Vᵗᵉ Hope.	4,200.	Coll. Érard.
Groupe de Portraits.............	1859.	Vᵗᵉ Castellan, retiré, faute d'enchère, à............	6,000.	
Nessus et Déjanire.	Dᵒ	Vᵗᵉ Brabeck et de Stolberg........... Thalers	1,901.	
Jésus-Christ donnant les clefs à saint Pierre.................	Dᵒ	Vᵗᵉ Lord Nortewick.....	11,960.	
La Destinée de la reine Marie de Médicis, et le Temps qui découvre la Vérité.......................	Dᵒ	Vᵗᵉ Ary Scheffer........	5,300.	
Chasse au Lion............... ..	Dᵒ	Vᵗᵉ Moret, retiré, faute d'enchère, à............	1,200.	} Vᵗᵉ Fesch.
Le Baptême du Christ............	Dᵒ	dᵒ retiré, faute d'enchère, à............	6,000.	
Le Triomphe de l'Église..........	Dᵒ	Vᵗᵉ A. Leroux.	7,900.	
Le Christ mourant sur la Croix, esquisse du tableau d'Anvers....	1860.	Vᵗᵉ Cᵗᵉ H. de Stenhuyse.	1,500.	
Intérieur : Portraits de la famille du chevalier de Balthazar.......	Dᵒ	Vᵗᵉ sir Culling-Eardley.	187,000.	A M. Ward.
Portrait de Sneyders, de sa Femme et de son Enfant...............	Dᵒ	dᵒ	.. 25,000.	A M. Greville.
Portrait du duc de Neubourg (2ᵐ—1ᵐ,38)...................	1861.	Vᵗᵉ Vᵛᵉ Leroy de Gausendries.................	3,300.	A M. Haes-Cocks.
La Famine apaisée par la prière d'un saint...................	Dᵒ	Vᵗᵉ Dubois..............	419.	Esquisse.
Pan et Syrinx...................	Dᵒ	Vᵗᵉ Rhoné	1,680.	
Portrait du peintre	Dᵒ	Vᵗᵉ Leroy d'Étiolles.....	3,000.	
Deux Génies en l'air.	Dᵒ	dᵒ	1,180.	
Portrait d'Isabelle d'Autriche.....	Dᵒ	dᵒ	1,000.	
Madeleine repentante...........	Dᵒ	dᵒ	1,850.	
Chasse aux lions.................	1862.	Vᵗᵉ Bost.................	400.	Esquisse très-fatiguée.
Le Christ sur la Croix (1ᵐ,5—70ᶜ)..	Dᵒ	Vᵗᵉ Baillie, à Anvers....	6,300.	A M. Richard Wallace.
Portrait du Frère de Rubens......	1863.	Vᵗᵉ Meffre.............	1,150.	
Portrait d'un Jeune Homme......	Dᵒ	Vᵗᵉ Gilkinet de Liége, retiré, faute d'enchère, à...	12,000.	
Portrait d'un Jeune Homme......	Dᵒ	Vᵗᵉ Simonet.............	350.	
Le Jugement de Salomon.........	Dᵒ	Vᵗᵉ Souty.	400.	
Tobie et l'Ange à la prise du Poisson : saint Pierre et quatre autres apôtres trouvent dans le poisson pris la pièce pour payer le tribut...................	1862.	Vᵗᵉ Weyer, de Cologne...	1,323	
Portrait du savant Juste-Lipse. ...	Dᵒ	dᵒ dᵒ ...	410.	

			fr.
DESSINS.			
L'Assomption (à l'encre de Chine et quelques couleurs).........	1766.	Vte OUDAN......... Flor.	360.
Jésus-Christ en Croix (à la pierre noire rehaussé de blanc, sur papier gris légèrement colorié)...	1770.	Vte LALIVE DE JULLY.....	500.
Martyre de saint André (à la pierre noire rehaussé de blanc).......	D°	d°	1,650.
—	D°	Vte MARIETTE............	1,500.
—	D°	Vte DE BOISSET..........	1,350.
—	1779.	Vte VASSAL DE St-HUBERT.	
—	1791.	Vte LEBRUN.............	1,000.
Vue du Marché aux légumes de la ville d'Anvers , où une dame, suivie de sa servante, marchande du fruit à des paysannes (à la plume, lavé de bistre, rehaussé de blanc sur papier gris)........	D°	Vte MARIETTE............	280.
—	1777.	Vte CONTI...............	
Étude pour le Christ baptisé.......	1859.	Vte F. V***.............	80.
L'Adoration des Bergers..........	1861.	Vte PÉRIGNON...........	90.
Silène........................	1863.	Vte X***................	210.

JORDAENS (JACQUES)

Né à Anvers en 1594, mort en la même ville en 1678.

Le pinceau de Jordaens le dispute quelquefois à celui de son maître. A sa touche mâle et bien nourrie, il joint un coloris brillant et solide, une extrême facilité et une grande richesse de composition. Un peu plus de correction, de noblesse dans les caractères, d'élévation dans la pensée, lui aurait mérité le premier rang parmi ses contemporains. Quoi qu'il en soit, il peut encore passer pour un bon peintre, assez original pour que ses imitations de Rubens ne puissent pas tromper, et qu'il soit facile de les reconnaître à leur lourdeur et à leur incorrection. C'est à tort qu'on a voulu l'assimiler à Rubens : ce dernier avait bien plus de noblesse et de distinction, et bien que Jordaens sût arrondir ses figures et donner le même éclat à sa couleur, quelquefois plus vigoureuse, Rubens a toujours l'avantage dans toutes les parties qui ont rapport à la peinture.

OOST (JACQUES VAN), DIT LE VIEUX

Né à Bruges vers l'an 1600, mort en la même ville en 1650 ou 1671.

Ce peintre, élève de Rubens, a copié son maître et Van Dyck avec tant d'art que ses contrefaçons tromperaient souvent, si, à la fraîcheur de ses carnations, il avait su joindre plus d'harmonie dans ses étoffes, dont les couleurs peu rompues approchent souvent de la crudité.

DIEPENBÈKE

Né à Bois-le-Duc en 1620, mort à Anvers en 1675.

Bon élève de Rubens, Diepenbèke est un de ceux qui avaient le plus de génie et qui ont le mieux imité la manière de leur maître. Ses études en Italie ne lui ont pas même fait changer le goût de dessin qu'il avait puisé à l'école de Rubens : il l'a même dépassé en incorrection. Son dessin lourd, ses carnations un peu violacées, sa touche plus arrondie, sont les points qui servent à découvrir ses copies et ses imitations.

THULDEN (THÉODORE VAN)

Né à Bois-le-Duc en 1607, mort en la même ville en 1686.

Cet artiste eut la gloire d'être un des collaborateurs de son maître dans l'exécution de la galerie du Luxembourg. On distingue ses copies à l'incorrection du dessin, à la lourdeur de la touche et à leur couleur terreuse.

BOCKHORST (JEAN VAN), SURNOMMÉ LANGEN JAN

Né à Munster vers l'année 1610.

Bockhorst fut élève de Jordaens. Rubens et Van Dyck lui servirent tour à tour de modèles dans ses imitations que l'on trouve assez satisfaisantes pour la couleur, mais plus maniérées de touche et de dessin.

PIETERS (NICOLAS)

Né à Anvers en 1648, mort en 1721.

Suivant les chroniqueurs du temps, Pieters a copié et imité Rubens au point d'avoir trompé les experts eux-mêmes, en pleine vente publique. Sans partager entièrement cette opinion, je dirai que ses carnations, assez heureuses, rappellent celles de Rubens, mais son dessin grêle et ses ombres lourdes sont assez sensibles pour empêcher toute méprise.

MARIENÓF ou MARIENHOF

Né à Gorcum en 1650, mort à Bruxelles vers 1685.

Les copies faites par Marienhof furent presque sans égales. Seulement, ses fonds plus lourds, son dessin plus carré, peuvent servir d'indications pour arriver à le reconnaître.

Ici se termine la nomenclature des imitateurs et copistes de Rubens. Ceux qui restent, comme GASPARD DE CRAYER, CORNILLE, SIMON DE VOS, BISCAYE, ont tous suivi le mode du grand maître en y joignant l'exécution de Van Dyck.

BALEN ou BALEEN (HENRI VAN)

Né à Anvers en 1560, mort en la même ville en 1632.

Ce peintre, qu'on estime avec raison, fut un des meilleurs dessinateurs de son pays. Ses chairs sont tendres, arrondies et d'une grande fraîcheur, ses compositions réfléchies et pleines d'invention. L'élégance dans les formes et le coloris ont été les deux plus grandes qualités du talent de van Balen.

Jean Brueghel peignait les fonds de ses tableaux, et les ornait de fleurs au besoin.

Les tableaux de ce peintre sont beaucoup moins recherchés et surtout moins bien payés qu'autrefois. Le musée du Louvre en possède un assez bel échantillon, c'est le *Repas des Dieux*.

MUSÉE DE LILLE. — *Le Repos de la Sainte Famille.*

MUSÉE DE CHERBOURG. — *Une Femme et deux Enfants présentant une offrande à Bacchus et à Cérès.*

MUSÉE D'AMSTERDAM. — *Hommage de Bacchus à Diane.*

MUSÉE DE ROTTERDAM. — *Sainte Claire sur son lit de mort.*

ANCIENNE COLLECTION DE VIENNE. — *L'Assomption de la Vierge.* — *La Sainte Vierge assise dans un paysage avec l'Enfant Jésus qui dort sur ses genoux,* etc. — *L'Enlèvement d'Europe.*

MUSÉE DE MUNICH. — *Saint Jérôme en méditation.* — *Bacchus.* — *Diane.* — *Flore.* — *Cérès.* (Paysage par Brueghel de Velours.)

Cabinet Le Brun Dalbane. — *L'Enlèvement d'Europe* (très-belle composition).

Une Bacchanale faite en collaboration de Brueghel et vendue 150 florins à la Vte Van Lancker en 1769. — *Énée et Didon* (B. 69e 1/2—69e). 1840, Vte Scamp, 420 fr. — *Enfants jouant avec une chèvre.* 1843, Vte Aguado, 200 fr. — *Le Triomphe d'Amphitrite.* 1844, Vte X., 77 fr. — *Sainte Cécile.* 1851, Vte Sébastiani, 146 fr. (à M. Burat). — *La Vierge, l'Enfant Jésus, adorés par des Anges.* 1852, Vte des Horties, 135 fr. — *Le Repos de la Sainte Famille.* 1856, Vte Dufouleur, 205 fr. — *Les Sciences et les Arts réunis* (2^m,00—1^m,50). 1858, Vte X., 800 fr. (En collaboration avec Van Kessel.)

BALEN ou BALEEN (jean van)

Né à Anvers en 1611.

Sa manière approche beaucoup de celle de son père; elle ferait presque confondre leurs ouvrages, si la défectuosité de son dessin et l'âpreté de sa touche n'aidaient pas à reconnaître la différence.

Van Kessel et plusieurs autres paysagistes de l'époque l'employèrent à peindre dans leurs tableaux de petites figures, quelque peu dans le genre de l'Albane.

NEEFS-NEEFFS ou NEEFTS (peeter)

dit LE VIEUX

Né à Anvers vers 1550, mort dans la même ville en 1638.

Peeter Neefs a suivi le goût de son maître van Steinwick ou Stenvick pour l'architecture, mais sa manière est toute différente. En adoptant l'architecture gothique, il s'est fait un mode d'exécution qui lui appartient. Son coloris ne tient à aucun de ceux qui l'ont précédé dans son genre; il est tout à la fois vigoureux et lumineux, transparent et vrai. Les tableaux clairs de cet artiste sont les plus estimés, et cependant il excellait à représenter des effets de nuit ou de jour sombres; c'est dans ce genre de composition que l'artifice et l'illusion produits par son pinceau règnent au plus haut degré.

Il ne sut pas réunir au talent qu'il possédait celui de peindre les figures. Les Franck, Téniers, Brueghel, van Tulden, J. Meel et autres lui rendaient ce service. Pourtant il existe plusieurs des tableaux de Peeter Neefs qui sont restés sans figures.

Les productions de ce maître sont un peu délaissées, quoiqu'elles renferment souvent des beautés de premier ordre.

Le musée du Louvre possède plusieurs ouvrages de ce maître. Voici leurs estimations officielles.

Saint Pierre délivré de prison, 1,200 fr. — *La Vue intérieure de la cathédrale d'Anvers* (n° 346), 1,200 fr. — *Vue intérieure d'une cathédrale* (n° 612), 500 fr. — *Intérieur d'église* (n° 350), 500 fr. — *Intérieur d'église* (n° 351), 500 fr.

MUSÉES DIVERS, GALERIES, ETC.

Musée de Rouen. — *Intérieur d'une église gothique* (effet de nuit).

Musée de Caen. — *Intérieur d'une église.*

Musée de Rennes. — *Vue intérieure d'une église gothique avec figures.*

Musée de Nîmes. — *Intérieur d'église.*

Musée d'Avignon. — *Intérieur d'une église.*

Musée de Valenciennes. — *Intérieur d'église.*

Musée d'Amsterdam. — *Une Église.* — *L'Église de Notre-Dame à Anvers.* — *Une Église* (effet de lumière).

Musée de Rotterdam. — *Intérieur d'église catholique.*

Musée de La Haye. — *Intérieur d'église.*

Musée de Munich. — *Intérieur d'église pendant la nuit.*

Musée de Saint-Pétersbourg. — Quelques *Intérieurs d'églises.*

Musée de Dresde. — *Intérieur de la cathédrale d'Anvers.* — *Intérieur d'une petite église gothique.*

Ancienne galerie de Vienne. — *Vue intérieure de la cathédrale d'Anvers* (fig. de Franck).

Musée du Roi a Madrid. — Quelques *Intérieurs.*

Institution royale d'Édimbourg. — *Un Intérieur d'église.*

Dulwich Collége. — Plusieurs beaux *Intérieurs d'église.*

Au duc de Portland. — *Un Intérieur d'église.*

Collection Wemys. — *Intérieur d'église.*

Collection Burlington. — *Deux Intérieurs d'église.*

Collection Hardwicke. — *Deux Intérieurs d'église.*

Collection Maitland. — *Un Intérieur d'église.*

Collection Marlborough. — *Un Intérieur d'église.*

Collection Warwich. — *Deux Intérieurs.*

Collection Overstone. — *Intérieur d'une cathédrale.*

A sir Culling Eardley. — *Intérieur d'église* et son pendant.

Collection Robert Cranfurd. — *Intérieur d'église.*

Collection Oppenheim. — *Intérieur de la cathédrale d'Anvers* (figures par F. Franck).

Collection Wynn Ellis. — *Intérieur d'une église.*

Collection Bute. — *Un Intérieur d'église.*

Collection miss Rogers. — *Deux Intérieurs d'église.*

Galerie Esterhazy. — *Intérieur d'église.*

Cabinet du comte Czernin. — *Intérieur d'église.*

Galerie d'Arenberg. — *Intérieur d'église.*

COLLECTION VAN DER AA, DE SAINT-NICOLAS. — *Temple de Jérusalem avec figures.*
COLLECTION WILHORGNE DE BUCHY. — *Intérieur d'une église* (effet de nuit; ovale).
CABINET DE M. LE COMTE DE NATTES. — *Intérieur d'église* (fig. de Palamèdes).

PRIX DE VENTES

Intérieur de l'église Sainte-Gudule à Bruxelles (effet de jour). Pendant : *id.* (effet de nuit) (cuivre, ovale, 7ᶜ—9ᶜ). 1766, Vᵗᵉ Julienne, 500 fr. les deux (coll. Létoublon). — *L'Église de Saint-Walbruge.* 1769, Vᵗᵉ van Laneker, 88 florins. — *Intérieur d'église* (fig. de F. Franck). 1777, Vᵗᵉ Conti, 820 fr. (gal. Choiseul). — *Église gothique* (effet de lumière). 1778, Vᵗᵉ Fitz-James, 440 fr. — *Intérieur de Temple* (fig. de Téniers). 1800, Vᵗᵉ d'Orléans, 36 guinées. — *Intérieur d'église* (fig. par Brueghel de Velours) (cuivre, 9ᶜ 1/2 — 12ᶜ 1/2). 1802, Vᵗᵉ de Méreville, 182 fr. — *Intérieur d'église* (fig. de Franck). 1810, Vᵗᵉ Sylvestre. — *Vue perspective de la cathédrale d'Anvers.* 1837, Vᵗᵉ Dˢˢᵉ de Berry, 2,000 fr. — *Intérieur* (B. 48ᶜ,8ᵐ—64ᶜ,5ᵐ). 1840, Vᵗᵉ Schamp, 620 fr. — *Intérieur d'église.* 1843, Vᵗᵉ Héris Leroy, 1,605 fr. — *Effet de nuit.* Même Vᵗᵉ, 270 fr. — *Vue intérieure de la cathédrale d'Anvers.* 1843, Vᵗᵉ Perrier, 1,325 fr. — *Intérieur d'église.* 1844, Vᵗᵉ X..., 462 fr. — *Intérieur d'église.* Même Vᵗᵉ, 1,150 fr. — *Intérieur d'une église* (fig. de Séb. Franck) (B. 78ᶜ—1ᵐ,08). 1844, Vᵗᵉ D. Ullens de Schooten, 250 fr. — *Intérieur d'église.* 1845, Vᵗᵉ Vasserot, 700 fr. — *Intérieur d'église.* 1846, Vᵗᵉ Fesch, 46 écus. — *Clair de lune.* Même Vᵗᵉ, 400 écus. — *Un Hiver.* Même Vᵗᵉ, 170 écus. — *Intérieur d'église.* Même Vᵗᵉ, 290 écus. — *Intérieur d'église.* 1846, Vᵗᵉ Stevens, 260 fr. — *Une Église* (vue de jour, fig. de Franck) (B. 21ᶜ—57ᶜ). 1848, Vᵗᵉ de Mˡˡᵉ H. Herry, 620 fr. — *Intérieur d'église* (effet de jour). 1851, Vᵗᵉ Cottreau, 351 fr. — *Intérieur d'église* (effet de nuit). Même Vᵗᵉ, 175 fr. — *Intérieur d'église* (effet de jour). Même Vᵗᵉ, 241 fr. — *Église de Hollande.* 1852, Vᵗᵉ Turenne, 540 fr. — *Intérieur d'église* (fig. peintes par Franck). 1859, Vᵗᵉ A. Leroux, 1,120 fr. — *Intérieur d'église* (fig. de van Thulden) (62ᶜ—85ᶜ). 1860, Vᵗᵉ Piérard, 1,400 fr. — *Intérieur d'église* (fig. de Franck). 1861, Vᵗᵉ X..., 735 fr. — *Vue intérieure de la cathédrale d'Anvers.* 1861, Vᵗᵉ Daigremont, 760 fr. — *Intérieur de l'église de Notre-Dame à Anvers* (fig. de Franck) (29ᶜ—43ᶜ). 1861, Vᵗᵉ Dupire, de Valenciennes, 620 fr. — *Vue intérieure de l'église de Notre-Dame d'Anvers* (70ᶜ—83ᶜ). 1862, Vᵗᵉ Baillie, à Anvers, 1,075 fr. — *Intérieur d'une église* (effet de jour) (92ᶜ — 1ᵐ,22). Même Vᵗᵉ, 250 fr. — *Intérieur de l'église Notre-Dame d'Anvers.* 1863, Vᵗᵉ Gilkinet de Liége, 980 fr.

Voici les quelques imitateurs qui peuvent provoquer la confusion :

NEEFS (PEETER), DIT LE JEUNE

FILS DU PRÉCÉDENT

Né à Anvers en 1601, mort en 1658.

L'exécution de Peeter Neefs est plus sèche que celle de son père. Ses effets sont moins vrais et moins vaporeux, ce qui n'empêche pas que l'on fasse quelquefois passer ses tableaux pour ceux de Peeter Neefs le vieux.

MORGENSTEN (JEAN-LOUIS-ERNEST)

Né à Rudelstadt en 1738, vivait encore au commencement de ce siècle.

On doit à cet artiste allemand une infinité de copies de Peeter Neefs, presque toutes faussement signées du nom de ce maître, mais trop sèches de touche pour tromper le vrai connaisseur. Leurs teintes sombres et leurs effets exagérés les font plutôt ressembler aux tableaux de Steinwick.

BABUER (THÉODORE)

Tout ce que l'on sait de ce peintre hollandais, c'est qu'il habita Anvers où il fut employé à copier Peeter Neefs par les marchands de l'époque. Bien qu'il fût extrêmement habile, ses copies sont très-reconnaissables. Elles n'ont pas ces tons argentins particuliers au maître. Leur perspective aérienne est lourde, et les figures sont mal dessinées.

Il est encore un copiste dont les contrefaçons froides et exécutées au *poncis* ont le privilége de tromper certains amateurs de bon marché. On les achète chaque jour dans les ventes publiques comme étant de Peeter Neefs.

Il est si facile d'en tâter les pâtes au moyen d'un canif que je n'indiquerai pas d'autre moyen pour déjouer les frauduleuses opérations de ce copiste, qui existe encore et qui se décore du titre d'expert.

SNEYDERS ou SNYDERS (FRANÇOIS)

Né à Anvers en 1579, mort en 1657.

On peut dire que personne n'a surpassé Sneyders dans la représentation des animaux vivants ou morts, des chasses, des sangliers abattus par les chiens, des combats de tigres et de lions, où l'expression de la fureur et de la rage se développe avec force et énergie. Il a peint avec autant de science des fruits et d'autres accessoires de nature morte.

Sous les apparences d'une exécution pleine de chaleur, il sut rendre avec un art merveilleux la nature de chaque espèce : la soie, le poil, la laine, la plume, les mœurs, les inclinations : c'est la nature prise sur le fait.

Rubens, Jacques Jordaens, Martin de Vos et autres se plaisaient à orner de figures les ouvrages de Sneyders.

Les petites toiles de Sneyders sont excessivement rares. Ses grandes compositions sont très-recherchées pour les hautes décorations.

Le musée du Louvre renferme de beaux échantillons du talent de Sneyders. La plupart de leurs estimations sont très-contestables et bien au-dessous de leur valeur actuelle. *L'Entrée des animaux dans l'arche* est le plus estimé, il fut coté 4,000 fr. dans les inventaires. — *Cerf poursuivi par une meute*, 1,000 fr. — *Des Chiens dans un garde-manger*, 1,000 fr. — *Fruits et Animaux*, 500 fr.

MUSÉES DIVERS, GALERIES, ETC.

Musée de Rouen. — *Chasse au sanglier.*

Musée de Lyon. — *Une Table de cuisine.*

Musée de Caen. — *Intérieur d'un Office* (très-capital). — *Chasse aux ours* (attribué à Paul de Vos).

Musée de Rennes. — *Un Dogue blessé.* — *Chasseurs défendant leur gibier contre des chiens.*

Musée d'Angers. — *Chien écrasé sous des décombres.*

Musée de Lille. — *Chiens et Loups.* — *Sangliers et Cerfs.* — *Le Pourvoyeur.*

Musée de Grenoble. — *Un Chien et un Chat se disputant dans une cuisine.*

Musée de Valenciennes. — *Un Marchand de poisson.*

Musée de Bordeaux. — *Un Lion mort.* — *Deux Chasses.* — *Paysage.*

Musée de Cherbourg. — *Poissons et autres animaux amphibies.*

Musée de Bruxelles. — *Nature morte.*

Musée d'Amsterdam. — *Fruits et Gibier mort.* — *Gibier mort et Légumes.*

Musée de Rotterdam. — *Oiseaux, Fruits et Légumes.*

Ancienne collection de Vienne. — Deux sujets de *Chasse.* — *Une Chasse aux renards.* — Deux grands *Paysages :* dans le premier, *le Paradis terrestre avec quantité d'animaux;* dans le second, *une Chasse aux sangliers.* — Deux petits tableaux de *Nature morte.* — *Le Prophète Daniel dans la Fosse aux lions.* — *Un Cavalier monté sur un cheval tacheté* (dans un paysage).

Musée de Berlin. — *La Chasse au cerf.* — *Combat d'Ours et de Chiens* (figures de Rubens). — *Une Chasse.*

Musée de Munich. — *Lionnes poursuivant un chevreuil.* — *Un Garde-manger.*

Musée de Saint-Pétersbourg. — *Plusieurs grandes Chasses.* — *Loups dévorant un cheval.*

Musée de Dresde. — *Un Ours attaqué par des chiens.* — *Chevreuil, Gibier et Fruits* (figure peinte par Mierevelt). — *Un Cygne mort.* — *Chevreuil, Cygne et Volaille.* — *Gibier et Fruits.* — *Chasse au sanglier.* — *Volaille et Gibier.* — *Le Paradis terrestre.* — *Chasse à l'ours.* — *La Marchande de légumes.* — *Une Jardinière vendant des légumes.*

Musée de Turin. — *Chasse au sanglier* (figure par Rubens).

MUSÉE DEGL' UFFI A FLORENCE. — *Chasse au sanglier.*

MUSÉE BRÉRA A MILAN. — *Animaux.*

MUSÉE DU ROI A MADRID. — *Plusieurs Chasses.*

MUSÉE NATIONAL DE MADRID. — *Chasse au cerf.* — *Chasse au sanglier.*

INSTITUTION ROYALE D'ÉDIMBOURG. — Deux belles compositions.

COLLÉGE DE GLASGOW. — *Nature morte.*

COLLECTION BANKES. — Deux belles compositions.

COLLECTION LABOUCHÈRE. — Une belle composition.

GALERIE WESTMINSTER. — *Plusieurs Chasses,* dont l'une *au lion.*

GALERIE NORTHUMBERLAND. — Une belle composition. — *La Chasse aux renards.*
— *La Chasse au cerf.*

AU DUC DE NEWCASTLE. — Quatre belles compositions (avec figures par Langen Jan).
— *Une Lionne.*

A SIR CULLING EARDLEY. — *Nature morte, Poissons et Fruits.*

COLLECTION SEBRIGT. — Une belle composition.

GALERIE ELLESMÈRE. — *Chiens et Fruits.*

COLLECTION LONSDALE. — Plusieurs compositions.

COLLECTION ROBERT CLIVE. — *Nature morte et Fruits* (figures par Rubens).

COLLECTION SCARSDALE. — Deux belles compositions.

COLLECTION FOUNTAINE. — *Nature morte, Fruits et accessoires* (figures par Rubens).

COLLECTION SHREWSBURY. — *Un Déjeuner.* — *Des Chiens.*

COLLECTION DARNLEY. — Trois belles compositions.

COLLECTION WYNDHAM. — Deux belles compositions.

COLLECTION WEMYS. — Une belle composition et son pendant (avec figures par
Rubens). — Un autre sujet.

AU DUC DE PORTLAND. — Quatre belles compositions.

CABINET WARWICK. — *Un Combat de chiens.*

GALERIE FITZWILLIAM. — Deux compositions.

COLLECTION TOMLINE. — *Portrait du peintre* (contesté, attribué à Érasme Quellyn).

AU COMTE DE DERBY. — *Chasse au sanglier.*

COLLECTION TOLLEMACHE. — *Une Cigogne et des Faucons.*

AU COMTE DE SPENCER. — *Le Buste de Cérès entouré de fleurs.*

ANCIENNE COLLECTION SAMUEL ROGERS. — *Gibier mort.*

GALERIE LICHTENSTEIN. — Plusieurs belles compositions.

CABINET DU PRINCE JOUSSOUPOFF A SAINT-PÉTERSBOURG. — *La Chasse aux loups*
(fig. par Rubens).

GALERIE ESTERHAZY. — *Une Chasse au sanglier.*

GALERIE DUCHATEL. — *Le Sanglier forcé.*

GALERIE ROTHSCHILD. — *Le Rat et le Lion.* — *Les Renards forcés* et plusieurs
autres compositions.

A M. BORELY, D'AMIENS. — *Un Quartier de viande, un Chou, une Marmite en
cuivre,* etc., etc.

PRIX DE VENTES

Tableau *d'Animaux.* 1811, Vᵗᵉ Burgraaff, 351 fr. — *Biche attaquée par des chiens*
(121ᶜ,2ᵐ—187ᶜ,2ᵐ). 1840, Vᵗᵉ Schamp, 520 fr. — *Gibiers, Fruits,* etc. (B. 35ᶜ—54ᶜ). Même

Vte, 465 fr. — Son pendant : *Gibier, Viandes,* etc. Même Vte, 240 fr. — *Sanglier attaqué par des chiens* (1^m,57 — 2^m,88). Même Vte, 400 fr. — *Animaux divers.* 1843, Vte Dubois, 350 fr. — *Chiens et Gibier.* Même Vte, 353 fr. — *Chiens au repos.* Même Vte, 349 fr. — Son pendant. Même Vte, 461 fr. — *La Poule en litige et une Chasse au sanglier.* 1846, Vte Fesch, 1,270 écus. — *Lions poursuivant un chevreuil.* Même Vte, 421 écus. — *Un Garde-manger* (2^m,27 — 3^m). 1846, Vte Wellesley, 1,400 fr. — Quatre tableaux représentant des *Groupes d'oiseaux.* 1853, Vte du roi Louis-Philippe, 8,575 fr. — *Deux Singes jouant au tric-trac.* 1854, Vte de Chavagnac, 1,120 fr. — *Un Garde-manger.* Même Vte, 2,500 fr. — *Un Homme éventrant un chevreuil.* 1859, Vte Brabbeck et de Stolberg, 704 thalers. — *Un Ours et des Chiens.* Même Vte, 785 thalers. — *Chasse au cerf* et son pendant. 1859, Vte A. Leroux, 610 fr. — Sujet mythologique (2^m,80 — 3^m,40). 1860, Vte Louis Fould, 1,460 fr. — *Nature morte* (1^m,13 — 1,^m76). 1862, Vte Baillie à Anvers, 825 fr. — *La Fruitière.* 1862, Vte F..., 620 fr.

Au nombre des peintres qui ont assez bien imité ou copié Sneyders, on remarque :

MIERHOP (FRANÇOIS VAN CUYP DE)

Né à Bruges vers 1640, mort vers 1690.

Mierhop n'a point égalé Sneyders, mais il faut beaucoup d'habitude pour ne pas se laisser prendre à ses meilleurs ouvrages. On y trouve, à peu de chose près, le même goût dans la composition, le même coloris et la même touche. Ce n'est donc que dans la manière d'opérer, dans l'exécution, qui paraît moins libre sous le pinceau de Mierhop, qu'on peut trouver quelque différence entre ces deux artistes.

Un autre point de dissemblance, c'est la médiocrité du dessin et la mauvaise couleur des figures de Mierhop.

VOS (PAUL DE)

Né à Alost en 1600, mort en 1654.

Il a exécuté avec assez de succès des batailles, des chasses et des animaux. Les peintures qu'il a faites dans ce dernier genre sont parfois attribuées à Sneyders, mais leur couleur plus noire que vigoureuse et leur touche plus heurtée que large les font facilement reconnaître.

BERNAERD (NICAISE)

Né à Anvers en 1608, mort à Paris en 1678.

Sa touche aiguë, sa couleur grise et froide, décèlent cet élève de Sneyders, malgré un beau dessin et des compositions pleines de feu.

BOËL (pierre)

Né à Anvers en 1625, mort à Paris en 1677.

Le pinceau hardi, la belle couleur de cet autre élève de Sneyders, prêteraient à l'illusion, si son dessin maniéré et ses compositions mal ordonnées ne le trahissaient au premier coup d'œil.

SNYDERS (françois)

Mort en 1676.

Snyders fut l'élève de François Sneyders. Malgré la similitude des noms de famille et de baptème, rien ne prouve que ce peintre soit parent de son maître.

Ses imitations sont molles et sans ressort, sa couleur est terne, et, sans la quasi-similitude de leur signature, il ne serait pas possible de s'y méprendre.

JURIAEN (jacobbz)

Mort en 1685.

Les Chasses et les Combats d'animaux sont les deux genres auxquels s'est le plus adonné Juriaen. La manière de Sneyders se trouve reproduite dans ses ouvrages à un degré très-rapproché; toutefois il est plus léché dans sa touche, ses contours sont plus ronds, ses fonds plats et sans effet.

BEELDEMAKER (jean)

Né à La Haye en 1630, mort en 1669.

Cet artiste a fait beaucoup de tableaux de décoration. On lui doit aussi des Chasses au cerf et au sanglier qui ne sont pas sans mérite. Elles ont pour caractère distinctif une touche trop floue et un dessin relâché.

BOUCLE (van)

Van Boucle mourut à l'Hôtel-Dieu de Paris, dans une extrême pauvreté. D'une couleur plus blafarde, d'un dessin plus maniéré que Sneyders, sa touche est tellement grenue que l'on croirait, mais à tort, ses tableaux peints sur canevas.

BOULE

Mort aux Gobelins, où il était employé.

Élève de Sneyders, dont il épousa la veuve, ce peintre imita d'assez loin son maître. Les grands tableaux qu'il a laissés sont presque tous imparfaits et sentent tellement la tapisserie par leurs tons lavés et leur couleur blafarde, qu'il est difficile de s'y méprendre.

Quant aux peintres dont le faire s'est quelquefois approché de F. Sneyders, tels que BOEKEL, GRIEFF, SIMON DE VOS, VAN KALRAAT, NICASIUS et VEREYDEN, ils ont presque tous un cachet particulier qui ne permet pas de les assimiler au maître. Ce n'est que dans le bas commerce qu'ils peuvent prêter à des mystifications.

CRAYER (GASPARD DE)

Né à Anvers en 1582 ou 1585, mort à Gand en 1668.

Dans sa composition et son mode d'exécution, Crayer approche beaucoup de Rubens et plus souvent encore de Van Dyck, dont il a parfois la même transparence et la même fonte de coloris.

Son dessin est pur, ses compositions sont sages et bien entendues ; ses draperies, variées et de bon goût ; ses carnations, fraîches et naturelles.

Les œuvres de ce maître sont assez répandues dans le commerce, où elles sont peu recherchées par les amateurs. Leur prix est bien tombé depuis quelques années ; sauf quelques tableaux hors ligne, il est rare de les voir dépasser 1,000 fr. Les deux que possèdent le musée du Louvre sont estimés 6,000 fr. chacun dans les inventaires.

ANCIENNEMENT AU LOUVRE. — *Saint Antoine et saint Paul.* Est. 2,500 fr. (rendu en 1815 à la Belgique).

MUSÉES DIVERS, GALERIES, ETC.

MUSÉE DE NANCY. — *La Peste de Milan.*
MUSÉE DE NANTES. — *L'Éducation de la Vierge.*
MUSÉE DE RENNES. — *L'Élévation en Croix.* — *La Résurrection de Lazare.*
MUSÉE DE VALENCIENNES. — *Notre-Dame du Rosaire.*

Musée de Grenoble. — *Martyre de sainte Catherine.* — *Martyre de sainte Barbe* (contesté).

Musée de Lille. — *Martyrs enterrés vivants.* — *La Pêche miraculeuse.* — *Le Fils de Tobie et l'Ange.*

Musée de Bordeaux. — *Adoration des Bergers.*

Musée de Lyon. — *Saint Jérôme dans le désert.*

Musée de Bruxelles. — *La Pêche miraculeuse.* — *L'Assomption de sainte Catherine.* — *Le Martyre de saint Blaise.* — *Le Martyr de sainte Apolline.* — *La Conversion de saint Julien.* — *L'Apparition de la Vierge à saint Bernard.* — *Ex voto* et plusieurs autres toiles.

Musée d'Anvers. — *Élie au désert.*

Église de Saint-Paul d'Anvers. — *Saint Dominique.*

A Notre-Dame de Bruges. — *L'Adoration des Bergers.*

Musée d'Amsterdam. — *L'Adoration des Bergers.* — *Descente de Croix.*

Musée de Rotterdam. — *La Descente de Croix.* — *Le Calvaire* (esquisse).

Ancienne galerie de Vienne. — *L'Annonciation.* — *La Sainte Famille.*

Musée de Munich. — *Un Ex-voto.*

Galerie Fitzwilliam. — *Portrait de l'artiste.*

Collection Arundel. — *L'Assomption.*

Collection Stirling. — *Portrait de don Fernando.*

Collection Munro. — *La Vierge et l'Enfant Jésus.*

Galerie d'Arenberg. — *La Multiplication des pains et des poissons.*

Ancienne galerie Weyer de Cologne. — *Capucin avec besace.*

PRIX DE VENTES

L'Assomption de la Vierge. 1738, Vte Fraula, 240 florins. — *Diogène et Alexandre.* 1765, Vte Rubembré, 420 florins. — *Assomption de la Vierge* (vingt-deux figures). 1738, Vte Fraula, 240 florins. — *Sainte Famille* (2^m,38—1^m,56). 1803, Vte Pauwels, 840 fr. — *Madeleine repentante.* 1846, Vte Fesch, 40 écus. — *Le Repos de la Vierge.* 1861, Vte Daigremont, 610 fr. — *La Vierge et Jésus dans un médaillon entouré de fleurs.* 1861, Vte Saint-Fal, 225 fr. — *Sainte Famille entourée de fleurs.* 1861, Vte X..., 740 fr.

CLEEF (JEAN VAN)

Né à Van Loo en 1646, mort à Gand en 1716.

Van Cleef fut un heureux imitateur de son maître. Ses tableaux se reconnaissent par leur ton gris et leurs ombres sèches et souvent lourdes. Ses carnations, plus rouges que fraîches, n'ont pas cette finesse qui caractérise le talent de G. de Crayer.

SEGHERS (DANIEL), DIT LE JÉSUITE D'ANVERS

Né en 1590, mort en 1660.

Avec beaucoup moins d'imagination et moins de modèles sous les yeux qu'en eut dans la suite le célèbre van Huysum, Seghers fut plus extraordinaire, et peut-être plus savant que lui pour l'invention, la chaleur et le goût. Les lis blancs, les roses, les fleurs d'oranger, dominent presque toujours dans ses groupes de fleurs et ses guirlandes. Sa touche est ferme, quoique fine, sa manière large et facile, son coloris vif et transparent.

Les ouvrages de ce maître ne sont pas aussi chers qu'ils devraient l'être; les plus beaux dépassent rarement 1,200 fr.

MUSÉES DIVERS, GALERIES, ETC.

MUSÉE NAPOLÉON III. — *Une Couronne de fleurs.* — *La Vierge au centre d'une couronne de fleurs.*

MUSÉE DE NANTES. — *Guirlande de fleurs entourant Jésus.*

MUSÉE DE CAEN. — *La Vierge et l'Enfant Jésus.* — *La Vierge et l'Enfant Jésus,* par Van Ook (Jacob), *la Guirlande* qui les entoure est peinte par Daniel Seghers.

MUSÉE DE RENNES. — *Saint Jean.* — *Saint Ambroise.* — *Saint Marc.* — *Un Moine dans un paysage* (dessin).

MUSÉE DE BORDEAUX. — *Portrait d'un Moine.*

MUSÉE D'ANVERS. — *Guirlande de saint Ignace.* — *Guirlande de la Vierge.*

MUSÉE DE LA HAYE. — *Buste de Guillaume III entouré de fleurs.* — *Statue de la Vierge tenant l'Enfant Jésus, entourée de fleurs.*

ANCIENNE COLLECTION DE VIENNE. — Deux tableaux de *Fleurs.* — Un tableau de *Fleurs,* au milieu duquel est une grisaille imitant le bas-relief. — Un tableau de *Fleurs,* au milieu duquel on voit une *Statue de la Vierge.* — Un autre tableau de *Fleurs,* avec une allégorie au milieu. — Tableau de *Fleurs,* au milieu duquel est une grisaille en bas-relief représentant une *Sainte Famille.*

MUSÉE DE DRESDE. — Bas-relief peint en grisaille. — *La Vierge avec l'Enfant Jésus dans une niche.* — *Fleurs dans un vase de verre.* — *Fleurs dans un vase de bois.* — *Une Sainte Famille.*

PINACOTHÈQUE DE BOLOGNE. — *La Vierge et l'Enfant Jésus en camaïeux et entourés de fleurs.*

A HAMPTON-COURT. — Plusieurs tableaux de *Fleurs.*

DULWICH COLLÉGE. — *Fleurs.*

COLLECTION BLUNDELL. — Trois belles compositions de *Fleurs.*

Collection Robillard, de Reims. — *Un Portrait de Femme entouré d'une guirlande de fleurs.*

A M. A. Lutteroth. — *Une Guirlande de fleurs et des Oiseaux.*

Fleurs. 1840, Vte Scamp, 360 fr.

Plusieurs peintres ont très-bien copié D. Seghers. Je citerai les suivants :

THIELEN (jean-philippe van)

Né à Malines en 1618, mort en 1667.

Si l'on ne peut pas dire qu'il ait égalé son maître en tous points, du moins il est
permis d'affirmer qu'il ne lui est point inférieur sous bien des rapports.

Van Thielen avait autant d'invention, de facilité et de légèreté dans la touche que le
jésuite d'Anvers, mais son coloris est moins frais, son dessin un peu plus relâché, et ses
empâtements sont moins bien nourris.

Marie-Thérèse, Anne-Marie et Françoise-Catherine, filles de van
Thielen, ont copié Seghers avec une grande fidélité, mais avec les mêmes
défauts que leur père.

ELLIGER ou ELGER (otmar ou ottomar)

Né à Gottembourg en 1632 ou 1633.

Il ne faut pas confondre ce peintre avec Otmar Elliger, artiste hollandais, élève de
Jean Musscher et de Lairesse, et qui peignait aussi des fleurs. Le premier a suivi la manière du jésuite d'Anvers avec un rare bonheur. Sa touche un peu sèche, sa couleur moins
naturelle, son coloris trop vigoureux, sont les indices les plus sûrs pour aider à discerner
ses œuvres.

KICK (cornille)

Né à Amsterdam en 1635.

Sa manière de peindre les fleurs est plus patiente que celle des maîtres précédents.
Il suivait la méthode du jésuite d'Anvers pour les grouper et les arranger, mais David de
Heem lui servait de modèle pour l'exécution.

Sa touche est floue et plus molle que celle de Seghers, son dessin plus sec, et l'on
remarque dans ses tableaux une profusion de tulipes et de jacinthes.

DYCK (ANTOINE VAN)

Né à Anvers en 1599, mort à Blackfriars, près de Londres, en 1641.

Voici le premier peintre de portraits de l'École flamande et peut-être du monde entier. Comme le dit Descamps, il avait moins de génie et peut-être moins de feu que Rubens son maître, mais tous ses ouvrages n'en manquent pas.

Si Van Dyck eût fait moins de portraits et plus de tableaux d'histoire, peut-être aurait-il égalé Rubens, comme il l'a surpassé dans la délicatesse de ses teintes, dans la fonte de ses couleurs et pour le caractère du dessin. A la variété des étoffes il a joint la finesse des expressions et la vérité dans la couleur.

L'œuvre de Van Dyck se monte à plus de huit cent cinquante tableaux, dont plus des deux tiers sont des portraits. L'Angleterre est la mieux partagée, au moins comme nombre; elle en possède plus de la moitié.

Les tableaux de ce maître se produisent rarement dans les ventes publiques, où ils obtiennent grande faveur. Les *vrais* ne sont pas communs, même dans les galeries les plus accréditées.

Le musée de Paris en possède une vingtaine, dont voici la plupart des estimations :

La Vierge et l'Enfant Jésus, 15,000 fr. — *La Vierge aux donateurs,* 100,000 fr. — *Le Christ pleuré par la Vierge et les Anges,* 1,000 fr., puis 500 fr. — *Saint Sébastien,* 10,000 fr. — *Vénus et Vulcain,* 18,000 fr., puis 35,000 fr. — *Portrait de Charles Ier,* 100,000 fr. (Ce tableau fut payé 2,500 fr. à Van-Dyck. Il a fait partie du cabinet de Lassay, puis de celui de la Guiche où il fut vendu 17,000 fr. en 1771. A la Vte Thiers, Mme Dubarri le paya 24,000 fr.) — *Portrait de Charles-Louis,* 25,000 fr. — *Portrait d'Isabelle-Claire-Eugénie d'Autriche,* 10,000 fr. — *Portrait équestre de François de Moncade,* 40,000 fr. — *Portrait en buste de François de Moncade,* 1,000 fr. — *Portraits d'un Homme et d'un Enfant,* 30,000 fr. — *Portrait d'une Dame et de sa Fille,* 30,000 fr. — *Portrait de Richardot.* (Ce portrait, attribué à Rubens et à Van-Dyck, n'est pas encore définitivement classé. Dans l'œuvre de Rubens il a été évalué 40,000 fr. dans les inventaires.) — *Portrait du duc de Richmond,* 6,000 fr. — *Portrait de Van-Dyck,* 1,200 fr. — *Portrait d'Homme* (n° 153), 5,000 fr. — *Id.* (n° 154), 6,000 fr. — *Id.* (n° 155), 4,000 fr.

Comme on a dû s'en apercevoir, la plupart de ces évaluations seraient de beaucoup dépassées aujourd'hui. Les prix suivants sont la preuve des diverses vicissitudes éprouvées par l'œuvre de Van-Dyck depuis bientôt deux siècles.

ANCIENNEMENT AU LOUVRE. — *Le Couronnement de la Vierge.* Est. 36,000 fr. (rendu en 1815 à la Prusse). — *Jésus portant sa Croix.* Est. 30,000 fr. (rendu en 1815 à l'église des Dominicains d'Anvers). — *Jésus-Christ en Croix.* Est. 20,000 fr. (rendu en 1815 aux Jacobines d'Anvers). — *Portrait de Van Lemput* (rendu en 1815, aujourd'hui à Windsor). — *Jésus expirant.* Est. 25,000 fr. (rendu en 1815). — *Jésus-Christ descendu de la Croix.* Est. 150,000 fr. (rendu en 1815 aux Récollets d'Anvers). — *Les deux Saint Jean.* Est. 8,000 fr. (à Anvers). — *Saint Augustin.* Est. 100,000 fr. (à Anvers). — *Saint Martin coupant son manteau.* Est. 65,000 fr. (rendu en 1815 à l'église de Savelthem). — *Portrait du cardinal Bentivoglio.* Est. 15,000 fr.

Musée Napoléon III. — *La Sainte Famille.* (Ce tableau est resté inachevé. La galerie de Dresde possède une répétition de cet ouvrage avec quelques variantes). — *Jésus couronné d'épines.*

Musée de Bordeaux. — *Sainte Famille.* — *Descente de Croix.* — *Portrait de Marie de Médicis.* — *Portraits de Robert et de Charles-Louis de Simmeren.* — *Portrait inconnu.* — *Renaud et Armide.* — *La Madeleine pénitente.* — *La Discorde allumant la guerre.*

Musée de Lille. — *Jésus-Christ sur la Croix.* — *Le Couronnement de la Vierge. Portrait de Marie de Médicis.* — *La Vierge au Donataire.*

Musée de Nîmes. — *Portrait d'un maréchal de France sous Louis XIII.* — *Portrait d'un Magistrat.* — *Ronde d'Enfants.* — *La Mise au Tombeau* (esquisse sur cuivre).

Musée d'Avignon. — *Portrait d'un Homme en buste* (contesté).

Musée de Rennes. — *Portraits de Charles Ier et du comte d'Arundel* (esquisse). — *Études de mains.* — *Tête de Femme.* — Croquis à la plume. — *Supplice de plusieurs Guerriers.* — *Sainte et Anges en adoration.* (Dessins.) — *Deux Têtes d'Hommes.* — *Pecticus. Cancellarius. Brabantiæ.* (Esquisses de portraits.)

Musée de Nantes. — *Portrait d'un Homme.*

Musée de Cherbourg. — *Méléagre présentant à Atalante la hure du Sanglier de Calydon.*

Musée de Lyon. — *Deux Têtes d'études.*

Musée de Valenciennes. — *Martyre de saint Jacques.*

Musée de Bruxelles. — *Portrait de Jacob van der Borcht.* — *Portrait des Enfants de Charles Ier.* — *La Madeleine repentante.* — *Portrait de La Faille.* — *Le Christ en Croix.* — *L'Ivresse de Silène.* — *Le Martyre de saint Pierre.*

Musée d'Anvers. — *Le Christ en Croix.* — *Le Christ mort sur les genoux de la Vierge.* — Même sujet avec quelques changements. — *Petit Christ en Croix.* — *Portrait de l'évêque Jean Malderus.* — Id. *de César Scaglia.*

Musée van der Hoop. — *Portrait de Jean-Baptiste Franck.*

Musée de Rotterdam. — Esquisse du *Portrait de Charles Ier, de sa Femme et de ses deux Enfants.*

Musée de La Haye. — *Portrait de Quintin Simons.* — *Portrait d'Homme.* — *Portrait de Femme.* — *Portrait de la famille Huygens* (six médaillons ovales).

Ancienne collection de Vienne. — *Portrait de Philippe le Roi, seigneur de Ravels.* — *Portrait du comte Jean de Montfort.* — *Samson trahi par Dalila.* — *Portrait d'une vieille Femme assise dans un fauteuil.* — *Portrait de C. Scribani.* — *Portrait de l'infante Isabelle-Claire-Eugénie, gouvernante des Pays-Bas espagnols.* — *Portrait de la comtesse Émilie de Solms, princesse de Nassau-Orange.* — *Portrait d'une Bourgeoise flamande.* — *Sainte Madeleine élevant les yeux au ciel.* — *Le bienheureux Herrmann à genoux devant la sainte Vierge.* — *Ecce Homo* (d'après le Titien). — *Portrait d'Homme à barbe brune.* — *La Conception.* — *Portrait de Charles Ier, roi d'Angleterre.* — *Portrait du marquis F. de Moncade, comte d'Ossune.* — *Minerve recevant de Vulcain son armure.* — *Jésus sur la Croix au moment de l'éclipse de soleil.*

— *Portrait d'Homme enveloppé d'un manteau noir.* — *Saint François le Séraphique assis dans une grotte.* — *Portrait d'un Musicien.* — *Sainte Famille.* — *Jésus-Christ au Tombeau, pleuré par la Vierge.* — *Saint Jean et sainte Madeleine.* — *Portraits des princes Charles-Louis et Robert, fils de l'électeur palatin Frédéric V.* — *Portrait d'un Général.* — *La sainte Vierge assise sur un trône tient l'Enfant Jésus qui remet à sainte Rosalie, agenouillée devant lui, une couronne de fleurs.*

Musée de Munich. — L'œuvre de Van-Dyck au musée de Munich se compose de quarante et un ouvrages. Voici les principaux :

Une Madone. — *Deux Martyre de saint Sébastien.* — *Trois Christ mort sur les genoux de Marie.* — *La Chaste Suzanne.* — *Une Madone.* — *Henri IV à Ivry.* — *Le Christ mort sur la Croix.* — *Portrait d'un Bourgmestre d'Anvers et de sa Femme.* — *Portraits du Peintre, de sa Femme et de sa Fille.* — Id. *de Sneyders.* — Id. *de Jean de Weil.* — Id. *de Ch. Malery.* — Id. *de Colin de Nolé.* — *Portrait de Henri Liberti.* — Id. *du palatin Wolfgang Guillaume de Neubourg.* — Plusieurs autres *Portraits inconnus* et une série de *Portraits historiques.*

Musée de Berlin. — *Deux Saint Jean.* — *La Descente du Saint-Esprit.* — *Le Christ au prétoire.* — *Une Madone.* — *L'Enfant prodigue.* — *Le roi David.* — *La Madeleine.* — *Le Christ mort.* — *Plusieurs Portraits historiques.*

Musée de Dresde. — *Portrait du chevalier Engelbert Tail.* — *Un Homme revêtu de son armure.* — *Portrait de l'Écossais Thomas Parr.* — *Buste du Frère de Rubens.* — *Portrait d'un Homme en noir.* — *Buste d'un Homme en noir.* — *Portrait d'un Homme revêtu d'une armure d'acier.* — *Henriette-Marie, princesse de France.* — *Portraits des trois Enfants de Charles Ier.* — *Portrait d'un Homme vêtu de noir.* — *Portrait d'une Femme.* — *Portrait* qu'on croit être celui du peintre David Ryckaert. — *Silène pris de vin.* — *Danaé étendu sur un lit.* — *Saint Jérôme.* — *La Reine du ciel avec l'Enfant Jésus.* — *L'Enfant Jésus debout sur un globe.* — *Portrait de Charles Ier, roi d'Angleterre.* — *Buste d'un Homme vêtu de noir avec un petit collet blanc.*

Musée de Saint-Pétersbourg, — *La Vanité* (allégorie). — *Le Souper chez Simon* (copié d'après Rubens). — *Le Sacrifice d'Abraham.* — *La Famille d'Arundel.* — *Une tête de Vieillard.* — *Plusieurs Portraits.* — *Sainte Famille.* — *Saint Sébastien.* — *La Mort d'Adonis.* En tout une quarantaine de tableaux, dont quelques-uns sont contestés.

Musée de Francfort-sur-le-Mein. — *Portrait d'un jeune Homme.*

A l'Académie des Beaux-Arts a Venise. — *Un Portrait.*

Musée de Naples. — *Portrait d'Homme.*

Musée degl' Uffi a Florence. — *Portrait de Charles-Quint.* — *Portrait d'Homme.*

Galerie de Florence. — *Un Portrait de Princesse.* — *Une Bacchanale.*

Musée de Turin. — *Sainte Famille.* — *Portrait équestre de Thomas de Savoie.* — *Portraits des jeunes Princes de Savoie.* — Id. *des Enfants de Charles Ier.* — Id. *d'un Peintre.*

Musée Bréra a Milan. — *Saint Antoine de Padoue.*

Galerie de Parme. — *La Vierge et l'Enfant Jésus endormi.*

Palais Doria a Rome. — *Un Franciscain.* — *Portrait de Femme.* — *Son Confesseur.* — *Sa Femme.*

Palais Pallavicini a Gênes. — *Coriolan.*

Palais Brignole a Gênes. — *Rendez à César ce qui est à César et à Dieu ce qui est à Dieu.* — *Portrait d'Homme habillé à l'espagnole.* — *Portrait de Mme Sale-*

Brignole. — *Portrait du marquis Antoine Jules Brignole.* — *Dieu le Père.* — *Dieu le Fils.*

PALAIS SINOLA A GÊNES. — *Un Portrait équestre.* — *Une Tête.*

PALAIS ROYAL DE GÊNES. — *Madeleine aux pieds du Christ.*

PALAIS DURAZZO A GÊNES. — *Le jeune Tobie.* — *Un Enfant habillé de blanc.* — *Deux Garçons et une petite Fille.* — *Portrait de la famille Durazzo.*

MUSÉE DU ROI A MADRID. — *Saint François mourant.* — *Le Christ mort.* — Même sujet. — *Prise de Jésus dans le jardin des Oliviers.* — *Philippe II à cheval.* — *Portrait équestre de l'Infant don Fernando.* — *Charles Ier à cheval.* — *Portrait de Liberti.* — *Portrait de la comtesse d'Oxford.* — *Portrait de l'artiste.*

GALERIE BORGHÈSE. — *La Déposition de Croix.*

AU PALAIS PITTI. — *Portrait du cardinal Bentivoglio.* — *Portrait de Charles Ier d'Angleterre et de sa Femme.*

ANCIEN CABINET SANT-ANGELO A NAPLES. — *Christ mort.*

A L'HÔPITAL DE BRUGES. — *Sainte Famille.*

ÉGLISE SAINT-PAUL D'ANVERS. — *Un Portement de Croix.*

ÉGLISE SAINT-JACQUES A ANVERS. — *Le Sauveur en Croix.*

NATIONAL GALLERY. — *Portrait de Cornélius van der Geest.* — Plusieurs études de *Têtes.* — *Saint Ambroise et l'empereur Théodose* (coll. Angerstein). — Une étude de *Chevaux.*

BUCKINGHAM PALACE. — *Le Christ.* — *La Vierge, l'Enfant Jésus et sainte Catherine.* — *La Vierge et l'Enfant Jésus.* — *Portrait équestre de Charles Ier.* — Deux autres compositions.

A HAMPTON-COURT. — *Portrait de Charles Ier.* — Id. *de mistress Lemon,* etc., etc.

AU CHATEAU DE WINDSOR. — Une collection de *Portraits historiques.*

COLLÉGE D'OXFORD. — *Étude d'Homme à Cheval.* — *Un Portrait de jeune Fille.*

DULWICH COLLÉGE. — *La Descente de Croix.*

INSTITUTION ROYALE D'ÉDIMBOURG. — *Le Martyre de saint Sébastien.* — *Deux Portraits.*

GALERIE ELLESMÈRE. — *Portrait d'un Gentilhomme.* — *La Vierge et l'Enfant Jésus.*

AU DUC DE BUCCLEUCH. — *Portrait de George Gordon.* — Id. *du duc d'Hamilton.* — Id. *du duc de Holland.* — Id. *de James Stuart.*

COLLECTION BURLINGTON. — *Un Portrait d'Homme.*

COLLECTION METHUEN. — *Le Baiser de Judas.* — *Portrait de James Stuart, duc de Richmond et de Lennox.*

CABINET HUGH CAMPBELL. — *Portrait de don Livio Odescalchi.*

COLLECTION DUNMORE. — *Portrait de la reine Henriette-Marie.* — *Persée et Andromède.*

COLLECTION BARRY. — *La Vierge, l'Enfant Jésus et saint Jean.* — *La Vierge dans une Gloire.* — *Portrait de sir William Temple.*

COLLECTION MORRISON. — *L'Enfant Jésus et saint Jean.* — *Un Portrait d'Homme.*

GALERIE WESTMINSTER. — *Le Christ et sa Mère* (triptyque). — *Une Madone.* — *Un Portrait.*

COLLECTION MILES. — *La Vierge et l'Enfant Jésus.*

COLLECTION PEMBROCKE. — *Portrait de Philippe, comte de Pembrocke.* — Id. *de Charles Ier.* — Id. *de la reine Marie.* — Quatre autres *Portraits.*

COLLECTION LEICESTER. — *Portrait équestre du duc d'Aremberg.* — *Portrait du duc de Richmond.* — *Plusieurs Portraits de famille.*

COLLECTION EXETER. — *Portrait de William Cavendish, duc de Newcastle.*

COLLECTION WENTWORTH. — *Portrait du comte de Stafford.* — Autres *Portraits.*

A LORD HASTINGS. — *Plusieurs Portraits.*

COLLECTION WYNN. — *Bacchus enfant.*

COLLECTION FITZWILLIAM. — *Huit Portraits de la famille Stafford* et *deux Portraits de la reine Marie-Henriette.* — *Renaud et Armide* (coll. van Loo).

COLLECTION SHREWSBURY. — *Abraham recevant la visite des Anges.*

COLLECTION FOUNTAINE. — *Un Portrait d'Homme.*

COLLECTION R. S. HOLFORD. — *Portrait de la marquise de Baldi.*

COLLECTION THOMAS HOPE. — *La Vierge et l'Enfant Jésus.* — Même sujet.

GALERIE STAFFORD. — *Portrait de lord Arundel.* — Deux autres *Portraits d'Homme.*

COLLECTION MARTIN. — *Portrait de Rubens.*

COLLECTION ROBERT PEEL. — *Un Portrait d'Homme.*

AU DUC DE NORTHUMBERLAND. — *Trois beaux Portraits.*

GALERIE DEVONSHIRE. — *Portrait de la comtesse Marguerite de Carlisle.* — *Portrait de Rubens et de Van-Dyck.* — Deux autres *Portraits.*

COLLECTION WESTMORELAND. — *Deux Portraits de famille.*

COLLECTION GREY. — *Plusieurs Portraits de famille* et *une Adoration des Bergers.*

COLLECTION NORFOLK. — *Un Portrait d'Homme.*

COLLECTION GALTON. — Fragment d'une peinture de famille.

COLLECTION HARFORD. — *Portrait d'une Lady en Minerve.*

COLLECTION CRAVEN. — *Portraits du prince Maurice, du prince Rupert, de la princesse d'Orange, du comte First Craven et du duc de Richmond.*

COLLECTION HAMILTON. — *Portrait du comte de Dembigh.* — Id. *de la duchesse de Richmond.* — *Portrait d'une princesse de Phalsbourg.* — Plusieurs autres *Portraits.*

COLLECTION WARWICH. — *Portrait de lady Brooke.* — Id. *de Sneyders.* — Id. *de la reine Maria.* — Id. *de Charles I*er. — Id. *du duc d'Albe.* — Id. *de David Ryckaert.* — Deux autres *Portraits.*

COLLECTION STRAWBERRY. — *Deux Portraits de Femme.*

COLLECTION ASHBURTON. — *La Vierge, l'Enfant Jésus et saint Jean* (coll. Talleyrand, répétition du tableau de la coll. Prosper de Chasseloup-Laubat). — *Portrait du comte de Nassau.* — Id. *du Fils de Charles I*er. — Deux autres *Portraits.*

COLLECTION BARING. — *La Glorification du Sauveur.* — *Portrait d'Homme.*

COLLECTION LANSDOWNE. — *Portrait de la reine Henriette-Marie.* — *Un Portrait de Femme.*

COLLECTION LIONEL DE ROTHSCHILD. — *Un Portrait équestre.*

COLLECTION ANTHONY ROTHSCHILD. — *La Vierge et l'Enfant Jésus.*

COLLECTION GALWAY. — *Portrait de William Russell, duc de Bedford.* — Id. *de lady Catherine Manners, duchesse de Buckingham.* — Id. *de Thomas Herbert, comte de Pembrocke.*

AU DUC DE PORTLAND. — *Portrait de sir Kenelm Digby.* — *Portrait de Guillaume d'Orange.* — *Portrait de lord Stafford.* — Id. *de W. Wentworth.* — Id. *de Ch. Cavendish.* — *Portrait équestre de Charles I*er (contesté). — Id. *de sir Hugh Middleton* (contesté).

Cabinet Douglas. — *Portrait de Charles Ier.* — Id. *du comte de Stafford* (contesté). — Id. *de James Ier.* — Id. *d'Henriette-Marie* (contesté). — Id. *de lady Paulet.* — Id. *de lord Banning.* — Id. *du duc de Buckingham* (contesté). — Id. *du comte Holland* (contesté). — Id. *de Mrs. Howard.*

Collection Kinnaird. — *Portrait d'une Lady.* — Id. *d'un Enfant* (contesté).

Collection Hopetoun. — *Portrait de Clara-Eugénie-Isabelle.* — *Ecce Homo.* — *Un Portrait de Femme.*

Collection Lonsdale. — *La Charité.* — *Portrait du comte de Dorsay.*

Collection Marlborough. — *La reine Henriette-Marie.* — *Cupidon.* — *Quatre Portraits de Femme.* — *Deux Portraits de Charles Ier.*

Collection Wyndham. — *Portrait d'un comte de Northumberland.* — Id. *de sir Charles Percy.* — Quatre autres *Portraits de famille.* — Trois autres *Portraits.*

Collection Arundel. — *Portrait de Charles Ier.* — *Portrait d'Henriette-Marie.* — *Portrait d'Henri Howard, comte d'Arundel.* — Id. *de James Howard* et plusieurs autres *Portraits.*

Collection Darnley. — *Portrait du duc de Lennox.* — Id. *de lord Bernard et de lord John Stuart.*

Collection Cowper. — *Portrait du duc de Nassau* (coll. van Swiéten).

Collection Carlisle. — *Portrait de Sneyders.*

Collection Ingram. — *Portrait de lord Holland.*

Collection Campbell. — *Un Portrait de Femme.* — *Portrait d'un Chevalier.*

Collection M'Lellan. — *Charles Ier et la reine Henriette-Marie.* — *Un Portrait de la reine Henriette-Marie* (en allégorie). — *Le Repos en Égypte* (contesté).

Collection Bankes. — *Portrait de Richard Weston, comte de Pembrocke.*

Collection Normanton. — *Portrait de la princesse Marie, fille de Charles Ier.*

Collection Enfield. — *Portrait de lord Stafford.* — *Portrait de Thomas Wentworth, duc de Cleveland.*

Collection Morrison. — *Portrait de Charles Ier revêtu d'une armure.* — *Portraits de deux Dames de qualité.* — Une belle composition. — *La Vierge et l'Enfant Jésus.*

Collection Robart. — *Portrait d'Homme en buste.*

Collection Harrington. — *Portrait de Charles.* — Id. *de la reine Henriette.* — *La Vierge et l'Enfant Jésus.* — Un sujet à peu près semblable.

Collection Nichols. — *Étude de Cheval.*

Cabinet Th. Kibble. — *Portrait du doge Ambroise Doria.*

Au comte de Chesterfield. — *Portrait de Charles Dormer, comte de Carnarvon.*

Collection Ford. — *Portrait de Grotius.*

Collection Clarendon. — Vingt-deux *Portraits.*

Collection Seymour. — *Portrait de la reine Henriette.*

Collection Breadalbane. — *Un Portrait.*

Collection Holford. — *Deux Portraits.* — Deux esquisses pour le *Saint Martin.*

Collection Eastlake. — *Renaud et Armide.*

Collection Bute. — *Portrait du vicomte Stafford.*

Galerie Bedford. — *Portrait de Francis Russell.* — Id. *de Charles Ier.* — Id. *de lady Herbert.* — Id. *d'Aubertus Miræus.* — Id. *d'Henriette Marie.* — Id. *du comte de Northumberland.* — Id. *de la duchesse d'Orléans, fille de Charles Ier.* — *Portrait du comte de Bristol.* — Id. *d'Anne Carr, comtesse de Bedford.* — Id. *de Daniel Mytens.*

— *Portrait de M. de Mallery.* — Id. *du peintre.* — Id. présumé *de Jean van der Ulft.*
— *Samson et Dalila.*

COLLECTION LISTOWELL. — *Achille et Lycomède.*

COLLECTION TOMLINE. — *Portrait de l'artiste.*

A SIR CULLING EARDLEY. — *Portrait présumé de Sneyders.* — *Portrait d'une Dame de qualité.*

COLLECTION MONTAGNE. — *Trois Portraits de famille.*

CABINET BOOTH. — *Trois Portraits.*

COLLECTION HARDWICKE. — *Portrait de David Ryckaert.* — *Un Portrait de Femme.*
— *Un Portrait d'Homme.* — *Portrait d'une Lady.* — *Portrait de Henderakas du Booys.*
— Un autre *Portrait.*

COLLECTION SPENCER. — *Icare et Dédale.* — *Portrait de George Digby.* — Id.
du peintre. — Id. *de la comtesse de Spencer.* — Id. *de la comtesse de Bedford.* — Id.
de la comtesse de Rivers. — Id. *de William Cavendish.* — Id. *de la comtesse de Southampton.*

AU DUC DE NEWCASTLE. — *Renaud et Armide.*

COLLECTION IARBOROUGH. — *La Descente de Croix.*

AU COMTE DE IARBOROUGH. — *La Vierge et l'Enfant Jésus.* — *Buste ovale de Charles Ier.*

COLLECTION BALE. — *Le Christ* (sépia). — *Vénus et Adonis* (id.). — *L'Amour* (id.).

COLLECTION BROWNLOW. — *Un Portrait de Femme.* — *Deux Portraits d'Homme.*
— *Saint Sébastien.* — Étude pour *la Crucifixion.*

COLLECTION MATTHEW ANDERSON. — *Saint Jérôme dans un paysage.*

COLLECTION JERSEY. — *Portrait de lord Stafford.*

COLLECTION FOLKESTONE. — *Portrait de la comtesse de Monmouth.* — *Portrait
de Gaston, duc d'Orléans* (contesté). — *Portrait de David Ryckaert* (contesté).

GALERIE NORTHUMBERLAND. — Trois beaux *Portraits* peints sur une même toile.

AU DUC DE SUTHERLAND. — *Deux Portraits d'Homme.*

COLLECTION GLADSTONE. — *Portrait d'une Dame de qualité.*

COLLECTION CALEDON. — *Portrait de la marquise Spinola.*

COLLECTION W. RUSSELL. — *Saint Roch.*

COLLECTION RUSSELL. — *Samson et Dalila.* — *Portrait de la reine Henriette-Marie.*

COLLECTION HARCOURT. — *Portrait de la reine Henriette-Marie.*

COLLECTION AMHERST. — *Un Portrait d'Homme.* — Id. *de la comtesse de Dorset.*

COLLECTION SEBRIGHT. — *Une Tête de Christ.* — *Portrait de Charles Ier.* — *Le
Christ au Globe.*

AU DUC DE RICHMOND. — *Charles Ier et sa famille.* — Id. *de la comtesse de
Southampton.* — Id. *de lady et Lucie Sidney.*

COLLECTION GREY. — *Portraits de lord Jones et lord Bernard Stuart.*

COLLECTION LYTLETON. — *Le comte de Carlisle.*

COLLECTION CHARLES MAND. — *Descente de Croix.*

COLLECTION DINGWALL. — *Une Madeleine.*

AU DUC DE NEWCASTLE. — *Une Pietà.*

COLLECTION HENRY SPENCER LUCY. — *Un Saint Jérôme.*

COLLECTION MARGARET. — *Cupidon avec une Nymphe endormie.*

AU COMTE DE DENBIG. — *Portrait de la comtesse Kynalmékie.*

Au duc de Manchester. — *Portrait du duc de Northumberland.* — *Sa Femme et sa Fille.* — Id. *de sir Ch. Goring.* — Un autre *Portrait.*

Au comte d'Essex. — *Portrait du comte de Northumberland.*

Collection Stamford. — *Portrait du comte de Damby.* — Id. *de la comtesse d'Oxford.*

Au duc de Newcastle. — *Portrait de William Killigren.*

A lord Hertford. — *Portrait d'Homme.* — *Portrait de Femme.* — *Portraits de Charles Ier et de Henriette-Maria.* — *Portrait de Philippe Le Roy.* — Une belle composition (coll. Guillaume II, payé 65,625 fr.). — *Un Portrait de Femme* (coll. Wells).

Galerie Lichtenstein. — *Vénus et Énée.* — *Une Madone.* — *Le Christ mort.* — Plusieurs *Portraits* et grisailles.

Galerie Esterhazy. — *Sainte Madeleine.*

Cabinet du comte Czernin. — *Deux Portraits.*

Galerie Hougthon, a Saint-Pétersbourg. — *La Vierge, l'Enfant Jésus et saint Jean* (répétition du tableau de la coll. Chasseloup-Laubat).

A lord de Tabley. — *Sir John Byron.*

Au comte de Derby. — *Portraits de James Stanley et de sa Femme.*

Collection van der Aa, de Saint-Nicolas. — *Le Christ au Tombeau* (sept fig.). *Une Madeleine.* — *Apollon s'entretenant avec Vénus* (Cupidon tient le cheval Pégase par les brides).

Galerie d'Arenberg. — *Portrait d'Albert, prince-comte d'Arenberg.* — *Portrait d'Anne-Marie de Camudio.*

Ancienne galerie Weyer de Cologne. — *Le Christ sur la Croix au clair de lune.* — *Portrait d'un jeune Savant.* — *Portrait du duc de Nassau-Katzenellenbogen en armure.* — *Le Christ sur la Croix et Madeleine en pleurs.* — *L'Enfant Jésus danse avec les Anges.*

Galerie Suermondt. — *Les cinq Pécheurs pénitents.* — *Le Christ mort* (quatre figures).

Galerie du duc d'Aumale. — *Danse d'Amours* (dessins).

Galerie Duchatel. — *Portrait de Femme* (avec les mains).

Collection Chasseloup-Laubat. — *La Vierge, l'Enfant Jésus et saint Jean.* (Il existe plusieurs répétitions de ce tableau. Il y en a une dans la coll. Ashburton, à Londres, une autre dans la gal. Houghton, à Saint-Pétersbourg).

A M. le maréchal Narvaez. — *Jeune Garçon offrant des fleurs à une jeune Fille.*

A M. le marquis Dodun de Keromman. — *Sainte Famille dans un paysage.*

A M. Mestre aîné, d'Arc en Barrois. — *La Vierge et l'Enfant Jésus.*

A M. le marquis de Landreville, d'Amiens. — *La Mort de Léandre* (attribué à Van Dyck).

Collection C***. — *Portrait d'Élisabeth de Bourbon.* — *La Toilette de Vénus.* — *Portrait de Charles Ier, duc de Bavière.* — *Portrait du président Richardot.*

Galerie du Blaisel. — *La Résurrection* (gal. Fesch). — *Andromède.*

Collection de Longpré. — *Le Christ mort sur les genoux de la Vierge* (répétition, avec changements, du tableau d'Anvers).

GUIDE DE L'AMATEUR

PRIX DE VENTES

			fr.	
Couronnement d'épines............		Acheté par Rubens pour le roi d'Espagne..... Flor.	1,000.	
Saint Jérôme...................		Acheté par Rubens pour le roi d'Espagne..... Flor.	500.	
Charles 1ᵉʳ sur un cheval gris.....		Acheté au peintre... L. st.	200.	
Portrait de Femme habillée de rouge.	1738.	Vᵗᵉ FRAULA......... Flor.	55.	
Paysage. Saint Jérôme en prière...	Dᵒ	dᵒ .... »	535.	
Portrait de Thomas Parr (cintré)..	1742.	Vᵗᵉ CARIGNAN............	1,200.	
Un Joueur de luth..............	Dᵒ	dᵒ	1,150.	
Portrait de Langlois de Chartres..	Dᵒ	dᵒ	8,001.	
—	1776.	Vᵗᵉ DE GAGNY........	9,000.	
—	1777.	Vᵗᵉ CONTI..............	8,000.	
—	1793.	Vᵗᵉ PRASLIN.	8,800.	
Renaud et Armide..............	1742.	Vᵗᵉ CARIGNAN.	3,302.	On assure que ce tableau est celui du musée.
—	1756.	Vᵗᵉ TALLARD.	6,999.	
Le Roi, la Reine, le prince Charles, la princesse Marie.........	1645.	Vᵗᵉ CHARLES Iᵉʳ.... L. st.	150.	Probablement détruit lors de l'incendie de White.
Samson surpris par les soldats....	1748.	Vᵗᵉ GODEFROY...........	2,011.	
Portrait d'Homme et de Femme....	1750.	Vᵗᵉ GERSAINT	1,831.	
Jésus chez le Paralytique.........	1758.	Vᵗᵉ MARTYN ROBIN.... Fl.	3,700.	
—	1779.	Vᵗᵉ VERHULST......... »	4,777.	
—	1803.	Vᵗᵉ X................. »	11,666.	
—	1810.	Vᵗᵉ SMETH VAN ALPEN. »	19,200.	
—		Vᵗᵉ LA FONTAINE.... L. st.	3,300.	Galerie britannique. — Il existe une répétition à Munich.
Agar présentée à Abraham........ }	1668.	Vᵗᵉ GAIGNAT............	2,402.	
Agar renvoyée par Abraham...... }				
Le Pinceur de guitare (grandeur naturelle, 1ᵐ,60—1ᵐ,12).........	1742.	Vᵗᵉ Pᶜᵉ DE CARIGNAN. ...	400.	
—	1780.	Vᵗᵉ POULLAIN.	2,436.	
—	1787.	Vᵗᵉ LAMBERT ET DU PORAIL.	1,800.	
—	1797.	Vᵗᵉ MONTMARTEL.........	6,000.	
Le Christ, saint Jean et la Madeleine.	1769.	Vᵗᵉ LANEKER....... Flor.	1,500.	
Saint Sébastien................	Dᵒ	dᵒ ...... »	99.	
Portrait du général Spinola et de sa femme.	Dᵒ	dᵒ ...... »	100.	
Deux Prêtres à cheval	1769.	Vᵗᵉ LANEKER. ..... »	150.	
Portrait de Sneyders, de sa Femme et de son Fils.	1770.	Vᵗᵉ LA LIVE DE JULLY....	12,020.	
Une Dame avec son Fils.........	1772.	Vᵗᵉ CHOISEUL............	7,380.	
La Vierge et l'Enfant Jésus.......	1773.	Vᵗᵉ VAN DER MARCK. . Fl.	715.	
Portrait de Langlois (1ᵐ,4—83ᶜ)....	1777.	Vᵗᵉ CONTI..............	8,001.	
—	1808.	Vᵗᵉ CHOISEUL-PRASLIN. ...	6,300.	
Portrait de Cromwell............	1778.	Vᵗᵉ LEBRUN.	1,150.	
La Vierge, le Christ et saint Joseph regardant la danse des anges.....		....		Acheté dans le siècle dernier, par Robert Walpole, 800 l. st., et rendu à l'impératrice Catherine avec la coll. Houghton.
Le Mariage de sainte Catherine (1ᵐ, 10—99ᶜ).....................	1784.	Vᵗᵉ DE VOUGE...........	2,000.	
Allégorie composée de l'Amour, du Génie de la guerre et de cinq petits Amours (1ᵐ,76 1/2—2ᵐ,46)...	1787.	Vᵗᵉ LAMBERT ET DU PORAIL.	6,001.	
Portrait d'un Cardinal..........	Dᵒ	dᵒ ..	4,501.	

			fr.	
Portrait d'un Cardinal...........	1791.	Vte LEBRUN..............	3,002.	
L'Embarquement d'Énée (1m,45 — 2m,14)......................	1788.	Vte LENGLIER.............	400.	
Renaud et Armide, grisaille (56c 1/2 —43c)........................	Do	do	62.	
Saint Sébastien (2m,56—1m,60)....	1788.	Vte C....................	9,100.	
—	1791.	Vte LEBRUN..............	5,699.	
Le Joueur de musette (99c—83c)....	1793.	Vte CHOISEUL-PRASLIN. ...	8,800.	En assignats.
Portrait d'Homme (69c 1/2—54c)...	Do	do ...	2,750.	
Deux Portraits de femme..........	1795.	Vte DE CALONNE.	8,135.	
Charles Ier, sa Femme et les princes Charles et Jacques..............	1800.	2e Vte D'ORLÉANS... Guin.	1,000.	A M. Hammersley. Payé 1,500 guinées, en 1854, par le duc de Richmond.
La princesse de Pfalzbourg.......	Do	do ... »	210.	
Portrait de la femme de Sneyders ..	Do	do ... »	120.	
Vierge dans une Gloire (1m,53— 1m,29)......................	1801.	Vte ROBIT................	3,025.	Coll. Presle.
La Vierge et l'Enfant Jésus (1m,49 —1m,4 1/2)....................		Vte GERSAINT.	24,000.	
Le Paralytique (1m,16—1,m46).....	1803.	Vte PAUWELS.............	25,000.	
Portrait d'une Princesse..........	1810.	Vte D'ORSAY.............	481.	
Portrait de Vinck (2m—1m,28).....	1829.	Coll. SPRUYT, de Bruxelles.		
—	1861.	Vte VAN DEN SCHRIECK. ...	5,300.	
Le Baiser de Judas..............	1832.	Vte ÉRARD.	10,000.	
Portrait de Coninck d'Anvers (1m,28 8m—94c).....................	1840.	Vte SCHAMP.	680.	
Tête de Nègre (bois; 43c 2m—32c 5m)	Do	do ., ...	760.	
Portrait de l'ambassadeur Gonsalvi (1m,98—1m,34).................	Do	do	10,000.	Rapporté d'Italie par Lebrun en 1808.
Portrait de Philippe Rubens (64c 5m —54c)......................	Do	do	610.	
Portrait en pied de l'ambassadeur Alexandre de Scaglia (1m,89c 8m —1m,12c 5m)..................	Do	do	4,000.	
Son Portrait, papier marouflé sur bois, ovale (72c 5m—59c 2m)....	Do	do	560.	
Le Christ mort et la Vierge (27c 2m— 35c)........................	Do	do	730.	
La Servante amoureuse (bois cintré; 27c—19c)..................	1841.	Vte PERREGAUX.	2,460.	
Portrait d'Homme (1m,14—91c)....	Do	do	3,500.	
Corps de garde..................	1843.	Vte AGUADO.............	15,300.	
Déposition de Croix..............	Do	do	5,000.	
Jeux d'Enfants	Do	do	4,000.	
Le Couronnement d'épines........	Do	do	24,000.	Au prince de Canino.
Suzanne et les Vieillards	1844.	Vte X***.................	2,950.	
Portrait d'Adrien Moens, prêtre, fondateur des Capucins à Anvers.	Do	Vte D. ULLENS DE SCHOOTEN	1,220.	
Portrait du peintre..............	1845.	Vte MEFFRE.	510.	
Portrait de Guillaume d'Orange...	1845.	Vte VASSEROT.	405.	
Portrait d'Adam de Coster.........	Do	do	220.	
La Madeleine pénitente...........	1846.	Vte FESCH .... Écus.	3,410.	
La Vierge et l'Enfant Jésus........	Do	do .... »	1,400.	
Résurrection du Christ............	Do	do .... »	615.	
La Charité de saint Martin........	Do	do ...... »	270.	

			fr.	
Portrait d'Homme	1846.	Vte FESCH .... Écus.	800.	
Un Portrait (1^m,15—96^c)	D°	Vte WELLESLEY	1,500.	A M. Ét. Leroy.
Cheval (étude; papier collé sur bois; 48^c—57^c)	1848.	Vte Mlle H. HERRY	325.	
Portrait de Philippe Leroy, seigneur de Ravels (2^m,4—1^m,18) / *Portrait de Mme Leroy* (même dimension)	1850.	Vte GUILLAUME II	63,600.	A M. Mauwson. — Actuellement chez M. le marquis d'Hertford.
La Madeleine (1^m,14—95^c)	D°	d°	2,500.	A M. Hoare.
Portrait de Martin Pépin (74^c—58^c)	D°.	d°	4,300.	A MM. Héris et Leroy.
--	1857.	Vte PATUREAU	15,000.	
Portrait de Femme	D°	Vte KALKBRENNER	1,200.	
Andromède	1852.	Vte CH. LÉDRU	9,000.	Fit partie de la gal. Grimaldi et de celle Dubois en 1840.
Le Sauveur tenant sa Croix	D°	Vte cabinet M***	540.	
Diane tenant un verre à la main (grisaille). / Son pendant.	D°	Vte VARANGE	480.	Contestés.
Deux Têtes, dont une de face et l'autre de profil	D°	Vte TURENNE	600.	
Résurrection du Christ (1^m,15—95^c).	1857.	Vte MORET.	6,800.	
Portrait d'un jeune Homme	1859.	Vte CASTELLANE	650.	Contesté.
Portrait du duc de Neubourg (2^m—1^m,38).	1861.	Vte LEROY DE GAUSSENDRIES, à Bruxelles	3,300.	A M. Slaes Cocks.
Portrait du maréchal de Bassompierre	D°	Vte de la marquise de B***.	8,500.	
Distribution d'aumônes	D°	Vte LEROY D'ÉTIOLLES	2,150.	
Portrait du président Roose (1^m,23 —1^m).	1862.	Vte BAILLIE, à Anvers	3,000.	
Le Christ sur la Croix	D°	Vte WEYER, de Cologne	307.	
Portrait de la princesse Marie, fille de Charles Ier	1863.	Vte MEFFRE	1,030.	
Portrait de Femme	D°	d°	1,820.	
Portrait de la petite Fille qui accompagne son père, dans le tableau du Louvre n° 148	D°	d°	1,520.	
Portrait de Marie Ruthven	D°	Vte MORLAND, à Londres. Guin.	70.	A M. Flaton.

DESSINS.

Christ en Croix, à la plume, rehaussé de blanc (10 figures)	1777.	Vte THELUSSON	1,121.	
—	D°	Vte VASSAL DE St-HUBERT.	1,200.	
Portrait de G. Seghers, à la plume, à la pierre noire et à l'indigo	D°	Vte MARIETTE	1,199.	
—	D°	Vte BOISSET.	1,209.	
—	1779.	Vte VASSAL DE St-HUBERT.	750.	
Portrait de Corneille Schut	1860.	Vte EN	1,200.	
Le Christ portant sa Croix, au bistre	1861.	Vte VAN OS	140.	
Portrait de Guillaume de Voos, au crayon noir	1862.	Vte SIMON	600.	
Portrait de Cornélius Schut	1863.	Vte X***	795.	

Le nombre d'imitations et de copies faites d'après Van Dyck est considérable. Parmi leurs auteurs on doit remarquer :

OOST (JACQUES VAN), SURNOMMÉ LE VIEUX

Né à Bruges vers 1600, mort dans la même ville en 1671.

Après avoir étudié et copié Annibal Carrache dans la perfection, van Oost s'attacha à imiter Rubens et Van Dyck. Il le fit avec tant de talent, que beaucoup de ses copies sont classées dans les cabinets sous le nom de son maître. On les reconnaît cependant à leur touche saillante et moins fondue, à leurs ombres plus opaques et à une exécution maniérée tenant plus de Rubens que de Van Dyck.

REYN (JEAN DE)

Présumé né à Dunkerque vers l'an 1610, mort en la même ville en 1678.

Jean de Reyn se forma à l'école de Van Dyck ; il suivit son maître en Angleterre et ne le quitta qu'après sa mort.

Si ce peintre est peu connu, c'est que ses ouvrages sont presque toujours pris pour ceux de son maître, dont personne n'a reproduit la manière si bien que lui. C'est la même fonte de couleur, jointe à la même délicatesse.

Sa touche est aussi correcte et le dessin de ses mains aussi pur. Il était noble dans ses compositions, peut-être un peu confus; mais sa grande manière, ses draperies larges et bien pliées, sa belle entente du clair-obscur, font excuser ce défaut.

Le point par lequel il diffère de Van Dyck consiste en ce que ses fonds, moins vaporeux, sont exécutés à l'aide de petits moyens, et qu'ils n'ont pas la simplicité majestueuse de ceux de son maître. En outre, ses *réveillons* gris et roses sont presque toujours mis à sec et ressortent de la teinte générale, tandis que Van Dyck les fondait admirablement. Aussi ne reconnaît-on ses œuvres qu'après les avoir étudiées avec grande attention.

BOCKHORST (JEAN VAN), SURNOMMÉ LANGHEN JEAN

Né à Munster ou à Gand vers 1610, mort en 1671.

Langhen Jean a beaucoup peint pour les églises, mais le genre dans lequel il excella, comme imitateur de Van Dyck, fut le portrait.

Ses imitations se distinguent à leur touche hardie, mais un peu roide, à leurs contours émoussés et enlevés sur les fonds, ainsi qu'à une sorte d'estompage dans les draperies.

THYS (GYSBREECHT OU GISBERT)

Né à Anvers en 1625, mort en 1684.

Les portraits exécutés par Gysbreecht Thys sont quelquefois vendus sous le nom de Van Dyck, mais on doit avouer qu'il faut y mettre beaucoup d'insouciance pour se laisser tromper à ce point.

Son dessin est beaucoup moins correct, sa touche lente et peu solide ; sa couleur dorée manque de transparence.

MÉRIAN (MATHIEU)

Né à Bâle en 1621, mort en 1687.

Encore un portraitiste qui sut approcher de la manière de son maître, et dont les œuvres servent à tromper les amateurs. Cependant son coloris argentin, mais lourd, sa touche aiguë, ses empâtements brodés et son dessin relâché, ne plaident guère en sa faveur.

MEERT (PIERRE)

Né à Bruxelles en 1618, mort en 1669.

Les imitations de Meert ne sont pas sans caractère, mais elles diffèrent du maître par leur ton chaud et vigoureux. Les portraits ont trop le type italien pour être sérieusement attribués à Van Dyck.

BOCANEGRA (PIERRE ATHANASE), DIT ATHANASIO

Mort à Grenade en 1688.

Cet élève d'Alonzo Cano a imité Van Dyck à s'y tromper. Ses tableaux d'histoire ont une grande tournure ; son dessin est savant et sa couleur énergique. On ne peut le reconnaître qu'à sa touche grenue et à ses demi-teintes briquetées.

HANNEMAN (ADRIEN)

Né à La Haye en 1610 ou 1611, vivait encore en 1662.

En général, les portraits peints par Hanneman ont un caractère vague qui ne peut appartenir à Van Dyck. Ses teintes sont chaudes et délicates, ses carnations fraîches et brillantes, mais son dessin mou et peu correct, et ses ombres peu accusées, trop fondues avec les demi-teintes, ne permettent pas la fraude.

WILLEBORD (THOMAS), DIT BOSSCHAERT

Né à Berg-op-Zoom en 1613, mort à Anvers en 1656.

Son pinceau tendre et harmonieux, son dessin assez correct et ses airs de têtes très-agréables prêtent de prime abord à l'illusion, mais, en étudiant sa touche molle et estompée, son exécution maniérée et peu savante, on revient promptement de son erreur.

HOECK (JEAN VAN)

Né à Anvers en 1600, mort en 1650.

Hoeck abandonna la manière de Rubens, son maître, pour imiter Van Dyck. La délicatesse et la fermeté avec lesquelles il a peint ses tableaux d'histoire leur donnent un certain prix, mais il pèche par un coloris trop accusé et un dessin trop académique.

COQUES (GONZALÈS)

Né à Anvers en 1618, mort en 1684.

On doit à Gonzalès Coques d'excellentes productions originales de manière et d'exécution. Mais, soit pour son étude particulière, soit par spéculation, il s'appliqua à copier Van Dyck. Sous ce rapport, je ne devais pas le passer sous silence.

Il est difficile de se méprendre au sujet des imitations de ce peintre. Ses portraits ont une vigueur que ceux de Van Dyck n'ont jamais possédée. Son coloris, plus vineux, son dessin plus carré et sans souplesse dans les contours, suffiraient seuls pour les déceler.

Quant à Jacques VAN OOST le fils, et à Jean de BAAN, ils ne furent que des analogues et non des imitateurs. Il est donc inutile d'en parler ici, puisque leurs tableaux ne sauraient être confondus avec ceux du grand maître.

TENIERS (DAVID), DIT LE JEUNE

Né à Anvers en 1610, mort à Bruxelles en 1694, et non à Perk,
où il fut transféré.

Rubens, Van Dyck et Teniers, sont les trois gloires de l'art flamand. Ce dernier s'est attaché à observer et à reproduire les mœurs du peuple, sans rien offrir de ce qu'elles ont souvent de repoussant. On trouve plus de naïveté, d'innocence et de simplicité dans ses physionomies, que d'expression de passions violentes, même au milieu des scènes les plus turbulentes. Ses buveurs ne paraissent avoir d'autre souci que celui de bien boire et de mener joyeuse vie ; rarement leurs festins se terminent par les rixes sanglantes de l'ivrognerie.

S'il est vrai, ainsi que l'affirment plusieurs historiens, que les débuts de Teniers aient été difficiles, il en fut bientôt récompensé par l'estime des amateurs, estime qui ne tarda pas à devenir un véritable engouement. Aussi, c'est à peine s'il put suffire à exécuter les commandes des amateurs et des grands seigneurs de tous les pays, et, malgré le mot fameux attribué à Louis XIV, peu d'artistes jouirent de leur vivant d'une célébrité si populaire, que rien n'a pu l'affaiblir jusqu'à nos jours.

Le coloris de Teniers est surprenant ; il ne présente rien des conventions de la palette ; c'est celui que reçoivent tous les corps de la nature sous les rayons de la lumière du jour ; et ce qui surprend encore davantage, c'est que ce coloris, loin de s'altérer en s'agatisant, semble acquérir, avec le temps, un nouvel éclat.

Son dessin est correct, spirituel ; ses ciels sont peu variés, mais pétillants et touchés avec légèreté. Il avait l'imagination vive, la production facile ; ses fonds sont faits de peu, tout y est clair : on voit tout jusque dans les endroits privés de lumière. Ses reflets sont charmants ; ses figures, que l'on prétend trop courtes, reproche qui n'est dû probablement qu'à leur habillement souvent maussade, ont une précision dans leurs expressions qui fixe l'attention et marque la finesse de la touche.

Téniers a beaucoup travaillé, car son œuvre monte à plus de 700 tableaux. Sa facilité d'exécution était si grande, que souvent il composait et peignait un tableau dans la même journée. C'est ce que l'on appelle, un peu improprement peut-être, ses *après-*

dinées. Il a été un temps où ses ouvrages se rencontraient assez souvent dans le commerce, mais ils se sont casés peu à peu dans les collections particulières, d'où ils ne sortent qu'à de rares intervalles.

Presque toutes ses compositions sont de moyennes dimensions. Elles sont préférées à ses grandes toiles, qui souvent paraissent nues et froides, et dont l'effet est presque toujours éparpillé.

Le musée de Paris est riche en tableaux de ce maître. Voici les évaluations que j'ai pu recueillir :

Saint Pierre renie Jésus-Christ, payé 10,320 fr. à la Vte du comte de Merle, en 1784. Est. 15,000 fr., puis 24,000 fr. — *L'Enfant prodigue à table avec des courtisanes,* vendu 28,999 fr., quelques catalogues disent 30,000 fr., à la Vte de Gagny en 1776, puis 25,000 fr. en 1783. Est. 35,000 fr., puis 36,000 fr. — *Les Œuvres de Miséricorde,* 30,000 fr., puis 35,000 fr. — *Tentation de saint Antoine.* Est. 6,000 fr. (acheté ce prix avec deux autres tableaux peints par Le Duck et Maës, n°s 134 et 276 du catalogue). — *La Fête de village.* 1769, Vte Verrue; 1,250 fr. 1769, Vte La Live de Jully, 6,800 fr. Est. 30,000 fr. — *Un Cabaret près d'une rivière,* 10,000 fr. — *Danse de Paysans.* 1768, Vte Gaignat, 671 fr. Est. 10,000 fr. — *Intérieur de cabaret* (n° 518), 2,500 fr. — *Intérieur de cabaret* (n° 549), acheté 5,700 fr. en 1816. Est. 6,000 fr. — *Chasse au héron.* 1784, Vte de Vaudreuil, 3,240 fr. Est. 4,000 fr., puis 6,000 fr. — *Le Fumeur,* 3,000 fr. — *Le Rémouleur,* 1,500 fr. — *Le Joueur de cornemuse,* 800 fr. — *Portrait d'un Vieillard,* 500 fr., puis 1,000 fr.

Ces évaluations se ressentent de l'époque où elles ont été faites (inventaires de l'Empire et de la Restauration). Elles seraient bien dépassées aujourd'hui, du moins pour une grande partie des tableaux cités plus haut.

Anciennement au Louvre. — *Joueurs de cartes.* Est. 15,000 fr. (rendu en 1815, cab. du roi de Sardaigne).

MUSÉES DIVERS, GALERIES, ETC.

Musée Napoléon III. — *Intérieur d'une cuisine.*

Musée de Nantes. — *Kermesse flamande.* — *Kermesse flamande.* — *Jeunes Bergers jouant aux cartes.* — *Sainte Thérèse.*

Musée de Lyon. — *La Délivrance de saint Pierre.*

Musée de Rennes. — *Intérieur de cabaret.* — *Joueurs de cartes et Fumeurs.* — *Un Paysage.* — *Homme et Femme dansant.* — *Tentation de saint Antoine.* — *Étude de figures pour une Foire* (dessins). — *Intérieur de cabaret.*

Musée de Nancy. — *Paysage.* — *Quelques Paysans causent à la porte d'un cabaret.*

Musée de Montpellier. — *Fête de village.*

Galerie Valedau, a Montpellier. — *Vue du Château de Teniers.*

Musée de Lille. — *Scène de Sabbat.* — *La Tentation de saint Antoine.* — *Intérieur de cabaret.*

Musée du Havre. — *Les Joueurs de boules.*

Musée de Cherbourg. — *Les Singes au cabaret.*

Musée de Bordeaux. — *L'Évocation.* — *Danse villageoise.* — *Un Buveur.* — *Paysage.* — *Paysage.*

Musée d'Avignon. — *Intérieur d'une chambre basse.*

Musée de Valenciennes. — *Intérieur d'une grotte.*

Musée d'Anvers. — *Groupe de Fumeurs dans un paysage.* — *Valenciennes secourue.*

Musée d'Amsterdam. — *Le Cabaret de village.* — *Le Corps de garde.* — *L'Heure du repos.* — *Tentation de saint Antoine.*

Musée de Rotterdam. — *Un Joueur de vielle.* — *Un Intérieur rustique.*

Musée de La Haye. — *Un Alchimiste.* — *La bonne Cuisine.*

Musée van der Hoop. — *Une grande Kermesse.* — *Les joueurs de dés.* — *Paysage avec maison rustique.*

Ancienne collection de Vienne. — *La Fête du tirage à l'oiseau sur la place des Sablons à Bruxelles.* — *Intérieur du cabinet de peinture de l'archiduc Léopold-Guillaume.* — *Deux Paysages flamands ornés de figures* (dans le premier, des paysans tirent à l'arc; dans le second, un paysan, couvert de neige, conduit deux porcs). — *La Faiseuse de saucisses* (six fig.). — *Fête flamande.* — *Portrait d'un jeune Homme.* — *Une Noce champêtre.* — *Un Village pillé par des soldats.* — *Deux Estaminets* (dans le premier, cinq fig.; dans le second, sept fig.). — *Danse flamande.* — *Portrait d'un Vieillard* (vu de profil). — *Deux Étables.* — *Un Ménage rustique.* — *Trois petits Garçons s'amusant avec un chien.* — *Un Tableau de fleurs* (au milieu une grisaille qui représente un *Couronnement d'épines*). — *Deux Paysages montagneux ornés de figures.* — *Deux petits Paysages de plaines garnies de bois* (dans l'un Teniers a représenté Tobie accompagné de l'Ange). — *Deux sujets de la Fable.* — *Deux sujets tirés de la fable d'Io.* — *Le Sacrifice d'Abraham* (signé 1653).

Musée de Munich. — Plusieurs *Tabagies.* — Plusieurs *Corps de garde.* — *Une Foire italienne.* — *La Noce de village.* — *Danse de paysans.* — *Un Repas.* — *Une Tabagie de singes.* — *Un Concert de chats et de singes* et plusieurs tableaux.

Musée de Berlin. — *L'Alchimiste.* — *Tentation de saint Antoine* et deux autres compositions.

Musée de Dresde. — *Paysans jouant aux dés.* — *La Tentation de saint Antoine.* — *Le Vieux Dentiste.* — *Un Atelier aux murailles duquel sont suspendus beaucoup de tableaux.* — *Un Vieillard tenant un luth.* — *Paysage avec clair de lune.* — *Kermesse flamande.* — *Petit Paysage.* — *Paysage avec figures.* — *Blanchisserie hollandaise.* — *Kermesse hollandaise.* — *Paysans dormant dans un estaminet.* — *Soldats jouant aux cartes.* — *Un Chimiste devant son fourneau.* — *La Tentation de saint Antoine.* — *Paysans prenant leurs repas.* — *Grande Kermesse de village.* — *Intérieur avec figures.* — *Hommes jouant aux dés.* — *Paysans jouant assis à une table.* — *Intérieur d'une maison hollandaise.* — *Paysan plaisantant avec une paysanne.* — Sujet du même genre. — *Paysans jouant au tric-trac.* — *Kermesse flamande.* — *Paysans jouant aux cartes.* — *Scène de sorcellerie.* — *Paysans au cabaret.* — *Paysans autour d'une table.* — *Un jeune Homme, une cruche à la main.* — *Volaille morte.*

Musée de Saint-Pétersbourg. — *Les Arquebusiers d'Anvers.* — *Le Corps de garde.* — Plusieurs *Fêtes villageoises.* — Plusieurs *Cabarets, Tabagies, Corps de garde, Tentations de saint Antoine.* — Plusieurs *Intérieurs* et *Kermesses.* Enfin quarante-sept compositions.

Musée de Turin. — Plusieurs *Intérieurs d'estaminet.*

A l'Académie des Beaux-Arts de Venise. — *Intérieur.*

Au palais Doria. — *Une grande Kermesse.*

Musée du Roi a Madrid. — *Une Galerie de tableaux.* — *Renaud et Armide* (douze sujets). — *Animaux vivants.* — *Trois Tentation de saint Antoine.* — *Le Roi boit.* — *Le Jeu de quilles.* — *Un Arsenal.* — Plusieurs *Kermesses* et autres sujets.

National Gallery. — *La Partie de musique.* — *Les Misères.* — *Un Paysage.* — *Une Scène familière.* — *Des Paysans jouant au tric-trac.*

Dulwich Collége. — Plusieurs belles compositions.

Institution royale d'Édimbourg. — *Paysage avec figures.* — *Le Jeu des Paysans.*

Buckingham Palace. — Onze belles compositions.

Galerie Bedford. — *Une Vieille qui danse.* — *Danse de village.* — *Fête de village.* — *Portrait du peintre.* — Une belle composition.

Collection Colborne. — *Un Intérieur.* — Deux autres scènes rustiques.

Galerie Ellesmère. — *Vue de Flandre avec figures.* — *Le Mariage au village.* — *L'Alchimiste.* — *Scène de village.*

Collection miss Rogers. — *Cerbère.* — Un sujet rustique.

Collection Carlisle. — *Le Père de Teniers.* — *Scène rustique.*

Collection Wellington. — Sujet rustique.

Collection Neeld. — *La Tentation de saint Antoine.*

Collection Morrison. — *Les Œuvres de Miséricorde.* — *Intérieur d'un Corps de garde.* — *Une Kermesse.* — *La Visite du médecin.* — *Intérieur avec paysans.* — *La Délivrance de saint Pierre.* — *La Taverne du village.*

Collection Tomline. — *Un Intérieur avec figures.*

Collection Bevan. — Une belle composition.

Collection Field. — *Intérieur avec paysans.* — *Un Paysage avec figures.*

Collection Heursh. — *Le Marché aux petits Pots* (répétition faite par le peintre du tableau de la gal. Duchâtel. (Vte de la D^sse de Berry, 16,650 fr.).

Collection Bredel. — *Le Dentiste.* — Un sujet rustique.

Cabinet Gray. — *Un Intérieur.* — Une autre composition.

Collection Wynn Ellis. — *Une Kermesse.*

Collection Brownlow. — *Un Paysage.*

Collection Oppenheim. — *Une belle Kermesse.*

Collection Wombwell. — *Un Paysage.*

Collection Anderson. — *Intérieur avec figures.* — Trois autres compositions.

Cabinet Bardon. — *Une Femme dans un intérieur.*

Au duc de Newcastle. — Deux belles compositions.

Collection Iarborough. — *Paysage avec figures.* — Une belle composition.

Collection Harrington. — *Scène familière.*

Collection Labouchère. — Une petite composition.

Collection Overstone. — *L'Alchimiste dans son laboratoire.* — *Intérieur d'un cabaret* (anc. coll. James de Rothschild). — *Deux petits Paysages.* — *Le Paysan galant* (coll. Edward Gray).

Galerie Northumberland. — *Un Paysage avec figures.*

Galerie d'Aspley. — *Le Mariage d'un paysan.*

Collection Folkestone. — Une charmante composition. — *Les Plaisirs du village.*

Collection John Walter. — *Intérieur de paysans.*

Galerie Sutherland. — *La Sorcière.* — *Une Mare et des canards.*

GALERIE LANSDOWNE. — *La Tentation de saint Antoine.* — *Des Paysans dans un paysage.* — *Un Édifice près d'un pont.* — *La Partie de musique.*

COLLECTION BLUNDELL. — *L'Alchimiste.*

COLLECTION MARTIN. — *Les Ermites saint Paul et saint Antoine dans un paysage.*

COLLECTION GALTON. — *Un Paysage avec des danseurs rustiques.*

COLLECTION WARWICK. — *Un Corps de garde.*

COLLECTION EXETER. — *Un Berger.*

COLLECTION DEVONSHIRE. — *La Tentation de saint Antoine.* — *La Changeuse de monnaie.*

GALERIE RUTLAND. — Une charmante composition. — *Un Paysage.* — *Une Tentation de saint Antoine.* — *Une Étable.* — *Un Docteur.* — Une charmante composition· — Quatre petits tableaux.

COLLECTION TOWNSHEND. — *Une Kermesse.*

COLLECTION FOUNTAINE. — *Les Quatre Éléments.* — *Trois Paysans près d'une chaumière.*

COLLECTION ASHBURTON. — *Les Œuvres de Miséricorde* (coll. Talleyrand). — *Le Manchot.* — *Portrait du peintre* (coll. Talleyrand). — *Une Kermesse.* — *Un Paysage* (coll. Talleyrand).

COLLECTION HAMILTON. — *Un Paysage par un clair de lune.* — Trois charmantes compositions.

COLLECTION LONSDALE. — *Trois Kermesses.* — *Un Intérieur.*

COLLECTION M'LELLAN. — *Chaumière et Paysans.* — *La Visitation.* — *Un Village avec figures.* — *Un Paysage avec figures et bestiaux.* — *La Colère de Latone.* — *Le Médecin.*

COLLECTION WARD. — *Le Christ.* — *Un Intérieur.*

COLLECTION HOPETOUN. — *Un Paysage avec figures.* — *La Tentation de saint Antoine.*

COLLECTION STIRLING. — *Trois Paysages.*

COLLECTION WYNDHAM. — Une scène familière. — *L'archiduc Léopold.*

COLLECTION CAMPBELL. — Deux belles compositions.

COLLECTION PHIPPS. — *Intérieur de la galerie de tableaux de l'archiduc Léopold.* — Deux autres compositions.

COLLECTION HOLFORD. — *Le Triomphe de Galatée.* — *Quatre Kermesses et Intérieurs.*

COLLECTION BUTE. — Trois belles compositions.

COLLECTION ASHBURNHAM. — *Une Kermesse.*

COLLECTION ARUNDEL. — *Paysages avec figures.*

COLLECTION WEMYS. — *Intérieur avec figures.*

COLLECTION HEYTESBURY. — *Paysans caressant une jeune fille.* — *Intérieur d'un Corps de garde.* — *Paysage avec chaumière et paysans.* — *Intérieur avec paysans.* — *Saint Antoine dans sa grotte.* — *Des Paysans.* — *Paysage avec rivière et figures.* — *Paysage* dans le même genre.

COLLECTION NORMANTON. — *Scène de Paysans.* — Son pendant. — *Une Galerie de peintures.*

COLLECTION ENFIELD. — *Les Plaisirs du village.*

COLLECTION TOWNSHEND. — *Paysage avec figures.*

COLLECTION LEGH. — *Paysage avec figures.*

Collection Harrington. — *Intérieur d'un cabaret.* — Deux autres belles compositions.

Collection Peel. — *Un Paysan caressant une jeune fille.* — *Le Magicien.* — *Les Quatre Saisons.*

A sir Culling Eardley. — *Intérieur de la galerie de l'archiduc Léopold d'Autriche.* — Son pendant.

Collection Robart. — *Paysans à table.*

Collection Tulloch. — *Intérieur avec figures.*

Collection Harcourt. — *Paysage avec figures.* (Le paysage est contesté; il est attribué à Van Uders.)

Collection Stirling. — *Un Paysage avec figures.*

Collection Burlington. — *Un Intérieur avec Paysans.*

Collection Thomas Hope. — *Deux Intérieurs avec soldats.*

Cabinet Hugh Campbell. — *Intérieur de Corps de garde.* — *La Tentation de saint Antoine.*

Collection Hardwicke. — *La Tentation de saint Antoine* (les fleurs sont de Van Kessel). — *Un Intérieur avec figures.* — *Un Paysage.*

Cabinet Cowper. — *Un Intérieur.*

Collection Amherst. — *Une Kermesse.* — *Saint Pierre en prison.*

Collection Chapman. — *Le Paysan.*

Cabinet Stanisforth. — *Les Quatre Saisons* (imitation du Bassan).

Collection Caledon. — *Un Paysage avec figures.* — *Deux Intérieurs.*

Collection Th. Baring. — *Fête villageoise.* — *La Danse.* — *Des Buveurs.* — *Des Singes.* — *Un Marchand de cochons.*

Au marquis de Westminster. — Plusieurs belles compositions.

Collection Peter Norton. — *Scène de village.*

Collection Philipps. — *Le Cabaret.*

Collection Dingwall. — *Paysage avec animaux.*

Collection Baxter. — *Neptune et Amphitrite* (copie d'après Rubens).

Collection Spencer. — *Le Triomphe de Bacchus* (copie d'après Rubens). — *La Mort de Léandre* (copie d'après Rubens).

Collection Edward Loyd. — *Des Buveurs.*

Au révérend Leicester. — *Vue du château de Teniers.*

Collection Cornwal. Legh. — *Les Joueurs de quilles.*

Collection X..., de Londres. — *Fête de Village avec l'artiste et sa famille* (magnifique). — *Intérieur d'une galerie de tableaux.*

Galerie d'Arenberg. — *Le Marchand de moules.* — *Le Jeu de boules.* — *Intérieur d'estaminet.* — *Cour de ferme.* — *Une Guinguette flamande* (attribué).

Galerie Suermondt. — *L'Arrivée du riche dans l'enfer.* — *Paysage montagneux avec figures.* — Tableau allégorique.

Collection van der Aa, de Saint-Nicolas. — *Chimiste dans son laboratoire* (4 fig. et accessoires). — *Corps de garde* (sept figures).

Cabinet du comte Koucheleff, de Saint-Pétersbourg. — *Les Joueurs de dés.*

Galerie Esterhazy. — *Les Sept œuvres de Miséricorde.* — *Une Tentation de saint Antoine.* — *Une Salle d'armes.* — *Le Médecin de village.* — *La Fuite en Égypte.*

Galerie Lichtenstein. — *Tentation de saint Antoine.* — *Un Dîner de singes.* — *Un Arsenal.*

GALERIE DU DUC D'AUMALE. — *Deux Kermesses.* — *Paysage.* — *Singe faisant la barbe à des Chats* (dessins).

GALERIE DUCHATEL. — *Le Marché aux petits Pots* (environ trois cent quarante figures ; signé et daté 1637) (anc. abbaye de Gand ; coll. Loridon de Ghelling ; coll. Everaert). — *Grand Intérieur avec ustensiles de cuisine* (trois figures). — *Une Tentation de saint Antoine.*

CABINET DU COMTE CZERNIN. — *Une Salle d'armes.*

COLLECTION DE MARCY, A GRASSE. — *Saint Jérôme au désert.*

COLLECTION LÉTOUBLON. — *Le Marché conclu.*

COLLECTION J. COURTOIS. — *L'Estaminet de Singes.* — *Kermesse.*

COLLECTION ANTHONY DE ROTHSCHILD. — *Accessoires dans un intérieur.*

COLLECTION LIONEL DE ROTHSCHILD. — *Un Paysage.* — *Portraits d'Homme et de Femme.*

GALERIE JAMES DE ROTHSCHILD. — Plusieurs belles compositions.

A LORD HERTFORD. — Deux belles compositions, dont l'une représente un *Intérieur avec des Paysans.*

COLLECTION ROBILLARD, DE REIMS. — *L'Alchimiste.*

A M. ROGER, D'AMIENS. — *La Madeleine* (d'après Véronèse).

CABINET ÉMILE PASCAL. — *Un grand Paysage avec figures de chasseurs.*

GALERIE DU BLAISEL. — *Une Kermesse.* — *Les Pêcheurs.*

CABINET BEC. — *Une Kermesse* (gravée sous le nom de *Deuxième Fête flamande*).

PRIX DE VENTES

			fr.	
Petit tableau de *Buveurs*.........	1737.	Vte VERRUE..............	307.	
Grande Tentation de saint Antoine, avec femmes nues..............	D^o	d^o		
Les Quatre Saisons.............	D^o	d^o	290.	
—	1776.	Vte LA PRADE...........	911.	
—	D^o	Vte GAGNY..............	1,000.	
—	1778.	Vte GROS..............	1,200.	
—	1785.	Vte NOURRI............	1,230.	
—	1794.	Vte DESTOUCHES.........	1,401.	
—	1812.	Vte LEBRUN.............	1,800.	
—		Vte P^{ce} DE TALLEYRAND...		
—	1823.	Vte baron TAYLOR... Guin.	180.	A sir Robert Peel.
Fête villageoise.................	1737.	Vte VERRUE.............	2,400.	
Réjouissance flamande..........	D^o	d^o	1,250.	
—	1748.	Vte FONTPERTUIS.........	6,000.	
—	1792.	Vte CHOISEUL...........	34,000.	
Achille découvert par Ulysse......	1737.	Vte VERRUE.............	1,550.	
L'Histoire de Jacob.............	D^o	d^o	1,215.	
Fumeurs et Buveurs............	D^o	d^o	244.	
Tableau-Cadran pour marquer les vents........................	D^o	d^o	50.	
Grande Kermesse...............	D^o	d^o	1,750.	
—	1770.	Vte LA LIVE DE JULLY....	6,500.	
—	1773.	Vte LEMPEREUR..........	10,000.	
—	1777.	Vte DE BOISSET..........	10,000.	

			fr.	
Grande Kermesse..............		Vᵗᵉ HOFFMAN, évalué. L. st.	650.	
Les Cinq Sens (cinq tableaux).....	1737.	Vᵗᵉ VERRUE.............	395.	
—	1770.	Vᵗᵉ BERINGHEN...........	720.	
—	1774.	Vᵗᵉ DUBARRY...........	1,080.	
—	1784.	Vᵗᵉ LABORDE..........	726.	
—	1791.	Vᵗᵉ VINCENT DONJEUX.....	3,801	
La Discorde à la cour de Nicomède.	1737.	Vᵗᵉ VERRUE.............	1,550.	
—	1793.	Vᵗᵉ PRASLIN.............	901.	
Le Lendemain des noces...........	1737.	Vᵗᵉ VERRUE.............	1,755.	
—	1777.	Vᵗᵉ BRUNOY............	11,000.	Avec son pendant, les *Accords flamands.*
Vue de Flandre................	1737.	Vᵗᵉ VERRUE...........		
—	1744.	Vᵗᵉ LORANGÈRE..........		
—	1851.	Vᵗᵉ COTTREAU...........	1,810.	
Paysage avec Figures...........	1737.	Vᵗᵉ VERRUE............	200.	
Marché aux Poissons...........	Dᵒ	dᵒ	625.	
Un Paysage................. } Noce de Village.............. }	Dᵒ	dᵒ	1,500.	
Vue et Port de mer de Flandre.....	Dᵒ	dᵒ	1,050.	
—	1773.	Vᵗᵉ LEMPEREUR..........	255.	
—	1778.	Vᵗᵉ DE BEAUJON..........	1,800.	
Le Château de Teniers...........	1744.	Vᵗᵉ LORANGÈRE..........	220.	
—	1745.	Vᵗᵉ LAROQUE...........	900.	
L'Arc-en-ciel (paysage)..........	Dᵒ	dᵒ	142.	
Sujet de cuisine................	1744.	Vᵗᵉ LORANGÈRE...........	130.	
Tabagie.....................	Dᵒ	dᵒ	130.	
Paysage....................	Dᵒ	dᵒ	362.	
L'Atelier de Teniers............	Dᵒ	dᵒ	320.	
Danse villageoise...............	1745.	Vᵗᵉ LAROQUE...........	5,900.	
Noce de Village................	Dᵒ	dᵒ	7,202.	
Le Concert champêtre, ou la Leçon de flageolet..................	1749.	Vᵗᵉ duc D'ORLÉANS.......		
—	1768.	Vᵗᵉ GAIGNAT...........	1,680.	
—	1793.	Vᵗᵉ PRASLIN............	2,701.	
—	1808.	Vᵗᵉ CHOISEUL..........	1,705.	
—	1837.	Vᵗᵉ Dˢˢᵉ DE BERRY.......	6,051.	Act. à M. J. de Rothschild.
Latone vengée.................	1750.	Vᵗᵉ DE VENCE..........	255.	
Les Amusements des Matelots......	Dᵒ	dᵒ	400.	
—	1779.	Vᵗᵉ VERHULST...... Flor.	946.	
—	1787.	Vᵗᵉ PROLET.............	2,001.	
—	1809.	Vᵗᵉ EMLER.............	2,960.	
—	1810.	Vᵗᵉ CATELAN...........	5,700.	
Les Philosophes bachiques........	1750.	Vᵗᵉ DE VENCE.........	363.	
—	1809.	Vᵗᵉ DANOOT........ Flor.	1,750.	
—		Vᵗᵉ BUCHANAN...... Guin.	300.	
Tentation de saint Antoine.......	1755.	Vᵗᵉ PASQUIER...........	3,751.	
Le Corps de garde..............	1759.	Vᵗᵉ VERHULST...... Flor.	1,202.	
—	1782.	Vᵗᵉ LEBŒUF......... »	5,510.	
—		Vᵗᵉ LAFONTAINE.... »	5,055.	
—	1812.	Vᵗᵉ CLOS..............	4,210.	
Les Pêcheurs..................	1761.	Vᵗᵉ DE VENCE..........	1,260.	
Les Misères de la guerre..........	Dᵒ	dᵒ	1,110.	
Les Pêcheurs flamands..........	Dᵒ	dᵒ	951.	
Le Départ pour le Sabbat et l'Arrivée au Sabbat................	Dᵒ	dᵒ	500.	

			fr.	
La Femme jalouse (bois, ovale, 32c 1/2—24c 1/2)	1761.	Vte DE VENCE	5,000.	
—	1796.	Vte DE GAGNY	1,155.	
—	Do	do	802.	
Le Médecin empirique	1761.	Vte DE VENCE	510.	
Le Docteur alchimiste et le Déjeuner flamand	Do	do	1,200.	
Kermesse	Do	do		
—	1804.	Vte DUTARTRE	16,150.	Coll. Montmartel.
Le Chirurgien de campagne, et le Médecin flamand	1763.	Vte PEILHON	1,199.	
Un Corps de garde	1765.	Vte DE RUBEMPRÉ... Flor.	1,540.	
L'Armurier (4 figures)	Do	do .... »	500.	
Tabagie et Paysans dansant	Do	do .... »	2,600.	
Danse de Paysans	Do	do .... »	4,130.	
Deux Fêtes villageoises	Do	do .... »	1,910.	
Un Homme donnant la pitance à des poules	Do	do .... »	310.	
Le Déjeuner au jambon	Do	do .... »	2,600.	Signé 1648.
—	1777.	Vte DE BOISSET	12,000.	
—	1801.	Vte ROBIT	17,000.	
—	1837.	Vte Dsse DE BERRY	24,500.	
Intérieur rustique	1766.	Vte DE LA COURT ... Flor.	2,080.	
Le Paradis terrestre	1767.	Vte JULIENNE	800.	
Intérieur de cuisine	Do	do	630.	
Joueurs de cartes	Do	do	2,000.	
La Bonne Ménagère	Do	do	1,767.	
—	1777.	Vte DE CONTI	5,001.	
—	1784.	Vte DE MERLE	4,802.	A M. Clarke.
—	1821.	Vte DE BREUIL	4,550.	
Une Kermesse (150 figures)	1768.	Vte GAIGNAT	18,030.	
Les Œuvres de Miséricorde	Do	do	7,250.	
—	1772.	Vte DE CHOISEUL	9,530.	
—	1777.	Vte DE CONTI	10,510.	
—	1787.	Vte duc DE CHABOT	7,301.	
—	1810.	Vte LEBRUN	10,860.	
—	1822.	Vte lord GWYDER... L. st.	310.	
—	1842.	Vte FORBIN JANSON	12,906.	
Chimiste dans son laboratoire	1770.	Vte LA LIVE DE JULLY	3,500.	
Pendant du *Corps de garde*	1771.	Vte BRAAMCAMP...... Flor.	1,765.	
—	1783.	Vte VAN LOCQUET.... »	735.	
—		Vte DE BOO	1,500.	
Le Berger rêveur / *Le Berger content*	1771.	Vte LA GUICHE	1,560.	
Un Village de Flandre	1772.	Vte CHOISEUL	5,600.	
Vue de la Ville d'Anvers (bois, 38c—62c)	1777.	Vte DE CONTI	7,200 et 4,500 fr.	
	1781.	Vte Th. DE PANGE	5,004.	
Le Manchot	1772.	Vte CHOISEUL	4,512.	
—	1778.	Vte GROS	4,520.	
—	1793.	Vte DE PRASLIN	3,550.	
—	1797.	Vte WAUTIER	4,450.	
—	1812.	Vte SOLIRÈNE	3,861.	
—	1817.	Vte TALLEYRAND	8,000.	
Le Jeu de Boules / *Les Pêcheurs*	1772.	Vte CHOISEUL	5,600.	

			fr.
Un Paysage avec trois Chaumières.	1772.	Vᵗᵉ Choiseul...............	5,600.
—	1777.	Vᵗᵉ de Conti...............	7,200.
—	1781.	Vᵗᵉ du Pange..............	5,004.
Fête Flamande (18 figures)........	1772.	Vᵗᵉ L. M. van Loo........	6,000.
La Fête du hameau	Dᵒ	dᵒ	6,000.
—	1791.	Vᵗᵉ Lebrun.	5,800.
Une Basse-cour.................	1774.	Vᵗᵉ Dubarry.............	6,000.
Joueurs de boules	Dᵒ	dᵒ	1,272.
Trois Paysans autour d'un feu, fumant leur pipe.......	1776.	Vᵗᵉ Prade.	1,800.
—	1777.	Vᵗᵉ de Boisset.	1,800.
—	1786.	Vᵗᵉ de Clesse.	3,301.
—	1822.	Vᵗᵉ de Saint-Victor......	5,800.
Vue d'un Village de Flandre (bois, 27ᶜ—35ᶜ)...................	1776.	Vᵗᵉ de Gagny...........	2,405.
—	1783.	Vᵗᵉ d'Azincourt.	2,400.
Corps de garde de Singes (bois, 34ᶜ—51ᶜ)	1776.	Vᵗᵉ Blondel de Gagny...	350.
—	1778.	Vᵗᵉ Molini.	163.
—	1841.	Vᵗᵉ Perregaux............	3,000.
Fête Villageoise.................	1776.	Vᵗᵉ de Gagny...........	11,000.
Les Pêcheurs...................	Dᵒ	dᵒ	4,820.
Les Joueurs de quilles et la cour d'auberge.	Dᵒ	dᵒ	3,610.
Domestique dans sa cuisine, trois Hommes se chauffent..........	1777.	Vᵗᵉ de Conti.	5,001.
Intérieur de cabaret (4 figures)...	1777.	Vᵗᵉ de Boisset..........	12,000.	Coll. Rubempré.
La Guinguette.	Dᵒ	dᵒ	4,820.
—	1787.	Vᵗᵉ de Chabot.	3,000.
—	1788.	Vᵗᵉ Montesquieu........	1,900.
—	1812,	Vᵗᵉ Solirène............	3,905.
Un Dentiste (bois, 40ᶜ 1/2—30ᶜ)....	1777.	Vᵗᵉ de Boisset..........	1,200.
—	1780.	Vᵗᵉ Nogaret.............	1,700.
—	1782.	2ᵉ Vᵗᵉ Nogaret	1,362.
Joueurs de cartes et Paysans à table.	1778.	Vᵗᵉ Fitz-James.	720.
Une Chaumière.................	Dᵒ	Vᵗᵉ Gros..............	1,050.
Une Kermesse (16ᶜ—24ᶜ 1/2)......	Dᵒ	Vᵗᵉ duc des Deux-Ponts..	651.
—	1780.	Vᵗᵉ Mⁱˢ de Changran.....	800
Intérieur rustique (33ᶜ—56ᶜ 1/2)...	Dᵒ	Vᵗᵉ Soufflot............	4,801.
Deux Paysages (40ᶜ—59ᶜ)........	Dᵒ	Vᵗᵉ Renouard...........	2,503.
Kermesse (bois, 51ᶜ—80ᶜ 1/2)......	1781.	Vᵗᵉ duc de la Vallière..	5,500.
Les Joueurs de boules (54ᶜ—88ᶜ 1/2).	Dᵒ	dᵒ ..	2,400.
Intérieur d'une ferme (79 figures; 48ᶜ 1/2—94ᶜ).................	Dᵒ	Vᵗᵉ Julienne............	1,542.
—	Dᵒ	Vᵗᵉ duc de la Vallière..	2,725.
Vue de son Château (1ᵐ,10—1ᵐ,68).	Dᵒ	Vᵗᵉ Sollier.............	3,300.
Le Repos des Villageois (cuivre, 1ᵐ,2—69ᶜ)......................	Dᵒ	Vᵗᵉ van Balle.	4,201.
Le Corps de garde.	1783.	Vᵗᵉ Locquet......... Flor.	1,100.
—	1804.	Vᵗᵉ van Leyden..... »	3,100.
—	1819.	Vᵗᵉ Christie....... Guin.	265.
—	1825.	Vᵗᵉ Lapeyrière...........	12,999.
—	1826.	Vᵗᵉ Barchard...... Guin.	385.

				fr.	
La Fileuse (bois, 40ᶜ 1/2—32ᶜ 1/2).	1784.	Vᵗᵉ LANGRAFF............		2,030.	
—	Dᵒ	Vᵗᵉ DE MERLE............			
Intérieur (7 figures).............	Dᵒ	Vᵗᵉ VAUDREUIL..........		3,001.	
—	1787.	Vᵗᵉ PROLEY.............		3,125.	
—	1791.	Vᵗᵉ CASTLEMORE.........		2,951.	
—	1816.	Vᵗᵉ Mᵐᵉ CATELAN........		5,600.	
Épisode du Mauvais riche (bois, 51ᶜ —67ᶜ).....................	1784.	Vᵗᵉ DE MERLE............		3,499.	
Intérieur, où une femme recure une marmite, etc. (bois, 40ᶜ 1/2—35ᶜ)	Dᵒ	dᵒ		4,802.	
—		Vᵗᵉ DE CONTI............		5,001.	
Deux Kermesses (62ᶜ—69ᶜ 1/2).....	Dᵒ	Vᵗᵉ DE MERLE...........		9,770.	
Le Reniement de saint Pierre (cuivre, 35ᶜ—48ᶜ 1/2).............	Dᵒ	dᵒ		10,319.	
Le Marinier (75ᶜ 1/2—95ᶜ 1/2).....	1787.	Vᵗᵉ LAMBERT ET DU PORAIL		4,901.	
—	1811.	Vᵗᵉ GOUPRY DUPRÉ.......		2,400.	
Kermesse (68 figures, 46ᶜ—59ᶜ)....	1787.	Vᵗᵉ LAMBERT ET DU PORAIL		3,021.	
Intérieur de cabaret, ou le Bonnet rouge.....................	1788.	Vᵗᵉ CALONNE............		6,800.	
—	1795.	2ᵉ Vᵗᵉ CALONNE.........		9,187.	
—	1802.	Vᵗᵉ S. CLARKE......	L. st.	374.	
—	1813.	Vᵗᵉ B. CREER......	»	256.	
—	1819.	Vᵗᵉ CH. TOWNSHEM..	»	345.	
Le Corps de garde de Singes (bois, 32ᶜ 1/2—48ᶜ 1/2).................	1789.	Vᵗᵉ LOLLIER.......		1,951.	Gravé par Watelet.
—	1790.	Vᵗᵉ MARIN...............		1,503.	
—	1791.	Vᵗᵉ CASTLEMORE..........		1,702.	
—	1802.	Vᵗᵉ DE LABORDE.		702.	
Kermesse (18 figures, 1ᵐ,42—1ᵐ,76).	1791.	Vᵗᵉ LEBRUN.............		5,800.	
—	Dᵒ	Vᵗᵉ MICHEL VAN LOO.....		6,000.	Act. dans la gal. Grosvenor à Londres.
Le Château de Teniers (1ᵐ,28—2ᵐ, 67).......................	Dᵒ	Vᵗᵉ LEBRUN		4,808.	
Deux petits tableaux (bois, 24ᶜ 1/2 —35ᶜ).....................	1793.	Vᵗᵉ CHOISEUL-PRASLIN.....		5,001.	En assignats.
La Guinguette (51ᶜ—59ᶜ).....	Dᵒ	dᵒ		2,205.	
Le Mendiant (bois, 46ᶜ—64ᶜ 4/2)...	Dᵒ	dᵒ		3,550.	
Une Kermesse (54ᶜ—77ᶜ 1/2)........	Dᵒ	dᵒ		29,290.	Sans doute en assignats.
—	1808.	2ᵉ dᵒ		9,300.	
Paysage avec figures (cuivre, 46ᶜ— 19ᶜ).....................	Dᵒ	dᵒ		1,705.	Coll. Rothschild.
Fête de Village, dite *le Teniers aux chaudrons*...................	1795.	2ᵉ Vᵗᵉ CALONNE..........		18,375.	Au duc de Bedford.
La Gazette.	1800.	2ᵉ Vᵗᵉ D'ORLÉANS...	Guin.	300.	
L'Estaminet et le Cabaret.	Dᵒ	dᵒ ...	»	500.	
Le Joueur de Luth...............	Dᵒ	dᵒ ...	»	80.	
Les Fumeurs.	Dᵒ	dᵒ ...	»	800.	
Paysans jouant...............	Dᵒ	dᵒ ...	»	300.	A M. Penrice.
Fête flamande (bois, 48ᶜ—75ᶜ).....	1801.	Vᵗᵉ ROBIT.............		7,800.	Coll. La Vallière.
La Foire de Gand (bois, 80ᶜ—1ᵐ,20)	Dᵒ	dᵒ		12,720.	Act. chez M. Heusch.
—	1837.	Vᵗᵉ Dˢˢᵉ DE BERRY........		15,900.	
Une Tabagie (48ᶜ 1/2—75ᶜ)	1801.	Vᵗᵉ TOLOZAN............		6,020.	Coll. de Handeville.
Kermesse.....................	Dᵒ	Vᵗᵉ ROBIT.............		7,800.	
—	1837.	Vᵗᵉ Dˢˢᵉ DE BERRY........		7,860.	
Paysage.....................	1801.	Vᵗᵉ ROBIT.............		4,520.	

			fr.	
Intérieur de Tabagie.	1801.	Vᵗᵉ ROBIT	3,892.	
Intérieur rustique (42ᶜ—52ᶜ).	1804.	Vᵗᵉ LOREZ	2,400.	
Le Couronnement d'épines (cuivre).	1810.	Vᵗᵉ LEBRUN	8,150.	
—	Dᵒ	Vᵗᵉ FESCH Écus.	4,500.	
Un Fumeur.	Dᵒ	Vᵗᵉ SYLVESTRE	421.	
Un Corps de garde (cuivre, 47ᶜ 1/2 —63ᵒ 1/2)	1812.	Vᵗᵉ CLOS	4,210.	
—	Dᵒ	Vᵗᵉ LEBŒUF	5,510.	
Les Joueurs de quilles.	Dᵒ	Vᵗᵉ CLOS	2,401.	
Paysage avec rivière (40ᶜ 1/2—62ᶜ).	Dᵒ	dᵒ	2,411.	
Les Quatre Saisons (bois).	Dᵒ	Vᵗᵉ FEIGNEAU	1,616.	
Intérieur d'une cuisine (bois, 88ᶜ 1/2—1ᵐ,28).	Dᵒ	Vᵗᵉ VILLERS	15,000.	Retiré.
Kermesse (48ᶜ 1/2—72ᶜ 1/2).	1816.	Vᵗᵉ CASTBLAN.	12,000.	Dᵒ
La Partie de dés (59ᶜ—43ᶜ).	Dᵒ	dᵒ	5,600.	
Intérieur rustique (bois, 38ᵉ—59ᶜ).	Dᵒ	dᵒ	5,700.	
Intérieur champêtre (bois, 59ᶜ—38ᶜ).	Dᵒ	dᵒ	2,915.	
Tentation de saint Antoine.	1817.	Vᵗᵉ LAPEYRIÈRE	8,750.	
Les Quatre Saisons.	Dᵒ	dᵒ	30,000.	Les quatre.
—	1832.	Vᵗᵉ ÉRARD.	24,000.	
Noce de Village (30 figures).	1817.	Vᵗᵉ LAPEYRIÈRE	5,550.	En 1846, il faisait partie de la gal. Wellington.
Fête de Village.	Dᵒ	dᵒ	7,100.	
Tabagie.	Dᵒ	dᵒ	6,510.	
Corps de garde.	Dᵒ	dᵒ	12,999.	
L'Arc-en-Ciel.	Dᵒ	Vᵗᵒ SAINT-VICTOR.	2,920.	
La Ferme.	Dᵒ	dᵒ	2,790.	
Intérieur de cuisine (43ᵒ—35ᶜ).	1821.	Vᵗᵉ DUBREUIL LENOIR	4,550.	
Vue du Château de Teniers.	Dᵒ	Vᵗᵉ PAIGNON DIJONVAL.	3,850.	
Le Médecin aux urines.	Dᵒ	Vᵗᵉ DESTOUCHES.		
Le Mauvais riche.	Dᵒ	Vᵗᵉ PAIGNON DIJONVAL	2,399.	
Pâtre dans un Paysage (8ᶜ 1/2—76ᶜ 1/2).	1826.	Vᵗᵉ DENON.	1,400.	
L'Enfant prodigue (bois, 51ᶜ—75ᶜ).	1832.	Vᵗᵉ ÉRARD.	17,100.	
La Partie de dés (40ᶜ 1/2—54ᶜ).	Dᵒ	dᵒ	7,100.	
La Tentation de saint Antoine (cuivre, 56ᶜ 1/2—75ᶜ).	1834.	Vᵗᵉ LAFFITTE.		
L'Homme à la chemise blanche (cuivre, 38ᶜ—50ᶜ).	1837.	Vᵗᵉ Dˢˢᵉ DE BERRY.	18,000.	Signé 1644.—A lord Hertford.
—	1858.	2ᵉ Vᵗᵉ HOPE	21,506.	
Le Déjeuner au jambon.	1837.	Vᵗᵉ Dˢˢᵉ DE BERRY.	24,500.	
Petite Kermesse.	Dᵒ	dᵒ	2,500.	
Les Fumeurs.	Dᵒ	dᵒ	1,810.	
Concert champêtre.	Dᵒ	dᵒ	6,051.	
Vue de Flandre (bois, 38ᶜ,2ᵐ —51ᶜ,2ᵐ).	1840.	Vᵗᵉ SCHAMP.	14,600.	Anc. coll. La Bouexière.
Le Trictrac (52ᵒ,4ᵐ—67ᶜ).	Dᵒ	dᵒ	1,940.	
Le Cabaret de village (bois, 33ᶜ—40ᶜ).	1841.	Vᵗᵉ TARDIEU	11,800.	Coll. Perregaux.
—	1860.	Vᵗᵉ PIÉRARD	14,100.	
Le Cabaret (42ᶜ—65ᶜ).	1841.	Vᵗᵉ BIRÉ HÉRIS.	3,200.	
L'Été (58ᶜ—83ᶜ).	Dᵒ	dᵒ	5,305.	Ce tableau est l'un des quatre vendus chez M. Lapeyrière 32,000 fr.
Le Dentiste.	1842.	Vᵗᵉ X*** L. st.	336.	
Paysage et Figures.	1843.	Vᵗᵉ MEFFRE.	615.	
Marché aux poissons	Dᵒ	dᵒ	200.	

			fr.	
L'Enfant Jésus (pastiche)........	1843.	Vte HÉRIS LEROY..........		Coll. Burtin.
Danse de village...............	D°	. Vte PERRIER.............	10,400.	
Les Moissonneurs.	D°	d°	3,650.	
Les Joueurs de dés.	D°	Vte DUBOIS.............	5,600.	Coll. Kalkbrenner et Rhoné.
Le Corps de garde...............	D°	Vte AGUADO.............	15,300.	
Kermesse......................	1844.	Vte X***.............	505.	
Un Fumeur....................	D°	d°	1,887.	
Deux Fumeurs.................	D°	d°	2,550.	
Cabaret de village...............	D°	d°	9,250.	
Intérieur de cuisine...............	D°	d°	9,750.	
Château de Teniers...........c..	D°	d°	6,800.	
La Conversation................	1845.	Vte VASSEROT.............	781.	
Intérieur de corps de garde........	D°	d°	1,200.	
Kermesse......................	D°	Vte MEFFRE.............	1,725.	
La Moisson....................	1846.	Vte P. PÉRIER.............	4,900.	Payé précédem^t 6,000 fr.
Un Miracle (cuivre, 57^c—76)......	D°	Vte WELLESLEY..........	1,700.	A M. Ét. Leroy.
Un Intérieur (29^c—42^c)..........	D°	d°	2,000.	D°
Intérieur d'un corps de garde (cuivre, 60^c—80^c)...	D°	d°	3,000.	D°
Portrait d'un vieillard à barbe blanche (66^c—63^c)........	D°	d°	540.	
Le Garde-manger...............	D°	Vte FESCH.......... Écus.	361.	
Le Christ expliquant les Écritures (figures à mi-corps)............. *Les Disciples d'Emmaüs*.........	D°	d° .... »	300.	
Intérieur de basse-cour......... .	D°	d° .... »	250.	
Repos de la sainte Famille........	D°	d° .... »	290.	
Fête flamande (76^c—1^m,3)........	1850.	Vte du roi GUILLAUME II..	12,300.	A M. van der Hoop.
Le Joyeux Compère au cabaret.....	D°	Vte JECKER......... Écus.	1,600.	
Le Cabaret flamand.............	1851.	Vte GIROUX....	2,310.	A M. van Strit.
Les Cinq Sens.	1852.	Vte VAN SASSEGHEN.......	26,100.	Au musée de Bruxelles. — Probablement les tabl. des v^tes Verrue , etc.
Petite figure à mi-corps..........	D°	Vte X***.................	280.	
Le Liseur de gazettes (bois, 17^c—25^c)	D°	Vte VARANGE.............	1,280.	Au baron de Rothschild.— Anc. coll. Braacamp.
—	1857.	2e Vte VARANGE...........	1,000.	
Tentation de saint Antoine..... ..	1852.	Vte VARANGE.............	2,000.	A M. le comte Duchâtel.
Divinités maritimes.............	D°	d°	605.	
Vue d'Italie....................	D°	d°	526.	
Paysage......................	D°	d°	1,400.	
Intérieur de corps de garde........	D°	Vte TURENNE.............	2,100.	
Village de Flandre (86^c—1^m,25)....	1853.	Vte GEORGE.............	11,200.	
Intérieur (bois, 64^c—51^c).........	1854.	Vte MECKLEMBOURG.......	5,500.	Les fruits sont peints par D. de Heem.
—	1857.	Vte THIBEAUDEAU.........	4,600.	
Le Retour de la chasse...........	1856.	Vte MARTIN.............	325.	
Le Corps de garde (cuivre, 49^c—65^c)...........................	1857.	Vte PATUREAU.............	20,500.	(Prov^t des coll. Helsleuter, de Pourtalès, Comb et Leroy.) A M. le duc de Galliera.
Scène de tabagie (bois, 16^c —21^c 1/2)......................	D°	d°	2,550.	Coll. d'Harcourt 1841.
Extérieur de tabagie (bois, 20^c —29^c)........................	D°	d°	4,300.	
Tentation de saint Antoine (bois, 36^c—27^c).......................	D°	d°	6,900.	
Paysage (bois ovale et rendu carré, 21^c—28^c).....................	D°	d°	2,000.	

			fr.	
Une Soirée chez Teniers (cuivre, 50ᶜ—66ᶜ)	1857.	Vᵗᵉ MORET	5,200.	
La Leçon de musique	Dᵒ	2ᵉ Vᵗᵉ VARANGE		Au baron Rothschild.
Petit Portrait d'homme	1859.	Vᵗᵉ RATTIER	1,020.	
L'Alchimiste	Dᵒ	Vᵗᵉ lord NORTHWICK	17,550.	
Fête de village	Dᵒ	dᵒ	6,500.	
Les OEuvres de Miséricorde	Dᵒ	Vᵗᵉ BRABBECK ET DE STOLBERG … Thal.	470.	
Vue de Scheveningen	Dᵒ	dᵒ »	381.	
Intérieur de tabagie (29ᶜ—42ᶜ)	1860.	Vᵗᵉ PIÉRARD	2,260.	Coll. Wellesley.
Le Savetier (ovale, 32ᶜ—24ᶜ)	Dᵒ	dᵒ	1,240.	
Kermesse de village (50ᶜ—96ᶜ)	Dᵒ	dᵒ	22,600.	Coll. Chaplin, S. Smith, Mennechet et Rhoné.
Paysage (59ᶜ—81ᶜ)	Dᵒ	dᵒ	320.	
Intérieur de l'École de peinture à Rome	Dᵒ	Vᵗᵉ SIR CULLING-EARDLEY.	11,000.	Au duc de Cleveland.
Intérieur de la galerie de tableaux de l'archiduc Léopold, à Bruxelles	Dᵒ	dᵒ	10,000.	A M Emron.
Intérieur de cabaret (21ᶜ—17ᶜ)	Dᵒ	Vᵗᵉ LOUIS FOULD	9,150.	
Le Joueur de vielle / *Le Charlatan* (16ᶜ—10ᶜ)	Dᵒ	dᵒ	2,000.	
Intérieur de corps de garde (bois)	Dᵒ	Vᵗᵉ POURTALÈS	18,000.	
Intérieur flamand	1861.	Vᵗᵉ COTTREAU	1,400.	
Paysage	Dᵒ	Vᵗᵉ DAIGREMONT	780.	
Les OEuvres de Miséricorde	Dᵒ	Vᵗᵉ DUBOIS	710.	
Intérieur d'estaminet	Dᵒ	Vᵗᵉ LEROY D'ÉTIOLLES	1,450.	
Les Singes à l'estaminet	Dᵒ	dᵒ	1,400.	
Tabagie (bois, 25ᶜ—29ᶜ)	1862.	Vᵗᵉ BAILLIE, à Anvers	2,050.	
Scène d'intérieur (bois, 22ᶜ—16ᶜ)	Dᵒ	dᵒ	620.	Au musée d'Anvers.
Vue prise aux environs de Louvain	Dᵒ	dᵒ	700.	
Le Départ pour la chasse	Dᵒ	Vᵗᵉ DE JONG	2,000.	
Le Corps de garde	Dᵒ	Vᵗᵉ WEYER, de Cologne	287.	
Les Singes à la cuisine	Dᵒ	dᵒ	405 90 c.	
Les Habitants d'un village attaqué par des soldats	Dᵒ	dᵒ	410.	
Les Bohémiens	1863.	Vᵗᵉ MEFFRE	5,600.	
Intérieur flamand	Dᵒ	dᵒ	177.	
Jésus et la Femme adultère	Dᵒ	Vᵗᵉ DEMIDOFF	4,000.	
Intérieur	Dᵒ	Vᵗᵉ GILKINET, de Liége	12,250.	
La Tentation de saint Antoine	Dᵒ	dᵒ	500.	
Vue de l'Église du village de Perck	Dᵒ	dᵒ	140.	
Corps de garde	Dᵒ	Vᵗᵉ LOUIS VARDIOT	1,500.	
La Fête de village	Dᵒ	Vᵗᵉ X***	765.	
Un beau Paysage avec figures	Dᵒ	Vᵗᵉ MORLAND, à Londres. Guin.	105.	A M. Rippe.
Un Intérieur rustique	Dᵒ	dᵒ »	51.	A M. Rutley.
Portrait du Peintre	Dᵒ	dᵒ »	50.	A M. Burt.
Les Bohémiens	Dᵒ	Vᵗᵉ SORET	530.	
Le Marchand d'orviétan	Dᵒ	dᵒ	1,040.	

Teniers a été beaucoup imité et copié. Au nombre de ceux qui l'ont approché de près, il faut remarquer :

ABTSHOVEN ou ABSOVEN (THÉODORE)

Né à Anvers.

Ce peintre, au sujet duquel des détails biographiques manquent en partie, fut l'élève chéri de D. Teniers et un de ses imitateurs le plus agréable par sa couleur dorée et sa touche grasse. Il est facile à reconnaître à son dessin rond, ses tons lavés, repiqués de bruns, et sa couleur uniforme, qui font penser à de la peinture sur porcelaine.

HELMONT (MATHIEU VAN)

Né à Bruxelles en 1653, mort en 1739.

Van Helmont a un genre qui lui est propre. Toutefois, il a copié Teniers, son maître, avec assez de bonheur. Ses copies se reconnaissent à leur touche sèche et à leur couleur peu fondue.

Jean Van Helmont, frère de Mathieu, a aussi imité Teniers, mais aux défauts de son frère il faut encore ajouter des tons plus crus et un dessin plus roide.

RYCKAERT ou RYCKAERS (DAVID), DIT LE JEUNE

Né à Anvers en 1615, mort en 1677.

Ryckaert s'appliqua à imiter Brauwer, Van Ostade et Teniers. Les imitations qu'il a faites de ce dernier sont assez goûtées. On les reconnaît facilement à leur ton gris presque général, et à leur touche aplatie. Ryckaert avait un dessin assez correct, mais dépourvu de la naïveté de celui du maître.

BRAUWER (ADRIANN)

J'aurai plus tard à parler particulièrement de ce peintre. Ce n'est que comme imitateur de Teniers que j'en fais ici mention : sa touche est plus sèche et plus grenue; sa couleur plus vigoureuse et son dessin moins naturel dans ses imitations. Il semble qu'il y soit mal à l'aise, et que ses qualités lui fassent défaut.

TENIERS (ABRAHAM)

FRÈRE DE DAVID TENIERS LE JEUNE

Abraham a fait peu de copies d'après son frère, il a plutôt imité son père David

Teniers le Vieux. Comme imitateur de son frère, il est froid et sec, incorrect dans le dessin, et d'une couleur blafarde.

DROOGSLOOT (JOSEPH CORNEILLE)

Né à Gorcum, ou, suivant quelques-uns, à Dordrecht, mort en 1624.

Beaucoup de kermesses peintes par Droogsloot ont été vendues pour être du maître, malgré leur touche sèche et leurs tons opaques. Sa manière peu savante, ses empâtements saillants et maigres le décèlent en outre et empêchent toute méprise.

BESCHEY (JEAN-FRANÇOIS)

Né à Anvers en 1739, mort en 1797.

Beschey passa une partie de sa vie à faire des copies d'après Moucheron, Pynaker, Wynants et Teniers. Il les vendait d'autant plus facilement qu'il était marchand de tableaux à Anvers.

Ces copies ont certaines qualités de fac-simile qui forcent à les examiner avec attention. Assez exactes par la forme, elles diffèrent cependant du modèle par le fond. Leur touche est estompée, l'empâtement moins bien nourri; la couleur harmonieuse, mais cotonneuse. On sent que l'harmonie provient d'un glacis et non de la transparence de la pâte. Les effets sont moins piquants; les ciels moins légers; enfin, avec quelque attention, on parvient sans peine à les reconnaître.

VOYS (ARIE OU ARY DE)

Né à Leyde en 1641.

Si la paresse bien connue de ce peintre n'y avait mis obstacle, le commerce de tableaux serait assailli aujourd'hui de ses dangereuses copies. Leur touche libre et spirituelle tromperait facilement l'amateur; mais leur couleur grisâtre à l'excès et leur exécution lourde dans les fonds et dans le paysage décèlent heureusement leur auteur.

MAAS (AART-ARNOULT VAN)

Né à Gouda en 1620.

Il existe de cet artiste des assemblées de paysans, des kermesses, des noces de village, dans la manière de Teniers son maître. On les reconnaît à leur touche lente et peu accentuée, à leur dessin roide et à leurs demi-teintes barbotées.

KESSEL (NICOLAS VAN)

NEVEU DE FERDINAND

Né à Anvers en 1684, mort dans la même ville en 1741.

Ses tableaux, dans la manière de Teniers, dénotent une grande facilité, du goût et un assez bon coloris. Néanmoins, sa touche est bien plus molle que celle du maître; son dessin moins naïf, et ses têtes n'ont presque pas d'expression.

MALO (VINCENT)

Né à Cambrai, mort à Rome à l'âge de quarante-cinq ans.

Ce peintre français, élève de Teniers et de Rubens, passa une partie de sa vie en Italie où il mourut. Ses imitations de Teniers ont quelque vérité, malgré leur ton trop vigoureux et leurs lumières infiniment plus pétillantes que celles du maître. Son dessin n'en a pas non plus la liberté et le naturel.

BRÉDA (JEAN VAN)

Né à Anvers en 1683, mort en 1750.

Je renverrai le lecteur à ce que j'ai dit précédemment sur ce peintre à l'article Brueghel de Velours. Les défauts qui le font reconnaître dans ses copies, d'après Brueghel. se retrouvent dans ses imitations de Teniers.

CHATEL (FRANÇOIS DU)

Né à Bruxelles en 1625 ou 1626, mort en 1679.

Les copies de ce peintre offrent beaucoup de ressemblance avec les originaux. La touche en est belle et spirituelle; le dessin un peu relâché, mais assez vrai, et la couleur blafarde dont elles sont empreintes, servent à les faire reconnaître.

THULDEN (THÉODORE VAN)

Né à Bois-le-Duc en 1607, mort en la même ville.

Thulden, dont j'ai eu occasion de parler à propos des imitateurs de Rubens, a aussi fait des kermesses dans le goût de Teniers. On y retrouve son dessin incorrect, sa couleur terreuse et la lourdeur de sa touche.

MICHAU (THÉOBALD)

Né à Tournay en 1676, mort à Anvers en 1769.

Établi marchand de tableaux à Anvers, Michau employa son talent à se faire des originaux de contrebande. Ses contrefaçons de Teniers sont blafardes et sans goût; sa touche est peu nourrie, ses empâtements manquent de solidité, ses plans sont lavés et sans caractère.

DIETRICH ou DIETRICY (CHRISTIAN-WILLIAMS)

Né à Weymar en 1712, mort à Dresde en 1774.

Ce protée de la peinture sut prendre tous les goûts, toutes les formes, et parcourir toutes les divisions de l'art avec un succès prodigieux. Dietrich a imité le mode et l'exécution de plusieurs maîtres les plus difficiles, de Rembrandt surtout, quelquefois avec autant d'art que ce prince du clair-obscur et du coloris; il a atteint, quand il a voulu, le fini, la patience de van der Werff; la singulière magie des grotesques d'Ostade; les teintes aériennes de Joseph Vernet; le goût, la grâce et le coloris de Watteau; la naïveté et le naturel de Teniers.

Les imitations qu'il a faites de ce dernier sont de beaucoup préférables à celles dont son père, George Dietrich, fut l'auteur, et qui, par leur touche saillante autant qu'émoussée, se reconnaissent au premier aspect. Celles du fils exigent un examen plus attentif. Sa touche solide et transparente n'est pas sans analogie avec celle de Teniers, quoiqu'elle soit souvent grenue et tracée. Son dessin, très-gracieux, est plus coulant, plus négligé que celui du maître; toutefois, avec un peu d'habitude, il est difficile de s'y tromper.

SCHEITZ (MATHIEU)

Né à Hambourg en 1640, mort en 1700.

Ce peintre, présumé élève de Wouwerman, a copié Teniers avec assez de succès. Cependant, en l'étudiant attentivement, on reconnaît le copiste à sa touche léchée, à son dessin guindé et à sa couleur assombrie.

ROKES (HENRI-MARTIN), SURNOMMÉ ZORG

Né à Rotterdam en 1621, mort en 1682.

Zorg peignit dans le goût de Teniers, son premier maître, et le copia assez souvent. Son pinceau est flou et agréable, son coloris frais et brillant; néanmoins il règne dans ses tableaux un empâtement lourd et saillant, inconnu à Teniers. Son dessin a aussi plus de roideur, et ses plans sont plus accusés.

VOLFAERTS (ARTUS)

Né à Anvers en 1625, mort en 1687.

Sans être entièrement un contrefacteur de Teniers, Wolfaerts a fait de ce maître quelques copies assez bien réussies. On les discerne à leur dessin relâché, à leur coloris médiocre et peu relevé.

TILBORG, DE HONT ET ERTEBOUT

Les imitations de ces peintres ont un cachet si différent de celui de Teniers, que je me crois dispensé de les étudier en détail. Il n'y a que les amateurs tout à fait novices qui peuvent s'y laisser prendre.

ASSELYN (JOHAN)

DIT KRABETTI, OU ENCORE PETIT-JEAN DE HOLLANDE

Né à Anvers en 1610, mort à Amsterdam en 1660.

Ce peintre que l'on a rangé à tort parmi les artistes hollandais, puisqu'il est né à Anvers, s'est frayé une route particulière en étudiant les environs de Rome. De retour dans sa patrie, il fut un des premiers réformateurs du goût obscur ou trop vert que les successeurs des Brueghel, des Brill, des Savery, répandaient dans toutes leurs productions. Claude le Lorrain, si prodigieux dans l'art d'accorder toutes les couleurs et de monter ses teintes jusqu'à l'harmonie de la nature, eut une très-grande influence dans cette réforme, et les écoles flamandes en profitèrent pour former de grands paysagistes dont les œuvres sont inappréciables.

Asselyn brille par la vivacité et la transparence de son coloris; sa couleur est chaude et dorée, et sa touche ferme, quoique fine, est pleine de simplicité et de naturel.

Les ouvrages d'Asselyn sont très-recherchés et bien payés par les amateurs. Ce n'est qu'à de longs intervalles qu'on en rencontre dans les ventes publiques, où ils sont vivement disputés.

Le musée du Louvre en possède quatre d'une grande beauté, à savoir : *La Vue du pont de Lamentano,* évalué 1,500 fr., puis 2,000 fr. — *Paysage,* 600 fr., puis 1,500 fr. — *Vue du Tibre,* 2,500 fr., puis 4,000 fr. — *Ruines dans la campagne de Rome,* 600 fr., puis 1,500 fr.

MUSÉES DIVERS, GALERIES, ETC.

MUSÉE DE BORDEAUX. — *Paysage.*

MUSÉE DE NANTES. — *Paysage.*

MUSÉE DE RENNES. — *Paysage avec figures.*

MUSÉE DE DRESDE. — *Un Couvent à la porte duquel un religieux donne à manger à des mendiants.* — *Un gros Bœuf gris.* — *Un Bœuf gris, un Ane et une Vache.*

MUSÉE D'AMSTERDAM. — *Allégorie sur la vigilance de Jean de Witt.* (1800, Vte Geldemeester, 95 florins.)

ANCIENNE GALERIE DE VIENNE. — *Paysage avec figures.*

MUSÉE DE BERLIN. — *Site d'Italie.*

MUSÉE DE MUNICH. — *Paysage italien.*

MUSÉE VAN DER HOOP. — *Paysage.*

GALERIE ELLESMÈRE. — *Paysage avec figures.*

COLLECTION HARCOURT. — *Un beau Paysage.*

GALERIE BEDFORD. — *Les Ruines du pont d'Avignon.*

COLLECTION BUTE. — *Un beau Paysage.*

COLLECTION INGRAM. — *Un beau Paysage.*

COLLECTION BARING. — *Paysage avec bestiaux.*

COLLECTION HEATH. — *Paysage avec figures et animaux.*

COLLECTION SPENCER. — *Deux Paysages.*

COLLECTION WOMBWELL. — *Un Port de mer.*

CABINET STANISFORTH. — *Paysage avec ruines et cavalier.*

GALERIE D'ARENBERG. — *Site d'Italie.*

GALERIE SUERMONDT. — *Paysage avec figures.*

CABINET DU COMTE CZERNIN. — *Paysage italien.*

PRIX DE VENTES

Le Cavalier. 1773, Vte Van der Marck, 540 florins. — *Prairie et Troupeaux.* 1778, Vte Le Brun, 1,601 fr. — *Paysage* (soleil couchant). 1779, Vte de Juvigny, 720 fr. — *Paysage* (56^c 1/2—35^c). 1780, Vte Nogaret, 2,074 fr. — *Paysage* (B. 19^c—24^c 1/2). 1781, Vte de l'abbé Leblanc, 202 fr. — *Le Passage du bac* (72^c 1/2—99^c). 1791, Vte Lebrun, 2,700 fr. 1791, Vte de Gagny, 2,460 fr. — *Paysage avec un pont.* 1800, 2e Vte d'Orléans, 8 guinées. — *Le Passage du bac* (B. 48^c 1/2—65^c 1/2). 1816, Vte Castelan, 1,161 fr. — *Ruines d'anciens Thermes avec figures et animaux.* 1837, Vte D^sse de Berry, 1,105 fr. — *Paysage* (figures de Verboom). 1843, Vte Héris Leroy, 1,050 fr. — *Paysage.* 1846, Vte X., 421 fr. — *Les Thermes de Mécène à Tivoli,* 825 fr. — *Le Chemin à travers le rocher.* 1846, Vte Fesch, 170 écus. — *Ruines d'un Pont de ville près la mer.* 1852, Vte de Turenne, 290 fr. — *Soleil couchant* (57^c—37^c). 1860, Vte Piérard, 1,200 fr. (1847, coll. Perrin). — *Paysage* (site d'Italie). 1861, Vte Leroy d'Étioles, 190 fr. — *Le Retour du marché.* 1862, Vte de Jong, 485 fr. — *Petit Paysage.* 1862, Vte X.. 295 fr. — *La Caverne.* 1863, Vte X., 415 fr. — *Paysage montagneux,* 1863, Vte Soret, 201 fr.

Plusieurs peintres ont copié et imité Asselyn. Voici les meilleurs :

SWANEVELT (HERMAN), SURNOMMÉ HERMAN D'ITALIE

Né à Woerden en 1620, mort à Rome en 1690, suivant presque tous les biographes, et en 1655, suivant les registres de l'Académie de Paris, dont il était membre.

Swanevelt, déjà classé dans les imitateurs de Claude le Lorrain, a touché de très-près la manière d'Asselyn. Cependant il est moins séduisant dans le coloris. Ses effets sont moins flous; son feuillé est plus sec, ce qui constitue une manière à part qui devrait l'exclure du rang des imitateurs. Il serait donc plus juste de dire que quelques tableaux de Swanevelt ont pu faciliter la fraude et ont été vendus à des amateurs peu expérimentés pour des Claude le Lorrain ou pour des Asselyn, suivant l'engouement du moment.

MOUCHERON (FRÉDÉRICK)

Né à Embden en 1633, mort à Amsterdam en 1686.

Dans beaucoup de parties, F. Moucheron approche de son maître, mais il est moins pittoresque. Sa touche spirituelle dégénère en maigreur, et répand la monotonie sur le feuillé des arbres au point de les rendre uniformes. Ces défauts nuiraient beaucoup aux tableaux de Moucheron, s'ils n'étaient pas enrichis de figures peintes par Lingelbach. Adrien van den Velde, Helmbreker et autres.

WILS (JEAN)

Né à Harlem vers 1635.

Ses meilleurs ouvrages ont éprouvé le sort des tableaux délicieux d'Augustin Tassy, de Philippe le Napolitain, qui n'ont de valeur dans le commerce que lorsqu'ils sont attribués à Claude le Lorrain. Asselyn est le nom que l'on donne aux meilleures productions de J. Wils, et pour cette raison on leur a enlevé les signatures qu'elles portaient.

On les reconnaît pourtant à un ton roux général, à des lourdeurs dans les ombres, et à un feuillé qui, quoique beau, a quelque chose de brodé que l'on ne retrouve pas dans le maître. Les plans sont moins liés et les ciels sont un peu plus lourds.

ARTOIS (JACQUES VAN)

Né à Bruxelles en 1613.

Van Artois a été employé à orner de paysages les tableaux des peintres d'Anvers. Il a fait aussi de bonnes imitations d'Asselyn. Son coloris est vrai et varié, mais il est moins soutenu dans ses plans ; son feuillé est un peu maniéré, malgré l'esprit de la touche. Ses premiers plans sont bien traités : mais tout cela est exécuté d'une manière lavée qui ne permet point de confondre ses tableaux avec ceux du maître.

COQUES (GONZALÈS)

Né à Anvers en 1618. mort dans la même ville en 1684.

Élève de David Ryckaert, Gonzalès a une certaine individualité, un style différent des maîtres flamands de son époque. Tout en se rapprochant de Van Dyck, il a conservé assez d'originalité pour se faire reconnaître.

Comme élégance, comme finesse dans l'exécution, il rappelle Van Dyck. Sa touche est leste, juste et souvent aussi pétillante que celle de Teniers ; mais ses attributs sont plus froids et plus guindés.

Ses tableaux de la seconde époque. ceux qui se rapprochent le plus de la manière de Van Dyck, sont extrêmement recherchés par les amateurs. Les principaux sont en Angleterre. où ils sont très-appréciés.

MUSÉES DIVERS, GALERIES, ETC.

MUSÉE DE NANTES. — *Un Magistrat flamand.*

MUSÉE D'AVIGNON. — *Portrait d'un Bourgmestre des Pays-Bas.*

MUSÉE DE LA HAYE. — *L'Artiste et sa Famille, au milieu d'une galerie de tableaux.*

MUSÉE DE BERLIN. — Plusieurs *Portraits.*

MUSÉE DE DRESDE. — *La Famille de l'Artiste.*

BUCKINGHAM-PALACE. — *Un Portrait.*

A HAMPTON-COURT. — Plusieurs *Portraits de Gentilshommes.*

DULWICH-COLLÉGE. — *Portrait de Femme.*

COLLECTION J. WALTER. — *Le Pique-Nique* (échantillon très-précieux).

COLLECTION PEEL. — *Portraits d'une Famille.*

COLLECTION THOMAS HOPE. — *Portraits de famille.*

COLLECTION LANSDOWNE. — *Portrait d'un architecte.*

COLLECTION MARLBOROUGH. — *Un Portrait de la famille de Marlborough.*

COLLECTION LABOUCHÈRE. — *Une Famille.*

COLLECTION GALTON. — *Portraits de Femmes.*

GALERIE STAFFORD. — *Une Famille dans un paysage.*

COLLECTION TOWNSHEND. — *Portraits présumés de Charles Ier et de la reine Maria.*

COLLECTION ROBART. — *Intérieur avec figures.*

GALERIE ELLESMÈRE. — *Portrait de David Teniers. — Portrait de l'Électeur palatin. — Portrait d'Élisabeth, princesse palatine.*

AU RÉVÉREND F. F. LEICESTER. — *Portrait du stathouder Henri et de sa famille.*

GALERIE D'ARENBERG. — *Le Christ chez Marthe et Marie.*

GALERIE SUERMONDT. — *Portrait de Cornélis de Bie. — Portrait d'une petite Fille aux cheveux blonds.*

A lord HERTFORD. — *Le Repos champêtre.*

CABINET LE BRUN-DALBANE. — *Scènes de la Cour de don Juan d'Autriche. — Le Tric-trac. — Le Menuet.* (Ces deux tableaux sont admirables d'éclat, de fraîcheur, de finesse et de transparence.)

COLLECTION ROBILLARD, DE REIMS. — *Dix Personnages sur une terrasse.*

A M. LERICHE, D'AMIENS. — *Deux petits Portraits.*

PRIX DE VENTES

Un Enfant qui se mire. 1776, Vte de Gagny, 1,550 fr. — *Une Famille réunie* (cuivre). 1778, Vte Gros, 2.900 fr. — *Portrait du prince d'Orange* (1^m,95 — 1^m,15). 1782, Vte de Mme Lancret, 393 fr. — *Famille hollandaise* (1^m,18 — 72^c). 1801, Vte Robit, 300 fr. — *Une Famille* (cuivre, 54^c—72^c 1/2). 1802, Vte Helsleuter, 2,350 fr. — *Portrait du peintre* (1^m,12 1/2 — 86^c). 1821, Vte Paignon-Dijonval, 216 fr. — *La Promenade au bois* (cuivre, 69^c 1/2—86^c). 1833, Vte de Mme Sirot, 6,100 fr. — *Portrait* (cuivre, 28^c,4^m — 23^c). 1840, Vte Schamp, 790 fr. — *Portrait de l'architecte Faiderbe* (cuivre, 16^c,2^m—13^c,8^m). Même Vte, 220 fr. — *Portrait d'Homme.* 1843, Vte Héris, 140 fr. — *Un Seigneur et sa Femme dans un parc.* 1843, Vte Tardieu, 2,900 fr. — *Portrait de Colyns et de sa Famille.* Même Vte, 810 fr. — *Un Concert.* 1844, Vte X., 1,360 fr. — *Portrait d'Homme.* Même Vte, 230 fr. — *Un Concert.* Même Vte, 1,360 fr. — *Portrait d'une Femme peintre.* 1846, Vte Fesch, 80 écus. — *Le Repos champêtre* (B. 1^m,15 — 1^m,73). 1850, Vte du roi Guillaume II, 7,200 florins (à MM. Héris et le Roy, pour M. Patureau). 1857, Vte Patureau, 45,000 fr. (à lord Hertford). — *La Promenade à cheval* (72^c — 37^c). 1850, Vte du roi Guillaume II, 800 florins (à M. Nieuwenhuys). — *Portrait d'Homme.* 1851, Vte Cottreau, 111 fr. — *Le Départ pour la Chasse.* 1852, Vte Turenne, 4,050 fr. — *Groupe de Portraits de famille.* 1859, Vte Northwick, 7,800 fr. — *Portraits de famille. Paysage et Animaux* (1^m,15—1^m,70). 1861, Vte Van den Schrieck, 1,625 fr. — *Portrait de Femme* (83^c—57^c). 1862, Vte Baillie, à Anvers, 190 fr.

MYTENS (DANIEL), DIT LE VIEUX

Né à La Haye en 1690.

Au rebours de la plupart des imitateurs qui s'attachent à la manière d'un maître dans leur jeunesse, celui-ci pasticha Gonzalès Coques dans un âge assez avancé.

Ses imitations ont une certaine tournure particulière à Gonzalès, mais son dessin est plus irrésolu; ses raccourcis sont maniérés; sa couleur est moins transparente et sa touche plus brodée, plus émoussée que celle du maître.

BISET (EMMANUEL)

Né à Malines en 1633 ou 1634, mort en 1685.

Cet artiste a fait de beaux pastiches de Gonzalès Coques. Ils se reconnaissent à leur manière moins noble, à leur touche plus lourde et à leur couleur plus vineuse.

BURG (ADRIEN VAN DER)

Né à Dordrecht en 1693, mort en 1733.

On doit quelques imitations de Gonzalès à cet élève d'Arnold Houbraken ; mais elles ne peuvent tromper l'amateur instruit. Elles se reconnaissent à leur touche timide et mesquine, à leur dessin roide et sans goût autant qu'à leur couleur briquetée.

FYT (JOANNES)

Né à Anvers en 1625, mort en 1671.

Fyt ne le cède en rien à Sneyders. Comme lui, il a su exprimer jusqu'à l'illusion les diverses nuances de la laine, le poil, les plumes et les autres caractères qui distinguent les espèces. Son exécution est pleine de feu, son coloris est aussi beau, aussi frais que celui des meilleurs maîtres en ce genre. Son pinceau est suave et ferme, son clair-obscur excellent.

Les tableaux de cet artiste sont assez recherchés par les amateurs. Leur prix est peu élevé, à moins qu'ils ne soient d'un ordre supérieur.

Le musée du Louvre en possède trois; le n° 177, *Gibier et Fruits,* et le n° 178, *Gibier dans un garde-manger,* ont été évalués chacun 800 fr., lors des expertises officielles; ils vaudraient au moins le double aujourd'hui.

MUSÉES DIVERS, GALERIES, ETC.

Musée de Lille. — *Nature morte.*
Musée de Lyon. — *Gibier mort.*
Musée de Nantes. — *Trois Chasses.*
Musée de Bordeaux. — *Nature morte.*

Musée de Cherbourg. — *Un Fusil de chasse, un Lièvre, des Perdrix, etc., au pied d'un chéne gardé par trois chiens.*

Musée d'Anvers. — *Deux Lévriers. — Le Repas de l'Aigle.*

Musée de Rotterdam. — *Oiseaux morts.*

Ancienne collection de Vienne. — *Deux Coqs défendant des poules contre les attaques d'un faucon.* — Deux tableaux de *Volailles* (nature morte). — Un tableau de *Fruits et de Volailles.* — Un grand tableau de *Fruits et d'Animaux.* — *Repos de Diane.*

Musée de Munich. — Plusieurs *Chasses.* — Plusieurs *Garde-Manger.*

Musée de Berlin. — *Gibier mort.*

Musée de Dresde. — *Un Lièvre, des Perdrix et d'autres oiseaux. — Un Lièvre mort, quelque menu gibier. — Deux Perdrix tuées. — Une jeune Chèvre. — Deux Perdrix et d'autres oiseaux morts.*

Musée de Turin. — *Nature morte.*

Au marquis de Westminster. — Plusieurs *Natures mortes.*

Cabinet Ravensworth. — *Nature morte* (figures de G. Honthorst).

Collection Fountaine. — *Nature morte.*

Galerie Ellesmère. — *Un Chien à la chaine.*

Collection Scarsdale. — *Chiens et Nature morte.*

Collection Wyndham. — *Chiens et Nature morte.*

Collection Ingram. — *Nature morte.*

Galerie Lichtenstein. — *Oiseaux et Gibier.*

Galerie Suermondt. — *Gibier mort.*

Collection Van der Aa, de Saint-Nicolas. — *Lièvres, Perdrix, etc., suspendus à un arbre.*

Cabinet de Blacas. — *Gibier et accessoires.*

A M. A. Luttheroth. — *Chien gardant du gibier* (à droite, un chasseur).

PRIX DE VENTES

Deux Hérons poursuivis par des Faucons, 100 fr. — *Paons, Lièvres, Perdrix, Bécasses, Lévriers,* etc., 504 fr. — *Fruits, Lièvres,* etc. 1764, Vte de l'électeur de Cologne. 400 fr. — *Chien et Gibier.* 1769, Vte Van Laneker, 60 florins. — *Nature morte et figure.* 1779, Vte Chevalier, 407 fr. — *Chiens et attributs de chasse* (86^c—1^m,23). 1788, Vte Lenglier, 170 fr. — *Fruits et Gibiers,* 805 fr. — *Réunion de Gibiers.* 1844, 604 fr. — *Gibier mort,* 1,000 fr. — *La Rencontre d'un lion.* 1846, Vte Fesch, 803 fr. — *Gibier* (57^c—84^c). 1848, Vte de Mlle H. Herry, 200 fr. (à M. Counvet). — *Perdrix, Bécasses et Ustensiles de chasse.* 1852, Vte Soult, 2,050 fr. — *Chiens et Gibier.* 1859. Vte Brabeck et de Stolberg, 656 thalers. — *Deux sujets de Chasse.* 1860, Vte Gruyter, 540 fr. — *Intérieur d'office.* 1861, Vte Leroy d'Étiolles. 820 fr. — *Sujet de Chasse.* 1862. Vte X., 1,060 fr. — *Un Chien gardant du gibier.* 1863, Vte X., 1,950 fr. — *Gibier et Fruits.* Même Vte, 460 fr.

Fyt a eu peu d'imitateurs et de copistes, en raison sans doute de la difficulté de reproduire son faire. Voici le meilleur :

CONINCK (DAVID DE)

Né à Anvers en 1636, mort à Rome en 1689.

Les tableaux de cet artiste sont assez dans le goût du maître. Sa touche est ferme, facile; son coloris est bon. Il excelle dans les oiseaux, mais il se montre en tout plus faible que Jean Fyt.

KESSEL (JEAN VAN)

Né à Anvers en 1626, mort dans la même ville en 1678 ou 1679. — D'autres auteurs prétendent qu'il mourut à Madrid en 1708.

La finesse de son exécution, la précision qu'il apportait dans l'imitation des plantes, des fleurs, des reptiles, font de J. van Kessel un peintre assez recherché, malgré la crudité qui règne parfois dans sa couleur.

Les œuvres de van Kessel ne jouissent plus de la même réputation, et ne sont plus recherchées avec autant d'empressement que par le passé.

La sainte Famille (fleurs de van Kessel, figures de Franck le jeune), actuellement au musée du Louvre, a été évaluée 350 fr. Un autre tableau représentant *une Guirlande de fleurs et de fruits,* dont le médaillon est peint par Teniers, était indiqué dans le livret de 1847. Son estimation, bien peu favorable, ainsi que celle du tableau précédent, montait à 1,200 fr.; elle serait au moins doublée aujourd'hui.

MUSÉES DIVERS, GALERIES, ETC.

MUSÉE DE NÎMES. — *Daniel dans la fosse aux Lions.*

MUSÉE DE RENNES. — *Le Paradis terrestre. — L'Entrée dans l'Arche. — Paysage avec oiseaux.*

MUSÉE DE CHERBOURG. — Onze petits tableaux réunis dans le même cadre et représentant *des Poissons, des Oiseaux, des Fleurs, des Fruits,* etc.

COLLECTION BARING. — *Un Paysage.*

COLLECTION LÉTOUBLON. — *Beau Vase de fleurs. —* Son pendant.

PRIX DE VENTES

Deux tableaux *d'Oiseaux* (21c 1/2 — 32c 1/2). 1780, Vte marquis de Changran, 240 fr. Deux tableaux, 555 fr. Deux autres, Vte X., 360 fr. — *La Vierge, l'Enfant Jésus et des Anges au milieu d'un paysage.* 1846, Vte Fesch, 275 fr. — *Les Sciences et les Arts réunis* (2m — 1m,50). 1858, Vte X..., 800 fr. — Un tableau (fig. de P. Wouwerman). 1859,

Vᵗᵉ de Bausset, 355 fr. — Un tableau (fig. d'Adrien Van den Velde). Même Vᵗᵉ. 345 fr. — *Grotesques*. 1860, Vᵗᵉ Seymour, 380 fr.

KESSEL (FERDINAND VAN)

FILS DE JEAN

Né à Anvers en 1660, mort à Bréda en 1696.

Sa manière a beaucoup de rapports avec celle de son père. Cependant on le reconnaît à ses touches plus sèches et à sa couleur plus crue. Ses plantes sont moins bien touchées que celles de son père; elles ont moins de finesse dans l'exécution.

MEULEN (ANTOINE-FRANÇOIS VAN DER)

Né à Bruxelles en 1634, mort à Paris en 1690.

Van der Meulen a été un des plus grands peintres de batailles de son siècle. Son paysage est frais et léger; son feuillé naturel, son coloris suave et son dessin spirituel. Il excellait dans la ressemblance et l'exécution des lois du costume.

Après avoir joui d'une grande faveur, les tableaux de ce maître ont beaucoup perdu dans l'estime publique; il n'est pas rare de voir adjuger de ses œuvres capitales à des prix bien inférieurs à leur valeur artistique. Celles de moyenne grandeur sont les plus disputées ; néanmoins elles dépassent difficilement 1,000 à 1,200 fr., encore faut-il qu'elles soient de premier ordre.

Les musées du Louvre et de Versailles sont très-riches en œuvres de ce maître. Voici quelques anciennes estimations faites sur celles du Louvre, la plupart commandées par Louis XIV.

Arrivée de Louis XIV devant Douai, 1,200 fr. — *Entrée de Louis XIV et de la reine Thérèse à Douai*, 1,500 fr. — *Entrée à Arras*, 25,000 fr. — *Vue de la ville et du siège d'Oudenarde*, 10,000 fr. — *Arrivée du roi devant Maëstricht*, 10,000 fr. — *Vue de la ville et du château de Dinan*, 6,000 fr. — *Vue de la ville de Luxembourg*, 6,000 fr. — *Bataille près d'un pont*, 1,200 fr. — *Convoi militaire*, 2,000 fr. — *Halte de cavaliers*, 1,500 fr., puis 2,000 fr.

MUSÉES DIVERS, GALERIES, ETC.

MUSÉE DE VERSAILLES. — *Combat du canal de Bruges*. — *Prise de Dôle*. — Même sujet. — *Prise d'Orsoy* (copie faite par Martin). — *Prise de Rimberg* (id.). — *Prise de Rees* (id.) — *Prise de Sauten* (id.). — *Siége de Maëstricht.* — *Prise de Gray.* — *Prise de Besançon.* — *Prise de Dôle.* — *Prise de Salins.* — *Prise du fort de Joux.* — *Passage du Rhin.* — *Prise de Charleroi.* — *Reddition de Cambrai* (en collaboration avec Lebrun). — *Prise de Saint-Omer* (esquisse). — *Siége de Fribourg.* — *Prise d'Ypres.* — *Prise de Lewe.* — *Prise de Luxembourg.* — Même sujet. — *Siége de Namur.* — *Entrée à Dinant.* — *Siége et prise de Limbourg.* — *Prise de Condé.* — *Prise d'Aire* (copie faite par Martin). — *Siége de Valenciennes* (esquisse). — *Siége de Valenciennes.* — *Prise de Cambrai.* — *Bataille de Cassel.* — *Reddition de Cambrai* (copie). — *Entrée de Louis XIV à Arras.* — Id. *à Douai.* — Id. *à Douai* (copie). — *Siége de Lille.* — *Siége de Lille.* — *Siége de Lille* (en collaboration de Lebrun; copie). — *Combat du canal de Bruges.* — Même sujet (en collaboration avec Lebrun). — *Prise de Charleroy.* — *Prise d'Ath.* — *L'armée devant Tournay.* — *Siége de Tournay* (en collaboration avec Lebrun). — *Siége de Tournay* (copie d'après les mêmes). — *Siége de Douai* (en collaboration avec Lebrun). — *Siége d'Oudenarde.* — *Vue du château de Versailles.* — *Réception des Ambassadeurs suisses.* — *Prise d'Utrecht* (copie). — *Prise de Grave* (id.) — *Prise de Mons* (id.). — *Entrée de Louis XIV à Dunkerque* (id.).

MUSÉE DE NANTES. — *Investissement du Luxembourg.* — *Paysage.* — *Deux Chasses.*

MUSÉE DE RENNES. — *Convoi en marche.* — Pendant du précédent. — *Chasse royale aux environs de Vincennes.* — *Magistrats de Dôle présentant les clefs de la ville à Louis XIV.* — *Groupe de Cavaliers* (dessin au crayon rouge).

MUSÉE DE LILLE. — *La Prise de Dôle en 1668.*

MUSÉE DE LYON. — *Cavaliers en reconnaissance.*

MUSÉE DE BORDEAUX. — *Portrait d'un maréchal de France.*

MUSÉE DE CAEN. — *Préparatifs du passage du Rhin par l'armée de Louis XIV.* — *Passage du Rhin par l'armée de Louis XIV.*

MUSÉE DE CHERBOURG. — *Choc de cavalerie.*

MUSÉE DE VALENCIENNES. — *Déroute de l'armée française devant Valenciennes.*

MUSÉE DE GRENOBLE. — *Louis XIV accompagné de ses gardes, passant sur le Pont-Neuf et allant au palais.*

MUSÉE DE BRUXELLES. — *Le Siége de Tournay par Louis XIV.*

MUSÉE DE ROTTERDAM. — *Cavaliers escortant un convoi.*

ANCIENNE COLLECTION DE VIENNE. — *Rencontre de Cavalerie près d'un village.*

A LA PINACOTHÈQUE DE MUNICH. — *La Prise de Dôle.* — *La Prise de Lille.* — *Le Siége de Tournay.* — *La Canonnade d'Oudenarde.*

MUSÉE DE SAINT-PÉTERSBOURG. — *Deux Combats de cavalerie.*

MUSÉE DE BERLIN. — *Vue des environs de Versailles.*

MUSÉE DU ROI A MADRID. — *Grande Bataille.*

BUCKINGHAM-PALACE. — *Vue de Versailles.* — *Louis XIV et sa suite.* — *Un Siége.* — *Le Palais de Versailles.*

A HAMPTON-COURT. — Plusieurs belles toiles.

INSTITUTION ROYALE D'ÉDIMBOURG. — *Louis XIV en carrosse dans un paysage.*

COLLECTION WYNDHAM. — Une scène de *Voleurs.* — Quatre compositions militaires. — Deux autres compositions.

AU DUC DE PORTLAND. — *Un Siége.*

AU COMTE DE NEWCASTLE. — *Trois Batailles.*

COLLECTION FORD. — *Un Épisode de la vie de Louis XIV.*

Collection Bute. — Une composition.
Galerie Devonshire. — Plusieurs compositions.
Collection Martin. — Deux compositions.
Galerie Lichtenstein. — *Une Foire avec des baladins.*
Collection Van der Aa, de Saint-Nicolas. — *Bataille.*
Galerie du duc d'Aumale. — *Passage du Rhin, 1672* (dessin).

PRIX DE VENTES

Deux Batailles. 1772, Vte Michel van Loo, 10.000 fr. — *Deux Marches de cavaliers. Étude de figures.* (Dessins à la pierre noire). 1775, Vte Mariette, 804 fr. — *Un Choc d'armée. Des Cavaliers et le Coche pillé.* 1776, Vte de Gagny, 1,800 fr. — *Deux Batailles.* 1777, Vte Thelusson, 1,802 fr. — *La Reddition de Marsal. Le Siége de Douai.* 1780, Vte de l'abbé Magnac, 944 fr. — *Promenade de Louis XIV dans la forêt de Fontainebleau* (94^c — 1^m,18). 1780, Vte de Senneville, 1,850 fr. — *Combat de Cavalerie. Idem.* Vte Conti, 3,000 fr. Vte Lempereur, 2,100 fr. 1784, Vte de Vaudreuil, 2,961 fr. — *Combat de Cavalerie* (B. 40^c 1/2 — 56^c 1/2). 1787, Vte Lambert et du Porail, 2,180 fr. — *L'Attaque d'un Convoi. Marche de Cavalerie* (24^c 3/4 — 30^c). 1819. Vte D^lle Thévenin, 223 fr. — *La Promenade en carrosse.* 1841, Vte Perregaux, 1,005 fr. — *Siége de Douai par Louis XIV et Reddition d'une place forte,* 1,265 fr. — *Halte de cavaliers,* environ 330 fr. — *Combat de Cavalerie et Rencontre de Cavalerie,* 478 fr. 50 c. — *L'Embuscade et Combat de Cavalerie* 1846, Vte Fesch, 374 fr. — *Choc de Cavalerie.* 1852, Vte X., 305 fr. — *Un Cortége royal.* 1857, Vte de Colombe, 1,325 fr. — *Carrosse entouré de Cavaliers.* 1859, Vte de V., 460 fr. — *Épisode de guerre.* 1860, Vte Cte H. de Stenhuyse, 1,300 fr. (à M. le comte Dubus). — *Choc de Cavalerie* (35^c — 36^c). 1860, Vte Piérard, 380 fr. — *Combat de Cavalerie. L'Embuscade.* 1861, Vte Leroy d'Étiolles, 670 fr. — *Vue de Versailles avec Chasse au cerf. Vue de Fontainebleau.* — *Départ de Louis XIV pour la chasse.* 1861, Vte Mosselman, 840 fr. — *Bataille sur les bords du Rhin.* 1862, Vte du duc de V., 465 fr. — *Une Bataille.* 1863, Vte Gilkinet, de Liége, 1,200 fr. — *Choc de cavalerie.* 1863, Vte Soret, 341 fr. — *Prise d'une Ville.* Même Vte, 1,200 fr.

MARTIN aîné (jean-baptiste), dit MARTIN DES BATAILLES

Né à Paris en 1659, mort en 1735.

Ce peintre est un des meilleurs imitateurs de son maître. Il en a fait des pastiches sur des fonds de paysages par Bauduins, qu'on vend pour être peints par Van der Meulen lui-même.

Sa touché est cependant plus heurtée, sa couleur moins tendre, et son dessin, quoique correct, manque un peu de naturel, ce qui sert à le faire reconnaître.

BAUDUINS (antoine-françois)

Né à Dixmude en 1640, mort en 1700.

Ce Bauduins est souvent confondu avec Nicolas Boudewyns, qui a constamment associé son talent avec celui de Pierre Bout ou Baut. François Bauduins fut élève de Van der Meulen, et travailla longtemps conjointement avec Duret et Bonnart, à ébaucher, préparer et copier les tableaux de leur maître.

La couleur de Bauduins est plus grise que celle de Van der Meulen; son pinceau est moins franc de touche; ses ciels et ses fonds sont plus lourds.

Quant à Duret et à Connard, ils sont plus ternes de couleur et ont un dessin maniéré et incorrect.

NOLLET (DOMINIQUE)

Né à Bruges en 1640, mort à Paris en 1736.

Son mode d'exécution approche quelquefois tellement de Van der Meulen, que ses tableaux passent pour être de ce dernier. Sa touche est légère, sa toile n'est pour ainsi dire que frottée; ses ciels sont vaporeux, mais plus chauds que ceux du maître. Ses figures sont un peu guindées et maniérées, et ses effets sourds.

HUGTENBURCH (JEAN VAN)

Né à Harlem en 1646, mort à Amsterdam en 1733.

Ce peintre a fait peu d'imitations de son maître; il a plutôt cherché la manière de Wouwerman. Ses pastiches de Van der Meulen sont remarquables par l'expression, le goût et le coloris, mais son pinceau est moins spirituel et son dessin peu correct.

BOUT OU BAUT (PIERRE), ET BOUDEWYNS (NICOLAS)

Le premier né à Bruxelles en 1660,
Le second né à Bruxelles en 1660, mort en 1700.

Ces deux artistes ont constamment travaillé ensemble. Rien de plus agréable que les paysages et les vues de villes peintes par Boudewyns enrichies de figures par Pierre Baut. La touche de ce dernier est spirituelle, sa manière rappelle un peu celle de Teniers et de Brueghel de Velours, mais elle offre plus de correction et moins de roideur que celle de ce dernier.

Les œuvres de ces artistes se rencontrent plutôt dans les collections particulières que dans les galeries publiques et les cabinets de premier ordre. Leur prix est peu élevé, et les plus capitaux dépassent rarement 800 fr. Celui que possède le musée du Louvre n'a pas été estimé lors des inventaires.

MUSÉES DIVERS, GALERIES, ETC.

Musée de Rouen. — *Paysage avec figures.* — *Paysage avec figures.* — Son pendant.

Musée de Nantes. — *Moulin à eau.*

Musée de Caen. — *Paysage.*

Musée de Valenciennes. — *Paysages.* — *Des Cavaliers accostent une villageoise.* — *Passage d'un Bac.* — *Halte de Voyageurs.* — *Repos dans la campagne.*

Musée de Bordeaux. — Quatre *Paysages.*

Musée d'Avignon. — *Paysage et Marine.* — *Campement et bivouac.* — *Paysage coupé par des montagnes, des vallons et des bois* (contesté).

Musée de Rotterdam. — *Paysage avec Cavaliers.* — *Paysans et Troupeaux.*

Musée de Dresde. — *Ville située sur un fleuve.* — *Paysage avec deux forts séparés par une rivière.* — *Côte couverte de ruines.* — *Paysage avec architecture.* — *Paysage avec des montagnes dans le lointain.* — *Bâtiment d'architecture méridionale au bord de la mer.* — *La Porte d'un couvent devant laquelle se trouve une quantité de mendiants.* — *Paysage montueux.* — *Paysage avec un lac.*

Galerie d'Arenberg. — *Paysage avec figures et animaux.*

Cabinet de M. le comte de Nattes. — *Deux Paysages avec figures.* (Ces deux tableaux sont d'une conservation parfaite.)

Deux Paysages en hauteur. 1737. Vte Verrue, 160 fr. — *Paysage avec beaucoup de figures.* Même vente, 440 fr. — *Deux Paysages avec figures.* 1810, Vte Sylvestre, 204 fr. — *Paysage agreste,* 396 fr. — *Le Paysage du Bac,* 137 fr. 50 c. — *La Lisière du bois.* 1846, Vte Fesch, 203 fr. 50 c. — *Deux Paysages avec figures.* 1856, Vte Martin, 394 fr. — *Le Départ pour le marché.* 1860, Vte X., de Lyon, 410 fr.

PONT (NICOLAS DU), DIT POINTIÉ

Né à Anvers.

D'abord coopérateur de Baut et de Boudewyns pour l'architecture, il devint ensuite leur imitateur. Ses contrefaçons se reconnaissent à leur touche grêle et uniforme. Ses figures sont moins bien dessinées et plus lourdes. Sa couleur est plus vigoureuse et sans transparence.

OMMEGANCK (BALTAZAR-PAUL)

Né à Anvers en 1755, mort dans la même ville en 1826.

Les paysages d'Ommeganck ont un fini précieux, une suavité qui

plaisent à certains amateurs. Ses compositions sont simples et naturelles ;
ses animaux bien dessinés et d'un ton flou ; son coloris est chaud et harmonieux ; sa touche grasse, son dessin correct.

Ce peintre, d'abord très-recherché, puis délaissé, est rentré en faveur aujourd'hui. Ses
compositions capitales se payent de 10,000 fr. à 15,000 fr. lorsqu'elles sont bien conser-
vées, ce qui est rare. Le musée du Louvre en possède deux qui n'ont pas été évaluées.

MUSÉES DIVERS, GALERIES, ETC.

Musée de Cherbourg. — *Pâtre gardant des vaches.*

Musée d'Anvers. — *Paysage montagneux avec moutons.*

Musée de Rotterdam. — Quatre compositions.

Dulwich-Collége. — Plusieurs belles compositions.

Collection Thomas Hope. — *Paysage avec bestiaux.*

Collection Listowel. — *Paysage avec animaux.*

Galerie Stafford. — *Paysage avec bestiaux.*

Collection Wombwell. — *Paysage avec animaux.*

Collection Baring. — *Paysage avec animaux.*

Galerie James de Rothschild. — *Grand Paysage avec animaux.*

PRIX DE VENTES

Paysage avec animaux (1ᵐ,45 — 1ᵐ,76). 1821, Vᵗᵉ Lafontaine, 6,500 r. — *Paysage
avec animaux* (1ᵐ,28 1/2 — 1ᵐ,45). 1834, Vᵗᵉ Laffitte, 9,500 fr. — *Paysage avec moutons.* 1839, Vᵗᵉ Sommariva, 7,350 fr. — *Le Retour des troupeaux* (1ᵐ,01 — 1ᵐ,21). 1841,
Vᵗᵉ Perregaux, 13,000 fr. — *Paysage avec animaux,* 2,419 fr. (coll. Tardieu). — *Le Pâturage.* 1843, Vᵗᵉ Héris Leroy, 6,150 fr. — *Deux Paysages avec animaux.* 1843, Vᵗᵉ Dubois, 1,201 fr. — *Paysage et Animaux.* 1845, Vᵗᵉ Meffre, 2,350 fr. — *Paysage capital*
(peint pour M. Engils Danraert). 185 , Vᵗᵉ X., 4,000 fr. — *Une Femme et un Pâtre gardant des brebis.* 1852, Vᵗᵉ X., 300 fr. — *Gras et frais pâturage.* 1856, Vᵗᵉ Martin,
3,454 fr. — *Intérieur d'étable* (très-craquelé). 1857, Vᵗᵉ Montebello, 1,220 fr. — *Animaux.* 1857, Vᵗᵉ Dˢˢᵉ de Raguse, 365 fr. — *Animaux dans un paysage* (B. 87ᶜ — 1ᵐ,20).
1860, Vᵗᵉ Piérard, 8,200 fr. (coll. Gheldolf et Tardieu). — *Animaux dans un paysage*
(B. 43ᶜ — 53ᶜ). Même Vᵗᵉ, 2,250 fr. — *Paysage.* 1860, Vᵗᵉ R., 285 fr. — *Intérieur d'é-
table* (dessin). 1860, Vᵗᵉ En., 155 fr. — *Passage du gué* (1ᵐ,02 — 1ᵐ,25). 1860, Vᵗᵉ
Beceleare, 3,500 fr. (à M. Van Cuyck, de Paris). — *Vue prise aux environs d'Anvers*
(B. 35ᶜ — 52ᶜ). 1861, Vᵗᵉ Rhoné, 480 fr. — *Paysage et Troupeaux* (B. 36ᶜ — 54ᶜ).
Même Vᵗᵉ, 300 fr. — *Paysage avec un moulin à vent* (B. 28ᶜ — 41ᶜ). Même Vᵗᵉ, 490 fr.
— *Paysage.* Même Vᵗᵉ, 490 fr. — *Troupeau traversant un gué.* 1862, Vᵗᵉ X..., 300 fr.
(contesté). — *Le Retour à la ferme. Vue des Ardennes* (B. 88ᶜ — 1ᵐ,15 1/2). Vᵗᵉ Baillie,
à Anvers, 5,100 fr. — *Mouton et Chèvre* (à l'encre de Chine). 1862, Vᵗᵉ Simon, 301 fr.
— *Animaux dans une prairie.* 1863, Vᵗᵉ X., 200 fr.

Plusieurs peintres ont fait de très-belles copies et imitations d'Ommeganck. Voici ceux qui méritent d'être mentionnés :

MYN (HENRI) ET OMMEGANCK (MARIE)

BEAU-FRÈRE ET SŒUR DE BALTAZAR OMMEGANCK, ET NON SA FILLE, COMME ON L'A ÉCRIT A TORT.

On doit à ces deux époux beaucoup de copies que recherchent les brocanteurs. Ils préfèrent surtout celles qui portent la signature de la sœur et auxquelles ils enlèvent le prénom. On les reconnaît à leur ton laqueux, bien différent de celui du maître. Les moutons, moins bien dessinés, sont presque tous cagneux et d'une touche aiguë et brodée.

CORRON (J. DU)

Né à Ath en 1770.

Ses imitations sont plus lourdes d'ensemble, son dessin plus roide, sa couleur plus grise.

BORREKENS (JEAN-PIERRE-FRANÇOIS)

Né à Anvers en 1747, mort en 1827.

Borrekens ne fut pas un imitateur d'Ommeganck; mais comme beaucoup de ses tableaux ont été *étoffés* par le maître, ils se vendent souvent pour être entièrement d'Ommeganck. Son paysage est moins savant; ses terrains sont secs et plats, et ses ciels n'ont pas cette limpidité qui distingue ceux du maître.

Je ne parlerai pas ici des innombrables copies fabriquées en Belgique depuis une trentaine d'années. Les unes sont peinées et froides, les autres monotones à force d'être léchées, ou sèches et mesquines de touche; enfin, pour quiconque a pu voir un véritable tableau de ce maître (et le musée de Paris en possède d'assez beaux échantillons), il est impossible de s'y méprendre.

Ici se termine la nomenclature des peintres flamands qui ont eu des imitateurs et des copistes. Bien d'autres y auraient trouvé place si je m'en fusse tenu à de légères analogies de manière ou d'exécution; mais, comme mon but principal est d'instruire l'amateur, je n'ai pas cru devoir l'entretenir de ressemblances tellement éloignées, que l'homme le moins expert en beaux-arts est à même d'en faire la distinction.

ÉCOLE HOLLANDAISE

DÉDIÉE

A son Exc. le comte Prosper de CHASSELOUP-LAUBAT

Par son respectueux serviteur

Th. LEJEUNE.

PEINTRES HOLLANDAIS

AVEC LEURS IMITATEURS ET LEURS COPISTES

La peinture est la reproduction exacte des objets, et il est pour l'artiste deux manières de voir la nature. — L'une, et c'est celle de tous les gens doués d'une bonne vue et de quelque esprit d'observation, consiste à saisir jusque dans ses plus imperceptibles détails le phénomène particulier, l'accident, la réalité telle qu'elle apparaît à certain jour, à certaine heure, sans aucun rapport avec les réalités analogues qui constituent l'espèce. Cette manière de voir la nature, arrivée à sa plus haute puissance, produit les œuvres admirables de l'École hollandaise ; elle nous captive dans les maîtres tels que Terburg, Mieris, Metzu, Gérard Dow, etc. — L'autre manière est la science de voir grandement la nature, de simplifier et conséquemment d'ennoblir les objets, de reproduire la forme épurée et caractéristique, de dégager le type idéal de tout ce qui est imparfait et de trouver cet ensemble harmonieux de proportions et de rapports qui donnent à l'art la seule supériorité qu'il puisse conquérir sur la nature, et cette manière est celle des grands maîtres des Écoles italienne et française.

Ces deux manières différentes de voir, de sentir, d'exprimer la nature, tiennent aux influences locales, au génie de chaque peuple. Si le langage de l'un est la poésie inspirée par un ciel chaud et pur, le langage de l'autre est une prose précise, nerveuse et colorée sous un ciel froid et sévère. L'idéalisme est du domaine des âmes ardentes, le matérialisme appartient aux esprits froids et réfléchis. Quand chaque peuple a sa physionomie particulière, quand chaque nation a un caractère, un type qui lui est propre, ira-t-on demander à ses artistes qu'ils s'en écartent ou qu'ils reproduisent d'autres idées, d'autres sensations que celles qu'ils ont reçues? Ne serait-ce pas exiger qu'un fleuve réfléchît à sa surface d'autres plantes que celles qui croissent sur ses bords, d'autres nuages que ceux qui passent au-dessus de lui ?

Ruisdaël, Van den Velde, Paul Potter ne peignirent pas le paysage à la manière des Carrache et du Dominiquin; ils ne supposèrent jamais la nature, ils la regardèrent et la reportèrent sur la toile telle qu'ils la voyaient. Une chaumière avec un buisson suffirent à Ruisdaël pour faire un tableau; Paul Potter représenta les animaux tels qu'ils lui apparaissaient; chez lui, le portrait d'une vache, d'un taureau, d'un bélier est de la plus exacte vérité. Il n'a rien ajouté à leur forme, les héros de ses compositions ne lui ont coûté aucune recherche, les bergers furent des pâtres et les bergères des laitières. C'est à cet esprit d'imitation scrupuleuse que nous devons ces chefs-d'œuvre, ces toiles admirables qu'aujourd'hui on couvre d'or dans les enchères publiques.

AGNEN (JÉRÔME), DIT BOS OU BOSCH

Né à Bois-le-Duc en 1450 ou 1470, mort en 1518 ou 1530.

Bos est, avec van Ouwater, l'un des premiers artistes qui peignirent à l'huile, en Hollande. Van Mander le comble de louanges. Son coloris est transparent et vigoureux, son dessin correct, et ses raccourcis sont pleins d'originalité. Agréable mais timide dans sa touche, il est simple et naturel dans son exécution.

Ses compositions capitales sont fort rares; je n'en connais qu'une à Paris; elle fait partie de la galerie de M. le comte Duchâtel. C'est un *Enfer* où le grotesque le dispute au sublime.

MUSÉES DIVERS, GALERIES, ETC.

MUSÉE DE ROUEN. — *Arrivée d'une Sorcière au Sabbat.*
MUSÉE DE RENNES. — *Le Jeu* (dessin à la plume, lavé).
MUSÉE D'ANVERS. — *Tentation de saint Antoine.*
ANCIENNE COLLECTION DE VIENNE. — *Tentation de saint Antoine.* — *Orphée dans les Enfers, priant Pluton de lui rendre Eurydice.* — *La Chute des Anges rebelles.*
MUSÉE DE BERLIN. — *Les Martyrs chrétiens* (triptyque).

Musée du Roi a Madrid. — *Adam et Ève.* — *La Danse de la Mort.*
Collection Wyndham. — *L'Adoration des Rois.*
Collection Maitland. — *Saint Jean* (vu de profil).
Collection Seymour. — *L'Adoration des Rois.*
Collection Blundell. — *La Tentation de saint Antoine.*
Galerie Duchatel. — *Les Damnés.*

Jérôme Bos n'a pas eu de copistes, mais quelques analogues dont voici les principaux :

MANDYN ou MANDIN

Né à Harlem en 1568, mort à Anvers vers 1648.

Les ouvrages de Mandyn ont beaucoup d'analogie avec ceux de J. Bos. Toutefois sa touche est plus aiguë et son exécution moins savante, son dessin plus roide et plus anguleux.

HUYS

Né vers 1571.

Nous avons peu de renseignements sur ce peintre. Ce qu'il y a de certain, c'est que ses compositions sont quelquefois confondues avec celles de J. Bos. On les reconnaît à leur touche estompée et mesquine, ainsi qu'à leur dessin sans caractère précis.

DAMESZ (Lucas), dit Lucas de Leyde

Né à Leyde en 1494, mort en 1533.

La réputation de ce peintre est telle qu'elle dispense de tout éloge. C'est à ce grand maître que l'École hollandaise est redevable de la connaissance du clair-obscur; il est le premier qui ait conçu l'idée d'affaiblir les teintes en raison des distances. On admire dans ses compositions l'ordonnance, la richesse, la variété, la fraîcheur du coloris, et même le paysage touché avec goût et légèreté.

S'il faut en croire la notice de 1854, le musée du Louvre ne possède *aucun* ouvrage de ce maître. Suivant le livret de 1847, il en existait *trois*, dont le premier, *une Descente de Croix*, fut estimé 12,000 fr., et le second, *la Salutation angélique*, 5,000 fr. Il a fallu des raisons bien puissantes, des preuves bien évidentes sans doute, pour déterminer, en 1854, l'exclusion de ces tableaux. Malheureusement, le public qui, cependant, aurait quelques droits à connaître la cause et les motifs de ces jugements à huis clos, n'a pas été mis dans la confidence.

MUSÉES DIVERS, GALERIES, ETC.

Musée d'Anvers. — *L'Anneau.* — *David et Saül.* — *Saint-Luc et saint Marc.* — *Saint Matthieu.* — *L'Adoration des Mages.* — Un triptyque.

Ancienne collection de Vienne. — *Portrait de l'empereur Maximilien Ier.* — *Jésus-Christ présenté au peuple.* — Un triptyque, volet principal : *l'Adoration des Mages;* volet de droite : *Adoration des Bergers;* id. de gauche : *Sainte Famille.*

Musée de Munich. — *La Vierge allaitant Jésus.* — *La Vierge glorieuse.* — *La Circoncision.* — Trois tableaux de *Saints et Saintes.*

Musée de Dresde. — *Le Sauveur, une Croix à la main.* — *La Tentation de saint Antoine.*

Musée de Naples. — *Christ en Croix.* — *L'Adoration des Mages.* — *L'Adoration des Bergers.*

A l'Académie des Beaux-Arts de Venise. — *Le Mariage de sainte Catherine*

Bibliothèque Ambrosienne a Milan. — *L'Adoration des Mages.*

Musée degl' Uffi, a Florence. — *Christ couronné d'épines.*

Musée de Saint-Pétersbourg. — *Sainte Famille.* — *La Conversion de saint Paul.*

A Hampton-Court. — *Une Madone.* — *Adam et Ève.*

Institution royale de Liverpool. — *Portrait d'un jeune Chevalier.*

Collection Pembroke. — *Un Intérieur avec figures.*

Collection miss Rogers. — *Saint Jean et saint Marc.*

Collection Maitland. — *La Vierge et l'Enfant Jésus.* — *Un Portrait d'Homme.*

Collection Bute. — *La Vierge et l'Enfant Jésus.*

Collection Norfolk. — *La Crucifixion.*

Au duc de Newcastle. — *Portrait de l'empereur Maximilien.*

Collection D. Hogdson. — *Saint Jérôme.*

Collection Wyndham. — *Un Portrait de Femme.*

Collection Harrington. — *La Vierge et l'Enfant Jésus.*

Galerie du duc d'Aumale. — *Retour de l'Enfant prodigue* (dessin).

PRIX DE VENTES

Les œuvres de Lucas de Leyde, après avoir été peu recherchées par les amateurs, reprennent quelque faveur; les prix suivants le démontrent :

Trois sujets de la légende de Saint-Sébastien. 1645, Vte Charles Ier, 101 liv. sterl. — *L'Adoration des Mages* (B. 1^m,10 — 73^c). 1850, Vte du roi Guillaume II, 4,450 fr. (à M. Roos). — *La Descente de Croix* (B. 1^m,42 — 1^m,06). Même Vte, 7,000 fr. — *Le Joueur de guitare.* 1851, Vte Cottreau, 172 fr. — *L'Arracheur de dents.* Même Vte, 210 fr. — *Portrait de Maximilien.* Même Vte, 170 fr. — *Descente de Croix.* Même Vte, 151 fr. — *Ecce Homo.* Même Vte, 369 fr. — *La Vie et la Passion de Jésus-Christ.* (1^m,66 — 96^c). 1858, Vte Merighi, 8,200 fr. — *La Vierge et saint Dominique.* 1861, Vte Dubois, 579 fr. — *Mariage mystique de sainte Catherine.* 1861, Vte X., 710 fr. — *L'Adoration des Mages.* 1862, Vte Weyer de Cologne, 348 fr. 50 c.

Parmi les imitateurs ou analogues de Lucas de Leyde, voici ceux dont on fait le plus de cas :

JORISZ (DAVIDZ)

Né à Delft, mort à Bâle en 1556.

Sa manière approche de celle de Lucas de Leyde ; mais sa touche est plus sèche et son dessin plus irrésolu.

CRABETH (FRANS)

Mort à Malines en 1548.

Les biographes s'accordent à dire que ses têtes sont peintes dans le genre de Quinten Matsys, et le reste, selon la manière de Lucas de Leyde. J'ajouterai que son dessin est plus maniéré dans les formes et que ses draperies sont plus sèches et boudinées.

BRUYN (NICOLAS DE)

Né à Anvers en 1570.

Peintre flamand qui a peint à la manière de Lucas de Leyde ; on reconnaît ses ouvrages à la sécheresse de la touche et à la roideur du dessin.

LÉONARDI ou LÉONARDONI (FRANÇOIS)

Né à Venise en 1654, mort en 1711.

On confond quelquefois les ouvrages de ce peintre italien avec céux de Lucas de Leyde. Cependant sa touche est plus grasse et sa couleur plus chaude. Son exécution fine et gracieuse sert aussi à le révéler aux yeux de l'acheteur.

SCHOORL ou VAN SCOREL. ou enfin SCHORÉEL
(JAN)

Né à Schorl en 1495, mort à Utrecht en 1562.

Excellent peintre d'histoire et de portraits et maître d'Antonio Moro. Sa touche est un peu recherchée, son dessin assez correct et sa couleur à la fois molle et agréable.

Les ouvrages de ce peintre sont peu recherchés; on pourrait presque dire qu'ils sont tombés dans un oubli complet. Ils se trouvent plutôt dans les collections particulières que dans les galeries publiques, à moins qu'ils ne soient très-bien conservés, ce qui est rare.

MUSÉES DIVERS, GALERIES, ETC.

Musée de Lyon. — *La Mort de la Vierge*. — *La Vierge couronnée par Dieu*.

Musée d'Amsterdam. — *La Fille de Sion*.

Musée de Rotterdam. — *Le Baptême du Christ*. — *Madone avec l'Enfant Jésus*. *L'Adoration des Mages*.

Musée d'Anvers. — *La Vierge et l'Enfant Jésus*. — *Le Christ en Croix*.

Musée de Munich. — *Le Repos en Égypte* — *La Mort de la Vierge* (triptyque).

Galerie Northumberland. — Un diptyque représentant *la Résurrection de Lazare* et *la Présentation au Temple*.

Les *Apprêts de la Sépulture*. 1859, Vte Moret, 230 fr. — *Le Christ sur la Croix*. 1862, Vte Weyer de Cologne, 393 fr. 60 c.

Parmi ceux qui ont le plus adroitement imité Schoréel on distingue :

HEEMSKERCK (MARTINZ)

Né dans le village d'Heemskerck en 1498, mort à Harlem en 1574.

Élève et imitateur de Schoréel, Heemskerck a une exécution plus sèche, plus tranchante et moins agréable. Son dessin, quoique noble, présente plus de roideur, et son coloris plus de faiblesse.

SWART (JAN)

Né à Groningue, en Ost-Frise.

Il a peint l'histoire dans la manière de Schoréel. On lui attribue la gloire d'avoir réformé les anciens vices de son École, et d'y avoir introduit le goût des Italiens; quoi qu'il en soit, sa touche est solide, mais sa couleur lourde et rouge. Son exécution est large, son dessin rond.

MORO (ANTOINE), DIT ANTONIO

Né à Utrecht en 1512, mort à Anvers en 1568.

Excellent peintre de portraits dont les carnations sont fraîches et brillantes. Son ton général est vif et transparent, son exécution large et naturelle, son dessin correct et précis, son style simple et savant.

Les vrais tableaux de cet artiste sont recherchés par les amateurs de la bonne peinture. Il n'est pas de ventes où ils ne soient très-disputés; malheureusement pour les collectionneurs, on ne les rencontre qu'à de rares intervalles.

Encore un peintre dont l'œuvre a été épuré sans que le public ait connu la cause de cette exclusion. Des trois tableaux que contenait l'ancienne notice du Louvre, il n'en existe plus que deux. On y a ajouté *le Nain de Charles-Quint,* estimé 15,000 fr. et déjà attribué, quoi qu'en dise le livret, à Antonio Moro. Je ne sais ce qu'est devenu *le Portrait d'homme vêtu de rouge,* coté 800 fr., et *le Portrait d'homme vêtu de noir avec une toque,* évalué 400 fr. Tout ce que je puis dire, c'est que celui qui avait été estimé le plus bas (300 fr.), le *Portrait d'homme,* a été maintenu sous le nom de l'artiste, qui, seul avec le *Nain de Charles-Quint,* forme le contingent d'Antonio Moro au musée du Louvre.

L'incendie qui dévora le Prado en 1608 détruisit les meilleurs œuvres d'A. Moro. Dans la seule salle appelée *de los Retratos,* on comptait, de sa main, quatorze portraits des principaux personnages du temps, parmi lesquels le sien propre et six autres dans une salle attenante. Ce désastre a rendu les ouvrages de Moro très-rares et très-précieux.

ANCIENNEMENT AU LOUVRE. — *Jésus-Christ ressuscité est couronné par deux Anges, accompagnés de saint Pierre et de saint Paul.* Est. 1,500 fr. (rendu au château de Châtillon.)

MUSÉES DIVERS, GALERIES, ETC.

MUSÉE DE LA HAYE. — *Portrait d'Homme.*

ANCIENNE COLLECTION DE VIENNE. — *Portrait de l'archiduchesse Marguerite d'Autriche, duchesse de Parme. — Portrait du peintre Gilles Mostaert. — Portrait d'Homme debout, près d'une table. — Portrait de Femme près d'une table. — Portrait d'Homme. — Portrait de Femme. — Portrait d'un Homme de qualité enveloppé dans un manteau de taffetas noir.*

NATIONAL GALLERY. — *Portrait de Jeanne d'Archel de la maison d'Egmont* (coll. Beckford, acheté 5,000 fr. en 1858).

AU CHATEAU DE WINDSOR. — Plusieurs *Portraits,* dont le *Portrait du duc d'Albe.*

A LA SOCIÉTÉ DES ANTIQUAIRES DE LONDRES. — *Portrait de Jean Schoréel.*

Au duc de Bedford. — Plusieurs *Portraits*.

Collection Fountaine. — Plusieurs *Portraits*.

Collection Iarborough. — *Portrait du comte d'Essex.* — *Portrait de la reine Marie.*

Collection Suffolk. — Deux *Portraits*.

Collection Dillon. — *Portrait de Philippe II, d'Espagne.* — Id. de sir *Francis Drake.*

Collection Wyndham. — *Portraits de Famille* (datés de 1553).

Collection Maitland. — *Un Portrait.*

Collection Carlisle. — *Portrait de la reine Marie, fille de Henry VIII.*

Collection Tomline. — *Un Portrait d'Homme.*

Collection Neeld. — *Portrait de sir Thomas Gresham.* — Un autre *Portrait.*

Collection Spencer. — *Portrait de l'Artiste.* — Id. de *Philippe II.* — Id. d'une *Lady.*

Collection Holford. — Plusieurs *Portraits*.

Collection Leveson Gower. — *Portrait de sir Thomas Gresham.*

Galerie Duchatel. — *Portraits d'un Seigneur et de ses deux Enfants.* — *Portrait d'une Dame de qualité.*

Voici maintenant quelques adjudications :

Portrait d'un Architecte tenant un compas. 1742, Vte Carignan, 1,006 fr. — *Son Portrait.* 1800, Vte d'Orléans, 15 guinées. — *Portrait de Femme.* 1843, Vte Aguado, 340 fr. — *Portrait d'Homme.* Vte Stevens, 640 fr. — *Portrait d'Isabelle de France, reine d'Espagne.* 1846, Vte Fesch, 158 écus. — *Portraits d'un Seigneur et de sa Femme,* estimés 10,000 fr. (Ces deux pendants proviennent de la collection d'Armagnac et sont actuellement dans la galerie Duchâtel, à Paris.) — *Deux Chanoines.* 1859, Vte Brabeck et de Stolberg, 601 thalers. — *Portrait de la reine Marie d'Angleterre.* 1863, Vte Davenport Bromley, 3,275 fr.

Un seul artiste l'a approché de bien près, c'est Onate, peintre espagnol.

ONATE (michel)

Né à Séville en 1538, mort en 1606.

Élève d'Antoine Moro, Onate suivit son maître en Portugal et revint avec lui à Madrid. Ses imitations et ses reproductions sont très-exactes dans l'ensemble; mais il a une touche plus pâteuse, plus saillante, un dessin un peu plus rond et une exécution plus froide.

AERTSEN (PIETER), SURNOMMÉ PIERRE LE LONG

Né à Amsterdam en 1519, mort dans la même ville en 1573.

On trouve autant de bizarrerie et de singularité dans ses compositions que d'invention et de vigueur dans son coloris. Il s'étudia particulièrement à peindre des cuisines avec leurs ustensiles quelquefois de grandeur naturelle ; il a fait des choses admirables dans ce genre ; l'exécution en est ferme, savante, le coloris vrai.

ANCIENNE COLLECTION DE VIENNE. — *Portrait d'une jeune Dame.* — *Un Paysan et une Paysanne qui vendent de la volaille,* etc., sur un marché.
MUSÉE DE BERLIN. — *Le Portement de Croix.*

Les tableaux de ce maître se produisent rarement dans les ventes publiques, où ils obtiennent peu de faveur. On ne les voit guère, en effet, dépasser 200 fr. ; fort rarement même, ils atteignent ce chiffre.

Voici son imitateur le plus rapproché :

BEUCKELAER (JOACHIN)

Né à Anvers en 1530, mort dans la même ville en 1570.

Comme son maître Aertsen, il a représenté des cuisines garnies de volailles, de gibier, de poissons, et de tous les ustensiles en rapport avec le sujet. On y trouve de l'assurance dans l'exécution et une grande vigueur de pinceau et de coloris ; sa touche est néanmoins plus sèche que celle de son maître, et son dessin a moins d'originalité.

GOLZIUS (HENRI)

Né à Mullrach en 1558, mort en 1617.

Élève de son père Jean Golzius et neveu de Hubert Golzius, il a fait de charmants petits tableaux de genre sur cuivre et des portraits très-estimés des amateurs. Son dessin est un peu maniéré, mais sa touche est solide et son coloris vif et transparent.

Le musée du Louvre ne possède pas de tableaux de ce maître.

Ancienne galerie Weyer de Cologne. — *La Sépulture du Christ.*

Sauf la *Mort d'Abel* adjugée 42 écus à la Vte Fesch en 1846, je n'ai pu recueillir aucun chiffre digne d'être enregistré.

Parmi ceux qui ont le plus adroitement imité Golzius on remarque :

VALKAERT ou WARNARD (van den)

Né à Amsterdam vers 1575.

Ses productions sont confondues avec celles de son maître, Henri Golzius ; néanmoins elles se distinguent par une exécution plus molle, des effets moins ménagés, un dessin maigre et souvent mesquin.

GREBBER (pieter de)

fils de françois

Né à Harlem en 1590.

Les ouvrages de ce peintre, élève de Golzius, ont quelque ressemblance avec ceux de son maître. Ils sont toutefois plus monotones et d'une touche plus aiguë.

UYTENWAEL (joachin)

Né à Utrecht en 1566.

Sans suivre positivement le goût de Henri Golzius, il lui ressemble par ses attitudes et ses contours maniérés. Bloémaert avait un peu le même défaut, et Spranger l'a porté à l'excès.

MIEREVELT ou MIREVELD (michiel-jansz)

Né à Delft en 1568, mort dans la même ville en 1641.

La manière dont cet artiste a traité le portrait peut entrer en comparaison avec celle d'Holbein, tant pour la disposition que pour l'exécution et la vérité.

Dans le nombre de ses ouvrages, il s'en trouve qui réunissent toutes les qualités d'un bon coloriste et l'exécution douce et suave d'un pinceau léger; mais, en général, la plupart manquent de grâce. Rien de plus achevé que ses têtes, rien de plus étudié et de plus recherché que les poils des sourcils, de la chevelure et de la barbe; les étoffes, toujours subordonnées à ces détails, prennent un ton rembruni, ou bien sont tout à fait noires : enfin, la patience semble prévaloir sur l'art dans tous les tableaux de Mierevelt.

Cet artiste est peu estimé des amateurs, et ses ouvrages sont froidement accueillis dans les ventes publiques. Le musée du Louvre en possède trois, à savoir : *Un Portrait d'Homme* (n° 335), coté 200 fr. — *Portrait de Femme,* 300 fr. — *Portrait d'Homme* (n° 337), 300 fr.

MUSÉES DIVERS, GALERIES, ETC.

Musée de Lyon. — Trois *Portraits.*

Musée de Nîmes. — *Portrait d'un Magistrat.*

Musée d'Avignon. — *Portrait du maréchal Montluc.*

Musée d'Amsterdam. — *Portrait du prince Frédéric-Henri.* — Id. *du prince Philippe-Guillaume d'Orange.* — Id. *du prince Guillaume I*er. — Id. *du prince Maurice de Nassau.* — Id. *de Joan van Oldenbarneveldt.* — Id. *de Jacob Cats.* — Id. *de Smeltzing, général du prince Maurice.* — Id. *de Cornelia Tedingh van Berkhout, femme du lieutenant-amiral Martin Harpertsz Tromp.*

Musée de Rotterdam. — *Portrait du chevalier Albert Joachimi.* — Id. *de Philippe de Nassau.*

Musée de La Haye. — *Portrait du prince Frédéric-Henri et de sa Femme.*

Musée van der Hoop. — *Portrait de J. Cats.* — Id. *de P. Corneliszoon Hooft.*

Ancienne galerie de Vienne. — *Portrait d'un Vieillard.*

Musée de Munich. — Deux *Portraits d'Hommes.*

Musée de Saint-Pétersbourg. — Deux *Portraits.*

Musée de Dresde. — *Buste d'un Homme avec une barbe blanche.* — *Portrait d'un Homme tenant un gant à la main gauche.* — Id. *d'une Femme vêtue de noir.* — Id. *d'une Femme.* — Id. *d'un Homme.* — *Jeune Homme vêtu de noir.* — *Portrait d'un Homme tenant une lettre à la main.* — Id. *d'une Femme vêtue de noir.* — *Buste d'un Homme vêtu de noir.*

Galerie Bedford. — *Portrait du Peintre.*

Collection Stirling. — *Un Portrait.*

Collection Ingram. — *Portrait du prince d'Orange.*

Galerie Northumberland. — *Portrait du prince Henri-Frédéric d'Orange.*

Collection Folkestone. — *Portrait présumé du prince d'Orange.* — *Un autre Portrait du prince d'Orange.* — *Portrait de sir Peeter Young.*

Galerie Ellesmère. — *Portrait d'un Gentilhomme.*

Collection Caledon. — *Portrait d'Homme.* — Id. *de Femme.*

Collection Galton. — *Un Portrait d'Homme.*

Collection Radnor. — Un beau *Portrait.*

Collection Craven. — Une collection de *Portraits*.

A lord Ward. — *Portrait de Femme*.

Galerie Suermondt. — *Portrait d'une Femme de distinction*.

Galerie d'Arenberg. — *Portrait d'Homme*.

Ancienne galerie Weyer de Cologne. — Une composition.

Portrait d'Homme et *Portrait de Femme*. 1846, Vte Fesch, 77 écus. — *Portrait d'une Dame hollandaise*. 1852, Vte X..., 133 fr. — *Portrait de Femme*. 1854, Vte Chavagnac, 570 fr.

Mierevelt a été imité d'assez près par les artistes suivants :

MIEREVELT ou MIREVELD (PIETER)

Né à Delft en 1595, mort en 1631.

Élève et fils de Michiel, il a suivi exactement la manière et l'exécution de son père. On le reconnaît à son dessin plus indécis, à sa couleur moins naturelle, et où le rouge briqueté domine trop.

MOREELÈZE (PAUL)

Né à Utrecht en 1571, mort en 1638.

On confond quelquefois les ouvrages de cet élève de Mierevelt avec ceux de son maître ; cependant, en examinant son coloris sourd et surtout sa touche brodée, le doute n'est pas possible.

NES (JAN VAN)

Mort à Delft en 1650.

Ses portraits ont beaucoup d'analogie avec ceux de son maître Mierevelt. Ils se distinguent pourtant à leur dessin anguleux et à leur touche un peu sèche.

D'autres élèves ont encore imité Mierevelt, mais avec si peu de succès qu'ils ne méritent pas une mention particulière ; ainsi, Pieter Gerrizt Monfoort et non Montfort se trahit à la première inspection par ses tons locaux gris et lourds — Nicolaas Cornelis affecte un dessin irrésolu et maniéré dans les formes, et Pieter Dirck Kluit est trop empâté et trop large dans ses carnations pour que l'on puisse se méprendre sur ses ouvrages.

POELENBURG (KORNELIS)

VULGAIREMENT CORNEILLE POELENBOURG

Né à Utrecht en 1586, mort vers 1667 et non en 1660.

La finesse et la suavité du coloris, la richesse des fonds, le ton vrai du paysage, la couleur légère, transparente des ciels, la science du clair-obscur, la chaste nudité des femmes qu'il représentait, tout cela réuni fait des tableaux de cet artiste autant de précieux diamants. Son dessin n'est cependant pas sans reproche; on n'y trouve pas la finesse qui brille dans son pinceau et dans ses compositions.

Berghem et d'autres peintres du temps ont quelquefois enrichi de figures les tableaux de Poelenburg.

Après avoir joui d'une grande faveur, les ouvrages de C. Poelenburg ont beaucoup baissé dans l'estime des amateurs et surtout dans l'empressement des acheteurs.

Le musée de Paris en possède plusieurs dont voici les principaux avec leurs expertises.

Les Anges annonçant aux Bergers la naissance du Messie, 3,000 fr. — *Le Pâturage*, 400 fr. — *Les Baigneuses*, 500 fr. — *Femmes sortant du bain*, 800 fr. — *Ruines du palais des Empereurs*, 800 fr. — *Le Bain de Diane*, 2,000 fr. — Restent *Sara et Abraham*, — des *Nymphes et un Satyre* et un *Saint Jean-Baptiste* qui ne sont pas cotés. Ce dernier, dont il n'est fait aucune mention dans la notice de 1847, a été ajouté, nous ne savons pourquoi, dans celle de 1854, puisque ce n'était que pour contester son originalité.

ANCIENNEMENT AU LOUVRE. — *Martyre de saint Étienne.* (Est. 3,000 fr.)

MUSÉES DIVERS, GALERIES, ETC.

MUSÉE DE BORDEAUX. — *Paysage.*

MUSÉE DE GRENOBLE. — *Diane et ses Nymphes au bain.*

MUSÉE DE ROUEN. — *Paysage aux environs de Rome.*

MUSÉE DE LYON. — *Le Repos de Diane.* — *Les Baigneuses.*

MUSÉE D'ANGERS. — *Nymphes et Dryades.*

MUSÉE DE NANCY. — *Paysage.*

MUSÉE D'AMSTERDAM. — *Les Baigneuses.* — *La Sortie du bain.* — *L'Expulsion du Paradis.* — *Les Baigneuses épiées.*

MUSÉE DE ROTTERDAM. — Deux *Paysages* avec sujets mythologiques.

MUSÉE DE LA HAYE. — Deux *Paysages* avec ruines.

ANCIENNE COLLECTION DE VIENNE. — *Une Annonciation.* — *Nymphes au bain.*

MUSÉE DE BERLIN. — *Scène du Pasteur Fido.* — *La Madeleine.* — *Saint Laurent.*

MUSÉE DE DRESDE. — *Paysage avec nombre de ruines.* — *Contrée avec des mon-*

tagnes. — Les Muses sur le Parnasse. — Édifices en ruine au bord d'une rivière. — Paysage avec ruines, sur le devant le jeune Tobie. — Paysage couvert d'arbres. — Paysage montueux avec ruines. — Diane avec ses Nymphes. — Paysage avec une source. — La Sainte Famille, au milieu d'un paysage.

MUSÉE DE MUNICH. — Deux *Paysages mythologiques.* — *L'Adoration des Bergers.*

MUSÉE DE SAINT-PÉTERSBOURG. — Une douzaine de *Paysages.*

MUSÉE DE TURIN. — *Paysage avec figures.*

AU PALAIS PITTI. — Plusieurs tableaux.

CABINET PARTICULIER DE LA REINE D'ANGLETERRE. — Un charmant *Paysage avec figures.*

A HAMPTON COURT. — Plusieurs sujets mythologiques.

DULWICH COLLÉGE. — *Paysage avec figures.*

GALERIE FITZWILLIAM. — Quatre compositions.

GALERIE ELLESMÈRE. — *Paysage avec Nymphes.* — *Paysage avec figures.*

COLLECTION NORMANTON. — *Paysage avec figures.* (Le paysage est de G. de Heuch).

COLLECTION SANDERS. — *Paysage avec ruines et figures.*

COLLECTION DEVONSHIRE. — *Le Repos en Égypte.*

COLLECTION HOPETOUN. — Une charmante composition.

COLLECTION BUCCLEUCH. — *Des Nymphes.*

COLLECTION INGRAM. — *La Charité.*

COLLECTION SEYMOUR. — *Le Repos de la Sainte Famille.*

COLLECTION HARRINGTON. — *Le Baptéme du Christ.*

AU DUC DE NEWCASTLE. — *Paysage avec figures.*

COLLECTION M'LELLAN. — *L'Expulsion d'Adam et d'Ève du paradis.*

COLLECTION BURLINGTON. — *Tobie et l'Ange dans un paysage.*

COLLECTION EXETER. — *Le Christ à Emmaüs.*

GALERIE RUTLAND. — *L'Adoration des Bergers.* — *Saint Laurent.*

GALERIE BEDFORD. — *Cimon et Iphigénie.* — *Un Intérieur.*

COLLECTION FOLKESTONE. — *Paysage mythologique.*

COLLECTION BUTE. — *Le Repos en Égypte.*

COLLECTION ANDERSON. — *Saint Pierre.*

COLLECTION G. V. SMITH. — *Portrait de l'artiste et de sa femme.*

COLLECTION SPENCER. — *Paysage avec figures.*

AU DOCTEUR HAWTREY. — *Portrait de Charles Ier.*

CABINET DU COMTE CZERNIN. — *Des Amazones au bain.*

CABINET DE LA COMTESSE DE LAVAL, A SAINT-PÉTERSBOURG. — Sujet mythologique.

CABINET DU COMTE KOUCHELEFF, A SAINT-PÉTERSBOURG. — *L'Adoration des Rois.*

GALERIE LICHTENSTEIN. — *Moïse sauvé* et plusieurs autres compositions.

GALERIE D'ARENBERG. — *Paysage avec des Baigneuses.*

GALERIE POZZO DI BORGO. — *Sainte Madeleine.*

COLLECTION ROBILLARD, DE REIMS. — *Les Baigneuses.*

COLLECTION BURAT. — Une composition.

PRIX DE VENTES

L'Adoration des Rois. 1766, Vte Julienne, 852 fr. 1779, Vte Juvigny, 840 fr. — *Le Repos en Égypte.* 1772, Vte Choiseul, 2,400 fr. — *Diane sortant du bain et Femmes surprises au bain.* 1776, Vte de Gagny, 4,801 fr. — *Paysage avec figures.* 1777, Vte Boisset, 6,615 fr. — *La Grotte de la nymphe Égérie. Les Thermes de Dioclétien* (cuivre, 9^c—12^c). 1777, Vte de Boisset, 1,500 fr. 1784, Vte de l'abbé Leblanc, 720 fr. — *Le Repos des Dieux.* 1777, Vte Conti, 3,420 fr. — *Campagne ornée de fabriques et de ruines* avec une *Fuite en Égypte* sur le premier plan. Même Vte, 1,690 fr. (gal. Choiseul). — Trois compositions réunies : 1° *le Repos de la Sainte Famille ;* 2° *Madeleine pénitente ;* 3° *Jésus-Christ communiant une femme* (bois). 1784, Vte du duc de La Vallière, 1,650 fr. — *Diane au bain. Diane découvrant la grossesse de Calisto* (bois). 1782, Vte de la Fresnaye, 480 fr. — *Diane et ses Nymphes* (32^c—43^c). 1787, Vte Lambert et du Porail, 2,250 fr. — *Paysage montueux avec figures.* 1800, 2e Vte d'Orléans, 21 guinées. — *Paysage avec des Nymphes.* Même Vte, 52 guinées 10 schellings. — *Paysage avec des ruines et des figures.* Même Vte, 12 guinées. — Deux petits *Paysages.* Même Vte, 20 guinées. — *Danse de Nymphes.* 1812, Vte Clos, 1,512 fr. (Vte Boisset, 6,615 fr.) — *Le Bain des Nymphes.* 1837, Vte de la D^sse de Berry, 730 fr. — *Paysage avec figures, Nymphes au bain.* 1843, Vte Tardieu, 142 fr. — *Paysage avec baigneurs.* 1843, Vte Héris et Leroy, 260 fr. — *La Fuite en Égypte.* 1845, Vte Vasserot, 920 fr. — *Paysages et Ruines antiques.* 1846, Vte Fesch, 120 écus. — *Le Christ en Croix.* Même Vte, 155 écus. — *Nymphes, Satyres et Enfant ailé.* 1852, Vte X., 400 fr. — *Paysage avec baigneuses* au 1er plan. 1852, Vte Turenne, 122 fr. — *Le jeune Tobie montrant à l'Ange le poisson qu'il a tiré du Tigre.* 1810, Vte Sylvestre, 350 fr. — *Id.* 1852, Vte Turenne, 250 fr. — *Paysage avec baigneuses. Id. avec animaux.* 1859, Vte Castellani, 205 fr. — *Bacchanale.* 1859, Vte Bielher, 800 fr. — *La Vierge entourée d'Anges.* Même Vte, 110 fr. — *Sainte Madeleine* (B. 33^c—25^c). 1860, Vte Piérard, 420 fr. (coll. Perrin, 1847). — *Jeunes Femmes au bain.* 1861, Vte Rhoné, 500 fr. — *Nymphe surprise par un Satyre.* 1861, Vte Leroy d'Étioles, 100 fr. — Sujet mythologique. *Narcisse* (B. 29^c—26^c). 1862, Vte Baillie, à Anvers, 255 fr. — *L'Assomption.* 1862, Vte Lécurieux, 370 fr. — Deux pendants. 1863, Vte Louis Viardot, 119 fr. les deux.

Poelenburg a été beaucoup imité et copié. Voici les noms de ceux qui méritent d'être étudiés :

UYTENBROEK ou UTTEMBOURG ou encore WTEMBURG

(MOÏSE VAN), DIT LE PETIT MOISE

Né à La Haye vers 1600.

Ce disciple de Poelenburg a été un de ses plus fidèles et de ses plus exacts imitateurs : paysages, ruines, figures et animaux, tout est analogue dans chacun de leurs tableaux. Ceux de l'élève sont caractérisés, néanmoins, par leur touche effilée et par une pratique un peu plus grise dans les demi-teintes.

VERTANGEN (DANIEL)

Né à La Haye en 1598, mort en 1657.

On prend très-souvent les ouvrages de cet artiste pour ceux de son maître Poelenburg. Il a peint des chasses au vol, des bains de nymphes, des fêtes de bacchantes et des paysages : un dessin plus fluet, une touche un peu maigre et une exécution moins pétillante de lumière, voilà ses marques distinctives.

HAANSBERGEN (JAN VAN)

Né à Utrecht en 1642, mort en 1705.

Haansbergen a imité Corneille Poelenburg, son maître, avec une telle vérité que ses ouvrages sont presque toujours confondus avec les siens. Comme lui, il a peint des paysages, des ruines enrichies de sujets tirés de la fable et de l'histoire. On reconnaît ses productions à une certaine roideur dans les contours, à une touche un peu barboteuse dans les empâtements, et à des reflets roses et briquetés.

VERWILT (FRANS)

Né à Rotterdam en 1598, mort en 1655.

Les fragments d'architecture, que cet artiste introduisait avec goût dans ses paysages, et les figures dont il les ornait, ne manquent pas de grâce, elles rappellent beaucoup le faire de Poelenburg. Cependant les tons verdâtres répandus dans ses paysages, et une touche trop saillante, sont des guides certains pour en faire la distinction.

KIERINGS (JAKOB)

Né à Utrecht en 1590, mort à Amsterdam en 1646.

Kierings n'est pas, à vrai dire, un imitateur. Ce qui fait confondre ses paysages avec ceux de Poelenburg, c'est que souvent ce dernier peintre y introduisait des figures. Quoique ces paysages brillent par beaucoup de vérité et de perfection dans le feuillé, ils se distinguent facilement de ceux de Poelenburg, et, avec un peu d'attention, on restitue facilement à chacun ce qui lui appartient.

STEENRÉE (WILLEM)

Né à Utrecht en 1600.

Élève et neveu de Poelenburg, ce peintre chercha à l'imiter, mais sans beaucoup de succès. Sa touche est léchée et timide, sa couleur sourde et peu variée, son exécution cotonneuse.

LYS (JAN VAN DER)

Né à Bréda en 1600, mort à Rotterdam en 1657.

Les ouvrages de ce peintre, disciple de Poelenburg, sont très-souvent confondus avec ceux de son maître ; ils n'en sont pas tout à fait indignes, bien qu'ils se fassent remarquer par des tons bleutés placés avec uniformité, tant dans les reflets que dans les demi-teintes ; son pinceau est, en outre, plus flou et sa touche plus monotone.

HOET (GUÉRARD)

Né à Bommel en 1648, mort en 1733.

En imitant Poelenburg, Hoet ne fut pas scrupuleux pour ce qui regarde le coloris et le choix des draperies, de sorte que, tout en rendant justice à une exécution s'approchant souvent fort près de celle du maître, rarement on s'y trompe, car tout y paraît fait de pratique, et rien n'y rappelle la nature.

RYSEN (WARNARD VAN)

Autre élève de Poelenburg, il a laissé des paysages ornés des ruines de l'ancienne Rome avec figures et animaux, qui approchent quelquefois le maître, mais à une distance un peu éloignée.

BREENBERG (BARTHOLOMEUS)

Né à Utrecht en 1620, mort en 1660.

Dans ses paysages ornés de ruines, dans le choix de ses sujets et dans son exécution, Breenberg montre souvent beaucoup d'analogie avec les ouvrages de Poelenburg, dont il diffère toutefois par le dessin de ses figures, ordinairement plus régulières, et par une moins grande variété de coloris.

______

STEINWICK, STEENWYCK ou STEINWEYCK

(orthographe de ses diverses signatures)

(HENDRICK VAN)

Né à Amsterdam en 1589, mort à Londres en 1644.

Les tableaux de Steinwick sont rares; ceux que le temps n'a point endommagés sont d'une régularité d'architecture admirable qui prête à l'illusion.

L'effet général de ses intérieurs d'églises et de temples est plus clair que dans les tableaux de son père, ordinairement très-obscurs. Les figures que l'on y rencontre sont la plupart dues au pinceau de Poelenburg, Van Thulden, Breughel et autres.

Le musée du Louvre possède de beaux échantillons du talent de ce maître assez recherché des amateurs. *Jésus-Christ chez Marthe et Marie* a été estimé dans les inventaires à la somme de 3,000 fr.; *Intérieur d'église* (n° 502), 3,000 fr.; *Intérieur d'église* (n° 503), 1,000 fr.; *Intérieur d'église* (n° 504), 1,000 fr.

MUSÉES DIVERS, GALERIES, ETC.

MUSÉE DE CAEN. — *La Prison de saint Pierre.*

MUSÉE DE BORDEAUX. — *Intérieur d'église.*

MUSÉE D'AVIGNON. — *Saint-Pierre-aux-Liens.*

MUSÉE DE LA HAYE. — *Bâtiments avec figures.*

ANCIENNE COLLECTION DE VIENNE. — *La Délivrance de saint Pierre* (effet de nuit). — *Intérieur d'église.* — *Vue de l'Intérieur d'une église d'architecture gothique.*

MUSÉE DE DRESDE. — *Intérieur d'une église gothique.* — *Intérieur d'une église éclairée par des cierges.* — *Intérieur d'une église.*

NATIONAL GALLERY. — *Le palais de Didon.*

A HAMPTON-COURT. — *Saint Pierre dans sa prison.*

GALERIE ELLESMÈRE. — *Intérieur d'un temple.*

AU DUC DE PORTLAND. — *Saint Jérôme et son Lion.* — *La Délivrance de saint Pierre.*

GALERIE DEVONSHIRE. — *Un Intérieur d'église.*

COLLECTION BLUNDELL. — Deux *Intérieurs d'église.*

COLLECTION BUTE. — *Un Intérieur d'église.*

COLLECTION IARBOROUGH. — *Un Intérieur d'église* (avec des figures de F. Franck).

CABINET NELTHORPE. — *Un Intérieur.*

COLLECTION CALÉDON. — Belle composition. — *Intérieur d'église.*

PRIX DE VENTES

Intérieur d'une église, figures de Breughel de Velours. 1750, Vte Wassenaer d'Obdam, 365 florins. — *Intérieur d'église*, figures par Porbus. 1772, Vte Choiseul, 2,000 fr. ; Vte Conti, 1777-1941 fr. — *Intérieur d'église éclairé aux flambeaux*. 1777, Vte Conti, 532 fr. 50 c. — *Intérieur d'église*. 1777, Vte Boisset, 560 fr. — *Intérieur d'église et Intérieur de prison*. 1782, Vte Menars, 300 fr. — *Intérieur d'église, messe de minuit*, 16 figures de Franck. 1792, Vte Praslin, 200 fr. — *Le Repos d'Hérode*. 1822, Vte Saint-Victor, 680 fr. — *Intérieur d'église éclairée aux flambeaux*, figures de Breughel, 676 fr. — *La prison de saint Pierre éclairée par plusieurs lampes*, 302 fr. Même Vte. — *Intérieur d'église vu de jour*. 1841, Vte Tardieu, 156 fr. — *Intérieur d'église*. 1845, Vte Vasserot, 790 fr. — *Intérieur d'un temple protestant*. 1846, Vte Stevens, 700 fr. — *Intérieur d'église*. 1846, Vte Fesch, 245 écus. — *La grande Salle de l'Hôtel de ville de Bruxelles pendant la foire*, figures par Breughel. 1853, Vte Vigneron, de La Haye, 600 fr. — *Intérieur d'église* (90^c 1^m,21). 1861, Vte Leroy de Gaussendries à Bruxelles, 370 fr. — *Vue d'une Place avec figures. Intérieur d'une Cathédrale*. 1863, Vte Morland, à Londres, 54 guinées (à M. Cox).

NOLP (CATHERINE), VEUVE STEINWICK

Née à Amsterdam en 1600, morte dans la même ville en 1659.

Après la mort de Steinwick, Nolp vint s'établir à Amsterdam, où elle peignit des intérieurs dans le même genre que son mari. Malgré la grande différence d'exécution qui existe entre ses copies ou imitations et les pièces originales, plus d'un amateur s'est laissé tromper par les signatures de Steinwick qu'elles portaient et dont l'authenticité était reconnue. Voici les caractères distinctifs du talent de la veuve Steinwick : couleur froide, effets peu ménagés, perspective linéaire moins savante, touche estompée et minutieuse.

BRONKHORST (PIETER)

Né à Delft en 1588, mort en 1661.

Son talent consistait à représenter des intérieurs de temples et d'églises dans le goût de Peeter Neefs et de Steinwick. Ceux qu'il a faits dans le goût de ce dernier sont assez bien réussis ; il y règne cependant une indécision d'effet et une touche qui aident à les reconnaître.

BAILLY (DAVIDZ)

Né à Leyde en 1584, mort en 1638.

Le portrait a été l'étude principale de Bailly, cependant il a reproduit Steinwick avec la plus grande perfection. On le reconnaît à son fini encore plus précieux que celui de l'original, et à une sécheresse de détails qui souvent dégénère en dureté. Sa couleur est belle dans les lumières, mais lourde dans les parties vigoureuses; ses figures sont touchées spirituellement, mais elles n'ont aucun rapport avec l'exécution de celles de Steinwick.

MORGENSTEN (JEAN-LOUIS-ERNEST)

Né à Rudelstadt (Allemagne) en 1738, mort à Francfort-sur-le-Mein en 1803.

Assez bon copiste de Steinwick, mais moins vigoureux de coloris; sa touche est molle, son dessin peu correct.

GOYEN (JAN VAN)

Né à Leyde en 1596, mort à La Haye en 1656.

Le cobalt, qu'on appelait alors bleu de Harlem, et qui a trompé tant d'artistes, a compromis singulièrement les tableaux de Goyen. Cette substance, en effet, en leur communiquant la teinte grise et uniforme qui lui est propre, les fait ressembler à de véritables camaïeux composés à peu de frais.

En général, ses paysages sont d'une extrême variété. Ils représentent ordinairement des rivières couvertes de bateaux remplis, les uns, de pêcheurs, les autres, de paysans qui reviennent du marché : on y aperçoit toujours dans les lointains, de petits villages ou des bourgs, masqués en partie par des baraques et des échoppes, ce qui n'exige jamais de la part de l'artiste une grande dépense de temps.

Les ouvrages de ce peintre ne sont pas actuellement aussi chers qu'ils devraient l'être. Après avoir été recherchés avec beaucoup d'empressement, ils sont un peu tombés dans l'oubli; mais il est plus que certain qu'ils sortiront victorieux de cet abandon non justifié.

Le musée de Paris en possède quatre, dont le premier : *Les Bords d'une rivière en Hollande,* a été coté 2,000 fr. Quant aux autres, ils n'ont été l'objet d'aucune estimation.

MUSÉES DIVERS, GALERIES, ETC.

MUSÉE DE ROUEN. — *Une Marine.* — *Vue d'Utrecht.* — *Une Marine.*

Musée de Nantes. — *Tonte de Moutons.*

Musée d'Épinal. — *Un Pâtre qui garde un troupeau.*

Musée de Rennes. — Trois *Marines* (dessins).

Musée d'Amsterdam. — *Une Rivière.* — *Vue du Valkenhoff à Nimègue.*

Musée de Rotterdam. — Deux *Vues de rivière.*

Musée de Dresde. — *Paysage plat avec une vieille chaumière devant laquelle sont des paysans. — Lac pris de glace. — Large fleuve dont les bords sont couverts de chaumières.*

National Gallery. — Étude d'après nature.

A sir Culling Eardley. — Deux *Vues de Hollande.*

Collection Shrewsbury. — *Un Paysage maritime.*

A lord Wensleydale. — *Paysaye avec figures.*

Collection Wyndham. — *Une Vue de Hollande.*

Collection Harrington. — *Paysage hollandais.*

Collection Bute. — *Une Vue de Scheveningue.*

Galerie Bedford. — *Vue d'un canal.*

Collection Carlisle. — *Paysage avec chaumières.*

Collection Mattheuw Anderson. — *Paysage maritime avec figures.*

Collection miss Rogers. — Deux *Vues de Hollande.*

Collection Hamilton. — *Vue d'un canal.*

Collection Blundell. — *Paysage maritime.*

Collection Galton. — *Mer par un temps calme.*

Collection Wemys. — Deux *Vues de Hollande.*

Collection Henderson. — *Vue d'une rivière de Hollande.*

Collection Colborne. — *Un Canal.*

Collection Pourtalès. — *Vue de Hollande.*

Galerie sir John Boileau. — *Vue de Hollande.*

Galerie Suermondt. — *L'Été* (sept figures). — *L'Hiver* (grand nombre de figures).

Cabinet Visconti fils. — *Vue d'une rivière.*

PRIX DE VENTES

La Rivière de la Merwe. 1773, Vte Van der Mark, 250 florins. — *Une Rivière* (1^m,27 —1^m,54), 1808, Vte Van der Pot, 160 florins. — *Vue du Valkenhoff* (95^c—1^m,34). Même Vte, 160 florins. (Musée d'Amsterdam.) — *Un grand Édifice sur les bords d'une rivière sert de colombier à deux étages.* 1837, Vte D^sse de Berry, 1,410 fr. —*Marine.* 1845, Vte Meffre, 59 fr. — *Paysage* représentant *une Chaumière au bord d'une rivière* (33^c—42^c). 1848, Vte de Mlle H. Herry, 105 fr. — *Vue de Hollande.* 1851, Vte Giroux, 400 fr. (à M. Desportes). Deux *Vieilles Ruines des forteresses de Schossberg.* 1852, Vte X., 102 fr. (ancien cabinet de Gaëte). — *Entrée de village.* Même Vte, 105 fr. — *Vue d'une rivière, à l'horizon une ville de Hollande.* Est. 600 fr. (à M. Visconti fils). — *Vue des environs de Harlem.* 1859, Vte Hemert, 2,280 fr. — *Marine.* 1861, Vte Dubois, 238 fr. — *Vue intérieure de la Hollande* (B. 57^c—83^c). 1862, Vte Baillie, à Anvers, 160 fr. — *La Cabane d'un pêcheur.* 1862, Vte Weyer de Cologne, 574 fr. — *Marine.* 1863, Vte X., 205 fr.

VLIEGER ou VLIEGHER (SIMON DE)

Né à Amsterdam, vivait en 1600.

Ses sites ressemblent à ceux de Van Goyen, qu'il égala dans le choix de ses sujets, tout en ayant un coloris argenté et plus généralement soutenu que celui du maître.

FÉLIX MEYER, JEAN HAKKERT et PIETER MOLYN, dit le Vieux, ont aussi fait des ouvrages dans lesquels on retrouve beaucoup de réminiscences de Van Goyen, mais pas assez de ressemblance pour s'y tromper. Sans l'affaiblissement de couleur qui a rendu leurs tableaux bitumineux, la méprise serait plus à craindre.

VELDE (ÉSAIAS VAN DEN)

Né à Leyde vers 1597, mort en 1648.

Ce peintre, que l'on croit l'oncle d'Adrien et de Guillaume Van den Velde, a exécuté avec intelligence des paysages, des intérieurs, des maisons en ruine et des batailles. Sa touche est spirituelle, mais son coloris trop vert. Plusieurs artistes l'ont employé pour orner leurs tableaux de figures assez lestement campées.

MUSÉES DIVERS, GALERIES, ETC.

MUSÉE D'AMSTERDAM. — *Attacher le grelot au chat* (proverbe hollandais).
MUSÉE DE ROTTERDAM. — *Un Incendie de village.* — *Le Cavalier.*
ANCIENNE COLLECTION DE VIENNE. — *Une Bataille.*
MUSÉE DE DRESDE. — *Combat près d'un moulin.* — *Combat près d'un gibet.*
A M. DE BROU. — *Les Patineurs.*

Ésaïas Van den Velde est peu connu, partant peu recherché. La réputation de ceux que l'on croit ses neveux l'annihile complétement. — Voici quelques prix recueillis à la Vᵗᵉ d'Orléans, en 1800 : *Paysage* avec figures, 18 guinées. — *Paysage,* 21 guinées. — *Le Campo Vaccino,* 26 guinées 10 schellings. — *Londres avant l'incendie de 1666,* Coll. Tronchin, 1821, Vᵗᵉ Paignon-Dejonval, 300 fr. — *Épisode de guerre sur la plage de Scheveningue* (B. 65ᶜ—1ᵐ,01). 1862, Vᵗᵉ Baillie, à Anvers, 315 fr. — *Pastorale.* 1863, Vᵗᵉ Meffre, 240 fr.

Parmi ceux qui ont approché de sa manière, on distingue :

STEVENS (PALAMÈDES)

Né à Londres en 1607, mort en 1638.

Ce peintre a quelquefois imité Ésaïas Van den Velde pour la finesse comme pour la couleur: mais il s'est plus souvent attaché à reproduire Adrien Van den Velde. Il se reconnaît à un dessin roide et quelquefois incorrect, joint à une touche plus arrondie.

HEEM (JAN DAVIDZ DE)

Né à Utrecht en 1690 ou en 1604, mort à Anvers en 1674 ou 1677.

De Heem a laissé des productions admirables. La vérité, unie à l'intelligence du clair-obscur, donne à ses fleurs de l'éclat, de l'harmonie et du relief. Ses tableaux figurent dans les collections parmi ceux des plus grands maîtres.

Les ouvrages de cet artiste sont presque tous casés dans les galeries et musées; ce n'est qu'à de longs intervalles qu'on en rencontre dans les ventes publiques. Le musée du Louvre en possède deux très-estimés des amateurs. Le premier, *Fruits et Vaisselle sur une table* (n° 192), coté 600 fr. ; le deuxième, *Fruits et Vaisselle sur une table* (n° 193), 1,500 fr. Ces expertises sont évidemment entachées d'erreur ou d'inattention; elles seraient plus que triplées au cours actuel.

MUSÉES DIVERS, GALERIES, ETC.

MUSÉE DE LILLE. — *Fleurs et Fruits.*
MUSÉE DE LYON. — Un cartouche entouré de *Fleurs et de Fruits.* — *Un Déjeuner.* — *Groupe de fruits.*
MUSÉE D'ÉPINAL. — *Table sur laquelle sont des fruits et plusieurs autres objets.* — *Table sur laquelle sont un brochet et des huîtres.*
MUSÉE DE NÎMES. — *Fruits.*
MUSÉE DE BORDEAUX. — *Nature morte.*
MUSÉE D'AMSTERDAM. — *Fruits.* — *Nature morte.* — *Fleurs et Fruits.*
MUSÉE DE ROTTERDAM. — *Guirlande de fleurs et de fruits.* — *Fruits et accessoires sur une table.* — *Guirlande de fruits.*
MUSÉE DE LA HAYE. — *Table avec des fruits.* — *Feston de fleurs et de fruits.*
MUSÉE DE BERLIN. — *Guirlande de fleurs entourant une Madone* (peinte par M. Begas, peintre contemporain).

Ancienne collection de Vienne. — Tableau de *Fruits*. — Un grand tableau de *Fruits et de Fleurs* (au milieu duquel on voit dans une niche un *Calice d'argent*). — Un tableau de *Fruits*.

Musée de Dresde. — *Gobelet plein de vin*. — *Groupe de raisin blanc, d'une figue ouverte et d'un citron entamé*. — *Plusieurs Fruits et un Homard cuit, sur une table*. — *Un Verre, des Fruits et des Huîtres*. — *Diverses Fleurs dans un vase de verre*. — *Guirlande de fleurs et de fruits autour d'une niche*. — *Table couverte d'huîtres ouvertes*. — *Une belle Grappe de raisin blanc*. — *Un Bouquet de fleurs dans un vase*. — *Grand Bouquet de fleurs dans un vase de verre*. — *Une grosse Guirlande de pivoines, de roses*. — *Fruits attachés ensemble*. — *Des Raisins, des Pêches et un Melon*. — *Plusieurs Fruits et un Homard cuit, sur une table*. — *Toutes sortes de Fruits, à côté desquels on distingue un chardonneret mort*. — *Bouquet de diverses fleurs*.

Collection Phipps. — Deux tableaux de *Fleurs*.

Collection Shrewsbury. — *Fruits et accessoires*.

Collection Orford. — *Un Déjeuner*.

Collection Neeld. — *Fruits et accessoires*.

Collection Galton. — Deux tableaux de *Fruits*.

Collection Folkestone. — *Fruits et Fleurs dans un paysage*.

Collection Mattheuw Anderson. — *Un Déjeuner*. — *Des Fleurs*.

Collection Lellan. — *Nature morte* (contesté; attribué à V. Aelst).

Collection Caledon. — *Fruits, Raisins*, etc. (contesté).

Galerie Esterhazy. — *Des Fruits*.

Galerie Lichtenstein. — *Fruits et Fleurs*.

Galerie Suermondt. — Deux tableaux de *Fruits*.

Ancienne galerie Weyer de Cologne. — *Une Table couverte de Fruits et de Poissons*.

Ancienne galerie Baillie, a Anvers. — *Fleurs et Fruits*.

Galerie Duchatel. — *Fleurs, Fruits, Insectes et Reptiles dans une grotte*. (Une des plus belles toiles du maître.)

Collection Prosper de Chasseloup-Laubat. — *Fruits et accessoires*.

Collection Duclos. — *Fruits*.

Cabinet de M. le comte de Nattes. — *Fruits et Raisins*.

PRIX DE VENTES

Fruits et Fleurs. 1776, Vte Sorbet, 260 fr. — *Fruits et Fleurs* (1^m,13—94^c). 1803, Vte Pauwels, 980 fr. — *Fruits et Fleurs* (83^c,2^m—64^c,5^m). 1840, Vte Schamp, 2,370 fr. — *Nature morte*. 1843, Vte X., 100 fr. — *Fleurs et Fruits*, 1,351 fr. — *Fleurs et Fruits*. 1843, Vte Paul Perrier, 3,350 fr. — *Fruits de diverses espèces*. 1844, Vte X., 980 fr. — *Fruits*. 1844, Vte Huesme, 460 fr. — *Un Déjeuner*. 1846, Vte Fesch, 340 écus. — *L'Œil de la Providence* (composition emblématique ornée de fleurs). Même Vte, 425 écus. — *La Fécondité* (sujet emblématique entouré de fleurs). Même Vte, 127 écus. — *Bouquet de fleurs*. 1851, Vte Van Saceghem, 1364 fr. — *Id*. 1857, Vte Patureau. — *La Création*. 1852, Vte Varange, 2,400 fr. — *Verre, Huître et Citron*. 1859, Vte Ary Scheffer, 375 fr. — *Nature morte* (50^c—63^c). 1860, Vte Piérard, 2,200 fr. — *Nature morte* (93^c—1^m,16). 1860, Vte Barroilhet, 1,000 fr. — *L'Œil de la Providence*. 1861, Vte Leroy d'Étiolles, 10,000 fr. (probablement celui de la Vte Fesch). — *Fleurs et Fruits*. 1863, Vte Gilkinet, de Liége, 420 fr. — *Raisins, Melon, Pommes et Cerises* (62^c—46^c). Même Vte, 350 fr.

Plusieurs peintres ont fait de très-belles imitations et des copies de
de Heem, je citerai les suivants :

HÉDA (WILLEM-NICOLAAS)

Né à Harlem en 1594.

Ses productions sont souvent attribuées à David de Heem, tant pour leur bonne composition que pour leur heureux coloris. Cependant le pinceau de cet imitateur est moins
facile et la touche plus maigre dans les fleurs; le fini des accessoires est plus minutieux,
les détails en sont plus mesquins et plus secs.

AELST ou AALST (WILHEM VAN DER)

Né à Delft en 1620, mort en 1679.

On attribue à D. De Heem la plupart des compositions de cet artiste, élève de son
oncle, Évrard Van Aelst. Leur ton flou et leur dessin indécis les font reconnaître.

BROECK (ÉLIE VAN DEN)

Né à Anvers en 1657, mort à Amsterdam en 1711.

Ses imitations manquent de vigueur; elles se reconnaissent surtout à leur touche
brodée.

MOORTEL (JAN)

Né à Leyde en 1650, mort en 1719.

Ses fleurs ont beaucoup d'analogie avec celle de De Heem, mais sa touche est plus cotonneuse et sa couleur moins piquante.

OSTERWICK (MARIE)

Née à Nootdorp, près de Delft, en 1630, morte en 1693.

Les ouvrages de Marie Osterwyck sont quelquefois confondus avec ceux de son
maître, D. De Heem; ils sont bien composés, ses bouquets arrangés avec un goût exquis
et remplis de vérité, de fraîcheur et d'harmonie; mais sa couleur est moins vigoureuse,
elle manque de ressort. Sa touche léchée et timide est encore un point qui décèle ses
imitations.

HEEM (CORNILLE DE)

Le meilleur moyen de ne pas prendre les imitations de Cornille pour les œuvres originales de David De Heem, son père, comme cela arrive quelquefois, c'est de faire attention à la touche du fils, qui est recherchée et plus épaisse que celle du père ; son dessin est aussi moins correct.

Quant au deuxième fils de De Heem, Jean De Heem, dont un biographe moderne parle avec une certaine assurance, j'avoue que je n'en ai trouvé aucune mention dans les auteurs que j'ai consultés, ce qui me porte à croire que ce biographe a confondu le grand-père avec le père, et que du fils Jean-David De Heem il a fait le petit-fils de Jean de Heem.

WYNANTS (JAN)

Né à Harlem vers 1600, mort vers 1679.

Wynants doit être placé au rang des grands peintres de paysages, ou plutôt de ceux qui ont atteint avec le plus de sagacité et de vérité les beautés pittoresques des formes, de l'effet et du coloris de la nature. Une des particularités qu'on remarque dans les paysages de Wynants, c'est qu'ils plaisent et séduisent autant que ceux qui réunissent tous les genres de mérites, sans cependant avoir d'analogie bien marquée avec aucun. Toutes les qualités qui appartiennent à ce maître restent originales sur sa toile, sans qu'on puisse positivement en définir la raison. Il est brillant, vrai, spirituel, achevé dans toutes ses parties, et ne laisse rien à désirer dans l'imitation et la vérité des espèces d'arbres et de plantes, dans la disposition des sites et de l'effet général. Un beau paysage de Wynants bien conservé est un diamant précieux pour la curiosité, et une grande leçon pour tous les paysagistes.

Lingelbach, Van Thulden, Jacques Van Loo, Ostade, Wouwerman, Adrien Van den Velde ont tour à tour orné de figures les tableaux de Wynants ; néanmoins, il en existe plus avec des figures faites par Wouwerman que par Van den Velde.

Il n'est pas de ventes où les compositions de Wynants ne soient très-disputées. Le musée du Louvre en possède de fort belles. *La Lisière de forêt* surtout ; elle a été estimée 15,000 fr. lors des inventaires. Le *Paysage* (n° 580), 10,000 fr.; *le Paysage* (n° 581), 1,500 puis 2,000 fr. Ces expertises se ressentent de l'époque où elles ont été faites; elles seraient au moins triplées en ce moment.

MUSÉES DIVERS, GALERIES, ETC.

MUSÉE DE LYON. — *Lisière de forêt.*

MUSÉE DE RENNES. — *Paysage* (figures de Lingelbach). — Pendant du précédent (figures *idem*).

MUSÉE D'AMSTERDAM. — *Paysage onduleux avec chasseurs.* — *Paysage et Troupeau.* — *La Ferme.*

MUSÉE DE ROTTERDAM. — *Paysage* (avec figures de Lingelbach). — *Paysage avec tronc d'arbre.*

MUSÉE DE LA HAYE. — *Un Paysage* (figures de Helt Stockade). — *Un Paysage* (figures de Lingelbach).

MUSÉE DE MUNICH. — *Le Matin.* — *Le Soir* et plusieurs autres *Paysages.*

MUSÉE DE DRESDE. — *Paysage boisé avec un cours d'eau.* — *Une Femme portant une hotte.* — Petit *Paysage.*

MUSÉE DE SAINT-PÉTERSBOURG. — *La Cour d'une métairie.*

MUSÉE DE FRANCFORT-SUR-LE-MEIN. — *Le Paysage au marais.*

DULWICH COLLÉGE. — Plusieurs *Paysages.*

BUCKINGHAM PALACE. — *Paysage avec figures.*

COLLECTION J. WALTER. — Deux charmants *Paysages avec figures et animaux.*

COLLECTION MORRISON. — *Un Paysage* (avec figures par Van den Velde).

COLLECTION OVERSTONE. — *Paysage* (fig. d'Adrien Van den Velde).

COLLECTION J. MARTIN. — *Paysage.*

COLLECTION SANDERS. — *Paysage avec figures.* — Un autre *Paysage* (avec figures par Lingelbach).

COLLECTION NORMANTON. — *Paysage avec figures.*

COLLECTION WOMBWELL. — Deux beaux *Paysages.*

COLLECTION R. BAXTER. — *Paysage.*

GALERIE BUCCLEUCH. — Un beau *Paysage avec figures.*

COLLECTION FOLKESTONE. — Très-beau *Paysage.*

COLLECTION FIELD. — *Paysage* (avec figures par Lingelbach).

GALERIE ELLESMÈRE. — *Paysage des environs de Harlem* (figures de Lingelbach). — *Paysage* (avec figures de Van den Velde).

COLLECTION TULLOCH. — *Paysage avec figures.*

COLLECTION HENDERSON. — Un charmant *Paysage avec figures.*

COLLECTION LANSDOWNE. — *Paysage avec figures.*

CABINET J. BOND. — *Paysage avec figures.*

COLLECTION MILDMAY. — *Paysage* (avec figures par Wouwerman).

COLLECTION MARTIN. — *Un Paysage.*

COLLECTION BEVAN. — *Paysage.*

COLLECTION BREDEL. — Deux *Paysages avec figures.*

COLLECTION G. JOUNG. — Un beau *Paysage.*

COLLECTION ROBART. — *Paysage* (avec figures de Lingelbach). — *Paysage* (avec figures par Lingelbach).

GALERIE BEDFORD. — *Paysage* (avec figures de Lingelbach). — *Paysage*. — Deux autres *Paysages*.

CABINET HUGH CAMPBELL. — *Paysage montagneux* (avec figures par Lingelbach). — *Paysage* (avec figures par A. Van den Velde).

COLLECTION BARDON. — *Paysage avec cavaliers*.

GALERIE STAFFORD. — Deux *Paysages avec figures*.

COLLECTION RADNOR. — Deux *Paysages* (avec figures de Van den Velde).

GALERIE RUTLAND. — Un beau *Paysage*.

COLLECTION WYNN. — Un beau *Paysage*.

COLLECTION SHEWSBURY. — Un beau *Paysage*.

COLLECTION WYNN ELLIS. — Deux beaux *Paysages*.

GALERIE ASHBURTON. — Un beau *Paysage* (avec figures par Van den Velde).

COLLECTION MORRISON. — Un beau *Paysage*.

COLLECTION HEUSCH. — Deux beaux *Paysages*.

COLLECTION M'LELLAN. — *Un Paysage* (avec figures par Wouwerman).

COLLECTION HOPETOUN. — *Un Paysage avec figures*.

COLLECTION PEEL. — *Paysage avec figures et animaux*. — *Paysage* (avec figures de Lingelbach). •

COLLECTION BARING. — Deux beaux *Paysages* (dont l'un a des figures par Van den Velde).

COLLECTION ANDERSON. — *Paysage* (avec figures de Lingelbach). — Une autre composition. — *Paysage avec chevaux et animaux*. — *Paysage* (avec cavaliers par Phil. Wouwerman).

GALERIE LICHTENSTEIN. — Un grand *Paysage*.

GALERIE SUERMONDT. — *Paysage*.

CABINET DU COMTE CZERNIN. — *Le Marais*.

CABINET DE LA COMTESSE DE LAVAL, A SAINT-PÉTERSBOURG. — *Paysage avec figures*.

GALERIE D'ARENBERG. — *La Chasse au cerf*.

MUSÉE VAN DER HOOP. — *Paysage dans les dunes*. — Petit *Paysage*. — Deux petits *Paysages* (avec figures de Van den Velde). — *Paysage sablonneux*.

GALERIE DUCHATEL. — *Paysage accidenté* (figures de Van den Velde).

GALERIE POZZO DI BORGO. — *Paysage* (avec figures de Van den Velde).

COLLECTION DE M. LE MARQUIS DE COLBERT-CHABANNAIS. — *Paysage* (avec figures de Lingelbach).

GALERIE JAMES DE ROTHSCHILD. — Un beau *Paysage*.

A LORD HERTFORD. — Charmante composition avec figures d'Ad. Van den Velde.

COLLECTION WILHORGNE, DE BUCHY. — *Paysage soleil levant*.

PRIX DE VENTES

			fr.	
Paysage, avec figures peintes par Van den Velde..................	1776.	Vte DE GAGNY.....	3,750.	A M. Braamcamp.
Paysage avec un moulin, figures de Wouverman..................	Do	do	1,216.	
Paysage avec rivière, figures de Van den Velde....................	Do	do	1,501.	

			fr.	
L'Arbre dépouillé, figures de Van de Velde..................	1777.	Vᵗᵉ Boisset..............	10,000.	Actuellement au Louvre.
Blanchisserie....................	1778.	Vᵗᵉ de Cossé.............	1,200.	
Vue prise aux environs de La Haye.	1780.	Vᵗᵉ Mⁱˢ de Changran.....	201.	
—	Dᵒ	Vᵗᵉ Dulac.	430.	
Paysage sablonneux, figures par Van de Velde (bois, 21ᶜ 1/2—30ᶜ).	1787.	Vᵗᵉ Lambert et du Porail	1,350.	
Paysage, figures par Van de Velde (30ᶜ—40ᶜ 1/2).....	1793.	Vᵗᵉ Choiseul-Praslin. ...	2,600.	En assignats.
Paysage, figures par Wouwermans (72ᶜ 1/2—86ᶜ).................	1812.	Vᵗᵉ Clos.................	2,420.	
Le Terrain sablonneux, figures de Van de Velde (54ᶜ—64ᶜ 1/2).....	1816.	Vᵗᵉ Mᵐᵉ Catelan.........	6,110.	
—	1837.	Vᵗᵉ Dˢᵉ de Berry.	5,490.	
—	1841.	Vᵗᵉ Biré-Héris............	9,180.	
Le Vieux Chêne, figures de Van de Velde.	1837.	Vᵗᵉ Dˢᵉ de Berry.	2,800.	
Le Château, figures de Van de Velde.	Dᵒ	dᵒ	3,600.	
Le Fauconnier, figures de Van de Velde ou de Lingelbach........	Dᵒ	dᵒ	6,510.	
—	1838.	Vᵗᵉ Casimir Périer.......		
Paysage, figures de Lingelbach (bois, 56ᶜ,5ᵐ—94ᶜ,5ᵐ)	1840.	Vᵗᵉ Schamp.	2,600.	
Le Coteau sablonneux (44ᶜ—50ᶜ)...	1841.	Vᵗᵉ Perregaux...........	3,450.	
Paysage, figures de Lingelbach...	1843.	Vᵗᵉ Héris-Leroy.........	1,680.	
—		Vᵗᵉ Tardieu fils..........	3,800.	
Paysage.....................	1843.	Vᵗᵉ Périer.............	8,350.	
Paysage.	1844.	Vᵗᵉ X***...............	5,000.	
Un Paysage (58ᶜ—49ᶜ)........ :...	1846.	Vᵗᵉ Wellesley.	5,500.	A M. Theys.
Paysage (89ᶜ—1ᵐ,14).............	Dᵒ	dᵒ	6,100.	A M. Ét. Leroy.
Paysage avec figures.............	Dᵒ	Vᵗᵉ Stevens.............	1,005.	
Paysage.....................	Dᵒ	Vᵗᵉ Fesch.......... Écus.	360.	
Paysage.	1852.	Vᵗᵉ Varange.............	3,950.	A M. de Rothschild.
Paysage accidenté...............	Dᵒ	dᵒ	1,600.	
La Sortie de la bergerie......	1857.	Vᵗᵉ Patureau............	7,600.	
Paysage.	Dᵒ	dᵒ	4,500.	
La Chasse au faucon............	1859.	Vᵗᵉ Northwick...........	2,444.	Serait-ce le tableau de la Vᵗᵉ de la duchesse de Berry ?
Paysage.....................	Dᵒ	Vᵗᵉ Castellani..........	405.	
Paysage (bois, 30ᶜ—39ᶜ).........	1860.	Vᵗᵉ Piérard.............	2,500.	Coll. Bernet.
Paysage avec figures	1861.	Vᵗᵉ Cottreau.	1,100.	
Paysage.....................	Dᵒ	Vᵗᵉ Scarisbriek........	9,187.	Provᵗ de la collection de Mˡˡᵉ Hoffman, à Haarlem.
La Maison du garde.............	Dᵒ	Vᵗᵉ Cottreau............	1,630.	Signé.
Paysage avec figures et animaux...	Dᵒ	Vᵗᵉ Leroy d'Étiolles. ...	920.	
Paysage..	Dᵒ	Vᵗᵉ Daigremont..........	2,600.	
Étude de paysage	1862.	Vᵗᵉ Regnault...........	100.	
Paysage (bois, 57ᶜ—90ᶜ).........	Dᵒ	Vᵗᵉ Baillie, à Anvers.....	1,400.	
Paysage boisé..........	Dᵒ	Vᵗᵉ Weyer, de Cologne...	430	
Paysage	1863.	Vᵗᵉ Gilkinet, de Liége....	840.	
Paysage, avec figures de Lingelbach......................	Dᵒ	Vᵗᵉ X***................	405.	
Paysage.....................	Dᵒ	dᵒ	205.	

Au nombre des imitateurs et copistes de Wynants on compte :

BESCHEY (JEAN-FRANÇOIS)

Né à Anvers vers 1739, mort en 1799.

Établi à Anvers, où il était marchand de tableaux, il fit d'excellentes copies d'après Pinaker, Moucheron, et notamment d'après Wynants. On les reconnaît à leur touche plus arrondie et à leur coloris moins argenté.

WYNTRACK ou WYNTRANCK

Bon copiste de Wynants, qui cependant se décèle par ses tons roux et ses ciels cotonneux.

DONGEN (DYONIS VAN)

Né à Dordrecht en 1748, mort en 1819.

Copiste très-fidèle et très-habile, dont les ouvrages seraient confondus avec ceux de Wynants, si une touche trop minutieuse dans les détails et une couleur moins vigoureuse n'enlevaient pas tout doute à ce sujet.

ASCH (PIETER VAN)

Né à Delft en 1603, mort vers 1675.

Charmant paysagiste en petit, il a souvent égalé les plus habiles. La simplicité de ses compositions lui donne quelque analogie avec Molyn ; souvent il a le piquant des Asselyn, des Both d'Italie, l'énergie d'Hobbema et le sentiment de Paul Potter.

Les ouvrages de Van Asch se rencontrent rarement dans les musées et les grandes galeries ; en revanche, ils sont recherchés par les amateurs modestes, tant à cause de leur prix relativement modéré, que par suite de leur petite dimension qui permet de les placer facilement. Leur cours varie entre 100 et 500 fr.

MUSÉE DE ROTTERDAM. — *Deux Paysages.*

Musée van der Hoop. — *Paysage boisé.*
Ancienne galerie Weyer de Cologne. — *Paysage et Vue d'un village.*

Voici les noms de ceux qui ont eu le plus de facilité à le copier :

MOMMERS (hendrick)

Né à Harlem en 1623, mort en 1697.

Assez bon imitateur de Van Asch, quant à l'aspect, car sa touche large et pâteuse le fait facilement reconnaître.

HOOGH ou HOOCH (karel van)

Florissait à Utrecht vers 1628.

Imitateur assez éloigné du talent de Van Asch; sa touche est moins spirituelle et son feuillé plus sec.

REMBRANDT (van ryn)

Né près de Leyde en 1608, mort à Amsterdam en 1669.

Rembrandt a peint tous les genres. Dans l'histoire, il est sans élévation, mais plein d'expression. Dans les autres genres, il se montre si savant et si prodigieux dans les effets du clair-obscur, qu'il semble être resté le maître souverain de cette partie de l'art.

Notre musée est riche en œuvres de ce maître : on n'en compte pas moins de seize résumant à peu près toutes les qualités de ce grand peintre, dont les productions sont si recherchées par les amateurs.

Voici leur nomenclature avec leurs différentes estimations :

L'Ange Raphaël quittant Tobie, 30,000 fr., puis 36,000 fr. — *Le Samaritain,* 30,000 fr. — *Saint Mathieu, évangéliste,* 6,000 fr., puis 2,000 fr. — *Les Pèlerins d'Emmaüs,* 30,000 fr. — *Le Philosophe en méditation* (n° 408), 10,000 fr. — *Le Philosophe en méditation* (n° 409), 20,000 fr. — Voici, suivant Smith, les provenances de ces deux tableaux : 1750, Vte Cte de Vence, 3,000 fr.; 1772, Vte duc de Choiseul, 14,000 fr.; 1777, Vte Randon de Boisset, 10,900 fr.; 1784, Vte de Vaudreuil, 13,000 fr. — *Le Ménage du menuisier,* 25,000 fr. Suivant Smith, voici ses provenances : 1701, Vte Van Thye, 900 florins ; 1768, Vte Gaignat, 5,450 fr. ; 1793, Vte Choiseul-Praslin, 17,120 fr. — *Vénus et l'Amour*, 6,000 fr. — *Portrait de Rembrandt* (n° 412), 8,000 fr., puis 4,000 fr. — *Portrait de Rembrandt* (n° 413), 10,000 fr. — *Portrait de Rembrandt* (n° 414), 8,000 fr. — *Portrait de Rembrandt âgé*, 4,000 fr. — *Portrait d'un Vieillard*, 8,000 fr., puis 7,000 fr. — *Portrait d'un jeune Homme*, 5,000 fr. — *Portrait d'Homme*, 1,000 fr., puis 1,200 fr. — *Portrait de Femme*, 6,000 fr., puis 5,000 fr.

Je crois inutile d'ajouter que ces différents prix sont bien au-dessous du cours actuel. Aussi ne les ai-je donnés, ainsi que pour beaucoup d'autres artistes, que dans l'intention de marquer la graduation d'estime obtenue, tableau par tableau, dans les différents inventaires officiels.

MUSÉES DIVERS, GALERIES, ETC.

MUSÉE DE NANTES. — *Un Portrait.*

MUSÉE DE BORDEAUX. — *Adoration des Bergers.* — *Tête de Nègre.* — *Intérieur.* — *Descente de la Croix.*

MUSÉE DE LILLE. — *Portrait de Rembrandt.* — *Portrait d'un jeune Homme.*

MUSÉE DE LYON — *Saint Étienne martyr.*

MUSÉE DE RENNES. — *Jeune Femme à laquelle une Vieille coupe les ongles des pieds.* — *Une Ville et des moulins à vent.* — *Sujet inconnu.* (Dessins.)

MUSÉE D'ÉPINAL. — *Tête d'une vieille Femme.* — *Jésus montant au Calvaire.*

MUSÉE D'AVIGNON. — *Portrait d'un Guerrier.*

MUSÉE D'AMSTERDAM. — *Les Syndics des drapiers.* — *La Ronde de nuit.*

MUSÉE DE LA HAYE. — *La Leçon d'anatomie.* — *Siméon au Temple.* — *Suzanne au bain.* — *Un Officier.* — *Un jeune Homme.*

MUSÉE DE ROTTERDAM. — *Portrait de Femme.*

MUSÉE DE BRUXELLES. — *Portrait d'Homme à mi-corps.*

ANCIENNEMENT AU PALAIS DU PRINCE D'ORANGE, A BRUXELLES. — *Portrait de Rembrandt peint par lui-même.*

MUSÉE VAN DER HOOP. — *La Fiancée juive.*

ANCIENNE GALERIE DE VIENNE. — *L'Apôtre saint Paul écrivant.* — *Portrait du peintre.* — *Portrait d'un jeune Homme.* — *Portrait d'Homme.* — *Portrait de Femme.* — *Portrait de la mère de l'artiste.* — *Portrait d'un Israélite à barbe noire.* — *Portrait d'un jeune Homme cuirassé.* — *Portrait d'Homme* (guirlande de fleurs par D. Seghers).

MUSÉE DE MUNICH. — *La Descente de Croix.* — *La Mise en Croix.* — *La Mise au Tombeau.* — *La Résurrection.* — *La Nativité.* — *L'Ascension.* — *Portrait de l'artiste.* — Id. *d'un Turc.* — Id. *de Govaert Flinck* et plusieurs autres.

MUSÉE DE SAINT-PÉTERSBOURG. — *Vue de Judée.* — *Vue d'une Plage de Hollande.* — Deux *Portraits de la mère du peintre.* — Plusieurs *Portraits.* — *Le Sacrifice d'Abraham.* — *Le Retour de l'Enfant prodigue.* — *L'Éducation de la Vierge.* — *Sainte Famille.* — *Saint Pierre au prétoire.* — *Descente de croix.* — *Danaé.* En tout quarante-trois tableaux.

MUSÉE DE BERLIN. — *Portrait d'une jeune Femme.* — Deux *Portraits du peintre.* — *Moïse condamnant le Veau d'or.* — *Jacob luttant avec l'Ange.* — *Tobie aveugle.* — *Joseph et l'Ange.* — *Adolphe de Gueldre menaçant son père.*

MUSÉE DE DRESDE. — *Portrait de l'artiste et de sa première Femme.* — *Le Maître lui-même. — Portrait d'un Homme couvert d'un grand chapeau. — Portrait d'un Vieillard à barbe grise. — Buste du Maître lui-même. — Buste d'un bon Vieillard en bonnet noir. — Portrait d'un Homme. — Buste d'une jeune Femme qui rit. — Buste d'un Homme vêtu de noir. — Ganymède transporté dans l'Olympe. — Festin d'Esther et d'Assuérus. — Un Héron suspendu par les pattes. — Portrait de la Femme de l'artiste. — Sacrifice offert au Seigneur par Manoé et sa Femme. — Portrait d'une Femme âgée. — Portrait d'un jeune Homme revêtu d'une cuirasse. — Portrait d'un Vieillard. — Le Christ porté au tombeau. — Paysage sombre. — Le Christ porté au tombeau. — — Un Homme âgé. — Portrait d'une jeune Fille. — Un Homme portant toute sa barbe et vêtu de vert.*

PALAIS DU ROI A TURIN. — *Le Bourgmestre.*

MUSÉE DE TURIN. — *Portrait d'un Rabbin.*

MUSÉE DE NAPLES. — *Un vieux Berger.*

AU PALAIS MANFRIN A VENISE. — *Un Portrait.*

AU PALAIS PITTI. — *Portrait d'un Vieillard. — Portrait de l'artiste.*

GALERIE DU PALAIS FALCONIERE A ROME. — *Saint Jean prêchant.*

MUSÉE DU ROI A MADRID. — *Portrait de Femme.*

NATIONAL GALLERY. — *Portrait de l'artiste.* (Ce tableau, rare échantillon de la manière *Gérard Dow* du peintre, a été payé 20,000 fr. en 1861. Il provient de la coll. Dupont.) — Une étude de *Christ.* — *La Femme adultère* (coll. Angerstein). — *L'Adoration des Bergers* (coll. Angerstein). — *Portrait du peintre* (coll. Middleton). — *Tobie et l'Ange.* — *Un Capucin* (contesté). — *Portrait d'un Rabbin* (acheté 11,839 fr. en 1844). — *Portrait d'une jeune Fille. — Un Portrait d'Homme. — Les Gardes d'Amsterdam* (coll. Thomas Halford).

BUCKINGHAM PALACE. — Une belle composition. — *L'Entrée du sépulcre. — Portrait de l'artiste. —* Id. *du bourgmestre Pancras. —* Id. *de Femme. — L'Adoration des Rois. — Portrait d'un Rabbin.*

AU CHATEAU DE WINDSOR. — *Un Turc.*

A HAMPTON COURT. — *Un Rabbin juif.*

DULWICH COLLÉGE. — *Portrait de Wouwermans* et plusieurs belles toiles.

INSTITUTION ROYALE D'ÉDIMBOURG. — Un beau *Paysage.*

COLLÉGE DE GLASCOW. — *La Mise au Tombeau.*

GALERIE FITZWILLIAM. — *Portrait d'un Officier en cuirasse.*

GALERIE ELLESMÈRE. — *Portrait d'un Bourgmestre. — Portrait du peintre. — Portrait de Femme. — L'Annonce du Messie par Samuel. — L'Étude.*

GALERIE WESTMINSTER. — Deux *Portraits en pied* (admirables). — Deux *Portraits en buste. — La Présentation de la Vierge au Temple. — Un Paysage.*

COLLECTION KINNAIRD. — *Un Portrait d'Homme.*

AU DUC DE NEWCASTLE. — *Portrait de Femme.*

CABINET BARDON. — *Lucrèce.*

COLLECTION IARBOROUGH. — *Portrait de Femme. —* Idem.

GALERIE RUTLAND. — *Un Portrait d'Homme.*

GALERIE LANSDOWNE. — *Un Village avec figures.* — Un autre *Paysage. — Un Portrait d'Homme. — Un Portrait de Femme. — Portrait du peintre.*

COLLECTION GRAY. — *Portrait d'une jeune Fille.*

COLLECTION EXETER. — Un petit *Portrait de Guillaume Tell.*

COLLECTION CARLISLE. — *Portrait du peintre. — Un Portrait d'homme.*

GALERIE BEDFORD. — *Portrait d'une jeune Fille.* — *Joseph interprétant les songes.* — *Portrait du peintre.* — *Portrait d'un Rabbin.* — Id. *de Gérard Dow.*

COLLECTION NEELD. — *Joseph et Putiphar.* — *Portrait du peintre.*

COLLECTION SPENCER. — *La Circoncision.* — *La Mère de l'artiste.*

CABINET BOOTH. — *Le Prisonnier enragé.*

COLLECTION HOARE. — Deux charmantes compositions.

COLLECTION MARLBOROUGH. — *La Femme adultère.*

GALERIE BUCCLEUCH. — *Un Portrait de Femme.*

COLLECTION ARUNDEL. — *Paysage poétique.*

COLLECTION CALEDON. — *Un Portrait.* — *Portrait du peintre.* — *Portrait de Femme.*

AU DUC DE PORTLAND. — *Portrait du peintre* (contesté).

COLLECTION COLBORNE. — *Un Portrait d'Homme.*

COLLECTION ROBERT PEEL. — *Un Portrait d'Homme.* — *Un Paysage.*

COLLECTION LELLAN. — Une étude.

CABINET GRAY. — *Portrait d'un Rabbin.*

COLLECTION WYNN ELLIS. — *Un Portrait d'Homme.*

A LADY DOVER. — *Portrait du bourgmestre Six.*

COLLECTION WOMBWELL. — *Lucrèce.*

COLLECTION BROWNLOW. — *Un Portrait d'Homme.*

COLLECTION HIGGINSON. — *Portrait de Catherine Hoogh.*

COLLECTION HAMILTON. — *Portrait du prince Adolphe.* — *Portrait de Femme.*

COLLECTION DARNLEY. — *Un Portrait.*

COLLECTION COWPER. — *Portrait de Turenne.* — *Un Portrait d'Homme.*

COLLECTION HOPETOUN. — Répétition d'un *Portrait* en possession de sir Charles Eastlake.

COLLECTION ASHBURNHAM. — *Un Portrait d'Homme.*

COLLECTION FOLKESTONE. — *Un Portrait d'Homme.*

COLLECTION LONSDALE. — *Bélisaire.*

A SIR CULLING EARDLEY. — Deux *Portraits d'Homme.*

COLLECTION WARD. — *La Prédication de saint Jean.* — *Un Portrait d'Homme.*

COLLECTION WYNDHAM. — *Un Portrait de Femme* (contesté, attribué à F. Bol). — *Portrait du peintre.* — *Portrait d'un Gentilhomme.*

COLLECTION INGRAM. — *Le Christ à Emmaüs.* — *Portrait du peintre.*

COLLECTION MUNRO. — *Lucrèce.* — *Portrait du peintre.*

CABINET HOLFORD. — *Portrait de Martin Looten.* — *Portrait de Madame Lypsius.* — *Un Portrait d'Homme.*

COLLECTION ANTHONY ROTHSCHILD. — *Une petite Fille.* — *Portrait du peintre.*

COLLECTION ROGERS. — *Portrait du peintre.* — *Un Paysage.* — Une autre composition.

COLLECTION ASHBURTON. — Cinq beaux *Portraits d'Hommes et de Femmes.*

COLLECTION TH. KIBBLE. — *Le Bon Samaritain.*

COLLECTION E. C. STUART COLE. — *Isaac et Rebecca.*

COLLECTION THOMAS HOPE. — *Le Christ endormi.* — Plusieurs *Portraits de Famille.* — *Un Paysage.*

COLLECTION MORRISON. — *Portrait de Femme.*

Au vicomte de Dillon — *Le Rêve de Jacob.*

Collection Baring. — *L'Adoration des Rois.* — *Portrait d'un Rabbin.* — Un petit *Paysage.*

Collection Overstone. — *Paysage hollandais vu à vol d'oiseau* (admirable; anc. coll. du comte de Vence). — *Portrait d'une Dame* (coll. du baron Werstolk et de lord Charles Townshend). — *La Femme adultère.*

Collection lord Derby. — *Le Festin de Balthazar.*

Collection Scardale. — *Daniel devant Nabuchodonosor.*

Collection Warwick. — *Le Porte-Étendard.*

Collection Dembig. — *Le Renvoi d'Agar.*

A sir Charles Eastlake. — *Un Portrait.*

Galerie Suermondt. — *Portrait d'un Vieillard à barbe blanche.* — *Paysage hollandais.*

Galerie d'Arenberg. — *Tobie rendant la vue à son père.*

Galerie Esterhazy. — *Deux Moines.* — *Ecce Homo.*

Cabinet du comte Czernin. — *Sainte Famille.* — *Tête de vieille Femme.* — *Abraham recevant Agar.*

Galerie Lichtenstein. — Deux *Portraits de l'artiste.* — *Une Marine.* — *Diane et Endymion.*

Cabinet de la comtesse de Laval, a Saint-Pétersbourg. — *Un Portrait.*

Cabinet du comte Koucheleff, de Saint-Pétersbourg. — *Une Marine.*

Collection J. Coopmann, d'Aix-la-Chapelle. — *Un Paysage avec un champ de blé* (composition très-capitale, offrant quelque analogie avec celle qui fut gravée par Chatelain et décrite par Smith).

Ancienne galerie Baillie, a Anvers. — *L'Hospitalité.*

Ancienne galerie Weyer de Cologne. — *La Descente de Croix.* — *Un Homme en manteau.* — *Présentation de l'Enfant Jésus au Temple.* — *Une jeune Paysanne écoute le récit d'une Vieille.* — *Buste d'un jeune Homme.*

Galerie du duc d'Aumale. — *Figure d'Homme nu.* — *Lion accroupi.* — *Paysage.* — *Portrait de Femme.* (Dessins.)

Galerie Seillières. — Trois *Portraits en pied.* (Toiles très-remarquables.)

Collection C***. — *Paysage avec figures.*

Collection Duclos. — *L'Homme au Chapeau.*

Collection J. Courtois. — *Descente de Croix.*

Galerie James de Rothschild. — *Le Porte-Drapeau.*

A lord Hertford. — *Portrait de Jean Pellicorne et de sa Femme* (coll. Guillaume II, payés 34,500 fr. par lord Hertford). — *Un Paysage poétique.* — *Un Portrait d'Homme.* *Portrait du Peintre.* — *Portrait d'un Homme en turban.* — *Portrait d'Homme.* — *Portrait d'un Nègre.*

PRIX DE VENTES

			fr.	
Anna la Prophétesse	1700.	Vte FLINES........... Flor.	300.	
—	1747.	Vte ROOS. .... »	350.	
—	1767.	Vte JULIENNE.	1,861.	A lord Egerton.
L'Adoration des Mages...........	1715.	Vte X***. .... Flor.	2,010.	
—	1716.	Vte BEUNENGIN...... »	1,500.	
—	1763.	Vte LORMIER. .... »	2,300.	
Betsabée sortant du bain (54^c—69^c 1/2)........................	1734.	Vte WILLEM SIX..... »	265.	
—	1740.	Vte X***. .... »	350.	
—	1780.	Vte POULAIN.............	2,400.	
—	1791.	Vte LEBRUN..............	1,200.	
—	1814.	Vte LAHANTE...... Liv. st.	105.	
—	1830.	Vte Ch. LAWRENCE . Guin.	150.	
—	1831.	Vte VERNON........ »	153.	
—	1832.	Vte EMMERSON..... »	240.	
—	1841.	Vte BIRÉ HÉRIS..........	7,880.	
Portrait d'Homme...............	1737.	Vte VERRUE.	450.	
Portrait de Femme, cintré par le haut (bois, 96^c 1/2—72^c 1/2)....	1738.	Vte FRAULA........ Flor.	355.	
—	1780.	Vte POULAIN.............	2,670.	
Portrait d'Homme, habit rouge, plume au chapeau, épée à la main......................	1739.	Vte FRAULA........ Flor.	355.	
Tobie à qui l'on rend la vue....... *Joseph expliquant les songes*....	1742.	Vte CARIGNAN.	1,101.	Les deux.
Paysage peint sur bois.	1745.	Vte LAROQUE.	79.	
Peintre dans son atelier, regardant de loin l'effet de son tableau.....	D^o	d^o .... 47 ou 60.		
Portrait d'un jeune Homme.......	D^o	d^o	101.	
La belle Jardinière............. *La Glaneuse*...................	1748.	Vte FONSPERTUIS.	2,001.	
Portrait de Rembrandt avec une chaine d'or.	1750.	Vte WASSENAER D'OBDAM. Fl.	202.	
Mariée juive, les cheveux épars, une couronne de fleurs sur la tête....	1756.	Vte TALLARD.............	602.	
Suzanne au bain...............	1758.	Vte SCHONBORN. ...... Fl.	700.	
—	1843.	Vte P. PÉRIER............	6,350.	
Sainte Anne assise dans un fauteuil, et la Vierge à genoux, les mains jointes.................	1766.	Vte JULIENNE............	1,801.	
Deux Bustes de femmes..........	D^o	d^o	1,210.	
Résurrection de la fille de Jaïrus...	D^o	Vte AVED.	2,760.	
—	D^o	Vte DE LA COURT...... Fl.	700.	
La Mère de Rembrandt tenant un livre fermé.............	D^o	Vte JULIENNE............	3,401.	
—	1843.	Vte P. PÉRIER...........	7,101.	
Les Bergers à la Crèche, 14 figures.	1767.	Vte DE NOAILLES.	2,751.	
Le bon Samaritain (bois, 24^c 1/2—19^c)............................	D^o	Vte JULIENNE... 1,551 ou 1,800.		
—	1772.	Vte CHOISEUL............	1,580.	
—	1777.	Vte CONTI..............	1,150.	
—	1782.	2e Vte NOGARET..........	900.	

				fr.	
Le bon Samaritain (suite)	1795.	Vte DE CALONNE	Liv. st.	70.	
—	1813.	Vte Bd. COXE	Guin.	140.	Au marquis d'Hertford.
Un Homme à cheval	1769.	Vte VAN LANEKER	Fl.	50.	
Portrait de Femme	1770.	Vte LALIVE DE JULLY		1,850.	
Portrait d'Homme à courte barbe	1772.	Vte Michel VAN LOO		1,300.	
Un Homme et une Femme à table	Do	Vte CHOISEUL		4,200.	
Portrait de Rembrandt dans sa jeunesse	Do	do		600.	
Moïse sauvé des eaux	Do	do		2,031.	
—	1779.	Vte CONTI		1,400.	
—	1787.	Vte BOILEAU		1,200.	
—	1822.	Vte SAINT-VICTOR		2,550.	
La Présentation au Temple	1774.	Vte VASSAL DE St-HUBERT		1,500.	Coll. Verrue, Lassey et de la Guiche.
—	Do	Vte DU BARRY		1,110.	
La Glaneuse	1776.	Vte GAGNY		3,998.	
Vertumne et Pomone	Do	do		13,780.	Au marquis de Lassay.
Femme âgée tenant un livre et des lunettes	1777.	Vte THÉLUSSON		1,300.	
Les Arquebusiers, réduction de la Garde de nuit	Do	Vte DE BOISSET		7,030.	
Les Pèlerins d'Emmaüs	Do	do		10,500.	Au Louvre.
L'Ermite (59c—46c)	1780.	Vte RENOUARD		399.	Précédemment 1,050 fr.
Portrait d'un jeune Homme	1781.	Vte duc de LA VALLIÈRE		5,500.	
Portrait d'une Servante (80c 1/2—64c 1/2)					
Portrait de Coppenol (35c—27c)	1784.	Vte SAINT-JULIEN		1,030.	
L'Adoration des Rois		Vte Vincent DONJEUX		6,700.	
L'Adoration des Bergers (64c 1/2—54c)	1786.	Vte BANDEVILLE		3,000.	Serait-ce le tableau des vtes X., Beunengin et Lormier?
—	1801.	Vte TOLOZAN		10,000.	
Un Philosophe (cuivre, 13c 3/4—13c 3/4)	1791.	Vte LEBRUN		610.	
Portrait d'une belle Juive, la poitrine découverte et ornée d'un collier de perles	1792.	Vte CHOISEUL-PRASLIN		3,001.	
Portrait d'Homme à moustache, la tête couverte d'un grand chapeau rabattu	Do	do		5,201.	
Portrait d'Homme (80c 1/2 — 64c 1/2)	1793.	do		3,001.	En assignats.
Portrait d'Homme (bois, 65c 1/2—51c)	Do	do		2,235.	
Un Vieillard (bois, 62c—48c 1/2)	Do	do		2,000.	
Le Moulin (paysage)	Do	1re Vte D'ORLÉANS	L. st.	300.	
Vieille Femme tenant une Bible	1795.	Vte DE CALONNE		2,625.	
Portrait d'un Hollandais	1800.	2e Vte D'ORLÉANS	Guin.	200.	
Portrait de Femme	Do	do	»	200.	
Portrait d'un Bourguemestre	Do	do	»	300.	
La Nativité du Christ	Do	do	»	800.	
—		Vendu plus tard	»	1,000.	
Portrait d'Homme (bois, 75c—54c)	1801.	Vte TOLOZAN		4001.	A Londres, Gal. National.
Le Denier de César (62c—83c)	Do	Vte COYPEL			Acheté plus tard 500 guinées par M. Smith. Revendu 800 guinées.
—	Do	Vte ROBIT		8,850.	

			fr.	
Le Porte-Drapeau (portrait du Peintre. — 1m,25—1m,5)............		Vte VERHULST...............		Ce tableau fait partie de la gal. Rothschild.
—		Vte LEBŒUF...............		
—	1801.	Vte ROBIT...............	3,095.	
Femme coiffée d'un chapeau rouge (1m,25—1m,5)...............	Do	do	1,001.	
Homme bouclant une courroie (96c 1/2—86c)...............	Do	Vte GUEFFIER.............	3,450.	
Une jeune Paysanne (96c 1/2—86c).	Do	do	2,500.	
Portrait de l'artiste (1m,15 — 91c 1/2)...............	Do	Vte TRONCHIN............	840.	
Buste d'Homme (bois, 72c 1/2—54c)	1802.	Vte HELSLEUTER............	5,005.	Act. chez M. de Morny.
Le Banquier (32c—27c)............	Do	Vte MARTIN...............	1,180.	
Portrait du bourgmestre Six (bois, 70c—51c).	1803.	Vte BRAAMCAMP............		
L'Avarice (1m,19—1m)............	Do	Vte PAUWELS............	1,310.	
Portrait d'un Vieillard............	Do	do	400.	
Portrait d'un jeune Homme (22c— 17c)...............	Do	do	1,860.	
L'Adoration des Mages (1m,47 1/2— 1m,2).	1809.	Vte GRANDPRÉ............	70.000.	Retiré.
Portrait d'un jeune Hollandais.... Portrait d'une jeune Femme (1m,12 —94c)...............	Do	do	40,000.	Do
Portrait d'un Magistrat (1m,4—88c 1/2)...............	Do	do	6,150.	
Portrait de l'artiste............	1810.	Vte HERREASCHWAND.......	2,500.	
Tête de Vieillard...............	1818.	Vte SYLVERTRE.	200.	
Portrait d'une Dame (bois, 1m,2— 75c)...............	1821.	Vte LAFONTAINE............	3,700.	
Jésus au jardin des Oliviers (bois, 40c 1/2—35c)...............	1826.	Vte DENON...............	2,251.	
Portraits de deux époux............	1832.	Vte ÉRARD...............	4,600.	Au marquis de Landsdowne.
Portrait de l'amiral Tromp (bois, 88c 1/2—72c 1/2)...............	Do	do	17,100.	
Portrait de la Mère du peintre (bois, 67c—54c)...............	Do	do	4,000.	
Portrait d'une jeune Fille.........	1839.	Vte SOMMARIVA............	5,100.	
Portrait (1m,12c 5m—88c,8m)......	1840.	Vte SCHAMP...............	2,600.	
Son Portrait (90c—75c)............	Do	do	3,030.	
Paysage boisé (1m,7 2m—1m,28 8m). .	Do	do	800.	Provenant du cab. du comte de Vence.
Son Portrait en pied (bois, 65c,7m —54c)...............	Do	do	15,190.	Anc. coll. du comte de Vaudreuil.
Tête de Vieillard...............	1843.	Vte AGUADO.	1,300.	
Portrait de deux Enfants.	Do	do	1,010.	
Deux Mendiants endormis dans une écurie...............	Do	do	1,310.	
Portrait de Femme...............	1844.	Vte X***...............	510.	
Portrait...............	Do	do	6,000.	
Portrait...............	1845.	Vte VASSEROT............	1,010.	
Portrait d'Homme...............	Do	do	500.	
Portrait d'Homme...............	1846.	Vte FESCH............ Écus.	900	environ.
La Prédication de saint Jean......	Do	do ...... »	26,000.	Au prince de Canino, qui l'a cédé à lord Ward.
Portrait de la Veuve de Juste Lipse.	Do	do ...... »	1,446.	
Portrait de la Mère de Rembrandt..	Do	do ...... »	220.	

				fr.	
Portrait de Rembrandt	1846.	Vᵗᵉ FESCH	Écus.	415.	
Portrait de la Femme de Rembrandt.	Do	do	»	300.	
Portrait d'un Vieillard à barbe blanche.	1847.	Vᵗᵉ DUBOIS		7,200.	
Portrait d'Homme	1850.	Vᵗᵉ KALKBRENNER		2,000.	
Portrait d'une jeune Fille (1ᵐ,10—90ᶜ).	Do	Vᵗᵉ du roi GUILLAUME II..		3,700.	Coll. Héris et Leroy.
Portrait d'un Rabbin (1ᵐ,12—88ᶜ).	Do	do		3,400.	A M. Weimar.
Son Portrait (62ᶜ—49ᶜ).	Do	do		3,750.	A M. Nieuwenhuys.
Le Vigneron payant ses ouvriers (1ᵐ,47—1ᵐ,32).	Do	do		3,500.	Do
Homme vêtu en costume oriental...	Do	do		4,500.	
Portrait du Fils de Rembrandt (68ᶜ—55ᶜ).	Do	do		4,000.	A M. Makwson.
Portraits de Jean Pellicorne et son Fils (1ᵐ,53—1ᵐ,21). *Portraits de madame Pellicorne et sa Fille* (mêmes dimensions)	Do	do	Flor.	30,200.	A M. Mawson, puis au marquis d'Hertford.
Portrait d'Homme (bois).	1852.	Vᵗᵉ DE MORNY		8,000.	
Portrait du docteur Keinsius	Do	Vᵗᵉ VARANGE.		440.	Son possesseur en avait refusé 5,000 fr.
Portrait du bourgmestre Six	Do	do		28,000.	
Le Fauconnier (99ᶜ—79ᶜ).	1853.	Vᵗᵉ GEORGE		6,100.	
Portrait du bourgmestre Six (1ᵐ,20—92ᶜ).	1854.	Vᵗᵉ MECKLEMBOURG		28,000.	Gal. Schneider.
Le Christ (97ᶜ—80ᶜ).	Do	do		13,100.	Plus grand que celui de la Vᵗᵉ Pauwels, en 1803.
Portrait de la Sœur de Rembrandt.	Do	Vᵗᵉ CHAVAGNAC		7,000.	
Le Christ.	Do	Vᵗᵉ COLLOT		13,100.	
Portrait de Nicolas Tulp	1855.	do		16,500.	A M. Henri Lafon.
Tête de Vieillard (bois, 29ᶜ—24ᶜ)...	1858.	2ᵉ Vᵗᵉ HOPE		500.	Contesté.
Portrait de Femme.	1859.	Vᵗᵉ MORET		905.	Très-contesté.
Portrait en pied (bois, 70ᶜ—50ᶜ)...	Do	Vᵗᵉ NORTHWICK		4,550.	
Vieille Femme tenant un livre.	Do	Vᵗᵉˢ BRABECK ET DE STOLBERG	Thal.	760.	Serait-ce le tableau payé 2,625 fr. à la Vᵗᵉ Calonne, en 1795 ?
L'Ange et Tobie.	Do	Vᵗᵉ lord NORTHWICK		4,550.	
Entrée d'un grand édifice	1860.	Vᵗᵉ BAARTZ		1,132.	
Portrait du bourgmestre Six et de sa Femme.	1860.	Vᵗᵉ PIÉRARD		410.	Coll. Nieuwenhuys Lerouge, 1818. — Couteaux, de Beaupré et Tardieu, 1851. A M. Fisher.
Portrait de Ellison, ministre de l'Église anglicane à Amsterdam.. Portrait de madame Ellison, vêtue de noir, coiffée d'un chapeau à larges bords, etc. (1ᵐ,86—1ᵐ32. Daté 1634.)	Do	Vᵗᵉ SIR CULLING-EARDLEY.		46,250.	
Paysage	1861.	Vᵗᵉ DAIGREMONT		780.	
Tobie et sa Famille prosternés devant l'Ange qui vient de se révéler à eux et disparaît (52ᶜ—40ᶜ).	Do	Vᵗᵉ J. ODIER.		4,600.	
Les Disciples d'Emmaüs.	Do	Vᵗᵉ LEROY D'ÉTIOLLES		8,100.	
Une jeune Hollandaise	Do	do		4,500.	
Tête d'Homme (esquisse).	Do	Vᵗᵉ X***.		770.	
Un jeune Garçon.	1863.	Vᵗᵉ DEMIDOFF		1,350.	Attribué à Santerre.
Intérieur de boucherie	Do	Vᵗᵉ MEFFRE		790.	
Portrait de Femme.	Do	do		1,170.	
Portrait de la Mère du peintre.	Do	do		280.	

			fr.	
Le grand Veneur	1863.	Vte Gilkinet de Liége. Retiré faute d'enchère à....	10,000.	
Portrait de l'artiste	D°	Vte Achinto de Milan.....	6,800.	Coll. Caresfort et Samuel Rogers.
Paysage avec figures	D°	Vte Soret.....	405.	Contesté.

DESSINS.

			fr.
Le Retour de Benjamin	1844.	Vte Claussin	700.
Intérieur de Synagogue	D°	d°	250.
Enfant pleurant	D°	d°	214.
Tour d'Église	1860.	Vte Baartz	200.
Portrait d'Homme	D°	Vte En	2,500.
La Faiseuse de Kouks (à la plume).	1861.	Vte Van Os	50.
La Pêche miraculeuse (au bistre)...	D°	d°	54.
Femme étendue à terre (à la plume)	D°	d°	55.
Paysage avec chaumière (id.)	D°	d°	80.
L'Enfant Prodigue	1862.	Vte Simon	390.
Un Lion couché	D°	d°	340.
Le Baiser de Judas. (Douteux)	D°	d°	80.

Beaucoup d'artistes ont imité la grande manière de Rembrandt; voici les noms de ceux qui se sont le plus distingués :

DULLAERT (HEYMAN)

Né à Rotterdam en 1636, mort en 1684.

Suivant Gault, Dullaert est un des meilleurs imitateurs de Rembrandt, son maître. Ses tableaux ont parfois donné le change aux meilleurs juges. Exposés en vente publique pour des Rembrandt, ils ont été adjugés comme tels, même en Hollande, et du vivant de l'auteur. Houbraken et Weyermans assurent qu'ils ont été trompés eux-mêmes devant un tableau de Dullaert, représentant un *Ermite à genoux,* traité si parfaitement dans la manière de Rembrandt que, sans la signature de l'élève, qu'ils découvrirent, ils auraient persisté à le croire du maître. Enfin on cite encore un *Mars en cuirasse,* qui produisit le même effet dans une vente publique à Amsterdam.

Tout en reconnaissant qu'il existe beaucoup d'analogie entre le talent de l'élève et celui du maître, il m'est impossible de confirmer les dires de ces différents auteurs. Le faire de Dullaert n'a pas la liberté et le flou de Rembrandt. Son dessin est plus effilé, ses ombres sont plus opaques et ses empâtements plus graveleux.

GELDER (ARNOULD DE)

Né à Dort en 1645, mort en 1727.

Gelder, élève de Rembrandt, a longtemps conservé la manière du maître, ou plutôt il ne l'a jamais abandonnée. Il faut être bien familiarisé avec ses ouvrages pour ne pas s'y méprendre. Quelques-uns surtout prêtent singulièrement à l'erreur. La distinction s'établit sur ces deux points, la touche et le dessin, qui, chez Gelder, ont un caractère différent. Sa touche, en effet, est tracée dans les ombres et brodée dans les parties claires, principalement dans les empâtements des lignes. Son dessin vise à plus de correction, mais n'atteint souvent que la sécheresse.

FLINCK (GOVAERT)

Né à Clèves en 1616, mort en 1660.

La force, la vérité de son coloris, la magie de son clair-obscur placent cet élève de Rembrandt au nombre de ses meilleurs analogues. Néanmoins il est facile de le reconnaître à sa touche allongée et à son faire minutieux.

MAAS (NICOLAAS)

Né à Dordrecht en 1632, mort en 1693.

Quelques portraits peints par Maas ont le triste avantage de servir les projets des trafiquants de mauvaise foi. On les reconnaît à leur exécution tourmentée et à leurs contours un peu secs, surtout dans les parties éclairées vivement. Les mains sont plus maniérées que celles du maître, et contiennent presque toujours des repiqués vineux ne faisant pas corps avec le dessin.

DENNER (BALTHAZAR)

Né à Hambourg en 1685, mort dans la même ville en 1747.

Il est rare que les ouvrages de ce maître, précieux jusqu'à la sécheresse, minutieux jusqu'à la froideur, soient achetés sous le nom de Rembrandt; car tout amateur est à même de reconnaître l'énorme différence qui existe entre ces deux peintres, malgré toutes les tentatives faites par Denner pour atteindre le *fac-simile*.

CUYP (BENJAMIN)

Né à Dordrecht.

On doit à ce neveu d'Albert Cuyp quelques bonnes imitations de Rembrandt. Son pinceau est léger dans les ombres, mais cotonneux dans les lumières; son dessin maniéré et sans goût suffirait pour le faire reconnaître.

VICTOORS ou FICTOORS (JAN LE VIEUX)

Victoors est un écueil peu dangereux pour les amateurs, s'ils veulent prendre la peine d'étudier ses ombres opaques et sa touche arrondie et grenue.

VECQ (JACQUES LA)

Né à Dordrecht, mort vers 1674.

Dans quelques tableaux de ce peintre on trouve ce sentiment particulier du coloris et du clair-obscur qui caractérise son maître Rembrandt. Mais il n'en est pas de même quant à son dessin, dont le caractère irrésolu et sans correction accuse une grande faiblesse et prémunit l'amateur contre toute erreur.

VLIET (JAN GEORGES VAN)

Né à Delft.

On doit à Van Vliet des têtes d'étude et des portraits qui embarrassent quelquefois les acheteurs; ils se reconnaissent néanmoins à leur touche timide et barbouillée et à leur peu de transparence dans les ombres.

HOOGSTRATEN (SAMUEL VAN)

Né à Dordrecht en 1627, mort en 1678.

Élève de Rembrandt, Van Hoogstraten fit quelques imitations qui ne manquent pas de vérité, mais qui se distinguent par une touche un peu molle et un coloris rosé entièrement opposés aux qualités du maître.

EECKOUT (GÉRBRAND VAN DEN)

Né à Amsterdam en 1621, mort en 1674.

Quelques tableaux d'histoire et plusieurs portraits d'Eeckout joignent à l'intelligence du clair-obscur la force du coloris et le mode d'exécution de Rembrandt, son maître. Le coloris de l'élève est cependant moins lumineux, mais transparent; ses demi-teintes sont molles et cotonneuses, son dessin est surtout maniéré dans les formes.

BERGEN (NICOLAAS VAN)

Né à Bréda en 1670, mort en 1699.

La manière de cet artiste a quelque analogie avec celle de Rembrandt qu'il parait avoir beaucoup étudiée; son exécution froide et uniforme, sa touche plus épaisse que solide, son dessin plus sec, sont les signes certains à l'aide desquels on découvre la fraude.

BOL (FERDINAND)

Né à Dordrecht vers 1610, mort à Amsterdam en 1681.

Quelques tableaux peints par Ferdinand Bol réunissent les qualités du coloris et du clair-obscur particulières à Rembrandt; néanmoins ils se reconnaissent à la lourdeur du dessin et à la touche peinée, léchée et monotone.

BRAMER (LENARD)

Né à Delft, en 1596.

Il existe peu de détails biographiques sur ce peintre que l'on suppose élève de Rembrandt. Ce qu'il y a de certain, c'est qu'il a imité ce maître avec beaucoup de bonheur, surtout dans ses intérieurs et ses effets de lumière. Il se décèle aux yeux de l'expert par un empâtement frisé et plus aigu, un dessin maigre, et des draperies sèches et sans caractère.

VERDOEL (ADRIEN)

Les œuvres de cet artiste passeraient facilement pour être sorties du pinceau de Rembrandt si, à l'intelligence du clair-obscur et à la force de son coloris, il joignait une composition moins triviale et un dessin plus correct. Heureusement pour les acheteurs, ces défauts le font reconnaître, si l'on apporte à l'examen un peu d'attention.

ROGMAN (ROELANT)

Né à Amsterdam en 1597, mort très-âgé.

Les imitations de Rogman ne comprennent que des paysages et des ruines. Il fut assez heureux pour bien comprendre l'artifice du clair-obscur de Rembrandt, ce qui donne à quelques-uns de ses tableaux une certaine similitude avec ceux du maître. Le doute n'est cependant plus permis lorsque l'on a comparé sa touche émoussée, ses ombres rouges et plus solides, avec celles du grand coloriste.

KUPETZKY (JEAN)

Né en Bohême en 1667, mort en 1740.

L'originalité et la bizarrerie des compositions de ce peintre, jointes à son coloris vigoureux et à l'éclat de ses lumières, ont souvent servi les intérêts des faussaires en les aidant à tromper la crédulité des amateurs qui se laissaient séduire par la grande manière et le *fa-presto* des œuvres de Kupetzky. Sa touche est pourtant bien différente de celle de Rembrandt; elle est tracée, anguleuse et souvent mesquine. Sa couleur est plus noire que vigoureuse, son dessin roide et sans goût.

On trouve encore quelques peintres dont les œuvres ont une certaine analogie avec le talent de Rembrandt, tels sont : DROST, JACQUES PINOS, DAVID, VAN DER PLAAS, BENJAMIN CUYP, RODERMONT et FRANÇOIS WULSHAGEN, mais ce sont des analogies qui tiennent à une souche par un filament si délié, qu'on peut aisément le rompre.

CUYP (AALBERT)

(ORTHOGRAPHE DE SA SIGNATURE)

Né, suivant certains auteurs, en 1606, mort en 1664, et suivant la notice du Musée, né à Dordrecht en 1605 et vivait encore en 1672.

Le plus grand éloge qu'on puisse faire de ce peintre, c'est de le rapprocher de Paul Potter; il entre en effet en harmonie avec ce grand artiste dans son choix, ses observations et une grande partie de son exécution. Son coloris, avec plus de chaleur, n'est ni moins vrai ni moins brillant, il accuse avec autant de franchise les plans de la nature ; sa touche est acérée mais solide, sa couleur vive et d'une belle transparence.

Tous les genres lui furent familiers et il a peint avec un égal succès les animaux et les fleurs, les marines, les paysages et les portraits.

Les vrais tableaux de Cuyp sont assez rares chez les amateurs et dans le commerce, aussi ceux qui se produisent dans les ventes publiques sont-ils vivement disputés et payés fort cher.

Ceux que possède le musée de Paris sont très-appréciés par les amateurs. Voici leurs estimations officielles :

Paysage, 45,000 fr. — *Le Départ pour la promenade*, 20,000 fr. — *La Promenade*, 50,000 fr. — *Portraits d'Enfants*, 1,500 fr. — *Portrait d'Homme*, 400 fr. — *Marine*, 6,000 fr.

MUSÉES DIVERS, GALERIES, ETC.

Musée de Rouen. — *Intérieur d'église.*

Musée de Lyon. — *Nature morte.*

Musée d'Avignon. — *Paysage* (contesté).

Musée d'Amsterdam. — *Combat de cavalerie.* — *Des Bergers avec leurs troupeaux.* — *Famille hollandaise* (acheté 600 florins).

Musée de Rotterdam. — Trois *Natures mortes.* — *Intérieur d'écurie.* — *Étude de Tête de vache.* — *Un Paysage.* — *Un homme dormant.* — Esquisse *d'une Paysanne.* — *Un Coq et une Poule.* — Deux *Portraits d'Homme.*

Musée de La Haye. — *Vue aux environs de Dordrecht.*

Ancienne collection de Vienne. — Sujet *d'Animaux* (cinq figures).

Musée de Munich. — *Ville au delà d'un fleuve.* — Deux compositions.

Musée de Francfort-sur-le-Mein. — *Paysage avec animaux.*

Musée de Saint-Pétersbourg. — *Un Coucher de soleil.* — *La Porte d'une Auberge.*

National Gallery. — *Un Cavalier sur un cheval gris pommelé.* — *Paysage avec figures et animaux* (coll. Angerstein).

Buckingham Palace. — *Neuf compositions.*

Institution royale d'Édimbourg. — *Une Vue de Hollande.*

Dulwich Collége. — Plusieurs *Paysages avec animaux et figures.*

Galerie Bedford. — *Vue du Rhin avec figures et animaux.* — *Portrait du Peintre.* — *Chevaux avec figures.* — *Intérieur d'un Manége.* — *Paysage avec figures.* — *Pêcheurs cassant la glace.*

Collection Overstone. — *La Bergère.*

Collection Iarborough. — *Paysage avec figures et animaux.*

Collection Robart. — *Bords d'une rivière hollandaise.* — *Vue des environs de Dordrecht.*

Collection Baring. — Deux *Vues de Hollande.*

Au marquis de Westminster. — *Un Clair de lune.* — Une petite *Marine.* — Deux autres compositions.

COLLECTION HOLFORD. — *Vue de Dordrecht.*

GALÉRIE ELLESMÈRE. — *Scène pastorale.* — *Paysage avec figures et animaux.* — Épisode tiré de la *Vie du prince Maurice.* — *Vue de Hollande avec figures.*

COLLECTION W. S. DUGDALE. — *Paysage avec figures.*

COLLECTION J.-J. MARTIN. — *Paysage avec figures.*

CABINET HUGH CAMPBELL. — Une charmante composition.

CABINET BULLOCH. — *Paysage avec animaux.*

COLLECTION BUTE. — Un beau *Paysage avec figures.* — Trois autres *Paysages avec bestiaux.*

COLLECTION DUNMORE. — *Un jeune Garçon à cheval.*

CABINET PERKINS. — Un beau *Paysage.* — *Paysage avec animaux.*

COLLECTION BROWNLOW. — *Vue des environs de Dordrecht.* — Un petit *Paysage.*

COLLECTION BEVAN. — Une belle composition.

CABINET BOOTH. — *Paysage avec bestiaux.*

COLLECTION TOMLINES. — *Vue de Dordrecht.* — *Paysage avec bestiaux.*

COLLECTION HEUSCH. — *Un Paysage avec bestiaux.*

COLLECTION WYNN ELLIS. — *Paysage avec animaux.* — *Une Marine.*

COLLECTION BREDEL. — *Vue de Hollande.* — *Paysage avec animaux.*

COLLECTION SANDERSON. — *Un Paysage avec figures et bestiaux.*

COLLECTION NEELD. — *Vue des environs de Dordrecht.* — Une autre composition.

COLLECTION CARLISLE. — *Vue d'une Plaine avec figures et bestiaux.* — *Une Marine.* — Quatre belles compositions.

GALÉRIE RUTLAND. — *Paysage avec bestiaux.*

GALÉRIE LANSDOWNE. — *Vue des environs de Dordrecht.* — *Paysage avec bestiaux.*

COLLECTION MORRISON. — *Un Paysage avec rochers et animaux.*

COLLECTION FOSTER. — *Un Paysage avec bestiaux.*

COLLECTION ANDERSON. — *Paysage avec figures et animaux.*

COLLECTION MATTHEUW ANDERSON. — *Paysage avec trois jeunes Filles.*

COLLECTION MARTIN. — Un beau *Paysage avec figures et animaux.*

COLLECTION HARDWICKE. — *Une Vue de Hollande avec figures et animaux.*

COLLECTION HEATH. — *Paysage avec animaux et figures.*

COLLECTION WARD. — *Paysage avec bestiaux.*

COLLECTION HENDERSON. — *Bords d'une Rivière avec animaux.* — *Paysage avec figures et animaux.* — *Portrait d'une Dame de qualité.*

CABINET FOSTER. — *Vue du Rhin avec figures et animaux.*

COLLECTION PEEL. — *Des Vaches au pâturage.* — *Le Gardeur de bestiaux.* — *Paysage avec animaux.*

COLLECTION CAMPBELL. — *Chevaux et figures.*

COLLECTION ASHBURNHAM. — *Un Paysage avec figures et animaux.*

COLLECTION WYNDHAM. — *Vue de la province de Nimègue.* — *Animaux dans un paysage.* — *Deux Cavaliers.* — *Deux Chevaux et un Homme.* — *Une Vue de Hollande.*

COLLECTION STIRLING. — Une charmante composition.

COLLECTION LONSDALE. — *Un Paysage avec animaux.*

COLLECTION M'LELLAN. — *L'Entrée du Christ à Jérusalem.*

COLLECTION HOPETOUN. — Une belle composition. — *Paysage avec bestiaux.*

COLLECTION MUNRO. — Un charmant *Paysage.*

Galerie Ashburton. — *Un Portrait d'Homme.* — *Animaux et figures.* — *Un Paysage avec rochers et bestiaux.* — *Bestiaux dans un paysage.*

Collection Normanton. — *Paysage* (très-poétique).

Collection Seymour. — *Paysage avec figures et animaux.*

Collection Phipps. — *Paysage avec chevaux.*

Collection Tulloch. — *La Bergère.*

Collection Harrington. — *Une Chaumière et des Cavaliers.* — Son pendant.

Collection Edward Loyd. — *Le Prince d'Orange partant pour la chasse.* — *Un Marchand hollandais.* — *Deux Canards.*

Au révérend F. Leicéster. — *Une Marine.*

Collection Francis Edwards. — *Animaux* (dans un *paysage* de Van der Neer).

A miss Bredel. — *Un Paysage.*

Collection Howe. — *Bestiaux sur le bord d'une rivière.*

A lord Hertford. — *Vue prise aux environs de Dordrecht.* — Deux charmants *Paysages.*

Collection Lionel de Rothschild. — *Vue de Hollande avec bestiaux.*

Galerie James de Rothschild. — Deux *Marines.*

Galerie Esterhazzy. — *Paysage avec animaux.* — Un grand *Paysage.*

Cabinet du comte Czernin. — *Paysage avec animaux.*

Galerie Lichtenstein. — Plusieurs *Paysages avec animaux.*

Galerie Suermondt. — *Portrait d'Homme.* — Étude de *Cheval blanc* (faite à contre-lumière).— *Sur une Table, couverte en partie d'un tapis vert foncé, une assiette d'étain, avec un crabe cuit, un pain blanc, etc.* — *Paysage.*

Galerie d'Arenberg. — *Intérieur d'écurie.* — *Départ de l'Hôtellerie.* — *Intérieur d'écurie.*

Musée van der Hoop. — *Bœufs dans un paysage.*

Ancienne galerie Baillie a Anvers. — *Un Portrait de jeune Homme.*

Ancienne galerie Weyer de Cologne. — *Paysage boisé et des Vaches.* — *Troupe guerrière en marche.* — *Paysage et figures.* — *Une Famille de mendiants.* — *Un Seigneur avec son épouse dans une forêt.* — *Repos de chasseurs.* — *L'Abreuvoir.*

Galerie Duchatel. — *Marine par un temps calme.*

Cabinet Gower. — *Une Marine.*

Galerie du duc d'Aumale. — *Vache couchée* (dessin).

PRIX DE VENTES

			fr.	
Marine (bois, 43c—72c)..........	1780.	Vte Nogaret.............	1,350.	
Pâturage, soleil couchant (bois, 43c —35c)......................	1787.	Vte Lambert et du Porail.	1,904.	Vte de Boisset.
Animaux et Pêcheurs (bois, 44c 1/2 —77c 1/2).....................	1793.	Vte Choiseul-Praslin.....	2,350.	En assignats.
Paysage........................	1795.	Vte de Calonne..........	2,750.	
Paysage avec animaux...........	D°	d°	5,775.	Coll. Van der Linden.
Vue prise aux bords de la Meuse (1^m,08—1^m,35).................	1801.	Vte Robit.......	10,100.	Ilingeland, Lebrun.

			fr.	
Vue prise sur la Meuse (bois, 48ᶜ 1/2 —72ᶜ 1/2)....................	1801.	Vᵗᵉ TOLOSAN..............	5,500.	
Vue de Flessingue (bois, 56ᶜ1/2—46ᶜ).	1804.	Vᵗᵉ VAN LEYDEN..........	4,000.	
Bergers avec leurs troupeaux (1ᵐ,04 —1ᵐ)......................	1808.	Vᵗᵉ VAN DER POT. Florins.	3,860.	Au Musée d'Amsterdam.
Prairie (1ᵐ,24—1ᵐ,71)...........	1809.	Vᵗᵉ GRANDPHÉ............	30,000.	Retiré.
Portraits de la Famille Thiboel (1ᵐ,62—2ᵐ,35)................	1809.	Vᵗᵉ SCHWANBERG	5,001.	
Vue prise au bord de la Meuse (32ᶜ 1/2—43ᶜ)......	1812.	Vᵗᵉ CLOS	1,910.	
Une Famille (1ᵐ,21—1ᵐ,71).......	1814.	Vᵗᵉ PAILLET.............	640.	
Ruines d'un château (bois, 32ᶜ 1/2 —54ᶜ).....................	1817.	Vᵗᵉ LAPEYRIÈRE..........	8,000.	
Paysage avec un monticule (bois, 51ᶜ—50ᶜ)....................	Dᵒ	dᵒ	6,010.	
Paysage (bois, 32ᶜ 1 2—40ᶜ 1/2)....	1821.	Vᵗᵉ LAFONTAINE..........	2,005.	
Paysage (bois, 59ᶜ—44ᶜ 1/2).......	1826.	Vᵗᵉ DENON	11,000.	
L'Avenue du château de Dordrecht (75ᶜ—99ᶜ)	1837.	Vᵗᵉ Dˢˢᵉ DE BERRY........	18,000.	Smith, Seréville.
Saint Jean-Baptiste (bois, 1ᵐ,21 1/2 1ᵐ,21 1/2)...................	1840.	Vᵗᵉ SCHAMP	762.	
Les Chasseurs (bois, 72ᶜ—59ᶜ)....	1841.	Vᵗᵉ BIRÉ HÉRIS...........	1,920.	
—	1847.	Vᵗᵉ DUBOIS.............	1,100.	
Paysage.....................	Dᵒ	dᵒ	4,000.	
Le Pâturage (bois, 63ᶜ—89ᶜ)	1841.	Vᵗᵉ PERREGAUX..........	18,100.	A M. Benjamin Delessert.
Halte de Cavaliers..............	1844.	Vᵗᵉ X..................	4,830.	
Intérieur de Manége............	Dᵒ	dᵒ	945.	
Patineurs....................	1845.	Vᵗᵉ MEFFRE	5,050.	
Paysage et Animaux	1846.	Vᵗᵉ STEVENS............	1,150.	
Vue d'une Ville maritime	Dᵒ	Vᵗᵉ FESCH .... Écus.	1,700.	
Le Pâturage	Dᵒ	dᵒ .... »	266.	Douteux.
Portrait d'un jeune Enfant	Dᵒ	dᵒ .... »	145.	
Le Poulailler.................	Dᵒ	dᵒ .... »	45.	
La Pêche sous la glace..........	Dᵒ	dᵒ .... »	100.	Douteux.
Amiral hollandais..............	1850.	Vᵗᵉ D'ESPINOY	800.	
Sa Femme...................	Dᵒ	dᵒ	420.	
Halte des Voyageurs............	Dᵒ	Vᵗᵉ KALKBRENNER	3,200.	
Pâturage....................	1852.	Vᵗᵉ DE MORNY...........	10,000.	
Jeune Garçon tenant un cheval par la bride....................	Dᵒ	Vᵗᵉ DE VARANGE..........	3,999.	
Marine.....................	1853.	Vᵗᵉ VIGNERON, DE LA HAYE.	2,550.	
Paysage	1855.	Vᵗᵉ HOPE	2,400.	
Intérieur...................	1856.	Vᵗᵉ par autorité de justice.	14,000.	Vendu à Londres 18,000 fr. en 1848.
Marine. Vue prise aux environs de Dordrecht (99ᶜ—53ᶜ)...........	1857.	Vᵗᵉ PATUREAU	26,000.	Van der Linden, Van Slingelandt, baron Van Nagell. A lord Hertford.
La Promenade.................	1857.	Vᵗᵉ THIBEAUDEAU	2,400.	
Paysage avec Chiens et Chevaux...	1859.	Vᵗᵉ NORTHWICK..........	3,770.	
Portrait en pied du comte d'Egmont.	Dᵒ	dᵒ	7,800.	
Portraits de Pierre Both et de sa Femme.....................	1859.	Vᵗᵉ NORTHWICK..........	24,020.	
Rencontre de David et d'Abigaïl...	Dᵒ	dᵒ	7,280.	
Paysage (une *Tempête*)	Dᵒ	Vᵗᵉ BRABECK ET DE STOLBERG...... Thalers.	720.	
L'Ange annonçant aux Bergers la naissance du Sauveur..........	Dᵒ	dᵒ .... »	496.	Douteux.

			fr.	
Paysage (bois, 45ᶜ—54ᶜ)...........	1860.	Vᵗᵉ PIÉRARD..................	7,000.	
Paysage au soleil couchant........	Dᵒ	Vᵗᵉ X., de Lyon............	700.	Très-alourdi par les re-peints.
Portrait d'une jeune Fille........	1861.	Vᵗᵉ DAIGREMONT	1,300.	
Halte de Cavaliers (bois, 55ᶜ—67ᶜ).	1861.	Vᵗᵉ VAN DEN SCHRIECK ...	1,700.	1811. Coll. L. B. Coclers, d'Amsterdam.
Hiver (bois, 59ᶜ—83ᶜ).............	Dᵒ	dᵒ ...	925.	
Chevaux au repos (bois, 44ᶜ—54ᶜ)..	Dᵒ	dᵒ ...	6,000.	
Paysage et Animaux (bois, 42ᶜ—60ᶜ).............................	Dᵒ	dᵒ ...	830.	
Paysage et Animaux..............	Dᵒ	Vᵗᵉ RHONÉ.................	1,000.	
Femme trayant une Vache.........	Dᵒ	Vᵗᵉ SCARISBRIECK	10,500.	
Une Marine.....................	Dᵒ	dᵒ	2,667.	
Portrait de Femme..............	Dᵒ	Vᵗᵉ LEROY D'ÉTIOLLES.....	2,120.	
Portrait d'Homme.............. *Portrait de Femme*.............	Dᵒ	dᵒ	1,100.	
Paysage........................	Dᵒ	dᵒ	1,325.	
Intérieur d'une étable...........	1863.	Vᵗᵉ DEMIDOFF.............	7,100.	Au musée de Bruxelles.
Vue de Dordrecht..........	Dᵒ	dᵒ	1,480.	Coll. Érard.
Le Cheval blanc pommelé.........	Dᵒ	Vᵗᵉ MEFFRE................	1,180.	
La Ferme	Dᵒ	dᵒ	950.	
Le Manège......	Dᵒ	Vᵗᵉ X....................	500.	
Portrait de Femme..............	Dᵒ	Vᵗᵉ SORET................	251.	Contesté.

DONGEN (DYONIS VAN)

Né à Dordrecht en 1748, mort en 1819.

Dongen fut un copiste très-habile et très-dangereux pour la bonne foi des amateurs. Ses contrefaçons ont un air de vérité qui n'est tempéré que par la lourdeur de ses ombres, et par sa touche plus émoussée que celle d'Albert Cuyp. Un autre point différentiel aide beaucoup à le faire reconnaître, il s'agit des petits retroussis grisâtres qu'il passait souvent à sec dans ses tons lumineux.

STRY (JAKOB VAN)

Né à Dordrecht en 1756, mort en 1815.

Bon imitateur d'Albert Cuyp, Van Stry est cependant reconnaissable à sa touche retroussée et saillante. Son coloris est chaud, mais il est moins roux que celui du maître.

LAMME (ARY)

Né à Heerenjansdan en 1748, mort en 1801.

On doit à cet artiste quelques adroites imitations d'Albert Cuyp; sa couleur est bonne et pleine d'exactitude, mais son dessin est plus grêle et sa touche saillante jusque dans les lointains.

ULENBROK (ROMBAUT VAN)

Les contrefaçons d'Ulenbrok ont en général pour sujets des intérieurs d'étables et de cuisines ; sa couleur est dorée, mais trop uniforme, sa touche grasse dans les parties lumineuses, mais ses ombres sont sourdes et mesquines.

KAPELLE (JAN VAN)

Ce copiste a excellé dans les marines, et sans son fini trop précieux et souvent timide, il pourrait tromper les amateurs.

TERBURG (GÉRARD)

Né à Zwoll en 1608, mort à Deventer en 1681.

Les ouvrages de Terburg sont très-recherchés ; on en trouve dans tous les cabinets des amateurs. A l'exception de quelques scènes historiques, presque tous ses sujets sont pris dans la vie privée.

Sans être imitateur de Gérard Dow, il est évident que Terburg a puisé dans les ouvrages de ce maître, et qu'il a observé dans ses propres tableaux cette exécution terminée qui, dans beaucoup de parties, tempère la fermeté et la vigueur de sa touche.

Les œuvres de Terburg sont fort rares ; aussi en voit-on paraître à peine dans les ventes publiques où elles rencontrent beaucoup de sympathie. La plupart des tableaux de ce maître sont répartis entre les musées de l'Europe. Celui du Louvre en possède quatre, dont le plus capital, *un Militaire offrant des pièces d'or à une jeune femme,* a été évalué 35,000 fr. — *La Leçon de musique,* 2,000 fr. — *Le Concert,* 12,000 fr. — *L'Assemblée d'Ecclésiastiques,* 20,000 fr.

ANCIENNEMENT AU LOUVRE. — *Trompette attendant des ordres.* Est. 16,000 fr. (rendu à la Hollande en 1815). — *Jeune Dame jouant de la mandoline.* Est. 10,000 fr. (rendu à Cassel en 1815).

MUSÉES DIVERS, GALERIES, ETC.

MUSÉE DE LYON. — *Le Message.*
MUSÉE DE GRENOBLE. — *Portrait de Femme.*
MUSÉE D'AVIGNON. — *La Leçon de musique* (contesté).

Musée d'Amsterdam. — *Le Conseil paternel.* — *La Prestation de serment à l'occasion de la paix de Münster en 1648.*

Musée de Rotterdam. — *Portrait d'Homme.* — Id. *de Femme.*

Musée de La Haye. — *Portrait de l'artiste.* — *La Dépêche.*

Musée Van der Hoop. — *Petit Garçon tenant un Chien.*

Ancienne collection de Vienne. — *Une jeune Dame pelant une pomme pour un petit Garçon.* — *Jeune Fille occupée à écrire.*

Musée de Saint-Pétersbourg. — Six *Intérieurs avec figures.*

Musée de Berlin. — *L'Instruction paternelle.* — *Le Rémouleur et sa Famille.*

Musée de Munich. — *Intérieur de chaumière.* — *Une Dame recevant une lettre.*

Musée de Dresde. — *Un Trompette attend un ordre.* — *Une jeune Femme se lave les mains.* — *Une jeune Femme joue du luth.* — *Une Femme est debout devant une table.*

Buckingham Palace. — Deux beaux *Intérieurs avec figures.*

Galerie Ellesmère. — *L'Instruction paternelle.*

Collection John Walter. — *Intérieur avec figures* (composition de premier ordre).

Collection Thomas Hope. — *Le Militaire.* — Deux autres compositions.

Collection Folkestone. — *La Famille d'un peintre* (contesté; attribué à Keyser).

Galerie Sutherland. — *Le Salut.*

Collection Stirling. — *Portrait de Cinq-Mars* (contesté).

Galerie Robert Peel. — *La jeune Fille.*

Galerie d'Aspley. — *La Signature de la Paix d'Italie.*

Galerie Stafford. — *Un Intérieur avec figures.*

Collection Vivian. — *Un Portrait d'Homme.*

Galerie Ashburton. — *Une jeune Fille* (coll. Lormier, Hague et Talleyrand).

Collection Bute. — *Portrait d'un Gentilhomme.*

Collection Baring. — *Une jeune Fille.* — Une autre composition.

Galerie Rutland. — *La Musicienne.*

Collection Munro. — *Deux Intérieurs avec jeunes Filles.*

Collection Lionel de Rothschild. — *Une jeune Fille.*

Ancienne galerie Weyer de Cologne. — *Le Portier.*

Galerie d'Arenberg. — *Portrait de Femme.* — *Le Concert.*

Cabinet de la princesse Beloselski a Saint-Pétersbourg. — *Le Fumeur.*

Cabinet du comte Koucheleff, de Saint-Pétersbourg. — Scène familière.

Cabinet du comte Czernin. — *Une Conversation dans un jardin.*

Collection Robillard, de Reims. — *Portrait d'un Prince d'Orange.* — Id. *d'une jeune Fille.*

Cabinet Trilha. — *Portrait d'un Bourgmestre.*

Collection C***. — *Le Jeu de bagues.*

A lord Hertford. — *Intérieur avec une jeune Fille.*

PRIX DE VENTES

			fr.	
Buveurs et Priseurs	1745.	Vᵗᵉ Laroque	72.	
La Santé perdue	1749.	Vᵗᵉ Van Henskirk. Flor.	311.	
La Santé rendue	1772.	Vᵗᵉ Choiseul	3,101.	
—	1777.	Vᵗᵉ Conti	3,000.	
—	1823.	Vᵗᵉ X	1,100.	
*La Curiosité ou le Testament (*75ᶜ —62ᶜ*)*	1762.	Vᵗᵉ Gaillard de Gagny	3,600.	
—	1777.	Vᵗᵉ Randon de Boisset	10,000.	
—	1801.	Vᵗᵉ Robit	9,000.	
—	1837.	Vᵗᵉ Dᵐᵉ de Berry	15,200.	
Femme tenant un verre (toile marouflée sur bois)	1763.	Vᵗᵉ Peilhon	736.	
—	1781.	Vᵗᵉ de l'abbé Leblanc	1,221.	
La Leçon de musique (64ᶜ1/2—56ᶜ1/2).	1767.	Vᵗᵉ Julienne	2,800.	
—	1772.	Vᵗᵉ Choiseul	3,600.	
—	1777.	Vᵗᵉ Conti	4,800.	
—	1779.	Vᵗᵉ Verhulst Flor.	945.	
—	1781.	Vᵗᵉ Marquis du Pange	5,855.	
—	1808.	Vᵗᵉ Praslin	12,001	ou 13,001.
—	1812.	Vᵗᵉ Séreville	15,600.	
—	1825.	Vᵗᵉ Galitzen	24,300.	
—	1830.	Vᵗᵉ Fairlié Guinées.	130.	
—	1842.		24,500.	ou 25,500. — Actuellement gal. Peel.
Un Officier et son Trompette	1771.	Vᵗᵉ Baamcamp Flor.	1,000.	
Dame coupant ses ongles	Dᵒ	dᵒ »	1,800.	
La Collation	1772.	Vᵗᵉ Choiseul	4,000.	
Une Dame versant à boire *Une Dame tenant une lettre* }	Dᵒ	dᵒ	3,101.	
Une Dame, en manteau de velours fourré d'hermine, lit une lettre (toile marouflée sur bois, 43ᶜ — 32ᶜ 1/2)	1776.	Vᵗᵉ Blondel de Gagny	3,900	ou 3,090.
—	1780.	Vᵗᵉ Poullain	4,500.	
Jeune Fille écrivant une lettre (pendant bien inférieur au précédent comme conservation)	Dᵒ	dᵒ	630.	
Jeune Fille à sa toilette (bois, 46ᶜ— 32ᶜ 1/2)	1776.	Vᵗᵉ Blondel de Gagny	3,000.	Ce tableau avait un pendant peint par Van Tol; il représentait un cordonnier dans sa boutique et parlant à une jeune fille.
—	1778.	Vᵗᵉ Lebrun	1,900.	
—	1812.	Vᵗᵉ Villers	2,400.	
—	1857.	Vᵗᵉ Patureau	7,800.	
Trois Dames dans une chambre	1777.	Vᵗᵉ Boisset	10,000.	
—	1801.	Vᵗᵉ Robit	9,000.	
La Confidente	1777.	Vᵗᵉ Boisset	10,000.	
Femme devant son miroir (ovale, 25ᶜ de diamètre)	1778.	Vᵗᵉ Coste	1,286.	
Intérieur d'écurie (bois, 47ᶜ—51ᶜ)	1780.	Vᵗᵉ Poullain	2,400..	
*Dame lisant une lettre (*62ᶜ—51ᶜ, toile marouflée)*	1781.	Vᵗᵉ du duc de la Vallière.	702.	
Buveuse (bois, 40ᶜ1/2—32ᶜ1/2)*	1783.	Vᵗᵉ d'Azincourt	1,099.	
Une Dame en corset jaune	1784.	Vᵗᵉ Dubois	800.	
Un Homme présentant à boire à				

			fr.	
une Dame (64ᶜ 1/2—54ᶜ)	1793.	Vᵗᵉ CHOISEUL-PRASLIN	15,501.	En assignats.
Le Concert (80ᶜ 1/2—67ᶜ)	1801.	Vᵗᵉ TOLOZAN	5,100.	
Portraits des Plénipotentiaires du Congrès de Münster (cuivre, 46ᶜ —56 1/2)	1804.	Vᵗᵉ VAN LEYDEN	16,000.	
		Vᵗᵉ TALLEYRAND		
—	1837.	Vᵗᵉ Dᵘᵉ DE BERRY	45,500.	Au comte Demidoff.
La Dégusteuse (bois, 39ᶜ—30ᶜ)	1841.	Vᵗᵉ PERREGAUX	8,000.	
Portrait de Jean de Witt	1843.	Vᵗᵉ X	160.	
Portrait en pied d'une Dame	1845.	Vᵗᵉ MEFFRE	1,000.	
Scène familière	1846.	Vᵗᵉ FESCH ... Écus.	2,856.	
Molière	1850.	Vᵗᵉ comte D'ESPINOY	550.	
Portrait du duc d'Orange	1851.	Vᵗᵉ COTTREAU	1,045.	
La Leçon de musique (63ᶜ—53ᶜ)	1858.	2ᵉ Vᵗᵉ HOPE	2,000.	
La Paix de Münster (50ᶜ—43ᶜ)	1859.	Vᵗᵉ HEMERT	30,090.	
Portrait d'Homme	1859.	Vᵗᵉ ARY SCHEFFER	3,100.	
Portrait du seigneur de Moorsewen.	1860.	Vᵗᵉ GRUYTER	1,800.	
La Toilette (79ᶜ—63ᶜ)	1860.	Vᵗᵉ PIÉRARD	5,300.	Coll. Vernon, 1831, et John Nieuwenhuys. (Fatigué.) A M. Reiset.
Portrait du bourgmestre Schlich (62ᶜ—50ᶜ)	1860.	Vᵗᵉ BARROILHET	300.	
La Toilette (79ᶜ—63ᶜ)	Dᵒ	Vᵗᵉ PIÉRARD	5,300.	
—	1861.	Vᵗᵉ MONBRUN	6,010.	
Portrait de Femme	Dᵒ	Vᵗᵉ X	640.	
Portrait de Femme	Dᵒ	Vᵗᵉ LEROY D'ÉTIOLLES	780.	
Portrait d'Homme; il tient ses gants. Portrait de Femme, vêtue de noir et tenant un éventail (26ᶜ de diamètre)	Dᵒ	Vᵗᵉ J. ODIER	2,900.	
Portrait d'Homme	1863.	Vᵗᵉ MEFFRE	250.	

Un seul peintre mérite d'être considéré comme son imitateur sérieux.

NÉER (EGLON VAN DER)

Né à Amsterdam en 1643, mort en 1703.

Si ses contours étaient moins incertains, et si sa couleur était plus légère, ce peintre tromperait les meilleurs connaisseurs avec ses copies d'après Terburg. Comme original, son talent est au-dessus du médiocre et quelquefois de deuxième ordre.

BRAUWER (ADRIAN)

Né à Oudenarde ou à Harlem en 1608, mort à Anvers en 1640.

Brauwer a fait des chefs-d'œuvre d'expression. Le naïf, l'ignoble, l'atroce furent, tour à tour, les grands contrastes qu'il se plut à produire; et il semble impossible d'avilir l'homme sur la toile avec plus de force et d'énergie, mais aussi de le montrer plus vrai sous la grossière écorce de l'abrutissement.

On remarque en lui un coloris vif et transparent, une bonne entente du clair-obscur, une touche ferme, quoique fine, des expressions admirables de finesse et de naturel.

Les tableaux de ce maître, fort estimés des amateurs, se rencontrent difficilement dans le commerce, du moins ses œuvres capitales. Le prix en est assez variable et se rapporte, en quelque sorte, à leur état de conservation. Le seul tableau que possède le musée du Louvre n'a pas été trop favorisé lors de son estimation, car il n'est coté que 4,000 fr.

MUSÉES DIVERS, GALERIES, ETC.

MUSÉE DE LYON. — *Une Taverne.*

MUSÉE D'AVIGNON. — *Le Buveur endormi.* — *Intérieur d'une chambre basse.*

MUSÉE DE RENNES. — *Un Crieur.*

MUSÉE DE BORDEAUX. — *Scène d'intérieur.*

MUSÉE DE DRESDE. — *Rixe entre deux Paysans.* — *Deux Paysans assis à une table.* — *Une Caricature.* — Sujet du même genre. — *Un Paysan essuyant un enfant.* — *Rixe entre trois Paysans.* — *Paysans ivres.*

MUSÉE DE MUNICH. — *Le Médecin de village.* — *Le Barbier hollandais.* — *Un Cabaret* et plusieurs autres compositions.

MUSÉE DE SAINT-PÉTERSBOURG. — Plusieurs sujets grotesques.

MUSÉE DU ROI A MADRID. — *Intérieur.*

DULWICH COLLÉGE. — *Intérieur de tabagie.*

GALERIE ELLESMÈRE. — *Intérieur avec figures.* — *Paysage entouré de fruits et de fleurs.*

GALERIE BEDFORD. — *Intérieur.*

COLLECTION BUTE. — *Deux Intérieurs rustiques.*

COLLECTION CARLISLE. — *La Querelle d'estaminet.*

COLLECTION MUNRO. — Une belle composition.

COLLECTION LONSDALE. — *Un Intérieur.*

COLLECTION VIVIAN. — Scène familière.

COLLECTION HAMILTON. — *Un Intérieur avec figures.*

GALERIE DEVONSHIRE. — Scène familière.

Collection Wellington. — *Un Intérieur.*

Galerie Suermondt. — *Intérieur d'une maison de paysans.* — *Rixe de paysans.*

Galerie d'Arenberg. — *Intérieur de cabaret.*

Ancienne galerie Weyer de Cologne. — *Cinq Paysans assis à une table.* — *Quatre Paysans buvant.* — *Un Cavalier.* — *Compagnie de Paysans buvant au cabaret.*

A lord Hertford. — *Des Paysans.*

Collection de M. le comte de Budé. — *Scène de tabagie.*

Collection Wilhorgne de Buchy. — *Bataille de Buveurs.*

A M. Letellier, d'Amiens. — *Un Buveur.*

Cabinet Trilha. — *Le Toucher* (les cinq Sens).

PRIX DE VENTES

Le Tric-trac. 1738, Vte Fraûla, 88 florins. — *Bataille de Paysans.* 1750, Vte Wassenaer d'Obdam, 378 florins. — *Les Joueurs de boule.* 1769, Vte van Laneker, 71 florins. — *Un Buveur* (bois; 35^c—48^c 1/2). 1780, Vte Nogaret, 999 fr. — *Intérieur de cabaret.* 1812, Vte Boisset, 2,400 fr. Vte Clos, 1,000 fr. — *Un Musicien* (21^c—16^c). 1821, Vte Paignon Dijonval, 120 fr. (Ce tableau a été vendu sous le nom de Brakemburg aux V^tes Paillet et Coclers.) — *Intérieur de cabaret flamand.* 1844, Vte X..., 1,030 fr. — *Le Plaisir de fumer.* 1845, Vte Vasserot, 1,405 fr. — *Le Paysan blessé.* Même Vte, 84 fr. — *La Partie de cartes.* 1845, Vte Meffre, 1,401 fr. — *Les Joueurs de cartes.* 1846, Vte Fesch, 797 fr. — *Intérieur rustique.* 1857, Vte Patureau, 2,150 fr. (à lord Wellesley). — *Le Combat du gras et du maigre.* 1860, Vte X..., de Lyon, 755 fr. (contesté). — *Scène de dispute dans un cabaret.* 1861, Vte Martinengo, de Würtzbourg, 176 florins. — *Fumeur et Buveur* (30^c—24^c). 1861, Vte Dupire, de Valenciennes, 440 fr. — *Un Buveur.* 1863, Vte Louis Viardot, 175 fr.

Parmi ceux qui ont le plus adroitement copié ou imité Brauwer, on distingue :

CRAESBEKE (JOSEPH VAN)

Né à Bruxelles en 1608, mort en 1661.

Craesbeke a renchéri sur son maître dans tout ce que l'homme dépravé peut offrir d'ignoble et de dégoûtant. Toutes ses figures sont véritablement patibulaires.

Sa touche est moins spirituelle que celle de Brauwer, elle a quelque chose de brodé qui décèle le copiste. Sa couleur, quoique dorée, est moins transparente, et son dessin offre plus de trivialité.

TILLEBORG ou TILBORG (GILLES VAN)

Né à Bruxelles en 1625, mort en 1687.

Ce peintre s'est fort approché de Brauwer dans le choix des sujets et dans le coloris. Cependant sa touche est plus lourde, son dessin moins correct et son clair-obscur moins fondu.

FOUQUIER ou FOUCHIER (BERTRAND)

Né à Berg-op-Zoom en 1609, mort en 1674.

Élève de Van Dyck et de Jean Bylert, peintre hollandais, Fouquier abandonna ses premières études dans l'histoire et le portrait, pour peindre selon le goût de Brauwer, qui obtenait un grand succès à cette époque.

Sa touche diffère de celle du maître par son caractère arrondi et maniéré ; ses compositions sont plus simples et quelquefois plus agréables, mais sont loin d'être exécutées avec la fougue qui caractérise le pinceau de Brauwer.

SAFT-LEEVEN ou SACHT-LEEVEN [1] (HERMAN)

Né à Rotterdam en 1609, mort à Utrecht en 1669.

Suivant Gault, le principal mérite de Saft-Leeven consiste dans le choix qu'il sut faire du beau, mais du beau dans toute sa simplicité. Sous son pinceau, les objets les moins intéressants en apparence prenaient du charme et de la grâce. Qui n'admire la délicatesse de goût avec laquelle il a étudié les bords du Rhin? Tout est délicieux dans ses paysages, où l'on trouve la plus grande intelligence du coloris et de la perspective aérienne.

Voici quelques indications qui peuvent aider à faire découvrir les ouvrages de Saft-Leeven : son pinceau est flou, son coloris clair et vaporeux, ses devants sont terminés sans manière comme sans sécheresse.

Les tableaux de ce peintre sont peu recherchés et encore moins disputés par les ama-

---

1. Il m'a paru raisonnable d'adopter, pour le nom de ce peintre, l'orthographe qui résulte du monogramme placé sur la *Vue des bords du Rhin* (magnifique tableau faisant aujourd'hui partie du musée du Louvre). Je dirai, à ce sujet, que je ne comprends pas l'indécision de plusieurs écrivains qui, après avoir signalé les lettres H, S et L, dont est composé le monogramme, ne savent pas encore s'il faut écrire Zaft ou Saft. Il y a cependant tout lieu de croire que l'artiste, en finissant son ouvrage, y aura apposé son nom tel qu'il doit être écrit, et que, par conséquent, le malencontreux Z doit être rejeté, surtout si, comme dans le tableau en question, la signature est authentique. Que l'on hésite à trancher une question de sa propre autorité, cela se conçoit, mais que l'on prolonge une incertitude lorsque la preuve du certain est visible, palpable, ce n'est plus de la réserve, c'est un effacement d'autant plus blâmable que, pour me servir des paroles d'un critique distingué, le Louvre est la grande cour d'appel en matière de beaux-arts, et si les appellations de tableaux y sont fausses, les jugements fondés par comparaison deviennent naturellement erronés.

teurs. Celui qui figure au musée du Louvre, *Vue des bords du Rhin,* fut estimé 300 fr. lors des inventaires. C'est beaucoup moins que sa valeur..

MUSÉES DIVERS, GALERIES, ETC.

Musée de Rennes. — *Marine.*

Musée d'Amsterdam. — *Vue d'une Rivière.* — *Vue du Rhin.* — *Village au bord d'une rivière.*

Musée de Rotterdam. — *Petits Enfants jouant autour du feu.* — *Un Paysage.*

Ancienne collection de Vienne. — *Paysage avec figures.* — *Une vue du Rhin avec figures.* — Deux autres *Vues du Rhin.*

Musée de Dresde. — *Intérieur d'une chétive Chaumière.* — *Différents ustensiles de ménage.* — *Intérieur d'une Chaumière.* — *Intérieur d'une Chaumière.* — *Une large Vallée avec un Lac.* — *Une Ville au pied d'une montagne.* — *Ehrenbreistein.* — *Paysage à vaste lointain.* — *Paysage traversé par une rivière.* — *Vue d'Engers.* — *Vue du château de Hermannstein.* — *Vue d'Utrecht.* — *Tour sur le rivage de la mer.* — *Paysage représentant une vigne et des vendangeurs.* — *Paysage avec des rochers.* — *Une Rivière sur les bords de laquelle sont des bateaux.* — *Paysage des environs de Cologne.* — *Large Fleuve avec des bateaux.* — *Paysage couvert de hautes montagnes.* — *Paysage montagneux avec un lac.* — Sujet du même genre, vers le fond *Un Lac avec des bateaux.*

Musée de Munich. — Plusieurs *Vues du Rhin.*

Musée Van der Hoop. — *Paysage avec rivière.*

Collection Anderson. — *Paysage avec figures.*

Collection Thomas Hope. — Un petit *Paysage.*

Galerie Northumberland. — *Un Intérieur avec figures.*

Ancienne galerie Weyer de Cologne. — *Un Marais dans la forêt.*

A M. le marquis de Clermont-Tonnerre. — *Bohémiens au cabaret.*

Cabinet de M. le comte de Nattes. — *Sorcière arrivant au sabbat.*

En 1821, à la Vte Paignon Dijonval, il a été vendu *une Vue prise aux bords du Rhin* (B. 19^c—27^c), 84 fr. Ce tableau provenait de la collection de Gagny. — *Intérieur de basse-cour.* 1846, Vte Fesch, 67 écus. — *Un Chat accroupi* (au crayon noir). 1861, Vte Van Os, 70 fr. — *Paysage.* 1863, Vte Meffre, 450 fr.

KALRAAT (bernaert van)

Né en 1650.

Des deux manières différentes qu'a possédées Kalraat, la seconde seule pourrait induire en erreur par sa grande analogie avec celle de Saft-Leeven. C'est la même légèreté de pinceau, la même couleur douce et pleine d'harmonie, il n'y manque qu'un peu plus de fermeté dans les premiers plans, et une plus grande correction de dessin dans les figures.

KOBELL (FERDINAND ET JAN-HENRI)

Le premier né à Manheim en 1760, mort en 1815: le second né à Rotterdam, mort en 1780.

On doit quelques bonnes imitations de Saft-Leeven à la collaboration de ces deux artistes. Néanmoins si la touche du paysagiste Kobell est fière, soignée, spirituelle, son coloris est plus vert et ses eaux sont plus cotonneuses.

CHRÉTIEN SCHÜTZ, JAN WOSTERMANS, THÉOBALD MICHAU ont aussi approché du talent de Saft-Leeven, mais à une distance qui ne permet pas la confusion.

BOTH (JAN), DIT BOTH D'ITALIE

Né à Utrecht en 1610, mort en 1650.

BOTH (ANDRÉ)

Né à Utrecht, mort à Venise en 1650.

Malgré la route différente qu'ils suivirent dans la peinture, ces deux frères ne se désunirent jamais. Ils s'accordaient si bien pour le principal et les accessoires, que les paysages de Jan, ornés de figures et d'animaux par André, semblent être l'œuvre d'un seul et même pinceau.

Leur couleur est chaude, leur touche grasse et contenue. On trouve dans leurs compositions l'invention qu'eut en partage Herman d'Italie, avec le goût et la finesse des meilleurs tableaux d'Asselyn.

Les œuvres de ces peintres sont presque toutes placées dans les hautes galeries et dans les musées de l'Europe; ce n'est qu'à de longs intervalles qu'on en rencontre dans les ventes publiques où elles sont l'objet de l'empressement des amateurs.

Le musée du Louvre en possède deux, dont le plus capital est le *Paysage* (n° 43), il fut évalué 40,000 fr., l'autre *Paysage* (n° 44), n'a été coté qu'à 8,000 fr., prix bien minime.

MUSÉES DIVERS, GALERIES, ETC.

MUSÉE DE LYON. — *Paysage.*
MUSÉE DE NIMES. — *Ruines d'Italie.*

MUSÉE DE RENNES. — *Un Combat de cavalerie* (dessin lavé à l'encre).

MUSÉE DE BORDEAUX. — *Paysage.*

MUSÉE D'ÉPINAL. — *Paysage* représentant *une Mare.* — *Paysage* représentant *un Guet.* — Un petit *Paysage* représentant *l'Entrée d'une forêt.*

MUSÉE D'AMSTERDAM. — *Cour de ferme.* — *Paysage italien.* — *Le Passage du bac.*

MUSÉE DE ROTTERDAM. — *Étude de paysage.* — *Effet de soir.*

MUSÉE DE LA HAYE. — Deux *Paysages.*

ANCIENNE GALERIE DE VIENNE. — *Un Coucher de soleil.*

MUSÉE DE SAINT-PÉTERSBOURG. — Plusieurs *Paysages italiens.*

MUSÉE DE BERLIN. — *Site d'Italie.*

MUSÉE DE MUNICH. — *Mercure endormant Argus* et plusieurs autres *Paysages.*

MUSÉE DE DRESDE. — *Ruines d'un château.* — *Paysage sur le devant duquel s'arrêtent deux Hommes à cheval.* — *Paysage couvert de rochers ornés de ruines.* — *Quelques Hommes jouent aux cartes.* — *Paysage montagneux.*

MUSÉE DU ROI A MADRID. — *Paysage.*

MUSÉE DE TURIN. — Trois *Paysages italiens.*

NATIONAL GALLERY. — *Un Paysage avec figures.* — *Paysage avec rochers* (les figures sont peintes par C. Poelemburg; elles représentent le *Jugement de Pâris.*

BUCKINGHAM PALACE. — Un beau *Paysage.*

DULWICH COLLÉGE. — Plusieurs *Paysages avec figures.*

INSTITUTION ROYALE D'ÉDIMBOURG. — Deux beaux *Paysages.*

COLLECTION J. WALTER. — Grand *Paysage avec figure* (l'un des plus beaux tableaux du maître).

GALERIE FITZWILLIAM. — *Vue des environs du Tibre.*

COLLECTION HARCOURT. — *Paysage montagneux avec figures.*

COLLECTION OVERSTONE. — *Paysage avec rochers et animaux* (anc. coll. Casimir Perrier).

GALERIE NORTHUMBERLAND. — *Paysage avec rochers et figures.*

CABINET WARWICK. — *Paysage avec figures* (coll. Verstolk).

AU MARQUIS DE WESTMINSTER. — *Paysage italien avec figures.*

GALERIE BEDFORD. — *Le Dentiste de village.* — *La Chanteuse de vaudevilles.*

GALERIE ELLESMÈRE. — *Paysage avec rochers et figures.* — *Paysage avec ruines* (fig. de Poelemburg).

CABINET J.-J. MARTIN. — *Paysage avec figures.*

COLLECTION NORMANTON. — *Paysage italien.*

COLLECTION SEYMOUR. — Un beau *Paysage* (site d'Italie).

COLLECTION HEUSCH. — *Un Paysage avec figures.*

COLLECTION ENFIELD. — *Paysage avec figures et animaux* (contesté; attribué à Jean Hackert). — *Paysage avec figures et animaux.* — Un autre *Paysage.*

COLLECTION HOLFORD. — *L'Apôtre Philippe baptisant Eunuch.*

COLLECTION MORRISON. — *Paysage avec rochers et figures.* — *Un Paysage orné de figures.*

CABINET FORSTER. — *Paysage avec rochers et figures.*

COLLECTION FEVERSHAM. — Un beau *Paysage.*

COLLECTION BECKFORD. — Deux beaux *Paysages* (coll. de la D^sse de Berry).

COLLECTION NEELD. — *Un Paysage avec animaux.*

COLLECTION ASHBURTON. — *Un Paysage montagneux.*

COLLECTION M'LELLAN. — *Un Paysage.*

COLLECTION SANDERS. — *Paysage avec rochers, caverne et figures.*

COLLECTION CALEDON. — *Paysage avec rochers et figures.*

CABINET FLETCHER. — Un charmant *Paysage.*

COLLECTION ROBART. — *Paysage* (avec figures d'André Both).

AU DUC DE PORTLAND. — *Paysage* (site d'Italie).

COLLECTION MARTIN. — *Un Paysage poétique.*

CABINET NELTHORPE. — Un beau *Paysage.*

COLLECTION DRURY LOWE. — *Un Paysage* (contesté).

COLLECTION MATTHEUW ANDERSON. — Deux très-beaux *Paysages* (avec figures d'André Both).

COLLECTION BREDEL. — Un beau *Paysage.*

CABINET GRAY. — *Un Paysage* (avec figures par André Both).

COLLECTION COWPER. — Un beau *Paysage avec rochers.*

COLLECTION WYNDHAM. — Un beau *Paysage.*

COLLECTION BARING. — *Les Cascatelles de Tivoli* (avec figures par André Both). — *Un Paysage.*

GALERIE LANSDOWNE. — *Paysage avec fabriques et figures.*

COLLECTION MUNRO. — *Vue de Ponte Molle.* — *Un Paysage.*

COLLECTION THOMAS HOPE. — *Paysage avec figures.*

COLLECTION PERKINS. — *Vue de Subiaco.*

CABINET DU COMTE CZERNIN. — *Paysage* (site d'Italie).

GALERIE D'ARENBERG. — *Paysage italien.*

GALERIE SUERMONDT. — *Paysage.*

MUSÉE VAN DER HOOP. — *L'Artiste étudiant d'après nature.*

COLLECTION VANDER AA, DE SAINT-NICOLAS. — *Paysage* (effet de soleil couchant; fig. et animaux).

GALERIE DU DUC D'AUMALE. — *Paysage* (dessin).

CABINET GOWER. — *Soleil couchant.*

COLLECTION DE M. LE COMTE DE BUDÉ. — *Paysage avec figures.*

CABINET TRILHA. — *Paysage italien avec figures.*

COLLECTION C***. — *Vue de la Carniole.*

PRIX DE VENTES

			fr.	
Les Courriers .... *Un Hiver*.....................	1745.	Vte LAROQUE........ Flor.	124.	Gravés par Lebas.
Paysage avec cascades (lever du soleil)..................... *Paysage* (coucher du soleil).......	1771.	Vte BRAAMCAMP..... »	1,100.	
Vue d'une Rivière...............	1773.	Vte LEMPEREUR...........	250.	
Paysage avec figures...........	1777.	Vte CONTI...............	600.	
Paysage avec chute d'eau (avec fig. par Cor. Poelemburg, représentant le *Jugement de Paris*) (94^c — 1^m,26 1/2)................	D^o	Vte RANDON DE BOISSET...	5,061.	

			fr.	
Vue d'Italie (figures d'And. Both) (cuivre, 75ᶜ—66ᶜ1/2)............	1779.	Vᵗᵉ Verhulst.............	1,155.	
—	1782.	Vᵗᵉ Lebœuf.............	3,000.	
—	1817.	Vᵗᵉ Lapeyrière............	11,050.	
Paysage avec figures (47ᶜ 1/2—74ᶜ).	1787.	Vᵗᵉ Lambert et du Porail.	3,600.	
Paysage (avec figures peintes par Poelemburg.) (*Le Jugement de Páris.*) (46ᶜ—56ᶜ1/2)...........	Dᵒ	dᵒ	1,000.	
Paysage italien...............	1797.	Vᵗᵉ Bruyn.......... Flor.	4,000.	
—	1810.	Vᵗᵉ V. Alphen..... »	2,000.	
Diane et Nymphes au bain........	1802.	Vᵗᵉ Sluyter.............	3,849.	
—	1829.	Vᵗᵉ Hubert..... Guinées.	375.	
Paysage avec figures (1ᵐ,36—1ᵐ,68).	1804.	Vᵗᵉ Van Leyden..........	7,600.	
Paysage (75ᶜ—88ᶜ 1/2)............	1808.	Vᵗᵉ Van der Pott.. Flor.	3,690.	
Cour intérieure d'une ferme (59ᶜ—48ᶜ)........................	1814.	Vᵗᵉ Borrel......... »	610.	Musée d'Amsterdam.
Vue prise dans un pays montagneux.	1817.	Vᵗᵉ Talleyrand..........	4,650.	
Soirée d'automne (bois, 83ᶜ—99ᶜ)...	1821.	Vᵗᵉ Lafontaine..........	5,000.	
Vue d'Italie (fig. d'André Both) 1ᵐ,24—1ᵐ,03).................	1822.	Vᵗᵉ Delahante..........		
—	1841.	Vᵗᵉ Héris..............	14,800.	A M. Mennechel.
Paysage (94ᶜ—1ᵐ,10)............	1832.	Vᵗᵉ Érard..............	13,600.	
Les Apennins (fig. de Berghem) (64ᶜ 1/2—1ᵐ,07)................	1837.	Vᵗᵉ Dˢˢᵉ de Berry........	9,150.	
Paysage (fig. d'André Both).......	Dᵒ	dᵒ	3,180.	A M. Tardieu.
Paysage (59ᶜ,2ᵐ—40ᶜ,50ᵐ)........	1840.	Vᵗᵉ Schamp.............	400.	
Vue d'Italie (1ᵐ,24—1ᵐ,03)........	1841.	Vᵗᵉ Biré - Héris..........	14,000.	
Vue d'Italie (54ᶜ—66ᶜ)...........	Dᵒ	dᵒ	3,050.	
Paysage (1ᵐ,05—84ᶜ)............	1841.	Vᵗᵉ Perregaux..........	21,200.	
—	1854.	Vᵗᵉ Mecklembourg.......	28,200.	
Paysage montagneux............	1843.	Vᵗᵉ Tardieu............	7,000.	
Paysage avec figures............	Dᵒ	dᵒ	2,100.	
Un Paysage....................	Dᵒ	dᵒ	410.	
Paysage....................	1844.	Vᵗᵉ X.............	8,600.	
Paysage (site d'Italie)...........	Dᵒ	dᵒ	2,990.	
Le Cabaret de grand chemin.......	1846.	Vᵗᵉ Fesch .... Écus.	15 1/2.	
Soleil couchant.................	Dᵒ	dᵒ	2,000.	
Paysage et animaux............	Dᵒ	Vᵗᵉ Stévens.............	525.	
Paysage d'Italie (1ᵐ,14—1ᵐ,59)....	1850.	Vᵗᵉ Guillaume II... Flor.	10,400.	A M. Héris et Leroy.
Paysage (cuivre, 37ᶜ—48ᶜ)........	Dᵒ	Vᵗᵉ Kalbrenner..........	2,000.	
—	1860.	Vᵗᵉ Piérard.	2,400.	
Paysage....................	1851.	Vᵗᵉ Jecker.............	1,400.	
Le Repos (bois, 41ᶜ—50ᶜ)..........	1860.	Vᵗᵉ Piérard............	1,000.	
Paysage avec figures (dessin)......	Dᵒ	Vᵗᵉ E. N..............	400.	
Paysage (site d'Italie)...........	Dᵒ	Vᵗᵉ Cᵗᵉ H. de Stenhuyse Retiré à............	6,000.	
Paysage (bois, 37ᶜ—48ᶜ).........	1861.	Vᵗᵉ Van den Schrieck ...	4,800.	
Paysage d'Italie (93ᶜ—1ᵐ,10)......	Dᵒ	dᵒ ...	875.	
Paysage italien.................	Dᵒ	Vᵗᵉ Rhoné	3,100.	
Un Paysage...................	Dᵒ	Vᵗᵉ Leroy d'Étiolles.....	580.	
Un Paysage......	Dᵒ	Vᵗᵉ Scarisbrieck.........	7,875.	
Paysage....................	1862.	Vᵗᵉ Weyer, de Cologne...	615.	
Paysage (à l'encre de Chine)......	Dᵒ	Vᵗᵉ Simon	465.	
Paysage italien.................	1863.	Vᵗᵉ Meffre	13,000.	

HEUSCH (WILLEM VAN)

Né à Utrecht vers 1638.

Les tableaux de ce peintre ont plus d'une fois servi à tromper les amateurs peu familiarisés avec le talent des Both ; la touche de W. van Heusch, quoique vive, est pourtant plus ronde et plus uniforme que celle du maître. La couleur n'a pas ce ton doré, cette transparence particulière aux frères Both ; les figures, quoique bien dessinées, pèchent par la sécheresse de leur exécution.

MOUCHERON (ISAAK)

Né en 1670, mort en 1744.

Fils de Frédéric Moucheron, qu'il a surpassé dans sa manière propre, Isaac fut un des bons copistes des frères Both. On le reconnaît néanmoins à sa touche grêle et uniforme et à ses plans plus lavés que flous.

DRILLENBURG (WILLEM VAN)

Né à Utrecht vers 1625.

Les copies dués au pinceau de cet artiste sont bien réussies, mais un examen quelque peu attentif suffit pour les faire reconnaître. En effet, la couleur de Drillenburg est plus rousse que dorée, et l'on ne trouve pas dans son exécution molle et maniérée ces retroussis petillants, ces lumières frisées si abondantes et si vraies chez le maître.

Je citerai encore, mais pour mémoire seulement, HENDRICK VERSCHURING, — JAN WILS, dont les tableaux sont quelquefois étoffés par Berghem, — ZÉEMAN COLONIA, — VAN DER ULFT, non comme des imitateurs, mais comme des analogues très-peu compromettants.

DOW ou DOU (GÉRARD)

Né à Leyde en 1598 [1], mort en 1674 ou 1680.

Gérard Dow, élève de Rembrandt, n'a retenu de son maître que sa belle intelligence du clair-obscur; il s'en est totalement éloigné quant au mode d'exécution. J'ajouterai, toujours d'après Gault, que si le maître est libre, franc, heurté dans sa touche, l'élève est soigné, recherché, minutieux jusqu'au scrupule. Sérieux observateur de la nature, il l'a représentée dans tous ses plus petits détails. Vrai dans toute l'acception du mot, il pousse le fini jusqu'aux dernières limites de la perfection. Et, bien que cette qualité soit incompatible avec le feu du génie, l'extrême vérité, qui plaît toujours dans l'art de l'imitation, et qui jaillissait de son pinceau avec tous les ressorts de la chromatique, ne manqua pas, de son temps, de lui attirer tous les regards.

Encouragé par les suffrages et les applaudissements de ses contemporains, Gérard Dow a fait des chefs-d'œuvre de patience et d'exactitude que l'on paye aujourd'hui au poids de l'or.

On admire au musée du Louvre onze tableaux de ce maître, dont la réputation universelle me dispense de tout commentaire. Voici leurs titres suivant leur ordre d'inscription et suivis de leurs expertises.

La Femme hydropique, 120,000 fr. — *Aiguière d'argent* (sans estimation). — *L'Épicière de village*, 35,000 fr. (suivant Smith ce tableau fut vendu 1,200 florins en 1716 à la Vte Beunengen; 7,150 florins à celle de Mme Backer, à Leyde, en 1736; 15,500 fr. à la Vte Boisset, en 1777; 16,901 fr. à la Vte Vaudreuil, en 1784; 34,000 fr. à la Vte Praslin, en 1793. — *Le Trompette*, 15,000 fr. Voici les provenances indiquées par Smith : 1757, Vte Loot, 1,925 florins; 1771, Vte Braampcamp, 3,120 florins; 1783, Vte Locquet, 7,000 florins. — *La Cuisinière hollandaise*, 10,000 fr., 1750, Vte Vassenaard d'Obdam, 1,700 florins; 1777, Vte Randon de Boisset, 9,000 fr.; 1780, Vte Poulain, 10,000 fr. (Smith). — *Une Femme accrochant un coq à une fenêtre*, 18,000 fr. — *Le Peseur d'or*, 8,000 fr. — *L'Arracheur de dents*, 5,000 fr. — *La Lecture de la Bible*, 25,000 fr. — *Portrait de G. Dow*, 8,000 fr. — *Portrait d'une Femme âgée*, 2,500 fr. La plupart de ces prix seraient certainement doublés aujourd'hui.

MUSÉES DIVERS, GALERIES, ETC.

M[usée] d'Amsterdam. — *Portrait du Bourgmestre de Leyde et de sa Femme*. — *La Curieuse*. — *L'Ermite*. — *L'École du soir*.

1. Après bien des réclamations, la date de la naissance de Gérard Dow a été rétablie officiellement d'après la signature apposée sur le tableau de *la Femme paralytique*. Cette marque est ainsi conçue : *1663, Dov, oud 63 jaer;* ce qui se traduit par ces mots : 1663, G. Dov, âgé de 63 ans.

Musée de La Haye. — *Femme assise dans un intérieur.* — *Femme à une fenêtre.*

Musée de Rotterdam. — *La jeune Dentelière.*

Musée de Bruxelles. — *Portrait de l'artiste* (où il s'est représenté dessinant une statue de l'Amour, à la lueur d'une lampe).

Ancienne collection de Vienne. — *Un Médecin examinant à une fenêtre l'urine d'un malade dans une fiole* (cintré). — *Un Militaire blessé à la poitrine et couché sur des chaises devant un lit,* etc., etc.

Musée de Munich. — *Une Dame à sa toilette.* — *Un Ermite dans sa grotte.* — Deux sujets dans le même genre. — *Vieille Femme à la fenêtre.* — *La Pâtissière.* — *La Marchande de légumes.* — *Une Fileuse.* — *Portrait du Peintre.* — *Un Charlatan* (où se trouvent réunis les portraits de ses frères et le sien, une palette à la main).

Musée de Saint-Pétersbourg. — *L'Empyrique.* — *La Liseuse.* — *La Dévideuse.* — *La Marchande de harengs.* — *Le Solitaire.* — *Le Philosophe.* — *Portrait du Peintre.* — *Un Baigneur.* — *Deux Baigneuses.* Enfin quinze tableaux.

Musée de Dresde. — *Portrait du Peintre.* — *Chat gris sur l'accoudoir d'une fenêtre* (cintrée). — *Jeune Fille à une fenêtre.* — *Le Maître lui-même, jouant du violon.* — *Vieille Femme lisant dans un livre.* — *Un jeune Homme tient une lumière devant la figure d'une jeune fille.* — *Jeune Fille assise devant une table.* — *La Mère du peintre.* — *Vieille Femme.* — *Une Fille dans une cave.* — Autre *Portrait de la Mère de G. Dow.* — *Vieux Maître d'école taillant une plume.* — *Un Dentiste avec un jeune garçon.* — *Ermite en prière.* — *Une jeune Fille arrose une plante.* — *Nature morte.* — *Une Montre suspendue à un ruban bleu,* etc., etc.

Musée de Berlin. — *Une Madeleine.* — *La Cuisinière.*

Musée de Turin. — *Le Vieillard.* — *Le Médecin.* — *Les Bulles de savon.* — *La Jeune Fille à la grappe.*

National Gallery. — *Portrait du peintre* (acheté 3,275 fr. en 1844).

Buckingham Palace. — *La Ménagère.* — Trois autres belles compositions.

A Hampton Court. — Plusieurs belles toiles.

Dulwich Collége. — Plusieurs belles compositions.

Galerie Fitzwilliam. — *Le Maître d'école.* — *Portrait d'un jeune Homme.*

Galerie Westminster. — *Une Mère allaitant son enfant.*

Galerie Ellesmère. — *Intérieur* (magnifique échantillon du maître). — *Portrait du Peintre à l'âge de 22 ans.*

Collection Robert Peel. — *La Conversation.*

Collection John Walter. — Une belle composition datée 1647 (coll. Braamcamp et Van Alphen; payée 31,762 fr. en 1823).

Collection Suffolk. — Une charmante composition.

Collection Baring. — *Un Intérieur avec figures.*

Collection Arundel. — *Tobie et l'Ange* (coll. Braamcamp).

Collection Miles. — *Le Docteur.*

Collection Morrison. — *Un Philosophe.*

Galerie Rutland. — *Intérieur avec une jeune Fille.*

Collection Wynn Ellis. — *Le Dentiste.*

Collection Wombwell. — *Femme dans un intérieur.*

Collection Oppenheim. — Une charmante composition.

Collection Lonsdale. — *Un Portrait de Femme.*

GALERIE ASHBURTON. — *Un Ermite* (coll. Van Leyden, où ce tableau a été payé 32,000 fr.) — *Un Intérieur avec figures* (coll. Poulain et Tolozan).

COLLECTION THOMAS HOPE. — Deux beaux *Intérieurs,* l'un représente *une Jeune Fille à une fenétre.*

COLLECTION BUTE. — *La Méditation.*

GALERIE D'ARENBERG. — *La Mère de Gérard Dow.* — *L'Avare.* — *Un vieil Ermite* (attribué).

CABINET DU COMTE CZERNIN. — *Une Dame et deux Cavaliers jouant aux cartes.* — *Portrait du Peintre.*

GALERIE LICHTENSTEIN. — *Portrait de l'Artiste* (grandeur naturelle).

GALERIE ESTERHAZY. — *Un Ermite.*

MUSÉE VAN DER HOOP. — *Vieille Femme tenant un dévidoir.* — *Ermite en méditation.*

GALERIE JAMES DE ROTHSCHILD. — *Portrait du Peintre.* — *La jeune Cuisinière.*

A LORD HERTFORD. — *Portrait de l'Artiste.*

PRIX DE VENTES

				fr.	
L'Astronome (bois cintré, 54ᶜ — 40ᶜ 1/2)	1706.	Vᵗᵉ HŒCK JANTZ. Florins.		505.	Ces prix font douter de l'authenticité du tableau.
—	1777.	Vᵗᵉ CONTI		1,300.	
—	1809.	Vᵗᵉ SCHAWANBERG		1,200.	
—	1822.	Vᵗᵉ SAINT-VICTOR		1,600.	
L'Épicière du village (38ᶜ 1/2—27ᶜ, cintré du haut)	1716.	Vᵗᵉ BEUMINGEN... Florins		1,200.	
—	1766.	Vᵗᵉ BACKER......	dᵒ	7,150.	
—	1777.	Vᵗᵉ BOISSET		15,500.	
—	1784.	Vᵗᵉ DE VAUDREUIL		16,901.	
—	1793.	Vᵗᵉ CHOISEUL-PRASLIN		34,854.	Au Louvre.
L'Astronome (bois cintré, 31ᶜ 1/2 —20ᶜ 1/2)	1734.	Vᵗᵉ SIX......... Florins.		905.	
—	1817.	Vᵗᵉ LAPEYRIÈRE		7,100.	
—		Vᵗᵉ BARCHARD... Guinées.		300.	
L'Ermite (bois, 25ᶜ—19ᶜ)	1737.	Vᵗᵉ HULST......... Flor.		145.	
—	1781.	Vᵗᵉ CLEY	»	170.	
—	1808.	Vᵗᵒ VAN DER POIT..	»	1,100.	Musée d'Amsterdam.
La Dévideuse (bois)	1742.	Vᵗᵉ HASSELAAR.....	»	465.	
—	1761.	Vᵗᵉ DE VENCE		2,567.	
Vieille Femme caressant un chat (27ᶜ 1/2—19ᶜ)	1750.	Vᵗᵉ VASSENAER D'OBDAM. Fl.		415.	
Femme versant du lait (le haut du tableau représente *une arcade*) (bois, 35ᶜ—24ᶜ)	Dᵒ	dᵒ	»	1,710.	
—	1777.	Vᵗᵉ BOISSET		9,000.	
—	1780.	Vᵗᵉ POULLAIN.		10,700.	
L'Ermite en prière	1762.	Vᵗᵉ WIERMAN.... Florins.		655.	
—	1801.	Vᵗᵉ CRAWFORD.. Guinées.		190.	
—	1811.	Vᵗᵉ LEBRUN		8,610.	Au prince de Talleyrand.
La Boutique d'épiceries (bois, 41ᶜ —30ᶜ)	1766.	Vᵗᵉ DE LA COURT... Flor.		7,150.	Serait-ce le tableau qui est au Louvre ?
L'École du soir (82ᶜ—40ᶜ)	Dᵒ	dᵒ	»	4,000.	

			fr.	
L'École du soir (82ᶜ—40ᶜ)	1808.	Vᵗᵉ VAN DER POT ... »	17,500.	Musée d'Amsterdam.
L'Ermite (bois cintré, 69ᶜ 1/2—51ᶜ).	1766.	Vᵗᵉ BACKER .... »	5,000.	
—	1804.	Vᵗᵉ VAN LEYDEN	12,000.	A M. Paillet père.
—	1814.	Vᵗᵉ PAILLET FILS	15,000.	Aux héritiers Van Leyden.
La Marchande de poisson et de volaille	1768.	Vᵗᵉ CAIGNAT..............	6,220.	
Intérieur, dont le sujet principal est une Femme tenant un panier avec des fruits (pendant du Joueur de trompette)..........	1771.	Vᵗᵉ BRAAMCAMP..... Flor.	4,010.	
Triptyque.....................	Dᵒ	dᵒ »		Perdu ainsi qu'un Paul Potter dans un naufrage lors d'un voyage en Russie. Le tableau principal représentait une Femme venant de tirer son enfant d'un berceau, et un Paysan se faisant opérer par un chirurgien. Les deux volets représentant, l'un un Maître d'école, l'autre un Homme taillant une plume. Le dehors des volets était peint par Coxie.
La Marchande de poules ou la Conversation (59ᶜ 1/2—47ᶜ)........	1772.	Vᵗᵉ CHOISEUL..............	17,300.	Ce tableau avait pour pendant le Médecin dans son laboratoire. (Vᵗᵉ Choiseul.)
—	1777.	Vᵗᵉ CONTI.................	20,000.	
—	1787.	Vᵗᵉ CHABOT...............	20,800.	
—	1821.	Vᵗᵉ DUPRÉ	26,100.	
—	1842.	Vᵗᵉ ROBERT PEEL. Guinées.	1,270.	
Le Médecin dans son laboratoire (59ᶜ 1/2—47ᶜ).................	1772.	Vᵗᵉ CHOISEUL..............	19,153.	
La Ménagère	1773.	Vᵗᵉ LEMPEREUR...........	3,100.	
—	1777.	Vᵗᵉ CONTI	3,500.	
—	1800.	Vᵗᵉ GELDERMEESTER. Flor.	1,950.	
Jeune Fille à son clavecin (38ᶜ—27ᶜ).	1774.	Vᵗᵉ DU BARRY	5,000.	Considéré comme un Schalken.
La Liseuse (25ᶜ 1/2—19ᶜ 1/2).......	1776.	Vᵗᵉ JULIENNE.............	3,101.	
Le Dessinateur (cintré)..........	Dᵒ	dᵒ	1,161.	
Jeune Dame tenant un perroquet (21ᶜ 1/2—16ᶜ).................	Dᵒ	Vᵗᵉ GAGNY	6,000.	
—	1783.	Vᵗᵉ D'AZINCOURT..........	5,210.	
La Jardinière hollandaise (35ᶜ—27ᶜ 1/2)...................	1777.	Vᵗᵉ RANDON DE BOISSET...	6,300.	
Fille hachant de l'oignon dans un baquet (19ᵉ—16ᶜ 1/2)	1777.	Vᵗᵉ CONTI................	7,300.	Coll. Gaignat, Choiseul.
Vieille Femme (dessin aux trois crayons; ovale)................	1779.	Vᵗᵉ VASSAL DE ST-HUBERT.	246.	
Le Mangeur de bouillie...........	1780.	Vᵗᵉ NOGARET.............	2,000.	
—	1794.	Vᵗᵉ DESTOUCHES..........		
La Double Surprise (bois, 40ᶜ 1/2—32ᶜ).....................	1780.	Vᵗᵉ POULLAIN.............	4,760.	Coll. Subbeling.
—	1801.	Vᵗᵉ TOLOZAN	7,350.	
—	1802.	Vᵗᵉ MONTALEAU...........	10,500.	
—	1809.	Vᵗᵉ EMLER	16,000.	A M. Th. Baring.
Portrait du Peintre (40ᶜ 1/2—27ᶜ)...	1788.	Vᵗᵉ LENGLIER.............	1,800.	
La Dame nourrice (bois cintré, 47ᶜ 1/2—35ᶜ)	1793.	Vᵗᵉ CHOISEUL-PRASLIN.....	33,500.	
L'Épicière (bois cintré, 47ᶜ 1/2—35ᶜ).	Dᵒ	dᵒ	34,850.	En assignats.
La Cuisinière hollandaise (46ᶜ—				

			fr.	
14ᶜ 1/2).....................	1793.	Vᵗᵉ CHOISEUL-PRASLIN.....	8,000.	En assignats.
La Madeleine pénitente (24ᶜ 1/2 — 18ᶜ 1/2).....................	Dᵒ	dᵒ	3,010.	Dᵒ.
—	1808.	2ᵉ Vᵗᵉ CHOISEUL-PRASLIN..	1,200.	
Scène d'intérieur (bois, 51ᶜ—40ᶜ)..	1793.	Vᵗᵒ X....................	33,500.	Galerie Growenor.
Jeune Fille puisant de l'eau.......	1795.	Vᵗᵉ DE CALONNE..........	2,430.	
Le Joueur de violon.............	1800.	2ᵉ Vᵗᵉ D'ORLÉANS. Guinées.	300.	
—	Dᵒ	Vᵗᵉ ROBERT STRANGE. »	327.	
—		Vᵗᵒ AGAIN.......... »	373 1/2.	
—	1801.	Vᵗᵉ DAVEMPORT..... »	290.	
—	1803.	Vᵗᵉ RICHARD WALKER. »	290.	
—	1815.	Vᵗᵉ PHILIPS .... »	330.	
—	1837.	Vᵗᵉ Dˢˢᵉ DE BERRY........	10,700.	
Vieille Femme éclairée par une lampe.....................	1800.	2ᵉ Vᵗᵉ D'ORLÉANS. Guinées.	63.	
Femme sur un balcon...........	Dᵒ	dᵒ . »	300.	
Deux jeunes Filles éclairées par une lampe	Dᵒ	dᵒ . »	10.	
Portrait de l'Artiste (69ᶜ 1/2—59ᶜ).	1832.	Vᵗᵉ ÉRARD	19,250.	Coll. Voyer d'Argenson, Et. Leroy, Kalbrenner.
—	1860.	Vᵗᵉ PIÉRARD............	37,000.	A lord Hertford.
L'Ermite en méditation..........	1837.	Vᵗᵉ Dˢˢᵉ DE BERRY........	8,250.	
L'Empirique (30ᶜ—22ᶜ)..........	1841.	Vᵗᵉ BIRÉ HÉRIS..........	8,101.	
—	1851.	Vᵗᵉ THÉVENIN...........	5,800.	Coll. Érard.
L'Ermite....................	1843.	Vᵗᵉ P. PERRIER..........	9,000.	Probablement celui de la Vᵗᵉ de la Dˢˢᵉ de Berry.
L'Ermite en prière.............	Dᵒ	Vᵗᵉ TARDIEU...........	1,320.	
La Méditation.............	1845.	Vᵗᵉ VASSEROT...........	420.	
Buste de Philosophe.............	1845.	Vᵗᵉ MEFFRE	340.	
Jeune Cuisinière hachant des oignons...................	1852.	Vᵗᵉ TURENNE	2,011.	Serait-ce celui de la Vᵗᵉ Conti? — Gal. Rothschild.
Portrait d'Homme (bois, 27ᶜ—21ᶜ).	1858.	2ᵉ Vᵗᵉ HOPE...........	1,420.	
Le Jeune Tobie rend la vue à son père.	1859.	Vᵗᵉ BRABECK ET DE STOLBERG.......... Thalers.	1,910.	Douteux.
Portrait du docteur Harvey.......	Dᵒ	Vᵗᵉ NORTHWICK..........	3,120.	
Saint Jérôme..........	1860.	Vᵗᵉ GRUYTER...........	3,000.	A M. L. Viardot.
Ermite en prière................	1861.	Vᵗᵉ LEROY D'ÉTIOLLES.....	4,000.	
Intérieur (bois, 25ᶜ—20ᶜ 1/2)......	Dᵒ	Vᵗᵉ VAN DEN SCHRIECK....	1,225.	Coll. F. de Robiano.
La Cuisinière hollandaise.........	Dᵒ	Vᵗᵉ DAIGREMONT..........	2,450.	
Guérison de Tobie (bois, 51ᶜ—67ᶜ)..	Dᵒ	Vᵗᵉ RHONÉ.............	1,160.	
La Cuisinière hollandaise (28ᶜ—23ᶜ).	1862.	Vᵗᵉ BAILLIE, A ANVERS....	1,950.	
Portrait d'un Vieillard..........	Dᵒ	Vᵗᵉ WEYER, DE COLOGNE..	369.	
Saint Jérôme	1863.	Vᵗᵉ LOUIS VIARDOT........	1,720.	
Le Tailleur de plume.............	Dᵒ	Vᵗᵉ DEMIDOFF..........	1,260.	Fatigué.
Portrait d'une vieille Dame........	Dᵒ	Vᵗᵉ MEFFRE.............	1,790.	

DESSINS.

			fr.	
Portrait de Gérard Dow.......... Portrait de la Mère de l'artiste (19ᶜ—15ᶜ)....................	1758.	Vᵗᵉ SYDRAND FEITAMA. Flor.	299.	Au crayon noir et rouge.
Un Homme taillant sa plume......	Dᵒ	dᵒ »	100.	Au crayon noir.
Portrait de la Mère de l'artiste...	1844.	Vᵗᵉ CLAUSSIN.............	800,	
La Mère de l'artiste (20ᶜ—16ᶜ).....	1845.	Vᵗᵉ RÉVIL...............	2,100.	

SLINGELANT ou SLINGELANDT (PIETER VAN)

Né à Leyde en 1640, mort en 1691.

Ce patient et minutieux élève de Gérard Dow fit quelques copies dont la ressemblance avec l'original est capable de tromper plus d'un amateur. Les tableaux qu'il a peints dans sa manière propre, présentent beaucoup moins d'analogie et se reconnaissent au premier aspect.

Le travail de Van Slingelandt est plus précieux et plus sec que celui de son maître; son dessin est d'un goût plus vulgaire; sa couleur est moins transparente.

MONI (LOUIS DE)

Né à Bréda en 1698, mort à Leyde en 1771.

On doit à cet élève de Van Kessel, de Biset et de Philippe Van Dyck, de très-bonnes copies d'après Gérard Dow; elles se reconnaissent toutefois à leurs contours secs et maniérés, ainsi qu'à la lourdeur de leur clair-obscur.

SCHALKEN (GODEFROY OU GODEFROID)

Né à Dordrecht en 1643, mort à la Haye en 1706.

Schalken eut une manière particulière qui permet de distinguer à première vue ses tableaux d'avec ceux de Gérard Dow, son maître; cependant, quelques copies avérées, faites sans doute dans la jeunesse de Schalken, ont souvent mis en défaut la sagacité des amateurs.

Comme original, ce peintre séduit par la vérité de ses effets de lumière; l'art des contrastes et des reflets, qu'il a si bien conduits et si bien ménagés, donne à ses figures beaucoup de relief. Son dessin n'est pas très-correct; mais il rachète ce défaut par la grâce et la vérité.

Comme copiste ou imitateur, son dessin est roide et ses contours sont sans finesse, sa couleur est sombre.

TOL (DOMINIQUE VAN)

Encore un élève de Gérard Dow dont les productions seraient un dangereux écueil pour la bonne foi, s'il avait eu plus de fini et un clair-obscur plus transparent.

LAUWERS (JAKOB JAN)

Né à Bruges en 1753, mort en 1800.

Copiste émérite du grand peintre, Lauwers, en faisant sa fortune, fit en même temps celle des marchands hollandais pour lesquels il exécutait des copies toutes signées. Heureusement pour les amateurs, ces fausses signatures portent avec elles leur cachet distinctif, ainsi qu'on pourra s'en convaincre par celle qu'on trouvera jointe à la vraie marque de Gérard Dow. Ses copies sont soignées et d'un mérite au-dessus de l'ordinaire. Il dessinait avec un goût exquis; mais toutes ces qualités n'empêchent pas qu'on reconnaît le faussaire à sa couleur plus lavée et à ses repiqués faits à sec. Ceci, joint à ce que je viens de dire au sujet de la fausse marque qu'il apposait dans la pâte, suffira pour éveiller l'attention des acquéreurs.

VERBRUGGE (ANDRIESZ. GISBERT)

Né à Leyde en 1633.

Assez bon imitateur de G. Dow, mais qui se distingue par sa touche plus aplatie et son exécution moins précieuse.

BRAKEMBURG (REINIER)

Né à Harlem en 1649.

Brakemburg a fait quelques tableaux qui laissent peu à désirer sous le rapport de l'exécution, et qui se vendent ordinairement pour être du maître. Un coloris vrai et vigoureux, une touche spirituelle, quoique plus tracée que celle de Gérard Dow, un dessin assez correct, sont les marques qui les distinguent. Les draperies de cet artiste sont d'un mauvais choix.

Il existe encore quelques peintres dont les productions ont plus d'analogie que de ressemblance avec celles de Gérard Dow, et contre lesquels il me paraît superflu de prémunir les amateurs. Au nombre de ces artistes, dont les œuvres n'ont rien de complet quant à l'imitation, il faut remarquer GINDELS, dont la touche est plus cotonneuse; — CRAMER, plus lourd de dessin et de couleur; — PIETER DE HOOCH, dont le coloris est plus rouge; — MATHIEU NEVEU, dont l'exécution est plus négligée et le dessin moins naïf; — ANSELME WELING, qui se rapproche plus de Schalken que de Gérard Dow.

METSU (GABRIEL)

(ORTHOGRAPHE DE SA SIGNATURE)

Né à Leyde en 1615, mort à Amsterdam en 1658.

Comme Gérard Dow, Metsu rechercha le vrai de la nature, mais il fut plus heureux que lui dans le choix de ses sujets, et l'a surpassé pour la grâce; ses femmes sont charmantes, son coloris est plein de fraîcheur, ses mains sont bien dessinées, l'air circule autour de ses figures; la dégradation de toutes les lumières est chez lui comme une science d'oppositions et de contrastes qui achèvent l'illusion.

Ses œuvres sont très-appréciées des amateurs, surtout lorsque leurs ombres ne sont pas alourdies par le repoussage des couleurs.

Le musée du Louvre en possède huit, dont voici les diverses estimations :

La Femme adultère, 4,000 fr. — *Le Marché aux herbes d'Amsterdam,* 40,000 fr. Suivant Smith, ce tableau fut payé 25,800 fr. à la Vte de Gagny en 1776 ; 28,000 fr. à celle de Mme Geoffrin en 1777; 18,051 fr. en 1783, à la Vte d'Azincourt. — *Un Militaire recevant une Dame,* 25,000 fr. ; en 1810, 24,000 fr. ; en 1816, 20,000 fr. ; en 183.. — *La Leçon de musique,* 12,000 fr. Provenances suivant Smith : 1777, Vte de Boisset, 5,000 fr. ; 1787, Vte de Beaujon, 3,301 fr. ; 1791, Vte Lebrun, 3,930 fr. ; 1801, Vte de Fagel, 3,900 fr. ; 1802, Vte Helsleuter, 4,220 fr. ; 1810, Vte W. Porter, 6.300 fr. — *Le Chimiste,* 5,000 fr., puis 4,000 fr. ; 1772, Vte Choiseul, 3,200 fr. ; 1779, Vte Conti, 2,501 fr. ; 1784, Vte Vaudreuil, 3,001 fr. — *Une Femme hollandaise* (la Riboteuse), 2,000 fr. — Pendant du précédent : *une Cuisinière hollandaise* (la Peleuse de pommes), 3,000 fr. ; 1750, Vte Gersaint, 4,500 fr. avec *la Riboteuse;* 1763, Vte Peilhon, 4,301 fr. avec *la Riboteuse.* — *Portrait de Corneille Tromp,* 1,500 fr.

MUSÉES DIVERS, GALERIES, ETC.

MUSÉE DE LILLE. — *Une Femme à son clavecin.*

MUSÉE DE RENNES. — *Une Femme endormie* (dessin).

MUSÉE D'AMSTERDAM. — *Le Déjeuner.* — *Le Vieux Buveur.*

MUSÉE DE LA HAYE. — *Chasseur tenant un verre à la main.* — *Société faisant de la musique.* — *La Justice* (allégorie).

AU BELVÉDER, A VIENNE. — *Une Ouvrière en dentelle.*

MUSÉE DE MUNICH. — *Le Roi boit.* — *La Cuisinière.*

MUSÉE DE DRESDE. — *Vieille Femme marchandant un poulet.* — *Cuisinière marchandant un lièvre.* — *Un Homme, la pipe à la bouche.* — *La Faiseuse de dentelle.* — *Jeune Femme vétue de gris, lisant une lettre.* — *Un Trompette apportant un message.* — *Un Homme assis avec une Femme dans un estaminet.* — *Un Vieux Marchand de volaille.*

MUSÉE DE SAINT-PÉTERSBOURG. — Plusieurs *Intérieurs avec figures.*

MUSÉE DE BERLIN. — *Une Famille hollandaise.* — *Une Femme malade.*

GALERIE DE FLORENCE. — *Femme accordant un luth.* — *Chasseur qui présente du gibier à une femme.*

BUCKINGHAM PALACE. — *Portrait de l'Artiste.* — *Le Musicien.* — *Le Corset bleu* (répétition). — *Un Intérieur.*

GALERIE FITZWILLIAM. — *Un Intérieur avec figures* (attribué à tort à François Miéris le père).

COLLECTION HEATH. — *Intérieur avec figures* (cab. Gaignat).

GALERIE ELLESMÈRE. — *Le Cavalier.* — *Femme caressant un chien.* — *La Correspondance.* — *La Marchande de fruits.* — *Le Vendeur de harengs.*

CABINET STANISFORTH. — *L'Apothicaire.*

COLLECTION ROBERT PEEL. — *La Partie de musique* (coll. Choiseul-Praslin, Solirène et Talleyrand). — *La Fille d'Hérodias.*

COLLECTION NEELD. — *Le Corset bleu.*

COLLECTION BUTE. — *Un Intérieur.*

COLLECTION W. LONG. — *Le Corset rouge.* — *La Marchande d'huîtres* (coll. Simon Clarke).

COLLECTION NORTON. — *Le Roi boit* (anc. gal. de Dusseldorf).

COLLECTION BEVAN. — *Intérieur avec figures* (coll. de la D^{sse} de Berry).

COLLECTION LABOUCHÈRE. — *Un Intérieur.*

COLLECTION WYNN ELLIS. — *Une Scène rustique.*

COLLECTION THOMAS HOPE. — Quatre beaux *Intérieurs avec figures.*

COLLECTION OPPENHEIM. — *Un Intérieur avec deux figures.*

COLLECTION ASHBURTON. — Deux charmants *Intérieurs avec figures.*

COLLECTION BARING. — *L'Importun.* — *Jeune Fille dessinant* (coll. Poulain).

COLLECTION DE SIR CHARLES BAGOT. — *L'Indiscret.* — *Portrait de Metsu à 50 ans.*

COLLECTION BUCHANAN. — *L'Épagneul favori.*

COLLECTION WILLIAM WELS. — *La Dame évanouie.*

COLLECTION ACRAMAN, DE BRISTOL. — *La Belle Dormeuse.*

GALERIE ESTERHAZZY. — Scène familière.

CABINET DU COMTE CZERNIN. — *Le Fumeur.*

GALERIE SUERMONDT. — *Portrait de la Mère de l'artiste.*

MUSÉE VAN DER HOOP. — *Intérieur.*

GALERIE D'ARENBERG. — *Le Billet doux.*

ANCIENNE GALERIE WEYER DE COLOGNE. — *Trois Chimistes dans leur laboratoire.* — *Un Homme debout près d'une table.*

COLLECTION VAN LOONE D'AMSTERDAM. — *Le Maître de musique.* — *Les Propos galants.* — *Boulanger cornant le pain chaud.*

COLLECTION EUGÈNE DE BEAUHARNAIS, A MUNICH. — *La jeune Femme malade.* — *La Lettre dictée.*

COLLECTION HOFFMAN, DE HARLEM. — *La Faiseuse de crêpes.* — *Jeune Femme tenant une tasse.*

COLLECTION DE MOLKE, A COPENHAGUE. — *La Marchande volée.*

COLLECTION PUTHON, A VIENNE. — *La Marchande de saumon.*

GALERIE DELESSERT. — *Jeune Femme jouant avec un chien.*

GALERIE JAMES DE ROTHSCHILD. — *La Leçon de dessin.*

A LORD HERTFORD. — *Le Chasseur endormi* (gal. Fesch, payé 75,000 fr. par lord Hertford). — *La Marchande de poisson.* — *Une jeune Fille.*

Cabinet Guichard. — Étude de *Légumes*.
Collection C***. — *Dames dans un salon*.

PRIX DE VENTES

			fr.	
La Visite de l'amant (94ᶜ—67ᶜ)... .	1735.	Vᵗᵉ Schuglembourg. Flor.	400.	
—	1743.	Vᵗᵉ Hoegenburg.... »	800.	
—	1768.	Vᵗᵉ Gaignat..............	5,505.	
—	1772.	Vᵗᵉ Choiseul.	7,800.	
—	1777.	Vᵗᵉ Boisset.............	9,980.	
—	1801.	Vᵗᵉ Robit.	7,920.	
—	1834.	Vᵗᵉ Chistie et Mauson...	12,500.	
—	1837.	Vᵗᵉ Dˢˢᵉ de Berry........	10,100.	Au comte Demidoff.
Un Homme avec une jeune Fille tenant un vidrecome (35ᶜ—27ᶜ 1/2).	1742.	Vᵗᵉ Carignan.	1,260.	
—	1793.	Vᵗᵉ Choiseul-Praslin.....	3,350.	En assignats.
—	1808.	dᵒ	400.	
La Marchande de marée..........	1776.	Vᵗᵉ Gagny...............	1,363.	
—	1810.	Vᵗᵉ d'Orsay.............	296.	
Jeune Femme dessinant d'après la bosse (bois, 34ᶜ 1/2—30ᶜ)........	1780.	Vᵗᵉ Poullain............	5,004.	
—	1784.	Vᵗᵉ de Merle...........	4,800.	
Le Joueur de basse (46ᶜ—59ᶜ).	1782.	Vᵗᵉ de Ménars..........	2,700.	
La Collation (1ᵐ,34—94ᶜ)........	1791.	Vᵗᵉ Lebrun.	1,051.	
Femme en corset rouge	1793.	Vᵗᵉ Choiseul-Praslin. ...	605.	
—	1811.	Vᵗᵉ Coclers et Paillet. .	3,150.	Retiré.
La Leçon de chant (42ᶜ—36ᶜ 1/2)....	1793.	Vᵗᵉ Choiseul-Praslin. ...	6,051.	En assignats.
Jeune Femme caressant un épagneul (bois, 64ᶜ 1/2—46ᶜ)...........	1801.	Vᵗᵉ Tronchin............	3,920.	
—	1843.	Vᵗᵉ Tardieu...... Retiré à	5,000.	
Le Corset bleu (63ᶜ—30ᶜ)	1801.	Vᵗᵉ Robit.	8,125.	
Le Chasseur endormi (40ᶜ 1/2—35ᶜ).	1802.	Vᵗᵉ Helsleuter..........	12,000.	
Intérieur de Cuisine (35ᶜ—30ᶜ).....	1808.	Vᵗᵉ Choiseul-Praslin.....	400.	
Le Vieux Buveur (21ᶜ—19ᶜ).	1810.	Vᵗᵉ Smeth.......... Flor.	1,560.	
—	1811.	Vᵗᵉ Croese......... »	1,400.	
—	1838.	Vᵗᵉ Muller. .... »	2,860.	Au musée d'Amsterdam.
Intérieur (bois, 38ᶜ—30ᶜ)........	1817.	Vᵗᵉ Lapeyrière..........	5,510.	
Jeune Femme à sa toilette (bois, 62ᶜ—54ᶜ).......................	1832.	Vᵗᵉ Érard..............	8,000.	
La Petite Couseuse (27ᶜ—16ᶜ)......	1838.	Vᵗᵉ Dˢˢᵉ de Berry........	5,050.	Coll. Merle, Destouches, V. Leyden, Choiseul-Praslin.
La Toilette (bois, 23ᶜ—20ᶜ,2ᵐ).....	1840.	Vᵗᵉ Schamp.............	5,100.	
Hérodias (bois, 20ᶜ,2ᵐ—19ᶜ)......	Dᵒ	dᵒ	500.	
La Collation (40ᶜ—31ᶜ).	1841.	Vᵗᵉ Perregaux...........	9,050.	
Une Famille flamande...........	1845.	Vᵗᵉ Vasserot.	900.	
La Cuisinière..................	1845.	Vᵗᵉ Meffre.............	3,500.	
Le Chasseur endormi............	1846.	Vᵗᵉ Fesch.............	7,479.	
Crucifiement.	Dᵒ	dᵒ	5,670.	Au banquier Torlonia.
Portrait d'un Vieillard..........		Vᵗᵉ Brabeck et de Stolberg........ Thalers	372.	
Portrait de Femme.	Dᵒ	dᵒ »	375.	
Tableau de genre................	1861.	Vᵗᵉ Scarisbrick..........	6,825.	
Le Repos du Chasseur............	Dᵒ	Vᵗᵉ Leroy d'Étiolles.....	2,900.	
La Cuisinière hollandaise.........	1853.	Vᵗᵉ Louis Viardot.	3,900.	

HOOCH (PIETER DE)

(ORTHOGRAPHE DE SA SIGNATURE)

Florissait en 1660.

Il existe de ce peintre quelques tableaux ayant beaucoup de rapports avec ceux de Metsu, sauf les accessoires qui sont traités avec beaucoup moins de naturel.

La couleur de Pierre de Hooch n'a pas ces tons argentins familiers au maître. La facture est moins grasse et son dessin plus sec.

Comme peintre original, voir l'article qui lui est consacré.

COCLERS -(LUDOLFF-BERNARD)

Né à Maëstricht en 1740, mort à Liége en 1817.

Copiste roide et sans goût, couleur vineuse, touche effilée.

MUSSCHER (MICHIEL VAN)

Né en 1645, mort à Amsterdam en 1705.

Vrai et brillant dans son coloris, Musscher pèche par la mollesse et l'incorrection de son dessin; sa touche est décidée, mais plus saillante que celle du maître.

GHEEL (VAN)

Florissait en 1660.

Élève de Metsu, Van Gheel le suivit d'assez près, dans ses copies surtout. On les reconnaît à leur vigueur sans transparence et à la mollesse des draperies.

UCHTERVELT (JAKOB)

Les répétitions exécutées par ce peintre manquent de relief et de précision dans les contours; sa couleur est un peu rouge, mais son dessin assez correct.

ODEKERKEN (WILLEM)

Les copies d'Odekerken, assez bonnes dans l'ensemble, sont plus sèches dans les détails, surtout dans les satins et les draperies.

BURG (ADRIAAN VAN DER)

Né à Dordrecht en 1693, mort en 1733.

On a de cet artiste des portraits et des scènes familières dans le goût de Metsu. Elles se reconnaissent à leur ton briqueté et à la lourdeur de leur clair-obscur.

NEER (AERT, AART, OU ARTHUS, OU ARNOULT VAN DER)

Né à Amsterdam vers 1619, mort en 1683.

Aucun artiste n'a aussi bien rendu les teintes indécises et vagues des clairs de lune. Cette recherche des teintes fugitives de la nuit ne l'a point empêché d'être riche et abondant dans ses compositions.

Ses paysages délicieux offrent ordinairement des sites plats, mais ils sont rendus avec une vérité frappante et une couleur douce et mysté-rieuse. Il en est de même de ses effets d'hiver, dont les tons argentins et les fonds vaporeux sont de la dernière perfection.

Suivant leur conservation et leur importance, les ouvrages de ce peintre sont plus ou moins disputés dans les ventes publiques. Le musée du Louvre en possède deux : l'un, *les Bords d'un canal en Hollande,* estimé 1,500 fr. lors des anciens inventaires ; l'autre, acheté 6,800 fr. à la Vᵗᵉ de M. le comte de Morny en 1852.

MUSÉES DIVERS, GALERIES, ETC.

MUSÉE DE RENNES. — *Paysage* (effet de clair de lune).

MUSÉE DE NANCY. — *Paysage.*

MUSÉE DE VALENCIENNES. — *Marché de bestiaux.* — Deux *Marines.*

MUSÉE DE DRESDE. — *Habitations hollandaises sur le bord d'un canal.* — *Paysage* (on voit la pleine lune se lever). — Pendant. — *Village hollandais éclairé par la lune.*

NATIONAL GALLERY. — *Un Paysage* (figures par A. Cuyp). — *Vue de Hollande.*

BUCKINGHAM PALACE. — *Le Crépuscule du soir.*

DULWICH COLLÉGE. — *Effet de lune.*

MUSÉE D'AMSTERDAM. — *Paysage* (effet d'hiver).

MUSÉE DE ROTTERDAM. — *Un Clair de lune.* — *Un Incendie nocturne.*

MUSÉE VAN DER HOOP. — *Paysage en hiver.* — *Paysage boisé.*

MUSÉE DE SAINT-PÉTERSBOURG. — *Paysage par un clair de lune.*

MUSÉE DE BERLIN. — *Paysage au clair de lune.* — *Un Incendie de nuit.*

Collection Marlborough. — Deux belles compositions.

Collection Munro. — *Un Paysage.*

Collection Phipps. — *Un Paysage avec canal.*

Collection Bute. — Deux belles *Vues de Hollande.*

Collection M'Lellan. — *Un Paysage.*

Collection Hamilton. — *Un Effet de lune.*

Collection Bredel. — *Une Vue de Hollande.*

Cabinet Gray. — *Un Paysage.*

Collection Bevan. — *Vue de Hollande.*

Collection Tomline. — *Un Paysage par un effet de lune.*

Collection Normanton. — Un beau *Paysage.* — Un beau *Paysage avec figures.*

A sir Culling Eardley. — *Chaumières près d'une rivière.*

Collection Neeld. — Un beau *Paysage.*

Collection miss Rogers. — Deux *Effets de lune.*

Collection Shrewsbury. — *Un Effet de lune.*

Galerie Rutland. — *Un Effet de lune.*

Cabinet Bardon. — *Un Clair de lune.*

Collection Blundell. — *Un Effet de lune.*

Collection Dunmore. — *Un Paysage hollandais.*

Collection Mattheuw Anderson. — Un charmant *Paysage.*

Collection Caledon. — *Vue d'un Village avec canal.*

Collection Wemys. — *Un Clair de lune.*

Collection Overstone. — Un charmant *Paysage avec fabriques et canal.* — *Un Paysage avec figures.* — Vue d'un Canal près d'un village (effet de lune). — Un autre *Effet de lune.*

A lord Shaftesbury. — *Canal avec village et figures.*

Collection Colborne. — *Un Clair de lune.*

Collection Harcourt. — Un charmant *Paysage.*

Collection Field. — *Effet de lune dans un paysage avec canal.* — Deux autres compositions. — *Paysage par un clair de lune.*

Galerie Ellesmère. — *Vue d'un Village par un clair de lune.* — *Vue de Hollande au clair de lune.*

Collection Sanders. — *Vue de Hollande.*

Collection Morrison. — *Paysage de Hollande.*

Collection Enfield. — *Vue de Hollande* (effet de lune).

Collection Henderson. — *Vue d'un village près d'un canal.* — *Paysage maritime.*

Cabinet Warwick. — *Paysage de Hollande.*

Collection Baring. — *Un Clair de lune.*

Au duc de Newcastle. — *Un Paysage boisé.*

Ancienne galerie Weyer de Cologne. — *Vue d'un Village au clair de lune.* — *Une Chute d'eau dans un bois.* — *Village hollandais.*

Galerie d'Arenberg. — *Marine au clair de lune.*

Galerie Suermondt. — *Incendie d'un Village au bord de l'eau.* — *Clair de lune.* — *Effet de lune sur un canal bordé de villages.* — *Un Fleuve gelé, entre des villages.*

A lord Hertford. — *Une Vue de Hollande* (payée 10,000 fr.).

GALERIE DUCHATEL. — *Vue de Hollande par un clair de lune.* — Un petit *Paysage.*
CABINET DE M. LE COMTE DE NATTES. — *Lever de la lune.*

PRIX DE VENTES

Un Hiver. Un Clair de lune. 1764, Vte Cte de Vence, 460 fr. — *Vue de Hollande* (B. 19^c — 24^c 1/2). 1787, Vte Lambert et du Porail, 871 fr. Vte Boisset, 871 fr. — *Paysage.* 1795, Vte de Calonne, 2,231 fr. — *Deux Clairs de lune* (B. 32^c 1/2—24^c 1/2). 1803, Vte Jourdan, 196 fr. — *Paysage, soleil couchant* (fig. par D. Teniers) (1^m,02—1^m,54). 1809, Vte Pierre Grandpré, 10,000 fr. — *Paysage hollandais, clair de lune* (B. 69^c 1/2—47^c). 1826, Vte Denon, 1,200 fr. — *Effet de lune* (1^m,18—1^m,49). 1832, Vte Érard, 5,900 fr. — *L'Amstel* (effet d'hiver) (72^c—1^m,10). 1841, Vte Biré Héris, 6,200 fr. — *Vue de l'Amstel* (effet d'hiver). 1843, Vte Tardieu, 4,250 fr. — *Effet de lune.* 1843, Vte P. Perrier, 4,400 fr. — *Effet de lune.* 1843, Vte Héris Leroy, 360 fr. — *Vue de Hollande.* 1844, Vte X..., 425 fr. — *Clair de lune.* 1845, Vte Vasserot, 420 fr. — *Effet de soleil couchant.* Même Vte, 950 fr. — *Canal glacé.* Même Vte, 800 fr. — *Paysage au clair de lune.* 1845, Vte Meffre, 7,500 fr. (au comte de Morny). — *Paysage clair de lune.* Même Vte, 2,700 fr. — *Clair de lune en Hollande.* Même Vte, 600 fr. — *Hiver* (62^c — 75^c). 1846, Vte Wellesley, 1,500 fr. (Et. Leroy.) — *Marine* (effet de lune) (1^m,12—1^m,52). Même Vte, 3,500 fr. (à M. Tardieu). — *Effet de lune.* 1846, Vte Stevens, 201 fr. — *Paysage hollandais* (clair de lune) (1^m,11—1^m,70). 1850, Vte du roi Guillaume II, 1,000 florins (à M. Leambrugge). — *Clair de lune* (65^c—55^c). 1850, Vte marquis de Montcalm, 8,100 fr. — *Paysage au clair de lune.* 1850, Vte Kalbrenner, 2,500 fr. 1851, Vte Juker, 1,400 fr. — *Divertissement d'hiver sur la rivière la Schée, à Delft.* 1852, Vte Turenne, 5,405 fr. — *Un Village de Hollande par un clair de lune.* Même Vte, 1,420 fr. — *Clair de lune.* 1852, Vte de Morny, 6,800 fr. (probablement celui acheté à la Vte Meffre 7,500 fr. en 1845). — *Paysage* (effet de lune). 1852, Vte Collot, 1,350 fr. — *Soleil couchant.* 1854, Vte Mecklembourg, 4,100 fr. — *Clair de lune.* 1857, Vte Patureau, 1,060 fr. — *Clair de lune.* 1859, Vte Brabeek et de Stolberg, 685 thalers. — *Un Incendie.* Même Vte, 570 thalers. — *Incendie.* 1859, Vte Ary Scheffer, 400 fr. — *Clair de lune.* 1859, Vte Hemert, 2,000 fr. — *Village hollandais* (B. 56^c—72^c). 1860, Vte Piérard, 4,625 fr. (1853, coll. Farrer). — *Canal pris par la glace* (75^c—1^m,10). Même Vte, 6,000 fr. (coll. Biré, 1841, Lévy, 1842, et Tardieu, 1851). — *Paysage vu au clair de lune* (B. 47^c 1/2—64^c 1/2). Même Vte, 4,500 fr. 1861, Vte Montbrun, 1,000 fr. — *Vue d'un Village au clair de lune* (25^c—39^c). 1861, Vte Dupire (de Valenciennes), 500 fr. (à M. Leleux, de Lille). — *Clair de lune.* 1861, Vte Jecker, 1,470 fr. — *Effet de clair de lune.* 1861, Vte Leroy d'Étiolles, 1,200 fr. — *Paysage* (lever de lune) (54^c—37^c). 1861, Vte J. Odier, 1,000 fr. — *Effet de nuit* (B. 73^c—58^c). 1864, Vte Rhoné, 950 fr. — *Paysage* (effet de lune). 1861, Vte X..., 740 fr. — *Vues de Village.* 1862, Vte de Jong, 700 fr. — *Effet de nuit.* 1862, Vte F., 840 fr. — *Paysage intérieur de la Hollande* (54^c —73^c). 1862, Vte Baillie, à Anvers, 3,200 fr. — *Paysage.* 1862, Vte Weyer de Cologne, 984 fr. — *Clair de lune.* 1863, Vte Louis Viardot, 1,900 fr. — *Paysage d'hiver.* Même Vte, 805 fr. — *Village au bord d'une rivière.* 1863, Vte Morland, à Londres, 205 guinées (à M. Cox).

REGEMORTER (pieter van)

Né à Anvers en 1755, mort dans la même ville en 1830.

Ce peintre, marchand de tableaux et restaurateur très-distingué, fut un copiste infatigable d'Arthus van der Neer; il y réussit tellement, qu'il faut beaucoup de pratique pour reconnaître ses contrefaçons. Ses ciels sont aussi doux que ceux du maître, mais les repiqués des nuages sont moins arrondis, ses fonds moins vaporeux et plus terminés, ses figures plus sèches de dessin et d'exécution.

KAMPER

Les amateurs doivent user d'une grande défiance à l'égard des imitations dues au pinceau de Kamper; ce n'est qu'à leur manque de transparence et à leurs devants plus travaillés et moins mystérieux qu'elles peuvent se reconnaître, car leur aspect général est très-satisfaisant.

SWANEVELT (herman van)

(ORTHOGRAPHE DE SA SIGNATURE)

dit HERMAN D'ITALIE

Né à Woerden vers 1620, mort en 1690 suivant certains biographes, et en 1655 suivant les registres de l'Académie de Paris.

Swanevelt, en épiant dans les ouvrages de Claude Lorrain, son second maître, la précieuse harmonie qui en fait le charme, s'éleva quelquefois jusqu'à l'égaler, mais non jusqu'à le surpasser, comme l'affirment sans raison plusieurs panégyristes. Son coloris est moins séduisant, moins velouté, son dessin moins naïf. Les paysages de Swanevelt sont riches, ornés d'antiquités, de ruines imposantes, de figures et d'animaux exécutés avec un sentiment qui décèle le grand maître : malgré cela, ils sont bien au-dessous des tableaux de Claude Lorrain.

Les œuvres de Swanevelt ne sont plus autant recherchées que par le passé, mais il est plus que probable qu'elles reviendront en faveur.

Le musée du Louvre en possède cinq, à savoir : *Site d'Italie, soleil couchant,* estimé

200 fr., puis 1,500 fr. — *Paysage* (n° 507), 3,000 fr. — *Paysage* (n° 508), acheté 500 fr. en 1816. — *Paysage* (n° 509), 1,200 fr., puis 2,400 fr. — *Paysage* (n° 510), acheté 500 fr. en 1817.

MUSÉES DIVERS, GALERIES, ETC.

MUSÉE DE NANTES. — Trois *Paysages*.

MUSÉE DE LYON. — *La Fuite en Égypte*.

MUSÉE D'AVIGNON. — Deux *Paysages*.

MUSÉE DE CHERBOURG. — Deux *Paysages*.

MUSÉE DE LA HAYE. — Un grand *Paysage*.

MUSÉE DE ROTTERDAM. — *Paysage arcadien*.

MUSÉE DE MUNICH. — *Un Paysage d'Italie*.

DULWICH-COLLEGE. — *Paysage*.

GALERIE FITZWILLIAM. — Trois *Paysages*.

GALERIE ELLESMERE. — *Paysage avec figures*.

COLLECTION VIVIAN. — Un charmant *Paysage*.

COLLECTION SUFFOLK. — Quatre *Paysages*.

COLLECTION WYNN. — *La Fuite en Égypte dans un paysage.*

COLLECTION HOPETOUN. — *Un Paysage*.

COLLECTION WYNDHAM. — *Un Paysage*.

COLLECTION CAMPBELL. — Un charmant *Paysage*.

COLLECTION BUTE. — Un grand *Paysage*.

CABINET DU COMTE CZERNIN. — *Un Paysage*.

GALERIE LICHTENSTEIN. — *Un Paysage avec figures*.

CABINET LEBRUN DALBANE. — *Site d'Italie, soleil couchant.* (Tableau ravissant.)

COLLECTION WILHORGNE DE BUCHY. — Deux petits *Paysages*.

Un Paysage. 1737, Vte Verrue, 130 fr. — *Paysage boisé.* 1859, Vte Moret, 300 fr. — *Un Paysage.* 1850, Vte Kalbrenner, 210 fr. — *Paysage* (à la plume, etc.). 1862, Vte Simon, 275 fr. — *Paysage* (dessin). 1863, Vte X..., 180 fr.

HEUS ou HEUSCH (JACQUES DE)

Né à Utrecht en 1657, mort en 1701.

Cet artiste a quelquefois imité Swanevelt à s'y méprendre au premier coup d'œil. Mais, en l'étudiant, on reconnaît que son feuillé est moins rond, que ses masses ne sont pas aussi soutenues que celles du modèle.

COLONIA (ADAM)

Né à Rotterdam en 1634, mort en 1685.

Colonia est un des plus heureux imitateurs de Swanevelt, tant pour ses compositions que pour sa manière de toucher le feuillé. Ce n'est qu'à la lourdeur de ses eaux et de ses terrains qu'il est possible d'établir une distinction entre leurs ouvrages.

DE LA RUE

Ce peintre a imité d'une manière remarquable le goût et la disposition des sites de Swanevelt. Néanmoins sa touche est plus grenue et ses empâtements sont moins francs.

WOUWERMAN (PHILIPS)

Né à Harlem en 1620, mort en 1668.

Peu d'artistes ont été aussi fertiles et aussi variés que Philips Wouwerman. On admire en lui la beauté de son exécution, sa touche fine et spirituelle, et sa couleur fondue sans mollesse. Ses oppositions sont larges ; la division de ses plans est bien sentie ; ses ciels sont des prodiges de nuances aériennes ; la belle intelligence de son clair-obscur est inimitable, et tous les objets qui concourent à l'ensemble de ses compositions sont dans une si parfaite harmonie, qu'ils s'offrent aux yeux remplis de vie et d'action ; c'est la nature prise sur le fait.

Les ouvrages de ce peintre charmant sont tellement recherchés par les amateurs, que je me crois dispensé d'en enregistrer les causes.

MUSÉE DU LOUVRE

Le Bœuf gras en Hollande, estimé 12,000 fr. — *Le Pont de bois,* 18,000 fr. — *Le Départ pour la chasse,* 24,000 fr. — *Départ pour la chasse au vol,* 12,000 fr. — *La Chasse au cerf,* 10,000 fr., puis 12,000 fr. Ce tableau provient des ventes suivantes : 1737, Vᵗᵉ Cᵗᵉˢˢᵉ de Verrue ; 1774, Vᵗᵉ de Lorangère (vendu seul, car il avait un pendant à la Vᵗᵉ Verrue), 1,050 fr. ; 1776, Vᵗᵉ Blondel de Gagny, 6,220 fr. — 1784, Vᵗᵉ Cᵗᵉ de Vaudreuil, 300 fr., plusieurs auteurs disent 9,000 fr. — *Le Manége,* 7,000 fr., puis 15,000 fr. — *Intérieur d'écurie,* 8,000 fr. — *Choc de cavalerie,* 12,000 fr. — *Choc de cavalerie* (n° 573), 30,000 fr. — *Halte de Cavaliers près d'une tente,* 5,000 fr. Les autres tableaux n'ont pas d'estimations.

MUSÉES DIVERS, GALERIES, ETC.

Musée de Nantes. — *Halte de Cavaliers.* — *Halte de Cavaliers.* — *Deux Cavaliers en observation.*

Musée de Rennes. — *Marché aux chevaux.* — Étude d'*Homme nu.* — *Halte de Soldats.* (Dessins.)

Musée de Montpellier. — *Une Bataille.*

Musée de Lyon. — *Une Route.*

Musée d'Amsterdam. — *Les Paysans victorieux.* — *L'Abreuvoir.* — *Le Cheval blanc ombrageux.* — *Assaut de la ville de Coevorden en 1672.* — *Combat de Paysans.* — *L'École d'équitation.* — *Le Maréchal-ferrant.* — *Un Paysage.* — *La Chasse au cerf.* — *La Chasse au héron.*

Musée de Rotterdam. — *Un Pillage.* — *Un Cavalier dans un paysage sablonneux.* — *Halte de Cavaliers.* — *Terrains éboulés couverts de broussailles.* — *Un Camp.* — *Deux Enfants jouant avec une chèvre.*

Musée de La Haye. — *Paysage avec plusieurs chevaux.* — *Un Camp.* — *Des Paysans à pied et à cheval.* — *Grande Bataille.* — *L'Arrivée à l'hôtellerie.* — *Le Charriot de foin.* — *Manége en pleine campagne.* — *La Partie de Chasse.*

Musée de Dresde. — *Paysage avec maisons.* — *Un Champ de blé avec figures.* — *Chasse au héron.* — *Retour de la Chasse.* — *Départ pour la Chasse au vol.* — *Un Ours et des Sangliers traqués et abattus par des chasseurs.* — *Un Cavalier fait ferrer son cheval.* — *Combat de cavalerie près d'un moulin à vent en feu.* — *Écurie d'une hôtellerie.* — *Paysage couvert de rochers d'où se précipite une cascade.* — *Rivière avec un gué et le passage d'un lac.* — *Halte de Cavaliers.* — *Grand lac au milieu d'une vaste contrée richement cultivée.* — *Camp sur les bords d'une large rivière avec nombre de figures.* — *Un Cavalier s'arrête sur le rivage de la mer et s'entretient avec quelques pêcheurs.* — *Un Paysan fait boire son cheval dans une mare.* — *Des Pêcheurs retirent leurs filets.* — *Infanterie et Cavalerie allemande assaillies par la cavalerie turque.* — *Combat de cavalerie près d'un château en ruine.* — *Un Cavalier, tenant son cheval, se fait dire la bonne aventure.* — *Un Duel au pistolet entre deux cavaliers.* — *La Partie de campagne.* — *Cheval blanc déharnaché dans une écurie.* — *Plusieurs Chevaux à la mangeoire dans une écurie.* — *Un Homme montant un cheval bai et en tenant un brun par la bride.* — *Un Cheval blanc harnaché et un Cheval bai dans une grotte.* — *Des Hommes, des Femmes, des Enfants traversent une rivière.* — *Charrettes chargées de bagages attaquées par des brigands.* — *Combat opiniâtre entre de la cavalerie et de l'infanterie.* — *Chasse au vol.* — *Combat de cavalerie près d'un château.* — *Un Capucin distribue des vivres à des pauvres.* — *Bagarre amenée par un cheval qui se cabre.* — *Combat entre des paysans armés et de la cavalerie.* — *Foire aux chevaux dans une campagne ouverte.* — *Combat au passage d'un pont.* — *Départ pour la Chasse.* — *Retour de la Chasse.* — *Des Cavaliers avec leurs chevaux devant une cantine.* — *Halte de Cavaliers devant une cantine.* — *Un Cavalier, arrêté près d'une forge, fait ferrer son cheval.* — *Des Chasseurs à cheval s'arrêtent devant une grotte.* — *Ruines sur la rive d'un fleuve; sur le devant, des cavaliers.* — *Des Voyageurs s'arrêtent devant une auberge.* — *Maison isolée au bord d'un fleuve.* — *Un Cavalier fait ferrer son cheval blanc dans une forge.* — *Départ pour la Chasse au faucon.* — *Même sujet.* — *Des Messieurs et des Dames s'arrêtent devant un château.* — *Foire aux chevaux.* — *Un Paysan abreuve son cheval.* — *Une Famille se repose.* — *Un Cavalier embrasse une jeune villageoise.* — *Cavaliers arrêtés devant une forge.* — *Départ d'une hôtellerie.* — *Combat de cavalerie.* — *Paysage avec la maison du bourreau.* — *Un Homme et une Femme couchés à terre.* — *Un Voiturier passe avec un cheval blanc devant une auberge.* — *Un Ange annonce aux bergers la naissance du Sauveur.* — *Prédication de saint Jean-Baptiste.* — *Chasse au cerf.* — *Des Fauconniers et des Valets chargés de gibier traversent une rivière.*

ANCIENNE COLLECTION DE VIENNE. — *Un Paysage dans lequel plusieurs chariots et voitures sont attaqués par des cavaliers.* — *Paysage rustique dans lequel des voyageurs sont attaqués, ainsi qu'un coche, par des voleurs.* — *Un Manége dans un paysage.*

MUSÉE DE SAINT-PÉTERSBOURG. — *Grande Chasse au cerf.* — *Mêlée de Cavaliers.* — *Le Moulin brûlé.* — *Une Écurie d'auberge.* — *Un Hiver.* — *La Chasse au héron.* — *Le Manége en plein air.* — *Vue d'une grande plaine.* — *Le Carrousel flamand.* — Enfin une cinquantaine de tableaux.

MUSÉE DE BERLIN. — *L'Exercice des Cavaliers.* — Deux autres compositions.

MUSÉE DE MUNICH. — *Une grande Chasse au cerf.* — Plusieurs *Combats de cavalerie.* — *L'Écurie.* — *Le Manége.* — *Des Bohémiens au repos.* — *Paysage d'hiver.* — *Scène de pillage.* — Une grande *Bataille historique.*

MUSÉE DU ROI A MADRID. — Plusieurs *Combats.*

MUSÉE DE TURIN. — Deux grandes *Batailles.*

A L'ACADÉMIE DES BEAUX-ARTS DE VENISE. — *Paysage avec figures.*

BUCKINGHAM-PALACE. — Dix belles compositions.

A HAMPTON-COURT. — Plusieurs belles compositions.

DULWICH-COLLEGE. — Plusieurs compositions, parmi lesquelles il y en a de très-capitales.

GALERIE FITZWILLIAM. — Deux charmants *Paysages avec cavaliers.*

GALERIE D'ASPLEY. — *Le Retour de la chasse.*

COLLECTION J. WALTER. — *Sainte Famille.* — Autre composition. (Très-fins.)

GALERIE ELLESMERE. — *Paysage avec figures et chevaux.* — Son pendant. — *Une Bataille.* — *Paysage avec figures.*

COLLECTION ROBART. — *Paysage avec figures.*

COLLECTION AMHERST. — *Portrait présumé de la femme d'Ant. Moro.* — *Portrait d'Homme.*

A SIR CULLING EARDLEY. — Deux charmantes compositions.

GALERIE BUCCLEUGH. — Une belle composition.

AU MARQUIS DE WESTMINSTER. — Deux excellentes toiles.

COLLECTION M'LELLAN. — *Scène de Marché.* — *Un Paysage.*

COLLECTION CALEDON. — *Des Cavaliers.*

COLLECTION NEELD. — Quatre belles compositions.

COLLECTION LONSDALE. — Trois belles compositions.

COLLECTION HEUSCH. — *Un Paysage avec cavaliers.*

COLLECTION FIELD. — *Paysage avec cavaliers.* — *Choc de Cavaliers.*

COLLECTION LEGH. — *Cavaliers dans un paysage.*

CABINET FORSTER. — *Paysage avec figures.*

GALERIE ELLESMERE. — *Le Cheval.*

COLLECTION NORMANTON. — *Un Paysage avec chaumières et figures.*

GALERIE WESTMINSTER. — Plusieurs compositions.

GALERIE BEDFORD. — *Vue d'un Pont.*

COLLECTION BURLINGTON. — *La Vivandière.* — Un beau *Paysage avec figures.*

COLLECTION TULLOCH. — *Paysage avec figures.*

COLLECTION CARLISLE. — *Paysage avec cavaliers.*

COLLECTION BARING. — Deux belles compositions.

COLLECTION COLBORNE. — *Halte de Cavaliers.*

Collection Morrison. — *Un Port de mer avec figures et chevaux.* — *Les Voyageurs.*

Collection Overstone. — *Choc de cavalerie* (anc. coll. Van Loon et du roi de Hollande).

Collection Shrewsbury. — Deux belles compositions.

Collection Devonshire. — *Paysage avec chevaux et figures.*

Galerie Rutland. — *Un Paysage avec cavaliers.*

Collection Labouchère. — Une charmante composition.

Collection Nichols. — Trois beaux *Paysages avec figures et cavaliers.*

Collection Tomline. — *Un Paysage avec figures.*

Collection Peel. — *Paysage avec chevaux et figures.* — *La belle Laitière.* — Quatre autres compositions.

Collection Hopetoun. — *Un Paysage avec figures.*

Collection Stirling. — Une charmante composition.

Collection Henderson. — *Paysage avec figures et cavaliers.* — *Paysage avec figures et animaux.*

Collection Matthew Anderson. — *Paysage avec cavaliers.*

Au duc de Newcastle. — *Un Paysage avec figures.*

Galerie Lansdowne. — Deux *Paysages avec figures.*

Au duc de Portland. — *Paysage avec cavaliers.*

Collection Hardwicke. — *Paysage avec cavaliers.*

Collection Mildmay. — *Combat de cavalerie.* — *Un Paysage avec figures.*

Collection Harrington. — *Paysage avec figures.* — *Paysage avec figures et cavaliers.*

Collection Wellington. — *Le Retour de la chasse.* — *Halte de cavalerie.*

Collection H. Bevan. — *Un Paysage avec figures.*

Cabinet Booth. — Une belle composition.

Collection Bredel. — Deux beaux *Paysages avec cavaliers et figures.*

Collection Wynn Ellis. — Trois compositions avec *Chevaux et figures.*

Galerie Ashburton. — *La Ferme au colombier* (coll. d'Argenville et Talleyrand). — Quatre autres compositions.

Collection Thomas Hope. — Deux beaux *Paysages avec figures et cavaliers.*

Collection Lionel de Rothschild. — *Paysage avec chasseurs* (coll. D^{sse} de Berry).

Collection Bute. — *Paysage avec cavaliers.*

Collection Holford. — Cinq belles compositions.

Collection Breadalbane. — Deux belles compositions.

Collection Brett. — *Charge de cavalerie.*

Collection Loyd. — *Un Marché aux chevaux.*

Cabinet de la comtesse de Laval, a Saint-Pétersbourg. — *Des Cavaliers.*

Cabinet du comte Koucheleff, de Saint-Pétersbourg. — *Halte de cavalerie.*

Cabinet du prince Joussoupoff, a Saint-Pétersbourg. — *Combat de cavalerie.*

Cabinet du comte Czernin. — *Halte de chasse.*

Galerie Esterhazy. — *Une grande Chasse.*

Galerie Lichtenstein. — *Une grande Bataille.* — *L'Attaque d'un convoi.* — *Les Baigneurs.*

Ancienne galerie Weyer de Cologne. — *Un Seigneur et sa Dame visitent une grotte. — Marché aux Chevaux. — Un Page tenant un cheval à la sortie d'un parc. — Paysage. — Un Écuyer. — Marchandises au bord d'une rivière.*

Ancienne galerie Baillie, a Anvers. — *Paysage avec un canal et des chevaux.*

Musée van der Hoop. — *L'Abreuvoir. — Paysage. — Un Camp.*

Galerie d'Arenberg. — *Les Laitières. — Halte militaire. — Paysage avec figurines. — Les Maux de la guerre. — La Pêche. — Paysage. — Chasse au faucon. — Chasse au cerf.*

Galerie Suermondt. — *Paysage (effet d'hiver).*

A lord Hertford. — *Une Caverne avec cavaliers. — Paysage avec figures. — Le Marché aux chevaux* (Vte Mecklembourg).

Collection Anthony Rothschild. — *Les Chasseurs. — Une autre composition.*

Galerie James de Rothschild. — *Trois belles compositions.*

Galerie du duc d'Aumale. — *Cheval de charrue* (dessin).

Collection Wilhorgne de Buchy. — *Le Départ pour la chasse au faucon* (très-précieux).

Collection J. Claye. — *Halte de Bohémiens.*

PRIX DE VENTES

			fr.	
L'Apparition de l'Ange aux bergers.	1697.	Vte Popta. . . . . Flor.	320.	
—	1749.	Vte galerie d'Orléans. . . .		
—	1750.	Vte de Vence.	377.	
—	1819.	Vte X***. . . . . Guin.	95.	
—		Vte Duval, de Genève. . . .	4,225.	A Londres.
Les Sangliers forcés.	1722.	Vte Meyers. . . . . Flor.	902.	
—	1752.	Vte de Vaux.	2,932.	
L'Arrivée des Chasseurs.	1731.	Vte Valkenburq. . . . Flor.	875.	
—	1763.	Vte Lormier. . . . . »	1,200.	
—	1801.	Vte Robit.	2,520.	
—	1837.	Vte D^sse de Berry.		
La Fontaine des Chasseurs.	1737.	Vte Verrue.	3,775.	
	1777.	Vte Boisset.	7,800.	
Le Cabaret (cuivre).	1793.	Vte Praslin.	12,000.	
	1837.	Vte D^sse de Berry.	4,515.	
La Boutique du Maréchal.	1737.	Vte Verrue.	2,502.	
Le grand Marché aux Chevaux (80^c 1/2—86^c).	D^o	d^o	2,001.	
—		Vte de Clermont.		
—	1768.	Vte Gaignat.	14,560.	
—	1801.	Vte Robit.	16,150.	
—	1837.	Vte D^sse de Berry.	35,600.	
—	1856.	Vte Mecklembourg.	80,000.	A lord Hertford.
Le Départ pour la chasse (bois). . . .	1737.	Vte Verrue.	7,800.	
Un Port de mer (bois, 46^c—62^c). . .	1777.	Vte de Boisset.	10,660.	
	1780.	Vte Poullain.	12,100.	
La petite Chasse au cerf (bois, 30^c —38^c).	1737.	Vte Verrue.		
—	1744.	Vte Lorengère.	1,050.	
—	1776.	Vte Gagny.	6,620.	
—	1777.	Vte Boisset.	6,580.	
—	1783.	Vte d'Azincourt.	7,901.	

				fr.	
Le Port au foin	1737.	Vte van Huls	Flor.	680.	
Marche d'armée	1738.	Vte Carignan			Pendant de la petite Foire aux chevaux actuellem. au Louvre.
—	1749.	Vte marquis de Brunoy		6,600.	
—	1778.	Vte Solirène		6,000.	
—	1787.	Vte Beaujon		4,850.	
—	1789.	Vte Coclers		2,351.	Avec son pendant.
Les Adieux, ou *Départ p^r la chasse.*	1745.	Vte Laroque		430.	Gravé par Laurent sous le titre des *Adieux.*
Chasse au cerf	D°	d°		72.	
Deux Paysages avec figures et animaux.	D°	d°		641.	
Un Paysage avec figure représentant le prophète Élisée (bois)	D°	d°		220.	
La Charrette de foin	D°	d°		280.	
Une chasse à l'oiseau (bois, 35^c—43^c)					
Le Marchand d'orviétan	1748.	Vte Fontpertuis		660.	
Une Écurie	1750.	Vte Wassenaer d'Oldam	Fl.	875.	
La Cascade	1751.	Vte Tugny		1,860.	
La Diligence hollandaise	D°	d°		1,001.	
Un Port de mer	D°	d°		1,230.	
Le Travail du maréchal	D°	d°		604.	
L'Abreuvoir (64^c 1/2—51^c)	D°	d°		800.	
—	1778.	Vte Servad	Flor.	1,900.	
—	1788.	Vte de Calonne		6,400.	
—	1804.	Vte van Leyden		4,800.	
—	1820.	Vte West	Guin.	600.	
—	1626.	Vte J. Barchard	»	650.	
—	1827.	Vte Bonnemaison		20,000.	
—	1843.	Vte Héris Leroy		3,480.	Est-ce bien le tableau des V^tes précédentes, comme on l'a prétendu !
Cavaliers du manége	1752.	Vte marquis d'Argenson			
—	1800.	Vte Geldermeester	Fl.	2,175.	
—	1802.	Vte S. Clarke	Guin.	340.	
Départ pour la Chasse aux chiens courants					
La Fontaine de Bacchus (40^c 1/2—62^c)	1755.	Vte Pasquier		4,036.	Prov. des coll. Fontperthuis et chevalier d'Orléans. Achetés pour la cour de Pologne.
Scène d'hiver	1757.	Vte Potier		303.	
—	1773.	Vte Lempereur		950.	
—	1774.	Vte Dubarry		600.	
—	1787.	Vte Beaujon		990.	
Une Bataille (96^c 1/2—1^m,34)	1761.	Vte Selle		4,550.	
Le Voyageur allemand	D°.	d°		2,450.	
—	1781.	Vte duc de la Vallière		4,101.	
—	1801.	Vte Purlin's	Guin.	395.	
La Fontaine du Dauphin					
La Buvette des cavaliers (40^c 1/2—40^c 1/2)	1763.	Vte Peilhon		1,900.	
La Chasse au vol (80^c 1/2—1^m,2 1/2).	D°	d°		330.	
Chasse au cerf (58^c 1/2—67^c)	1764.	Vte de l'Électeur de Cologne		3,000.	
La Marchande de canards (bois, 35^c—40^c 1/2)	1764.	Vte de Troy		800.	
—	1779,	Vte Peeters		1,213.	
—	1802.	Vte Helsleuter		1,480.	
—	1808.	Vte Langeac		1,705.	

				fr.	
Un Pillage	1765.	Vᵗᵉ RUBEMPRÉ	Flor.	900.	
Le Jeu du chat	Dᵒ	dᵒ	»	4,500.	
Le Colombier du maréchal	1766.	Vᵗᵉ D'ARGENVILLE		801.	
—	1788.	Vᵗᵉ HERRON	Flor.	1,820.	
—	1802.	Vᵗᵉ Noël DESENFANS.	Guin.	200.	
Une Chasse au cerf (96ᶜ 1/2 — 1ᵐ,60)	1766.	Vᵗᵉ JULIENNE		16,700.	
—	1772.	Vᵗᵉ CHOISEUL		20,700.	
L'Écurie de la poste	1766.	Vᵗᵉ JULIENNE		7,545.	
Un Port de mer	Dᵒ	dᵒ		2,700.	
Les Occupations champêtres.	Dᵒ	dᵒ		5,060.	
—	1777.	Vᵗᵉ BOISSET		8,000.	
—	1787.	Ch. LAMBERT		10,000.	
—	1788.	Vᵗᵉ CALONNE		11,500.	
—	1794.	Vᵗᵉ COURMONT		40,000.	En assignats.
—	1801.	Vᵗᵉ TOLOZAN		5,100.	
—	1812.	Vᵗᵉ SOLIRÈNE		6,105.	
La Fontaine de Vénus (40ᶜ 1/2—52ᶜ) / *Le Conseil des chasseurs.*	1768.	Vᵗᵉ GAIGNAT		5,000.	
La Récréation militaire / *La Marche d'armée (35ᶜ—47ᶜ)*	Dᵒ	dᵒ		4,600.	
Défilé de Cavalerie (bois, 35ᶜ—48ᶜ 1/2)	1770.	Vᵗᵉ LALIVE DE JULLY		4,001.	
—	1776.	Vᵗᵉ MORELLI		7,811.	
—	1784.	Vᵗᵉ DUBOIS		7,000.	
Incendie et Pillage d'un château (67ᶜ —80ᶜ 1/2)	1771.	Vᵗᵉ BRAAMCAMP	Flor.	2,200.	
Le Repos de chasse (63ᶜ—88ᶜ 1/2)	Dᵒ	dᵒ	»	3,510.	
Rencontre de cavalerie (62ᶜ—80ᶜ 1/2)	Dᵒ	dᵒ	»	1,740.	
Les Misères de la guerre, et son pendant (1ᵐ,15 1/2—70ᶜ) / *Ancien Château, Laveuses et Animaux*	Dᵒ	dᵒ	»	3,000.	
Un Camp de cavalerie (bois, 48ᶜ 1/2 —40ᶜ 1/2)	1772.	Vᵗᵉ CHOISEUL		1,510.	
—	1779.	Vᵗᵉ TROUARD		1,500.	
—	1780.	Vᵗᵉ marquis DE CHANGRAN.		1,700.	
Les Marchands de chevaux, avec son pendant (54ᶜ—46ᶜ)	1772.	Vᵗᵉ CHOISEUL		20,000.	
—	1777.	Vᵗᵉ CONTI		19,800.	
Le même, seul	1787.	Vᵗᵉ DURUEY		4,601.	
—	1821.	Vᵗᵉ BRENTANO	Flor.	4,005.	
Le Maréchal ferrant (bois ou cuivre, 48ᶜ 1/2—40ᶜ 1/2)	1784.	Vᵗᵉ LANGRAFF		2,501.	Coll. Choiseul.
—	1801.	Vᵗᵉ TRONCHIN		1,000.	
La Fenaison (38ᶜ 1/2—40ᶜ 1/2)	1762.	Vᵗᵉ CHOISEUL		2,410.	
Un Paysage avec figures et un pont (64ᶜ 1/2—54ᶜ)	Dᵒ	dᵒ		3,000.	
Paysage montagneux ou la Chasse au vol (24ᶜ 1/2—28ᶜ	Dᵒ	dᵒ		3,000.	
—	1777.			5,000.	
—	1779.	Vᵗᵉ CONTI		3,280.	
—	1788.	Vᵗᵉ CALONNE		3,900.	
—	Dᵒ	Vᵗᵉ MONTESQUIOU		4,021.	
—	1808.	Vᵗᵉ VAN DER POTT.	Flor.	3,030.	

			fr.	
Deux Ports de mer avec figures et animaux.....................	1772.	Vᵗᵉ Choiseul.............	4,000.	
Une Foire, 100 figures, un charlatan forme la principale.......	1774.	Vᵗᵉ Dubarry............	6,001.	
Autre *Marché*, 40 figures et 6 chevaux.....................	Dᵒ	dᵒ	3,230.	
Halte de cavaliers..............	Dᵒ	dᵒ	4,000.	
Foire aux chevaux..............	Dᵒ	dᵒ	6,001.	
Halte d'officiers ou la *Belle Vivandière* (bois, 51ᶜ—40ᶜ)..........	Dᵒ	dᵒ	4,000.	
—	1780.	Vᵗᵉ Poullain............	3,460.	
—	1821.	Vᵗᵉ J. Webb....... Guin.	210.	
La Curée du cerf (35ᶜ—46ᶜ).......	1776.	Vᵗᵉ Gagny.............	3,110.	Coll. Verrue et Mansard.
—	1779.	Vᵗᵉ Trouard............	2,800.	
—	1794.	Vᵗᵉ Destouches.........	4,700.	
Halte de cavaliers (bois, 27ᶜ—21ᶜ 1/2)....................	1776.	Vᵗᵉ Gagny.............	2,500.	
—	1783.	Vᵗᵉ d'Azincourt.........	1,861.	
Marché aux chevaux, défilé d'équipages.....................	1776.	Vᵗᵉ marquis de Brunoy...	6,600.	
La Course à la bague (40ᶜ 1/2—51ᶜ 1/2).....................	1776.	Vᵗᵉ Gagny.............	5,901.	
—	1784.	Vᵗᵉ de Merle...........	5,800.	
—	1795.	Vᵗᵉ Calonne....... Guin.	210.	
La Charrette embourbée.......... *La Chasse à l'oiseau* (bois, 44ᶜ—36ᶜ)	Dᵒ	Vᵗᵉ Gagny.............	6,005.	Coll. Verrue et Mansard.
Un Paysan caressant une jeune fille (38ᶜ 1/2—32ᶜ 1/2)......... *Des Soldats, dont un à cheval sonne de la trompette* (mêmes dimensions).....................	1777.	Vᵗᵉ Thélusson...........	3,800.	
Halte de bandits (64ᶜ 1/2—96ᶜ 1/2).	Dᵒ	dᵒ	2,753.	
La Petite Écurie..............	Dᵒ	Vᵗᵉ Boisset............	5,000.	
—	1786.	Vᵗᵉ Morelli............	3,800.	
—	1817.	Vᵗᵉ d'Adberg...... Guin.	275.	
—	1826.	Vᵗᵉ roi de Bavière.. Flor.	2,771.	
Fête hollandaise, ou la Course aux harengs (62ᶜ—80ᶜ 1/2).........	1777.	Vᵗᵉ Boisset............	12,000.	Coll. Lubbeling.
—	1801.	Vᵗᵉ Tolozan............	6,550.	
Chasse au cerf (pont de briques et chute d'eau; cuivre, 30ᶜ—35ᶜ)..	1777.	Vᵗᵉ Nieutroff...... Flor.	1,995.	
Chasse au héron (40ᶜ 1/2—56ᶜ 1/2)..	Dᵒ	Vᵗᵉ Duluc.............	1,670.	
La Grande chasse à l'oiseau.......	1778.	Vᵗᵉ Servad........ Flor.	2,905.	
Le Quartier des rafraîchissements..	Dᵒ	dᵒ .... »	1,900.	
Le Retour du marché (bois, 28ᶜ—19ᶜ)	1777.	Vᵗᵉ Boisset............	2,896.	
—	1778.	Vᵗᵉ Lalive de Jully.....	1,200.	
—	1779.	Vᵗᵉ Grammont..........	2,180.	
—	1786.	Vᵗᵉ Clesses...........	5,400.	
—	1809.	Vᵗᵉ Sabatier...........	2,400.	
—	1812.	Vᵗᵉ Villers............	5,000.	
—	1837.	Vᵗᵉ Dˢˢᵉ de Berry........	6,730	ou 7,066.
—		Vᵗᵉ Éd. Gray...........		Estimé 300 guinées.
La Petite Forge du maréchal.......	1779.	Vᵗᵉ abbé Gevini.........	861.	
—	1784,	Vᵗᵉ Dubois.............	884.	
—	1826.	Vᵗᵉ Saint-Victor........	2,610.	

			fr.	
Marche militaire (76ᶜ—96ᶜ 1/2)....	1779.	Vᵗᵉ DE JUVIGNY..........	2,401.	
La Marchande de volailles (35ᶜ—40ᶜ 1/2)........................	1780.	Vᵗᵉ PETERS...............	1,213.	
—	Dᵒ	Vᵗᵉ marquis DE CHANGRAN.	1,100.	
Une Tente de vivandière (bois, 48ᶜ 1/2—43ᶜ)....................	1780.	Vᵗᵉ NOGARET.............	4,201.	
Vue de la plage de Scheveningue...				
La Tente des vivandières (bois, 30ᶜ —38ᶜ 1/2)....................	1781.	Vᵗᵉ duc de LA VALLIÈRE..	4,101.	
Deux Paysages (bois, 32ᶜ 1/2—87ᶜ).	1783.	Vᵗᵉ DE SAINT-HILAIRE.....	2,863.	
Deux Retours de chasse (bois, 48ᶜ 1/2—64ᶜ 1/2)	1784.	Vᵗᵉ MONTRIBLOND.........	7,452.	
L'Abreuvoir hollandais (bois, 38ᶜ —48ᶜ 1/2)....................	Dᵒ	dᵒ	5,102.	
Intérieur d'écurie (46ᶜ—67ᶜ).......	1784.	Vᵗᵉ DE MERLE............	7,900.	
Le Repos des moissonneurs........	1785.	Vᵗᵉ GODEFROY............	3,600.	
—	1791.	Vᵗᵉ LEBRUN..............	2,400.	
—	1816.	Vᵗᵉ CATELAN..............	1,901.	
Marche de voyageurs (bois, 21ᶜ 1/2 —27ᶜ)......................	1787.	Vᵗᵉ LAMBERT ET DU PORAIL.	2,600.	
Le Sacrifice de Jephté (bois, 77ᶜ 1/2 —59ᶜ)......................	1788.	Vᵗᵉ LENGLIER.............	400.	
—	1789.	Vᵗᵉ PARIZEAU.............		
Les Bûcherons..................	1788.	Vᵗᵉ DE CALONNE..........	11,500.	Gravé par Moyreau.
L'Abreuvoir....................	Dᵒ	dᵒ	6,400.	Dᵒ.
La Chasse au vol. (Le paysage est peint par Wynants; 77ᶜ 1/2—99ᶜ)	1791.	Vᵗᵉ LEBRUN.............	1,972.	Coll. Lubbling.
La Ferme au colombier (bois, 67ᶜ —86ᶜ)......................	1793.	Vᵗᵉ CHOISEUL-PRASLIN.....	37,500.	Sans doute en assignats.
—	1808.	2ᵉ Vᵗᵉ dᵒ	20,100.	
—	1817.	Vᵗᵉ TALLEYRAND..........	36,000.	
Convoi militaire, 20 chevaux, dont un blanc monté par un maquignon.........................	1793.	Vᵗᵉ CHOISEUL-PRASLIN.....	16,150.	Dᵒ.
Départ pour la chasse...........	1800.	2ᵉ Vᵗᵉ D'ORLÉANS... Guin.	200.	
Retour de la chasse..............	Dᵒ	dᵒ ... »	130.	
L'Écurie......................	Dᵒ	dᵒ estimé »	200.	
Chasse aux faucons.............	Dᵒ	dᵒ ... »	140.	
La Grande foire aux chevaux (69ᶜ 1/2—83ᶜ)....................	1801.	Vᵗᵉ TRONCHIN...........	4,000.	
Saint Georges (64ᶜ 1/2—48ᶜ 1/2)....	Dᵒ	dᵒ	4,400.	
Paysage avec figures (30ᶜ—32ᶜ 1/2).	1801.	Vᵗᵉ TOLOZAN.............		
—	1811.	Vᵗᵉ GAMBA..............	3,500.	
Choc de cavalerie (80ᶜ 1/2—1ᵐ,2)...	1802.	Vᵗᵉ PARR fils.............	1,121.	
Une Chasse (67ᶜ—77ᶜ 1/2)........	Dᵒ	dᵒ	900.	
Les Maraudeurs (59ᶜ—77ᶜ 1/2).....	1808.	Vᵗᵉ VAN DER POTT... Flor.	3,625.	
Départ pour la chasse au vol...... Halte d'un convoi (cuivre, 17ᶜ—26ᶜ)	Dᵒ	2ᵉ Vᵗᵉ CHOISEUL-PRASLIN..	12,000.	
La Blanchisseuse (27ᶜ—31ᶜ 1/2)....	Dᵒ	dᵒ	5,511.	
Paysage avec dunes (bois, 38ᶜ—48ᶜ 1/2)........................	1809.	Vᵗᵉ SABATIER.............	3,001.	
Une Bataille (99ᶜ—1ᵐ,42).........	1811.	Vᵗᵉ PAILLET ET COCLERS...	19,151.	
Un Camp..................... Halte de chasseurs (35ᶜ—40ᶜ 1/2)...	1812.	Vᵗᵉ CLOS.................	4,411.	Vᵗᵉ Boisset, 5,000 fr.
Campement d'armée (65ᶜ 1/2—51ᶜ)..	1817.	Vᵗᵉ LAPEYRIÈRE...........	9,400.	

			fr.	
Le Débarquement des marchandises (bois, 48ᶜ 1/2—38ᶜ)	1817.	Vᵗᵉ Lapeyrière	11,600.	
Le Cheval rétif	1824.	Vᵗᵉ Pals........... Flor.	2,615.	
—	1831.	Vᵗᵉ Verbrugge	2,650.	
Les Pèlerins	1832.	Vᵗᵉ Érard.	4,500.	Est-ce celui de la Vᵗᵉ Langraff en 1784 ?
Le Maréchal ferrant	Dᵒ	dᵒ	5,700.	
La Fontaine des Tritons	1833.	Vᵗᵉ Frankenstein,.. Flor.	6,000.	
Halte militaire	1834.	Vᵗᵉ Christie et Mawsons.	300 liv. st.	
—				
Départ pour la chasse au faucon (56ᶜ 1/2—67ᶜ)	1837. Dᵒ	Vᵗᵉ Dˢˢᵉ de Berry / dᵒ	7,875. / 19,000.	
Choc de cavalerie (56ᶜ 1/2—64ᶜ 1/2).	Dᵒ	dᵒ	11,050.	
Le Cerf forcé	Dᵒ	dᵒ	5,000.	A M. Fould.
Le Trompette	Dᵒ	dᵒ	7,500.	
Paysage (bois, 35ᶜ—32ᶜ,5ᵐ)	1840,	Vᵗᵉ Schamp.	1,000.	
Choc de cavalerie (48ᶜ,8ᵐ—69ᶜ,8ᵐ).	Dᵒ	dᵒ	960.	
L'Espion (57ᶜ—75ᶜ)	1841.	Vᵗᵉ Perregaux	35,100.	A M. Tardieu fils.
Le Départ pour la chasse (37ᶜ—41ᶜ).	Dᵒ	Vᵗᵉ Biré-Héris	6,950.	
Halte de cavaliers.	1843.	Vᵗᵉ P. Férier	4,001.	
Le Maréchal ferrant	1844.	Vᵗᵉ X***	9,500.	
Épisode d'une Fête de village	Dᵒ	dᵒ	905.	
Chasse au faucon	1845.	Vᵗᵉ Meffre.	6.655.	
Le Calvaire (50ᶜ—73ᶜ).	1846.	Vᵗᵉ Wellesley	6,500.	Peint pour le comte Wassenaer d'Obdam. Coll. de Montmorency, Montaleau, Rottiers de Gand, Wellesley.—A M. Burton.
Le Bûcheron.	Dᵒ	Vᵗᵉ Duval, de Genève	8,400.	A Londres.
Une Bataille..	Dᵒ	Vᵗᵉ Fesch........... Écus.	4,500.	A M. le baron Rothschild.
Halte au retour de la chasse	Dᵒ	dᵒ .... »	12,350..	
Le Maréchal ferrant	Dᵒ	dᵒ .... »	251.	
Le Sommet de la montagne	Dᵒ	dᵒ .... »	85.	
Halte de chasseurs.	1847.	Vᵗᵉ Dubois	2,350.	
Saint Hubert (1ᵐ—90ᶜ)	1850.	Vᵗᵉ Guillaume II... Flor.	3,000.	
—	1854.	Vᵗᵉ Mecklembourg... »	7,200.	A M. Nieuwenhuys.
La Fondrière (bois, 45ᶜ—37ᶜ).¹	1850.	Vᵗᵉ marquis de Montcalm.	8,250.	
Le Camp (51ᶜ—66ᶜ)	1850.	Vᵗᵉ Kalkbrenner.	25,000.	Au marquis d'Hertford.
Chasse au lièvre (bois, 32ᶜ—37ᶜ)	Dᵒ	dᵒ	6,100.	
Chasse à courre sur un monticule..	1851.	Vᵗᵉ Jeckel	4,950.	
Voyageurs arrêtés à la porte d'une hôtellerie.	1852.	Vᵗᵉ Turenne	600.	Douteux.
Marché aux chevaux.	Dᵒ	Vᵗᵉ Varange.	15,000.	
Le Coche (bois)	Dᵒ	Vᵗᵉ de Morny	15,500.	
Halte de cavaliers (bois, 32ᶜ—35ᶜ).	1857.	Vᵗᵉ Patureau.	50,100.	Coll. Guillaume II, roi de Prusse.
Marche d'une armée (bois, 35ᶜ—41ᶜ)	Dᵒ	dᵒ	12,600.	Galerie de l'Escurial. Pennell.
Halte de chasseurs (65ᶜ—80ᶜ)	Dᵒ	dᵒ	6,300.	Coll. van Doncker, van Saceghem.
Paysage sablonneux (bois, 22ᶜ— 17ᶜ 1/2)	Dᵒ	dᵒ	30,000.	Pour l'Impératrice Eugénie. (Coll. de Bors.)
Le Départ de l'hôtellerie (bois, 38ᶜ—50ᶜ)	1858.	2ᵉ Vᵗᵉ Hope	15,000.	Coll. Érard.
Un Cheval	Dᵒ	Vᵗᵉ Cᵗᵉˢˢᵉ Jumilhac	5,000.	A lord Hertford.
Le Maréchal ferrant, effet de neige.	1859.	Vᵗᵉ Castellane.	530.	Très-contesté.
Les Malheurs de la guerre	Dᵒ	Vᵗᵉ lord Northwick	27,300.	Coll. Lankeren.
Halte de cavaliers (bois, 35ᶜ—41ᶜ).	1860.	Vᵗᵉ Piérard	25,700.	Coll. Martin, Lambert, Nieuwenhuys et Tardieu.

			fr.	
Chasse au faucon (bois, 31ᶜ 1/2— 44ᶜ 1/2).....................	1860.	Vᵗᵉ Piérard...............	18,800.	Coll. Meffre. — A M. le baron Rothschild.
Le Cerf forcé (2ᵐ,8—2ᵐ,67)........	1837.	Vᵗᵉ Dˢˢᵉ de Berry........	5,000.	
—	1860.	Vᵗᵉ Louis Fould.	8,100.	
Un Manége......................	Dᵒ	Vᵗᵉ sir Culling-Eardley..	4,500.	A M. Blewit.
Au Bord de la mer..............	1861.	Vᵗᵉ Leroy d'Étiolles.....	760.	
La Halte.............	Dᵒ	dᵒ	3,700.	
Combat de cavalerie.............	Dᵒ	dᵒ	1,500.	
La Curée......................	Dᵒ	Vᵗᵉ Rhoné.	1,050.	
La Sortie de l'écurie (dessin relevé de bistre).....................	Dᵒ	Vᵗᵉ van Os..............	600.	Coll. Tonnsman, Schmidt et Reril.
Un Page tenant un cheval blanc...	1862.	Vᵗᵉ Weyer, de Cologne...	450.	
Le Cavalier.	1863.	Vᵗᵉ Demidoff.	5,450.	Collections van Nagel, van Amfen.
Le Débarquement de marchandises..	Dᵒ	Vᵗᵉ Meffre.	40,700.	
Saint Martin....................	Dᵒ	Vᵗᵉ Gilkinet, de Liége...	1,405.	
Repos de chasse.................	Dᵒ	Vᵗᵉ X***.................	670.	

WOUWERMAN (pieter et jan)

Le premier né à Harlem en 1625, mort en 1683; le second mort à Harlem vers 1668.

Les deux frères de Philips l'ont imité dans son choix et son mode d'exécution : quelques-uns de leurs tableaux se laissent confondre parfois avec les siens, mais la méprise ne saurait cependant être fréquente; car leur touche est moins finie, leur couleur moins suave et moins transparente, leur dessin plus lourd et plus vulgaire et leurs ciels sont plus cotonneux.

GRIFFIER (robert)

Né à Londres en 1688, mort en Hollande en 1750.

Ce fils de Jean Griffier eut le talent d'imiter à s'y méprendre les tableaux de P. Wouwerman. Cependant si ses contrefaçons joignent à la grâce, le vrai, le naturel du coloris, elles se reconnaissent à leur dessin plus guindé que celui du maître et à leur touche grenue et uniforme.

BREDA (jan van)

Né à Anvers en 1683, mort en 1750.

Élève de son père Alexandre van Breda, Jean est sans contredit un de ceux qui a le plus approché de la manière de Wouwerman. Il s'attacha pendant un grand nombre d'années à copier et à décomposer, pour ainsi dire, les ouvrages de Wouwerman; il parvint ainsi à les imiter à un tel point qu'il est difficile de distinguer ses copies, si l'on n'y apporte pas beaucoup d'attention. Elles sont habituellement moins transparentes dans les ombres, le dessin en est assez ressemblant, mais moins élancé dans les figures; les terrains offrent aussi quelques points différentiels dans les repiqués vigoureux surtout, qui, chez van Breda, sont exécutés à sec, tandis que Wouwerman les peignait dans la pâte.

HUGTENBURCH (JAN VAN)

Né à Harlem en 1646, mort en 1733.

Ce peintre ingénieux, spirituel dans ses inventions, a fait d'excellents pastiches de Wouwerman, surtout dans les batailles; il lui est inférieur pour la correction du dessin, sa touche est plus grenue et plus émoussée, sa couleur plus noire que vigoureuse; ses empâtements sont timides.

MURANT (EMMANUEL)

Né à Amsterdam en 1622, mort en 1700.

Il est difficile de se méprendre aux copies et aux imitations faites par Murant. Sa couleur est belle, mais son exécution est si précieuse et si maniérée que l'on découvre la fraude au premier coup d'œil.

VERBÉEK (PIETER)

Né à Harlém.

Ce peintre partagea avec Wynants la gloire d'avoir formé le talent de Ph. Wouverman. L'analogie que présentent entre eux le maître et l'élève est tout à fait restreinte, et même bien que certains trafiquants s'en servent afin de parvenir à faire passer les tableaux de Pierre pour des Wouwerman *premier temps,* elle est loin de mériter l'examen.

FALENS (CHARLES VAN)

Né à Anvers en 1684, mort à Paris en 1733.

Copiste de Ph. Wouwerman, dont les tableaux froids et secs ne trompent que les ignorants en peinture.

BOIS (SIMON DU)

Mort en 1708.

Élève de Wouwerman, Du Bois a beaucoup copié son maître, mais son dessin roide, son coloris opaque, le décèlent assez facilement.

Thiéry Maas, Jan van Lin et le chevalier Breydel ont aussi fait quelques copies de Wouwerman, qui se trahissent soit par leur faire cotonneux, soit par la lourdeur de leur dessin.

LES WEENIX

WEENIX (JAN-BAPTIST)

Né à Amsterdam en 1621, mort près d'Utrecht en 1660.

Peu de peintres ont été aussi universels que Jean-Baptiste Weenix. Étranger à aucun genre, il a peint l'histoire, le portrait, le paysage, les animaux, et des scènes de la vie privée, avec autant de souplesse et de facilité que tous ceux qui ont excellé dans chacune de ces diverses parties. Élève chéri de la nature qu'il étudiait avec amour, il apprit non seulement à en imiter toutes les vérités, mais encore à en saisir le pittoresque.

Son pinceau est moelleux, solide et sans manière ; ses compositions sont excellentes et pleines d'ampleur. Son dessin est correct et presque toujours résolu, son coloris vif, piquant et bien ménagé.

Les ouvrages de Weenix père et Weenix fils sont assez estimés des amateurs. Le musée du Louvre en possède de beaux échantillons : de Jean-Baptiste Weenix, *les Corsaires repoussés,* estimé 6,000 fr. ; de Jean Weenix le fils, *Gibier et Ustensiles de chasse,* 3,000 ; *les Produits de la chasse,* 6,000 fr.

MUSÉES DIVERS, GALERIES, ETC.

Musée de Lyon. — *Le Repos.*

Musée de Cherbourg. — *Paysage avec figures.*

Musée de Nîmes. — *Volailles.* — *Une Chasse.* — *Nature morte.*

Musée d'Amsterdam. — *La Maison de campagne.* — *Gibier et Fruits.* — *Gibier mort et Attirail de chasse.*

Musée de Rotterdam. — *Paon suspendu à une branche d'arbre.* — *Paysage italien.*

Musée de La Haye. — *Paysage avec un chevreuil et un cygne.* — *Faisan et Gibier mort.*

ANCIENNE COLLECTION DE VIENNE. — *Vue d'un Port de mer* (figures habillées à l'orientale).

MUSÉE DE MUNICH. — *Chasse au sanglier.* — Neuf grands tableaux de *Nature morte,* dont l'un porte dix pieds et demi de haut sur dix-huit de large.

MUSÉE DE BERLIN. — *Gibier mort.*

MUSÉE DE DRESDE. — *Rencontre de Jacob et d'Ésaü.* — *Un petit Chien jappant contre une grande poule.* — *Un Chevreuil mort.* — *Un Coq mort et une Perdrix étendus sur un coussin bleu.* — *Un Lièvre mort.* — *Un Coq blanc, un Faisan.*

MUSÉE DU ROI A MADRID. — Plusieurs tableaux de *Nature morte.*

NATIONAL GALLERY. — *Nature morte.*

BUCKINGHAM-PALACE. — Une belle composition.

A HAMPTON-COURT. — Plusieurs belles compositions.

DULWICH-COLLEGE. — Plusieurs compositions.

GALERIE NORTHUMBERLAND. — Sujet de *Chasse avec figures.*

COLLECTION J. WALTER. — *Port de mer avec figures.* — Une autre composition.

A SIR CULLING EARDLEY. — *Animaux morts, dans un paysage.*

COLLECTION M'LELLAN. — *Port de mer avec figures.*

COLLECTION FORSTER. — *Nature morte.*

AU DUC D'HAMILTON. — *Fruits.*

CABINET STANISFORTH. — *L'Enlèvement des Sabines.*

COLLECTION CALEDON. — *Faisans et Fruits.*

GALERIE STAFFORD. — *Ruines romaines avec figures.*

AU DUC DE NEWCASTLE. — *Nature morte et Accessoires dans un paysage.*

CABINET NELTHORPE. — *Animaux et Fruits dans un paysage.*

COLLECTION ORFORD. — Une belle composition.

COLLECTION GALTON. — *Jeune Fille avec son chien.* — *Nature morte.*

COLLECTION MARLBOROUGH. — *Un Port de mer avec figures.*

COLLECTION THOMAS HOPE. — Trois *Nature morte.*

COLLECTION MACKINNON. — *Nature morte.*

COLLECTION SHREWSBURY. — *Un Gentilhomme et sa Femme à cheval.*

ANCIENNE GALERIE WEYER DE COLOGNE. — *Un Chasseur et son chien.* — *Un Seigneur et sa Famille.*

A LORD HERTFORD. — Une belle composition.

CABINET DU COMTE CZERNIN. — *Animaux morts.*

GALERIE ESTERHAZY. — *Animaux et Gibier.*

GALERIE LICHTENSTEIN. — *Gibier.*

MUSÉE VAN DER HOOP. — *Une Oie blanche.* — *Portrait d'Homme en pied.* — *Un Levrier.*

COLLECTION DE M. LE COMTE DE BUDÉ. — *L'Amour se reposant près des trophées de sa chasse.* (La figure de l'Amour est d'une autre main.)

COLLECTION LÉTOUBLON. — *Garde-chasse faisant la curée.* — Le pendant : *Deux Chasseurs avec chiens et gibier mort.*

A M. LE COMTE PROSPER DE CHASSELOUP-LAUBAT. — *Fleurs, Perroquet et Écureuil.*

GALERIE DU BLAISEL. — *Charles d'Angleterre, sa femme et ses enfants.*

PRIX DE VENTES

			fr.	
Halte de Chasseurs.................	1776.	Vᵗᵉ GAGNY................	5,001.	
—	1778.	Vᵗᵉ GROS...............	3,559.	
Paysage (80ᶜ 1/2—1ᵐ,2).	1776.	Vᵗᵉ GAGNY	5,760.	
—	1802.	Vᵗᵉ HELSLEUTER..........	5,001.	
Femme tenant un coq mort........	1777.	Vᵗᵉ BOISSET.............	6,001.	
—	1801.	Vᵗᵉ ROBIT...............	8,621.	
Scène villageoise (bois, 64ᶜ 1/2 — 80ᶜ).......................	1777.	Vᵗᵉ BOISSET.	6,001.	
—	1780.	Vᵗᵉ POULLAIN...........	7,201.	
La Partie de plaisir (bois, 80ᶜ 1/2 —1ᵐ,7).	1784.	Vᵗᵉ DE MERLE...........	7,201.	
Paysage avec figures (64ᶜ 1/2 — 1ᵐ,12)....................	Dᵒ	Vᵗᵉ DUBOIS.............	1,400.	
Scène pastorale (64ᶜ 1/2—1ᵐ.12 1/2)	1788.	Vᵗᵉ LENGLIER...........	1,245.	
La Débauche.	1800.	2ᵉ Vᵗᵉ D'ORLÉANS... Guin.	15.	
Port antique....................	1837.	Vᵗᵉ Dˢˢᵉ DE BERRY........	3,460.	
—	1843.	Vᵗᵉ P. PERRIER..........	6,820.	
Le Pont rustique................	1837.	Vᵗᵉ Dˢˢᵉ DE BERRY........	4,950.	
Le Retour de la chasse (bois, 86ᶜ— 1ᵐ,7 1/2).................	1840.	Vᵗᵉ SCHAMP.............	2,030.	En collaboration avec De Hont.
Fuite en Égypte.................	1843.	Vᵗᵉ P. PERRIER..........	1,900.	
Port de mer....................	1844.	Vᵗᵉ X***.................	1,115.	
Repos d'animaux.	Dᵒ	dᵒ	102.	
Départ pour la chasse...........	1845.	Vᵗᵉ VASSEROT...........	1,900.	
Une Rade......................	Dᵒ	dᵒ	700.	
Marche et Convoi militaire........	Dᵒ	dᵒ	3,650.	
La Halte.......................	Dᵒ	dᵒ	1,950.	
Réunion de famille dans un parc..	1846.	Vᵗᵉ STEVENS.............	840.	
Retour de la chasse (98ᶜ—1ᵐ,29)...	1850.	Vᵗᵉ DE MONTCALM........	4,500.	Serait-ce le tableau adjugé à 2,561 fr. à la Vᵗᵉ Choiseul-Praslin en 1793?
—	1860.	Vᵗᵉ PIÉRARD...........	3,200.	
Ruines romaines................	1852.	Vᵗᵉ TURENNE............	3,000.	
Vue d'un jardin	1859.	Vᵗᵉ NORTHWICK..........	8,100.	
Paysage avec animaux...........	1860.	Vᵗᵉ P. DE TRENNE........	325.	
La Diseuse de bonne aventure.	Dᵒ	Vᵗᵉ X***.................	800.	
Le Bac (67ᶜ—60ᶜ).	Dᵒ	Vᵗᵉ PIÉRARD...........	1,555.	
Groupe d'animaux.	1861.	Vᵗᵉ LEROY D'ÉTIOLLES.....	3,000.	
La Promenade..................	Dᵒ	dᵒ	2,700.	
La Partie de bain...............	Dᵒ	dᵒ	370.	
La Tonte des moutons.	Dᵒ	dᵒ	1,800.	
Une Halte en voyage (1ᵐ,14 — 1ᵐ,87).	1862.	Vᵗᵉ BAILLIE, à Anvers.....	330.	
Portrait d'un Chasseur...........	Dᵒ	Vᵗᵉ WEYER, de Cologne...	615.	
Retour de chasse.	1863.	Vᵗᵉ X***.................	2.200.	

JAN WEENIX FILS

			fr.	
Chien et Gibier..................	1773.	Vᵗᵉ VAN DER MARK. Flor.	1,005.	
Deux Faisans, Nature morte et Ustensiles....................	1779.	Vᵗᵉ WATTEVILLE..........	1,040.	
Intérieur d'un parc.	1781.	Vᵗᵉ VAN BALLE.	1,400.	
Gibier mort (1ᵐ,34—1ᵐ,18)........	1840.	Vᵗᵉ SCHAMP.	460.	
Gibier.......................	1813.	Vᵗᵉ HÉRIS LEROY..... ...	510.	

			fr.	
Nature morte (1^m,21—1^m,2)	1846.	Vte WELLESLEY............	2,800.	Coll. E. Leroy.
Gibier, Fruits et Fleurs (1^m,22—1^m,5)........................	D°	d°	3,800.	Coll. Hammer.
Sujet de Chasse.	D°	Vte FESCH...................	5,550.	
La Promenade....................	D°	d°	765.	
Réunion de gibier...............	D°	Vte STEVENS.	700.	
Nature morte (1^m,40—1^m,4).......	1950.	Vte GUILLAUME II........	3,300.	A M. Schletter.
Gibier (99^c—77^c)...............	1854.	Vte MECKLEMBOURG.......	9,000.	
Fleurs, Perroquet et Ecureuil.....	1857.	2e Vte VARANGE.	500.	Cabinet de M. le comte Prosper de Chasseloup-Laubat.
Les Produits d'une chasse, un lièvre et des oiseaux morts............	1859.	Vte BRABBECK et de STOLBERG...... Thalers.	2,950.	
Des Fleurs et des Fruits..........	D°	d° .... »	510.	
Oiseaux divers (des perroquets, des geais de Bohême, un pic)......	D°	d° .... »	305.	
Nature morte (1^m,21—1^m,2).......	1860.	Vte PIÉRARD.............	5,000.	Coll. Wellesley.
Paysage, figures et animaux......	D°	V^{to} sir CULLING-EARDLEY..	18,500.	
Le Fidèle gardien.	1861.	Vte DAIGREMONT..........	610.	A M. Morrison.
Nature morte....................	1862.	Vte DE JONG.............	950.	
—	D°	Vte F***...................	870.	
—	D°	d°	1,010.	
—	D°	d°	980.	
Nature morte (80^c—63^c)...........	D°	Vte BAILLIE, à Anvers.....	12,000.	
Nature morte et Accessoires de chasse.	1863.	Vte DEMIDOFF.............	17,500.	A M. Richard Wallace.

WEENIX (JAN)

Né à Amsterdam en 1664, mort dans la même ville en 1719.

La plupart de ses tableaux de genre passent pour être de la main de son père dont il a étudié les ouvrages avec une rare persévérance; aussi ses efforts furent-ils couronnés d'un succès complet dans la représentation des animaux et des fleurs; sa couleur est plus chaude et son pinceau plus flou. On remarque une plus grande simplicité dans ses compositions et quelques touches vineuses; peu de personnes s'y méprennent; du reste, les marchands eux-mêmes n'ont pas grand intérêt à induire en erreur, puisque les tableaux du fils ont à peu près autant de valeur que ceux du père.

VALKEMBURG (DIRCK OU THIERRY)

Né à Amsterdam en 1675, mort en 1721.

Cet imitateur des Weenix et principalement du fils, les aurait presque égalés si sa touche eût été plus solide et son exécution moins recherchée. On reconnaît ses ouvrages à la sécheresse minutieuse des poils et à son dessin un peu carré.

———

PYNAKER (ADAM)

Né en 1621 dans le bourg dont il porte le nom, mort à Delft en 1673.

A l'égard de la touche et de la variété des espèces, Pynaker se rapproche de Wynants, heureux s'il en eût imité la finesse et le brodé de l'exécution. Peu d'artistes ont aussi bien rendu les vapeurs de l'atmosphère et le scintillement du soleil dans les arbres. Il a laissé de grands et de petits tableaux; presque tous les premiers ont été négligés et détruits; on n'a conservé que ses tableaux de chevalet, dont quelques-uns sont très-recherchés des amateurs.

Ce peintre est représenté au musée du Louvre par trois tableaux, à savoir : *L'Auberge*, estimé 7,000 fr. — *Paysage et Marine*, 45,000 fr., puis 10,000 fr. — *Paysage* (n° 403), 6,000 fr.

MUSÉES DIVERS, GALERIES, ETC.

MUSÉE DU MANS. — *Paysage*.

MUSÉE DE NANTES. — *Paysage*.

MUSÉE D'AMSTERDAM. — *Les Bords d'un lac italien*.

MUSÉE DE ROTTERDAM. — *Paysage maritime*.

MUSÉE DE LA HAYE. — Grand *Paysage*.

MUSÉE DE DRESDE. — *Paysage avec animaux*.

MUSÉE DE SAINT-PÉTERSBOURG. — *Site d'Italie*.

MUSÉE DE BERLIN. — *Paysage italien*.

MUSÉE DE MUNICH. — *Une Cascade*. — *Paysage au soleil couchant*.

DULWICH-COLLEGE. — *Un Paysage* (avec des figures peintes par Berghem).

INSTITUTION ROYALE D'ÉDIMBOURG. — *Un Paysage avec figures et animaux*.

COLLECTION OVERSTONE. — *Paysage avec figures* (anc. coll. du baron Verstolk).

COLLECTION J. WALTER. — *Paysage avec figures et bestiaux* (bel échantillon).

CABINET COWPER. — *Paysage, site d'Italie*.

COLLECTION ANDERSON. — *Paysage avec figures et animaux*.

GALERIE ELLESMERE. — *Paysage montagneux*.

COLLECTION DUNMORE. — *Site d'Italie*.

A SIR CULLING EARDLEY. — *Paysage avec rivières et figures*.

COLLECTION MORRISON. — *Paysage, site d'Italie*.

COLLECTION MUNRO. — *Un Paysage*.

COLLECTION SANDERS. — *Paysage italien avec figures*.

COLLECTION FIELD. — *Paysage avec figures*.

COLLECTION CALEDON. — *Paysage avec figures*.

COLLECTION BARRY. — *Paysage italien* (contesté).

COLLECTION ROBART. — *Paysage avec rochers et figures*.

COLLECTION BURLINGTON. — *Un Paysage italien.*

GALERIE LANSDOWNE. — *Un Paysage, site italien.*

COLLECTION CAMPBELL. — *Paysage italien.*

COLLECTION GALTON. — *Un Paysage avec figures.*

GALERIE RUTLAND. — Un petit *Paysage avec bestiaux et figures.*

COLLECTION NEELD. — *Un Paysage.*

COLLECTION BREDEL. — *Un Paysage avec figures.*

GALERIE BEDFORD. — Un charmant *Paysage.*

COLLECTION WYNN ELLIS. — *Paysage avec figures.*

COLLECTION BARING. — *Un Paysage, site italien.*

GALERIE ESTERHAZY. — *Paysage italien.*

CABINET DU COMTE CZERNIN. — *Site italien.*

GALERIE LICHTENSTEIN. — *Un Paysage italien.*

GALERIE SUERMONDT. — *Paysage.*

MUSÉE VAN DER HOOP. — *Paysage italien.*

GALERIE DU BLAISEL. — *Un Paysage, effet de soleil couchant.*

PRIX DE VENTES

Paysage (B. 30ᶜ—40ᶜ). 1780, Vᵗᵉ Renouard, 801 fr. — *Le Passage du bac* (62ᶜ—46ᶜ). 1787, Vᵗᵉ Lambert et du Porail, 2,981 fr. 1794, Vᵗᵉ Lebrun, 1,200 fr. — *Chasseurs et Chiens* (1ᵐ,39—1ᵐ,98). 1804, Vᵗᵉ Van Leyden, 3,500 fr. — *Site montagneux,* 1808, Vᵗᵉ van der Pol, 3,800 fr. — *Effet du soir* (96ᶜ 1/2 — 86ᶜ). 1809, Vᵗᵉ Grandpré, 3,000 fr. — *Effet du matin* (96ᶜ 1/2—86ᶜ). Même Vᵗᵉ, 4,531 fr. — *Paysage montagneux* (91ᶜ1/2—80ᶜ1/2). Même Vᵗᵉ, 5,000 fr. — *Entrée d'un bois* (96ᶜ 1/2—86ᶜ). Même Vᵗᵉ, 8,000 fr. — *Paysage et Marine.* 1817, Vᵗᵉ Lapeyrière, 1,260 fr. — *La Fileuse* (B. 40ᶜ 1/2—35ᶜ). 1834, Vᵗᵉ Laffitte, 3,500 fr. — *Paysage avec animaux* (98ᶜ—85ᶜ). 1837, Vᵗᵉ Dˢˢᵉ de Berry, 5,100 fr. 1854, Vᵗᵉ Mecklembourg, 6,000 fr. — *Paysage : soleil couchant.* 1837, Vᵗᵉ Dˢˢᵉ de Berry, 4,710 fr. — *La Soirée d'automne.* 1838, Vᵗᵉ Casimir Perier, 805 fr. (Vᵗᵉ Érard). — *Paysage* (43ᶜ,2ᵐ— 50ᶜ). (figures de Berghem). 1840, Vᵗᵉ Schamp, 2,900 fr. (à M. Adam). — *Les Apennins* (84ᶜ—72ᶜ). 1841, Vᵗᵉ Biré-Héris, 4,900 fr. — *Site montagneux.* 1843, Vᵗᵉ Tardieu, 800 fr. — *Paysage.* 1843, Vᵗᵉ Héris-Leroy, 4,490 fr. — *Rendez-vous de chasse.* Même Vᵗᵉ, 4,495 fr. (coll. Érard). — *Paysage, soleil levant.* 1846, Vᵗᵉ Fesch, 4,005 écus. — *Paysage, soleil couchant.* Même Vᵗᵉ, 4,005 écus. — *Une Ruine.* Même Vᵗᵉ, 26 écus. — *Intérieur d'un bois.* 1852, Vᵗᵉ Turenne, 490 fr. — *Paysage avec torrent* (55ᶜ—45ᶜ). 1857, Vᵗᵉ Moret, 6,100 fr. (Vᵗᵉ Fesch). — *Paysage.* 1860, Vᵗᵉ X..., 610 fr. — *Paysage maritime* 1861, Vᵗᵉ Cottreau, 645 fr. — *Paysage.* Même Vᵗᵉ, 525 fr. (signé). — *Vue d'Italie.* 1862, Vᵗᵉ Vernet (retiré à 4,000 fr. — *Paysage et Épisode de chasse* (1ᵐ,48— 1ᵐ,02). 1862, Vᵗᵉ Baillie, à Anvers, 100 fr. — *Paysage et Animaux.* 1863, Vᵗᵉ Gilkinet, de Liége, 3,000 fr. — *Paysage.* 1863, Vᵗᵉ Soret, 350 fr.

BESCHEY (JEAN-FRANÇOIS)

Né à Anvers en 1739, mort en 1799.

Ce peintre possédait au plus haut degré le talent d'imitation. Il en profita pour copier les œuvres des paysagistes les plus en renom. Ses copies d'après Pynaker sont excellentes de couleur, mais elles se reconnaissent à leur touche moins solide. En outre, ses terrains sont d'une facture plus maigre et moins transparente que celle du modèle.

DALENS (THIERRY), DIT LE JEUNE

Disciple de Th. Van Pré, il imita Pynaker avec assez de facilité; on le reconnaît pourtant à sa couleur briquetée et à sa touche anguleuse.

BERGHEM (NICOLAAS)

Né à Harlem en 1624, mort dans la même ville en 1705.

Berghem fut initié dans l'art de la peinture par son père. — J. van Goyen, Nicolas Moyaart, P.-F. Grebber, Jean Wilson son beau-père et Jean-Baptiste Weenix lui servirent ensuite successivement de maîtres; il les surpassa tous. Aussi heureux dans le choix que dans l'invention, ce grand peintre a su réunir dans ses tableaux le goût du beau naturel, la grâce et la variété du pittoresque.

Ainsi que le dit Gault, rien ne paraît déplacé dans ses compositions; tout y est bien amené, tout y est utile, et les moindres détails sont toujours en harmonie avec le tout. Les plus riches nuances de sa palette, aussi nourries sur les corps solides que vagues et vaporeuses dans les zones aériennes, expriment avec un art infini les différentes périodes du jour; et ce qui est digne de remarque, c'est que son coloris si brillant, si lumineux dans sa source, s'est conservé dans toute sa pureté jusqu'à nous sans avoir subi la moindre des altérations que le temps opère ordinairement sur les matières colorantes.

Les tableaux de Berghem tiennent un rang supérieur dans les plus riches collections de l'Europe, et malgré leur grand nombre, la vogue qu'ils ont obtenue les a fait devenir d'une cherté et d'une rareté extrêmes.

Berghem a beaucoup travaillé. Il fut un temps où ses tableaux n'étaient pas rares dans le commerce, mais ils se sont peu à peu casés dans les musées et les collections particulières, et on ne les rencontre plus qu'à de longs intervalles.

Le musée de Paris est très-riche en tableaux de ce maître. On y admire : *La Vue des environs de Nice.* Est. 6,000 fr., puis 12,000 fr. — *Paysage et Animaux* (n° 18), 30,000 fr., puis 40,000 fr. Voici ses provenances suivant Smith : 1770, Vte La Live de Jully, 8,252 fr. ; 1777, Vte Randon de Boisset, 10,000 fr. ; 1782, Vte Lebœuf, 18,000 fr., acheté par Louis XVI en 1782, 24,000 fr. — *Le Gué,* 11,000 fr., puis 15,000 fr. — *L'Abreuvoir,* 10,000 fr. — *Le Passage du bac,* 20,000 fr. — *Paysage et Animaux* (n° 22), 25,000 fr. Provenances, suivant Smith : 1737, Vte C^{sse} de Verrue, 3,600 fr. ; 1768, Vte Gaignat, 8,500 fr. — *Paysage et Animaux* (n° 23), 7,000 fr. — *Paysage et Animaux* (n° 24), 8,000 fr. — *Paysage et Animaux* (n° 25), 25,000 fr. — *Paysage et Animaux* (n° 27), 4,000 fr.

MUSÉES DIVERS, GALERIES, ETC.

Musée de Rouen. — *Un Concert sur une place publique.* (Coll. Érard).

Musée de Bordeaux. — *Paysage.*

Musée de Rennes. — *Un Mouton* (dessin au crayon rouge).

Musée d'Amsterdam. — *Paysage italien.* — *Paysage en hiver* (cab. Van Heteren). — *Paysage en hiver.* — *Le Passage du bac.* — *Ruth et Booz* (cab. Van Heteren). — *Les trois Troupeaux.* — *Le Passage du gué* (cab. Van Heteren).

Musée de La Haye. — Grand *Paysage italien.* — *Paysage italien.* — *Combat de cavalerie.* — *Chasse au sanglier.*

Musée de Rotterdam. — Deux *Paysages avec figures.*

Ancienne collection de Vienne. — *Paysage avec figures et animaux.* — *Paysage avec figures et animaux.* — *Le Repos du berger, paysage.*

Musée de Berlin. — *Paysage avec Animaux.*

Musée de Dresde. — *Un riche Négociant est assis devant un magnifique bâtiment.* — *L'Annonce aux Bergers.* — *Paysage avec lointain montagneux et un rocher à pic animé par un groupe de gens et d'animaux.* — *Contrée aride et rocheuse avec des ruines.* — Petit *Paysage entrecoupé de rochers* (on voit deux hommes avec un troupeau). — *Torrent se frayant un passage à travers des rochers.* — *Coucher du soleil : une Femme est assise devant une chaumière, un Homme est couché près d'elle.* — *Paysage avec du bétail.* — Même sujet, pendant. — *Vallon arrosé par une rivière.* — *Paysage avec rochers et un vieux château.* — *Paysage avec des rochers : des pêcheurs retirent leurs filets.* — Petit *Paysage : dans le lointain un rocher au pied duquel on voit un paysan qui laboure.*

Musée de Munich. — Deux grands *Paysages italiens.* — Plusieurs *Paysages avec figures et animaux.*

Musée de Saint-Pétersbourg. — *L'Enlèvement d'Europe.* — *La Sainte Famille.* — *L'Ange annonçant aux Bergers la naissance du Christ.* — *Un Paysage italien.* — *Halte de Chasseurs.* — Enfin dix-huit tableaux.

Musée de Francfort-sur-le-Mein. — *Paysage avec animaux.*

Musée de Turin. — Plusieurs *Paysages avec animaux.*

National Gallery. — *Paysage avec animaux.*

Institution royale d'Édimbourg. — *Paysage avec figures et bestiaux.*

Dulwich-College. — Plusieurs *Paysages avec figures.*

Buckingham-Palace. — Huit *Paysages avec figures et bestiaux.*

Galerie Ellesmere. — *Paysage avec figures et animaux* (coll. van Slingelandt et de Calonne). — *Paysage avec Nymphes et Satyres.* — *Paysage avec groupe de paysans.* — Grand *Paysage avec figures et animaux.*

Collection Amherst. — *Paysage avec figures et animaux.*

Collection J. Walter. — *Paysage avec figures et animaux. — Un effet de neige.* (Très-fins.)

Collection Harcourt. — Une délicieuse composition.

Collection Robarts. — *Paysage avec figures et animaux.*

Collection Matthew Anderson. — *Paysage rocheux avec figures. — Un Paysage avec figures.*

Collection Iarborough. — *Portrait de l'artiste.*

Collection J. E. Fordam. — *Paysage avec figures.*

Collection Wynn Ellis. — *Paysage avec figures.*

Collection Morrison. — *Paysage avec figures.*

Galerie Bedford. — *Paysage avec figures et animaux.*

Collection Bankes. — *Paysage avec figures et animaux.*

Collection Normanton. — *Un Paysage avec figures et animaux.*

Galerie Westminster. — *Paysage avec figures et animaux.*

Collection Enfield. — *Paysage avec animaux et figures.*

Collection Sanders. — *Intérieur où dansent des paysans.*

Collection M'Lellan. — Un petit *Paysage avec figures et animaux.*

Collection Field. — *Paysage avec animaux et figures.*

Collection Bredel. — *Un Paysage.*

Collection Wombwell. — *Un Paysage.*

Collection Munro. — *Jupiter, Diane et Calisto.*

Collection Phlipps. — *Paysage avec bestiaux.*

Collection Colborne. — Deux *Paysages avec figures et animaux.*

Collection Bute. — Deux beaux *Paysages. — Paysage montagneux avec figures et animaux.*

Collection Wemys. — *Un Paysage avec figures* (contesté).

Collection Mildmay. — *Paysage avec figures et animaux.*

Collection Hardwicke. — *L'Annonce aux Bergers.*

Galerie Lansdowne. — *Un Paysage avec chaumières et figures.*

Collection Galton. — *Paysage avec figures et animaux.*

Collection Forster. — Un beau *Paysage. — Les Preneurs d'oiseaux.*

Collection Tomline. — *Paysage montagneux.*

Collection Bevan. — *Paysage avec animaux.*

Collection Hamilton. — *Paysage avec figures.*

Collection Warwick. — Une *Tête de vache* (grandeur naturelle).

Collection Holford. — Un beau *Paysage avec figures et animaux.*

Collection Thomas Hope. — *Le Temple de la Sibylle.*

Collection Baring. — *Ruines du palais des Césars. —* Deux *Paysages.*

Galerie Ashburton. — *Le Fagot* (coll. Blondel de Gagny, marquis de Pange et Talleyrand). — *Paysage avec ruines et animaux* (coll. Dijonval). — *Animaux dans un paysage* (coll. Nogaret, Solirène et Talleyrand).

Collection Harrington. — *Un Paysage, site italien.*

Galerie Rutland. — Deux beaux *Paysages avec figures et animaux.*

Collection Orford. — *Paysage avec rochers et bestiaux.*

Galerie Devonshire. — *Un Port de mer avec figures et animaux. — Paysage avec bestiaux et figures.*

CABINET HAWKINS. — *Un Paysage avec bergers.*

ANCIENNE GALERIE WEYER DE COLOGNE. — *Cochons au repos.* — *Un Berger garde son troupeau.* — *Moutons au pâturage.* — *Un Berger et son troupeau.* — *Bergers au repos.*

GALERIE ESTERHAZY. — *Paysage avec animaux.*

CABINET DU COMTE CZERNIN. — *Ruines antiques.*

GALERIE D'ARENBERG. — *La Tonte des moutons.*

MUSÉE VAN DER HOOP. — *Site d'Italie.* — Une grande *Allégorie.*

GALERIE DU DUC D'AUMALE. — *Scène pastorale* (dessin).

GALERIE DUCHATEL. — *Port de mer avec figures.*

A LORD HERTFORD. — *Paysage avec rochers et animaux.* — Un petit *Paysage.*

GALERIE PROSPER DE CHASSELOUP-LAUBAT. — *Animaux au repos.*

CABINET TRILHA. — *Paysans et Bestiaux.*

PRIX DE VENTES

			fr.	
Ruth et Booz (1ᵐ,4—1ᵐ,31)	1731.	Vᵗᵉ VAN ZWIETEN... Flor.	245.	Au musée d'Amsterdam.
Paysage avec figures et animaux	1745.	Vᵗᵉ LAROQUE	140.	
Le nº 33 du catalogue	Dº	dº	240.	
Un autre	Dº	dº	210.	
Vue des environs de Sienne	1749.	Vᵗᵉ marquis DE BRUNOY...	2,001.	
—	1828.	Vᵗᵉ ZACHARY Guin.	325.	
Le Four à briques	1750.	Vᵗᵉ DE VENCE	390.	
L'Abreuvoir champêtre	Dº	dº	940.	
—	1798.	Vᵗᵉ DE BRIAN Guin.	150.	
—	1802.	Vᵗᵉ sir CLARK »	105.	
Le Maréchal ferrant	1751.	Vᵗᵉ CROZAT		
—	Dº	Vᵗᵉ DE THUGNY	1,050.	
—	1814.	Vᵗᵉ H. DAVIES Guin.	130.	
Un Paysage avec chute d'eau	1751.	Vᵗᵉ DE THUGNY	1,200.	
Paysage	Dº	dº	1,320.	
Le Passage du bac	1763.	Vᵗᵉ LORMIER Flor.	840.	
—	1804.	Vᵗᵉ DUTARTRE	3,050.	
—	1811.	Vᵗᵉ SEREVILLE	4,501.	
Jupiter et la chèvre Amalthée	1766.	Vᵗᵉ AVED	2,209.	
Le Passage du bac (81ᶜ—1ᵐ,3)	Dº	Vᵗᵉ SYDERVELT Flor.	1,530.	
—	1809.	Vᵗᵉ BICKER »	3,040.	Au musée d'Amsterdam.
Paysage avec figures	1766.	Vᵗᵉ JULIENNE	8,012.	
Danse de Paysans	Dº	dº	1,600.	
—	1833.	Vᵗᵉ FRANKENSTEIN... Flor.	2,600.	
Junon et Argus	1767.	Vᵗᵉ JULIENNE	1,100.	
—	1784.	Vᵗᵉ DESTOUCHES	700.	
—	1797.	Vᵗᵉ WATTIER	500.	
Deux Paysages avec animaux (l'un sur bois, l'autre sur cuivre; 27ᶜ —35ᶜ),	1777.	Vᵗᵉ DE BOISSET	2,000.	
—	1787.	Vᵗᵉ LAMBERT ET DU PORAIL	8,950.	
Ruth et Noémi	1768.	Vᵗᵉ MERVAL	7,700.	
—	1829.	Vᵗᵉ lord LIVERPOOL. Guin.	172.	
Paysage avec animaux (1ᵐ,34—2ᵐ).	1769.	Vᵗᵉ JULLY	8,252.	
—	1777.	Vᵗᵉ DE BOISSET	10,100.	
—	1782.	Vᵗᵉ LEBŒUF	18,000.	

				fr.	
Le Passage du gué (36ᶜ—61ᶜ)......	1770.	Vᵗᵉ Heemskerk..... Flor.		1,265.	Au musée d'Amsterdam.
Paysage avec figures et animaux...	Dᵒ	Vᵗᵉ Lalive de Jully.....		8,252.	
Les Voyageurs.................	Dᵒ	dᵒ		1,700.	
	1775.	Vᵗᵉ de Grammont........		2,001.	
Halte de Voyageurs (bois, 24 1/2	1776.	Vᵗᵉ de Gagny............		4,980.	
—30ᶜ).....................	1783.	Vᵗᵉ d'Azincourt		4,600.	
Paysage, effet d'orage (2ᵐ,14 —					
2ᵐ,50 environ)...............	1771.	Vᵗᵉ Braamcamp..... Flor.		2,425.	
Un Pont de pierre, avec figures et					
animaux (effet de matin).......	1772.	Vᵗᵉ Choiseul............		11,660.	
L'Après-dînée.................	Dᵒ	dᵒ		4,000.	
—	1777,	Vᵗᵉ de Conti............		4,500.	
—	1832.	Vᵗᵉ Ch. Érard..........		4,500.	
Marine......................	1772.	Vᵗᵉ Choiseul............		3,400.	
—	1777.	Vᵗᵉ de Conti............		3,001.	
Personnages de différentes nations ,					
un Espagnol pince de la guitare					
(89ᶜ—80ᶜ 1/2).................	1773.	Vᵗᵉ Lempereur...........		5,100.	
—	1777.	Vᵗᵉ de Boisset..........		5,010.	
Le Débarquement des vivres (64ᶜ 1/2					
—88ᶜ 1/2)...................	1774.	Vᵗᵉ Renouard...........			
—	1780.	Vᵗᵉ Tronchin............		3,800.	
—	1793.	Vᵗᵉ Choiseul-Praslin....		17,601.	Sans doute en assignats.
—	1808.	dᵒ		8,135.	
—	1823.	Vᵗᵉ Philipps........ Guin.		775.	
La Vendange..................	1776.	Vᵗᵉ Neyman.............		1,800.	
Paysage et Animaux...........	Dᵒ	dᵒ		1,679.	
Paysage connu sous le nom du Fa-					
got (bois, 40ᶜ—51ᶜ)...........	Dᵒ	Vᵗᵉ de Gagny...........		4,055.	
—	1781.	Vᵗᵉ Th. de Pange.......		6,000.	
—	1817.	Vᵗᵉ Choiseul............		12,900.	
—	1820.	Vᵗᵉ de Talleyrand. L. st.		600.	
Le Château de Bentheim (1ᵐ,42 1/2					
—2ᵐ,9).....................	1776.	Vᵗᵉ de Gagny........ ...		11,500.	A M. G. Lorangère.
Vue des environs de Nice (96ᶜ 1/2—					
1ᵐ,45ᶜ).....................	Dᵒ	dᵒ		5,810.	
—	1783.	Vᵗᵉ d'Azincourt		6,090.	
Une grande Chasse au cerf (69ᶜ—96ᶜ					
1/2)......................	1776.	Vᵗᵉ de Gagny...........		9,131.	
—	1782.	Vᵗᵉ Lebœuf.............		3,000.	
—	1812.	Vᵗᵉ Clos................		8,000.	
—	1816.	Vᵗᵉ Dufresne............		15,000.	
—	1832.	Vᵗᵉ Érard.		15,001.	Act. à M. le baron de Roth-schild.
Le Troupeau hollandais..........	1777.	Vᵗᵉ de Boisset..........		6,401.	
—	1787.	Vᵗᵉ Lambert............		8,950.	
—	1793.	Vᵗᵉ Praslin.............		9,200.	Sans doute en assignats.
—	1822.	Vᵗᵉ Bckford...... Guin.		400.	
Le Gué (bois, 35ᶜ—46ᶜ)..........	1777.	Vᵗᵉ de Boisset..........			
—	Dᵒ	Vᵗᵉ Duluc..............		1,501.	
—	1801.	Vᵗᵉ Tronchin............		1,080.	
Paysage orné de figures (64ᶜ 1/2—					
80ᶜ 1/2).....................	1774.	Vᵗᵉ Dubarry............		5,090.	
—	1780.	Vᵗᵉ Poullain............		3,801.	
Paysage avec portique (bois, 48ᶜ 1/2					
—40ᶜ 1/2)...................	Dᵒ	dᵒ		4,651.	

			fr.	
Deux Paysages avec figures et animaux (56ᶜ—67ᶜ)	Dᵒ	Vᵗᵉ DE SENNEVILLE	1,100.	
Paysage avec ruines (59ᶜ—75ᶜ)	1782.	Vᵗᵉ DE MÉNARS	4,802.	
Paysage avec figures (40ᶜ 1/2—64ᶜ)	1783.	Vᵗᵉ DE SAINT-HILAIRE	4,651.	
L'ancien Port de Gênes (86ᶜ—1ᵐ,7)		Vᵗᵉ SERVAD....... Flor.	4,900.	
—	1784.	Vᵗᵉ DE MERLE	12,025.	
—		Vᵗᵉ LANGEAC		
—	1836.	Vᵗᵉ Dˢˢᵉ DE BERRY	13,200.	
Le Rachat de l'esclave (80ᶜ 1/2—1ᵐ,4 1/2)	1784.	Vᵗᵉ MONTRIBLOND	4,901.	
L'Ane qui rue (mêmes dimensions)	Dᵒ	dᵒ	6,452.	
Bétail sur le bord d'une rivière de Hollande (bois, 91ᶜ 1/2 — 1ᵐ,12 1/2)	Dᵒ	dᵒ	5,140.	
—	1801.	Vᵗᵉ TOLOZAN	4,800.	
—	1821.	Vᵗᵉ REYNDERS...... Flor.	900.	
—	1825.	Vᵗᵉ LAPEYRIÈRE	16,000.	
—	1854.	Vᵗᵉ MECKLEMBOURG	19,000.	
Le Concert	1787.	Vᵗᵉ DE BEAUJON	1,620.	
Nymphes et Faunes dansants	Dᵒ	dᵒ	4,000.	
—	1809.	Vᵗᵉ SABATIER	2,550.	
Paysage avec figures et animaux (62ᶜ—77ᶜ 1/2)	1787.	Vᵗᵉ LAMBERT ET DU PORAIL	8,300.	
Le Repos des moissonneurs (mêmes dimensions)	Dᵒ	dᵒ	5,001.	
Scène pastorale (bois, 43ᶜ—35ᶜ)	1788.	Vᵗᵉ LENGLIER	2,200.	
Le Retour des bestiaux	1789.	Vᵗᵉ LOLLIER	1,550.	
Vue prise aux environs de Gênes (64ᶜ 1/2—86ᶜ)	Dᵒ	Vᵗᵉ TRONCHIN	3,800.	
Le Joueur de flageolet (bois, 24ᶜ 1/2—31ᶜ 1/2)	1793.	Vᵗᵉ CHOISEUL-PRASLIN	9,200.	En assignats.
La Vache rousse (cuivre, 26ᶜ — 33ᶜ 1/2)	Dᵒ	dᵒ	2,520.	
Le Présent de l'Indien (91ᶜ 1/2—86ᶜ)	Dᵒ	dᵒ	2,001.	Dᵒ
Le Retour des champs (80ᶜ 1/2—1ᵐ,2.)	1801.	Vᵗᵉ TOLOZAN	1,719.	Coll. Montriblond.
Paysage montagneux (46ᶜ—38ᶜ)	Dᵒ	dᵒ	5,600.	
Chasse au cerf (52ᶜ—80ᶜ)	Dᵒ	Vᵗᵉ ROBIT	2,500.	Coll. Labbeling.
La Cascade (85ᶜ — 68ᶜ)	Dᵒ	dᵒ	4,920.	
Le Retour au village	1802.	Vᵗᵉ HELSLEUTER	1,800.	
L'Annonce aux Bergers (80ᶜ—1ᵐ,16)	1803.	Vᵗᵉ PAUWELS	7,000.	Provᵗ do la Vᵗᵉ Braamcamp.
Site d'Italie (30ᶜ—38ᶜ)	1806.	Vᵗᵉ LEBRUN	900.	
Paysage italien (cuivre, 14ᶜ—16ᶜ)	1808.	Vᵗᵉ VAN DER POTT.. Flor.	345.	
Les trois Troupeaux (43ᶜ—65ᶜ)	Dᵒ	dᵒ ″	3,025.	Au musée d'Amsterdam.
Paysage montagneux (1ᵐ,39 — 1ᵐ,73)	1809.	Vᵗᵉ GRANDPRÉ	30,000.	Retiré.
Paysage avec ruines (99ᶜ—1ᵐ,34)	Dᵒ	Vᵗᵉ SABATIER	5,000.	
Paysage en hiver (38ᶜ—47ᶜ)	Dᵒ	Vᵗᵉ BICKER....... Flor.	3,040.	Au musée d'Amsterdam.
Le Midi	1811.	Vᵗᵉ SEREVILLE	2,005.	
Deux ports de mer	1817.	Vᵗᵉ TALLEYRAND-PÉRIGORD.	3,000.	Chacun. Gravés par Lebas.
Paysage	Dᵒ	Vᵗᵉ CHOISEUL	1,471.	Provᵗ du cabinet Choiseul, nᵒ 2 du catalogue.
Vue prise aux environs de Gênes (38ᶜ—55ᶜ 1/2)	Dᵒ	Vᵗᵉ LAPEYRIÈRE	9,510.	
Le Passage des montagnes	1823.	dᵒ	11,399.	
Le Matin, avec figures	Dᵒ	dᵒ	12,130.	

			fr.	
Le Soir	D°	Vte SMITH .... Liv. st.	300.	A M. Bonnemaison,
Port de mer (bois, 46ᶜ—56ᶜ)	1832.	Vte ÉRARD	6,600.	
Halte à la porte d'une auberge (52ᶜ—41ᶜ)	1837.	Vte D^{sse} DE BERRY.	2,000.	
—	1846.	Vte WELLESLEY.	6,550.	
Le Passage du bac (38ᶜ,2ᵐ—48ᶜ,8ᵐ).	1840.	Vte SCHAMP. Flor.	4,600.	
—	1841.	Vte PERREGAUX.	12,000.	Est-ce le tableau de la Vte Schamp?
Le Retour des pâtres (78ᶜ—97ᶜ).	D°	Vte BIRÉ-HÉRIS,	4,000.	
Bergers et Troupeaux	1843.	Vte P. PERRIER.	5,751.	
Paysans revenant des champs	D°	Vte TARDIEU.	6,005.	
Paysage et figures	D°	Vte P. PERRIER.	9,880.	
Le Laboureur (45ᶜ—55ᶜ)	D°	d°	10,000.	
—	1857.	1re Vte DE VARANGE.	9,500.	
—	1858.	2e d°	7,300.	
Marche d'animaux	1844.	Vte X***.	1,000.	
Paysage pastoral	1846.	Vte FESCH. Écus	1,160.	
Vue dans les montagnes	D°	d° »	750.	
Un Hiver	D°	d° »	1,150.	
Le Paysage dans les montagnes	D°	d° »	1,620.	
Paysage et animaux	D°	Vte STEVENS.	1,000.	Peint dans sa première manière.
Le Passage du gué	D°	d°	2,700.	
Port de mer (65ᶜ—80ᶜ)	1850.	Vte DE MONTCALM.	7,300.	
La Blanchisseuse	D°	Vte KALBRENNER.		Prov^t de la coll. Scherbatuf.
—	1857.	Vte PATUREAU.	5,000.	
Le Soir	1852.	Vte DE MORNY.	16,000:	
Paysage boisé	1852.	Vte TURENNE.	265.	
Le Passage du bac (48ᶜ—58ᶜ)	1853.	Vte GEORGE.	5,600.	
Les Adieux de la bergère (66ᶜ—80ᶜ).	1857.	1re Vte DE VARANGE.	20,000.	
—	1858.	2e d°	15,500.	Au duc de Valmy.
L'Échelle de Jacob	1858.	Vte FEBVRE	200.	Prov^t de la Vte Bertrand.
Retour du marché	1859.	Vte NORTHWICK.	10,140.	
Bonheur champêtre	D°	d°	3,770.	
Attelage de quatre bœufs	D°	d°	4,160.	
Halte de paysans, ou le Retour à la ferme (bois, 49ᶜ—41ᶜ)	1860.	Vte PIÉRARD.	4,600.	Coll. Verhulst, de Solirène et Tardieu.
Démocrite, Hippocrate et les Abdéritains (66ᶜ—80ᶜ).	D°	d°	1,000.	Coll. van Slingelandt.
Le Matin	1861.	Vte DAIGREMONT.	940.	
Paysage montagneux baigné par une rivière	D°	Vte COTTREAU.	1,000.	Signé et daté 1654.
Paysage, effet de soir	D°	d°	995.	
Deux compositions	D°	Vte SCARISBRICK... La 1re	5,118.	
	D°	d° .. La 2^e	6,037.	
Paysage et Animaux (bois, 54ᶜ—41ᶜ)	D°	Vte VAN DEN SCHRIECK.	1,400.	
Scène pastorale (1ᵐ,7—1ᵐ)	D°	d°	1,250.	A M. Foucard. Gravé par Coulet sous le titre de : *Rendez-vous à la colonne.*
Animaux au pâturage (bois, 53ᶜ—70ᶜ)	D°	d°	2,950.	A M. Lamme.
Paysage et animaux (25ᶜ—32ᶜ)	D°	d°	590.	A M. Legrelle.
Paysage : site d'Italie (84ᶜ 1/2—1ᵐ,1 1/2 ; signé)	D°	d°	520.	
Paysage (74ᶜ—58ᶜ)	D°	Vte RHONÉ.	1,700.	
Paysage (bois, 31ᶜ—26ᶜ 1/2)	D°	d°	1,890.	
Paysage (bois, 35ᶜ—43ᶜ)	D°	d°	1,250.	
Paysage : Femme lavant du linge	D°	d°	1,450.	

			fr.	
Paysage avec figures et animaux (1m,8—90c).................	1862.	Vte BAILLIE, à Anvers....	2,200.	
Bergers au repos................	D°	Vte WEYER, de Cologne ..	451.	
Berger à côté de son cheval.......	D°	d°	250	10 c.
Le Repos du Pâtre..............	1863.	Vte MEFFRE..............	4,700.	
Des Pâtres avec leurs moutons près d'une fontaine...............	D°	Vte POUSSIN.............	950.	
Paysage avec animaux..........	D°	Vte Louis VIARDOT........	700.	
Paysage avec figures et animaux...	D°	Vte MORLAND, à Londres.	10,860.	A M. Cox.
Bergers gardant des vaches.......	D°	Vendu à Londres.........	13,000.	

DESSINS

			fr.	
Paysage et animaux (lavé au bistre)........................	1758.	Vte SYBRAND-FECTONE. Fl.	109.	
—	D°	d° . »	140.	
Paysage montagneux avec figures (à la plume, lavé de bistre).....	1773.	Vte DIONIS-NUILMAN... »	395.	
Chasse au cerf, plus de 30 figures (à la plume et au bistre)........	1776.	Vte NEYMAN	1,001.	
Femme dansant au son du flageolet (à la plume).................. *Femme à cheval* (idem)...........	1777.	Vte CONTI................	601.	
Bergère qui trait une vache........	1844.	Vte CLAUSIN.............	101.	
L'Ane qui rue..................	D°	d°	306.	
L'Anier.......................	D°	d°	320.	
La Fileuse.....................	D°	d°	1,587.	
Le Gué........................	D°	d°	1,400.	
Le Coup de pied de l'âne..........	D°	d°	600.	
L'Abreuvoir (11c—16c)...........	1845.	Vte REVIL...............	100.	
Le Gué........................	1860.	Vte BAARTZ...........	634.	
L'Anier.......................	D°	Vte E. N...............	340.	
Six dessins.....................	18.2.	Vte SIMON..............	1,000.	
Paysage.......................	1863.	Vte X***,..............	300.	

BEGYN (ABRAHAM)

Né en 1650.

Ce peintre a souvent imité avec bonheur le faire de Berghem. Si sa touche était plus légère, si ses masses étaient mieux disposées, il pourrait faire illusion.

BERGEN (DIRCK OU THIERRY VAN)

Né à Harlem vers 1640.

Ce peintre, élève d'Adrien Van de Velde, a fait d'assez bonnes copies de Berghem, mais on y cherche en vain la légèreté de touche et de couleur si familière à ce dernier maître. Le dessin de ses animaux est ballonné et sans esprit.

SIBRECHTS ou SIEBERECHTS (JEAN)

Né à Anvers en 1625, mort en 1686.

Les imitations de ce peintre flamand sont souvent vendues comme originales, malgré le peu de transparence de ses ciels et de ses terrains. Il dessinait bien, mais son feuillé pèche par l'absence de rehaussés pétillants.

ZOOLEMAKER ou SOOLEMAKER (J.-F.)

Zoolemaker ne manquait pas de talent; il nous a laissé, d'après Berghem, des copies qu'on reconnaît à leur couleur rousse et à leur touche aplatie et un peu âpre. Le dessin de ses animaux est satisfaisant, mais leur exécution est moins fine et plus maniérée.

VISSCHER (THÉODORE)

Né à Harlem, mort, à ce que l'on croit, à Rome vers 1696.

Il fut un des artistes de l'école de Berghem qui a le plus conservé le goût et le mode d'exécution du maître; sans sa touche plus négligée et ses plans lavés et mesquins, il pourrait tromper l'amateur.

BENT (VAN DER)

Né à Amsterdam en 1650, mort en 1690.

On confond quelquefois les tableaux de cet élève de Pierre Wouwerman avec ceux de Berghem. Leur touche est pourtant plus anguleuse, leur couleur plus sombre et plus cotonneuse. Bent offre aussi plus d'irrésolution dans son dessin.

HUGTENBURCH (JAKOB VAN)

Né à Harlem en 1639, mort à Rome vers 1672.

Jacques fut élève de Berghem et frère de Jean van Hugtenburch, peintre de batailles; il a laissé d'assez bonnes imitations de son maître. Leur couleur vigoureuse à l'excès et des rehaussés d'un jaune criard en sont les marques distinctives.

MEER (JAN VAN DER), DIT L'AÎNÉ

Mort à Delft en 1680.

MEER (JAN VAN DER), DIT LE JEUNE

Né à Schoonhoven en 1627, mort en 1691.

Ces deux frères furent élèves de Berghem et imitèrent leur maître à différents degrés. Les ouvrages de l'aîné sont timides de touche, d'un dessin peiné et peu correct; ceux de van der Meer jeune sont plus flous, d'une touche plus solide, mais roux de couleur et médiocres d'effets.

COLONIA (HENRI-ADAM)

Né en 1668, mort en 1701.

Ce fils d'Adam Colonia a fait d'assez bonnes imitations de Berghem. La spéculation s'en est emparée, et après les avoir fait retoucher, les a vendues sous le nom du maître. Leur touche cotonneuse, leur faire minutieux les décèlent à l'observateur.

VIENNE (LAURENT VAN DER)

Né à Harlem en 1658, mort en 1729.

On doit de bonnes copies de Berghem à ce peintre amateur. Elles se reconnaissent à un ton général jaune et roux; son feuillé n'a pas de ces retroussis argentés particuliers au maître, mais il est légèrement exécuté, son dessin est plus rond, plus indécis, ses terrains sont plus lavés.

ROMYN (WILLEM)

Ce n'est pas dans ses imitations qu'il faut chercher la manière propre de ce peintre, mais dans bon nombre de copies qu'il exécuta sans doute pour les marchands de son temps. Quelle que soit l'analogie qu'elles aient avec l'original, leur coloris sourd, leur exécution molle et froide, leur dessin roide ne trompent que les amateurs peu exercés.

POTTER (PAUL)

Né à Enckhuyzen en 1625, mort à Amsterdam en 1654.

Dès sa plus tendre jeunesse, Paul Potter se livra aux plus sérieuses études; les premiers éléments de la peinture qu'il reçut de son père ne firent que développer un peu plus tôt son penchant naturel, car à 14 et 15 ans il montrait un talent si supérieur, que les œuvres qu'il fit alors figurent avec honneur à côté de celles des plus grands maîtres de son pays et ne sont point inférieures aux tableaux qui sont sortis de ses mains dans les dernières années de sa vie. Il dessinait très-bien la figure et le paysage; son coloris est naïf, simple et naturel; sa touche semble couler de source, l'esprit s'y trouve sans recherche, sans affectation; mais ce en quoi Paul Potter est plus remarquable, c'est dans l'imitation des animaux qui respirent et se meuvent sous son pinceau. Aucun peintre n'a mieux saisi que lui le port grossier et pesant du bœuf et de la vache, la physionomie placide de ces animaux, la variété de leur couleur et la nature de leur poil; leur lenteur, leur paresse, leur repos, en un mot leurs mœurs. Il a su rendre avec la même vérité la douceur et la timidité du bélier et de la brebis; les filaments flexibles, doux et gras de leur laine. Tant de qualités réunies justifient assez l'empressement des amateurs à se procurer la moindre de ses œuvres.

Quoique mort très-jeune, Paul Potter a beaucoup travaillé; malgré leur grande quantité, ses tableaux sont excessivement rares dans le commerce, et sont très-disputés par les amateurs.

Le Louvre en possède trois; l'un représente *Deux Chevaux attachés à la porte d'une chaumière.* Il fut estimé 8,000 fr., puis 10,000 fr., après avoir été payé 480 fr. à la Vᵗᵉ Peilhon en 1763. — Le second est intitulé *la Prairie,* il est évalué 25,000 fr., mais il doublerait certainement cette somme s'il était soumis aux enchères publiques. Smith nous donne les provenances suivantes : 1767, Vᵗᵉ Julienne, 4,911 fr. ; 1772, Vᵗᵉ Choiseul, 8,001 fr.; 1777, Vᵗᵉ Conti, 9,530 fr. ; 1779, Vᵗᵉ faite par Boileau, 6,000 fr. ; Vᵗᵉ de Pange, 7,321 fr.; 1784, Vᵗᵉ de Vaudreuil, 15,000 fr. En dernier lieu il fut acheté 22,000 fr. par Louis XVI. — Le troisième, *le Cheval moucheté,* a été payé 7,000 fr. en 1858 à la 2ᵉ Vᵗᵉ Hope.

ANCIENNEMENT AU LOUVRE. — *Le jeune Taureau* (rendu en 1815).

MUSÉES DIVERS, GALERIES, ETC.

MUSÉE DE BORDEAUX. — *Un Troupeau.*

Musée d'Amsterdam. — *Orphée charmant les animaux.* — *Les Bergers et leur troupeau.* — *Les Coupeurs de paille.* — *La Cabane du berger.* — *La Chasse aux ours.*

Musée de Rotterdam. — *Un Bœuf blanc.*

Musée de La Haye. — *Le Taureau.* — *La Vache qui se mire.* — *Une Cour de ferme.*

Ancienne collection de Vienne. — *Animaux dans un pré.*

Musée de Dresde. — *Un Berger mène quelques bœufs sur une petite colline.* — *Quelques bêtes à cornes, un cheval et une couple de moutons paissent sur une colline.* — *Un Parc où des chiens couplés sont amenés à la chasse.*

Musée de Munich. — *Vaches et Brebis.*

Musée de Saint-Pétersbourg. — *Le Bœuf au pré.* — *Le Chien à l'attache.* — *Le Savetier.* — *Le jeune Berger.* — *La Vue d'un Cabaret.* — *La Vue d'une Chaumière.* — *La Condamnation de l'homme par les animaux.*

Galerie de Copenhague. — *Esplanade devant une ferme entourée d'arbres* (coll. Moltck; signé et daté 1652). — *Prairie où l'on trait des vaches.*

Musée de Turin. — *Prairie avec quatre vaches.*

Buckingham-Palace. — Quatre belles compositions.

Dulwich-College. — Plusieurs *Paysages avec animaux.*

Galerie Bedford. — *La Chasse au faucon.* — *Paysage avec animaux* (contesté; attribué à Cuyp par M. Waagen).

Galerie Westminster. — *Vaches et moutons sous des saules.*

Collection J. Walter. — *Deux Vaches et un Taureau.*

Galerie Ellesmere. — *Paysage avec animaux.*

Collection Seymour. — *Paysage avec bestiaux* (contesté).

Cabinet Evrett. — *Paysage avec animaux.*

Collection Morrison. — Une belle composition avec animaux.

Collection Miles. — *Paysage avec bestiaux.*

Collection Harman. — *Paysage avec bestiaux.*

Collection Labouchère. — *Un Paysage avec bestiaux.*

Collection Sanderson. — *La Halte des chasseurs.* — *Un Enfant et une Chienne.* — *Prairie avec deux chevaux.*

Collection Wynn Ellis. — *Paysage avec bestiaux.*

Galerie Ashburton. — *Paysage avec bestiaux et figures* (V^le de Fries, à Vienne, payé 24,000 fr.) — *Bestiaux dans un paysage.*

Collection Buccleugh. — *Paysage avec bestiaux.*

Collection Peel. — *Un Paysage avec animaux.*

Collection Baring. — *La Grenouille et le Bœuf.*

Collection Thomas Hope. — *Paysage avec bestiaux.* — Deux autres compositions.

Collection Holford. — *Un Ane et un Bouc.*

Au duc de Somerset. — *Paysage avec chaumière et bestiaux* (coll. Lapeyrière, payé 28,200 fr.).

Ancienne galerie Weyer, de Cologne. — *Vaches au pâturage.* — *Bétail à la prairie.*

Collection Sweking, a Hambourg. — Belle étude de *Cheval.*

Galerie Borghèse. — *Un Paysage.*

Cabinet du comte Koucheleff, de Saint-Pétersbourg. — *Trois Vaches.*

Cabinet du comte Czernin. — *La Sortie de l'étable.*

Galerie Esterhazy. — *Des Chèvres dans un paysage.* — *Des Animaux.*

Galerie d'Arenberg. — *Le Repos près de la grange.* — *Paysage et Animaux.*

Musée van der Hoop. — *Paysage avec chevaux.* — *Quatre Vaches dans un pâturage.*

Galerie du duc d'Aumale. — *Le Troupeau de porcs* (dessin).

Cabinet Delessert. — *Vaches dans une prairie.*

Collection C***. — *Paysage avec animaux.*

Au marquis d'Hertford. — *Le Pâturage.* — *La Prairie.*

PRIX DE VENTES

			fr.	
Quatre Bœufs dans une prairie...	1750.	Vte Vassenaer d'Obdam. Fl.	280.	
—	1787.	Vte M. Bandeville.......	4,200.	
—	1801.	Vte Tolozan.............	4,853.	
—	1812.	Vte Solyrène	8,001.	
—	1837.	Vte Dsse de Berry.........	12,100.	A M. Hope.
La Danse au chalumeau	1754.	Vte Lormier.............		
—	1802.	Vte Esleuter	4,403.	
—	1825.	Vte Lapeyrière..........	8,950.	
L'Abreuvoir (45c—66c)...........	1764.	Vte Dacosta.............		
—	1775.	Vte de Marigny..........		
—	1801.	Vte Robit...............		
—	1837.	Vte Dsse de Berry........	7,120.	
—	1854.	Vte Mecklembourg.......	6,450.	
Vaches et Moutons dans une prairie.	1766.	Vte Julienne............	4,911.	
Un Paysage avec des bœufs.......	1766.	Vte de La Court.... Flor.	659.	
Un Pâturage (bois, 30c—38c)....	1768.	Vte Gaignat.............	1,351.	
—	1777.	Vte de Boisset..........	1,300.	
—	1784.	Vte Cte de Merle.........	2,880.	
—		Vte Aubert.............	4,300.	
—	1791.	Vte Lebrun, ...	4,301.	
Marche d'un Troupeau de bœufs...	1771.	Vte Braamcamp...... Flor.	9,050.	Ce tableau, ainsi qu'un triptyque de G. Dow, a péri en mer dans un voyage de Russie.
Deux Vaches et un Taureau	Do	do ..... »	2,700.	
Trois Vaches, un Mouton, etc	Do	do ..... »	1,300.	
—	1795.	Vte de Calonne.........	6,750.	A Londres.
Le Départ pour la chasse.........	1772.	Vte Choiseul............	27,400.	
Prairie avec bœufs et moutons.....	Do	do	8,001.	
Paysage avec figures et animaux (bois, 51c 1/2—40c 1/2)	1771.	Vte Braamcamp..... Flor.	4,060.	
—	1777.	Vte Randon de Boisset...	7,450.	Coll. Geldemeester, Baring — Actuellement à Buckingham-Palace.
Vue du Bois de La Haye (62c—62c).	1772.	Vte de Choiseul.........	27,400.	
—	1777.	Vte Conti..............	19,000.	
—	1781.	Vte Th. de Pange........	14,000.	
Chien attaché à sa niche (grandeur naturelle (96c 1/2—1m,28).......	1773.	Vte Van der Marck. Flor.	350.	
—	1780.	Vte Nogaret............	1,660.	
—	1782.	Vte de Menars..........	5,860.	Prés. Oudry, Cochers Smith.
—	1811.	Vte Lebrun.............	4,700.	
Chevaux, Vaches et Moutons	1773.	Vte Van der Marck. Flor.	6,120.	
Taureaux, Vaches et Chevaux......	Do	do . »	2,900.	
Paysage, quatre Vaches, effet d'orage.	1773.	Vte de Vigny	1,500.	
Chevaux à la porte d'une écurie (54c —75c)....................	1777.	Vte de Boisset..........	9,300.	

II.

			fr.	
Entrée du Bois de La Haye (bois, 48ᶜ 1/2—38ᶜ).................	1777.	Vᵗᵉ DE BOISSET...........	2,400.	
—	1780.	Vᵗᵉ POULLAIN............	3,200.	
—	1793.	Vᵗᵉ VINCENT DONJEUX.....	4,061.	
Deux Bœufs et une Vache (bois, 30ᶜ—38ᶜ).................	1777.	Vᵗᵉ DE BOISSET...........	1,300.	
—	1784.	Vᵗᵉ DE MERLE............	2,680.	
Prairie bordée par un canal......	1777.	Vᵗᵉ DE CONTI............	10,900.	
Avenue d'arbres avec des chasseurs.	Dᵒ	dᵒ	500.	
Paysage et Bestiaux..............	1778.	Vᵗᵉ DE COSSÉ............	1,800.	
Paysage avec animaux (bois, 27ᶜ —21ᶜ).................	1780.	Vᵗᵉ NOGARET	2,060.	
Vue du Bois de La Haye (bois, 35ᶜ—38ᶜ).................	Dᵒ	dᵒ	2,400.	
Le Chariot (bois, 67ᶜ—62ᶜ).......	1781.	Vᵗᵉ VAN BALLE	5,860.	
Intérieur d'une étable (bois, 30ᶜ— 21ᶜ 1/2).................	1787.	Vᵗᵉ LAMBERT ET DU PORAIL.	2,700.	Coll. Slingelandt.
Intérieur d'une étable...........	1788.	Vᵗᵉ DE CALONNE..........	2,600.	
Bœufs et Moutons (bois, 35ᶜ—30ᶜ).	Dᵒ	Vᵗᵉ LENGLIER............	200.	
Le Pâturage (36ᶜ 1/2—54ᶜ).......	1750.	Vᵗᵉ VASSENAER D'OBDAM ..		
—	1793.	Vᵗᵉ DE PRASLIN..........	28,200.	Quoique payé en assignats, on voit que le tableau n'a pas déchu en 1801.
—	1801.	Vᵗᵉ ROBIT	29,700.	
—	1837.	Vᵗᵉ Dˢˢᵉ DE BERRY........	37,100.	A M. Demidoff.
Le Taureau (42ᶜ—32ᶜ 1/2)........	1793.	Vᵗᵉ CHOISEUL-PRASLIN.....	2,600.	
Une Vache et un Taureau tenu en laisse par une jeune fille........	1793.	Vᵗᵉ VINCENT DONJEUX.....	1,430.	
Un Pâturage (38ᶜ—48ᶜ 1/2)........	1801.	Vᵗᵉ TOLOZAN.............	27,050.	Coll. Slingelandt.
Entrée d'un bois, un troupeau de bœufs vient de se désaltérer à une mare.................	1802.	Vᵗᵉ ROBIT	1,100.	
Animaux près d'une chaumière (38ᶜ 48ᶜ 1/2).................	1804.	Vᵗᵉ VAN LEYDEN	33,600.	A Vienne, chez le comte Czernin.
Paysage et Animaux (80ᶜ 1/2 — 96ᶜ 1/2).................	1808.	Vᵗᵉ VAN DER POT... Flor.	10,050.	
Marche d'un grand nombre d'animaux.................	1817.	Vᵗᵉ TALLEYRAND..........	12,000.	Retiré à ce chiffre. — Coll. Tolozan.
La Prairie (bois, 64ᶜ 1/2—51ᶜ)	1817.	Vᵗᵉ LAPEYRIÈRE..........	17,230.	Si j'en dois croire une note, ce tableau a figuré dans une seconde Vᵗᵉ Lapeyrière en 1878, où il a été payé 28,900 fr. — Actuellement au duc de Somerset.
Ruines et Animaux (bois, 38ᶜ—51ᶜ).	1821.	Vᵗᵉ LAFONTAINE..........	9,300.	
Paysage avec animaux............	1829.	Vᵗᵉ LORD GWYDYR....,..	31,896.	Cab. de sir R. Peel. — Signé et daté 1651.
Le Pâturage (bois, 40ᶜ 1/2—38ᶜ)...	1832.	Vᵗᵉ ÉRARD..............	13,000.	
Le Maréchal ferrant (bois, 48ᶜ—46ᶜ).	1841.	Vᵗᵉ PERREGAUX..........	15,000.	
Femme trayant une vache (27ᶜ—29ᶜ).	Dᵒ	Vᵗᵉ BIRÉ HERIS..........	2,600.	
Le Maréchal ferrant.............	1844.	Vᵗᵉ X***................	9,880.	
Le Pâturage.................	Dᵒ	dᵒ	1,900.	
Le Pâturage.................	1845.	Vᵗᵉ VASSEROT...........	850.	
—	1846.	Vᵗᵉ FESCH......... Écus.	70.	
Paysage avec repos d'animaux....	1845.	Vᵗᵉ MEFFRE.............	11,000.	A M. de Morny.
Un Pâturage (36ᶜ—45ᶜ)..........	1850.	Vᵗᵉ KALKBRENNER	19,500.	Coll. Caraman. — Au marquis d'Hertford.
Étude de taureaux..............	1852.	Vᵗᵉ TURENNE............	650.	
Animaux au pâturage	1857.	Vᵗᵉ PATUREAU............	15,050.	Coll. Lormier, Cᵗᵉ de Radstock, Tardieu.

			fr.	
La Prairie (bois, 35ᶜ—34ᶜ)........	1858.	2ᵉ Vᵗᵉ Hope..............	20,100.	Au marquis d'Hertford.
Femme trayant une vache........	1860.	Vᵗᵉ X....................	1,000.	Contesté.
Deux Vaches au pâturage........	1861.	Vᵗᵉ Leroy d'Étiolles.....	1,180.	
Chevaux et Vaches (bois, 29ᶜ 1/2— 40ᶜ).........................	Dᵒ	Vᵗᵉ Rhoné..............	3,150.	
Le Cheval pic...................	1863.	Vᵗᵉ Meffre.............	1,280.	
Combat de cavalerie.............	Dᵒ	dᵒ	212.	

DESSINS.

Départ pour la chasse...........	1758.	Vᵗᵉ Sybrand Pectanea. Fl.	192.	Au crayon noir, rehaussé de blanc.
Chasseur et Cavalier qui fait rajuster son éperon................	1777.	Vᵗᵉ de Conti.............	556.	A la plume, rehaussé de blanc au pinceau.
Le Gardeur de pourceaux........	1844.	Vᵗᵉ Claussin	4,650.	

MOMMERS ou MOMERS (hendrick)

Né à Harlem en 1623, mort en 1683.

Pour le choix, l'effet et le coloris, les imitations faites par Momers approchent souvent de Paul Potter.

Ses animaux sont grassement peints, spirituellement et largement touchés, mais son dessin est moins correct; on lui reproche d'être trop cerné dans ses contours.

LE DUCQ ou LEDUCK (jan)

Né à La Haye en 1636.

Les ouvrages originaux de ce peintre représentent des intérieurs de corps de garde, des scènes militaires et autres, mais, comme copiste de Paul Potter, son maître, on peut s'y méprendre, surtout dans les reproductions qu'il a exécutées sous ses auspices. Cependant ses dessins font encore plus de dupes, car ils sont presque toujours exacts comme un *fac simile*. Ses copies à l'huile sont rares. On les reconnaît à leur exécution précieuse et léchée, à leur dessin rond et à leur coloris un peu argentin.

KLOMP (aalbert)

Disciple de Paul Potter, il est un des peintres qui l'ont le mieux copié. Sa manière propre est plus fine et plus minutieuse. Il n'en est pas ainsi dans ses copies : sa touche y est large et bien accentuée, mais ce qui le fait reconnaître, c'est son paysage moins frais et plus cotonneux que celui du maître.

DONGEN (DYONIS VAN)

Né à Dordrecht en 1748, mort en 1802.

Élève de J. Savery, Dongen se livra au commerce de tableaux et fit d'excellentes copies d'après les paysagistes en vogue. Celles qu'il a faites d'après Paul Potter ne sont pas sans mérite. On parvient à découvrir leur origine avec un peu d'attention ; l'exécution en est agréable, mais sans fraîcheur, la touche molle et maniérée, et le dessin irrésolu.

KAMPHUIZEN (DIRCK-THÉODOR-RAPHAËL)

Né à Gorkum en 1586.

Houbraken fait un grand éloge des talents de cet artiste et de ses petits tableaux de paysage avec ruines, figures et animaux. Il est cependant bien inférieur à Paul Potter qu'il voulut imiter sur la fin de sa vie. Sa touche est moins hardie, ses contours sont mesquins et peu corrects, son coloris est plus rouge.

SIBBECHTS

Ce peintre a imité Berghem et Karel Dujardin avec quelques succès. Quant à ses imitations de Paul Potter, elles se reconnaissent à leur lourdeur et à leurs détails plus âpres que spirituels.

HOOCH (PIETER VAN)

Né vers 1628, suivant plusieurs auteurs hollandais.

On ne connaît pas son maître, mais à ses œuvres on voit qu'il procède de Rembrandt, qu'il égale parfois par la perfection de son clair-obscur et la juste distribution de ses lumières.

Sa touche est sobre et correcte ; ses effets sont justes, mais un peu tranchants ; son dessin est un peu rond, mais toujours naturel.

Ses compositions sont très-bien accueillies dans les ventes publiques, où elles atteignent toujours un prix élevé.

Le musée du Louvre possède les suivants :

Intérieur d'une maison hollandaise. Est. 1,500 fr. — *Intérieur d'une chambre richement meublée.* Est. 4,000 fr.

MUSÉES DIVERS, GALERIES, ETC.

MUSÉE D'ÉPINAL. — *Ruines de monuments anciens.*

MUSÉE D'AMSTERDAM. — *Portrait de l'artiste à l'âge de 19 ans.* — **Le Cellier.**

MUSÉE DE ROTTERDAM. — *Intérieur avec neuf figures.*

MUSÉE DE MUNICH. — *Intérieur de cabane hollandaise.*

MUSÉE DE DRESDE. — *Intérieur avec figures.*

MUSÉE DE SAINT-PÉTERSBOURG. — *Le Retour du marché.*

BUCKINGHAM PALACE. — Deux beaux *Intérieurs.*

CABINET WARWICH. — *Un Intérieur avec figures* (coll. Verstolk).

GALERIE ASHBURTON. — Un charmant *Intérieur avec figures.*

COLLECTION J. WALTER. — Une composition délicieuse.

COLLECTION OVERSTONE. — *Une Cour de maison avec figures* (composition de premier ordre; anc. coll. Wells).

COLLECTION ENFIELD. — *Un Intérieur avec figures.*

GALERIE STAFFORD. — *Un Intérieur avec figures.*

COLLECTION GALTON. — *Un Intérieur avec figures.*

COLLECTION PEEL. — *Un Intérieur avec figures.* — Une belle composition (coll. Pourtalès).

COLLECTION BARING. — Une charmante composition.

COLLECTION MISS ROGERS. — *Intérieur d'une église.*

COLLECTION THOMAS HOPE. — *Un Intérieur avec figures.*

COLLECTION BUTE. — *Intérieur avec figures.*

COLLECTION PHIPPS. — *Un Intérieur avec figures.* — *Un Concert.*

COLLECTION LIONEL DE ROTHSCHILD. — *Un Intérieur avec figures.*

COLLECTION HOWARD GALTON. — *Intérieur avec figures.*

GALERIE PEEL. — Deux compositions.

COLLECTION EDWARD LOYD. — *Vieille femme faisant un lit.*

GALERIE MATH. NEVEN, DE COLOGNE. — *Architecte dans son cabinet de travail.*

GALERIE D'ARENBERG. — *Intérieur de salon.*

GALERIE SUERMONDT. — *Château en ruines.*

CABINET DU COMTE CZERNIN. — *L'Atelier d'un peintre.*

MUSÉE VAN DER HOOP. — *Une Mère et son Enfant.* — *Intérieur d'appartement.* — *Intérieur d'appartement* (effet de soleil). — *Intérieur de cour.*

GALERIE ROTHSCHILD. — *La Laveuse.*

A LORD HERTFORD. — *Un charmant Intérieur.*

PRIX DE VENTES

			fr.	
Le Cellier (65ᶜ—59ᶜ)	1765.	Vᵗᵉ DE BRUIN ...... Flor.	450.	
—	1810.	Vᵗᵉ DE SMETH .... »	3,025.	
—	1817.	Vᵗᵉ HOGGUER	4,010.	Musée d'Amsterdam.
Vue de la Porte à l'eau de la ville de Delft (72ᶜ 1/2—59ᶜ)	1802.	Vᵗᵉ HESLEUTER	3,440.	
Scène familière (72ᶜ 1/2—64ᶜ 1/2)	1804.	Vᵗᵉ VAN LEYDEN	5,500.	
La Marchande de groseilles (77ᶜ 1/2 —67ᶜ)	1809.	Vᵗᵉ MAYSTRE	1,320.	
Le Concert (80ᶜ 1/2—61ᶜ 1/2)	Dᵒ	Vᵗᵉ GRANDPRÉ	2,620.	
Intérieur, 4 figures (1ᵐ,28—94ᶜ)	Dᵒ	dᵒ	1,103.	
Intérieur	1811.	Vᵗᵉ LANEUVILLE	332.	
Intérieur d'appartement	Dᵒ	Vᵗᵉ SERREVILLE	2,000.	
Une Femme avec un enfant dans une tonnelle couverte de pampres et entourée de murs	1825.	Vᵗᵉ ROBERT PEEL	23,625.	
Une Femme et un Enfant	1829.	Vᵗᵉ MULLER	19,200.	
La Partie de cartes	1832.	Vᵗᵉ ÉRARD	803.	
Le Marché aux poissons (56ᶜ 1/2 —63ᶜ)	1836.	Vᵗᵉ HENRY	900.	
La Correspondance (80ᶜ1/2—2ᵐ,06)	Dᵒ	dᵒ	1,150.	
Intérieur	1838.	Vᵗᵉ CASIMIR PÉRIER	3,000.	
La Domestique (61ᶜ—51ᶜ)	1841.	Vᵗᵉ BIRÉ HÉRIS	5,950.	
Cour d'une maison (74ᶜ—63ᶜ)	Dᵒ	Vᵗᵉ PERREGAUX	12,700.	
Intérieur d'appartement	1843.	Vᵗᵉ HÉRIS ET LEROY	1,000.	
Intérieur	Dᵒ	dᵒ	600.	
Les Joueurs de boules	1843.	Vᵗᵉ P. PERRIER	4,800.	
La Balayeuse	Dᵒ	dᵒ	420.	
Une Servante montrant du poisson à sa maîtresse	1843.	Vᵗᵉ TARDIEU	3,000.	
Intérieur de corps de garde	Dᵒ	dᵒ	255.	
Scène d'intérieur	Dᵒ	dᵒ	2,900.	
Portrait	1845.	Vᵗᵉ VASSEROT	310.	
Intérieur d'appartement	Dᵒ	Vᵗᵉ MEFFRE	5,900.	
Intérieur. Deux Militaires causant avec une jeune fille (79ᶜ—67ᶜ)	1846.	Vᵗᵉ WELLESLEY	3,200.	
Intérieur de salle hollandaise	Dᵒ	Vᵗᵉ STEVENS	535.	
Intérieur (75ᶜ—66ᶜ)	1850.	Vᵗᵉ KALKBRENNER	3,650.	
Jeune Fille assise près d'une croisée	1852.	Vᵗᵉ TURENNE	141.	
Intérieur	Dᵒ	Vᵗᵉ DE MORNY	18,800.	ou 22,438 fr. suivant une note.
Intérieur (bois, 60ᶜ—41ᶜ)	1854.	Vᵗᵉ MECKLEMBOURG	5,450.	
Intérieur	1855.	Vᵗᵉ HOPE	12,000.	
La Balayeuse	1857.	Vᵗᵉ PATUREAU	3,850.	
Intérieur	1859.	Vᵗᵉ DE BEAUSSET	710.	
Autre *Intérieur*	Dᵒ	dᵒ	700.	
La Lettre (84ᶜ—1ᵐ,01)	1860.	Vᵗᵉ PIÉRARD	3,000.	
L'Enfant à la crosse (63ᶜ—46ᶜ)	Dᵒ	dᵒ	2,500.	Coll. de Frise, Héris.
La Partie de musique	1861.	Vᵗᵉ LEROY D'ÉTIOLLES	2,000.	
Un petit tableau	Dᵒ	Vᵗᵉ SCARISBRICK	11,005.	
Le Diner hollandais	1862.	Vᵗᵉ DE JONG	1,865.	
Intérieur	1863.	Vᵗᵉ GILKINET, de Liége	2,900.	
Un Intérieur avec figures	Dᵒ	Vᵗᵉ MORLAND, à Londres. Guin.	145.	A M. COX.

KOEDICK (NICOLAAS)

Né en 1681.

On ne sait de qui il fut l'élève, mais ses œuvres prêtent singulièrement à la méprise. Il faut une grande habitude pour reconnaître que sa touche minutieuse est plus saillante que celle de P. de Hooch. Son dessin est plus roide, ses empâtements moins solides et plus lourds.

BOURSE (L.)

Les ouvrages de ce peintre sont aujourd'hui confondus avec ceux de P. de Hooch. Ils n'en sont pas tout à fait indignes. Malgré l'absence de détails biographiques, on reconnaît facilement que Bourse a dû se former sur les ouvrages de P. de Hooch, soit en les copiant, soit en analysant ses procédés.

Ses œuvres originales sont très-rares; il est plus que probable qu'elles ont été privées de leur signature et vendues sous le nom du maître. Ses copies et même ses imitations se reconnaissent à une certaine hésitation dans la touche, un peu aplatie dans les demi-teintes; son dessin est plus maigre, son coloris plus sourd et ses lignes sont moins résolues.

GEEL (JOOST VAN)

Né à Rotterdam en 1631, mort en 1698.

Quelques-unes de ses productions sont confondues avec celles de P. de Hooch, quoique son exécution soit plus molle que solide. Si l'on ajoute à ce défaut une touche émoussée, un clair-obscur vineux, on conviendra qu'il faut de la bonne volonté pour s'y laisser prendre.

HOOGSTRATEN (SAMUEL VAN)

Né à Dordrecht en 1627, mort en 1678.

Son père, peintre médiocre, lui donna les premières leçons. De là, il entra dans l'atelier de Rembrandt où il acquit une certaine pratique.

Presque tous les genres lui furent familiers, mais, comme peintre d'intérieurs, il ne peut rivaliser avec P. de Hooch. Son dessin est moins correct, il est plutôt maniéré. Son pinceau est moins ferme et quelquefois cotonneux; enfin, il est difficile de confondre les analogies sorties de sa main avec les œuvres de P. de Hooch.

MEER (van der), de delft

Né à Delft vers 1632.

La vie de ce peintre est pleine d'obscurité. Son talent est de premier ordre, mais c'est à tort qu'on le représente comme un imitateur de P. de Hooch.

Quelques-unes de ses compositions ont une certaine analogie d'ensemble, mais elles ne supportent pas l'analyse.

Souvent sa touche est franche jusqu'à la sécheresse, sa pâte est grasse jusqu'à l'épaisseur; son dessin est exagéré, souvent fantasque : aussi ses personnages sont loin d'avoir la naïveté et le naturel de ceux de P. de Hooch.

HABBAERT

Quelques imitations sèches de touche et froides de couleur se vendent quelquefois sous le nom de P. de Hooch.

Il est possible de les reconnaître à leur exécution grenue, leur couleur briquetée. et leurs draperies boudinées.

VELDE (willem van den)

Né en 1633 à Amsterdam, mort à Greenwich en 1707.

Élève de Vliegen ou Vlieger, Van den Velde suivit les traces de son père et le surpassa surtout dans les tableaux où il s'est appliqué à rendre la tranquillité, la suavité, la transparence et l'harmonie des tons aériens. Sa touche est fine, ses eaux sont légères, ses vagues bien agencées, son dessin est d'une exactitude extraordinaire. On désirerait quelquefois plus de variété dans sa couleur, ce qui n'empêche pas les amateurs de rechercher activement ses marines.

Ses marines sont accueillies avec beaucoup de faveur lorsquelles paraissent dans les ventes publiques.

Le Louvre ne possède que deux tableaux de ce maître, encore le second : *Escadre hollandaise au mouillage*, est-il fortement contesté et regardé comme ne méritant pas l'exhumation des magasins où il avait été relégué par le bon goût et la vraie connaissance des anciens experts. Le premier représente une *Marine*, il a été acheté en 1852 pour la somme de 11,500 fr. à la Vte du baron de Varange.

ANCIENNEMENT AU LOUVRE. — *Mer Calme.* Est. 20,000 fr. — Son pendant. Est. 24,000 fr. (rendus à la Hollande en 1815).

MUSÉES DIVERS, GALERIES, ETC.

MUSÉE DE ROUEN. — *Combat naval.*

MUSÉE DE LILLE. — *Marine.*

MUSÉE D'AMSTERDAM. — *Le Combat naval des Quatre Jours en 1666.* — *La Capture amenée au port.* — *Le Port d'Amsterdam.* — *Un Port.* — *Près de la côte.* — *La forte Brise.*

MUSÉE DE LA HAYE. — *Marine par un temps calme.* — Même sujet.

ANCIENNE COLLECTION DE VIENNE. — *Une Marine avec plusieurs vaisseaux.*

MUSÉE DE MUNICH. — *Mer agitée.* — *Mer calme.*

MUSÉE DU ROI A MADRID. — Plusieurs *Marines.*

NATIONAL GALLERY. — *Une Marine par un temps calme.* — Son pendant, *par une fraiche brise.*

BUCKINGHAM PALACE. — Quatre belles *Marines.*

A HAMPTON-COURT. — Plusieurs belles *Marines.*

DULWICH COLLEGE. — Plusieurs belles *Marines.*

INSTITUTION ROYALE D'ÉDIMBOURG. — *Une Marine.*

COLLECTION WEMYS. — *Marine par un mauvais temps.*

COLLECTION HARCOURT. — *L'Embarquement de Charles I*er *à Scheveningue.*

COLLECTION HENDERSON. — *Mer agitée.*

COLLECTION HARRINGTON. — Deux *Marines.*

COLLECTION ROBART. — *Marine par un temps calme.*

COLLECTION PEEL. — *Une Marine avec vaisseaux.* — *Le Calme.* — Une autre *Marine.* — *La Côte de Scheveningue.* — *Une Marine.* — *La Vue du Texel.* — *Une Mer agitée.* — *Une Marine.*

COLLECTION SEBRIGHT. — *Une Marine par un temps calme.*

COLLECTION OVERSTONE. — *Une Marine par un temps calme* (anc. coll. du baron Verstolk). — *Le Calme* (anc. coll. Van der Pol). — *Une Marine par un temps de brise.*

COLLECTION W. GOMM. — *Le Calme.*

COLLECTION HAMILTON. — *Une Marine par un temps calme.*

COLLECTION PEMBROKE. — *Deux Marines par une mer agitée.*

COLLECTION MILDMAY. — *Une Marine.*

COLLECTION SEYMOUR. — *Marine par un temps calme* (figures par Ad. Van den Velde).

GALERIE BEDFORD. — *Marine par un temps frais.*

GALERIE WESTMINSTER. — *Marine par un temps calme.*

GALERIE ELLESMERE. — *Bataille navale.* — *Une Marine.*

COLLECTION ENFIELD. — *Marine par un temps calme.*

CABINET BUCLEY. — *Une belle Marine.*

CABINET GRAY. — *La Brise fraiche.*

COLLECTION BREDELL. — *Une Marine par un temps calme.*

COLLECTION BEVAN. — *Le Calme.*

COLLECTION HOLFORD. — *Une Marine.*

COLLECTION MUNRO. — Quatre belles *Marines.*

CABINET BARDON. — *Le Calme.*

AU DUC DE PORTLAND. — Deux belles *Marines par un temps calme.*

COLLECTION NORMANTON. — *Une Mer calme.* — *Une fraiche Brise.*

COLLECTION TOWNSHEND. — *Une Marine.*

COLLECTION TULLOCH. — *Marine par un temps calme.*

COLLECTION MORRISON. — *Une Marine.*

CABINET STANISFORTH. — *Une Marine.*

COLLECTION SUFFOLK. — *Marine par un temps calme.*

COLLECTION FOUNTAINE. — Deux *Marines.*

COLLECTION WYNN ELLIS. — Deux *Marines.*

COLLECTION BROWNLOW. — *Une Bataille navale.*

CABINET BUNBURY. — *Une Marine.*

COLLECTION HEUSCH. — *Marine par un temps calme.*

COLLECTION HALNERTON. — *Une Flotte hollandaise.*

COLLECTION THOMAS HOPE. — Deux *Marines par un temps agité.*

COLLECTION BARING. — Deux *Marines par un temps calme.*

COLLECTION RADNOR. — Deux *Marines par un temps agité.*

COLLECTION FOSTER. — *Vue d'une rivière.* — *Une Marine.*

GALERIE LANSDOWNE. — *Marine par un beau temps.*

COLLECTION FIELD. — *Marine par un temps calme.*

COLLECTION FOLKESTONE. — *Une Marine par un temps agité.*

COLLECTION BURLINGTON. — *Une Marine.*

CABINET GILLOTT. — *Une Marine.*

CABINET HUGH CAMPBELL. — *Un Navire en détresse.* — Une belle *Marine.*

COLLECTION LISTOWEL. — Deux *Marines,* dont un *Combat maritime.*

GALERIE ASHBURTON. — *La petite Flotte.*

COLLECTION M'LELLAN. — *Une Marine.*

COLLECTION BUCCLEUCH. — *Une Marine.*

COLLECTION MORRISON. — *Une Marine.*

AU COMTE DE WARWICH. — *Une Tempête.*

COLLECTION FRANCIS EDWARDS. — *Une Marine.*

COLLECTION EDWARD LOYD. — *Une Mer agitée.*

COLLECTION IARBOROUGH. — *Le Diable d'or.*

COLLECTION BUTE. — *Une Bataille navale.*

GALERIE RUTLAND. — *Une Mer agitée.* — *Une Mer calme.*

COLLECTION CALEDON. — *Plage de Scheveningue* (avec figures par Adrien Van den Velde).

CABINET JOSEPH MUSKETT. — *Une Marine.*

GALERIE DEVONSHIRE. — *Une Marine par un temps calme.* — Deux autres *Marines.*

COLLECTION TOMLINE. — *Une Marine.*

COLLECTION LONSDALE. — *Une Marine.*

COLLECTION HOPETOUN. — *Une Marine.*

COLLECTION WYNN. — *Une Marine.*

COLLECTION INGRAM. — Deux *Marines.* — *Combat de l'amiral Tromp.*

COLLECTION LIONEL DE ROTHSCHILD. — *Une Marine.*

ANCIENNE GALERIE WEYER DE COLOGNE. — *Marine.* — *Mer tranquille et des Vaisseaux.*

COLLECTION ANTHONY DE ROTHSCHILD. — *Une Marine.*

MUSÉE VAN DER HOOP. — *Vue de la côte de Scheveningue. — Une Marine. — Marine par un temps calme. — Navire faisant des salves.*

CABINET DU COMTE CZERNIN. — *Une Marine.*

GALERIE D'ARENBERG. — *Le Coup de canon.*

GALERIE ESTERHAZY. — *Marine par un temps calme.*

COLLECTION DE M. LE COMTE DE BUDÉ. — *Marine par un temps calme.*

A LORD HERTFORD. — *Le Calme. — La Brise.*

GALERIE JAMES DE ROTHSCHILD. — Une belle composition.

PRIX DE VENTES

Marine par un temps calme 1767, Vte Julienne, 1,059 fr. 1772, Vte Choiseul, 1,070 fr. 1780, Vte Tronchin, 1,000 fr. — *Le Calme parfait.* 1772, Vte Choiseul, 7,600 fr. 1777, Vte Conti, 1,260 fr. 1828, Vte Barchard, 300 liv. sterl. — *Vue de Scheveningue* (33 fig.). 1778, Vte de Cossé, 1,441 fr. — *Mer calme.* 1778, Vte Lebrun, 1,300 fr. — *Vue des Côtes de Hollande.* 1780, Vte Nogaret, 1,301 fr. 1793, Vte Praslin, 1,350 fr. 1802, Vte Huyter, 1,200 fr. — *Marine par un temps calme* (35^c—46^c). 1783, Vte Saint-Hilaire, 1,582 fr. — *Vue des côtes de Hollande* (beaucoup plus petite que la précédente). 1784, Vte Vaudreuil, 1,901 fr. 1801, Vte Tolozan, 1,160 fr. 1811, Vte Goupy-Dupré, 1,860 fr. — *Marine* (40^c 1/2—64^c 1/2). 1788, Vte Lenglier, 1,400 fr. — *Marine par un temps calme* (B. 35^c—51^c). 1791, Vte Lebrun, 3,901 fr. (Vte Aubert, 5,000 fr. — *Mer calme* (B. 46^c —62^c). 1793, Vte Choiseul-Praslin, 6,980 fr. (En assignats.) A M. Lubbeling. — *Une Marine.* 1795, Vte De Calonne, 2,750 fr. — *Vue prise à Dordrecht* (B. 72^c 1/2—1^m,41/2). 1801, Vte Tronchin, 2,000 fr. — *Marine par un temps calme* (62^c—74^c). 1803, Vte Pauwels, 7,100 fr. 1817, Vte Gerret Muller, 6,025 flor. 1833, Vte Nieuwenhuys, 710 guinées. — Deux *Marines* (56^c 1/2—80^c 1/2). 1808, Vte van der Pott, 8,000 flor. — *Une Marine* (86^c—1^m,18). 1812, Vte Clos, 12,610 fr. — *Marine couverte de vaisseaux* (toile marouflée sur bois, 56 1/2—43^c). 1817, Vte Lapeyrière, 9,000 fr. — *Mer par un temps calme.* 1837, Vte D^sse de Berry, 3,810 fr. — *Marine* (32^c 1/2—48^c). 1840, Vte Schamp, 3,380 fr. — *Le Calme* (39^c—52^c). 1841, Vte Biré Héris, 9,800 fr. — *Le Zuiderzée* (75^c—63^c). Même Vte, 5,860 fr. — *Combat naval* (87^c—1^m,10). 1841, Vte Perregaux, 22,100 fr. — *La Flotte en partance* (63^c—79^c). 1843, Vte Héris Leroy, 8,553 fr. (V^tes Érard, W. Hope et Tardieu). 1860, Vte Piérard, 14,500 fr. — *Mer calme.* 1843, Vte Héris Leroy, 3,095 fr. — *Marine.* 1844, Vte X..., 3,400 fr. Même Vte, 3,400 fr. Même Vte, 3,900 fr. — *Mer calme.* 1844, Vte X..., 605 fr. — *Bataille navale de Solbay entre les flottes d'Angleterre et de Hollande.* 1845, Vte Meffre, 12,100 fr. — *Marine.* Même Vte, 1,800 fr. — *Marine.* 1846, Vte Fesch, 90 écus. — *Marine* (90^c—1^m,27). 1850, Vte du roi Guillaume II, 2,500 fr. (à M. Roos). — *Marine par un temps calme.* 1852, Vte de Morny, 18,500 fr. — *Marine par une brise légère* (1^m,08—77^c). 1854, Vte Mecklembourg, 8,900 fr. — *Mer agitée. Mer calme* (42^c—36^c). 1857, 2e Vte du baron de Varange, 2,600 fr. Même Vte, 4,000 fr. (coll. Richard Forster, de Londres). — *Mer calme.* 1857, Vte Patureau, 10,000 fr. Même Vte, 9,000 fr. (marouflée sur bois). — *Marine* (B. 45^c—35^c). 1857, 2e Vte baron de Varange, 2,550 fr. (coll. Desfriches d'Orléans). — *L'Amiral Tromp, combat naval.* 1859, Vte Northwick, 2,600 fr. — *La Flotte anglaise.* Même Vte, 4,680 fr. — *Combat naval de Sole Bray.* Même Vte, 2,730 fr. — *La Sortie de la bergerie.* 1860, Vte du Cte H. de Stenhuyse, 7,150 fr. (cité dans Smith). — *Paysage* (dessin). 1860, Vte E. N., 400 fr. —

La Métairie (B. 22ᶜ — 27ᶜ 1/2). 1861, Vᵗᵉ Rhoné, 11,200 fr. — *Mer tranquille.* 1862, Vᵗᵉ Weyer de Cologne, 645 fr.

BACKUYSEN (LUDOLFF)

Né à Emden en Westphalie en 1631, mort à Amsterdam en 1709.

Au premier rang des maîtres dont les œuvres sont attribuées quelquefois à Van den Velde, il faut placer Ludolff Backuysen, non pas toutefois comme copiste habituel, car son talent est propre et éminemment original [1], mais comme auteur de très-bonnes imitations entièrement dans le sentiment et l'exécution de Van den Velde. On le reconnaît à ses eaux moins floues et à ses vagues plus cernées que celles du maître; quant à ses détails d'exécution, il est tout aussi minutieux, quoique un peu sec.

PÉETERS (BONAVENTURE)

Né à Anvers en 1614, mort en 1652.

Quelques effets d'orage peints par Péeters ont beaucoup de rapport avec ceux du maître. On les reconnaît à leur touche ronde, à leur couleur moins harmonieuse, et à des effets plus outrés que naturels.

Son frère Jean Péeters, né à Anvers en 1625, a voulu imiter aussi Van den Velde, mais il est encore plus exagéré que son aîné, malgré sa grande exactitude dans les manœuvres nautiques et la correction de son dessin.

BLANKOF (JAN TEUNISZ ANTOINE)

Né à Alkmaar en 1628, mort en 1670.

Blankof, élève de César Van Everdingen, fit des copies qui se vendent quelquefois comme originales. Leur couleur terne, leurs ciels lourds et cernés dans les contours, suffisent pour révéler leur origine.

ZEEMAN

Ce copiste émérite, qui s'est plu à contrefaire Claude le Lorrain, Backuysen et J. Both, s'est appliqué à reproduire des marines peintes par Van den Velde, lesquelles feraient illusion, si la touche n'en était pas plus grenue que celle du maître, et si les ciels étaient moins pauvres d'exécution.

1. Voir l'article qui lui est consacré, tome II, page 280.

MIÉRIS (FRANS VAN)

Né à Delft en 1635, mort à Leyde en 1681.

Miéris, à l'imitation de son maître Gérard Dow, se fit une loi de ne jamais s'écarter de la nature et d'en être le fidèle interprète, avec cette scrupuleuse observation, ce soin extrême et cette perfection du fini qui caractérisent le maître; mais il fut plus indépendant, plus correct dans l'invention et plus spirituel dans la touche. Ses plans sont souvent mieux combinés, et son coloris est plus vague et plus aérien.

Il serait superflu de dire que les amateurs recherchent avec avidité les œuvres de ce peintre, ainsi que celles de son fils Guillaume.

Je joindrai donc les renseignements relatifs à ces deux peintres pour faciliter les recherches.

Le Louvre possède quatre tableaux de François Miéris, dont voici les estimations bien minimes et qui se ressentent de l'époque où elles ont été faites :

Portrait d'Homme, 3,000 fr. — *Femme à sa toilette*, 5,000 fr. — *Le Thé*, 2,500 fr. — *Une Famille flamande*, 4,000 fr.

MUSÉES DIVERS, GALERIES, ETC.

Musée de Cherbourg. — *Portrait d'un bourgmestre hollandais.*

Musée de Rennes. — *Portraits de deux artistes.*

Musée d'Amsterdam. — *La Joueuse de luth.* — *La Correspondance.*

Musée de Rotterdam. — *Vieillard courtisant une jeune femme.*

Musée de La Haye. — *Portraits du peintre et celui de sa femme.* — *Les Bulles de savon.* — *Portrait d'Horatius Schuil.*

Ancienne collection de Vienne. — *Un Joueur de musette.* — *Une jeune Dame malade, à laquelle un grave médecin tâte le pouls.* — *Une Marchande hollandaise dans sa boutique.*

Musée de Berlin. — *Portrait du peintre.*

Musée de Dresde. — *Vieux Savant taillant une plume.* — *Chaudronnier ambulant.* — *Une Femme, assise près d'une table, joue du luth, son maître est à ses côtés.* — *Une vieille Femme met une plante d'œillet dans un pot à fleurs.* — *Jeune Militaire fumant sa pipe.* — *Un Homme en cuirasse, la main appuyée sur son épée.* — *Une jeune Fille, assise près d'une table, prête toute son attention aux paroles d'une vieille femme.* — *La Madeleine.* — *L'Artiste avec sa femme dans son atelier.* — *L'Atelier de l'artiste; le maître, ses pinceaux à la main, est à côté d'un connaisseur qui examine un tableau.* — *Jeune Fille assise devant un perroquet.* — *Un Marchand de drap, une lettre à la main, est assis à une table.* — *La Poésie, des tablettes à la main.* — *Vieillard tenant une cruche d'une main et une pipe de l'autre.* — *Jeune Femme devant son miroir.*

Musée de Munich. — *Une Dame jouant avec son perroquet.* — *Une Dame jouant avec un petit chien.* — *Le Déjeuner aux huitres.* — *La Femme malade.*

Musée de Saint-Pétersbourg. — *Portrait du peintre et de sa femme.* — Plusieurs *Scènes d'intérieur.*

Musée de Turin. — *La bonne Mère.*

Buckingham Palace. — Deux *Intérieurs.*

Collection Holford. — *Une Scène dans un paysage.* — *Un Intérieur.*

Collection Thomas Hope. — *Un Homme assis près d'une table.*

Collection Baring. — *La Musicienne.*

Collection Bute. — *La Réprimande.*

Collection Wynn Ellis. — *Bacchus et Ariane.*

Collection J. Walter. — *Portrait du peintre.*

Collection Bredel. — *Intérieur avec figures.*

Collection Heusch. — *Un Intérieur.* — *Portrait de l'artiste.* — *Portrait de Fr. Wouters.*

Cabinet Bardon. — *Le Docteur.*

Collection Robert Peel. — *Intérieur avec figures.*

Galerie Ellesmere. — *Scène d'intérieur.* — *La Dame à sa toilette.* — *Portrait de l'artiste.*

Collection Walter. — *Portrait du peintre tenant sa palette.*

Ancienne galerie Weyer de Cologne. — *Diogène.* — *Jeune Garçon.*

A lord Hertford. — Plusieurs compositions.

Collection Wilhorgne de Buchy. — *Une Dame pinçant de la guitare.*

PRIX DE VENTES

				fr.	
La Joueuse de luth (21ᶜ—27ᶜ).....	1731.	Vᵗᵉ Zwieten........	Flor.	425.	
—	1738.	Vᵗᵉ Fraula.........	»	425.	
—	1736.	Vᵗᵉ Lormier........	»	635.	Au Musée d'Amsterdam.
Miéris faisant le portrait de sa femme..................	1738.	Vᵗᵉ Fraula.........	»	2,710.	
Une Dame à sa toilette...........	Dᵒ	dᵒ	»	1,630.	
Mercure chassé de la chambre d'une jolie femme..................	Dᵒ	dᵒ	»	320.	
Mort de Lucrèce..................	Dᵒ	dᵒ	»	760.	
La Correspondance (24ᶜ—19ᶜ).....	1765.	Vᵗᵉ Cauwerven.....	»	2,100.	
—	1771.	Vᵗᵉ Braamcamp.....	»	3,610.	
—	1808.	Vᵗᵉ van der Pot....	»	2,025.	Au Musée d'Amsterdam.
Offrande à Apollon.............	1766.	Vᵗᵉ de la Court....	»	505.	
Une Dame et son perroquet.......	1768.	Vᵗᵉ Gaignat.		3,100.	
Femme écrivant.................	1771.	Vᵗᵉ Braamcamp....	Flor.	3,610.	
L'Officier	Dᵒ	dᵒ		1,150.	Au Musée d'Amsterdam.
—	1793.	Vᵗᵉ Choiseul-Praslin.....		750.	
—	1810.	Vᵗᵉ Robit.............		1,005.	
—	1817.	Vᵗᵉ Laperrière..........		2,511.	
Une Dame à sa toilette...........	1773.	Vᵗᵉ Van der Marck.	Flor.	1,010.	
Femme tenant une palette à la main (bois, cintré, 11ᶜ—08ᶜ)........	Dᵒ	dᵒ	»	860.	
—	1780.	Vᵗᵉ Poulain.............		3,300.	

			fr.	
Femme endormie, un homme lui jette de l'eau................	1779.	Vte NEYMAN.............	1,000.	
—	D°	Vte VASSAL DE St-HUBERT.	800.	
L'Atelier d'un statuaire (17^c 1/2—14^c 1/2)....................	1793.	Vte CHOISEUL-PRASLIN.....	2,261.	En assignats.
Bacchanale.....................	1800.	2e Vte D'ORLÉANS... Guin.	63.	
Femme endormie..............	D°	d° »	12.	
L'Alchimiste...................	D°	d° »	100.	
Dame mangeant des huîtres.......	D°	d° »	52	schellings.
L'Enfileuse de perles (23^c—17^c 1/2).	1804.	Vte VAN LEYDEN	12,000.	Coll. Lebrun.
—	1807.	Vte AGAIN.......... Guin.	300.	
—	1811.	Vte SEREVILLE............	14,000.	
—	D°	Vte LAFONTAINE..... Guin.	280.	Coll. prince de Talleyrand, Valedeau, ce dernier en a fait don au musée de Montpellier.
L'Ermite (15^c—13^c)..............	1808.	Vte VAN DER POT .... Fl.	165.	Au musée d'Amsterdam.
Jeune Femme à sa toilette (bois, 31^c1/2 —24^c).....................	1811.	Vte DE BREUIL............		
—	1813.	Vte LEBRUN.		Coll. Henry, Van Sacheghem.
—	1857.	Vte PATUREAU............	19,700.	
Portrait d'un Magistrat..........	1837.	Vte D^sse DE BERRY........	4,000.	
La Femme du peintre...........	D°	d°	1,950.	Anc. coll. Braamcamp, Destouches, Poulain.
La Dame de qualité..............	D°	d°	5,010.	
Portrait du peintre (bois, 25^c,7^m —21^c,8^m).....................	1840.	Vte SCHAMP	2,300.	Acheté par Lebrun à la Vte du marquis de Ménars.
La Musicienne (bois, 27^c—22^c)....	1841.	Vte PERREGAUX	22,100.	
Intérieur d'appartement..........	1843.	Vte HÉRIS LEROY	5,320.	
Le Marchand d'huîtres..........	D°	d°	1,190.	
Jeune Femme à sa fenêtre........	D°	Vte X..................	545.	
Portrait d'Homme..............	1844.	d°	500.	
Dame en costume de chasse.......	D°	d°	1,140.	
Jeune Fille......................	D°	d°	745.	
Deux Garçons...................	D°	d°	856.	
La Chasteté de Joseph...........	D°	d°	1,750.	
Vertumne et Pomone.............	D°	d°	2,285.	
La Dame de qualité.............	1851.	Vte COTTREAU............	750.	Coll. Sereville.
Le Jugement de Pâris...........	D°	Vte THÉVENIN	6,800.	
Portrait d'Homme (bois, 28^c—22^c).	1857.	2e Vte Baron DE VARANGE.	1,000.	
Portrait d'Homme..............	1859.	Vte BRABECK ET DE STOLSBERG .... Thalers.	426.	
Le Mélancolique................ } *La Correction*.................. }	1861.	.Vte DAIGREMONT..........	4,400.	
La Visite......................	D°	Vte LEROY D'ÉTIOLES......	1,925.	
La Dame de qualité (bois ovale, 15^c —12^c)....................	D°	Vte MONBRUN.............	980.	Coll. Lublin, Calonne, Sereville.
Un Seigneur se disposant à boire...	1863.	Vte SORET...............	630.	

DESSINS.

Une Femme évanouie (2 figures)....	1758.	Vte SYBRAND HECTAMA. Fl.	210.	Au crayon noir.
Une Dame au lit................	D°	d° »	282.	
Femme veillant sur un enfant endormi........................	1776.	Vte NEYMAN	710.	A la pierre noire, sur vélin.
Femme endormie................	D°	d°	1,000.	D°

MIÉRIS (WILLEM VAN)

Né à Leyde en 1662, mort en 1747.

Élève de son père François Miéris, Guillaume en a imité la manière avec le même soin, la même harmonie, et peut-être avec autant d'abondance. Il est moins piquant dans l'effet, moins spirituel dans la touche, et plus incorrect.

Le Louvre possède de Guillaume Miéris :

Les Bulles de savon, 4,000 fr. (Dans la notice de 1854 il est dit que ce tableau a été attribué à François Miéris. Il eût été juste d'ajouter que ce n'est pas dans le catalogue de 1841.) — *Le Marchand de gibier,* 4,000 fr. — *La Cuisinière,* 5,000 fr.

MUSÉES DIVERS, GALERIES, ETC.

MUSÉE DE NANTES. — *Pygmalion et sa statue.*

MUSÉE DE RENNES. — *Une Dame à sa toilette.*

MUSÉE DE BORDEAUX. — *Portrait d'un jeune botaniste.*

MUSÉE D'AMSTERDAM. — *L'Ermite.* — *Le Marchand de volailles.*

MUSÉE DE LA HAYE. — *Une Boutique d'épicier.*

ANCIENNE COLLECTION DE VIENNE. — *La courtisane Laïs avec le philosophe Démosthènes.* — *Buste d'un gros Homme.* — Deux petits *Portraits.*

MUSÉE DE MUNICH. — *Deux jeunes Garçons jouant du tambour.*

MUSÉE DE SAINT-PÉTERSBOURG. — Plusieurs *Intérieurs avec figures.*

MUSÉE DE DRESDE. — *Préciosa reconnue par sa mère.* — *Vénus accompagnée de l'Amour.* — *Singes vêtus en hommes.* — *Vieille Cuisinière.* — *Céphale et Procris.* — *Vénus dormant.* — *Ariane et Bacchus.* — *Jeune Femme se faisant dire la bonne aventure.* — *Un Homme à table.* — *Un Joueur de vielle embrassé par une fille.* — *Un Marchand de gibier.* — *Une Femme remplissant un verre.* — *Un Homme sonnant de la trompette.*

MUSÉE VAN DER HOOP. — *Une Boutique d'épicier.* — *Un Chimiste.* — *Paysage.* — *Intérieur.*

BUCKINGHAM PALACE. — *Un Intérieur.*

CABINET HUGH CAMPBELL. — *La Mort de Cléopâtre.*

COLLECTION WYNN. — *Angélique et Médor.*

COLLECTION HEUSCH. — Deux belles compositions.

COLLECTION THOMAS HOPE. — *David et Bethsabé.*

COLLECTION BARING. — *Un Intérieur avec figures.*

COLLECTION PEEL. — *La Marchande de volailles.*

GALERIE J. M. OPPENHEIM. — *Scène d'intérieur.*

GALERIE ELLESMÈRE. — *Le Musicien.*

COLLECTION J. WALTER. — *Intérieur avec figures.*

COLLECTION OVERSTONE. — Un très-précieux *Intérieur avec figures.*

Collection Robart. — *Intérieur avec jeune femme.*

Au révérend F. Leiceister. — *Portraits de la Femme et de la Mère de l'artiste.*

Collection Robert Napier. — *Une Boutique de poissonnier.*

Ancienne galerie Weyer de Cologne. — *Buste de jeune Homme.*

Galerie d'Arenberg. — *Un Homme et une Femme à une fenêtre.* — *Un Homme tenant un coq.*

Galerie du duc d'Aumale. — *L'Avare* (dessin).

Collection Wilhorgne de Buchy. — *Atalante et Méléagre.*

PRIX DE VENTES

			fr.	
Le Marchand de poissons	1750.	Vte Wassenaer d'Obdam. Fl.	500.	
Un Savoyard montrant la curiosité.	1766.	Vte de la Court .... »	1,200.	
Un Matelot	1772.	Vte Choiseul	2,800.	
—	1777.	Vte de Conti	1,800.	
La Consultation du médecin (bois, 46^c—38^c)	D°	Vte de Boisset	6,000.	
—	1780.	Vte Poullain	6,811.	
—	1801.	Vte Tolozan.	5,000.	
—	1805.	Vte Maurin	5,001.	
—	1841.	Vte de Preuil	6,000.	
L'Homme à la cuirasse (bois, 40^c1/2 —32^c 1/2)	1793.	Vte Choiseul-Praslin	751.	En assignats.
Le Jugement de Salomon	1809.	Vte Sabatier	2,500.	
—	1823.	Vte Fonthill .... L. st.	245.	Act. à Acraman.
Intérieur de cuisine	1802.	Vte Holderneim .... Guin.	87.	
—	1807.	Vte Heathcote ..... »	185.	
—	1810.	Vte lord Crewe ... »	170.	
—	1821.	Vte de la Hante ... »	285.	
—	1825.	Vte Lapeyrière	6,000.	
Tarquin et Lucrèce (43^c—38^c)	1810.	Vte lord Crewe ... Guin.	98.	
—	1812.	Vte Clos	1,405.	
Jupiter et Antiope	1818.	Vte Mitchell ...... Guin.	33 1/2.	
La Bachante et le Satyre	D°	Vte Christie .... »	48.	
—	1837.	Vte D^sse de Berry	4,200.	Au comte Demidoff.
Jeune Femme assise sous un péristyle	D°	d°	4,200.	
Le Tambour	1843.	Vte Paul Perrier	6,300.	
Diane au bain (bois, 46^c—33^c 7^m) ..	1840.	Vte Schamp	7,900.	
Plusieurs personnages prenant le thé.	1843.	Vte Tardieu	5,000.	M. Tardieu l'avait acheté 17,000 fr.
Départ d'Adonis pour la chasse .... ⎫ *Mort d'Adonis* .... ⎭	D°	d°	2,205.	
Le petit Faiseur de bulles de savon ..	D°	d° ...... retiré à	3,500.	
Ulysse échappant aux enchantements de Circe	1845.	Vte Vasserot.	2,650.	
L'Amiral	D°	d°	730.	
La Mère des Amours	D°	Vte Meffre	4,000.	
Scène pastorale	1846.	Vte Fesch .... Écus.	375.	

			fr.	
Portrait de l'amiral Tromp (bois cintré, 23°—18°)	1852.	1ʳᵉ Vᵗᵉ baron DE VARANGE.	1,775.	
—	1857.	2e d°	1,185.	
Le Tambour	1852.	1ʳᵉ d°	1,205.	Serait-ce le tableau de la Vᵗᵉ Perrier?
Femme devant un miroir	D°	Vᵗᵉ TURENNE	3,082.	
Portrait de G. Miéris	1854.	Vᵗᵉ MECKLEMBOURG	2,350.	
Intérieur	1857.	Vᵗᵉ PATUREAU	1,050.	
Le Marchand de légumes	1860.	Vᵗᵉ RUYTER	1,950.	
Intérieur d'appartement (bois, 32° 1/2 —41°)	D°	Vᵗᵉ PIÉRARD	6,500.	Gal. de l'Élysée.
Jupiter et Calisto (bois, 40°—35°)	D°	d°	3,600.	
Intérieur d'un magasin d'étoffes	1860.	Vᵗᵉ Cᵗᵉ H. DE STENHUYSE.	3,350.	A M. Huybreck, d'Anvers.
L'Ivresse de Bacchus (bois, 39°—33°).	1861.	Vᵗᵉ RHONÉ	1,480.	
Scène de séduction (bois, 30°—24°).	D°	d°	1,525.	
Bacchus et Ariane (bois, 56°—77°).	D°	d°	4,400.	
Diane et Calisto ((bois, 59°—75°)	D°	d°	3,900.	
Circé aux pieds d'Ulysse (32° —43° 1/2)	D°	d°	2,000.	Coll. Kleynenberg.
Jupiter et Calisto (bois, 16°—20°)	D°	d°	780.	
Portrait de jeune Homme } *Portrait de Femme* }	D°	Vᵗᵉ LEROY D'ETIOLLES	1,505.	
Sujet mythologique (bois, 44°—45°).	1862.	Vᵗᵉ BAILLIE, à Anvers	1,650.	
Sujet mythologique	1863.	Vᵗᵉ GILKINET de Liége	5,600.	
Le Jour de Pâques	D°	Vᵗᵉ X***	1,360.	

DESSINS.

La Femme endormie	1774.	1ʳᵉ Vᵗᵉ VASSAL DE SAINT-HUBERT	800.	
—	1783.	2e d°	510.	
Suzanne et les Vieillards	1862.	Vᵗᵉ SIMON	250.	

MY (HIERONYME VAN DER)

Quelques tableaux de ce peintre, élève de Guillaume van Miéris, ont été employés pour servir de dessous dans la fabrication des François Miéris de contrebande. On reconnaît ces contrefaçons à l'indécision des contours, à la mollesse des draperies et à leur couleur grisâtre.

LERMANNS (PIERRE)

Ce peintre, que l'on suppose être l'élève de Fr. van Miéris, est parvenu à le copier avec une telle vérité, qu'on les confond souvent l'un avec l'autre. Cependant, en les étudiant avec attention, on reconnaît dans l'élève un travail peiné, plus sec que large, ainsi qu'une certaine lourdeur dans les ombres.

EYK (ABRAHAM VAN DER)

Cet imitateur et copiste se laisse deviner à sa touche arrondie et à ses draperies boudinées.

HOOCH (PIETER DE), VULGAIREMENT PIERRE DE HOOGH

Florissait en 1658.

Élève de N. Berghem, de Hooch imita Miéris avec une certaine aisance. Son coloris est frais, son dessin assez correct; mais sa touche est estompée et son exécution quelquefois molle et sans vigueur.

COCLERS (LOUIS BERNARD)

Né à Maëstricht en 1740, mort à Liége en 1817.

Parmi les nombreuses copies faites par ce peintre, il s'en rencontre qui ont quelque ressemblance avec Miéris. Néanmoins, leur couleur rosée et leur touche peu solide ne trompent que les amateurs inexpérimentés.

RUÏSDAEL OU RUYSDAËL (JAKOB)

(suivant ses diverses signatures)

Né à Harlem vers 1630, mort dans la même ville en 1681.

Je n'essayerai pas de décrire le talent de ce grand paysagiste, l'un des premiers dans cette partie de l'art. En s'exerçant sur la nature même, il apprit non-seulement à en imiter toutes les vérités, mais encore à en saisir le pittoresque, de sorte que tout ce qui est sorti de son pinceau porte toujours un caractère topographique.

La plupart de ses tableaux sont ornés de figures peintes par Berghem, Wouwerman, Ostade, Van den Velde et autres.

L'œuvre de Jacques Ruisdaël se compose de plus de 350 tableaux. Malgré ce grand nombre, ils sont vivement disputés dans les ventes publiques.

Le musée du Louvre en renferme six, dont voici les diverses estimations :

La Forêt, 25,000 fr., puis 40,000 fr. — *Une Tempête*, 3,000 fr., puis 25,000 fr. — *Paysage* (n° 472), 7,000 fr. — *Paysage* (n° 473), 7,000 fr., puis 15,000 fr. — Les deux autres *Paysages*, n° 474 et 475, ont été estimés ensemble, je ne sais par quelle raison, à la faible somme de 1,500 fr.

MUSÉES DIVERS, GALERIES, ETC.

MUSÉE DE ROUEN. — *Un Torrent.* — *Paysage.*

MUSÉE D'AVIGNON. — *Paysage.* — *Vue d'un Village des Pays-Bas* (contesté).

MUSÉE D'ANGERS. — *Forêt avec figures.*

MUSÉE DE LYON. — *Le Ruisseau.*

MUSÉE DE TOURS. — *Paysage.*

MUSÉE DE BESANÇON. — *Paysage.*

MUSÉE DE NANCY. — *Paysage.* — *Cabanes environnées de broussailles.*

MUSÉE D'ÉPINAL. — *Un Paysage avec forêt.*

MUSÉE DE RENNES. — *Paysage* (dessin).

MUSÉE DE NIMES. — *Marine* (attribué). — *Paysage.*

MUSÉE DE BORDEAUX. — Cinq *Paysages.*

MUSÉE DE LILLE. — *Paysages et Ruines.*

MUSÉE D'AMSTERDAM. — *Le Château de Beintheim.* — *La Cascade.*

MUSÉE DE LA HAYE. — *Vue de la ville de Harlem.* — *Un Rivage.* — *La Cascade.*

MUSÉE DE ROTTERDAM. — *Vue du Château de Beintheim.* — *Le Champ de blé.* — *Chemin sablonneux.*

ANCIENNE COLLECTION DE VIENNE. — *Une Chute d'eau dans une contrée sauvage couverte de sapins.*

MUSÉE DE DRESDE. — *Vue du château de Beintheim.* — *Pays plat couvert de forêts.* — *Une charrette traverse un gué.* — *Paysage* connu sous le nom de *la Chasse.* — *Paysage* connu sous le nom du *Cimetière des juifs.* — *Paysage couvert de montagnes escarpées.* — *Paysage boisé avec un village au fond.* — *Paysage montueux* connu sous le nom du *Monastère.* — *Pays plat, un chemin conduit à un village, à droite et à gauche des champs.* — *Colline couverte de beaux arbres et d'où se précipite un petit ruisseau; un garçon fait paître quelques moutons et une chèvre blanche.* — *Pays plat couvert de forêts.* — *Un Ruisseau traversant une vallée ombragée.* — *Belle Chute d'eau près d'une colline couverte d'arbres.*

MUSÉE DE FRANCFORT-SUR-LE-MEIN. — *Intérieur d'une forêt.* — *Un Paysage.*

MUSÉE DE MUNICH. — Une grande *Cascade.* — Huit autres compositions.

MUSÉE DE BERLIN. — Une grande *Marine.* — *Le Ruisseau.* — *Une Cascade.*

MUSÉE DE SAINT-PÉTERSBOURG. — Treize *Paysages.*

MUSÉE DE TURIN. — Deux *Paysages.*

AU PALAIS PITTI. — Plusieurs toiles.

NATIONAL GALLERY. — Deux beaux *Paysages* (achetés 56,250 fr. en 1859).

BUCKINGHAM PALACE. — *La Pièce d'eau.*

DULWICH COLLEGE. — Plusieurs belles compositions.

INSTITUTION ROYALE D'ÉDIMBOURG. — Deux *Paysages avec figures.* — *Une Marine.*

GALERIE ELLESMERE. — *Vue des environs de Harlem.* — *Paysage avec figures.*

COLLECTION ORFORD. — *Une Marine.*

COLLECTION HEATH. — *Paysage avec figures.*

COLLECTION SEYMOUR. — *Une Cascade.*

CABINET FOSTER. — *Paysage avec chaumières* (coll. Casimir Périer).

COLLECTION ENFIELD. — *Paysage avec figures.*

COLLECTION MORRISON. — Une belle composition.

COLLECTION OVERSTONE. — *Un Paysage* (anc. coll. Edward Gray). — *Pont sur un canal.* — *Paysage avec figures.* — *Paysage montagneux.* — Un autre *Paysage.*

COLLECTION NORMANTON. — *Un Paysage avec chaumières et figures.* — Un autre *Paysage.*

COLLECTION FOUNTAINE. — Quatre charmantes compositions.

COLLECTION WYNN ELLIS. — Cinq belles compositions.

COLLECTION LIONEL DE ROTHSCHILD. — *Une Forêt.* — *Un Paysage* (avec figures par Van den Velde).

A MRS. FORD. — *Vue d'un Château.*

GALERIE WESTMINSTER. — *Vue d'un pays plat.*

GALERIE BEDFORD. — Trois *Paysages.*

COLLECTION SANDERSON. — *Vue d'une Plaine avec chaumières* (figures par Adrien Van den Velde). — *Une Chute d'eau.*

COLLECTION J. BOND. — *Paysage* (avec figures de Van den Velde).

COLLECTION JOHN WALTER. — *Vue du Château de Beintheim* (très-précieux).

COLLECTION BARING. — *Un Paysage* (genre Hobbema). — *Vue des environs de Harlem.* — *Un Paysage* (genre Everdengen).

COLLECTION FIELD. — Trois belles compositions, dont un *Moulin à eau.*

COLLECTION HARCOURT. — *Paysage avec figures.* — *Une Chute d'eau.*

COLLECTION FOLKESTONE. — *Paysage* (effet de lune).

COLLECTION JERSEY. — *Paysage* (avec figures par Berghem).

COLLECTION HEUSCH. — Un beau *Paysage.*

COLLECTION ROBART. — *Paysage avec figures.*

COLLECTION WARD. — *Paysage avec figures.*

COLLECTION PHIPPS. — *Un Paysage* (avec figures par Van den Velde). — Un petit *Paysage.*

COLLECTION BUTE. — Trois belles compositions.

COLLECTION HOLFORD. — *Paysage avec bestiaux.* — *Moulin avec fabriques.*

COLLECTION M'LELLAN. — *Vue des environs de Scheveningue.*

COLLECTION THOMAS HOPE. — *Un Paysage* (avec figures par Van den Velde).

COLLECTION MUNRO. — *Vue d'un Canal.* — Deux *Marines.*

COLLECTION PEEL. — *Une Cascade.* — *Vue d'un Canal.* — *Paysage avec figures.*

COLLECTION BARING. — *Une Marine.* — Deux belles compositions.

COLLECTION WYNDHAM. — *Une Chute d'eau.* — *Une Cascade.*

GALERIE ASHBURTON. — *Un Paysage avec chaumières.*

COLLECTION M'LELLAN. — Un beau *Paysage.*

GALERIE RUTLAND. — Deux *Marines.*

COLLECTION CARLISLE. — *La Côte de Scheveningue.*

COLLECTION MORRISON. — *Un Paysage avec un pont.*

COLLECTION BUCCLEUCH. — *Un Paysage.*

COLLECTION WYNN. — *Paysage avec un canal.*

COLLECTION OPPENHEIM. — *Une Cascade.*

COLLECTION BROWNLOW. — *Un Paysage.*

COLLECTION WOMBWELL. — Trois belles compositions.

COLLECTION BREDEL. — *Un Paysage avec ruines.*

CABINET HAWKINS. — Un beau *Paysage.*

COLLECTION NEELD. — *Vue de la côte de Scheveningue* (figures par Ad. Van den Velde).

COLLECTION EXETER. — *Une Cascade.*

GALERIE LANSDOWNE. — Trois *Paysages.*

COLLECTION FOSTER. — *Une Vue de Hollande.*

COLLECTION LABOUCHÈRE. — Un grand *Paysage.*

CABINET BARDON. — *Paysage avec figures.*

COLLECTION MATTHEUW ANDERSON. — *Paysage* (avec figures par Berghem).

CABINET RAVENSWORTH. — Un beau *Paysage.*

AU COMTE DE IARBOROUGH. — Une charmante composition.

AU DUC DE NEWCASTLE. — *Une Marine.* — *Un Paysage.*

COLLECTION VIVIAN. — *Paysage poétique.*

GALERIE STAFFORD. — *Un Paysage.*

COLLECTION MARTIN. — Un beau *Paysage avec une chute d'eau.*

AU DUC DE PORTLAND. — Un beau *Paysage.*

COLLECTION MILDMAY. — *Vue des côtes de Scheveningue* et son pendant.

GALERIE BUCCLEUGH. — Un beau *Paysage.*

COLLECTION WEMYS. — Deux *Vues des environs de Harlem.* — *Un Paysage.* — *Vue d'un Canal.*

CABINET HUGH CAMPBELL. — *Intérieur de forêt.* — *Un Paysage.* — *Vue d'un Village.*

CABINET BULLOCH. — *Un Paysage.*

CABINET GILLOTT. — Deux *Paysages avec figures.*

COLLECTION BURLINGTON. — *Un Paysage.* — Deux *Paysages.* — *Paysage avec chaumières.* — *Un Paysage.*

COLLECTION DUNMORE. — Une belle composition. — Un petit *Paysage.*

COLLECTION HENDERSON. — *Vue des environs de Harlem.*

A MRS. JAMES. — *Paysage avec chaumières.*

COLLECTION TOWNEND. — *Un Paysage.*

COLLECTION BARTON. — *La Chaumière* (figures de Wouverman).

AU WORCESTER COLLÉGE. — *La Mare.*

COLLECTION WELLS. — *Un Paysage.*

AU RÉVÉREND F. LEICESTER. — *Solitude.* — Une petite *Cascade.*

COLLECTION EDWARD LOYD. — *Groupe d'arbres.*

COLLECTION HATHERTON. — *Une Marine.*

AU DUC DE NEWCASTLE. — *Un Orage.*

ANCIENNE GALERIE WEYER DE COLOGNE. — *Chute d'eau dans les rochers.* — *Paysage.* — *Paysage boisé.* — *Un Fauconnier dans une forêt.* — *Paysage avec chute d'eau.*

GALERIE LICHTENSTEIN. — *Une Marine.* — *Une Forêt.*

GALERIE ESTERHAZY. — Plusieurs *Paysages.*

CABINET DU COMTE KOUCHELEFF, DE SAINT-PÉTERSBOURG. — *L'Écluse du moulin.*

CABINET DU COMTE CZERNIN. — Plusieurs *Paysages.*

ANCIENNE GALERIE BAILLIE, A ANVERS. — *Vue prise aux environs de Harlem.*

GALERIE D'ARENBERG. — *L'Hiver.* — *Le Torrent.* — *Entrée de forêt.*

GALERIE SUERMONDT. — *Site des environs de Harlem.* — *Paysage boisé.*

MUSÉE VAN DER HOOP. — *Paysage maritime.* — *Moulin à eau.* — Deux *Cascades.*

GALERIE DU DUC D'AUMALE. — *Paysage* (dessin).

COLLECTION DE M. LE COMTE DE BUDÉ. — *Paysage.*

GALERIE ROTHSCHILD. — *La Chute d'eau.*

COLLECTION DE M. LE MARQUIS DE COLBERT-CHABANNAIS. — *Paysage* (avec figures de Wouverman).

A LORD HERTFORD. — *Paysage avec figures* (coll. Devron). — *Une Chute d'eau.*

GALERIE DUCHATEL. — *Une Cascade.* — *Vue d'un pays plat.*

CABINET DE M. BEC. — *La Mare.*

CABINET EGMONT MASSÉ. — Deux charmants petits *Paysages.*

AU MARQUIS DU BLAISEL. — *Vue des environs de Harlem.*

PRIX DE VENTES

			fr.
Les Moulins hollandais	1760.	Vte DE VENCE	390.
—	1777.	Vte GAGNY	1,800.
Vue de Hollande	1766.	Vte SYDERVELT...... Flor.	249.
—	1825.	Vte LAPEYRIÈRE	6,755.
Vue de Scheveningue / *Rivage bordé de dunes*	1772.	Vte CHOISEUL	1,701.
—	1777.	Vte CONTI	2,401.
—	1778.	Vte DULAC	2,299.
La Mare	1775.	Vte LEMPEREUR	800.
—	1778.	Vte GROS	1,300.
Paysage boisé avec moulin et fabriques (1^m,10—1^m,47 1/2)	1777.	Vte BOISSET	2,000.
—	1787.	Vte LAMBERT ET DU PORAIL	2,900.
Paysage romantique	1779.	Vte TROUARD	1,200.
—	1784.	Vte DE VAUDREUIL	1,040.
—	1817.	Vte LAPEYRIÈRE	3,055.
—	1823.	Vte TAYLOR......... L. st.	300.
—	1831.	Vte L. F. L. GOWER. Guin.	230.
Vue de Sckerving / *Village maritime* (figures peintes par Van den Velde, 48° 1/2 — 64° 1/2)	1782.	Vte DE MÉNARS	1,850.
Ruines dans un pays plat	1786.	Vte MORELLI	2,300.
—	1788.	Vte CALONNE	3,500.
—	1789.	Vte COCLERS	2,750.
—	1823.	Vte X............ Guin.	230.
—	1826.	Vte lord RADTOCK... L. st.	150.
Entrée d'une Forêt	1789.	Vte COCLERS	1,500.
—	1801.	Vte TOLOZAN	1,500.
—	1825.	Vte LAPEYRIÈRE	7,200.
Le Pont	1795.	Vte DE CALONNE	4,331.
Chute d'eau avec des moulins (51° —67°)	1801.	Vte TRONCHIN	705.

			fr.	
Paysage avec un moulin (75ᶜ — 95ᶜ 1/2)	1801.	Vᵗᵉ Tolozan	2,455.	
Vue des environs de Harlem	1802.	Vᵗᵉ Helsheuter	909.	
—	1817.	Vᵗᵉ Lapeyrière	2,600.	
Le Château de Beintheim (65ᶜ—62ᶜ).	1805.	Vᵗᵉ Amerongen..... Flor.	750.	
—	1811.	Vᵗᵉ Smeth.......... »	710.	
Paysage avec champs de blé	Dᵒ	Vᵗᵉ Laneuville	1,496.	
Paysage	1812.	Vᵗᵉ Clos.	2,251.	
Bois traversé par un lac (figures par Van den Velde (99ᶜ—1ᵐ,23 1/2)	1816.	Vᵗᵉ Castelan	10,000.	Retiré.
Paysage (1ᵐ,51—1ᵐ,23)	Dᵒ	dᵒ	5,000.	
Le Moulin à eau (72ᶜ—94ᶜ)	1821.	Vᵗᵉ Lafontaine	5,500.	
Paysage (51ᶜ—80ᶜ 1/2)	Dᵒ	Vᵗᵉ Dubreuil Lenoir	2,060.	V. Leyden.
La Cascade	1824.	Vᵗᵉ Vander Sats ... Flor.	1,650.	
—	1839.	»	2,890.	
—	1842.	Vᵗᵉ G. Robins ..... Guin.	560.	
Paysans et un troupeau	1824.	Vᵗᵉ Mⁱˢ de Marialva	3,000.	
—	1825.	Vᵗᵉ Pizetta .... Guin.	195.	
—	1828.	Vᵗᵉ Zacharie....... »	390.	
Paysage, effet de soir (1ᵐ,41 — 87ᶜ 1/2)	1826.	Vᵗᵉ Denon.	8,700.	
Forêt avec rivière	1832.	Vᵗᵉ Érard.		
—	1838.	Vᵗᵉ Casimir Périer	4,805.	
Le grand Chêne (fig. par Berghem).	1837.	Vᵗᵉ Dˢˢᵉ de Berry	8,000.	
Le Pont de bois.	Dᵒ	dᵒ	2,620.	
Paysage avec ruines d'un château en briques.	Dᵒ	dᵒ	3,650.	
La Cascade.	1838.	Vᵗᵉ Meynders....... Flor.	440.	Plus grande que celle de la Vᵗᵉ Robins.
Paysage (bois, 75ᶜ—1ᵐ,10).	1840.	Vᵗᵉ Schamp	3,000.	
La Prairie des moines près de Harlem (53ᶜ—66ᶜ, les figures sont attribuées à Van den Velde)	1841.	Vᵗᵉ Biré Héris	6,750.	
—	1843.	Vᵗᵉ Tardieu fils	5,550.	A M. Verboen.
—	1857.	Vᵗᵉ Patureau	9,700.	
Le Moulin à eau.	1841.	Vᵗᵉ Biré Héris	4,560.	
Une Cascade (68ᶜ—51ᶜ)	Dᵒ	dᵒ	5,400.	
La Chute d'eau (79ᶜ—90ᶜ)	Dᵒ	Vᵗᵉ Perregaux	16,000.	
Paysage	1843.	Vᵗᵉ Dubois	2,000.	
—	Dᵒ	dᵒ	1,309.	
—	Dᵒ	dᵒ	2,101.	
—	Dᵒ	dᵒ	697.	
—	Dᵒ	dᵒ	1,000.	
Vue du château de Beintheim	Dᵒ	Vᵗᵉ Héris Leroy	3,420.	
Paysage avec ruines.	Dᵒ	dᵒ	3,420.	
Effet de neige	Dᵒ	dᵒ	130.	
Paysage boisé avec source	Dᵒ	Vᵗᵉ Tardieu	1,600.	
Cascade, effet d'orage	Dᵒ	dᵒ	25,000.	
Les Ruines du château de Brédɛrode, près Harlem.	Dᵒ	dᵒ	800.	Acheté 1,200 fr. à un marchand qui l'avait payé 30 fr.
Le Chemin creux	Dᵒ	dᵒ	1,200.	
Intérieur de forêt	1844.	Vᵗᵉ X.	4,055.	
Le Moulin à eau (54ᶜ—66ᶜ).	1843.	Vᵗᵉ Paul Perrier	3,550.	
—	1860.	Vᵗᵉ Piérard	1,950.	
Chasse aux canards	1844.	Vᵗᵉ X.	1,420.	
Effet de neige	Dᵒ	dᵒ	840.	

			fr.	
Paysage........................	1843.	Vte Meffre	1,220.	
Paysage (avec figures de Van den Velde)......................	1845.	Vte Vasserot...............	600.	
Paysage avec cascade.......	1846.	Vte Stevens..............	3,700.	
Effet d'orage....................	D°	Vte Fesch..............		
—	1859.	Vte Moret	4,450.	Allourdi par les repeints.
Le Torrent....................	1846.	Vte Fesch .... Écus.	1,096.	
La Cascade....................	D°	d° .... »	1,000.	
L'Entrée d'un bois..............	D°	d° .... »	1,300.	
L'Écluse	D°	d° .... »	605.	
Paysage (93^c—1^m,43)............	D°	d° .... »	181.	
—	1857.	Vte Moret	7,700.	
Paysage avec chute d'eau.........	D°	Vte P. Perrier..........	2,300.	
Un Paysage, vue prise en Norvége.	D°	Vte Wellesley..........	2,900.	A M. Burton.
Paysage (1^m,33—1^m,73)...........	1850.	Vte du roi Guillaume II..	12,900.	A MM. Héris et Leroy. Provenant de la coll. Borcel.
Vue en Norvége (48^c—41^c)........	D°	d° ..	920.	A M. Nieuwenhuys.
Paysage marécageux	1851.	Vte Cottereau	2,200.	
Paysage avec cascades (76^c—92^c)...	D°	Vte Mecklembourg.......	14,000.	
Environs de la ville de Harlem (66^c —52^c)......................	D°	d°	7,900.	
Intérieur d'un port de Hollande....	1852.	Vte Turenne.............	1,005.	
Paysage avec chute d'eau.........	D°	d°	2,300.	
Cascade	D°	Vte Varange	2,000.	
Effet d'orage....................	D°	d°	900.	
Forêt marécageuse..............	D°	d°	1,600.	
—	1857. 2^e	Vte d°	595.	
Entrée d'une forêt..............	1854.	Vte Chavagnac..........	2,000.	
Entrée d'un bois................	1857.	Vte Patureau	27,700.	Anc. coll. du colonel Bourgeois. — A lord Hertford.
Vue prise en Norvége (60^c—53^c)...	D°	d°	6,800.	
—	1860.	Vte Piérard.............	12,600.	
Une Chute d'eau.................	1859.	Vte Bralbeck et de Stolberg.............. Thal.	7,800.	
—	D°	d° »	7,025.	
Un Champ de blé...........	D°	d° »	960.	
Un Paysage (un bel arbre)........	D°	d° »	3,950.	
Paysage........................	D°	Vte Hemert.............	10,000.	
Paysage........................	D°	Vte de V...............	505.	
La Mare (53^c—63^c)..............	1860.	Vte Piérard.............	3,950.	
Paysage des environs de Harlem...	D°	Vte Cte H. de Stenhuyse.	3,800.	
Chute d'eau.....................	1861.	Vte van den Schrieck...	38,000.	Galerie Duchâtel.
Vue des environs de Harlem.......	D°	Vte Cottreau..........	1,300.	Signé.
Le Champ de blé.........	1861.	Vte Leroy d'Étiolles	2,700.	
Ruines d'un château près d'une rivière (2 figures)	D°	Vte Martinengo de Wurtzbourg........ Flor.	205.	
Paysage avec cascade (68^c—52^c)....	D°	Vte Rhoné...............	10,000.	
Vue des dunes aux environs d'Arnheim (53^c—61^c)	D°	d°	1,950.	
Paysage (99^c—85^c)	1862.	Vte Baillie, à Anvers....	5,400.	A M. Van Cuyck.
Paysage........................	D°	Vte Weyer, de Cologne...	348 50 c.	
Paysage (avec figures par Wouwerman).....................		Vte du baron Nagell van Ampfen....... Flor.	2,010.	
—	1863.	Vte Demidoff.............	8,000.	

				fr.	
Cascade	1863.	Vte Meffre		11,500.	
Vue d'un Canal	D°	Vte Soret		310.	
Un Paysage	D°	Vte Fouret		550.	

DESSINS.

Un Paysage	1775.	Vte Mariette	187.	A l'encre de Chine.
Une Chaumière *Un Moulin à eau*	D°	d°	400.	D°.
Paysage	1844.	Vte Claussin	290.	
Moulin à eau	1861.	Vte Van Os	60.	Sépia.
Intérieur de forêt	D°	d°	86.	D°.
Paysage	1862.	Vte Simon	450.	A l'encre de Chine.
Entree d'un bois		Vte Révil	1,700.	
—	D°	Vte Simon	1,720.	D°

RUISDAËL (SALOMON)

Né à Harlem vers 1610, mort en 1670.

Salomon n'a imité que froidement la manière de Jacques Ruisdaël, son jeune frère. Il l'a suivi dans l'exécution et la disposition des sites, sans pour cela en comprendre l'esprit. Sa touche est lourde et ronde; sa couleur, plus noire que vigoureuse, présente plus d'uniformité que de vérité.

Les ouvrages de Salomon sont bien moins recherchés que ceux de son frère. Le musée du Louvre n'en possède pas.

MUSÉES DIVERS, GALERIES, ETC.

Musée de Caen. — *Paysage.* — *Vue d'un Lac.*

Musée de Rotterdam. — *Une Rivière.*

Musée de Saint-Pétersbourg. — *Une Forêt.* — *Une Rivière.*

Musée de Dresde. — *Village hollandais avec un moulin à vent et un grand nombre de figures.* — *Pays plat avec un village.* — *Large Rivière bordée de broussailles avec figures.*

A Hampton Court. — Plusieurs *Vues de Hollande.*

Collection Townshend. — *Vue d'un Canal.*

Collection W. Dickinson. — *Vue d'une Rivière.*

Collection Anderson. — *Vue d'un Village.*

Collection Galton. — *Un Paysage avec figures et bestiaux.*

Collection Blundell. — *Vue d'un Canal.*

Collection Hamilton. — *Un Paysage.*

Cabinet du comte Czernin. — Plusieurs *Paysages.*

Ancienne galerie Weyer de Cologne. — *Paysage.*

PRIX DE VENTES

Paysage boisé (B. 95 1/2 — 72 1/2). 1803, Vte Jourdan, 122 fr. — *Canal de Hollande ombragé de grands arbres.* 1837, Vte D^sse de Berry, 1,010 fr. — *Vue d'un Canal en Hollande* (96^c,5^m — 41^c,45^m). 1840, Vte Schamp, 1,050 fr. — *Paysage.* 1845, Vte Vasserot, 310 fr. — *Paysage.* 1845, Vte Meffre, 310 fr. — *Paysage maritime.* 1846, Vte Fesch, 195 écus romains. — *Paysage maritime* (B. 39^c — 56^c). 1850, Vte Kalkbrenner, 900 fr. 1860, Vte Piérard, 780 fr. — *Mer houleuse près d'une jetée.* 1851, Vte Jecker, 114 fr. — *Paysage avec rivière.* 1852, 59 fr. (cabinet M...). — *Forêt bordant une rivière,* 505 fr. (id.). — *Village hollandais,* 170 fr. (id.). — *Ville hollandaise.* 1859, Vte Bielher, 70 fr. — *Une Auberge.* 1859, Vte Bralbeck et de Stolberg, 298 thalers. — *Marine.* 1861, Vte Leroy d'Étiolles, 750 fr. — *Rivière de Hollande.* 1861, Vte Van Os, 275 fr. — *Un Hameau.* 1863, Vte Louis Viardot, 215 fr.

VRIES (JAN RENIER VAN)

Né à Harlem, florissait en 1657.

Sans prendre à la lettre ce que quelques auteurs affirment, c'est-à-dire que de Vries fut assez heureux dans ses imitations pour faire illusion, il faut reconnaître que cet imitateur est rempli de mérite, et que beaucoup d'amateurs ont été trompés par ses ouvrages. Malgré le cachet particulier qui les distingue, sa touche est beaucoup plus effilée que celle du maître, ses terrains sont bien moins solides, et sa couleur est un peu plus terne.

KOENE (SAAC)

Né à Harlem vers 1650, mort en 1713.

Élève de Ruisdaël, ce peintre est parvenu à le copier avec une telle vérité, que, sans sa manière trop expéditive, ses ouvrages pourraient égarer les acheteurs.

DECKER ou DEKKER (CONRAD)

Né en 1637, mort en 1680.

Bon imitateur dont les défauts sont opposés à ceux du précédent. Loin d'être trop expéditive, son exécution est lourde et opaque. Aussi, malgré son talent véritable, il est impossible de se méprendre sur ses imitations.

KESSEL (JOHAN JAN VAN)

Né à Amsterdam en 1648, mort en 1698.

Ce peintre, qu'il ne faut pas confondre avec Jean van Kessel ne à Anvers en 1626, a fait d'assez bonnes copies de J. Ruisdaël. La spéculation s'en est emparée et, après les avoir fait retoucher, les a vendues sous le nom du maître. Sa touche est assez bonne, quoique plus aiguë que celle de Ruisdaël; sa couleur est plus rousse, et l'on ne remarque pas dans son exécution les rehaussés gris, si communs chez le grand paysagiste.

NEYTS (GILLES)

Florissait en 1681.

Cet artiste a fait d'assez belles copies de Ruisdaël, mais on y cherche en vain cette harmonie de couleurs et ces rehaussés piquants qui distinguent le maître.

LATOUR D'AIGUES

On doit à ce peintre amateur, élève de Boucher et de Leprince, des imitations assez heureuses de J. Ruisdaël. On les reconnaît pourtant à leurs plans plus lavés que moelleux et à leur touche moins incisive.

Ce sont là, sauf quelques omissions peu importantes, les principaux comme les plus dangereux imitateurs de Ruisdaël. Il existe bien encore quelques copies modernes qui présentent une certaine similitude d'exécution avec les ouvrages de Ruisdaël, mais il est impossible de s'y méprendre, si l'on apporte dans l'examen un peu d'attention. Je me contenterai de citer les noms de leurs auteurs; ce sont : MM. PÉRIGNON, MORET, GRAILLY et BOURGEOIS. Leurs contrefaçons, peu dangereuses en ce moment, seront une cause de perplexité pour les amateurs du siècle à venir.

JARDIN (KAREL DU)

Né à Amsterdam vers 1635, mort à Venise en 1678.

Ce peintre ne brille ni par l'abondance, ni par la richesse de ses compositions. La belle simplicité et le choix de ses idées, son coloris séduisant, voilà les qualités qui l'ont rendu célèbre, et qui justifient l'empressement des amateurs à acquérir la moindre de ses œuvres.

On admire au musée du Louvre neuf tableaux de ce maître, à savoir : *Le Calvaire.* Est. 25,000 fr., puis 30,000 fr. Provenances suivant Smith : 1776, Vte Blondel de Gagny, 17,202 fr.; 1783, Vte Blondel d'Agicourt, 18,300 fr. — *Le Gué,* 3,600 fr., puis 8,000 fr.; payé 2,400 fr. à la Vte de Vaudreuil en 1784. — *Le Boccage,* 18,000 fr. Provenances tirées de Smith : 1766, Vte Sydervelt, 1,500 florins; 1771, Vte Braacamp, 1,510 florins; 1783, Vte Locquet, 4,430 florins. — *Paysage et animaux* (n° 247), 8,000 fr.; 1772, Vte Choiseul, 1,280 fr.; 1777, Vte Conti, 2,600 fr.—*Paysage et animaux* (n° 248), 3,000 fr. — *Paysage et animaux* (n° 249), 30,000 fr. — *Portrait d'Homme,* 2,000 fr., puis 2,500 et 3,000 fr.

Anciennement au Louvre. — *La Cascade.* Est. 7,000 fr. (rendu à la Hollande).

MUSÉES DIVERS, GALERIES, ETC.

Musée de Rouen. — *Saint Jean.* — *Saint Matthieu.* — *Saint Luc.* — *Saint Marc.*

Musée de Rennes. — *Animaux dans un paysage.* — Une autre composition. (Dessins.)

Musée de Lille. — *Le Pâturage.*

Musée d'Avignon. — *Le Repos.*

Musée d'Amsterdam. —*Portrait de l'artiste* (Vte Meller, 1,600 flor.). — *Portrait de G. Reynst* (acheté 1,000 flor.). — *Les Syndics de la maison de réclusion.* — *Un Trompette à cheval.* — *Les Muletiers.* — *Le Laboureur dans sa métairie.*

Musée de La Haye. — *Cascade en Italie.* — *Bergère gardant son troupeau.*

Musée de Rotterdam. — *Paysage avec animaux.*

Musée de Dresde. — *Un Bœuf et une Chèvre, au fond un petit pâtre.* — *Diogène regarde un garçon buvant dans le creux de sa main.* — *Une Paysanne trait une chèvre.*

Musée de Munich. — Deux *Paysages avec figures et animaux.*

Musée de Berlin. — *Paysage avec animaux.* — *Paysages avec figures.*

Musée de Saint-Pétersbourg. — *Paysage avec animaux.*

Buckingham Palace. — Quatre *Paysages avec figures et animaux.*

Dulwich Collège. — Plusieurs *Paysages avec figures et animaux.*

Institution royale d'Édimbourg. — Deux *Paysages avec figures.*

Galerie Bedford. — *Halte de voyageurs.*

Collection J. Walter. — *Paysage avec figures et animaux* (très-fin de ton et d'exécution).

Collection Thomas Kibble. — *Paysage avec ruines et figures.*

Galerie Ellesmere. — *Paysage avec figures et animaux.*

Collection Morrison. — *Paysage avec figures et animaux. — Paysage avec chevaux et figures.*

Collection Heath. — *La Bergère et son troupeau. — Paysage avec ruines et animaux.*

Collection Sanders. — *Paysage avec figures et animaux.*

Collection Baring. — *Le Manége en plein air.*

Collection Holford. — *Paysage avec deux cavaliers.*

Collection Thomas Hope. — Deux charmants *Paysages avec figures et animaux.*

Collection Legh. — *Portrait de Guillaume d'Orange.*

Collection Mildmay. — *Paysage avec rochers, animaux et figures.*

Collection Caledon. — *Paysage avec rochers et figures.*

Collection Peel. — *Un Paysage avec bestiaux et figures. — La Bergère.*

Galerie Lansdowne. — *Animaux divers.*

Collection Harman. — *Paysage avec figures.*

Collection Munro. — *Un Paysage avec figures et bestiaux.*

Collection Heusch. — Deux charmantes compositions.

Collection Bute. — *Un Paysage montagneux. — Tobie et l'Ange dans un paysage.*

Collection Cornwals Legh. — *Paysage avec deux figures.*

Collection Anderson. — *Un Portrait d'Homme.*

Collection Foster. — *Un Paysage.*

Collection Wynn. — *Un Paysage avec animaux.*

Collection Wombwell. — *Un Paysage avec figures.*

Collection Oppenheim. — Une petite composition.

Galerie Ashburton. — *Le Moulin à eau* (payé 10,000 fr. en 1825). *— Une Vue d'Italie* (coll. Talleyrand).

Collection Campbell. — *Un Paysage avec figures.*

Galerie d'Arenberg. — *Portrait de Vieillard. — Halte de cavaliers.*

Musée van der Hoop. — *Portrait d'un Seigneur. — Un Paysage. — Site d'Italie.*

Galerie Seillières. — *L'Ange et le fils de Tobie.*

A lord Hertford. — *Intérieur d'une cour avec figures et animaux. — Groupe d'enfants* (coll. Duval). *— Portrait d'Homme.*

Galerie James de Rothschild. — *Passage du gué.*

Collection Wilhorgne de Buchy. — *Paysage avec animaux.*

Cabinet Trilha. — *Saint Jérôme.*

Collection Robillard, de Reims. — *Le Départ de l'hôtellerie.*

PRIX DE VENTES

			fr.
Village italien...............	1750.	Vᵗᵉ dé Vence............	620.
—	1776.	Vᵗᵉ Gagny..............	2,000.
—	1784.	Vᵗᵉ de Merle...........	2,460.
Paysage montagneux (30ᶜ—35ᶜ)....	1750.	Vᵗᵉ de Vence...........	801.
—	1772.	Vᵗᵉ Choiseul............	998.

			fr.	
Paysage montagneux (30ᶜ—35ᶜ)....	1777.	Vᵗᵉ Conti................	1,050.	
—	1778.	Vᵗᵉ Menageot............	1,002.	
—	1783.	Vᵗᵉ Tonnellier...........	820.	
—	1812.	Vᵗᵉ Solirène............	4,000.	
—	1817.	Vᵗᵉ Lapeyrière...........	4,805.	
Paysage, effet de matin (27ᶜ—33ᶜ).	1763.	Vᵗᵉ Lormier........ Flor.	530.	
—	1808.	Vᵗᵉ van der Pot... »	1,525.	
—	1822.	Vᵗᵉ Christie....... Guin.	98.	
—	1828.	Vᵗᵉ Zachary........ »	300.	
—	1831.	Vᵗᵉ Abrahams...... »	168.	
Paysage avec un vieux château (43ᶜ —45ᶜ)....................	1771.	Vᵗᵉ Braamcamp...........		
—	1780.	Vᵗᵉ Poullain............	2,610.	
Paysage montagneux (54ᶜ—49ᶜ)....	1771.	Vᵗᵉ Braamcamp..... Flor.	1,005.	
Paysage montagneux (54ᶜ—75ᶜ)....	1772.	Vᵗᵉ Choiseul............	2,000.	
—	1812.	Vᵗᵉ Solirène............	4,000.	
Deux Vaches et un Garçon coupant une baguette à un arbre (35ᶜ—30ᶜ)	1772.	Vᵗᵉ Choiseul............	1,820.	
—	1801.	Vᵗᵉ Robit..............	4,925.	
Un Soldat à table (70ᶜ—75ᶜ).......	1772.	Vᵗᵉ Choiseul............	2,401.	
L'Aumône du Cavalier (62ᶜ—75ᶜ)..	Dᵒ	dᵒ	2,400.	
Les Petits Joueurs de Poggio.......	1773.	Vᵗᵉ van der Marck.. Fl.	610.	
Moutons, Brebis et un Vieillard...	1776.	Vᵗᵉ Gagny..............	1,000.	
Garçon ramassant du fumier (bois, 21ᶜ 1/2—24ᶜ 1/2)...............	Dᵒ	dᵒ	2,000.	Aujourd'hui à la reine d'Angleterre.
—	1781.	Vᵗᵉ de Merle............	2,460.	
Paysage montagneux............	1777.	Vᵗᵉ Nieuhoff....... Flor.	1,502.	
—	1798.	Vᵗᵉ de Bruyn...... »	1,175.	
—	1813.	Vᵗᵉ Muilman....... »	3,000.	
—	1827.	Vᵗᵉ Muller........ »	3,210.	
Les Joueurs...................	1777.	Vᵗᵉ Boisset............	2,799.	
—	Dᵒ	Vᵗᵉ Conti..............	2,001.	
—	1783.	Vᵗᵉ Dubarry.......	1,450.	
—	1812.	Vᵗᵉ Clos..............	460.	
La fraîche Matinée (49ᶜ—43ᶜ)......	1778.	Vᵗᵉ abbé Servigny.......	2,550.	
—	1779.	Vᵗᵉ de Juvigny..........	2,250.	
—	Dᵒ	Vᵗᵉ Trouard............	2,000.	
—		Vᵗᵉ Paillet.............	2,000.	
—	1800.	Vᵗᵉ Geldermeester. Flor.	1,500.	
—	1831.	Vᵗᵉ John Maitland.. L. st.	326.	M. R. Forter.
Le Passage du ravin.............	1783.	Vᵗᵉ Dubarry............	3,750.	
Agar dans le désert (1ᵐ,81 1/2 — 1ᵐ,49).....................	1784.	Vᵗᵉ de Vouge...........	3,400.	
La Paysanne endormie (33ᶜ—38ᶜ)..	1793.	Vᵗᵉ Choiseul-Praslin....	15,200.	En assignats.
Paysage avec Animaux (32ᶜ—38ᶜ)..	1801.	Vᵗᵉ Robit..............	9,020.	
Le Manége....................	1802.	Vᵗᵉ Montaleau..........	7,020.	
—	1809.	Vᵗᵉ Emler.............	10,001,	
—	1821.	Vᵗᵉ Delahante..... Guin.	421.	
—	1823.	.... »	290.	
Paysage italien................	1804.	Vᵗᵉ Dutartre...........	8,000.	R. de Boisset, 4,400 fr. avec son pendant.
Femme trayant une vache (67ᶜ—62ᶜ)	1809.	Vᵗᵉ Schwanberg.........	1,560.	
Le Marchand d'orviétan..........	1812.	Vᵗᵉ Clos..............	3,290.	
Cuirassier démonté (48ᶜ—62ᶜ)......	1816.	Vᵗᵉ baronne Thoms......		
—	1818.	Vᵗᵉ Lerouge, de Paris....	10,200.	
—	1830.	Vᵗᵉ Pennelle, de Londres.		

			fr.	
Cuirassier démonté (48ᶜ—62ᶜ).. ...	1842.	Vᵗᵉ LEROY...............		
—	1843.	Vᵗᵉ TARDIEU fils..........		
—	1857.	Vᵗᵉ PATUREAU.	14,000.	
—	1860.	Vᵗᵉ PIÉRARD..............	17,000.	
Prairie (bois, 38ᶜ—32ᶜ 1/2).	1817.	Vᵗᵉ LAPEYRIÈRE..........	4,805.	
Le Manége (52ᶜ—47ᶜ).	1821.	Vᵗᵉ X***.	11,156.	
—	1823.	Vᵗᵉ BECKFORD.	7.540.	
—	1846.	Vᵗᵉ WELLESLEY...........	12,300.	
Le Maréchal ferrant (51ᶜ—40ᶜ 1/2)..	1804.	Vᵗᵉ VAN LEYDEN..........	6,500.	
—	1821.	Vᵗᵉ DUBREUIL-LENOIR.....	5,500.	
Le Muletier.....................	1837.	Vᵗᵉ Dˢˢᵉ DE BERRY........	5,110.	
Le Moulin.....................	Dᵒ	dᵒ	7,555.	
Le Porcher (35ᶜ—41ᶜ)............	1841.	Vᵗᵉ BIRÉ-HÉRIS..........	5,550.	
Le Passage du gué (51ᶜ—47ᶜ).	Dᵒ	Vᵗᵉ PERREGAUX...........	26,300.	A M. James de Rothschild.
Cavaliers conduisant des bestiaux..	1843.	Vᵗᵉ TARDIEU..............	9,900.	Il fut payé 12,000 fr. par M. Tardieu, et avait coûté 15,000 fr. au vendeur.
Paysage et Animaux.............	Dᵒ	Vᵗᵉ P. PERRIER...........	4,500.	Coll. Érard.
—	1850.	Vᵗᵉ KALKBRENNER........	4,350.	
Paysage et Animaux.............	1844.	Vᵗᵉ X***.................	3,190.	
La Bergère.....................	1845.	Vᵗᵉ VASSEROT.	340.	
Paysage et Animaux.............	1646.	Vᵗᵉ STEVENS.............	1,805.	
Le Pâturage.............	Dᵒ	dᵒ	1,500.	
Le Charlatan...................	1846.	Vᵗᵉ FESCH...............	15,687.	A M. le baron Nathaniel de Rothschild.
Laban et Jacob.	Dᵒ	dᵒ .... Écus	80.	
Étude de paysage................	Dᵒ	dᵒ .... »	105.	
La Salutation.	Dᵒ	dᵒ .... »	200.	
Le Pâturage....................	1847.	Vᵗᵉ DUBOIS..............	3,900.	
Le Passage du gué...............	Dᵒ	dᵒ	500.	
Le Marchand d'oublies (51ᶜ—40ᶜ)..	1850.	Vᵗᵉ marquis DE MONTCALM.	9,550.	
Paysage (bois, 32ᶜ—43ᶜ)..........	Dᵒ	Vᵗᵉ KALKBRENNER.	4,350.	Coll. Érard et P. Perrier.
Extérieur d'une auberge.	1851.	Vᵗᵉ JECKER..............	2,100.	Coll. Caraman.
Le Troupeau de bœufs...........	1852.	Vᵗᵉ DE MORNY...........	25,000.	Coll. de Boisset.
L'Ange et Tobie.................	1858.	2e Vᵗᵉ HOPE.............	3,000.	A M. le baron Seillières.
Paysage italien.................	1861.	Vᵗᵉ RHONÉ..............	3,000.	
Paysage italien.................	Dᵒ	Vᵗᵉ LEROY D'ÉTIOLLES.....	4,000.	
Extérieur d'une auberge de village.	Dᵒ	Vᵗᵉ JECKER..............	3,360.	
Paysage italien (58ᶜ—71ᶜ).........	Dᵒ	Vᵗᵉ RHONÉ.	3,000.	
Le Passage du gué (42ᶜ—31ᶜ)......	Dᵒ	dᵒ	1,010.	
Le Repas des voyageurs..........	1862.	Vᵗᵉ DE JONG.............	1,000.	
Une jeune Fille.................	1863.	Vᵗᵉ DEMIDOFF...........	2,150.	
Paysage d'Italie.	Dᵒ	Vᵗᵉ GILKINET, de Liége...	1,200.	

DESSINS.

La Bergère.	1844.	Vᵗᵉ CLAUSSIN............	2,260.	
Le Laboureur...................	Dᵒ	dᵒ	150.	
Paysage avec rochers (dessin à la plume lavé de sépia)..........	1861.	Vᵗᵉ VAN OS..............	415.	
Paysage	1863.	Vᵗᵉ X***.................	450.	

LINGELBACK (JAN)

Né à Francfort-sur-le-Mein en 1625, mort à Amsterdam en 1687.

Les œuvres de cet artiste présentent une agrégation de plusieurs genres, et quelques-unes semblent inspirées et même copiées d'après Karel du Jardin.

Ainsi que je l'ai dit, page 278, c'est un excellent peintre original, mais, comme copiste du maître, il est plus contenu et plus froid. Sa touche est cotonneuse et son coloris médiocre.

RYCKX ou RYCKE (NICOLAAS)

Né à Bruges en 1637, mort en 1695.

L'exécution de Rycke a beaucoup d'analogie avec celle de Karel du Jardin ; sa touche a autant de fraîcheur et de solidité ; heureusement pour la sécurité des amateurs, il n'en est pas de même de sa couleur, qui est plus rousse et plus sourde.

ROMEYN ou ROMYN (WILLEM)

Ce peintre nous a laissé d'assez belles copies de Karel du Jardin. Toutefois on les discerne aisément à la maigreur et à la transparence de leur touche. Leur dessin est un peu plus rond que celui du modèle.

SIBRECHTS

Né à Anvers.

Copiste de profession, Sibrechts a, comme le précédent, exercé son pinceau à reproduire Karel du Jardin. Heureusement que sa couleur rouge et peu variée, son exécution âpre et sèche, préviennent toute méprise.

NIKKELEN (JAN VAN)

Né à Harlem en 1649, mort à la Cour de Hesse-Cassel en 1716.

Cet imitateur et copiste de Karel du Jardin se laisse deviner à sa touche maniérée et à sa couleur blafarde.

SCHELLINKS (WILLEM)

Né à Amsterdam vers 1631, mort en 1678.

Quelques-uns de ses tableaux offrent la touche ferme de Karel du Jardin, mais le doute n'est plus permis lorsqu'on étudie son dessin maigre et anguleux et sa couleur briquetée.

HOBBEMA (meindert ou mindert)

Florissait vers 1660.

Ce maître, dont les immortelles productions font la gloire de son pays, a passé tellement inaperçu, qu'on n'a absolument aucun détail sur sa vie. Toute son histoire a été ensevelie dans la tombe avec lui; ses œuvres seules lui ont survécu.

Beaucoup de contradictions existent au sujet de l'époque précise de sa naissance et de sa mort. Plusieurs biographes le font naître en 1611, d'autres en 1629; d'autres encore en 1633. L'avant-dernière date paraîtra la plus vraisemblable, si l'on considère que tous les ouvrages d'Hobbema portent le millésime de 1654 à 1669 (dernier connu). Or, le grand artiste qui, entre ces deux termes, était à l'apogée de son talent, ne devait pas avoir plus de vingt-cinq à trente ans. Je pense que l'on doit adopter l'année 1629 comme celle qui se rapproche le plus de la vérité.

On n'est pas plus certain du lieu où il vint au monde. Plusieurs auteurs indiquent Anvers ou Harlem; d'autres lui donnent pour patrie Koeworden (dans la province de Gueldre). Ce qu'il y a de certain, c'est que son nom est frison et que la plupart de ses tableaux ont été découverts dans les provinces de Frise, de Groningue et de Gueldre, sur les lieux mêmes où ils furent peints. Peu de ses ouvrages ont été exécutés dans la province de Hollande proprement dite : on n'en connaît qu'un seul, *la Tour des Harengs,* sur le port d'Amsterdam, qui a appartenu à M. le baron Verstolck Van Soelen. Malgré l'analogie qui existe souvent entre les ouvrages d'Hobbema et ceux de J. Ruysdaël, il est à remarquer que le premier s'est borné à peindre la nature riante et gaie de sa patrie, tandis que le second a, pour ainsi dire, toujours recherché les sites tristes et lugubres. Les ouvrages de Ruysdaël vous inspirent cette douce émotion qu'éprouve l'âme en contemplant la nature primitive; ils sont remplis de charme et de mystère. Ceux d'Hobbema élèvent l'âme; ils sont beaux, radieux, et toujours le soleil y joue le principal rôle. Ruysdaël est plus élégiaque, Hobbema plus lyrique. Celui-ci aime la lumière et la répand toujours à pleines mains sur ses toiles; celui-là se complaît dans l'ombre et dans les solitudes, au bord des cascades murmurantes. L'un est plus intime, l'autre se répand plus chaleureusement au dehors. Comme poëte, Ruysdaël l'emporte peut-être, par la profondeur des idées, sur Hobbema ; mais, comme peintre, comme coloriste, il se trouve à une énorme distance de son compétiteur, qui passe aussi pour son élève.

Si les ouvrages d'Hobbema ne furent point appréciés par ses contemporains (ce qui pourrait être contesté par des raisons qui ne sauraient trouver place dans ce manuel), beaucoup d'artistes célèbres ont su pourtant lui rendre justice et lui ont prêté le concours de leurs pinceaux pour orner ses tableaux de petites figures ; tels sont Berghem, les deux Wouwerman, Ad. Van den Velde, Lingelbach, Ab. Stork, Nicolas de Held, dit Stockade, Barend Gaël, Wyntranck et autres artistes de premier ordre, qu'il serait difficile de supposer au moins tous assez peu soucieux de leur réputation pour enrichir de figures les tableaux d'un inconnu.

Peu de maîtres jouissent d'une plus grande vogue, et je crois être l'interprète de l'opinion générale en disant que le seul *Paysage* que possédait le musée du Louvre est loin d'avoir les qualités requises pour jouir d'une pareille hospitalité. Acheté en 1850 pour la somme de 18,000 fr., il a fourni une preuve de plus contre l'abus du bon marché, car si le vendeur y a trouvé son compte, il n'en a pas été de même du public.

Depuis, l'administration a fait une acquisition bien plus satisfaisante au point de vue de l'art : par ses soins, le musée s'est enrichi d'une page de premier ordre.

MUSÉES DIVERS, GALERIES, ETC.

Musée d'Avignon. — *Une Forêt.*

Musée de Bordeaux. — *Paysage.*

Musée de Grenoble. — Un très-beau *Paysage.*

Musée de Rotterdam. — *Paysage.*

Musée de Munich. — *Un Paysage hollandais.*

Musée de Francfort-sur-le-Mein. — *L'Entrée d'un Bois.*

Musée de Berlin. — *Une Forêt de chênes.*

Musée de Saint-Pétersbourg. — *Un Paysage.*

Musée de Stockholm. — *Un Paysage.*

Buckingham Palace. — *La Chute d'eau.* — *Une Route.*

Dulwich College. — Plusieurs *Paysages.*

Institution royale d'Édimbourg. — Deux *Paysages.*

Galerie Westminster. — Deux *Paysages boisés* (magnifiques).

Collection J. Walter. — Grand *Paysage* (figures de Van den Velde). (Charmant bijou du maître.)

Galerie Ellesmere. — *Forêt avec habitations.* — *Paysage.* — *Paysage* (avec figures de Wouwerman).

Collection Morrison. — *Paysage avec chaumière* (coll. Ed. Gray).

Collection Legh. — *Paysage avec figures* (contesté ; attribué à Ruysdaël).

A Mrs. Ford. — Grand *Paysage* (très-belle composition).

Collection Field. — *Forêt avec route et pièce d'eau.*

Collection Wynn. — *Paysage avec chaumières.*

Collection Heusch. — Deux beaux *Paysages.*

Collection Thomas Kibble. — *Paysage.*

Collection Enfield. — *Paysage avec chaumières* (contesté; attribué à Ruysdaël).

Collection Wemys. — *Chaumières près d'une pièce d'eau.*

Collection Dunmore. — Un beau *Paysage avec chaumières.*

Collection Harford. — Un beau *Paysage* (figures de Pynaker).

Collection Overstone. — *Un Paysage avec fabriques.* — *Un Intérieur de forêt avec figures* (anc. coll. Verstolk).

Collection Feversham. — Un beau *Paysage.*

Collection Exeter. — *Un Paysage.*

Collection Bute. — Deux *Paysages avec chaumières.*

Collection Burlington. — *Vue d'un Village.* — Son pendant. — *Arbres et Chaumières.*

Cabinet Gillott. — *Paysage avec figures.*

Collection Arundel. — *Paysage avec chaumières* (contesté; attribué à Ruysdaël).

Collection M'Lellan. — Deux *Paysages avec chaumières.* — *Un Paysage* (contesté; attribué à Ruysdaël).

Galerie Lansdowne. — Deux belles compositions.

Collection Robart. — *Paysage avec fabriques.*

Collection Gray. — *Un Paysage.*

Collection Hatherton. — Un beau *Paysage avec chaumières.*

Au comte de Burlington. — *Paysage avec fabriques.*

Collection Howe. — *Paysage.*

Collection Edward Loyd. — *Une Rivière.*

Collection Holford. — *Paysage avec une route* (coll. Brown, payé 75,000 fr.).

Collection Bredel. — Un beau *Paysage.*

Collection Wynn Ellis. — Deux belles compositions.

Cabinet Perkins. — Une belle composition.

Galerie Ashburton. — *Chaumières dans un paysage.*

Collection Hamilton. — *Un Paysage avec chaumières.*

Collection Wyndham. — Deux *Paysages.*

Collection Peel. — *Paysage* (d'après nature). — *Paysage avec chute d'eau.* — *Les Ruines du château de Brederode.* — *Vue du Village de Midelharnes.*

Collection Mildmay. — *Vue prise dans les environs d'Amsterdam.*

Collection Baring. — Un beau *Paysage.*

Collection Thomas Hope. — *Paysage avec chaumières.*

Galerie du comte de Molke, de Copenhague. — Deux petits *Paysages.*

Collection van Brienen, d'Amsterdam. — *Un Paysage* (Vte J. de Vos).

Collection Dupper, de Dordrecht. — *Un Moulin sur une pièce d'eau.*

Collection Katt, de Dordrecht. — *Une Lisière de forêt.*

Collection Fesez, de Bruxelles. — Un petit *Paysage avec un moulin.*

Collection Piéron, d'Anvers. — *Un Moulin à eau* (composition presque identique à celle de la coll. Steengracht).

Collection Six van Hillegom. — Un beau *Paysage.*

Collection de Mme Hogdson. — *Paysage avec un pont* (Vte Geldemester).

COLLECTION DU BARON STEENGRACHT. — *Un Moulin à eau.*

GALERIE D'ARENBERG. — *Paysage.*

GALERIE SUERMONDT. — *Paysage.*

MUSÉE VAN DER HOOP. — *Moulin à eau.* — Petit *Paysage avec maison rustique.*

GALERIE LICHTENSTEIN. — *Un Paysage.*

CABINET DU COMTE CZERNIN. — *Paysage.*

CABINET DU COMTE KOUCHELEFF, DE SAINT-PÉTERSBOURG. — *Un Paysage.*

GALERIE LEUCHTENBERG, A SAINT-PÉTERSBOURG. — Un beau *Paysage.*

A LORD HERTFORD. — Charmante composition provenant de la Vᵗᵉ Fesch. — *Un Paysage* (coll. du roi des Pays-Bas).

GALERIE JAMES DE ROTHSCHILD. — *La Chasse au marais.*

CABINET DE M. LE COMTE DE NATTES. — *Les Pêcheurs.*

PRIX DE VENTES

			fr.
Un Paysage avec figures	1735.	Vᵗᵉ X***, de La Haye.. Fl.	40.
Paysage (avec fig. par Lingelbach).	1739.	Vᵗᵉ X***, d'Amsterdam. »	71.
Paysage (avec fig. par le maitre)..	Dᵒ	dᵒ »	13.
Un Paysage	1753.	Vᵗᵉ Philippe VAN DYCK. »	12.
Un petit Paysage	1756.	Vᵗᵉ GÉRARD HOET... . »	16.
Un beau Paysage	1760.	Vᵗᵉ X***, de La Haye... »	430.
Un Paysage	Dᵒ	dᵒ .. »	105.
Son pendant	Dᵒ	dᵒ .. »	120.
Deux autres Paysages	Dᵒ	dᵒ .. »	194.
Un petit Paysage	1762.	Vᵗᵉ Willem FRANK, de La Haye »	12.
Un beau Paysage	1764.	Vᵗᵉ X***, de Leyden.. »	190.
Un Paysage	1766.	Vᵗᵉ X***, de La Haye.. »	130.
Un très-beau Paysage	1767.	Vᵗᵉ X***, d'Amsterdam. »	604.
Un Moulin à eau (figures par Van Bergen)	1768.	Vᵗᵉ X***, de Leyden.... »	300.
Forêt	1772.	Vᵗᵉ VAN SACEGHEM	1,800.
Paysage avec figures	1773.	Vᵗᵉ VAN DER MARCK.. Fl.	150.
Paysage (bois, 30ᶜ—40ᶜ 1/2)	1781.	Vᵗᵉ SOLLIER	120.
Paysage boisé (bois, 69ᶜ 1/2—94ᶜ)..	1781.	Vᵗᵉ JAN TACK Fl.	525.
Paysage avec rivière (40ᶜ 1/2—59ᶜ).	1789.	Vᵗᵉ TRONCHIN	300.
Paysage	1795.	Vᵗᵉ DE CALONNE.... Guin.	31.
Paysans près d'un gué	1800.	Vᵗᵉ GELDEMESTER Fl.	2,160.
Paysage	Dᵒ	dᵒ »	280.
Paysage boisé (bois, 67ᶜ—52ᶜ 1/2)..	1802.	Vᵗᵉ HELSLEUTER	4,200.
Lac sur la lisière d'un bois	1808.	Vᵗᵉ ROBERT	1,399.
Paysage	Dᵒ	Vᵗᵉ GORDON	7,358.
Un Gentilhomme à cheval	Dᵒ	dᵒ	9,360.
Paysage avec un étang au premier plan	Dᵒ	dᵒ	4,940.
Deux Paysages, signés et datés 1662 (bois)	1809.	Vᵗᵉ SCHWANBERG	850.
Entrée de forêt (figures de V. den Velde; 86ᶜ—1ᵐ,15)	Dᵒ	dᵒ	1,200.
Entrée de forêt (51ᶜ—64ᶜ 1/2)	Dᵒ	dᵒ	523.
Paysage avec un pêcheur à la ligne (bois)	1810.	Vᵗᵉ D'ORSAY	119 95.

				fr.	
Vue d'une écluse.	1810.	Vte Smith.	Fl.	1,000.	Col. van Alphen.
Les Pêcheurs.	D^o	d^o	»	3,200.	Tableau de réception à l'Académie de Middlebourg.
—	1811.	Vte Lebrun.		10,000.	
Paysage agreste par un coup de soleil (bois, 54^c—67^c).	1814.	Vte Paillet.		2,400.	
Entrée d'une forêt (54^c—62^c).					
Paysage (bois, 69^c 1/2—55^c).	1817.	Vte Lapeyrière.		7,100.	
Vue d'une Rivière, à gauche *deux Pécheurs à la ligne* (30^c—32^c 1/2).	1812.	Vte Villers.		1,000.	
Vue prise dans la province d'Orenthe, en Hollande.	1817.	Vte Vaston Taylor.		26,000.	Act. au roi des Belges.
Intérieur de forêt (bois, 59^c—88^c 1/2).	1821.	Vte Lafontaine.		11,900.	
Paysage avec champs de blé.	1822.	Vte Bretano.	Fl.	500.	
Un Paysage avec four à chaux.	1825.	Vte Solirène.		55,000.	Acheté par le duc d'Arenberg.
Paysage boisé.	1826.	Vte Barchard.	Guin.	198.	
Paysage chemin tournant.	D^o	Vte Denon.		750.	
Le Coup de soleil (bois, 59^c—83^c).	1832.	Vte Érard.		7,210.	
Forêt partagée par une route au bord de laquelle est une maison de garde (figures de Lingelbach).	1837.	Vte D^sse de Berry.		22,100.	A M. Demidoff.
Entrée d'un bois.		Vte Emerson.	Guin.	222.	
—	1841.	Vte Perregaux.		23,000.	
L'Arbre renversé (99^c—1^m,44).	D^o	Vte Biré-Héris.		23,000.	Revendu 30,000 francs. — Acheté vers 1830 400 fr. de M. d'Alberda par M. Goelinka ; vendu 8,000 fr. à Amsterdam.
Le Moulin à eau (98^c—1^m,23).	D^o	d^o		16,800.	
—	1858.	2e Vte Hope.		43,000.	Acheté vers 1830 400 fr. de M. d'Alberda par M. van Arnhem ; revendu 6,500 fr.
Paysage	1845.	Vte Meffre.		705.	
Intérieur d'un bois (bois, 59^c—83^c).	D^o	Vte Revil.		13,020.	
Paysage.	1846.	Vte Stevens.		1,450.	
Un Paysage (bois, 60^c—75^c).	D^o	Vte Wellesley.		20,600.	A M. Lammes.
Vue de Hollande, prise à l'entrée d'un bois.	D^o	Vte Fesch.		43,050.	
Le Moulin à eau, dit de Cobbe Hobbema (bois, 66^c—90^c).	1850.	Vte roi Guillaume.		27,000.	Acheté par M. Mauwson pour lord Hertford.
Intérieur de forêt.	1851.	Vte Cottreau.		1,480.	
Paysage dit *les Moulins* (80^c—65^c).	1854.	Vte Mecklemboueg.		72,000.	Col. Coclers, Renders, Taylor.
Entrée de forêt (60^c—84^c).		Vte X***.		14,500.	
—	1855.	1re Vte Hope.		20,900.	
Les Moulins (72^c—1^m,90).	1857.	Vte Patureau.		96,500.	Suivant le bruit public, ce tableau a été revendu 105,000 fr. à M. le duc de Morny.
—	1860.	Vte Schutz, de Berlin.		105,000.	
Paysage.	1359.	Vte Brabeck et Stolberg	Thalers.	316.	
Pays boisé.	1860.	Vte Ruyter.		4,800.	A M. Barthélemy.
Vue d'une Maison de campagne de la Hollande (92^c—1^m,16).	D^o	Vte Piérard.		6,400.	Coll. Langeac, Érard, Tardieu et duc de Morny.
La Chaumière.	1861.	Vte Leroy d'Étiolles.		1,800.	
La Mare.	D^o	d^o		2,130.	
Forêt marécageuse (72^c—58^c).	D^o	Vte James Odier.		700.	
Paysage.	D^o	Vte Scarisbrick.		11,300.	
Paysage.	1862.	Vte Weyer, de Cologne.		295 20 c.	
Paysage	1863.	Vendu à Londres.		10,000.	

			fr.	
DESSINS.				
Deux Hameaux (au crayon noir et à l'encre)......................	1758.	Vᵗᵉ Sybrand.......... Fl.	76.	
Paysage par un temps orageux.... *Un Hameau* (au crayon noir et à l'encre de chine).............	1773.	Vᵗᵉ Dionis Muilmann.. »	30.	Signés 1670.
Deux Paysages (à la pierre noire et à l'encre de chine)..........	1775.	Vᵗᵉ Lempereur..........	15.	

LOOTEN (JAKOB OU JAN)

Mort en Angleterre en 1680.

Bon paysagiste qui a imité Hobbema, mais dont la touche est plus sèche.

KESSEL (JAN VAN)

Né à Amsterdam en 1648, mort en 1698.

Ce peintre, qu'il ne faut pas confondre avec Jean Van Kessel, né à Anvers, en 1626, a imité Ruysdaël et Hobbema. Les imitations qu'il a faites, d'après les ouvrages de ce dernier, ont souvent été vendues comme étant originales, bien qu'elles ne présentent point l'éclat et la transparence de coloris particuliers au maître. La touche de Van Kessel est moins grasse et moins solide, elle est plus tracée, son feuillé plus effilé et plus sec, ses troncs d'arbres sont moins empâtés et n'offrent pas des branches aussi tourmentées que celles qui sont sorties du pinceau d'Hobbema. En un mot, on peut facilement découvrir la fraude en tenant compte de ces différents points de dissemblance.

RONTBOUT (J.)

Florissait en 1675.

Rontbout est souvent confondu avec Théodore Rombouts, élève de Jeanssens et imitateur de Rubens. Celui dont nous parlons fut un très-habile imitateur d'Hobbema et a souvent fourni au mauvais commerce la facilité de tromper les amateurs. La disposition de ses masses, le choix de ses sites, se rapprochent quelquefois de Ruysdaël, mais plus souvent d'Hobbema. Ses paysages sont d'ordinaire percés de canaux couverts de barques et de bois taillis, à travers lesquels viennent percer les rayons du soleil. Quelquefois aussi ils offrent des chaumières et des masures entourées d'arbres qui se réfléchissent dans l'eau ; le tout est composé et arrangé avec simplicité.

Malgré ces analogies capitales, on peut éviter toute méprise, rien qu'en étudiant son feuillé avec attention. Rontbout procède par à-plats et enlève ses masses sur le fond, tandis que celles d'Hobbema sont exécutées dans la pâte encore fraîche et forment corps avec elle. J'ajouterai que la couleur de Rontbout est moins chaude et que l'exécution de ses terrains est souvent d'une âpreté et d'une sécheresse regrettables.

STRY (JAKOB VAN)

Né à Dordrecht en 1756, mort en 1815.

Stry fut disciple de Lens. Quelques-uns de ses tableaux ont tant de rapport avec ceux d'Hobbema, que bien souvent la spéculation s'en est emparée, et, après les avoir fait retoucher, les a vendus sous le nom du grand paysagiste. Ils se reconnaissent à leur touche cuivrée et à leur exécution moins légère.

ASCH (PIETER VAN)

Né à Delft en 1603, mort très-âgé.

Cet artiste a quelquefois l'énergie d'Hobbema. Son exécution, large, pâteuse, libre, facile, pourrait faire illusion, si sa couleur rousse ne dégénérait pas en monotonie, et si ses terrains n'étaient pas plus pauvres d'exécution.

COENE (ISAAC)

Né à Harlem en 1650, mort en 1713.

Contemporain d'Hobbema, et peut-être son disciple, ses tableaux, ainsi que ceux du grand peintre, sont souvent étoffés de figures par Barent Gael; quelle que soit l'opinion de Smith au sujet d'Isaac Coene, qu'il classe parmi les imitateurs de J. Ruysdaël, il est reconnu que les ouvrages de notre peintre sont ceux qui ont le plus de rapport avec les paysages d'Hobbema; mais, je me hâte de le dire, ils en sont plutôt la charge et ont, en général, un air de décoration. Leur touche est tranchante, leur coloris harmonieux; mais les masses de ses arbres sont négligées et flasques, et leur exécution est plus lavée que transparente.

EVERDINGEN (ALDERT VAN)

Né à Alkmaar en 1621.

Encore un contemporain d'Hobbema qui paraît s'être inspiré de ses ouvrages. Ses imitations feraient des dupes, si leur couleur répondait à leur bonne exécution. Heureusement pour les amateurs, ses verts crus et ses jaunes criards le décèlent à première vue. Comme peintre original, il est plus estimé.

DECKER (CONRAD)

Florissait en 1670.

Je ne dirai pas que Decker fut un imitateur servile d'Hobbema, mais ce que bien des preuves permettent d'affirmer, c'est que quelques-uns de ses ouvrages ont servi de dessous pour la fabrication de faux tableaux du grand paysagiste. Malgré toute l'adresse des faussaires, ils n'ont pu dissimuler ni la lourdeur générale des œuvres de Decker, ni sa touche arrondie et pleine d'uniformité.

BOIS (SIMON DU)

Florissait vers 1680, mort en 1708.

Pâle imitateur d'Hobbema, c'est à peine s'il peut faire quelques dupes. Malgré les retouches que la spéculation a fait exécuter sur ses ouvrages, ils sont loin de produire l'illusion ; on les reconnaît à leur touche barboteuse et monotone et à leur couleur grisâtre et froide.

HONDECOETER (MELCHIOR)

Né à Utrecht en 1636, mort dans la même ville en 1695.

Disciple de son père Gisbrecht Hondecoeter, et de Jean-Baptiste Weenix, son oncle, ce peintre peignait bien les oiseaux vivants et les gallinacés.

Sa touche est douce et naturelle, son dessin précis et correct, sa couleur pleine de vérité et de transparence.

Les ouvrages de ce peintre sont assez estimés des connaisseurs, mais ils ne jouissent pas d'un grand empressement de la part des amateurs.

Le musée du Louvre n'en possède qu'un : *Des Oiseaux dans un parc,* acheté 625 fr. en 1846 et coté 4,000 fr. dans les inventaires.

MUSÉES DIVERS, GALERIES, ETC.

MUSÉE DE ROUEN. — *Animaux divers.*

MUSÉE DE CHERBOURG. — *Un Singe et un Perroquet.*

MUSÉE DE CAEN. — *Une Poule et ses poussins.*

MUSÉE DE LYON. — *Le Poulailler.*

MUSÉE D'AMSTERDAM. — *Oiseaux morts.* — *Animaux et plantes.* — *La Pie philosophe.* — *La Villa.* — *Combat d'oiseaux.* — *La Mare aux canards.* — *La Ménagerie.* — *La Poule effrayée.* — *La Plume flottante.*

Musée de La Haye. — *La Ménagerie de Guillaume III.* — *Le Corbeau dépouillé des plumes dont il s'était paré.* — *Canards et Canetons.* — *Oies et Coqs.*

Musée de Rotterdam. — *Oiseaux morts.*

Ancienne collection de Vienne. — *Une Poule blanche avec ses poussins.* — *Un Coq dans un paysage.* — Un tableau de *Volailles.*

Musée de Munich. — *Une Basse-cour.* — *Combat d'un Coq et d'un Dindon.*

Musée de Dresde. — *Un Canard sauvage et un Ramier à côté d'un fusil.* — *Un Coq, une Poule et ses poulets alarmés par un oiseau de proie.* — *Une Poule blanche entourée de ses poussins.* — *Concert d'oiseaux.*

Musée de Saint-Pétersbourg. — *Combat d'un Coq et d'un Dindon.*

National Gallery. — *Poules domestiques.*

Buckingham-Palace. — *Volailles et Oiseaux.*

Collection Harcourt. — *Des Volailles.*

A Mrs. Field. — Deux sujets de *Volailles,* etc.

Galerie Ellesmere. — *Animaux domestiques.*

Collection Seymour. — *Des Volailles.*

Collection de l'amiral Warde. — *Poules.*

Collection Carlisle. — *Des Poules.*

Au comte de Derby. — *Oiseaux divers.*

Collection Spencer. — *Oiseaux et Volailles.*

Collection G. Ioung. — *Poules et Coqs.*

Collection Henderson. — *Volailles dans un paysage.*

Collection Wemys. — *Poules diverses.*

Au duc de Portland.—Deux tableaux de *Poules,* etc.—Deux autres compositions.

Collection Bulloch. — *Poules diverses.*

Collection Labouchère. — Deux tableaux de *Volailles.*

Cabinet Nelthorpe. — *Volailles diverses et Faisans.* — Son pendant.

Cabinet Joseph Muskett. — *Poules diverses.*

Collection Thomas Hope. — *Poules et autres Volailles.*

Collection Leicester. — *Volailles diverses.*

Collection M'Lellan. — *Poules diverses.*

Ancienne galerie Weyer de Cologne. — *Poule attaquant un faisan doré.* — *Volailles mortes.*

Galerie d'Arenberg. — *La Poule blanche.*

Galerie Lichtenstein. — *Oiseaux et animaux.*

Galerie Esterhazy. — *Des Volailles.*

Cabinet du comte Czernin. — *Une Basse-cour.*

Galerie Suermondt. — *Intérieur de parc avec oiseaux.*

Musée van der Hoop. — *Oiseaux.*

A lord Hertford. — *Volailles dans une basse-cour.*

PRIX DE VENTES

La Poule effrayée (1ᵐ,14 — 1ᵐ,39). 1763, Vᵗᵉ Lormier, 88 florins (musée d'Amsterdam). — *Coq dont les ergots sont préservés et Poule mangeant.* 1763, Vᵗᵉ Lormier, 103 florins. 1773, Vᵗᵉ Van der Marck, 180 florins. 1802, Vᵗᵉ Helsleuter, 597 fr. 1852, Vᵗᵉ Turenne, 710 fr. — *Paysage dans lequel sont un chien, un bouc, une chèvre,* etc. 1771, Vᵗᵉ Braamcamp, 1,350 florins. — *Divers oiseaux.* 1773, Vᵗᵉ Van der Marck, 286 florins. —

Deux Canes auprès d'une petite mare d'eau où nagent leurs canetons. 1777, Vte Nieuhoff, 500 flor. — *Gibier, Volaille et Fruits* (59^c—67^c). 1780, Vte Caron, 180 fr. — *Une Basse-Cour* (1^m,28—1^m,60). 1802, Vte Helsleuter, 4,400 fr. — *La Mare aux canards* (91^c—1^m,14). 1808, Vte Van der Pot, 145 flor. (musée d'Amsterdam). — *Paysage.* 1843, Vte Héris Leroy, 2,650 fr. — *Coqs, Poules et Canards.* 1843, Vte Tardieu, 1,405 fr. — *Paysage.* 1844, Vte X..., 380 fr. — Son pendant. 1844, Même Vte, 190 fr. — *Concert d'oiseaux dans un paysage.* 1846, Vte Stevens, 358 fr. — *Oiseaux de basse-cour.* 1846, Vte Stevens, 500 fr. *Un Parc, un Geai et des Canards.* 1854, Vte de Turenne, 185 fr. — *Vautour guettant de la volaille.* 1859, Vte Brabeck et de Stolberg, 800 thalers. — *Poule et Poussins.* 1859, Vte Bielher, 200 fr. — *Coqs, Poules et Pigeons* (93^c—75^c). 1860, Vte Baroilhet, 1,190 fr. — *Oiseaux vivants.* 1861, Vte Leroy d'Étiolles, 980 fr. — *Gibier à plumes suspendu dans une niche.* 1861, Vte Cottreau, 1,205 fr. (signé). — *Paysage aquatique* (1^m,17—1^m,02). 1862, Vte Baillie, à Anvers, 950 fr. — *Poule attaquant un faisan.* 1862, Vte Weyer de Cologne, 328 fr. — *Volailles mortes.* Même Vte, 332 fr. 10 c.

ALEN (JAN VAN)

Né à Amsterdam en 1651, mort en 1698.

C'est surtout dans les imitations d'Hondecoeter que cet artiste exerça son pinceau. Incapable de rien produire de lui-même, il s'attacha à copier ce maître et y réussit avec tant de bonheur que bien des amateurs ont été trompés dans leurs achats. Sa touche est douce, mais plus maniérée que celle d'Hondecoeter; sa couleur est plus lavée que transparente. En somme, il est possible de se rendre compte de ces différences, mais il faut en faire une étude comparative, tant cet artiste est exact dans ses imitations.

TYSSENS (NICOLAAS)

Né à Anvers en 1660.

Ce peintre composa des tableaux dans la manière de Hondecoeter, et, s'il ne l'égala pas, il fit du moins de belles choses, puisque ses œuvres sont quelquefois prises pour être du maître sur l'affirmation de certains trafiquants. On les reconnaît à leurs ombres froides et à leurs demi-teintes grises, ainsi qu'à leur exécution plus sèche que large.

VERSHEYDEN (FRANS-PIETER)

Né à La Haye en 1657, mort en 1711.

Parmi les nombreuses imitations de Hondecoeter dues à cet artiste, il s'en rencontre qui ont beaucoup de ressemblance avec les originaux : leur couleur sourde et rousse est le seul point différentiel.

DALENS (DIRCK)

Né à Amsterdam en 1659, mort en 1688.

Ce copiste de Hondecoeter se laisse deviner à sa touche léchée et à son dessin irrésolu.

STEEN (JAN VAN)

Né à Leyde en 1636, mort à Delft en 1689.

Steen, qui a, pour ainsi dire, deviné tous les secrets de son art, occupe un rang très-élevé parmi les artistes de sa nation. Son pinceau est facile, son coloris vrai et plein de charme. Ses expressions sont excellentes.

Ses compositions capitales sont en grande faveur.

On ne compte qu'un seul tableau de ce peintre au musée du Louvre. Il représente une *Fête flamande*, évaluée 8,000 fr.

MUSÉES DIVERS, GALERIES, ETC.

MUSÉE DE ROUEN. — *Le Marchand d'oublies.*

MUSÉE D'AVIGNON. — *La Fête des Rois.*

MUSÉE D'AMSTERDAM. — *Portrait de J. Steen.* — *L'Écureuse.* — *Le Joyeux Retour.* — *Le Boulanger Oostwaard.* — *Le Charlatan.* — *La Cage de perroquet.* — *Une Noce de village.* — *La Fête de saint Nicolas.*

MUSÉE DE LA HAYE. — *Jean Steen et sa famille.* — *Tableau de la vie humaine.* — Deux *Scènes de médecin.* — *Dentiste arrachant une dent à un villageois.*

MUSÉE DE ROTTERDAM. — *Saint Nicolas.* — *L'Extraction du caillou.* — Scène de l'Ancien-Testament.

ANCIENNE COLLECTION DE VIENNE. — *La Conduite des mariés.* — *Famille flamande* (9 figures).

MUSÉE DE BERLIN. — *Un Jardin de cabaret.*

MUSÉE DE DRESDE. — *Noces de Cana. Une femme est assise près d'un tonneau avec un petit garçon; l'hôte reçoit un musicien; dans le fond, Jésus-Christ et les invités.* — *Une Femme donnant à manger à son enfant.*

MUSÉE DE MUNICH. — *La Visite du médecin.* — *Une Querelle de paysans.*

MUSÉE DE SAINT-PÉTERSBOURG. — *La Partie de tric-trac.* — *Assuérus touchant Esther.*

BUCKINGHAM PALACE. — Un bel *Intérieur.* — *La Partie de musique.* — Autres compositions.

INSTITUTION ROYALE D'ÉDIMBOURG. — *Un Intérieur avec figures.*

GALERIE ELLESMERE. — *L'École de Village* (coll. Lormier, Braamcamp, marquis Campden).

GALERIE BEDFORD. — *Portrait du peintre.* — *Le Jour des Rois.*

COLLECTION J. WALTER. — *Les Noces de Cana* (toile rare et d'une parfaite exécution).

COLLECTION OVERSTONE. — *L'Alchimiste.* — *Les Buveurs* (coll. Verstolk).

COLLECTION BARING. — *Une École.* — *L'Apothicaire.* — *La Noce.*

COLLECTION WARD. — *Un Intérieur.*

Cabinet Everett. — Une charmante composition.

Galerie Ashburton. — *Une Tabagie.* — *Un Intérieur de paysans* (coll. Poulain et Talleyrand).

Collection Heusch. — *Des Musiciens.*

Collection Chapman. — *Une Kermesse.*

Collection Stirling. — *Le Christ à Bethléem.*

Cabinet Hugh Campbell. — *Un Régal de paysans.* — Une charmante composition.

Cabinet Stanisforth. — *Le Musicien ambulant.*

Collection Peel. — *Une jeune Fille.*

Collection Wellington. — *Intérieur comique.* — Deux autres compositions.

Collection Neeld. — *Un Intérieur.*

Collection Morrison. — *Scène rustique.*

Collection Lonsdale. — *Un Intérieur avec figures.*

Collection Munro. — Onze compositions charmantes.

Collection Darby. — *Une Femme endormie.*

Collection Edwards Loyds. — *Une Bande d'artistes.*

Collection Galton. — *Un Intérieur villageois.*

Collection Robart. — *Intérieur de taverne.*

Collection Mildmay. — *Scène familière.*

Collection Mattheuw Anderson. — *Cincinnatus et les Ambassadeurs de Rome.* — *Intérieur avec figures.*

Cabinet Burdon. — *Scène comique.*

Collection Foster. — *Un Intérieur rustique.*

Galerie Lansdowne. — *Le Docteur.*

Cabinet Rawdon. — *Le Sacrifice d'Iphigénie.*

Collection Oppenheim. — *Une Scène rustique.*

Cabinet Lambert. — *Une Scène rustique.*

Collection Darnley. — *L'Alchimiste.*

Collection Thomas Hope. — *Le Glouton.* — Deux autres compositions.

Collection P. Norton. — *Les Maraudeurs.*

Collection Francis Edwards. — *Une Place de village.*

Collection Scarsdale. — *Une Scène familière.*

Galerie Rutland. — *Un Intérieur de paysans.*

Collection Shrewsbury. — *Scène rustique.*

Collection Tomline. — *Un Intérieur.*

Collection Bute. — Quatre compositions.

Collection Bredel. — Un sujet rustique.

Collection M'Lellan. — *Intérieur avec figures.*

Collection Phipps. — *La Musicienne.* — *Un Intérieur avec figures.* — Une autre composition.

Galerie d'Arenberg. — *L'Adoration des Bergers.* — *Les Noces de Cana.*

Galerie Esterhazy. — *Intérieur avec figures.* — *Fête de village.*

Galerie Suermondt. — *Querelle de Joueurs* (douze figures). — *Portrait de jeune paysan, coiffé d'un haut bonnet.*

Musée van der Hoop. — *Le Docteur.* — *L'Orgie.* — *Société faisant de la musique.* — *Le Jour des Rois.* — *Portraits présumés de l'artiste et de sa femme.*

Galerie James de Rothschild. — *La Femme au corset rouge.*

PRIX DE VENTES

			fr.	
Les Noces de Cana (1^m,07—1^m,34)..	1760.	Vte Helsleuter		Coll. Van Leyden.
—	1814.	Vte Paillet	8,870.	
—	1837.	Vte D^{sse} de Berry	13,500.	
—	1843.	Vte Paul Perrier	16,501.	Actuellement au duc d'A-remberg.
La Plaisanterie, intérieur (bois , 88^c—72^c 1/2)..................	1762.	Vte Gagny	1,000.	
—	1780.	Vte Nogaret	2,401.	
—	1786.	Vte Langlais........... .	6,000.	
—	1801.	Vte Robit................	2,800.	
—	1832.	Vte Morant........ Guin.	205.	
Une École................	1771.	Vte Braamcamp ..... Flor.	1,200.	
Vue d'un Village...............	1775.	Vte Van Sviéten.... »	172.	
—	1801.	Vte Sir Clarke .... Guin.	68.	
—	1828.	Vte Zachary .... »	270.	
Le Ménage en déroute...........	1779.	Vte Bertels........ Flor.	610.	
Le Joueur de quilles (bois, 32^c 1/2 —27^c)................	1776.	Vte Boisset	1,600.	
—	1780.	Vte Poulain.............	2,600.	
—	1784.	Vte de Vaudreuil........	3,401.	
—	1794.	Vte Destouches.........	2,500.	
—	1797.	Vte Maurice	3,430.	
—	1802.	Vte Montaleau..........	2,900.	
—	1811.	Vte de Preux	4,950.	
Intérieur où un homme danse en tenant un hareng (bois, 77^c 1/2 —62^c).....................	1780.	Vte Poullain.............	2,400.	
La Leçon de dessin (46^c—38^c)......	1781.	Vte duc de la Vallière..	1,810.	
La Tricoteuse...................	1783.	Vte Cte de Merle........	1,250.	
—	1832.	Vte G. Morant..... Guin.	105.	
Le Roi boit (12 fig., 62^c—51^c).....	1788.	Vte Lenglier	119.	
Portrait du peintre (cuivre ovale, 9^c—5^c 1/2)...................	1791.	Vte Lebrun	200.	
Les Effets de l'intempérance.......	1797.	Vte de Neyman ..... Flor.	700.	
—	1810.	Vte Van Alpen..... »	1,299.	
—	1811.	Vte Sereville...... »	6,853.	
—	1817.	Vte duc d'Alberg .. Guin.	345.	
—	1823.	Vte Waston Taylor. »	220.	
La Noce de village (1^m,02—1^m,47).	1799.	Vte Paillet..............	1,220.	
—	1802.	Vte Montaleau..........	2,900.	
—	1809.	Vte Emler	3,000.	
—	1832.	Vte Érard...............	490.	
—	1841.	Vte Biré Héris...........	2,800.	
Les Joueurs de tric-trac.........	1802.	Vte Helsleuter..........	3,445.	
—	1816.	Vte Verdier	5,000.	
—	1826.	Vte Cte Pourtalès.. Guin.	285. .	
—	1828.	Vte Major Dunn... »	252.	Coll. Foster.
Le Satyre et le Paysan...........	1802.	Vte Helsleuter..........	2,612.	
—	1811.	Vte Sereville............	2,551.	
—	1817.	Vte duc d'Alberg... L. st.	126.	
—	1827.	Vte Bonnemaison.........	3,700.	
Parodie de l'Enlèvement des Sabines (69^c—84^c)....................	1804.	Vte Lorez...............	480.	
La Danse de l'œuf...............	1811.	Vte Burgraaff...........	2,000.	Retiré.

			fr.	
Intérieur rustique	1812.	Vᵗᵉ FEIGNEAU	240.	
Intérieur	1816.	Vᵗᵉ CASTELAN	8,000.	Retiré.
La Visite du médecin (bois, 48ᶜ 1/2— 41ᶜ 1/2)	1817.	Vᵗᵉ LAPEYRIÈRE	11,550.	
Le Jeu de boules (54ᶜ—67ᶜ)	1819.	Vᵗᵉ de Mˡˡᵉ THÉVENIN	1,280.	
La Barque de Jean Steen (bois, 43ᶜ —67ᶜ)	1821.	Vᵗᵉ LAFONTAINE	3,220.	
Les Noces de Cana (réduction)	1833.	Vᵗᵉ NIEUWENHUYS.. Guin.	185.	
—	1838.	Vᵗᵉ lord NORTHWICK. »	280.	
La Cuisine maigre (bois, 30ᶜ—40ᶜ).	1840.	Vᵗᵉ SCHAMP	1,425.	
La Cuisine maigre (toile)	Dᵒ	dᵒ	3,050.	
L'Indisposition (bois, 49ᶜ—37ᶜ)	1841.	Vᵗᵉ BIRÉ HÉRIS	5,600.	
—	1860.	Vᵗᵉ PIÉRARD	5,850.	Coll. Van Leyden, Paillet.
La Servante au corsage rouge (cuivre, 36ᶜ—27ᶜ)	1841.	Vᵗᵉ PERREGAUX	9,950.	
	1858.	2ᵉ Vᵗᵉ HOPE	10,500.	A M. James de Rothschild.
La Querelle de Ménage	1843.	Vᵗᵉ PAUL PERRIER	660.	
Le Concert	Dᵒ	Vᵗᵉ H. LEROY	3,500.	
Paysage	Dᵒ	dᵒ	449.	
Le Joyeux Buveur	1844.	Vᵗᵉ X***	356.	
Le Musicien ambulant	Dᵒ	dᵒ	626.	
Une Fête	Dᵒ	dᵒ	3,450.	
Le Maître d'école	1845.	Vᵗᵉ VASSEROT	510.	
La Résistance } *L'Oiseau perdu* }	Dᵒ	dᵒ	2,250.	
La Tentation inutile	Dᵒ	dᵒ	340.	
Fête de Village	Dᵒ	Vᵗᵉ MEFFRE	950.	
La petite Guetteuse	Dᵒ	dᵒ	535.	
Fête des Seigneurs	Dᵒ	dᵒ	6,700.	
Le Concert (1ᵐ—83ᶜ)	1846.	Vᵗᵉ WELLESLEY	3,600.	Et. Leroy.
Une Partie de musique (45ᶜ—62ᶜ)	Dᵒ	dᵒ	3,800.	
Le Chirurgien de village	Dᵒ	Vᵗᵉ STEVENS	630.	Daté 1650.
—	1852.	Vᵗᵉ TURENNE	640.	
La Joyeuse collation	1846.	Vᵗᵉ FESCH Écus.	1,150.	
Les Apprêts de la saignée	Dᵒ	dᵒ »	80.	
La Sieste	Dᵒ	dᵒ »	2,010.	
La Dispute	1846.	Vᵗᵉ STEVENS	300.	
Intérieur d'estaminet	Dᵒ	dᵒ	710.	
Le Concert bachique	Dᵒ	dᵒ	901.	
Le Marchand d'orviétan	Dᵒ	Vᵗᵉ DUBOIS	705.	
Scène d'intérieur (bois, 15ᶜ—21ᶜ).	1848.	Vᵗᵉ Mˡˡᵉ H. HERRY	170.	
Les Troupeaux d'Abraham en Mésopotamie	1852.	Vᵗᵉ TURENNE	4,350.	
La Joueuse de guitare	Dᵒ	dᵒ	1,800.	
La Fête des Rois (33ᶜ—36ᶜ)	1850.	Vᵗᵉ GUILLAUME II	3,000.	A M. Pescatore.
La Fête au logis	1851.	Vᵗᵉ GIROUX	3,000.	
Bourgeois hollandais	1853.	Vᵗᵉ NOIRIS	800.	
Intérieur	1854.	Vᵗᵉ MECKLEMBOURG	2,800.	A M. Benoit Fould.
Fête flamande dans la cour d'une auberge (62ᶜ—83ᶜ)	1857.	2ᵉ Vᵗᵉ VARANGE	3,200.	
L'Arracheur de dents (4 figures, bois, 20ᶜ—16ᶜ)	1858.	2ᵉ Vᵗᵉ HOPE	850.	
La Ménagère	1857.	Vᵗᵉ PATUREAU	2,200.	
Une Fille malade	Dᵒ	dᵒ	5,000.	
Le Chirurgien de village	1860.	Vᵗᵉ Cᵗᵉ DE STENHUYSE	1,480.	A M. Heine.

			fr.	
La Fête des Rois..................	1860.	Vᵗᵉ Cᵗᵉ DE STENHUYSE	5,050.	A M. de Rhode, de Bruxelles.
Le Contrat de mariage (80ᶜ—1ᵐ,04).	Dᵒ	Vendu par M. MEFFRE....	14,000.	Retiré à la Vᵗᵉ Piérard, en 1860, faute d'enchères.
Intérieur hollandais..............	1861.	Vᵗᵉ DAIGREMONT..........	3,750.	
Scène d'intérieur (53ᶜ—48ᶜ)	1862.	Vᵗᵉ BAILLIE, à Anvers....	1,050.	
Intérieur........................	Dᵒ	Vᵗᵉ X......................	700.	
Intérieur d'estaminet	1863.	Vᵗᵉ MEFFRE..............	580.	
La Scène imprévue..............	Dᵒ	Vᵗᵉ X......................	145.	
Intérieur de ménage	Dᵒ	Vᵗᵉ GILKINET, de Liége...	2,250.	
Intérieur d'un temple protestant ...	Dᵒ	Vᵗᵉ X....................	1,550.	
La Cuisine maigre (réduction).....	1863.	Vᵗᵉ FOURET..............	555.	
Samson et Dalila...............	Dᵒ	Vendu à Londres.........	3,375.	

DESSINS.

Intérieur.......................	1860.	Vᵗᵉ E. N................	500.	
Les Joueurs de violon (à la plume et à la sépia)	1861.	Vᵗᵉ VAN OS..............	100.	

TORENVLIET (JAKOB)

Né à Leyde en 1641, mort dans la même ville en 1719.

Cet artiste, médiocre dans son genre propre, fut un imitateur distingué de celui de J. Steen. On discerne ses contrefaçons à leur touche aplatie et à leur couleur vineuse.

VICTOORS ᴏᴜ FICTOORS (FRANÇOIS)

Savant peintre qui réunit tout à la fois l'expression, le pittoresque, le goût, l'ingénuité, la gaieté et la fraîcheur de J. Steen, mais dont la touche trop grasse, l'exécution large et solide, n'ont que peu de rapport avec le maître.

HEYDEN (JAN VAN DER)

Né à Gorcum en 1637, mort à Amsterdam en 1712.

Van der Heyden a porté aussi loin que qui que ce soit l'extrême patience du fini. Sa touche, tout à la fois grasse, pâteuse et ferme, dérobe aux yeux l'apparence d'une exécution servile et laborieuse.

Ses tableaux sont très-recherchés des amateurs, surtout lorsqu'ils sont enrichis de figures peintes par les frères Van den Velde.

Les ouvrages de Van der Heyden se rencontrent peu souvent dans les ventes publiques; ils sont très-goûtés des amateurs du fini précieux, et se vendent à des prix élevés.

On admire trois tableaux de ce maître au musée du Louvre :

La Vue de la maison de ville d'Amsterdam a été cotée 30,000 fr. — *L'Église et la Place d'une ville de Hollande,* 15,000 fr. — *Vue d'un Village au bord d'un canal,* 6,000 fr.

MUSÉES DIVERS, GALERIES, ETC.

Musée de Rennes. — *Un Guerrier montant à cheval* (dessin à la plume).

Musée d'Amsterdam. — *Le Pont de pierre.* — *Le Pont-levis* (fig. par A. Van den Velde). — *Un Canal hollandais.*

Musée de La Haye. — *Intérieur d'une ville.*

Musée de Munich. — *Vue d'une place publique.*

Musée de Dresde. — *Vue d'une grande église gothique.* — *Vue d'un couvent de femmes.* — *Un Couvent avec une église gothique.* — *Un Couvent devant lequel passent plusieurs prêtres.*

Musée de Saint-Pétersbourg. — Trois *Vues de villes.*

Buckingham Palace. — Deux *Vues de villes* (avec figures de Van den Velde).

Dulwich College. — *Paysage.*

Institution royale d'Édimbourg. — *Vue de ville.*

Galerie Ellesmere. — *Vue de Hollande* (fig. d'A. Van den Velde).

Collection John Walter. — *Une Vue de ville* (avec figures par A. Van den Velde). — Son pendant.

Collection J. M. Oppenheim. — *Vue de Hollande* et son pendant.

Galerie Westminster. — *Le Jardin d'un couvent.*

Collection Suffolk. — *Vue de ville* (avec figures par Van den Velde).

Collection Peel. — *Une Vue de ville* (figures par Églon Van der Neer).

Galerie d'Aspley. — *Vue du Veght.*

Galerie Lansdowne. — *Vue de ville avec canal.* — *Vue de ville* (avec figures d'Adrien Van den Velde).

Collection A. D. Willoughby. — *Église et pont sur un canal à Amsterdam* (charmante composition).

Collection Caledon. — *Vue de ville* (avec figures d'Églon Van der Neer).

Cabinet Warwick. — *Vue de ville avec figures.*

Collection Robart. — *Vue de ville* (avec des figures par Ad. Van den Velde).

Collection Henderson. — *Vue de ville.*

Collection Wemys. — *Vue de ville avec figures.*

Collection Field. — *Vue de ville* (avec figures d'Adrien Van den Velde).

Collection Seymour. — Une charmante composition (avec figures par Adrien Van den Velde).

Collection Morrison. — *Vue d'un village* (avec figures de Van den Velde).

Collection Wynn Ellis. — Plusieurs *Édifices* (avec figures par Van den Velde).

COLLECTION WELLINGTON. — *Une Vue de ville.*

GALERIE ASHBURTON. — *Vue d'une place de Harlem* (avec des figures par A. Van den Velde).

COLLECTION THOMAS HOPE. — Deux *Vues de village* (avec figures par Van den Velde).

COLLECTION BARING. — *Vue d'une église gothique* (avec figures par Van den Velde).

GALERIE RUTLAND. — *Vue d'une église.* — *Vue de ville.*

COLLECTION BUTE. — *Vue d'un marché* (figures par Van den Velde). — *Vue d'une fortification et d'un canal* (figures par Guillaume et par Adrien Van den Velde).

COLLECTION HEUSCH. — *Vue d'un château* (avec figures par Van den Velde). — *Vue prise à Cologne* (avec figures par Églon Van der Neer).

COLLECTION LIONEL DE ROTHSCHILD. — *Vue de ville.*

COLLECTION FAULKENER. — *Vue d'Utrecht* (figures d'Ad. Van den Velde).

GALERIE D'ARENBERG. — *Vue d'un quai d'Amsterdam.* — *Paysage.*

GALERIE JAMES DE ROTHSCHILD. — *Une Vue de ville.* — Une autre composition.

MUSÉE VAN DER HOOP. — *Vue sur la ville d'Amersfoort.*

GALERIE DUCHATEL. — *Une Vue de Hollande* (figures par Van den Velde).

A LORD HERTFORD. — Deux *Vues de ville* (avec figures par Van den Velde).

COLLECTION C***. — *Intérieur d'église* (figures de Van den Velde).

PRIX DE VENTES

			fr.	
Vue d'une ville avec rivière (figures de A. V. den Velde)............	1771.	Vte BRAAMCAMP..... Flor.	2,450.	
Vue prise à Cologne (figures de A. V. den Velde)	Do	do　　... »	2,410.	
Vue du château de Beintheim (figures de A. V. den Velde)...........	1772.	Vte CHOISEUL............	2,000.	
Village au bord de l'eau.	1773.	Vte VAN DER MARCK... Fl.	1,400.	
Paysage (figures de A. V. den Velde)......................	1776.	Vte GAGNY..............	4,161.	
Vue du château de Rozendaal (cuivre, 48^c 1/2—69^c 1/2; figures par A. V. den Velde).............	Do	do　　............	4,940.	
—	1783.	Vte D'AZINCOURT..........	4,800.	
Vue prise à Cologne, figures par A. V. den Velde (bois, 30^c—35^c)...	1776.	Vte GAGNY..............	3,400.	
—	1780.	Vte POULLAIN............	3,015.	
Vue d'une église, avec 39 figures (35^c—49^c)....................	1777.	Vte BOISSET.............	6,153.	Les figures des premiers plans sont de Van der Neer, et celles du fond de A. V. den Velde.
Une place de Hollande, figures par A. V. den Velde (51^c—59^c)......	Do	do　　...........		
—	1801.	Vte TOLOZAN.............	4,050.	
Vue d'une place de Cologne (34^c—38^c)........................	1777.	Vte BOISSET.		
—	1801.	Vte ROBIT...............	3,450.	
Place de l'église des Carmes à Cologne, figures par A. V. den Velde (bois, 43^c—59^c)..........	1778.	Vte SERVAD........... Fl.	2,000.	
—	1783.	Vte DE MERLE............	4,000.	

			fr.	
Place de l'église des Carmes à Cologne (suite)................	1811.	Vte PAILLET ET COCLERS ..	8,000.	
—	1832.	Vte Ch. ÉRARD..........	6,951.	
Paysage avec ruines...........	1780.	Vte POULAIN.............	500.	
—	1822.	Vte SAINT-VICTOR........	601.	
—	1826.	Vte J. BARCHAN.... Guin.	25.	
Vue d'un château, avec 16 figures peintes par V. den Velde....... *Vue d'une ville de Hollande, 11 figures par le même (11ᶜ—16ᶜ)....*	1781.	Vte l'abbé LEBLANC........	2,808.	
Vue d'un canal, figures par V. den Velde (bois, 43ᶜ—59ᶜ)......	1802.	Vte HELSLEUTER..........	4,000.	
Une Place de Cologne, figures par V. den Velde (bois, 30ᶜ—40ᶜ 1/2).	D°	d°	4,751.	
Vue prise aux environs d'Utrecht, figures par V. den Velde (48ᶜ 1/2 —43ᶜ)....................	1783.	Vte AZINCOURT..........	6,000.	
—	1791.	Vte LEBRUN.............	4,851.	
Vue de Hollande................	1810.	Vte VAN ALPEN........ Fl.	2,999.	
—	1811.	Vte LEBRUN.............	9,051.	
—	1817.	Vte TALLEYRAND.........		
—	1825.	Vte VERSTOLK DE SOLLEN.	8,010.	
Paysage avec écluse, figures par V. den Velde (bois, 46ᶜ—56ᶜ 1/2)...	1814.	Vte PAILLET.............	672.	
Ruines avec château, figures par V. den Velde (bois, 51ᶜ—69ᶜ 1/2)...	1816.	Vte CASTELLAN...........	6,110.	
Vue d'un quai, figures par V. den Velde (bois, 51ᶜ—32ᶜ)........	1817.	Vte LAPEYRIERE..........	8,200.	
La Porte de Harlem, figures par V. den Velde (bois, 43ᶜ—52ᶜ)......	1821.	Vte LAFONTAINE.........	5,501.	
Intérieur de ville (bois, 46ᶜ—54ᶜ)..	1832.	Vte ÉRARD..............	6,951.	
Vue d'un château...............	1834.	Vte X***.......... Liv. st.	360.	
—	1837.	Vte D�ससᵉ DE BERRY........	5,040.	
Vue de Cologne.................	1834.	Vte X***.......... Liv. st.	240.	
—	1837.	Vte D� DE BERRY........	3,050.	
Vue de l'Hôtel de ville d'Amsterdam, figures par V. den Velde..	D°	d°	9,950.	
Maison de plaisance, fig. du même.	D°	d°	800.	
Vue de l'entrée de la ville de Cologne et de quelques édifices, figures par V. der Neer.......	D°	d°	2,905.	
Vue d'Amsterdam...............	D°	d°	10,000.	
Vue d'une ville de Hollande, fig. par V. den Velde (cuivre, 29ᶜ—39ᶜ).	1841.	Vte PERREGAUX..........	17,003.	
Vue de l'ancien parc de Bruxelles..	1844.	Vte X***.................	2,900.	
Entrée d'une forêt...............	D°	d°	770.	
Paysage, figures par V. den Velde.	D°	d°	1,181.	
Château entouré d'eau au milieu d'un paysage (bois, 33ᶜ—48ᶜ)....	1848.	Vte Mˡˡᵉ H. HERRY.......	250.	
Vue d'Amsterdam...............	1854.	Vte VISCONTI............	1,410.	
Vue de l'entrée d'une ville, figures par V. den Velde............	1857.	Vte PATUREAU...........	14,500.	Coll. Hope.
Vue de Hollande................	D°	2ᵉ Vte VARANGE........	22,100.	Gal. de Rothschild.
Entrée d'un château fort (bois, 45ᶜ —60ᶜ)....................	1860.	Vte PIÉRARD............	2,005.	

			fr.	
Un Paysage boisé, figures par V. den Velde.............	1861.	Vte SCARISBRICK.........	2,625.	Coll. Delessert.
Vue d'une ville de Hollande (bois, 48^c—55^c)...................	D^o	Vte VAN DER SCHRIECK....	25,100.	Gal. Duchâtel. — Coll. Servad, de Merle, Paillet et Érard.
Vue intérieure d'une ville hollandaise.................	D^o	Vte LEROY D'ÉTIOLLES....	6,800.	
Vue d'une ville près d'un canal....	1863.	Vte MORLAND, à Londres..		
		Guinées	230.	A M. Rippe.
Vue d'une place, avec figures et cavaliers.................	D^o	d^o »	75.	A M. V. Cuyck.

ULST (JAKOB VAN DER)

Né à Gorcum vers l'année 1627.

Ce peintre a laissé des vues d'Amsterdam qui réunissent parfois le mérite d'illusion qu'on admire dans le maître. Son coloris est excellent, sa touche fine et légère, mais son exécution est moins résolue et plus uniforme que celle de Van der Heyden.

PRINS (J. H.)

Né à La Haye en 1759, mort en 1805.

On doit à cet artiste d'excellentes copies, dont quelques-unes ont beaucoup de rapport avec les originaux. On les reconnaît cependant à leurs ombres plus rousses que chaudes, à leur exécution maniérée dans les formes et à leur touche pointillée.

COMPE (JAN TEN)

Né à Amsterdam en 1713, mort en 1761.

Ce disciple de Th. Dalens prit souvent Van der Heyden pour modèle, mais sa touche barboteuse et son coloris monotone le trahissent presque toujours.

VELDE (ADRIAAN VAN DEN)

Né à Amsterdam en 1639, mort en 1672.

Élève de Wynants, dont il fut l'ami et le coopérateur, comme le prouvent plusieurs des paysages du maître, qu'il a enrichis de figures, Van den Velde rendit le même service à Van der Heyden, Ruisdaël, Hobbema, Hakker, Moucheron et autres, en concurrence de Wouwerman, de Witt, de Verkolie, de Berghem et d'Ostade.

Son paysage est rempli d'effets frappants et ingénieux, pris dans la nature, son feuillé est léger et naturel. L'expression de ses figures est vive et sans afféterie, son coloris, plein de chaleur, sa touche franche et spirituelle.

La moindre de ses compositions est payée au poids de l'or.

Le musée du Louvre est riche de six tableaux d'Ad. Van den Velde, à savoir :

La Plage de Scheveningue, cotée 12,000 fr., puis 18,000 fr. Suivant Smith, voici ses provenances : 1771, Vte Braamcamp, 1,000 florins; 1777, Vte de Conti, 5,072 fr.; 1779, Vte Trouard, 3,800 fr.; 1780, Vte Nogaret, 2,500 fr.; 1784, Vte de Vaudreuil, 6,801 fr. — *Paysage et animaux* (n° 537), 3,000 fr., puis 5,000 fr. — *Paysage et animaux* (n° 538), 15,000 fr. Provenances, suivant Smith : 1769, Vte Lalive de Jully, 3,100 fr.; 1783, Vte Locquet, 2,610 florins. — *Paysage et animaux* (n° 539), 30,000 fr. Provenances, suivant Smith : 1719, Vte Jacob van Hœck, 610 florins; 1777, Vte Randon de Boisset, 20,000 fr.; 1784, Vte de Vaudreuil, 19,910 fr. — *La Famille du pâtre,* 10,000 fr. — *Un Canal glacé,* 2,400 fr., puis 3,000 fr.

MUSÉES DIVERS, GALERIES, ETC.

Musée de Nantes. — *Le Bon Samaritain.*

Musée d'Amsterdam. — *Le Passage du bac.* — *La Cabane.*

Musée de La Haye. — *Vue du rivage de Scheveningue.* — *Bestiaux dans un paysage.*

Musée de Rotterdam. — *Un Pâturage.* — *Le Maréchal ferrant.*

Ancienne collection de Vienne. — *Paysage avec figures et animaux.* — *Paysage avec figures.*

Musée de Dresde. — *Une Femme buvant.* — *Paysage au milieu de vieux murs.* — *Paysage avec ruines.* — *Plusieurs personnes se divertissent.* — *Divers animaux paissent devant une chaumière.* — *Trois Bœufs et des Moutons sur une colline.*

Musée de Munich. — Plusieurs *Paysages avec animaux.*

Musée de Saint-Pétersbourg. — *Paysage avec animaux.*

Buckingham Palace. — *Paysage avec bestiaux.* — *Vue des environs de Scheve-*

ningue. — *Paysage avec bergères et bestiaux.* — Quatre autres *Paysages avec animaux.*

A Hampton-Court. — Plusieurs *Paysages avec animaux.*

Institution royale d'Édimbourg. — *Un Paysage avec figures et animaux.*

Dulwich College. — Plusieurs belles compositions. — *Paysage avec animaux et figures.*

Collection John Walter. — *Animaux dans un paysage* (composition de premier ordre).

Collection Henderson. — *Paysage avec fabriques et figures.*

Galerie Westminster. — *Paysages avec animaux.*

Galerie Ellesmere. — *Scène villageoise.* — Deux pendants.

Cabinet Bukley. — *Paysage avec animaux.*

Collection Wellington. — *Vue de Hollande avec figures.*

Collection Seymour. — *Paysage avec animaux et figures.*

Collection Morrison. — *Paysage avec ruines, animaux et figures.*

Collection Sanders. — *Paysage avec figures et animaux.*

Collection Townshend. — *Paysage avec rochers et figures.*

Collection Overstone. — Une charmante et très-précieuse composition.

Collection Field. — *Paysage avec figures.*

Collection Grey. — Deux *Paysages avec figures et animaux.*

Collection Munro. — Deux belles compositions.

Collection Seymour. — *Paysage avec bestiaux.*

Collection Holford. — *Un Paysage avec figures et animaux.*

Collection Robart. — *Portrait d'Homme.*

Collection Chapman. — *La Côte de Scheveningue.*

Collection Henderson. — *Vue de Hollande avec figures et animaux.*

Collection Nichols. — *Paysage avec figures et animaux.*

Collection Mildmay. — *Paysage avec figures et animaux.*

Collection Labouchère. — *Un Port de mer* (fait en collaboration avec Guillaume Van den Velde).

Collection Baring. — *Le Rendez-vous de chasse* (coll. Verstolk).

Collection Heusch. — Deux beaux *Paysages avec figures et animaux.*

Collection Howe. — *Vue prise au bord de la mer.*

Collection Perkins. — *La Sainte Famille.*

Collection Bute. — Un beau *Paysage avec figures et animaux.*

Collection Thomas Hope. — Deux *Paysages avec figures et animaux.*

Collection Peel. — *Un Paysage avec berger et animaux.* — Un autre *Paysage avec animaux* (coll. de Boisset, de Praslin, Helsleuter et Simon Clarke).

Collection Bevan. — *Paysage avec animaux.*

Collection Bredel. — *Paysage avec animaux.*

Galerie Ashburton. — Deux charmantes compositions.

Collection M'Lellan. — *Paysage avec figures.*

Cabinet du comte Czernin. — *Paysage avec figures et animaux.*

Cabinet du comte Koucheleff, de St-Pétersbourg. — *Une Chasse dans une forêt.*

Galerie d'Arenberg. — *Le Taureau.* — *Le Troupeau au repos.* — *Paysage et Animaux.*

Musée van der Hoop. — *Paysage* où se trouvent les *Portraits de l'artiste et de sa femme.* — *Le Rendez-vous de chasse.* — Sujet pastoral.

GALERIE DU DUC D'AUMALE. — *La Charrette à foin* (dessin).

CABINET DE M. LE COMTE DE NATTES. — *Le Passage du gué* (une des plus belles et des plus capitales compositions du peintre).

A LORD HERTFORD. — *La Fuite de Jacob* (gal. Fesch), payé 60,000 fr. — *Un Paysage* (Vte Patureau).

GALERIE JAMES DE ROTHSCHILD. — *Le Départ pour la chasse*. — *Les Pages du palais*.

PRIX DE VENTES

			fr.	
Paysage montagneux, avec figures et chevaux...............	1737.	Vte VERRUE.............	3,000.	
—	1765.	Vte DE NEUVILLE.... Flor.	1,400.	
—	1810.	Vte van ALPHEN..... »	3,000.	
—	1811.	Vte LEBRUN.............	24,000.	
L'Abreuvoir aux Bestiaux........	1754.	Vte TOLLEMAN....... Flor.	1,500.	
—	1771.	Vte BRAAMCAMP...... »	1,800.	
—	1810.	Vte van ALPHEN..... »	7,650.	
—	1811.	Vte LAFONTAINE...., Guin.	1,800.	Actuell. en Angleterre.
Le Gué du château..............	1758.	Vte SYBRAND FEITAMA. Fl.	240.	
Le Gué de l'étable..............	1761.	Vte DE SELLE............	2,362.	Provt de la gal. Carignan.
Le Départ pour la chasse (50c—44c).	1763.	Vte LORMIER........ Flor.	595.	
—	1777.	Vte DE BOISSET..........	5,000.	
—	1784.	Vte DE MERLE...........	7,550.	
—	1787.	Vte duc DE CHABOT.......	3,981.	
—	1802.	Vde MONTALEAU..........	6,600.	
—	Do	Vte HELSLEUTER.	6,900.	
—	1809.	Vte EMLER..............	7,360.	
—	1825.	Vte prince DE GALITZIN..	1,600.	
—	1828.	Vte FRANCILLON..........	10,000.	
—	1830.	Vte baron VERSTOLK DE SO-LEINE...............		
—	1841.	Vte PERREGAUX-LAFFITTE..	28,850.	Au baron J. de Rothschild.
Mercure et Argus..............	1767.	Vte CAPELLO........ Flor.	1,075.	Signé 1671.
—	1785.	Vte van SLINGELANDT. »	1,700.	
—	1795.	Vte DE CALONNE..........	3,675.	Payé 8,000 fr.
—	1831.	Vte SCOTT.......... Guin.	285.	
Paysage avec animaux..........	1771.	Vte BRAAMCAMP..... Flor.	2,400.	
Paysage, ruines et animaux.......	Do	do ... »	2,400.	
Paysage avec animaux (49c — 59c 1/2).......................	1772.	Vte CHOISEUL...........	2,000.	
L'Aveugle demandant l'aumône....	1776.	Vte GAGNY.............	14,980.	
Deux Paysages (30c—40c 1/2)......	Do	do	4,000.	
—	1778.	Vte JULIENNE...........	3,000.	
—	1783.	Vte D'AZINCOURT.........	4,101.	
Famille de Villageois (31c 1/2—35c).	1777.	Vte BOISSET.............	7,000.	
—	1793.	Vte PRASLIN.............	6,700.	
—	1802.	Vte HELSLEUTER..........	9,901.	
Les Amusements de l'hiver........	1777.	Vte DE CONTI...........	4,000.	
L'Occupation maternelle (38c—46c).	1778.	Vte SERVAD......... Flor.	1,600.	
—	1780.	Vte POULAIN............	4,510.	
—	1787.	Vte Dsse DE CHABOT.......	2,951.	
—	1811.	Vte GOUPY-DUPRÉ........	3,023.	
—	1832.	Vte Ch. ÉRARD..........	8,550.	

			fr.	
Le Pâtre musicien..............	1784.	Vᵗᵉ MONTRIBLOND.........		
—	1801.	Vᵗᵉ TOLOZAN............		
—	1837.	Vᵗᵉ Dˢˢᵉ DE BERRY........	4,410.	
Le Départ pour la chasse (bois, 48ᶜ 1/2—46ᶜ).'.................	1793.	Vᵗᵉ CHOISEUL-PRASLIN.....	7,021.	
Les Bergers (31ᶜ—35ᶜ)..........	Dᵒ	dᵒ	6,700.	En assignats.
La Cabane (74ᶜ—63ᶜ)............	1796.	Vᵗᵉ VALKENIER...... Flor.	4,020.	
—	1822.	Vᵗᵉ BRENTANO....... »	8,290.	Au musée d'Amsterdam.
La Fenaison (10 figures).........	1801.	Vᵗᵉ ROBIT...............	9,000.	
Scène pastorale.................	1802.	Vᵗᵉ HOLDERNESS.... Guin.	300.	
—	1832.	Vᵗᵉ J. EWER...... »	430.	
Cavaliers et Chasseurs (67ᶜ--54ᶜ)...	1804.	Vᵗᵉ VAN DER POTT... Flor.	3,005.	
Marche d'animaux (bois, 32ᶜ 1/2—27ᶜ)......................	Dᵒ	Vᵗᵉ VAN LEYDEN..........	4,800.	A lady Anderry.
Paysage avec animaux, ou la Ferme de Harlem (54ᶜ—62ᶜ)..........	1808.	Vᵗᵉ CROISEUL-PRASLIN. ...	6,801.	
—	1821.	Vᵗᵉ LAFONTAINE..........	9,010.	
Mercure et Argus (bois, 51ᶜ—69ᶜ 1/2)......................	1811.	Vᵗᵉ DE PREUIL...........	10,000.	
—	1837.	Vᵗᵉ Dˢˢᵉ DE BERRY........	9,500.	
Vue de Hollande (54ᶜ 1/2—62ᶜ)....	1812.	Vᵗᵉ CLOS...............	4,735.	
Prairie (bois, 22ᶜ 1/2—19ᶜ)........	1826.	Vᵗᵉ DENON.............	920.	
Paysage avec animaux (38ᶜ—43ᶜ)..	1833.	Vᵗᵉ ÉRARD.............	8,550.	A M. Verbrugger.
La Laitière renversée (32ᶜ 1/2—40ᶜ 1/2)......................	1840.	Vᵗᵉ SCHAMP............	3,000.	
Le Pâturage (31ᶜ—42ᶜ)............	1811.	Vᵗᵉ BIRÉ-HÉRIS..........	11,100.	
Site marécageux (34ᶜ—44ᶜ).......	Dᵒ	dᵒ	3,100.	
Paysage et Animaux.	1813.	Vᵗᵉ P. PERRIER..........	9,000.	
Paysage et Troupeaux...........	Dᵒ	dᵒ	3,900.	
Paysage, site d'Italie...........	1844.	Vᵗᵉ X***..............	1,600.	
Vue de Hollande, en hiver........	Dᵒ	dᵒ	1,450.	
Animaux au pâturage...........	1845.	Vᵗᵉ VASSEROT..........	750.	
La Fuite de Jacob...............	1846.	Vᵗᵉ FESCH......... Écus	9,000.	
Le Gardeur de bestiaux..........	1851.	Vᵗᵉ JECKER.............	800.	
Paysage (30ᶜ—40ᶜ)..............	1852.	Vᵗᵉ comte DE MORNY.....	22,500.	Coll. Duval, de Genève; Klauber, de Londres. —
—	1857.	Vᵗᵉ PATUREAU...........	23,500.	A lord Hertford.
Animaux dans une prairie........	1852.	Vᵗᵉ DE MORNY..	6,800.	
Les Pages du palais.............	Dᵒ	Vᵗᵉ VARANGE............	22,100.	Provᵗ du cab. Reignier. — A M. de Rothschild.
Animaux dans un paysage (58ᶜ—56ᶜ).	1860.	Vᵗᵉ PIÉRARD (retiré faute d'enchères)........		Vendu anciennement, par M. Meffre, 25,000 fr.
Herminie chez les bergers.	1846.	Vᵗᵉ STEVENS............	720.	
Environs de Harlem.............	1861.	Vᵗᵉ RHONÉ.	4,900.	
Le Ménage...................	Dᵒ	Vᵗᵉ SCARISBRIECK........	5,050.	
Le Repos.	Dᵒ	Vᵗᵉ DAIGREMONT.........	810.	
La Kermesse de Ryswyk..........	Dᵒ	Vᵗᵉ LEROY D'ÉTIOLLES.....	10,000.	
L'Abreuvoir.................	1863.	Vᵗᵉ MEFFRE............	1.130.	
Le Muletier.................	Dᵒ	dᵒ	1,320.	

DESSINS.

Paysage, Coucher de soleil (à la détrempe)..................	1773.	Vᵗᵉ DIONIS MUILMAN. Flor.	300.
La Charrette de foin............	1776.	Vᵗᵉ NEYMAN............	695.
—	1779.	Vᵗᵉ VASSAL DE Sᵗ-HUBERT.	752.

			fr.
Deux Figures	1844.	Vte Claussin	1.847.
Mercure et Argus	D°	d°	1,365.
Le Repos des champs	D°	d°	1,405.
Pâturage et Ruines	D°	d°	2,665.
Le Berger et la Bergère	1860.	Vte Baartz.	328.
Intérieur de forêt, avec figures et animaux (à la plume et à la sépia)	1861.	Vte van Os	131.
Pâturage	1863.	Vte X***.	155.

LEEUW (PIETER VAN DER)

Né à Dordrecht; florissait en 1670.

Cet artiste peut être considéré comme un imitateur servile d'Adrien Van den Velde. En effet, il s'appropria son genre avec tant de perfection que ses œuvres tromperaient bien des amateurs si, par une étude attentive, on ne s'apercevait pas que la touche de Van der Leeuw est un peu plus barboteuse que celle du maître, et que le feuillé de ses arbres est moins franc et plus uniforme que celui des originaux.

GRIFFIER (ROBERT)

Né à Londres en 1688, mort en Hollande en 1750.

Élève de son père Jean Griffier, Robert s'établit à Amsterdam, où il s'appliqua à imiter Adrien Van den Velde, et devint aussi habile que lui. Ses ouvrages feraient beaucoup de dupes s'il avait pu réformer son fini trop précieux et s'approprier la touche large, quoique fine, qui distingue le maître.

KONING (JAKOB)

Né à Harlem vers 1650.

Bien que quelques-uns de ses ouvrages aient assez de mérite pour faciliter la fraude, la plupart se reconnaissent à leur touche anguleuse et à leur coloris sourd et moins léger que celui de Van den Velde, son maître.

BERGEN (DIRCK VAN)

Né à Harlem en 1645, mort en 1689.

Encore un élève d'Ad. Van den Velde, dont les imitations ne sont pas sans valeur, mais dont la touche, plus brodée que solide, et le coloris moins naturel sauvegardent les amateurs de toute méprise.

ROMYN ou ROMEYN (WILLEM VAN)

Les copies faites par ce peintre sont quelquefois attribuées à Van den Velde. On les reconnaît à leur coloris roux et fade, à leur exécution trop minutieuse.

— — — —

WERFF (LE CHEVALIER ADRIAAN VAN DER)

Né en 1659 à Kralinger-Ambacht, près de Rotterdam, mort à Rotterdam en 1722.

Cet artiste est un de ceux qui ont poussé au plus haut degré le fini précieux du pinceau. La grâce, la morbidesse, l'harmonie font le charme des tableaux de Van der Werff. Son dessin est rempli de fautes graves, surtout lorsqu'il peint le nu; ses draperies, largement disposées et pliées avec art, rétablissent heureusement l'ensemble de ses figures, mais elles ne dérobent point le défaut que lui reprochent les amateurs.

Les tableaux de ce maître se rencontrent rarement. Cependant ils ne jouissent pas de la même faveur qu'autrefois.

Le Musée de Paris en possède sept de différentes qualités :

Adam et Ève, estimé 6,000 fr., puis 12,000 fr. — *La Fille de Pharaon,* 15,000 fr. — *La Chasteté de Joseph,* 8,000 fr., puis 6,000 fr. — *Les Anges annonçant aux Bergers la naissance du Messie,* 6,000 fr. — *La Madeleine dans le désert,* 6,000 fr. — *Antiochus et Stratonice,* 12,000 fr. — *Nymphes dansant,* 15,000 fr.

ANCIENNEMENT AU LOUVRE. — *Adam et Ève pleurant sur Abel.* Est. 9,000 fr. — *Œnone et Pâris.* Est. 6,000 fr. (rendus à la gal. de Turin en 1815). — *Diane assise au bord d'un bois.* Est. 1,000 fr. (rendu à la Prusse en 1815).

MUSÉES DIVERS, GALERIES, ETC.

MUSÉE D'AMSTERDAM. — *Portrait d'A. Van der Werff.* — *Vénus embrassée par l'Amour.* — *La Leçon de danse.* — *Cupidon orné de guirlandes.* — *La Leçon de dessin.* — *La Sainte Famille.* — *Saint Jérôme.*

Musée de La Haye. — *Portrait d'un Magistrat.* — *La Fuite en Égypte.*

Musée de Munich. — *Une sainte Madeleine* (grandeur naturelle). — *Diane découvrant la faute de Calisto.* — *Vieille femme écoutant une sérénade.* — *Portrait de l'Électeur Jean-Guillaume et de sa femme.* — *Une Allégorie.* — *Abraham recevant Agar.* — *Abraham répudiant Agar.* — *Le Calvaire.* — *La Mise au tombeau.* — *La Résurrection.* — *La Visitation de Marie.* — *L'Annonciation.* — *La Purification.* — *L'Assomption.* — *La Nativité.* — *Jésus au milieu des Docteurs.* — *L'Ascension.* — *Le Christ aux Oliviers.* — *Le Couronnement d'épines.* — *La Flagellation.* — *Ecce Homo.* — *Le Portement de Croix.* — Plusieurs autres compositions.

Musée de Berlin. — *Sainte Famille.* — *Bénédiction de Jacob par Isaac.* — *La Madeleine au désert.* — *Un Sacrifice à Priape.* — Quatre autres compositions.

Musée de Dresde. — *Un Ermite.* — *La Madeleine.* — *Le Jugement de Pâris.* — *L'Enfant Jésus.* — *L'Annonciation.* — *Diogène avec sa lanterne.* — *Abraham chassant Agar.* — *Un Monsieur et une Dame jouant aux échecs.* — *Scène pastorale.* — *Portrait de l'artiste.* — *Loth et ses Filles.* — *Vénus et l'Amour.* — *Une Fille tenant une souris.* — *Deux Hommes à table.*

Buckingham Palace. — *Loth et ses Filles.* — *Une jeune Fille et un jeune Garçon.*

Dulwich College. — *Le Jugement de Pâris.*

Institution royale d'Édimbourg. — *Un Bourgmestre et sa Femme* (contesté; attribué à Van der Helst).

Galerie Bedford. — *La Nativité.*

Collection M'Lellan. — *Samson et Dalila.*

Collection Iarborough. — *Cupidon.* — *Vénus et Cupidon.*

Collection Lonsdale. — *Des Nymphes.* — *Le Christ et la Samaritaine.*

Collection Thomas Hope. — *La Madeleine pénitente.* — *L'Incrédulité de saint Thomas.* — *Loth et ses Filles.*

Collection Wemys. — *Loth et ses Filles.*

Galerie Ashburton. — *Sainte Marguerite.*

Collection Wombwell. — *Diane et ses Nymphes.*

Galerie Rutland. — *Adam et Ève.*

Cabinet du comte Czernin. — *La Samaritaine.*

Galerie Lichtenstein. — *Descente de Croix.*

Musée van der Hoop. — *L'Enfance d'Hercule.* — *L'Enfance de Bacchus.* — *Paysage avec des Faunes.* — *La Mère et ses Enfants.*

PRIX DE VENTES

			fr.
Les Joueurs d'osselets............	1750.	Vte Vassenaer d'Obdam. Fl.	750.
—	1772.	Vte Choiseul.............	12,150.
—	1777.	Vte Conti...............	8,005.
Loth et ses Filles (bois, 40° 1/2—32° 1/2)................	1772.	Vte Choiseul.............	5,260.
—	1777.	Vte Conti...............	4,990.
—	1795.	Vte de Calonne..........	7,875.
—	1814.	Vte Paillet.............	1,679.

			fr.	
La Vierge et l'Enfant Jésus (35ᶜ—27ᶜ)	1772.	Vᵗᵉ Choiseul	2,700.	
—	1781.	Vᵗᵉ duc de la Vallière	6,110.	
—	1808.	Vᵗᵉ van der Pott… Flor.	5,225.	
Descente de Croix (sur bois)	1773.	Vᵗᵉ de Gagny	6,721.	
Sainte Marguerite (43ᶜ—35ᶜ)	1776.	Vᵗᵉ de Gagny	4,801.	
—	1801.	Vᵗᵉ Tolozan	4,800.	
Un Homme qui joue de la flûte (79ᶜ—62ᶜ)	1777.	Vᵗᵉ Boisset	8,800.	
La Samaritaine	1778.	Vᵗᵉ Lebrun	1,300.	
La Chaste Susanne (bois, 40ᶜ—30ᶜ)	1780.	Vᵗᵉ Poullain	4,300.	Vᵗᵉˢ Carignan et Montmartel, où il fut adjugé à 6,901 fr. avec un tableau de Pierre V. der Werff.
Allégorie de la Peinture	Dᵒ	dᵒ	2,600.	
Portrait du Peintre (51ᶜ—38ᶜ)	1784.	Vᵗᵉ Dubois	1,600.	
Les Dénicheurs d'oiseaux (bois, 32ᶜ 1/2—27ᶜ)	1793.	Vᵗᵉ Choiseul-Praslin	33,500.	En assignats.
Une Vierge (bois, 17ᶜ 1/2—14ᶜ 1/2)	Dᵒ	dᵒ	1,500.	dᵒ.
Le Jugement de Pâris	1800.	Vᵗᵉ d'Orléans. Estimation,	260	guinées.
Le Marchand de poissons	Dᵒ	dᵒ	dᵒ	100	dᵒ.
Le Marchand d'œufs	Dᵒ	dᵒ	dᵒ	100	dᵒ.
Pan et Syrinx	1837.	Vᵗᵉ Dˢˢᵉ de Berry	1,150.	
Déposition de Croix	1852.	Iʳᵉ Vᵗᵉ Varange	8,000.	
—	1857.	2ᵉ dᵒ	3,100.	
Madeleine en prière (bois, 43ᶜ,2ᵐ—32ᶜ,2ᵐ)	1840.	Vᵗᵉ Schamp	410.	
Les jeunes Musiciens	1845.	Vᵗᵉ Vasserot	700.	
Cérès (50ᶜ—40ᶜ)	1846.	Vᵗᵉ Wellesley	1,050.	A M. Ét. Leroy.
Daphnis et Chloé	1847.	Vᵗᵉ Dubois	1,020.	
Jeune Femme évanouie à la lecture d'une lettre	1852.	Vᵗᵉ Turenne	186.	
Jésus dans le temple	Dᵒ	Vᵗᵉ comte de R***	709.	
La Madeleine dans le désert	Dᵒ	Vᵗᵉ Turenne	1,100.	
Intérieur : effet de lumière	1854.	Vᵗᵉ Mecklembourg	2,600.	
Portrait d'un Stathouder	1855.	Vᵗᵉ de la Banque de Cassel… Flor.	925.	
Scène champêtre	1861.	Vᵗᵉ Rhoné	650.	
Un doux Aveu (80ᶜ—1ᵐ,20)	Dᵒ	dᵒ	1,020.	
Hercule et Omphale (45ᶜ 1/2—38ᶜ)	Dᵒ	dᵒ	1,250.	
Le Jeu d'osselets	1862.	Vᵗᵉ de Jong	700.	

WERFF (PIETER VAN DER)

Né à Kralinger-Ambacht en 1655, mort à Rotterdam en 1718.

Pieter fut élève de son frère Adriaan ; son plus grand mérite est de l'avoir imité jusqu'à l'illusion. La manière de ces deux frères était tellement semblable, que les tableaux qu'ils ont exécutés en commun semblent être l'œuvre d'un même pinceau. Pieter est pourtant plus mou dans sa touche et plus sec dans ses contours.

LIMBORCH (HENRI VAN)

On doit d'excellentes copies à cet élève de Van der Werff. Sans la sécheresse de ses draperies et son coloris froid et un peu vineux, il tromperait les acheteurs.

DOUVEN (JAN FRANS VAN)

Né à Roermonde en 1656, mort en 1724.

Ce bon peintre de portraits et d'histoire en petit a quelquefois imité avec bonheur les productions de Van der Werff. Une touche plus émoussée, souvent tranchante dans les draperies, le décèle assez facilement.

SPERLING (JAN CHRISTIAN)

Sperling a fait d'assez belles copies de Van der Verff, mais on n'y retrouve point l'harmonie que le maître répandait dans ses productions. Son coloris rosé et lourd, son exécution froide et dure suffisent pour mettre en garde contre la mauvaise foi.

VERKOLIE (NICOLAAS)

Né à Delft en 1673, mort en 1746.

Quelques petits tableaux d'histoire faits par ce peintre, élève de Jean Verkolie, son père, peuvent entrer en comparaison avec les ouvrages de Van der Werff, tant pour la fonte des couleurs que pour la finesse de la touche et le flou, le tendre et le soigné de l'exécution. Sans leur dessin plus correct dans le nu, sans leurs draperies un peu boudinées, ils faciliteraient extrêmement la fraude.

HUYSUM (JAN VAN)

Né à Amsterdam en 1682, mort en 1749.

Élève de son père, Juste Van Huysum, cet artiste a surpassé tous ceux qui ont peint avec lui les fleurs et les fruits. Plus heureux que

De Heem et Mignon, Van Huysum se trouva dans la circonstance la plus favorable au but qu'il se proposait. La Hollande était en possession des plus belles fleurs de l'Europe, que les amateurs cultivaient avec soin et à grands frais ; notre artiste, environné de modèles rares, fit des chefs-d'œuvre inappréciables que les amateurs d'autrefois recherchèrent avec avidité, et que ceux d'aujourd'hui achètent au poids de l'or.

Le Musée du Louvre possède dix ouvrages de ce peintre charmant. Sur les dix il y a quatre paysages, dont les évaluations plus que modestes ne sont pas en rapport avec les prix actuels. Il en est de même de celles de ses tableaux de fleurs, quoique de beaucoup plus élevées.

Paysage (n° 231), 200 fr. — *Paysage* (n° 232), 400 fr. — *Paysage* (n° 233), 400 fr. — *Paysage* (n° 234), 100 fr. — *Corbeille de fleurs* (n° 235), 6,000 fr. — *Corbeille de fleurs* (n° 236), 8,000 fr. — *Fruits et fleurs*, 8,000 fr. — *Fleurs et fruits*, 1,000 fr. — *Vase de fleurs*, 8,000 fr. — *Grand Vase orné de bas-reliefs*, etc., 3,000.

MUSÉES DIVERS, GALERIES, ETC.

Musée de Lyon. — *Le Printemps.*

Musée d'Avignon. — *Fleurs dans un vase.*

Musée d'Amsterdam. — *Paysage.* — *L'Offrande.* — *Des Fruits.* — *Des Fleurs.*

Musée de La Haye. — Deux pendants. — *Fruits et Fleurs.*

Musée de Rotterdam. — Deux *Vues d'Italie.*

Ancienne collection de Vienne. — Deux tableaux de *Fleurs.*

Musée de Munich. — *Corbeille de Fleurs.* — *Fruits groupés sur une table.*

Musée de Dresde. — *Gros Bouquet de Fleurs.* — *Bouquet de Fleurs dans un vase de terre.* — *Paysage.*

Musée de Berlin. — *Fleurs et Fruits.*

Musée de Saint-Pétersbourg. — Plusieurs tableaux de *Fleurs et de Fruits.*

Dulwich College. — Plusieurs tableaux de *Fruits et de Fleurs.*

Galerie Ellesmere. — *Fleurs dans un vase.*

Collection J.-E. Fordham. — *Fleurs.*

Collection Morrison. — Un charmant *Bouquet de Fleurs.*

Collection Heusch. — Un tableau de *Fleurs.*

Collection Russel. — *Fruits et Fleurs* (au pastel).

Collection Holmes. — *Fleurs et Fruits* (au pastel).

Collection Derby. — *Fleurs.*

A M. Abraham Darby. — *Fleurs.*

Collection Robert Nappier. — *Fleurs.*

Collection Holford. — Deux tableaux de *Fleurs et Fruits.*

Collection Ashburton. — *Des Fleurs.* — Son pendant.

Collection Wombwell. — *Des Fleurs dans un vase.*

Collection Morrison. — *Des Fleurs.*

Collection Labouchère. — *Des Fleurs.*

Collection Thomas Hope. — Deux tableaux de *Fleurs et de Fruits.*

Galerie Lichtenstein. — *Fleurs.*

Musée van der Hoop. — *Fruits.* — *Fruits et Fleurs.*

PRIX DE VENTES

			fr.	
Vase de fleurs.....................	1770.	Vte FORTIER......... Flor.	2,100.	
Vase d'ambre garni de fleurs......	1771.	Vte BRAAMCAMP ..... »	3,800.	
Vase de pierre garni de fleurs......	D°	d° ..... »	4,100.	
Paysage avec figures et animaux..	1773.	Vte VAN DER MARCK. »	799.	
Deux tableaux de *Fruits et Fleurs* (bois, 77^c—59^c)...............	1776.	Vte GAGNY..............	8,000.	
—	1787.	Vte LAMBERT ET DU PORAIL.	8,400.	
Deux tableaux de *Fleurs et de Fruits* (cuivre, 49^c—40^c 1/2)...........	1776.	Vte BLONDEL DE GAGNY...	8,000.	
—	1782.	Vte BLONDEL D'AZINCOURT .	5,901.	
Fleurs dans un vase de bas-reliefs, etc......................				
Son pendant. Fleurs, Fruits, Raisins, Pêches, etc	1777.	Vte BOISSET.............	10,016.	
Fleurs et Insectes (bois, 77^c 1/2 —59^c).....................	1793.	Vte CHOISEUL-PRASLIN.....	9,201.	En assignats.
Deux pendants. *Fleurs, Insectes et Oiseaux* (77^c 1/2—59^c)..........	1801.	Vte TOLOZAN..............	9,641.	
—	1806.	Vte PILLON	3,200.	
Bouquet de fleurs (cuivre, 77^c 1/2 — 62^c).....................	1804.	Vte DUTARTRE.............	6,000.	
Fleurs et Fruits (bois, 86^c—65^c)...	1809.	Vte SABATIER.............	14,001.	
Fleurs.....................				
Fruits.....................	1812.	Vte CLOS................	2,681.	Coll. Lempereur.
Fleurs et Fruits (80^c 1/2—59^c).....	1837.	Vte D^{sse} DE BERRY........	7,160.	
Fleurs et Fruits (bois, 79^c—61^c)...	1841.	Vte PERREGAUX	10,000.	
Deux Paysages.................	1843.	Vte HÉRIS LEROY	520.	
Bouquet de fleurs avec bas-reliefs ..	1843.	Ve TARDIEU..............	9,950.	
Fleurs.....................	D°	d°	410.	
Vase de fleurs (cuivre, 50^c—40^c)..	1846.	Vte WELLESLEY..........	2,800.	A M. Chapellier.
Vase de fleurs.................	D°	Vte FESCH..............	1,750.	
Fleurs et fruits (bois, 90^c—69^c)....	D°	d° .... Écus.	850.	
—	1857.	Vte MORET..............	1,857.	
—	1860.	Vte PIÉRARD	6,100.	
Feurs (bois, 80—59)............	1850.	Vte GUILLAUME II........	3,000.	A M. Nieuwenhuys.
Fleurs (bois, 81^c—61^c)..........	1854.	Vte MECKLEMBOURG.......	13,000.	
—	1857.	Vte PATUREAU............	6,500.	Coll. Franken, Gheldorf.
Fleurs.....................	1861.	Vte RHONÉ	3,300.	
Fleurs dans un vase	1863.	Vte X...................	485.	

DESSINS.

Un Vase de fleurs...............	1773.	Vte DIONIS MUILMAN. Flor.	3,100.	A la détrempe.
Fleurs, Fruits et Insectes.........	D°	d° »	2,000.	d°.
Groupe de fruits d'automne.......	1776.	Vte NEYMAN	2,701.	Teinté.
Femme ornant la statue de Flore...	D°	d°	1,201.	A la plume et au bistre.
Bouquet de fleurs	1863.	Vte X...................	690.	

ÉLIARTS (J. F.)

Né à Deurne en 1761.

Ce peintre peut être considéré comme un imitateur servile. En effet, il s'appropria le genre de Van Huysum, et ses œuvres tromperaient les amateurs, si son travail n'était pas si lourd et si ses tons roses n'étaient pas violacés par un faux mélange.

HAVERMAN (MARGUERITE)

Née à Bréda en 1693.

On doit d'excellentes imitations à cette artiste, élève de Van Huysum. Dans un voyage qu'elle fit à Paris, ses tableaux furent assez recherchés; quelques-uns sont pris pour de faibles productions de la main du maître, méprise d'autant plus facile, que Van Huysum, en mourant, a laissé beaucoup d'ébauches, et que son élève, dit-on, en a terminé plusieurs. Ces imitations sont faciles à reconnaître à leur touche estompée et pointillée; en outre, les verts en sont uniformes et souvent froids.

HOET (HENDRICK-JAKOB)

Né en 1693, mort en 1733.

Pâle imitateur de Van Huysum. C'est à peine s'il peut faire quelques dupes avec sa touche molle et sa couleur froide.

HUYSUM (JAKOB VAN)

Mort en Angleterre en 1740.

C'est à tort que l'on a regardé ce peintre comme un bon imitateur de son frère. Son coloris monotone, sa touche grenue le trahissent à la première inspection. Il en est de même de Nicolas Van Huysum, autre frère de Jean, dont la touche peinée et sans transparence n'a jamais trompé les connaisseurs.

ÉCOLE ANGLAISE

DÉDIÉE

A SIR CHARLES LOCK EASTLAKE B[et]

PEINTRE D'HISTOIRE, PRÉSIDENT DE L'ACADÉMIE ROYALE DE LONDRES,
DIRECTEUR DE LA GALERIE NATIONALE, ETC.

Par son respectueux serviteur

TH. LEJEUNE.

PEINTRES ANGLAIS

Bien que, à vrai dire, l'originalité de l'École anglaise ne date que du XVIIIᵉ siècle, elle compte cependant quelques talents supérieurs parmi les peintres qui ont vécu dans les deux siècles précédents. Ainsi, François Quesnel, né à Édimbourg en 1542, mort en France en 1619, eut assez de talent pour devenir le peintre de la cour de Henri III, ce qui l'a fait comprendre à tort dans l'École française. — Jean Oliver, né en 1556, mort en 1617, qui, après avoir étudié sous Hilliard et Frédéric Zucchero, devint un excellent peintre de portraits à l'huile et en miniature, tout en obtenant quelques succès dans les compositions historiques. — George Jamesone, né en Écosse en 1586, mort à Édimbourg en 1644, peignit aussi avec une égale distinction, l'histoire, le portrait et le paysage. — Guillaume Ferguson, qui florissait vers 1615, et qui a produit d'excellents tableaux de nature-morte. — Henri Stone, mort en 1655, dont la manière a beaucoup de rapports avec celle de Van Dyck. — Fuller, bon peintre d'histoire, l'un des meilleurs élèves de Perrier. — Pierre Oliver, né en 1601, mort à Londres vers 1655, qui finit par surpasser son père dont il fut l'élève. — Samuel Cooper, bon peintre d'histoire et de portraits, né en 1609, mort en 1670, fils d'Alexandre Cooper, peintre recommandable. C'est ce Samuel Cooper que l'on désigne encore en Angleterre sous le nom du petit Van Dyck.

Guillaume Dobson, né en 1610, mort en 1647, élève de Van Dyck et l'un de ses bons imitateurs. — Richard Gibson, dit le Nain, mort en 1690, dont les copies, faites d'après Lely, trompent encore les amateurs.

— Jean Oliver, peintre-verrier, mais qui fit quelques beaux portraits à l'huile. — Robert Streater, né à Londres en 1624, mort en 1680, qui traita tous les genres avec talent. — Marie Béale, née à Suffolk en 1632, morte en 1697, pâle imitatrice de Pierre Lely, son maître. — Édouard Davis, dont les portraits sont assez estimés. — Guillaume Gibson, né en 1644, mort en 1712, que l'on croit élève de son oncle Richard Gibson, et qui se distingua dans le portrait. — François Barlow, né en 1646, mort en 1702, élève de Schippard, peintre de portraits, dont il abandonna le genre pour se livrer au paysage et aux animaux qu'il retraça avec un certain talent. — Jonathan Richardson, né en 1663, mort en 1745, élève de Riley, dont il épousa la nièce. Ce peintre fut un portraitiste plein de vigueur, mais ses ajustements pèchent par le manque de noblesse. — Jacques Thornill, né à Weymouth en 1676, mort en 1734, qui peignit le portrait aussi bien que l'histoire et à qui l'on doit les belles fresques de Greenwich et du dôme de Saint-Paul. — Guillaume Aikman, né en Écosse en 1682, mort en 1731. Après de bonnes études faites en Italie, Aikman revint en Angleterre où ses compositions historiques et ses portraits furent très-appréciés. — Guillaume Kent, né dans le Yorkshire en 1685, mort en 1748, élève de B. Luti, à Rome, auteur de plusieurs tableaux d'histoire et de portraits estimés des amateurs.

Cette longue liste, de laquelle j'ai pourtant retranché un certain nombre de peintres plus ou moins connus, qui trouveront leur place dans la table générale, prouve suffisamment que l'École anglaise n'est pas entièrement dépourvue de traditions, comme on l'a souvent répété. Si c'est seulement à partir d'Hogarth qu'elle mérite et qu'elle acquiert sa véritable affiliation aux Écoles du continent, il n'est pas moins vrai qu'elle peut revendiquer et s'enorgueillir des tentatives souvent heureuses qui ont préparé son avénement.

C'est donc par Hogarth que je vais commencer cette étude, en ne m'occupant que des peintres qui ont eu quelque supériorité et sur lesquels il m'a été possible de réunir des documents. Quant aux peintres secondaires, ils feront, je le répète, partie de la table générale.

HOGARTH (GUILLAUME)

Né à Londres en 1697, mort à Leicester-Fields en 1764.

Hogarth connut toutes les misères de la vie d'artiste. Après avoir peint des enseignes, gravé des frontispices, il finit par attirer l'attention de ses compatriotes par des compositions pleines d'esprit, où la verve satirique s'allie avec la franche *humour* britannique.

On lui doit quelques toiles aussi finement touchées que celles de Chardin. Malheureusement, la coquetterie dans l'exécution, la finesse du modelé et de la couleur ne lui furent pas toujours familières.

Sa touche est quelquefois abrupte et repiquée, sa couleur vigoureuse et petillante. Son dessin, souvent plus spirituel que savant, est parfaitement approprié aux scènes quasi burlesques, mais toujours morales, qu'il se plaisait à retracer.

Ses tableaux paraissent très-rarement dans le commerce; ils sont en quelque sorte immobilisés chez les amateurs de la Grande-Bretagne. En 1859, à la Vte Northwich, le *Portrait du docteur Locke* a été payé 1,660 fr.

Voici la liste que j'en ai recueillie :

MUSÉES DIVERS, GALERIES, ETC.

NATIONAL GALLERY. — *Le Mariage à la mode* (six compositions). — *Portrait du peintre.* — *Portrait de Marie Hogarth, sœur de l'artiste.*

MUSÉE SOANE. — *La Vie d'un Roué* (huit compositions). — *Les Élections* (quatre compositions).

AU FOUNDLING HOSPITAL. — *Portrait du capitaine Coram.* — *La Marche des gardes.*

A LA REINE VICTORIA. — *Le Mail.*

GALERIE ELLESMERE. — Petit *Portrait d'Homme.*

GALERIE WESTMINSTER. — *Le Poëte dans son grenier.* — *L'Enfant et le Corbeau.*

AU COMTE DE CARLISLE. — *L'Interrogatoire de Cambridge.*

COLLECTION WILLET. — Petit *Portrait de l'artiste.* — *Portrait de Mrs. Hogarth.* — *Florizel et Perdita.* — *Vue de la pièce d'eau de Rosamond.*

A M. FORD. — *Une charmante composition.*

GALERIE LANSDOWNE. — *Portrait d'une jeune femme.* — Id. *de Peg Woffington.*

AU COMTE DE SPENCER. — *Vue de Spencer House.*

COLLECTION WILLET. — *Portrait de miss Hogarth.* — *Scène de l'opéra des Beggars.*

COLLECTION MILES. — *Portrait de Lavinia Fenton.* — *Une jeune Fille.*

COLLECTION WILLET L. ADYE. — *Portrait du peintre.*

COLLECTION FITZWILLIAM. — *Portraits de la famille du comte de Rockingham.*

COLLECTION PHIPPS. — *Un Portrait de Femme.*

AU COLONEL MAYON. — *La Mort.*

COLLECTION MUNRO. — Deux compositions du *Harlot's Progress*.

CABINET CHARLEMONT. — Deux belles compositions.

COLLECTION BARING. — Deux compositions.

COLLECTION WYNDHAM. — *The Cognoscenti*. — Une scène comique.

COLLECTION FOUNTAINE. — Plusieurs *Portraits de la famille Fountaine*.

AU DUC DE NEWCASTLE. — *La Foire de Southwark*.

COLLECTION J. H. ANDERSON. — *Sarah Malcolm*. — *Sigismunda*.

COLLECTION ROBERT PEEL. — *Une Conversation*.

AU GÉNÉRAL WOOD. — *Les Musiciens ambulants*.

A LORD FEVERSHAM. — *Les Enfants du comte de Stamford*. — *Portrait de Martin Ffolkes*. — Id. *d'une vieille Femme*. — Id. *de Garrick*.

GALERIE BEDFORD. — *Le Marché de Covent-Garden*. — *Portrait de l'artiste*.

AU COMTE DE WEMYS. — Un épisode de *Harlot's Progress*.

COLLECTION MORRISON. — Scène familière.

COLLECTION GIBSON CRAIG. — *Portrait d'une lady*.

COLLECTION NORMANTON. — *Portraits de jeunes filles*.

SCOTT (SAMUEL)

Mort en 1772.

On ne sait rien des débuts de cet artiste qui, après s'être essayé dans les vues de ville, s'attacha particulièrement à peindre les marines.

Loin d'être un pasticheur de G. Van den Velde, comme plusieurs historiens l'assurent, il a une manière distincte et tout à fait originale. Ses vagues sont moins rondes, ses effets plus concentrés, sa touche est plus heurtée et ses figures sont moins grassement touchées. En un mot, ses marines ont un caractère tout particulier qui ne permet pas de les confondre avec celles de Van den Velde.

Beaucoup de ses tableaux ont été exécutés pour sir Édouard Walpole. La galerie Vernon possède *le Pont de Westminster* et *le Pont de Londres en 1745*.

COOPER (RICHARD)

Florissait à Édimbourg vers 1735.

Ce peintre, dont on ignore la biographie, est l'auteur de plusieurs beaux portraits très-estimés par leurs possesseurs. Ils ont quelque ressemblance avec ceux de Van Dyck, mais la touche en est plus molle et le dessin beaucoup moins correct.

On le croit père d'Édouard Cooper, le célèbre graveur né en 1736.

LAMBERT (GEORGE)

Né dans le comté de Kent en 1710, mort à Londres en 1765.

Les paysages de ce peintre ont une certaine analogie avec ceux de Gaspard Dughet, dit le Guaspre Poussin. Il n'en est pas de même de son exécution qui est plus lâchée.

On ignore le nom de son maître, mais tout fait présumer qu'il suivit les leçons d'un peintre flamand, ou qu'il étudia les œuvres de cette École.

WILSON (RICHARD)

Né à Pinégas, dans le comté de Montgomery en 1713 ou 1714, mort dans le comté de Galles en 1782.

Élève de Zuccarelli et conseillé par Joseph Vernet, Wilson est l'un des peintres les plus populaires de la Grande-Bretagne qui, dans son enthousiasme, l'appelle le Claude Lorrain anglais.

Bien que les œuvres de Wilson ne justifient pas entièrement ce titre, elles sont loin cependant de mériter les amères critiques dont elles sont l'objet de la part de certains écrivains.

Si son talent procède du Claude comme entente générale, il se rapproche du Guaspre Poussin dans la composition des grandes lignes, et de son maître Zuccarelli, dans l'effet général.

Sa touche est un peu cherchée sans être sèche; elle est grasse et saillante. Son feuillé est plus travaillé, plus acéré que celui du Claude, surtout dans ses compositions capitales; car, dans ses études ou pochades, il est large et très-empâté.

Sa couleur est savante et pleine de poésie, ses effets bien ménagés, sa perspective aérienne bien entendue, surtout dans les fonds; enfin, malgré quelques défauts exagérés à dessein par ses détracteurs, c'est un peintre très-digne du rang élevé qu'il occupe parmi les peintres anglais.

Les tableaux de cet artiste paraissent très-rarement dans les ventes publiques. En 1859, à celle de Northwick, *la Villa de Cicéron* a été adjugée à 7,800 fr. Une *Vue de la campagne de Rome,* 7,080 fr. En 1860, un de ses paysages s'est vendu 9,000 fr. environ.

Paysage avec ruines. 1863, Vte Davenport Bromley, 7,743 fr.

Les galeries publiques et particulières de la Grande-Bretagne ne s'en dessaisissent jamais. Mrs Ford en possède une quarantaine dont la plupart sont d'excellente qualité.

Voici la liste des galeries publiques et privées qui sont riches des œuvres de Wilson :

MUSÉES DIVERS, GALERIES, ETC.

NATIONAL GALLERY. — *Ruines de la villa de Mécène.* — *La Destruction des Enfants de Niobé.* — *Paysage avec figures.*

VERNON COLLECTION. — *Vue d'Italie avec figures.* — *Vue avec ruines et figures.* — *Site d'Italie avec figures.* — *Le lac Averne.* — *La Cabane irlandaise.* — Plusieurs *Paysages d'Italie.*

A L'Académie Royale. — *Portrait de l'artiste.*

Institution royale d'Édimbourg. — *Paysage, site italien.*

Dulwich College. — *Les Cascades de Tivoli.*

A Mrs. Ford. — Deux *Vues de Rome.* — *Paysage d'Italie.* — *Paysage.* — *Paysage.* — *Portrait du peintre tenant sa palette.* — Deux *Paysages ovales.* — *Vue d'une rivière.* — Trois autres compositions. — *Vue d'un lac, près de Rome.* — *Paysage* (très-chaud de tons). — Deux *Ruines.* — *Vue du Tibre.* — *Ruines d'un pont.* — *Vue d'une église.* — *Paysage, effet d'orage.* — *Vue du château de Neatle.* — *Vue d'un jardin.* — *Vue des environs de Rome.* — *Ruines.* — *Vue prise sur la Tamise.*

Collection Bredel. — Un beau *Paysage.*

Collection Munro. — Cinq beaux *Paysages.*

Collection Montague. — *Un Paysage.*

Collection Wyndham. — *Un Paysage avec rochers.*

Collection Wynn Ellis. — *Les Enfants de Niobé.* — Trois autres *Paysages.* (La Galerie Nationale, la galerie Bridgewater et la collection Munro possèdent chacune une répétition de ce tableau.)

Collection H. Williams. — *Un Paysage.*

Collection Sackville Bale. — *Un Paysage.*

Au marquis de Westminster. — *Un Paysage.*

Collection Blundell. — Deux beaux *Paysages.*

Collection Gladstone. — *Un Paysage.*

Collection Sanders. — *Un Paysage.*

Collection Morrison. — *Paysage boisé.*

Galerie Ellesmere. — *La Destruction des Enfants de Niobé.* — Grand *Paysage avec rivière.*

Collection miss Rogers. — Un beau *Paysage poétique.*

Au comte d'Opetoun. — *Port italien.*

Collection A. J. Bentley. — *Apollon* (fig. de Mortimer).

Collection J. H. Anderson. — *Un Paysage.*

Collection H. A. J. Munro. — *Les Enfants de Niobé.*

Au comte de Darmouth. — Plusieurs compositions.

Collection Fountaine. — Plusieurs *Paysages.*

Collection Mac Donald Hume. — *L'Épouvante.*

Cabinet Booth. — *Un Paysage.*

Collection Normanton. — Un charmant *Paysage.*

Collection John Anderson. — Charmante composition. — *Un Paysage.*

Cabinet Teesdale. — *Le Retour au port.*

Collection Henderson. — *Vue prise à Madère.*

Galerie M'Lellan. — *Un Paysage avec une église.*

Au duc de Newcastle. — *Un Paysage.*

Galerie Bedford. — *Vue de Haddon Hall.*

Collection Maitland. — Un beau *Paysage.*

Collection Cowper. — *Paysage poétique.*

Collection Th. Thorby. — *Un Paysage.*

Collection Ed. Loyd. — Une belle composition.

Collection Matthew Anderson. — *Un Paysage.*

PATON (RICHARD)

Né vers 1720.

On ne sait quel fut son maître, mais ses marines, pleines de fougue, rappellent les meilleurs coloristes.

Sa manière est large, son style atteint souvent le grandiose, son coloris est vrai et vigoureux, son dessin spirituel, mais souvent anguleux ; on apprécie surtout la netteté, la pureté et la solidité de sa touche.

On admire à Londres *le Port de Woolwich, le Bassin de Porstmouth, le Port de Chatam* et celui de *Sheerness*.

———

REYNOLDS (SIR JOSHUA)

Né à Plymton en 1723, mort à Londres en 1792.

Nous l'avons dit dans notre étude sur l'École anglaise, Reynolds n'est pas un pasticheur dans le sens propre de ce mot. Malgré la célèbre boutade d'Hogarth, « *Singer n'est pas créer,* » nous persistons dans notre opinion, fruit d'une étude patiente et consciencieuse.

Il est certain qu'il existe entre Reynolds et Van Dyck, Rubens, Murillo, le Corrége, etc., etc., une certaine affinité d'ensemble, une même manière de *voir* la nature, mais c'est avec un tout autre mode d'exécution que Reynolds l'a représentée.

Chez ces maîtres, le procédé est la pleine pâte, glacée d'ensemble, ou réservée dans les demi-teintes ; chez Reynolds, au contraire, les repiqués sont chauds, indépendants des dessous, sur lesquels ils s'enlèvent en traînées.

Comme peintre d'histoire, Reynolds n'a pas toujours été ce qu'on était en droit d'attendre de son talent ; mais dans le portrait, il est inimitable. Nul, mieux que lui, n'a su donner aux femmes et aux enfants la suavité, la grâce et l'éclat de leur peau satinée. Son dessin laisse quelquefois à désirer comme science, mais il est d'une distinction exquise. Ses expressions naïves et spirituelles sont pleines de poésie. Sa couleur est sobre, douce et harmonieuse. Ses fonds sont vagues d'entente, mais hardiment brossés.

L'œuvre de Reynolds est immense. Malgré leur grand nombre, il ne paraît pas un de ses tableaux en vente publique sans qu'il soit vivement disputé par ses compatriotes. Quelques toiles apocryphes y figurent de temps en temps, mais leurs prix d'achat les désignent assez pour éveiller l'attention des amateurs.

Suivant une note que l'on a bien voulu me communiquer, voici les différents prix payés pour les vingt-huit tableaux suivants :

Garrick, entre la Tragédie et la Comédie, 9,100 fr. — Même sujet, 6,600 fr. — *Vénus grondant l'Amour,* 2,600 fr. — *Cléopâtre faisant fondre la perle,* 2,600 fr. — *Ugolin,* 10,400 fr. — *La Diseuse de bonne aventure,* 9,100 fr. — *Portraits de Garrick et de sa femme,* 3,900 fr. — *Les Grâces,* 11,700 fr. — *L'Espérance honorant l'Amour,* 3,900 fr. — *Le Serpent sous l'herbe,* 5,200 fr. — *Continence de Scipion,* 13,000 fr. —

La Nativité, 37,200 fr. — *Mort de Didon*, 5,200 fr. — *Moïse sous les roseaux*, 3,150 fr. — *Sainte Famille*, 13,000 fr. — Même sujet, 18,200 fr. — *Une Vestale*, 5,200 fr. — *Les Glaneuses*, 13,000 fr. — *Saint Jean*, 3,900 fr. — *Sainte Cécile*, 3,900 fr. — *Portrait du duc de Marlborough*, 18,200 fr. — *Portrait de Goodfillon*, 2,600 fr.—*Scène de Macbeth*, 26,000 fr. — *Vénus et le Joueur de flûte*, 6,500 fr. — *Portrait de mistress Siddons*, 18,200 fr.— *Hercule au berceau*, 3,900 fr.—*Hercule étouffant les serpents*, 39,000 fr.— *L'Amour et Psyché*, 6,500 fr.

Voici, en outre, quelques adjudications et la nomenclature d'une partie de l'œuvre de ce grand peintre avec les noms de leurs possesseurs actuels.

MUSÉES DIVERS, GALERIES, ETC.

NATIONAL GALLERY. — *La Sainte Famille*. — *Les Trois Grâces*. — *Tête de Femme* (vue de profil). — *Portrait de lord Heathfield*. — Id. *de l'Honorable Win Windham*. — *Portrait équestre de lord Ligonier*. — *L'Infant Samuel*. — *Têtes d'Anges*. — *Portrait de sir William Hamilton*. — Id. *du capitaine Orme*. — *Le Seigneur en exil* (tête). — *Portrait de sir Abraham Hume*. — *Portrait de l'artiste*. — *L'Age de l'innocence*.

A L'ACADÉMIE ROYALE DE LONDRES. — *Portrait de l'artiste*. — *Portrait de sir William Chambers*. — Id. *de Frank Hayman*. — Id. *de Giuseppe Marchi*.

A GREENWICH. — *Portrait de l'amiral Bredfort*. — *Portrait de l'amiral Barrington*.

A OXFORD. — *Portrait de l'archevêque Robinsin*. — Id. *de l'archevêque Markham*.

COLLÉGE DE DULWICH. — *Portrait de miss Siddons* (répétition). — *Mort du cardinal Beaufort*.

COLLÉGE D'ÉTON. — *Portrait du révérend J. Reynolds*.

MUSÉE JOANE. — *Le Serpent dans l'herbe*.

COLLÉGE DE GLASCOW. — *Portrait du docteur Hunter*.

GALERIE DE FLORENCE. — *Portrait du peintre*.

A LA REINE VICTORIA. — *Cymon et Iphigénie*. — *La Mort de Didon*. — *Portrait de l'artiste*. — *Portrait du marquis de Rockingham*. — *Portrait du marquis d'Hastings*. — *Portrait de la princesse Sophie-Mathilde de Gloucester*.

AU DUC DE PORTLAND. — *Portrait du duc de Portland et de son enfant dans un paysage*. — *Portrait de lord Richard Cavendish*. — Six compositions représentant *des Anges et des Allégories*. — *Portrait de William Bentinck, duc de Portland*.

COLLECTION NORMANTON. — *L'Adoration des Bergers*. — *La Sainte Famille*. — *Portrait du comte de Pembroke*. — *Portrait de lady Pembroke*. — *Portrait de Garrick*. — *Portrait de lady Hamilton*. — *Portrait de Mrs. Inchbald*. — *Portrait de miss Gwyn*. — *Portrait de Nelson*. — *Portrait de lord Normanton*. — Dix-sept autres toiles représentant des compositions diverses [1].

AU COMTE AMHERST. — *Portrait du comte Dorset*. — *Portrait de Mme Bucalli*. — *Ugolin* et plusieurs autres compositions.

---

1. Je ne sais à quelle toile de cette réunion de Reynolds peut s'appliquer la réclamation faite, il y a quelque temps, par un artiste du nom de Powell, et qui a été présentée au public comme une mystification faite au docteur Waagen. J'ignore si cette réclamation n'est pas elle-même une mystification faite au public en haine du savant docteur. Quoi qu'il en soit, j'ai donné cette liste telle qu'elle a été publiée du consentement de lord Normanton. Il en est de même pour les Greuze, les Claude Lorrain qualifiés de *copies* par la lettre de M. Powell ; car, pour beaucoup d'amateurs, la question n'est pas jugée.

Au duc de Bedford. — *Portrait du duc et de la duchesse de Bedford.* — *Portraits de Goldsmith et de Garrick.* — *Portrait du marquis de Tavistock.* — *Portrait de l'artiste* et plusieurs autres *Portraits.*

Collection d'Harcourt. — *Portrait de lord Harcourt.* — *Portrait de la comtesse d'Harcourt.* — *Portrait du marquis de Stafford.* — Plusieurs autres *Portraits.*

Collection Tollemache. — *Portrait de lady Jane Halliday.* — Id. *de miss Émilie Bertie.* — Id. *de lady Louisa Manners.* — Id. *de Mrs. Tollemache.*

Au marquis de Townshend. — *Portrait de l'honorable Charles Townshend, chancelier de l'Échiquier.* — *Portrait de George, marquis de Townshend.* — *Portrait du comte de Leicester, marquis de Townshend.*

Galerie Rutland. — *Une jeune fille.* — *Un Portrait de Femme.*

Collection Wyndham. — *Portrait de M. Prince Boothby.* — Id. *d'une Lady.* — Id. *d'une Femme en turban.* — *La Vierge et l'Enfant Jésus* (probablement des portraits). — *Portrait de Woodward, l'acteur.* — *Portrait du marquis de Gramby.* — *La Mort du cardinal Beaufort.* — Un épisode tiré de *Macbeth.* — *Un Portrait d'Homme.*

A la vicomtesse Palmerston. — *Portrait de la vicomtesse Melbourne.*

Au marquis de Salisbury. — *Portrait de miss Price.*

A miss Burdett Coutts. — *La jeune Fille dessinant.*

Collection Warwick. — *L'École de garçons.* — *L'Amour maternel* (portraits de Mrs. Hartley et de son enfant).

Collection Yarborough. — *Portrait de Mrs. Anderson Pelham.* — *Portrait de sir Richard Worsley.*

A lord Wharncliffe. — *Portrait du vicomte Mount-Stuart.*

Collection Fitzwilliam. — *Portrait du marquis de Rockingham.* — Id. *de la comtesse Fitzwilliam.* — Id. *du comte Fitzwilliam.* — *Hercule étranglant les serpents.* — Plusieurs études. — *Le Master Puck* (payé environ 25,000 fr. à la Vᵗᵉ Rogers).

A lord Overstone. — *Cinq Têtes de chérubins* (le même sujet existe à la National Gallery).

A M. T. P. Smyth. — *Portraits réunis de la famille Brady.*

Collection Ab. Darby. — *Portrait de miss Farren.*

Collection Pembroke. — *Portrait du comte Henri de Pembroke.* — *Portrait de la comtesse de Pembroke.*

A lord Monron. — *Portrait de lady Galway.*

Au comte de Morley. — *Portrait de Ketty Fischer* (sous la personnification de Cléopâtre).

Au baron Lionel de Rothschild. — *Portrait d'un petit garçon.*

Au comte de Sheffield actuel. — *Portrait du comte de Sheffield.*

A miss Glennie. — *Allégorie.*

Galerie sir John Boileau. — *Un Portrait.*

Collection Bankes. — *Portrait de M. Woodley.*

Au comte de Spencer. — *Portrait de la vicomtesse Althorp.* — Deux *Portraits de la famille Camden.* — *Portrait du vicomte Althorp.*

Collection Peel. — *Portrait de l'artiste.* — Id. *de l'amiral Keppel.* — Id. *de Samuel Johnson.* — Id. *d'une jeune fille.*

Collection Wynn Ellis. — *Portrait d'une lady.*

Collection Bute. — *Portraits de lord Bute et de sa femme.*

COLLECTION WOMBWELL. — *Portrait de lady Clarke.*

CABINET RAWDON. — *Diane.*

A LORD HOLLAND. — *Portraits de famille.*

AU COMTE DE DUNMORE. — Une charmante composition.

AU MARQUIS DE WESTMINSTER. — *Portrait de Mrs. Siddons.* — *Portrait de Mrs. Hartley.*

GALERIE ELLESMERE. — *Portrait d'une famille de distinction.* — *Portrait d'une lady.*

AU COMTE DE MEXBOROUGH. — *Portrait de Mrs. Stanhope.* — *Portrait de la comtesse de Mexborough.*

A LORD FOLKESTONE. — *Portrait de la comtesse de Radnor.* — *Portrait de lady Tilney Long.*

COLLECTION MISS ROGERS. — *Une jeune Fille dans un paysage.* — *Une Tête* (dans le genre de Van Dyck).

COLLECTION BARING. — Deux *Portraits.* — *Vénus et Cupidon.* — *Une jeune Fille et deux Garçons.*

GALERIE LANSDOWNE. — *La jeune Fille endormie.* — *La jeune Fille aux fraises.* — *L'Espérance consolant l'Amour.* — *Portrait de Lawrence Sterne.* — *Portrait du marquis de Lansdowne.* — *La Contemplation.* — *Une jeune Paysanne.* — *Portrait de Mrs. Billington en sainte Cécile.* — *Portrait d'une Grecque.* — *Portrait de lady Ilchester.* — *Cupidon.*

A MRS. FORD. — *Lord Essex et lady Monson* (esquisse). — *Lady Hamilton.* — *Portrait de Benjamin Booth.* — *Lady Hamilton.* — *Petite Fille avec un mouton* (esquisse). — *Sainte Agnès.*

COLLECTION DEVONSHIRE. — *Portraits de la duchesse et du duc de Devonshire.* — *Portrait de lord Richard Cavendish.* — *Portrait de lady Élisabeth Forster.*

A LORD CHURCHILL. — *Portrait de la duchesse Caroline de Marlborough.* — Id. de lady Spencer.

COLLECTION DARNLEY. — *Samuel.* — *Portrait de lady Frances Cole.* — *Portrait de Mrs. D. Monck.* — *Portrait de la comtesse de Clanwilliam.*

A LORD HERTFORD. — *Nelly O'Brien.* — *Jeune Fille* (payé 54,600 fr.). — *Jeune fille avec un chien* (payé 25,000 fr.).

COLLECTION INGRAM. — *Portrait de la marquise de Hertford.* — *Un jeune Berger.*

AU COMTE DE DUDLEY. — *Portrait de miss Boothby.*

COLLECTION J. ALLNUTT. — *Portrait de Mrs. Stanhope.*

COLLECTION D'HASTINGS. — *Portrait de George, prince de Wales.*

AU COMTE DE GRANVILLE. — *Portrait de Mrs. Robinson.*

COLLECTION GIBBONS. — *Portrait de miss Gwatkins.*

COLLECTION E. MILLS. — *Portrait de Nelly O'Brien.*

AU DUC DE NEWCASTLE. — *Portrait de Samuel Foote.*

COLLECTION MARLBOROUGH. — *Portraits de lady Charlotte Spencer et de lord Henry Spencer.* — Id. *de lord Charles Spencer.* — Id. *du marquis de Tawistock*, etc.

A LORD ARUNDEL. — *Portrait d'une lady.*

AU DUC DE NORTHUMBERLAND. — *Portrait d'une duchesse.* — *Portrait de la reine Charlotte.*

A LORD KINNAIRD. — Répétition de son tableau *Banished lord.*

AU COMTE DE BURLINGTON. — *Portrait de sir William Lowter.*

COLLECTION GALTON. — *Un Paysage poétique*. — *Portraits équestres du duc et de la duchesse de Hamilton*. — *Portrait du peintre*.

AU COMTE DE DURHAM. — *Portrait de lady Hamilton*.

GALERIE DE LORD DOUGLAS. — *Portrait de la duchesse de Douglas*.

COLLECTION WESTMORELAND. — Plusieurs *Portraits de famille*.

A SIR W. W. WYNN. — *Sainte Cécile*. — *Portrait d'un jeune Homme* (peint en saint Jean).

COLLECTION SEYMOUR. — *Portrait d'une lady*.

COLLECTION HENDERSON. — *Portrait de Mrs. Abingdon*.

COLLECTION PHIPPS. — Plusieurs *Portraits de Femmes*.

COLLECTION WALDEGRAVE. — *Portrait de lady Waldegrave*. — Trois autres *Portraits*.

COLLECTION DE SIR THOMAS SEBRIGHT. — *Portrait de M. Croft*.

AU COMTE HARRINGTON. — *Portrait de lady Jane Harrington*. — Id. *de lady Fleming*. — Id. *du comte Harrington*. — Id. *de l'artiste*. — Id. *de l'Honorable Francis Stanhope*. — Id. *de l'Honorable Lincoln Stanhope*. — Id. *de l'Honorable Leicester Stanhope*. — Id. *de Femme*.

CABINET BUNBURY. — *Un Portrait*.

COLLECTION SUFFOLK. — Quatre *Portraits de famille*.

COLLECTION TOLLEMACHE. — *La Robinetta*. — *La Contemplation*.

COLLECTION WILLIAM WARWICK. — *Portrait d'une jeune Fille*.

A LORD JERSEY. — *Portraits de Mrs. et Mr. Child*.

COLLECTION JOHN ANDERSON. — *Portraits de lady et du Révérend Hudspath, et de sir George Young*.

COLLECTION MORRISON. — *Portrait du docteur Johnson*.

COLLECTION VIVIAN. — *Cupidon*.

GALERIE M'LELLAN.—*Portrait de miss Linley*.—*Étude de Femme* (d'après nature).

ANCIENNE COLLECTION SAMUEL ROGERS. — *Une Mendiante*. — Un petit *Satyre*. — *Psyché découvrant l'Amour*.

GALERIE SUTERLAND. — *Portrait du docteur Johnson*.

COLLECTION BUCCLEUGH. — *Portraits de la duchesse de Buccleuch et de sa fille*. — Id. *de lady Marie Montague*. — Deux autres *Portraits*.

AU COMTE DE DARTMOUTH. — *Portrait d'une comtesse de Dartmouth*.

COLLECTION CARLISLE. — *Portrait du comte de Carlisle*. — Un autre *Portrait*.

COLLECTION HARDWICKE. — *Portrait du marquis de Rockingham*. — *Portrait de lord Hardwicke*.

COLLECTION DE SIR CULLING EARDLEY. — Trois *Portraits de famille*.

GALERIE STAFFORD. — *Portrait du docteur Johnson*.

COLLECTION MORRISON. — *Portrait de l'artiste dans sa jeunesse*.

COLLECTION MUNRO. — Quatre *Portraits d'Hommes*.

GALERIE DU DUC D'AUMALE. — *Portrait de Louis-Philippe-Joseph d'Orléans, en colonel-général des hussards*.

PRIX DE VENTES

Lord Pembroke, sa femme et son fils (B. 24ᶜ 1/2 — 32ᶜ 1/2). 1791, Vᵗᵉ Lebrun, 280 fr. — *Vue d'un Port*. 1795, Vᵗᵉ de Calonne, 13,125 fr. — *Portrait de mistriss Siddons*. Même Vᵗᵉ, 8,610 fr. (Ce tableau avait été payé 21,000 fr.) — *Portrait d'Angelica*

Kauffman. 1856, Vte X..., 1,100 fr. — *Portrait en pied du roi George III. Portrait en pied de Ch. de Mecklembourg, femme de George III.* 1857, Vte d'Armagnac, 4,500 fr. — *Intérieur d'église* (28^c—23^c). 1859, Vte J. Hemert, 163 fr. (très-contesté). — *Portrait du duc de Cumberland.* 1859, Vte Northwick, 5,200 fr. — *Portrait de Mme Barington.* Même Vte, 4,160 fr. — *Vue d'un Temple aux environs de Londres* (41^c—31^c). 1860, Vte Baroilhet, 340 fr. (Il est permis de croire ce tableau douteux.) — *La Seine, près Saint-Cloud* (étude). 1862, Vte D., 155 fr. — *Portrait d'Homme.* 1862, Vte Weyer de Cologne, 291 fr. (contesté). — *Portrait de mistress Bucknell,* 9,000 fr. — *Portrait de Mme Hartley, en Bacchante, portant son enfant sur son épaule.* Vendu à Londres, en 1863, 46,250 fr. (à M. Armstrong). — *Portraits de Mme Lyne.* Même Vte, 11,250 fr. — A une vente chez MM. Christie et Mauson, le *Portrait de mistress Hoare* a été payé 62,625 fr. — Celui *de R. Pénélope Boothby,* 25,500 fr.

GAINSBOROUGH (THOMAS)

Né à Sudbury en 1727, mort à Londres en 1788.

Gainsborough peignit le paysage et le portrait avec un égal succès. Après avoir étudié chez Gravelot, peintre français établi en Angleterre, il se forma un genre plus doux de touche, plus moelleux de couleur. Aussi, ses portraits, surtout ceux d'enfants, peuvent subir sans crainte la comparaison avec les plus belles toiles de Largillière. C'est la même fraîcheur de coloris, le même moelleux des chairs et des contours, enfin, il réunit comme lui, la grâce, l'élégance et le naturel.

Sa touche est grasse et franche, son exécution large sans être heurtée. Sa couleur petillante et chaude annonce qu'il peignait d'inspiration et probablement du premier coup. Son dessin est plein d'ampleur, et ses formes sont originales et gracieuses.

Comme peintre de paysage, il est d'une franchise d'exécution dont rien n'approche. C'est bien de lui qu'on a pu dire qu'il était le Reynolds du paysage. La spontanéité de l'exécution y est tout entière. Sa brosse est vive, sa couleur transparente et chaude, ses effets saisissants et son clair-obscur admirable. C'est un traducteur de la nature abrupte, sans la vigueur outrée et la touche cernée de certains maîtres primesautiers.

En un mot, comme le dit M. W. Burger, si quelques-unes de ses toiles rappellent Rubens, Murillo ou Rembrandt, elles conservent cependant une originalité dans le style général de l'œuvre, et devant chacun de ses tableaux on n'hésite jamais à prononcer son nom.

Ses productions sont en quelque sorte immobilisées dans les musées et chez les amateurs de l'Angleterre; elles ne paraissent presque jamais dans les ventes publiques.

En 1795, à la Vte Calonne, une *Paysanne* a été adjugée à 4,725 fr. A la Vte Stevens, en 1847, un portrait d'homme, contesté, n'avait pu dépasser 454 fr. En revanche, en 1852, à la Vte Wells, un paysage a été payé 5,320 fr.

En 1860, à une vente faite par MM. Christié et Mauson, il s'est adjugé deux Gainsborough : le premier a été payé 18,000 fr.; le second, 14,250 fr. — 1863, Vte Bicknell, *le Repos,* 20,436 fr.

Voici la liste de ses œuvres principales :

MUSÉES DIVERS, GALERIES, ETC.

NATIONAL GALLERY. — *Portrait de sir Ralph Schomberg.* — Étude pour le *Portrait de M. Abel Moysey.* — *La Charrette du marché.* — *L'Abreuvoir.* — *Musidora.* — *L'Abreuvoir du village.* — *Paysage boisé.* — *Les petits Paysans.* (Les quatre derniers proviennent de la Vernon Collection).

A HAMPTON-COURT. — Plusieurs compositions et *Portraits.*

DULWICH COLLEGE. — *Portrait de Loutherbourg.* — Id. *de Mrs. Sheridan.*

AU COLLÉGE D'OXFORD. — *Portrait de lord Mendiss.*

A LA REINE VICTORIA. — *Portrait de Fischer.*

AU MARQUIS DE WESTMINSTER. — *Le Cottage.* — *Master Buttal,* dit le *Blue Boy.*

A LORD HERTFORD. — *Un Portrait dans un paysage.* — *Portrait d'une jeune lady.* — *Portrait d'une lady.*

AU COMTE SPENCER. — *Portrait de la duchesse Georgiana de Devonshire.*

A LORD RIVERS. — *Portrait de lady Ligonier.*

A M. TOLLEMACHE. — *Paysage avec une charrette.* — *Bataille de chiens.* — *Paysage avec des enfants.*

A MISS CLARKE. — *Portrait de miss Gainsborough.*

COLLECTION W. E. HILLIARD. — *Portrait de W. Hallett.* — *Famille Fisherman's.*

COLLECTION RICHMOND. — *Portrait de Dupont.*

AU DUC DE PORTLAND. — *Portrait de Mrs. Elliot.*

COLLECTION SANDERS. — *Paysage montagneux.*

COLLECTION DE SIR CULLING EARDLEY. — *Portrait de lord Gage.*

COLLECTION J. F. BASSET. — *Portrait de lady de Dunstanville.* — *Jeune Fille.*

A M. TH. TODD. — *Paysage avec figures et animaux.*

COLLECTION BENTLEY. — *La Porte du cottage.*

COLLECTION J. DILLON. — *Scène de côte avec des troupeaux.*

A. M. SAMUEL BARTON. — *Paysage avec figures.*

AU DUC DE NEWCASTLE. — *Un jeune Mendiant.* — Un charmant *Paysage.*

GALERIE ELLESMERE. — *Vaches dans une prairie.* — *Portrait de la comtesse de Middlesex.*

COLLECTION CARLISLE. — *Une jeune Fille.*

GALERIE STAFFORD. — *Une jeune Fille.*

A M. J. W. RUSSEL. — *Paysage.*

COLLECTION D'ARUNDEL. — Deux *Portraits de la famille du comte d'Arundel.*

COLLECTION MARLBOROUGH. — *Portrait de John, duc de Bedford.*

COLLECTION BARDON. — *Portrait d'une lady en bergère.*

COLLECTION MATTHEW ANDERSON. — Un charmant *Paysage.*

GALERIE LANSDOWNE. — Un beau *Paysage.* — *Nancy Parsons.*

COLLECTION WYNN ELLIS. — *Famille de paysans.*

COLLECTION TOMLINE. — *Portrait de lady Chatham.*

COLLECTION ROGERS. — Plusieurs compositions.

COLLECTION BARING. — Un beau *Paysage avec figures.*

A MRS. SERRINGTON. — *Un Paysage.*

GALERIE RUTLAND. — *Un Paysage.* — *Un Paysage avec bestiaux.*

GALERIE SIR JOHN BOILEAU. — *Paysage avec figures et animaux.*

COLLECTION WYNDHAM. — Deux beaux *Paysages.*

Au marquis d'Hastings. — *Portrait de la comtesse de Sussex et de lady Barbara Jelverton.*

Collection Darnley. — *Portrait de miss M. Gill. — Un Portrait de Femme.*

Collection Buccleuch. — *Portraits du duc et de la duchesse de Montague.*

Collection Hoare. — *Des Paysans.*

A lord Kinnaird. — *Portrait de Femme dans un paysage.*

Collection Normanton. — *Portrait de Pitt. — Portrait de lord Normanton. —* Autre *Portrait de Pitt.*

Au comte Amherst. — *Portrait de lord George Germain.*

A M. Robert Graham. — *Portrait de Mrs. Graham.*

Galerie Bedford. — *Portrait du duc de Bedford. —* Deux beaux *Paysages.*

Au comte de Burlington. — *Portrait du comte de Burlington.*

Collection d'Harcourt. — *Portrait de la comtesse Spencer.*

A lord Folkestone. — *Portrait de l'Honorable W. H. Bouverie. — Portrait de l'Honorable Edward Bouverie. — Portrait du comte Radnor. —* Autre *Portrait.*

Équitable Assurance Society. — *L'Honorable sir Charles Morgan.*

Au comte Stanhope. — *L'Honorable William Pitt.*

Collection Ad. Lodge. — *Un Portrait d'Homme.*

Collection X... — *Portrait de Thomas Linley. —* Id. *de Mrs. Sheridan. —* Id. *de Mrs. Moody.*

A M. Poissonnier. — *Enfants à la fontaine.* (Ce tableau, longtemps attribué à Reynolds, est définitivement reconnu pour être une œuvre de Gainsborough.)

Collection F. W. Newton. — Trois esquisses (aquarelles).

BOYDELL (jean)

Né en 1730, mort en 1804.

Plus connu comme fondateur de la galerie de Shakespeare que par ses portraits et ses rares tableaux d'histoire, dont la couleur est fausse et le dessin incorrect.

THORNILL (le chevalier jacques)

Né en 1732.

Tout fait supposer que ce peintre est le fils de l'illustre auteur des fresques de Saint-Paul. Quant à son talent, il est loin d'être placé sur la même ligne que celui de son père.

Il cultiva presque tous les genres, mais il n'excella dans aucun. Sa couleur est blafarde, son dessin et sa touche sont outrés.

WRIGHT (JOSEPH), DIT WRIGHT DE DERBY

Né à Derby en 1734, mort en 1797.

Ce peintre séjourna longtemps en Italie où il étudia en quelque sorte tous les genres, après avoir reçu les leçons d'Hudson.

Ses tableaux d'histoire, de genre, et ses portraits, sont peu appréciés; mais où il excella surtout, c'est dans la représentation des effets de lumière, des incendies et des clairs de lune. Ses éruptions du Vésuve sont très-recherchées et très-appréciées des amateurs. Il en est de même de ses paysages.

Son coloris est doux et harmonieux, sa touche grasse et arrondie, son exécution large et transparente; son style, souvent grandiose, est toujours excellent.

COLLECTION W. MILES. — *Portrait de sir John Banks.*

AU VICOMTE PALMERSTON. — *La Forge.*

COLLECTION DU RÉV. HUGH WOOD. — *Enfants.*

COLLECTION G.-F. MEYNELL. — *Portrait de femme.*

COLLECTION P. ARKWRIGHT. — *Jeune Fille.* — *Jeune Garçon.* — *Ulleswater.*

COLLECTION J. CURZON. — *Portrait d'enfant.*

ROMNEY (GEORGE)

Né à Dalton en 1734, mort à Kendal en 1802.

S'il faut en croire les biographes, ce peintre ne dut son talent qu'à lui-même. Après avoir résidé quelques années à Paris, il passa en Italie, puis revint à Londres où son talent se soutint à côté de Gainsborough et de Reynolds, ses contemporains.

Bien qu'il n'ait pas autant de mérite que ces deux artistes, il ne me paraît pas mériter les critiques acerbes prodiguées de nos jours à ses ouvrages. S'il n'a pas la noblesse de style particulière à ses rivaux, il possède du moins une naïveté charmante et une élégance de détails qui plaît à première vue.

Son pinceau est plein de facilité, flou quelquefois. Sa couleur pèche par le clair-obscur, mais elle est fraîche et brillante. Son dessin manque parfois de distinction, mais, en revanche, il est correct et souvent naturel.

Voici la nomenclature de ses œuvres principales et les galeries où elles se trouvent :

MUSÉES DIVERS, GALERIES, ETC.

NATIONAL GALLERY. — *Étude de Bacchante sous les traits de lady Hamilton* (Vernon Collection).

A L'HOPITAL DE GREENWICH. — *Portrait de l'amiral sir C. Hardy.*

AU RÉVÉREND JOHN ROMNEY. — *Portrait d'un Vieillard.* — *Mrs Inchbald.* — *Portrait de miss Tickell.*

COLLECTION LABOUCHÈRE. — *Portrait de lady Hamilton.*

COLLECTION BANKES. — *Portrait de Mrs Bankes.*

COLLECTION NORMANTON. — *Portrait de lady Hamilton.*
AU COMTE DE WARWICK. — *Portrait de la comtesse de Warwick et de ses enfants.*
COLLECTION J. H. ANDERDON. — *Portrait d'une Lady.*
AU RÉVÉREND CHANCELIER TURLOW. — *Serena ou la Liseuse.*
AU COMTE DE DERBY. — *Portrait de lord Stanley avec sa sœur.*
A LORD DE TABLEY. — *Portrait de lady Hamilton.*
AU MAJOR W. S. RAWLINSON. — *Pénitence.*
A SIR CHARLES RUSSEL. — *Portrait de sir H. Russel.*
COLLECTION SANDERS. — *Portrait de Femme*
COLLECTION WILLIAM WARWICK. — *Ariel.*

WEST (BENJAMIN)

Né à Springfield en 1738, mort en 1820.

Encore un artiste dont les œuvres sont critiquées avec violence et bien injustement. Peut-être est-ce par réaction contre l'enthousiasme certainement exagéré dont il a été l'objet de son vivant.

Si son style, un peu trop guindé, justifie quelquefois le blâme qu'on en fait, il faut avouer qu'il est racheté par des beautés de premier ordre, sous le rapport tout à la fois de la composition et de l'exécution.

La liste de ses œuvres principales s'établit ainsi :

MUSÉES DIVERS, GALERIES, ETC.

NATIONAL GALLERY. — *Pylade et Oreste.* — *Le Christ au Temple.* — *La Cène ou le dernier Souper.* — *L'Installation de l'Ordre de la Jarretière.* — *Cléombrote banni par Léonidas* (Vernon Collection).
A L'ACADÉMIE ROYALE DE LONDRES. — *Le Christ bénissant les enfants* (plafond).
GALERIE VERNON. — *Le Christ guérissant les malades* (payé 80,000 fr.).
A LA REINE VICTORIA. — *Le Départ de Régulus.* — *Le Serment d'Annibal.* — *La Mort du général Wolff* (la galerie de Westminster en possède une répétition).
A HAMPTON COURT. — Une grande quantité de *Portraits.*
GALERIE WESTMINSTER. — *Bataille de La Hogue.* — *La Mort du général Wolff.* — *Guillaume d'Orange passant la Boyne.* — *Cromwell renvoyant le Parlement.* — *Le Débarquement de Charles II.*
GALERIE STAFFORD. — *Un Portrait.*
COLLECTION M'LELLAN. — *La Vierge, l'Enfant Jésus et saint Joseph.*
COLLECTION DE SIR CULLING EARDLEY. — *Portrait de lord Eardley.*
COLLECTION EXETER. — *Agrippine et Germanicus.*
A SIR JOHN HICK. — *Psyché et l'Amour.*
COLLECTION J. SMITH. — *Bacchus.*

COPLEY (JEAN-SINGLETON)

Né en 1737, mort en 1815.

Après s'être formé en Italie, Copley se livra exclusivement à la peinture historique, où il acquit une bonne réputation.

Ses compositions n'ont rien de théâtral; sa couleur est assez naturelle et son dessin correct.

Voici les titres de quelques-uns de ses tableaux :

MUSÉES DIVERS, GALERIES, ETC.

NATIONAL GALLERY. — *La Mort de lord Chatam.*

A L'ACADÉMIE ROYALE DE LONDRES. — *Le Tribut.*

A LORD LYNDHURST. — *Jeune Garçon.* — *Portraits de famille.*

On possède encore de Copley :

Charles Ier dans la Chambre des Communes. — Samuel et Élie. — L'amiral de Winter se rendant à lord Duncan. — Mort du major Pearson.

CUNINGHAM

Né à Kelso vers 1740, mort à Londres en 1793.

Après des pérégrinations sans nombre, tant en Italie qu'en Allemagne, Cuningham acquit une assez bonne manière dans la peinture historique et le portrait.

S'inspirant du Corrége et quelquefois du Parmesan, il parvint à donner une certaine harmonie à sa couleur, dont la transparence n'est pas sans séduction.

Ses compositions rappellent celles de Solimène; elles annoncent beaucoup de facilité. Son dessin est un peu maigre dans les extrémités, mais il n'est pas sans caractère. Son exécution est délicate et précieuse, sa touche nette et solide.

Son principal tableau, à Londres, représente une *Revue du Grand Frédéric.*

COSWAY (RICHARD)

Né en 1740, mort en 1821.

On doit de charmantes miniatures à cet artiste.

Sa couleur est suave; son dessin, un peu rond, ne manque pas de naturel et de distinction.

RICHARDSON

Mort en 1771.

Fils de Jonathan Richardson, peintre de portraits, il suivit le même genre que son père, mais avec bien moins de réussite.

Son dessin est maniéré, sa touche sèche et souvent acérée, ses carnations sont trop vineuses.

BARRY (JACQUES)

Né à Cork en 1741, mort en 1806.

Après avoir visité la France et l'Italie, Barry vint se fixer à Londres, où il acquit une certaine réputation dans la peinture d'histoire.

Meilleur théoricien que praticien, ses compositions visent à la grandeur sans y atteindre. Son dessin est roide et sans goût, sa couleur sourde et peu variée ; son exécution serait large, si elle était moins maniérée.

La société des Amis des Arts, à Londres, possède une partie de ses œuvres capitales. *L'Élysée,* en six sujets. *Adam et Ève* et le *Portrait de Mother.*

On lui doit, en outre, *Vénus sortant de l'onde, Philoctète* et le *Portrait du duc de Northumberland.*

PINE (ROBERT EDGE)

Mort en 1790.

Comme peintre d'histoire, Pine n'a pas même atteint le médiocre. En revanche, il exécuta des portraits d'une couleur et d'une pureté de dessin admirables.

Sa touche est bien accentuée, sa couleur suave et vraie ; son dessin, un peu roide, ne s'éloigne pas trop du naturel.

CUIT (GEORGE)

Né à Moulton en 1743, mort à Richemont en 1808 ou 1818.

Après s'être formé en Italie par la protection de lord Laurent Dundas, Georges Cuit se livra entièrement au paysage, qu'il rendit avec une perfection et une originalité d'exécution extraordinaires.

Sa couleur est tranchante et quelquefois monotone; sa touche, très-minutieuse, n'est presque jamais sèche.

ALLAN (DAVID)

Né à Édimbourg en 1744, mort en 1796.

Elève des frères Foulis, Allan fit le voyage d'Italie où ses œuvres obtinrent quelque succès. De retour à Édimbourg, il en dirigea l'Académie et se livra particulièrement à l'histoire et au genre.

Ses tableaux de genre sont les plus estimés. Ses compositions sont gaies et spirituelles, son dessin est exact et résolu. Sa couleur générale est un peu fade, mais les parties claires sont relevées par des tons argentins et des effets très-piquants.

La reine Victoria possède : *La Fille de sir Walter Scott, le Révérend Lockart, l'Assassinat de l'archevêque Scharpe, 1679.*

NORTHCOTE (JACQUES)

Né en 1746, mort en 1830.

L'un des bons peintres de la Grande-Bretagne, dans l'histoire et le portrait. Son dessin est un peu rond, mais sa touche est vive et sa couleur harmonieuse.

Voici les titres de quelques-uns de ses tableaux :

MUSÉES DIVERS, GALERIES, ETC.

A L'ACADÉMIE ROYALE DE LONDRES. — *Jael et Sisera.*

DULWICH COLLEGE. — *Portrait de Noel Desenfans.* — *Portrait de sir Francis Bourgeois.*

A UNE CORPORATION DE LONDRES. — *La Mort de Wat Tyler.*

AU COMTE GREY. — *Le dernier Sommeil d'Argyle.*

COLLECTION WYNDHAM. — Une belle composition.

BEAUMONT (SIR GEORGE HOWLAND)

Né en 1753, mort en 1827.

Ce peintre distingué, élève de Wilson, a bien mérité des beaux-arts, autant par les dons qu'il fit à la National Gallery que par ses œuvres. Il obtint de légitimes succès dans le genre du paysage qu'il avait adopté.

La National Gallery possède de lui les compositions suivantes :

Un petit Paysage. — *Un Paysage avec une scène tirée de Shakespeare.* — *Une Vue prise dans les Ardennes.*

STUART (GILBERT)

Né en 1755, mort en 1828.

Quoique né de parents écossais, il fut surnommé le Stuart américain. Élève de B. West, il peignit le portrait avec beaucoup de succès.

On voit de lui, à la National Gallery, les portraits de *William Woollett,* de *John Hall* et de *Benjamin West.*

BEECHEY (SIR WILLIAM)

Né à Burford, Oxfordshire, en 1753, mort à Hampstead en 1839.

L'histoire, et surtout le portrait, ont spécialement occupé le talent de cet artiste. Il se fit surtout remarquer dans ce dernier genre, où il est très-naturel.

Sa couleur est assez bonne, et sa touche large et bien accentuée.

La National Gallery possède, de ce maître, le portrait de *Joseph Nollekens ;* le Collége de Dulwich celui de *Philippe Kemble.*

STOTHARD (THOMAS)

Né à Londres en 1755, mort en 1834.

Désigné, à tort, comme un imitateur de Watteau, Stothard a une manière et une exécution offrant des points très-disparates.

Sa touche est plus brodée, sa couleur plus relevée et plus argentine; ses effets sont très-piquants et bien ménagés; enfin c'est un des bons peintres de la Grande-Bretagne.

Voici le relevé de ses principales productions, tant à l'huile qu'en dessins :

MUSÉES DIVERS, GALERIES, ETC.

NATIONAL GALLERY. — *Fête champêtre.* — *Cupidon et Calypso.* — *Diane et ses Nymphes.* — *L'Intempérance de Marc-Antoine et de Cléopâtre.* — *La Vendange grecque.* — Sujet mythologique (Vernon Collection).

A L'ACADÉMIE ROYALE DE LONDRES. — *La Charité.*

AU MUSÉE DE SOUTH-KENSINGTON. — *Les Types de Shakespeare.* — *Tam O'shanter. John Gilpin.* — *Roger de Coverley et les Bohémiennes.* — *La Douzième Nuit.* — *Brunetta et Philis.* — *Sancho Pança et la Duchesse.* — *Scène de tempête.* — *Constance et Arthur.* — *La Renommée.*

A M. J. TOWGOOD. — *Le Pèlerinage à Canterbury.*

A MISS BURDETT COUTTS. — *Le Pic-nic.*

COLLECTION OVERSTONE. — Une collection de charmantes études pour une *Illustration.* — *Épisode de la vie de Jacob.*

COLLECTION W. RUSSELL. — Une belle composition.

AU COMTE HARRINGTON. — Une charmante composition.

COLLECTION MILES. — *Le Pèlerinage à Cantorbéry.*

COLLECTION MISS ROGERS. — Une belle composition.

Collection Green. — Une scène tirée de Shakespeare.

Collection Exeter. — *Cléopâtre et Marc-Antoine.* — *Orphée et Eurydice.* — Une troisième composition.

Collection Andrew James. — *Héloïse.* — *Une jeune Fille.* — Deux autres compositions.

Collection Bicknell. — Une belle composition.

Collection Louis Huth. — Plusieurs illustrations pour *Boccace.*

Collection W. Brett. — *Le Repos de Diane.*

Collection Sheepshanks. — Plusieurs compositions.

Collection H. Vaughan. — Trois illustrations pour *Boccace.* — Illustrations pour *Shakespeare* et *Cléopâtre.* — Esquisse du *Pèlerinage de Cantorbéry.*

REABURN (sir henri)

Né en 1756, mort en 1828.

Les portraits faits par cet artiste procèdent de la manière de Lawrence. Ils ont cependant moins de fraîcheur dans le coloris, et leurs ombres sont plus lourdes. Néanmoins son talent est assez estimé des connaisseurs.

Voici la liste de ses principaux portraits :

MUSÉES DIVERS, GALERIES, ETC.

A l'Académie royale de Londres. — *Jeune Garçon.*

A la Société d'agriculture de Londres. — *Portrait de Mac Donald.*

Au marquis de Breadalbane. — *Portrait d'un Chef écossais.*

A sir W. Gibson Craig. — *Portrait de lord Eldin.*

Collection H. Reaburn. — *Portrait de l'artiste.*

Collection Playfair. — *Portrait du célèbre métaphysicien Playfair.*

Collection W. Stirling. — *Portrait d'Hélène Stirling.*

Collection Gibson Craig. — *Portrait d'une Lady.* — *Un Portrait d'Homme.*

Collection R. M. Milnes. — *Le Christ en famille.*

BLAKE (guillaume)

Né en 1757, mort en 1828.

L'histoire fut le genre adopté par cet artiste. Sans être de premier ordre, son talent plaît assez aux amateurs, par la sagesse de sa composition et la fraîcheur de ses carnations.

HOPPNER (jean)

Né à Londres en 1659, mort en 1810.

Le talent de Lawrence fut un obstacle à la réputation d'Hoppner, dont il fit oublier les œuvres.

Ses compositions sont pleines de feu ; sa touche est vigoureuse et sa couleur transparente, son dessin noble et sévère.

J'indique ici quelques-uns de ses portraits :

MUSÉES DIVERS, GALERIES, ETC.

NATIONAL GALLERY. — *Portrait de l'Honorable William Pitt.* — *Portrait de M. Smith, l'acteur.*

A LA REINE VICTORIA. — *Portrait de la princesse Marie.* — *Portrait de la Princesse Sophie.*

HAMPTON COURT. — Plusieurs compositions.

COLLECTION G. CANNING-MELLISH. — *L'Honorable George Canning.*

A. L. HUTH. — *Portrait d'une Lady.*

COLLECTION WYNDHAM. — *Vénus et Adonis.* — *Portrait de l'acteur Smith.* — *La Muse comique.* — *Portrait de François, duc de Bedford.* — *Portrait du comte Moira.*

OPIE (JEAN)

Né dans le comté de Cornouailles en 1761, mort en 1807.

Opie est regardé avec raison comme l'un des meilleurs peintres de l'Angleterre, dans l'histoire, le genre et le portrait.

Ses compositions sont très-spirituelles, mais un peu triviales. Sa touche est large et accentuée, son dessin mâle, résolu et correct, sa couleur pleine de vérité, de chaleur et de transparence.

L'Académie royale de Londres possède un très-beau portrait ; le collége de Dulwich a celui de l'*artiste* peint par lui-même, et une corporation de Londres, son David Rizzio.

Dans la collection J. Henderson, on voit de très-belles *Scènes familières,* et dans celle Henry Vaughan, le *Portrait de Georges Vaughan.*

COLLECTION ORFORD. — Une belle composition.

COLLECTION WYNDHAM. — *Musidora.*

BIRD (ÉDOUARD)

Né à Wolverhampton en 1762, mort à Bristol en 1819.

On doit à cet artiste quelques peintures historiques et une certaine quantité de scènes familières. Ses compositions sont pleines de goût, sa touche est franche et facile ; sa couleur est un peu sourde, mais ses effets sont bien ménagés.

La National Gallery possède une belle toile de ce peintre, et le duc de Sutherland, le *Lendemain d'une bataille.*

On lui doit en outre la *Nuit du Samedi,* appartenant à la reine Victoria, les peintures de la salle des Francs-maçons, à Londres, et les *Chantres de Village.*

MORLAND (GEORGE)

Né vers 1763, mort vers 1805.

Élève de son père, qu'il surpassa en peu de temps, Morland cultiva plusieurs genres avec un succès presque égal. Ses toiles représentent des animaux, des bambochades, des paysages, des marines et même ce qu'on est convenu d'appeler des compositions de genre.

Ses sujets sont habilement traités, les lumières y sont adroitement réparties ; sa couleur est vraie et brillante, son dessin correct et gracieux ; on loue ses expressions variées et spirituelles, sa touche facile et d'un fini précieux.

Voici les noms de quelques amateurs qui possèdent ses œuvres :

MUSÉES DIVERS, GALERIES, ETC.

Au comte de Carnarvon. — *Scène familière.*
A Mrs Ellison. — *Gipsies.*
Collection C. Curling. — *Les Brebis.*
Au comte d'Orkney. — *Le Retour des chasseurs.*
Collection E. P. Round. — *Scène familière.*
Collection Normanton. — *Paysage avec figures.*
A J. E. Fordlam. — *Gipsies.*
Collection William Warwick. — *Un Cheval.* — *Cochons.*

PRIX DE VENTES

Clairière. 1863, Vte De la Combe, à Paris, 400 fr. — *The Bell Inn.* 1863, Vte Morland, à Londres, 62 guinées. — *Un Paysage avec figures.* Même Vte, 76 guinées (à M. Flaton). — *Les Paysans.* Même Vte, 66 guinées. — *Un Paysage avec figures.* Même Vte, 50 guinées (à M. Cox). — Un grand *Paysage avec figures.* Même Vte, 145 guinées (à M. Cox). — *Scène rustique.* Même Vte, 120 guinées (à M. Cox). — Son pendant. Même Vte, 245 guinées (à M. Cox). — Une grande composition. Même Vte, 275 guinées (à M. Cox). — *Vue rustique.* Même Vte, 80 guinées (à M. Vokins).

LAWRENCE (SIR THOMAS)

Né à Bristol vers 1769, mort à Londres en 1830.

Élève de Hoare, le père, et de l'Académie de Londres, il reçut, en outre, les conseils de Reynolds. Comme peintre d'histoire, Lawrence est, sinon médiocre, du moins bien au-dessous de sa réputation de portraitiste.

Malgré ses nombreuses qualités dans ce genre, et peut-être à cause d'elles, son talent n'est pas sans dépréciateurs passionnés. On blâme sa peinture quelquefois lâchée, son modelé maigrement accusé, son élégance maniérée. On oublie trop, à mon avis, les nécessités imposées aux peintres de portraits. Ne sait-on pas que souvent la réussite provient de l'adoption de ces poses mignardes, de ces accessoires futiles, repoussés quelquefois par le bon goût, mais qui, à certains intervalles, s'imposent aux maîtres les plus disposés à la sévérité de l'exécution ?

Lawrence est, il est vrai, souvent irrégulier. Tantôt il se contente d'une esquisse, tantôt il termine avec un soin tout flamand. En résumé, ses portraits sont d'une grande solidité de touche, sinon de couleurs, et leur aspect est magistral. Si, malgré lui, il est devenu le peintre *des Grâces*, on peut en faire le reproche aux exigences de la société de son temps.

Coloris suave et plein d'harmonie, dessin exact, mais un peu maniéré, effets bien ménagés et très-piquants, composition gracieuse, noble et originale, expressions bien rendues et pleines de naturel, telles sont les qualités qui distinguent ses œuvres.

Malheureusement, je le répète, ses couleurs sont peu solides; beaucoup de ses tableaux sont dégradés par les craquelures, et, qui pis est, par les gerçures.

Ces dégradations, qui, à mon avis, proviennent de l'abus des siccatifs anglais et des bitumes mal préparés, sont encore plus apparentes sur les portraits peints par Lawrence. Il est à désirer que les restaurateurs de Londres s'en préoccupent plus sérieusement dans l'intérêt de ces toiles importantes. Ce ne sont pas des palliatifs qu'il faut employer, mais des enlevages intelligents et des reports sur des toiles contrariées.

L'œuvre de Lawrence est immense : il n'y a pas de grande famille qui ne possède quelques-uns de ses portraits.

Suivant un document que l'on m'a communiqué, et que j'ai tout lieu de croire authentique, voici quelques-uns des prix payés à l'artiste pour différents portraits :

En 1792, Lawrence reçut 7,929 fr. pour le *Portrait de George III;* celui de *lady Cowper* lui fut payé 13,215 fr. Pour *le jeune Lambton*, il reçut la même somme.

Maintenant, voici la progression qu'il mit à ses prix suivant l'importance de l'ouvrage, ce qu'il subordonnait à sa grandeur :

En 1802 il faisait payer une tête 792 fr., le mi-corps 1,584 fr., le portrait en pied 3,168 fr. En 1806 la tête s'éleva à 1,321 fr., et en pied à 5,286 fr. En 1808, nouvelle augmentation, la moindre grandeur fut de 2,114 fr. et la plus grande de 8,457 fr. En 1810, après la mort de Hoppner, son concurrent, le portrait en pied fut porté à 10,502 fr., la simple tête à 2,643 fr.; enfin, dans les derniers temps, la tête fut de 5,286 fr.; le portrait mi-corps, 10,572 fr.; à mi-jambe, 13,215 fr.; en pied, 15,850 fr. et même 18,501 fr.

Voici la liste de ses principaux portraits :

MUSÉES DIVERS, GALERIES, ETC.

À la reine Victoria. — *Portrait de sir W. Curtis.* — *Portrait du comte de Liverpool.* — *Portrait du comte d'Eldon.* — *Portrait du pape Pie VII.*

National Gallery. — *Portrait de M. John Angerstein.* — Id. *d'une Lady.* — Id. *de John Philip Kemble.* — Id. *de Benjamin West.* — Id. *de Mrs Siddons.*

Vernon Collection. — *Portrait de la comtesse de Darnley.* — Id. *de John Fawcet, l'acteur.*

À l'Académie Royale. — *La Gipsy.*

Musée Soane. — *Portrait de Soane.*

À la Société Royale. — *Portrait de sir Humphrey Davy.*

Musée du Vatican. — *Portrait en pied de Georges IV, roi d'Angleterre.*

Au comte de Mexborough. — *Portraits de la comtesse de Mexborough et de son fils, le vicomte Pollington.*

Collection Charles Russel. — *Portrait du comte Charles de Whitworth.*

Collection V. P. Calmady. — *Portrait de C. B. Calmady.*

Collection R. V. Davis. — *Portrait de Hart Davis.*

Collection R. Tait. — *Portrait de Mrs Siddons.*

Au comte de Yarborough. — *Portrait en pied de Kemble.*

Collection Baring. — *Portrait d'Homme.*

Collection West-Moreland. — *Lady West-Moreland.*

Collection Exeter. — *Portraits de famille.*

Galerie Devonshire. — *Portrait de lady Bentinck.*

A la vicomtesse Palmerston. — *Portrait de la comtesse Shaftesbury.*

Au comte de Wilson. — *Portrait de lady Wilson.*

Collection Bircknell. — *Portrait de Mrs Siddons.*

Galerie Lansdowne. — *Portrait de lady Lansdowne.* — Id. *de lord Lansdowne.*

A lord de Tabley. — *Portrait de lady Leicester.*

Au comte de Durham. — *Master Lambton.*

Collection John Anderson. — *Portrait de sir Sidney Smith.*

Collection Labouchère. — *Portraits de famille.*

Au comte Amherst. — *Portrait du roi George IV.*

Au duc de Northumberland. — *Portrait du duc de Northumberland.*

Collection Banck. — Deux *Portraits.*

Collection Arundel. — *Portrait de la duchesse de Norfolk.*

Collection Peel. — *Portrait de miss Peel.*

Collection Normanton. — *Portrait de lord Normanton.*

Collection Hardwicke. — *Portrait de lord Hardwicke* (oncle du possesseur).

A miss Burdett Coutts. — Plusieurs beaux *Portraits de famille.*

Galerie Sutherland. — *Portrait de la duchesse de Sutherland.*

Collection Carlisle. — *Portrait du duc de Devonshire.*

A miss Wilbraham. — *Portrait de Guillaume Pitt.*

Collection Fitzwilliam. — *Un Portrait de la famille Fitzwilliam.*

Au duc de Bedford. — *Un Portrait de Femme.*

Collection Eastlake. — *Portrait* (non terminé) *de lady Calcott.*

Collection Suffolk. — *Un Portrait d'Homme.*

Collection Harford. — *Portrait de mistress Harford.* — *Portrait de sir Harford.* — Étude pour le *Portrait du cardinal Gonzalvi.*

A mistress J. Spedding. — *Portrait de James Spedding.*

Galerie Stafford. — *Portrait de la duchesse de Sutherland.* — Id. *de lord Clanwilliam.*

Collection Linley. — *Portrait du Révérend Ozias Thurston Linley.* — Id. *de William Linley.* — Id. *de miss Linley.*

Au comte Grey. — *Portrait de la comtesse Grey.*

Au comte de Derby. — *Portrait de la comtesse de Derby.* — Id. *de miss Croker.*

Galerie du Blaisel. — *Portrait de Mme Baring et de ses enfants.*

Collection Lefèvre-Soyer, de Beauvais. — Trois *Paysages* provenant de la décoration d'un clavecin.

Collection C***. — *Portrait de jeune Fille.*

Portrait de William Pitt. 1859, Vte Northwick, 3,640 fr. — *Portrait de mistress Jordan* (ovale). 1863, Vte Morland, à Londres, 60 guinées (à M. Cox).

WARD (JAMES)

Né à Londres en 1769, mort en 1859.

Ward jouit d'une excellente réputation comme peintre de genre et de sujets familiers. Ses œuvres, bien classées, sont recherchées avec empressement par les amateurs.

MUSÉES DIVERS, GALERIES, ETC.

NATIONAL GALLERY. — *Vue prise dans le parc de Tabley* (Vernon Collection). — *Conseil tenu par des chevaux,* tiré des fables de Gay.
COLLECTION MORRISON. — *La jeune Laitière.*
A M. C. T. MAUD. — *Le Château de Donnet.*
COLLECTION T. D. EDWARDS. — *Un Parc.*
COLLECTION G. R. WARD. — *Bœufs, Vaches et Veaux.*

HOWARD (HENRY)

Né à Londres en 1769, mort à Oxford en 1847.

Doué des plus heureuses dispositions, Howard, après avoir reçu les leçons de Reinagle, se livra entièrement au genre demi-historique.
Sa touche est savante, son dessin naturel, sa couleur bonne et franche.

NATIONAL GALLERY. — *La Fille de l'artiste* (Vernon Collection).
COLLECTION SUTHERLAND. — *Portrait d'une dame et de son enfant.*
COLLECTION MRS MORRISON. — *Diane et ses nymphes.*

PHILLIPS (THOMAS)

Né à Dudley en 1770, mort à Londres en 1845.

Élève d'Edgington, peintre sur verre à Birmingham, Phillips vint se perfectionner chez West, où il fut employé à la décoration de la fenêtre de la chapelle de Windsor.
Après avoir abandonné l'histoire, il se livra exclusivement au portrait, genre dans lequel il obtint un succès mérité.

NATIONAL GALLERY. — *Portrait de sir David Wilkie.* — *Étude de nymphes* (Vernon Collection).
A L'ACADÉMIE ROYALE DE LONDRES. — *Vénus et Adonis.*
COLLECTION STAFFORD. — *Vénus et Adonis.*
Une composition s'est vendue à Londres 11,000 francs; une autre 15,000.

CLINT (GEORGE)

Né à Londres en 1770, mort à Kensington en 1854.

Le genre quasi-historique, le portrait à l'huile et en miniature, les vues de villes et la gravure à l'*aqua tinta,* furent ses occupations favorites. Il y réussit assez pour acquérir la bonne réputation qui se maintient encore de nos jours.

Son dessin est assez naturel, sa couleur bonne, sa composition bien entendue.

NATIONAL GALLERY. — *Falstaff et mistress Ford.*
MUSÉE DE SOUTH KENSINGTON. — *Scène de Paul Pry.*

SHÉE (SIR MARTIN ARCHER)

Né à Dublin en 1770, mort à Crighton en 1850.

Élève de l'école de Dublin, Shée se livra presque entièrement au portrait. Sur la proposition de sir Joshua Reynolds, il fut admis à terminer ses études à l'Académie royale, dont il devint par la suite l'un des membres les plus distingués.

On lui doit, en outre, quelques marines et plusieurs scènes poétiques.

NATIONAL GALLERY. — *Bacchus enfant. — Portrait de Thomas Morton* (Vernon Collection).
COLLECTION J.-T.- FAWCETT. — *Portrait de John Fawcett.*

TOMPSON (HENRY)

Né à Portsea en 1773, mort dans la même ville en 1828.

Encore un bon peintre d'histoire et de portraits dont les œuvres sont très-bien classées dans l'opinion des amateurs.

NATIONAL GALLERY. — *Enfants pleurant la mort d'un rouge-gorge* (Vernon Collection).
ACADÉMIE ROYALE DE LONDRES. — *Le Cottage.*
AU PROFESSEUR PILLANS. — *Scènes sur la Clyde.*
COLLECTION M. DONALD HUME. — *Le premier Château.*
AU DUC DE BUCCLEUG. — *Château de Ravensheugh.*

LÉE (ANNE)

Florissait vers 1785.

Les fleurs, les insectes, enfin tout ce qui ressort de ce genre, fut familier à cette artiste, élève de Parkinson.

Sa manière est sage et vraie, son dessin exact, sa touche pétillante et bien brodée, sa couleur naturelle et légère.

Le musée de South-Kensington possède *La Récolte du fucus*.

COLLECTION BAUNQ. — Un grand *Paysage*.

COLLECTION W. MARSHALL. — Un *Paysage*.

TURNER (GUILLAUME)

Né en 1775, mort à Chelsea en 1851.

Peu d'artistes ont excité autant d'enthousiasme et provoqué autant de critiques acerbes. Pour quelques-uns, c'est un affreux *barbouilleur ;* pour le plus grand nombre, et nous sommes de ces derniers, c'est un peintre plein de qualités.

Ce qu'on appelle les hallucinations d'un cerveau malade nous paraît être (dût-on nous accuser d'un aveugle enthousiasme) l'œuvre du génie. Après avoir vu ses compositions, il nous semble difficile de nier que Turner soit le Shakespeare de l'École anglaise.

Ses tableaux ont une lumière aussi éclatante que bien comprise. Leur ton est vrai et leur ordonnance tellement simple, qu'on les prendrait pour la nature même. Sa touche est hardie, sa couleur transparente, et si, quelquefois, son exécution paraît molle et barbotteuse, c'est plutôt par artifice et pour faire valoir certaines parties que par absence de talent.

Son imagination, extrêmement poétique, atteint facilement le grandiose, et rien ne saurait dire l'effet saisissant produit par son œuvre, composée de toiles diversement réussies, mais ayant toutes le génie particulier à ce grand peintre.

La Galerie nationale de Londres possède la plus grande partie de l'œuvre de Turner. Malgré certaines défectuosités résultant de ses trois époques distinctes, elles seront toujours, pour les gens de bonne foi, l'un des plus beaux joyaux de l'École anglaise.

Suivant M. Raphaele Monti, le trésor dont cet artiste a enrichi la collection nationale ne comprend pas moins de 282 tableaux et 18,749 dessins ou esquisses, lesquels représentent toutes les phases de sa manière : d'abord ses imitations de Wilson, avant 1802 ; ensuite ses essais en différentes directions, de 1802 à 1819 ; son merveilleux essor, après son voyage en Italie, et enfin les élans excentriques de ses dernières années.

Je donne ici le classement de ses tableaux dans la National Gallery, puis la nomenclature à peu près exacte de ceux qui se trouvent dans les collections publiques ou privées.

MUSÉES DIVERS, GALERIES, ETC.

NATIONAL GALLERY. — *Le Débarquement du prince d'Orange à Torbay en 1688. — Le lac Averne. — Portrait de l'artiste dans sa jeunesse. — Vue de la Tamise, clair de lune. — Paysage montagneux avec un arc-en-ciel. — Vue prise dans le Lancashire. — Paysage avec bestiaux. — Énée et la Sibylle de Cumes. — Rizpan veillant les corps de ses fils. — Paysage avec château. — Vue prise dans le pays de Galles, effet de soir. — Banc de sable avec figures et animaux* (esquisse). *— Les Pêcheurs à la ligne, étude d'arbres. — Scène maritime. — La Dixième Plaie d'Égypte. — Jason à la recherche de la Toison d'or. — La Jetée de Calais. — La Sainte Famille. — La Destruction de Sodome. — Vue d'une Ville* (esquisse). *— Un Naufrage. — La déesse de la Discorde choisissant la pomme dans le jardin des Hespérides. — La*

Boutique du forgeron. — *Lever du soleil à travers le brouillard.* — *Mort de Nelson à Trafalgar.* — *Une Rade.* — *Le Mendiant.* — *De Greenwich à Londres.* — *L'Auberge de Falmouth.* — *Vue de la Tamise, effet du matin.* — *Vue du château de Windsor.*— *L'Abreuvoir près des ruines, effet de soir.* — *Apollon tuant le serpent Python.* — *L'Avalanche.* — *Annibal traversant les Alpes, effet de neige.* — *Les Moissonneurs de Kingston.* — *La Fraîche Matinée, lever de soleil.* — *Le Déluge.* — *Didon et Énée partant pour la chasse.* — *Apuleia à la recherche d'Apuleius.* — *Bateaux pêcheurs près de Scherness.* — *Jeunes Filles traversant un ruisseau.* — *Didon bâtissant Carthage.* — *Décadence de Carthage.* — *Le Champ de bataille de Waterloo.* — *Naufrage d'un navire marchand.* — *Les Collines de Richemond.* — *Vue de Rome, prise au Vatican.* — *Vue de Rome, prise au Colisée.* — *La Baie de Baïa.* — *Didon dirigeant l'armement de sa flotte.* — *Épisode tiré de Boccace.* — *Ulysse raillant Polyphème.* — *Le Collier de Lorette.* — *Ponce-Pilate se lavant les mains.* — *Vue d'Orviéto.* — *Le Palais de Caligula.* — *La Vision de Médée.* — *Watteau peignant* (étude d'après Dufresnoy). — *Lord Percy convaincu de haute trahison.* — *Le Pèlerinage de Child-Harold.*— *Nabuchodonosor.* — *L'Ancien Château d'Heidelberg.* — *Le Départ de Régulus pour Carthage.* — *Apollon et Daphné.* — *Héro et Léandre.* — *Phyrné allant aux bains publics.* — *Agrippine apportant les cendres de Germanicus.* — *Le Vaisseau le Téméraire.* — *Ariane et Bacchus.* — *La Nouvelle Lune.* — *Le Pont des Soupirs, à Venise.* — *Les Funérailles, en mer, de sir David Wilkie.* — *L'Exilé.* — *Bateau à vapeur faisant des signaux.* — *Le Soir du Déluge.* — *Le Matin après le Déluge.* — *Vue du temple Walhalla.* — *Vue de Fusina, près de Venise.* — *Le Coucher du soleil, vue prise à Venise.* — *Bateaux pêcheurs remorquant un navire désemparé.* — *Van Tromp à l'entrée de l'Escaut.* — *Vue d'un chemin de fer.* — *Le Canal de la Guidecca, à Venise.* — *Le Quai du palais ducal, à Venise.* — *Le Canal de Saint-Marc, à Venise.* — *Le Départ pour le bal, à Venise.* — *La Baleinière.* — *Les Baleiniers.* — *Baleiniers embarrassés dans les glaces.* — *La Grotte de la reine Mab.* — *Masaniello recevant une bague.* — *L'Ange dans le soleil.* — *Le Héros de cent combats.* — *Énée racontant son histoire à Didon.* — *Mercure et Énée.* — *Le Départ de la flotte troyenne.* — *La Visite au Saint-Sépulcre.* — *Combat de Trafalgar* (répétition de la grande peinture de Greenwich). — *Le Pont de Richemond.* — *Le Feu en mer.* — *Le Parc de Petworth.* — *Le Canal de Chichester.* — *Le Vallon.* — *La Fête des moissonneurs.* (Ces cinq derniers tableaux ne sont pas terminés.)

Musée de South-Kensington. — *La Pêche près de Hastings.* — *Venise.* — *La Mort de saint Michel en Cornouailles.* — *Le Château d'East-Cowes.* — *Le Navire en détresse.* — *Vue d'Hornby-Castle* (aquarelle).

Musée Soane. — *Entrée de l'amiral Van Tromp dans le Texel.*

Galerie Ellesmere. — *Une Marine.*

Au comte d'Essex. — *Une Marine.* — *Un Paysage.*

Collection J. Gillott. — *L'Inondation.* — *Un Pont sur la Tamise.*

Cabinet Taylor. — *Une Vue de Venise.* — *Le Pas-de-Calais.* — *L'Arrivée du bateau-poste à Cologne.*

Collection J. Morrison. — *Paysage avec ruine romaine.* — *Paysage.* — *Une autre composition.*

Collection W. O. Foster. — *Le Garde-bateau.*

A lord de Tabley. — *Schaffhausen.*

A sir A. A. Hood. — *Le Rivage.*

A MISTRESS MORRISON. — *La Villa de Pope.*

A MISS BURDETT COUTTS. — *Une Marine, effet d'orage.*

COLLECTION WYNN ELLIS. — Deux compositions.

COLLECTION BICKNELL. — Six belles compositions.

COLLECTION W. MARSHALL. — Une belle composition.

COLLECTION COOKE. — *Vue du Château de Windsor.*

COLLECTION WYNDHAM. — Une belle composition. — *Vue de la Tamise à Weybridge.* — *La Tamise à Windsor.*

COLLECTION S. ASTHON. — Trois compositions dans le style d'Hobbema, dont une représente *Barne Terrace, sur la Tamise.*

COLLECTION MISS ROGERS. — Une Étude.

A LORD TABLEY. — *Le Lac et la Tour de Tabley.* — *Les Chutes du Rhin à Schaffhausen.*

COLLECTION SHEEPSHANKS. — *Une Marine.* — Une belle composition.

COLLECTION BIRSCHALL. — *Le Château de Dunstanborough.* — *Le Moulin.* — *L'Ascension* (aquarelle). — *La Tour de Londres* (id.). — *Une Église du comté d'Essex* (Id.). — *La Citadelle de Plymouth* (id.).

COLLECTION YARBOROUGH. — *Le Minautore.* — *Vue prise à Mâcon.* — Deux autres compositions.

A SIR HOOD. — *La Vallée d'Ashburnam.*

COLLECTION MUNRO. — Trois belles compositions.

COLLECTION G. YOUNG. — *La Septième plaie d'Égypte.*

A MISS SWINBURNE. — *Mercure.*

COLLECTION J. MILLER. — *Une Habitation sur la Tamise.* — *Vue d'un Pont.* — *Van Tromp.*

COLLECTION F. TONGUE RUFFORD. — *Scène de côte.*

COLLECTION GREY EGERTON. — *Scène de rivière.*

COLLECTION J. CHAPMAN. — *Pluton enlevant Proserpine.* — *Effet de soleil levant.*

COLLECTION WILLIAMS WELLS. — *Les Bouches de la Tamise, soleil levant.*

COLLECTION BONAMY DOBRÉE, LE JEUNE. — *Le Vieux quai Margate.*

AQUARELLES.

A SIR HOOD. — *Château de Bodlham.* — *Château de Pevensey.* — *La Vallée de Heatfield.* — *Parc de Roschill.* — *Château de Hurstmonceux.* — *La Vallée d'Ashburnham.* — *La Baie de Pevensey.* — *Vue de l'endroit où mourut Harold.* — *Roschill.* — *Trop tard pour prendre la voiture.* — *La Vallée de Pevensey.* — *L'Abbaye de Battle.*

A MESSERS AGNEW. — *Mayence.* — *Enfants d'Israël dans la vallée d'Horeb.* — *Château d'Upnor.* — *Le Mont Saint-Michel.* — *Le Château de Carew.* — *Inversary.* — *Plymouth.* — *La Mer Morte.* — *Le Pont des Soupirs, à Venise.* — *Château de Newark.* — *L'Abbaye de Rivaulx.* — *Paysage.* — *L'Abbaye de Malvern et son portail.* — *Darmouth.*

COLLECTION LANGLON. — *Lancaster.*

COLLECTION T. H. BURNETT. — *Stamford.*

COLLECTION FORDHAM. — *Le Lever du soleil sur mer.*

COLLECTION PENDER. — *Une Abbaye.*

Collection Waldmore. — *Négrepont.*

Au Révérend C. P. Terrot. — *Le Ruisseau.*

Collection W. Leaf. — *Chepstow.* — *La Porte de Canterbury.*

Collection H. Vaughan. — *Les Chutes de Reichenbach.* — *Les Chutes de la Clyde* (esquisse).

Collection Price. — *Le Château de Kilchurn.* — *Heidelberg.*

Collection Bevan. — *Chrisès adorant le coucher du soleil.*

Collection Aden. — *L'Abbaye d'Easby.*

Collection Alnutt. — *Vue de Tivoli.*

Au général Angerstein. — *Le Château de Carnavon.* — *Vue du Pays de Galles.*

PRIX DE VENTES

Voici quelques prix récents, ils suffisent pour démontrer l'enthousiasme des compatriotes de Turner.

Ostende. 1860, vendu à Londres, 44,300 fr. — *Le Grand canal de Venise.* Id., 63,000 fr. — *Le Guidecca (Venise).* 1863, Vte Bicknell, 42,933 fr. — *Ehrenbreitstein.* Même Vte, 47,160 fr. — *Palestrina.* Même Vte, 49,780. — *Van Goyen cherchant un sujet.* Même Vte, 65,762 fr. — *Helvetsluy.* Même Vte, 41,920 fr. — *Le Naufrage.* Même Vte, 49,518 fr. — *Le Campo Santo (Venise).* Même Vte, 52,400 fr. — A une vente chez MM. Christie et Mauson on a payé une aquarelle de Turner, 9,250 fr. — Une autre a été vendue à Londres, en 1860, 8,725 fr. — *Le Paysage du Splugen* (aquarelle). 1862, Vte Clint, de Londres, 2,600 fr.

CONSTABLE (JEAN)

Né à Bergholt, dans le comté de Suffolk, en 1776, mort à Londres en 1837.

Constable est un des plus beaux paysagistes des temps modernes. C'est de lui qu'on a dit avec raison que procédaient la plupart de nos paysagistes actuels.

Sa touche est libre, mais quelquefois tapotée; son style est grandiose et naturel, son coloris un peu froid, mais vrai et vigoureux, ses compositions sont savantes et bien entendues, ses effets piquants, sages et habilement ménagés. En un mot, c'est le Salvator anglais, avec quelques réminiscences d'Hobbéma.

La liste suivante est loin de contenir toutes les toiles de ce maître, mais il m'a été impossible de réunir plus de renseignements :

MUSÉES DIVERS, GALERIES, ETC.

National Gallery. — *Le Champ de blé.* — *La Ferme de la vallée.*

A l'Académie royale de Londres. — *Barque passant une écluse.*

Musée de South-Kensington. — *La Cathédrale de Salisbury.* — *Hamptead-Heath.* — *Un Paysage.*

A miss Constable. — *Cénotaphe élevé à la mémoire de Reynolds.* — *Une Ferme.*

Au capitaine Constable. — *L'Abbaye de Nesley.* — *Bateaux pêcheurs de Brighton.* — *Une Vanne près Newbury.* — *Un Moulin à Folkestone.* — *Folkestone.* — *La*

Cathédrale de Salisbury.—Château et moulin à eau d'Arundel.—Bruyères de Hampshead (Aquarelles).

COLLECTION S. ASTHON. — *La Cathédrale de Salisbury.*

COLLECTION R. NEWSHAM. — *Un Paysage.*

COLLECTION W. O. FOSTER. — *L'Écluse* (un peu plus grand que le même sujet de l'Académie royale).

COLLECTION HENRY VAUGHAN. — *Étude prise à Salisbury.*

COLLECTION RICHARD EMMING. — *Le Cheval blanc.*

COLLECTION F. T. RUFFORD. — *Le Pont rustique.*

COLLECTION G. H. BEAUMONT. — *Paysage avec animaux.*

COLLECTION BIRCH. — Deux beaux *Paysages.*

COLLECTION T. ASHTON. — *Les Prairies de Salisbury.*

COLLECTION M. CONNEL. — *Les Fossés d'un parc.*

COLLECTION SHEEPSHANKS. — *La Cathédrale de Salisbury.* — Une belle composition. — *Une Vue* (d'après nature).

COLLECTION BULLOCH. — *Un Paysage.*

COLLECTION G. JOUNG. — *Un Paysage.* — *La Charrette de foin.*

COLLECTION J. MORRISON. — *Un Paysage.* — *La Serrure.*

COLLECTION WESTCOTT. — *L'Entrée du Pont de Waterloo.*

A MISTRESS MIREHOUSE. — *La Cathédrale de Salisbury.*

JACKSON (JEAN)

Né à Lastingham, Yorkshire, en 1778, mort en 1831.

Jackson s'adonna au portrait avec quelque succès. Son exécution est un peu molle, mais son coloris est naturel et son dessin vrai et de bon goût.

NATIONAL GALLERY. — *Portrait du Révérend William Holwel.* — *Portrait de sir John Soane.*

VERNON COLLECTION. — *Portrait de miss Stephens.*

AU COMTE DE CARLISLE. — *Portrait de J. Northcote.*

AU VICOMTE CLIFDEN. — *Portrait de Flaxman.*

HUGGINS

Florissait en 1810.

Peintre de batailles assez estimé, quoique sa touche soit un peu monotone.

CALCOTT (SIR AUGUSTUS WAL)

Né à Kensington en 1779, mort en 1844.

Élève d'Oppner, Calcott adopta la peinture de genre et le paysage, ce qui lui valut de quelques auteurs le surnom de Claude Anglais. Les scènes familières qu'il se plaisait à reproduire ont une certaine originalité et une exécution qui lui est toute particulière. Enfin, c'est un des bons peintres de la Grande-Bretagne.

MUSÉES DIVERS, GALERIES, ETC.

NATIONAL GALLERY. — *Paysans au retour du marché*. — *L'Orgueil du village*. — *Un Paysage*. — *Le Pont rustique*. — *Scène familière*. — *Une Vue* (d'après nature).— *La Jetée de Littlehampton*. — *Une Marine*. — *Entrée de Pise* (Vernon Collection).

MUSÉE DE SOUTH-KENSINGTON. — *Paysage italien*. — *Le Vent qui fraîchit*. — *Slender et Anne Page*. — *Dort*. — *Falstaff et Simple*. — *Un Port de mer*. — *La Porte d'auberge*. — *Une Matinée de soleil*. — *La Plage*.

COLLECTION OVERSTONE. — *Vue prise à Rotterdam*. — *Vue prise sur la Tamise*.

COLLECTION J. E. FORDHAM. — *Paysage*.

GALERIE LANSDOWNE. — *La Navigation sur la Tamise*. — *Un jeune Berger*.

COLLECTION W. RIDLEY. — *Bouches de la Tyne*.

COLLECTION W. MARSHALL. — *La Tombe de Cicéron*. — *La jeune Fille*.

COLLECTION MAC CONNEL. — *Le Golfe de Salerne*.

COLLECTION S. ASHTON. — *Une Marine*.

AU DUC DE BEDFORD. — *Une Marine*.

COLLECTION G. JOUNG. — *Une Marine*.

COLLECTION STAFFORD. — *Paysage italien*.

COLLECTION COOTE. — Une belle composition.

COLLECTION WYNDHAM. — *Mer agitée*.

COLLECTION W. GIBBS. — *Une Pièce d'eau*.

COLLECTION BARING. — *Vue d'une rivière*.

COLLECTION BICKNELL. — Un beau *Paysage* (avec bestiaux peints par Landseer). — *Vue du pont de Rochester*.

COLLECTION PHIPPS. — *Scène familière*.

La Plage d'Hastings. 1861, Vᵗᵉ Thomas Agnew, de Manchester, 4,125 fr. — *Paysage et animaux*. 1863, Vᵗᵉ Bicknell, 77,290 fr. — *Paysage avec monuments et figures*. 1863, vendu à Londres 12,750 fr.

ALLAN (SIR WILLIAM)

Né à Édimbourg en 1782, mort dans la même ville en 1850.

Élève le plus assidu de Wilkie, puis de l'Académie de Londres, Allan devint bon peintre d'histoire et de genre. Après bien des pérégrinations, il vint se fixer à Londres, où il fut nommé président de l'Académie royale.

On lui doit la *Circassienne captive*, appartenant au comte de Wemys. — *Le Convoi de prisonniers*. — Une *Bataille* de Waterloo, etc., etc.

A LA NATIONAL GALLERY. — *Des Arabes se partageant des dépouilles*.

WILKIE (SIR DAVID)

Né à Cults en 1785, mort en 1841.

Wilkie fut élève de Graham, qu'il ne tarda pas à dépasser. Il joint à une originalité nationale la franchise et l'esprit de Teniers ou d'Ostade. Sa touche est large et accentuée , son modelé robuste et plein de caractère; son dessin, un peu anguleux , est cependant très-correct et naturel.

Ses compositions, souvent excentriques, ont ce cachet d'*humour* particulier à l'École anglaise. Ses expressions, vives, acérées, sans recherche d'effets mesquins, sont très-savantes. Sa couleur est vraie, vigoureuse et chaude, sauf dans les tableaux de son dernier temps, qui sont un peu lourds de ton.

Son œuvre est considérable et presque tout casé dans les collections publiques et chez les amateurs. Voici les principales compositions de ce maître :

MUSÉES DIVERS, GALERIES, ETC.

NATIONAL GALLERY. — *La Fête du village.* — *Portrait de Thomas Daniel.* — *L'Aveugle jouant du violon.* — *Le Bedeau de la paroisse.* — *La Pose des boucles d'oreilles.* — *Le Joueur de Cornemuse.* — *Paysage boisé.* — *Les Nouvellistes.* — *La Cabine de l'Enfant blanc, à l'ouest de l'Irlande.* (Les quatre derniers proviennent de la Vernon Collection.)

A L'ACADÉMIE ROYALE DE LONDRES. — *Garçons poursuivant des rats.*

MUSÉE DE SOUTH-KENSINGTON. — *La Cruche cassée.* — *Le Refus.* — *Le Messager.* — *Les Filles de Walter Scott.* — *Paysage.* — *Le Violoncelliste aveugle.*

A LA REINE VICTORIA. — *La Vierge de Saragosse.* — *La Noce.* — *Le Guerilla et son confesseur.* — *Retour du Guerilla dans sa famille.* — *L'Aveugle.* — *Le Colin-Maillard.* — *Conseil de guerre de Guérillas.* — *Des Pifferaros devant une Madone.* — *La princesse Doria et les Pèlerins.*

COLLECTION JOHN CHAPMAN. — *Le Jour des rentes.*

GALERIE SUTHERLAND. — *Le Déjeuner.*

COLLECTION C. KINNEAR. — *Le Marché.*

COLLECTION COLBORNE. — *Les Musiciens.*

COLLECTION PHIPPS. — *Un Cavalier.* — Une charmante petite composition.

COLLECTION SHEEPSHANKS. — *Une Scène familière.* — Une belle composition. — Étude de *Jeune Garçon.* — Deux études de *Paysage* en collaboration avec Mulready.

COLLECTION WYNN ELLIS. — Une belle composition.

COLLECTION HOLFORD. — *Christophe Colomb au couvent de la Rabbia.*

COLLECTION LIONEL DE ROTHSCHILD. — *Scène familière.*

GALERIE STAFFORD. — *Une Scène familière.*

COLLECTION PEEL. — *John Knox.*

COLLECTION S. ASHTON. — Une charmante composition.

COLLECTION HUNTER. — *Portraits des parents du peintre.*

COLLECTION PERKINS. — *Devine mon nom.*

COLLECTION BEAUMONT. — *Le Garde-chasse.*

Collection Baring. — *Les Pensionnaires de Chelsea.* — Quatre autres compositions.

Collection M'Lellan. — Étude pour le *Portrait de la reine Victoria.*

Collection Wellington. — *Les Invalides de Chelsea.* — *Portrait de George IV.* — *Portrait de Guillaume IV.* — Id. *de lady Lyndkurst.*

Collection G. Joung. — *Des Bacchantes.*

Collection miss Rogers. — Sujet écossais.

Collection Wyndham. — Une charmante composition.

Collection Buccleuch. — *Portrait de George IV.*

Galerie Lansdowne. — *Le Confesseur.* — Une autre composition.

Collection Galton. — *Les Politiques de village.*

Collection Normanton. — Très-belle composition.

Collection W. Russell. — Une belle étude.

Collection Morrison. — *Une jeune Fille à confesse.*

Collection Gibson Craig. — *Scène de Highlanders.*

Au comte d'Essex. — *La Mort de sir Philippe Sidney.* — *Le gentil Berger.* — *Intérieur d'un cottage de montagnards.*

Collection Williams Wels. — *La Saisie pour le loyer.*

Collection J. Chapman. — *Le Jour du payement des loyers.*

Collection W. Marshall. — *Napoléon et le Pape Pie VII.*

A miss Bredell. — *Le Colin-Maillard* (esquisse du tableau appartenant à la reine Victoria).

Collection Bonhamy Dobrée. — *La Lettre d'introduction.*

La Famille du distillateur (1ᵐ,10—1ᵐ,36). 1850, Vᵗᵉ du roi de Hollande, 10,000 florins.— *Marie Stuart quittant le château de Lochleven.* 1853, vendu à Londres 18,000 fr. — Un autre tableau, *la Toilette,* fut payé 567 livres sterling dans une vente à l'amiable.

HILTON (GUILLAUME)

Né à Lincoln en 1786, mort à Londres en 1839.

On doit à cet artiste quelques tableaux d'histoire et une certaine quantité de scènes familières ou de genre.

Son talent est assez estimé, mais la monotonie de sa couleur nuit beaucoup au rang qu'on pourrait lui assigner.

Voici les titres de quelques-unes de ses œuvres :

MUSÉES DIVERS, GALERIES, ETC.

National Gallery. — *Serena et sir Calepine.* — *Édith découvrant le cadavre d'Harold.* — *Rebecca à la fontaine.* — Trois *Têtes d'étude.* — *Cupidon désarmé* (Vernon Collection).

Corporation de Liverpool. — *Le Crucifiement.*

Collection Morrison. — *Ulysse et Pénélope.* — Scène tirée de *Milton.*

A lord Hertford. — *Diane et ses Nymphes.*

COLLECTION W. BISHOP. — *L'Ange délivrant saint Pierre.*
COLLECTION BICKNELL. — *Le Triomphe de Galathée.*
COLLECTION E. E. ANTROBUS. — *Le Massacre des Innocents.*
COLLECTION MISTRESS ELLISON. — *Triomphe d'Amphitrite.*

NASMYTH (PATRICK)

Né à Édimbourg en 1786, mort à South-Lambeth en 1831.

Fils et élève d'Alexandre Nasmyth, Patrick a été surnommé, non sans quelque raison, l'Hobbema anglais. Ses effets sont un peu forcés, mais ce défaut est racheté par la simplicité de son exécution et la tranquillité de ses compositions.

Ayant perdu l'usage de la main droite, par suite d'un accident, c'est de la main gauche qu'il exécuta la plupart de ses ouvrages.

MUSÉES DIVERS, GALERIES, ETC.

NATIONAL GALLERY. — *Vue de l'ancien Hyde Park.* — *Paysage* (Vernon Collection).
COLLECTION BARING. — *Vue du Château de Windsor.* — *Vue d'Ampshire.*
COLLECTION J. NASMYTH. — *Colline de Dundurn dans le Perthsire.*
COLLECTION KEITH BARNES. — *Cheval blanc au bord d'un ruisseau.* — *L'Étang.*
COLLECTION C. PRATER. — *Paysage.*
COLLECTION MORRISON. — *Paysage.*
COLLECTION BURNS. — *Portrait de Robert Burns.*
COLLECTION SANDERS. — *Un Paysage.*
COLLECTION MATTHEW ANDERSON. — *Vue du château de Windsor.*
COLLECTION JOHN PENN. — *Vue de Windsor.*

COLLINS (WILLIAM)

Né à Londres en 1787, mort dans la même ville en 1847.

Après avoir reçu les conseils de Morland et les leçons de Lister Parker, Collins peignit avec succès l'histoire, le genre familier et le paysage. Son dessin est spirituel, sa composition sage et vive à la fois.

MUSÉES DIVERS, GALERIES, ETC.

NATIONAL GALLERY. — *Aussi heureux qu'un roi.* — *Les Pêcheurs de crevettes* (Vernon Collection).
MUSÉE DE SOUTH-KENSINGTON. — *Stafford sur la côte de Sussex.* — *Scène d'intérieur.* — *La Civilité puérile et honnête.* — *Le Chat égaré.*
A LA REINE D'ANGLETERRE. — *Les Pêcheurs de crevettes.* — *Vue de la Côte de Norfolk.*
AU DUC DE DEVONSHIRE. — *La Politesse rustique.*

Collection Bulloch. — *Un Paysage.*

Collection J. Morrison. — *Une Famille de Pêcheurs.*

Collection Townshend. — *Un Paysage.*

Galerie Bedford. — Une charmante composition.

Collection Galton. — *Un Paysage avec figures.*

Collection Robert Peel. — *Après l'orage.*

Collection G. Ioung. — *Une Scène familière.* — *Les Joueurs.*

Collection Green. — Deux petites compositions.

Collection Baring. — Trois belles compositions.

Collection Sheepshanks. — *Vue de Sorrente.* — Deux autres compositions.

Collection W. Marshall. — Plusieurs charmantes compositions.

Collection J. Taylor. — *Le Retour de la chasse.* — *Heureux comme un roi.*

Au comte d'Essex. — *La Vente des poissons.*

Collection J. E. Forsdham. — *Le Chat égaré.*

Galerie Lansdowne. — *L'Oiseleur.*

Collection W. Bashall. — *Le Piége.*

Collection Mac Connel. — *Le Bain.*

Le Marché aux poissons. 1863, Vte Bicknell, 30,654 fr. — *Pêcheurs de Boulogne* 1863, vendu à Londres 9,250 fr.

ETTY (william)

Né en 1787, mort en 1849.

Ce charmant peintre, élève de Lawrence, à qui l'on doit tant de toiles hors ligne, est une des illustrations de l'École anglaise moderne.

Son souvenir est encore trop présent à l'esprit des amateurs pour que j'essaye d'analyser son talent aussi réel que fécond.

MUSÉES DIVERS, GALERIES, ETC.

National Gallery. — *Scène maritime.* — *Étude d'un Homme en costume persan.* — *Imprudence de Candaule, roi de Lydie.* — *Le Joueur de luth.* — *Scène mythologique.* — *Deux Vénitiennes à une fenêtre.* — *Baigneuses surprises par un cygne.* — *La Crainte du baigneur.* — *Étude pour la Tête du Christ.* — *Le Christ apparaissant à Madeleine.* — *Scène galante.* — *La Madeleine* (Vernon Collection).

A l'Académie royale de Londres. — Trois sujets de l'*Histoire de Judith et Holopherne.* — *Nymphes et Satyres.*

Musée de South-Kensington.—*Portrait d'un Cardinal.*—*Cupidon abritant Psyché.*

. Musée d'Édimbourg. — Trois vastes compositions tirées de l'histoire biblique de *Judith.*

A l'une des Académies de Londres. — *Le Duel.*

A lord Taunton. — *Cléopâtre.*

Collection L. Huth. — *Persée et Andromède.*

Collection J. Gillott. — *L'Enlèvement de Proserpine.* — *Les Trois Grâces. La jeune Fille.* — *La Vénus Anadyomène.* — *Le Bivouac d'Amours.*

Collection Baring. — *Cupidon intercédant auprès de Vénus en faveur de Psyché.* — *Sabrina.*

Collection G. Joung. — *Vénus.*

Galerie Sutherland. — *Le Monde avant le déluge.*

Collection Normanton. — Une belle composition.

Collection Birch. — *Une jeune Fille.*

Collection Farrer. — *Des Nymphes.*

Galerie Lansdowne. — *L'Enfant prodigue.*

Galerie Stafford. — *Une Bacchanale.*

Collection Bicknell. — *Portrait de Mr Bicknell.* — *Vénus et Cupidon.*

Collection Munro. — Une belle composition.

Collection Labouchère. — *Cléopâtre.*

Collection Wynn Ellis. — *Un Chevalier.*

Collection Sheepshanks. — *Cupidon et Psyché.*

Cabinet Th. Todd. — *La Toilette.*

Le Bois. 1860, Vte Burnett, à Londres, 4,725 fr. — *Le Campement* (aquarelle). Même Vte, 15,175 fr.

SMYRKE (robert)

Florissait vers 1815.

Smirke serait un des excellents peintres de la Grande-Bretagne s'il avait pu se corriger de ette mollesse d'exécution, de ce flou monotone que l'on retrouve souvent dans ses compositions de genre.

Ses combinaisons trop réparties, et sans ressort d'optique, nuisent à l'ensemble de ses tableaux.

Son dessin serait charmant et plein de grâce s'il était moins irrésolu. En revanche, sa couleur est si harmonieuse, son pinceau si léger, que, tout en regrettant ces défauts, on les lui pardonne facilement.

Ses tableaux sont assez rares. Deux des plus beaux sont chez sir Smirke; ils représentent des *Sirènes* et des *Danses de jeunes filles.* Une *Scène tirée de la vie de Don Quichotte* se trouve dans le cabinet de M. Martineau.

GEDDES (andrew)

Né à Édimbourg en 1789, mort à Londres en 1844.

Geddes s'adonna au genre historique, au portrait, et quelquefois au paysage avec un véritable succès.

Sa touche est bonne, son dessin correct, sa couleur naturelle.

National Gallery. — *La Lecture ennuyeuse.* — *Portrait de Terry, l'acteur, et de sa femme* (Vernon Collection).

BRIGGS (HENRY PERRONET)

Né dans le comté de Norfolk en 1792, mort à Londres en 1844.

L'histoire et le portrait historique furent familiers à ce peintre. Sa composition est savante, son dessin exact, et sa couleur ne manque pas de naturel.

A LA GALERIE NATIONALE DE LONDRES. — *La Première Entrevue entre les Espagnols et les Péruviens. — Épisode de Juliette* (Vernon collection).

A L'ACADÉMIE ROYALE DE LONDRES. — *Attentat sanglant pour voler les insignes de la royauté.*

———

DAMBY (FRANCIS)

Né en Irlande en 1793, mort en 1861.

On doit à cet artiste, élève de O'Connor, de belles compositions, tant à l'huile qu'à l'aquarelle.

Sa couleur est brillante et bien soutenue, son dessin correct ; en un mot, c'est un beau talent.

MUSÉES DIVERS, GALERIES, ETC.

NATIONAL GALLERY. — *La Maison du Pêcheur* (Vernon collection).
AU DUC DE SUTHERLAND. — *Passage de la mer Rouge.*
A MRS ELLISON. — *Vacances d'un peintre.*
COLLECTION W. BASHALL. — *Scène mythologique.*
COLLECTION R. NEWSHAM. — *Au bord de la mer, solitude.*
COLLECTION J. HICK. — *Polyphème.*
COLLECTION TOWNSHEND. — Une charmante composition.
COLLECTION STAFFORD. — *Le Passage de la mer Rouge. — La Délivrance d'Israël.*

La Danse des Muses, 1861, Vte Th. Agnew, de Manchester, 8,750 fr. ; *Un Marin mourant de faim,* 5,625 fr.

———

WYATT (HENRY)

Né à Thickbroom en 1794, mort en 1840.

Ce bon peintre de portraits reçut des conseils de Lawrence et sut les mettre à profit. Ses tableaux de genre et ses portraits sont très-appréciés des connaisseurs.

NATIONAL GALLERY. — *Vigilance. — Un Philosophe* (Vernon collection).
COLLECTION GALTON. — *Bacchus enfant.*

LESLIE (charles-robert)

Né en 1794, mort à Londres en 1859.

Cet artiste, d'origine américaine, reçut les conseils de Washington et de West, et devint une des célébrités de l'École moderne.

Son talent, très-sympathique, s'est exercé surtout dans le haut genre et les scènes familières.

Son dessin vif, correct, sa touche savante et sa couleur naturelle le placent au premier rang de ses contemporains.

MUSÉES DIVERS, GALERIES, ETC.

Vernon Collection. — *Scène tirée du roman de Don Quichotte.* — Id. de l'*Oncle Toby.* — Une autre composition.

Musée de South-Kensington. — *La Boudeuse punie.* — *Falstaff.* — *Qui peut-il être? — De qui est-elle? — L'Oncle Toby. — Florizel et Perdita,* et dix autres compositions délicieuses.

A la reine d'Angleterre. — *La Reine communiant après le Couronnement.*

Collection Birch. — *Le Christ, Marthe et Marie.*

Galerie Bedford. — *Épisode tiré de la vie de Jane Gray.*

Collection J. Dugdale. — *La Reine Catherine.*

Collection J. Naylor. — *Le Premier jour de mai, du temps d'Élisabeth.*

Collection Wigram. — *Des Enfants jouant au cheval.*

Collection Bute. — *Épisode tiré du roman de don Quichotte.*

Au comte d'Essex. — *Épisode tiré de la vie de don Quichotte.*

Galerie Lansdowne. — *Sir Roger de Coverley allant à l'église.*

Collection miss Rogers. — *Scène tirée du roman de don Quichotte.*

Collection Wyndham. — Deux *Épisodes tirés de l'histoire de Gulliver et de celle de Sancho Pança.*

A lady Lawley. — *Le Diner à la Maison des Pages.*

Collection Agnew. — *Une Tête.*

A lord de Tabley. — *Les Épouses en gaieté.*

Collection Sheepshanks. — *Étude pour la Tête de la reine Victoria. — L'Oncle Toby. —* Une charmante composition. — *Une Scène familière* et son pendant. — Deux autres compositions.

A la duchesse de Norfolk. — *Une Foire.*

L'Héritière. 1863, Vte Bicknell, 33,012 fr.

NEWTON (gilbert stuart)

Né à Halifax en 1794, mort en 1835.

On doit à cet artiste d'excellents tableaux de genre et quelques portraits. Ses carnations sont fraîches, sa touche est moelleuse, son dessin assez correct.

MUSÉES DIVERS, GALERIES, ETC.

NATIONAL GALLERY. — *Jorick et la Grisette*. — Une autre composition (Vernon collection).

A LA REINE D'ANGLETERRE. — *La Duègne*.

COLLECTION LABOUCHÈRE. — Une belle composition.

COLLECTION DEVONSHIRE. — *Scène tirée du roman de Gil Blas*.

GALERIE LANSDOWNE. — *Scène tirée de l'opéra des Beggars*. — *Épisode tiré du Vicaire de Wakefield*.

A LORD TAWNTON. — *Shylock et Jessica*.

A M. WILLIAM WELLS. — *Jeune Fille à un balcon*.

AU DUC DE BEDFORD. *La Cassette, épisode de Gil Blas*.

Pourceaugnac et les Docteurs. 1863, vendu à Londres 22,750 fr.

RIPPINGILLE (EDWARD VILLIERS)

Né à King's Lynn, dans le comté de Norfolk, en 1798, mort en 1859.

Élève de lui-même, il s'adonna particulièrement au genre familier qui lui mérita l'estime des amateurs.

VERNON COLLECTION. — *Étude de Tête de femme*. — *Autre Étude*.

SIMSON (WILLIAM)

Né à Dundée en Écosse en 1800, mort à Londres en 1847.

Après avoir étudié à l'Académie d'Edimbourg, Simson peignit le paysage, puis le portrait.

Au retour d'un voyage fait en Italie, il s'adonna aux scènes familières, sans pourtant négliger le portrait.

NATIONAL GALLERY. — *Tête de Nègre* (Vernon Collection).

COLLECTION NORMANTON. — *Portrait du duc de Wellington*.

COLLECTION D. SIMPSON. *Paysage*.

BONINGTON (RICHARD PARKES)

Né à Arnold, près de Nottingham, en 1801, mort à Londres en 1828.

Élève de son père. Bonington s'efforça et parvint quelquefois à atteindre le brillant coloris de l'École vénitienne et la légèreté des peintres flamands.

On lui doit des marines, des paysages, des tableaux de genre, mais toujours de petite dimension. Sa touche est vive, petillante et naturelle, sa couleur chaude et dorée, son dessin fin et gracieux, son exécution grasse, empâtée et pleine d'esprit.

Bonington a été imité avec beaucoup de persévérance. Un grand nombre d'aquarellistes ont débuté par fournir des faux Bonington aux marchands de couleurs et d'estampes qui ne craignaient pas de les vendre après les avoir signés du nom du maître.

On les reconnaît à leurs lignes lourdes, à leurs fonds plus terminés que ceux des originaux. Ils n'ont pas, non plus, ces teintes chaudes, aériennes, si communément employées par le maître, et dont les laques, le jaune indien et la terre de sienne formaient la plus grande partie.

MUSÉES DIVERS, GALERIES, ETC.

Au Louvre. — *Francois Ier et la duchesse d'Étampes* (acheté 6,700 fr. en 1849).

National Gallery. — *Vue de la Colonne Saint-Marc à Venise* (Collection Vernon).

Galerie Westminster. — *Une Flaque d'eau et des Canards.* — *Côtes de Normandie.*

Collection Barker. — *Un Portrait de Femme.*

Collection Baring. — *Le Palais des Doges.* — *Trois Personnages à un balcon.*

Collection Normanton. — Une charmante composition.

Collection Thomas Birchall. — *Turc faisant la sieste.* — *Boulogne* (aquarelle).

Galerie Bedford. — *Vue des Côtes de France.*

Collection R. Newsham. — *Côtes de France.*

Collection miss Rogers. — Deux *Marines, vues d'Italie.* — *Turc.* — *Turc fumant.*

Collection Munro. — Trois charmantes compositions, dont deux *Vues de Venise.*

A lord Hertford. — *L'Odalisque blanche.* — *L'Odalisque à la robe jaune.* — *La Promenade.* (Aquarelles.)

A Mme Vve Benoit Fould. — *Vue du Château Saint-Ange.*

Collection C***. — *Intérieur de l'Église Saint-Paul à Londres.* — Petit *Port de mer.*

Les prix suivants témoignent de l'estime des amateurs pour les œuvres de Bonington, lorsqu'elles sont incontestables, ce qui n'est pas général dans le tableau ci-dessous.

PRIX DE VENTES

			fr.	
Vue du grand Canal de Venise	1837.	Vte W***………………	5.005.	
Le Port de Saint-Valery	D°	d° ……………	4,400.	
Plage à la marée basse	D°	d° ……………	1,730.	
François Ier et Marguerite de Navarre	D°	d° ……………	1,505.	
Canal de Calais	D°	d° ……………	1,115.	
Rivage de la Normandie	D°	d° ……………	905.	
Plage de Normandie	D°	d° ……………	1,005.	
Paysage avec chariot	D°	d° ……………	1,001.	
Le Pont du Rialto	D°	d° ……………	210.	
Une rue de Louvain	D°	d° ……………	490.	
Une Place publique de Rouen	D°	d° ……………	905.	
Une Marine	1843.	Vte D***………………	601.	
Deux Esquisses.	1845.	Vte C. V***……………	53.	Contestées.
L'Odalisque blanche (aquarelle.)	1846.	Vte Perrier……………	3,000.	Au marquis d'Hertford.

			fr.	
L'Odalisque à la robe jaune (aquarelle).	1846.	Vte Pekriek.	2,020.	Au marquis d'Hertford.
La Promenade (aquarelle).	D°	d°		
La Fenêtre (aquarelle).	D°	d°	900.	
La Promenade vénitienne (aquarelle).	D°	d°	925.	
La Remontrance (aquarelle).	D°	d°	450.	
La Vénitienne (aquarelle).	D°	d°	1,005.	
Le Torrent (aquarelle).	D°	d°	300.	
L'Odalisque aux palmiers (aquarelle).	1849.	Vte A***.	780.	
Paysage traversé par une rivière (aquarelle).	1851.	Vte Jecker.	100.	
Le Page et la Courtisane (47^c—37^c).	1852.	Vte duc d'Orléans.	8,200.	
Environs de Quillebeuf (52^c—42^c).	1855.	Vte Baroilhet.	1,500.	
Côtes de Normandie.	1856.	Vte Claye.	300.	
Au bord de la mer (étude).	D°	d°	401.	
Paysage au soleil couchant (aquarelle).	1857.	Vte Richard W.	280.	
Vue d'une plage en Normandie (aquarelle).	D°	d°	511.	
Vue d'une place en Italie (aquarelle).	D°	d°	201.	
Une Dame anglaise (32^c—24^c).	1858.	Vte St-Félix de Scheult, de Nantes.	101.	
Élisabeth et Leicester (aquarelle).	1859.	Vte X***.	270.	
Le Carnaval à Venise (aquarelle).	D°	d°	290.	
Le Départ (sépia).	D°	d°	53.	
Paysage maritime (aquarelle).	1860.	Vte Seymour.	1,500.	
Jeune Femme lisant une lettre (aquarelle).	D°	d°	1,390.	
Le Page messager (aquarelle).	D°	d°	1,050.	
Bayard blessé (aquarelle).	D°	d°	480.	
La Toilette (aquarelle).	D°	d°	2,430.	
Scène vénitienne (aquarelle).	D°	d°	1,290.	
Vue des bords de la Seine (29^c—44^c).	D°	d°	250.	
Plage (15^c—26^c).	D°	d°	280.	
Plage (15^c—26^c).	D°	d°	325.	
Paysage (15^c—20^c).	D°	d°	300.	
Paysage (15^c—20^c).	D°	d°	275.	
Marine (15^c—20^c).	D°	d°	420.	
Marine (15^c—20^c).	D°	d°	380.	
Vue de ville (54^c—24^c).	D°	d°	6,000.	
Marine.	D°	d°		
Deux Paysages, médaillons.	D°	d°	705.	
Henri III recevant l'ambassadeur d'Espagne	D°	d°	49,000.	
Plage.	D°	Vte Baroilhet.	440.	
Paysage.	D°	d°	880.	
Retour des Pêcheurs.	D°	d°	560.	
La Mort de Rizzio.	D°	d°	455.	
La Flaque d'eau.	D°	d°	880.	
Paysage maritime (aquarelle).	1861.	Vte A'''*.	700.	
Quentin Durward (aquarelle).	1863.	Vte Demidoff.	5,150.	
L'Antiquaire (aquarelle).	D°	d°	5,100.	

			fr.	
Le Vieillard (aquarelle)..........	1863.	Vte Demidoff............	9,100.	
Une Place à Boulogne (aquarelle)..	D°	d°	3,650.	
Vue de Rouen (aquarelle)........	D°	d°	4,550.	A M. Agnew, de Manches-ter.
Intérieur d'une église (aquarelle)...	D°	d°	4,150.	
Plage à la marée basse (aquarelle).	D°	d°	8.780.	
Vue de la Place Saint-Marc et du Palais ducal (aquarelle)........	D°	Vte Achinto, de Milan.....	1,600.	Coll. Van Os.
Vue du Canal de Venise...........	D°	Vte X***.......	2,600.	
Scène galante....................	D°	d°	1,250.	
Intérieur d'église..............	D°	d°	400.	
Le Corsaire....................	D°	d°	160.	

Ici doit s'arrêter la nomenclature des peintres anglais, conformément au plan que je me suis tracé. Non pas que je prétende qu'aucun talent hors ligne ne se soit produit depuis Bonington, mais comme il faut une limite entre les artistes anciens et modernes, c'est à ce dernier que j'ai cru devoir la fixer.

J'avoue qu'il m'en a coûté de borner là mes études. Beaucoup d'illustrations me conviaient à les continuer; beaucoup d'individualités méritaient d'être mentionnées; mais quelques-unes vivent encore; d'autres viennent à peine de disparaître du monde artistique; il m'a donc fallu m'arrêter à ce peintre, déjà si recherché comme *peintre ancien*.

L'étendue de ce volume ne me permettant pas d'y comprendre les nombreux renseignements que j'ai recueillis pendant son impression, je réserve cet appendice, augmenté par les additions ultérieures, pour le troisième volume.

Il en sera de même pour la liste des nouveaux souscripteurs, pour les errata et les rectifications qui m'ont été signalés de la façon la plus courtoise par plusieurs hauts amateurs français et étrangers.

LISTE

DES PEINTRES ORIGINAUX

dont il a été question dans l'examen des diverses Écoles [1].

A

AERTSEN (Pieter), t. II, p. 443.
AGNEN (Jérôme), II, 406.
AIKMAN (Guillaume), II, 580.
ALBANE (L'), II, 138.
ALLAN (sir William), II, 641.
ALLAN (David), II, 597.
ALLEGRAIN (Étienne), I, 354.
ALLEGRI (Antonio), II, 75.
AMAND (Jacques-François), I, 377.
AMERIGHI (Michel-Angiolo), II, 125.
ANTONELLO (de Messine), II, 13.
ARELLANO (Jean de), II, 232.
ASCH (Pieter van), II, 434.
ASSELYN (Johan), II, 388.
AUGUSTIN (Jean-Baptiste-Jacques), I, 310.
AUTREAU (Louis), I, 363.
AVED (Jacques-Joseph-André), I, 370.

B

BACHELIER (Jean-Jacques), I, 375.
BACKHUYSEN (Ludolff), II, 280.
BACLER D'ALBE (Louis-Albert, baron de), I, 394.

BALEN (Henri van), II, 343.
BAPTISTE, voir *Monnoyer*.
BARBARELLI (Giorgio), II, 48.
BARBIERI (Giovanni-Francesco), II, 152.
BARLOW (François), II, 580.
BARRY (Jacques), II, 596.
BARROCHE (Le), voir *Fiori*.
BARTOLOMMEO (Fra), II, 28.
BASSAN (Les), II, 88.
BAUGIN (Louis), I, 341.
BAUT ou BOUT (Pierre), II, 399.
BEALE (Marie), II, 580.
BEAUMONT (Sir George Howland), II, 597.
BEECHEY (sir William), II, 598.
BELLINI (Giovanni), II, 44.
BERGHEM (Nicolaas), II, 501.
BERRETTINI (Pietro), II, 159.
BERRUGUETE (Alphonse), II, 199.
BERTHELEMY (Jean-Simon), I, 383.
BERTIN (Jean-Victor), I, 320.
BIDAULT (Jean-Joseph-Xavier), I, 392.
BIRD (Édouard), II, 600.
BLAKE (Guillaume), II, 599.
BOILLY (Louis-Léopold), I, 393.
BOISSIEU (Jean-Jacques de), I, 379.
BONDONE, II, 9.

1. Je donne cette liste pour faciliter les recherches des amateurs, car ces peintres *originaux* ne seront pas exclus de la Table générale, où ils seront classés parmi les neuf mille peintres qui la composent, avec l'indication de leur nationalité.

FIN DU TOME DEUXIÈME.